中国矿业科技文汇—2015

王运敏　主编

北　京
冶 金 工 业 出 版 社
2015

内 容 简 介

本书通过专题综述，采矿工程，矿物工程，安全与环保，地质与测量，材料与装备，经济管理，实用技术等8个栏目，介绍了我国矿业科技领域的最新研究成果，内容涉及黑色、有色、黄金、化工等矿山，系统全面的介绍了国内矿业科技的进步与发展。

本书作者包括行业内具有扎实理论功底的矿业领域知名专家、教授，具有丰富实践经验的矿业高级管理者及技术人员以及高等院校从事矿业教学与科研的师生。本书内容全面，适合于科研设计院所，矿山生产企业，矿业设备研发与制造企业中从事矿山生产、管理的科研人员，以及现场工作的一线工程技术人员。

图书在版编目(CIP)数据

中国矿业科技文汇:2015/王运敏主编. —北京:冶金工业出版社,2015.9

ISBN 978-7-5024-7072-2

Ⅰ. ①中… Ⅱ. ①王… Ⅲ. ①矿业-文集 Ⅳ. ①TD-53

中国版本图书馆 CIP 数据核字(2015)第 212957 号

出 版 人　谭学余
地　　址　北京北河沿大街嵩祝院北巷 39 号，邮编 100009
电　　话　(010)64027926　电子信箱　yjcbs@cnmip.com.cn
责任编辑　刘　源　王小兵
ISBN 978-7-5024-7072-2
冶金工业出版社出版发行；各地新华书店经销；马鞍山市九峰工贸有限公司印务分公司印刷
2015 年 9 月第 1 版，2015 年 9 月第 1 次印刷
210mm×285mm；38 印张；1080 千字；600 页
360.00 元

冶金工业出版社投稿电话:(010)64027932　投稿信箱:tougao@cnmip.com.cn
冶金工业出版社发行部　电话:(010)64044283　传真:(010)64027893
冶金书店　地址:北京东四西大街 46 号(100010)　电话:(010)65289081(兼传真)
(本书如有印装质量问题，本社发行部负责退换)

《中国矿业科技文汇—2015》编委会

前　言

《中国矿业科技文汇-2015》是配合中国矿业科技大会组织汇编的大会交流资料，该书是由金属矿山杂志社、现代矿业杂志社联合组织征集，得到了国内各相关高等院校，科研设计院所，矿山生产企业以及相关设备厂家的大力支持。本书内容丰富，从矿山地质测量，到采矿、选矿技术，以及矿山爆破与岩土工程技术等，系统全面的展现了国内近年来的矿业科技成果。

本书的内容主要包括：采矿工程技术应用实践与理论创新；高效、智能采掘装备开发与应用；露天采矿、地下采矿、露天转地下联合采矿技术等采矿方法优化；三下矿体、大水矿床、深海矿产资源等特殊地质条件矿床的开采技术；绿色采矿、无废采矿，充填采矿，深部采矿，境界外矿体开采等前沿采矿技术；残留矿体及复杂矿体的开采与采空区稳定控制技术；矿山岩石力学分析；数字矿山建设与智能开采技术实践；井巷工程与矿山地压；新型工业炸药与起爆器材，现代爆破技术；采矿机械与电气控制等；矿山其它与采矿交叉学科的综合应用技术。选矿理论与工艺技术创新；工艺矿物学理论研究；高效短流程选别工艺创新；国外大型高效选矿设备介绍；高效节能碎磨工艺和设备研发与应用；高效细粒筛分分级设备；高效过滤脱水与浓缩设备；大型自磨与半自磨设备设计与应用；高效磁选设备的研发与应用；大型浮选设备的研发与应用；高压辊磨机与立式磨联合工艺应用实践；超贫低品位矿高效选别工艺与技术经济分析；鲕状赤铁矿、菱铁矿、褐铁矿、氧化铜矿、多金属共生氧化铅锌银矿、细粒高砷金矿等复杂难选矿选冶新技术；生物选矿与光电选矿新技术；选矿自动控制技术；选矿厂工艺设备改造经验；新型矿物材料的研发与应用；矿山耐磨材料与辅助设备的应用。矿山安全避险六大系统建设技术；矿井通风与矿区浮尘处理技术；尾矿等固体废弃物充填、干堆、二次回收利用技术；矿山爆破安全事故防治与案例分析；爆破降震新技术；矿山生态环境恢复与污染防治技术；矿山防治水处理技术与设备；矿山地质灾害预测预报新技术；矿山地质灾害防治典型案例；矿山尾矿库安全在线监测与隐患排查技术；防灾减灾新装备的应用与发展；地下矿山围岩稳定性分析控制；矿山生态环境修复技术；矿山深井热害控制技术；地下矿采空区地压稳定及治水技术研究；矿山边坡与排土场稳定性分析。

中国矿业科技大会是由中国集团马鞍山矿山研究院、金属矿山安全与健康国家重点实验室、冶金矿产资源高效开发利用产业技术创新战略联盟、中国冶金矿山企业协会矿山技术委员会、金属矿产资源高效循环利用国家工程研究中心主办，在中国矿业联合会、中国金属学会、中国有色金属学会、中国黄金学会、中国核学会等联合支持下由中矿传媒（金属矿山杂志社、现代矿业杂志社、中国矿业1114网）打造的顶级矿业技术高峰论坛和设备展示平台。2010年至2014年已经分别在苏州、西安、济南、南京、合肥成功举办五届，累计参会人数超过3 500人次，参展企业数百家。

本书通过专题综述，采矿工程，矿物工程，安全与环保，地质与测量，材料与装备，经济管理，实用技术等8个栏目，系统介绍了国内矿业科技的进步与发展。编辑本书基本达到矿山技术交流的目的，但由于时间仓促，收录的文章不是很系统，文章的内容也是深浅不一，再加上编辑水平有限，不妥之处在所难免，敬请读者批评指正。

编　者

2015年9月

目 录

·专题综述·

·采矿工程·

·矿物工程·

·安全与环保·

·经济管理·

·实用技术·

·专题综述·

离子型稀土矿绿色高效浸取技术与理论研究进展*

罗仙平[1,2,3] 李运强[1] 唐学昆[1] 马沛龙[1] 周贺鹏[1,3] 池汝安[1]

(1. 江西理工大学;2. 西部矿业股份有限公司;3. 离子型稀土资源开发及应用省部共建重点实验室)

摘 要 介绍了离子型稀土矿资源的特点,从浸出剂、浸出工艺的高效化、绿色化发展及浸出过程基础理论研究体系的完善等方面综述了离子型稀土矿浸出技术的研究进展,并在此基础上提出了离子型稀土矿浸出过程的适应性有待提高,污染及地质灾害控制效果不佳等问题,建议进一步完善渗流规律、传质过程等基础理论研究,掌握尾矿中稀土及金属离子的二次迁移规律,加强浸出过程中边坡稳定性控制研究,重视低品位难浸离子型稀土矿的回收工作,以促进离子型稀土矿绿色高效提取技术的可持续发展。

关键词 离子型稀土矿 绿色高效浸出技术 原地浸矿 边坡稳定 基础理论

稀土是当今世界各国发展高新技术和国防尖端技术、改造传统产业不可缺少的战略物资[1]。我国的稀土矿产资源储量丰富,约占世界稀土储量的30%,为我国稀土产业的发展提供得天独厚的资源条件[2-3]。根据稀土矿中稀土赋存状态的不同,我国稀土矿一般分为矿物型稀土矿和离子型稀土矿(也称"风化壳淋积型稀土矿")两大类。其中,离子型稀土矿是1969年在我国首次发现的新型外生稀土矿物,因其稀土元素的赋存形式较为特殊,主要呈现离子相态吸附黏土矿物上,故而称之为"离子型稀土矿"[4]。离子型稀土矿稀土元素配分齐全,尤其是富含发展高科技材料所稀缺的中、重稀土元素,世界罕见,是目前应用价值最高和战略需求最大的稀土资源,在国内外得到了广泛的重视[5]。

历经多年的研究与生产实践证明,离子型稀土矿的发现不仅解决了世界上中重稀土资源匮乏的问题,为世界稀土产业的发展及高科技新材料的发展创造了资源条件,在稀土资源中有着极重要地位,而且其特殊的稀土元素赋存状态极为少见,丰富了稀土元素化学和湿法冶金学等理论,具有极高的学术研究价值[6-9]。鉴于离子型稀土矿的特殊性与极高的应用价值,我国对它的开发利用极为重视,自其发现以来投入了大量的人力和物力对其进行了研究和提取工艺的开发,许多科学工作者为此做出了重大贡献,取得了一系列有价值的科研成果,形成了一个较完整的离子型稀土矿工业生产与科学研究体系,使得离子型稀土矿的提取工艺不断向高效化、绿色化迈进。本文将对这些科学研究及开采实践工作进行评述,总结我国离子型稀土矿绿色高效提取技术的进展,并在此基础之上结合目前开发利用过程中存在的问题及不足,提出今后的研究方向。

1 离子型稀土矿资源分布与性质

1.1 离子型稀土矿的分布

离子型稀土矿最先是江西省地质局908大队第四分队在1969年对江西省赣州市龙南县足洞地区进行地质普查时在花岗岩风化壳中发现有稀土存在的迹象,后来经过相关权威机构和专家鉴定发现此类稀土矿在当时属于一种新型的外生稀土矿物,并且在当时认为该类矿床也只有我国才有,非常独特[10]。

离子型稀土矿主要分布于我国的江西、福建、广东、云南、湖南、广西、浙江等七省(区),七省(区)中的一百多个县(市)均有不同程度的分布,仅南岭五省的矿化面积就达近10万km^2,目前已发现矿床214个,其中江西赣南地区所占份额最大[9,11]。近年来,国外也相继有发现离子型稀土资源的报道,主要分布在越南、老挝、巴西等国,但这些离子型稀土矿物风化程度不高,为半风化离子型稀土资源,稀土

*"十二五"国家科技支撑计划项目(编号:2012BAC11B07),国家自然科学基金项目(编号:51404112),教育部新世纪优秀人才支持计划项目(编号:NCET-10-0183),"赣鄱英才555"工程领军人才培养计划项目。

罗仙平(1973—),男,江西理工大学稀土学院院长,教授,博士研究生导师,西部矿业集团有限公司高级总监,810006 青海省西宁市经济开发区金桥路30号。

资源提取难度较大，目前仍处于研究探索阶段[4,12]。

1.2 离子型稀土资源的矿床及矿石性质

离子型稀土矿在我国一经发现，国内的很多科研院所就开始对其进行了大量细致的地质勘查、成因分析，揭开了其神秘的面纱[13]。

大量的地质勘察数据表明，离子型稀土矿的矿床大多产于海拔高度小于 550 m、高差 250 ~ 60 m 的丘陵地带，以平缓低山和水系发育为特征[14]。主要是由花岗岩或火山岩裸露地面经长期强烈风化而形成的。矿床一般呈面形分布，以凸透镜状覆盖在未风化的花岗岩或火山岩岩体上，其结构模型自上而下可分为腐植层、残坡积层、表土层、全风化层、半风化层和基岩，其中全风化层的厚度最大，稀土元素的含量最高。现有地质勘察数据表明，离子型稀土矿矿床的厚度为 5 ~ 30 m，多数都集中在 8 ~ 10 m[10]。

离子型稀土矿原矿主要由石英、黏土矿物（如高岭石、埃洛石、伊利石云母等）、长石等组成，一般呈红或白色沙土混合物，矿石密度为 1.3 ~ 1.8 t/m^3，呈疏松状态的无规则颗粒[7]。离子型稀土矿中稀土元素的含量一般为 0.03% ~0.15%，其赋存形式较为特殊，主要以水合阳离子或羟基水合阳离子的形式被吸附在矿石中的黏土矿物上，这部分稀土被称为“离子相稀土”，其具有稳定的化学性质，且含量相对较高，约占稀土总量的 70% ~90%，是目前离子型稀土矿中唯一有回收价值的稀土元素[15]。除离子相稀土之外，矿石中稀土元素呈水溶相、胶态相、矿物相赋存[16]。这些前期的矿床及矿石性质研究工作都为今后离子型稀土矿的绿色高效提取技术的发展奠定了坚实的基础。

2 离子型稀土矿绿色高效浸出技术研究进展

离子型稀土矿中的稀土元素主要以离子吸附形式赋存，采用重选、磁选、浮选等常规的物理选矿方法无法将其富集或回收[17]。但这些稀土离子遇到化学性质更活泼的阳离子（如 Na^+，K^+，H^+，NH_4^+ 等）可被交换解吸。我国科技工作者根据离子型稀土矿这一特性，经过反复的研究和实践，开发了独具特色的离子型稀土矿浸出工艺技术，并经过不断的完善与发展，该项浸出技术开发水平随之也不断发展，使得浸出工艺由早期的桶浸、池浸工艺发展到如今的原地浸出工艺，浸出过程中的基础理论也得到不断完善，使离子型稀土矿的提取工艺不断向绿色高效方向迈进，形成了独具特色的离子型稀土矿浸取技术与理论体系[18]。

2.1 离子型稀土矿浸出剂的绿色化、高效化发展

在离子型稀土矿开采的初期（20 世纪 70 年代初），人们发现食盐溶液浸泡的方法可以将矿石中的稀土交换下来，经过不断完善和提高，开发了以 6% ~8% 浓度的氯化钠溶液作为浸出剂进行稀土浸出，为离子型稀土矿浸出最早期的浸出剂[7]。但是通过一段时间的生产应用，发现采用氯化钠溶液作为浸出剂存在极大的缺陷，主要表现在浸出剂中的氯化钠浓度较高，浸矿过程会产生大量的氯化钠废水，这些废水的排放造成土壤的盐化与板结，对环境产生严重破坏[17,19]。为此，江西大学贺伦燕等人[20]提出了采用硫酸铵溶液作为浸出剂。经过长期的实践表明，采用硫酸铵作浸出剂时，硫酸铵的浓度仅为 1% ~4% 即可，实现了低浓度浸出，同时硫酸铵本身在农业生产中作为氮肥使用，因而大大降低了浸矿剂对土壤的污染。而且由于铵离子相比钠离子具有更强的离子交换性能，使得浸出效果得到明显提高。此外，由于硫酸铵中硫酸根离子的存在使得浸出过程的选择性也得到了一定的提高，钙、钡等杂质金属离子的浸出得到大大的降低[21-22]。硫酸铵的使用使得离子型稀土矿浸出剂向高效化、绿色化的迈进了一大步，并一直沿用至今。

此外，针对浸出剂的高效性与环保性能，我国研究人员还开发了许多高效浸出剂。池汝安等[23]提出了以硝酸铵作为浸出剂，由于硝酸铵溶液相对硫酸铵的浓度更小，因而在矿体中的扩散速度更大，可以缩短生产周期，提高浸出效率。李婷等[24]则采用氯化铵与硫酸铵按 7：3 的比例混合铵盐溶液作为浸出剂，并在注浸试验条件下能够提高 1.5 个百分点左右的回收率。此外，罗仙平等[25-26]还开发了 LPF 与富里酸助浸剂，经试验表明，通过在浸出剂中添加这些助浸剂进行浸出，可以提高 8 个百分点左右的稀土浸出率，降低约 34% 的浸出剂消耗，有效地强化了稀土的浸出效果。池汝安等[27]则还开发了柠檬酸盐浸出剂（主要为柠檬酸铵与柠檬酸），与目前普遍使用的硫酸铵浸出剂相比，具有浸出率高，浸出浓度低（浓度仅为 1%）和用量小的特点。可见，这些浸出剂在试验过程中均能够有效提高稀土的浸出效果，但其实际使用效果还有待进一步验证，而硫酸铵将在今后很长的一段时间依然为离子型稀土矿的浸出剂。

2.2 离子型稀土矿绿色高效浸出工艺的发展

离子型稀土矿开采的初期(20世纪70年代初),首先将覆盖于矿床上的表土层剥离后进行矿石的采掘,挖出的矿石搬运至室内,经粗略筛分后置于木桶之中,用浓度为6%~8%的氯化钠溶液作为浸出剂浸析稀土,产生的尾矿直接就近堆弃,这便是离子型稀土矿室内桶浸工艺[4,7]。在当时经过一段时间的生产实践,发现该工艺存在生产效率低,经济效益差的致命缺陷,主要表现在整个生产过程都依靠人工搬运与人工采掘,使得生产效率低而生产成本高,工人生产过程劳动强度大且劳动条件差。此外,所有浸出过程在室内进行,矿石需要经过长距离的运输,进浸析桶的容积也十分有限,使得生产效率十分低下。

为了克服室内桶浸工艺存在的诸多问题,20世纪70年代中期对离子型稀土矿浸出工艺进行了改进,即将采掘的稀土矿石均匀填入容积大小为10~20 m^3 的浸出池内,注入浸出剂将矿石浸泡,在池底收集浸出液,这便是离子型稀土矿池浸工艺。该工艺在通过浸出方式上的改进,使生产的经济性大大提高[17]。然而,在采用池浸工艺进行生产实践过程中经常会出现浸出剂耗量大、浸出低与浸出液稀土浓度低的情况。经过研究发现这些现象主要是由于浸析池内填充的粗细不均匀的矿粒容易发生偏析,使得一些部位在浸取时产生"沟流"现象,使得浸出剂利用率大大下降[28]。此外,一些部位浸取时渗透性能差,颗粒间空隙被堵塞,形成"浸出死区",直接导致稀土浸出率低。

针对这些问题,卢盛良等[29-30]通过改善浸出剂的注入方式来提高浸出效果,主要采用高浓度硫酸铵、低液固比和低加液速度对浸析池内的矿物进行控速滴淋浸出。经过实践证明,采用该方法不仅能够提高稀土浸出率,浸出液稀土浓度高,而且浸出周期短、生产成本等指标均优于传统池浸工艺的指标。此外,饶国华等[31]通过在浸出剂中添加田菁胶及其改性物等助滤剂来改善离子型稀土矿的浸取性能,使浸出剂的渗透性能提高,减少了浸出剂在扩散过程中的阻力,取得了较好的效果。邱廷省等[32]则利用磁场的作用进行磁化处理来改变浸出剂的物理化学性质(如溶氧能力、表面张力、渗透能力等),能够有效降低浸出剂的消耗,同时使稀土的浸出率提高,同样达到了强化浸出过程的目的。李斯加等[33]与欧阳克氙等[34]通过在浸出剂中添加抑杂剂来降低铝、铁等主要杂质金属离子的浸出,有效地提高了浸出过程的选择性,降低了浸出液的杂质含量,使浸出效果得到进一步提高。这些研究都使得池浸工艺得到不断完善,技术经济指标也获得了很大的提高。

但通过长期的工业实践,发现池浸工艺依然存在2个致命的缺点[7]。一是环境破坏严重,由于池浸工艺同样需要剥离覆盖在矿体上的表土,并将矿石挖出,造成大量废弃物的产生。统计资料表明,每生产1t稀土产品,必须开采的地标面积达200~800 m^2,需剥离表土和产生尾砂1 200~1 500 m^3。二是资源利用率较低,由于浸析池一般都建在矿石采区附近,使得浸池下面的矿石无法得到利用。

为了克服池浸工艺的缺点,绿色高效地开发离子型稀土矿,我国科技工作者针对离子型稀土矿矿床的特点,提出了离子型稀土矿原地浸出工艺[35-36]。该工艺是在不破坏矿区地表植被,不开挖表土与矿体的情况下,将浸出电解质溶液经注液井直接注入矿体,浸出剂沿矿体中的孔隙渗透扩散,并将吸附在矿物表面的稀土离子交换解析下来,形成稀土母液流入集液沟内进行收集,其工艺流程见图1[4]。

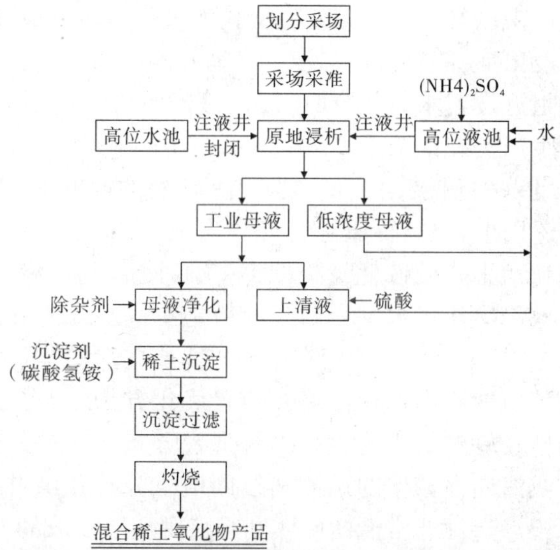

图1 离子型稀土矿原地浸出工艺流程

原地浸出工艺不仅克服了池浸工艺的环境问题,而且由于浸出剂不仅能在风化矿层渗透扩散,而且还可渗入到半风化层、微风化层直到花岗岩基岩,使这部分稀土也能得到较好的回收,因而稀土资源的利用率大大提高。此外,原地浸矿过程仅需开挖注液井及铺设注液管道,因而工作量比池浸工艺大大降低,采场的面积则可达数万平方米,浸析矿量可达到几十万吨,稀土产量可达到几百吨,因而矿山生产能力比池浸工艺成倍增长，生产效率成倍提高，生产成本则大大降低[7]。

但在原地浸出工艺应用过程中，有的矿区却出现了浸出液浓度低、原矿浸出率低、稀土收率低、药剂耗量高等问题，影响了该工艺的推广应用。汤洵忠等[37]对此进行了详细的研究，发现产生这一现象主要是因稀土离子在原地浸析过程中具有被再吸附的性能，当采用不当注液方法，如"先下后上"式、"中心开花"式或"全面开花"式等，以及固液比不足时，矿体中浸出液中解吸的稀土离子则大量被黏土矿物再吸附，并提出防再吸附技术的方法，即根据地形特点合理选择浸取参数，并按"先上后下"、"先浓后淡"、"先液后水"的"三先"注液原则进行注液。李春等[38]则提出了根据矿体性质合理布置注液网井，严格控制注液的连续性、均衡性，注液顺序坚持由上往下分区逐渐下移的方法来防止再吸附问现象的出现。实践证明，采取这些措施均能有效防止再吸附问题的出现，使原地浸出能够在更多的矿区得到推广应用。此外，为了进一步完善原地浸出工艺，研究人员[39-40]原地浸出采矿的顶水技术与水封闭工艺，即在浸出结束后继续加注顶水，其作用是挤出矿体内已与稀土离子发生交换解吸作用所形成的稀土浸出液，能够使浸出液干净彻底的渗出，并在集液沟附近设置水封区，防止浸出液的流失。通过几年的生产实践证明[39]，采用顶水加注技术与水封闭技术可以确保浸出液的收集，使母液的收集率达到95%以上，提高稀土综合回收率10～20个百分点，每吨稀土硫酸铵耗量降低1～2 t，使离子型稀土矿原地浸出技术水平得到了有效地提高。此外，王观石等[41]还根据浸出剂在不同矿体中的渗流规律，提出了原地浸出过程注液井布置优化方法，即对于渗透性较好的大矿床应采用行列式分布注液井，小矿体或渗透性较差的矿体则按网格式分布注液井，而对于渗透性非常低的矿体则可采用加压注液的方法来提高其渗透效果。李永绣等人[42]则通过在原地浸出过程增加"酸-盐浸出"和"石灰水收尾"两个工序，可使稀土浸出率提高2～30个百分点，降低20%左右的氨氮消耗以及50%左右的尾矿氨氮残留。这些研究都为离子型稀土矿原地浸出技术的推广应用与发展提供了有力的指导作用，使其各项技术与经济指标得到了显著的提高。

在原地浸矿工艺应用过程中，有些矿山出现了滑坡等地质灾害，对原地浸出工艺的推广造成了较大影响[43-45]。汤洵忠等[46]对出现这一情况的原因进行了分析，发现主要是由于注液井的不合理开挖以及集液沟渗液不畅所引起，并提出了通过加强监管，合理开挖注液井，对集液沟进行防护的方法来避免滑坡的发生。罗嗣海等[47]也对浸出过程边坡稳定性进行了研究，发现浸矿发生的离子反应是影响稀土矿强度和矿山边坡失稳的主要原因。陈飞等[48-49]采用液面控制装置来优化控制原地浸出过程的注液过程，可有效消除因注液不合理所产生的边坡失稳现象，并通过在边坡上插筋形成微型桩的方法来进一步强化边坡的稳定性，能够有效防止浸出矿体滑坡，并消除矿体局部失稳的安全隐患。此外，李慧等[50]发现离子稀土矿浸出过程中黏土矿物的膨胀也会对矿体的稳定性产生影响，并采用添加氯化钾、尿素等抑制剂来降低黏土的膨胀，可有效减小地质灾害发生的可能性。池汝安等[51-52]则通过在浸出剂中添加有机胺盐防膨剂以及采用复合铵盐浸出剂的方法来抑制浸出过程黏土矿物的膨胀，在实现浸出过程矿体的稳定性提高的同时，浸出效果也得到了一定的提高。这些研究都为提高离子型稀土矿原地浸出技术得到进一步完善，为降低浸出过程中地质灾害的发生找到了有效的途径。

3 离子型稀土矿提取过程中的基础理论研究进展

离子型稀土矿浸出过程实质上是浸出剂渗流—离子交换—传质的循环过程[6]，研究人员对这整个过程进行了详细的研究，形成了离子型稀土矿提取过程的基础理论体系，为合理的、高效的、低耗的和低污染的开采我国特有的风化壳淋积型稀土矿提供了理论支撑。

3.1 离子型稀土矿浸出过程中的离子交换

经过长期的研究表明，浸取过程中的离子交换反应即是一个可逆反应，也是非均相反应。其浸取稀土的化学反应是一个快速离子交换反应，浸取剂以铵盐为例，其离子交换化学反应方程式可表示为[7]：

$$[\mathrm{Clay}]_m \cdot n\mathrm{RE}^{3+}_{(s)} + 3n\mathrm{NH}^+_{4\,(aq)} \rightleftharpoons [\mathrm{Clay}]_m \cdot (\mathrm{NH}^+_4)_{(3ns)} + n\mathrm{RE}^{3+}_{(aq)}, \quad (1)$$

式中，[Clay]表示黏土矿物，s 表示固相；aq 表示液相。

离子型稀土矿中还含有离子相金属杂质[4]。这些金属杂质性质与稀土离子性质在很多方面极为相似,在浸取稀土的过程中会随稀土一起被浸出。浸取剂以铵盐为例,杂质金属离子以铝离子为例,其离子交换反应可用下式表示[53]:

$$[\mathrm{Clay}]_m \cdot n\mathrm{Al}^{3+}_{(s)} + 3n\mathrm{NH}^+_{4\,(aq)} \rightleftharpoons [\mathrm{Clay}]_m \cdot (\mathrm{NH}_4^+)_{(3ns)} + n\mathrm{Al}^{3+}_{(aq)}, \qquad (2)$$

式中,s 表示固相;aq 表示液相。

为深入探索浸出过程的离子交换规律,研究人员[54-56]对离子型稀土矿浸取稀土动力学展开了研究,结果表明,浸出过程离子交换反应速度极快,较好地符合“收缩未反应芯模型”,得出了稀土浸取过程受固膜扩散控制,属内扩散动力学控制的结论。此外,田君[57]还对离子型稀土矿铝浸取动力学做了相应的研究,结果表明铝浸取过程受化学反应动力学控制,而且铝浸取的表观活化能要远高于稀土浸取表观活化能,显示铝浸取平衡时间长于稀土浸取平衡时间,铝浸取速率远低于稀土浸取速率,发现了在浸取过程中稀土与铝杂质离子有一定的动力学分离作用

近年来,许多国外学者也对离子型稀土矿离子交换过程进行了研究, Georgiana A. Moldoveanu 等[58]对原地浸矿过程中稀土离子的解析机理进行了研究,结果表明稀土浸出过程是一个复杂的非均相过程,稀土离子与浸出剂中的铵离子交换反应速度很快,浸出过程的总速度受控于扩散过程。Georgiana A. Moldoveanu 等[59]还对离子型稀土矿中不同稀土离子的浸出行为进行了研究,结果表明不同稀土元素在浸出过程中的解吸速度不同,这种现象主要归因于镧系元素的在浸出过程的解吸趋势随着原子序数及原子半径的增加而降低,使得重稀土元素的解吸速度要慢于轻稀土的解吸速度。

这些研究都很好地揭示了离子型稀土矿浸出过程离子交换反应的实质,为实际生产中绿色高效提取离子型稀土矿提供了重要的理论依据。

3.2 离子型稀土矿浸出的传质过程

在离子型稀土矿的浸出过程中,当浸出剂与矿石接触时,总是先发生矿石颗粒的加湿过程,浸出剂在矿石的表面形成一层不可流动的液膜(即由物理化学力固定的溶液)铺展于整个矿物颗粒表面,通常被称为结合液[60]。当进一步加入浸出剂时,矿石颗粒加湿达到饱和,浸取柱内矿石粒层中才出现溶液的流动,形成流动液层。在浸出过程中流动层的铵离子需要通过结合液层到达黏土矿物颗粒表面与其吸附的稀土离子发生交换反应,而被交换下来的稀土离子也同样需要通过结合液层到达流动层中,离子型稀土矿浸出传质过程示意见图 2。因此,离子型稀土矿的传质过程最终表现为流动液层与颗粒表面结合液层之间的物质传递[6]。

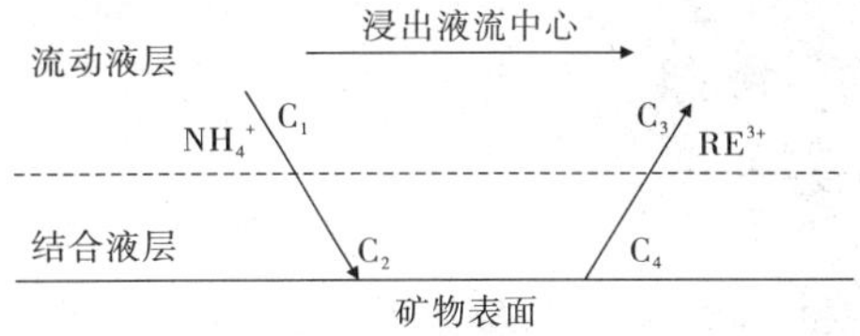

图 2 离子型稀土矿浸出传质过程示意

田君等[61-65]对离子型稀土矿的传质过程进行了系统的研究,主要将浸取过程看作色层淋洗过程,以理论塔板高度来表达浸取传质效果,采用柱浸试验方法来研究浸取流速、浸取剂浓度、矿石粒度及矿石品位等因素对浸取传质过程的影响。研究浸取流速、浸取剂浓度、矿石粒度及矿石品位等因素对浸取传质过程的影响。研究发现,浸出剂浓度在一定范围内的升高对传质过程有利,而当浓度足够高时,其对传质效果影响不明显;此外,对于同一矿石和同一浸取剂而言,流速将对传质效果起决定作用,流速过快或过慢均不能得到较好的传质效果,并发现在实际生产中可以通过对浸出剂流速的控制来强化浸出过程的传质效果。同时,通过在浸出剂中添加田菁胶及其改性物,也能够有效提高浸出过程的传质效果,达到降低浸出剂消耗及提高浸出回收率的效果。

3.3 离子型稀土矿浸出过程的渗流规律

浸出液在矿床中的渗透效果是决定原地浸矿浸出效果的最重要因素[4],而掌握其渗流规律是提高渗透效果的重要前提。为此,我国研究人员在此方面进行了大量的研究。

吴爱祥等[66-67]对离子型稀土矿原地浸取过程中的渗流规律进行了研究。其研究结果表明,矿物颗粒表面结合水对溶浸液具有黏滞和吸收作用,并能缩小孔隙体积的特点,是影响浸取过程中溶浸液渗流规律的重要因素之一,此外,矿体中存在较多细小松散颗粒在渗流中容易发生松动形成阻塞颗粒,直接导致渗流孔道的机械堵塞。

左恒等[68]则对电场作用下离子型稀土矿浸矿溶浸液渗流特性进行了研究,结果表明,电场作用可以有效地强化矿床孔隙中浸矿溶浸液渗流能力,强化效果与电场强度、矿床渗透率和溶浸液流体性质等因素有关;相同流体压力梯度下,电场作用下中溶浸液电动渗流随电场强度增大而增

床渗透率越高，电场作用对溶浸液渗流特性的影响越明显；浸矿溶浸液浓度越高，孔隙中溶浸液的电动渗流效应越明显。

汤洵忠等[69]也采用室内模拟原地浸出的方法对渗流规律进行了研究，通过试验对原地浸矿的各项浸取参数进行了优化选择，并发现最佳注液井的网密度受浸出剂的侧渗速度、矿石中的孔隙度的影响，在一定条件下可通过加密注液井可减少"浸取死角"，达到强化浸出渗流效果的目的。

罗嗣海等人[70]研究了离子型稀土浸矿过程中渗透性变化规律，发现在浸矿过程中，离子吸附和离子交换会使渗透系数减小，矿体中微颗粒则迁移引起渗透系数增加，两种相反的作用同时存在。同时，水利梯度对渗透性能也会产生较大影响，当水力梯度小于某一临界值时，引起渗透系数变化的主要原因是离子吸附和离子交换，当水力梯度大于某一临界值时，引起渗透系数变化的主要原因是微颗粒迁移，水力梯度增大，微颗粒迁移对渗透系数的变化影响增大。

这些原地浸矿过程中的渗流规律研究成果对于了解原地浸矿过程的实质，提高原地浸矿浸取效率，促进原地浸矿的推广具有重要的理论指导作用。

4 离子型稀土矿高效绿色提取技术与理论的发展方向

历经稀土科技工作者四十余载的探索与研究，离子型稀土矿在开发利用方面取得了很大的突破，其提取技术不断向绿色化、高效化方向迈进，其提取过程理论研究内涵不断拓展和深入，但仍存在不少理论和实践生产上的不足有待进一步完善。通过前面对离子型稀土矿提取技术与理论研究进展的总结和分析可以看出，今后需要研究的内容主要有：

（1）提高原地浸出工艺的适应性与浸出效果。原地浸出工艺在一些渗透性较差，地质条件复杂的矿体中应用时，常常会出现浸出周期长，药剂耗量大，稀土母液浓度低，稀土浸出率低等问题。应针对这些问题进一步完善原地浸出过程的渗流、传质效果强化等基础理论研究，加强复杂地质条件下原地浸出工程实践研究，以进一步提高原地浸出效果，找出原地浸出工艺的适应性的有效途径。

（2）提高浸出过程的环保性。目前广泛应用的离子型稀土矿原地浸矿工艺提取稀土过程中需消耗大量含氨氮药剂（如硫酸铵、碳酸氢铵），其在矿体及水体中的扩散容易造成稀土矿区土壤酸化、水体富氧化及氨氮超标。在目前还没有理想药剂取代 $(NH_4)_2SO_4$ 等铵盐作浸取剂的情况下，如何实现减少铵盐消耗是研究的重点方向。此外，还应特别注重稀土离子的二次迁移富集规律的探索，采取有效措施有效地防止稀土矿开采后稀土离子及氨氮对水体和水系的污染，有效提高浸出过程的环保性。

（3）降低原地浸出过程地质灾害的发生。离子型稀土矿原地浸出工艺对于矿山植被保护有很大优势，但常常因多种原因不当导致山体滑坡，对周边环境造成不利影响。因此，在原地浸出工艺的实践中，防止地质灾害是亟待解决的问题。因此，需加强对原地浸出过程浸出剂的扩散、黏土矿物膨胀、浸出液渗流规律及边坡稳定防护工程学方面的理论与实践研究，从多角度、多途径强化矿体的稳定性，防止矿山滑坡等地质灾害发生。

（4）加强低品位难浸离子型稀土资源的利用。随着离子型稀土矿开采的深入与延续，富矿被迅速优先开采和利用，矿物日趋贫化，出现了越来越多低品位离子型稀土矿，而现有工艺难以实现对这些低品位矿物的有效回收。因此，对低品位离子型稀土资源的回收工艺进行开发与研究，实现离子型稀土资源可持续发展利用是今后需要重点开展研究工作的方向。

参 考 文 献

[1] 徐光宪. 稀土[M]. 北京：冶金工业出版社，1995.

[2] 刘余九. 中国稀土产业现状及发展的主要任务[J]. 中国稀土学报，2007，25(3)：257-263.

[3] 程建忠，车丽萍. 中国稀土资源开采现状及发展趋势[J]. 稀土，2010，4(2)：65-69.

[4] 罗仙平，翁存建，徐 晶，等. 离子型稀土矿开发技术研究进展及发展方向[J]. 金属矿山，2014(6)：83-90.

[5] Xiong Jin. Analysis and outlook of global rare earth market(continued)[J]. China Rare Earth Information, 2008, 14(12): 1-3.

[6] 王彩凤. 我国稀土工业发展与展望[J]. 稀土信息，2009(9)：4-8.

[7] 池汝安，田 君. 风化壳淋积型稀土矿化工冶金[M]. 北京：科学出版社，2006.

[8] 罗仙平，钱有军，梁长利. 从离子型稀土矿浸取液中提取稀土的技术现状与展望[J]. 有色金属科学与工程，2012(5)：50-53，59.

[9] Kanazawa Y, Kamitani M. Rare earth minerals and resources in the world[J]. Journal of Alloys and Compounds, 2006, 408(9): 1339-1343.

[10] Chi R, Tian J. Weathered Crust Elution-Deposited Rare Earth Ores[M]. New York: Nova Science Publishers, 2008.

[11] 池汝安,田 君. 风化壳淋积型稀土矿评述[J]. 中国稀土学报,2007,25(6):641-650.

[12] Alexandre Rocha, Don Schissel, Andreas Sprecher, et al. Process development for the serra verde weathered crust elution-deposited rare earth deposit in Brazil [C]//Proceeding of the 52nd conference of Metallurists(COM). [S. l.]: Rare Earth Element, 2013: 277-288.

[13] 池汝安,王淀佐. 稀土选矿与提取技术[M]. 北京:科学出版社,1996.

[14] 池汝安,田 君,罗仙平,等. 风化壳淋积型稀土矿的基础研究[J]. 有色金属科学与工程,2012(4):1-13.

[15] Ruan C, Tian J, Zhongjun L, et al. Existing state and partitioning of rare earth on weathered ores [J]. Journal of Rare Earths, 2005, 23(6):756-759.

[16] Peishan Z, Kejie T, Zhuming Y. Study on Material composition and REE-host forms of Ion-type RE deposits in South China [J]. Journal of Rare Earths, 1995, 13(1):37-41.

[17] 罗仙平,邱廷省,严 群,等. 风化壳淋积型稀土矿的化学提取技术研究进展及发展方向[J]. 南方冶金学院学报,2002,23(5):2-6.

[18] Tian J, Chi R, Yin J. Leaching process of rare earths from weathered crust elution-deposited rare earth ore [J]. Transactions of Nonferrous Metals Society of China, 2010, 20(5):892-896.

[19] 周晓文,温德新,罗仙平. 南方离子型稀土矿提取技术研究现状及展望[J]. 有色金属科学与工程,2012,3(6):82-85.

[20] 贺伦燕,冯天泽,傅师义. 硫酸铵淋洗从离子型稀土矿中提取稀土工艺的研究[J]. 稀土,1983,4(3):1-5.

[21] 罗仙平,钱有军,梁长利. 从离子型稀土矿浸取液中提取稀土的技术现状与展望[J]. 有色金属科学与工程,2012(5):50-53.

[22] 邱廷省,伍红强,方夕辉,等. 风化壳淋积型稀土矿提取除杂技术现状及进展[J]. 稀土,2012(4):81-85.

[23] 池汝安,王淀佐. 一种离子型稀土矿的选矿新工艺-硝酸铵淋洗过程的实验研究[J]. 有色矿山,1990(5):47-91.

[24] 李 婷,涂安斌,张越非,等. 混合铵盐用于风化壳淋积型稀土矿浸取稀土的动力学研究[J]. 化工矿物与加工,2009(2):19-24.

[25] Luo Xian-ping, Ma Pei-long, Luo Cai-gui, et al. The effect of LPF on the leaching process of a weathered crust elution-deposited rare earth ore[C]//Conference of Metallurgists Proceedings (COM). Canada: Vancouver, 2014: 246-251.

[26] 罗仙平,陈晓明,梁长利,等. 一种风化壳淋积型稀土矿的浸出方法:中国,103255301A[P]. 2013-08-21.

[27] 池汝安,李 琼,徐志高,等. 一种风化壳淋积型稀土矿浸矿剂及其提取稀土的方法:中国,103484668A [P]. 2014-01-01.

[28] 李永绣,周新木,刘艳珠. 离子吸附型稀土高效提取和分离技术进展 [J]. 中国稀土学报,2012,30(3):257-264.

[29] 卢盛良,卢朝晖,吴南萍,等. 离子型稀土矿控速淋浸工艺研究[J]. 湿法冶金,1997(3):34-39.

[30] 卢盛良,田 君. 离子型稀土矿控速淋浸新工艺通过中评估[J]. 稀土信息,1994,21(1):6-7.

[31] 饶国华,毛燕红,吴南萍,等. 田菁胶及其化学改性产物对风化壳淋积型稀土矿浸矿的影响[J]. 湿法冶金,1995,54(2):10-14.

[32] 邱廷省,罗仙平,方夕辉,等. 风化壳淋积型稀土矿磁场强化浸出工艺 [J]. 矿产资源综合利用,2002(5):14-16.

[33] 李斯加,俞庆华,陈一波,等. 南方某类稀土矿的抑杂浸出[J]. 稀土,1996,17(2):29-32.

[34] 欧阳克氙,饶国华,姚慧琴,等. 南方稀土矿抑铝浸出研究[J]. 稀有金属与硬质合金,2003,31(4):1-3.

[35] 汤洵忠,李茂楠,杨 殿. 原地浸析采矿方法在离子型稀土矿的应用及其展望[J]. 湖南有色金属,1998(4):5-7.

[36] 李 春. 原地浸矿新工艺在离子型稀土矿的推广应用[J]. 有色金属科学与工程,2011,2(1):63-67.

[37] 汤洵忠,李茂楠,杨 殿. 离子型稀土原地浸析采矿的再吸附问题及对策[J]. 中南工业大学学报,1998(6):13-16.

[38] 李 春,邵亿生. 离子型稀土矿原地浸矿中反吸附问题的探讨[J]. 江西有色金属,2001,15(4):5-8.

[39] 汤洵忠,李茂楠,杨 殿. 原地浸析采矿的顶水大循环技术[J]. 矿冶工程,2000,20(2):5-7.

[40] 汤洵忠,李茂楠,杨 殿. 原地浸析采矿中的水封闭工艺原理及其应用 [J]. 中南大学学报,1999,30(3):225-229.

[41] 王观石,邹志强,王 强,等. 裸脚式离子型稀土矿体的注液和收液工程布置优化方法:中国,CN 104046774A [P]. 2014-09-17.

[42] 李永绣,许秋华,王 悦,等. 一种提高离子型稀土浸取率和尾矿安全的方法:中国,103695670A[P]. 2014-04-02.

[43] 罗才贵,罗仙平,周娜娜,等. 南方废弃稀土矿区生态失衡状况及其成因[J]. 中国矿业, 2014,23(10):65-70.

[44] 罗才贵,罗仙平,苏 佳,等. 离子型稀土矿山环境问题及其治理方法[J]. 金属矿山,2014(6):91-96.

[45] 罗仙平,张 艳,邓扬捂. 矿山废弃地分析及植物修复重金属污染土壤技术探讨[J]. 有色金属科学与工程,2013,4(1):62-66.

[46] 汤洵忠. 离子型稀土矿原地浸析采场滑坡及其对策[J]. 金属矿山,2000(7):6-8.

[47] 罗嗣海,袁 磊,王观石,等. 浸矿对离子型稀土矿强度影响的试验研究[J]. 有色金属科学与工程,2013,4(3):58-61.

[48] 陈 飞,罗仙平,陈陵康. 一种离子型稀土原地浸矿采场滑坡防止的方法:中国,104234062A[P]. 2014-12-24.

[49] 陈 飞,罗仙平,陈陵康. 液面限位报警器:中国,203688039U [P]. 2014-07-02.

[50] 李 慧,张臻悦,徐志高,等. 风化壳淋积型稀土矿中黏土矿物防膨胀剂的选择[C]//中国稀土综合利用与环境保护研讨会论文集. 北京:中国稀土协会,2012:41-47.

[51] 池汝安,张婷婷,徐志高,等. 一种风化壳淋积型稀土矿复合浸矿剂[P]. 中国专利:CN 103789561A,2014-05-14.

[52] 池汝安,张臻悦,徐志高,等. 风化壳淋积型稀土矿原地浸取时防止山体滑坡的复合铵盐浸取剂:中国,102747222A[P]. 2012-10-24.

(下转第 15 页)

我国金矿氰化渣中金再回收利用研究现状

闫军宁
（紫金矿冶设计研究院）

摘　要　我国氰化提金工艺中产生大量的氰化渣，金、银含量较高。直接回填井下或堆放处置，不仅造成金、银的资源浪费，也会污染土壤和水体。随着技术的进步和矿产资源的减少，氰化渣中的金目前具有较高的利用价值。分析了氰化渣的来源和可选性，总结了国内几种典型金氰化渣如全泥氰化渣、金精矿直接氰化渣、焙烧氰化渣、生物氧化氰化渣中金的回收现状和不同氰化渣处理方法，对不同氰化渣采取不同的金回收工艺进行了展望。

关键词　氰化渣　浮选　预氧化　回收金

我国黄金矿山企业大多采用氰化提金工艺来生产成品金，氰化渣常被废弃堆存或充填到井下，不仅使渣中所含的金、银等有价元素被浪费，还会污染土壤和水体。目前，国内仅有河台金矿、大清水金矿等几家采用浮选工艺回收氰化渣，整体回收水平不高。随着矿产资源的不断紧缺和选冶技术的进步，原氰化尾渣中的元素尤其是金，具有较高的回收利用价值。研究氰化渣中金的回收成为选矿界的一个新课题，对提高矿产资源的综合利用效率和金矿山企业经济效益具有积极意义。

1　氰化渣来源及可选性

金矿氰化工艺可用来处理含金矿石或浮选金精矿。按照氰化工艺给料的不同，氰化渣一般分为全泥氰化渣、浮选金精矿氰化渣，而浮选金精矿氰化渣按照其预处理工艺又可分为金精矿直接氰化渣、金精矿焙烧氰化渣、金精矿生物氧化氰化渣等。

全泥氰化渣、金精矿直接氰化渣中硫化矿物含量和组成变化不大，常采用浮选方法回收；金精矿焙烧氰化渣中铁含量较高，残余的硫化矿物极少，部分金再次被包裹。一般使用湿法处理；金精矿生物氧化氰化渣中黄铁矿、毒砂等被氧化后表面性质发生变化，可考虑浮选或湿法回收。

浮选法回收时，由于矿泥很细、可浮性极好、上浮量大，粗选干扰很大，分选效率降低成都较大。另外，残存的 CN^- 及浮选药剂，都会降低有用矿物的可浮性[1]。而采用湿法回收时，尾渣中金、银的解离是关键。

2　氰化渣中金回收现状

目前氰化渣回收处理方法主要有湿法、火法、浮选法等。湿法和火法回收处理通过破坏金的包裹矿物如黄铁矿、赤铁矿等，使金呈裸露状态而加以回收；浮选法是使金富集到精矿中而达到回收的目的。

2.1　全泥氰化渣、金精矿直接氰化渣

全泥氰化渣、金精矿直接氰化渣中硫化矿物性质变化不大，常可以通过洗涤清洗降低氰化物含量剩余氰根质量分数控制在 $(35\sim5)\times10^{-6}$，再调节浮选电位、活化硫化物进行浮选，从而回收其中含金的硫化矿物等[2]。

浮选法因具有成本低、易于工业化应用的优点成为当前回收氰化渣中金等有价元素最常用的工艺。一般通过再磨解离或直接活化浮选来富集金及含金的硫化铁矿物再进一步回收。如金精矿氰化渣含铜、铅等硫化矿时，通过浮选铜、铅等硫化矿来富集、回收金、银。全泥氰化渣、金精矿直接氰化渣也可采用预氧化、后浸出金的回收工艺。

某氰化尾渣含金 0.47 g/t，金多为微细粒包裹体。周东琴[3]对该渣再磨后用硫酸调节 pH = 6，采用硫酸铜活化，经 2 粗 1 精 1 扫闭路流程可获得金品位 47.5 g/t、金回收率 57.65% 的金精矿，指标较好；石同吉[4]对金厂峪金矿含金 3 ~ 4 g/t 的氰化渣，采用 1 粗 3 精 1 扫的浮选流程，获得含金含量大于 80 g/t、回收率达到 26% ~ 30% 的金精矿。孙忠梅[5]等对某含金 1.43 g/t、银 590 g/t、铜 3.91%、铅 2.09%、锌 2.82% 的氰化渣按铅、铜、锌顺序优先浮选的方法，在铅精矿、铜精矿中较好地回收了金、银；

闫军宁（1971—），女，高级工程师，364200 福建省上杭县。

郭宏[6]等对甘肃天水某含金2.0 g/t、银100.90 g/t、铜1.93%、铅5.96%的金氰化渣进行试验研究。采用优先选铅、再活化浮铜工艺，获得合格的铜、铅精矿，同时金、银的回收率分别达到31.25%、81.40%；郑晔[7]等在大清水金矿氰化尾渣选铜实践中采用新型双回路循环浮选流程，通过更换药剂、多点加药、石灰乳化等手段，解决了中矿恶性循环问题，使氰渣浮选过程稳定，从而实现金、银、铜等有价金属的回收；薛光[8]等研究发现，山东某金矿金精矿氰化渣细度-0.044 mm占98%，含金3.68 g/t，主要为硫化物包裹金。采用加压氧化—氰化浸出工艺，在高压釜中调节压力为0.2～0.3 MPa，加压氧化30 min后氰化，最终金浸出率达到70%以上。全泥氰化渣、金精矿直接氰化渣中金为微细粒硫化物包裹金。因硫化物预氧化后浸出金工艺成本过高，一般采用活化后浮选硫化物富集回收金的方法较为合适。

2.2 金精矿焙烧氰化渣

金精矿焙烧氰化渣残余硫化矿物极少，黄铁矿等转化为Fe_2O_3且多数呈疏松多孔状，部分出现烧结并包裹金。薛光[9]等研究认为金精矿焙烧过程中应尽量减少金再次被包裹，故焙烧时常加入一定量氢氧化钠，减少硅酸盐、铁氧化物等会包裹金的成分生成，提高了金的浸出率。另外，焙烧时加入$NaCl$、Na_2CO_3、Na_2SO_3、Na_2SO_4等也利于金的浸出。金精矿中若含铅，经焙烧氧化酸浸后，会形成硫酸铅，对金产生包裹在。因此，常采用盐浸脱铅。

金精矿焙烧氰化渣通过酸浸、细磨等预先处理后，包裹的金、银暴露后适合氰化工艺进一步回收。酸浸预适合处理金被赤铁矿包裹的氰化渣，采用硫酸处理赤铁矿，反应式为：

$$Fe_2O_3 + H_2SO_4 \longrightarrow Fe_2(SO_4)_3 + 3H_2O$$

铁以硫酸铁形式进入溶液，通过制造铁红等加以回收。金、银等解离后富集在酸浸渣，有利于后续回收。

袁朝新[10]等研究某含铅2%～4%的酸浸渣发现，用石灰调碱氰化，氰渣最终仅含金7～8 g/t。用碳酸钠调碱氰化，硫酸铅转化为碳酸铅，金氰化浸出率达到90%以上。中原黄金冶炼厂对金精矿焙烧渣用硫酸浸出，浸出95%以上的铁后氰化浸金，金的浸出率大于98%，铁浸出液可以生成合格的氧化铁红产品[11]。

采用湿法回收金精矿焙烧氰化渣的关键是通过预处理使包裹的金、银暴露出来。

2.3 金精矿生物氧化氰化渣

金精矿生物氧化氰化渣中载金矿物主要是黄铁矿、毒砂，且金品位较低，适合采用浮选方法对金进行富集以进一步回收。

细菌氧化黄铁矿等硫化矿物的过程非常复杂，直接氧化、间接氧化及电池作用会同时发生。目前研究认为细菌在氧化过程中机理分为3类：①浸出过程中细菌直接与矿物接触发生氧化反应；②细菌使Fe^{2+}氧化为Fe^{3+}，Fe^{3+}将金属硫化物氧化为硫酸盐的间接氧化作用机理；③直接氧化和间接氧化共同作用的复合氧化作用机理[12-14]。

黄铁矿属等轴晶系，晶体(100)，(110)，(111)晶面的Fe^{2+}和$[S_2]^{2-}$分布的差异使表面化学活性不同。A. Hung 和 J. Muscat[15]等认为(100)面比(110)面稳定性更强，杨洪英[16]等认为从(111)，(110)晶面到(100)晶面，细菌氧化难度逐步增加。细菌氧化后的黄铁矿表面粗燥、出现微裂隙及蜂窝状的孔隙。毒砂是最易被细菌氧化的金属矿物，毒砂氧化后晶体表面形成黄色的氧化膜[17]。

生物预氧化氰化提金工艺中会出现大量粘度大、稳定性高的土黄色泡沫，难以消除，影响生产过程控制。王行军[18]等研究认为这些泡沫是由于以下几个原因造成的：①黑药、2#油等具有表面活性的药剂生成；②生产过程中充气生成；③酯类化合物皂化在高碱度时皂化反应生成；④呈丝网状的微生物尸体包裹气泡，增加表面张力，使泡沫稳定性增加。常采用喷洒水、加阳离子聚丙烯酰胺或有机硅油等消泡剂、洗矿、调节碱度、降低其泡剂用量、调节矿浆温度等办法控制泡沫。

关于金精矿生物氧化氰化提金渣再回收金的研究报道较少。新疆某浮选金精矿经生物氧化、氧化渣再氰化提金后，氰化渣中金、银品位分别为7.40 g/t和24.96 g/t。余世磊[19]等针对该金氰化渣采用碳酸钠+水玻璃为组合调整剂、硫酸铜为活化剂、异戊基黄药+丁基铵黑药为组合捕收剂、RB-3为起泡剂采用2粗3精开路流程选金，可获得精矿金品位24.68 g/t、回收率61.30%和银品位67.21 g/t、回收率47.47%的较好指标。精矿X射线衍射结果表明，氰化渣中载金矿物为未氧化的白铁矿和黄铁矿，脉石矿物的粒度极细，直接影响精矿的浮选指标。

浮选法处理金精矿生物氧化氰化渣时，消除泡沫及细泥的影响是提高精矿金品位和回收率的关键。

3 结论与展望

(1)每年产出的金氰化渣越来越多,金、银等有价金属随着技术的进步越来越具有回收利用价值。氰化渣作为二次资源,对其回收利用是提高企业经济效益的一个有效途径。

(2)氰化渣来源不同载金矿物的性质也不同。当金和硫化物关系密切时,适合采用浮选法来富集回收;当金被氧化矿物包裹时,一般使用湿法处理回收;而金精矿生物氧化氰化渣中载金矿物黄铁矿、毒砂等被氧化后表面性质发生变化,可考虑浮选法或湿法回收。

(3)浮选法作为氰化渣中金等有价金属回收的最经济、最常用方法,易受微细粒矿泥、残存的 CN^-、浮选药剂及泡沫的影响;氰浸出渣中金、银的解离是采用湿法处理回收的关键,同时可以回收渣中的铁,实现二次资源的综合利用。

(4)针对不同性质的氰化渣,研发适应性强、成本低、回收效果好的选冶工艺,是综合回收金等有价元素、提高资源利用率的关键。

参 考 文 献

[1] 高俊峰,李晓波.我国氰化尾渣的利用现状[J].矿业工程,2005,3(4):38-39.

[2] 杨 凤,王海东,郝福来,等.从氰化浸渣中回收锌的研究[J].黄金,2009(9):43-45.

[3] 周东琴.某氰化尾渣中金的浮选回收试验研究[J].有色矿冶,2009,25(1):15-17.

[4] 石同吉.氰化尾渣综合回收有价金属的研究与实践[J].金属矿山,2002,309(3):39-41.

[5] 孙忠梅,巫銮东,甘永刚,等.从废弃氰化尾渣中再提取金银等金属及硫的浮选方法:中国,CN201110409765.7[P].2012-6-27.

[6] 郭 宏,张景和.天水金精矿氰化尾渣综合回收铜铅的试验研究[J].黄金,1999(11):35-38.

[7] 郑 晔,冯国臣,邹积贞.大清水金矿氰化尾渣综合回收利用研究[J].黄金,1998(1):43-45.

[8] 薛 光,于永江.加压氧化-氰化浸出法从氰化尾渣中回收金[J].矿产综合利用,2004(6):47-49.

[9] 薛 光,任文生.我国金精矿焙烧—氰化浸出工艺的发展[J].中国有色冶金,2007(3):44-49.

[10] 袁朝新,汤集刚.含砷金精矿焙烧和氰化浸出试验及焙砂和浸渣的矿物学研究[J].有色金属:冶炼部分,2006(5):28-30.

[11] 梁绪树,程 帅,孙体昌,等.用硫酸化焙烧渣制备氧化铁红的中试研究[J].矿冶工程,2011,31(4):104-108.

[12] 张广积,方兆珩.生物氧化浸矿的发展和现状[J].黄金科学技术,2000,8(6):28-35.

[13] 朱长亮,杨洪英,蒋欢洁,等.溶液中离子对浸矿细菌的毒害作用[J].有色矿冶,2005,21(5):25-27.

[14] 杨洪英,杨立.细菌冶金学[M].北京:化学工业出版社,2007.

[15] Hung A, Muscat J, Yarovsky I, et al. Density. functional theory studies of pyrite FeS_2(100) and (110) surface[J]. Surface Science,2002,513(3):511-524.

[16] 杨洪英,巩恩普,赵玉山,等.浸矿菌液/天然黄铁矿界面的动态氧化研究[J].东北大学学报:自然科学版,2004(9):895-898.

[17] 朱长亮,杨洪英,汤兴光,等.含砷难处理金矿的细菌氧化预处理研究现状[J].贵金属,2010,31(1):48-52.

[18] 王行军,李 荣,宾凌勇,等.浅谈难处理金矿石细菌氧化、氰化工艺中泡沫的形成与控制[J].新疆有色金属,2008,31(3):42-44.

[19] 余世磊,王毓华,王进明,等.从某金矿氰化渣中回收金银的试验研究[J].有色金属:选矿部分,2013(6):35-39.

(收稿日期 2015-06-06)

我国硼矿选矿工艺回顾及展望

李治杭　韩跃新
（东北大学资源与土木工程学院）

摘　要　我国硼矿资源丰富，但贫矿多富矿少。伴随着经济的高速发展，易选硼矿石日益减少，现有硼生产能力难以满足国内逐年攀升的需求量，进口依赖程度高，加强对我国硼矿资源的开发利用势在必行。针对目前我国硼矿资源的分布情况和矿石的特点，对典型硼矿石如硼铁矿、硼镁石矿的选矿工艺进行总结概括，对我国硼工业的发展进行了展望，指出加大开发力度和技术创新同时优化选矿工艺、综合回收伴生元素，才能保证我国硼持续发展，提高资源利用率，更好地服务于国民经济。

关键词　硼矿　选矿工艺　资源利用

硼元素性质特殊，兼具金属及非金属特性，有阻燃、耐磨、耐高温、高强度、高硬度的特点，在国民生产中用途广泛，如用于生产硼酸和硼砂。硼已成为机械、化工、核工业、医药、农业、冶金、国防军工等领域的重要原料[1]。随着我国经济的不断发展，硼工业逐渐兴起，硼需求量快速增长。我国硼化物生产企业数量少，规模较小，生产能力非常低，难以满足国内硼需求量，供需矛盾十分突出[2-3]。以 2012 年为例，我国进口硼砂 63 万 t、硼酸 16.04 万 t[4]，进口依赖度较大，并呈逐年上升的趋势，不利于经济的稳定发展。

目前我国硼矿资源利用还存在严重的浪费现象。技术限制了贫硼矿的开采利用，采富弃贫问题突出，伴生有价元素随尾矿一起抛弃，资源利用率低。硼矿石品位明显降低，易选硼矿石储量逐渐减少，难选硼矿石增加。因此，加强我国硼矿的综合开发利具有重要的战略意义。

近年来，科研工作者们通过对我国硼矿床展开深入研究，在硼矿选矿工艺方面做出了很多工作[5-6]。目前，可以开发利用的硼矿资源主要有硼镁石矿及硼铁矿[7]。根据矿石性质特点，考察了硼矿的多种分选工艺，将硼矿中的多种有价元素分离、回收，为我国硼矿资源的综合开发利用奠定了基础。本文旨在对现有的硼矿选矿工艺流程进行总结和整理，以期对今后硼矿石的选矿工艺发展提出发展方向和合理化建议。

1　我国硼资源分布概况及特点

我国是世界上少数拥有丰富硼资源的国家，资源储量居世界第五，同时伴生多种有价元素，具有很高的综合利用价值。截止 2012 年底，已探明硼资源总储量为 7 293 万 t，约占全球硼储量的 15%，居世界第五位[8-9]。矿区 88 处，主要分布在辽宁、青海、西藏、吉林、湖南等 15 个省、市、自治区，其中辽宁、青海两省硼矿资源储量占全国硼矿总储量 90% 以上，其他地区硼矿资源储量较少，且多为小型矿床[10-13]。

辽宁地区硼矿主要为硼铁矿床，B_2O_3 品位平均为 7%，主要含有磁铁矿、硼镁石、硼镁铁矿、蛇纹石、晶质铀矿等矿物，主要矿物间共生关系密切，嵌布关系复杂，多呈粗细不均嵌布；青海等地区硼矿以硼镁石矿床为主，B_2O_3 品位高于 10% 的富矿占到总量的 10%，品位较高，主要矿物为含柱硼镁石、水方硼石和钠硼解石等，伴生元素种类多；西藏地区硼矿以天然硼砂为主，兼有硼湖泥、硼湖水；湖南、安徽等地硼矿规模较小，主要矿物为硼镁石、硼镁铁矿、镁硼石、白钨矿、黄铜矿等，B_2O_3 品位为 6.14% ~ 6.74%；四川盆地西南部分布有富含硼、锂、钾等元素的卤水，B_2O_3 含量介于 1.37 ~ 2.51 g/L，具有巨大的开发潜力[13-19]。

2　我国硼矿主要选矿工艺

2.1　硼铁矿选矿工艺

硼铁矿即“黑硼矿”，硼铁矿床中硼铁矿与脉石矿物间共生关系复杂，嵌布粒度粗细不均，因此该矿石分选困难，属于难选矿石。东北大学连相泉[20]等

李治杭（1990—），男，博士，110819 辽宁省沈阳市辽宁省沈阳市和平区文化路 3 号巷 11 号。

针对辽宁凤城硼铁矿，探索了磁—重—分级分选工艺、磁—重—浮分选工艺及重—磁—重分选工艺3种选矿工艺的分选效果，工艺流程分别见图1、图2和图3。

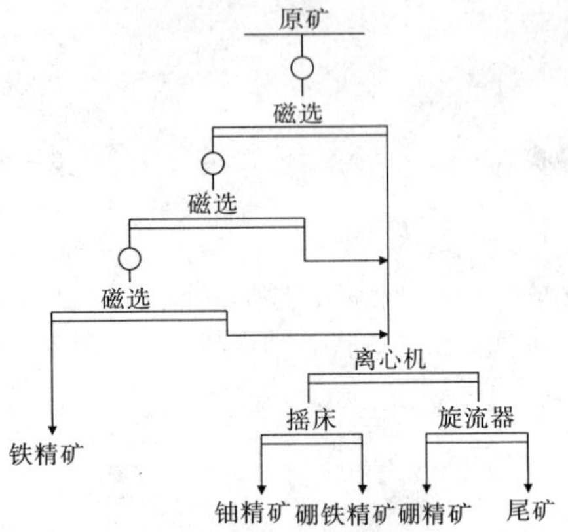

图1　磁—重—分级分选工艺

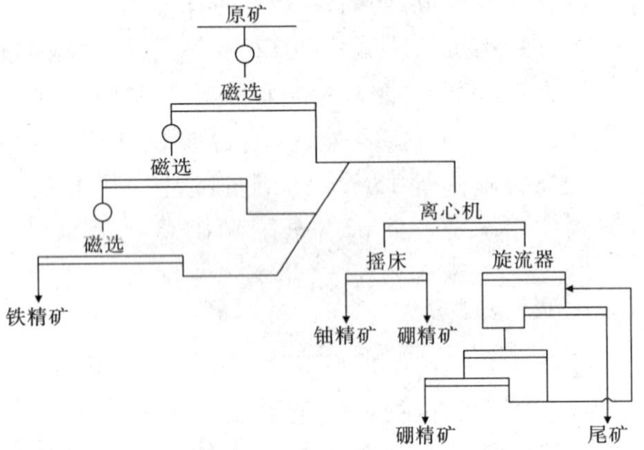

图2　磁—重—浮分选工艺

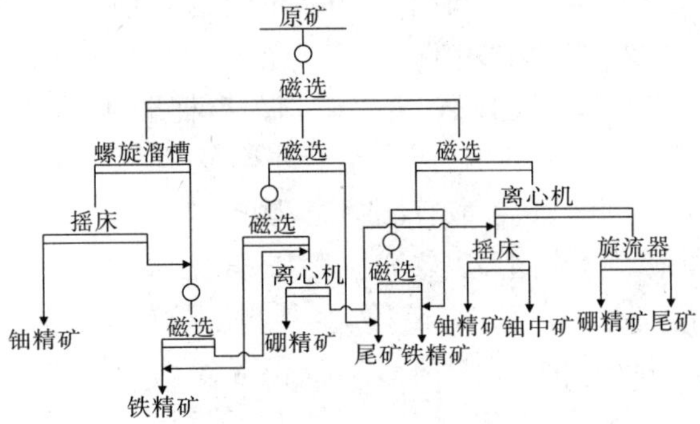

图3　重—磁—重分选工艺

磁—重—分级分选工艺3段磨矿细度分别为-0.074 mm 65%、-0.074 mm 95%、-0.043 mm 95%。试验结果表明：在原矿B_2O_3品位6.23%、铁品位32.53%时，经过该工艺流程选别后，获得铁品位61.21%、回收率84.51%的铁精矿，B_2O_3品位13.72%、回收率60%的硼精矿。

磁—重—浮分选工艺和磁—重—分级分选工艺相比，只是将分级改为浮选。试验结果表明：在原矿B_2O_3品位5.21%、铁品位27.4%的条件下，选别后获得铁精矿铁品位为60.40%、回收率为84.24%，硼精矿B_2O_3品位为13.74%，回收率为51.04%。

重—磁—重分选工艺1段磨矿细度-0.074 mm为63%、2段磨矿细度0.074 mm为96%条件下，对B_2O_3品位6.34%、铁品位32.31%的原矿进行选别，最终获得铁品位58.01%，回收率79.36%的铁精矿和B_2O_3品位12.88%、回收率48.01%的硼精矿。

以上3种分选工艺流程中磨矿细度都较细，磁—重—分级分选工艺和磁—重—浮分选工艺在磨矿细度为-0.043 mm占95%以上时才能够获得铁品位60%的铁精矿，重—磁—重分选工艺仅能获得铁品位58.01%的铁精矿。由于试验工艺流程复杂，工业上实现该细磨程度能耗高、难度大，因此这3种工业流程难以得到工业应用。

在此基础上，连相泉[21-22]等根据矿石中不同矿物间的粒度差异，设计了阶段磨矿、阶段磁选工艺，见图4。

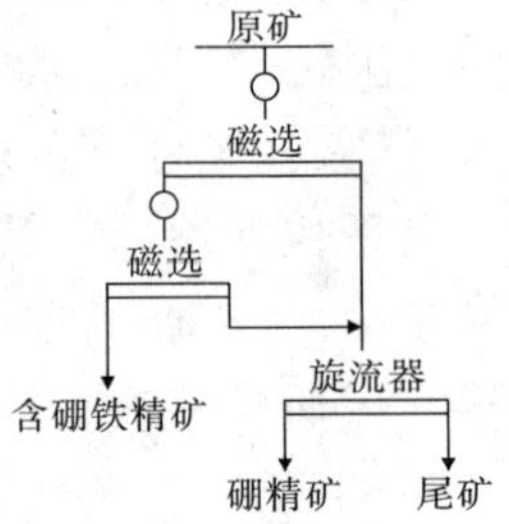

图4　阶段磨矿—阶段磁选分选工艺

对B_2O_3品位9.35%、铁品位39.87%的原矿进行选别，在1段磨矿细度-0.074 mm 35%，2段磨矿细度-0.074 mm 70%条件下，最终获得铁品位49.78%，回收率90.21%的铁精矿和B_2O_3品位19.59%，回收率31.32%的硼精矿。工艺流程简单且获得了较好的硼、铁品位，可以满足冶炼对原料的要求。缺点是该工艺中大量硼进入尾矿从而无法回收利用，造成硼回收率较低。

张涛[23]等也对凤城硼铁矿石进行了试验研究，采用磁—重—浮联合流程考察了磨矿细度对分选结果的影响，流程见图5。

该工艺采用2段磨矿、2段磁选，再经重选、浮选，原矿铁品位31.45%、B_2O_3品位7.38%，在1段磨矿细度为-0.075 mm占65%、2段磨矿细度-0.047 mm占99%条件下，以氧化石蜡皂作浮选捕收剂、Na_2CO_3为pH调整剂，最终获得铁品位60.27%、回收率79.21%的铁精矿，B_2O_3品位11.12%，B_2O_3回收率41.58%的硼精矿。虽然工艺获得了较高铁品位及回收率的铁精矿,但是硼精矿品位较低,不足12%,难以满足工业需要。主要是因为工艺中氧化石蜡皂作为硼矿物捕收剂效果不理想。

李艳军[24-25]等对辽宁凤城硼铁矿进行了浮选试验研究。根据该矿石主要矿物磁铁矿、硼镁石及蛇纹石嵌布粒度均较细的特点,确定了细磨—浮选—磁选工艺流程,见图6。

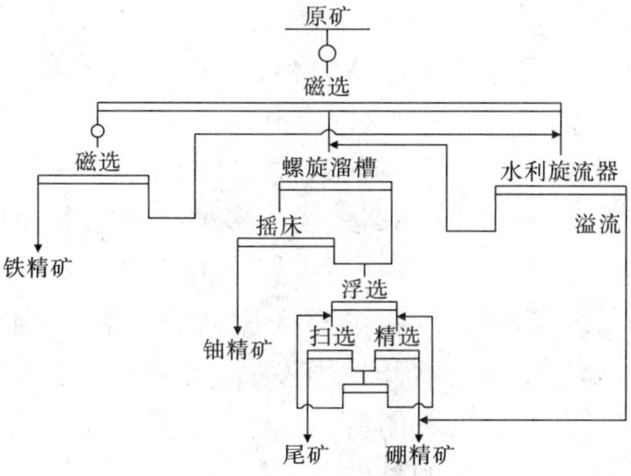

图5 磁—重—浮选联合流程

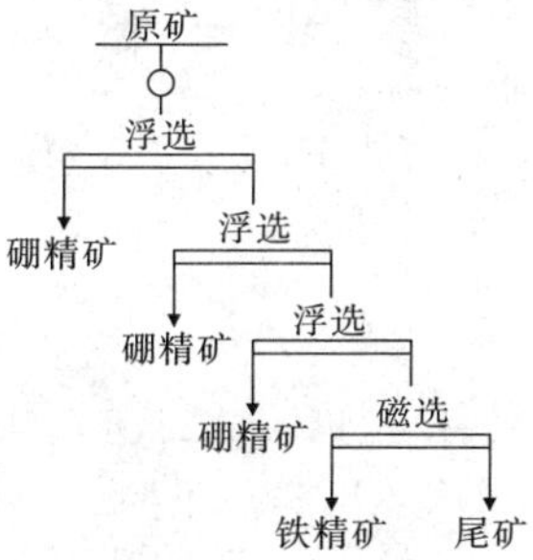

图6 细磨—浮选—磁选工艺

该流程采用1段磨矿(磨矿细度-0.04 mm占95%),浮选为3步浮选,在浮选pH调整剂六偏磷酸钠用量60 g/t、捕收剂十二胺用量3 000 g/t的最佳试验条件条件下,对铁品位为36.97%、B_2O_3品位为7.33%的进行分选,最终获得铁品位58.52%、回收率83.6%的铁精矿,3段浮选精矿B_2O_3品位分别为15.20%、14.00%、13.50%。该流程最大特点是实现了无尾矿工艺。浮选尾矿中B_2O_3品位达到了12.10%,仍可以满足硼化工生产要求指标。该尾矿与其他硼精矿合并后获得最终硼精矿B_2O_3达到13.6%,回收率为71.8%。

刘双安[26]等针对辽宁凤城翁泉沟硼铁矿和业家沟硼铁矿混均后的混合矿作为原矿进行了试验研究,确定了以磁选为主的磁选—分级工艺,见图7。

该工艺2段磨矿细度-0.074 mm分别占50%、75%。在原混合矿铁品位31.48%、B_2O_3品位6.87%条件下,最终获得铁品位55.68%、回收率

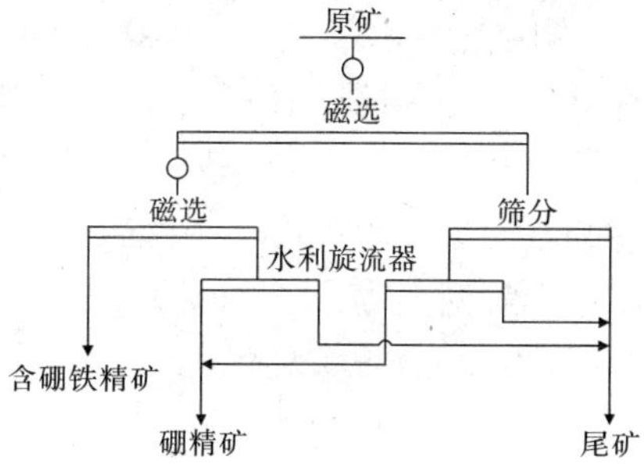

图7 磁选—分级工艺

80.90%的含硼铁精矿和B_2O_3品位13.40%、回收率23.99%的硼精矿。

对该工艺在水力旋流器前除去筛分作业,并将2段磨矿细度提高至-0.074 mm 80%,其他选矿条件不变。最终获得铁品位56.88%、回收率80.73%的含硼铁精矿和B_2O_3品位12.72%、回收率39.10%的硼精矿。虽然硼精矿品位较原工艺流程下降0.68个百分点,但是回收率提高近15个百分点,效果明显。

若将原工艺流程的2段磁选尾矿直接进行强磁分选,硼精矿品位为11.20%,无法满足硼工业的要求,另外强磁设备耗资较大。综合考虑,该流程不适合工业应用。

2.2 硼镁石矿选矿工艺

硼镁石矿也称“白硼矿”,较易分选,一般单纯采用浮选即可获得良好的选别效果。辽宁省地质中心实验室[27]对辽宁后仙峪硼镁石矿进行了浮选试验研究,最终确定1粗2精2扫的浮选工艺,见图8。

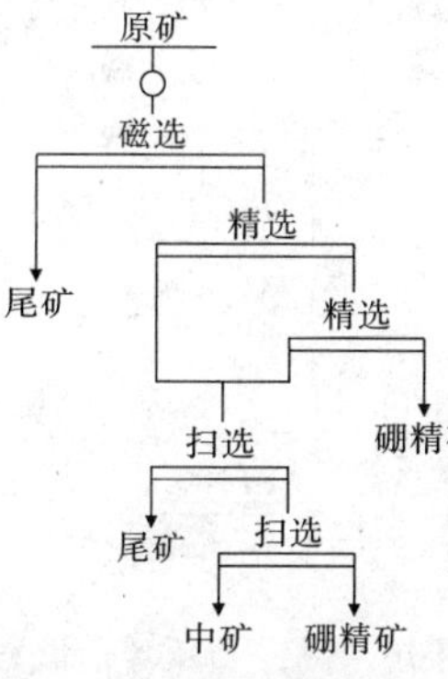

图8 1粗2精2扫的浮选工艺

试验结果表明,试验最佳浮选条件为:1段和2段磨矿细度-0.074 mm分别占40%、75%,浮选温度40 ℃,矿浆pH值为7.0。对B_2O_3品位在7%~8%的入选原矿进行选别,可获得硼精矿B_2O_3品位26.5%、回收率为87.2%的良好指标。

辽宁地质中心[27]对吉林高台沟硼镁石矿在确定的最佳试验条件下进行1粗1精浮选试验研究。

试验结果表明：在磨矿细度为-0.074 mm 占 82% 时，采用水玻璃作抑制剂，塔尔油作捕收剂，稀硫酸作 pH 调整剂，可将原矿 B_2O_3 品位由 4.19% 提高至 15.63%，回收率达到 79.91%，指标较好。

程仁举[28]等对丹东硼镁石矿进行了 1 粗 2 精 1 扫浮选试验研究，见图 9。

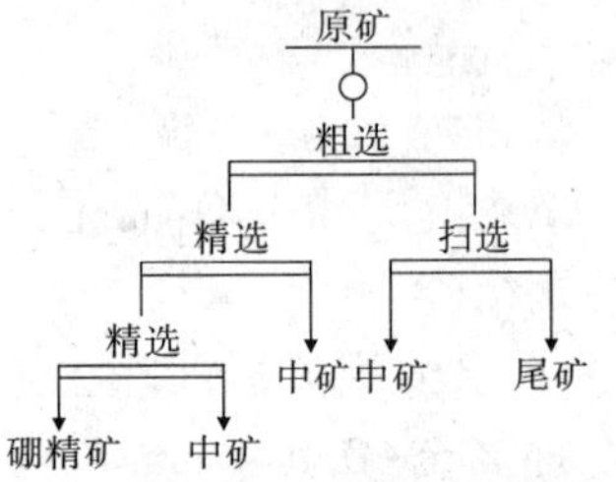

图 9　1 粗 2 精 1 扫浮选浮选工艺

在原矿 B_2O_3 品位 6.72%，磨矿细度-0.074 mm 90%，以油酸钠作捕收剂、复配药剂 FLM 为抑制剂、矿浆 pH 为 11 的条件下进行浮选，获得精矿 B_2O_3 品位 12.65%，回收率 70.88%。

吴生起[29]等对国内某低品位矽卡岩型硼矿石进行了反浮选工艺流程的探索，最终确定 1 粗（三段加药）1 扫（两段加药）的浮选工艺流程，见图 10。试验结果表明最佳试验条件为磨矿细度-0.074 mm 97% 以上，TNO 为硼镁石抑制剂，B-851 为捕收剂浮选方解石和白云石碳酸盐矿物，浮选矿浆 pH9.0，浮选温度 33 ℃。在该试验条件下对 B_2O_3 品位 7.85% 的原矿进行浮选，获得品位 21.89%、回收率 92.36% 的硼精矿。

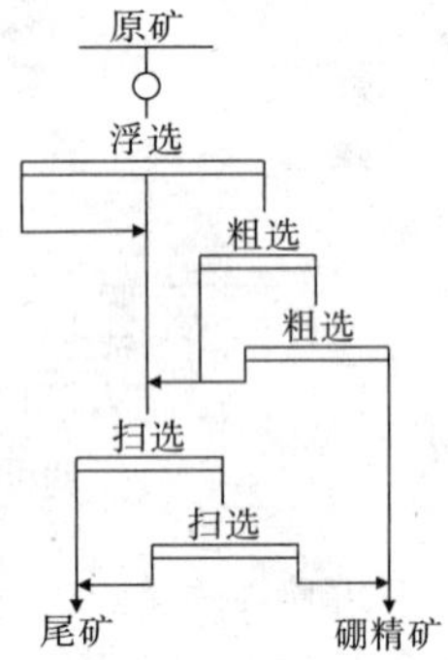

图 10　硼镁石反浮选流程

曹泽旺[30]等对湖南常宁硼镁矿石进行了反浮选试验研究，确定了 1 粗 2 精 2 扫的工艺流程。试验结果表明在磨矿细度-0.074 mm 95%、以水玻璃做调整剂、C-62 作捕收剂反浮选硅酸盐矿物的条件下，最终获得 B_2O_3 品位 12.88%，回收率 67.32% 的硼精矿，较原矿 B_2O_3，提高了 6.40 个百分点。

陈树梅[31]等对某低品位柱硼镁石进行了 1 粗 1 精反浮选试验研究。试验结果表明：在浮选温度 30 ℃，捕收剂 DAA 用量 1 500 g/t，调整剂偏硅酸钠用量 920 g/t 的条件下，原矿 B_2O_3 品位由 7.82% 提高至 13.78%，回收率为 72%。

3　展　望

我国硼矿资源虽然总量丰富，但是品位低，伴生元素多且复杂难选。对于易选硼镁石矿，采用单一的浮选流程即可获得理想指标；对于复杂难选硼铁矿资源，必须采用联合流程进行分选才能获得合格指标。随着技术的进步，已经逐步开始对硼矿的伴生有价元素进行回收，综合利用硼矿资源。

为促进硼工业的持续发展，首先要重视和加强新工艺的研究，确保高效回收多种有价元素，创造更多的经济价值，这也是目前矿业在较为严峻的形势下矿山企业保证效益的有效途径。其次，应加大对我国硼工业产品的开发力度，拓展硼化工产品的市场。只有通过技术创新、降能增效，我国硼工业才能获得可持续发展的条件。

参　考　文　献

[1]　李文光. 我国硼矿资源概况及利用[J]. 化工矿物与加工，2002(9)：37.

[2]　郑学家. 中国硼砂工业生产的技术创新[J]. 无机盐工业，2013，45(1)：1-3.

[3]　曹　钊，曹永丹，桂富. 硼铁矿资源开发利用研究现状及进展[J]. 矿产综合利用，2013(2)：17-20.

[4]　程仁举，邓善芝，李艳军，等. 低品位硼镁石的选别分离基础研究[J]. 有色矿冶，2010，26(6)：35-40.

[5]　李艳军，韩跃新. 硼镁铁矿床全组分综合利用研究现状[C]//第十届全国粉体工程学术会暨相关设备、产品交流会论文专辑. 南宁：出版社不详，2004.

[6]　G·奥兹巴约格鲁. 硼矿选矿[J]. 国外金属矿选矿，2007(2)：12-17.

[7]　孙新华，欧秀芹，周启立. 硼镁矿综合利用研究[J]. 无机盐工业，2005，37(2)：44-46.

[8]　唐　尧，熊先孝，陈春琳，等. 硼资源开发利用现状及我国硼资源发展战略浅析[J]. 化工矿物与加工，2014(1)：21-24.

[9]　申　军. 国内外硼矿资源及硼工业发展综述[J]. 化工矿物与加工，2013(3)：38-42.

[10]　邵世宁，熊先孝. 中国硼矿主要矿集区及其资源潜力探讨[J]. 化工矿产地质，2010，32(2)：65-74.

[11]　吕　鹏，张志杰，范宇峰. 辽宁丹东宽甸地区硼矿资源潜在价值评价[J]. 中国矿业，2012(S)：101-106.

[12]　徐德明，张应魁. 辽宁硼矿资源合理利用与保护的规划政策建议[J]. 中国地质，1999(7)：19-20.

[13]　赵　鸿. 我国硼矿床的类型及工业利用[D]. 北京：中国地质大学(北京)，2007.

[14]　李艳军，高　太，韩跃新. 硼铁矿工艺矿物学研究[J]. 有色矿

冶,2006,22(6):15-17.
[15] 赵庆杰,王常任. 硼铁矿的开发利用[J]. 辽宁化工,2001,30(7):297-299.
[16] 刘 然,薛向欣,姜 涛,等. 硼铁矿综合利用概况与展望[J]. 矿产综合利用,2006(2):33-37.
[17] 王 伟,王 刚,赵元艺. 西藏盐湖硼矿资源特点与开发利用[J]. 盐业与化工,2013,42(8):9-12.
[18] 刘喜芳,邓绵平. 西藏聂尔错镁硼矿地质特征及成矿机制[J]. 地质学报,2010,84(11):1601-1612.
[19] 王 莹,熊先孝,孙小虹,等. 中国硼矿成矿地质特征及资源潜力分析[J]. 2014,36(1):38-42.
[20] 连相泉,王常任. 硼铁矿石选矿研究的回顾及最新进展[J]. 国外金属矿选矿,1996(4):46-49.
[21] 连相泉,王常任. 凤城硼铁矿石的选矿试验研究[J]. 化工矿山技术,1997,26(4):12-14.
[22] 连相泉,王常任. 辽宁凤城地区硼铁矿石适宜选矿工艺[J]. 东北大学学报:自然科学版,1997,18(3):238-241.
[23] 张 涛,梁海军,薛向欣. 辽宁凤城含铀硼铁复合矿分选研究[J]. 材料与冶金学报,2009,8(4):241-245.
[24] 李艳军,韩跃新. 硼铁矿选矿分离研究新进展[J]. 金属矿山,2005(S):161-163.
[25] 李艳军. 硼铁矿浮选分离研究[D]. 沈阳:东北大学,2006.
[26] 刘双安. 凤城硼铁矿石选矿试验研究[J]. 金属矿山,2007(5):47-50.
[27] 辽宁地质实验中心. 辽-吉地区硼矿石的选矿[J]. 化工矿物与加工,1982(4):41-46.
[28] 程仁举,邹春林,李艳军,等. 丹东某低品位硼镁石矿石浮选试验[J]. 金属矿山,2012(6):72-75.
[29] 吴生起,席曙光. 硼矿反浮选工艺研究[J]. 非金属矿,1991(6):17-19.
[30] 曹泽旺,周成桂. 常宁硼矿反浮选试验[J]. 化工矿山技术,1996,25(3):33-34.
[31] 陈树梅. 低品位柱硼镁石的反浮选研究[D]. 大连:大连理工大学,2010.

(收稿日期 2015-05-26)

(上接第7页)

[53] 田 君,唐学昆,尹敬群,等. 风化壳淋积型稀土矿浸取过程中基础理论研究现状[J]. 有色金属科学与工程,2012,3(4):48-52.
[54] 田 君,卢盛良,尹敬群. 我国南方某稀土矿浸出动力学研究[J]. 化工冶金,1995, 16(3):354-357.
[55] Tian Jun,Yin Jingqun,Chi Ruan,et al. Kinetics on leaching rare earth from the weathered crust elution-deposited rare earth ores with ammonium sulfate solution [J]. Hydrometallurgy,2010,101(3):166-170.
[56] 田 君,尹敬群. 我国南方某稀土矿浸出动力学与传质的研究[J]. 稀有金属,1996,20(5):11-14.
[57] 田 君. 风化壳淋积型稀土矿浸取动力学与传质研究[D]. 长沙:中南大学,2010.
[58] Moldoveanu G A, Papangelakis V G. Recovery of rare earth elements adsorbed on clay minerals:I. Desorption mechanism [J]. Hydrometallurgy, 2012(4):71-78.
[59] Moldoveanu G A,Papangelakis V G. Recovery of rare earth elements adsorbed on clay minerals:II. Leaching with ammonium sulfate[J]. Hydrometallurgy,2013(1):158-166.
[60] 金锁庆,向钦芳,郭建政. 淋滤浸出过程的流体力学和传质[J]. 铀矿冶,1995,14(3):163-169.
[61] Tian Jun,Yin Jingqun,Chen Kaihong,et al. Optimisation of mass transfer in column elution of rare earths from low grade weathered crust elution-deposited rare earth ore [J]. Hydrometallurgy,2010,103(1):211-214.
[62] 田 君,尹敬群. 南方稀土矿浸出传质的研究[J]. 化工冶金,1996,17(3):264-265,267-268.
[63] Tian Jun,Tang Xuekun,Yin Jingqun,et al. Process opitimisation on leaching of a lean weathered crust elution-deposited rare earth ores[J]. International Journal of Mineral Processing,2013,119(2):83-88.
[64] Tian Jun,Tang Xuekun, Yin Jingqun,et al. Enhanced Leachability of a Lean Weathered Crust Elution-Deposited Rare-Earth Ore:Effects of Sesbania Gum Filter-Aid Reagent[J]. Metallurgical and Materials Transactions B,2013, 44(5): 1070-1077.
[65] Tian Jun,Yin Jingqun,Tang Xuekun,et al. Enhanced leaching process of a low-grade weathered crust elution-deposited rare earth ore with carboxymethyl sesbania gum[J]. Hydrometallurgy,2013(8):124-131.
[66] 吴爱祥,尹升华,李建锋. 离子型稀土矿原地溶浸溶浸液渗流规律的影响因素[J]. 中南大学学报:自然科学版,2005,36(3):506-510.
[67] 吴爱祥,姚高辉,王贻明. 浸出过程中矿石颗粒表面微孔裂隙演化规律[J]. 中南大学学报:自然科学版,2012,43(4):1462-1468.
[68] 左 恒,王贻明,江怀春,等. 电场作用下离子型稀土矿浸矿溶浸液渗流特性研究[J]. 中国稀土学报,2007,25(1):80-84.
[69] 汤洵忠,李茂楠,杨 殿. 离子型稀土原地浸析采矿室内模拟试验研究[J]. 中南工业大学学报:自然科学版,1999(2):23-26.
[70] 罗嗣海,黄群群,王观石,等. 离子型稀土浸矿过程中渗透性变化规律的试验研究[J]. 有色金属科学与工程,2014,5(2):95-99.

(收稿日期 2015-05-26)

微细粒矿物选择性聚团分选技术研究进展*

印万忠　王东辉　马英强　唐　远
（福州大学紫金矿业学院）

摘　要　介绍了选矿过程中处理微细粒矿物的各种选择性聚团分选技术的工艺、原理和方法，如选择性絮凝、剪切絮凝、载体浮选、油团聚分选、乳化分选、两液分离、磁种团聚等，总结了各工艺近年来的研究成果，展望了选择性聚团分选技术的发展趋势。

关键词　微细粒矿物　选择性聚团　发展趋势

据报道，全世界每年约有1/5的钨、1/3的磷、1/6的铜以及1/10的铁（美国）、1/2的锡（玻利维亚）损失在细泥中[1]。随着矿产资源大量的开发利用，富矿和易处理的矿石资源日趋减少，矿石贫细杂的趋势愈加明显。对于嵌布粒度细的矿石，为获得充分的单体解离必须充分细磨，同时产生大量的微细粒矿物[2-3]。因此，解决微细粒矿物的回收问题，具有积极的现实意义。

目前强化细粒浮选所采用的技术途径在原理上可分为两大类[4-5]。一是增大微细粒级矿物的表观粒径，使其适应常规浮选工艺（如选择性聚团技术）；二是通过产出更微小的气泡以增加与细粒矿物碰撞黏附的几率。前者研究与实际应用较多，根据微细粒矿物表观粒径增大的机制差异，可分为选择性絮凝分选法、剪切絮凝分选法、载体浮选、乳化浮选、油团聚分选、两液分离分选等。在微细粒矿物物理化学性质对浮选影响的基础上，本文旨在总结当前微细粒矿物选择性聚团分选技术的主要方法，介绍理论基础与研究进展，以对选择性聚团分选技术的发展趋势进行展望。

1　微细粒矿物特性对浮选的影响

目前，浮选虽是处理细粒矿物的主要方法，但是对-10 μm的微细矿物的回收效果较差，这与其本身的物理化学性质有关[6]。

1.1　微细粒矿物的物理性质对矿物浮选的影响

（1）微细粒矿物与气泡的碰撞、黏附。矿料与气泡的碰撞概率随粒度降低而减小，紊流条件下，碰撞效率虽有所增加，但也随着粒度变小而降低。另一方面，矿粒与气泡的黏附概率存在一最佳粒度范围，粒度变细，黏附概率显著降低。

（2）浮选速率。浮选速率常数 K_f 与矿粒及气泡直径的关系基本分为两类。一类是速率常数与矿粒直径有关，与气泡大小无关，基本关系式为

$$K_f \propto D_p^x. \tag{1}$$

当 $x=1\sim2$，$x=1$ 时，为线性关系。

另一类是浮选速率常数与矿粒及气泡直径有关，基本关系式为

$$K_f \propto \frac{D_p^m}{D_b^n}, \tag{2}$$

式中，D_p、D_b 分别为固体颗粒和气泡的粒径；m、n 是与矿粒及气泡直径有关的常数。从以上两式可以看出，浮选速率常数随粒度的变小而显著降低。

（3）细粒夹带。细粒夹带是指浮选过程中微细粒矿物被泡沫水夹带进入精矿，矿物粒度越细，夹带程度愈高。细粒夹带严重影响浮选精矿品位。

1.2　微细粒矿物的化学性质对矿物浮选的影响

（1）表面电性。静电力的相互作用可使带电的微细粒矿物在带相反电荷的粗粒上附着，使不同种类矿物细粒间发生互凝，即细粒互凝，产生矿泥罩盖现象。

（2）表面积与表面能。微细粒矿物颗粒的表面积与表面能大大增加，对浮选药剂发生非选择性吸附，药剂耗量高。

（3）溶解度。由于微细粒矿物溶解度增大使矿浆中难免离子组分及浓度增大，可在脉石矿物表面发生化学反应，发生表面转化，进而不可避免地影响浮选过程。

* 国家自然科学基金项目（编号：51374079）。

印万忠（1970—），男，教授，博士，博士研究生导师，350108 福建省福州市闽侯县上街镇大学城学园路2号。

2 聚团分选工艺

2.1 基于高分子桥联作用的聚团方法

这种方式主要是指高分子选择性絮凝分选，即在稳定分散的矿物悬浮液中，加入高分子絮凝剂。由于矿浆中不同矿物组分间表面物理化学性质的差异，絮凝剂将选择性地吸附于其中某一组分，通过桥联作用使微细粒矿物形成絮团，再用各种物理化学的方法使絮团与其他仍保持稳定分散状态的矿物组分分离。常见工艺有选择性絮凝—沉降脱泥、选择性絮凝—磁选、选择性絮凝—浮选。

(1)选择性絮凝—沉降脱泥。试验室沉降脱泥通常采用沉降管。当加入絮凝剂选择性絮凝微细粒目的矿物后，用虹吸管或倾析法，将上层悬浮液排出。工业上常采用各种浓缩机、脱泥斗、淘洗溜槽等。

贵州某赤铁矿铁品位为40.30%，杂质SiO_2、Al_2O_3含量较高，属于高铝硅赤铁矿。针对矿石特征，刘安荣等[7]进行了选择性絮凝—沉降脱泥分选试验研究。试验结果表明：在磨矿细度为-0.045 mm88%、矿浆浓度为10%、矿浆pH值为9、分散剂水玻璃用量为90 g/t、絮凝剂采用改性聚丙酰烯胺用量为300 g/t的条件下进行二次絮凝沉降，获得了铁品位为54.40%、铁回收率为71.16%的铁精矿。

(2)选择性絮凝—浮选。选择性絮凝聚团—浮选，既可以增大目的矿物的表观粒度，满足浮选的粒度要求，又可以消除矿泥的不利影响，优化浮选环境。

最成功的工业应用是美国蒂尔登(Tilden)选矿厂应用选择性絮凝—浮选工艺分选细粒氧化铁燧岩。该厂采用水玻璃作分散剂，木薯淀粉作絮凝剂，选择性絮凝脱泥后，用胺作捕收剂反浮选的赤铁矿粗精矿，选择性絮凝处理后可从给矿中脱除15% ~ 30%的矿泥，而铁的损失只有5% [8]。

沙杰等[9]通过试验证明选择性絮凝分选可有效提高精煤产率和可燃体回收率。加入相对分子质量300万的阳离子聚丙烯酰胺，使精煤产率、可燃体回收率和浮选完善指标最大分别提高了25、26.50和9.78个百分点，并且证明加药顺序为捕收剂、絮凝剂、起泡剂时的分选效果优于絮凝剂、捕收剂、起泡剂的加药顺序。

何强等[10]采用选择性絮凝的方法，在酸性条件下用六偏磷酸钠作为分散剂、用糯米淀粉作为絮凝剂，能使硫化锌矿锌品位由14%提高到28%左右，回收率达到90%。

(3)选择性絮凝—磁选。当要絮凝的目的矿物是强磁性矿物或外加铁磁性矿物为磁种，这样形成的絮凝体具有磁性，可用磁选选出絮团。

何平波等[11]在回收平果铝拜耳法赤泥试验中，在强磁选分离赤铁矿前，在平果赤泥中添加油酸和煤油乳化液，使其中的微细粒弱磁性赤铁矿选择性疏水絮凝，从而形成絮团。该法与常规磁选相比，分选效率较好。

郭宇峰等[12]用选择性絮凝—磁选法回收某镍冶金渣中的细粒嵌布的磁铁矿。添加油酸使微细粒含铁磁性颗粒选择性絮团，增加细粒含铁矿物磁性，有助于提高铁精矿品位和回收率。最终获得了铁品位56.68%、回收率81.72%的磁铁精矿。与常规磁选工艺相比，磁铁精矿品位和回收率分别提高了3、5个百分点。

2.2 基于颗粒间疏水作用的聚团方法

悬浮在水中的疏水性颗粒由于相互之间的疏水作用而相互吸引，容易聚集成团。三大要素是：微细粒表面疏水、非极性油的强化、高剪切力场或高机械能量的输入。以疏水作用为基础形成的分选工艺主要有剪切絮凝、载体浮选、乳化浮选、油团聚分选。

2.2.1 剪切絮凝

剪切絮凝是在矿浆中加入分散剂调浆后，加入表面活性剂(一般是捕收剂)再调浆，在调整搅拌下，疏水化细粒间碰撞形成紧密絮团，从而增大了细粒矿物的表观直径。絮团可采用浮选回收或沉降分离。Warrn[13]最早系统地研究了捕收剂造成的细粒矿物间疏水凝聚工作，如超细白钨矿在油酸钠溶液中的疏水凝聚并提出“疏水缔合机理”，即剪切絮凝。Warrn强调吸附在矿粒表面捕收剂分子非极性烃链间的疏水缔合作用是剪切絮凝发生的根本原因。

剪切絮凝浮选工艺与单一浮选工艺的主要区别是剪切絮凝浮选需要的搅拌强度高于单一浮选。由于剪切絮凝是疏水化细粒间在高速搅拌下形成的凝聚，因此具有以下优点：①表面活性剂既是凝聚剂，又是捕收剂，可使细粒凝聚并同时上浮；②药剂制度与常规浮选基本相同，可在原流程不做较大改动的情况下，使回收率有一定程度的提高。

苑宏倩等[14]对齐大山铁矿某选矿厂磁选精矿进行剪切絮凝正浮选试验研究。在磨矿细度为

-0.037 mm 85%、矿浆 pH 值为 3、石油磺酸钠用量为 5 kg/t、水玻璃用量为 300 g/t、搅拌强度为 2 200 r/min、剪切絮凝时间为 6 min 的条件下进行正浮选，最终获得了精矿铁品位为 66.80%、回收率为 95.93%、尾矿铁品位仅为 5.03% 的良好指标。

Yin W 等[15]根据一系列条件试验证明了剪切絮凝浮选可显著提高鞍山微细粒赤铁矿的回收率，并依据扩展 DLVO 理论，计算出油酸钠诱导疏水微细粒赤铁矿颗粒的总相互作用势能。结果表明：该系统内存在能垒，机械搅拌作用使颗粒克服能垒，进而引起颗粒的选择性团聚。

2.2.2 载体浮选

载体浮选又称背负浮选，用可浮性好的粗粒矿物作载体，在表面活性剂（如捕收剂等）和剪切力场的作用下，使粗颗粒与细粒矿物形成疏水聚团，再用常规浮选法回收“载体-细粒”聚集体。在载体浮选的理论研究中，曾先后提出过“矿泥罩盖机理”、“疏水凝聚机理”、“粗细粒碰撞机理”。邱冠周等[16]提出的“粗粒效应：载体-中介-助凝机理”，根据载体来源不同，又可分为异类载体浮选和同类载体浮选。

针对常规浮选回收某湿法炼锌厂锌浸出渣中的微细粒银效果较差的情况，葛英勇等[17]用载体浮选工艺显著改善了浮银效果。以粒度为-0.037 mm 的有机物 AC-0 为载体，通过 1 粗 1 精 1 扫闭路载体浮选，最终获得了银品位为 8 670 g/t、银回收率为 61.67% 的较好的银精矿指标。

朱阳戈等[18]进行了微细粒钛铁矿自载体浮选技术研究。通过 DLVO 理论和 EDLVO 理论计算可知，若不考虑疏水作用力，则细粒矿物与载体间的相互作用存在较高能垒，细粒矿物难以黏附在载体表面。加入油酸钠后，细粒矿物与载体矿物表面产生疏水作用力，使二者之间由排斥力转变为吸引力，粗细矿粒间易于黏附。可见，疏水作用力在钛铁矿自载体浮选中起到至关重要的作用。

2.2.3 油团聚分选

油团聚分选的基本原理是矿石磨矿到一定细度使目的矿物单体解离，在矿浆中加入调整剂分散矿浆，再加入表面活性剂使目的矿物疏水，最后加入中性油并在疏水化矿粒表面铺展。在疏水作用及形成的油桥作用下，被中性油覆盖的细粒矿物相互黏附形成油聚团，再通过常规浮选方法对其进行分离回收。

王晖等[19]利用油团聚浮选技术对浙江某钼矿库存尾矿进行了微细颗粒钼矿的试验研究。试验结果表明：变压器油表现出了较好的油团聚浮选效果，在适量的起泡剂、充足的团聚时间和必要的搅拌强度等条件下，可以从含钼 1.05% 的浮选尾矿中，获得钼品位为 22.62%、回收率为 94.93% 的钼精矿，成功地实现了尾矿中钼资源的分离与回收。

于传兵等[20]为了解决废纸回收过程中的脱墨问题，在浮选过程中加入油酸或煤油作为团聚油，使微细粒油墨絮凝成团，脱墨纸浆的指标有较大幅度的提高。同时发现油墨颗粒在一定的距离内存在很大黏合力，距离过大时将不能团聚，因此要控制搅拌的强度。

2.2.4 乳化浮选

乳化浮选是将表面活性剂、中性油和乳化剂制成的乳状液加入矿浆，经过强烈搅拌，使目的矿物形成疏水聚团后用浮选法回收。目前，浮化浮选技术主要应用在煤浮选领域。

解维伟等[21]分别以乳化柴油和柴油作为捕收剂来研究乌海肥煤的浮选降灰效果。试验结果表明：乳化柴油具有更好的选择性，且用量较少；煤粒与乳化柴油作用后的接触角增大程度比与柴油大，疏水性提高幅度大；而且 Zeta 电位绝对值降低，增强了捕收剂在煤粒表面的吸附，有助于提高煤粒的浮选效果。

周弘文等[22]将捕收剂乳化后对细粒煤泥进行了浮选试验。试验结果表明：将捕收剂乳化后使用，可显著增强其在矿浆中的分散性，浮选药剂消耗量减少 60% 以上，同时提高精煤产率 2～5 个百分点。

2.2.5 两液分离

与泡沫浮选的区别在于用中性油代替了气体，实质是在表面活性剂选择性作用下的矿浆中加入分散剂、捕收剂调浆后，使目的矿物表面疏水化，再加入中性油调浆。此时矿粒、水和油形成不稳定的乳浊液，通过分离器对油、水界面分层，疏水矿粒被油黏附而进入油层，亲水矿粒则滞留在水相，从而达到矿物之间分离的目的。

刘晨宏等[23]开展了煤系高岭土精选除铁新工艺研究。采用双液浮选的工艺方法，有效地脱除了高岭土中的-2 μm 微细粒氧化铁矿物。实际矿石经双液浮选法处理后白度可达到 80% 以上，调整剂种类、搅拌强度、中性油用量、矿浆浓度和分选时间等是影响分选效果的主要因素。

Duran Kocabag 等[24]研究了矿浆电位值、捕收剂和抑制剂用量对黄铁矿、黄铜矿和方铅矿在双液浮选中可浮性的影响。研究结果表明:加入 Na_2S 可提高黄铜矿和黄铁矿的可浮性,减少硫化物用量可使方铅矿具有可浮性;在相同的矿浆电位范围内,有无捕收剂黄铁矿和黄铜矿均具有可浮性,但方铅矿需要较高的还原电位才具有可浮性。

2.3 基于磁种团聚的磁团聚方法

磁团聚分选技术是指强磁性或弱磁性细颗粒矿物有选择性地自行团聚成链状或团状磁聚体,在水流作用下与不团聚的脉石颗粒分离。磁团聚选矿较早用于细粒强磁性矿物,最近一二十年才推广到细粒弱磁性矿物,如菱锰矿、菱铁矿等与石英、长石的分离。近年来磁团聚选矿技术发展迅速,已进入工业应用阶段。磁团聚分选技术分为无外加磁场和外加磁场的磁团聚分选技术。

徐卯均等[25]利用矿石细磨后的微细粒磁铁矿与赤铁矿磁团聚,并采用沉降脱泥的分离方法,成功实现了微细粒赤铁矿的分选。试验结果表明:磁铁矿颗粒越细,团聚微细粒赤铁矿的效果越好。从微观角度分析单个磁铁矿颗粒的磁场分布,发现当磁铁矿颗粒小于 10 μm 时,磁场梯度显著提高,产生类似高梯度磁选机中“钢毛”介质所具有的“高梯度效应”,大大增强了对周围弱磁性赤铁矿的磁场力作用,克服颗粒间负电位及其他排斥力,形成磁铁矿与赤铁矿的磁团聚体。

Jiwei Lu 等[26]将磁铁矿作为磁种加入到镍黄铁矿和蛇纹石混合矿中,研究磁铁矿在二者表面的罩盖行为。结果表明:随着磁铁矿加入量的增加,镍黄铁矿的回收率提高,但蛇纹石仍保持较低的回收率;细粒磁铁矿颗粒可吸附在镍黄铁矿表面,增强其磁性,因此可通过磁选分离镍黄铁矿和蛇蚊石。

中国地质科学院郑州矿产综合利用研究所利用磁团聚研制的磁场筛选机(简称磁筛),在低于磁选机数十倍的均匀弱磁场中,利用单体铁矿物与连生体矿物磁性差异,使磁铁矿单体矿物磁团聚后经过筛网,形成链状磁聚体沿筛面进入精矿,而脉石和连生体矿粒磁性弱,呈分散状态通过筛子进入中矿。磁筛优质、增产、节能,比磁选机更能有效地分离脉石和连生体,进一步提高精矿品位,且已经在我国武钢矿业公司大冶铁矿、唐钢矿业公司庙沟铁矿、云南腾冲恒益矿业经贸公司、新疆金宝矿业公司、河南洛阳富川矿业公司铁选厂等企业得到广泛应用[27-28]。

2.4 复合聚团分选方法

复合聚团分选方法是两种或两种以上的聚团方法叠加在一起进行强化聚团的工艺,核心是分散与选择性聚团。当被分选的矿物颗粒单一性质差异较小时,复合聚团可增强聚团作用,同时保持较高的选择性。

凝聚-磁种分选在处于分散状态的矿浆中添加电解质,调节目的矿物和磁种的表面电位,使之发生选择性互凝,再采用重选或磁选法进行分离。

疏水-磁种分选是将剪切絮凝和磁种团聚相结合的一种工艺。将有用矿物和脉石矿物及磁种混合,经调整剂调浆,添加捕收剂和非极性油,使目的矿物和磁种表面疏水。在剪切力场中,以非极性油为桥连介质,使目的矿物和磁种聚团后采用相应方法分离聚团体,最后弱磁选分离脉石矿物和磁种,磁种循环再用。

高分子絮凝-磁种分选是将高分子絮凝和磁种分选技术相结合以处理微细粒物料的新方法,能克服高分子絮凝容易机械夹杂和沉降分离速度慢的缺点,分离快速干净。

疏水-磁复合聚团分选将疏水作用力和磁场力组成复合力场,施加于微粒悬浮体系强化弱磁性微粒聚团。流程为:将被处理的微粒悬浮体系置于外磁场,加入捕收剂(表面活性剂)进行强烈的机械搅拌,弱磁性微粒受到疏水作用力和磁场力的联合作用而选择性聚团。工艺具有选择性高、聚团能力强等优点。

周艳飞[29]分别运用选择性絮凝法、凝聚磁种法、疏水团聚磁种法、高分子絮凝磁种法和选择性疏水絮凝磁种法对平果赤泥中的赤铁矿进行回收试验。结果表明,4 种复合聚团分选法的选矿指标均优于单独使用选择性絮凝法。油酸煤油对微细粒赤铁矿有选择性絮凝作用,磁种也能选择性的吸附在团聚的赤铁矿上,使赤铁矿更易于用磁选回收。

胡筱敏等[30]研究指出,磁种团聚-高分子絮凝联合作用处理赤铁矿选择性好、回收率高,获得的絮团比单一磁种团聚和高分子絮凝的更密实且粒度粗、强度大,适应于用重选设备如水力旋流器分离。

张去非[31]在赤铁矿选择性絮凝分选中加入磁种增加絮团磁化率,达到磁选或磁选和重选联合分离絮团的目的。结果表明,随着磁种用量的增加,脱泥精矿铁回收率逐步提高。

3 结 论

(1)选择性聚团技术体系的构建将逐步向复合聚团的方向发展。与单一方法聚团分选工艺相比,复合聚团分选工艺从选择性和分离效率等方面优势明显。加强对复合聚团分选技术中各种工艺间协同作用的机理研究,有助于复合聚团分选技术的发展与应用。

(2)新型高效选择性较强的絮凝剂的研发应不断深入。研究将朝着改变分子结构、引入各种极性基、进行絮凝剂分子设计与开发、药剂与矿物间的作用机理等方向发展,从而在保证絮凝剂聚合能力的前提下,研制出选择性强且廉价的新絮凝剂。

(3)对微细粒矿物间的作用能及动力学特性的研究将不断深入。丰富复杂微细粒悬浮体系颗粒间相互作用理论,有助于从微观上全面认识微细粒矿物的团聚作用,使细粒矿物浮选技术研究获得微观角度的指导和理论上的帮助。

(4)选择性聚团的各种方法为微细粒矿物的分选指明了方向。由于工业生产中矿物溶解离子的干扰、矿泥罩盖、异质凝聚等一种或多种原因的影响,使大多成果尚处在试验室研究阶段,将这些新技术在工业生产中大规模、自动化应用仍需进一步的研究。

参 考 文 献

[1] 赵培培,曹亦俊. 细粒矿物浮选技术和高效浮选柱研究进展[J]. 金属矿山,2011(12):78-81.

[2] JOHNSON N W. Liberated 0 ~ 10 μm particles from sulphide ores, their production and separation-Recent developments and future needs[J]. Mineral Engineering,2006,19(6):666-674.

[3] RUBIO J, CAPPONI F, RODRIGUES R T, et al. Enhanced flotation of sulfide fines using the emulsified oil extender technique [J]. International Journal of Mineral Processing,2007,84(1):41-50.

[4] 朱阳戈. 微细粒钛铁矿浮选理论与技术研究[D]. 长沙:中南大学,2012.

[5] Koh P T L, Schwarz M P. CFD modelling of bubble-particle collision rates and dfficiencies in a flotation cell[J]. Mineral Engineering,2003,16(11):1055-1059.

[6] 邱冠周,胡岳华,王淀佐. 颗粒间相互作用与细粒浮选[M]. 长沙:中南工业大学出版社,1993.

[7] 刘安荣,聂登攀,赵伟毅,等. 贵州某高铝硅赤铁矿絮凝分选试验[J]. 现代矿业,2013(9):88-90.

[8] 唐雪峰,陈 雯,余永富,等. 细粒铁矿选矿中选择性絮凝的研究与应用[J]. 金属矿山,2010(9):44-46.

[9] 沙 杰,谢广元,李晓英,等. 细粒煤选择性絮凝分选试验研究[J]. 煤炭科学技术,2012(3):118-121.

[10] 何 强,罗 琳,陈雨佳,等. 微细粒人造硫化锌矿的选择性絮凝试验研究[J]. 有色金属:选矿部分,2013(3):27-30.

[11] 何平波,周艳飞,胡岳华. 选择性疏水絮凝法分选平果铝拜耳法赤泥的试验研究[J]. 有色金属:选矿部分,2008(6):1-5.

[12] 郭宇峰,董海刚,姜 涛,等. 选择性絮凝-磁选回收镍冶金渣中的磁铁矿[J]. 中南大学学报:自然科学版,2006(4):680-684.

[13] Warren L J. Shear-flocculation of ultrafine scheelite in sodium oleate solution[J]. Journal of Colloid and Interface Science,1975, 50(2):305-310.

[14] 苑宏倩,韩跃新,李艳军,等. 齐大山选矿分厂磁选精矿剪切絮凝正浮选研究[J]. 金属矿山,2011(4):50-53.

[15] Yin W, Yang X, Zhou D, et al. Shear hydrophobic flocculation and flotation of ultrafine Anshan hematite using sodium oleate [J]. Transactions of Nonferrous Metals Society of China, 2011,21(3): 652-664.

[16] 邱冠周,胡岳华,王淀佐. 微细粒赤铁矿载体浮选机理研究[J]. 有色金属,1994,46(4):23-28.

[17] 葛英勇,石美佳,曾李明. 载体浮选回收某锌浸出渣中的银[J]. 金属矿山,2012(4):156-159.

[18] 朱阳戈,张国范,冯其明,等. 微细粒钛铁矿的自载体浮选[J]. 中国有色金属学报, 2009,19(3):554-559.

[19] 王 晖,于润存,符剑刚,等. 油团聚浮选回收尾矿中微细粒辉钼矿的研究[J]. 矿冶工程,2009,29(1):30-33.

[20] 于传兵,张立诚. 团聚浮选在废纸脱墨中的应用[J]. 有色金属:选矿部分,2006(5):25-27.

[21] 解维伟,贺效威,曹国强,等. 乌海肥煤乳化浮选降灰试验研究[J]. 煤炭工程,2014(10):202-204.

[22] 周弘文,亓 欣,刘丙顺,等. 乳化浮选药剂处理孙村细粒煤的试验研究[J]. 选煤技术,2007(6):12-15.

[23] 刘晨宏. 煤系高岭土精选除铁新工艺的开发与应用[J]. 煤炭加工与综合利用,1998(2):41-43.

[24] Duran Kocabag, Taki Gueler. Two-liquid flotation of sulphides: An electrochemical approach [J]. Mineral Engineering, 2007, 20(13):1246-1254.

[25] 张卯均,徐 群,罗家珂. 细粒磁铁矿团聚赤铁矿的机理研究[J]. 有色金属,1986,38(3):21-25.

[26] Jiwei Lu, Zhitao Yuan, Jiongtian Liu, et, al. Effects of magnetite on magnetic coating behavior in pentlanditeand serpentine system [J]. Mineral Engineering,2015,20(13):115-120.

[27] 张艳娇,刘广学,赵 平,等. 节能降耗设备磁筛在磁铁矿精选中的应用[J]. 矿产保护与利用,2009(3):27-30.

[28] 王二锋,王建业. 磁场筛选机在福建某铁矿精选提质的工业试验[J]. 矿产保护与利用,2014(4):41-44.

[29] 周艳飞. 疏水团聚-磁种法从赤泥中回收铁及机理研究[D]. 长沙:中南大学,2009.

[30] 胡筱敏,罗 倩,张维庆. 赤铁矿的磁种团聚-高分子絮凝及其重选分离的研究[J]. 金属矿山,1991(12):41-43.

[31] 张去非,穆晓东. 微细粒弱磁性铁矿石资源的特征及分选工艺[J]. 矿冶工程,2003(4):23-26.

(收稿日期 2015-05-26)

拉美矿业的发展与浮选技术应用

饶 峰[1] 宋少先[2]
(1.武汉理工大学资源与环境工程学院;2.墨西哥 Michoacana 大学冶金与材料研究所)

摘 要 概述了拉美地区矿业发展历史和现状,以及泡沫浮选技术在拉美矿业选矿中的应用。从药剂、浮选设备的更新和浮选操作自动化3个方面,介绍了拉美矿山企业在浮选技术上的创新。列举了墨西哥 Penasquito 铅锌多金属矿浮选和智利海水浮选实例,着重阐述了拉美矿业的矿山设备大型化,生产自动化和资金、技术密集化的特点,对我国矿业发展具有借鉴、参考作用。

关键词

拉美矿物资源十分丰富,其硝石、铁矿石、铜、金、银、铌、钼、铝土、锑、锡、萤石、石墨、硫磺的蕴藏量在世界占有重要地位。此外,石油、天然气、锰、镍、钨、铅、锌、锂、水银等蕴藏量也十分可观。拉美矿业大国智利全球铜生产量第一,并且拥有世界最大资源储量的铜、锂和钼。智利60%以上的出口来自于矿业,约30%的投资与矿业有关。全球所有大型矿业公司在智利都有投资,预计到2020年,智利矿业投资额将达1 000亿美元。拉美矿山朝着规模化、大型化的方向发展。智利 Escondida 铜矿山现处理矿石量为35万 t/d,完成投资后处理量将增加到50万 t/d。目前该矿山选厂破碎、磨矿和浮选流程中只有数位操作工人。中国在拉美矿业进行大量投资。据我国驻墨西哥合众国大使馆统计,在2014年有350家中国企业在墨西哥投资矿山和从事矿产品贸易。论文概述了拉美的矿业发展状况和泡沫浮选选矿技术的发展和应用,以期同国内矿业交流浮选新技术和探讨矿业发展新趋势。

1 拉美矿业的发展

矿业是拉丁美洲传统的经济部门,长期以来在拉美地区经济中占有重要地位,部分时间地位甚至在农业之上。拉美的矿业起始于殖民者对金、银等贵重金属的寻找。19世纪初,大部分拉美国家独立,奉行更为开放的贸易政策,重视矿业的发展。拉美矿业由此得到迅速发展。19世纪后半叶,随着工业革命对矿产品需求的增长,拉美矿业发展更为迅速。当时智利生产了世界上44%的铜,其后又垄断了世界硝石市场。墨西哥的银、铜、铅和锌产量也在全球占有较大比例。但1929年爆发的世界经济危机和此后的第二次世界大战给拉美矿业造成了沉重的打击。二战后,随着各国对矿产品需求的上升,拉美矿业又重新得到发展。在此发展过程中,拉美矿业形成了自身的特征。

(1)逐步资本密集型化和技术密集型化。20世纪后半叶以来,拉美矿业越来越趋向采用高机械化的技术,生产机械化、半自动化和自动化程度越来越高。大部分铝土矿开采集中在7家大企业,铜矿石的开采集中在6家,锰矿石的开采集中在2家,硫磺的开采集中在2家,硝石的开采集中在1家。智利安托法加斯塔的露天铜矿和奥伊金斯的地下铜矿,秘鲁马尔科纳矿业公司的铁矿,委内瑞拉的玻利瓦尔铁矿等都是世界技术上一流的大矿。

(2)矿产品出口比重趋于下降,在国内进行冶炼的成分趋于增加。由于金属成品的价格比金属矿石的价格高得多,过多的矿产品出口无疑会损害本国的利益。因此拉美国家不断发展冶炼业,矿产品出口量不断减少,国内消费量不断增加。尽管拉美矿业在拉美经济中尤其在对外贸易中仍占举足轻重的地位,但矿业在本国国内生产总值中的比例趋于下降。

(3)拉美矿业发展不平衡。不仅拉美矿藏分布不均衡,矿业产值在各国国内生产总值总比重也不同,矿业发展速度也不均衡。

大型铜矿矿脉主要集中在安第斯山脉西侧的智利中部和北部、秘鲁的南部和中部以及墨西哥的西

饶 峰(1982—),男,副教授,430070 湖北省武汉市洪山区珞狮路122号。

北部;铁矿的分布更为广泛,大部分分布在巴西、委内瑞拉和墨西哥,其中不少是含量高达50% ~55%的富铁矿;锡矿大多蕴藏在玻利维亚的安第斯山东侧,其中冲击矿床和残积矿床多分布在玻利维亚和巴西的交界处;金矿多分布在巴西高原,多为冲积矿床,尤其在亚马孙地区;铅主要产自墨西哥和秘鲁。拉美矿藏分布的不均衡,决定了矿业在拉美不同的国家地位不同。拉美首要矿业国是智利,是世界最大的铜生产国。秘鲁、巴西、墨西哥、委内瑞拉和玻利维亚在世界主要矿业国中的排名分别为第10、11、20、24和25位。总结拉美各国主要矿产品的生产情况,见表1。

表1　拉美各国主要矿产品生产情况

矿产品	国　别	生产量占全球比例/%	全球排名
铝土矿	巴西	9.4	3
	牙买加	9.3	4
	委内瑞拉	3.5	7
	苏利南	3.1	8
	圭亚那	1.0	10
锑	玻利维亚	1.7	5
铜	智利	35.1	1
	秘鲁	6.1	5
	墨西哥	2.4	11
铌	巴西	87.2	1
金	秘鲁	5.7	8
铁矿	巴西	19.2	2
	委内瑞拉	1.5	10
铅	秘鲁	10.9	4
	墨西哥	4.9	5
锌	秘鲁	14.8	3
	墨西哥	5.9	6
锰	巴西	11.9	3
	墨西哥	1.1	9
钼	智利	24.7	2
	秘鲁	7.5	4
	墨西哥	2.8	6
镍	古巴	5.4	6
	哥伦比亚	4.6	7
	巴西	3.3	9
	多米尼亚共和国	2.8	11
	委内瑞拉	1.5	14
钴	古巴	6.8	6
	巴西	2.8	8
银	墨西哥	14.7	1
	秘鲁	14.5	2
	智利	6.8	6
锑	秘鲁	24.5	2
	巴西	5.3	4
	玻利维亚	5.0	5
钨	玻利维亚	0.8	7
石棉	巴西	9.7	5
重晶石	墨西哥	2.7	6
	巴西	0.8	13
硼	智利	9.9	4
	阿根廷	3.9	5
	玻利维亚	0.8	7
	秘鲁	0.2	8
萤石	墨西哥	11.6	2
石墨	巴西	8.3	3
	墨西哥	2.6	6
石膏	墨西哥	6.7	6
	巴西	1.6	13
	乌拉圭	1.1	17
锂	智利	41.5	1
	阿根廷	6.6	4
	巴西	1.7	7
镁	巴西	2.4	11
磷酸盐	巴西	3.6	7
钾	智利	1.5	11
	巴西	1.4	12
粗盐	墨西哥	3.8	7
	巴西	2.9	9
锶	墨西哥	27.1	2
	阿根廷	0.4	7

2　浮选技术在拉美矿业中的应用

2.1　浮选技术的发展

1900年前的几百年间里,选矿技术中最大的创新分别为在16世纪用水势能推动破碎和磨矿机械,及在17世纪矿业企业的合并与黑色能源的应用。直到1900至1910年间,泡沫浮选技术才发源于澳大利亚的布罗肯希尔。此后,浮选技术逐渐在选矿工艺中占据主导地位。在20世纪,泡沫浮选技术对矿业产生了深远的影响。在其后50 a中,浮选理论和浮选工艺得到基本确定。1950年后的战后经济恢复进一步拉动了矿业,加速了浮选的发展。从1950年到2000年,全球通过浮选获得的铜和锌金属的量增长了大约4倍。

2.2　浮选技术创新

浮选工艺的创新集中在浮选药剂、浮选机械和浮选过程控制3个方面。浮选药剂的发展对增强浮选效果有显著的影响,大致可分为起泡剂、捕收剂、调整剂、活化剂、抑制剂和絮凝剂6个类型,主要创新分别来自1925年和1926年黄药和黑药在硫化矿浮选中应用。1954年,硫氮捕收剂的发明对硫化铜矿的浮选产生了较大影响。虽然其它药剂种类繁多,拉美的选矿厂仍沿用着此前建立的捕收剂体系。

根据浮选速率可将浮选机械归为低速率的浮选柱、中等速率的机械搅拌式浮选机和高速率的矿浆与空气压入式浮选机 3 种类型。机械搅拌式浮选机在 1912 年最早被发明。目前虽然其工作原理变化不大，但是在尺寸和叶轮设计等方面都有较大发展。Metso，Outotec 和 Dorr-oliver Eimco 公司是拉美矿山主要的浮选机供应商。Outotec 浮选设备发展历程见图 1。

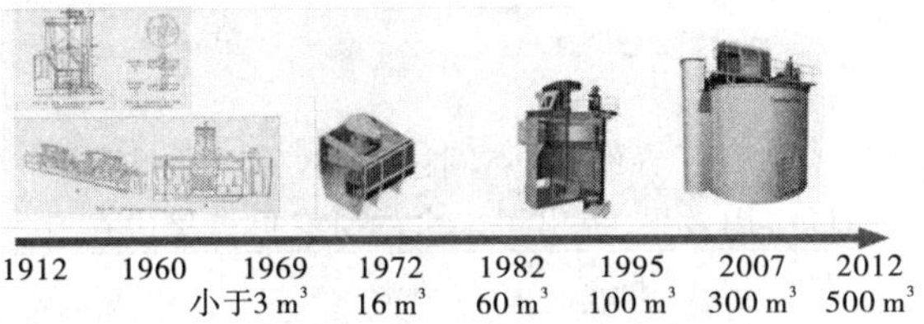

图 1　Outotec 浮选机尺寸的发展

2012 年，Outotec 单个浮选机容积达到 500 m^3。浮选柱的发展在 1907 年已有雏形，直到 1963 年完成设计冲洗水关键步骤后才被成功的应用于矿山。但在拉美矿山中还没有被广泛地采用。矿浆与空气压入式浮选机的代表作是詹姆森(Jameson)浮选机，在智利和墨西哥有少量应用。

浮选在线检测和过程控制未被重视之前，回收率和品位多取决于工程师对泡沫颜色的观察、对淘洗盘的使用和手动地对充气量和药剂用量的控制。然而，在选厂运行过程中，多个原因使得选矿工程师开始重视在线检测和自动控制浮选流程的技术：①原矿性质变化较大。例如，有一段时间智利的 Escondida 铜矿山的原矿铜品位在半个小时之内从 0.7% 上升到 1.5%，后又下降到 1.1%；②多金属硫化矿共生使得流程复杂化。例如在墨西哥的铅、锌矿山中，大部分伴生有银和金等贵金属，并共生铜等其他有价金属；③在选厂有丰富经验的操作工人供不应。据在智利的统计，选厂每投资 1 亿美元，就需要 1 500 名熟练操作工人；④大型企业诸如 Teck 和 Goldcorp 在拉美拥有多个分散的矿山和选厂，这些选厂差别大使得大企业难以制定统一的，细致的技术标准。从 20 世纪 60 年代开始，在线检测技术随着电脑技术而得到了很快的发展。现在选厂使用的在线检测仪器主要为基于 X 射线的检测仪，如 X 射线荧光分析仪。选矿工程师们一致认为，通过在线检测技术获得精确的数据是自动化控制的基础。同时，一些新的发明也应用于矿山，例如阶段浮选机(staged flotation reactor)使得浮选机能够更好地应对矿石性质变化。

3　拉美矿山选矿实践

3.1　墨西哥 Penasquito 铅锌多金属矿山

墨西哥 Penasquito 矿山位于墨西哥中部的 Zacatecas 州，在一条层状、柱状及脉状铅-锌-金-银矿脉带上，见图 2。在 2015 年上半年其系列 2 正式运行之后，处理原矿石 12 万 t/d，原矿铅、锌品位分别为 0.45%、0.98%，金、银少量。矿山发展历史可追溯到 1568 年西班牙人在这一区域对银和金的开采。1994 年 Kennecott 公司购买此矿山并开始开发。此后矿权几经易手，直到 2006 年加拿大 Goldcorp 公司购买之后，才开始大型开采。矿山设计年龄为 17 年，前期投资为 8 亿 8 千万美元，后续追加投资 3 亿 3 千万美元。

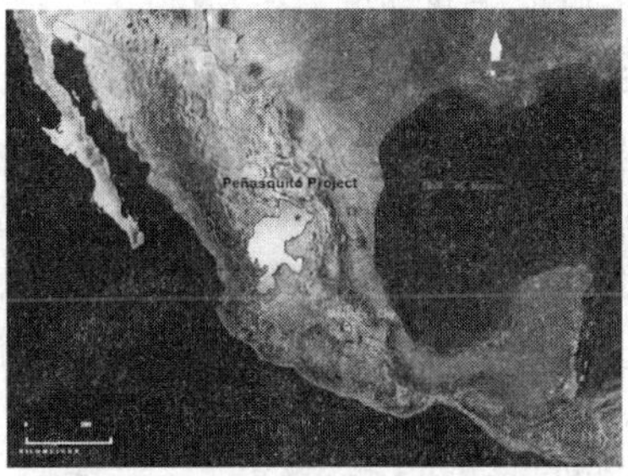

图 2　墨西哥 Penasquito 矿山的地理位置

Penasquito 矿山有 Penasco 和 Chile Colorado 两个露天采场，分选和富集流程分为氧化矿与硫化矿两类。氧化矿富集流程相对简单，采场旁边放置堆厂浸出，然后通过除杂、萃取和电积等工序获得高纯度的金属产品。硫化矿浮选在碎、磨后，使用黄药为捕收剂，先浮选铅，再活化浮选锌，分别生产铅精矿和锌精矿产品。Penasquito 矿山及选厂最大的特点为设备大型化，1 系列选厂处原矿量为 6 万 t/d，只使用了 1 台自磨机磨矿。目前 Penasquito 项目在选矿过程中遇到的主要问题是如何除去原矿中的含碳矿物和滑石等疏水性强的脉石矿物。

3.2　智利 Atacama 沙漠海水浮选厂

智利 Atacama 沙漠蕴藏着该国的大部分铜矿床。淡水资源缺乏但离海近，如何使用海水来浮选该铜矿成为研究的一个热点。在 20 世纪 70 年代，报道过 Andacollo 的小型选厂使用海水浮选的例子。其后 Las Luces 选厂从 1995 年以来一直使用 64% 的海水浮选，处理原矿石 2000t/d。最近，Esperanza 选厂使用 70% 的海水浮选，处理原矿石 95000 t/d。除腐蚀设备外，海水的盐度还对浮选本身产生诸多影响，与选厂回收水对浮选的影响相似。海水的缓冲作用影响 pH 值的调节，高离子浓度降低黄药与黄铜矿、黄铁矿捕收作用的选择性。另外海水增强泡沫的稳定性、更容易形成矿泥罩盖。目前，对这些影

(下转第 43 页)

BK 系列永磁筒式磁选机研究及应用进展

王芝伟
(北京矿冶研究总院)

摘　要　对 BK 系列筒式磁选机的技术进展、工业应用、发展趋势进行了介绍,重点阐述了 BK 系列磁选机磁系、传动、槽体等关键结构的技术特性和优化改进,举例说明了其现场应用效果,提出了未来的研究重点集中在专用化、大型化、自动化等 3 个方面。

关键词　BK 系列筒式磁选机　技术特性　应用

BK 系列磁选机是北京矿冶研究总院研发的专用型筒式磁选机。经过多年来的升级换代和应用推广,取得了长足的发展。与传统 CTB(S,N)型磁选机相比,BK 系列磁选机具更高的分选效率和优良的分选指标。在矿业形势不景气、矿产资源产能过剩、需求放缓、铁矿石价格持续下跌的大环境下,BK 系列磁选机作为一种高效节能磁选装备,在大颗粒矿石预选、磨后粗选和细粒精选等领域应用效果良好,有效降低了选厂的选矿成本,提高了选厂的经济效益。为了发挥 BK 系列磁选机的技术特点和性能优势,提高工业应用效果,北京矿冶研究总院针对磁选机的关键技术进行了大量优化改造,推动了该系列专用筒式磁选机的发展。

1　BK 系列筒式磁选机技术进展

筒式磁选机是目前最为常用的磁选设备,发展经历了一个从小到大、从通用到专用的过程。筒式磁选机的大型化与选厂其他设备的大型化相匹配,提高了选厂劳动生产率,降低选矿成本和改善选矿指标。苏联早在 20 世纪 80 年代末到 90 年代初已经设计定型了 1520 型(ϕ1 500 mm×2 000 mm)筒式磁选机[1]。我国在 90 年代后期,由北京矿冶研究总院研制成功研制了国内最大规格 ϕ1 200 mm ×3 000 mm(CTB1230)永磁筒式磁选机。在鞍钢调军台选矿厂应用了 60 台 CTB1230 磁选机,满足了大型选矿厂生产能力要求,生产指标稳定。大型筒式磁选机的研究成功,使我国磁选设备的科研水平上了一个新台阶[2]。

随着选矿工艺的提升和技术改造的进行,常规磁选机暴露出一定的问题。CTB(S、N)通用型磁选机在一般工况下使用效果良好。在诸如磨前大颗粒预选、磨后粗粒磁选等阶段磁选作业则需要配套专用型磁选机来解决磁选机沉槽、磨损、堵塞和磁性铁损失等结构和工艺问题。磁铁矿选厂为了降低能耗,增加磨机及选厂处理能力,通常采用细碎工艺和阶段磨阶段选工艺,各个磁选阶段遵循提前抛除合格尾矿的原则。由于每个分选段的矿物工艺条件不同,对分选的要求也不同,每个阶段需要配套专用的磁选设备。根据这种思路,北京矿冶研究总院开发了 BK(Y、C、J、W)系列磁选机,分别应用于矿石细碎后预选(BKY),一段磨矿后的粗选(BKC),二段磨矿分级后的二段、三段精选(BKJ),扫选及尾矿再选(BKW)作业[3]。

BK 系列筒式磁选机具有高矿浆液面、大分选室、大磁包角磁系、漂洗水装置和多尾矿通道等独特结构,使得该机具有处理量大、分选指标稳定的特点,适用于磁铁矿选矿的各个阶段。目前 BK 系列筒式磁选机的技术发展主要集中于:①合理化磁系结构设计,采用先进设计和分析工具和软件进行 CAD、CAM 辅助设计,完成磁选机磁场模拟和设备主体结构优化工作;②新型传动机构的设计,提高磁选机的运转可靠性和易维护性,提高整机运行协调性;③新型槽体结构的优化设计,采用新型给矿、排矿、液位控制等结构,以提高槽体对不同性质矿石的分选稳定性;④新型耐磨防腐材料的应用,提高恶劣环境下磁选机耐磨防腐性能,以提高整机使用寿命。

1.1　磁系结构

随着磁性材料的发展,稀土永磁材料广泛应用

王芝伟(1985—),男,工程师,100070 北京市南四环西路 188 号总部基地十八区 23 号楼。

于磁选机，使磁选机筒表磁场强度最高达到 600 kA/m 以上。磁系结构也形成了多种形式，在磁系设计方面趋向于采用复合磁系、高梯度磁系和辅助磁极结构。在工业应用中，不同应用场合需要不同的磁场分布特性，即配套的磁系结构也不尽相同。窄极面、小极距磁系、磁性矿磁翻滚次数较多，脉石脱除率更高，有利于提高矿石品位，适于磁性矿精选作业。宽极面、大极距磁系、磁翻滚次数较少，脉石脱除率较低，有利于提高矿石回收率，适于磁性矿预选、粗选作业。铁矿石预选通常针对的是低品位粗颗粒磁铁矿。由于粒级粗、磁性物含量少，要提高磁性铁的回收率，关键要提高粗粒半连生体和贫连生体矿石的回收效果。这就需要磁系磁场需要具有较大的磁场作用深度和较好的磁场均匀性。

BK 系列磁选机结合复合磁系和辅助磁极的特点，通过计算机磁场仿真模拟软件对磁系结构进行了优化设计，设计了一种宽极面、宽极距、大夹楔、多磁极磁系结构。该磁系磁极配比合理，使磁选机磁场分布沿径向、周向分布合理化，同时兼顾了磁场作用深度和磁场梯度，见图 1。该磁选机机内均匀化磁场磁系仿真曲线见图 2。

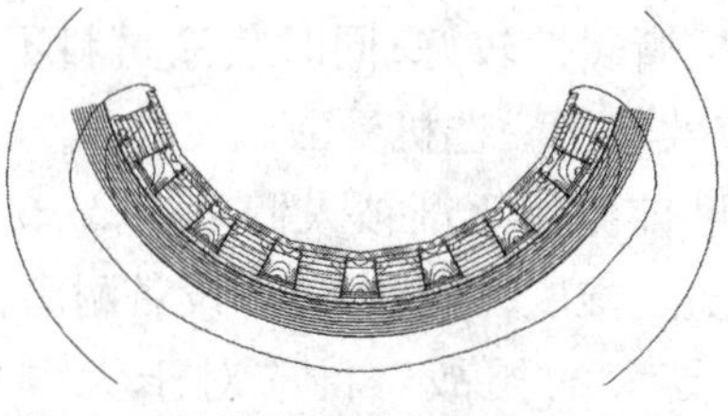

图 1　一种均匀化磁场磁系仿真结果

由图 1 可以看出，磁场强度等位线走向平滑，分布均匀。

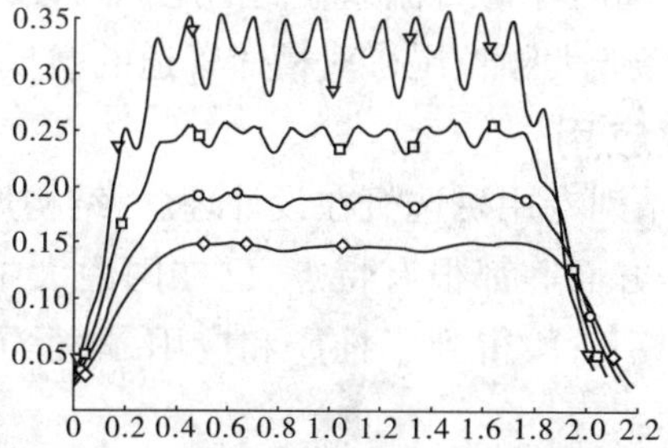

图 2　均匀化磁场磁系仿真曲线

由图 2 可知，筒体表面 80 mm 仍具有较高磁场强度，这种磁场分布特性，有利于对磁性矿的回收，适用于针对低品位粗粒级矿石的预选、粗精选等作业流程。

1.2　传动结构

BK 系列磁选机主要由磁筒、槽体、给矿箱、精矿箱、水管组件、传动系统等部分组成。见图 3。磁选机由传动系统带动磁筒运转，实现对矿石的分选作业。

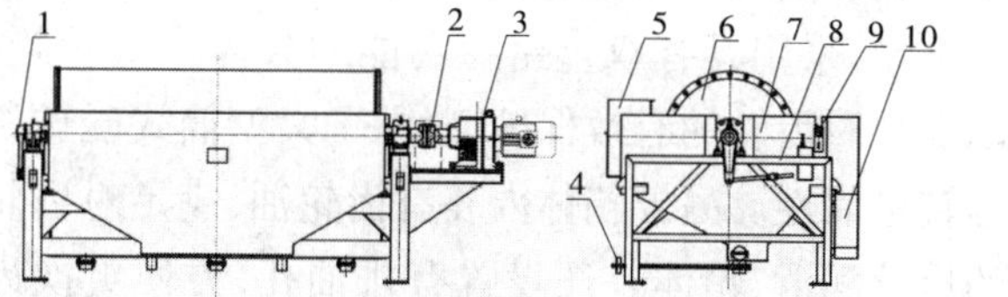

图 3　BK 系列磁选机的主体结构

1—调磁装置；2—联轴器；3—电机减速机；4—底流阀；5—给矿箱；6—磁筒；7—槽体；8—机架；9—卸矿水管；10—精矿箱

目前传动系统种类很多，主要包括直连传动、V 带传动、链条传动、轴瓦传动、齿轮传动等方式。目前应用最为广泛的是直连传动，减速机与传动轴相连带动磁筒旋转。直连结构中磁筒主轴与传动轴共同支撑磁筒，由于整体结构为超静定结构，要求主轴与传动轴具有较高同心度，该种结构主要应用于中小型筒式磁选机。链条传动、轴瓦传动、齿轮传动均属于通轴传动，由主轴独立支撑磁筒，传动结构较之直连传动结构更为稳定，适用于较大规格筒式磁选机。

V 带传动通常适于传动系统高速级。由于磁选机转速较低，皮带传动具有弹性滑动容易产生打滑现象，因此该传动方式仅局限于小型工业或小试磁选设备；链传动工作可靠、效率高、无打滑现象，但传动过程中存在多边形效应，传动的平稳性较差，存在纵向和横向震动，对传动部件产生不良影响，加速减速机的老化[4]；齿轮传动，平稳性较好，具有传动准确、效率高、结构紧凑、工作可靠的特点，但容易受到矿浆的磨损；轴瓦传动，设备初期磨合周期较长，设备正常运转后，传动平稳，磁选机维护量小；齿形带传动，应用于筒式磁选机要比 V 带略胜一筹，齿形带传动具有准确的传动比，无打滑现象、传动平稳、能吸振、噪音小，适用于磁选机的低速运转，同步带缺点是使用寿命短。综合对比各种通轴传动方式的使用情况和优缺点，见表 1。

表 1　通轴传动结构对比

传动方式	安装精度	维护量	稳定性	缺点
链条传动	较低	较高	差	径向振动
轴瓦传动	高	低	好	
齿轮传动	较高	较高	好	
V 带传动	较低	低	差	同步性差
齿形带传动	高	低	好	

齿轮传动和轴瓦传动均适于低速重载应用场合。随着 BK 系列筒式磁选机的大型化和设备负载加大，需要传动系统更加稳定可靠。通过实践证明齿

轮传动和轴瓦传动稳定可靠,较适合应用于大型筒式磁选机。同时为避免齿轮传动中矿粒对齿轮副的磨蚀现象,采用具有双重密封功能的分体式齿轮箱,可以实现对齿轮的有效保护,确保了大型筒式磁选机的运转可靠性。另外箱体内装有齿轮油,满足对齿轮副的持续润滑,箱体外还设置有排油孔,方便更换齿轮油,这样大大降低了齿轮传动的维护工作量。

1.3 槽体结构

BK 系列磁选机具有大分选室槽体结构,可以使矿浆流动稳定,降低磁性矿物的流失。槽体设置有尾矿控制机构,可以有效防止堵塞现象排除脉石矿物,同时可以调节矿浆溢流量,稳定矿浆液位。

BK 系列槽体结构特点有:

(1)具有均匀布矿结构。槽体由多给矿管给矿,矿浆经过给矿返流板回流,再经过分矿溢流板均匀布矿。矿浆经过两次有效分散,实现了给矿矿浆均匀化,见图 4。

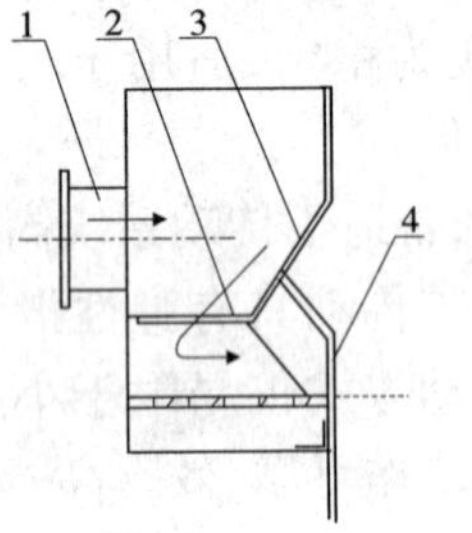

图 4 给矿箱结构

1—给矿口;2—格筛;3—返矿回流板;4—分矿溢流板

(2)液面高度控制机构。根据磁选机给矿量的大小,采用通体可调溢流堰板,对槽体内溢流水平进行调节,从而改变槽体内部分选液面的高度,使分选液面的高度与给矿量达到最佳匹配关系,即分选的最佳工况条件,从而获得优异的分选指标。

(3)尾矿管控制机构。为了在给矿量变动的情况下,使槽体有一定的分选液面高度,槽体尾矿管设置了闸板阀和锥形管口,与液面高度控制机构联动,通过调节尾矿流量,保证分选液面高度。另外通过调节尾矿管的流量,以控制槽体溢流区的矿浆流量大小。

槽体底部内侧设置有轴向流量调节装置,可以对尾矿流量进行同步调节,实现在不停机的情况下完成对控制阀的维修或更换。

(4)大工作间隙。避免粗颗粒沉槽堵塞,同时可减少对筒体表面的磨损,适应粗粒磁铁矿分选时矿物粒度较粗的特点。大工作间隙,可使粗细颗粒以及矿泥充分分层,有利于分选,并且处理量大。

(5)大分选室结构。槽体有效容积大,适应矿浆给矿量以及浓度波动的能力好于常规筒式磁选机,也有利于粗粒废石和磁性矿物的分层分离。

(6)高精矿排矿堰。精矿经过较长距离的挤压浓缩,精矿浓度高,可以直接通过溜槽或管道进入磨机。

1.4 耐磨防护

磁选机耐磨防腐处理是影响磁选机分选性能和整机运行稳定性的另一个关键因素。对筒式磁选机进行耐磨防腐处理主要集中于筒体和槽体,以增加关键部件耐磨性,防止筒体磨损进水损坏磁系或槽体渗漏影响分选指标。常用的工艺方法包括橡胶板冷粘工艺、硫化包胶工艺等。冷粘工艺的附着强度较差,较适合于细粒分选工况。随着政府环境保护力度的日益加强,硫化包胶工艺逐渐被淘汰,取而代之的是施工更加方便快捷的耐磨材料喷涂工艺。通过工业试验证明,将耐磨材料喷涂于磁选机筒体,具有更好的附着效果,在保持较好耐磨性的情况下,拉伸强度和抗撕裂性较好,同时喷涂材料不与酸碱反应,能够有效保护磁选机受酸碱侵蚀。

随着磨前抛尾逐渐被人们重视,铁矿山大颗粒预选工艺随之推广,这就对磁选设备耐磨性、使用寿命提出了更大的挑战。目前对于大颗粒磁选用 BKY 型磁选机采用筒体和槽体粘接氧化铝陶瓷片的方法提高耐磨性,以适于对大颗粒矿石的湿式预选作业。同时在矿石流速较高的尾矿口设计了缓冲结构,以降低大颗粒尾矿对槽体管道的磨损。

2 工业应用

BK 系列专用磁选机在设计理念、结构形式和分选性能等方面等都很有特点,已在国内大中型选矿厂多个选别阶段得到了推广和应用,取得了很好的分选指标。

山东顺达铁矿采用 BKY1024 型磁选机进行细碎后磨前预选作业,抛除合格尾矿产率 15% ~ 20%。磨后采用 BKC1026 型和 BKJ1024 型磁选机,分选指标十分理想。

武钢程潮铁矿采用 BKC1024 型磁铁矿粗选用筒式磁选机,其分选结果与实验室磁选管分选效果相近。

四川龙蟒矿业采用 BKY1230 磁选机处理细碎后钒钛磁铁矿，抛除尾矿产率 40%，尾矿磁性铁品位控制在 0.6% 以下，TiO_2 品位控制在 5% 以下。

承德宝通矿业采用单台 BKC1545 磁选机替代两台 CTS1230 磁选机对粗颗粒超贫钒钛磁铁矿进行一段磁选作业，抛除尾矿产率 70% 以上，尾矿磁性铁品位稳定控制在 0.5% 以下[5]。

山西亨欣选矿厂采用 BKC1545、BKJ1545 和 BKW1536 磁选机进行一、二段磁选和尾矿再选作业，完全替代原有 CTB 半逆流型磁选机，取得较好的分选指标。

3 发展趋势

3.1 设备专用化

BK 系列永磁筒式磁选机从铁矿选别阶段涵盖了从细碎后大颗粒预选、磨后粗选、细磨后精选以及尾矿的再选作业等选别阶段。随着选矿领域新设备、新工艺的推广应用，与之配套的 BK 型筒式磁选机同样面临更新换代的问题，以适用于不同矿种、不同选别阶段对设备的技术要求。以河北承德地区超贫钒钛磁铁矿为例，在粗选阶段，要求在控制尾矿品位的前提下，对尾矿浓度同样提出要求，以满足后续流程浮选作业的要求。因此设计人员在原有 BKC 型粗选磁选机的基础进行针对性的改型设计提出 BKC-Ⅱ型粗选筒式磁选机，以满足该种工艺流程要求。随着国内矿石赋存情况的不断恶化，贫、细、杂化日益严重，各大选厂都面临着大量尾矿难以回收的难题，尾矿往往品位较低，浓度低，含泥量大，常规筒式磁选机很难进行有效回收。因此对现有 BKW、BKW-Ⅱ型尾矿回收磁选机进行升级具有迫切性和必然性。

3.2 设备大型化

随着经济发展和社会建设步伐的不断加快，对于矿产资源的需求也在日益增加，由此引发的大型矿山建设和矿山采选能力升级等连锁效应显著。采选能力百万吨矿山逐渐向千万吨级矿山跨越，大规模矿山建设需要配套大型采选装备。磁选设备是铁矿山选厂的关键设备，BK 系列筒式磁选机的最大处理能力已达 300 t/h。大型磁选机单位处理量占地面积小、能耗低、维护成本低等优势越来越凸显，随着大型矿山的发展，BK 系列磁选机的大型化将成为重要趋势。在大型化过程中，不是单纯的设备规格增大，而是要在设备大型化的同时注重设备结构精细化发展，即与设备分选性能相关的传动结构要更加可靠稳定，分选结构要更加紧凑合理，操作维护要更加方便快捷。

3.3 设备自动化

提高大型磁选机自动化水平是重要发展方向之一，提高大型筒式磁选机的自动化水平是与智能化、数字化矿山建设相匹配的发展策略。提高磁选机的自动控制水平，在给、排矿等方面采用先进的传感技术，提高磁选机液位控制精确度和敏捷度，保证分选指标稳定。结合先进的故障诊断技术，对磁选机的运行情况和选别指标进行实时监控，实现无人化操作。采用网络技术，对磁选机实现远程操控，降低人工成本和设备维护成本。

4 结 语

（1）BK 系列筒式磁选机通过在实践应用中的经验总结，对关键结构进行了优化设计，磁系磁场特性更加合理，传动结构更加可靠，矿浆液位更加稳定，筒体和槽体耐磨防护水平也大幅提高。

（2）BK 系列筒式磁选机经过数十年来的推广和应用，适应了矿山选厂工艺改造和设备升级的需要，得到了业内用户的广泛认可。在工业应用中发挥了专用磁选机的技术优势，具有深入推广价值。

（3）在矿业形势不景气的环境下，要发挥 BK 型磁选机的技术特点，需要着重在磁选机专用化、大型化和自动化等方面进一步开展工作，提高和加大该系列磁选机在矿石预选抛尾、矿石提精、尾矿回收等领域的技术价值和应用空间。

参 考 文 献

[1] A E 拉赫曼诺夫. 直径 1500 mm 筒式磁选机[J]. 国外金属矿山，1989(6)：63-64.

[2] 赫荣安. CTB-1230 永磁中磁机工业试验及生产应用[J]. 金属矿山，2004(5)：46-50.

[3] 谢 强，董恩海，赵瑞敏. BK 系列专用筒式磁选机分选机理和特点[J]. 金属矿山，2005(1)：42-47.

[4] 程 岩，李宝林，张 燕，等. 链传动中纵向振动问题的研究[J]. 机械传动，2012(7)：27-29.

[5] 王芝伟，宗金彪，史佩伟，等. 粗粒分选大型磁选机的研制与工业试验研究[J]. 有色金属：选矿部分，2013(S)：219-221.

（收稿日期 2015-05-26）

现代矿山电气传动系统及节能技术发展现状

谭国俊　吴轩钦
(徐州中矿大传动与自动化有限公司)

摘　要　在分析矿山电气传动系统对于矿山安全生产关键地位的基础上,指出如何降低矿山企业的电力能耗成本、切实做到节能环保,成为矿山企业今后需要思索的重要问题。首先阐述了国内电气传动技术的发展现状,并针对目前各种调速方式和矿山大功率传动技术存在的不同应用工况,分别对交、直流调速系统进行了简要分析,同时指出直流调速系统和交-交变频系统已不是主流技术产品。对于目前的交-直-交变频传动系统,主要对级联多电平和三电平调速系统的优缺点进行论述。最后,对基于“背靠背”双三电平拓扑结构的转子双馈变频调速系统、电励磁同步电机变频调速系统和鼠笼电机变频调速系统进行了详细的论述,同时还对矿山电气装备信息集成与网络化故障诊断技术进行了展望。

关键词　矿井提升机　双馈电机　电励磁同步电机　鼠笼电机　三电平

在现代工业生产中,电力传动技术已经获得普遍应用。尤其在矿井提升、井下通风、轨道运输、矿产采掘方面的应用已经日趋成熟。矿山电力传动系统具有技术性能、自动化和可靠性要求高等突出特点,对矿山的高效、安全生产与经济运营具有极其重要的作用。

矿井提升机在矿山开采过程中扮演着重要角色,是决定企业运转高效性、安全性和经济性的至关重要因素。该设备单机容量大,装机套数多,是矿山的主要耗能设备,并且受限于自身的应用工况,需要在四象限内进行频繁的起动、制动以及反向周期性运行。根据设计的提升能力和安全规程确定的力矩图和速度图反映了其运行状态,对提升机在整个行程的不同提升特性有严格的限制和要求,比如加减速过程中的加速度、停止精度等。因此,现阶段针对矿井提升机的应用装置,已经成为矿山电力拖动与控制学科现代化技术革新的一个典型应用。考虑其对安全性、可靠性和调速性的特殊要求,世界各大公司、研究所纷纷将新的、成熟的技术应用于矿山传动电控系统[1-2]。

1　矿山电气传动系统发展历程

上世纪五六十年代,我国矿山大功率传动系统主要以交流传动的形式存在[3]。交流传动具有众所周知的优点,比如控制简单、体积小、易维护、经济性好等。主要缺点是电气调速性能不好,需要额外的动力制动、低频传动等传动装置实现在减速和爬行阶段的有效工作。尽管电气调速性能有了改善,但投资高而且增加了系统的复杂性[4]。

进入70年代后,随着矿井的规模愈来愈大,矿井深度也越来越深,皮带长度也越来越长,传统的交流传动设备受制于电动机和控制设备制造容量,已无法满足大容量深矿井的煤矿开采任务,但是当时交流电机的控制方法还不成熟,使得直流传动装置成为大型矿井用于大容量快速提升的主要机型。矿山大功率直流传动系统主要采用晶闸管变流器-电动机传动方式,具有动作速度快、调速平滑稳定,并能实现能量的双向流动[5]。但它的缺点也显而易见:单机容量大造成较大的起动压降,运行中对电网侧无功冲击,高次谐波引起引起的电网波形畸变,较大的电磁干扰影响其他用电设备正常运行以及投资大费用高等。同时直流电机的效率低,一般为85%左右,在大功率传动设备的节能降耗方面具有明显的劣势。

七十年代初期,交流调速系统得益于德国F. Blaschke提出的交流电机磁场定向(矢量控制)理论,取得了突破性进展,促进了交流电机拖动的发展,使交流传动获得同直流传动一样的调速性能成为可能。随着微电子技术、电力电子技术、交流传动控制理论的进一步发展,交流传动控制的复杂性进一步被克服,矿山大功率传动的发展方向开始重新转向交流传动领域。相比与直流传动系统,交流传动系统具有较大的优越特性,见表1、表2。

谭国俊(1962—),男,教授,博士研究生导师,221116 江苏省徐州市高新区第2工业园区珠江路7号。

表 1　直流电机与交流电机性能对比

电机	容　量	体积、重量	转动惯量	动态响应	维护量	节约能源
直流	极限容量和速度积约为 3.0×10^6	大、重	大	动态响应慢	维护量大	效率低
交流	极限容量和速度积约为 100.0×10^6	小、轻、占地面积仅为直流电机 1/2	小	动态响应快	维护量小	效率高，同比直流电机提高 2%3%

表 2　交流调速与直流调速的技术性能对比

项目	电机电压 /V	电机效率	变换器效率	变换器风险	调速范围 /%	调速精度 /%	速度响应 /(rad/s)	网侧谐波	网侧功率因数
直流调速	1 200	0.86	0.98	逆变失败	0.1 ~ 100	0.01	15 ~ 30	大	0.7
交流调速	1 500 ~ 6 000	异步电机:0.9; 同步电机:0.96 以上	0.96 ~ 0.97	交-交: 逆变失败; 交-直-交: 无	0 ~ 100	0.01	40-100	交-交: 大; 交-直-交: 小	交-交: 0.65; 交-直-交: 0.98 ~ 1.0

2　矿山大功率交流传动系统的发展

大功率变频器基础是高压大功率的开关器件，通过高性能的微处理器，把工频电源变成电压频率可调电源。目前，世界上变频器高压开关器件耐压值限制了在高压场合的使用条件，而且不具有公认的电路拓扑结构。国内外的高压变频器企业根据自己的主攻市场和应用场合不同，采用的功率器件和拓扑结构也有差异。目前国内大功率传动电控系统主要为交-交变频器和交-直-交变频器两大类，其中交-直-交方式以单元级联和二极管箝位式三电平为主流。

2.1　交-交变频器

1981 年，第一台交-交变频器矿井提升系统下线并得以应用，该设备采用晶闸管相控整流，属于汞弧整流器的相控交-交变频器[6]。1985 年，我国开始引进交-交变频设备，主要用于矿井提升机和轧机，并且由于其在低速、大功率、高性能传动领域具有良好的应用前景，成为当时较好选择方案之一，取得了良好的技术经济效益。

三相交-交变频传动系统见图 1。系统可以运行在 3 种工况，分别为有环流、局部环流、无环流，是一种基于可逆全控型整流电路的新型交流传动系统。在变频器工作过程中，随着输出频率的降低，单个工频周期内包含的波头数增加，输出电压波形质量更高，更接近正弦；相反，输出频率越高，单个工频周期内包含的波头数减少，谐波含量增加，负载电动机的脉振随之增加，直观表现为噪音增大，损耗增高。由此可见，交-交变频器存在一个最大输出频率，这样就限制了该类型变频器的调速范围和应用场合。另外，从拓扑结构方面看，交-交变频器使用大量晶闸管，在深控时功率因数极低，谐波含量很大，严重影响输出电能质量，也对其它矿山电设备的正常运行产生次生影响，交-交变频传动系统运行波形见图 2。若要消除谐波污染，需要附加滤波器进行无功补偿，增加了投资成本，占地面积和维护量。

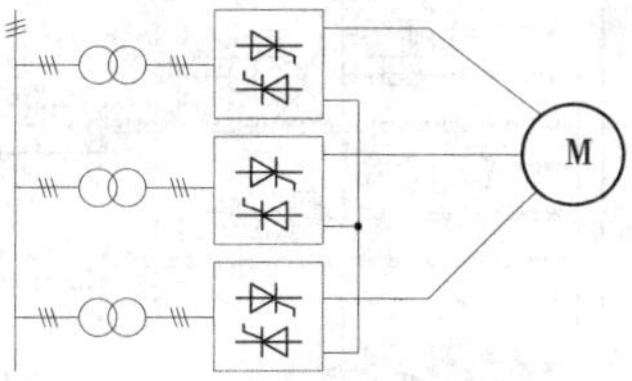

图 1　交-交变频传动系统

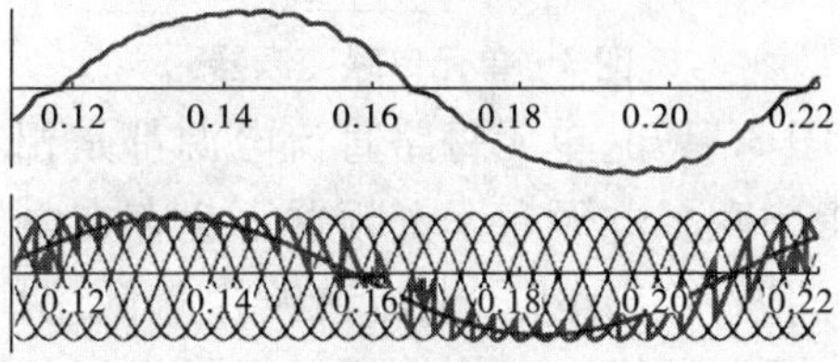

图 2　交-交变频传动系统运行波形

虽然交-交变频器是一种新型的交流传动设备，并具有一定的先进性，具有较高的性能，但是目前国内外变频器厂商主要采用的交流电机调速设备并不是交-交变频。

2.2　交-直-交变频器

随着高压大功率全控器件实现商品化以及交-直-交功率变换拓扑及控制策略的成熟，性能更优的交-直-交中高压大功率变频器成为交-交变频器的强劲竞争对手，并迅速确立其主导地位。

现阶段的主要瓶颈是单个功率器件的耐压无法满足高压变频领域的应用[7-8]。为了解决该瓶颈，一些专家学者研发创造了一些新的拓扑结构，主要可分为以下几种：①采用功率器件串联的两电平高压变频器;②高-低-高的低压变频器+变压器的组合方式;③LV-IGBT 单元串联多电平变频器;④IGCT/HV-IGBT 三电平变频器。其中前两种高压变频器类型是早期理论研究和工程应用过渡阶段的产物,在工业现场的应用不成熟,而且在矿山传动系统中应用很少。因此,本文将在下节针对单元串联多电平拓扑结构和中点箝位型三电平拓扑结构进行理论阐释。

2.2.1 单元串联多电平变频器

早在 1975 年,P. Hammond 就提出了一种基于多个 H 桥的单元串联多电平结构,该结构分别输入独立的直流电源,并对输出端进行串联,如今,单元串联型多电平高压变频器[9-12]已经得以迅速发展,并获得了广泛的应用,比如高压电机驱动、大功率电源、大功率有源滤波器等领域。单元串联多电平高压变频器原理见图 3。

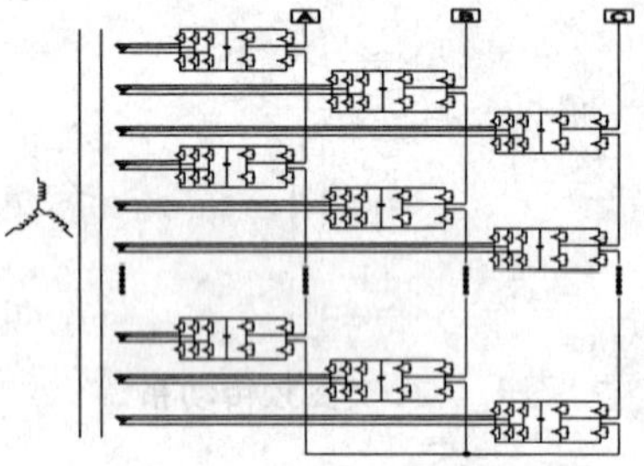

图 3 单元串联变频器

由图 3 可知,单元每路直流电源都是相对独立的,使得串联多电平高压变频器不会存在电容电压的均衡问题,输出电压、电流谐波含量低;引入移相变压器,采用结构一致的整流桥和逆变桥单元以提高电压同时降低生产过程中的技术难度,使之趋于一种劳动密集型产品。在看到其优点的同时,对其存在的缺点也不容忽视。

首先,单元串联多电平高压变频器的每路独立直流电源均需一组整流装置,所需的功率开关器件数量较多。而且,如果要求变换器能够进行四象限运行,需要该整流装置为可控整流,这样会造成系统庞大冗杂,系统故障率和成本增加。此外,系统中大量使用的电解电容存在一个使用寿命的问题,这也一定程度上降低了系统的可靠性。最后,从拓扑结构可以看出,单元串联多电平高压变频器在系统中引入了移相变压器。该变压器制造工艺复杂,体积庞大,一定程度上又增大了系统的占地面积。

其次,从系统的成本来看,变频器 40% 以上的总成本都是由此类型高压变频器主要构成组件——非标移相变压器所占。为了使输出电压为 10 kV,移相变压器需要 27 个副边绕组。再者,当对变频器使用寿命有一定要求时,高压变频器往往采用薄膜电容器取代原采用的电解电容器方案,此时成本也将大幅攀升。因此使得原本此类变频器因为使用低压半导体所带来的成本优势不复存在。

10 年前是单元串联型高压变频器的黄金时代,当时高压半导体器件以及相关多电平技术的确实给单元串联型高压变频器以极大的生存空间。随着半导体器件电压等级的提高,器件每安培的价格也以 3% ~5% 的速度逐年下降。单元串联型高压变频器的生存空间将被逐渐压缩,最终将慢慢淡出市场。

2.2.2 中点箝位型三电平逆变器

1980 年 ISA 年会上,拓扑结构由日本长冈科技大学学者首次提出,这就是后来我们所熟知的中点箝位式逆变器。这一拓扑结构的提出为高压大容量电压型逆变器研制指明了新的方向。经过近些年的发展,中点箝位式逆变器直流侧电容电压平衡问题能够凭借正确选用电压矢量的方法来予以解决,并与矢量控制和直接转矩控制进行友好的结合,使之能够在高性能调速领域得以推广应用。

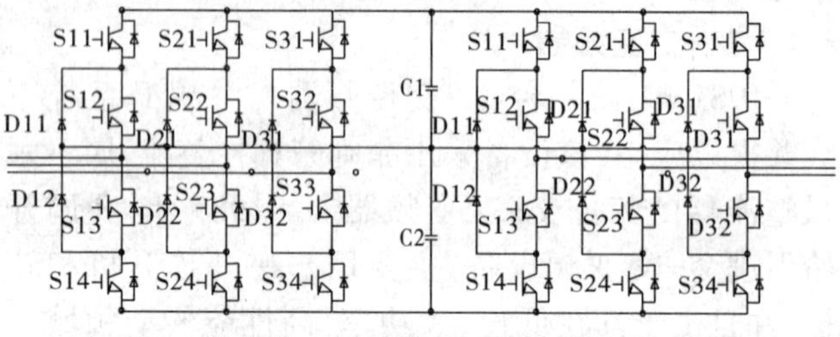

图 4 背靠背二极管箝位式三电平拓扑结构

与传统的两电平变流器相比,三电平变流器拥有很多两电平变流器所不具备的优点:开关器件所承受的电压仅为直流侧的一半,功率器件的容量和直流母线电压在同等状况下可以提高一倍,因此可广泛应用于高压大功率场合。在同样的调制频率下,三电平拓扑结构输出多电平电压,输出的电压和电流谐波含量都大幅降低。另外,考虑到拓扑结构的散热量,相同开关频率下两电平和三电平相比,散热量降低为前者的 1/4,便于系统散热问题的解决[13-17]。

在四象限运行工况下,当 MW 级传动设备工作在电动状态时从变频器获取能量,制动状态下传动设备产生的能量向变频器馈入,为此采用背靠背二极管箝位式三电平拓扑结构，见图4。其中，有源前端采用的是三电平电压型PWM整流器。相比传统的有源前端为二极管不控整流的变频器，更容易实现能量的双向流动。前端整流器可以保证网侧正弦电流及输出稳定的直流电压，而高性能电机控制则通过后端逆变器实现。

包括整流和逆变在内的整个主功率回路是一种背靠背的双三电平结构，并在整流段采用高性能的可控的前端脉宽调制(PWM)整流器。PWM整流器对传统的相控整流和不控整流进行了全面改进并弥补了不足，具有以下优良特性：网侧单位功率因数控制，网侧电流为正弦波，可控AC/DC变换性能，还可以实现电能双向传输[18-25]，见图5。当功率因数调节至1时，无功电流为零，系统谐波含量降低，减少网络中的电流纹波和电压畸变，减少了无功及谐波带来的附加损耗，运行效率得以提高，实现了“绿色”电能的变换。FLUKE435电能质量分析仪测量的功率、电能以及网侧电流谐波含量见图6。实测功率因数0.98，实际功率为1.48MW，谐波含量较低，最大为4.2%，符合国家规定的谐波标准。同时PWM整流器的直流母线电压可控，直流母线电压的稳定能够消除整流器和逆变器耦合相的影响，同时后端的稳定性也得以提高，因此，特别是在一些需要四象限运行的电气传动场合，双PWM控制的拓扑结构得到了广泛的应用。

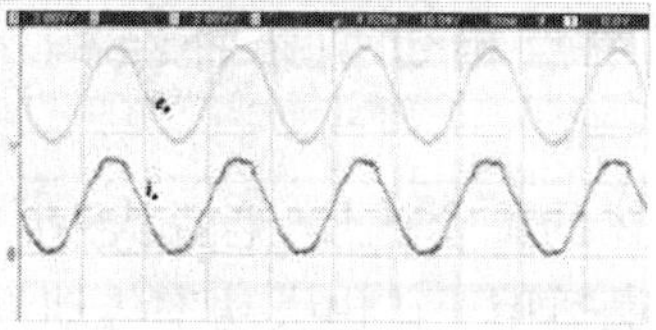

(a)能量馈入

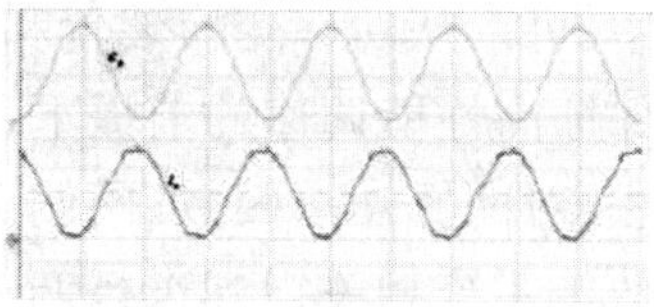

(b)能量馈出

图5　网侧电压、电流波形

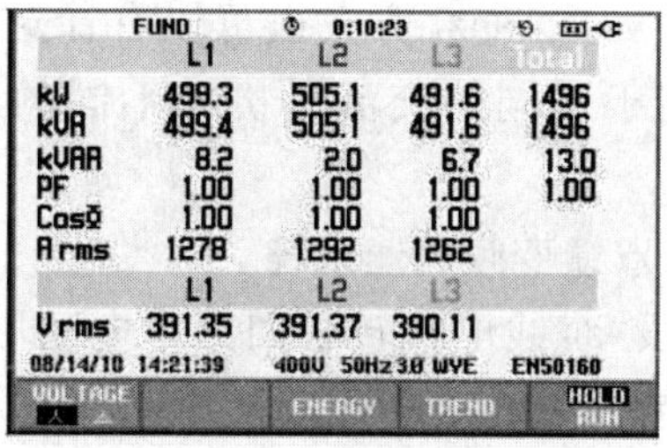

(a)功率和电能

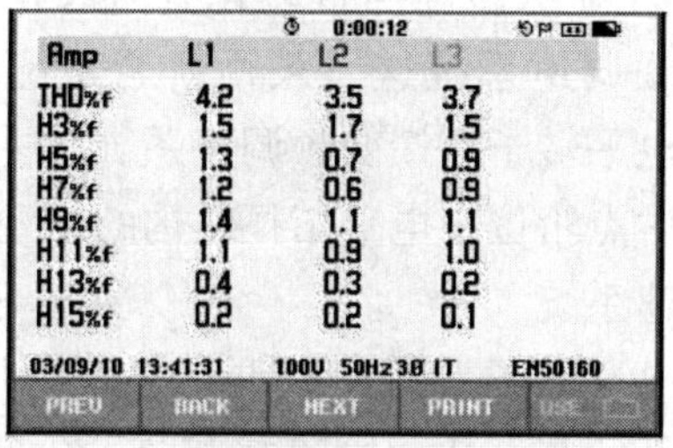

(b)谐波表格

图6　网侧功率因数和电流谐波

背靠背三电平拓扑结构的交-直-交变频方式与交-交变频方式的对比分析见表3。

表3　交-直-交变频与交-交变频对比

名　称	网侧谐波	网侧功率因数	输出电压谐波	转矩脉动	电机噪声	输出能力	输出频率上限	动态响应	存在风险
交-交变频	大	低	大	大，损耗大，机械冲击大	大	低	20 Hz	慢	逆变失败
交-直-交变频	无，正弦电流	单位功率因数	小	小，损耗小，机械冲击小	小	高	无	快	无

以6 000 V电网进线、电机功率为1 000 kW为例对比分析单元串联和背靠背中点箝位型三电平逆变器2种拓扑结构的各种指标，见表4。

表4　单元串联和背靠背中点箝位型三电平逆变器指标对比

名称	IGBT数目	电容器数目	电容器寿命/h	整流控制	矢量控制	网侧功率因数	开关频率	du/dt	变压器	应用场合
单元串联	150	60	5 000	15个单元分别控制	实现复杂，多数为VF控制	1	低，开关损耗小	小	6000/690多抽头移相变压器(制造工艺复杂，故障点多)	风机、水泵
背靠背中点箝位型	24	2	100 000	1个整流单独控制	成熟	1	低，开关损耗小	中等(是两电平的1/2)	6000/1140等单抽头变压器(制造工艺成熟，故障点少)	提升机、皮带、风机、水泵

3 背靠背中点箝位型拓扑结构下变频调速系统

通过上述的综合比较，笔者认为中点箝位三电平拓扑结构最适用于矿山大功率传动设备。在大功率传动设备中，可以从功率变换装置和电机的整体上考虑。在保证高性能调速的前提下，使用高性能矢量控制算法，对网侧功率因数、网侧谐波、电机定子侧功率因数等系统相关指标进行调控，最大限度满足系统运行的需要，从而达到节能环保的目的，做到“绿色变频”。变频方案也可以有针对地进行设计，并应用于不同的交流电机和不同的应用场合下[26-27]。

3.1 转子双馈变频调速系统

现阶段“绕线电机转子回路串电阻”调速系统是一种在矿井中普遍使用的老调速方式。针对这种情况，徐州中矿大传动与自动化有限公司提出了转子双馈变频调速系统这一兼顾新老系统的改造方法。双三电平转子双馈变频调速系统是一种采用前面所述的中点箝位三电平拓扑结构的新型高性能转子变频调速系统。

双三电平转子双馈变频调速系统框图见图7。电动机定子侧与高压电网直接相连，转子侧与功率变换单元相接，并通过功率变换单元对转差功率进行控制调节，达到调速目的。其中全控逆变单元的作用包括向转子侧提供变压变频电源、输出稳定直流母线电压、调节网侧功率因数、控制谐波含量等。转子变频双馈调速系统运行波形见图8。

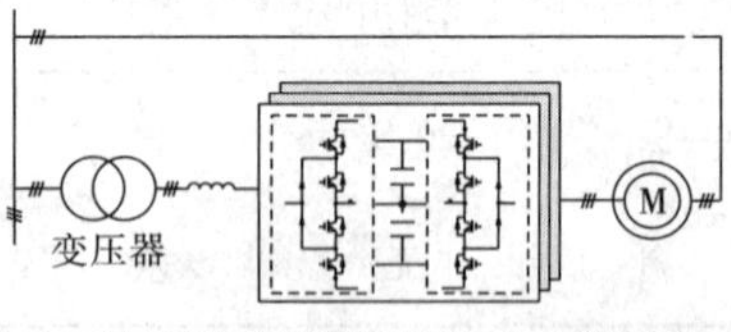

图7 转子变频双馈调速系统结构示意

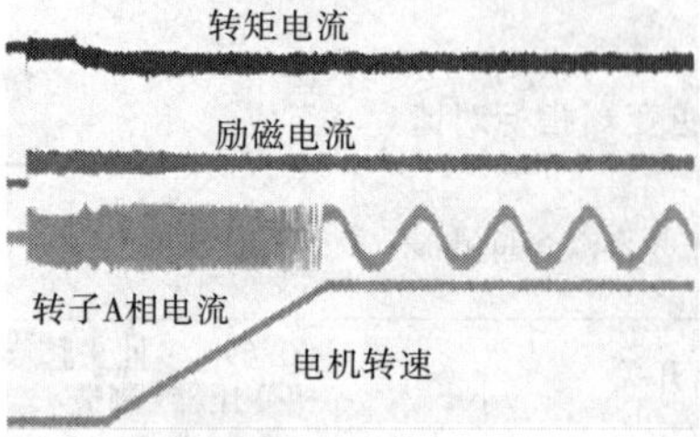

图8 转子变频双馈调速系统运行波形

在矿类企业运行过程中，需要考虑系统的完备性，因为大功率调速设备是该类企业生产过程中的关键环节，一旦出现系统故障导致停工停产，会对企业造成严重的经济损失。而“转子变频双馈调速系统”具有的优势之一就是既可以大幅降低能耗、提升能源利用率，又能以冗余系统的形式存在。作为备用系统，它增强系统连续持续生产能力，减少系统故障带来的经济利益损失。

3.2 电励磁同步机变频调速系统

与传统的低速直驱直流传动方式相比，同步机的效率一般在96%以上，远远高于直流电机的86%。此外，交流同步电机具有相对较小的体积和转动惯量、较大的过载能力和较方便的运行维护。因此对于矿井新上设备，建议采用低速同步机直驱方案取代直流传动方案，可以获得较高的性价比。

与传统变频方式相比，背靠背中点箝位型三电平拓扑结构可实现“零污染”变频，并且基于其自身的优点，可以将谐波电流大幅度减少，并进一步减少拖动电机的转矩脉动，使得电机运行过程中的发热问题得到缓解，并把噪音抑制到最低，是交-交变频的最佳改造方案。

主回路拓扑结构是“背靠背”的双三电平交-直-交电路，网侧采用三电平全控整流结构，用来调节直流侧电压以及网侧的功率因数，阀侧采用三电平逆变系统，对电流、转速以及转矩进行闭环控制，中间直流环节的电容具有滤波和无功缓冲功能，并且能够对功率因素进行调节。以上三部分共同构成四象限功率变换系统。转子侧连接可控整流控制系统，并通过该系统进行励磁供电，实现对励磁电流大小的控制和调节。系统结构示意见图9，电励磁同步电机变频调速系统运行波形见图10。

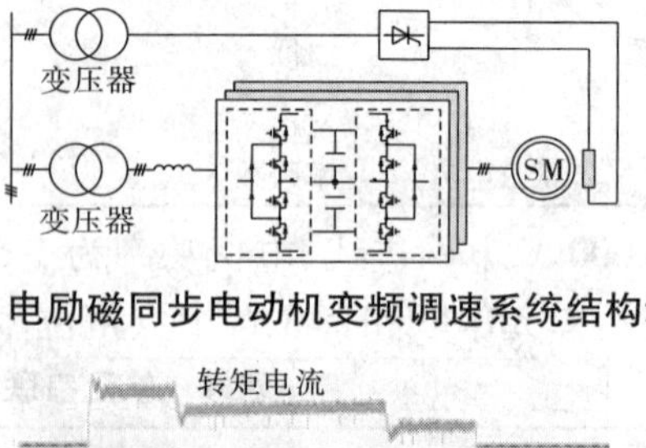

图9 电励磁同步电动机变频调速系统结构示意

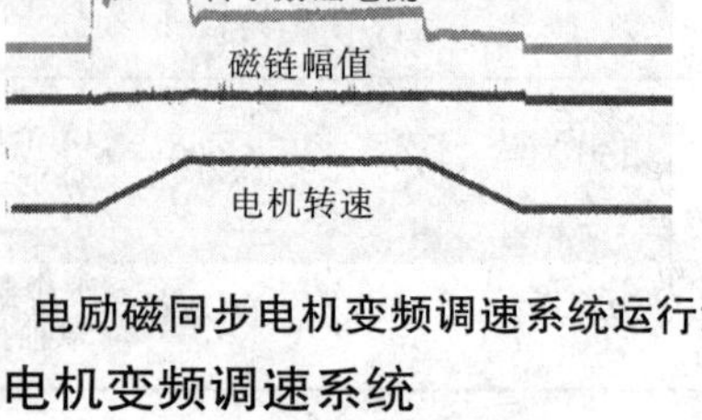

图10 电励磁同步电机变频调速系统运行波形

3.3 鼠笼电机变频调速系统

针对煤矿井下对防爆要求较高的防爆环境，如暗立井、暗斜井等场合，需要一系列中小功率的防爆变频调速系统。back-to-back 双三电平鼠笼电机变频调速系统成为该类型应用的一种最合适的选择。

首先，从结构方面看，鼠笼电机的转子为笼形结构，能够避免异步电机绕组带来的潜在危害，并且减少了转子侧维护工作量，提高了系统可靠性。此外，该类型转子结构为全封闭结构，具有噪声小、抗潮湿、抗粉尘、对恶劣环境实用性强的特点。同时由于鼠笼电机比绕线电机在体积上要小很多，鼠笼型感应电动机的价格要比同样电压和功率的绕线型电机便宜很多。同时鼠笼电机不需要单独的励磁控制系统，相比与电励磁同步机，简化了系统控制的复杂性。双三电平鼠笼电机变频调速系统见图 11，系统运行波形见图 12。

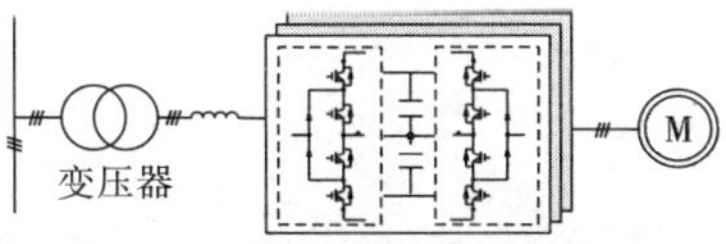

图 11　鼠笼电机变频调速系统

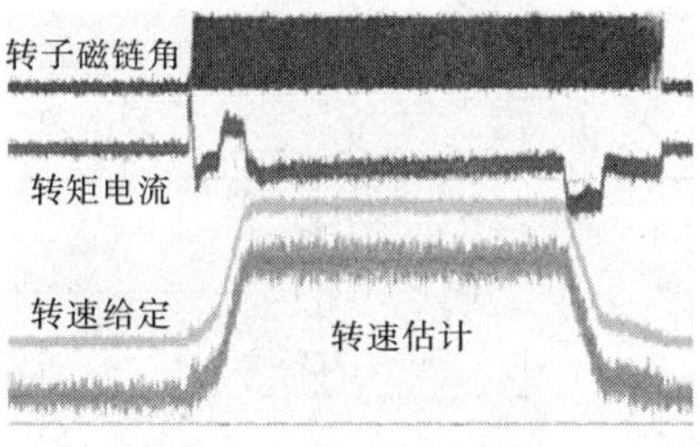

图 12　鼠笼电机变频调速系统运行波形

从现场应用来看，传统有速度传感器的矢量控制方式需要很长的传感器接线，对于复杂恶劣的煤矿井下环境来说无疑是一个潜在的故障点。因此，传统有速度传感器的矢量控制方式已经无法很好地适应矿井提升机现场。采用全阶闭环磁链观测器的无速度传感器控制能够减少提升机运行时的速度传感器，减少系统运行故障。同时该系统采用软硬件双重保护+双 PLC 冗余控制，实现上位机系统的自我诊断和自我保护，提高提升机系统运行的安全系数。

4　矿山电气装备信息集成与网络化故障诊断技术

现阶段，众多矿井提升系统已经进行全面自动化改造，建立了对工作面的监视监测，对瓦斯、矿压的警告监测等[28-29]。这些整个系统的自动化电气管理系统，能够减少矿企运营过程中的人力成本，提高企业运行的安全性和管理的有序性。

为此，构建了矿山电气装备网络化管理软件、硬件体系，对形成一套关键电气装备的可视化管理和集中控制、故障预警及网络化故障诊断的意义重大。

4.1　矿山电气装备数字化信息集成系统

现阶段在矿山企业的电气装备中实现信息的高度集成成为未来矿山数字化的一种必然趋势。该信息集成的过程以计算机网络为核心，并对工艺水平、装备质量和管理技术都有较高的要求。

在不同的系统层面通过集成装备层、管理层和信息层，管控信息的传导与共享，并依靠管理信息系统软件自身的整合，实现管理信息系统与生产监控系统的高度集成。该集成过程集中监控生产过程与管理信息系统控制管理过程，集成后的系统通过现代化的网络技术二次集成，集中体现两个系统的监控能力，并借助于现代社会发达的网络通信技术，完成远程地面监控和维护工作，有力支撑企业的安全运营。

整合体系作为一种基础整合，是完成数字化信息集成系统整合的前提，包括对信息的整合、应用整合、数据整合。其中的信息整合包括整合公文、视频、音频、图片等类型的信息；数据整合主要是建立基础数据库，为数据集市和数据仓库打基础；而应用整合主要是将应用体系集成，形成一个运行体系，为系统开发过程中的控制和应用提供一个系统平台。矿山电气装备数字化信息集成系统结构见图 13。

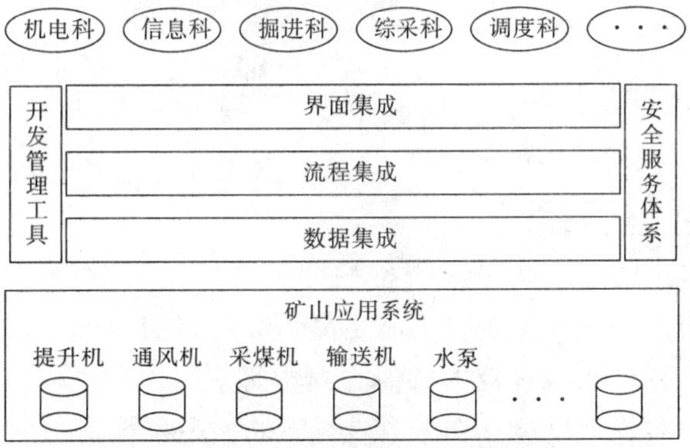

图 13　矿山电气装备数字化信息集成系统

4.2　矿山电气装备智能故障诊断系统

近几年随着计算机技术、故障诊断技术和电力电子技术的进步，针对矿山电气装备智能诊断系统得以形成和发展，并在监控、鉴别、辨析、排除等方面获得长足发展，具体表现如下：

（1）规则系统向混合模型系统的过渡。基于规则的诊断系统已经是一种成熟的技术类型，并已获得较多应用。但是随着矿山电气装备的复杂成都越来越高,对智能故障诊断系统的反应速度和适用性提出了更高的要求。因此,一种结合多种诊断方法,如基于规则、基于功能和深层知识模型等的新型系统应运而生,以期实现多形式、多深度诊断,提高诊断系统在不同应用场合和不同阶段的适用性。

(2)由被动提供到机器自主学习。如何获取知识,是一个故障诊断专家系统先进性的重要标志。如何从传统的专家提供知识向机器自主学习知识进化,是现阶段构建故障诊断专家系统的最大难点。机器自主学习是指机器能够自己获取知识、利用知识,并基于该知识在实际应用中不断修正调整知识。自主学习能力是故障诊断智能化的关键,是系统自我更新的核心技术。

(3)由非实时诊断到实时诊断。所谓实时诊断,就是设备具有的一种能够在线处理数据的一种推理诊断能力。通常情况下,该过程的诊断速度是性能指标的一种体现。诊断速度越快,越能节省系统自我决策并指示设备运行时或潜在的风险。作为现阶段一种比较先进的诊断方法,基于计算机支持协同工作(CSCW)能够进行多处理器协同处理数据,并对诊断软件的结构进行优化,实现系统过程的分级推理诊断。以协同处理的形式提高硬件的处理速度,缩短故障检测与诊断的时间,使得系统具有最佳的诊断性能。基于 CSCW 的矿井提升机故障诊断系统基本结构见图 14。

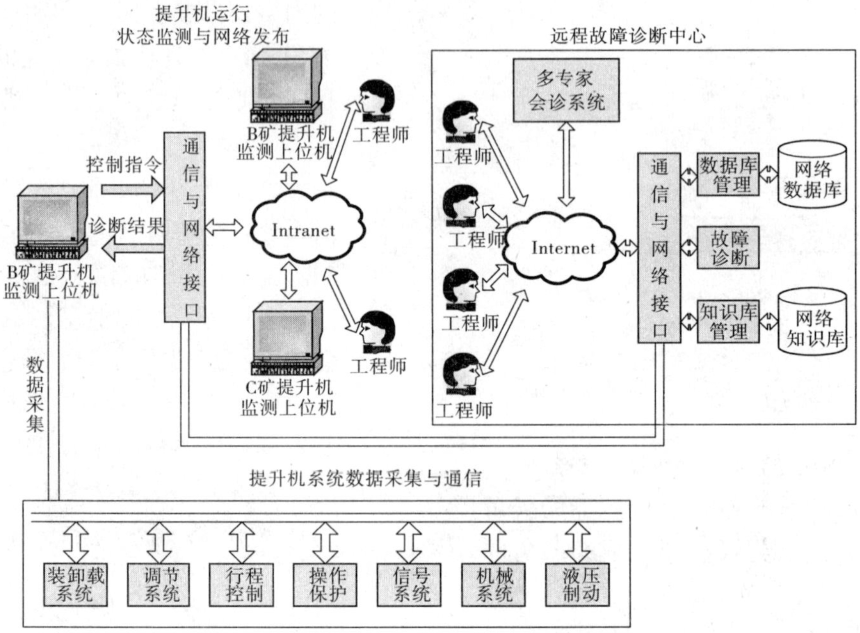

图 14　基于 CSCW 的矿井提升机故障诊断系统

5　结　论

通过分析不同类型的变频器拓扑结构,重点阐述了特殊应用场合下满足高可靠性、优良动态性能、智能自诊断等技术特征的大功率中高压变频器。并针对该类型应用分析了 back-to-back 双三电平中压调速系统在该领域应用的优越性。此外,根据主要研究对象包括鼠笼电机变频调速系统、双馈转子变频调速系统以及电励磁同步电机变频调速系统,基于该三大变频系统着重介绍了双三电平拓扑的变频调速系统。

同时分析了中小功率鼠笼电机双三电平变频调速系统在煤矿井下防爆环境应用时的特有优越性,分析了其取代传统矿井提升中直流调速系统和交-交变频调速系统、成为一种最适宜于该领域应用的理想调速系统的成因,并为传统转子串电阻调速系统的改造引入新型的转子双馈变频调速系统进行了分析。最后,对矿山电气装备信息集成与网络化故障诊断技术进行了展望。

参　考　文　献

[1]　谭国俊,何凤有.矿井提升机交直交三电平变频电控系统研制及其应用[C]//2012 中国矿山安全技术装备与管理大会论文集,2012.

[2]　王正元,赵争鸣,李崇坚,等.中国电机系统能源效率与市场潜力分析[M].北京:机械工业出版社,2001.

[3]　陈伯时.电力拖动自动控制系统[M].北京:机械工业出版社.2004.

[4] 何晓群,谭国俊.高性能矿山提升机电控技术发展及变频调速控制系统[C]//第七次煤炭科学技术大会文集 :下册,2011.

[5] Bose B K. Modern power electronics and AC drives[M]. USA: Prentice Hall,2002.

[6] 谭国俊,韩耀飞,侯周峰,等.三电平逆变器矢量控制结构下异步电动机参数辨识[J].电工技术学报,2007,22(7):155-159.

[7] 徐亚军,姜建国,乔树通.交交变频电励磁同步电机矢量控制系统磁链估计器[J].电力系统自动化,2014,38(3):65-70.

[8] 费万民,姚文熙,等,中高压变频调速系统综述[J].电力电子技术,2002,(4):74-78.

[9] 张 皓,续明进等.高压大功率交流变频调速技术[M].北京:机械工业出版社,2006.

[10] 刘凤君.多电平逆变技术及其应用[M].北京:机械工业出版社,2007.

[11] 谭国俊,刘 战,叶宗彬,等.基于线电压坐标系的 ANPC-5L 逆变器 SVPWM 算法的研究[J].中国电机工程学报,2013,33(30):26 33.

[12] Keith corzine, Yakov Familiant. A new cascaded multilevel H-Bridge Drive[J]. IEEE Transactions on Power Electronics,2002,17(1):125-131.

[13] 丛子月,谭国俊,何凤有.国外引进交-交变频提升机国产化改造实践[J].煤炭工程,2011 (9):60-62.

[14] 叶宗彬,谭国俊,景 巍,等.三电平整流器中性点平衡控制策略的研究[J].电力电子技术,2010,44(9):18-20.

[15] 吴轩钦.电励磁同步电机双三电平矢量控制系统研究及其应用[D].徐州:中国矿业大学,2011.

[16] 景 巍.大功率三电平变频器功率器件损耗研究[D].徐州:中国矿业大学,2011.

[17] Zhou D, A Self-Balancing Space Vector Switching Modulator for Three-Level Motor Drives, IEEE Transactions on Power Electronics,2002(6):1024-1031.

[18] 张 申,丁恩杰,赵小虎,等.数字矿山及其两大基础平台建设[J].煤炭学报,2007,32(9):997-1001.

[19] 秦德先,陈爱兵,燕永锋,等.矿山数字化信息系统及其应用研究[J].中国工程科学,2005,7(4):47-53.

[20] 尹洪胜,钱建生,华 钢,等.基于 CSCW 的煤炭企业安全生产调度指挥系统[J].煤炭科学技术,2006,34(2):52-56.

[21] 何凤有,王磊,谭国俊,等.提升机故障诊断专家系统研究[J].煤炭工程,2004 (5):49-51.

[22] 王 磊,马正兰,安忠林.基于 CSCW 的提升机故障诊断研究[J].中州煤炭,2004(3):003.

[23] 谭国俊,吴轩钦,李 浩,等.Back-to-Back 双三电平电励磁同步电机矢量控制系统[J].电工技术学报,2011,26(3):36-43.

[24] Beig A R, Narayanan G, Ranganathan V T. Modified SVPWM algorithm for three level VSI with synchronized and symmetrical waveforms[J]. IEEE Transactions on Industrial Electronics 2007,54(1):486-494.

[25] 谭国俊,曹晓冬,王从刚,等.3 电平 VSC-HVDC 系统模型预测控制策略[J].高电压技术,2013,39(11):2737-2742.

[26] 曹晓冬,谭国俊,王从刚,等.一种低开关频率 PWM 整流器的满意预测控制策略[J].中国电机工程学报,2013,33(27):69-77.

[27] 刘送永,谭国俊,张旭龙,等.采煤机开关磁阻调速系统的无位置传感器控制技术[J].煤炭学报,2012,37(8):1408-1411.

[28] 谭国俊,景 巍.有源钳位三电平变频器及其结温平衡控制[J].电工技术学报,2012,27(2):97-102.

[29] 吴轩钦,谭国俊,叶宗彬,等.直流励磁凸极同步电机饱和分析及其矢量控制[J].电工技术学报,2011,26(8):151-158.

(收稿日期 2015-06-20)

中国黄金开发几个特点综述

张滨州[1]　姚　香[2]　梁春贵[3]
（1.北京金诚信矿山建设有限公司;2.长春黄金研究院;3.辽宁二道沟金矿）

摘　要　剖析中国黄金工业几个开发特点，总结我国金属开发的特色，探讨了我国黄金开发的模式，供有关单位和技术人员参考。

关键词　黄金工业　开发特点　综述

2014 年 7 月在安徽合肥召开的中国矿业科技大会发表笔者的一篇文章“东方式矿业开发模式综述”[1]，以岩金矿山为例加以说明，我国自从 2005 年成为世界第一矿业大国以来，又由于有了东方式的矿业开发模式，从而极大地促进我国的矿业发展，尤其是黄金工业，更是如此：我国黄金生产自从解放后 1949 年的 4.07 t，直到 2014 年的 451.8 t，其中第 1 个 100 t 用了 47 a，迈上第 2 个百吨大关只用了 8 a，第 3 个百吨大关却只有短短的 6 a，第 4 个百吨大关则更短：仅 3 a。可见，我国黄金工业在当前平均入选矿石品位不足 2×10^{-6} 的条件下，只能依靠大量开发残矿、尾矿、低品位矿、难开发矿的不利情况下，在短短的不到 20 年光阴，从首个百吨大关而连续跑步向上达到目前的最高水平非常难能可贵，见表 1 资料[2]。

自有统计资料以来至 2009 年末全世界产金约 16.3 万 t，其中可统计的是 2009 年 9 月各国央行总储备 29 634 t，不足 1/5，比 6 a 前只增加 334 t（主要各国官方持金见表 2）；而自黄金非货币化之后，首饰用金成了主角仅 1992—2002 年间粗略统计达 32 154 t，也就是说，矿产金绝大部分储藏于民间（有资料说目前印度民间存金达 25 000 t），少部分是工业和其它用金[3]。然而，现在包括南非在内的黄金生产大国经过 2 个多世纪的大规模开采都产量骤降，江河日下，只有中国一路攀升。

1　中国岩金开发几个特点

1.1　情况介绍

我国是东方文明古国，黄金开采与使用约有 4 000 余 a 历史，是世界开发和使用黄金最早的国家之一。中国黄金工业，也曾有过辉煌。历史上清光绪 14 年间（1888 年）产金 13.5 t，居世界第 5 位[4]。尔后以开采砂金为主的黄金产量到刚解放时只有

表 1　中国历年黄金生产情况

年份	黄金产量/t	与上年比较/%	年份	黄金产量/t	与上年比较/%
1949	4.073		1982	27.259	+8.17
1950	6.506	+59.78	1983	30.561	+12.11
1551	6.821	+4.81	1984	33.926	+11.01
1952	6.452	−5.41	1985	39.082	+15.2
1953	5.44	−15.7	1986	44.42	+13.66
1954	4.812	−11.5	1987	47.802	+7.61
1955	4.721	−1.89	1988	48.986	+2.48
1956	5.511	+16.73	1989	56.36	+15.05
1957	5.541	+0.54	1990	66.175	+17.4
1958	6.885	+24.26	1991	76.16	+15.09
1959	6.59	−4.28	1992	84.026	+10.33
1960	6.498	−1.4	1993	94.548	+12.52
1961	3.653	−43.8	1994	90.2	−0.05
1962	3.653	0	1995	108.405	+20.18
1963	5.02	+37.5	1996	120.607	+11.26
1964	5.86	+16.6	1997	181.61	+50.58
1965	7.82	+33.6	1998	177.623	−2.2
1966	9.55	+22.1	1999	169.089	−4.8
1967	8.83	−7.6	2000	176.91	+4.63
1968	5.83	−34	2001	181.83	+2.78
1969	8.25	+43.3	2002	189.81	+4.39
1970	10.5	+26.3	2003	200.598	+5.56
1971	12	+13.6	2004	212.348	+5.86
1972	13.7	+14.1	2005	224.05	+5.51
1973	14.7	+7.82	2006	240.078	+7.15
1974	12.7	−14	2007	270.491	+12.67
1975	13.8	+8.19	2008	282.007	+4.26
1976	14.715	+6.75	2009	313.98	+10.01
1977	16.018	+8.85	2010	341.0	+7.9
1978	19.673	+22.82	2011	360.0	+5.28
1979	20.874	+6.1	2012	403.047	+11.66
1980	24.256	+16.2	2013	428.163	+6.23
1981	25.201	+3.9	2014	451.799	+5.41

张滨州（1977—），男，工程师，100000 北京市东城区安外青年湖北街 1 号。

表2 世界(主要)各国官方持金(2009年9月)

国家或地区	数量/t	比例/%	国家或地区	数量/t	比例/%
美国	8 133.5	77.4	荷兰	612.5	59.6
德国	3 408.3	69.2	俄罗斯	568.4	4.3
国际货币基金组织	3 217.3		欧洲央行	501.4	18.8
意大利	2 451.8	66.6	中国台湾	423.6	3.9
法国	2 445.1	70.6	葡萄牙	382.5	90.9
中国	1 054.0	1.9	印度	357.7	4.0
瑞士	1 040.1	29.1	委内瑞拉	356.4	36.1
日本	7 65.2	2.3			

4.07 t,由于我国在刚解放时需要抑制通货膨胀而禁止个人开采、加工、卖买金银,所以,金银产量长期增长缓慢。但随着我国国民经济发展与急需黄金作外汇硬通货时,曾在20世纪70年代初期,国家采取多种政策措施,奖励与发动地方群众采金。当年在王震副总理亲自关怀和指导下,全国各地掀起阵阵采金高潮,随之黄金产量开始飙升,1973年超过历史最高记录。我国是依靠开采砂金发展黄金工业的。因为从古至今约4 000多a的砂金开采技术没有太大变化,主要是用锹、镐、木溜槽、淘金床、淘金盘。而解放后我国砂金开采技术自从自主研发50 L采金船以来,先后又开发100,150,200,250 L采金船,并从荷兰引进300 L大型与深挖采金船在我国大江南北、长城内外开采砂金,并有露天机械化开采、水力开采、地下开采等多种方式方法,极大地促进我国砂金开发与技术提高。采金船主要在我国北方的黑龙江和陕甘川的白龙江2大河流流域开始工业化生产。至20世纪80年代末期,我国有不同型号采金船一百艘以上,并有北船南移、东船西迁的趋势。当时在全世界范围内我国的采金船数量仅次于原苏联与朝鲜居第3位。我国砂金产量鼎盛时期占我国黄金产量约25%;1991年黄金工业统计有国营砂金矿10座,地方与集体小矿100多座,年处理矿砂能力达到13 310万m^3,黄金生产能力为13 391 kg;到90年代末期降至不足5%,到了21世纪初期随着环保要求更加严格而砂金开采处于全面萎缩状态。然而,有资料可知:岩金的颗粒一般都非常微小,最大的自然金不过1~2 mm,但砂金却大有数十甚至数百千克的狗头金(世界目前已知最大的狗头金或者块金质量285 kg,称为《板状霍尔特曼》,1872年于澳大利亚悉尼发现,资料来源:费.林德格连)[5]。然而,我国黄金开发主要还是依靠岩金。岩金矿石刚刚解放时只有一种混汞选矿工艺,后来才发现浮选加混汞可以提高金的回收率,20世纪80年代中期有了我国独立知识产权的氰化提金技术包括原矿及金精矿氰化工艺,到20世纪末期和21世纪初期才有含砷难选冶矿石或者金精矿的预先氧化而后氰化工艺技术,包括生物(细菌)预氧化、焙烧预氧化以及热压预氧化;并且,全部工艺、技术、设备、管理可以实现国产化,从而使我国黄金开发达到一个更高水平。由此,我国已经全部掌握了全世界所有处理(难选冶)金矿石包括金精矿的工艺技术,从而发展成为世界第一黄金生产大国[6]。

1.2 地质资源

1.2.1 黄金地质资源特点

(1)黄金矿床种类多,但缺少世界级大型矿床。我国黄金资源在地区分布上是不平衡的,但类型繁多。据21世纪初期统计,我国金矿产地1 367处:其中小型产地1 022处,占全国金矿产地的74.8%,遍布全国各地,探明资源总量占全国的27.0%;大中型矿区345处,占全国金矿产地的25.2%,探明资源总量占全国的73.0%。地质探明资源总量大于50 t的矿产地仅9处,不足总产地数的1%。没有一座超过数百吨黄金储量的高品位的世界级金矿床。

(2)资源分布广泛,储量相对集中。我国金矿分布广泛,据统计,全国(不包括台湾省)有1 000多个县(旗)有金矿资源。但是,由于各地区成矿地质条件不同及地质供求程度差异较大,各类金矿的地区分布很不均匀。已探明的金矿储量资源量相对集中于我国的东部和中部地区,其储量约占总储量的75%以上,集中分布于山东、河南、吉林、河北、陕西等9个省区。

(3)金矿床中富矿少,中低品位居多,品位变化大,贫富悬殊。根据20世纪末期统计,全国生产矿山岩金地质平均品位不足5×10^{-6}。总起来看,我国岩金矿山地质品位明显偏低,富矿储量极少。在开采的矿山中,处理品位在10×10^{-6}以上仅有黑岚沟、乳山、水银洞等极少数的几个矿山。

(4)探采深度浅,露采矿山少。探采深度大是国外金矿规模大的重要原因。目前国外开采超过1 000 m以上的矿山数量不少,特别是南非,矿山的开采深度已经突破4 000 m。而我国黄金矿山的开采深度普遍在浅部(300 m以内),部分矿山可到500~900 m,只有像五龙、二道沟、夹皮沟等矿山开采垂深超过700 m以上。我国黄金矿采用露天开采的不多,而且数量还在减少,目前仅有福建紫金山、贵州烂泥沟、云南北衙、内蒙古长山壕等在继续生产。

(5)低品位、难处理黄金资源占有比例增高,矿产地增加。多年来我国在滇桂黔三角区、云南哀牢山、川北地区、秦岭等地区探明了一批微细粒浸染型金矿床,而且在其它地区也陆续发现此类矿床。目前探明的主要矿床有广西金牙(30 t)、贵州烂泥沟(52 t)、贵州紫木凼(26 t)、贵州丫他(16 t),云南镇源(50 t以上)等。但是由于此类矿石中或含硫、砷、碳、泥等有害含量过高和金的粒度极细,除地表氧化矿可以采用堆浸方法处理外,原生矿石处理难度很大[7]。

1.2.2 岩金工业类型

我国黄金矿山实际生产的矿床工业类型主要有下列数种,是世界黄金工业类型最多的国家之一:一是石英脉型金矿床。它是我国过去百余年乃至今后数十年开采的主要金矿床类型,分布广,数量多,赋存条件多种多样。石英脉成群成带分布,脉长不等,短者数米,长者千余米,矿脉厚度由几厘米至几十米,一般为3 m以下的薄矿脉(1~3 m)及极薄矿脉(1.0 m以下),沿构造断裂呈透镜状、脉状断续分布。金常与一定期次形成的硫化物有关,并有如下规律:硫化物结晶的晶形越好,晶粒越大,含金越低或不含金;而硫化物结晶颗粒越细、颜色越黑则含金越高。矿床规模由小型到大型均有,一般由几个(或多个)矿床组成的矿田有较大远景,形成重要产金地,如吉林夹皮沟、山东招远玲珑金矿田。我国尤以单条石英脉组成的典型矿床是山东省乳山县的乳山金矿。石英脉连续长度不到500 m,但其垂向深度超过800 m并仍未见底,而且石英脉厚度在1.0~2.0 m。品位特高,上部金品位在15×10^{-6}以上,往下有变贫趋势,目前开采深度在地表400 m以下,矿体厚度没有什么变化,但开采品位略有下降,仍达12×10^{-6}以上。它与印度世界著名的同样是石英脉型的科拉尔金矿相比,那真是小巫见大巫:科拉尔金矿区总储量达到637 t金属量。尤其是山东招远玲珑金矿田它所开发的玲珑石英脉型矿体100多条,但划分为多家矿山开采,虽然没有详细具体产金数字,而玲珑金矿自1958年以来的黄金产量稳居全国首位,直到20世纪90年代初期才被其它矿山所取代,累计生产黄金超过60~70 t,近年通过钻探与矿山开拓,发现石英脉下部连接的矿体为蚀变岩型矿床。二是破碎带蚀变岩型金矿床。它是我国20世纪70年代发现并探明确定的新工业类型,其总储量仅次于石英脉型金矿床。矿体主要赋存于黄铁绢英岩矿石中,矿石多呈细脉浸染状,金多与硫化物连生。构造发育程度高的,矿体规模大,长几百米至千余米,厚几米到几十米,矿体形态较简单,倾角较缓,延深较大,矿床规模以中型至特大型,如山东半岛由山东第六地质大队(国家命名为黄金功勋地质队)于20世纪60—70年代发现一大批矿床有焦家、新城、三山岛、河东、河西、仓上、金城、岭南、尹格庄等金矿。三是细脉浸染型金矿床。该类型矿床亦称斑岩型或次火山岩型金矿床,围岩以中-酸性浅成浸入岩、次火山岩、角砾岩为主。矿体多赋存于这类岩体的顶部、边部或超出边部进入围岩中。矿石主要呈细脉浸染状、角砾状。矿床规模由小型至特大型,典型矿床如黑龙江团结沟金矿床。四是石英-方解石脉型金矿床。它产于中、新生代火山岩中或在碳酸盐岩层及少量碎屑岩中的矿床。矿脉由石英、方解石组成。矿化极不均匀,金属矿物组合随成因不同由简单到复杂。矿床规模多为中小型,如吉林鹣鸽砬子金矿、广西叫曼金矿等。五是其它工业矿床类型,包括①矽卡岩型金矿床。这里包括我国长江中下游发现的大量含铜矽卡岩型金矿床,如湖北三鑫公司开发的鸡冠嘴与桃花嘴金矿床、湖北鸡笼山金矿等。②糜棱岩型金矿床。这里有中型金矿—广东高要河台金矿;大型矿山—江西德兴金山金矿。金矿体与赋存于热液变质岩层的强烈硅化的糜棱岩带中,单条矿体长数十米、上百米、甚至几千米。③含砷卡林型金矿床。这是我国于20世纪90年代在广西、贵州、云南、四川等地发现一种沉积变质类型金矿床,由于金粒极其微细,又常与有毒杂质砷、硫或碳共生在一起,刚发现时曾进行过堆浸处理,但回收率极低,一般金品位中等以下,但也有个别高品位矿床如贵州水银洞金矿开采处理品位在12×10^{-6}以上。④氧化次生低品位型。主要是福建紫金山金矿以中细粒花岗岩为主,其次为花岗闪长斑岩、隐爆角砾岩、英安玢岩脉等的矿石类型等[8]。

1.2.3 岩金地质类型

我国黄金地质专家、中国工程院院士涂光炽教授对我国黄金矿床地质类型划分做了多年研究,有许多独特见解。按照他的观点(原则),即①简便易行。②分类应考虑成矿地质背景。③兼顾工业利用与成因、形成条件。④借鉴传统和国外分类的某些做法和名称。可以把目前已知的我国金矿床按地质类型划分主要有下列5种。①太古界绿岩带型。它局限在绿岩带里，实际上绿岩带中有很多岩石都可以产出金矿，例如加拿大的该型金矿可以赋存在基性火山岩、沉积岩、斜长岩、碱性岩等，在我国主要围绕华北地块并在它的周边分布，如夹皮沟、张家口、小秦岭、招远这一带。②细碎屑岩-碳酸型岩-硅质岩型。或简单说成沉积岩型，其特点没有粗粒岩石，都是细碎沉积物，加上硅质、碳酸盐岩。标准产地是美国卡林金矿，或称之为微细粒浸染型金矿。主要分布在我国西南的贵州、广西、云南、四川等几个省，在陕西南部也有分布。③变质碎屑岩型。相当于国外浊积岩、硬质砂岩型、或前苏联的黑色岩系类型。在我国分布相当广，特别是南方的湖南、江西、广东、广西等地，常产于元古界和下古生界，像湖南沃溪、龙山，新发现的广东河台、江西金山等矿床。④火山岩型。把它分为海相与陆相火山岩2种：中生代火山岩型在闽浙地区有发现，如福建紫金；在新疆有金山沟及河南都有矿床；海相火山岩型在新疆西准噶尔，内蒙有发现。⑤侵入岩内外接触带型。这实际上也拘泥于含矿岩系。含矿岩系在这里没点出那种岩石，在我国很多地方有产出，山东、新疆、云南有分布。按照这种划分方法表3列出我国一些典型金矿床[9]。

表3　中国主要岩金矿床类型

序号	矿床名称	矿床特点
1	绿岩型(石英脉型)金矿床	形成于太古代绿岩区，矿体围岩是绿岩带，金矿资源部分来自绿岩。典型矿山：招远玲珑、河南文峪、吉林夹皮沟。
2	变质岩糜棱岩典型金矿床	围岩含炭质比较高，成矿多为中晚元古代与古生代。典型矿山：江西金山、湖北蛇屋山、广东河台。
3	火山岩型金矿床	成矿与火山作用有关，成矿时代可以从古生代到新生代。典型矿山：新疆阿希、福建紫金山。
4	微细粒浸染型金矿床	成矿产生在沉积岩中，往往富含砷矿物。典型矿山：贵州烂泥构、云南镇远、广西金牙。
5	侵入体接触带型金矿床	侵入体围岩接触带常常发育在断裂带，形成聚矿物。典型矿山：山东焦家、新城、三山岛。

1.3　中国岩金开发

1.3.1　中国黄金生产持续上升原因分析

中国黄金生产在近年金价低迷情况下应然一路攀升，一枝独秀。其中奥秘：一是我国在近十几年掌握了世界上所有黄金矿石(金精矿)难选冶技术，并国产化、工程化；二是黄金开采地质平均品位随着时间推移而下降，由刚解放时大于10×10^{-6}，到目前不到3×10^{-6}，大量残矿、尾矿、低品位矿、难开发矿回收利用，地质资源利用率不断提高(21世纪初期平均67.5%)，但与发达国家85%相比仍然有很大差距；三是我国黄金工业有一个非常显著特点为大量矿产金来自中小企业，产金超过20 t的矿山只有一座，产金1.0 t以上也仅35个，与国外每一座矿山产金数吨或数十吨有明显区别。5个国内著名黄金集团公司(即中金、山金、招金、紫金、灵金)产量约占1/3，其它非正规军企业也约1/3，其余是伴生金及再生金，并且，三分天下的状况因为行政地域原因要存在很长一段时间；四是5大黄金集团都兼营非金矿业，也都上市融资。由于我国进入市场经济时间还不长，社会主义市场经济还不十分发育，近年集团之间互相不能兼并，也没有一个集团公司以自身产金超过50 t而成为世界黄金十强公司之一。

1.3.2　黄金工业发展有利条件

我国黄金工业发展的有利条件：第一，我国自改革开放以来经济发展速度位居世界之首，我国黄金年消费量居印度之后成为全球第二大国，尤其是2009年我国是全世界唯一一个黄金消费连续增长之国家。[10]每年首饰用金量远大于矿山产金量，我国中央银行的黄金储备量也相对不足(参见表2)。从而促进我国黄金工业不断发展；第二，我国黄金工业形成有中国特色的工业体系。即经过市场化、集团化之后我国黄金矿山由2003年的1211家(处理量大于25 t/d)降到目前不足700座(处理100 t/d以下的仍然占60%)左右。虽然集中度有所提高，但是中小型企业仍然占绝大多数。上述三分天下这种状况由于地方政府不可能把黄金支柱产业卖给某个企业集团而今后长时间继续存在下去；第三，我国矿业开发之门坎非常低。而黄金的采选冶技术和设备并不复杂，投资也很有限(多可超过数亿元，而少只有区区数百万元即可)，任何一个矿山或企业基本上都可以生产合质金或成品金而不同于其它矿业开发。所以，在近年有许多其它行业老闆投资矿业，这是一支发展黄金生产的生力军；第四，我国计划经济年代组建的地质勘探队伍技术力量比较雄厚。它拥有大量优秀人才和设备，只要有资金投入，可大有用武之地，为我国黄金地质资源勘探大显身手；第五，我国黄金生产目前政策可以引进外资，从事黄金和其它矿业的勘探与开发，并引来越来越多的外国矿业小公司发展黄金；第六，我国拥有大量廉价劳动力,虽然文化与技术水平不高,但体魄健壮,勤劳朴实,工作认真。我国国情也非常适合于发展劳动力密集型矿业。并且,我国开发黄金的工艺、技术、装备、社会办矿的管理方式非常适合于发展中国家开发矿业-即东方式矿业开发模式;第七,我国黄金生产过去主要在东中部地区,西部那些高山大川、茫茫戈壁、蒙蒙高原的矿床勘探与开发仍可大有作为[11]。

1.3.3 岩金露天开采

我国最大露天开采岩金矿山矿区东西长 2.3 km,南北宽 1.9 km,面积 4.37 km^2。矿山的山系属我国南方某省武夷山山脉南段系列,以低山高丘为主,岩性多属古老的前震旦系变质岩。当地汀江河谷海拔 200 m 左右,而金矿所在的麒麟顶标高 1 138.13 m,最大相对高差 940 余 m。而此处又属江南多降水地区,年均降水量 1 676.6 mm,而年蒸发量大于 1 600 mm,且平均气温 20.1 ℃。矿床主要矿石类型为:碎裂中细粒花岗岩、碎裂岩、隐爆角砾岩以及强硅化英安玢岩,主要矿体赋存标高在 594 ~ 1 026 m,并且地表覆盖层很薄。矿床成矿年代久远,距今约 2.1 亿 a。之所以整个已探清的该金矿床矿石全部氧化的几个条件均具备:一是年代久远;二是高温多雨;三是矿岩裂隙发育,便于雨水渗透;四是覆盖层极薄;五是地形切割剧烈,而所有矿体均在雨水排泄高度之上等。这是作者从事矿业 50 a 所见矿石氧化性最好的矿山。它虽然经过多次计算而储量超过 300 t,但是,由于只能采用重选、炭浸、堆浸复合式选矿工艺的低品位利用(平均入选品位低于 0.7×10^{-6}),不属于世界级金矿床。总结该矿有 10 几个方面的开发特色:

(1)低品位,大储量,全氧化的矿床开采技术条件。

(2)先地下,后露天,再扩大之开采方法。

(3)多台阶,高阶段,大容量排土工艺。

(4)少剥离,少投入,高陡帮具有矿山特色的剥采方针。

(5)边扩建,边生产,以生产增效保扩建工程竣工的建设方针。

(6)小设备,大数量,多台阶之采剥方法。

(7)低台阶,高溜井,平硐皮带或电机车有轨联合运输方案。

(8)重选、炭浸、堆浸复合式选矿工艺流程。

(9)高效率,低成本,高赢利之黄金生产企业。

(10)少投入,少人员,靠社会的办矿模式。

该矿是我国改革开放之后(20 世纪 90 年代初期)开发的岩金矿山,由于没有国家资助完全在市场经济条件下运作,是一座地地道道东方式矿业开发模式企业,其外部包工队人数可能比矿山在职人数还多一半左右。

1.3.4 岩金地下开采

我国黄金开采特点:第一是地点分散,除上海、天津之外几乎所有省、市、区都生产黄金。20 世纪 80 年代黄金有关规定处理量大于 500 t/d 属于大型,而到目前为止我国仅只有一座矿石处理量超过 6 000 t/d,年产金超过 7 t 的地下开采矿山(山东焦家金矿 2013 年产金 7.1 t),利税总额 6.65 亿元[12]。年产金超过 16 t 的矿山只有福建紫金山露天开采一座,地下开采产金 1.0 t 以上也仅 35 个,全国产金约 1/3 来自中小企业;第二中小矿床多。在 21 世纪初期统计,处理能力 25 t/d 以上的生产矿山我国有 1 200 多座,其中 82.5% 为中小型企业,即中小型占我国黄金矿山的绝大多数。每座矿山平均金属地质储量不足 4 t,平均每座年采矿量不足 5 万 t,只是有色金属矿山的 1/10;第三万吨采掘比大,效率低。岩金矿床的勘探类型复杂,基本上都属于Ⅳ、Ⅴ勘探类型。仅个别大型特大型矿床属于Ⅲ勘探类型;又因为 3 m 以下的薄矿脉储量占大多数,因而造成采掘比大,各矿山每年都需投入大量地探、生探及采切工程。大中型矿山平均万吨采掘比 500 m 左百,而绝大多数中、小矿山都远远大于此数,个别达 2 000 m 以上。并且,普遍掘进效率不高,全国黄金平均工效 0.28 m,而有色矿山为 0.34 m;第四采矿强度不高,采场生产能力低。岩金矿山采场生产能力一般较低:浅眼留矿法 50 t/d,全面法 20 ~ 30 t/d,尾砂胶结充填法不足 30 t/d,干式充填法 20 t/d,削壁充填法不足 10 t/d。岩金矿山一般采用下盘(盲)竖井开拓,中段高度 40 ~ 50 m,一个 50 m 高左右浅眼留矿法采场需要半年以上才能回采结束。由于采矿强度低,当矿山规模一定的前提下,则同时作业采场数多,占用大量巷道与设备。作业中段多,采切工程量大,这与回采工艺及矿山装备水平密切相关;第五机械化水平不高,劳动生产率低。岩金矿山井下平均采矿工效 4 t。除重点矿山井下主要作业实现机械化外,辅助作业及大部分地方矿山凿、装、运作业仍以手工为主,劳动强度大,效率低。有色矿山与岩金矿山相比,采矿工效为岩金的 5 倍,井下工人平均实物劳动生产率为岩金矿山的120%。全员劳动生产率与国外相比,不及国外的1/20,我国即使全部采用机械化无轨设备作业的岩金矿山,其全员劳动生产率也仅是国外的1/6上下。

1.3.5 近年岩金开发特色

有资料统计,我国岩金地下开采的采矿方法已有3大类20余种工艺在实践中应用,由于岩金矿石经济价值高而提倡使用损失贫化率低的充填采矿法。21世纪初期黄金矿山充填采矿法占31%,空场采矿法占65%,其它占4%[13]。其中处理矿石量大于2 000 t/d的矿山数量进入21世纪也在不断增多,这是由于出矿品位低只有规模开发才有效益之故。我国岩金矿山由于矿体赋存条件、矿山规模、企业管理、生产水平、技术现状等都非常适合空场采矿法,因而,以浅眼留矿法为主,全面、房柱法为辅的空场采矿法仍然是生产发展之主流。其主要原因是矿体赋存状态即开采技术条件比较合适。主要优点:一是采场结构和回采工艺简单;二是采准工程量少,坑木消耗小;三是不需要复杂的设备,所需设备少;四是便于生产管理,工人容易掌握,技术简单;五是采场生产能力较大,工人作业劳动生产率较高;六是矿石块度小,出矿效率高。采用此种采矿工艺的矿山设备种类少,投资低,工程量少,达产快。所以,它在中小型矿山,特别是乡镇地方企业应用较多。

正如上述,我国近年由于国际金价回归正常水平而大量开发残矿、尾矿、低品位矿、难开发矿支撑黄金生产,国营矿山出矿品位仅在$(1\sim2)\times10^{-6}$,很多个体企业在出矿品位1×10^{-6}上下挣扎。他们想方设法维持矿山生产。由此在采矿方面而近年有如下一些特色。即在根据矿体赋存条件保证安全的前提下,采用增大采场生产能力的技术措施:如江西金山矿业有限公司中深孔空场嗣后掘进废石与分级尾砂充填法、河南金源黄金矿业有限责任公司即原祁雨沟金矿在矿体厚大部分采用下向大直径深孔阶段矿房嗣后充填法、湖北三鑫金铜股份有限公司开采大冶湖下金铜厚大矿体矿房与矿柱均使用中深孔分段空场嗣后充填法、云南黄金有限责任公司镇沅分公司开采镇沅金矿区即采用中深孔无底柱分段崩落采矿法等。这些采矿方法都能够满足矿山生产要求,达到采场生产能力高、损失贫化符合技术要求、维护矿山环境安全等目的。尤其是2014年10月黄金杂志社在广西北海召开的《全国黄金(有色金属)矿山生产新技术、新产品学术交流会》论文集上,刊登山东黄金矿业(莱州)有限公司三山岛金矿的文章,介绍赋存在-600 m以下的Ⅰ号矿体厚大部分的厚度45~60 m,矿岩硬度系数$f=6\sim14$,为保证紧靠矿体上盘的F1主断裂安全,在分段凿岩采矿之前,提前对上盘支护巷道进行长锚索支护;同时,为保护矿房上部的顶柱安全,在顶柱下面的回风联络道内,也对顶柱进行长锚索支护,然后,矿房采用分段中深孔空场嗣后胶结充填法,而矿柱即采用上向分层充填采矿法,矿房与矿柱的宽度均为10 m,中段高度45 m,分3个分段。从2013年9月经过近1 a的开采实践证明效果不错:采场综合生产能力达到550 t/d,采矿损失率8%,矿石贫化率7.5%,炸药单耗包括二次破碎0.45 kg/t,千吨采切比(标准米)8.8 m,凿岩台效40 m/(台班),炮孔崩矿量4.8 t/m。与该矿过去采用长矿房(100 m)上向分层原生点柱充填法的工艺结构与应用效果相比,要优越的多[14]。另外,岩金矿山近年有一个显著特点是过去使用空场法的生产矿山,现在大都采用掘进废石或掘进废石与分级尾砂或分级尾砂胶结与非胶结充填采空区,以保证作业安全,因为岩金矿山的开发深度越来越深,为了避免岩爆或者岩层移动而采取的技术措施[15]。

2 问题讨论

(1)东西方2种矿业开发模式。我国在解放之后毛泽东时代就提出要大炼钢铁,要超英赶美,结果依靠他的想法即政治口号、群从运动、轰轰烈烈而热闹几年不了了之,实在劳民伤财。而现在,经过改革开放的市场经济仅仅十多年,我国的钢铁产量就直线上升,很快就达到世界第一,其它的矿业开发如煤矿、有色金属、水泥、黄金、稀土、化工、石材等也用了很短时间而达到世界辉煌顶峰。一方面说明我国国民的智慧、能力、技术、水平是了不起的,另一方面说明过去即原苏联那一套矿业开发模式不适合我国国情。尤其是我国大部分国民在农村,他们虽然文化与技术水平不高,但体魄健壮,工作认真。我国国情也非常适合于发展劳动力密集型矿业及建筑业。过去即计划经济年代,应用几十年那种无所不包的矿山建设原则即大而全或小而全,全部工人自已招工、自已培养、自已使用,全部是铁饭碗,一个都不能少。现在已经过渡到矿业开发自主经营、其它外包之管理模式:即矿山只管选矿生产、产品销售或深加工,其余的地质找矿、矿山开拓、生产勘探、采矿工程、出矿运输等全部外包给有资质的施工单位。作者认为这是一种东方(中国)式的矿业开发模式。其极大的好处是减少企业沉重负担,加快矿山建设,也极大地促进农村富余劳动力就业。而西方的矿业开发模式即高度机械化、自动化、高强度、高效率的矿床开采,是我国矿业发展的终极目标,然而,如果我国的所有矿业都按照西方式开发,与我国大量富余农村劳动力,与我国低工资劳动市场是非常不相适应的,也是没有出路的。在一定的社会条件下,我们可以利用东西方2种矿业开发模式相结合而走出另一条矿业开发的新路子。

(2)深井开采技术研究。21世纪以后岩金采矿技术研究方向仍然是深井开采技术。作者最早在2012年4月提出要在全国范围内开展我国深井开采技术综合研究的课题(包括地热降温、岩爆预测与消除、井巷掘进及支护、采矿方法、充填工艺和材料、矿井提升、井下排水、人员避险系统等)。因为任何一个单位或院校、任何一个企业或矿山都无法完成这一任务。这个项目所涉及的单位多、专业多、人员多、项目多、厂矿多、内容丰富、研究时间长、投入经费多,并且需要落实1个到2个生产矿山或开发企业,需要建立几个国家级的研究中心或基地,需要2、3个以上五年规划时间,需要到有关国外参观学习,需要由一定身份(院士、教授、国务院特殊津贴获得者)人员多名联合进行深入认真分析研究,找好挂靠单位或院校或部门,落实有资源、有深度、有规模、有研究方向的金属矿山或企业,提出研究规划、研究大纲、研究内容、研究经费、研究人员、研究方向等,报国家科技部落实与实施。如果我们这一代不提出,又要落后许多年。我们要依靠全国之力量、全国之智慧、全国之财力在最短时间内,研究出能够解决许许多多的实际问题之深井矿床开采技术。近年探明的辽宁本溪大台沟超大型铁矿,已探明资源储量34亿t,远景储量100亿t以上,由本溪大台沟矿业有限公司开发。这里问题有三:一是品位低,2014年的铁精矿粉价格可能划不来;二是使用崩落法而非充填法;三是它不是国营企业,国家能资助吗?近来,山东三山岛金矿的深部传来信息,即2 000 m以下有60多t金属量。地点、条件、方法、单位都合适,但是,就这一点点储量可能不值一提[16]。

(3)世界矿业萧条的中国矿业。进入2014年尤其是近几个月来,我国的成品油价格连续八连跌,回归至4~5 a前的水平。这说明全球矿业界的冬天来临了:石油全球价格跌至每桶60美元以下,钢铁卖个白菜价每500 g 1.60元人民币,煤炭回归十多年前价格水平即每t只有成本价200元,黄金在1 100美元上下徘徊等。这都说明矿业开发面临严峻形势。作者也经历过多次全球性矿业萧条的年代,最严重一次是20世纪末期,有近10 a高等院校矿业专业不招生,造成我国矿业人员严重断层。这一次可能没有那么严重,2~3 a应该过去了。一是面对形势,心中有数,认真对待,高等院校矿业专业只能少招生;二是中国的改革开放不停步,矿业开发也不能停步,因为,只有矿业才能提供发展所需要的原材料;三是这也有利于我国企业在国外购买、兼并与开发,大力发展国外矿业;四是东方式的矿业开发模式可以维持我国矿业在低水平生产或发展。共大家商榷。

3 结 语

(1)我国的外汇储备占全球总储备的1/3而黄金储备仅为1%左右(见表2),绝大部分为美圆不尽合理,最近应该在黄金价格低迷情况下,多购入黄金以提高人民币的国际地位,便于其国际化。

(2)正如上述我国自2009年黄金年消费量居印度之后成为全球第二大国,每年首饰用金量远大于矿山产金量,为此应该大量购入首饰用金,藏金于民。这也是我国国民收入提高过上小康生活的必然发展趋势。

(3)在2014年全球矿业界进入萧条之后,作者预计2014年是我国黄金产量发展最高水平。因为,以中国为首的国际和平力量逐渐被全世界所承认,美国想发动像伊拉克、阿富汗或利比亚那样的战争,可能一去不复返了。所以,国际上没有大规模战争美元不再贬值,黄金价格不再攀升,则我国黄金工业就进入正常的生产轨道,再提高矿石产量也难以抵御价格下行压力。这一点由以后的社会实践证明。

参 考 文 献

[1] 王 平,陶柱群,姚 香.东方式矿业开发模式综述[C]//中国矿业科技文汇.北京:冶金工业出版社:44-48.

[2] 王 平,陶柱群,姚 香.中国岩金地采和露采工艺与装备[C]//中国矿业科技文.北京:冶金工业出版社,2014:30-34.

[3] 覃维恒.世界各国官方持金(2009年9月)[N].中国黄金报,2009-10-13:黄金市场A版.

[4] 吉林省冶金研究所.金的选矿[M].北京:冶金工业出版社,1978.

[5] 崔 岱.砂金生产技术[M].北京:经济管理出版社1989.

[6] 姚 香.我国砂金采选技术[R].姚香从业50周年论文集.马鞍山:现代矿业杂志社,2014.

[7] 《黄金实用手册》编写组.黄金实用手册[M].北京:中国工人出版社,1990.

[8] 姚 香,张京彬,田凤楼.中国岩金矿床类型与地质特征探讨[C]//全国采矿论坛峰会论文集.南宁,2008.

[9] 刘 斐.中国金饰消费需求涨幅雄居全球首位[N].中国黄金报,2010-2-26:A版.

[10] 郭树林,姚 香.我国岩金现代地下开采技术综述[C]//第八届全国采矿学术会议论文集.马鞍山,金属矿山杂志社,2009:190-195.

[11] 姚 香.东西方两种矿业开发模式刍议[R].姚香从业50周年论文集.马鞍山:现代矿业杂志社,2014.

[12] 山东黄金矿业(莱州)有限公司焦家金矿.山东黄金矿业(莱州)有限公司焦家金矿[J].黄金,2014,35(5):彩色广告24.

[13] 韦华南.采矿工业技术现状及发展趋势[G]//中国黄金集团夹皮沟教师培训讲义.2009.

[14] 于常先,王瑞星,孙旭民,等.阶段空场与上向分层联合采矿法应用实践[J].黄金,2014,35(增刊):67-70.

[15] 姚 香.中国和世界黄金工业现状与发展对策探讨[C]//第一届全国矿业科技大会论文集.马鞍山,金属矿山杂志社,2009.

[16] 姚 香.中国岩金采矿技术研究的过去、现在和未来[R].姚香从业50周年论文集.马鞍山:现代矿业杂志社,2014.

(收稿日期 2015-05-26)

(上接第23页)

响的研究仍处于探索阶段,未能有选厂100%使用海水浮选,部分选厂还设有蒸馏车间获得淡水。前面所述使用大部分海水的Andacollo选厂和Esperanza选厂局限于其处理的原矿石为单一辉铜矿。而智利的大部分铜矿都与钼矿共生,当使用海水浮选铜钼共生矿时,铜钼的分选性、钼品位和回收率都比较低。

Las Luces选厂所用海水取自于离选厂7公里的Punta Garcia海滩,通过两级泵站,被传送到高处的一个2 200 t的储存水池A中短暂澄清。然后海水以2 384 t/d的量溢流到一个4 000 t的储存水池B中。所有的浮选补给水和道路润湿等用水每天需6 250 t,都来自水池B。所有尾矿回水和浓缩回水等也进入水池B。Las Luces尾矿的容积为190 000 m^3,浮选流程回水量为194 t/d,尾矿库回水量为3 684 t/d。Las Luces原矿铜品位为1.1% 、银品位为6 g/t,精矿铜品位为51% 、银品位为150 g/t,铜回收率为91%、银回收率为60%。在2010年前的15 a运行中,循环水中的盐度从36 g/L上升到46 g/L。Las Luces选厂和矿山的位置见图3。

图3 Las Luces选厂的位置

4 结 论

拉美矿业在世界矿业中格局中占据重要地位。该地区丰富的矿产资源的开发利用历程对我国企业在该地区的矿业投资具有重要的参考意义,而其矿业发展的高度资金和技术的密集化,对我国国内矿业的发展则具有较好的借鉴作用。浮选作为选矿工艺的关键技术,其发展水平的高低,直接影响选矿整个流程的效果。虽然目前拉美矿业在矿山生产具有较高程度的自动化水平,但浮选技术尤其是药剂制度方面,仍待进一步革新。加强对高效浮选药剂的研发,是整个选矿界的任务之一,对于目前矿业大形势的低迷,具有提振作用。

(收稿日期 2015-06-23)

岩金矿山爆破补偿空间开凿技术综述

张滨州
（北京金诚信矿山建设有限公司）

摘　要　我国黄金矿山进入21世纪之后，其采矿方法随着低品位矿石回采而多种多样，并且由于矿山生产能力都逐步扩大而大采场生产能力采矿法发展神速，尤其是中深孔凿岩与大直径深孔凿岩爆破方法应用与日俱增。这2种回采方法在炮孔凿完后均采用大爆破落矿，其爆破补偿空间有如下几种开凿方法：浅眼留矿空场法、VCR法、分段中深孔扩槽法、普通天井扩槽法和吊罐天井扩槽法等。针对实际应用几座岩金矿山加以介绍，对各种开凿方法施工特点和优缺点进行分析与评价，在今后矿山生产中推荐一种安全、简单、高效、成本低的开凿方法。

关键词　地下开采　深孔与中深孔　大爆破　补偿空间　开凿方法

我国黄金工业发展步伐加快是于21世纪初期，自2002年包括再生金在内一共生产202 t成为世界第4位，到2007年而成为世界第1位，至今并连续5 a独占世界鳌头。然而，现在包括南非在内的黄金生产大国经过2个多世纪的大规模开采都产量骤降，江河日下，只有中国一路攀升，一枝独秀。这是我国黄金工业具有许多特点所确定的：一是我国在近十几年掌握了世界上所有黄金矿石（金精矿）难选冶技术，并国产化、工程化，但还没有做到系列化、标准化；二是黄金开采地质平均品位随着时间推移而大幅下降，由刚解放时大于10×10^{-6}，到目前2×10^{-6}上下，大量残矿、尾矿、低品位矿、难开发矿回收利用，地质资源利用率不断提高（21世纪初期平均67.5%），但与发达国家85%相比仍然有很大差距；三是我国黄金工业有一个非常显著特点为大量矿产金来自中小企业，产金超过18 t的矿山只有一座，产金1.0 t以上也仅35个。5个国内著名黄金集团公司（即中金、山金、招金、紫金、灵金）产量超过100 t，其它非正规军企业也约100 t，其余是伴生金及再生金，并且，三分天下的状况因为行政地域原因要存在很长一段时间；四是5大黄金集团都兼营非金矿业，也都上市融资。由于我国进入市场经济时间还不长，社会主义市场经济还不十分发育，近年集团之间互相不能兼并，也没有一个集团公司以自身产金超过50t而成为世界黄金十强公司之一；五是我国黄金工业进入门槛非常低，而黄金的采选冶技术和设备并不复杂，投资也很有限，任何一个矿山或企业基本上都可以生产成品金而不同于其它矿业开发，所以在近年有许多其它行业老板投资矿业，资源买卖、矿权炒作、地质勘探在中西部地区火爆起来。尤其是我国矿山的发展模式非常适合我国国情，即井下所有工程大都外包由施工队承担。他们是一支发展黄金生产的主力军；我国拥有大量廉价劳动力，虽然文化与技术水平不高，但体魄健壮，勤劳朴实，工作认真，我国国情也很适合于发展劳动力密集型矿业[1]。

近年来，我国黄金工业有一个显著特点是矿山生产规模越来越大，开采地质品位越来越低，目前金价在每盎司1 600美元高位徘徊情况下，入选品位1×10^{-6}上下都有盈利。一个比较典型的矿山是中国黄金集团公司的金源黄金矿业有限责任公司（即祈雨沟金矿）。该公司位于河南省嵩县城关镇祁雨沟，距13朝古都洛阳80 km，自1997成立以来，把制度改革和机制转换结合起来，经过3次大规模改扩建工程建设，企业的竞争能力和持续发展能力不断提高。即1997年成立之初生产规模仅300 t/d，潜在亏损3 850万元，第一次改扩建是2000年的选矿厂和矿山改扩建项目，生产规模提高到800 t/d，第二次改扩建是2004年将原有的3个小选矿厂改建为一座大选矿厂，集中处理减少能耗，生产规模提高到1 100 t/d，第三次改扩建是2007年立项、2009年末竣工投产的3 000 t/d改扩建项目，生产规模达到目前的水平。至此，生产规模比成立之初扩大了

张滨州（1977—），男，工程师，100000 北京市东城区安外青年湖北街1号。

10倍,不仅归还了所有潜亏,而且资源、产量和利润一年一个新台阶向上攀升。他们的开发矿体没有改变,开采对象没有改变,只有时代的改变与人的认识改变,尤其是对于开采矿床的认识加深并且随着黄金价格提高并在高位徘徊的情况下,适时扩大开采规模,按照低品位大规模开发才有效益的道理,自动自觉地利用矿山实践生产经济技术指标来圈定矿体,使之变得厚大连续、形状简单、地质储量、金属量都分别增大而平均地质品位下降[2]。现在黄金矿山生产规模3 000~5 000 t/d不算大,最大的可以达到12 000 t/d[3]。由此该矿带来采矿方法的极大变革:由最初的全面法,过渡到浅眼留矿法,再到小分段空场法,最后是下向大直径深孔阶段矿房嗣后充填法。这一路过来采场生产能力由最初的不足50 t/d,提高到80~90 t/d,再到150~160 t/d上下,最后达到700 ~900 t/d。采场凿岩方式也由浅眼、到中深孔,最后是大直径深孔。这是一种时代进步与社会发展和认识提高的必然过程,也是一般矿山挖掘内涵自然发展必由之路[4]。岩金矿山中深孔与深孔凿岩之后大爆破需要一个爆破补偿空间,其体积大小,空间数量是否够用关系到爆破的成败。一般矿山对此非常重视。主要针对岩金矿山中深孔与深孔凿岩分次爆破或者多次爆破所需要的自由空间,其开凿方法进行深入分析和讨论。

1 中深孔凿岩的爆破爆破补偿空间

中金集团所属的湖北三鑫金铜股份有限公司位于大冶市城西3.5 km处。鸡冠嘴金矿1989年建设,1992年投产,后几经改制,1999年成立该公司,是以采选金、铜为主要产品的资源开发型企业,现拥有鸡冠嘴和桃花嘴2个矿区。三鑫公司经过二期、三期工程扩建,至2010年末年采选生产能力100万t。年产矿山金1 500 kg,矿山铜13 500 t,副产标硫45 000 t,铁精矿90 000 t。每年赢利数亿元。

1.1 矿床开采技术条件

三鑫公司开采铜金铁硫多金属共生矿床,矿石工业类型属铜金铁矽卡岩型矿石。鸡冠嘴矿床由Ⅰ、Ⅱ、Ⅲ、Ⅳ等4个工业矿体群组成,面积0.25 km^2,最大控制深度902 m;桃花嘴矿床由Ⅰ、Ⅱ、Ⅲ等3个工业矿体群组成,面积0.12 km^2,最大控制深度935 m。

矿体埋藏于大冶湖围垦区下面,地面为纵横交错的灌渠及良田,赋存于下三叠统大冶群第五~第七岩性段的浅灰色、黄褐色灰质白云石大理岩中,也在石英正长闪长玢岩与大理岩接触的大理岩捕房体中。鸡冠嘴矿体总体走向EW,倾向NW,倾角70°~84°,主矿体走向长500 m,厚度5~40 m;桃花嘴矿体总体走向NE10°~30°,倾向NW,倾角75°~82°,主矿体走向长550 m,厚度6~54 m。并应指出,两矿床均处于大冶湖围垦区之下,不允许陷落[5]。

1.2 采矿方法

经过几十年的回采工艺试验、应用与发展,已经由最初分层水力充填法发展并成熟应用分段中深孔凿岩阶段空场嗣后充填采矿法。当矿体厚度小于20 m时,采场沿矿体走向布置,即采场长约50 m,宽度为矿体厚度。当矿体水平厚度大于20 m时,采场垂直矿体走向布置,并相应划分矿房与矿柱,分两步骤间隔回采:第一步骤回采矿房,宽度暂定12~15 m,采用分段中深孔凿岩阶段空场采矿法回采,分段高10~13 m,阶段空区嗣后胶结充填;第二步骤回采矿柱,矿柱宽度暂定为10~12 m,回采及充填工艺与矿房相同嗣后分级尾砂非胶结充填。2种采场均不留矿石顶柱,但考虑采场出矿可留8~10 m高的矿石底柱,由下中段回收。

1.3 爆破补偿空间开凿方法

回采的采场(矿柱)内掘进脉内天井联络道直通上中段并每隔10~13 m于矿房中部施工凿岩巷道,在矿房中部或合适地方自下而上掘进切割横巷与切割天井,并以此切割天井为自由面用中深孔回采形成切割槽。切槽排以切割天井(断面2.5 m×2 m)为自由面,采用扇形中深孔拉槽,排距$b=1.0$ m,最大孔底距为1.6 m,拉槽宽度为4.0 m。为了保证拉槽的高度,拉槽孔设计超深为1.0 m。自上而下分段爆破落矿,导爆索与毫秒微差导爆管复式起爆。每分段炮孔分2~4次爆破完毕[6]。

矿房各分段凿岩巷道内,使用带雪撬式凿岩台架的YGZ-90重型凿岩机,接杆钻凿上向扇形中深孔。孔径60~65 mm,炮孔排距1.2~1.4 m,孔底距1.8~2.2 m。布孔设计应注意:①正常排的第一排排距应小一些,一般取(0.7~0.8)b;②相邻的扇形深孔排之间,深孔应相互错开。在平面图上孔底应呈梅花形状;③同一排面的孔在相向布设时,孔底应互相错开,并使它们都有一定的超深。

2 下向大直径深孔阶段矿房嗣后充填法的爆破补偿空间

2.1 对矿体赋存条件认识不同而增大储量的典型矿山

上述河南金源黄金矿业有限公司即祁雨沟金矿

开采4号角砾岩体金矿床。矿体多以含金多金属硫化物脉状形态产出，以含金多金属脉及上下盘矿化围岩（主要为角砾岩）共同构成金矿体。该岩体中共发现了2个成矿段，第一成矿段位于岩体520～670 m标高03～09横勘探线；第二成矿段位于岩体下部475～310 m水平，其下部矿体没有封闭。由于受到工业指标的限制正如上述刚刚开始生产时采用老式（1、2.5、3）$\times10^{-6}$而圈定矿体时矿体小而个数多，开采难度大，损贫指标高；现在，根据以现有生产成本为依据，纯粹以目前矿山开采技术经济实际而确定的工业指标来圈定矿体。矿体圈定使用的新工业指标（0.5，1.5，2.0）$\times10^{-6}$而圈定矿体时矿体规模大，形态简单，多为厚大透镜体，储量大品位低。这是一个因为改变对矿体赋存条件的不同而增大储量比较典型矿山：矿山经过十数年的开采矿石量还保留约800万t，金属量约20 t，从而进行了最后一次改扩建工程建设，生产能力达到3 000 t/d。

2.2 采矿方法改变

矿岩密度为2.75 t/m^3，其硬度系数f值12～16，松散系数1.6，自然安息角38°。矿区地表沟谷发育，允许崩落，但因矿体上覆岩层较厚且矿岩稳固而不易崩落。坑内涌水较小，矿区水文地质条件简单。该工业矿体赋存于角砾岩体内，岩性单一，断裂构造不发育，也无脉岩侵入，岩性以火成岩为主，属坚硬稳固岩类，综合评价岩体质量良好，顶底板围岩稳定。工程地质勘探类型属于工程地质条件简单矿床。因为扩大生产能力而采矿方法演变为下向大直径深孔阶段矿房嗣后充填法。

2.3 爆破补偿空间

在中段平面上沿着矿体走向划分矿房与矿柱，采场长度是矿体的平均宽度。其宽度分别为18 m和16 m，先采矿柱，嗣后使用分级尾砂胶结充填；后采矿房，嗣后采用分级尾砂充填。在上中段形成凿岩硐室。凿岩设备采用国内铜陵产T-150高气压环型潜孔钻机，并配备增压机，采用潜孔冲击作业方式。向下钻凿垂直深孔，孔径165 mm。采用侧向崩矿方式落矿，孔网参数考虑到矿柱的稳定性和大块对出矿效率的影响等因素，取最小抵抗线为3.0 m，孔间距也为3.0 m。使用普通凿岩爆破方法自下而上开凿普通天井作为爆破补偿空间。为了深孔凿岩工作的安全，切割天井应布置在采场的上盘一边，以此天井为自由面，自上而下钻凿垂直平行深孔，分次爆破，形成长16～18 m、宽3.4 m、高38 m的采场爆破补偿空间。采场切槽形成后，然后进行侧向崩矿爆破，首先从采场上盘开始，从上盘至下盘后退式回采方法，一般每次爆破2～4排。采用人工装药方式，根据炮孔位置不同，装药结构有所不同。采用毫秒非电导爆管起爆，孔口起爆，全孔导爆索传爆[7]。

3 空场法的爆破补偿空间

3.1 简 介

中金集团公司的江西金山矿业公司始建于1986年，初期生产规模100 t/d，后经几次改扩建工程的实施，目前达到2 000 t/d。该矿开采热液蚀变糜棱岩型金矿床。整个江西金山金矿田走向长度10 km，宽度5 km，包括个体、国营共有近10座矿山开发。矿体赋存在蚀变岩带中，其倾角与整个蚀变岩带倾角一致，大约5°～35°，垂直厚度1.5～25 m。江西金山金矿矿体倾角较缓，形态复杂且连续性差，品位变化较大。对于缓倾斜薄矿体矿山过去一直采用全面法或不规则房柱法回收；对于中厚矿体矿山由于企业发展太快、技术力量薄弱及经营管理不善等原因而采用平面采矿法：即在每个中段水平矿体探清后使用水平巷道采矿，采高只能8～10 m，因而，2个中段之间留下大量缓倾斜矿柱（俗称楼板矿柱）。空区楼板矿柱据统计有150万t之多。这些矿柱目前正在采用不同的采矿方法进行残矿回收，给生产带来很多困难，安全性很差，造成诸多不便。近年通过资源整合有4个矿区约100 t黄金储量，需要扩大生产能力达到5 000 t/d规模。为此，进行采矿方法试验研究，以其在短期内取得经验。该矿也曾使用过中深孔凿岩爆破方法，但是，由于各种原因而未能成功，2009年选择了电耙巷道底盘漏斗中深孔空场嗣后充填采矿法试验研究[8]。

3.2 试验地点和采切工程施工

试验地点根据目前矿山生产情况确定在-130 m中段V_1号矿体，选择305～307线最为厚大，地质品位较高，并经过必要的生产勘探矿段。试验矿块划分为1个盘区，垂直矿体走向布置。试验盘区长度为60 m，宽度为37 m，包括1个矿房和1个矿柱，其中矿房长度等于盘区长度60 m，矿房宽度为30 m，矿柱宽度为7.0 m。盘区暴露面积达到60 m×30 m＝1 800 m^2，根据金山金矿多年生产实际经验是可以接受的。矿房平行布置2台55 kW电耙出矿，双侧漏斗受矿，每条电耙道采幅宽度15 m。每条电耙道有独立的出矿溜井，留有足够的贮矿高度，并有单独的电耙行人、通风、联络天井、回风天井。每条电耙道一共布置 16 个漏斗,其中前面 2 个漏斗是为留矿法采场服务的,后边 14 个为中深孔大爆破服务,也为上中段采场底部矿柱回收服务。每条电耙巷道还有独立的中深孔凿岩巷道,其规格 2.7 m×2.7 m。垂直上向凿岩,炮孔扇形排列。

3.3　浅眼留矿法形成爆破补偿空间

采用浅眼留矿法形成大爆破切割槽,长度 31 m,宽度(1 个漏斗)8 m,高度 16 m,有 3 层回采联络巷道,见图 1。该切割槽布置在矿体高度最大之处,也就是在整个采场的开头一端,以确保后面矿体中深孔爆破绝对成功。该矿有多年生产历史,过去也曾经采用过中深孔凿岩爆破技术,由于多种原因而未能成功。由于是第一次进行试验研究,为了保证中深孔大爆破万无一失,为以后矿山生产积累经验,采取这种保守方法是安全的。因为对该矿的矿岩性质未曾深入了解,采用其它方法形成切割槽没有太大把握,这样做是稳妥的安全的。也是一般矿山第一次试验时采用之方法。

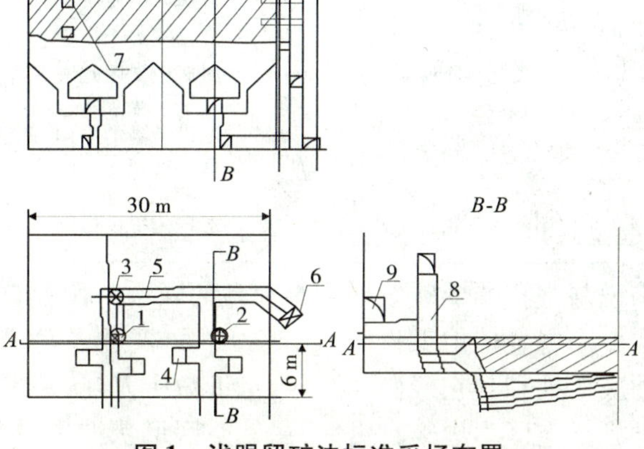

图 1　浅眼留矿法标准采场布置

1—2 号溜井;2—1 号溜井;3—2 号行人通风天井;4—漏斗;5—电耙联络硐室;6—1 号行人通风天井;7—采场联络道;8—1 号电耙硐室;9—-130 m 水平运输巷道

其具体施工技术要求:一是位于矿体最厚大处,以保证后面大爆破的矿体能有足够之抛掷空间;二是采场两帮必须直立,不能有超过半米的超欠挖现象,尤其在靠近第一个爆破排处更是如此;三是采场靠近第一个爆破排那一帮最好采成一定的角度,即垂直于矿体倾向的角度,本矿体倾向角度大约 12°左右,那时,中深孔凿岩布置炮孔方向就可以垂直于矿体倾向了,保证后面各排能有足够之爆破空间并减少采矿损失;而采场对帮可以直立,也可以倾斜。

4　其它爆破补偿空间开凿方法

爆破补偿空间除上述几种开凿方法之外,还有如下一些方法。

4.1　VCR 法

VCR 法是 20 世纪 70 年代加拿大某矿山回采矿壁时发明的一种新型空场采矿法,即球型药包倒漏斗后退式爆破回采法。根据利文斯顿漏斗爆破理论,把长度与直径之比小于 6.0 的短柱状药包可视为当量球形药包。所以,在阶段矿房法中可用此法从底部结构开始往上逐层爆破至矿房回采结束,此乃 VCR 法。使用此法需要高威力乳化炸药,这就增大作业成本。为降低成本也可用少量乳化炸药自下而上逐层爆破形成一个切割槽,即爆破补偿空间,然后用普通炸药再行大爆破[9]。

其中要领:第一,VCR 法布孔有别于矿房爆破的一般深孔;第二,每次落矿高度有严格要求,爆前应检查每个炮孔实际高度,再决定该孔装药量;第三,底部出净矿石后再进行下一次爆破作业;第四,每次爆破应有设计,且严格按规程操作,不能产生拒爆现象,若发生处理非常困难,处理不好前功尽弃。

4.2　分段中深孔扩槽法

此法也叫一次成井法,是陕西省略阳县杨家坝铁矿与马鞍山矿山研究院于 20 世纪 90 年代初研究成功的一种方法。为回采急倾斜厚大铁矿采用无底柱分段崩落法,段高 12 m,间距 12 m,若用普通法掘进天井施工强度大,难度也大,作业时间长,与生产要求不配套,于是应用中深孔分段微差爆破法以中心孔为自由面利用 17 个炮孔爆破形成 2 m×2 m 切割天井,再以此天井为中心左右各 3 排,后 2 排与天井一起同时分段爆破而形成长 12 m,宽 3.5 ~4.0 m 切割槽。此法满足了该矿生产要求,而我们应用时要在同一地点几个分段同时使用才达目的[10]。

杨家坝铁矿实践证明,此法形成切割槽形状虽不十分规则,但完全可以保证切割效果。适用于中等硬度矿岩,$f=8\sim10$ 效果最好;过硬效果很不理想;过软炮孔容易变形,无法保证装药和爆破效果;矿岩裂隙太大或太多,也会大大降低凿岩和爆破效果。

4.3　吊罐天井扩槽法

此法的开凿方式、掘进顺序和扩槽方法与普通天井扩槽法一样,主要区别是用吊罐掘进天进速度快,通风好,且安全性也好些。但本法必须满足下面几个条件:一是天井上方应有贯通的巷道如深孔凿岩硐室;二是矿房底部结构具有出矿能力;三是自上而下或自下而上需钻凿一个直径 100 mm 以上垂直孔,偏斜少于 3°~5°,可上下连通钢丝绳。如矿山或矿房不具备这几个条件,即不能使用吊罐法掘进天井。

其关键技术:一是导向孔非常垂直,否则钢丝绳磨损严重,偏斜过大该孔作废;二是天井凿岩时掏槽爆破的 4 个炮眼布置要合理,避免导向孔挤死堵塞;三是若发生堵塞事故,先用水冲,后小炮震动,都无效则需用钻机解决[11]。

4.4 钻机天井扩槽法

自 1962 年美国罗宾斯公司生产天井钻机以来,许多国家都引进或仿制。近年来,由于刀具和设备不断改进,国外使用矿山日益增多。目前西方国家此类钻机已增至数百台,累计进尺约几十万米。我国已有 20 多个矿山在应用,总进尺超万米。凿孔直径一般为 0.5~2.0 m。钻进方式有 2 种:一种是上扩法,钻机安装于上水平,用牙轮钻头向下钻凿导向孔,与下部中段贯通后,换上扩孔钻头自下而上扩至上部水平;另一种为下扩法,其作业程序与上述相反。孔深一般为 30~50 m。该法要求上下要有通道,优点是井壁稳定与光滑,通风阻力小;作业安全,劳动强度小;掘进速度快,工效高。缺点为设备投资和生产成本较高,为此,一般矿山多用于掘进通风井,在阶段矿房法中作为天井扩槽爆破未见使用[12]。

5 各种爆破切割槽优缺点与评价

上述 6 种爆破补偿空间开凿法,各有各自的优缺点、使用条件和评价意见如表 1。

表 1 6 种爆破补偿空间开凿法评价

方法	优点	缺点	使用条件	评价
浅眼留矿法	方法简单,管理方便,形成空间大,施工安全	需大量采准与切割工程,耗时长,效率低	中厚以下矿体开采中常用,矿房浅采,矿壁中深孔爆破	薄与中厚矿体开采中常用,阶段矿房法少见
VCR 法	方法简单,施工安全	爆破复杂,拒爆难处理	深孔凿岩,乳化炸药	阶段矿房法用
分段中深孔扩槽法	方法简单,施工安全,不需木材	凿岩复杂,爆破较严,形成切割槽不规则	中硬矿岩好用,过硬、过软和有裂隙都差些	在特殊矿山使用
普通天井扩槽法	方法比较简单,常用工艺,便于管理	需大量木材,耗时长,效率低,速度慢	使用条件无特殊要求	一般矿山常用此法扩槽
吊罐天井扩槽法	方法简单,比较安全,不需木材,成本最低	要求有上下通道,钻孔要垂直,一般矿山不熟练	使用条件无特殊要求	应用过吊罐的矿山,此法最优
钻机天井扩槽法	井壁光滑,作业安全,掘进速度快	设备投资和生产成本较高	使用条件无特殊要求	一般矿山很少使用

6 推荐方法和结语

6.1 推荐方法

所介绍的矿山均是中金集团的典型代表,生产能力比较大,它们都是地下开采,尤其是湖北三鑫作为较早使用中深孔凿岩爆破矿山,经历 3 次改扩建工程改造达到目前生产水平,每天出矿量约 3 000 t。三鑫公司已有一套天井吊罐,主要用于各种溜井与通风井掘进,目前不足之处乃缺专业人材,包括吊罐卷扬工、天井凿岩工、值班长等。相信今后随着天井吊罐应用增多,工艺熟练,培养更多技术人才后,利用吊罐天井扩槽法效果会更优越。

吊罐法掘进天井,工作安全,不需木材,速度快,效率高,成本低,通风条件好,一般矿山未接触过吊罐而深感神秘与困难,这是可以理解的。所以,除中深孔采场须使用普通天井扩槽法外,深孔矿房最好逐渐使用吊罐天井扩槽法,速度快,成本低。

6.2 结 语

爆破补偿空间体积、形状、大小、开凿方法一般来说与炮孔的爆破效果没有太多的联系。作者曾经在一个岩金矿山工作时,该矿为了回采过去残留的顶底矿柱和其它残矿,矿石数量近数十万吨,采用各种各样空区为爆破自由面,虽然空区形状没法调查,体积没法计算,但是,从经验来看是足够的,因为,整个采场爆破后的面积达到破天荒的 1 万 m^2,远远大于该矿一般矿房所允许安全暴露面积 2 000~3 000 m^2。也是采用中深孔凿岩方式,在多条巷道内钻凿中深孔,一次装药量十数吨爆破后可以供应矿山半年出矿量,为该矿扭转生产被动局面做出很大贡献。由于该工程是施工队承包的,矿山没有介入,其统计资料或者数字无从可考。从这里可以看出,爆破补偿空间应该灵活运用,以保证爆破效果为最优。剂压爆破技术,其爆破补偿空间最小体积为 15%~20%,那样的大爆破效果更加良好—矿岩破碎程度比较理想,大块率比较低;但是,此法一般很少采用,如果矿岩条件特殊容易造成破碎后的矿石板结变成

(下转第 56 页)

个体降温服的研制现状评述

吴　超　赵嘉楠
（中南大学资源与安全工程学院）

摘　要　降温服是针对在高温环境条件下作业的人员设计的一种个体防护装备，旨在为处在高温环境下的工作人员提供降温保护的作用。目前研究主要集中于液冷降温服和相变降温服的开发，其研制技术和材料涉及到的多个学科；个体降温服研究成果发表的文献及专利申请等逐年上升但趋势较为缓慢。通过文献检索方式，结合降温服的降温原理和分类，对国内外研究现状进行了纵向归纳和分析评价。为研发新的个体防护设备提供参考和依据。

关键词　高温矿井　个体降温服　进展综述

随着世界经济的迅速发展，矿井开采量大幅增加，并不断往深部发展[1]。深井开采必然出现高温环境问题，高温矿井热害[2]是指矿井下的温度和湿度超过一定限定时，影响井下作业的正常进行和矿工身体健康的现象。人属于恒温体，体温的恒定是人体进行正常新陈代谢和生命活动的必要条件。高温矿井热害不仅减慢安全生产的效率，甚至对井下工作人员的人身安全造成危害。这种情况下，就必须采取一定措施，进行降温防护。

高温矿井热害问题的解决方法归纳起来主要有两个方面：一为非人工制冷措施，即矿井通风；二为人工制冷，也称为矿井空气调节，即采用人工制冷降温措施[3-4]。以上 2 种矿井热害防治方法，均需采用大型的机器设备，通过降低进入整体工作面空气的温度来实现。这两种治理方法均存在初期投资大、运行费用高、在运行过程中有噪声污染和制冷效果不良，且随着工作面的改变，制冷设备移动、安装非常困难，以及安全隐患等问题[5]。

由于井下作业面空间巨大和不断移动，人们提出了在高温矿井环境下对人体直接降温的个体防护方法[6]。其主要思想为：矿工穿上具有降温功能的服装，通过服装上降温设备的作用在人体周围构造微气候区，与周围的高温环境相隔绝，通过对微气候区的热量调节，达到人体热平衡和热舒适调节的目的。该方法避免了上述两种高温矿井热害治理的系列问题，具有很强的应用优势，且经济环保，性价比高。本研究结合目前降温服发展现状，归纳总结国内外有关降温服的研究发展成果，并进行了必要的分析评价，以便对新型降温服在矿井热环境下的可能应用进行了探索，希望为矿井热害治理提供参考。

1　个体降温服的工作原理

人体微气候[7]是人体微气候区的温度、湿度、气流速度的总称。如图 1 所示，在人体的皮肤层和着装之间存在狭小的空间，即人体微气候区。

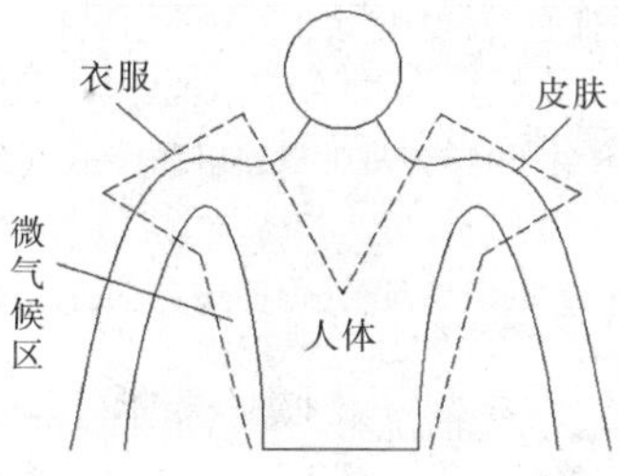

图 1　人体微气候区示意

人体微气候与人体的舒适性密切相关，原田隆司博士根据相关文献绘制了人体衣服内微气候区的温湿度与人体热舒适感的关系曲线，如图 2 所示，得到了人体微气候区的热舒适范围：温度 32 ℃±1 ℃、相对湿度 50%±10%。在高温环境中，降温服通过制冷降温装置，对微气候区进行降温，带走热量，保持稳定在人体的微气候区热舒适范围内，维持人体热量平衡。

2　个体降温服分类

2.1　气体降温服（主动式降温）

气体降温服是利用气源供给空气，经通风管道

＊ 国家安监总局安全科技“四个一批”项目（编号：安监总厅科技〔2012〕142 号）。

吴　超（1957—），男，教授，博士研究生导师，410083 湖南长沙麓山南路。

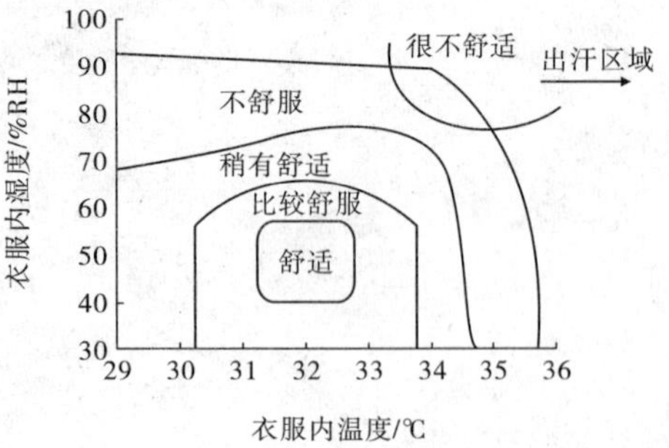

图2　人体微气候区热舒适性范围

在身体与服装间流动，在人体表面构建微气候区进行降温。按照散热方式的不同，气体降温服[9-11]分为蒸发型气冷服和对流型气冷服。蒸发型气冷服对通风温度没有要求，主要利用水汽压梯度促进汗液蒸发散热。对流型气冷服主要通过通风气流带走热量，要求通风气体温度低于平均皮肤温度，需要对通风进行预冷。

虽然气体降温服在降温方面性能较好，且井下气源丰富，但其主要通过直接蒸发人表皮汗液从而达到降温的目的，这样容易造成人出汗过度，身体缺水，存在潜在危险；其次，降温服产生的气流容易造成衣服的膨胀，妨碍工人作业；而且，降温系统需要电池供电，不满足井下防爆要求，需防爆处理。

2.2　液体降温服（主动式降温）

液体降温服[12-17]通过微气候区的循环降温液带走人体的代谢热，调节人体与环境的热交换，维持人体热平衡。液冷服由基础服装和预冷装置组成，通过热交换装置在冷源处降温散热，低温降温液再返回人体完成循环。

液体降温服降温效果良好，但其主要通过液态介质来达到人体降温作用，在井下复杂环境工作时，容易造成介质泄露，造成不必要的麻烦；同样，降温装置需要电源驱动，不满足井下防爆要求，需防爆处理。

2.3　相变降温服（被动式降温）

相变降温服[18-21]利用相变储能材料在环境温度变化时，通过相变吸收周围环境的热量而进行降温。通常在服装表面缝制若干降温口袋，将预冷相变材料放置在口袋中，相变吸热降温。相变降温服又称为被动降温服，其降温过程一般在2～4 h，相变过程发生一定时间后需重新进行蓄冷。常用的蓄冷介质主要有冰、干冰、相变材料、凝胶、相变材料大胶囊等。

相变降温服同样是通过介质来达到热传递吸热的作用，其主要介质是固态的，携带方便，降温效果良好，但其持续时间短，不能调控温度，失效后需放到冷藏库中进行蓄冷从而再次利用，在井下需设置相变材料蓄冷中转站，从而方便利用。

3　个体降温服国内外研究现状

3.1　国外研究现状

1958年，Billingham[22]提出了以水作为冷却介质研制个体冷却系统的设计思想，并首次提出“水冷服（Walter Cooled Garment）”概念。

1962年，Burton和Collier[23]成功地研制出第一件以水作为冷却介质的水冷服，并将其应用于英国皇家航空研究中心（Royal Aircraft Establishment），提供给在高温环境中（如受阳光直射的直升飞机驾驶室等）作业的防护工作人员穿着，以避免受热伤害。如图3所示，整件水冷服包括上衣和裤装，将40根细的塑料管编织在基础服装里，经过冷却后的水被输送到脚踝和腕部，然后沿着四肢和躯干，流经人体皮肤表面返回，带走体表多余热量，头部和颈部不被冷却。

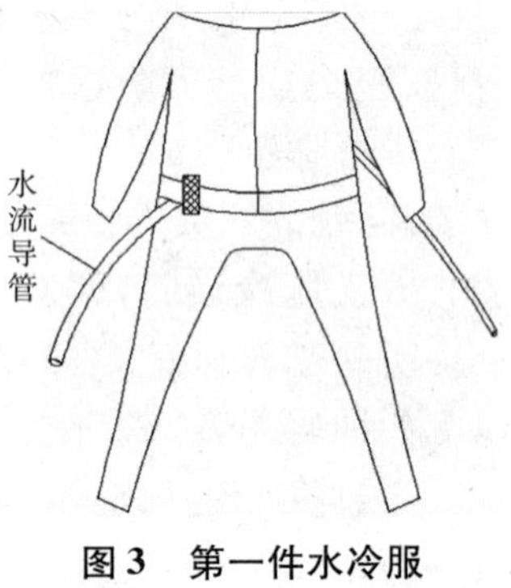

图3　第一件水冷服

20世纪70年代以后，个体冷却系统得到了迅速的发展，各种形式的冷却服层出不穷，出现了气体冷却服、液冷服及相变冷却服等，应用领域从航空航天扩展到航海、军用、采矿、炼钢等领域[24-26]。

20世纪90年代初期，美国陆军纳提克（Natick）士兵中心、Aspen系统公司、Foster-Miller公司和PNNL国家实验室等相继开始从事个体冷却方面的研究工作[27-28]。在1994—1998年期间，Natick士兵中心先后开发出个体微气候制冷系统（IMCS）（如图4所示）、便携式蒸气压缩制冷系统（PVCS）（如图5所示）、高级轻量微气候制冷系统（ALMCS）（如图6所示）。其主要参数如表1所示。

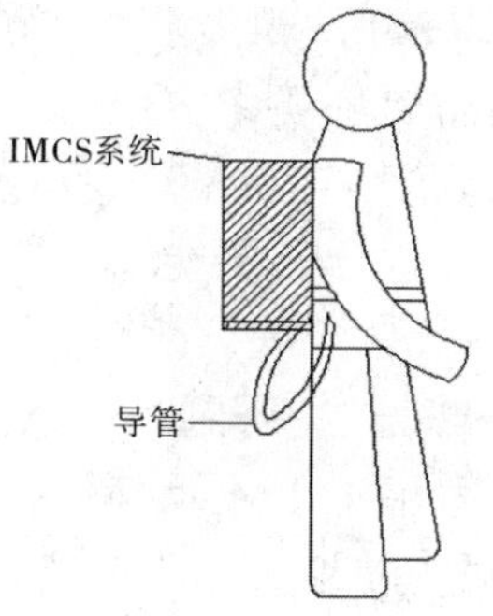

图4　IMCS系统

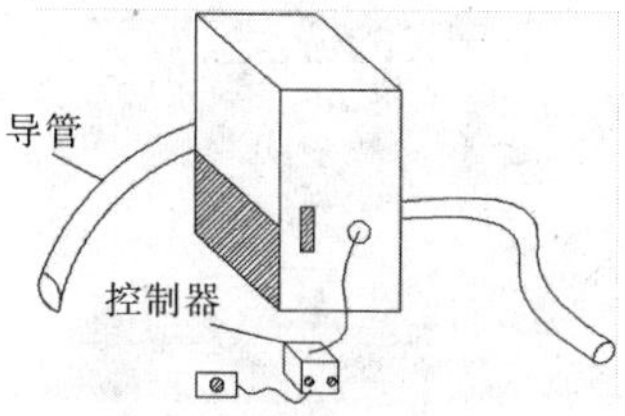

图5　PVCS系统

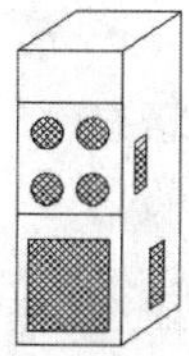

图6　ALMCS系统

表1　Natick士兵中心开发的三种制冷系统及主要参数

项目名称	制冷原理	制冷量	冷却方式	质　量
个体微气候制冷系统（IMCS）	微型内燃机驱动蒸气压缩制冷系统	300 W	通过在液冷服管路中循环流动的水来带走身体代谢产生的热量	7.7 kg
便携式蒸气压缩制冷系统（PVCS）	24 VBA－5590亚硫酸锂电池驱动的蒸气压缩制冷	300 W	通过在液冷服管路中循环流动的水来带走身体代谢产生的热量	2.72 kg
高级轻量微气候制冷系统（ALMCS）	24 V直流电驱动的蒸气压缩制冷	35 ℃环境中制冷功率为230 W	通过在液冷服管路中循环流动的水来带走身体代谢产生的热量	质量轻

由Natick士兵中心研发的MCG空中勇士微气候冷却服（如图7所示）可以与Foster-Miller公司研制的MCU空中勇士微气候制冷机联接。MCG是质量轻、可透气的管状内衣。当MCG与MCU联接后，就可以提供循环流动的冷却液到身体的躯干，用以去除在炎热环境中空中人员操作活动产生的代谢热。在飞行模拟器上进行的人体试验表明，当飞行员穿着MOPP4（以任务为中心的防护姿势的最高等级）防护服时，使用此系统可以使飞行员在38 ℃的炎热环境中的任务周期由1.6 h延长到5个多h。

此间，Aspen系统公司研制出个人冷却系统

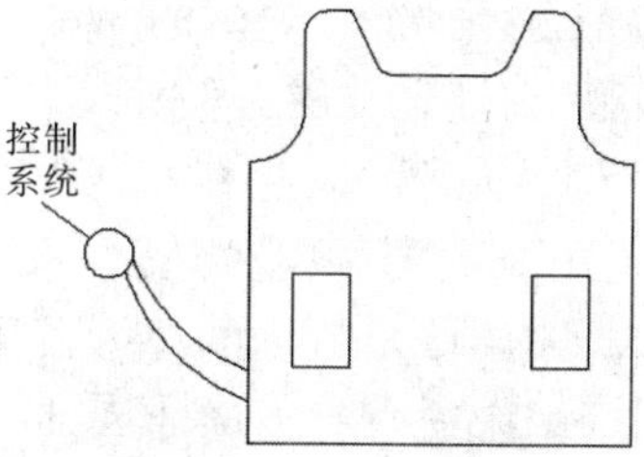

图7　MCG冷却服

（PCS），如图8所示。它采用回转式压缩机制冷，能够在38 ℃环境中提供300 W制冷量，该系统能连续运行3 h。

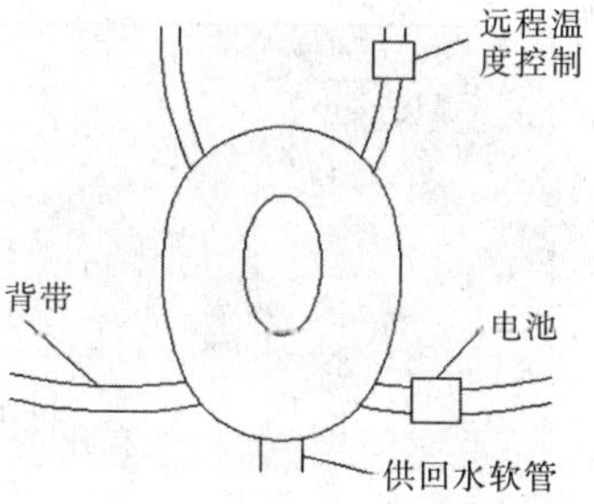

图8　ASPEN个人冷却系统

Foster Miller公司为美国陆军研制了CVCC紧凑式蒸气压缩制冷系统，该系统在35 ℃环境下的制冷量为115 W，其输入的电功率为50 W，电源为24 V直流电，系统质量为1.8 kg，系统体积为2 788 cm^3。

Foster Miller公司还研发了“空中勇士”微气候水冷式降温背心，背心上缝制了131英寸长的细管，冷却水由直升机上的一种特制压缩机灌入细管内，以此来保持穿着者在外界高温环境下，体温仍能调节到合适的水平。这套系统在美国军用直升机上进行了全面测试，结果表明，穿着降温背心的飞行人员在穿着MOPP4防护服的状态下，飞行时间由原来的1.6 h延长至5 h以上。该系统在52 ℃的炎热环境中能提供324 W的制冷量。制冷机依靠28 V直流电源供电，最大工作电流不超过12 A，系统质量为5.89 kg，该系统已经在伊拉克战争中使用。

近期美国还研制出一种特种高效液冷军服，用聚氨基甲酸酯涂层尼龙制作，其中夹有数块输液片，由一些细小的管道把这些输液片连接起来。穿着时，由一个小型泵把冷却液从软壳容器中打出，通过输液管道流入军服，冷却液降低了军服的温度后流进一个热交换器，热交换器和一个小型制冷器相通，冷却液在此处被冷却后又进入循环。这种液冷军服可以把局部温度降低至12 ℃，温度的高低可通过控制冷却液的循环速度来调节。

在炎热的工业环境中,美国的 Welson 公司研制的 20 号冷却服,它被设计成方便穿着的弹性织物结构、长及臀部的背心,可以提供 351 W 的制冷量。这身冷却服现在供试飞员、身穿防尘衣的农民和工作在 52 ℃实验室中收集数据的技术人员使用。

除此,美国国家航空航天局的 Aisle 研究中心研制过多种液冷服,供工业方面应用。例如:供直升机飞行员和赛车驾驶员用的液冷头盔;供消防和矿山救护人员用的液冷背心。在南非的矿山救护人员已经身穿液冷服进行井下灾难救护工作。

综上所述,国外高温防护服或降温服采用的微小气候降温系统(MCS)[29]归纳起来有 3 种类型 MCS,分别采用液体、气体和冰降温系统。近 50 a 来,国外在个体冷却方面作了大量的研究工作,已经研制出适合直升飞机驾驶员、野外作战部队、甲板上的船员、烈日下的交警、采矿工人、炼钢工人、玻璃制造工人等穿着要求的高温防护服装。目前在工业等领域推广使用液冷服的最大问题是费用昂贵。

3.2 国内研究现状

我国在 20 世纪 60 年代使用的是管式降温服,即在服中放入聚乙烯管液体的降温服,向管中通入冷水循环除热。

1988 年,天津第二医学院的金曼蓉等[30]研制出高分子冰防高温服,该服装采用阻燃布或纯棉布制作,并缝制有若干可装入高分子冰袋的口袋,高分子冰袋内装有一种含水蓄冰的高分子化合物。其结构如图 9 所示。在这之后,又有学者们[31-33]通过将蓄冷模块装入口袋的形式,再结合不同的面料或款式结构,研制出各式高温防护服。

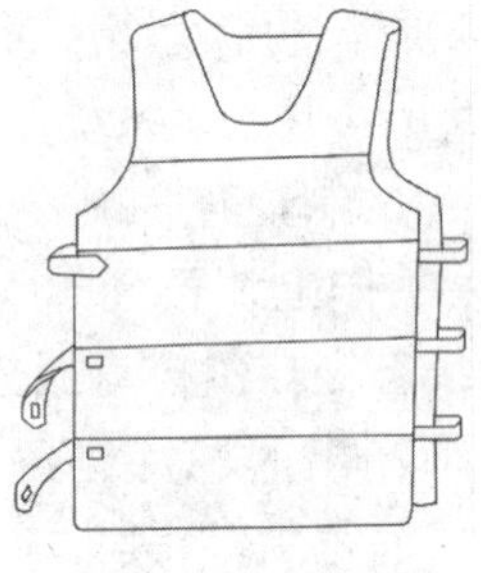

图 9 高分子冰防高温服装

1989 年,中国空军航空医学研究所的欧阳骅等[34]研制出一种管式液冷降温防暑背心,它主要由液冷背心和便携式制冷箱两部分组成,其特点是液冷背心为管式单向流动式设计,可覆盖躯干和大腿上部,其原理是利用冰的溶解热作为热沉,以微型电动循环泵驱使液体经过热交换器带走人体躯干和大腿上部的热量。冷却面积为全身皮肤面积的 40%。在 40 ℃左右的高温环境中,可降低人体热应激,增加工效。该降温服具有质量轻、穿脱方便、可携带、安全可靠等优点,适合在不能安装空调设备的高温环境中劳动的各行各业人员使用。

1991 年,陈晓通[35]研制出一种高温作业凉爽防护服,该服装适用于工业及其他行业高温作业时穿用。主要由服装的外衣与内衬之间相黏合(或加以)襄成的可循环的薄壁管路制成,在其中通过外接通入凉水,达到有效的隔热、降温和凉爽之效果,其款式如图 10 所示。

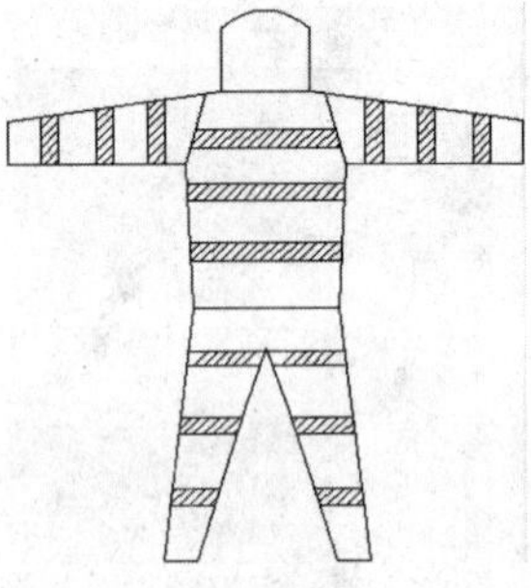

图 10 高温作业凉爽防护服

1997 年,张吉州等[36]研制了一种适用于高温、低温及有害气体的环境中使用的恒温防护服。如图 11 所示,该服装由头盔、服装、恒温源和空压机组成,按人身造型在服装内设计有数块带蛇形排列和螺旋形盘绕的液流管道的恒温板,采用双室双四通结构的分配器,将胸与左臂、背与右臂、两腿部安放的恒温板管道串接呈 3 个支回路,恒温源、分配器、恒温板之间均用软管连接,构成闭路循环系统,当恒温液体在笔录管道中循环流动时,服装内的温度保持平衡。

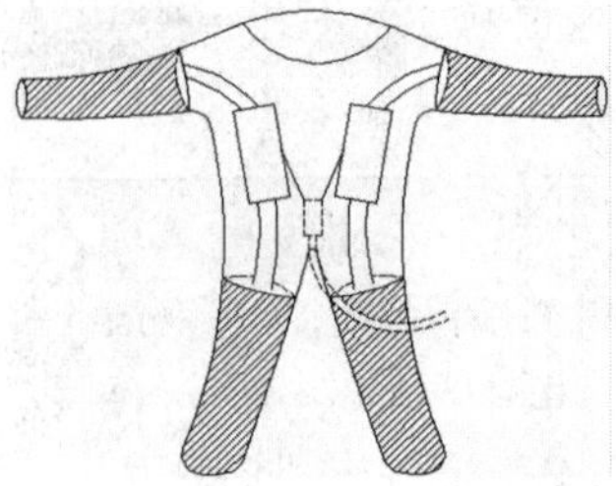

图 11 恒温防护服

2007 年,牟超[37]研制了一种风冷式电子调温服,其原理图如图 12 所示。该调温服在前胸或后背的内外两层面料之间设置有电子制冷片,该电子制冷片的正、负极由导线引出调温服外。电子制冷片与内面料层之间设有导冷片,电子制冷片与外面料层之间设有散热器,并且电子制冷片的两端面分别与对应的导冷片和散热器贴靠,在外面料层正对散热器的区域开设一个窗口，该窗口处安装风扇。同年，曹光荣[38]设计了一种抗高温多功能消防服，该抗高温消防服将头套与上衣套固定连接，裤子套与上衣套通过束缚弹簧连接，它们的内外层均为石棉纤维布构成，在内外层石棉纤维布之间设置附着有凹凸棒土的玻璃纤维布，在裤子套的底部有汉石棉材料填有凹凸棒土防滑鞋底。它的优点是：耐高温，穿上它，可直接进入火场进行救援。

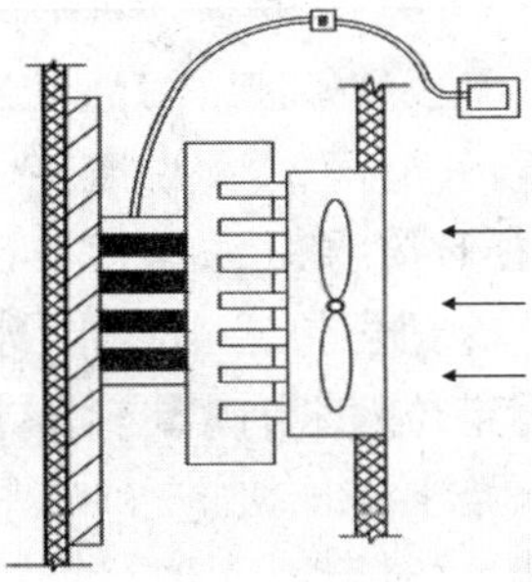

图 12　风冷式电子调温原理

2007 年，李朝辉等[39]设计了一种集制冷及蓄冷装置为一体的降温服，其结构如图 13 所示，包括储冷物质箱、泵、电源、降温层，其中降温层带有循环水道，储冷热物质箱、泵、循环水道依次连接组成一冷热循环系统。该降温服体积小，重量轻，制冷循环系统与降温层为一体，穿戴行走方便，特别适用于高温下作业的工人使用；制冷循环系统的循环速度可以调节，因此，穿戴人始终可以调节一个比较舒服的温度，使穿戴人尽管在高温下，但始终感觉凉爽，从而提高劳动效率；在低温下本发明还可以将温度升高，使降温层变为升温层。

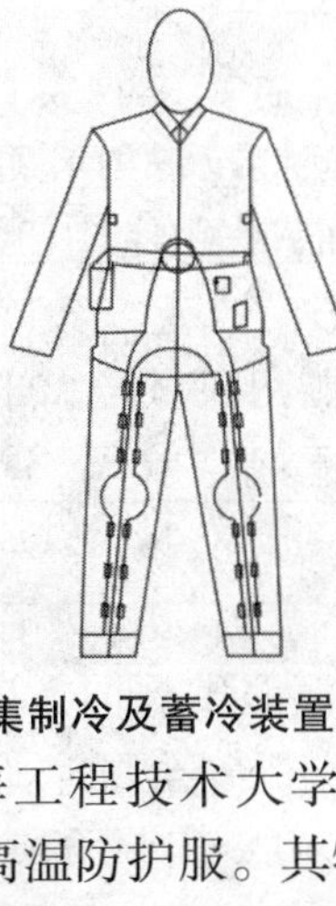

图 13　一种集制冷及蓄冷装置为一体降温服

2010 年，上海工程技术大学的徐晶等[40]研制出工业领域用的高温防护服。其特征是所述服装由外而内包括反光吕膜层、玻璃纤维层、形状记忆纤维层以及棉布层组成。该防护服采用外层的反光膜减少吸收的热量，通过玻璃纤维隔热，又利用记忆纤维的形变，使其受热后形变为立体形状，相当于在贴身的棉布层外增加一层空气隔热层，隔热效果更好，同时，棉布与外界的高温隔离，也能有效地防止自燃。如图 14 为其外观款式图和形状记忆材料简图。

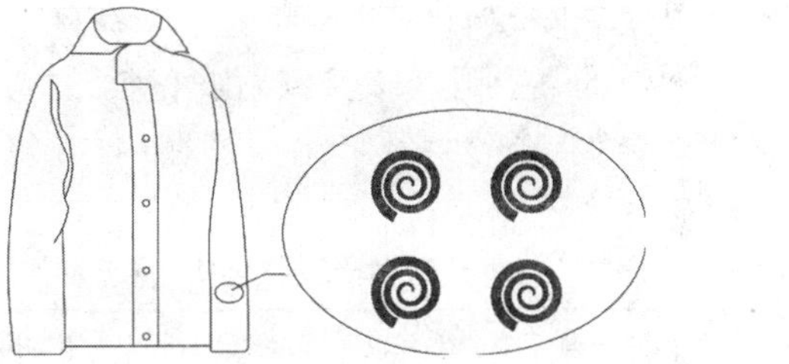

图 14　高温防护服和形状记忆材料简图

2010 年，杨兆生等[41]研制出包括防护靴、防护裤和防护衣的高温防护服。防护靴底部设置制冷装置，制冷装置冷端上方是气囊，气囊设排气孔和进气嘴，在靴底与气囊之间因有制冷盘管，所以形成一个空腔，在空腔内设有一个进气孔，从靴子内侧通向外界；防护服外层均采用阻燃布料，内设反射层和保温层。穿着人员走路脚离开地面时新鲜空气被冷却后进入气囊，穿着人员脚步下落，气囊受压空气排入靴内，由靴鞠进入防护裤内，通过腰间的通风口进入防护衣，再由袖口等处排出，从而达到给身体降温的目的。

2010 年，安徽省煤炭科学研究院的周孟颖等人[42]研制了矿井用多功能防护服。款式结构图如图 15 所示。该服装的防护上衣内侧分别均布设有 4 个以上的口袋，口袋内均设有蓄冷材料，它是一种聚合物水凝胶，低温时具有柔软性。防护服中有隔冷板、隔冷袋，能消除蓄冷材料与人体直接接触时的不适感。蓄热袋体积小、质量轻、放热均匀长效并满足人体舒适度。在环境温度为 30℃时，可维持放冷（5 ~ 20 ℃）4 ~ 6 h。

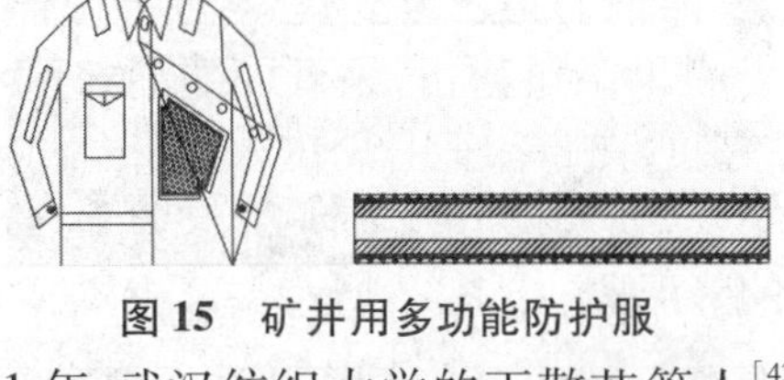

图 15　矿井用多功能防护服

2011 年，武汉纺织大学的丁敬芝等人[43]，发明设计了一种热矿井降温服，热矿井降温服的结构分为 3 层（见表 2）：轻质隔热固体材料作为外层、易融化的固体物质作为冷媒中间层、压缩空气作为内层。中间层冷媒温度低，可以吸收人体散发的热量。这个热主要转换为冷媒的融化热及部分显热。内层压缩空气可以通过进气、放气阀调整厚度，适应人体的舒适性。外层隔热层，隔绝外部热环境传来的热量。

和常规空调系统相比较,它减少了冷负荷,不需要复杂的管道设备及流体输送系统,省去了繁杂的安装和拆卸工作。主要用于深矿井内矿工的防暑降温,也可以用于酷热日照下的环卫工。在这之后,中国矿业大学的聂百胜等人又针对此材料结构设计出了包括降温服、降温帽及降温短裤在内的高分子蓄冷材料矿井降温服[44]。

表 2 一种热矿井降温服结构、特点及作用

结 构	性能特点	作 用
里层(压缩空气层)	可调厚度	控制散热速度,适应人的舒适性要求
中间层(可融化的固体冷媒)	吸热能融化	吸收人体放出的热
外层(隔热层)	隔绝热辐射、热传导和热对流	阻止热环境向中间层传热

2012 年,福建厦门的谢逢华等[45]设计了一种替代降温服的冰兜,如图 16 所示,利用冷冻的蓄冷冰囊置于保温冰兜内部,冷源通过后保温圈中间传至紧贴人体胸前或背后慢慢释放进行身体降温,该冰兜由前保温层、后保温圈、备用带、调节挂带、拉链、冰囊装入口、隔温布和蓄冷冰囊组成,冰兜前面保温层和后保温圈的保温为珍珠棉覆合铝箔反光隔热层材料制成并相连,隔温布为二层连接内部隔热层中,冰囊装入口上部密封封口为拉链连接冰兜,冰兜替代各种降温服或空调服,比较环保、价廉、舒适方便。

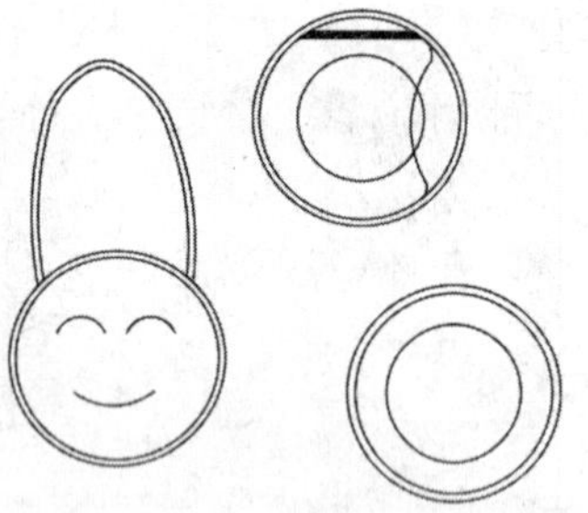

图 16 替代降温服的冰兜

同年,江苏无锡的郭宇称[46]发明了一种无需另设电源的降温服,如图 17 所示。其主要目的是生产一种可无需另设电源的降温服,其主要实现方法是这样的:首先设冷源与降温服,在其间设导热介质流道,在导热介质流道与冷源之间设温差发电片,所述温差发电片,一面朝向冷源,一面朝向导热介质流道。在导热介质流道中设泵或风扇,所述导述热介质可通过泵或直流风扇输送,所述泵或风扇通过导线与温差发电片所连接,所述泵或风扇推动导热介质的能量由温差发电片提供。该装置能利用冷源与导热介质之间的温差能作为推动导热介质流动的能量,对于使用者而言无需另设电源,非常方便。

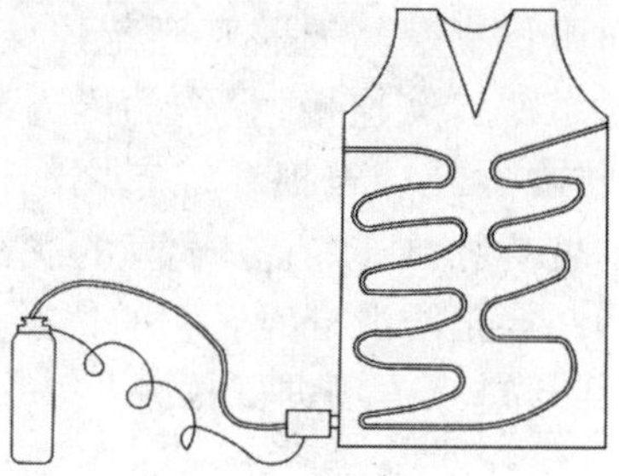

图 17 一种无需电源的降温服

2013 年,山东济南的于小航[47]发明设计了一种带冰贴的水循环降温服,如图 18 所示。该一种带冰贴的水循环降温服,包括衣服体,冰贴袋。其特征是:衣服体上固定位置缝有若干个冰贴袋,衣服体下端装有水泵,水泵上端连接进水口,水泵右侧连接出水管,水泵左侧连接电线。其有益效果是:可有效的降低人体温度,在病人中暑后及时穿戴上会立即开始给病人进行降温处理,给医务工作人员到来前做好初步的降温准备,方便了医务人员对高温中暑的人员进行抢救,有效地防止了抢救病人时病人因局部长时间降温造成的体温过低而造成的冻伤。

虽然这主要针对医务人员对中暑患者的抢救使用,但依然可以参考用于高温矿井下的作业人员。

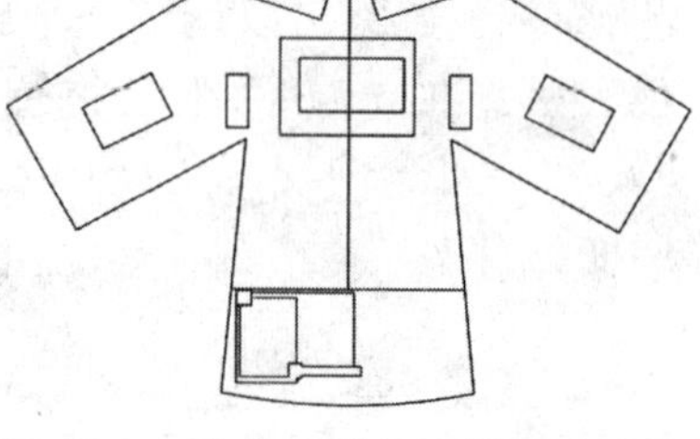

图 18 一种带冰贴的水循环降温服

我国从 20 世纪 60 年代才开始在高温防护服领域进行相关的研究工作,起步较晚,但目前也取得了一定的进展,已研制出不同形式和热防护原理的高温防护服等,多用于航空航天、军用等领域,由于价格昂贵,工业用和民用较少。

4 结 论

(1)气冷式降温服发展前景广阔。深矿井下气源丰富,涡流管降温服安全可靠,降温效果良好。但现有研究仅停留在初步实验阶段,关于涡流管型降温服的流场分布的模拟及仿真进而优化现有设计显得十分必要。

(2)相变降温服具有较强持续降温能力。相变降温服的降温能力成为相其在深矿井热环境下应用

的瓶颈。近几年来,伴随着微胶囊技术[48-50]的发展,相变材料的微胶囊因其良好的调温性能,得到了人们的重视,但现有的微胶囊相变材料其冷却持续时间并没有取得长足进步。寻求一种持续时间较长、调温性能良好的相变材料成为该类降温服发展的关键。

(3)无电降温服对防爆至关重要。动力来源一直是制约蒸汽压缩式降温服发展的瓶颈。现有降温服动力源仍依赖于电源或蓄电池,不能满足矿井的防爆要求,在深矿井热环境下,开展无电降温服的研究具有重要的意义。

(4)一直以来,降温服的安全性、经济性是其难以在深矿井热环境下应用推广的重要原因之一,如何降低生产成本、提高降温服安全性将是矿用降温服发展的关键。

(5)矿用降温服是一个融合多种学科的产物,涉及到制冷技术、生物热力学、生物传热学、人体工效学、服装卫生学和矿井通风安全等多个学科。将采矿学、服装材料学和制冷技术相结合,这就需要从多学科角度统筹考虑,设计出的矿用降温服将会更加满足需求。

参 考 文 献

[1] 中国投资指南. 中国煤炭可供开采量只 33 年[EB/OL]. http://www.fdi.gov.cn/1800000121_21_53311_0_7.html.

[2] 黄建华,张 惠. 人与热环境[M]. 北京:科学出版社,2011.

[3] 郭念波. 矿井高温热害综合治理技术的探索和实践[J]. 中国煤炭,43(1):117-122.

[4] 亓玉栋,程卫民,于岩斌,等. 我国煤矿高温热害防治技术现状综述与进展[J]. 煤矿安全,45(3):167-174.

[5] 姬长发. 高温矿井降温技术研究及其经济性分析[D]. 西安:西安科技大学,2009.

[6] 盛 伟,郑海坤. 人体降温服在矿井热环境中的应用综述[J]. 中国安全生产科学技术,2013,9(12):95-101.

[7] 百度百科. 人体微气候[EB/OL].

[8] 原田隆司. 衣服内气候与衣着[J]. 国外纺织技术,1987(16):35-40.

[9] 曾颜彰,邓中山,刘 静. 基于微型风扇阵列系统的人体降温空调服[J]. 纺织学报,2007,28(6):100-105.

[10] 张行周,钟晓辉,吴玉庭,等. 单兵空调系统研究[J]. 兵工学报,2007,28(6):749-752.

[11] 韩增旺,唐世君,赖 军. 换气式降温服的实验评价研究[J]. 中国个体防护装备,2010(3):11-14.

[12] 王志敏,刘忠宝,方丽娜,等. 液冷降温服的研究[C]//制冷空调新技术进展——全国制冷空调新技术研讨会,2006.

[13] 黄明月. 应用于液冷服的热电制冷系统的特性研究[D]. 济南:山东大学,2014:1-69.

[14] 傅 益. 热电制冷式人体热防护系统的实验研究[D]. 济南:山东大学,2013:1-54.

[15] 金敬业. 新型防护液冷服的结构与性能研究[D]. 西安:西安工程大学,2012:1-54.

[16] 李利娜,钱晓明,徐 杰. 冷却服装的发展现状及应用[J]. 中国个体防护设备,2008(2):24-28.

[17] 梦运余,葛申然,杜国杰等. 便携式局部液冷服系统[J]. 航天医学与医学工程,1988,1(2):122-126.

[18] 付 杨,邱义芬,任兆生. 相变降温服热分析[J]. 北京航空航天大学学报,2007,33(3):278-281.

[19] 朱方龙,樊建彬,冯倩倩,等. 相变材料在消防服中的应用及可行性分析[J]. 纺织学报,2014,35(8):124-132.

[20] 张东霞. 相变材料在调温服装中的应用研究[D]. 北京:北京服装学院,2006.

[21] 张兴祥. 耐高温相变材料微胶囊及熔纺高储热量储热调温纤维[J]. 天津科技,2010(2):19-21.

[22] Shvartz E. Efficiency and effectiveness of different water cooled suits:a review[J]. Aerospace Med. 1972,43:488-491.

[23] Sarah A, Nunneley. Water cooled garment:a review[J]. Origins of life and Evolution of Biospheres,1970,2(3):335-360.

[24] Speckman K L, Allan J R, Sawka M N. A review: microclimate cooling of pertective over garments in the heat[R]. USARIEM, Natick, MA: US Army Res. Environ. Med,1988.

[25] Hewish Mark, PengelleyRupert. Future soldier systems[J]. Janes International DefenseReview,1998,31:54-60.

[26] Ken Beiko. Evaluation of personal cooling systems explosive ordnance disposal suits, TM203293[R]. Canada: Canadian Police Research Center,1993.

[27] FlourisA. D. and Cheung S. S., Design and Control Optimization of Microclimate Liquid Cooling System Underneath Protective Clothing[J]. Annals of Biomedical Engineering, 2006, 34(3): 359-372.

[28] Roger Masadi. Microclimate cooling and power requirement[R]. US Army Soldier &Biological Chemical Command Natick Soldier Center,2000.

[29] 顾心清. 美海军舰艇被动式降温背心的研究现状[J]. 海军医学杂志,2004,25(2):191-192.

[30] 金曼蓉,等. 高分子冰防高温服[P]. 中国,88215539.3.

[31] 王先鹏,等. 一种高温防护服[P]. 中国,92229760.6.

[32] 杨铁兰等. 具有抗辐射热阻燃蓄冷防护服[P]. 中国,93203356.3.

[33] 王先鹏,等. 一种高温作业防护服[P]. 中国,94217830.0.

[34] 空军医学研究所. 管式液冷防暑降温背心[P]. 中国,89218510.4.1990-10-24.

[35] 陈晓通,等. 高温作业凉爽防护服及制法[P]. 中国,91105831.1.

[36] 张吉洲,等. 恒温防护服[P]. 中国,97247949.X.

[37] 牟 超,等. 风冷式电子调温服[P]. 中国,200720123620.X.

[38] 曹光荣. 一种抗高温多功能消防服[P]. 中国,200720024083.3.

[39] 李朝辉,等. 一种集制冷及蓄冷为一体的降温服[P]. 中国,200710054713.6.

[40] 徐 晶,等. 一种高温防护服[P]. 中国,201010022893.1.

[41] 杨兆生,等. 高温防护服[P]. 中国,201010266681.8.

[42] 周梦颖,等. 矿井用多功能防护服[P]. 中国,201020136669.0.

[43] 武汉纺织大学. 热矿井降温服[P]. 国,201110040970.0.

[44] 聂百胜,等. 高分子蓄冷材料矿井降温服[P]. 中国,201310534784.1.

[45] 谢逢华,等. 替代降温服的冰兜[P]. 中国,201210223909.4.

[46] 郭宇称. 一种无需另设电源的降温服[P]. 中国,201210225864.4.

[47] 于小航. 一种带冰贴的水循环降温服[P]. 中国,201310343330.6.

[48] 高明珠. 相变材料微胶囊在纺织服装中的应用[J]. 四川纺织科技,2004(2):34-36.

[49] 庞方丽,王 瑞,刘 星,等. 相变微胶囊及其在蓄热调温织物上应用的研究进展[J]. 天津工业大学学报,2014,33(3):24-33.

[50] 阎若思,王瑞,刘 星. 相变材料微胶囊在蓄热调温智能纺织品中的应用[J]. 纺织学报,2014,35(9):155-164.

(收稿日期 2015-05-26)

(上接第48页)

岩墙不易碎散,需要二次处理,只有补偿空间在特定条件下使用。

介绍6种爆破补偿空间开凿方法、特点、优缺点与使用条件等并加以评价。此外,还有一种爬罐天井扩槽法,更未见使用。根据以上分析研究,矿山目前已经使用吊罐的具体条件,作者建议逐步使用吊罐天井扩槽法开凿爆破补偿空间,以加速矿山生产发展,节约材料,降低成本。

参考文献

[1] 姚 香. 我国黄金工业发展现状与对策探讨[C]//中国矿业科技大会会议论文集. 马鞍山:金属矿山编辑部,2010:154-159.

[2] 长春黄金设计院. 河南金源黄金矿业有限公司改扩建工程设计说明书[R]. 洛阳:河南金源黄金矿业有限公司,1998.

[3] 崔锡武. 中国黄金采矿现状和发展方向[J]. 有色金属:矿山部分,1993(5):13-18.

[4] 任玉兵. 河南祁雨沟金矿角砾岩型矿体地质圈定与采矿方法关系探讨[J]. 现代矿业,2011(9):87-91.

[5] 李殿辉,田 波,孙德胜. 湖北三鑫金铜股份有限公司采矿方法优化探讨[J]. 黄金,2004,25(11):24-27.

[6] 田显高. 鸡冠嘴金铜矿中深孔凿岩爆破参数的优化试验[J]. 化工矿物与加工,2007(1):20-23.

[7] 李瑞祥,武宏岐. 大直径深孔阶段矿房采矿法在紫金山金铜矿的应用[J]. 黄金,2010,31(7):30-35.

[8] 长春黄金研究院. 电耙巷道底盘漏斗中深孔空场嗣后充填采矿法试验研究施工设计说明书[R]. 德兴:江西金山金矿,2009.

[9] 刘文洪. 大直径深孔阶段矿房采矿方法试验研究与生产应用[J]. 金属矿山,2006(5):35-38.

[10] 上官宽平,张滨州. 一次成井技术在杨家坝铁矿采矿中的应用实践[J]. 黄金科学技术,2005,13(1/2):67-69.

[11] 张雨春,张洪龙,邀广彬,等. 夹皮沟矿业有限公司高天井施工经验[J]. 黄金,2010,32(3):30-33.

[12] 唐民成. 井巷掘进与支护[M]. 北京:冶金工业出版社,1995.

·采矿工程·

绿色开采技术在金属矿山开采中的应用

张传信[1,2,3]　刘培正[1,2,3]　郭　伟[1,2,3]

(1. 中钢集团马鞍山矿山研究院有限公司;2. 金属矿山安全与健康国家重点实验室;
3. 华唯金属矿产资源高效循环利用国家工程研究中心有限公司)

摘　要　针对我国部分金属矿山矿体上覆存于厚大的第四系岩层中,近矿围岩为奥陶系灰岩、井下涌水量大,地表有村庄、农田不允许塌陷,尾矿库已饱和等复杂的开采环境,提出了符合金属矿山绿色开采理念的技术措施:①保水开采技术,提出了地表井下联合以帷幕注浆为主的外截内排的防治水方案和近矿帷幕注浆技术;②无沉降充填开采技术,采用理论计算、经验公式及计算机模拟等手段,提出了一套矿柱留设及稳定性计算方法,并采用空场采矿嗣后充填法,利用尾砂胶结料及时对空区进行充填,为采空区顶板和注浆帷幕的稳定性提供保障,避免地表塌陷;③研制了一种适合2种进料方式的地表充填站和大产能充填系统,将采掘过程中所产生的废石和选厂排放的尾砂充填至采空区,不但解决了废弃物堆放问题,而且阻止了空区顶板冒落,保护了矿区地表环境。上述技术措施应用结果表明:①井下正常涌水量大大减少,节省了排水费用且保护了地下水资源;②采用的空场采矿嗣后充填采矿法避免了地表塌陷,减少征地及迁村的费用,同时回采率得以提高;③选用尾砂作为充填料,有效解决了尾砂堆放的问题。

关键词　金属矿山绿色开采　保水开采　嗣后充填法　大产能充填

当前,我国处于发展经济的高潮之中,经济建设的发展对资源的需求不断增加,主要矿产品产量大幅度增长,使我国跨入了世界矿产资源大国、能源生产大国和矿产品生产大国的行列。矿业的发展,有效支撑了国民经济持续、稳定与快速发展。矿产资源开采规模迅速扩大,大规模的开采和开采技术的滞后使得对自然生态环境的破坏日趋加重,具体体现在:①地下开采遗留下了大量的采空区,造成地表塌陷、下沉,导致农田及建(构)筑物破坏、村庄迁徙;②废石及尾砂等固体废弃物的大量堆置诱发次生地质灾害,诸如排土场崩塌、滑坡、泥石流、尾矿库溃坝等多起重大工程与地质灾害;③矿山疏干排水往往使地下水位下降,导致区域性地下水位下降,地表水和地下水动态平衡系统遭到破坏,以致水源枯竭和河水断流;④自然景观、地形地貌、土地山林受到破坏[1-4]。

为了避免资源开采对矿区环境的破坏,矿山企业及设计研究单位应转变资源开采理念,开展资源绿色开采技术研究。绿色开采的内涵是减少资源开采对环境的破坏,实现资源、经济、环境三者统一协调的开发过程,从广义资源的角度对待矿产资源、水、尾砂、土地等一切可以利用的各类资源,防止或尽可能减轻资源开采对环境的不良影响。

1　绿色开采关键技术

(1)保水开采技术。矿体地下开采形成采空区及巷道给地下水涌出创造了条件,有必要采取机械设备排出地表。若井下涌水量过大,坚持采取强排疏干方式排水,不但会增加企业排水费用,而且地下水位下降易产生地面塌陷及水资源的严重浪费。应从开采方法选择、防治水等方面采取措施,实现矿井水资源的保护和综合利用。

(2)无沉降充填开采技术。充填开采技术是绿色开采技术的重要组成部分,是预防开采造成矿区地表塌陷的重要措施。在矿体采出后,立即采用固体材料对采空区进行密实充填,防止空区顶板冒落,阻止地表的下沉和变形,达到保护地表建(构)筑物或农田的目的。

(3)废石、尾砂等固体废弃物的综合利用。据统计,矿产资源开采过程中产生的废石、尾砂和冶炼渣等占我国工业废料排放量约85%,大量矿山固体废弃料排放于地表,不仅造成严重污染,还会诱发泥石流、尾矿溃坝等灾害。将采掘过程产生的废石和

张传信(1962—),男,教授级高级工程师,硕士研究生导师。243000 安徽省马鞍山市经济技术开发区西塘路666号。

选厂排放的尾砂充填至采空区，不但可以解决废弃物堆放问题，而且可阻止空区顶板冒落，保护矿区地表环境。

2 应用实例

2.1 厚大第四系下无沉降绿色开采技术

安徽霍邱地区铁矿床属特大型铁矿群，矿区南北长约40 km，东西宽3 ~6 km，已探明储量17.12亿t，远景储量20亿t以上，已建成和即将建成近20座大中型矿山，待全部达产后每年生产铁矿石3 800万t以上。该地区铁矿开采面临着地表存在大量农田、村庄且矿体上方覆盖着厚大的第四系（自南向北第四系厚32.6 ~304 m不等）等特点，地表不允许塌陷（图1、图2）。传统的水平分层充填和进路充填采矿法受制于生产成本高且效率低等弊端，难以推广应用。为此，有必要开展厚大第四系下无沉降安全高效开采技术研究。

图1 付老庄铁矿矿区周边环境

图2 刘塘坊铁矿矿区周边环境

针对霍邱地区铁矿群矿区地表存在大量农田、村庄且其上方覆盖着巨厚第四系等开采面临的难题，系统开展了矿体赋存特征、护顶矿（岩）柱留设及稳定性、安全高效采矿方法、大产能高浓度充填技术及地表灾害防治监测系统等研究工作。所取得的成果如下：

（1）根据霍邱地区矿体开采技术条件，在现场工程地质及室内力学试验的基础上，采用理论计算、经验公式及计算机模拟等手段分析顶柱稳定性，并进行综合评判分析，提出了一套矿柱留设及稳定性计算的方法体系，即借助牛顿迭代法和FLAC^{3D}软件逐步计算分析，以确定不同矿体产状、不同上覆岩层厚度下的顶柱极限厚度。分析计算出急倾斜中厚至厚大矿体、倾斜中厚至厚大矿体和缓倾斜中厚矿体在上覆岩层厚度分别为50，120，190，260 m时顶柱极限厚度。其中，急倾斜中厚至厚大矿体在上述岩层厚度下顶柱极限厚度分别为11.5，18.25，22.25，23.63 m；倾斜中厚至厚大矿体在上述条件下顶柱极限厚度分别为13.38，19.25，23.63，25.25 m；缓倾斜矿体顶柱极限厚度分别为9.8，12.88，15.13，17.63 m。根据计算结果，绘制出了上述3种类型矿体顶柱极限厚度随上覆岩层厚度变化曲线。当采场跨度一定时，各矿体顶柱极限厚度随上覆岩层厚度的增加而增加，但增加幅度越来越小，尤其是上覆岩层厚度超过190 m时，上覆岩层厚度增加对顶柱极限厚度几乎没有影响。

（2）为了适应霍邱铁矿区矿体厚度和倾角变化较大的特点，采用分段空场嗣后充填法和阶段空场嗣后充填法。并对该2种采矿方法的适用界限进行了详细的技术经济比较，以矿体厚度40 m为界，40 m以下推荐采用分段矿房法嗣后充填，40 m以上采用阶段矿房法嗣后充填。

（3）在尾砂室内沉降试验的基础上，研制了一种新型高效的"T"型砂仓，在减少砂仓容积的基础上，实现了连续造浆。该型砂仓可用于大中型矿山全尾砂脱水，可大幅度减少动力造浆、不堵仓、不堵管，达到了简化工艺流程、节能降耗、降低充填成本的功效，见图3、图4。

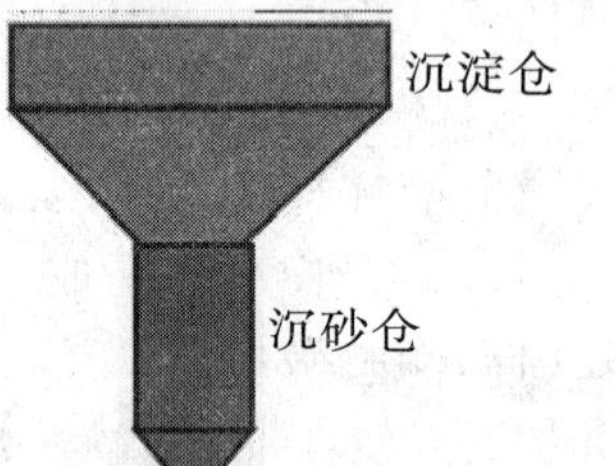

图3 T型砂仓示意

图4 大产能试验装置

（4）模拟分析了矿体开采对地表沉降变化规律，并在示范矿山地表建立了监测系统。通过实时动态监测,其监测结果与模拟计算规律基本一致。

(5)建成了2座大面积开采条件下地表无沉降示范矿山(安徽富凯矿业有限公司付老庄铁矿和中钢集团安徽刘塘坊矿业有限公司刘塘坊铁矿分别于2013年11月底通过安徽省安全生产监督管理局安全验收),并分别建成1座全尾砂高浓度地表充填站和分级尾砂地表充填站,见图5、图6。

图5 分级尾砂地表充填站

图6 全尾砂高浓度地表充填站

2.2 强富水灰岩区铁矿床无沉降绿色开采技术

徐州铁矿集团有限公司位于江苏省徐州市北郊微山湖畔利国镇,其前身为徐州利国铁矿,是我国三大平炉矿供给基地之一,公司现有吴庄铁矿和镇北铁矿2座矿山,吴庄铁矿为主要生产基地。矿体埋深标高为-264~-520 m,主矿体总的走向130°~140°,倾向NE。矿体于4#线向北东凹折,使4#线两侧产状有所变化:4#~10#线矿体走向约110°,倾角43°~35°;4#~2#线走向约170°,倾角30°~22°;2#~1#线走向约145°,倾角25°~15°,可见自西向东矿体产状逐渐平缓。从矿体厚度变化来看,沿矿体走向方向矿体厚度变化较大,总体趋势是向端部变薄,厚度变化范围为几米至几百米不等,属缓倾斜、倾斜厚大矿体。3#、4#矿体矿岩除接触带较多为破碎带,稳固性较差外,其余区域稳固性均较好。矿区地表有农田和村庄,不允许塌陷。矿体主要产于下奥陶系灰岩区,岩溶裂隙发育普遍,岩溶水丰富。同时矿山现有尾矿库已饱和,选厂生产的尾矿无处排放,见图7、图8。

图7 矿区周边环境

图8 尾矿库现状

针对吴庄铁矿地下涌水量大、地表为村庄和良田、矿体回采率低、尾矿库库容饱和等复杂的开采环境,提出了适合该矿的绿色开采理念,从广义资源的角度对待矿产资源、水、尾砂、土地等一切可以利用的资源,基本出发点是防止或尽可能减轻矿体开采对环境的不良影响,取得了较好的经济效益和社会效益,主要体现在以下几个方面:

(1)根据水文地质物探成果及相关资料,提出了地表井下联合以帷幕注浆为主的外截内排的防治水方案。该方案的实施,使井下涌水量由原来的1 260 m^3/h减少到300 m^3/h,每年排水量减少840.96万m^3,并节省排水费用1 214.7万元。

(2)采用了分段空场嗣后充填采矿法,回采率由原来的67%提高到89%。由于将选厂排放的尾砂全部用于空区充填,真正实现了无废开采,避免了矿区地表塌陷,节省了尾矿库征地和建设费用。

(3)在成功堵截了地下水和采用嗣后充填保护了注浆帷幕稳定性的保障下,实现了457.17万t防水矿柱的安全回采。

(4)提出了适于井下二步骤回采的采场底部结构。该底部结构既可服务于一步骤回采的矿房采场,又可为二步骤回采矿柱采场服务,大大减少了底部结构工程量,降低了采切比,提高底部结构的稳定性,节省二步骤回采的开采成本和准备时间。

(5)根据矿山采用的2种充填材料,研制出一种高效、灵活的充填设备,分别经大倾角皮带和管道送至砂仓,见图9。

2.3 平原浅埋岩溶大水矿山绿色高效开采技术

徐楼铁矿位于淮北市濉溪县境内,隶属徐楼镇

图9　尾砂充填站

管辖。矿区为冲积平原，地势平坦，第四层较厚，含砂层均为含水层。楼铁矿于2005年批准建设，2010年投产。随着勘探工程、井下基建及矿山早期生产对矿体进一步的揭露，开采面临着一系列开采技术难题，主要为：

(1)矿带埋藏浅，埋深59～218 m，地势平坦，第四系含水组为厚度不等的沙层、砾石组成，含水丰富，潜水位埋深2.6 m，矿体赋成于岩浆岩与奥陶系灰岩的接触带，裂隙发育，奥陶系灰岩内有大量的溶洞。基岩含水量大，预计石楼一矿带开采涌水量为44 361 m^3/d，在接近第四系的围岩裂隙和溶洞都被粉沙、黄泥充填，加上钻探施工时间长，部分钻孔没有封口致使第四系和基岩水导通。常规的防治水手段，不仅成本非常大，且地下水利用率较低，造成了水资源的巨大浪费。

(2)矿区地表农田密布，加上徐楼铁矿地下水静、动储量都较大，为淮北市地下水资源基地保护区，在解决井下防治水问题的同时，需最大程度的保护水资源，防止地表出现沉降，并解决固废物的堆放问题。防止岩溶水涌入空区或导通至下部，引发突水或泥石流事故。

针对徐楼铁矿地下涌水量大、地表为村良田、矿体埋藏浅、尾矿库库容饱和等特点，提出了适合本矿的绿色开采理念。主要取得以下成果：

(1)建立了一整套针对平原浅埋岩溶大水矿山近矿体注浆帷幕防治水的理论及现场工程技术体系。通过以断裂力学的Westergaard应力函数、薄板的弯曲变形结构力学解析式为基础，建立了近矿体注浆防水帷幕计算理论体系。基于该理论体系，建立了完善的近矿体帷幕设计体系。该体系分3步实施，分别为探水注浆工程、加密注浆工程、检查孔布置，能够全方位完成注浆防水层的施工。研发了一种井下注浆体全程联网声发射探测技术，提高注浆堵水率。通过3 a多的近矿体帷幕注浆研究与施工，使矿坑涌水量从44 361 m^3/d(预测)，降低至2 500 m^3/d，帷幕注浆堵水率达到94%以上。排水耗电量由46 562.5 kWh/d减少至2 100.69 kWh/d。

(2)提出了平原浅埋岩溶大水条件下顶柱解析计算理论，即以温克尔地基模型的基本假定，通过分析采场顶柱的受力状况、破坏形式，建立了采场顶柱解析分析的力学模型，从而计算出平原近地表大水岩溶矿山采场防水顶柱的最小高度。在此基础上，通过建立间柱回采工艺体系，针对矿体赋存条件，以及盘区间柱布置特点，在充分利用原有工程基础上，对每一矿柱回采逐一进行设计，形成落矿、出矿、通风、充填等工序的工艺体系，最大限度地回收了矿产资源。

(3)建立了平原浅埋岩溶大水矿山绿色高效开采技术体系。在完成近矿体帷幕设计体系及顶板预切顶支护体系的基础上，针对徐楼铁矿石楼一矿带的开采技术条件，在开采前，通过采取预先切顶，对顶板采用短锚杆、长锚索联合支护等一系列适用于岩溶地层的地压复合控制技术，确保小矿房开采过程中的顶板稳定性；在开采过程中，采用小矿房开采，减少采场空顶面积；嗣后对矿房进行胶结充填。在充填结束后，进行高压注浆，确保充填接顶率，控制采场顶板下沉变形。在矿房回采完毕后，通过建立矿柱回采工艺体系，进一步提高矿产资源利用率。采场生产能力达到了550 t/d，一矿带整体回收率达到了83%以上，真正实现了绿色无废高效开采。

3　结　语

随着金属矿山逐渐深部发展及复杂条件下(大水矿床、建筑物下、铁路公路下、水体下以及城市边缘、风景区内)发展，对开采技术提出了更高的要求，为绿色开采技术在矿山开采中的应用提供了条件。基于绿色开采理念，针对不同类型的矿山，对保水开采技术、无沉降充填开采技术进行了研究，并研制了适合2种进料方式的地表充填站和大产能充填系统，取得了较好的效果，具有较大的推广应用价值。

参　考　文　献

[1]　许家林，钱鸣高.绿色开采的理论与技术框架[J].科技导报，2007，25(7)：61-65.

[2]　张传信.空场嗣后充填采矿方法在黑色金属矿山的应用前景[J].金属矿山，2009(11)：257-260.

[3]　张传信，徐光基.淮河阶地区下铁矿床无沉降开采关键技术的研究[M]//王运敏.2014中国矿业科技文汇.北京：冶金工业出版社，2014：52-55.

[4]　刘培正，孙向远，周伟等.强富水灰岩区下矿体绿色开采理念与实践[J].金属矿山，2014(12)：45-48.

(收稿日期　2015-05-26)

无底柱分段崩落法无贫化放矿理论研究与探索

杨宫印[1]　陈玉明[2]
(1. 陕西铁路工程职业技术学院;2. 昆明理工大学)

摘　要　自20世纪60年代无底柱分段崩落采矿法引进以来,已得到广泛应用。与其它采矿方法相比,该法具有机械化程度高、安全性好及采矿成本低等特点。但是,受松散覆岩下放矿条件的影响,其矿石损失贫化率较高,在开采过程中造成了大量矿产资源的浪费。通过对崩落矿岩的流动特性及移动规律的研究,进一步探索了无贫化放矿机理,为该法能在实际中更好的应用,提供了一定的理论基础。

关键词　无底柱分段崩落法　松散覆岩　损失贫化率　放矿

矿产资源是人类赖以生存、国民经济建设与社会发展的物质基础。改革开放以来,基于我国基本国情,其产业模式多为粗放式发展,在经济快速发展的同时也给矿产资源开发利用带来了严重破坏。近年来,随着我国经济模式的转型及社会各界的高度关注,共同呼吁走"保护资源、珍惜资源、合理利用资源"的资源开发道路。这给我们矿业工作者提出了全新挑战。怎么才能高效、安全、合理开发利用资源成为了矿业生产首要的研究课题。

统计表明,一般我国崩落法采矿的贫化率为25%~35%,与国外类似的矿山相比,普通高10%~15%[1]。无贫化放矿理论及研究给国内采矿工作者指明了方向,认为放矿体矿岩界面到达出矿口时,立即停止放矿,就能保证矿岩界面不会发生破坏,从而防止矿石与岩石的混合,实现放出矿石无贫化的目标。

1　放矿理论研究、分析

放矿理论是工业技术领域研究废石下崩落矿石移动规律的一门学科[2]。通常把放矿崩落体抽象为连续流动介质,认为散体颗粒所处位置的连续性函数均与其密度、黏度及所受力等都有关联,并建立相应的相似模型[3]。目前主要建立了3种理论体系:①椭球体放矿理论,是在实验的基础上,认为松动体、移动体及放出体形状都为椭球体,形成了研究最广、最深入的放矿理论;②类椭球体放矿理论,是建立在椭球体放矿理论的基础上,认为放出体表面方程遵守椭球体方程,且能适应放出体形态的变化,更真实的反映放矿椭球的运动状态;③随机介质放矿理论,认为松散体介质运动过程是随机过程,可用概率论的方法研究。其中,椭球体放矿理论占主导地位。

端部放矿椭球体放矿理论是无底柱分段崩落采矿法放矿的理论基础,通过对散体颗粒材料动力学特征的研究,认为颗粒材料的重力流动规律主要受两个因素的影响,即材料的特征长度和边界条件[4-5]。同时也认为颗粒在空间的分布和运动具有规律性和连续性,均可用连续函数表示。

2　无底柱分段崩落法贫化原因分析

导致无底柱分段崩落采矿法产生贫化的因素很多,其中采场结构参数、放矿方式及放矿管理是主要的3个因素。对于特定的放矿参数,合理的放矿方案是提高资源利用率及矿山效益的重要手段。目前,该法主要有截止品位放矿、低贫化放矿和无贫化放矿3种放矿方案。

在崩落采矿法放矿过程中,除放矿放出体形态外,其放矿残留体形态主要受放矿方案的影响。放矿残留体主要由端部、脊部和靠壁残留3个部分组成,如图1。

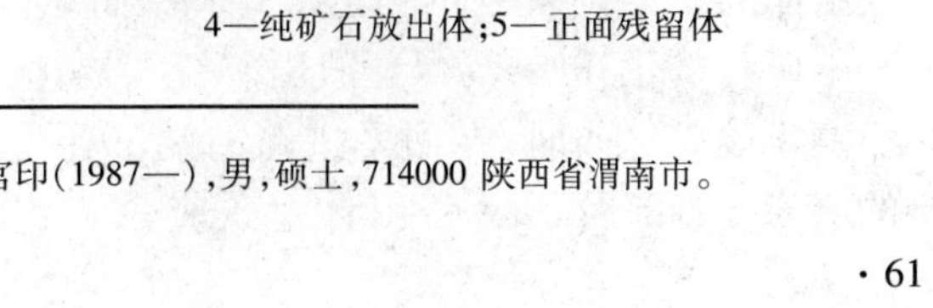

图1　端部矿石残留体形式

1—上分段脊部残留体;2—靠壁残留体;3—正面废石;4—纯矿石放出体;5—正面残留体

杨宫印(1987—),男,硕士,714000 陕西省渭南市。

矿石贫化主要是在放矿过程中产生，当矿石与废石接触面在崩落体中发生位移、破坏时，会致使上部和端部围岩混入矿石放出体内，进而一起被放出，造成收回的矿石贫化，如图2所示。

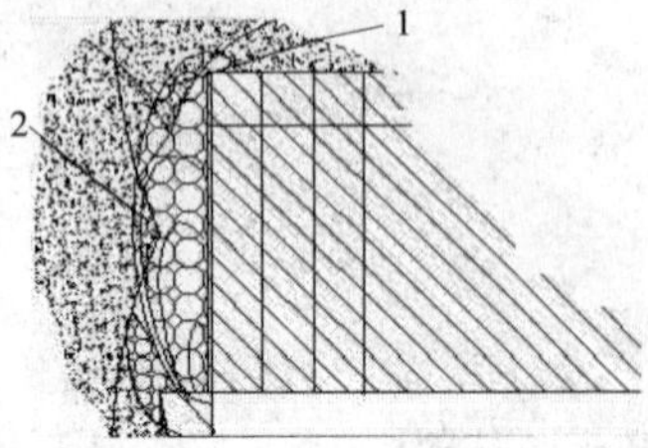

图2　废石混入形式

1—上部废石混入；2—端部废石混入

国内普通采用截止品位放矿，其特点主要有以下几点：①放矿工艺简单，易于管理；②把每一步距作放矿作为独立单元，认为矿石回收只能是一次性的；③忽略了整个采场内部相邻进路、上下分段之间的联系。整个放矿过程中，虽然在每一放矿单元其放矿指标都能达到最优，且管理方便、生产效率高。但从系统学角度分析，正是这种在局部过程追求效益最大化的特点，最终造成了整个矿床的回采贫化率、损失率较高。这不仅浪费了有限的矿产资源，同时也增加了其它生产环节工作强度，严重损害了企业的总体生产效益。

3　无贫化放矿理论研究

“无贫化”放矿是指通过控制放矿过程和精细化管理来实现放出矿石不产生贫化的一种放矿方式。随着该法的不断发展，为解决崩落法放矿贫化严重的问题提供了一种可靠的理论基础，受到了业界的高度关注。相对其它放矿方式而言，它从系统学的角度入手，综合考虑了采场内部的关联性，认为在保证放矿无贫化的前提下，崩落场内的残留矿石可以被重复回收，且能整体提高矿石的各项回收指标。大量实验研究表明，“无贫化”放矿过程中放出体内部形成的靠壁残留体是实现无贫放矿的重要保证[6]。

无底柱分段崩落法具有各分段回采进路对称性好、采场规整的特点。在相邻2个进路放矿时，会在两者之间的上分段形成脊部矿石残留体，使得下一分段崩落矿石堆体高度比分段高度大很多，相对而言每单元的崩矿步距较小，根据散体移动规律，这将导致放出体的正面围岩较早到达放矿口。此时，标志着放出矿石贫化开始，为保证放出矿石无贫化，必须立即停止放矿。同时，在回采进路的端部便形成了新的脊部、端部及靠壁残留体[7]。应该指出的是：无贫化放矿崩落体内部的残留体要比截止品位放矿方式下产生的残留体的厚大很多。显然，这时结束放矿工作，会带来大量的矿产资源浪费。但是，如果系统考虑整个放矿过程，这些厚大的矿石残留体反而给自身二次回收创造了良好的条件，从而保障了较高的整体矿石回收率。实践表明，以上几种残留体通过“无贫化放矿管理”方式，是可以二次高指标回收的。

（1）脊部残留回收：在垂直回采进路方向，由于脊部残留形态本身就为类椭球体、与椭球体放矿理论中的放出体形态完全吻合。采用水平落矿时，其矿石与围岩的接触面不会发破坏，内部不会产生废石隔层，且与下一分段崩落矿石在空间上组合成一个类椭球崩落矿体，使下一分段保有的矿石量增大。显然，其会随着下分段的崩落体达到放出口，从而被二次回收，同时也增加该步距纯矿石的相对回收量，如图3。

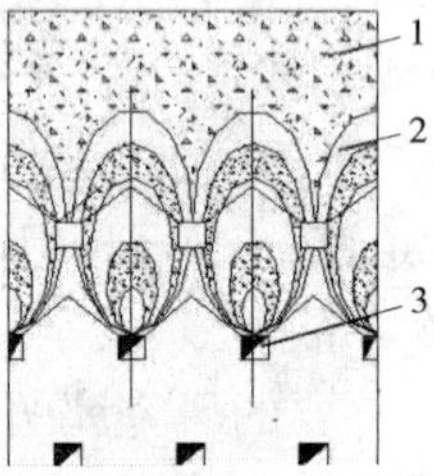

图3　脊部残留回收过程

1—覆岩；2—放出体；3—回采进路

（2）靠壁残留回收：在沿回采进路方向，当当次步距崩落矿石以后，与前一步距放矿后形成的靠壁残留体组合，同样增加了放出体的空间形态，且在形态上能与放出椭球体能较好吻合。对于当次崩矿量来说，整体上增大该步距纯矿石的总放矿量。体现了无贫放矿方式“前面留、后面收”的特点，这是最具代表性的矿石残留二次回收类型，如图4。

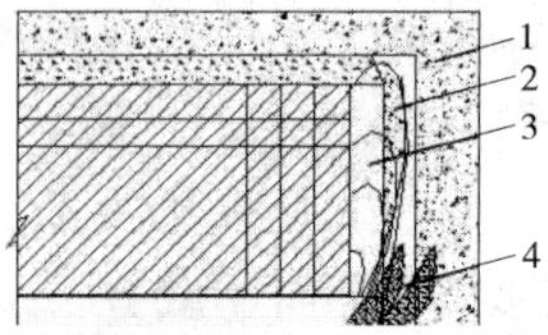

图4　靠壁残留回收过程

1—正面废石；2—靠壁残留；3—放出体；4—正面残留

（3）正面残留回收：在回采进路的端部，由于放矿方式的不同，无贫化放矿在端部形成的端部残留体在形态和结构上与截止品位都有着明显的区别，如图5。

因为无贫化放矿过程没有产生矿岩混合，即每

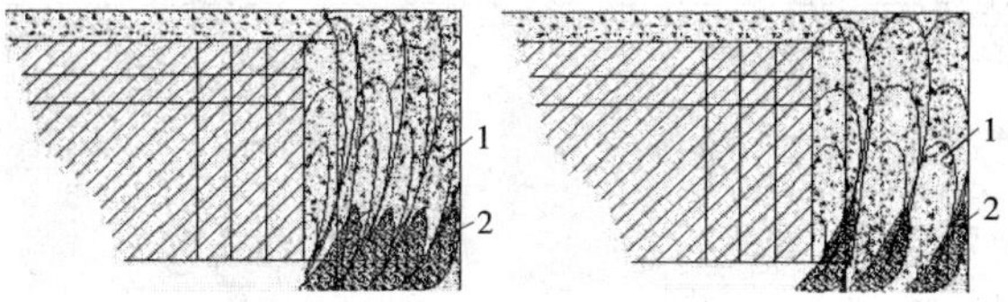

图5　正面矿石残留回收

1—上部覆岩;2—正面残留体

当废石出现时,就立即停止放矿。其每一步距的端部残留体是紧紧相连,之间没有废石隔层。其空间位置正好处于下部放出体的正上部,具备了优越的回收条件,所以能以较高回收率在下分段进行二次回收。

总之:无贫化放矿方式为保证放出矿石不出现贫化现象,在进行第一分段回采工作时,在采场崩落体残留了大量的矿石,使得该分段的矿石回收率较低。但是从整个矿床的回收来系统考虑,只要能控制好放矿过程,其各种形式的矿石残留可以下一步距或下一分段得到充分回收。这样不但可以保证整个矿床的矿石回收率,同时还可以实现矿石"无贫化"。

4　结　论

(1)无贫化放矿综合考虑了整个放矿过程,强调了放矿过程的系统性,不计较某一放矿单元的得失,而是注重整个过程完成后矿石的回采指标及能达到的经济效益。

(2)无贫化放矿能充分利用崩落采矿法采场结构对称性好、规律性强的特点,这是实现无贫化的先决条件。

(3)无贫化放矿过程中,当其停止放矿时,整个矿岩界面几乎没有发生破裂。这是与其它放矿方式相比最大的特点,也是无贫化放矿的关键之区,保障了每单元放矿能实现无贫化。

(4)由于无化放矿特点,即出现废石,就立即停止出矿,所以在崩落体内残留了大量了矿石。但是,对于下一分段或是下一步距而言,其当次的崩落体与前者结合,形成了一个较大的放矿崩落体,且其形态与放矿椭球体相类似。这样不但可以保证当次放矿矿石能被较高回收率回收,而且给残留矿石二次回收供了保障。

(5)采用崩落采矿方法时,除最后一个回采分段外,其它矿石回收单元均可采用无贫化放矿方式。因为在最后一个回采分段,残留矿石就失去二次回采的机会,所以为了最大可能的回收矿石,必须采用合理的截止品位来进行矿管理。

(6)经研究分析,无贫化放矿方式在理论上是可行的,这便给矿山提高矿产资源利用率、增加生产效益提供了新的思路。

参　考　文　献

[1]　乔登攀,汪　亮,张宗生.无底柱分段崩落法采场结构参数确定方法研究[J].采矿技术,2006,6(3):233-236.

[2]　乔登攀.放矿理论研究与应用[M].昆明:云南科技出版社,2006:1-2.

[3]　董振民.加大进路间距降低采矿成本[J].冶金矿山设计与建设,1999(3):12-14.

[4]　Goodman M A, Cowin S C. Two problems in the gravity flow of granular materials[J]. I Fluid Mech, 1971,45:321-339.

[5]　Goodman M A, Cowin S C. Continuum theory for granular materials[J]. Arch Rational Mech,1971,44:249-266.

[6]　杨宫印.红河矿业马鞍2#矿体厚大部分崩落法低贫损放矿研究[D].昆明:昆明理工大学,2011.

[7]　张志贵,刘兴国,于国立.无底柱分段崩落法无贫化放矿[M].沈阳:东北大学出版社,2007.

(收稿日期　2015-05-26)

急倾斜中厚矿体无矿柱连续开采技术研究

林东跃　程国江
（中国黄金集团公司）

摘　要　河北某金矿过去一直采用浅孔留矿法开采。随着生产向深部延伸，矿体开采条件与上部发生了较大变化，原采矿方法在安全高效方面已越来越不适应矿体的变化。为保证深部矿体开采的安全合理性，尽可能减少资源损失，选择一个盘区开展上向水平分层全尾砂胶结充填采矿法试验研究，有效地解决了生产能力、贫损指标以及尾矿处置的矛盾，实现了急倾斜中厚矿体无矿柱连续开采。试验取得采场稳产100 t/d、损失率为1%、贫化率为1%的良好效果。研究结果可以为类似矿山安全高效低成本开采提供借鉴。

关键词　急倾斜中厚矿体　连续开采　充填采矿法　采矿工艺

河北某金矿是采选冶联合企业，目前采选规模为500 t/d，主要由101采区、116采区及120采区组成，其中101采区担负矿山80%以上的采矿生产任务。3个采区的矿石通过地表汽车运输至选厂集中选矿，选矿采用全浮选+混精氰化+浸渣分离浮选联合流程，然后进行冶炼。浮选后的尾砂过滤后由皮带运输机排至尾砂库干堆，尾砂库位于选厂北部的山涧。101采区为平硐+竖井+斜井联合开拓，原采矿生产能力为200 t/d，采矿方法以浅孔留矿法为主。经深部竖井改扩建完成后，101采区的竖井提升能力可达500 t/d以上。但由于101采区深部矿体赋存条件、矿岩力学性质、稳固程度及矿石品位等矿体开采条件与上部发生了较大变化，原采矿方法已越来越不适应矿体的变化，同时因矿山规模增大带来尾矿处置的环保压力日趋加大。为此亟待研发机械化程度高、技经指标先进的开采新工艺，以满足矿山日益增长的生产能力要求，提高矿山的综合经济效益。

1　矿体赋存和开采技术条件

101采区矿体赋存于构造蚀变破碎带中，矿岩界线不明显。矿体走向长约315 m，连续性较好，矿体走向约180°、倾角73°。矿体岩性为绿泥石化硅化岩，中等硬度，较稳固，但局部节理裂隙发育，有冒落现象。下盘围岩为硬度较高的黑云斜长片麻岩，稳固。上盘围岩为硬度较高的钾化黑云斜长片麻岩，由于局部有糜棱岩化和高岭土化，属于中等稳固至不稳固。

101采区中段设计高度为40 m，即将承担主要生产任务的是220、180 m中段。矿体平均厚度6.90 m，最大厚度10 m以上，平均品位6.20 g/t，属于典型的急倾斜中厚矿体。矿体在180 m中段与220 m中段之间的产状变化较小，持续性和完整性较好，无明显的分枝复合现象，但矿化不均。矿体密度2.85 t/m^3，围岩密度2.65 t/m^3，矿岩松散系数1.54。矿岩无自燃现象，矿石无结块现象。

2　采矿方法初选

影响采矿方法选择的因素有矿床地质条件与技术经济因素，其中技术方面受制于矿体的赋存条件和安全要求，而经济方面则取决于开采成本和开采能力[1-3]。根据该矿的矿床地质条件和开采技术条件，结合所选采矿方法的特点，初步选择上向水平分层充填采矿法、留矿法嗣后充填与上向分层充填联合采矿法、分段中深孔凿岩阶段空场嗣后充填采矿法等3种采矿方法作为可采用的采矿法，进行方案设计和技术经济比较，以便确定最优的采矿方法。

对上述3种初选采矿方法进行方案设计，合理选取各采矿方法的主要技术经济指标，客观地评价优缺点，在此基础上进行了比较，其结果如表1所示。

从上述分析看，3个方案各有优缺点，从单因素分析和简单的技术经济比较难以确定合理的开采方案。为了确定最终合理的开采方案，下一步采用模糊数学方法将定性指标和定量指标统一进行多因素的模糊数学综合比较。

林东跃（1963—）男，高级工程师。100011 北京东城区安外大街9号中国黄金。

表 1　初选采矿方案主要技术经济指标与优缺点

方案		生产能力/(t/d)	采准切割比/(m/kt)	矿石损失率/%	矿石贫化率/%	采切、回采、充填直接成本/(元/t)
1	指标数	200	10.06	5～8	5～8	58
	相对排序	3	1	1	1	1
2	指标数	250	11.44	12	6	62
	相对排序	2	3	2	2	2
3	指标数	300	16.95	12	6	65
	相对排序	1	2	2	2	3

注 1:方案 1 为上向水平分层充填采矿法,优点:①适应矿体形态变化的能力强,灵活性大,②矿石损失贫化小,③采切工程相对简单,采切工程量小;④可分采;缺点:①采场暴露面积较大;安全性相对较差;②生产能力相对较小;③采充之间相互影响制约,生产管理相对复杂。

注 2:方案 2 为留矿法与上向分层充填联合采矿法,优点:①适应矿体形态变化的能力较强,灵活性较大,②矿石损失、贫化小,③采准切割工程相对较简单,采切工程量较小;④便于生产管理;缺点:①第一步骤采场暴露面积较大;安全性相对较差;②生产能力相对较小;③放矿控制要求严;④矿体厚度小于 8 m 时不宜采用,应用条件受到限制。

注 3:方案 3 为分段中深孔阶段空场嗣后充填与上向分层充填联合采矿法,优点:①避免了在较大暴露面积下作业,安全性相对好;②大部分采场矿量在第一步骤回采,生产管理相对较简单;③采场生产能力相对较大;缺点:①第一步骤不能进行选别回采;②第一步骤难以控制矿体边界,为第二步骤开采带来难度;③开采损失、贫化相对较大;④采准切割工程相对复杂,采切工程量大;⑤矿体厚度小于 8 m 时不宜采用,应用条件受到限制。

3　采矿方法模糊综合评判

3.1　确定采矿方法选择的比较因素和指标

影响采矿方法选择的因素很多,考虑,按照劳动生产率、经济、资源利用率、安全、合理程度等几个主要方面,可以选择如下因素进行比较:生产能力、采矿成本、千吨采准比、损失率、贫化率、安全状况、通风条件、劳动强度、工艺复杂程度、对矿体适应性。

3.2　确定各因素的权重值

由于各因素对采矿方法选择的重要程度是不相同的,并且因各矿条件不同各矿山间也有所差异,所以需根据矿山具体条件确定各因素的权重值。为减少专家评议法的主观影响,权重值采用层次分析法确定。

层次分析法的第一步首先是根据各因素的隶属关系建立层次结构模型,该模型结构如图 1 所示。

在每一分层对各因素采用表 2 所示的 1～9 标度方法两两比较,进行重要性评价,得出模糊判断矩阵。

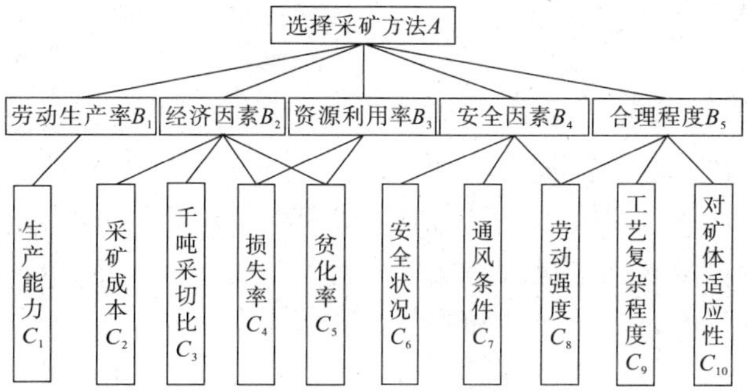

图 1　采矿方案选择层次结构模型

表 2　判断矩阵标度及其含义

标度	因　　素
1	表示 2 个元素相比,具有同样重要性
3	表示 2 个元素相比,1 个元素比另 1 个元素稍微重要。
5	表示 2 个元素相比,1 个元素比另 1 个元素明显重要。
7	表示 2 个元素相比,1 个元素比另 1 个元素强烈重要。
9	表示 2 个元素相比,1 个元素比另 1 个元素极端重要。

注:2、4、6、8 为上述相邻判断的中值。

(1)判断矩阵 $\boldsymbol{A}$-$\boldsymbol{B}$:

$$\begin{bmatrix} 1 & 1/3 & 1/3 & 1/5 & 5 \\ 3 & 1 & 7 & 1 & 5 \\ 3 & 1/7 & 1 & 1/5 & 1/3 \\ 5 & 1 & 5 & 1 & 3 \\ 1/5 & 1/5 & 3 & 1/3 & 1 \end{bmatrix}$$

(2)判断矩阵 $\boldsymbol{B}_1$-$\boldsymbol{C}$:

$$[1]$$

(3)判断矩阵 $\boldsymbol{B}_2$-$\boldsymbol{C}$:

$$\begin{bmatrix} 1 & 5 & 3 & 3 \\ 1/5 & 1 & 3 & 3 \\ 1/3 & 1/3 & 1 & 1 \\ 1/3 & 1/3 & 1 & 1 \end{bmatrix}$$

(4)判断矩阵 $\boldsymbol{B}_3$-$\boldsymbol{C}$:

$$\begin{bmatrix} 1 & 1 \\ 1 & 1 \end{bmatrix}$$

(5)判断矩阵 $\boldsymbol{B}_4$-$\boldsymbol{C}$:

$$\begin{bmatrix} 1 & 3 & 7 \\ 1/3 & 1 & 3 \\ 1/7 & 1/3 & 1 \end{bmatrix}$$

(6)判断矩阵 $\boldsymbol{B}_5$-$\boldsymbol{C}$:

$$\begin{bmatrix} 1 & 3 & 1/3 \\ 1/3 & 1 & 1/3 \\ 3 & 3 & 1 \end{bmatrix}$$

为了检验判断矩阵的相容性,T. L. Saaty 定义了一个不相容度:

$$CI = \frac{\lambda_{max} - n}{n - 1}. \tag{1}$$

当 CI≤0.1 时，认为判断矩阵的相容性好，否则就要对判断矩阵进行重新调整。由上式可见，为计算 CI，首先要求出矩阵的最大特征根。为简化计算，也可采用变通方法，即如果矩阵 $\boldsymbol{A}$ 满足 $a_{ij} \geqslant 1$、$a_{jk} \geqslant 1$、$a_{ik} \geqslant 1$，就认为矩阵的相容性好。

可见，上述各矩阵相容性好，则可用矩阵的最大特征根 λ_{max} 对应的向量 $\boldsymbol{\xi}$ 作为权重向量。采用变通算法时，用下式计算每层中各因素的权重值。

$$a_j^{'} = \sqrt[n]{\prod_{j=1}^{n} a_j}. \tag{2}$$

得出矩阵权重值并经归一化后为：

$$F = (0.098, 0.386, 0.075, 0.361, 0.080),$$

$$B_1 = (1.0), B_2 = (0.528, 0.236, 0.118, 0.118),$$

$$B_3 = (0.500, 0.500), B_4 = (0.669, 0.243, 0.088),$$

$$B_5 = (0.281, 0.135, 0.584).$$

则 B_1、B_2、B_3、B_4、B_5 对 C 层中各因素单值序值矩阵为

$$\begin{bmatrix} 1.0 & 0 & 0 & 0 & 0 & 0 & 0 & 0 & 0 & 0 \\ 0 & 0.528 & 0.236 & 0.118 & 0.118 & 0 & 0 & 0 & 0 & 0 \\ 0 & 0 & 0 & 0.500 & 0.500 & 0 & 0 & 0 & 0 & 0 \\ 0 & 0 & 0 & 0 & 0 & 0.669 & 0.243 & 0.088 & 0 & 0 \\ 0 & 0 & 0 & 0 & 0 & 0 & 0 & 0.281 & 0.135 & 0.584 \end{bmatrix}$$

所以，C_1、C_2、C_3、C_4、C_5、C_6、C_7、C_8、C_9、C_{10} 对目标层 A 的总排序权重值为

$$W = F \cdot B = (0.098, 0.204, 0.091, 0.083, 0.083, 0.242, 0.088, 0.054, 0.011, 0.046).$$

3.3　多目标模糊决策法优选采矿方法

由表 2 得各比较因素的指标如表 3 所示。指标范围值取其平均值。

在开始多目标模糊优选之前，需对各因素的指标进行无量纲化，以使各因素具有可比性。具体方法为：

对定量指标，r_{ij} 由下式确定：

$$r_{ij} = \begin{cases} 0.1 + \dfrac{f_{j\max} - f_{ij}}{d}, f_j \text{ 为负指标} \\ 0.1 + \dfrac{f_{ij} - f_{j\min}}{d}, f_j \text{ 为正指标} \end{cases}, \tag{3}$$

式中，$f_{j\max}$ 为 j 因素指标的最大值；$f_{j\min}$ 为 j 因素指标的最小值；d 为级差，$d = (f_{j\max} - f_{j\min})/(1-0.1)$；$f_{ij}$ 为 i 方案 j 因素的指标值。

表 3　各方案主要因素指标

方案	生产能力 /(t/d)	千吨采准比 /(m/kt)	采矿成本 /(元/t)	损失率 /%	贫化率 /%	安全状况	通风条件	劳动强度	工艺复杂程度	对矿体适应性
A_1	200	10.06	58	5～8	5～8	差	好	中	中	好
A_2	250	11.44	62	12	6	中	好	中	中	中
A_3	300	16.95	65	12	6	好	好	好	中	中

对定性指标采用等级评定法，按下列 9 级赋值标准给出评定值：

最差	很差	差		较差	中	较好	好	很好	最好
0	0.1	0.2	0.3	0.4	0.5	0.6	0.7	0.8 0.9	1.0

由此可得这 3 种采矿方案的评价模糊矩阵 $\boldsymbol{R}$ 为

$$\boldsymbol{R} = \begin{vmatrix} 0.1\ 0.55\ 1 \\ 1\ 0.82\ 0.1 \\ 1\ 0.4\ 0.1 \\ 1\ 0.1\ 0.1 \\ 0.1\ 1\ 1 \\ 0.45\ 0.55\ 0.75 \\ 0.75\ 0.75\ 0.75 \\ 0.55\ 0.55\ 0.75 \\ 0.55\ 0.55\ 0.55 \\ 0.75\ 0.55\ 0.55 \end{vmatrix}$$

运用加权平均模型对各方案进行评价，计算结果为

$$\boldsymbol{A} = \boldsymbol{W} \cdot \boldsymbol{R} = (0.641, 0.609, 0.538).$$

根据最大隶属原则，排定各方案的优劣次序，3 种采矿方法从优到劣的次序依次是：方案Ⅰ→方案Ⅱ→方案Ⅲ。因此，推荐采用方案Ⅰ：上向水平分层充填法作为 101 采区主体采矿方法。

4　采场结构参数优化研究[4-5]

按上向水平分层全尾砂胶结充填法无间柱连续开采技术特点，将 101 采区矿体沿走向每隔 60 m 布置为 1 个采场，采场之间不留间柱，正常采场不留顶底柱。采场结构参数优化后示意图详见图 2。

4.1　采准切割

在矿体下盘脉外每隔 10 m 高度设计沿矿体走向的分段平巷，分段平巷之间通过斜坡道连接，中段

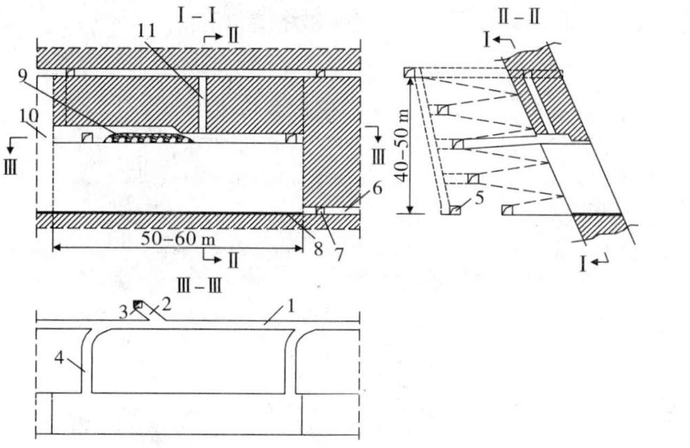

图2　向上水平分层充填采矿方法

1—分段平巷；2—溜井联络平巷；3—溜矿井；4—出矿联络巷；
5—中段运输平巷；6—拉底巷；7—穿脉；8—混凝土假底；
9—崩下矿石；10—充填体；11—通风充填天井

间仅设1条采准斜坡道。每个采场主要井巷工程：脉外矿石溜井1条，矿石溜井与分段平巷之间用溜井联络道连接；脉内充填通风天井1条；采场联络道2条，其距离采场端部约10～15 m。

在中段水平，从中段运输平巷开始每隔一定距离布置垂直矿体走向的穿脉巷穿透矿体，从采场一端的穿脉巷掘拉底平巷至采场另一端的穿脉巷。在拉底巷拉底至采场边界，拉底高度4～4.5 m，然后对其进行高灰砂比全尾砂胶结充填（配制钢筋金属网）形成人工假底层，在拉底层上再进行低灰砂比的充填，充填后保留2 m高的继续向上回采的作业空间。

4.2　回采工艺

回采用气腿式凿岩机或用天井立钻凿浅孔，2#岩石炸药药卷，分段微差爆破。采场爆破产生的污风经充填通风天井排出。出矿采用铲斗容积为1 m^3的JXCY-1电动铲运机。在出矿前，要预先处理顶板浮石。出矿作业时，铲运机通过分段平巷、采场联络道进入采场，从采场铲矿后退到分段平巷，再通过溜井联络道将矿石倒入溜矿井。

（1）拉底回采：在出矿中段水平，从采场穿脉巷道进入采场拉底层，以脉内沿脉探矿平巷为自由面进行扩帮拉底回采，拉底至矿体边界（高度2～2.5 m）。再以拉底层为作业空间向上回采，拉底回采矿石出净后，总拉底高度为4～4.5 m。然后在拉底水平浇灌人工假底并进行充填，充填后保留2 m高继续回采空间。

（2）分层回采：在充填体上2 m高的回采空间内进行采矿作业，分层回采高度为2～2.5 m，分层崩落矿石，出矿后采场的最大控顶高度为4～4.5 m。

5　采矿方法工业试验

5.1　充填系统方案

在矿区地表新建了充填站并形成相应的充填系统。根据矿区地表地形、矿区总图布置、井下工程与地表地形的对应关系以及充填工艺的要求等选择充填站位置，充填站位于地表2#竖井附近的东面山上，距离2#竖井的公路运输距离约1 km。从充填站打一钻孔至井下260 m中段水平，并在钻孔内架设充填管道，管道从充填站充填料浆出口通过钻孔→260 m中段运输巷→天井→下中段运输巷→采场充填天井→充填采场充填。充填用尾砂采用汽车运输干尾砂的方式，运输距离约6 km。

5.2　试验采场地点与布置

采场沿矿体走向方向布置，结合所采用的铲运机型号，拟定采场长度为60 m左右，将该地段中厚矿体共分为5个采场，采场编号由南往北依次为S-01、S-02、S-03、S-04、S-05采场。采场之间不留间柱，依次序或按一定步骤连续回采矿体。采场不留顶柱和底柱。

将S-01、S-02、S-03采场作为1个盘区，该盘区为采矿方法工业试验盘区，中间采场（S-02采场）超前10 m以上高度开采，以提高采场稳定性，增加开采安全性。

（1）凿岩爆破。采场回采自下而上采用水平分层进行，用气腿式凿岩机钻凿浅孔。凿岩时即可采用上向炮孔挑顶落矿，或采用水平孔压顶落矿。凿岩钻头直径ϕ32～38 mm，炮孔平行布置，孔距1～1.2 m，排距0.8～1 m，孔深2～2.5 m，矩形布孔或梅花形布孔均可。凿岩效率45～60 m/台班，回采炸药单耗0.45 kg/t。

（2）出矿。矿石采用电动铲运机前进式出矿。根据101采区采场生产能力要求、竖井所能下放设备尺寸的限制及采场结构参数等因素选择铲运机大小和型号，选择JXCY-0.75型电动铲运机，斗容为0.75 m^3，尾绳有效长度85 m，额定生产能力100～150 t/台班。

出矿前处理顶板松石，并向矿堆洒水降尘。铲运机从分段平巷通过采场联络道进入采场，在采场铲矿后通过采场联络道退回至分段平巷，再经由溜井联络道将矿石倒入溜矿井。大块在采场内破碎后铲出,在矿石溜井口还设置了格筛,筛网孔400 mm×400 mm。

(3)采场通风。采场通风路线:中段运输巷→斜坡道→分段平巷→采场联络道→采场→通风充填天井→上中段运输巷。按规程严格落实通风制度。

(4)采场充填。第一分层回采完毕并出矿后开始进行充填工作,充填前,将铲运机等设备移出采场,工人进入采场的联络道挑顶,使联络道底板与分层充填高度在同一高度位置,挑顶废石部分堆于采场联络道之下,多余部分推入采场与胶结充填料一起形成充填体,并用挡墙封闭所有出入采场的出入口。采场交替上升,正常情况下没有采场之间的充填挡墙,只有采场联络道处有时需要充填挡墙,在采场联络道处于上坡时需要充填挡墙,以联络道挑顶废石代替挡墙,在采场内侧铺上塑料布,以防漏浆。分层充填高度2~2.5 m,与分层回采高度相同。充填后的空顶高度为2~2.5 m。

充填完成后,待充填体养护3~7 d后可进行下一分层的回采、充填作业。但铲运机进入采场出矿时,充填体的养护强度能必须保证铲运机能在上行驶(充填体强度1 MPa以上)。为了消除或降低回采与充填之间相互影响和制约关系,可采用2个采场交替作业形式,即1个采场充填时,另1个采场回采,或采用盘区作业的生产组织方式,以提高生产效率。

6 结 论

针对河北某金矿101采区急倾斜中厚矿体开采,研究的"上向水平分层全尾砂胶结充填采矿法"有效地解决了生产能力、高贫损指标和尾矿处置的矛盾,实现了无矿柱高效连续开采。工业试验期间,采场生产能力稳定在100 t/d左右,损失率为1%,贫化率为1%,且具有良好的经济效益和环境效益。试验研究为其他矿山提供经验,可供类似条件矿山参考。

5.3 工业试验主要技术经济指标

工业试验主要技术经济指标如表4。

表4 主要技术经济指标

项 目	指 标
采场生产能力/(t/d)	100
采切比/(m/kt)	10
凿岩台效/(m/台班)	60
炸药单耗/(kg/t)	0.45
贫化率/%	1
损失率/%	1
铲运机出矿效率/(t/台班)	100~150
回采作业直接成本/(元/t)	34.12
充填作业直接成本/(元/t)	24
盘区生产能力/(t/d)	300

参 考 文 献

[1] 武宏岐,李瑞祥.中国岩金地采矿山采矿技术进展及研究方向[J].黄金,2010,31(10):27-31.

[2] 龙 涛.中国岩金地下开采采矿工艺的现状与发展方向[J].黄金,2013,34(1):38-40.

[3] 周宗红.夏甸金矿倾斜中厚矿体低贫损分段崩落法研究[D].沈阳:东北大学,2006.

[4] 于润沧.采矿工程师手册(下)[M].北京:冶金工业出版社,2009:1-56.

[5] 杨 鹏,蔡嗣经.高等硬岩采矿学[M].2版.北京:冶金工业出版社,2010:90-103.

(收稿日期 2015-05-26)

西石门铁矿残矿回收平底结构采矿技术应用

窦梅林[1]　孙丁丁[2]　刘德祥[3]
（五矿邯邢矿业有限公司西石门铁矿）

摘　要　西石门铁矿为接触交代矽卡岩型磁铁矿床，矿体背斜，轴部倾角平缓，两翼倾角一般 10°～30°，矿体厚度一般 1.2～30 m，平均厚度 15.13 m。西石门铁矿经过 30 a 的开采，由于矿体条件与民采破坏的原因，造成残留矿量较多，随着原生矿石资源的减少，目前残矿回采已成为矿山产量的主体组成部分。为避免矿石资源的损失，同时为了延长矿山的服务年限，西石门铁矿矿提出并实施平底结构采矿方案，将残留矿量与矽卡岩统筹考虑，作为大面积连续化低品位矿体开采；指导残矿回采设计与施工，进一步降低采矿成本与提高残矿回采率，有效地回收残矿资源，提高残矿回采的经济效益，实现了“四低一高”的开采目标。

关键词　残留矿量　平底结构　矿体开采　四低一高

1　残矿资源回收对矿山的意义

我国矿产开采在着浪费严重、资源利用的高投入低产出等问题。由于采选技术落后，历史上采富弃贫，采易弃难，矿产资源的采选回收率远低于国际水平，开采贫化率又远高于国际水平。

随着社会建设的发展，我国资源需求与供应的矛盾日益突出，我国是仅次于美国、俄罗斯的第三大矿产大国，现有的大中型矿山企业大多始建于上世纪 50—60 年代，经过长期的开采，矿山的资源储量急剧减少，后备资源虽然丰富，但人均矿产资源占有量少，居世界第 53 位[1]。我国矿产资源还存储量严重不足，很多矿山企业已经或即将进入衰老期。这些矿山的共同特点就是资源难以为继，开采难度加大，开采成本急剧升高，企业效益不断下滑，生产经营困难，这些特点决定了企业发展问题的特殊性。残矿回收作为正常回采的补充，也是对延长矿山的服务年限、提高矿山经济效益的一种有效手段。残矿回收对于资源的充分利用、延长矿山企业的服务年限等方面都具有重要的现实意义[2]。

2　西石门铁矿残矿产生的原因分析

西石门铁矿作为一个开采了 30 a 的老旧矿山，其残矿形成的原因是多方面的，总体上可以分为以下 4 种形式。

（1）采矿工艺损失。西石门铁矿原先采用的是有底柱分段崩落法，工艺本身就造成了矿石的损失贫化交大。同时西石门铁矿属于接触交代矽卡岩型磁铁矿床，由于其底部结构（电耙道）大部分布置在稳固性较差的矽卡岩内，导致耙道破坏，多数采场无法正常回采，形成矿石残留。此外，还有少部分由于顶板不稳而塌冒，导致矿石残留在采场内。西石门铁矿原有底柱分段崩落法采场主要分布在北区和南一区，因此，有底柱采场残留矿量也主要集中在这 2 个采区[3]。

（2）民采破坏。上世纪 90 年代，由于缺乏有效监管，西石门铁矿周边小矿点盗采猖獗，主矿体遭到极其严重的破坏。此类残留矿体主要是指经过民采矿点无序开采破坏的矿量，矿体内部含有大量复杂的情况不明的民采空区，矿体破碎，难以回收。

（3）边角矿体。此类矿体主要是指分布在采场边部或主矿体分支部位，厚度小于 8 m，不易机械化规模开采而未加开采的矿体。边角矿体主要以南区西翼矿体为主，矿体厚度不一，条件变化大[4]。

（4）生产勘探过程中新探矿体。有西石门铁矿的成因类型可知，其矿体难以控制，赋存状态极其复杂，在生产勘探过程中有时就会探到一些新增矿体，该部分矿体由于当时地质资料的缺失就形成了残留[4]。

3　西石门铁矿残矿资源分布介绍

据统计，西石门铁矿目前共有残留矿量约 824 万 t，其品位在 20%～35%。具体内容如表 1 所示。可见将残留矿量回采，将是对矿山资源的巨大补充。

窦梅林（1966—），男，总工程师，高级工程师，056303 河北省邯郸市武安市。

表1　南中北区残留矿量调查汇总(截止2014年年底)

采区	中段/m	部位	残留矿量/万t	平均品位/%	合计/万t
南一区	120	31′~36线尖部,29′~25线下盘侧,30′~31剖面4600线附近	300	30	470
	80	26′~29线矿体脊部,29′~30线上部,31~32线民采破坏区域,33~36线有底柱开采区域	170	26	
南二区	40	26′~28、29~29′线矿体脊部,26′~28线东翼,30′~35′线东翼	20	25	20
中区	120	4线脊部厚大处,5、8、10线附近西翼边角,6、7、9线在5450附近	10	27	23
	80	11~12线西翼边角,11~12线矿体西翼	8	28	
	0	14~22线	5	27	
北区	230	-13~-14A线	14	23	311
	190	-12~-15线215、200分层	87	25	
	160	-12~-15线185、175分层,-14~-15线160分层	73	29	
	120	-11~-17线145、133、126分层	88	24	
	80	-10~-12线民采及有底柱损失区域	49	25	
合计					824

由表1可知,残留矿量的总量是巨大的。自矿山采区调整后,南区80 m水平以上采场组成新的南一区,区内民采矿点破坏严重,正规采场也已回采结束,目前生产采场均为残采采场。南一区为浅部采区,调查统计的残采矿量主要集中在120 m中段,470万t的残留量预计可满足南一区10 a的产量需求;南二区调整后为南区80 m水平以下区域,目前区内回采中段下降至0 m中段,因此,残采主要集中在40 m中段;北区自2002年5月份开始进行残矿回收,残采范围包括160 m中段、120 m中段及80 m中段。

4　堑沟平底结构采矿方案研究及应用

为实现四低一高(低成本、低损失、低贫化、低事故隐患与高生产效率)的开采目标,采矿方法不仅需要适应矿体产状及其稳定性条件,而且需要随开采条件的变化而变化。目前西石门铁矿已经逐步进入深部开采,随着采深的增大,厚大矿体所剩无几,主采原生矿体变为缓倾斜与倾斜中厚矿体,其底板矽卡岩层极不稳固,顶板灰岩中等稳固,矿体中等稳固到稳固。一般情况下,靠近顶板的矿体品位较高、稳定性较好;靠近底板矽卡岩的矿体品位较低、稳定性较差。目前生产中段的矿体普遍遭到小矿点的严重破坏,成为残缺破损矿体。现用无底柱分段崩落法开采,因矿体残缺破损,回采过程中切割工程与落矿炮孔都无法全部到位,导致爆破质量差,使得较稳固的顶板部位高品位矿石以及残柱矿石往往崩不下来,造成悬顶与隔墙。此外,一些厚度较小的原生矿体采场,顶板围岩常常不能随采随冒,致使矿石崩入空场内放不出来。在这些情况下,无底柱分段崩落法端部出矿的采场结构很不适应,不仅落入空场的矿量放不出来,而且布置在矽卡岩层里的进路也难于维护,导致生产可靠性差与矿石损失大。结合矿山生产经验,西石门铁矿试用了堑沟平底出矿的采矿方案,作为无底柱分段崩落法的补充。

4.1　双堑沟平底结构采矿方案

西石门铁矿在多年的残采实践中,结合矿体条件改进回采方案,逐步形成了双堑沟平底结构的采矿方案。这种采矿方案是在无底柱分段崩落法的基础上,将3条进路划归为1个回采单元,从中间进路向两边进路打出矿横穿,构成双堑沟落矿、平底出矿的底部结构(图1(a))。回采时两边堑沟与无底柱分段崩落法的进路一样,逐排炮孔爆破退采,出矿到铲运机司机不进空场不能再出的程度,而崩入空场的矿石和悬顶后冒落的矿石,从出矿横穿放出。2条堑沟同时回采,形成的连续采空区的跨度,超过悬顶矿石与顶板围岩的临界冒落跨度,使顶板围岩随矿石的冒落而自然冒落,形成覆盖层。从出矿横穿放出的矿石达到截止品位后即停止出矿,按无底柱分段崩落法进路退采方式逐排崩落出矿巷道,回收脊部残留体(如图1(b))。

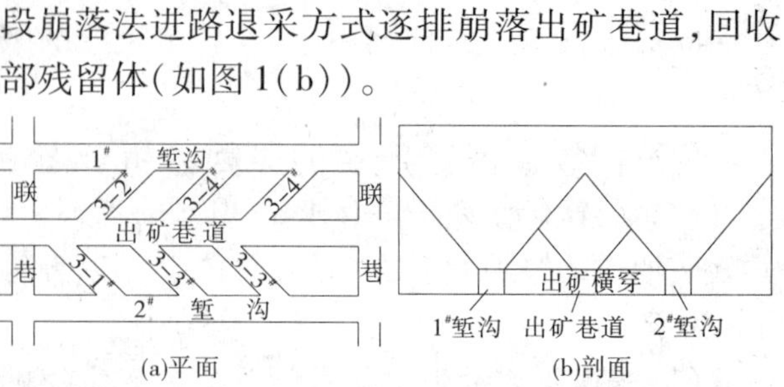

(a)平面　(b)剖面

图1　双堑沟斜横穿平底结构采矿方案

在图1所示方案中,出矿横穿与出矿巷道的交角一般可取45°~60°,为保障铲运机出矿的顺利进行，出矿横穿的长度不宜过小，采用斗容 2.0 m^3 铲运机出矿时，出矿横穿的长度不宜小于 11 m，据此计算，堑沟巷道与出矿巷道的间距取为 12～15 m 为宜。

图 1 回采方案的主要优点是，2 条堑沟可以独立回采，从而能够缩短采场落矿时间，有利于减小软弱岩层炮孔的变形破坏，容易保证落矿质量；主要缺点是落矿堑沟的间距大，两者之间矿石的爆破质量不容易保证，在出矿巷道顶部容易形成支撑矿柱，使出矿巷道承受较大的压力，极易遭受地压破坏。为此，出矿巷道需布置在稳定性较好的底板基岩里，同时，两条堑沟的高差不能过大，矿体底板倾角以小于 10°为宜。

此外，双侧堑沟平底结构中，当堑沟在覆盖层下回采时，出矿横穿几乎不起作用；在空场下出矿时，斜横穿出矿的出矿口间距大，造成出矿口之间的脊部残留量大。因此，为保证回采率，矿体适宜厚度为 25 m 以上。

当矿体厚度小于 25 m、倾角小于 10°、单个堑沟回采的空区跨度即可诱导顶板围岩自然冒落时，可采用图 2 所示的串联堑沟的平底结构。

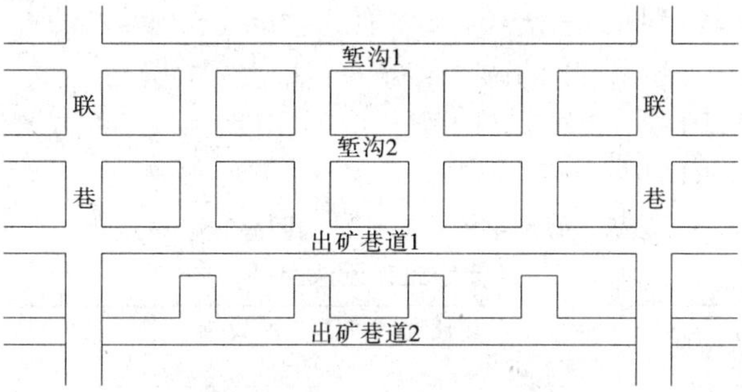

图 2　串联堑沟平底出矿采矿法

在图 2 中，当堑沟巷道 1 回采时，崩入空场的矿石由出矿横穿铲装，经出矿巷道 1 运出；在堑沟 1 出矿结束后，堑沟巷道 2 凿岩，同时将出矿巷道 2 与出矿巷道 1 贯通。在堑沟 2 回采时，从出矿巷道 2 出矿，同时掘进出矿巷道 3。这样逐条堑沟投入回采，每回采 1 条堑沟巷道，就有 1 条出矿巷道变成堑沟巷道，随之新准备 1 出矿巷道。在正常回采时，每条巷道都有出矿与落矿的功能，先作为出矿巷道，后作为堑沟巷道。

为便于出矿横穿出矿，图 2 底部结构也要求矿体倾角以不大于 10°为宜。

图 2 结构的优点是出矿横穿的长度大，便于铲运机出矿。此外，出矿横穿与出矿巷道呈直角联接，由此减小了出矿口间距，底板脊部残留少。缺点是采场出矿不连续，且采准巷道存留时间较长，不利于地压管理。

为使采场出矿连续进行，同时使出矿横穿保持便于铲装矿石的长度，可将图 1 与图 2 有机结合，试验图 3 所示的采场结构，即采用直角联接的出矿横穿，铲运机抬起铲斗到达出矿口后，先在出矿横穿倒车，调直车身放下铲斗，再铲装与运走矿石。

在图 3 结构中，在出矿横穿与出矿巷道的联接处，需在溜井侧作半径 3 m 的抹角，以便于铲运机的运行，在顶板暴露面积较大的十字口部位，为保障稳定性，需作支护处理。在图 3 采场结构中，堑沟与出矿巷道的间距可比图 1 的略小，但为保障巷道的稳定性，也不宜过小，取 12 m 比较适宜。

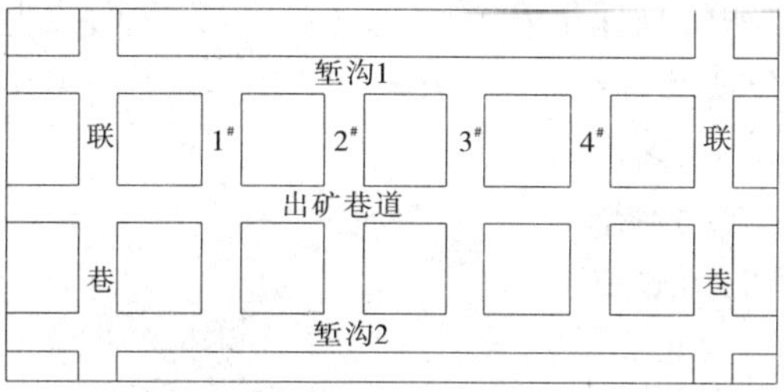

图 3　双堑沟平底结构

4.2　单堑沟平底结构采矿法

西石门铁矿目前生产水平之下的矿体，厚度普遍变小，而且绝大部分倾角大于 10°，此时宜采用单堑沟平底结构回采，回采方案如图 4 所示。

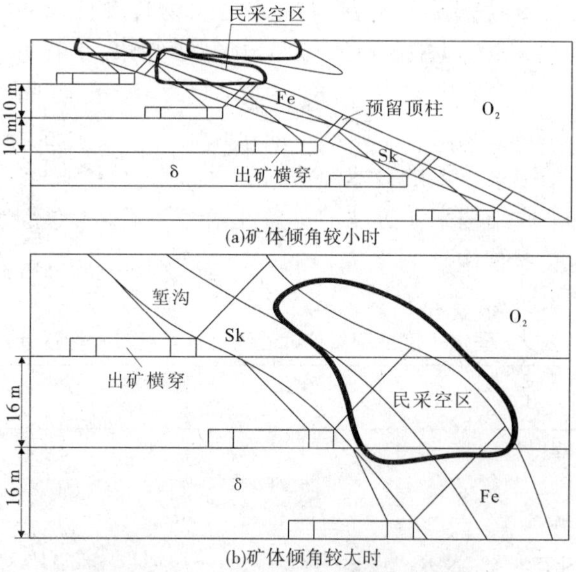

图 4　单堑沟平底结构采矿方案

当矿体倾角较小时，留下厚度 2m 矿柱形成空场出矿条件(图 4(a))；当矿体倾角较大时，采用堑沟崩落法回采。当某段堑沟落矿后悬顶矿石冒不下来时，照常回采下一分段的堑沟，利用多分段回采的空间诱导顶部矿石自然冒落。冒落的矿石从出矿横穿放出，对于每一分段的出矿横穿，没矿时等待冒落，有矿时随时放出。

当矿体倾角较小时，分段高度可取为 8 ~ 10 m；当矿体倾角较大时，分段高度可取为 12 ~ 16 m。不同分段高度的沿脉联巷用小斜坡道联接[5]。

针对西石门铁矿各类型残矿形态，利用平底堑沟结构开采技术，根据不同残留矿体产状设计了单堑沟、双堑沟或串联堑沟底部结构方案，可依据残矿地质赋存条件灵活选择，将残留矿体与下盘矽卡岩作为连续矿体考虑，将堑沟底部结构布置在矿体下盘较稳固的闪长岩中，作业人员与破碎矿岩隔离，可保证安全，制定了垂直多分段和平面多出矿口协同出矿策略，确保上盘矿石充分冒落，充分回收上盘较高品位矿石，降低了矿石的损失，提高了采出矿石的整体品位。

5 效益分析

5.1 生产效益

堑沟底部结构采矿方案取得的生产效益可分为 2 种：一种是节约工程及采矿矿费用取得的直接效益，另一种是多回采其他方法无法回采的矿石取得的收益。

平底结构采矿方案自 2012 年开始实施，采用堑沟式平底底部结构高效开采技术，截止到 2014 年底在西石门铁矿各采区包括试验采场共设计布置了 65 个采场，其中已有 35 个采场回采结束，正在回采的 23 个，共采出矿石 200.83 万 t，平均品位 24.66%，其余 7 个采场目前正在施工采准工程。已回采结束采场的技术经济指标可作为西石门铁矿堑沟平底结构采矿方法的参考技术经济指标。统计堑沟底部结构已回采完毕的采场的技术指标如表 2、表 3 所示。

表 2 堑沟平底底部结构试验采场技术经济指标统计

采区	采出矿石 /万 t	采出品位 /%	采准工程量 /m	采准系数 /(m/kt)
南一采区	31.43	24.31	2 890	9.2
南二采区	32.29	25.74	4 082	12.64
中一采区	20.38	22.72	2 646	12.98
中二采区	15.93	28.97	1 848	11.6
北采区	38.3	24.15	3 820	9.9
合计	138.33	24.91	15 286	11.05

西石门铁矿堑沟底部结构诱导冒落法各项指标：采准系数 11.05 m/kt，炸药单耗 0.49 kg/t，单位炮孔崩矿量 5.5 t/m，贫化率为 26.07%，回采率 90.19%。残矿回收各项指标见表 4 所示。

表 3 堑沟平底底部结构试验采场采矿指标统计

采区	炸药单耗/(kg/t)	单位炮孔崩矿量/(t/m)
南一采区	0.46	5.8
南二采区	0.52	5.2
中一采区	0.44	5.7
中二采区	0.51	5.3
北采区	0.52	5.5
平均	0.49	5.5

表 4 2009—2011 年西石门铁矿残矿回收情况

时间	采准系数 /(m/kt)	贫化率 /%	损失率 /%	炸药单耗 /(kg/t)
2009	15.3	30.63	24.74	0.56
2010	14.9	28.44	23.72	0.58
2011	15.8	30.22	24.04	0.55

由于残矿形态的复杂性，对于有底柱采场底部、民采松散残矿下部以及倾角较大矿体边部等部位的残矿，若采用传统的无底柱分段崩落法进行残矿回收，要么经济不合理，要么采准工程都无法布置，难以进行开采。在这种情况下，采用堑沟式底部结构进行开采，则能够取得很好的效果。该类型的残采采场已回采完毕的采场有 14 个，正在回采的有 8 个。多采出的矿石分布如表 5 所示，共计 78.91 万 t，约占已回采矿量的 40%，矿石平均品位 23.81%。

表 5 堑沟平底式底部结构回采残矿量统计
（传统工艺无法回采）

采区	已回采完采场数 /个	正在回采采场数 /个	采出矿石 /万 t	采出品位 /%
南一采区	6	4	31.9	24.67
南二采区	0	0	0	
中一采区	5	4	27.51	22.98
中二采区	0	0	0	
北采区	3	0	19.5	23.59
合计	14	8	78.91	23.81

5.2 安全效益

西石门铁矿进行残采已有 30 a 时间，残矿回采的安全性一直困扰矿山残矿生产。1990—2011 年矿山残采采场共发生安全事故 29 起，共造成 30 人次伤亡，年均事故 1.432 起，年均伤亡人数 1.36 人。采用堑沟底部结构采矿方案后残采采场连续 3 a 未发生一起人员伤亡事故，矿山安全形势发生质的转变。

（下转第 75 页）

某露天矿危害边坡下采矿方案研究

何　伟[1,2,3]

(1. 中钢集团马鞍山矿山研究院有限公司;2. 金属矿山安全与健康国家重点实验室;
3. 华唯金属矿产资源高效循环利用国家工程研究中心有限公司)

摘　要　边坡是影响露天矿安全开采的重要工程因素。结合某露天矿开采现状,运用简化 Bishop 法分析边坡稳定性,得出其稳定性为一般,在此基础上对边坡进行治理,并提出边坡下的开采设计方案,兼顾了矿石安全开采和经济效益,取得了较好的效果。

关键词　露天矿　边坡稳定性　开采

边坡是露天矿山三大控制性工程之一[1],与其他人为边坡有所不同,有其特殊性。露天矿境界边坡靠帮后,必须保证其稳定性,否则将会影响下部台阶开采的安全。边坡岩体的稳定性与矿山开采密切相关,随着开采的进程,也处于变化过程之中。露天矿边坡整治的目的是保证矿山在开采期限内,最大限度地安全采出保有矿石。露天矿边坡整治可分期进行,也可直接对边坡关键部位采取措施缓解边坡灾害。

1　矿山开采现状

某露天石灰石矿位于河北省承德市,开采范围为+400 ~ +600 m。矿山设计服务年限为 13 a,一年基建期,一年投产期,8 a 生产期和一年的衰减期,年生产矿石 200 万 t。

矿山经过多年开采,已由最初的山坡露天开采转变为凹陷露天开采,形成了一个达 68 056 m^3 的采坑。最低开采标高已至+453 m。原矿权范围东侧、南侧、北侧已经开采到界,西侧也即将开采到界。

由于矿山一直未按照设计 10 m 台阶开采,导致整个矿区尚未有清扫平台、安全平台。除南侧外,采坑四周均存在高架头,局部边坡高度达到 46 m,给矿山的进一步开采造成了严重的安全隐患,局部地段出现了滑坡。

2　边坡稳定性分析

对现场详细踏勘,沿采坑四周高架头布置了 8 个深层位移监测孔。各监测点 2013 年每月位移及降雨量见表 1。

由表1可看出,滑坡体位移与大气降雨关系密切,大气降雨对边坡稳定影响较大。

表 1　2013 年危险边坡主要监测点位移及降雨量

月份	月降雨量/mm	主要监测点位移量/cm		
		2#	8#	6#
1	46.4	0	0	0
2	102.5	0	0	0
3	166.3	3.1	4.2	1
4	83.2	0	3.3	0
5	172.8	0	0	1.2
6	278.3	2.9	21.4	2.1
7	221.4	0	15.4	0
8	303.1	3.1	136.8	12.3
9	33.5	0	8.8	0
10	10.3	0	3.1	1.3
11	12	1	4.6	2.1
12	26	0	0	0
合计	1 455.8	10.1	197.6	20

综合边坡工程地质条件,选定计算分析剖面 *A*-*B*,采用极限平衡法中简化 Bishop 法分析边坡稳定性。计算岩体力学指标见表 2。

表 2　岩体力学指标

岩体	抗剪强度		容重/(kN/m^3)
	黏聚力/MPa	内摩擦角/(°)	
石灰岩	0.065	36.5	26.5
花岗斑岩	0.050	34.0	23.7

Bishop 法是圆弧形滑动面的普遍使用的稳定性计算方法,且满足所有条块力的平衡条件,当考虑地震和地下水作用时,其计算公式为:

$$F_s=\frac{\sum_{i=1}^{n}\frac{1}{m_{ai}}\{C_ib_i+[W_i-U_ib_i+(X_i-X_{i+1})]\tan\phi_i\}}{\sum_{i=1}^{n}(W_i\sin\alpha_i+K_{ci}\frac{e_i}{R})},$$

何　伟(1983—),男,工程师,243000,安徽省马鞍山市经济技术开发区西塘路 666 号。

$$m_{ai} = \cos\alpha_i + \frac{\tan\phi_i \sin\alpha_i}{F_s},$$

式中，C_i 为材料的有效凝聚力，N；b_i 为土条宽度，m；W_i 为条块自重，N；U_i 为作用于土条底边的孔隙水压力，N；i 为材料的内摩擦角，(°)；W_i 为土条重量，N；K_{ci} 为为水平地震作用力，N；R 为滑弧半径，m；e_i 为土条中心至滑动圆心的垂直距离，m；F_s 为安全系数；X_i 为切向条间力，N。

其他符号见图 1。

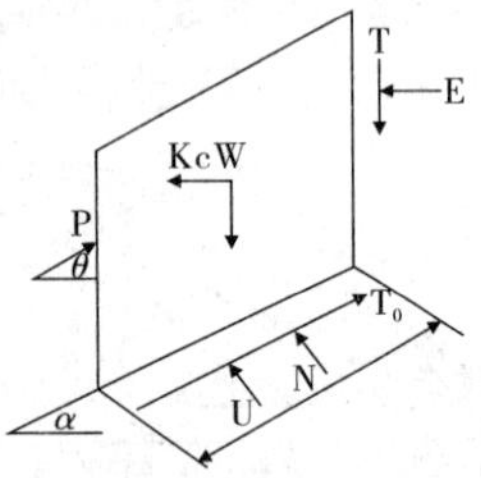

图 1　条块受力条件

上式中各条块间作用 X_i 是未知的，通过迭代可求出满足每一条块力平衡条件的安全系数 F_s。简化 Bishop 法与精确计算方法的计算结果很接近，简化的 Bishop 法是假定 $X_i=0$。简化 Bishop 法是计算圆弧型破坏最常用的方法，计算精度也较高[2]。

在充分考虑上述各项因素的基础上，参照国内外矿山边坡采用的稳定性系数，本次研究按工程的重要程度，综合确定边坡允许安全系数为 1.3。剖面 *A-B* 计算分析结果见表 3。

表 3　剖面 *A-B* 计算分析结果

剖面位置	计算条件	
	无震	有震
北部	1.439	1.354
南部	1.453	1.389

注：有震条件为抗震设防烈度为 7 度时对应的震动条件。

由表 3 可以看出，两剖面的总体边坡稳定性情况一般。为了确保边坡稳定，需进行加固处理。

3　边坡治理方法

为了在危害边坡下采矿，必须对边坡进行整治，确保下部采矿安全。露天矿边坡的破坏类型从形态上分为崩塌和滑坡。边坡治理方案有：

(1)边坡排水。地下水对边坡等岩体工程的影响已得到人们的充分认识，在增强边坡稳定性方面，排水降压比力学加固措施更具有针对性，且经济效益显著。

(2)挡土墙。挡土墙是指支承路基填土或山坡土体，防止填土或土体变形失稳的构造物。根据地质条件、边坡高度以及边坡工程安全等因素，可选择重力式挡土墙、悬臂式挡土墙、扶壁式挡土墙等。

(3)减载。它是减轻滑坡致滑段的滑体的超重部分，以减小滑体的下滑力，使滑坡趋于稳定[3]。

(4)坡率法。通过控制边坡的高度和坡度而无须对边坡进行整体加固使边坡达到自身稳定的方法，即削坡法[3]。

(5)注浆加固。注浆通过把浆液注入岩石的裂隙或土体的孔隙，待浆液凝固后，使岩层和土体的强度大大提高，并改变岩土的力学性状，从而增强岩土的稳定性。

(6)生态护坡。采用边坡植被保护采场边坡，以减轻边坡的不稳定性和雨水等对坡面的侵蚀破坏，即植被护坡。

4　开采方案及边坡整治

矿山总出入口位于矿区东南侧+480 m，采用固定坑线顺时针螺旋进入坑底。采坑除南侧外均有高陡边坡，且已基本到界。在南侧边坡尚存在大量压覆矿体。采坑上方运输公路环形布置，必须予以保留。采坑封闭圈为+480 m。在采坑东南侧已有天然水沟，方位为 130°。

鉴于以上矿山开采现状，拟在采坑东侧、西侧、北侧均留置 8 m 宽的清扫平台，在滑坡地段(+470 ~+450 m)的清扫平台外侧修建防护栏杆，布铁丝网。总出入口位置不变，利用已有运输公路布置，顺时针螺旋固定坑线进入坑底。运输路线为+480 m 总出入口→+470 m 平台→+450 m 平台→+430 m 平台→+420 m 露天坑底。

南侧边坡削坡减载，形成了+470，+450，+430 m 平台，降低坡率，同时通过并段台阶开采方案，最大限度地采出矿石。采坑保有矿量设计开采方案：设置台阶高度为 10 m，并段高度为 20 m，坡度为 60°，固定坑线公路宽 8 m，缓和路段为 45 m，最终边坡角小于 46°。同时在采坑上方沿眉线修建截水沟，水流汇入采坑东南侧已有天然水沟，流至矿境界外，以减少来自采坑外侧水流对边坡稳定性的影响。根据土地复垦及地质环境保护与综合治理方案，遵循“边开采边治理”的原则，安排对已靠帮的东侧、西侧、北侧边坡进行复绿工程。最终边坡见图 2。

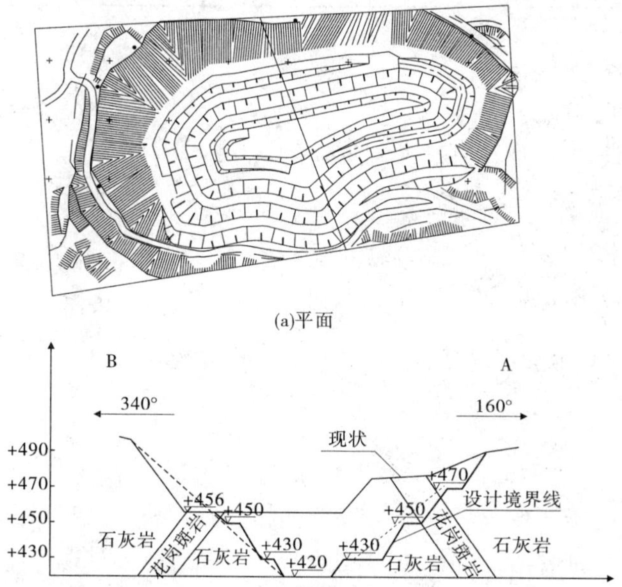

(a)平面

(b)剖面

图 3　最终边坡示意(单位:m)

5　结　语

危险边坡治理方法很多,通常成本较高。针对某一特定边坡进行有效整治,选择适合的治理方法,减小成本,同时研究合理的开采方案,尽可能利用原有矿山工程措施,最大限度地采出保有矿量,保证安全高效开采,从而实现社会效益和经济效益的双丰收。

参　考　文　献

[1]　魏作安,喻国华.浅谈露天矿延深扩帮中的边坡问题[J].有色金属:矿山部分,2001(5):36-37.

[2]　史良贵.新桥矿业有限公司二期排土场稳定性及排土工艺优化研究[D].长沙:中南大学,2005.

[3]　罗元斌.边坡工程稳定性分析及处治技术研究[D].长沙:中南大学,2006.

(收稿日期　2015-05-26)

(上接第 72 页)

6　结　语

(1)西石门铁矿残矿储量大、品位较高,但存留状态复杂,以实体、散体与离散体形式赋存,集散度不一、受原有工程影响程度不等、钻孔爆破条件相差悬殊。常规方法回采残矿,存在生产效率低、采准工程掘进与维护困难、矿石回采率低、采场投入风险大、生产安全条件差等。为充分利用残矿资源,需宏观控制储量分布,厘清采掘界线,实施精细开采。

(2)残矿形态复杂,开采条件差,为保障安全连续开采,需按“四低一高”的开采目标(低成本、低损失、低贫化、低事故隐患、高效率)构建采矿方法。

(3)针对西石门铁矿各类型残矿形态,提出平底堑沟结构的诱导冒落法高效开采方案,根据不同残留矿体产状设计了单堑沟、双堑沟或串联堑沟底部结构方案,可依据适用条件灵活选择。

(4)堑沟平底结构开采方案较好适应了残矿赋存条件,实现了残留矿体的安全生产,提高了残矿回采的生产效率,有效降低了生产成本,并使以前无法回收的破碎、混沌状态的矿石得以充分回收。

参　考　文　献

[1]　宋新宇.我国矿产资源现状与可持续发展战略[J].大自然搜索,1997,59(1):27-32.

[2]　王湖鑫,陈　何,孙忠铭.地下残矿回收方法研究[J].矿冶,2008(2):24-26.

[3]　常　帅,任凤玉,李　楠.西石门铁矿南区软破矿岩支护方法研究[J].中国矿业,2012(7):83-86.

[4]　张爱学,伍瑶前.西石门铁矿南区高效开采工艺研究[J].有色金属:矿山部分,2012(4):17-18.

[5]　陈　龙.西石门铁矿堑沟平底结构回采方案研究[C]//晋琼粤川鲁冀辽七省金属学会第二十一届矿业学术交流会论文集.2014:149-151.

(收稿日期　2015-05-26)

大红山Ⅰ号铜矿带充填采矿方法优化探析

范有才
（玉溪大红山矿业有限公司）

摘 要 在大红山Ⅰ号铜矿带前期采矿方法改进的基础上，从矿体复杂多变的特征入手，通过几种采矿方法的对比，提出进一步优化的工作思路，以期共同探讨、持续发展。

关键词 地下矿山 铜矿带 充填采矿 优化

大红山Ⅰ号铜矿带初步设计开采对象为Ⅰ3、Ⅰ2、Ⅰ1铜矿体700 m标高以下部分。设计范围保有的资源储量为5 715万t，铜金属量34.86万t。矿带近东西向展布，走向长2.2 km，倾斜宽0.88 km，矿体呈缓倾斜～倾斜多层产出，矿体间夹层厚度从零米到几十米不等。矿体倾角一般在12°～55°，平均倾角35.7°；矿体厚度在1.7～21.4 m，平均厚度6.9 m。

1 初步设计采矿方法及改进

根据初勘，Ⅰ号铜矿带矿体顶、底板、夹层由一套火山喷发沉积变质的变钠质凝灰岩、石榴黑云角闪片岩、石榴黑云白云石大理岩等含铁铜的岩石组成，该含矿地层成层产出，层位稳定。在矿体西翼有曼岗河、矿体上盘有浅部熔岩矿体需保护，与Ⅱ1主矿体开采区段之间的地压须控制。

针对矿体赋存及空间关系，昆明冶金设计院借鉴大红山铜矿空场嗣后充填采矿工艺试验研究和生产情况进行类比、分析。提出根据矿体厚度，划分3种方法回采，即铲运机出矿分段空场法，铲运机出矿房柱法，普通全面法联合采矿，采后均用废石及尾砂充填处理空区的初步设计。

而基建探矿后，表明次级断层相对较发育。同时原7个矿体呈铜铁互层产出、独立的规律不复存在。变成铜铁矿体共生、夹层互相间隔产出的多层铜铁矿体。铁矿石中磁性铁含量也明显比地勘资料有了提高。由于仍存在多层情况，采用原来的3种采矿方法，如进行分采，只能选择性开采，有的层不能回采，矿石回收率低，而且上下相互制约性强，关系复杂，开采难度大；如进行合采，贫化率要增大，而且合采时矿体厚度更大，达到20 m以上的地段很多，除矿柱尺寸要加大，会增加损失量外，采后充填的密实度及接顶效果较差，引起的地表移动将加大，而且分段空场法大量用中深孔爆破采矿，对保护上部露天采场安全开采不利。

为此，昆明设计院对初步设计采矿方法进行了优化和调整，将采矿方法调整为点柱式上向分层充填法。

点柱式充填法设计阶段高度100 m，分段高度20 m，分层高度4 m，矿块长度50 m，矿块宽度为矿体水平厚度，矿块间留4 m宽间柱。回采工作由分段采场联络道进入采场挑顶开始，挑至设计分层顶板标高后向两帮拉开工作面，由采场两翼向采联口退采，采场内按12 m×12 m间距留6 m点柱。分层回采完随即进行充填向上分层逐层回采。

采矿方法调整后，对矿体的回采适应性有了提高，对指标的控制也相对有利。设计盘区生产能力49万t/a，废石混入率11.9%，损失率25.3%。

2 点柱式向上充填法生产应用及参数优化

该矿体于2012年设产，开采初期进行400 m和500 m首层回采，采矿进路沿矿体走向布置，采矿进路宽7.0 m、高5.0 m，单条进路长21 m，进路间先保留4 m宽条柱。因采区次级断层较发育，考虑到顶板安全及矿体复杂，实际采用点柱尺寸4 m×4 m，间距7 m×6 m（中心距11 m×10 m）。为进一步摸清矿体赋存状况，且为下一步采矿提供自由面、提高采矿效率，设计先沿进路中掘进1条2.8 m×2.8 m的切割巷，然后再行刷大至回采断面。首层充填高度3.3 m，空顶高度1.7 m。实际生产贫化率10%，损失率25.36%，均达到设计指标。盘区生产能力43

范有才（1978—），男，高级工程师，653405 云南省玉溪市新平县戛洒镇。

万 t/a，与设计有一定差距。

从该法的设计与应用来看，优点是生产能力相对较大、单层采充转换时间长，生产工艺简单，有利于生产组织，但同时也暴露出了许多问题，如采场的长度较长，顶板冒落的可能性增加，及一条采联负责回采矿量较多、顶板暴露时间延长，且Ⅰ号铜矿带围岩呈缓倾斜层状产出、裂隙发育，容易受剪切应力破坏，点柱难以按设计标准留设、难以保护。若采取强制的保护措施、成本较高；因采场内要留大量的点柱、间柱以支撑采场顶板，损失率仍较大；由于破碎，矿柱很难专门留在低品位矿体中，且留点柱影响回采、出矿效率，采场生产能力不够高等。

针对生产暴露的问题，应不断改进回采结构参数及工艺，并通过试验研究、采用更优的采矿方法，将最大限度提升各指标，更有利于高效、安全生产。

昆明设计院在初步设计中，对此也作了一些说明。Ⅱ1 主矿体的开采将在采区上部形成冒落拱，对Ⅰ号铜矿带深部矿体开采而言，Ⅱ1 主矿体的开采，改变了其顶板的原岩应力状态，在一定程度上会形成应力集中，高应力对Ⅰ号铜矿带采场顶板和矿柱的稳定性是不利的，其影响范围和程度因冒落的形态而异，本设计推荐的采场结构参数和矿柱尺寸，尚不能考虑Ⅱ1 主矿体开采对铜矿体顶板应力的变化，因此，在Ⅰ号铜矿带开采过程中应加强采场顶板和矿柱的应力和变形观测，及时调整采场和矿柱尺寸，确保安全生产。

投产半年后，因首采分段采场全面拉开，同时未能及时充填，采场暴露时间较长。为持续供矿也需投入持续生产采切工程。经反复分析，在采切工程设计中，对采场结构进行了调整。将 4 m×4 m 的点柱进一步放大至 5 m×5 m，同时间距从 6 m 调大至 8 m。调整后下分段采联一侧宽 17 m，另一侧为 25 m；上分段采联一侧宽 13 m，另一侧为 29 m。回风上山角度为 42°，更利于施工及回采时保护。优化结构参数后，更有利于矿柱的留设及保护，促进安全生产，同时矿石损失率进一步缩小。

3　采矿方法的进一步优化

2014 年以来，针对该矿体矿岩破碎发育，铜铁矿体夹杂、多层变化的复杂特性，随着开采范围的扩大，采充失衡矛盾的加重，点柱式上向分层充填法暴露出更多的生产问题。如存在的采场顶板整体破碎、空区暴露时间长将可能产生顶板沉降影响上部露天回采安全，分层充填回采因采充交替频繁导致效率低下等。由此，矿业公司提出针对Ⅰ号铜现有系统与矿体状况，研究合适的采矿方法，以寻求更佳的采矿经济指标与回采安全性。通过一段时期的技术研究，针对大红山Ⅰ号铜矿带已形成的系统，结合其复杂变化的特性，主要比较了较能适应现状的点柱式采矿法、小分段空场交替充填回采法、进路式交替充填回采法在各条件矿体中应用的可行性。主要进行了 3 个阶段的研究工作。

（1）分析 3 种采矿方法应用将存在的问题与解决的措施，如表 1 所示。

表 1　存在的问题与解决的措施

采矿方法	存在问题及解决措施	细化的工作
沿走向布置中深孔分段空场嗣后充填法	1、靠上盘的条带通过上部 590 m 布置充填顶沿可以充填，但下盘的条带其上部为 500 m 已采充填体，从上部打钻穿过充填体难以实现正常充填。通过结合上下关系细致分析，下盘条带的充填建议从 520 m 利用盘区中间矿柱设置 2 条充填顶沿打钻孔进行充填，因 520 m 还没回采，通过将 520～540 m 设置顶沿的两个矿柱尺寸（原点柱回采 4 m 间距上下对应）适当加大布充填巷道并合理布孔，解决充填问题；2、靠下盘 3 个条带 480 m 分层上部为原 500 m 回采铺底层，为使铺底层不受到破坏，中深孔顶部留 3 m 以上的安全距离；3、上盘三角体矿体大条带中深孔无法正常设置回采，用 12 m 小条带中深孔布置回采，充填后再回采大条带中深孔区域。	根据解决措施进一步细化了布置，并测算了经济技术指标参与比较。同时因条带分步骤回采，一步骤的胶结充填在中深崩矿影响下也较难保证其稳定性，故增加了中间留盘区间柱的分段中深孔嗣后充填法方案参与比较。
盘区进路式交替上向分层充填法	布置后，为充分利用原已施工的回采联道，同时中间 4 m 矿柱上下对应布置，但由于 56 盘区原下部回采盘区矿房尺寸达到 50 m，按平均布置布 5 条进路，进路回采宽幅为 10 m 布置。	结合加密地质剖面图进一步细化了方案，测算了经济指标，与中深孔方案共同比较。
点柱式上向分层充填法		收集实际经济指标与设计指标参数、成本，参与作比较。

如表 1 所示，通过以上措施细化布置与综合对比分析，以期结合大红山实际提出可实施区域内的最优方案，同时综合考虑其它各区域的回采，提出各区段适用的回采方案。

（2）3 种采矿方法的布置。按第一阶段工作的措施进一步细化布置，完成沿走向布置中深孔分段空场嗣后充填法、中间留盘区间柱的中深孔分段空场嗣后充填法、盘区进路交替式向上分层充填法3种采矿方法的布置。如图1～图3所示。

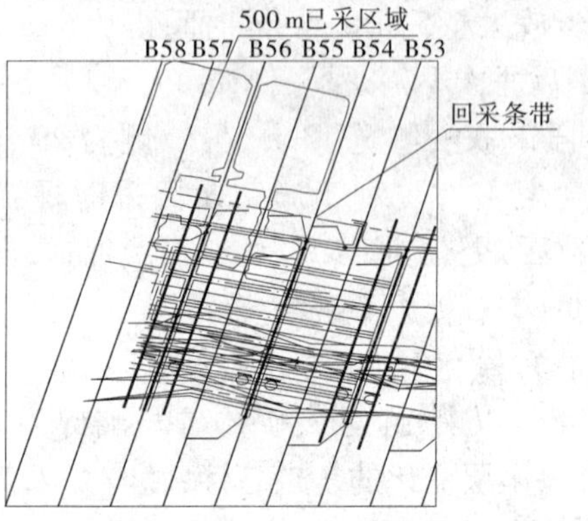

图1　沿走向布置中深孔分段空场嗣后充填法

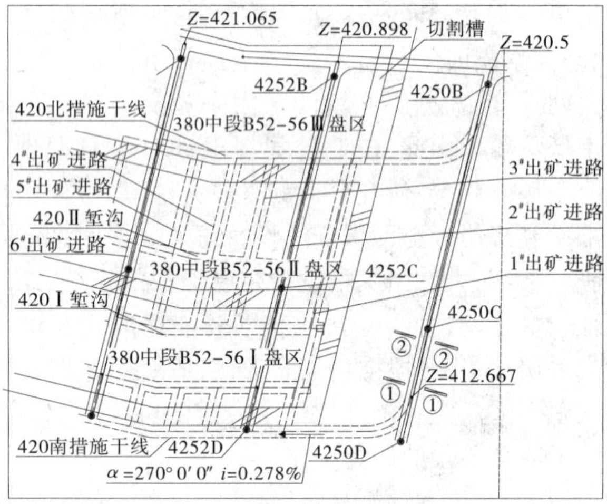

图2　中间留盘区间柱的中深孔分段空场嗣后充填法

(3)3种采矿方法技术经济与成本指标比较。结合现有系统及已形成的采区现状，按图1、图2、图3的3种采矿方法的布置方式，分段高段均为20 m。为确保回采安全可靠，图1所示分为100 m盘区与50 m盘区沿走向2种方式，盘区间留20 m间柱，20 m间柱最后用中深孔一次崩落。条带根据矿体厚度与夹石特征按12～15 m划分，条带间不留间柱。条带按隔1采1交替式回采。嗣后按一步骤胶结充填(1∶6)，二步骤纯尾砂充填考虑；图2所示沿走向布置盘区，盘区间留8 m矿柱，条带根据矿体厚度与夹石特征按12～15 m划分，条带间留8 m矿柱，条带间可以连续开采。嗣后按纯尾砂充填考虑；图3所示按10 m布置盘区进路，进路间按隔1采1交替式分层回采。充填按一步骤胶结充填(1∶6)，二步骤纯尾砂充填，面层30 cm按1∶6胶结充填考虑。通过进一步测算经济指标与成本进行比较，如表2所示。

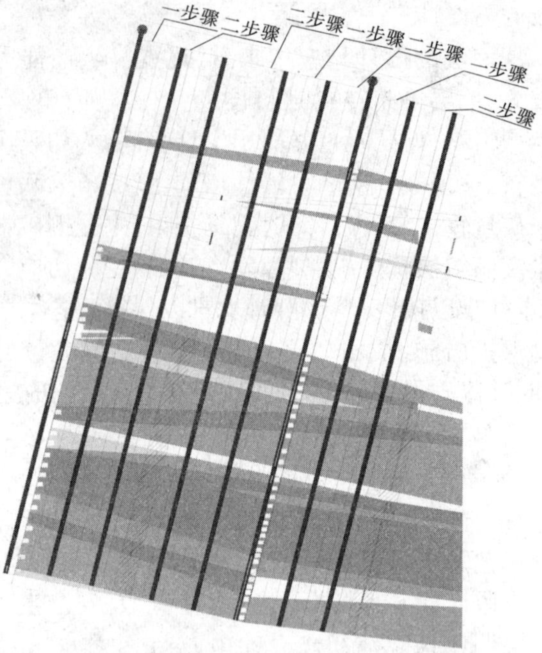

图3　盘区进路交替式向上分层充填法

表2　3种采矿方法贫损指标对比

充填法		地质矿量/万t	崩矿岩量/万t	出矿量/万t	地质品位/%	出矿品位/%	贫化率/%	损失率/%				
								条带矿柱+盘区矿柱损失	条带矿柱损失	条带矿柱+盘区矿柱损失+三角体损失	条带矿柱+盘区矿柱损失+三角体损失+顶柱损失	条带矿柱+盘区矿柱损失+三角体损失+顶柱损失+出矿损失
盘区进路交替式向上分层充填法(100 m)		209	211.9	198	0.456	0.343	24.8	20.2				
中深孔分段空场嗣后充填法(100 m)		209	236.6	205.5	0.456	0.302	33.8	29.7				
中间留盘区间柱的中深孔分段空场嗣后充填法	50 m盘区	209	205.3	195.0	0.456	0.322	29.4	23.1	15.1	28.1	35.5	40.7
	100 m盘区	209	214	203.3	0.456	0.326	28.5	15.1	15.1	20.1	27.5	33.0

注：以上指标按铜铁混采，铁混入铜计算，进路式矿岩交界处夹石可单独剔除。

如表2，与当前的点柱式分层回采方案参与比较，点柱式上向分层采矿法设计贫化率11.9%，损失率25.3%，但实际已超过设计指标。2015年初以来累计贫化率为22.5%，设计回采损失率23.3%，实际采出矿损失率26%。

成本方面，当前采用的点柱式上向分层采矿法，按现有生产贫损失指标，在采出品位与中深孔采矿法对等的情况下，0.325%～0.35%的铜矿，经调整后的单价，回采价款为70.4元/t。按32 m^3/kt的采切成本，吨采切费用为10元/t。综合单价为80.4元/t；盘区进路交替式向上分层充填采矿法综合采矿成本105.6元/t，高于点柱式80.4元/t的综合单价；中深孔分段空场嗣后充填沿走向采矿法综合采矿成本75.4元/t，低于点柱式80.4元/t的综合单价；中深孔分段空场嗣后充填法采矿（8 m间柱，100 m一个盘区）综合采矿成本56.2元/t，低于点柱式80.4元/t的综合单价；中深孔分段空场嗣后充填法采矿（8 m间柱，50 m一个盘区）综合采矿成本57.7元/t，低于点柱式80.4元/t的综合单价。

（4）3种采矿方法综合比较。进路交替式充填回采方案成本最高，且回采进路9～10 m宽压顶回采，在爆破出矿环节的顶板与采区管理难度仍然较大，采充频繁更替效率低也不能进行更经济安全的应用；中深孔分段空场嗣后充填法采矿（8 m间柱，100 m一个盘区）方案成本最低，但因此方案一步骤需胶结充填，在二步骤中深孔爆破作用下，胶结充填及接顶的质量也难以保证，大面积的采空区将会对露天边坡带来不利的影响，为保证回采安全，也不予考虑；中深孔分段空场嗣后充填法采矿（8 m间柱，50 m一个盘区）方案成本相对较低，安全也可以得到保障，可以进一步与点柱式向上分层充填方案作比较。如表3所示。

表3　3种采矿方法综合比较

元/t

充填法	采切（原矿）	回采、出矿（原矿）	选矿加工费用（原矿）	资源税（原矿）	采选综合成本（原矿）	按精矿折算的采选成本（精矿）	尾矿处理费用（精矿）	采选尾综合成本	
								精矿	铜金属
中深孔分段空场嗣后充填法 50 m盘区（8 m间柱）	14	44	64	7.8	129.8	9 715（83%的金属回收率、贫化率29%、选比74.8）	10	9 725	48 627
点柱式向上分层充填法	10	70.4	64	7.8	152.2	10 254（84%的金属回收率、贫化率22.5%、选比67.4）	10	10 264	51 321

结合表3，按2种采矿方案不同的出矿品位进行成本测算。从损失率方面进一步比较，中深孔分段空场嗣后充填法采矿（8 m间柱，50 m一个盘区）方案损失率为40.7%，比点柱法26%高。

若按点柱法回采，由于损失的减少增加矿石24万t（精矿0.36万t），收益增加3 114万元，但因点柱式成本较高，亏损4 627万元；按中深孔分段空场嗣后充填法采矿（8 m间柱，50 m一个盘区）回采，比点柱法节省成本1 404万元，但因成本仍高于市场价，仍亏损2 666万元。总体中深孔分段空场嗣后充填法采矿（8 m间柱，50 m一个盘区）比点柱法少亏损2 000万元。但考虑到中深孔分段空场嗣后充填法采矿（8 m间柱，50 m一个盘区）方案须增加中深孔台车两台，其投入设备折旧摊销将冲抵近一半的少亏量。

综合以上分析，中深孔分段空场嗣后充填法采矿（8 m间柱，50 m一个盘区）方案虽然损失指标较高，但采选综合成本较低，比点柱式能够减少部分亏损；但针对Ⅰ号铜矿带矿体厚薄不均、多变化、破碎的矿体特性，分段空场法（留矿柱）方案仅能结合现已形成的系统与采区局部应用，不能较好地适应上下已开采的分层；而点柱法能适应厚薄不均的矿体选择性开采，能大范围地应用；同时分段空场法（留矿柱）方案采用全尾砂充填难以接顶，可能对露天上部台阶带来安全影响。

（5）采矿方法进一步优化的工作思路。从投产以来，受采充失衡的影响，点柱法回采矿房内的点柱存在不同程度的跨塌现象，难以保护。说明在这段时间之内顶板发生了一定的下沉变形，甚至局部冒落。因此，充填体不可能直接承受上覆岩层压力，只能在顶板继续变形的过程中，承受部分岩体压力（对围岩提供一定的侧向压力），限制围岩变形的发展，防止采场继续冒落。但在应力作用下，顶板不同程度的下沉和变形仍是不可避免的。

4　问题探讨

因初步设计缺乏实际的岩石力学参数（如原岩应力、侧压系数、弹性模量、泊松比等），因而只对岩体的应力分布特征作定性的描述，对有关参数的选取作类比确定。然而，矿体埋藏深度大，矿体间空间关系复杂，相互影响、制约。为更好地指导生产，开展原岩应力的测试与研究，确定构造应力场与自重

（下转第84页）

毛里塔尼亚塔扎迪特铁矿开拓方式选择

孙二伟　李守杰
（五矿矿业（安徽）工程设计有限公司）

摘　要　针对塔扎迪特铁矿露天转地下开采的特点，提出了4种开拓方案，采用DIMINE软件进行建模，从技术角度分析了各开拓方式的优缺点，从经济角度比较了各开拓方案的合理性，最终选择了皮带斜井开拓方式，为类似矿山提供参考。

关键词　露天转地下　开拓方案　DIMINE　建模

塔扎迪特铁矿区位于非洲中部，于20世纪60年代开始露天开采，90年代闭坑，形成开口长约700 m，宽约300 m，最深330 m水平的采坑，坑底宽20～30m，长200 m。露天采矿时采用卡车将采出的矿石运到粗破碎站，破碎后的矿石通过穿山隧道内的皮带系统运送到铁路装车点，穿山隧道长约2 km。2008年对露天采坑以下矿体进行了进一步勘探，共获得资源量4 349.1万t。为了回采资源，需要合理利用矿山原有运输系统，结合露天转地下开采的特点，合理布局，规划设计开拓工程。

1　开采技术条件

1.1　矿体特征

地表矿体呈长条形，厚板状到楔状体，总体走向320°，在C#线转为280°，倾向南西，倾角50°～70°。地表控制长700 m，宽80～120 m，延深500 m，采用DIMINE软件建立的矿体模型，见图1。

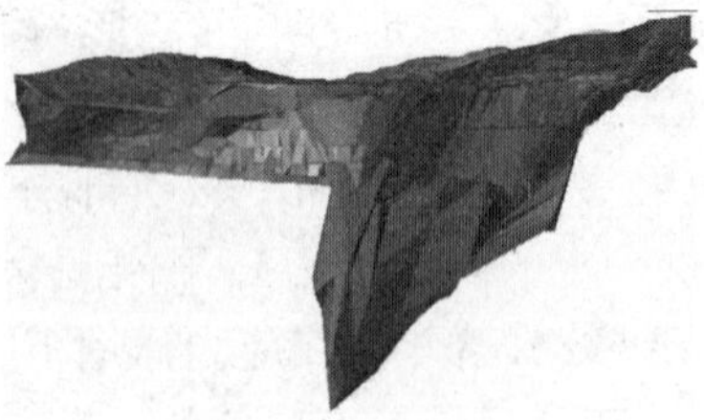

图1　矿体模型（由东往西看）

1.2　矿区地质

矿床工程地质类型属于中厚层状岩类为主，抗压强度中等，抗剪强度中等的类型。矿区自然环境良好，环境地质简单，未见新的构造活动、无滑坡、坍塌、泥石流等地质灾害。

1.3　矿区交通

矿区与外部货运交通不便，只有一条通往港口的铁路，长度约为700 km，采出矿石经破碎后由铁路外运。矿区周围均为山体，海拔约600 m，露天矿出入沟通过盘山公路与列车装矿点相连。

2　开拓方案设计

由于目前可采矿体位于露天采坑之下，矿体最浅部位为坑底，标高330 m，最深部位标高-73 m，周边山体标高约600 m，已不适合露天开采，设计确定深部矿体采用地下开采方式[1]。拟采用无底柱分段崩落法采矿，建设规模为300万t/a，结合矿区现场条件，适合该矿体的开拓运输方案有以下4类。

（1）方案Ⅰ，即单斜坡道卡车运输至露天矿出入沟。设计主斜坡道从露天矿出入沟开拓至206 m水平，各水平采场采出的矿石经溜井溜放至206 m中段，经振动放矿机装入40 t地下卡车，沿主斜坡道将矿石运输到露天矿出入沟口的矿石堆场。然后通过前装机转入40 t地表卡车，经2 km地表运输转运至粗破碎站，破碎后经过2 km隧道皮带（利用原有隧道）转运至铁路装车点，经过进一步破碎成合格产品，再装入列车。开拓系统模型见图2。

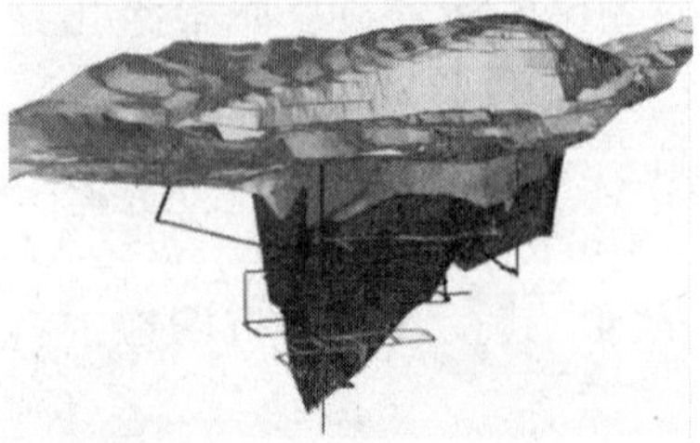

图2　方案Ⅰ开拓系统示意

（2）方案Ⅱ，即单斜坡道卡车运输至铁路装矿点。设计主斜坡道由铁路装矿点开拓至206 m水

孙二伟（1983—），男，工程师，230601 安徽省合肥市滨湖区武汉路230号。

平，采场采出的矿石经溜井溜放到206 m中段，经振动放矿机装入40 t地下卡车，沿主斜坡道，将矿石直接运输到铁路装车点，经过进一步破碎成合格产品，再装入列车。开拓系统模型见图3。

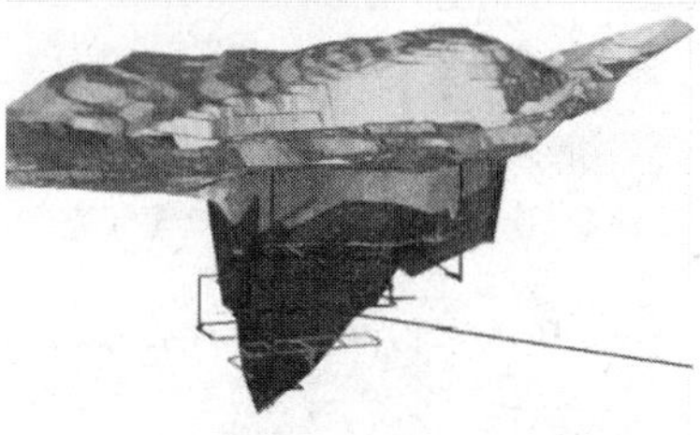

图3 方案Ⅱ开拓系统示意

(3)方案Ⅲ，地下破碎竖井提升。主要井巷有主井、人员设备斜坡道、进风井和回风井。井下采出矿石粗破碎后由竖井提升至地表，通过地表2 km隧道皮带(利用原有隧道)将矿石转运至铁路装车点，经过进一步破碎成合格产品，再装入列车。开拓系统模型见图4。

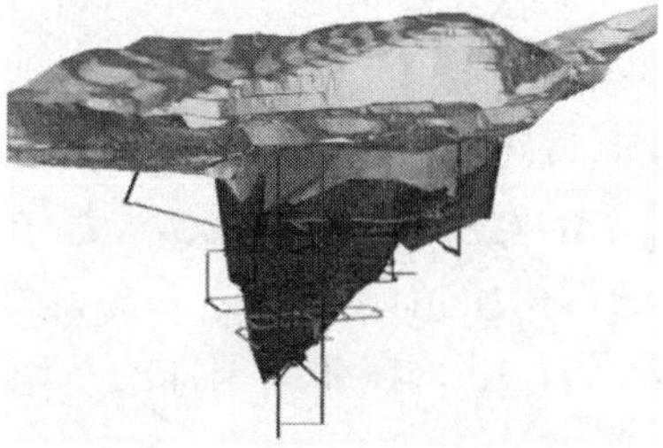

图4 方案Ⅲ开拓系统示意

(4)方案Ⅳ，地下破碎皮带运输至列车装车点。主要井巷有皮带斜井、人员设备斜坡道、进风井和回风井。设计皮带斜井由列车装车点直接开拓至+53 m水平，采场采出的矿石经地下破碎后，通过皮带直接运输到列车装车点，破碎成合格产品后装入列车。开拓系统模型见图5。

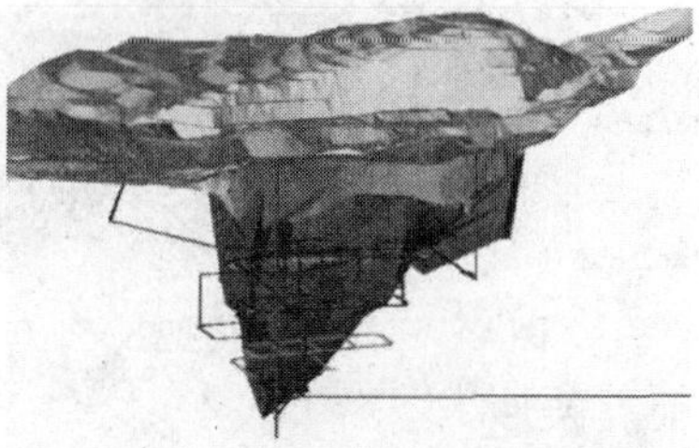

图5 方案Ⅳ开拓系统示意

3 开拓方案比选

3.1 方案Ⅰ与方案Ⅱ比较[2]

由于方案Ⅰ与方案Ⅱ均为斜坡道开拓，地表破碎，井巷工程均为斜坡道、进风井与回风井，首先对其进行比较。方案Ⅱ虽然井巷工程与方案Ⅰ一致，但由于其斜坡道到达206 m中段后还要继续掘进采区斜坡道至306 m水平，而方案Ⅰ的主斜坡道兼顾了采区斜坡道的作用，故方案Ⅱ的井巷工程量大于方案Ⅰ。方案Ⅰ的井巷工程最小，并且地表工程可以与井下工程同时开工，能够提前出矿，优势明显。

方案Ⅰ中矿石需要地表转运环节，不仅有2 km的公路运输，而且还有2 km的皮带运输，方案Ⅱ则没有该环节。因此，方案Ⅰ的基建投资40 592万元高于方案Ⅱ(38 642万元)。并且，方案Ⅰ由于有地表转运环节，年经营费为10 356万元高于方案Ⅱ(6217万元)。对可比的投资及经营费折现后，方案Ⅰ投资及经营费折现为81 447万元，仍大于方案Ⅱ(60 726万元)。因此，无论从基建投资还是年经营费，方案Ⅱ均优于方案Ⅰ。

3.2 方案Ⅲ与方案Ⅳ比较[2]

方案Ⅲ与方案Ⅳ均为地下破碎，且均比前2种方案多一项井巷工程。方案Ⅲ为主井提升加地表转运，方案Ⅳ为皮带斜井运输，两者均具有生产管理简单的优点，同时又都具有对电力的依赖性。

方案Ⅲ与方案Ⅳ相比，竖井施工比较困难，而且方案Ⅲ基建投资45 110万元大于方案Ⅳ(39 610万元)。在年经营费上面，方案Ⅲ为5 886万元，也大于方案Ⅳ(4 770万元)。对可比的投资及经营费折现后，方案Ⅲ的投资及经营费折现为64 553万元，仍大于方案Ⅳ(54 844万元)。因此，无论从基建投资还是年经营费，方案Ⅳ优于方案Ⅲ。

3.3 方案Ⅱ与方案Ⅳ比较[2]

方案Ⅱ与方案Ⅳ均为井下运输直达列车装车点，均无地表转运环节。2种方案在可比井巷工程量上差别不大，方案Ⅱ为5 165 m/128 425 m^3，方案Ⅳ为5 918 m/128 928 m^3，因此，方案Ⅱ的基建投资38 642万元略低于方案Ⅳ(39 610万元)。

方案Ⅱ为卡车运输，材料消耗量大，因此方案Ⅱ的年经营费为6 217万元，大于方案Ⅳ(4 770万元)。

通过投资及经营费折现可见，方案Ⅳ比方案Ⅱ的投资及经营费折现要少5 882万元，因此，方案Ⅳ优于方案Ⅱ。

综上所述，尽管方案Ⅳ基建投资较大，且对电力具有一定的依赖性，但总体考虑认为是最优方案。即经过技术经济比选，最终推荐采用地下破碎皮带运输至列车装车点开拓方案。 (下转第84页)

南非某铬铁矿相邻矿体开采顺序

李守杰[1]　孙二伟[1]　刘会林[2]
(1. 五矿矿业(安徽)工程设计有限公司;2. 山东匠鑫设计研究院有限公司)

摘　要　针对矿山相邻矿体的赋存条件进行建模,计算了 2 个相邻矿体采用 2 种不同开采顺序的情况,并对计算结果切片观察,分析每一种顺序回采的顶底板地压、矿岩塑性区特征,通过对比分析,认为层间距为 23 m 时,下行式开采方案可行,上行式开采方案不可行。

关键词　相邻矿体　回采顺序　上行式开采方案　下行式开采方案

一个矿山若有 2 个或多个相距很近的矿体,确定合理的矿体回采顺序,对矿山安全生产和矿产资源回收都有很重要的意义[1-3]。拟开发矿区具有潜在经济开采价值的矿层自上至下依次为:UG、MG、LG 矿层。3 个矿层在总体上的趋势一致,UG 矿层和 MG 矿层之间平均距离约 23 m,MG 矿层与 LG 矿层之间平均距离约 98 m。鉴于 MG 矿层与 UG 矿层的层间距较近,有必要确定两矿层的回采顺序。

1　矿床开采技术条件

(1)矿区地质。苏长岩和辉石岩组成了 MG 矿层矿脉的直接顶板。辉石岩构成了 UG 矿层直接顶板,苏长岩构成了直接底板。

(2)矿区构造。区内影响未来采矿活动和资源赋存情况的因素较多,其中地质构造较为复杂,有地壶、断层、夹层、富铁超基性花岗岩浸入岩脉。矿区内主要断层为 T 断层。

(3)矿体特征。3 个矿层走向 NW,倾向 NE,倾角约 11°。LG 矿层平均厚 95 cm,周围是辉岩。MG 矿层平均厚 109 cm。MG 矿层的底板和上层非常平坦。UG 矿层平均厚 116 cm,其上有厚度 2 ~ 3 m 的苏长岩。

2　采矿方法

3 个矿层均为缓倾斜薄矿体,拟采用浅孔房柱法开采。矿块长 45 m,宽 30 m;盘区长 225 m,宽 30 m,含 5 个矿块;采区长 225 m,宽 270 m,含 9 个盘区。长度均为沿走向方向,宽度均为沿倾向方向。矿块内留矿柱,矿柱长 10 m,宽 5 m;采区内沿倾向与走向均留采区隔离矿柱,隔离矿柱长为采区长度,宽 12 m。

沿矿层倾向,将采场划分为条带,共能布置 11 个条带。沿走向,在条带上布置采区。

3　数值计算

为了准确反应 MG 矿层回采对 UG 矿层回采的影响,根据矿床开采技术条件建立矿体网格模型,同时根据房柱采矿法结构和参数进行了单元划分。为了减少边界条件对计算结果的影响,模型自地表延深至地下 650 m,模型长度大于矿体倾向全长,宽度大于 2 个采区的宽度。建模完成后,首先,形成初始的应力场,分析初始情况下岩体的稳定性,其次,为了准确模拟围岩变形,在初始条件的基础上,位移清零。

3.1　模型尺寸

模型沿倾向取 2 540 m,沿走向取 560 m,模型高度取 650 m。模型中各岩层自上而下依次为辉石岩,UG 矿层,辉石岩,MG 矿层,苏长岩,共 5 层。模型如图 1 所示。

图 1　三维网格模型

3.2　模型前提条件

假设研究区域内无构造应力的影响,认为研究区域全部处于均匀分布的应力场中,不考虑水的影响。

李守杰(1983—),男,工程师,230601 安徽省合肥市滨湖区武汉路 230 号。

3.3 矿岩及充填体力学参数的选取

矿岩力学性质参数见表1。

表1 矿岩力学性质参数

项 目	体积模量/GPa	剪切模量/GPa	抗拉强度/MPa	内聚力/MPa	内摩擦角/(°)	密度/(kg/m³)
苏长岩	27.60	19.80	0.10	6.49	44	3 100
UG矿层	25.47	15.28	0.13	7.25	46.9	4 010
MG矿层	25.47	15.28	0.13	7.25	46.9	4 010
辉石岩	20.70	14.90	0.10	6.72	45.4	3 100

3.4 回采顺序

共制定2种回采顺序:①上行式开采方案,即先回采MG矿层,再回采UG矿层;②下行时开采方案,即先回采UG矿层,再回采MG矿层。

4 结果分析

4.1 上行式开采方案

上行式开采,即首先回采MG矿层然后回采UG矿层。因此,MG矿层回采完毕对UG矿层影响较大,文中重点分析此时UG矿层的状态。剪切屈服塑性区、受拉屈服塑性区是评价回采过程矿柱及围岩稳定状态的重要标准。结合MG矿层回采后塑性区分布进行分析,典型塑性区分布如图2所示。

图2 MG矿层回采完毕后塑性区分布(沿倾向剖面)

4.1.1 塑性区分布特点

自地表至340 m埋深,采空区顶底板出现零星的塑性区,说明采空区顶底板稳定,且MG矿层采空区不会影响到上部UG矿层。埋深340~600 m,MG矿层采空区顶底板出现连续的塑性区,连续塑性区的存在,说明顶底板围岩正处于剪切屈服或者拉伸屈服状态,顶板塑性区范围已经涵盖UG矿层,极有可能对矿层造成破坏。

根据埋深大于340 m塑性区大量出现这一特点,大于此埋深的矿层开采要适当加大支撑矿柱、走向矿柱和倾斜矿柱的尺寸,以承担随着埋深不断增加的铅垂应力,来保证回采的安全。

4.1.2 地压显现形式及规律

顶板大规模连续拉伸塑性区的存在符合房柱法顶板受拉破坏的岩石力学规律;开采中后期,随着采空区范围扩展及空区体积扩大,可能出现大规模、大范围的剧烈地压显现。随着采空区内矿柱的破坏及顶板的断裂,掉块扩展至一定程度,在采空区上方将会出现大面积覆盖岩层急剧冒落。冒落产生的冲击气浪将严重破坏通风、运输、排水以及动力系统等。

4.1.3 UG矿层回采计算结果

在MG矿层回采完毕后,继续回采UG矿层,回采第2个采区时,模型崩溃,因为出现非法单元格,非法单元格的出现意味着顶底板受拉破坏或者矿柱破坏。

埋深340 m以上MG矿层回采,对UG矿层几乎没有影响。埋深大于340 m时,现有的采矿方法结构参数下,顶板出现大规模正在拉伸屈服的塑性区,地压显现。采MG矿层后回采UG矿层,模型计算崩溃,因此上行式开采方案即先回采MG矿层再回采UG矿层不可行。

4.2 下行式开采方案

下行式开采及先回采UG矿层后回采MG矿层。结合UG矿层回采后塑性区分布进行分析,典型塑性区分布如图3所示。

图3 UG矿层回采完毕后塑性区分布(沿倾向剖面)

4.2.1 顶板塑性区特点及地压显现规律

UG矿层回采后,围岩塑性区分布特点,顶板破坏形式及规律与MG矿层回采后的一致。随着开采深度的不断增加,建议适当增加支撑矿柱、走向矿柱和倾斜矿柱的尺寸以支撑顶板。

4.2.2 底板塑性区特点及地压显现规律

底板大面积塑性区是与顶板大面积塑性区同时出现的,塑性区是顶底板围岩应力集中的体现。底板应力分布规律与顶板一致,由图3可以看出底板塑性区的面积与顶板相当,受拉塑性区已经分布到MG矿层;MG矿层可能会受拉破坏,影响回采。

4.2.3 MG矿层回采计算结果

UG矿层回采完后,继续模拟回采MG矿层,最终模型计算收敛,MG矿层回采顺利;说明先采UG矿层再采MG矿层可行。回采完后塑性区分布如图4所示。回采中后期,埋深340 m以下,采空区顶底板出现大面积拉伸及剪切塑性区,大面积塑性区意味着顶底板围岩处于屈服状态,极有可能在高地应力下破坏,建议加强巷道、采场顶板位移监测,根据埋深变化、围岩性质来调整矿柱参数及支护强度，保证回采安全。

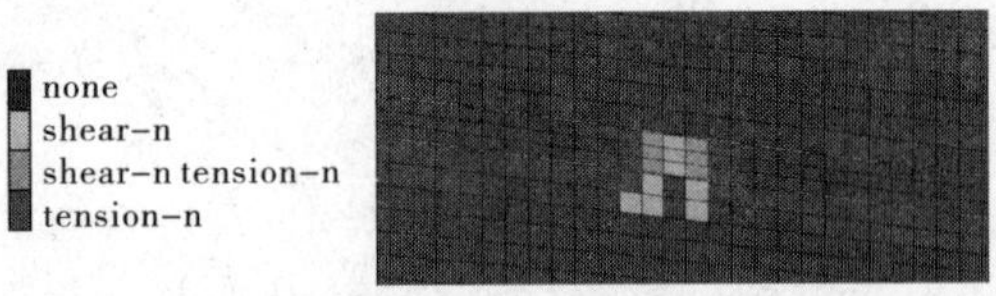

图4 MG矿层回采完毕后塑性区分布(沿倾向剖面)

5 结 语

通过对两2种回采顺序进行模拟计算，主要分析围岩及矿柱塑性区分布特点，结合模型计算收敛情况，认为上行式开采方法即先回采MG矿层再回采UG矿层不可行，下行式开采方法即先回采UG矿层再回采MG矿层是可行的。

参 考 文 献

[1] 彭文斌. $FLAC^{3D}$ 实用教程[M]. 北京：机械工业出版社，2009.

[2] 解世俊. 金属矿床地下开采[M]. 北京：冶金工业出版社，2008.

[3] 徐志英. 岩石力学[M]. 北京：中国水利水电出版社，1999.

(收稿日期 2015-05-26)

(上接第79页)

应力场。进一步补充一定数量的、在矿区有足够代表性的围岩及矿体试样的物理力学性质测定，从而得到各类岩石参数，以便为岩石力学电算分析、光弹模拟、矿块和巷道的布置方式及开采顺序提供进一步的依据。及进行露天与地下关系的稳定性分析等。同时随着开采深度的增加进行深部岩体节理构造调查工作，查清影响矿、岩稳定的主要构造，特别要研究易发生塌陷和冒落地段的节理构造和特征，以及贯通多中段的大节理、Ⅱ、Ⅲ级构造或破碎带等；同时方案制定所采用的多数资料为基建地质资料，二次圈定矿体将可能会产生变化。通过以上工作后，下一步采矿方法的优化，须从矿体适应特征，发挥经济、安全优势等方面再行入手进行全面优化，并做好保障措施。以促进经济指标的不断优化，同时提高生产安全性。

(收稿日期 2015-05-26)

(上接第81页)

4 结 语

针对矿山开采技术条件，设计了4种开拓方案，并进行了技术经济比较，最终选择选择地下破碎皮带运输至列车装车点的开拓方案。

参 考 文 献

[1] 解世俊. 金属矿床地下开采[M]. 北京：冶金工业出版社，1986.

[2] 王青，史维祥. 采矿学[M]. 北京：冶金工业出版社，2008.

(收稿日期 2015-05-26)

残留矿的回收方案

王玉明[1]　盛现鲁[2]
（五矿邯邢矿业有限公司西石门铁矿）

摘　要　西石门铁矿中一采区矿块经过十几年的稳产、超产，特别是多年来民采矿点无序介入进行的无计划抢采、乱采，到2009年年初，该采区表内矿量已基本采完。当前该采区回采范围内矿块已由160 m中段回采至40 m中段，随着采深增加，矿体减小，回采进入到资源枯竭期。通过现场核对，在40 m中段段以上部位，被民采破坏后，存在大量残留矿量。为最大限度的回收矿产资源，延长矿山的服务年限，目前中一采区主要是以回收残留矿量为主，探找新生矿体为辅的总体生产思路。在回收残留矿量的同时不断改进采矿方法，以更加合理的采矿方法追求采矿利益的最大化。

关键词　残留矿柱　出矿巷　出矿单元

1　采矿参数和采矿工艺

1.1　采矿参数

中一采区自建区以来，开采矿体的采矿方法是无底柱分段崩落法，中段高度为40 m，分段高度为10 m，进路间距为10 m，进路规格宽×高为(3.5 m×3.2 m)的三心拱巷道，联巷规格宽×高为(3.8 m×3.2 m)的三心拱巷道，联巷平行与矿体走向布置，进路垂直矿体走向布置。落矿方式上向垂直扇形中深孔落矿，最小边孔角度为45°，孔底距为1.8～2.2 m，进路排距1.5 m，切巷排距1.2 m。出矿设备为无轨设备(铲运机)出矿，运矿设备为1.4 t电机车，自溜井放矿沿运输巷至提升溜井。

1.2　矿块的回采工艺

矿块的回采工艺如图1所示。

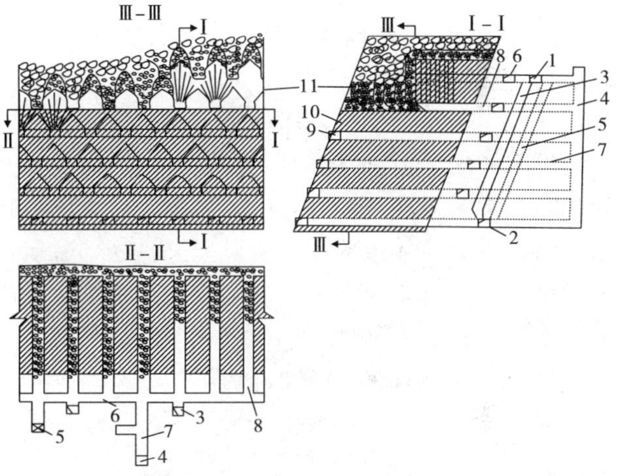

图1　矿块回采

1、2—上、下阶段沿脉运输巷道；3—矿石溜井；4—设备井；5—通风行人天井；6—分段运输平巷；7—设备井联络道；8—回采巷道；9—分段切割平巷；10—切割天井；11—上向扇形炮孔

2　资源储量现状及分布情况

2.1　资源储量现状

目前，中一采区40 m中段以上表内可采矿量几乎为零，0 m中段还有部分矿量，但是由于没有形成开拓系统，当前还不具备开采条件，因此，该区只有在40 m中段以上进一步加大对遗留矿量的回收力度才能维持生产、延长服务年限。通过查阅地质资料和老技术人员的访问，在40 m中段以上还有部分遗留矿量很有回采价值。根据矿体(矿量)的遗留形式，我们把矿体(矿量)的赋存状态划分为几类：分别为边角矿体、零星矿体、复杂残留矿体及工艺损失矿量。

边角矿体、零星矿体一般遗留在矿体的边部及主矿体以外，在当时回采时考虑矿体较薄，矿量较小，经济价值不高，放弃了对边角矿体和零星矿体的开采。

工艺损失矿量一般遗留在矿体的底部采场的进路里，由于下部没有布置采场因此被遗留。

复杂残留矿体的赋存条件比较复杂，它是由于经过多年的回采及小矿点的严重干扰和破坏，而造成遗留的残存矿体。虽然近几年我们做了大量的的残采回收工作，但是仍有部分复杂难采遗留矿体没

王玉明(1971—)，男，工程师，056303 河北省武安市。

能及时回收。为了能够有效地回收这部分矿量,对残留矿量有针对性地按残留形式进行了分类,大致可以分为5大类。

2.2 资源储量形式

2.2.1 空区顶板残留矿量

空区顶板残留矿量是指下部已经形成回采空区,残留矿体在空区顶板没能被及时崩落的矿量,这类矿体由于矿量在空区顶板,在回收时安全性较差,贫化较为严重,另外还需回采空区下部有相应的回收工程,因此回收空区顶板残留矿量具有一定的难度。

2.2.2 地压破坏残留矿量

地压破坏残留矿量是由于随着回采分层不断的下降,采场地压逐渐显现出来,对所施工的采准工程造成破坏而损失的矿量;再者就是受民采矿点不规则采矿影响容易形成应力集中显现,对采准工程构成破坏而无法采出的矿量。

2.2.3 空区隔离残留矿量

空区隔离残留矿量是指由于正规矿体受民采矿点无规则的破坏,在矿体的中部破坏性最大,民采工程截断正常的采准工程,使开拓、采准工程无法进行施工而造成的矿体边部残留矿量损失。这部分矿量回采难度在于需要在空区的两侧或下部施工大量的采准工程,对其上部残留矿量进行彻底回收。

2.2.4 空区底部残留矿量

空区底部残留矿量是指民采将上部矿体回采破坏,遗留在空区底部5米以下的矿体,这部分矿量机械化无法回收,民采又无法进入空区,回收难度较大。

2.2.5 空区矿柱残留矿量

空区矿柱残留矿量大多是民采破坏性回采时遗留下来的,有的遗留时间长,已经二次破坏,回收更为困难。空区残留矿柱由于大部分下部还有残留矿量存在如果不及时回采,会给下部回采留下局部地压隐患,有的尽管下部无矿,但其不规则矿柱的遗留,随时会造成大面积顶板塌落,安全隐患很大,由于以上原因也使矿柱的回收极为困难。

近几年,这几种遗留矿体作为回收矿,我们已经做了大量的技术工作,回收了不少矿量,随着市场经济的不断发展,铁精矿价格居高不下,而且始终保持上涨的趋势,低品位矿已经具有回收价值,也应该纳入到回收矿中。

通过分析总结,我们对中一采区资源分布形式重新进行了核查摸底:

(1) 120 m 中段以上赋存有大量的工艺损失矿量及边角矿体;

(2) 80 m 中段赋存有复杂残留矿量和低品位矿量及零星矿体;

(3) 40 m 中段赋存有大量的复杂残留矿量。

2.3 资源储量分布情况

(1)120 m 中段。在 120 m 中段 136 m 分段、148 m 分段及 160 m 分段,由于在开采 120 m 中段采场时矿石价格较低,为了追求利益最大化,当时采场出矿采取的是截止品位出矿法,因此在该中段遗留了大量低品位矿量以及边角矿体,每个分段都遗留了大量的矿量。

(2) 80 m 中段。在 80 m 中段的 89m 分段 110 m 分段及 115 m 分段由于民采破坏严重,遗留了大量的复杂残留矿体,尤其是 6 线以北的遗留矿体非常可观,另外有部分零星矿体被忽略,有待进一步探明储量。

(3) 40 m 中段。40 m 中段 77 m 分段、66 m 分段、55 m 分段存在有大量的复杂残留矿体,6 线以北由于民采破坏遗留了部分残留矿体;在 11 线-13 线之间由于地压影响造成在该部位遗留了部分复杂残留矿分布。

(4) 45 m 分层。在 45 m 分段的还有部分矿量,但 40 m 分段上盘巷存在地压,为了保护 40 m 水平上盘巷,在 45 m 分段有部分采准工程没有按计划施工到位,而且矿体发生变化,有待进一步探明。

(5) 0 m 中段。在 0 m 中段还有部分矿量,但由于在 0 m 中段没有布置开拓工程,因此具体矿量还有待于进一步探明。

3 回采方案

经过几年来对残采回收,中一采区已经有效地回收了部分残留矿量,对复杂残留矿体的回收技术积累了丰富的经验,但随着时间的推移和市场经济的不断变化,又有部分遗留矿量具备回收价值的条件,在此基础上我们有待进一步研究如何对复杂残留矿体回收后的损失矿量进行再回收,从而创造更大的经济效益。针对中一采区目前的资源现状,有效地回收遗留矿量是采区的工作重点和努力方向。为了达到技术上可行、安全上可靠、经济上合理的采矿原则,我们针对不同的矿体储量形式,采取了不同的回收方法,以追求利益最大化。具体方案如下。

3.1 对空区底部遗留矿量回收

针对120 m中段以上遗留的矿量,该中段的遗留矿量主要是由于无底柱分段崩落法采矿工艺造成的工艺损失矿量。该中段的矿量主要采用类似小有底柱分段崩落采矿法的回收方案进行回收。该采矿方法与有底柱分段崩落法有所不同,不同的是只需要施工底部结构,不存在落矿工序,具体工程布置形式:在原有两条进路下面布置一条进路作为联巷,联巷与上部工程的距离控制在6~7 m,在联巷内布置出矿进路(斗穿),进路间距应根据上部工程进路的间距而定,如果上部工程进路间距是10 m,新设计进路间距为20 m(见图2所示)。在出矿进路内布置凿岩硐室,进行扩漏,溜矿漏斗要交错布置(见图3所示),每一次只能扩一个漏斗,扩漏顺序应由里向外依次施工。扩漏工作采用中深孔凿岩或者7655凿岩机凿岩,一次完成扩漏,扩漏的规格为(宽×高)3 m×3 m,扩漏完成后上部的遗留矿石通过漏斗流入到出矿进路,采用铲运机出矿,出矿设备在出矿进路内出矿。

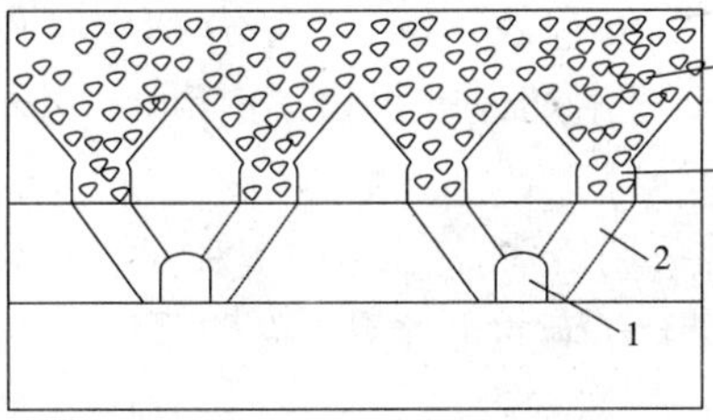

图2　进路设计

1—设计进路;2—溜矿漏斗;3—原有工程;4—遗留低品位矿量

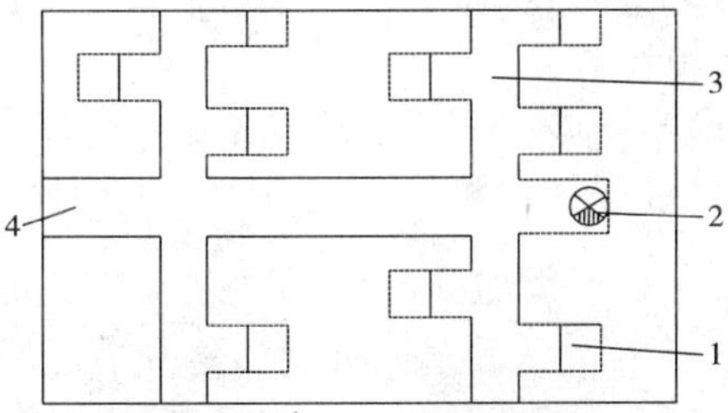

图3　溜矿漏斗交错布置

1—溜矿漏斗;2—进风井;3—出矿进路;4—出矿联巷

3.2 对边角矿体回收

针对边角矿的回收方法可以参照有底柱分段崩落法进行回收,由于中区设备是铲运机出矿,可以把电耙道作为聚矿巷,在聚矿巷内布置出矿进路,出矿设备是铲运机替代电耙子,最终完成出矿,达到回收遗留矿量的目的。

3.3 对空区矿柱残留矿量回收

在中一采区6线以北民采破坏严重,从120 m水平到45 m水平所有矿量全部被民采抢占。由于该部位民采空区时间较长,通过工程揭露,该部位的采空区已经塌死压实,民采遗留矿柱和塌冒的散体已经成为一体。根据该部位空区遗留矿柱的特点,采用无底柱分段崩落法,向上垂直中深孔落矿。分段高度为8~10 m,进路间距为8~10 m;在穿过该部分遗留矿体时采用边掘边探,强支强采的方式进行回收。

3.4 对地压破坏残留矿量回收

在中一区$11^{\#}$~$13^{\#}$线之间由于地压影响而造成的遗留矿体,几年来一直困扰着采区的生产,在该部位施工时由于地压大采准工程很难形成。经过几年经验总结,必须保证形成采准工程,才能有效地回收这部分遗留矿量,因此采取两个分层进行回收。上分层联巷布置在稳固的闪长岩中,出矿进路强掘强支强采,该分层的目的是要破坏矿体的整体性,为下分层充分回收做好准备,下分层的采准工程要全部布置在坚固的岩石中,以保证巷道的稳固性,中深孔要保证施工到一定的深度,以便中深孔爆破时能保证进路与进路之间能够互相联通,这样就保证了矿体的完整性被破坏,再加上上分层已经破坏了一次,从而扩大了采场的暴露面积,由于暴露面积增大,矿体由于重力作用而变形,再加上地压的作用,矿体会逐渐地塌冒,矿石在下分层被采出,从而达到充分回收遗留矿量的目的。

3.5 对空区隔离残留矿量回收

55 m分段由于存在民采空区,采准工程被截断,造成靠上盘的矿体被遗留,45 m分段由于地压的作用加上存在大量的矽卡岩,采准工程施工不过去,因此要在45 m分段的上部55 m分段的下部施工采准工程,绕道进入55 m分段的上盘下部,探明矿体的遗留情况与空区现状,再进行回收。采矿方法采用无底柱分段崩落法,向上垂直中深孔落矿,分段高度为5 m,进路间距为10 m。使用铲运机出矿。

4 生产组织规划

有了宝贵的资源,就要合理地进行采场布置,有条不紊地超前谋划,保证采场衔接,促进生产经营。根据采区资源储量的实际分布现状,要充分利用现有的系统资源,创造性地进行生产组织规划,虽然已经掌握了资源的储量分布情况,由于都是残采矿量,每个采场真正的保有矿量具体有多少,还是未知数,因此在组织生产的同时,要进行保有矿量的挖掘,把不明确的未知矿量变成确切的有把握的保有矿量,确保生产矿量的稳定。由于目前40 m水平以下开拓工程还没有形成，目前还不具备开采能力，因此40 m水平以上的生产组织要保持在两年以上，在两年的时间里充分准备40 m水平以下开拓工程及采准和备采矿量，这样既能保证生产衔接不间断，又能延长采区的服务年限。鉴于此，要有严密的生产组织规划，才能达到我们预期目的。根据中一区采场现在具体的生产组织规划，可分为4不走。

(1)自下而上回收矿产资源。根据目前采场现状，40 m中段的77 m分段、66 m分段联巷已经回采了一部分，6线以北布置残采采场时间比较长，55 m分段的联巷保持完好，因此首先在55分段的6线以北布置采场，回收残留矿量见效快，能够及时缓解采场矿源不足的矛盾。与此同时在80 m中段89 m分段6线以北布置残采采场，为80 m中段出矿做好矿源准备。这样两中段同时布置残采采场，既保证了准备时间短见效快，又能揭露矿体的赋存状况，为探明77 m分段和66 m分段的残留矿量，提供有利的判断依据，使未知残留矿量转化为相对准确的保有矿量，为生产组织提供有利的保障。在55 m分段和89 m分段6线以北的采场形成出矿能力的同时，再相继施工66 m分段、77 m分段及89 m分段以上的采准工程，从而保证采场的正常衔接。

(2)提高40 m中段的出矿能力。40 m中段目前的采场主要是45 m分段和分布在11～13线之间的57 m分段及62 m分段，45 m分段目前形成有10#～18#进路，共计9条进路，这9条进路长短不齐，而且都不同程度地支护了拱架，尤其是16#～18#进路矽卡岩比较厚，经过中深孔探矿，每条进路中间有一段没有矿，出矿能力非常低；57 m分段和62 m分段的采场处在11-13线的地压应力集中区，采准工程很难形成，生产组织非常被动，因此40 m中段出矿能力比较低。为了有效地组织生产，必须合理规划回采顺序，保证出矿的时效性，逐渐改善作业环境。对45 m分段的16#～18#进路，要超前开采，直到形成规定的工作面推进斜线，避免它们形成孤立落后的进路，增加其开采难度，制约相邻进路的推进；对57 m分段的26#～28#进路和62 m分段的22#-24#进路要强支强采，以免拱架变形，降低出矿效率；57 m分段的22#～24#进路与62 m分段的22#～24#进路，在62 m分段回采的同时，57 m分段也可同步回采，但是要保证中深孔的质量与一次爆破效果，以充分回收上部遗留的矿量，提高生产能力。

(3)继续维持80 m中段的出矿能力。在提高40 m中段出矿能力的同时，充分利用80 m水平的运输资源，维持80 m中段的出矿能力至关重要。一方面可以保持生产的稳定，另一方面可以延长采区的服务年限。为此，在89 m分段6线以北布置了采准工程，以便探明民采空区的遗留矿量加以回收。目前已经有2条进路与民采空区打透，每条进路有10 m左右的矿体，民采空区顶板已经塌冒，塌冒的散体已经压实且有部分矿石显露，给我们在89 m分段上下2分层布置采场提供了切实可靠的的地质资料，准确地增加了保有矿量，为维持80 m中段的出矿能力提供了有利的保障。

(4)充分利用斜井的提升能力。120 m中段以上被遗留了大量的矿量，这部分矿量采取顺藤摸瓜的方式自下而上逐步回收，并由斜井提到地表，既保证了矿产资源的有效回收，又充分利用了斜井的提升能力，为完成生产任务提供了有利的支撑。

5 效 益

通过对采场资源储量的核实和对生产经营的合理规划，在2011年的上半年，我们采区共完成铁矿石25.6万t；有效金属5.87万t。其中残采矿量为13.8万t，残采矿石的价格按150元/t计算，生产1 t残采矿石的成本按50元/t计算，半年可为矿创造经济价值1 380万元。

$$138\,000 \times (150 - 50) = 1\,380 \text{ 万元}.$$

6 结 语

西石门铁矿经过20余a的生产，特别是近几年来民采矿点的乱采乱挖，所剩矿产资源非常有限。经过实践证明，通过分析采区资源现状，超前规划，科学组织，充分发挥技术人员的主观能动性，合理布置采场，能够进一步有效地回收矿产资源，延长矿山服务年限。

(收稿日期 2015-05-26)

玉石洼铁矿残矿回收采矿方法

桂淮彬
（五矿邯邢矿业有限公司玉石洼铁矿）

摘　要　处于长期地下开采的玉石洼铁矿，目前开采已近 40 a，步入以残矿回收工作为主的末期开采阶段，伴随残采力度的不断加大，阶段主要运输巷受原有民采工程破坏，地压现象较为明显，部分巷道围岩结构较为破碎，支护量较大。针对该矿的特点，以 2 块矿体为例，分别针对 2 块矿体的具体构造提出几种采矿方法方案，并通过比较并综合多方面因素最终选择出适合的采矿方法方案。

关键词　残矿回收　采矿方法　回采工艺　预控顶　无底柱　有底柱

20 世纪的中后期，在我国黑色金属地下难开采矿山中，最有名的是“两洼一店一门”这 4 个矿山，玉石洼铁矿即为“两洼”其中之一。概况现隶属五矿邯邢矿业有限公司，位于河北省武安市土山乡辖区境内，武安市西北 15 km 处，东距邯郸 45 km。玉石洼铁矿床位于邯邢基地矿山矿田南侧，是邯邢式接触交代型磁铁矿床的重要代表之一。

玉石洼铁矿属于地下开采矿山。于 1977 年底正式投产，1982 年完成的《玉石洼铁矿续建工程初步设计》重新对生产能力进行了验证，将其生产规模确定为 70 t/a，1992 年冶金部对生产能力重新审查核定，最后确定为 55 t/a。采矿方法以无底柱分段崩落法为主，有底柱崩落法为辅。设计年生产能力 100 万 t，设计服务年限 20 a。

伴随近 40 a 的长期地下开采，目前，主矿体已开采完毕，已处于以残矿回收为主的末期开采阶段。

1　现有开拓系统及生产现状

玉石洼铁矿采用联合开拓方式，主井为一倾角 15°钢丝绳牵引胶带输送机斜井，负担+220 m 水平中段矿石，+170 m 水平运输中段矿石通过 1 条转运皮带将其转至主斜井胶带运输机上，提到地表选厂矿仓。副井采用竖井提升方式，提升机为 DMT-2.25×4 多绳摩擦提升机 1 台，提升容器为双层单罐配平衡锤，现担负+170 m 水平人员、材料上下。管子井为玉石洼续建工程完成的铺设排水管为主要目的竖井，配置有 2KT2×3×1.5B-20 型卷扬机 1 台，单层单罐笼，配平衡锤，其负担少量废石提升，管子井提升中段分别为+220、+170、+150 m 水平。

井下采矿方法主要以无底柱分段崩落为主，有底柱崩落法为辅，已开采 30 余 a。目前，主要作业地点集中在+220、+170 m 中段，生产已接近尾声。为了矿山生存与发展的需要，玉石洼铁矿根据矿山现状和生产技术条件，积极组织人员回收残矿和边缘小矿体，作为增产、创收矿量，为保证生产衔接创造一条途径，为矿山创造良好的经济效益和社会效益。

2　矿床地质概况

玉石洼铁矿床属中等规模的接触交代矽卡岩型磁铁矿床，产于燕山期闪长岩与中奥陶统马家沟组石灰岩的接触带及附近，矿体的形态和产状严格受接触带控制，顶部一般为大理岩，底部多为闪长岩。其中 1#为主矿体，分布于 B1 ~ B6 线，其储量占全矿床储量的 80% 以上。矿床总体呈 NW—SE 走向，倾向 SW，产状较平缓，倾角一般在 20° ~ 45°。沿走向长 400 m，厚度 15 ~ 40 m。全矿床各矿体全隐伏于地表以下 10 ~ 330 m，矿体赋存标高+388 ~ +89 m。

矿石按氧化程度可分为氧化矿和原生磁铁矿两类。氧化矿主要分布于矿床上部氧化带内，原生磁铁矿主要分布于矿床中下部。根据统计分析，氧化矿分布范围广且零乱，无法进行分采。矿石工业类型分为平炉富矿和混合矿，平炉富矿主要分布于矿床上部，因量小且分布不集中，生产中未分采。

矿石结构以半自形—它形晶粒状为主，自形晶、交代残余较少。自形半自形结构多见于块状或团块矿石，较坚硬，品位较高；它形晶结构多见于浸染状

桂淮彬（1984—），男，助理工程师，副科长，056303 河北省邯郸武安市。

或条带状矿石；交代残余结构多见于呈稀疏浸染矿石中，一般品位较低。

矿石中主要元素全铁（TFe）最高含量68.92%，一般在35% ~45%。平均含量为39.21%。硫的最高含量达7.89%，最小含量0.007%，平均含量为1.037%。

各组份在走向和垂直方向的分布变化特征：TFe的含量沿走向由北向南逐渐降低，变化范围一般在35% ~5%；在垂向上，TFe含量随埋深的增加而递减，变化范围一般在36% ~49%。硫的含量沿走向总的趋势也是北高南低，局部呈跳跃式变化；在垂向上，硫在+220 m以上稍高，平均达1.5%左右，+220 m水平以下一般多在0.5%以下。

0#矿体为残留边角矿体，分布于14 ~16′线，矿体呈NM—S走向，倾向SW，倾角平均12°。与整个矿体大体．该段从横剖面图看为一不规则层状，从纵剖面图看为14 ~16′由高到低逐渐降低。15′线矿体变薄，16′线尖灭。矿体赋存标高+194 ~ +82 m，矿体厚度2 ~ 23 m，平均厚度12 m，平均品位26.57%，矿体多为致密块状或浸染庄磁铁矿稳固性较好，矿石主要成份与1#矿体相同。

3 采矿方法方案简述

3.1 1#矿体220 m中段开采采矿方法方案

该矿块在以前设计回采时，由于矿石结构比较松软，而且放过大炮，故可判断该矿体赋存现状基本为松散体，也就是在松散体下进行采矿，根据以往残矿回收经验，在松散体内采矿难度太大，矿体整体结构已破坏，地压显现突出，支护投入大，安全性也比较低，回收效果不好。因此此范围采矿方法的选择除吸取以往经验的基础上，还结合矿石赋存条件，以往工程布置情况以及矿石回采情况，残矿流动性差等因素，综合有底柱采矿法、无底柱采矿法，采用无底柱进路和有底柱斗穿和斗颈相结合，命名为挑漏斗法。

根据矿体赋存条件，原工程布置情况，设计分段高度为10 m，每个回收分段必须设计在底部坚硬的闪长岩里。在+220 m中段每40 m设计1条穿脉，尽头式布置，利用穿脉溜井，打主联巷至矿体底部边缘，然后在主联巷靠矿体一侧每隔14 m打1条出矿巷道，再在每条出矿联巷内每隔7 m交错布置斗穿直至矿体尽头，每条都穿设计长度为7 m，在每条斗穿的尽头向上挑斗颈、漏斗，直抵矿体底部，矿石落矿以自然塌落为主，辅以人工用竹竿绑药包糊炮落矿。采用1 m^3柴油铲运车出矿，在斗穿内铲装矿石，经进路联巷、主联巷将矿石运至溜井。待斗穿漏斗内的矿石回采完毕后，再将出矿进路自前至后每隔7 m挑漏斗回收矿石，直至将出矿进路巷道完全回采完毕。当所有的出矿巷道都退采完毕，该部分矿体也就采矿完成。

本方案特点：该采矿方法和无底柱相比较突出的优点是回收效率高，通风效果好，出矿强度高；充分利用原有工程，降低工程投入；由于工程设计在稳固性较好岩层中，节约了大量的支护及重复的支护维护工作；采用自然塌落法落矿节约了大量的火工成本，同时也比较安全。

采矿方法方案示意见图1。

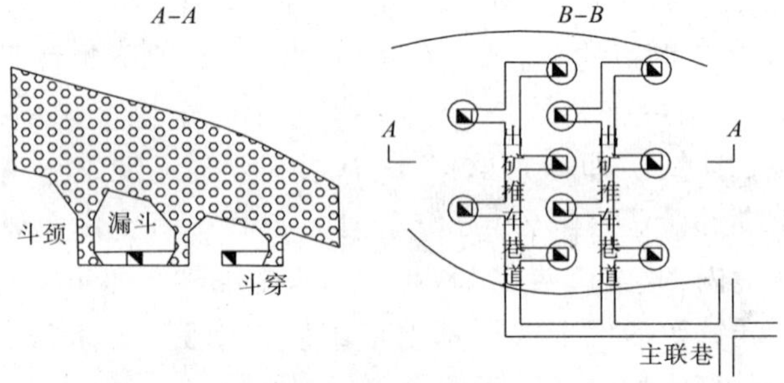

图1 挑漏斗法

3.2 0#矿体+100 m中段开采采矿方法方案

+100 m中段的矿体属缓倾斜中厚矿体，平均厚度为10 m，初步研究分析后提出3种采矿方法方案。

3.2.1 预控顶中深孔房柱法

该采矿方法适用于品位低、价值低、岩凿性好的缓倾斜中厚矿体，即矿体倾角小于30°，厚度6 ~12 m。主要优点是采场切顶后，较清楚的控制了矿体与顶板的接触界线，大大的降低了顶板矿石的贫化；切顶后，能利用2个自由面爆破，爆破效果好，大块率降低，二次破碎工作量小；切顶后还能仔细的检查顶板，对不稳固或局部不稳固的顶板可以进行锚杆支护，耙矿和二次破碎较为安全；采用中深孔落矿，生产效率较高。

3.2.2 无底柱分段崩落法

如图2所示，无底柱分段崩落种法是将阶段用分段回采巷道划分为若干分段，由上向下逐个分段进行回采，随后由崩落围岩充填采空区，分段下部不设出矿的底部结构，以小的崩矿步距爆破下来的矿石在崩落围岩的覆盖下直接由回采进路端部放出，凿岩、出矿共用同一巷道。

适用条件：①较规则的急倾斜厚矿体；②矿石稳

固程度在中等以上，进路中不需大量支护；③顶板围岩能自行崩落，且块度较大；④地表允许陷落，表土层不厚，没有导致井下被淹没的地表水或地下水；⑤矿石允许贫化，矿岩容易分离，矿石可选性好，围岩含有用矿物成分。

常用的分段高度为 10 ~ 12 m，通过斜坡道、设备井、电梯井与各分段的联络巷道相联系。分段联络巷道一般位于下盘，每隔 10 m 左右掘进回采进路，上下分段的回采进路采用菱形交错布置。在进路的端部开切割槽，以切割槽为自由面用中深孔或深孔挤压爆破后退回采，每次爆破 1 ~ 2 排炮孔，崩落矿石在崩落的覆盖岩石下从进路的端部用铲运机、装运机、装岩机等出矿设备运到放矿溜井。当上一分段退采到一定距离后，便可开始下一分段的回采。此法掘进回采进路，钻凿炮孔、出矿可以在同一矿块的不同分段同时进行。

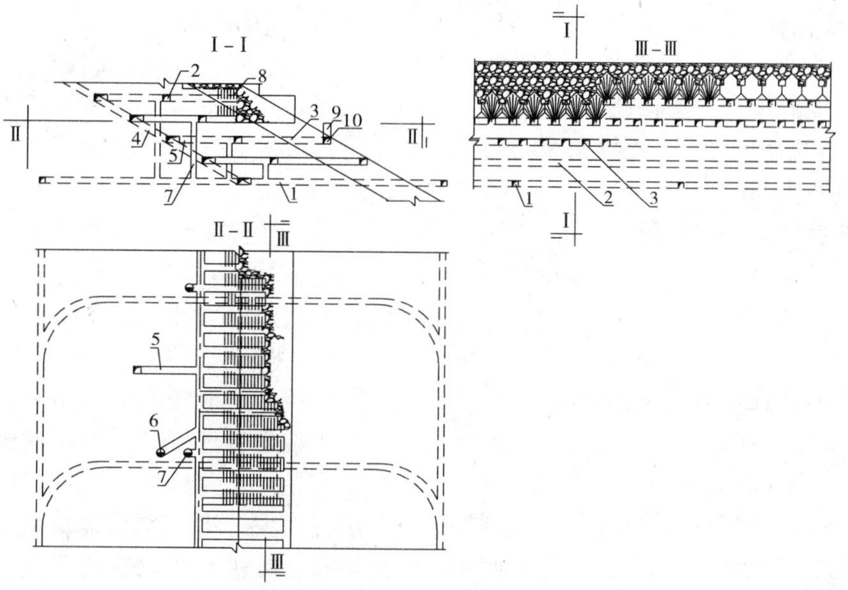

图 2　无底柱分段崩落法

1—穿脉运输巷；2—采场联巷；3—出矿进路；4—采区斜坡道；5—斜坡道联络巷；6—矿石溜井；7—岩石溜井；8—落矿孔；9—切割井；10—切割巷

3.2.3　有底柱分段崩落法

有底柱分段崩落法的主要特征是：矿体自上而下将阶段划分为分段，沿矿体走向按一定顺序，用强制崩矿或利用地压与矿石自重落矿，实现单步骤连续回采；崩落矿石是在覆盖岩石的直接接触下，借助矿石的自重和振动力的作用，经底部结构放出。随着矿石的放出，覆盖岩石随之下降，充满采空区，实现地压管理。

适用条件：①地表允许崩落；②合适矿体厚度和倾角；③上盘岩石稳固性不限，下盘岩石中等稳固以上；④矿石中等稳固；⑤开采贫化损失较大，适合矿石价值不高；⑥矿体不含夹层，无自然性和结块性。

有底柱分段崩落法采用中深孔或深孔钻机，在凿岩平巷内钻凿上向扇形中深孔或深孔，向切割槽方向进行挤压爆破。在“V”形堑沟内的崩落矿石，通过安装在电耙道内的电耙耙入矿块小井，最终汇入主溜矿井。由于崩落矿石直接与上部覆盖岩石接触，为减少矿石损失与贫化，应使矿石与废石接触面保持一定的状态（水平或倾斜）下降，因此，各分段出矿时，应综合考虑上下分段、相邻矿块的出矿情况，制定周密的放矿顺序和放矿量。见图 3。

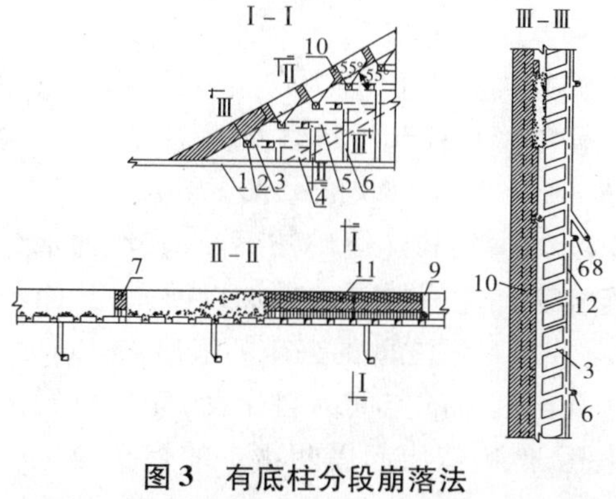

图 3　有底柱分段崩落法

1—穿脉运输巷；2—集矿凿岩巷；3—出矿进路；3—采区斜坡道；
5—斜坡道联络巷；6—矿石溜井；7—采区斜坡道；
5—斜坡道联络巷；6—矿石溜井；7—临时矿柱；8—岩石溜井；
9—切割井；10—永久矿柱；11—落矿孔；12—采场联巷

有底柱分段崩落法是在覆盖岩石下进行放矿的，因此在回采初期必须形成覆盖层。覆盖层的形成主要是根据矿体赋存条件、距地表的距离、地面和井下现状、废石来源等情况确定。选择形成方式方法时,首先考虑自然崩落,其次再考虑强制崩落。为防止覆盖围岩提前混入崩落岩石,造成矿石提前损失与贫化,覆盖岩层的块度应大于崩落矿石的块度。

通风的重点是电耙道,电耙道的风向应与耙运方向相反。

玉石洼铁矿使用该采矿方法时间比较长,经验丰富。它的缺点:①采准,切割工作量大,机械化程度底;②矿石损失贫化较大。

通过上述的分析比较,对+100 m 中段的矿体开采,最佳选择使用预控顶中深孔房柱法。无底柱分段崩落法与有底柱、无底柱崩落法相比,采切工程量少,采切比小,矿石贫化率减小,且采切工程大部分在矿体里,矿石得到更大回收率。

3.3 预控顶中深孔房柱采矿法应用

3.3.1 构成要素

矿房长 30 ~ 40 m,宽 12 m,高为矿体厚度,矿房长轴沿走向布置,每 3 个矿房为一采场,采场之间留连续间柱,矿房间留有不连续间柱及连续顶柱。

3.3.2 回采工艺

首先在矿房顶部用浅孔切顶,形成一个长 27 ~ 37 m,宽 9 m,高 2 m 的空间,对局部不稳固的地段,随切随支护,支护形式为锚喷。然后在矿房底部切割巷中,凿扇形中深孔,爆破后形成一个长 9 m,宽 2 m,高为矿体厚度的切割槽。在凿岩上山中打完全部中深孔,炮孔排距 1.5 m,孔底距 1.8 ~ 2.0 m,YGZ-90 凿岩机效率为 30 m/台班,每米炮孔崩矿量不小于 4.2 t。

爆破方式采用 BQF-100 型装药器装药,导爆索和导爆管雷管复式起爆网络,以切割槽位自由面,每次爆破 3 ~ 5 排,爆破块度<500 mm.

采场的顶柱和连续矿柱不回采,作为永久矿柱和不连续矿柱之间的夹矿需加以回采,其回采方法为:对不连续矿柱之间的夹矿的采出,先以切顶空间和前排孔已爆成的空间为自由面,先爆凿岩上山顶板的炮孔,然后依次起爆两帮上的炮孔向顶板方向崩出。

3.3.3 采场运搬

采场运搬设备为 2dpj-30 型电耙,0.3 m^3 的耙斗,设备生产能力 3.5 万 t。

3.3.4 采空区和顶板管理

采场留有顶柱和间柱,采空区顶板局部不稳定地段,采用砂浆锚杆和喷射混凝土支护,锚杆直径 16 ~ 18 mm,长 1.8 ~ 2.0 m,锚杆布置网度一般为 (1.2 ~ 1.8) m×(1.5 ~ 1.8)m。

在预控顶工作的同时,在顶板适当位置或锚杆上安设观测标志,并在整个回采期间加强照明,经常进行顶板层变化和位移观测,以便及时处理出现的问题。

为了预防一旦危岩整体冒落时,机械冲击与气浪的危害,对不再利用采空区,用混凝土墙进行封堵,对不在利用的天、溜井也要及时封闭。

4 结 论

合理开发利用有限的资源,是广大矿业工作者义不容辞的责任。矿产资源的浪费,除了无计划的乱采乱挖外,还有大量由生产计划不周而造成的回采矿柱损失 。但与前者不同的是,矿柱可通过有效的规划设计进行有步骤的回收,这样不仅回收了残余资源而创造社会效益,而且还可为矿山企业创造一定的经济效益。

参 考 文 献

[1] 采矿设计手册编写组. 采矿设计手册[M]. 北京:中国建筑工业出版社,1988.
[2] 王家齐,施永禄. 空场采矿法[M]. 北京:冶金工业出版社,1988.
[3] 谢世俊. 金属矿床地下开采[M]. 北京:冶金工业出版社,1988.
[4] 王 青,史维祥. 采矿学[M]. 北京:冶金工业出版社,2010.
[5] 钟义旃. 金属矿床开采[M]. 北京:冶金工业出版社,1999.

(收稿日期 2015-05-26)

崔家庄石英砂岩矿床开采技术条件分析

曾 兵 李峰博
(洛阳市矿业发展中心)

摘 要 在对崔家庄石英砂岩矿区水文地质、工程地质和环境地质野外调查的基础上,深入分析了矿床开采技术条件,并针对未来开采过程中出现的地质环境问题提出了合理的防治建议,以便为矿山开采方案设计提供参考。

关键词 石英砂岩矿 开采技术 环境地质 防治建议

崔家庄石英砂岩矿区位于河南省新安县铁门镇,矿区属低山丘陵地貌,最高点位于矿区中部,海拔+635 m,最低点位于矿区东南部,海拔+550 m,相对高差85 m,矿区内无河流发育[1]。在对矿区水文地质、工程地质和环境地质野外调查的基础上,深入分析了矿床开采技术条件,并针对开采过程中出现的地质环境问题提出了合理的建议,以便为矿山开采方案设计提供依据。

1 矿床地质概况

矿区处于华北地台南缘,渑池—临汝台坳,黛眉寨隆断区。区内出露地层主要有新元古界青白口系崔庄组和三教堂组地层,局部有第四系覆盖层分布。矿区内地质构造不发育,未见到褶皱和断裂出露,构造较简单。本区矿体赋存于三教堂组石英砂岩地层中。矿体走向长度约为220 m,倾向长度约为200 m,产状170°∠13°、170°∠15°,倾角较小,产状缓倾斜,呈单斜层状产出,厚度25~35 m,平均厚度为28 m。矿体整体出露良好,顶部受到风化剥蚀严重且节理较发育,充填大量风化产物。

矿体赋存标高+630至+530 m。矿石主要呈它形粒状结构、镶嵌结构,构造以致密块状构造为主,矿物以石英为主,含量达98%以上,只有很微量的黏土矿物和褐铁矿、锆英石等。石英呈它形和半自形粒状,粒度0.1~0.2 mm,呈灰白色,具油脂光泽,硬度大,断口贝壳状,品质优良。

2 水文地质

本矿体赋存于山地斜坡地带,地势中部高、南部和北部较低,地形坡角15°~18°,该地下有利于大气降水和地表径流有中部向南、北两侧排泄。矿区中部修建有排水沟,南部和北部有少量沟谷发育,只在降雨时节沟谷中有短暂流水,一年四季少见地表水体。由于矿体直接出露于地表,矿区内地下水类型主要为基岩风化裂隙水。近地表处,基岩风化裂隙较发育,但由于石英砂岩致密坚硬,风化深度较浅,且多数风化裂隙被泥质物充填,含水性较弱。基岩风化裂隙以下为未经风化的完整石英砂岩为隔水层。

未来矿体以露天开采为主,矿坑充水以大气降水为主,但由于矿区地势中部高、南部和北部低,大气降水可由排水沟直接排至南部或北部地表沟谷内,大气降水对矿山未来开采影响较小。

3 工程地质

矿体为三教堂组石英砂岩,该类岩石致密坚硬,呈块状构造,整体性结构强,裂隙率低,力学强度相对较高,稳定性好,未来矿山开采,出现滑坡、泥石流等地质灾害可能性小。矿层倾角平缓,埋藏较浅,适宜露天开采。

将来矿山露天采坑边坡角及边坡高度不大,同时矿体结构整体性好,抗压性能高,质量等级较好,水文地质条件简单。采坑将来出现滑坡,崩塌的可能性小。

4 环境地质

根据《GB18306—2001 中国地震动参数区划图》矿区地震动峰值加速度为0.05g,地震基本烈度为Ⅵ度,矿区无断层发育,构造简单,矿区稳定性好。

当地人口密度小,居住分散,当地经济以农业为

(下转第99页)

曾 兵(1976—),男,助理工程师,471000 河南省洛阳市凯旋东路26号。

末期矿山生产系统优化研究与实践

苏锡安
（五矿邯邢矿业有限公司玉石洼铁矿）

摘　要　处于长期地下开采的某矿，目前开采已近 40 a，步入以残矿回收工作为主的末期开采阶段，近些年，伴随残采力度的不断加大，阶段主要运输巷受原有民采工程破坏，地压现象较为明显，部分巷道围岩结构较为破碎，支护量较大，维护周期短，支护费用较高，严重影响了生产系统的安全稳步运行。对此，充分利用现有图纸资料，结合现场实际工程布置情况，通过科学设计、谋划，实施了+170 m 水平上、下盘运输巷绕道工程，进行了生产系统优化，解决了主要运输巷由于受围岩破碎、支护工作量较大、周期较短等因素给生产、运输、安全带来的不利影响和安全隐患，有效提高了残矿回收产量，为末期矿山残矿回收工作的安全高效开展奠定了基础。

关键词　末期矿山　地下开采　生产系统优化

20 世纪的中后期，在我国黑色金属地下难开采矿山中，最有名的是“两洼一店一门”这 4 个矿山，某矿即为“两洼”其中之一。该矿现隶属五矿邯邢矿业有限公司，位于河北省武安市土山乡辖区境内，武安市西北 15 km 处，东距邯郸 45 km。某矿床位于邯邢基地矿山矿田南侧，是邯邢式接触交代型磁铁矿床的重要代表之一。

某矿属于地下开采矿山。1969 年 4 月，冶金工业部邯郸冶金矿山公司设计队以五一八队 1968 年提交的《河北省武安县某矿矿体地质勘探总结报告》为依据，对某矿床进行初步的开采设计，设计生产能力 100 t/a，于 1969 年 10 月开工建设，采用主斜井和副竖井联合开拓，1977 年底正式投产，1982 年完成的《某矿续建工程初步设计》重新对生产能力进行了验证，将其生产规模确定为 70 t/a，1992 年冶金部对生产能力重新审查核定，最后确定为 55 t/a。采矿方法以无底柱分段崩落法为主，有底柱崩落法为辅。设计年生产能力 100 万 t，设计服务年限 20 a。伴随近 40 a 的长期地下开采，目前，主矿体已开采完毕，已处于以残矿回收为主的末期开采阶段。

1　区域地质概况

1.1　气象状况

矿区属大陆性半干旱气候，四季变化明显，年降雨量 450 ~ 700 mm，最大年降雨量 1 472 mm（1963 年），全年降雨量不均衡，多集中在 7 ~ 9 月份，5—6 月份最大蒸发量 314.8 mm，刮风多集中在 11 月至翌年 2 月，风向主要为 SW、NE，年平均风速 3 m/s，最大风速 4.7 m/s，最大风力 8 级，温差较大，年平均温度 13℃，6 ~ 7 月份最高气温达 40 ℃以上，1 月份最低温度可降至零下 15℃，11 月至翌年 3 月为降雪月份和结冻期，冻土深 15 ~ 25 cm，每年无霜期约 200 d。

1.2　水文状况

1.2.1　矿区含水层

矿区内出露的第四纪黄土和第三纪砾石层，除在雨季短时间含水外，大部分时间是不含水的透水层。中奥陶纪灰岩是矿区的主要含水层。而闪长岩体除上部因风化作用产生裂隙含有少量裂隙水之外，主要作为隔水层存在。中奥陶纪石灰岩，岩体中节理裂隙发育，并有蜂窝状小溶洞及垂向大于 1 m 的喀斯特溶洞。区内地下水类型为裂隙溶洞水。矿区南部灰岩较厚，透水性好，北部灰岩分布较薄，透水性较差。

1.2.2　地下水的补给和排泄

矿区地下水补给来源主要是大气降水。补给途径是矿区裸露灰岩的直接吸收，区域含水层的侧向补给以及北洺河的垂向渗漏。而后者为矿区地下水的主要补给途径，起控制作用。由于矿区内黄土及砾石层透水性较好，石灰岩又较破碎，裂隙溶洞发育，大气降水渗透条件较好，地下水在雨季补给来源较丰富。矿区内地下水自西北流向东南到矿区南部与区域地下水汇合。

1.2.3　地下水及动态变化

由于矿区内地下水补给来源主要是靠大气降

苏锡安（1960—），男，高级工程师，056303 河北省武安市土山乡。

水,因此地下水位变化受季节影响较大,一般在8月中旬到9月初水位开始上升,12月以后开始下降。在矿山生产过程中,某矿对地下水位变化进行了长期的观测,收集了大量的地下水位动态变化资料。近几年矿区范围内干旱少雨,地下水位逐年下降,最高水位一般约+15 m。

1.3 地形地貌状况

某矿矿区位于太行山东麓,属低山丘陵区,东邻华北平原,地势西高东低,海拔标高一般为+335 ~ +424 m,相对高差89 m。沟涧纵横交织,地形较复杂。

2 工程概况

2.1 工程地质概况

某矿属难采矿山。总体上,根据以往本矿山地下开采过程中总结的经验,在+220 m水平以上,由于风化程度较强,矿体和围岩破碎较严重,稳定性差。在+220 m水平以下,矿体顶板多为灰岩、大理岩,一般抗压强度800 ~ 1 687 kg/cm^2;底板为闪长岩,抗压强度600 ~ 1 870 kg/cm^2,但由于受热液交代作用影响,蚀变现象较普遍,常在矿体底板夹有一层1 ~ 8 m厚的矽卡岩(抗压强度不足50 kg/cm^2),造成底板软、硬岩石分布不均,稳定性较差;矿石软硬不一,抗压强度一般为385 ~ 1 550 kg/cm^2,并且矿石中普遍含有较软的绿泥石等脉石矿物,使得矿体的稳固性较差。本次生产系统优化工程实施于+170 m水平中段,该中段现为目前某矿主要开采水平。

2.2 实施优化前生产系统概况

经过30余a的地下开采,主矿体已经全部回采完毕,目前以残矿回收为主,残采工作的实际开展过程中,一方面,由于受多年以来地下开采活动和前些年民采破坏等因素的影响,该矿井下$B^{\#}_{7\text{-}10}$地质勘探线之间的下盘运输巷、11# ~ 13#地质勘探线的上盘运输巷地压应力集中,围岩破碎,巷道变形较为严重[1](最窄处宽不足2 m,高不足2.3 m),道轨和枕木严重受损,U型支架使用量较大,维护周期短,费用较高,井下使用的有轨ZK7-250型电机车在矿石运输过程中受破碎巷道影响,环形运输循环周期较长,运输过程中人、机车在通行过程中均存在安全隐患,并且以残矿回收为主的采场的通风、行人及运输等均受到不同因素的影响,导致生产系统的不能够正常稳步运行;另一方面,2012年外委地勘公司充分利用现有图纸资料[1],结合该矿已实施的井下采准工程揭露的情况,进行了科学分析,针对矿区范围内实施了坑探工作,通过分析钻孔取出的岩心岩性,得出结论:上述+170 m水平中段上、下盘运输巷结构破碎处,经坑探工程探明赋存标高为+150 ~170 m水平存在边角矿,地质储量约10.21万t,平均品位约28.00%。

该矿已处于矿山开采末期阶段,鉴于上述问题,应充分利用图纸资料,结合现场实际情况,对运输系统进行了科学的工程优化,解决运输系统不畅、通风系统不畅问题的同时,实现品位较高实体矿的高效回收利用,确保残采工作的安全有序进行,生产系统安全稳步运行,有效延长矿山服务年限。+170 m水平中段上盘运输巷、下盘运输巷围岩结构破碎具体部位如图1所示。

3 方案优化实施

3.1 方案优化

针对+170 m水平上盘运输巷、下盘运输巷围岩破碎,严重影响了生产、运输、通风系统的安全正常稳步运行的状况,通过翻阅以往上水平分段工程布置的图纸资料,充分利用$B^{\#}_{7}$ ~ $B^{\#}_{13}$地质勘探线图纸,确保优化设计工程均布置于灰岩体内,且保障服务时间较长,结合井下现场实际情况[1],分别设计实施了+170 m水平中段上盘绕道、+170 m水平中段下盘绕道,通过实施绕道工程,可解决上述原因引起的生产、运输系统运行不畅的问题,彻底消除由于围岩破碎引起的安全隐患,确保+170 m水平中段19# ~22#穿脉上、下盘运输巷、+170 m水平以下采场通风条件能够达到安全所规定的风速风量安全要求。

3.2 优化方案实施的工程预算

充分现有图纸资料,利用$B^{\#}_{7}$ ~ $B^{\#}_{13}$线地质勘探图纸,科学设计+170 m水平上盘绕道、下盘绕道,工程量如表1所示。

根据上述工程量,按照定额取费,本次设计+170 m水平中段上盘绕道、+170 m水平中段下盘绕道掘支、铺轨、架线共计发生费用约550万元。

3.3 工期安排

由于此次设计施工的+170 m水平上、下盘绕道开口处均处于主运输系统咽喉部位,为了确保尽量减少由于施工给运输系统带来的影响[2],且能够尽早使用设计的绕道工程,同时考虑独头掘进,掘进线路较长时,施工作业处通风效果不佳,掘进渣运输较远等问题,根据现场实际情况,计划实施工程方向对掘的形式予以贯通,掘进面计划施工2 m/d。

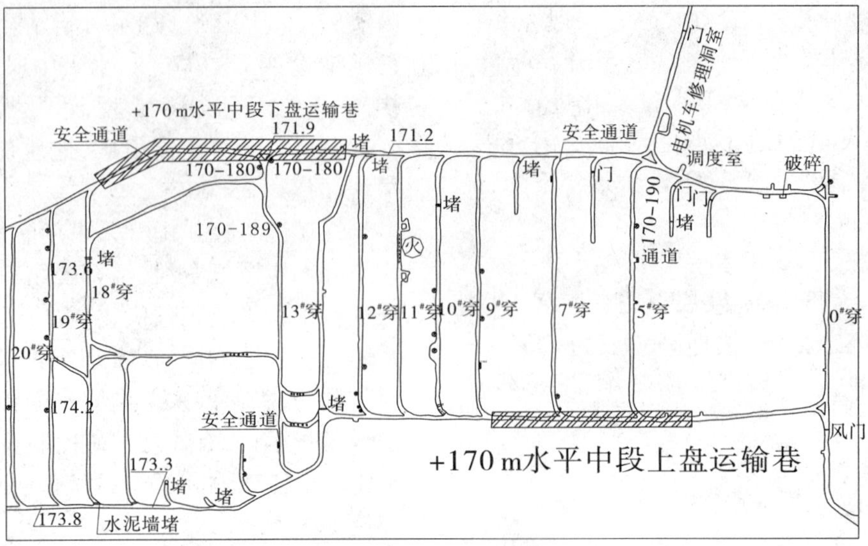

图1 +170 m 水平平面

填充部位为+170 m 水平上、下盘围岩破碎处

表1 +170 m 水平中段上盘绕道、下盘绕道工程量

	部位	断面/m	米数/m	工程量/m³	支护形式/mm	支护量/m³
掘支工程	+170 m 水平上盘绕道	3.00×3.10	370.00	3 204.20	喷锚网 $d=100$	2 595.00
	+170 m 水平下盘绕道	3.00×3.10	858.00	7 430.28	喷锚网 $d=100$	6 018.00
铺轨架线	+170 m 水平上盘绕道铺轨、架线		370.00			
	+170 m 水平下盘绕道铺轨、架线		858.00			

4 经济效益比较

4.1 实施前概况

+170 m 水平中段生产系统、运输系统，由于 $B_7^{\#}$ ~ $B_{10}^{\#}$ 地质勘探线的下盘运输巷、11# ~ 13#地质勘探线的上盘运输巷围岩风化较为严重，应力较为集中，结构破碎，支护维护周期短，费用高，且影响运输系统正常运行，存在安全隐患，此次运输系统优化前主要维护量和运输量如下：

(1)根据表1，每年消耗 U 型支架 320 架，按照 2 200 元/架计算，每年发生支护成本 70.4 万元。

(2)根据月平均可运输矿石 78 000 t，选比按照 6(倍)计算，+170 m 水平中段运输矿石量月可生产铁精粉 1.3 万 t，年可铁精粉生产量约 15.60 万 t。

4.2 实施效果

此次生产系统工程优化，通过在+170 m 水平中段分别实施上盘绕道、下盘绕道，一次性投入掘支、铺轨架线费用，自 2011 年开始运行几年以来，较大程度上解决了由于围岩破碎引起的支护问题，给运输系统运行不畅、通风系统带来的困难，降低了 U 型支架支护成本的发生，消除了由于支护引起的安全隐患，并且在一定程度上提高了+170 m 水平中段的运输能力，提高了残矿回收产量，实施后效果显著，每月矿石量达到约 84 000 t，选比按照 6(倍)计算，+170 m 水平中段运输矿石量月可生产铁精粉 1.4 万 t，年可回收铁精粉约 16.80 万 t。如上所述，按照铁精粉单价 1 000 元/t 进行计算，铁精粉年可增加销售收入 1 200 万元。

5 结 语

某矿处于末期开采阶段，主运输系统的巷道围岩受到常年地下开采影响，风化较为严重，应力较为集中，巷道围岩较为破碎，该矿使用的 ZK7-250 型电机车在运行过程中，存在较大安全隐患，支护周期短、费用高，运输能力不能有效提升，由此导致采矿成本费用较高。此次运输系统优化，掘支+170 m 水平上盘绕道、+170 m 水平下盘绕道，通过一次性投入掘支铺轨架线费用，科学合理的减少了由于+170 m 水平运输系统线路部分地段由于围岩结构破碎引起的支护费用支出，同时，有效提高了系统运输能力，提高了安全作业系数，为下一步安全高效回收原运输系统部分巷道周边的残矿资源提供了有利的前提保障，为延长末期矿山服务年限奠定了坚实基础。

参 考 文 献

[1] 解世俊. 采矿手册[M]. 北京：冶金工业出版社，1990.

[2] 李现区. 复杂空区中残留矿体安全开采技术的研究与实践[J]. 金属矿山，2010(6)：30-33.

(收稿日期 2015-05-26)

某深井矿山充填采矿方法采场结构参数优化

胡力可
（五矿矿业（安徽）工程设计有限公司）

摘 要 针对某深井矿山的赋存条件及开采技术条件，初步选择了矿块的结构参数。为了保证矿块结构参数的合理性，利用 $FLAC^{3D}$ 软件对设定的 3 种矿块参数方案进行了模拟计算，分析了各个方案的优劣，得出了较优的矿块参数，为矿山开采设计提供依据。

关键词 充填采矿方法 采场结构参数 $FLAC^{3D}$

某矿山为大型铁矿山，探明铁矿石资源/储量为1.8亿t，铁矿体有主矿体一个，即Ⅰ#铁矿体，是该矿床中规模最大的矿体，占铁矿石总资源量的79.39%，此次采矿方法研究主要针对Ⅰ#矿体，该矿体水平投影为不规则的长方形，长轴呈NE走向，矿体长158～1217 m，平均741 m；宽75～816.50 m，平均445.59 m；厚1.00～232.09 m，一般为25.03～174.61 m，平均86.59 m，矿体总体形态呈巨大的透镜体或似层状。Ⅰ#铁矿体赋存标高为-642.90～-1 136.04 m，矿体主体部分赋存标高为-642.90～-1 000.82 m，为深井开采矿山。

1 开采技术条件

1.1 水文地质

该矿床是以裂隙含水层充水为主的矿床，矿区地（岩）层划分为7个含水岩组，主要充水含水层为次生石英岩含水层，矿体及顶底板主要位于次生石英岩含水层之下，局部夹于次生石英岩含水层之间，富水性极弱。次生石英岩含水层与矿体之间间接接触，以静储量为主，水压较高，水量不大，易于疏干。结合采矿设计方案，未来矿坑不受地表水及大气降水的影响。该矿床水文地质条件为简单类型。

1.2 工程地质

该矿床埋藏深，矿体及其围岩以块状岩类为主。蚀变岩构成了矿体的顶、底板。由于蚀变类型及蚀变程度的不同，围岩的稳固性变化较大。岩体中节理裂隙的发育特征对围岩质量影响也较大。该矿床围岩岩体质量等级以良为主，次为中等，局部差，岩体质量分级多为Ⅱ～Ⅲ级，局部为Ⅳ级。主要矿体围岩稳固性良好，该矿床工程地质条件属中等类型。

1.3 环境地质

矿区地质环境现状良好，但未来矿山开发引起和遭受的环境地质问题较多，主要环境地质问题有：①矿坑水、尾矿、废石堆中黄铁矿、黄铜矿等的氧化分解易形成酸性水，对水、土、石等地质环境易产生污染；②矿体埋藏较深，地温可达37～45℃，为受热害影响的矿床。该矿床环境地质条件为中等偏复杂类型。

2 采矿方法初选

可选的采矿方法有空场采矿法、崩落采矿法、充填采矿法[1-4]，在金属矿山开采方法中，空场法（不含空场嗣后充填）一般不适用于高应力有岩爆或有岩爆倾向矿床开采，矿山埋藏较深，地应力较大，具有岩爆倾向，因而空场法不适用；崩落法和充填法在深井矿床开采中均适用，2种采矿方法均有利于控制矿体开采后周围岩体内的应力集中和所积聚应变能的均匀释放，但由于矿区地表不允许塌陷，因而选择充填采矿方法。

根据矿体赋存条件和矿床开采技术条件，采用阶段空场嗣后充填采矿方法。盘区沿矿体走向布置，长120 m，宽为矿体水平厚，高80 m（阶段高度），间柱宽20 m。盘区内矿块沿走向布置，矿块长50 m，宽20 m，高80 m，每个盘区沿矿体走向方向上布置2个矿块，垂直于矿体走向方向布置矿块数根据矿体厚度确定。矿块分步回采，一步回采矿块采用尾砂胶结充填，二步采矿块采用全尾砂充填。每个盘区布置2条风井，上下盘各布置1条，采区溜井布置于间柱中，间隔80 m。

胡力可（1981—），男，主任，工程师，硕士，230601 安徽省合肥市滨湖区武汉路230号。

3 结构参数优化

矿块做为矿山开采的最小单元,对矿山的开采意义重大,本次初选的矿块参数为长 50 m,宽 20 m,高 80 m,矿块长由穿脉的间距及间柱的宽度因素决定,矿块的高即阶段高度,与矿山开拓控制的矿量多少有关系,因此矿块长度和高度此次优化不再调整,对矿块的宽度进行调整,分别取 10,20,30 m 3 种方案,利用 $FLAC^{3D}$ 软件进行数值模拟,以选择最优方案。

3.1 模型建立

规定模型长沿矿体走向方向,宽为垂直矿体走向方向,模型高为垂直方向,"矿体"模型长度为 4 个盘区长度,宽 200 m,高 80 m,依据以上原则确定的模型几何参数见表 1。

表 1 模型参数

模拟矿体倾角/(°)	同时回采盘区数/个	长/m	宽/m	高/m
0	4	900	640	480

根据矿体的赋存条件、试验矿块的位置以及开挖的影响范围,建立了三维计算模型。因研究区域范围不大,可认为试验矿区处于均匀分布的应力场中,认为矿区除褶皱轴部外,构造应力很小,可不予考虑。根据矿体的赋存条件,位置以及开挖的影响范围,建立了三维计算模型,模型侧面限制水平移动,模型底面限制垂直移动,模型上部施加覆岩重力。

3.2 计算结果分析

(1)应力规律。随着开挖的进行,最大最小主应力值均随之增大。回采区域开挖结束,最大主应力一般达到最大值。采场剖面的最大主应力主要分布于采空区的两侧。回采结束后,应力集中于盘区矿柱及两侧围岩。在回采后期,隔离矿柱剖面最大值分布于隔离矿柱中间部位,盘区采场剖面最大值分布于采场两侧围岩。

(2)位移场规律。随着回采区域开挖的进行,不同位置剖面位移的范围在扩大,垂直方向最大位移值增大,与最大主应力的变化趋势基本一致,说明位移场的变化受最大主应力的影响最大。盘区采场剖面产生的位移较大,隔离矿柱剖面产生的位移相对较小。因此,回采区域岩体的破坏和失稳不仅受自身开挖应力场的影响,还受周围采动爆破作用以及回采区域应力场的作用。

(3)塑性区分布。随着回采过程的逐步推进,盘区采场剖面围岩的塑性区面积不断增大,主要分布于采空区的两侧及拐角。随着采空区的充填,塑性区面积变小。回采结束后,塑性区主要分布于盘区之间的隔离矿柱。隔离矿柱的塑性区随回采时步的扩大,塑性区相对不断增大。回采后期,塑性区主要分布于待采矿块,这是由于待采矿块刚度远大于充填体刚度,矿体相对充填体不易变形;盘区回采后期,待采矿块应力集中程度高,回采难度增大。

3.3 对比分析

不同跨度不同开挖步骤条件下采场相关参数见表 2 ~ 表 4。

表 2 10 m 跨度采场各步开挖采场应力、位移、塑性区计算结果

开挖步骤	最大主应力/MPa	最小主应力/MPa	最大拉应力/MPa	最大垂直位移/mm	塑性区/m^2
1	26.89	6.70	0	3.0	0
2	28.14	7.00	0	10.1	0
3	32.99	6.37	0.005	24.1	8 500
4	33.27	7.06	0.05	29.1	9 600
5	35.63	6.74	0	36.1	8 800
6	44.31	6.72	0	68.9	13 400
7	48.23	7.06	1.54	121.6	10 200
8	51.74	7.37	1.57	145.0	7 600

表 3 20 m 跨度采场各步开挖应力、位移、塑性区计算结果

开挖步骤	最大主应力/MPa	最小主应力/MPa	最大拉应力/MPa	最大垂直位移/mm	塑性区/m^2
1	28.06	7.00	0	4.1	0
2	33.75	7.02	0	23.6	0
3	32.27	7.06	0.04	31.9	1 500
4	37.77	6.73	0	46.7	3 700
5	42.08	6.80	0	59.08	6 700
6	48.45	6.90	1.59	133.8	13 300
7	50.65	7.17	1.61	148.8	11 700

表 4 30 m 跨度采场各步开挖应力、位移、塑性区计算结果

开挖步骤	最大主应力/MPa	最小主应力/MPa	最大拉应力/MPa	最大垂直位移/mm	塑性区/m^2
1	28.06	7.00	−3.41	4.3	0
2	31.18	7.01	0.30	32.3	0
3	35.35	7.06	0.26	41.2	100
4	38.87	7.02	0.24	52.0	0
5	41.59	7.09	0.30	60.5	400
6	47.58	6.77	2.45	116.7	8 600
7	50.53	7.42	1.59	152.1	12 000

(1)垂直位移对比。垂直位移 10 m 跨度小于 20 m 跨度和 30 m 跨度;20 m 跨度和 30 m 跨度垂直位移相对接近,由此可以看出,10 m 跨度优于 20 m 和 30 m 跨度。

(2)应力对比。20 m 和 30 m 跨度相当,难分优劣,而10 m跨度优于其他两种跨度;但最大拉应力对比30 m跨度劣势明显,不及20 m和10 m跨度。由于岩石易受拉破坏,30 m跨度不利于采场稳定。

(3)塑性区面积对比。30 m跨度优于20 m跨度,而20 m跨度又优于10 m跨度;回采后期,10 m跨度的待采矿块应力集中程度高,相对20 m、30 m跨度稳定性差;隔离矿柱剖面,10 m跨度优于30 m跨度,30 m跨度与20 m跨度相近。

综上对比分析,回采前期10 m跨度优势明显,但回采后期待采矿块应力集中程度高,矿块塑性区多于20 m和30 m跨度,待采矿块回采难度大;而且10 m跨度矿块生产能力分别只有20,30 m跨度矿块的1/2和1/3,为了满足矿山年生产能力,矿块年消失数量大,不利于生产组织。30 m跨度与20 m跨度在最大主应力、垂直位移、塑性区面积相近,但30 m采场顶板拉应力相对20 m跨度较大,较易破坏顶板。因此,推荐20 m跨度。设计推荐的矿块结构参数见表5。

表5　设计推荐的矿块结构参数

盘区宽度/m	间柱宽/m	矿块长/m	矿块宽/m	阶段高/m
100	20	50	20	80

4　结　语

针对某矿山开采技术条件,对采矿方法进行了优选,在此基础上,采用FLAC^{3D}软件对矿块参数进行模拟计算,得到了最优矿块参数,为进行矿山开采设计提供参考。

参　考　文　献

[1]　李冬青,王李管著.深井硬岩大规模开采理论与技术—冬瓜山铜矿床开采研究与实践[M].北京:冶金工业出版社,2009.
[2]　彭文斌.FLAC^{3D}实用教程[M].北京:机械工业出版社,2009.
[3]　解世俊.金属矿床地下开采[M].北京:冶金工业出版社,2008.
[4]　徐志英.岩石力学[M].北京:中国水利水电出版社,1999.

(收稿日期　2015-05-26)

(上接第93页)

主,水及土壤未受污染。由于矿体规模较小,采掘规模有限,为露天开采,故矿山开采对当地井、泉流量及居民生活用水和工农业用水水源影响较小,造成地面变形、塌陷等其他地质灾害的可能性较小。

由于矿石中Fe_2O_3含量偏高,矿石开采出来以后要进行简单的选矿,才能满足生产一般平板玻璃的需要,加工处理过程中,将对周边环境产生一定影响。矿石不含放射性污染源,对当地环境影响较小。

矿山开采过程中会产生少量粉尘和废渣,对于粉尘可采取喷雾洒水等措施进行防护治理;对于开采过程中产生的废渣可将其堆放在矿区北部的沟谷中,这样引起滑坡、塌方和泥石流等环境地质问题的可能性小。

5　结论及建议

5.1　结　论

崔家庄石英砂岩矿区水文地质条件简单,工程地质条件简单,环境地质条件良好,属开采技术条件简单的矿床。

5.2　建　议

矿山开采过程中,将会对周边地质环境造成一定影响,建议重视如下问题:

(1)在工程地质勘查的基础上,合理规划和处理矿山开采和施工道路开拓所产生的废石和弃渣,建议在废石堆周边设置可排水挡墙、挡坝,并做好排水工作,以免废石堆临空面活化发生地灾灾害和洪涝灾害。

(2)开挖矿体将会使岩体应力发生变化,岩体稳定性将低,建议加强斜(边)坡的支护工作。

(3)建议加强采矿废水的处理和重复利用,缓解枯水季节水源不足的问题。

(4)为了减少矿山开采过程中产生的粉尘和废渣对环境的污染,应加强对于粉尘和废渣的防护治理工作。

(5)矿山开采会在一定程度上破坏矿区的自然地下、地貌,应加强矿山开采过程中土地和地面植被等自然环境的保护工作,对破坏的自然、地质环境及时采取土地复垦、植树等综合治理措施[2-3]。

参　考　文　献

[1]　宋　锋,李峰博,曾　兵,等.河南省洛阳晨曦矿业有限公司崔家庄石英砂岩矿资源储量报告[R].郑州:河南省国土资源科学研究院,2014.
[2]　范　尧,王宏波,魏　军,等.山东省费县桃园白云岩矿床开采技术条件分析[J].现代矿业,2015(1):111-114.
[3]　王艳党.园珠顶铜钼矿矿床开采技术条件浅析[J].西部探矿工程,2012(8):172-176.

(收稿日期　2015-05-26)

国内某矿山排土场回采工艺参数

张　春[1,2,3]　代永新[1,2,3]　田虎伟[1,2,3]
(1. 中钢集团马鞍山矿山研究院有限公司;2. 金属矿山安全与健康国家重点实验室;
3. 华唯金属矿产资源高效循环利用国家工程研究中心有限公司)

摘　要　回收排土场中的矿石需要对排土场资源进行回采,由于排土场是松散的堆积体、孔隙率高,在开采过程中需要解决总体边坡角、段高、工作平台宽度等安全技术问题。因此,通过土工试验确定其合理的开采边坡角,运用 Geo-studio 软件确定其在不同高度时的安全系数,并对其数据进行回归分析,拟合出瑞典法、Bishop 法、Janbu 法所对应的边坡安全回采合理高度数学关系式;在此基础上应用强度折减法,通过对其边坡采取逐级分层的方式研究不同的回采高度时,其边坡潜在滑动面及安全系数变化趋势。结果表明:①由于排土场边坡总体处于稳定状态,故排土场开采的边坡角建议按其现状的边坡角度进行依次开采;②排土场安全系数为 1. 20 时边坡最佳合理开采高度为 15 m;③边坡破坏模式主要是以浅层滑动为主,随着开采高度增加,边坡塑性区发展逐渐由大变小;④竖向位移影响区域逐渐减小,安全系数逐渐升高,边坡趋向于稳定。

关键词　回采　安全系数　塑性区　位移

排土场排弃物一般包括腐植表土、风化岩土、坚硬岩石以及混合岩土,有时也包括可能回收的表外矿、贫矿等。受采矿方法的影响,排土场每年都将堆积大量采矿过程中剥离的低品位矿石,这部分低品位的矿石堆存,不仅造成资源的浪费,也影响了环保[1]。

随着采选工艺水平的提高,一些新装备、新技术的出现,回收排土场固体废物中的有用矿物已经变得切实可行,国内某矿山是马钢铁矿石主要生产矿山,年处理原矿 650 万 t/a,原矿铁品位约 20%,每年产生大量的排土场固体废弃物,对当地的环境污染影响比较重,为实现排放减量化、废弃物资源化、废物处置无害化,提高资源利用率,节约保护有限的矿产资源、发展循环经济,解决资源短缺的研究与实践,考虑到企业的可持续发展的需要,准备回收和利用排土场有用资源,提高企业的经济效益。

回收排土场中的矿石需要重新对排土场进行回采,由于排土场是松散的堆积体、孔隙率高,在开采过程中需要解决一系列的安全技术问题,如开采的段高、工作平台宽度、总体边坡角等,这些参数的选取合适与否对开采过程中的排土场边坡稳定有着重要的影响,也对企业的安全生产起着十分重要的作用。

1　强度折减法

强度折减法中边坡安全系数定义为:使边坡刚好达到临界破坏状态时,对岩、土体的抗剪强度进行折减的程度,即定义安全系数为岩土体的实际抗剪强度与临界破坏时的折减后剪切强度的比值。据此对边坡进行有限差分法计算,如果根据一定的失稳判据确定边坡达到极限平衡状态,则此时强度折减系数即边坡的安全系数,否则程序将重复计算,直至边坡达到临界极限平衡状态。

2　排土台阶边坡角和合理开采高度的确定

2.1　开采边坡角的确定

影响排土场边坡稳定性的因素众多,主要有排弃岩石的性质、排土场基底工程地质条件,水文地质条件、气象条件、排弃高度、排土工艺以及堆置的边坡角等,其中,边坡角的合适与否将对其边坡稳定产生重要的影响,由于马钢某排土场边坡的总体边坡角为 20°～27°,单台阶边坡角约为 35°,受土体固结等因素影响,其台阶边坡角一般接近或小于堆积体的自然安息角(为确定其排土场的自然安息角,在现场选取三组具有代表性的样品进行试验,经测定:其自然安息角变化范围在 34. 5°～38°,自然安息角试验结果如表 1 所示,且截至目前,该排土场边坡总体处于稳定状态,故排土场开采的边坡角建议按其现状的边坡角度进行依次开采。

2.2　合理开采高度的确定

排土场资源回采段高主要取决于地形与水文地

张　春(1985—),男,助理工程师,硕士,243000 安徽省马鞍山市经济技术开发区西塘路 666 号。

表 1　自然安息角试验结果

试验编号	天然含水量/%	天然容重/(kN/m³)	干容重/(kN/m³)	比重	孔隙比	自然安息角/(°)
1	10.51	20.5	18.55	2.71	0.461	35
2	11.42	20.1	18.04	2.71	0.502	34.5
3	9.62	21.1	19.25	2.71	0.408	38

质条件、岩石的物理力学性质以及回采设备类型和资源运输方式、生产管理等因素。为得出单台阶开采高度的合理范围，确保单台阶稳定性，应分析不同台阶高度的单台阶稳定性系数。通过单台阶稳定性系数分析计算，可分析得出不同高度的单台阶稳定性状况，本次确定排土场回采段高采取的方法是：首先对一次性回采厚度为 5，10，15，20，25 m 之后的边坡稳定性进行计算，分别计算出不同高度时单台阶的安全系数，考虑到资源回采时边坡安全稳定性较重要，故确定排土场回采的允许安全系数为 1.20；运用专业软件，分别求得安全系数为 1.20 时所对应的安全高度，安全系数计算结果如表 2 所示。

表 2　不同剥离厚度时台阶安全系数

计算方法	各台阶高度安全系数					
	5 m	10 m	15 m	20 m	25 m	30 m
瑞典法	2.228	1.945	1.634	1.442	1.269	1.163
Bishop 法	2.385	2.041	1.693	1.461	1.276	1.218
Janbu 法	2.394	2.142	1.726	1.518	1.314	1.248

表 2 中 3 种方法的单台阶高度与安全系数回归直线分别如图 1 ~ 图 3 所示。

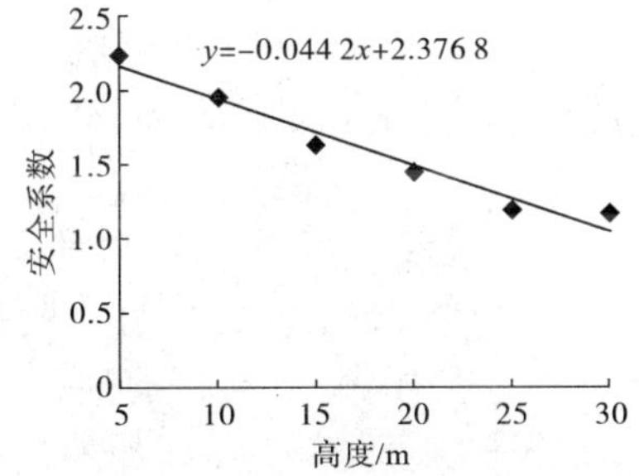

图 1　瑞典法单台阶高度和安全系数回归直线

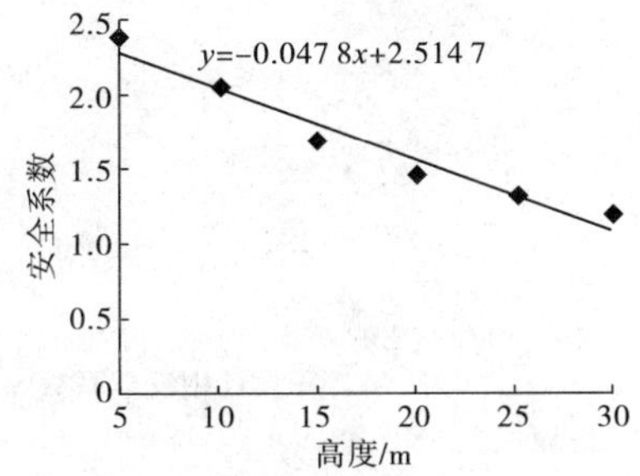

图 2　Bishop 法单台阶高度和安全系数回归直线

依据回归直线可计算出安全系数为 1.20 时各

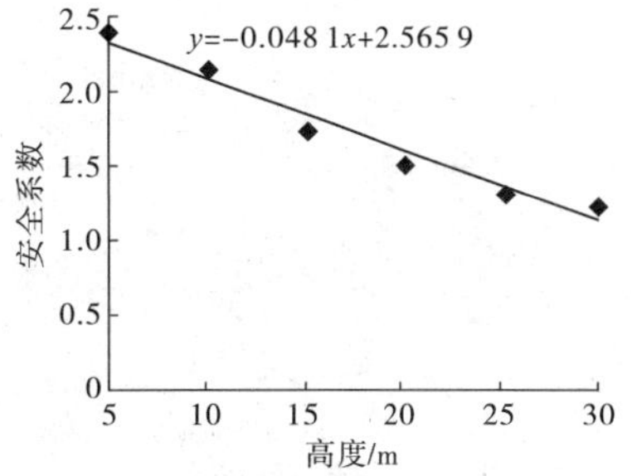

图 3　Janbu 法单台阶高度和安全系数回归直线

种方法所对应的高度为：瑞典法为 26.624 m、Bishop 法为 27.504 m、Janbu 法为 28.392 m，故从理论安全角度最大开采高度接近 29 m，但综合考虑到机械设备选型以及经济角度等方面，推荐其安全开采高度为 15 m 较合适。

3　物料指标确定

物料指标见表 3。

表 3　物料指标

岩土体名称	代号	重度/(kN/m³)	弹性模量/(MN/m³)	泊松比	抗剪强度	
					凝聚力/kPa	内摩擦角/(°)
堆排物料		20.0	18	0.35	15.2	31.6
尾矿		19.5	21	0.39	10.8	16
第四系地层	Q_4	19.5			30.0	20
强风化凝灰岩	Tu	25			55	30
中风化凝灰岩	Tu	27			1200	50

4　排土场开采数值分析

极限平衡法采用条分的基本思想，假定边坡处于极限平衡状态来搜索最危险的潜在滑动面并计算相应的最小安全系数。但极限平衡法并不能给出分析对象的应力场、变形场等信息，因而在判定边坡的破坏方式上仍然存在一定的不足。为充分反映排土场在资源开采过程中的应力-应变场变化，本文采用岩土分析软件 FLAC^{3D} 对其进行数值分析[2-3]，为排土场在资源开采过程中的安全稳定运行提供合理参考。

4.1　计算模型

数值模型建立包括模型建立（模拟对象的概化）、边界条件、参数选取、岩土体的本构关系等方面，模型离散时，排土场剥离厚度为 25 m 时模型共划分了 1 406 个节点，1 119 个单元，单元类型为四面体单元，见图 4；排土场剥离厚度为 20 m 时共划分了 1 584 个节点，1 217 个单元，单元类型为四面体单元，见图 5；排土场剥离厚度 15 m 为时共划分了 1 784 个节点，1 318 个单元，单元类型为四面体单元，见图 6；排土场剥离厚度为 10 m 时共划分了 2 052 个节点，1 395 个单元，单元类型为四面体单元，见图 7；排土场剥离厚度为 5 m 时共划分了 2 214 个节点，1 486 个单元，单元类型为四面体单元，见图8。

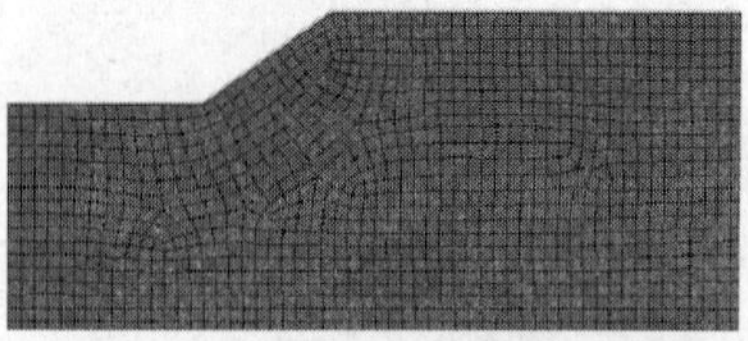

图4　剥离厚度20 m后边坡模型

图5　剥离厚度15 m后边坡模型

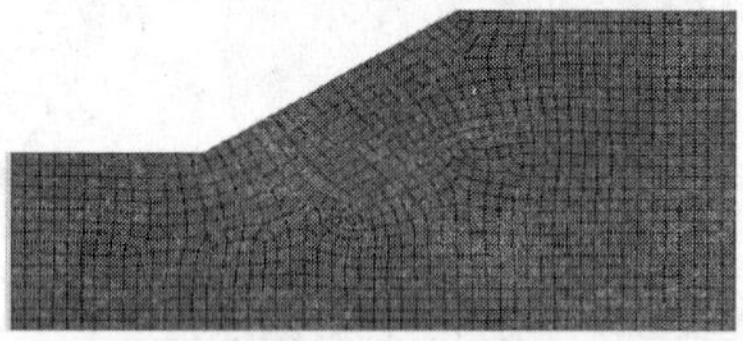

图6　剥离厚度10 m后边坡模型

图7　剥离厚度5 m后边坡模型

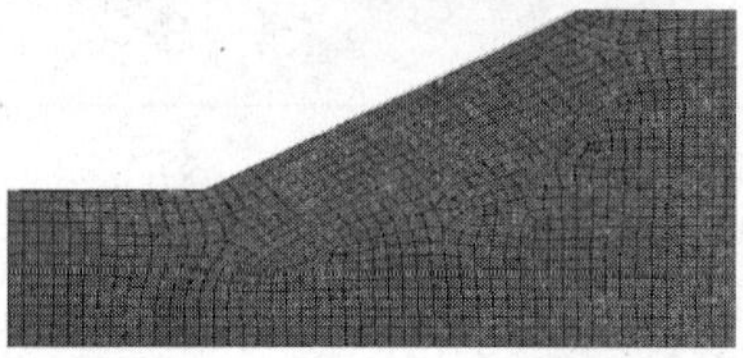

图8　初始状态下边坡模型

4.2　模型边界

模型的边界确定内容包括模型的几何范围和边界条件。排土场资源回采所选剖面的范围都为：X轴方向（横向）为$0<x<80$，Y轴方向（纵向）为$0<y<10$。其左边、右边、底边均采用滚支约束，即左边界约束X轴正向位移，右边界约束X轴负向位移，底边界约束Y轴负向位移，模型顶面（地面）自由。力学边界只考虑由自重引起的初始地应力场，不考虑其它的力。模型左边界、右边界以及底边界的应力由初始应力场计算达到平衡时自动确定。模拟过程中安全系数变化情况见图9。

（1）破坏模式主要是以浅层滑动为主，边坡的安全系数大于规范要求的安全值，表明排土场总体处于稳定状态，随着开采高度增加，边坡塑性区发展逐渐由大变小；竖向位移影响区域逐渐减小、安全系

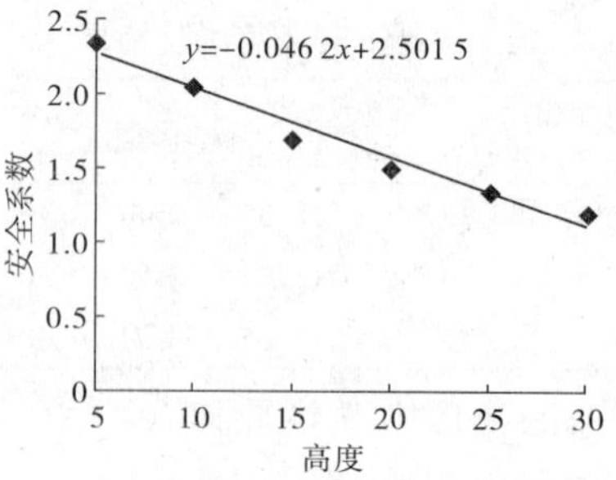

图9　安全系数变化趋势

数逐渐升高，表明排土场开采随着其高度的增加逐渐趋向于稳定。

（2）由滑移面的形状可以看出，利用强度折减法计算出的滑移面显示为非圆弧状，与极限平衡法计算出的圆弧滑移面有所差异，表明两种方法显示的边坡破坏模式有所区别；安全系数计算结果总体比极限平衡法计算结果略大，具有一定的可比性，显示出了强度折减法计算方法的合理性。

5　结　论

（1）在现有的规划设计境界情况下排土场边坡整体、局部呈稳定性，并在其基础上，利用FLAC^{3D}软件，应用强度折减法对其进行数值模拟分析，以反映排土场在开采过程中的应力、应变场变化，为排土场的安全开采奠定了重要的基础。

（2）对开采高度为0，5，10，15，20，25 m的边坡稳定性进行计算，开采高度和安全系数之间的关系式，从而，运用其数学关系式确定其在得出不同高度时的安全系数，并对其数据进行回归分析，拟合出排土场安全系数为1.20的情况下，瑞典法、Bishop法、Janbu法所对应的边坡安全开采高度；综合考虑到机械设备选型以及经济角度等方面，建议安全开采高度为15 m。

（3）由于其排土场边坡的总体边坡角为20°～27°、单台阶边坡角约35°，其边坡角一般接近或小于堆积体的自然安息角，且截至目前为止，该排土场边坡总体处于稳定状态，故建议其开采边坡角按其现状边坡角度进行开采。

参　考　文　献

[1]　郭庆国. 粗粒土的工程特性及应用[M]. 郑州：黄河水利出版社，1998.

[2]　赵尚毅，郑颖人，张玉芳. 有限元强度折减法中边坡失稳的判据探讨[J]. 岩土力学，2005，26(2)：332-336.

[3]　郑颖人，赵尚毅. 边（滑）坡工程设计中安全系数的讨论[J]. 岩石力学与工程学报，2006，25(9)：1937-1940.

（收稿日期　2015-05-26）

庙沟铁矿多端壁倾角下崩矿步距优化

陈　超[1,2]　申梦飞[1,2]　井伯详[1,2]　孙　成[1,2]
（1. 华北理工大学矿业工程学院；2. 河北省矿业开发与安全技术实验室）

摘　要　基于放出体和崩落体最大程度吻合理论，耦合优化庙沟铁矿无底柱分段崩落法在不同端壁倾角下的崩矿步距和进路间距。基于随机介质放矿理论，运用数学模型，结合庙沟铁矿的工程实例，计算了该矿山端部放矿时的理论体积贫化率和回收率，预测得出在端壁倾角87.5°的情况下，崩矿步距约为4.0 m，进路间距为17.5～18 m，回收指标最佳。

关键词　端壁倾角崩矿步距　进路间距　回贫差　数学模型

1　矿山概况

庙沟铁矿是河北钢铁集团的主采矿山之一，目前生产规模245万t/a，露天境界内资源储量1 721.79万t，露天开采还可以维持8.5 a，亟需转入地下开采。地下开采矿石储量4 960万t，设计年产量为300万t，无底柱分段崩落法开采。矿体埋深500 m，主矿体平均厚16.3～26.3 m，倾角为70°～85°，全长近1 400 m；矿区内围岩、矿石稳固性好。地下开采设计利用的资源储量平均品位TFe 29.30%，mFe 24.27%。矿山引进SimbaH1354采矿钻机5台，最大钻孔深度达51 m，Toro1400电动铲运机4台，额定斗容5.4 m^3。设计采用20 m分段高度，断面尺寸为3.8 m×4.5 m的采矿进路。在无底柱分段崩落采矿法的结构参数中，分段高度往往受凿岩设备的凿岩能力的限制，因此，分段高度是根据凿岩设备的凿岩能力选取的，且分段高度不易变动，因此，影响矿石回收效率的主要因素为进路间距和崩矿步距。端部放矿时，松散矿石的流动规律符合椭球体放矿理论。但是，由于端壁的阻碍，放出体发育不完全，是一个纵向不对称、横向对称的椭球体缺如图1所示。

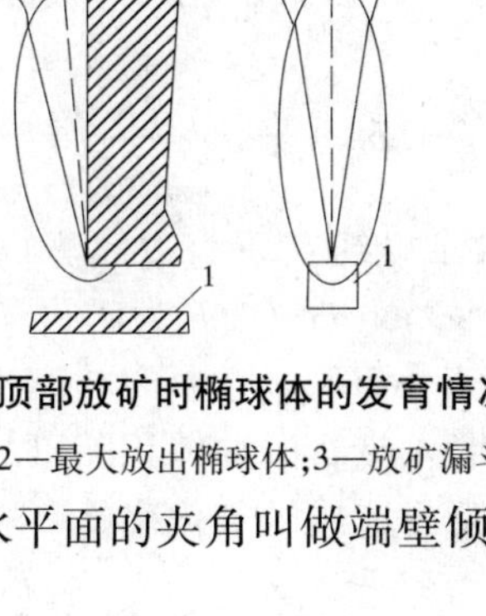

图1　顶部放矿时椭球体的发育情况

1—回采巷道；2—最大放出椭球体；3—放矿漏斗轮廓线

端壁面与水平面的夹角叫做端壁倾角（图2中ϕ角）。端壁倾角对放出椭球体的发育有着直按的影响：端壁前倾时，放出体积较小；端壁后倾时，放出体积较大；端壁垂直时，放出体积介于两者之间。轴偏角随端壁倾角的变化而变化，且与端壁平面的粗糙程度有关（端壁平坦光滑，偏角小）。端壁倾角为75°，90°，105°时，相应的轴偏角为1°～3°，6°～8°，15°。

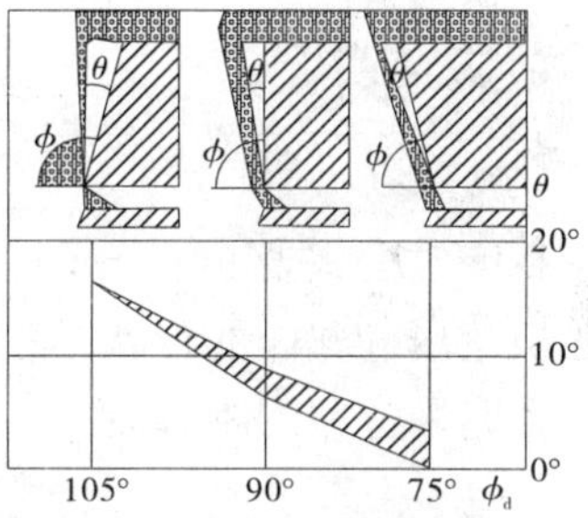

图2　轴偏角与端壁倾角的关系

在多端壁倾角下放矿时，进路间距和崩矿步距在对放矿效率的影响中彼此关联，有必要进行耦合优化。根据在垂直端壁倾角下的椭球体发育情况，轴偏角一般为6°～8°，因此，确定最优端壁倾角为85°～90°。

综合考虑矿山技术装备水平、矿壁倾角对放矿效率的影响，参考尖山铁矿、金山店铁矿、大红山铁矿和梅山铁矿等类似矿山的放矿研究成果和应用情况，选择结构参数如表1所示。进行立体正交后，进行理论对比计算，从而得出最佳结构参数。

＊ 河北省自然科学基金项目（编号：E2013209328）；河北钢铁集团矿业有限公司项目。

陈　超（1975—），教授，博士，硕士研究生导师，063009 河北省唐山市新华西道46号。

表 1　庙沟铁矿崩落法理论计算参数

阶段高度/m	崩矿步距/m	端壁倾角/(°)
20	3.2,3.6,4.0	85,87.5,90

2　无底柱分段崩落法结构参数确定

当分段高度和进路间距确定的情况下，确定崩矿步距的最佳值。回采巷道菱形布置时，放出体高度 h_f，可按下式计算[1-5]：

$$h_f = 2H - h_c, \tag{1}$$

式中，H 为分段高度，m；h_c 为回采巷道高度，m。

放出体高度 h_f 近似等于放出椭球体的长轴长 2 a。在放矿过程中，如果放出高度（此处可视为放出椭球体高）等于放矿层高度，说明上部已采分段的废石已经混入。如果放矿层高度与回采巷道间距不相适应，放矿层过高将导致放出高度还未达到放矿层高度就发生贫化，使矿石损失增大；当放矿层过低，顶部贫化大，回采巷道之间残留矿石增大。

按式(1)可求出放出体高度 h_f，由沿进路方向短半轴 b 和放矿口宽度 B_h 可以计算放出椭球体的体积 Q_h 和偏心率 ε 值。

$$\varepsilon = \sqrt{\frac{3B_h^2}{4h_f^2} + 1 - \frac{12Q_h}{\pi h_f^3}}. \tag{2}$$

$$b = \frac{B_h^2 + 4h_f^2(1-\varepsilon^2)}{8h_f\sqrt{1-\varepsilon^2}}. \tag{3}$$

根据分段高度在分段高度已定的条件下，崩落矿石层的形状与放出椭球体的形状应相符合。根据这一原则来确定回采进路间距，即：

$$L = 2b + B_h, \tag{4}$$

式中，B_h 为回采进路宽度，m；L 为回采进路间距，m。

由此可得，在分段高度和崩矿步距确定的情况下，进路间距的最佳值。由以上公式可得在不同崩矿步距下的最优进路间距的值，见表 2。

表 2　不同步距步距条件下的最佳进路间距

分段高度/m	崩矿步距/m	最佳进路间距/m
20	4.0	17.83
20	3.6	16.50
20	3.2	15.17

3　贫化率与回收率预测

无底柱分段崩落采矿法放矿时，崩落矿岩的移动规律见图 3，这种放矿实际上是一种半无限边界条件下的放矿，分析放矿贫化的原因，发现主要是由放出体顶部、前方和两侧的废石混入放出矿石内造成的。根据结构参数的确定方法，可得到在不同崩矿步距下的放矿椭球体的发育参数。

3.1　端部放矿放出体的理论计算

将放出椭球体视为一个球体，导出一个球体方程，然后将球体化为椭球体如图 3 所示。

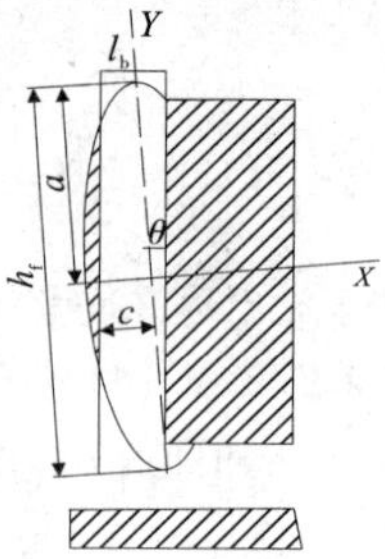

图 3　与端壁倾角斜交的放出椭球体示意

h_f—放矿层高度；θ—轴偏角；l_b—放矿步距

3.2　损失贫化率的计算方法

由端部放矿规律可知，无底柱分段崩落法放矿时，主要存在着来自 3 个方向的废石混入矿石中造成贫化，即放出体的正面、顶部和侧部。在目前端部放矿理论贫化率计算方法基础上总结出以下几种情况。

(1)放出体正面岩石混入贫化率的计算方法。放出体为前倾扁椭球缺的数学模型。扁椭球缺的体积 Q_h[6-9]：

$$Q_h = \frac{2}{3}\pi abc + \pi abc\frac{L_1}{\sqrt{A_{ac}}}\left(1 - \frac{L_1^2}{3A_{ac}}\right), \tag{5}$$

式中，$A_{ac} = a^2\tan^2\theta + c^2$；$L_1 a\tan\theta$。

同理，正面废石混入体积为：

$$Q_f = \frac{2}{3}\pi abc - \pi abc\frac{L_2}{\sqrt{A_{ac}}}\left(1 - \frac{L_2^2}{3A_{ac}}\right), \tag{6}$$

式中，$L_2 = B - L_1$；B 为崩矿步距，m。

用正面混入废石的的体积除以放出椭球体的体积可得正面废石造成的贫化率：

$$D_f = \frac{Q_f}{Q_h}. \tag{7}$$

(3)放出体侧面岩石混入贫化率的计算方法。两侧混入废石的体积：

$$Q_s = \frac{4}{3}\pi abc - \pi abc\frac{2N}{\sqrt{A_{ab}}}\left(1 - \frac{N^2}{3A_{ab}}\right), \tag{8}$$

式中，N 为漏斗母线在垂直进路方向上所截线段的长度，m；$A_{ab} = a^2\tan^2\phi + b^2$，$\phi$ 为矿岩平均流动角的余角，(°)，取 15°～20°。

用两侧混入废石的的体积除以放出椭球体的体积可得侧面废石造成的贫化率：

$$D_s = \frac{Q_s}{Q_h}. \tag{9}$$

(4)放出体顶部岩石混入贫化率的计算方法。当放出椭球体的高度达到髓以后，纯矿石已放完，若再继续放矿，就会形成高为 h_2 的放出椭球体，此时，矿岩接触面上部就会有椭圆截锥体积的废石混入矿石中，此后，如果放矿继续进行，混入废石量还会不断增加。废石体积 Q_d 计算公式为：

$$Q_d = \frac{2}{3}\pi a_2 b_2^2 - \pi\int_{x=0}^{x=ma} y^2 dx =$$

$$\frac{\pi}{3}a_2^3(1-\varepsilon_2^2)(2-3m+m^3)\ , \tag{10}$$

式中，$m = \frac{t}{a_2} = 1 - \frac{h_2 - h_1}{a_2}$。

用顶部混入废石的的体积除以放出椭球体的体积可得顶部废石造成的贫化率：

$$D_d = \frac{Q_d}{Q_h}. \tag{11}$$

(5)多方位岩石混入贫化率的计算方法。多方岩石混入贫化率的计算也就是将 3 个方面进行组合进行叠加以计算其贫化率，公式为：

$$D_y = \frac{Q_f + Q_s + Q_d}{Q_h} = D_f + D_s + D_d. \tag{12}$$

3.3 不同矿石贫化情况下矿石回收率的计算

由分段高度 H，进路间距 L，崩矿步距 B，挤压条件下爆破后的松散系数为 α，可得每次崩矿后崩下的矿石堆体积为：

$$V \approx \frac{1}{2}LH\alpha B\ . \tag{13}$$

矿石的实际体积回收率为：

$$\eta_k = \frac{Q_h(1-D_y)}{\frac{1}{2}LH\alpha B} \times 100\%\ . \tag{14}$$

联合贫化率和回收率的转化公式，可得质量回贫差的计算公式为

$$\psi = \eta_k - D_y. \tag{15}$$

3.4 不同结构参数下的回收指标计算结果

选取不同的结构参数计算了不同的回收指标，共计算了 9 组指标，见表 3。

分别由 1、2、3 组，4、5、6 组，7、8、9 组数据可得相同端壁倾角不同崩矿步距下体积贫化率，如图 4 所示，由图 4 可知，在崩矿步距为 4 m 时，废石体积贫化率较小。

分别由 1、4、7 组，2、5、8 组，3、6、9 组数据可得相同步距不同端壁倾角下体积贫化率，如图 5 所示。

表 3　不同结构参数下的回收指标计算结果

结构参数	正面贫化率/%	侧面贫化率/%	顶部贫化率/%	总贫化率/%	回收率/%	回贫差/%
20 m,4.0 m,90°	19.86	3.09	0.00	22.95	80.68	57.73
20 m,3.6 m,90°	26.66	4.40	0.00	31.06	70.92	39.86
20 m,3.2 m,90°	28.69	6.26	0.00	34.95	62.23	27.28
20 m,4.0 m,87.5°	2.73	3.24	0.00	5.97	93.86	87.89
20 m,3.6 m,87.5°	7.58	4.58	0.00	12.16	86.82	74.66
20 m,3.2 m,87.5°	10.28	6.47	0.00	16.75	79.01	62.26
20 m,4.0 m,85°	0.76	3.50	0.00	4.26	88.41	84.15
20 m,3.6 m,85°	1.00	4.91	0.00	5.91	87.63	81.72
20 m,3.2 m,85°	1.80	6.87	0.00	7.67	86.41	78.74

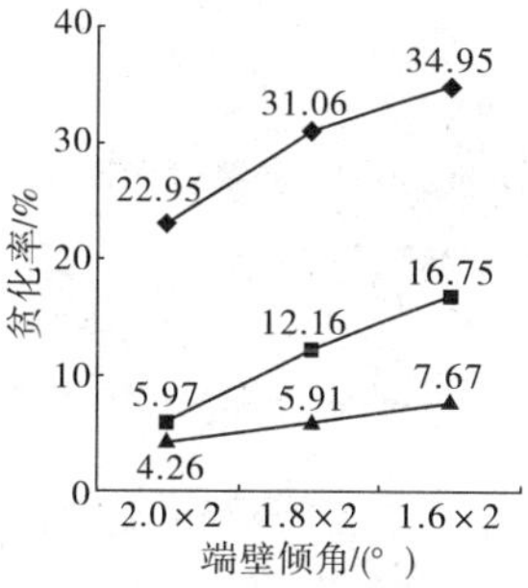

图 4　相同端壁倾角不同崩矿步距下体积贫化率

◆—端壁倾角 90°；■—端壁倾角 87.5°；▲—端壁倾角 85°

由图 5 可知，在端壁倾角为 85°时，废石体积贫化率较小。

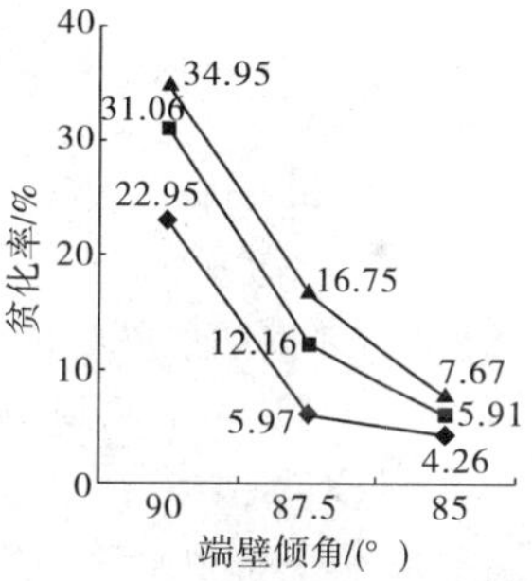

图 5　相同步距不同端壁倾角下体积贫化率

◆—步距 4 m；■—步距 3.6 m；▲—步距 3.2 m

分别由 1、2、3 组，4、5、6 组，7、8、9 组数据可得相同端壁倾角不同崩矿步距下体积回收率，如图 6 所示。由图 6 可知，在崩矿步距为 4.0 m 时，矿石体积回收率较高。

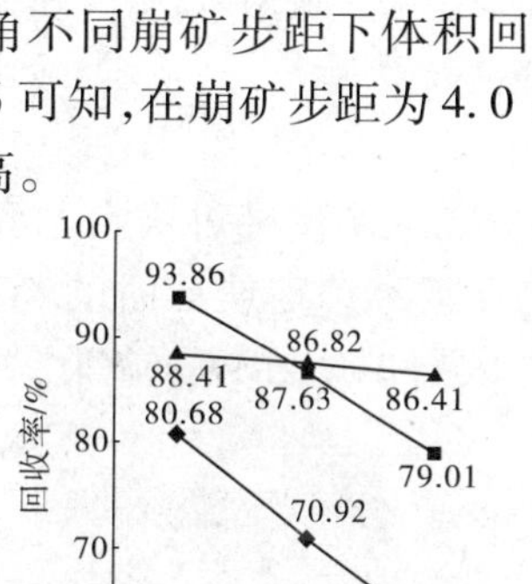

图 6　相同端壁倾角不同崩矿步距下体积回收率

◆—端壁倾角 90°；■—端壁倾角 87.5°；▲—端壁倾角 85°

分别由 1、4、7 组,2、5、8 组,3、6、9 组数据可得相同步距不同端壁倾角下体积回收率,如图 7 所示。由图 7 可知,在端壁倾角为 87.5°时,矿石体积回收率较高。

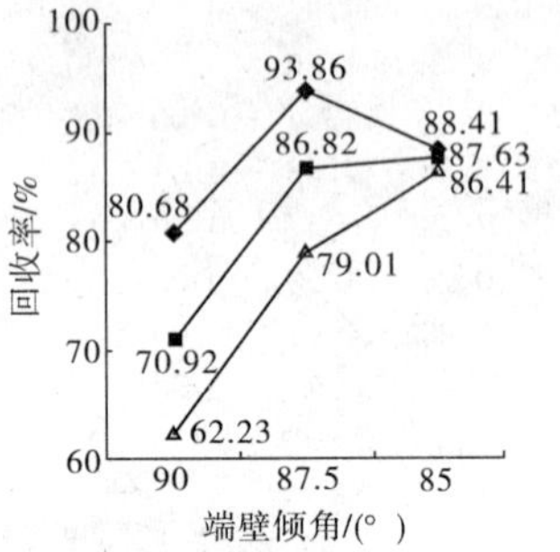

图 7　相同步距不同端壁倾角下体积回收率

◆—步距 4 m;■—步距 3.6 m;▲—步距 3.2 m

分别由 1、2、3 组,4、5、6 组,7、8、9 组数据可得相同端壁倾角不同崩矿步距下体积回贫差,如图 8 所示。由图 8 可知,在崩矿步距为 4.0 m 时,矿石体积回贫差较高。

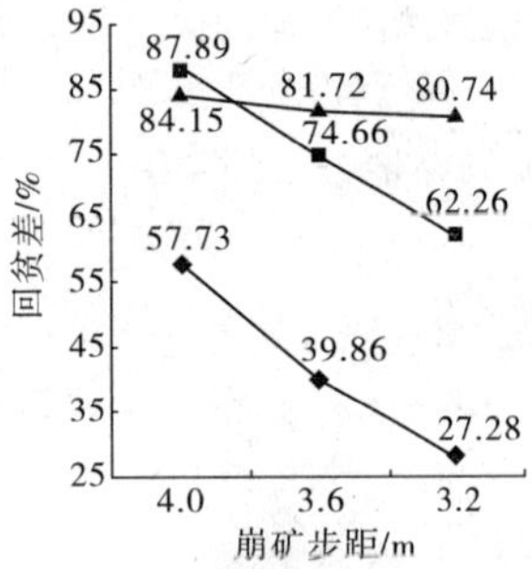

图 8　相同端壁倾角不同崩矿步距下体积回贫差

◆—端壁倾角 90°;■—端壁倾角 87.5°;▲—端壁倾角 85°

分别由 1、4、7 组,2、5、8 组,3、6、9 组数据可得相同步距不同端壁倾角下体积回贫差,如图 9 所示。由图 9 可知,在端壁倾角为 87.5°时,矿石体积回贫差较高。

综上得知,在端壁倾角 87.5°、崩矿步距为 4.0 m 时,回贫差指标较好。

4　结　论

(1)利用放矿数学模型可确定无底柱分段崩落法的最佳结构参数和确定放矿时的椭球体正面、侧面和顶部混入废石的实际体积贫化率和体积回收率。

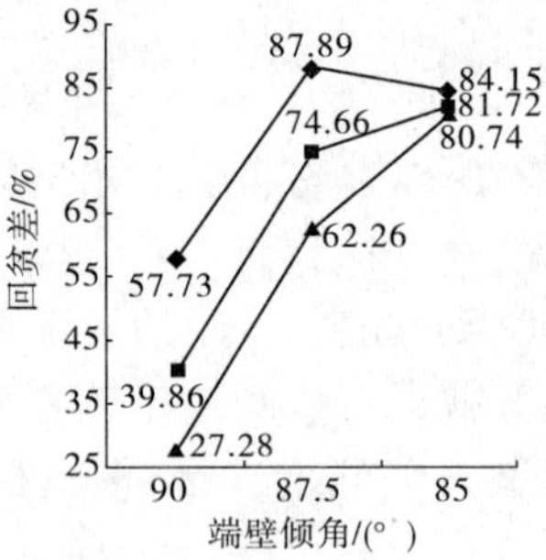

图 9　相同步距不同端壁倾角下体积回贫差

◆—步距 4 m;■—步距 3.6 m;▲—步距 3.2 m

(2)通过放矿理论计算,确定 20 m 分段高度条件下,崩矿步距为 4.0 m,进路间距为 17.5 ~ 18 m,最优矿壁倾角约 87.5°,回收指标最佳。

(3)理论计算得出的最优结构参数属于高分段排列方式,放出体高度不大于两倍的分段高度,所以顶部的废石混入引起的贫化很小,可忽略不计。所以,矿山宜优先选择高分段采场结构和崩矿步距约 4.0 m、炮孔排面前倾约 87.5°的崩矿方式进行工业试验。

参　考　文　献

[1]　刘兴国,张国联. 论无底柱分段崩落法放矿方式[J]. 金属矿山,2004(2):5-7.

[2]　范庆霞. 梅山铁矿采场崩矿步距的探讨[J]. 金属矿山,2007(9):24-27.

[3]　刘兴国,张国联,柳小波. 无底柱分段崩落法矿石损失贫化分析[J]. 金属矿山,2006(1):53-60.

[4]　吴爱祥,武力聪,刘晓辉,等. 无底柱分段崩落法结构参数研究[J]. 中南大学学报,自然科学版,2012(5):1845-1810.

[5]　安　龙,徐　帅,李元辉,等. 基于多方法联合的崩落法崩矿步距优化[J]. 岩石力学与工程学报,2013(4):754-759.

[6]　黄益兴. 尖山铁矿无底柱分段崩落法结构参数研究[J]. 金属矿山,2012(4):8-13.

[7]　涂文知,马建军,王文中. 无底柱分段崩落法过渡分段放矿方式优化研究[J]. 金属矿山,2007(9):32-34.

[8]　余　健,汪德文. 高分段大间距无底柱分段崩落法采矿新技术[J]. 金属矿山,2008(3):26-31.

[9]　吴荣高,安　龙,江　学,等. 梅山铁矿大结构参数下合理崩矿步距研究[J]. 金属矿山,2012(5):5-8.

(收稿日期　2015-05-26)

高分段大结构采场应力变化研究与控制方案优化

贝建刚
（安徽开发矿业有限公司）

摘　要　通过采场地应力的变化分析，科学地确定了高大结构采场的治理方案，使得采场的结构布置能够适应采场的应力变化规律，从而提高采场的回收率，降低采场的损失与贫化，实现高效采矿的目的。

关键词　高分段　大结构　参数　采场应力　安全

在高分段大结构采场开采过程中，由于在开采影响，采场内的原地应力平衡遇到破坏，使得空区围岩及底部结构受到重新平衡地应力的作用，在应力集中部位易对空区围岩及底部结构中的工程围岩产生破坏。尤其是顶部浮石冒落过程中，或者顶层崩落矿石对底部结构的剧烈冲击，亦会对底部回收结构造工程围岩产生撞击而损坏。因此在采场爆破过程中，由于底部结构或者空区围岩受到爆破地震波及冲击波的作用，会引起后序工程及空区围岩的相应破坏，造 成空区或底部结构工程围岩出现塌冒，片邦，冒顶等损坏现象。总之，由于其开采活动的进行，必然会对已施工的工程产生相应的影响。为了进一步减少其影响，需要选择相应合适结构，减少或避免开采冲击、浮石撞击、爆破震动及冲击的破坏，选择合理的采场结构参数，如合理的进路间距、保护层的厚度、宽度、高度、长度等，能够保证开采空区的稳定、底部结构工程的稳定。其中的任何参数的选定必然与开采有关，应根据其相应的条件进行确定。

本篇研究目的在于逐项对各类原因进行分析，而后选择合理的结构设计参数，从而可达到预计的目标，即提高安全生产水平，改善采场作业条件，提高生产效率和企业利润。

1　采场开采过程中的应力理论分析

由于开采活动的进行对地应力平衡产生破坏，在矿床示经采动前，地应力根据其赋存条件处于自然平衡状态中，矿床处于三向应力状态。如图 1 所示，在横向力为 x 方向，纵向力为 y 方向，竖向力为 z 方向，其受力为：横向受力取 σ_1，纵向受力取 σ_2，竖向受力取 σ_3。

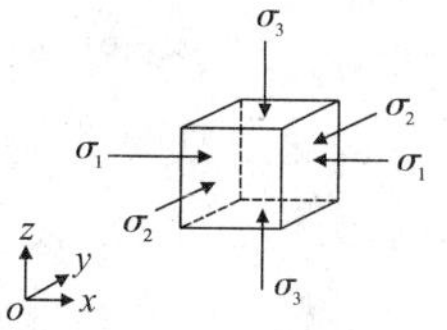

图 1　原岩平衡状态原岩三向受力

由于开采活动的进行对地应力平衡的破坏分析，在矿床未经开采阶段，未扰动前，地应力根据其自然赋存条件处于自然平衡状态中，矿体起始处于三向受力状态。如图 1 所示：横向受力取 σ_1，纵向受力取 σ_2，纵向受力取 σ_3。其三向受力全部处于平衡状态，由于三向作用力的存在，必然有最大主应力方向，可对其三向受力进行应变计测量，而后根据三向受力的方向角度 θ_1，θ_2，θ_3，根据受力公式，3 个方向的余弦为 $L=\cos\theta_1$；$m=\cos\theta_2$；$n=\cos\theta_3$；由受力平衡条件得：$\rho_x=\sigma_1 L$，$\rho_y=\sigma_2 m$；$\rho_z=\sigma_3 n$；由以上 3 个分量求得斜截面上的总应力为

$$\rho=\sqrt{\rho_x^2+\rho_y^2+\rho_z^2}=\sqrt{\sigma_1^2L^2+\sigma_2^2m^2+\rho_3^2n^2},$$

还可以将总应力分解成与斜截面垂直的正应力 σ_n 和相切的剪应力 τ_n 如图 2 所示。

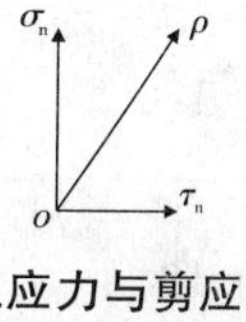

图 2　正应力与剪应力合力

从而能得出矿体在平衡状态的最大正应力及最大的剪应力。

当采场内的主体工程与最大主应力的方向接近或一致时，其工程则不易被破坏，容易维护。因此应

贝建刚（1975—），男，高级工程师，硕士，237462 安徽省霍邱县冯井镇。

该保持工程主轴方向的最大主应力的方向相一致。

由于地球为近似球体，地壳处于表层，地表的径向受力为向心力 $F_{向}$，地球的自转引起的抛出力为 $F_{抛}$，及切向应力为 $\tau_{外切力}$，同时受到周围的作用力 $F_{围}$，当 $F_{向}$ 大于 $F_{抛}$ 时，由于支撑围岩提供支持力与向心力抵消，则有：$F_{向}=F_{抛}+F_{支撑力}$，总之使矿体处于平衡状态。矿床的最大应力的方向即为三向受力为主应力的方向，根据测得的受力情况进行分析。

所在的部位共最大主应力的方向应力东西方向，因此采场接近或平衡，减少地应力的损坏。

2 开采过程的应力变化规律

在采场开采过程中，由于开采空区的逐渐扩大，矿床应力平衡遇到的破坏，空区将传递的应力隔断。因此空区周围的围岩受力则与空区的顶面面积 $S_{顶}$，底面面积 $S_{底}$，侧面面积 $S_{侧}$ 有关系。

$$\sigma_1=\rho gh, \tag{1}$$

式中，ρ 为岩石密度，h 为上履岩层高度，g 为重力加速度，取为 9.8 N/s；

侧面积

$$S_{侧}=LB, \tag{2}$$

式中，L 为采场空区长度，m；B 为采场空区宽度，m。当围岩受力超过向心力时，应力集中部位的应力为 $\sigma_{大}$，大于围岩允许应力时，则围岩将会发生破坏，当冲击力大于剪应力 $\tau_{大}$ 时，则会发生破坏。以下对上述各种情况进行逐项进行计算与分析，得出最小允许参数，采用通式对顶板受力进行定量分析。

3 开采空区的应力分析

在开采空区形成后，其变化情况与开采空区的围岩受力情况有直接的关系，开采空区顶板及两侧围岩，空区底板围岩同时受到原岩内的应力的相互作用，首先将其顶板均匀受到上部履盖岩层的压力，可以看做为一端固定的铰支受力体系，根据此类情况下的顶部围岩的受力情况，针对顶部围岩的受力情况进行分析。如图 3 所示。

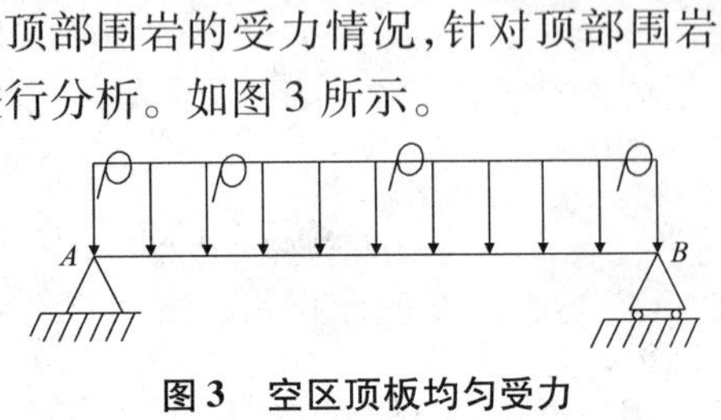

图 3 空区顶板均匀受力

$$\theta_A=-\theta_B=-\frac{ql^4}{24EI};$$

$$f=-\frac{5ql^4}{384EI}.$$

当开采空区顶板中心部位发生破坏时，由于此部位的岩石特征与其他部位的岩石特性相一致，导致在顶板中心部位发生破坏，或产生大于 194 mm 的裂缝，主要是此部位产生的集中应力大于围岩的允用应力所致。上述在空区顶板中心部位产生破坏的原因是中心部位的集中应力，主要体现在抗拉应力上，围岩的抗压应力远大于其抗拉应力，因此围岩发生破坏时，其允用抗拉应力直接控制围岩是否发生破坏，因此围岩受到破坏时的主要应力应该由其抗拉应力所致。由于围岩形成后其抗拉应力是一固定值，因此当空区内的应力集中情况发生时，达到许用应力时，围岩会直接发生破坏。因此当围岩发生应力集中时会 3 种情况发生。①空区围岩的顶板完好，没有发生破坏。虽然空区内的围岩产生了应力集中，但产生的最大拉应力并未超出围允许的拉应力，未导致顶板发生破坏，见图 4 示；②空区顶板围岩在其最大应力产生的部位，在理想的条件下是空区顶板的中央点部位，由于应力集中产生的应力刚好达到和超过围岩的许用应力，即仅在空区顶板的中央点部位发生破坏，破坏发生在一个点上，见图 5 示；③在空区顶板中内点的一定范围内，顶板围岩开始发生破坏，即应力集中发生时，距离中央点的位置已大于围岩的许用抗拉应力，但在实际条件下，由于地应力平衡的条件控制，即无论何时必须保持围岩的平衡状态，否则是围岩处于塌冒与变化过程中。因此其最大应力为围岩的许用拉应力。当超过其允用拉应力时，围岩即可发生破坏。因此在实际状态为空区顶板在中央附近一定范围内发生破坏。如图 6 所示。

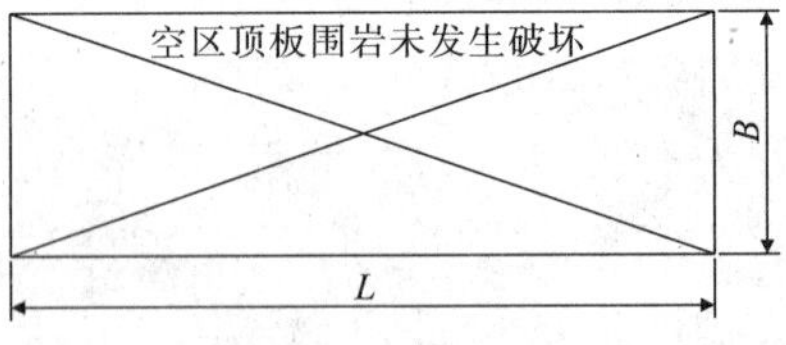

图 4 空区顶板破坏的第一种情况

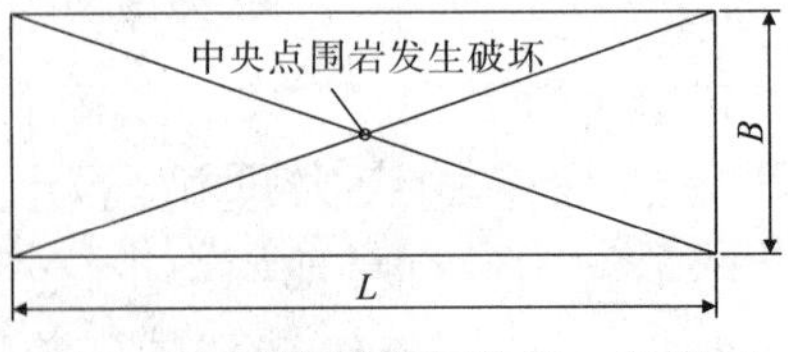

图 5 空区顶板破坏的第二种情况

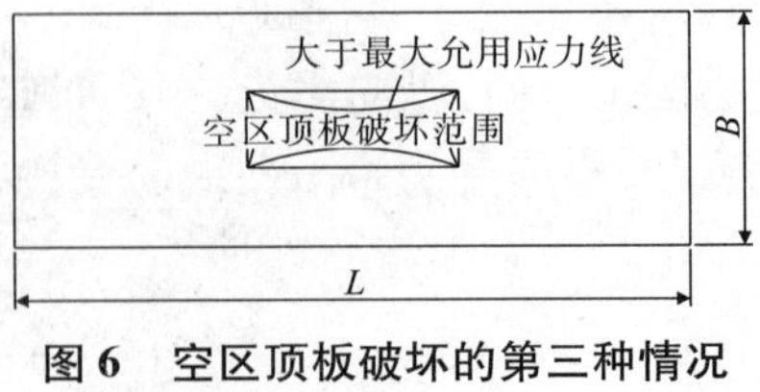

图 6 空区顶板破坏的第三种情况

上述空区顶板破坏的分析是在静态理想的状态下，空区顶板破坏发生时的 3 种典型状况。并且在较理想的围岩条件下，即围岩的各种物理化学性质相同，具有各向同性。否则不会产生上述理想的结果。

4 采场应力变化规律

但在实际采空区的产生、变化、破坏过程中，由于采空区围岩的不均匀性，根据围岩的许用应力条件，空区顶板围岩在超过围岩允用拉应力的条件下，空区顶板都被破坏，因此空区顶板破坏范围决定于空区顶板各类围岩的分布情况，如图 7 所示。会在弱岩石范围产生增大的顶板破坏范围。当顶板内存在裂隙或夹层时，会沿裂隙或夹层产生破坏。因此空区顶板的塌冒与空区围岩的性质及其受力有直接关系；另一方面在空区顶板破坏过程中与空区的形成过程中，有密切的关系，即开采空区在形成过程中，会受到不同的应力作用，即最大应力产生的部位及时间，随空区的改变及时间的变化而改变。

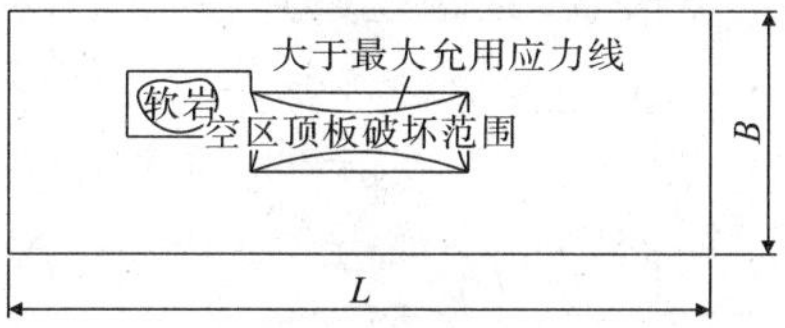

图 7 空区顶板软岩发生破坏

在开采空区形成的过程中，并非突然形成，而在有规律的开采过程中逐渐形成的，即开采空区遵循从无到有，从小到大的过程。因此每一空区的形成过程，都会发生空区顶板发生破坏的三种情况，在空区顶板面积较小时，产生的应力集中值小于围岩的允用抗拉应力，即空区顶板不发生破坏阶段，即为空区的第一类情况，不发生空区顶板围岩破坏现象；当开采空区顶板揭露面积达到一定数值时，空区顶板中央点的围岩发生破坏，即发生顶板围岩破坏的第二类情况；当空区的面积继续扩大，空区中央点破坏范围随着空区的扩大而扩大，当空区开采最终结束时，空区顶板破坏范围会固定下来，在应力集中发生破坏的部位，围岩被破碎，开裂；当围岩重力大于开裂部位的附着力时，围岩会冒落下来。从而在破坏部位产生冒落坑。当顶板围岩在冒落坑达到一定高度时，会在现有冒落范围内产生新的应力平衡，形成空区承压拱而稳定下来，如图 8 所示，由于空区顶板的围岩不均衡性，及解理、裂隙的存在，空区顶板冒落存在不规则性，与围岩的分布及解理、裂隙的状态有直接关系。

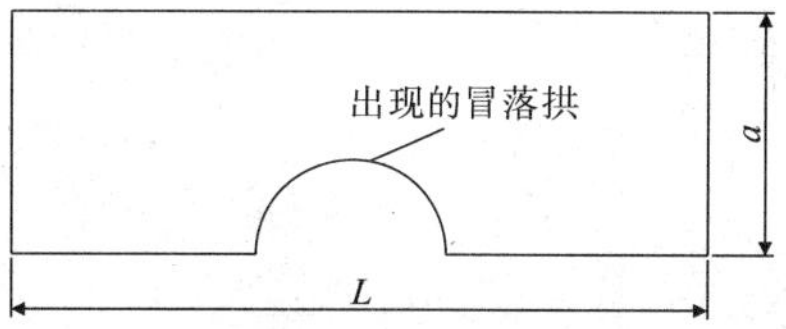

图 8 空区顶板冒落形成承压拱

5 顶板破坏的几种情况

开采空区顶板发生破坏时，突出的几种空区顶板破坏情况如下：顶板中央部位的围岩开始发生破坏，塌冒；在开采空区顶板左、右一侧或两侧发生破坏；在开采空区顶板一角或多角围岩发生破坏；在开采空区边缘部位围岩发生破坏；在空区顶板产生长条形的破坏；在空区顶板产生圆形的破坏；在空区顶板产生多片不连续的破坏；在空区顶板围岩产生不规则的破坏；由于开采空区顶板围岩一处发生破坏引起空区顶板围岩全部破坏。

在空区顶板发生破坏的状态与周围影响因素有关，其影响因素包括时间因素，风化因素，附近开采因素的影响，附近爆破地震波、冲击波的影响，附近开采空区的影响；受大地主应力的影响；受地球自转的影响；受地下水的影响；受围岩自身物理、化学特性的影响。

当开采空区形成后，由于时间的延长，致使空区冒落物的增多，使得空区在补偿系数的条件下由冒落物填满，空区不会发生较大的改变。

风化因素主要是在风化作用下，产生新的变化，从而降低了围岩的原有许用应力，引发了新的空区顶板的破坏，使得破坏范围扩大，顶板的破坏更加严重，因此在掘进工程形成后及时进行喷浆封闭围岩，减少风化，从而保证围岩的稳定，尤其是云母等容易见风膨胀的岩石，防止此类岩石因膨胀而进一步的发生破坏。附近开有影响，由于在空区周围采矿，掘进或空区内充填物的开采，从而使得空区顶板发生更进一步的破坏，如残采行为将开采空区内的冒落的残矿回收出来，使得空区内冒落物被采出，使得空区失去支撑力，导致开采空区顶板围岩进一步的冒落。爆破冲击波亦会对开采空区顶板围岩产生影响，主要是冲击波发生后，由于空区顶板围岩的在爆破地震波及冲击波的作用下，发生振动，从而引起空区顶板围岩的冒落。

开采空区内残留矿体或矿柱、孤岛的影响，此类情况有下述类型，开采空区顶部残留矿体，即采场开采过程中，由于爆破或中孔施工缺陷导致，顶部残留未采下的矿体，根据顶部残留矿体的厚度又可分为，少量残留矿体的开采空区，其顶板残留矿体与设计相比少于 1 m，中度残留矿体的顶板开采空区，即顶板残留矿体厚度在 1 ~5 m；重度残留矿体的开采空区，即顶板残留矿体的厚度在 5 ~10 m；严重残留矿体的开采空区，即顶板残留矿体的厚度超过 10 m，且损失的矿量在设计采场的一半以上。

下面对上述存在残留矿体、矿体或孤岛的开采空区进行分类陈述与分析，对于轻度残留矿体的开采空区，如图 9 所示。

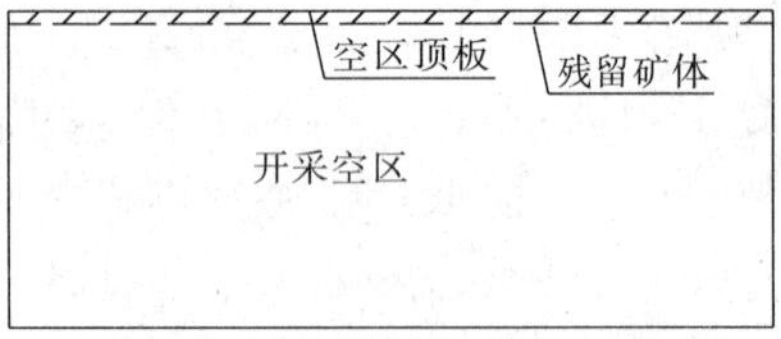

图 9　轻度残留矿体的开采空区

开采空区的矿体绝大部分被爆破开采下来，仅留极少部分，即损失率在 5% 以内，达到了设计要求，此部分损失矿量主要是开采工艺过程中的自然损失，但此部分示爆破下来的矿体原有的完整结构，由于开采开采活动如爆破的影响，已经将其内部结构产生破坏，在残留矿体内存在一定量的裂隙，距离空区越近其裂隙越多，且在附近爆破、掘进及空区塌冒冲击等因素的影响下，在一定时间范围内裂隙较大的顶板残留矿会产生塌冒，至到原设计崩落的顶板。但越接近设计的空区顶板，残留矿体的裂隙越少，其冒落的可能性越小，对开采空区的影响，降低了开采空区的高度 h，从而空区的应力集中程度会减少，空区塌冒的可能性减少。

上述情况为顶板残留薄层的损失矿量，其他少量开采空区残留的情况，还有如下类型：一侧有残留的薄层矿体的类型，底部有残留矿体的类型，顶部局部有残留矿体的类型，一侧局部有残留矿体的类型，底部有局部残留矿体的类型，顶部与侧面都有残留矿体的开采空区，现个侧面有残留矿体的开采空区，顶部及底部有残留矿体的开采空区，顶部、侧面和底部有薄层残留矿体的开采空区类型，多个侧面有残留矿体的开采空区类型。各面都有残留矿体的开采空区类型，各面都不存在残留矿体的开采空区类型等。

上述为开采空区存在残留矿体的开采空区类型，下部阐述开采空区存在薄层超挖的开采空区种类，有部分或全部薄层超挖的开有空区有如下类型：顶板存在薄层超挖的开采空区，一侧存在超挖的薄层矿体的类型，底部存在超挖的薄层矿体的类型，顶部局部存在超挖的薄层矿体的类型，一侧局部存在超挖的薄层矿体的类型，底部有局部存在超挖的薄层矿体的类型，顶部与侧面都存在超挖的薄层矿体的开采空区，一个侧面存在超挖的薄层矿体的开采空区，顶部及底部存在超挖的薄层矿体的开采空区，顶部、侧面和底部存在超挖的薄层矿体的开采空区类型，多个侧面存在超挖的薄层矿体的开采空区类型。各面都存在超挖的薄层矿体的开采空区类型，各面都不存在超挖的薄层矿体的开采空区类型等。

中度残留矿体存在的开采空区的类型，其类型与存在薄层残留矿体的类型相似，其残留矿体的厚度超过 1 m，小于 5 m，损失量是设计矿量的 5% ~25%，其类型与薄层残留矿体的开采空区类型相似，只不过中度残留矿体的开采空区，其损失矿体的厚度增大，是薄层残留矿体厚度的 1 ~5 倍。

中度超挖的开采空区，其类型与薄层超挖的开采空区的类型相似，其超挖的厚度亦是薄层超挖开采空区的 1 ~5 倍，超挖的开采空区，其空区的长宽高大于设计的空区高度，其产生的应力集中参数值会更大，对开采空区的影响大，更容易造成空区的塌冒，不利于开采空区的治理。

重度残留矿体的开采空区，由于其损失量增大，可针对残留的较多的重点部位进行残矿的回收，减少矿量损失，重度残留矿体的开采空区，其损失矿体的厚度可达到 5 ~10 m，残留矿体的厚度是中度残留矿体厚度的 1 ~2 倍，损失达到 25% ~50%，其类型同中度残留的开采矿体类型，接近空区的矿区其结构被破坏更大，裂隙更明显，更容易冒落与片邦，由于开采空区的矿体的塌冒，会产生各种类型的开采空区，当其继续发生塌冒，达到一定时期，由于其顶板残留矿体的厚度小于 5 m，会转变为中度残留的开采空区，在塌冒发生的条件下，当其残留的矿体的厚度小于 1 m，则其会转变为轻度残留的开采空区。

重度超挖的开采空区的出现，由于开采空区与设计相比差别过大，直接影响空区的大小，容易造成大面积的塌冒，需要根据开采空区超挖的实际情况进行分析，采取相应的解决方案进行解决。

存在严重残留矿体的开采空区，主要体现在矿量损失上，其残留矿体的厚度达到 10 m 以上，其残留矿体为原设计的 50% 以上，采出的空间小于未采出的空间，即开采空区过小于设计的开采空区，因此空区在地应力平衡时，应力集中的数值会降低一半以上，从而降低了开采空区的破坏，开采空区破坏速度减慢，当其塌冒物充满开采空区后，开采空区的变化会停止，当开采空区内的矿石资源被采出后，开采空区会进一步的产生变化。

由于大量存在的残留矿体，需要采取合理的残采回收方案，将残留矿体进行开采，进一步减少矿石资源损失，对于残留矿体的厚度达到 10 ~ 15 m 的矿体可采用倒至爆破漏斗的方法，自上而下施工爆破孔，利用底部已有空区将残留矿体爆破崩落下来，崩落的矿量仍由底结构进行回收。

对于重度越挖的空区情况，存在越层越界开采的问题，须根据已经开采形成的空区现状，采取合理的治理方案，减少开采空区的破坏，从而保证开采空区按预计的要求进行发展。

特别重度残留矿体的开采空区，共类型与重度残留矿体的开采空区相似，其不同点是损失的矿体的厚度增大，各类型之间的区别不明显，存在局部开采较多的现象，形成了残柱孤岛较多，因此要查明其形成的原因，从设计与施工阶段开始，采取合理的方案进行解决，避免再现严重的矿石资源损失，保障采场资源的全部采出。

存在特别严重残留矿体的开采空区，其形成的主要原因为开采空区不充足，爆破效果差，爆破失败或爆破孔未施工到位，爆破炸药未装到位或着出现爆破事故，才发生此类现象。因此需要优化设计方案，提高工程的施工质量，确保达到设计的技术要求，保证采场的爆破效果，确保采场内的矿石资源全部回收回来。

在残留矿体的厚度达到 15 m 时，需要重新设计残采工程，对其残留矿量进行回收，同时针对已经开采的部位采取相应的安全防护措施，避免已形成的开采空区的影响而产生安全事故，对特别严重残留矿体存在的开采空区的开采要防止打残眼，根据开采过程中的详细记录，采取相应的预防措施，避免打残炮，防止出现爆破事故。

对于特严重超挖的开采空区，要分析其原因，采取合理的措施避免此类情况的产生，对已形成的空区进行实际分析，确定合理的解决方案，防止空区塌冒事故的产生。

上述各种类型的开采空区，反映了开采过程中再现的多种类型问题，需要采取相应和措施和解决方案，同时对开采空区的防范与治理提出了不同的要求，需要针对不同的空区特点采取相应的处理方案。

6　开采空区转化过程分析

各种类型的空区在开采过程中与变化过程中可以相互转化，如严重残留矿体的开采空区，经过残留矿体的开采会转变成轻度残留矿体的开采空区。轻度残留矿体的开采空区经过空区残留矿层处理与会产生轻度超挖的开采空区，进而形成中度超挖的开采空区及重度超挖的开采空区和特别严重超挖的开采空区。因此开采空区的类型及其相应的治理方案，是解决开采空区损坏的有效方案。空区的类型之间并未存在明显的界线，有的开采空区存在混合类型的现象。如存在薄层残留矿体的开采空区与中度残留矿体的开采空区相透后，就会成为一个大空区，其类型为两者混合形成的开采空区。因此需要采取混合类型的解决方案，根据开采空区各部位的特点进行处理和解决，保证开采空区的有效治理。

开采空区的治理与开采空区的形成存在密切的关系，因此在开采过程中应该采取合理高效的治理方案，必须采取强掘，强支，强采的方案，将开采范围内的矿体整体的回收回来，进一步降低残采的难度，形成设计要求的开采空区，而后采取相应的开采空区处理方案。采取崩落空区顶板，充填开采空区，隔离开采空区等方案，将开采空区进行有效的治理，为以后开采积累宝贵的经验。

在采矿业发展过程中，开采空区如何变化是其发展好坏的一个反映，采矿方法的好坏，可由开采空区形成状态完整的显示出来，有效的开采方法，能够按要求在一定的时间，一定的区域内，保质保量的将设计范围内的矿石资源高效开采出来，形成理想的开采空区。根据形成的开采空区受力情况推测出开采空区的稳定、塌冒、破坏的规律，适应开采空区的发展规律，对开采空区进行有效的治理，防止和减少开采空区灾害的产生，保障矿山企业的安全发展，为企业发展提供保障，获得最大的企业利润。

为进一步解决开采空区产生和治理过程中的各种问题，需要对采场开采设计的参数进行优化选择，按其地应力的平衡规律及围岩的物理、化学性质进行优化选择。当其由于围夹层岩体，接触带，风化带，松散岩体，软岩体，泥质物，膨胀体的存在，严重影响采场设计的各项要求，应该根据其实际情况进行理论分析，解决实际生产中存在的各类问题。

对采场开采后的开采空区进行分析，有利于确定开采方法，设计参数的正确性。理想的设计参数，施工顺序，开采方法，有利于开采空区的有效治理，防止和减少开采空区的事故，可避免塌冒冲击波等地质灾害。首先根据设计形成的开采空区进行空区的受力分析，推测开采空区的变化情况，从而采取相应的解决方案，提高了回采效率，降低了开采资源的损失。

7 VCR 法采空区形成及结构参数选择

VCR 是垂直深孔球状药包后退式崩矿方法的简称，它是在利文斯顿爆破漏斗理论基础上研究创造的、以球状药包爆破方式为特征的新的采矿方法。它的实质和特点是，在上分层切割巷道内按一定孔距和排距钻凿大直径深孔到下部分层切割巷道，崩矿时自顶部平台装入长度不大于直径 6 倍的药包，然后沿采场全长和全宽按分层自下而上崩落一定厚度矿石，逐层将整个采场采完，下部切割巷道成为出矿巷道，其典型矿块回采如图 10 所示。

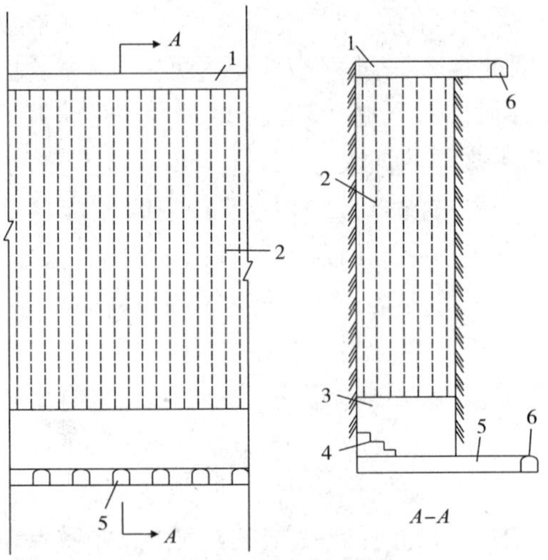

图 10 典型矿块回采

1—凿岩巷道；2—大直径深孔；3—拉底空间；
4—充填台阶；5—装矿巷道；6—运输巷道

VCR 法爆破的主要特点是炮孔两端是敞开的，要求采用堵孔，将药包停留在预定的位置上，所以装药是这种爆破方法非常关键的作业。当球状药包埋置在采场顶底板之间向下部自由空间爆破，即倒置漏斗爆破，就成为 VCR 法球状药包爆破技术的主要特点。

在 VCR 法采矿中，开采空区的形成过程是自下而上，逐渐扩大形成的，其开采空区的长宽高在拉底形成后是固定不变的，其开采过程是开采空区高度逐渐增大的过程，当开采结束时，其开采空区的高度方可固定不变，相当于空区顶板的面积不变，但其侧面的面积不断增大，因此此类开采空区的破坏容易自空区的两侧开始发生塌冒，从而引起开采空区的破坏。

VCR 法采矿法中，由于高处崩落矿石的冲击破坏，容易导致底部结构围岩进一步被破坏，严重影响了开采空区的设计高度，不能超过底部结构允许的冲击高度，即 VCR 法不能过高，为增加空区设计高度，需要保障 VCR 法采矿中空底板有一定的倾角，从而使和崩落体在斜面上缓冲后，再落到空区底板，保护底部结构不受破坏。

可见，自高空区冒落的崩落体冲击力之大，足以严重损坏底部结构，如高溜井的使用，初次装矿对溜井的冲击损坏等现象，必须保证底部结构的安全使用。

对受力情况进行准确分析，从而确定采场的开采结构参数。

8 结 语

在采场开采过程中，要根据采场的结构大小，埋藏深度等现有情况，计算出采场实际应力大小，并且确定采场应力在采场开采过程中的变化规律，从而采取合理的结构参数，保障采场开采空区形成时的有序性和规律性，形成完整的采空区，保障生产安全与高效回采，避免形成采场矿石资源的浪费，获得最大经济效益。

（收稿日期 2015-05-26）

巨厚煤层综放开采一次采全高采场应力分析

韦志东
（广西壮族自治区工业设计院）

摘　要　巨厚煤层综放面一次采全高上覆岩层的破坏与冒落是一个复杂的力学过程，采用相似模拟和 UDEC 数值模拟对巨厚煤层综放开采采场应力变化一般规律进行了分析和研究。

关键词　巨厚煤层　综放开采　相似模拟　数值模拟

目前我国对中厚煤层和厚煤层分层开采条件下覆岩破坏规律已有较多的掌握，但对巨厚及特厚煤层的岩层破坏了解较少[1]。本研究是针对义马千秋煤矿 21.8 m（平均）厚的巨厚煤层综放开采一次采全高，分析其形成的应力场，运用相似材料模拟和数值模拟技术手段对巨厚煤层这样的地质条件下综放面一次采全高采场应力分析与研究，为以后类似条件下的厚煤层开采提供依据和借鉴。

1　工程概况

义煤集团千秋矿 21181 工作面开采煤层为二 1 煤，煤层为黑色块状及粉末状，结构复杂，含矸 3-6 层，夹矸岩性分别为粉砂岩，细砂岩及泥岩，煤体干燥，松弱破碎，极易自燃，煤岩类型为半亮型-半暗型，煤层厚度变化较大，煤层从 16.81 ~ 26.78 m，平均 21.8 m。煤层平均倾角 12°，煤层较为平稳。煤层直接顶为泥岩，厚度 37 m，盘区内东薄西厚，泥岩抗拉强度 1.56 ~ 2.37 MPa，抗压强度 18.0 MPa，抗剪强度 0.38 MPa。老顶以砾岩、细砂岩、泥岩互层为主，具有透水性。盘区上部直接底为砾岩、砂砾岩，盘区下部直接底板为含砾黏土岩，砾岩厚度为 26.7 m，砾岩抗压强度为 98.5 MPa，含砾黏土岩平均抗压强度 35.7 MPa。顶板岩性特性，见图 1。

岩层	岩性	层厚/m	σ_c/MPa
粉砂岩		8.50	88.32
泥岩		9.50	18.00
细砂岩		8.96	74.72
粗粒砂岩		10.34	78.00
中粒砂岩		10.50	82.87
泥岩		37.00	18.00
二煤		21.80	11.00
砾岩		26.70	98.50

图 1　千秋煤矿 21181 工作面综合柱状图

工作面走向长度：上巷长 1 035 m、下巷长 1 039 m，平均长度 1 037 m。倾斜 104 m（切眼），采深为 616.5 ~ 702.5 m，平均采深 659.5 m，可采面积为 124 300 m^2。

2　相似模拟试验

2.1　试验设计

根据现有试验条件，决定在 2.5 m×0.20 m×1.4 m（长×宽×高）规格的刚模型架上进行试验，根据选定模型架尺寸及其他条件综合考虑，确定相似系数分别为

线比

$$a_L = L_m/L_p = 1/100,$$

时间相似系数

$$a_t = t_m/t_p = \sqrt{a_l} = \sqrt{1/100} = 1/10,$$

容重相似系数

$$a_r = \gamma_m/\gamma_p = 1.7 \times 10^4/2.5 \times 10^4 = 0.68.$$

试验模型见图 2。通过调整相似材料配比试验，计算模型的相似材料配比见表 1。

韦志东（1980—），男，院长，工程师，硕士，530002 广西南宁市青秀区古城路 2 号。

图 2　试验模型

表 1　模型相似材料配比

岩　性	实际厚度/m	实际强度/MPa	模拟厚度/m	模拟强度/KPa	相似材料配比（砂子：水泥：石膏）
粉砂岩	8.50	88.32	0.085 0	600.576	9:5:5
泥　岩	9.50	18.00	0.095 0	122.400	9:7:3
细砂岩	8.96	74.72	0.089 6	508.096	8:7:3
粗粒砂岩	10.34	78.00	0.103 4	530.400	8:7:3
中粒砂岩	10.50	82.87	0.105 0	563.516	8:7:3
泥　岩	37.00	18.00	0.370 0	122.400	9:7:3
二　煤	21.80	11.00	0.218 0	74.800	6:7:3
砾　岩	26.70	98.50	0.267 0	669.800	9:5:5

注：①水量为 1/10；②煤层的相似材料配比按骨胶比 3：1。其中骨料由砂子、粉煤灰共同组成，且砂子：粉煤灰为 3：7；胶料由碳酸钙和石膏组成，且碳酸钙：石膏 = 1：1；③硼砂质量为水量的 1/100。

2.2　模型的观测

本次试验采用 YJW-16 数字静态电阻应变仪和 DYB-1 型电阻应变式土压力计传感器进行应力观测。

2.3　观测结果与分析

在模型开采过程中，在煤层顶板布置 3 组应力观测线，1 号测线布置在煤层与泥岩的交接处，2 号测线布置距煤层 20 m 的位置，3 号测线布置距煤层 37 m 的位置。图 3 ~ 图 5 是模拟开采过程中，工作面推进到 3 种不同位置时 3 条水平测线同一时刻测得的应力值，按应力传感器距工作面不同距离绘出的应力曲线。

从图 3 ~ 图 5 可以看出，在工作面煤壁前方，应力逐渐增大，并在 20 m 左右的位置出现峰值，而在 60 m 左右应力降低至原岩应力，在采空区侧，应力基本恢到原岩应力状态。说明工作面推进过程中采场上覆岩层中的应力是不断变化的。随岩层高度的增大岩层应力集中区范围越来越小。应力集中区影响煤壁前方的范围大约是 60 m 左右，应力峰值出现在煤壁前方 20 m 左右。

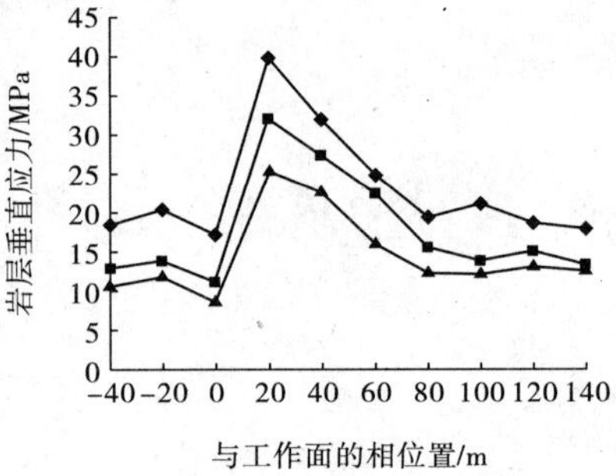

图 3　工作面推进 40 m 的应力分布

◆—0 m；■—20 m；▲—37 m

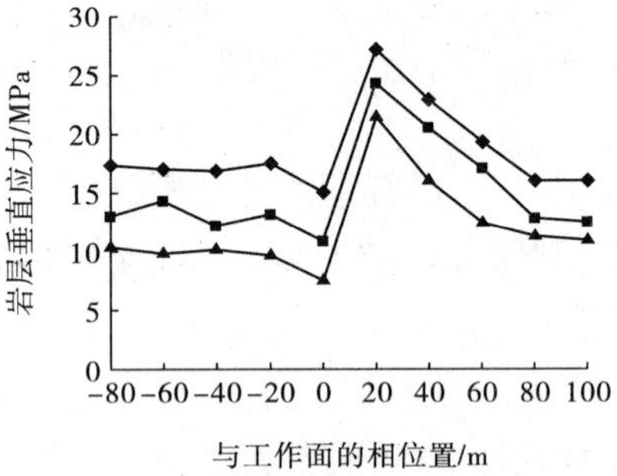

图 4　工作面推进 80 m 的应力分布

◆—0 m；■—20 m；▲—37 m

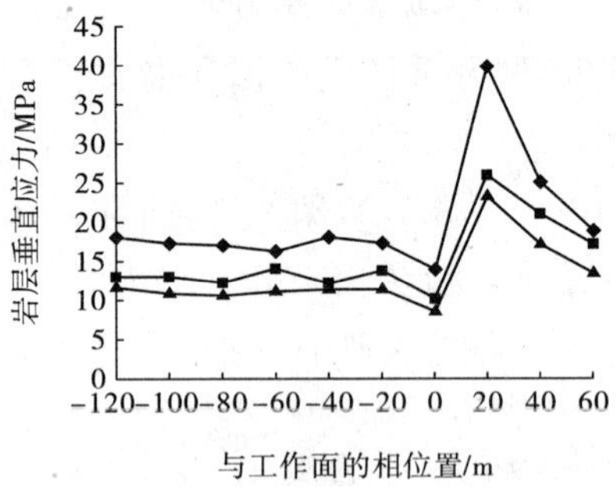

图 5　工作面推进 120 m 的应力分布

◆—0 m；■—20 m；▲—37 m

综上所述可知：

（1）顶板应力峰值一般出现在工作面煤壁前方 20 m 左右，应力集中影响的范围约 50 ~ 70 m。岩层中同一测点的应力是不断变化的；工作面推进过程中采场上覆岩层中的应力是不断变化的。随岩层高度的增大岩层应力集中区越来越小。

（2）工作面开挖过程中，采场上覆岩层应力呈现出明显的分区，采空区上方一定区域内为应力降低区，采空区外侧为应力集中区；覆岩离层主要出现在卸压区，在应力集中区即工作面前方或煤柱外侧不产生离层。

3　数值模拟

3.1　计算模型范围的确定

基于 UDEC 建模原理，应用 UDEC 软件，以义煤集团千秋煤矿地质条件和煤岩条件为基础。模型煤厚 21.8 m，为千秋煤矿煤层的实际厚度。因为 UDEC 为二维模型，在模拟时不考虑煤层的倾角。模型走向为 X 方向，在走向上取工作面推进长度的一部分 300 m，模型两边各考虑 100 m 边界影响区域，按 500 m 模拟。垂直方向为 Y 轴方向，模型共模拟 8 个分层，煤层及煤层顶底板岩层均按实际厚度进行模拟，其余岩层按等效载荷进行模拟，最后模型的垂直高度为 150 m。模型长×高为 500 m×150 m。如图 6 数值模拟模型。

图 6　数值模拟模型

3.2　数值模拟应力场分析

煤层采出后，采空区上方岩层重量将向采空区周围新的支承点转移，从而在采空区周围形成支承压力带。工作面前方形成超前的前支承压力随工作面推进不断前移，又称为移动性支承压力，移动性支承压力的峰值大小可能比原岩应力增高 1 ~ 3 倍，即应力集中系数 $K=2\sim4$。

模型从开切眼开始推进，在煤层顶板布置 6 条测线，与煤层距离分别为 1、10、20、37、47.5 和 57.9 m，从下往上依次为 1 ~ 6 号测线，分别监测上覆岩层的位移和应力。图 7 为工作面推进不同距离时 1 号测线所监测到的超前支承压力的分布情况。

从模拟的结果分析可知，开采初期，支承压力峰值不明显，随着工作面的推进逐渐居于稳定，峰值最大出现在 20 m 左右。同时，可知未受采动影响区大约在工作面煤壁前方 50 m 以外，受采动影响区在煤壁前方 50 m 以内，而受采动影响剧烈区位于煤壁前

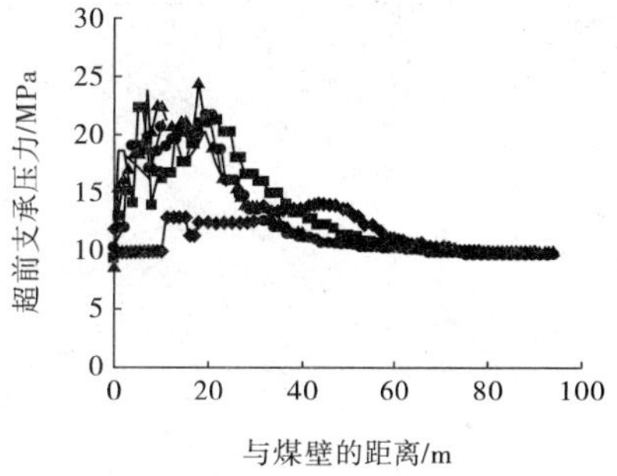

图 7　工作面推进不同距离时超前支承压力曲线

◆—工作面推进 40 m；■—工作面推进 80 m；▲—工作面推进 120 m；○—工作面推进 160 m；△—工作面推进 200 m；●—工作面推进 240 m

方 20 m 范围内，支承压力最高峰值距煤壁 20 m。可见研究区超前支承压力影响范围较大，且与相似模拟所得结论一致。

4　结　论

（1）顶板应力峰值一般出现在工作面煤壁前方 20 m 左右，应力集中影响的范围约 50 ~ 70 m。岩层中同一测点的应力是不断变化的；工作面推进过程中采场上覆岩层中的应力是不断变化的。随岩层高度的增大岩层应力集中区越来越小。

（2）工作面开挖过程中，采场上覆岩层应力呈现出明显的分区，采空区上方一定区域内为应力降低区，采空区外侧为应力集中区；覆岩离层主要出现在卸压区，在应力集中区即工作面前方或煤柱外侧不产生离层。

（3）相似模拟和数值模拟的结论是基本一致的。

参　考　文　献

[1]　闫少宏. 综放开采顶煤顶板活动规律的研究与应用[M]. 北京：煤炭工业出版社，2003.

（收稿日期　2015-05-26）

白石嶂钼矿生产准备矿量的思考

范庆霞
（南京钢铁股份有限公司）

摘 要 根据白石嶂钼矿一期采矿工程设计，结合矿山以往采矿的实际情况，提出了生产准备矿量优化的原则，计算确定了矿山投产初期以及持续生产所需的采准工程量、回采炮孔量，对新建矿山有一定的借鉴作用。

关键词 采准矿量 回采矿量 白石嶂钼矿

生产准备矿量是反映矿山综合技术水平、生产管理水平、可持续发展潜力的指标，它与采场结构参数、采掘设备配套有着非常密切的关系。生产准备矿量过大，造成采场内采准巷道、回采中深孔大量积压，因而采矿作业分散、通风费用高；反之，生产准备矿量过小，造成采准巷道、回采中深孔不能满足采矿生产的需要，因而工序间相互干扰大，生产效率降低、现场组织管理困难。

白石嶂钼矿是一个改扩建矿山，位于广东省五华县。矿山采取总体规划、分期建设、分步实施的思路，一期设计采选综合能力为 100 万 t/a。矿山于 2008 年底开工建设，相继完成了主副井、主斜坡道、125 m 阶段运输水平等开拓工程，同时开展了 220 m、205 m 分段水平采切工程的建设工作，形成了较为充足的生产准备矿量，采矿工程已初步具备投产的条件。值此在矿山投产以前，有必要研究矿山生产初期的采准矿量、备采矿量配置问题，以利于矿山尽早达产和长期稳定生产。

1 矿山初步设计及三级矿量概况

矿山采用竖井与斜坡道联合开拓、无底柱分段崩落法采矿。一期设计阶段高度 110 m，设 235 ~ 220、220 ~ 205、205 ~ 185、185 ~ 165、165 ~ 145、145 ~ 125 m 共 6 个分段，采场结构参数为 15 m×15 m、20 m×15 m 2 种，采场内共有 12 个矿石溜井，每个分段内有脉内联络巷、脉外联络巷各 1 条。在 125 m 以上开拓工程及其相关采切工程完成后，控制的开拓矿量为 1 170.34 万 t，在 235 ~ 220 m、220 ~ 205 m 2 个分段共形成采准矿量为 103.87 万 t、备采矿量为 51.93 万 t，生产准备矿量的保有期分别为开拓矿量 11.82 a、采准矿量 1.05 a、备采矿量 0.52 a。

2 矿山生产准备矿量的优化

2.1 优化生产准备矿量的原则

（1）生产准备矿量应符合安全生产的要求。我国《金属非金属矿山安全规程》要求，采用无底柱分段崩落法回采应遵守以下规定：“上下 2 个分段同时回采时，上分段应超前于下分段，超前距离应使上分段位于下分段回采工作面的错动范围之外，且应不小于 20 m”。因此，在确定生产准备矿量时，应考虑同时回采上下各分段之间的超前关系，这样可避免工序间相互干扰。

（2）生产准备矿量与矿山综合技术水平相适应。生产准备矿量的大小与矿山综合技术水平有着密切的关系，而采矿综合技术水平主要取决于采场结构参数和采掘设备配套。通常地，在采场结构参数确定后，应选择与之相适应的采掘设备，并根据矿山生产能力配置采掘设备、生产矿块的数量。近年来，国内地下矿山纷纷采用大型采掘设备与大结构参数相配套，提高了采矿集中化程度、减少了生产准备矿量、降低了矿山经营成本。

（3）生产准备矿量应随矿山生产能力动态变化。生产准备矿量与矿山生产能力成正比例关系，生产能力越大所需配置的采掘设备越多、生产准备矿量越大，反之亦然。在矿山生产过程中，应根据生产能力的需求确定生产准备矿量并实行动态管理，因此要求矿山编制中长期发展规划，合理安排年度生产计划、采掘设备更新计划、采矿技术改造计划等，并通过优化调整等技术措施，使生产准备矿量保持在合理的状态。

2.2 生产准备矿量的确定

2.2.1 生产准备矿量计算依据

（1）185 m 以上各分段采出矿量。白石嶂钼矿

范庆霞（1963—），男，教授级高级工程师，210039 江苏省南京市西善桥。

235～220 m、220～205 m、205～185 m 分段控制矿石储量 535.13 万 t，因部分零星矿体达不到经济开采的条件，可采矿量约占矿石储量的 90%。由于矿山已有多年开采历史，在 235 m 以上存在大量的采空区，按照积极稳妥、留有余地的原则，设定各分段的采矿回收率：首采分段为 50%、第二分段为 70%、第三分段以下为 85%，据此可计算出 3 个分段的采出矿量为 330.09 万 t，如表 1 所示。

表 1　235～185 m 各分段采出矿石量

分段 /m	储量 /万 t	可利用量 /万 t	采出矿量 /万 t	矿块保有量 /万 t
220	177.18	159.46	79.73	14.77
205	173.85	156.46	109.52	14.49
185	184.10	165.69	140.84	15.34
合计	535.13	481.62	330.09	44.59

(2)铲运机生产能力的确定。随着地下采矿技术的进展，国内矿山纷纷采用高效采掘设备与大结构参数相配套的技术，极大地提高了采矿生产效率，显著地降低了采矿生产成本，取得了很好的经济效益。如梅山铁矿在二期采矿工程中采用 15 m×15 m 场结构参数和 4 m^3 电动铲运机相配套，大幅度降低了掘采比、提高了采矿强度，铲运机台年生产效率达到 52 万 t。由于白石嶂钼矿的矿石容重仅为 2.71 t/m^3，比铁矿石小很多，因此每台 4 m^3 铲运机的出矿能力按 30～36 万 t 选取，只要配备 3 台铲运机即可满足矿山回采出矿的需要。

(3)回采出矿量与采准掘进量的关系。为了提高采矿生产效率、降低采矿成本，白石嶂钼矿对采场结构参数进行了优化，现已将进路间距由 15 m 加大到 25 m，从而显著节省了采准工程量，对于加快矿山建设、尽早形成采矿生产能力具有重要的作用。由优化后的采准工程布置情况可知，采场内采准巷道按用途可分为脉外联络巷、脉内联络巷、切割巷道、回采进路，其中：矿石巷道约占 71.2%、岩石巷道约占 28.8%。对以上这些不同用途的采准巷道工程量统计情况见表 2。

表 2　220 m、205 m 设计采准工程量　　m

分段	脉外联络巷	脉内联络巷	切割巷道	回采进路	合计
220	1 398.5	351.4	550.0	2 698.9	4 998.8
205	1 160.8	375.5	525.0	2 650.7	4 712.0
185	1 005.9	285.8	422.5	2 104.3	3 818.5
小计	3 565.2	1 012.7	1 497.5	7 453.9	13 529.3
占比/%	26.35	7.49	11.07	55.09	100.00

为了合理地安排好采场的掘进工作，需要找出回采出矿量与采准掘进量的对应关系，由表 1、表 2，计算出采出每万吨矿量所需的采准巷道量，见表 3。

表 3　采出每万吨矿量所需的采准巷道计算　　m/万 t

巷道类型	220 m 分段水平			205 m 分段水平			185 m 分段水平		
	按储量	按可利用	按采出量	按储量	按可利用	按采出量	按储量	按可利用	按采出量
脉外联络巷	7.89	8.77	17.53	6.68	7.42	10.60	5.46	6.07	7.14
脉内联络巷	1.98	2.20	4.40	2.16	2.40	3.43	1.55	1.72	2.03
切割巷道	3.10	3.45	6.89	3.02	3.36	4.79	2.29	2.55	3.00
回采进路	15.23	16.93	33.84	15.25	16.94	24.21	11.43	12.70	14.94
合计	28.20	31.35	62.70	27.10	30.12	43.02	20.74	23.05	27.11

2.2.2　生产准备矿量计算

矿山原矿产量由回采出矿量、掘进带矿量组成，白石嶂钼矿 185 m 以上掘采比为 25.28 m/万 t，掘进带矿量约占原矿产量的 8%。当原矿产量为 100 万 t/a 时，回采出矿量为 92 万 t/a，配置 3 台 4 m^3 铲运机即可满足回采出矿工作的需要。

由于 235～220 m 首采分段、220～205 m 第二分段的采矿回收率较低，在矿山生产初期所需的采准巷道量、回采炮孔量较多，在上部适当备用采准矿块、回采矿块是必要的。当回采工作进入 185 m 分段水平后，采矿回收率指标将处于稳定状态，每年所需的采准巷道量、回采炮孔量变化不大。备采矿量、采准矿量按下列公式计算。

备采矿量 Q_B：

$$Q_B = (1 + f)NQ_K = (1 + 0.2) \times 3 \times 14.86 = 53.50 \text{ 万 t},$$

式中，f 为矿块备用系数，0～0.5；N 为生产矿块数，个；Q_K 为矿块矿量，万 t。

采准矿量 Q_C：

$$Q_C = 2Q_B = 2 \times 53.50 = 107.00 \text{ 万 t}.$$

由以上计算可知，设计给出的采准矿量、备采矿量是充足的。因此，在矿山投产后，只要加强采掘计划管理，不断优化采矿工程布局，合理补充采准巷道、回采中深孔，就可以使矿山生产处于正常有序状态。然而,当回采工作进入185 m以下后,因各矿块的矿量、采矿回收率指标明显变化,可不考虑矿块备用问题,即每台铲运机占用一个生产矿块,此时可对备采矿量、采准矿量进行动态调整。表4为矿山生产初期采准、备采矿量变化情况。

表4　矿山生产初期采准、备采矿量变化情况　万 t

时间		220 m分段		205 m分段		185 m分段		165 m分段	
		采准	备采	采准	备采	采准	备采	采准	备采
投产前	结存	69.24	34.62	34.62	17.31				
第一年	补充	107.94	142.56	74.35	39.73				
	消耗	138.48	138.48	43.81	43.81				
	保有	38.70	38.70	65.16	13.23				
第二年	补充			64.88	116.81	74.76	22.83		
	消耗	38.70	38.70	87.63	87.63	13.31	13.31		
	保有			42.41	42.41	61.45	9.52		
第三年	补充					109.34	115.73	6.39	0
	消耗			42.41	42.41	73.32	73.32		
	保有					97.47	51.93	6.39	0

2.2.3　采矿工程量确定

依据上述采准矿量、备采矿量、采矿回收率等指标,可以计算出矿山生产初期所需的采准掘进工程量、回采炮孔量。

(1)采准掘进工程量。各分段在进入回采阶段以前,除形成必要的采准矿量、备采矿量外,还需具备良好的通风、排水、运输等条件,因此初期生产所需的采准巷道较多。220 m、205 m是矿山最早进行回采工作的两个分段,在投产以前已完成大量的的脉外联络巷、脉内联络巷、切割巷道、回采进路掘进工程,这部分工程量按常规计入开拓工程。矿山生产初期采准工程量测算情况见表5。

表5　矿山生产初期采准工程量测算　m

时间	水平				
	220 m	205 m	185 m	165 m	合计
投产前	3 754.14	2 695.15			6 649.29
第一年	3 043.92	2 025.73			5 069.65
第二年		1 758.25	1 550.52		3 308.77
第三年			2 267.71	132.53	2 400.24

(2)回采炮孔工程量。参照国内同类矿山的成功经验,开展采矿凿岩爆破工作。切割拉槽采用天井与平行炮孔相结合的方法,炮孔直径为100 mm,孔网参数为2.0 m×1.0 m;回采作业采用上向扇形中深孔,炮孔直径为76 mm,排间距为2.2 m、孔底距为2.2~2.6 m。经测算,切割炮孔量约为360 m/万 t,回采中深孔1 280 m/万 t。矿山生产初期回采炮孔工程量测算情况见表6。

表6　矿山生产初期回采炮孔工程量测算　万 m

时间	220 m		205 m		185 m		合计	
	大孔	中孔	大孔	中孔	大孔	中孔	大孔	中孔
投产前	1.25	4.43	0.62	2.22			1.87	6.65
第一年	5.13	18.25	1.43	5.09			6.56	23.34
第二年			4.21	14.95	0.82	2.92	5.03	17.87
第三年					4.17	14.81	4.17	14.81

(3)采矿工程量的平衡。随着采矿工作的持续进行,回采区域内的采准巷道、回采炮孔逐步被消耗,而在新的生产区域内又得到补充,这一过程的不断循环,使矿山生产保持正常、有序。在采矿生产初期,各分段采矿回收率相差较大,需要测算每年采准巷道、回采炮孔的消耗与补充量;当采矿工作进入第四分段后,损失贫化指标趋于稳定,在原矿产量一定的情况下,每年补充、消耗的采准巷道量和回采炮孔量也将是相对稳定的数值。

2.2.4　生产准备矿量的管理

矿山采矿生产是一个动态的过程,根据采矿生产的需要每年均会消耗、补充一定量的生产准备矿量,以保证矿山正常持续地进行采矿作业。一般地,矿山应加强对生产准备矿量的管理并做好以下几方面工作。

(1)建立生产准备矿量管理台账。认真做好采准巷道、回采炮孔的统计工作,详细记录巷道和炮孔的消耗、补充情况,由此掌握生产准备矿量的变化状

(下转第136页)

金川镍矿资源综合利用技术研究与应用

郭宏东[1,2,3]
(1. 中钢集团马鞍山矿山研究院有限公司;2. 金属矿山安全与健康国家重点实验室;
3. 华唯金属矿产资源高效循环利用国家工程研究中心有限公司)

摘　要　资源合理开发与综合利用成为决定经济繁荣、社会进步和国家富强的一个重要因素。金川镍矿开展科技联合攻关,运用新技术实现了对矿产资源的动态管理,促进了"三废"利用的产业化步伐,取得了巨大的效益,可为我国有色金属矿山的资源充分利用、整体效益的提高、环境保护和矿业城市的持续发展提供借鉴。

关键词　企业"三废"　综合利用　技术研究

矿产资源是人类赖以生存和发展的物质基础,是国家经济和社会发展的重要保障和支柱。近年来,中国是个极大的镍产品进口国,面对工业化进程的日益加快,社会对镍产品的需求大量增加,资源合理开发与综合利用成为决定经济繁荣、社会进步和国家富强的一个重要因素。这就要求中国必须加大自有镍矿石原料的合理开采与综合利用,镍矿资源可持续开采与综合利用成为亟待解决的一个重要课题。

金川矿区作为中国第一、世界第三的镍资源产地,如何采取资源控制政策,如何进行矿产资源综合利用,是一个关乎中国乃至世界政局稳定、经济安全和可持续发展的重要问题。其作为国内最大镍产品生产基地金川集团公司的生产矿山,代表着中国镍矿资源的技术开发水平。金川矿区围绕镍矿资源永续利用、资源管理水平全面提升及矿山可持续发展开展了大规模的金川资源综合利用科技联合攻关,运用新技术实现了对矿产资源的动态管理,促进了企业"三废"利用的产业化步伐,取得了巨大的效益,为我国有色金属矿山的资源充分利用、企业整体效益的提高、环境保护和矿业城市的发展提供了可借鉴的经验。

1　金川矿区概况

1.1　金川矿区资源概况

金川镍矿是世界著名的多金属共生大型硫化镍铜矿之一,在同类矿床中,镍储量位居世界第三位,位居国内第一位,占国内已探明储量的70%。目前,金川矿区沿矿体走向自西向东划分为4个矿区,依次为Ⅲ、Ⅰ、Ⅱ、Ⅳ矿区。二矿区含矿超基性岩体长3 000余m,除东端300余m岩体隐伏于第四系,其余均出露地表。含矿岩体两端窄中间宽,总体走向为北西50°,倾向SW,倾角50°~80°。二矿区共有大小矿体351个,储量占金川矿区中总储量的76.5%,而品位在2.00%以上的富矿,又占二矿区金属镍储量的76%。在351个矿体中,以1#、2#矿体最大,占二矿区总储量的99.3%。其中,1#矿体为最大矿体,全长1 600余米,平均厚度98 m,其中富矿体长1 300 m,平均厚69 m,向下延深1 000 m以下,以富矿为主,次为贫矿;2#矿体为第二大矿体,全长1 300 m,平均厚118 m,其中富矿长900 m,厚42 m。

1.2　金川矿区资源特点

(1)金川矿区资源十分丰富,但是贫矿资源占有了相当的比例[1]。资料显示,金川矿区保有储量富矿仅占33%,贫矿比例达到67%,其中36%的镍金属储量赋存在贫矿中。

(2)资源的有限性及不可再生性决定了资源开发型企业的寿命。在整个经济寿命周期中,企业都必然要经历开发、兴盛、衰老、淘汰这一自然过程,而且资金投入高、周转慢,产品价格取决于价格波动周期及供给与需求的变动。

(3)资源逐渐枯竭,生产成本增高,金川镍矿早期确定的"采富保贫"矿山设计开采原则,造成矿产资源浪费,已不符合当前国际局势和经济全球化、区域经济一体化的趋势,也不利于矿产资源的合理开

郭宏东(1983—),男,工程师,硕士,243000 安徽省马鞍山市经济技术开发区西塘路666号。

发和国民经济的持续发展。

(4)“废水”、“废气”和“废固”等“三废”物质已严重威胁到金川矿区及其周围农村地区的空气、水和土地,严重影响了矿山形象。

2 贫富矿兼采与贫矿资源综合利用研究与实践

为满足国际市场对镍、铜金属需求的不断增加,适应市场快速发展的需要,实现金川集团公司资源控制战略[1],合理有序开发利用矿山自有矿石资源,最大限度地回采矿区范围内的贫矿资源,延长矿山寿命,实现可持续发展。针对已不适应于经济全球化和区域经济一体化发展要求的“采富保贫”矿山设计开采原则,金川镍矿应用矿业可持续发展的理论和观点,自2000年起开展了贫富矿兼采与贫矿资源综合利用研究,将贫矿回采比例控制在16.9% ~31.3%,为大范围地开采贫矿资源提供了理论依据和技术支持,实现了镍矿资源的可持续开发与综合利用[2]。

2.1 贫矿回采配置比例研究与应用

2000年,金川镍矿1#矿体加大1 150,1 000 m中段上盘贫矿的开采力度后,造成矿区出矿品位总体下降0.056% ~0.135%,严重影响了矿山企业的综合经济效益。为此,开展了贫富矿回采配置比例研究,以寻求解决问题的最佳途径[3]。研究发现,回采单元的出矿品位与贫化率、贫富矿回采比例存在着一定的关系,详见表1。

表1 出矿品位与贫化率、贫富矿回采比例关系 %

贫化率	贫富矿比例										
	26	27	28	29	30	31	32	33	34	35	36
3.0	1.45	1.44	1.43	1.42	1.41	1.39	1.38	1.37	1.36	1.35	1.34
3.5	1.44	1.43	1.42	1.41	1.40	1.39	1.38	1.37	1.35	1.34	1.33
4.0	1.44	1.43	1.41	1.40	1.39	1.38	1.37	1.36	1.35	1.34	1.32
4.5	1.43	1.42	1.41	1.40	1.38	1.37	1.36	1.35	1.34	1.33	1.32
5.0	1.42	1.41	1.40	1.39	1.38	1.37	1.35	1.34	1.33	1.32	1.31
5.5	1.41	1.40	1.39	1.38	1.37	1.36	1.35	1.34	1.33	1.31	1.30
6.0	1.41	1.40	1.38	1.37	1.36	1.35	1.34	1.33	1.32	1.31	1.30
6.5	1.40	1.39	1.38	1.37	1.36	1.34	1.33	1.32	1.31	1.30	1.29

近年来,金川矿区将上述研究成果紧密地用于指导生产,实施了资源控制战略,保证了出矿品位等各项经营指标,将贫矿回采比例控制在16.9% ~31.3%;对1#矿体下盘贫矿全部进行了回采,并适当地加大中小盘区上盘贫矿的开采量,扩大了下降速度较快盘区的回采面积,延缓了盘区下降速度,延长了矿山服务年限,提高了贫矿资源的综合利用率。

2.2 利用计算机进行最优配矿,保证出矿品位的稳定

增大贫矿回采力度后,生产组织中存在着与品位相关的3个不同:不同时期出矿的采场不同,不同采场的原矿品位不同,相同采场在不同时间出矿量也不同的问题更突出。为保证出矿品位的稳定,利用了计算机自动办公系统及时计算出矿指标,及时调整、控制出矿,出矿品位偏高时多出低品位矿石,偏低时多出高品位矿石,实现矿石贫富兼出、最优配矿,保持均衡出矿,对保证持续稳定的矿石出矿品位起决定性作用,并能充分利用矿山资源,使矿山达到了较高的经济效益。

2.3 利用已有工程探矿,精确划分地质界线,增加可采矿石储量

矿体边界随着回采向深部发展,地质界限局部有较大变化,在实际生产中结合现有地质资料,合理利用已有工程进行了生产探矿,经过科学分析推断,精确地划分了地质界线,增加了可采矿石的储量,使矿产资源得到了合理有效的利用。根据目前1#矿体的统计,在1118分段Ⅰ盘区增加富矿约19 100 t,镍金属量约311.33 t;Ⅱ盘区增加贫矿7 700 t,富矿约13 841 t,共增加金属量约264.27 t;在Ⅴ盘区富矿界线向上盘扩大13 m,贫矿界线扩大14 m,新增富矿8 400 t,新增贫矿2 500 t;Ⅶ盘区比原来界线向外扩大22 m,富矿增加9 300 t。

3 损失贫化管理的Surpac软件开发

矿产资源开采中的损失与贫化问题直接关系到国家矿产资源的综合利用程度和可持续发展的问题。我国矿产资源开采中损失贫化大的问题,加速了资源枯竭的速度,缩短了矿井服务年限,加剧了矿产资源供求矛盾,造成金属大量流失、开采成本提高、经济效益差并严重阻碍了矿山的发展[4]。

针对损失量和贫化量历来都无法定量描述,只能按进路的回采先后,以每米按经验参考数定性描述,这种标定方法准确性低,不能真实地反映回采过程中的实际损失、贫化情况,不利于“降贫”及最大限度回采资源对策的制定。金川矿区利用全站仪通过三维数据的采集,引进并使用澳大利亚SSI国际软件开发公司研发的Surpac软件,可做出每条进路的三维实体图,相邻进路的立体相交部分即为回采过程中的贫化量,也可利用矿体边界线、相邻进路等的实体模型,做出不相交部分的实体准确求出损失

量，并输出其体积报告，便可准确计算出贫化量、损失量，真实地反映了回采过程中的贫化、损失情况。

贫化量的产生主要有回采中的贫化、矿体中夹石的混入和灰浆、围岩的混入3个途径。根据2006年1—10月份测量成果的计算，贫化率为5.33%，其中回采中的贫化约占总贫化的70%，其它两项贫化占30%，根据富矿平均品位1.801%，贫矿平均品位0.63%，贫富矿比例31.3%，计算出的应完成出矿品位为1.358%，与检测部门返回的1—10月份累计销售品位基本相符。

回采过程中的损失量主要包括非正常损失量和正常损失量，均可以采用Surpac软件，利用矿体边界线、相邻进路等的实体模型，做出不相交部分的实体准确求出，为损失率的控制提供可靠依据。对于因安全原因无法回采的非正常损失，需有安全部门出示的证明，办理相关手续后方可予以核销；临近边界的矿石由地质人员现场采样，化验后若工业品位无开采价值的同意停采，并作为正常损失进行核销；回采中的正常损失，严格按照损失贫化管理规定中的规定执行，执行相关程序后予以核销。

通过新技术的应用及严格管理，使贫化量、损失量得以定量描述，明确了贫化量、损失量产生的主要因素及影响程度，为合理“降贫”措施的采取提供了可靠依据，确保了金川镍矿损失率的逐年下降，目前二矿区稳定在3.5%左右，这在国内同类矿山中是少有的。

4 企业“三废”综合利用技术研究与应用

在富矿资源日益减少的今天，贫矿资源、废石及尾矿等非传统资源的开发利用越来越受到重视，我国在《资源开发与保护21世纪议程》中明确将矿山废石及尾矿综合利用研究列为发展战略，为废石及尾矿的综合利用创造了有利条件。针对矿山回采及选矿厂选矿过程中产生大量废石、尾砂和废水造成环境污染及制约矿山企业发展的现象，金川镍矿积极地开展了多年科技攻关与研究，实现了企业“三废”综合利用，取得了良好的经济效益和社会效益，为实现矿山无废开采，减少环境污染，改变矿山形象，实现企业的可持续发展做出了应有的贡献[5-8]。

4.1 废石回填采空区技术研究与实践

4.1.1 进路废石就地回填及料浆地表浇注技术

由于矿山回采过程中产生的大量废石及采空区充填接顶时溢流出的砂浆均需分出地面，给矿井运输、提升系统带来极大压力和沉重负担，这不仅损耗运输和提升费用，且加剧地面环境污染。1995年，金川二矿区开展了井下废料回填试验和研究工作，将废料就近用铲运机回填到废弃的巷道及下一层不再开采的空巷；为预防地面塌陷，从地表充填站直接用灰砂比为1:4的砂浆进行灌注。

废石回填试验的成功，确保了盘区内废料的及时就地回填，同时也能使生产掘进的部分毛石就地消化回填，减轻了毛石拉运提升的负担，在节约部分运输提升费用的同时又降低了矿石的贫化和井下生产盘区及地表的环境污染。1997年，金川矿区关于井下废石充填利用及充填体受力研究，获中国有色金属工业总公司科技进步二等奖。

4.1.2 井下废料人工搅拌进路打底回填技术

由于金川矿山采用机械化盘区下向分层水平进路胶结充填法，充填体既是相邻进路回采时的间柱而且是下部进路回采时的顶板，不仅要承担通过上部充填体传递的矿区地应力和充填体自重压力作用，还要承受上述进路回采时的爆破冲击作用，其强度必须同时满足以上两种情况下的稳定要求。

为保证回填质量，扩大毛石回填量，确保安全生产。金川矿区探索出一套有效的井下废料人工搅拌混凝土进路打底回填工艺方法，该工艺适用于回填进路与上一分层进路走向垂直交错布置，下一分层还要继续回采的进路。

该工艺和以往的回填方法相比增加了更加切合实际的创新手段，更具科学性且过程更加安全可靠、操作简单易行，作业过程基本不受井下任何条件和环境的限制，目前该工艺技术成熟可靠、已得到很好推广，且被纳入到工艺技术规程、标准，取得了显著的社会效益和经济效益。

4.2 粉煤灰综合利用

针对动力厂大量粉煤灰露天排放给环境造成污染的状况，金川镍矿结合其充填成本高、强度低的实际，在分析粉煤灰物理、化学性质后，成功地将粉煤灰应用在以下两个方面：一是在充填过程中用粉煤灰代替部分水泥；二是在制备充填砌墙用空心砖时用粉煤灰代替部分水泥。

1986年，《降低金川二矿区胶结充填料水泥用量试验研究》被国家科学技术委员会、中国有色金属工业总公司列为金川资源综合利用科技攻关项目，并颁发了《荣誉证书》。

目前，年利用粉煤灰5万t，节约水泥18万t，节约木材1 200 m^3。将粉煤灰用于胶结充填替代部分水泥，一方面可以大大降低矿山充填成本，提高充填体的强度，改善充填效果，另一方面还可以使粉煤灰这一固体废弃物得到极大的利用，减少由于其排放造成的环境污染，实现固体工业废弃物“变废为宝”的目的，实现固体废弃物的综合利用；利用粉煤灰和炉渣制成的空心砖，进行井下巷道支护和采空进路修砌充填挡墙，有效减少了粉煤灰对环境的危害。

4.3 尾砂利用技术研究与应用

金川矿区自投产以来采用戈壁集料棒磨砂高浓度胶结充填料浆进行采场充填，充填料需经过采砂、破碎和磨砂等环节，使每吨棒磨砂成本高达27元/t，细砂费用已约占充填成本的30%。棒磨砂还存在对充填钻孔和输送管道冲刷磨损严重的缺点。另一方面，选矿厂排放的尾砂对环境造成一定的污染，尾矿坝每隔几年也需花费较大资金扩建。为了解决上述问题，金川二矿区提出了将选矿厂排放的尾矿用于井下采空区充填的设想，经过多年的联合技术攻关，先后实现了尾砂在自流胶结充填和膏体充填中应用，成功实现了尾砂的井下充填设想。

自流胶结充填尾砂使用研究由金川二矿区于1985年提出，1986年3月，《全尾砂下向胶结充填技术及设备的研究》被国家科学技术委员会列入国家“七五”重点科技攻关项目。经过四年多的技术攻关和科学研究，该项目已于1990年进行大规模工业化生产。目前，全尾砂胶结充填工艺已在金川矿区普遍采用，通过初步计算，利用尾砂作胶结充填骨料，可降低矿山充填成本40%以上，经济效益和社会效益显著。

另外，自20世纪90年代初以来，金川二矿区、北京有色冶金设计研究总院等单位相继完成了尾砂膏体泵送充填工艺及其设备试验研究，1997年完成二矿区尾砂膏体充填系统建设，充填系统由尾矿脱水、分级脱泥、尾砂浆输送管道、水泥高速乳化地面膏体制备、泵送井下搅拌及计算机集散控制等六部分组成，综合运用现代工业的多项高新技术，具有充填成本低、不易堵管、采场充填后无溢流水流出、膏体固化速度快、无脱层现象出现、充填体强度高等明显优点。该项目于2000年获得了国家科技进步二等奖。

4.4 废水回收利用

金川矿区所在地年平均降水量150 mm，人均水资源占有量仅1 260 m^3，远远低于全国平均水平，为全国108个严重缺水城市之一。工业用水完全依赖于祁连山雪水，金川镍矿为提高废水利用率，积极联合国内高等院校、科研院所进行技术攻关和工艺改造，力图废水利用率达到60%以上，在综合利用废水方面取得了一定进展。

金川镍矿有龙首矿、二矿区和三矿区三大矿山，矿区废水来源于地表溶水、地下渗透水、采矿作业用水等形成的矿井排出水，废水呈碱性，含多种重金属离子，其成分和含量随不同开采带、不同矿物成分、围岩性质等多种因素和相关条件不同而变化，一般含有大量尘泥和悬浮物[7]。因矿山与选、冶、化、动力厂区距离较远和矿山废水浓度高等原因，金川矿区建成二矿区、龙首矿井下废水回用矿山绿化系统，矿山废水就近处理，经沉淀处理后，引水上山，用于矿山绿化和生产。同时在矿区建立特大储水池，既可储存废水又可通过沉降的办法净化废水，经净化的废水可用于矿山浇种花草树木，也可将其用于井下生产。经过多年的种草植树，矿区周围的荒山已变成林区，有效的改变了矿山废石堆的面貌，于2003年度被评为“甘肃省先进绿化单位”。

5 效益分析

5.1 综合评价

（1）应用矿业可持续发展的观点和理论，开展贫富矿兼采与贫矿资源综合利用研究，最大限度地开发与利用了镍矿资源，充分开发利用了自有矿山原料，最大限度地回采了矿区范围的贫矿资源，一定程度上保护了资源，减少了矿产资源浪费，实现了矿产资源的合理开发和利用，有效扩充了采区储量，缓解了资源供给严重不足的压力。同时优化了产品结构，真正实现了贫富兼采、大小兼采和难易兼采，提高了矿产资源的综合利用水平。

（2）利用Surpac矿业专用软件进行损失贫化管理，损失、贫化量得以定量描述。目前贫化率为5.33%，损失率为3.5%，达到了国际同类矿山企业先进水平。

（3）矿山“三废”的再利用是矿山企业实现产业

升级时普遍遇到的技术难题并被忽视。金川矿区面对难题没有回避,将其优先列为技术创新点而倍受关注。在企业的发展战略取向上,通过赋于矿业开发更广泛的功能内涵,致力于发展循环经济,使采矿业不仅具矿石生产功能,而且还具有消化大宗废弃物并为相关行业提供原料的功能。通过废石的就地回填、选矿尾砂替代砂石用料进行充填及工业废水净化后用于绿化等途径,加快了矿山“三废”利用的产业化步伐,实现了废弃物的减量化排放和资源化利用,不仅改善了环境,而且延伸了产业链,实现了企业效益增长方式的转变,促进了矿业资源与生态资源的协调与可持续发展。

5.2 经济效益显著

(1)近7 a来,金川矿区贫矿回采比例控制在16.9% ~31.3%,贫化率5.33%,损失率3.5%,达到了国际同类矿山企业先进水平,仅金川镍矿二矿区实现回采贫矿522.3万t,镍金属量29 248.8 t,铜金属量18 802.8 t,若按市场平均镍价25万元/t,铜价6万元/t计算,贫矿资源回收这一块为集团公司取得64.4亿元的经济效益,为国家的经济发展提供了重要的物质基础,为大范围地开采贫矿资源提供了理论依据和技术支持,为镍矿资源的可持续开发奠定了坚实的基础。

(2)经净化的废水40%用于矿山浇种花草树木,30%以上废水用于井下生产,12% ~28%废水挥发掉。矿山每年用新水437万t,按照30%回水利用率计算,年节约水费72万元(按金昌水费0.55元/t计算)。

(3)废石填充减少了坑内运输和提升费用,较自流充填,每立方料浆节约材料费28.52元,综合节约各项费用约42.1元;膏体充填较磨砂自流充填,每立方节约充填材料费17.3元,每班减少操作人员6人,综合计算每立方充填节约材料费、备件费、水电费等各项费用约22.1元。2006年,金川镍矿实现废石回填5.04万m^3,完成8.37万m^3膏体充填量,消耗尾砂4.09万t,使用粉煤灰5.2万t,节约水泥18万t,节约木材1 200 m^3,累计节约费用7 200多万元;截至2007年11月,实现废石回填5.5万m^3,完成13万m^3膏体充填量,使用尾砂7.3万t,使用粉煤灰5万t,废水利用70万t。

(4)废石填充减少了地表堆放废石的场所,为矿山实现无废开采提供了有效途径;尾砂膏体和自流充填,为金川尾砂的综合利用提供了保证,为我国同类充填系统的建设积累了经验。目前,每立方膏体充填可利用尾砂0.48 t,粉煤灰0.15 t,废水0.33 t,有效地保护了环境,为企业工业废料的合理利用提供了可靠保证,整体上促进了金川集团公司循环经济的发展和节约型企业的构建。

6 结 语

当前,资源市场国际化、经济全球化的趋势日益明显,自中国加入世界经济贸易组织后,许多有色矿山企业受到严重冲击,更多的边际矿山和老矿山被迫关闭。面对工业化进程的日益加快,社会对镍矿产品的需求大量增加,资源的合理开发与综合利用成为决定经济繁荣、社会进步和国家富强的一个重要因素,加大矿山自有矿石原料的合理开采与综合利用显得尤为重要。金川矿区已取得的资源综合利用经验,可为国内同类矿山企业提供借鉴。然而,金川矿区已经进入深部开采,采矿作业环境发生变化,面临着岩石力学、地热、岩爆、巷道支护、通风、充填等一系列问题,必须继续加大制约资源综合利用因素的研究与解决的力度,应当提高资源综合利用和环境保护的科技含量、创造新的业绩。

参 考 文 献

[1] 侍爱国,郭忠林,包国忠,等.金川镍贫矿资源综合利用的意义[J].稀有金属与硬质合金,2005,33(1):45-47.

[2] 张海军,郭慧高,白广勇,等.贫富矿兼采与贫矿资源综合利用实践[C]//中国首届生产矿山尾矿废石资源化及找矿成果学术交流会论文集.北京:中国地质学会,2007:61-67.

[3] 张海军.镍矿资源可持续开发与利用的综合技术研究[R].金川集团有限公司二矿区,2007:57-59.

[4] 李昌宁,任凤玉,徐小荷.我国矿产资源开采中的损失贫化浅析[J].自然资源学报,2000,15(1):36-39.

[5] 王占岐,魏 民.国内外“人工矿床”研究现状与前景[J].地球科学与进展,2001,16(2):235-237.

[6] 郭彩守,刘洲基,莫亚斌等.金川二矿区固液废弃物综合利用技术实践及工艺研究[C]//中国首届生产矿山尾矿废石资源化及找矿成果学术交流会论文集.北京:中国地质学会,2007:75-84.

[7] 刘广龙.金川集团公司二次资源的综合利用[J].矿山环保,2004(1):5-10.

[8] 王正辉,曾 郡,薛忠杰.尾砂与粉煤灰在金川矿山充填中的应用[J].矿山环保,2003(1):27-29.

(收稿日期 2015-05-26)

·矿物工程·

豫西某难选铜矿石选矿试验

卫亚儒
（西北有色地质勘查局）

摘　要　豫西某大型硫铁矿床含有大量铜硫化矿，铜氧化程度高，一般选铜工艺难以获得理想效果。为合理开发利用该矿石，回收铜、硫，对该矿石进行了选矿试验研究，在确定浸出—置换—浮选处理工艺流程的基础上，对浮选进行了磨矿细度、抑制剂石灰用量、抑制剂次氯酸钙和糊精用量试验，并在确定的最佳浮选条件试验的基础上进行了2粗1精1扫的开路试验，最终获得了铜精矿铜品位为5.03%、铜回收率为93.29%和硫精矿硫品位为50.23%、硫回收率为49.71%的良好指标，为该矿石的开发利用提供了一定的技术参考。

关键词　铜氧化矿　浮选　铜精矿　硫精矿

豫西某大型硫铁矿山蕴藏着大量铜、硫、铁等金属资源。该硫铁矿矿带中铜硫含量较高，铜氧化率较高，铜硫分离困难，选别指标不理想且成本较好[1-2]。采用一般铜硫化矿选矿工艺难以有效利用铜资源，尾矿含铜高且硫精矿中铜损失大，金属铜回收率仅70%。在研究矿石性质的基础上，首先提出采用浸出—置换—浮选的化学工艺流程处理该复杂铜矿石，并获得了良好的选矿效果。

1　矿石性质

矿石主要为原生铜硫化矿，矿物组成为黄铜矿，伴生黄铁矿，其次为辉铜矿和硅孔雀石以及次生铜氧化矿、硫化矿和硅酸盐矿物。黄铜矿和辉铜矿为易浮铜矿物，铜氧化矿浮选难度较大。矿石主要化学成分分析结果见表1。

表1　铜硫铁矿主要元素化学分析结果　　%

成分	Fe	S	Cu	SiO_2	Pb	Zn	As	Ag	Au
含量	27.71	30.26	2.26	27.64	0.11	0.08	0.006	4.80	0.24

注：Au、Ag含量单位为g/t。

由表1可知，矿石中铜、硫含量较高，是主要回收对象，贵金属金、银含量较低，综合回收难度较大；由于铁已在其他选矿工艺中得到较好的回收，因此不考虑该矿石中的铁。

2　试验结果与讨论

一般铜硫铁矿石中铜、硫分离工艺较为复杂，而该矿石氧化程度高，直接浮选技术难度更大[3-4]。在探索试验的基础上，确定采用浸出—置换—浮选工艺流程处理该矿石。浸出过程参数经试验确定为常温浸出、pH值为1～2，最终铜浸出率约40%；置换为固液不分离直接添加细铁粉置换，用量为铜金属量的1.5倍。置换后矿浆经沉淀4h后，抽去上清液返回浸出，底部矿浆进入浮选作业。由于矿石性质复杂，探索试验表明优先浮选与混合浮选相结合的浮选方法处理矿石较为合适，且浸出置换得到的海绵铜为多孔结构，有利于与浮选药剂的接触。

2.1　矿石磨矿细度试验

该矿石粒度分析结果表明铜矿物粒度粗细分布不均，主要分布于细粒级中，细磨有利于铜矿物单体解离。磨矿细度条件试验流程见图1，试验结果见表2。

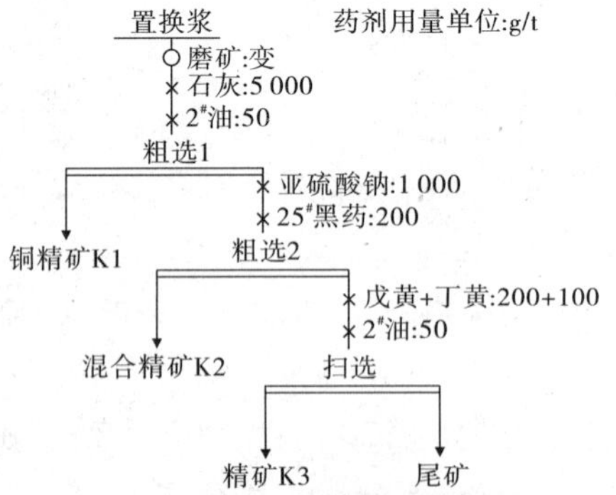

图1　条件试验流程

由表2可知，随着磨矿细度的提高，尾矿铜品位先降低后升高，并在磨矿细度为-0.074 mm85%时达到最低值，说明此时铜精矿K1、K2、K3总铜的回收率达到最

卫亚儒(1974—)，男，高级工程师，710054 陕西省西安市雁塔路78号。

高值；由于硫的品位和回收率与铜变化一致，所以此时硫的回收率也达到最高；由于粗选应尽可能回收有价元素，故确定磨矿细度为-0.074 mm 85%。

表2　磨矿细度条件试验结果　　%

磨矿细度(-0.074 mm)	产品名称	产率	品位		回收率	
			Cu	S	Cu	S
65	铜精矿 K1	47.55	1.59	51.42	55.93	79.58
	混合精矿 K2	14.11	3.74	36.43	39.05	16.74
	精矿 K3	1.42	0.88	27.13	0.92	1.25
	尾矿	36.92	0.15	2.02	4.10	2.43
	原矿	100.00	2.26	30.26	100.00	100.00
75	铜精矿 K1	40.94	2.95	50.63	64.29	62.49
	混合精矿 K2	25.87	2.37	44.95	32.64	35.06
	精矿 K3	1.42	0.92	13.67	0.70	0.59
	尾矿	31.77	0.14	1.94	2.37	1.86
	原矿	100.00	2.26	30.26	100.00	100.00
85	铜精矿 K1	33.00	3.51	48.42	57.94	50.47
	混合精矿 K2	32.69	2.31	46.43	37.76	47.93
	精矿 K3	1.68	2.97	8.98	2.50	0.48
	尾矿	32.63	0.11	1.09	1.80	1.12
	原矿	100.00	2.26	30.26	100.00	100.00
95	铜精矿 K1	23.84	4.29	49.10	54.05	36.00
	混合精矿 K2	41.93	1.90	47.61	42.10	61.37
	精矿 K3	1.12	1.48	19.04	0.88	0.66
	尾矿	33.11	0.17	1.93	2.97	1.97
	原矿	100.00	2.26	30.26	100.00	100.00

2.2　粗选抑制剂石灰用量试验

铜精矿中硫含量较高，需要采用抑制剂抑制上浮黄铁矿。探索试验发现仅使用石灰作黄铁矿抑制剂会使铜大量损失于尾矿中，原因是石灰对矿石中黄铜矿和斑铜矿的抑制作用都很强。综合考虑采用石灰+亚硫酸钠在低碱度条件下对黄铁矿进行抑制。粗选2捕收剂为25#酚黑药，用于捕收置换反应所产生的海绵铜和部分硫化矿。在磨矿细度为-0.074 mm 85%的条件下，其他药剂用量不变，改变石灰用量考察其对浮选指标的影响。试验流程见图1，试验结果见表3。

由表3可知，随着石灰用量增加，铜精矿 K1 品位降低，回收率先升高后降低；粗选2精矿 K2 铜回收率和铜总回收率则随着石灰用量的增加不断降低；精矿 K3 铜品位和回收率均呈先降低后上升的趋势；说明石灰用量大于4.5 kg/t 后对矿石中黄铜矿、斑铜矿有强烈的抑制作用；当石灰用量为4.5 kg/t 时，铜精矿 K1 铜品位为5.59%，回收率为21.71%；综合考虑，石灰用量采用5.0 kg/t 为宜。

表3　石灰用量条件试验结果

石灰用量/(kg/t)	产品名称	产率/%	品位/%		回收率/%	
			Cu	S	Cu	S
2.5	铜精矿 K1	3.64	6.11	30.32	10.21	3.49
	混合精矿 K2	58.57	2.74	48.47	73.58	89.79
	精矿 K3	5.67	5.21	27.72	13.56	4.98
	尾矿	32.12	0.18	1.71	2.65	1.74
	原矿	100.00	2.26	30.26	100.00	100.00
4.5	铜精矿 K1	9.19	5.59	37.39	21.71	11.13
	混合精矿 K2	57.66	2.84	45.38	69.24	84.78
	精矿 K3	4.44	4.30	21.38	8.08	3.08
	尾矿	28.71	0.08	1.09	0.97	1.01
	原矿	100.00	2.26	30.26	100.00	100.00
9.5	铜精矿 K1	9.23	4.37	33.67	18.35	10.26
	混合精矿 K2	55.68	2.71	46.13	68.62	84.73
	精矿 K3	5.11	4.61	20.63	10.71	3.47
	尾矿	29.98	0.17	1.56	2.32	1.54
	原矿	100.00	2.26	30.26	100.00	100.00
16.0	铜精矿 K1	7.43	2.50	36.20	9.35	8.98
	混合精矿 K2	51.35	2.31	46.05	59.71	78.91
	精矿 K3	8.28	5.67	27.56	23.64	7.62
	尾矿	32.94	0.44	4.08	7.30	4.49
	原矿	100.00	2.26	30.26	100.00	100.00

2.3　分选抑制剂次氯酸钙用量试验

混合精矿铜品位为2.84%、硫品位为45.38%，需要进行分选以获得合格的铜精矿（品位大于5%）。混合精矿分选前先进行浓缩洗涤脱药。由于石灰对铜矿物抑制作用明显，而次氯酸钙对铜矿物的抑制作用要比石灰小的多，同时次氯酸钙具有氧化作用[5]，能够改善硫化矿物表面性质。铜硫分选流程见图2，分选抑制剂次氯酸钙用量条件试验结果见表4。

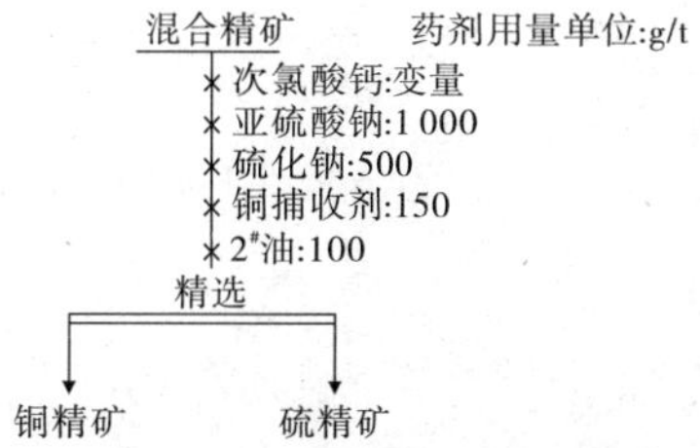

图2　混合精矿分选流程

由表4可知，随着次氯酸钙用量的增加，铜精矿硫品位和回收率降低，铜回收率呈先快后慢的下降趋势；在次氯酸钙用量为3 kg/t 时，铜精矿铜品位为7.44%，回收率为39.05%，硫回收率仅11.77%；继续增加抑制剂用量，铜精矿硫品位和回收率降低幅度不大。因此，抑制剂次氯酸钙用量选3 kg/t 较为合适。

表4 分选抑制剂次氯酸钙用量试验结果

次氯酸钙用量/(kg/t)	产品名称	产率/%	品位/%		回收率/%	
			Cu	S	Cu	S
6	精矿	7.70	9.85	40.39	31.34	6.26
	尾矿	92.30	1.8	50.49	68.66	93.74
	原矿	100.00	2.57	50.77	100.00	100.00
3	精矿	12.64	7.44	45.09	39.05	11.77
	尾矿	87.36	1.68	48.92	60.95	88.23
	原矿	100.00	2.41	48.44	100.00	100.00
2	精矿	62.27	2.90	48.90	74.37	70.90
	尾矿	37.73	1.65	33.12	25.63	29.10
	原矿	100.00	2.43	45.25	100.00	100.00
0	精矿	92.11	2.26	49.52	89.10	97.04
	尾矿	7.89	3.23	17.66	10.90	2.96
	原矿	100.00	2.34	47.01	100.00	100.00

2.4 开路试验

在条件试验的基础上进行开路试验，流程见图3，为了提高粗选铜回收率，1次粗选时间延长为4 min，硫扫选时间为5 min，试验结果见表5。

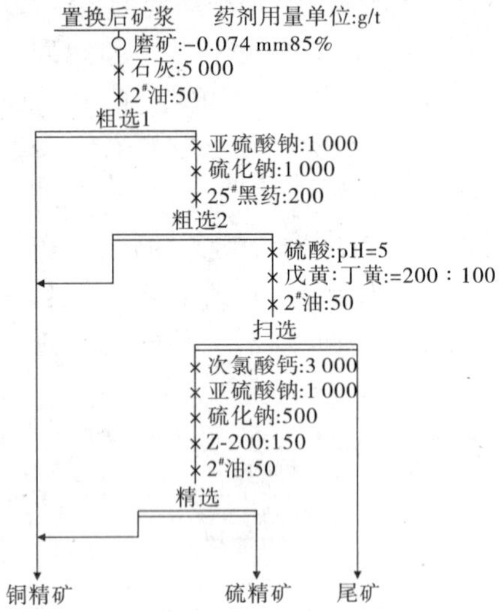

图3 综合试验开路浮选工艺流程

表5 开路试验结果 %

产品名称	产率	品位		回收率	
		Cu	S	Cu	S
铜精矿	41.68	5.03	36.28	93.29	48.99
硫精矿	30.55	0.36	50.23	4.87	49.71
尾矿	27.77	0.15	1.45	1.84	1.30
原矿	100.0	2.26	30.87	100.0	100.0

由表5可知，浮选综合精矿铜品位为5.03%，回收率为93.29%；硫精矿品位为50.23%，回收率为49.71%，达到了回收铜的预期效果。

3 结 语

（1）豫西某大型硫铁矿铜矿石氧化率高，铜矿物组成复杂，直接浮选铜回收率低，混合精矿铜硫分离十分困难，属于难选铜氧化矿。选矿试验表明，经过浸出—置换—浮选工艺可以大幅提高铜回收率，浮选尾矿铜品位仅0.15%。

（2）粗选矿石细度为-0.074 mm 85%时较合适，捕收剂用25#酚黑药，抑制剂为石灰和亚硫酸钠，石灰用量为5 kg/t时，能有效捕收海绵铜和黄铜矿。粗选精矿分选用乙基硫氨酯捕收，抑制剂次氯酸钙用量为3 kg/t时分选效果较好。浮选综合精矿铜品位为5.03%，铜回收率为93.29%；硫精矿品位为50.23%，硫回收率为49.71%。

参 考 文 献

[1] 李宗站，刘家第，王振玉，等. 国内铜硫浮选分离研究现状[J]. 现代矿业，2010(3)：12-15.

[2] 张建文，覃文庆，张雁生，等. 某低品位难选氧化铜矿浮选试验研究[J]. 矿业工程，2009，29(4)：39-43.

[3] 袁盛朝，戈保梁. 难选氧化铜矿浸出—置换—浮选试验研究[J]. 矿冶，2008，17(1)：53-54.

[4] Fairthorne G, Fornasiero D, Ralston J. Interaction of thionocarbanmate and thiourea collecteors with sulphide minerals: a floation and adsorption study [J]. International Journal of Mineral Processing, 1997, 50(4)：227-242.

[5] 李海红，王淀佐，黄开国. 黄铜矿、黄铁矿电化学调控浮选分离与机理研究[J]. 北京矿冶研究院学报，1993，2(1)：30-36.

（收稿日期 2015-05-26）

齐大山铁矿极贫赤铁矿强磁预选试验*

郭小飞　赵通林　陈中航
（辽宁科技大学矿业工程学院）

摘　要　通过使用永磁强磁预选设备对齐大山铁矿极贫赤铁矿进行了分粒级预选试验，预选试验采用1粗1扫2次选别，在入选矿石铁品位为17%～18%的情况下，可使精矿铁品位提高5.3～6.8个百分点，铁回收率大于60%，尾矿铁品位约13%，抛尾产率达50%以上，取得了满意的预选试验结果。

关键词　极贫赤铁矿　永磁强磁　预选

目前，我国各大铁矿矿山每年都要剥离堆存或抛弃数以百万吨计的低品位铁矿石，品位通常都在24%以下。据不完全统计，华北地区有数十亿吨未被利用的极贫磁铁矿矿石或表外磁铁矿，而在鞍山地区则有数亿吨未被开发利用的贫赤铁矿矿石或表外赤铁矿。按照目前各选矿厂的生产工艺，这部分矿石只能作为围岩处理，不但造成资源浪费，而且污染环境[1-2]。

预选是指在矿石入磨之前进行预先富集，及早抛弃废石。矿石预选可以减少磨矿作业的处理量，降低磨矿和选矿成本。因此预选作业对降低选矿成本，提高企业经济效益有重要意义。磁铁矿矿山的预选通常是利用磁滑轮进行，粗粒抛尾，恢复地质品位。赤铁矿矿山的预选则相对复杂，成本较高，但对难选赤铁矿选矿仍然效益明显。在弱磁性矿石预选方面，我国主要利用国外有关设备，取得了一定的进展[3-6]。为此，利用自主研制的永磁强磁预选设备对齐大山铁矿极贫赤铁矿进行预选试验研究，最终取得了理想的分选指标。

1　试验物料与设备

1.1　物料的矿物组成及含量

齐大山铁矿为沉积型铁矿石，含矿母岩为石英砂岩。铁矿物主要为赤铁矿，少量磁铁矿、硅酸铁，微量黄铁矿；脉石矿物主要为石英、绿泥石、少量长石、云母、碳酸盐。矿物主要组成及含量见表1。

表1　矿石中矿物含量

矿　物	赤铁矿	磁铁矿	硅酸铁	黄铁矿	铁白云石	石　英
含　量	25.76	1.05	1.72	0.73	2.79	44.22
矿　物	云　母	绿泥石	斜长石	其　他	合　计	
含　量	4.41	11.15	6.37	1.80	100.00	

1.2　主要矿物的嵌布特征

赤铁矿是矿石中的主要含铁矿物，为不规则的他形粒状结构，单颗粒粒度在0.02～0.25mm，常形成铁氧化物集合体存在，集合体大小不一，从1～0.1mm，大多集中于0.15～0.05mm。部分赤铁矿呈较厚的堆积层，另有细窄的条带状、稠密或稀疏的夹杂脉石平行分布（见图1(a)、图1(b)）。铁氧化物集合体内部孔隙格外发育，普遍呈不均匀的网絮状（见图1(a)、图1(b)），部分孔隙内则有脉石结晶体充填（见图1(b)、图1(c)）。这种不均匀的网絮状结构很容易导致铁氧化物集合体的破碎，且易产生较多的细碎颗粒。其中的磁铁矿含量较低，多为半自形、他形粒状结晶颗粒。

1.3　试验设备

试验设备为永磁强磁预选设备，采用挤压式磁路设计，皮带表面磁感应强度达到796.18 kA/m，主要包括磁系、给料系统、皮带运输系统和驱动系统以及机架等。

2　试验结果与讨论

2.1　试验流程的确定

预选试验主要针对极贫赤铁矿的不同粒级和强磁预选设备皮带的不同转速进行，1粗1扫2次选别，粗选精矿和扫选精矿合并成为综合精矿，试验流程见图2[7]。

---

* 辽宁省教育厅科学研究一般项目（编号：L2014109）。

郭小飞（1985—），男，博士，讲师，114051　辽宁省鞍山市千山中路185号。

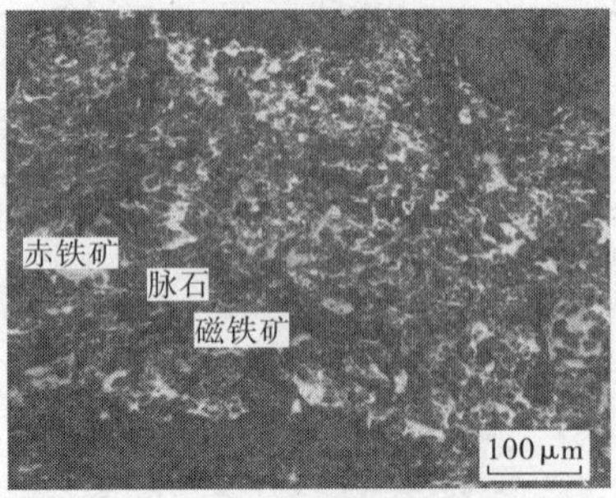

(a)

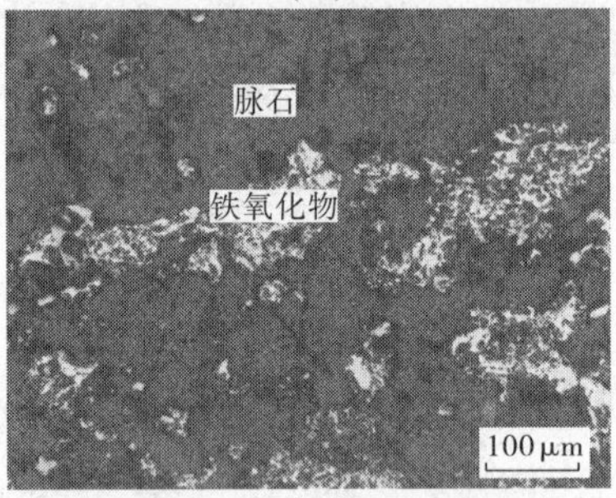

(b)

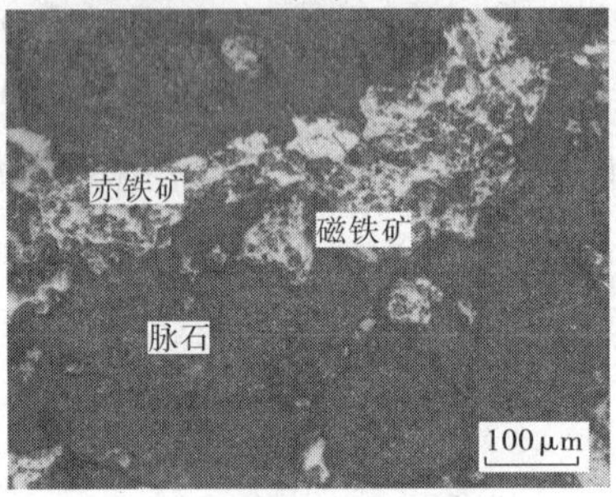

(c)

图1　主要矿物嵌布特征

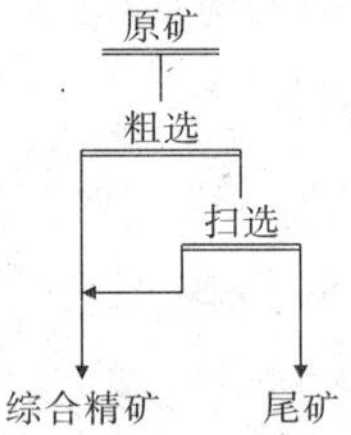

图2　极贫赤铁矿强磁预选试验流程

2.2　试验结果及分析

选择合适的带速分别对-75+50 mm、-50+20 mm、-20+5 mm、-5+0 mm 以及两个合并粒级-75+20 mm、-75+5 mm 进行预选试验，结果见图3(a)～图3(l)。

由图3可见，对于不同的粒级及2个合并粒级，进行强磁预选具有不同适宜的带速条件。在入选矿石铁品位为17%～18%的情况下，可使精矿品位提高5.3～6.8个百分点，铁回收率大于55%，尾矿铁品位为13%左右，抛尾产率达到55%以上。但总体来看，粗粒级预选所得的精矿铁回收率低于细粒级预选所得精矿的铁回收率，因此要想获得更理想的指标，分选粒度应低于20mm，同时为避免分选过程中产生的夹杂，可分为-20+5mm、-5+0mm 两个粒级进行选别。

2.3　产品分析

为了考察强磁预选的效果，选择-20+5 mm 粒级试验中的一组尾矿（电机频率 26 Hz）进行化学物相分析，结果见表2。

表2　尾矿铁物相分析结果

铁物相	磁性铁中的铁	黄铁矿中的铁	菱铁矿中的铁	赤铁矿中的铁	硅酸铁中的铁
铁含量	0.72	0.02	0.90	8.60	4.44

由表2可知，强磁预选尾矿中的铁主要以赤铁矿和含铁硅酸盐矿物存在，其中赤铁矿中铁的含量为8.60%，比原矿中赤铁矿的含量25.76%大幅下降，硅酸铁中的铁为4.44%。

3　结　论

(1)通过对齐大山铁矿低品位表外矿-75 mm 各粒级的预选试验表明，在入选矿石铁品位为17%～18%的情况下，可使精矿铁品位提高5.3～6.8个百分点，铁回收率大于55%，尾矿铁品位为13%左右，抛尾产率达到55%以上。

(2)对-20+5 mm 粒级强磁预选尾矿进行化学物相分析，结果表明尾矿中仅有8.60%的赤铁矿，相对原矿大幅下降，永磁强磁预选设备能够对弱磁性矿物有效回收。

(3)通过强磁预选得到的精矿均达到或高于选矿厂要求的入磨矿石品位，无形中增加了矿山的资源量，为鞍山式极贫赤铁矿的利用提供了新的技术途径。

参　考　文　献

[1]　赵瑞敏，董恩海，尚红亮. BKY 型预选机对山西某超贫磁铁矿预选效果研究[J]. 金属矿山，2008(12)：74-76.
[2]　宋金玲. CTDG1516 型永磁磁选机在歪头山选矿厂的应用[J]. 本钢技术，1998(5)：2-4.
[3]　吴建明. 国内外选矿设备进展[J]. 有色设备，2000(6)：1-5.
[4]　周岳远，李小静，余兆禄，等. CRIMM 稀土永磁辊式强磁选机分选褐铁矿的生产实践[J]. 矿冶工程，2002(2)：62-64.
[5]　钱士湖. 姑山赤铁矿预选工艺的应用及磁选新工艺的探索[J]. 矿业快报，2000(8)：5-7.
[6]　王常任，孙仲元，郑龙熙. 磁选设备磁系设计基础[M]. 北京：冶金工业出版社，1990.
[7]　季中林，吴世清. YCG 粗粒永磁辊式强磁选机的研制及生产应用[J]. 矿业快报，2006(6)：295-298.

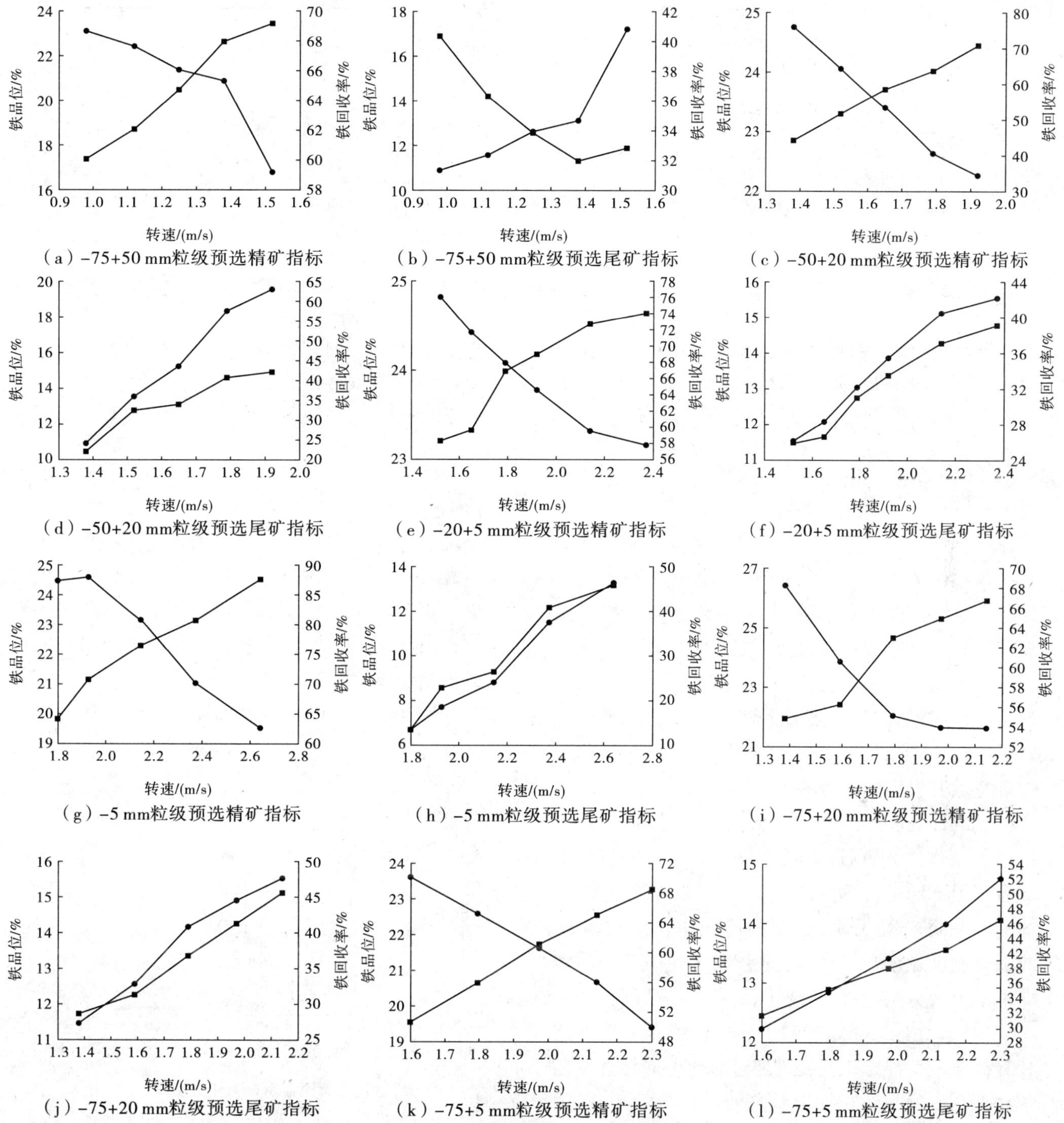

（a）-75+50 mm粒级预选精矿指标
（b）-75+50 mm粒级预选尾矿指标
（c）-50+20 mm粒级预选精矿指标
（d）-50+20 mm粒级预选尾矿指标
（e）-20+5 mm粒级预选精矿指标
（f）-20+5 mm粒级预选尾矿指标
（g）-5 mm粒级预选精矿指标
（h）-5 mm粒级预选尾矿指标
（i）-75+20 mm粒级预选精矿指标
（j）-75+20 mm粒级预选尾矿指标
（k）-75+5 mm粒级预选精矿指标
（l）-75+5 mm粒级预选尾矿指标

图3　各粒级不同转速下的预选指标

■—铁品位；●—铁回收率

（收稿日期　2015-05-26）

什邡式磷矿分级浮选工艺试验

唐　远[1]　印万忠[1]　迟晓鹏[1]　马英强[1]　魏以和[2]
(1. 福州大学紫金矿业学院;2. 武汉工程大学资源与土木工程学院)

摘　要　针对什邡式胶磷矿特点,开展了分级浮选探索试验,提出对磨矿后的磷矿先进行分级,再对粗、细粒分别浮选。研究结果表明:与传统浮选工艺相比,分级浮选能克服粗、细粒间的相互作用,还能在保证精矿品位的前提下,提高精矿回收率,明显降低浮选药剂的消耗。试验室条件下,对 P_2O_5 含量为 24.66% 的原矿样,经分级浮选工艺后的磷精矿回收率较传统浮选工艺提高了 4.56 个百分点,起到了明显的降本增效的作用。

关键词　什邡式胶磷矿　分级浮选　粒度　相互作用　药耗　回收率

我国磷矿大多数是中低品位的胶磷矿,开发利用成本较高[1-3]。在了解我国磷矿资源特点的基础上,确定合理的选矿工艺,选择恰当的药剂制度等是现阶段选矿工作的重点。在磷矿的浮选中粒度及其分布会对浮选产生重要影响,一般认为粗粒级和微细粒级难浮,中间粒级较易浮[4-6]。利用传统正—反浮选工艺处理磷矿时,由于可能存在粗、细粒间的严重相互作用,从而导致浮选药剂消耗大幅上升,脱硅效果也有所下降[7]。分级浮选工艺是根据我国胶磷矿特点开发出的一种磷矿浮选新工艺,它可以避免粗、细粒间的相互作用,降低药剂用量,提高浮选指标[8]。经过分级后的物料,粒度级别变窄,粗、细粒表现出不同的可浮性,将磨矿后的矿石颗粒按粗、细粒级不同分开,分别进入到浮选机内,再采用不同的加药制度及浮选设备,可充分发挥各自在不同粒度范围内的分选优势,实现粗、细粒的高精度分选。

为此,针对某什邡式磷矿采用传统正—反浮选和分级正—反浮选工艺处理通过对比不同浮选工艺条件下精矿产品的指标以及总的浮选药剂消耗,得到分级浮选工艺对什邡式磷矿浮选的影响,并为分级浮选工艺在胶磷矿浮选中的应用提供依据。

1　矿石性质

金河—清平系列磷矿即所谓什邡式磷矿,该类矿床主要位于川中地区,呈东西向带状延伸,由下部的磷块岩与上部的硫磷铝锶矿组成[9-11]。磷块岩矿层主要由角砾状矿石组成,厚度变化较大。什邡式磷矿是国内外罕见的一种以磷为主,伴生有硫、铝、锶、稀土等多种元素的综合型磷矿床。磷矿物除磷灰石外,还含有硫磷铝锶矿($SrAl(PO_4)(SO_4)(OH)_6$),主要金属矿物有黄铁矿、磁铁矿、钛铁矿、稀土等多种有用组分,脉石矿物主要有水云母、方解石、石英等。由于其矿物组成复杂,给这类矿石的选矿富集带来很大的困难。试验矿样为四川某公司提供的两个矿体的混合矿样,原矿主要化学元素分析结果见表 1,原矿 XRD 分析图谱见图 1。

表 1　原矿主要化学元素分析结果　%

元素	P_2O_5	TFe	MgO	Sr	SiO_2	Al_2O_3	S	CaO
含量	24.66	2.76	1.87	1.81	14.79	5.03	2.63	35.27

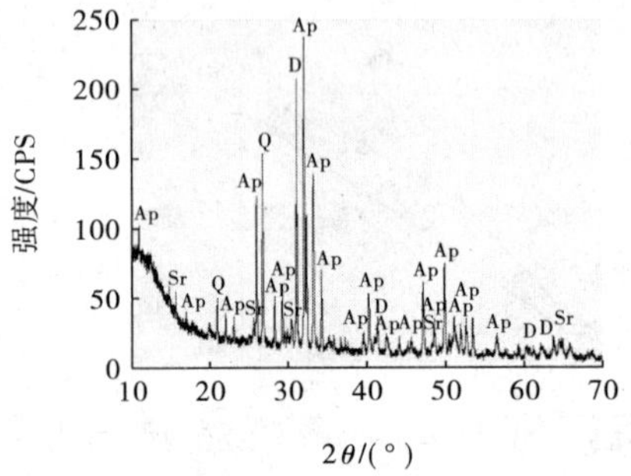

图 1　原矿 XRD 分析图谱

Ap—磷灰石;D—白云石;Q—石英;Sr—硫磷铝锶矿

由表 1 可知,原矿中 P_2O_5 含量较高,为主要回收对象。由图 1 可见,铝、锶、稀土主要赋存于硫磷铝锶矿中,矿石中含硫矿物主要以白铁矿、黄铁矿为主;脉石矿物主要为石英、方解石和白云石。

2　试样制备与试验方法

通过研究表明,分级浮选对磷矿正浮选的影响

唐　远(1990—),男,硕士研究生,350108 福州市闽侯县上街镇大学城学园路 2 号。

较大。为了研究正浮选过程中的粗、细颗粒间的相互作用,探索为什邡式磷矿的分选所开发的新型捕收剂的分选效果,此次研究只在单一正浮选流程的基础上进行试验,分别比较2种浮选工艺的浮选指标和药剂消耗情况,得出2种工艺间的差异,为难选胶磷矿的进一步研究提供参考。

试验所用药剂除捕收剂和水玻璃外,均为市面常见化学纯级药剂,该试验研究中所用的主要药剂见表2。原矿按图2破碎流程经颚式破碎机、双层振动筛和对辊式破碎机破碎到-2 mm后,采用环锥法均匀缩分至每袋1 000 g备用。

表2 试验主要药剂来源

类型	商品名	原始状态	药剂来源
正捕收剂	WIT-12DB	油状脂肪酸	武汉工程大学
调整剂	Na_2CO_3	粉状固体	天津天力试剂
调整剂	水玻璃	液体	湖北黄麦岭磷矿

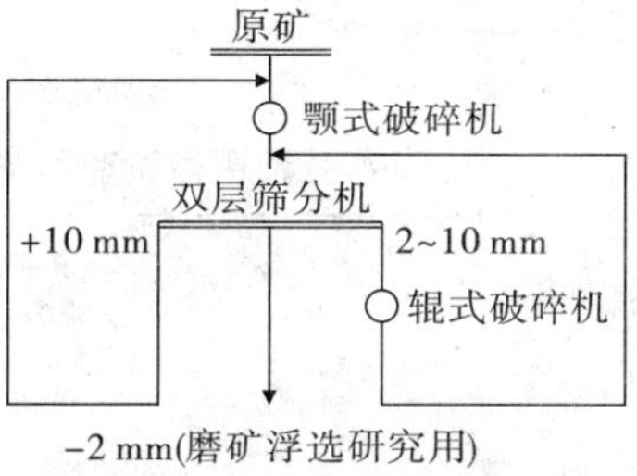

图2 原矿破碎流程

3 试验结果与分析

由矿样性质可知,经单一浮选工艺脱镁或脱硅,磷精矿品位都不可能有较大提升[12],必须在脱除硅和镁的同时,脱除部分铁、铝。鉴于硅、镁以外的其他杂质成分,目前少有经济有效的去除手段,因此只能采用常规的浮选工艺对该矿样进行选矿富集。试验中,浮选法采用批次浮选试验来评价,单元浮选作业的条件优化试验采用一次一因素法。

3.1 分级前物料浮选

3.1.1 正浮选 Na_2CO_3 用量试验

Na_2CO_3 是胶磷矿的常用调整剂,在磨矿细度为-0.074 mm 88%、水玻璃用量为1.0 kg/t、捕收剂WIT-12DB用量为1.2 kg/t、矿浆温度为20 ℃的条件下,按1次粗选流程来确定正浮选中最佳的 Na_2CO_3 用量,试验结果见图3。

由图3可见,在 Na_2CO_3 用量较低时,浮选精矿的磷品位、磷回收率很低,选矿效率也很低,精矿上浮量很小;该矿正浮选需要添加较大量的 Na_2CO_3

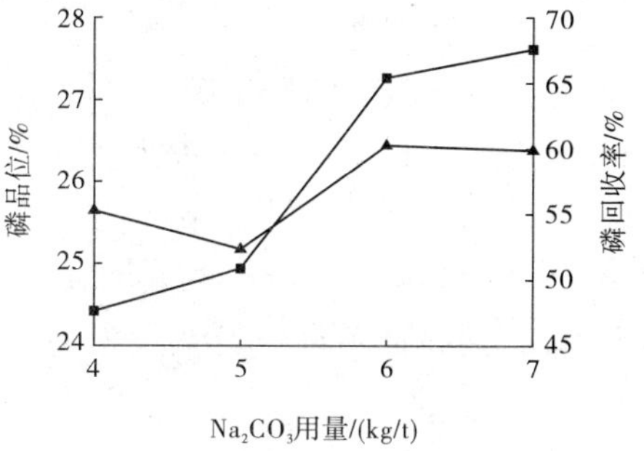

图3 Na_2CO_3 用量对浮选效果的影响

▲—磷品位;■—磷回收率

才能达到较好的浮选结果,Na_2CO_3 用量在7kg/t时选矿效率最高。

3.1.2 正浮选捕收剂用量试验

试验在磨矿细度为-0.074 mm 88%、水玻璃用量为1.0 kg/t、Na_2CO_3 用量为7.0 kg/t、矿浆温度为20 ℃的条件下进行WIT-12DB用量试验,试验结果见图4。

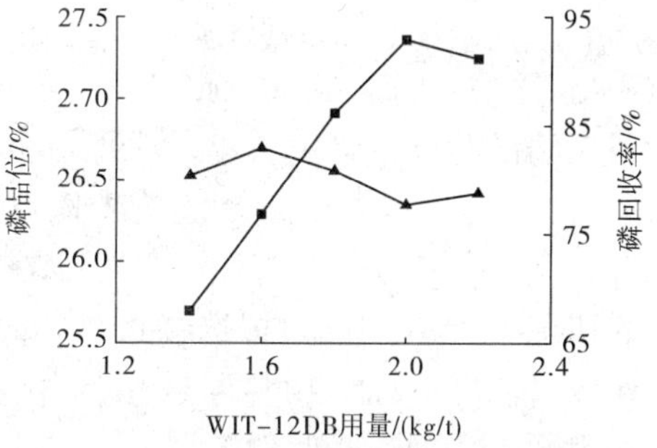

图4 WIT-12DB用量对浮选效果的影响

▲—磷品位;■—磷回收率

由图4可见,随着捕收剂用量的增加,浮选粗精矿磷回收率增加,但后来增加的趋势不是很明显,磷精矿品位变化不大;综合考虑,在捕收剂用量为1.8 kg/t时,精矿磷回收率为85.14%,试验范围内捕收剂用量对精矿品位的影响较小,初定捕收剂用量为1.8 kg/t。

从上述试验结果来看,如果采用传统的正—反浮选,其中的正浮选的选别将十分困难,要获得较好的技术指标需要消耗大量的浮选药剂,这无疑增加生产成本。其中,Na_2CO_3 用量过大,起泡快且量多,但同时由于泡沫发黏不易消泡,使得浮选操作较困难,以至精矿品位和产率都偏低。同时,在精选作业中,由于此次选用的水玻璃抑制剂对矿样中的铁、铝类脉石矿物的抑制效果不佳,精矿品位提升幅度也较小。基于以上浮选中出现的问题,下面将在使用的药剂种类不变的情况下,拟对该磷矿进行分级浮选工艺的对比研究。

3.2 分级后粗粒级浮选

3.2.1 粗粒级 Na_2CO_3 用量试验

将磨矿细度为-0.074 mm 88%的矿浆用320 目细筛进行湿式筛分分级,筛上产物与筛下产物质量比为31 : 69。筛上物即+320 目部分,在水玻璃用量为0.3 kg/t、捕收剂 WIT-12DB 用量为0.6 kg/t、温度为 20 ℃的条件下进行粗粒级 Na_2CO_3 用量试验(此用量仍然是按未分级的原矿量计,下同),细粒级备用。试验结果见图5。

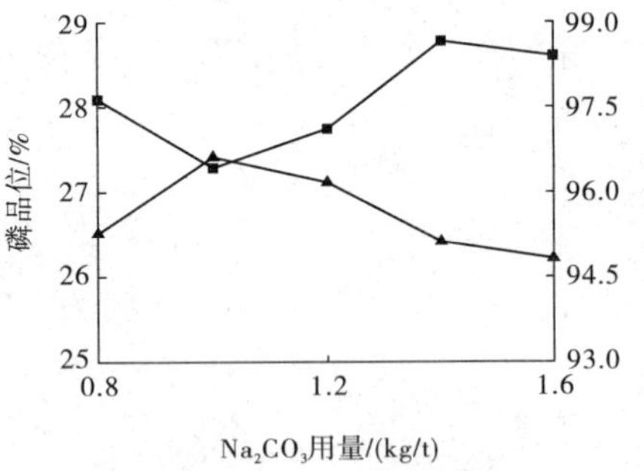

图5 粗粒级 Na_2CO_3 用量对浮选效果的影响

▲—磷品位;■—磷回收率

由图5的试验结果可以看出,在试验的 Na_2CO_3 用量范围内,分级后粗粒级的浮选精矿作业回收率均在95%以上,精矿品位先增加后降低。在节约药剂用量的情况下,综合考虑,拟选择最佳 Na_2CO_3 用量为1.0 kg/t。与未分级物料浮选指标相比,粗粒级的分选效果较好,也大大的节降低了 Na_2CO_3 的消耗。

3.2.2 粗粒级捕收剂 WIT-12DB 用量试验

将分级后的粗粒级试样,在 Na_2CO_3 用量为1.0 kg/t、水玻璃用量为0.3 kg/t、温度为20℃的条件下进行粗粒级捕收剂用量试验,试验结果见图6。

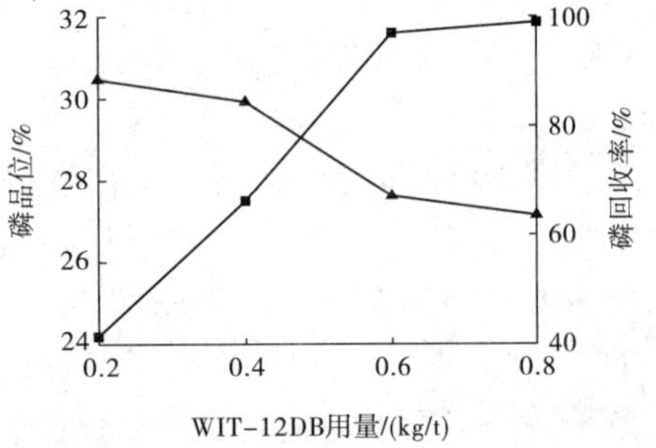

图6 粗粒级 WIT-12DB 用量对浮选效果的影响

▲—磷品位;■—磷回收率

随着捕收剂用量的增加,粗粒级矿石上浮量增大,泡沫颜色呈现深黑色,浮选刮泡约3 min 时就已经达到终点。由图6结果可知,得到的精矿回收率上升明显,精矿品质下降,可见粗粒级浮选对捕收剂用量是比较敏感的。为强化对粗粒级的捕收能力,加大目的矿物与泡沫的黏附力和固着强度,需稍微加大捕收剂用量。在 WIT-12DB 用量为0.5 kg/t时,虽然磷回收率比较低,但考虑到后续的反浮选工艺流程可提高回收率。综合考虑,选择捕收剂用量为0.5 kg/t。

在完成以上试验后,得到粗粒级浮选的最佳药剂制度为:Na_2CO_3 用量为1.0 kg/t、水玻璃用量为0.3 kg/t、捕收剂用量为0.5 kg/t。可获得的技术指标约为:磷精矿品位为29.52%、作业回收率为84.60%。

3.3 分级后细粒级浮选

3.3.1 细粒级 Na_2CO_3 用量试验

将上述湿筛分级后的筛下物即-320 目部分,在水玻璃用量为1.0 kg/t、捕收剂 WIT-12DB 用量为0.6 kg/t、温度为20 ℃的条件下进行细粒级 Na_2CO_3 用量试验(此用量仍然是按末分级的原矿量计,下同),试验结果见表3。

表3 细粒级碳酸钠用量试验结果

Na_2CO_3 用量/(kg/t)	产品名称	磷品位/%	磷回收率/%	选矿效率/%
0.5	精 矿	24.72	86.92	7.31
	尾 矿	14.59	13.08	
1.0	精 矿	25.07	85.01	8.24
	尾 矿	14.59	14.99	
1.5	精 矿	24.37	92.67	6.54
	尾 矿	11.89	7.33	
2.0	精 矿	24.30	91.90	6.28
	尾 矿	12.73	8.08	

由表3可知,Na_2CO_3 用量对细粒级浮选的影响也较大,随着 Na_2CO_3 用量的增大,浮选回收率能上升到某一极值点,浮选精矿品位先增加后降低,综合考虑 Na_2CO_3 用量为1.0 kg/t。

3.3.2 细粒级捕收剂 WIT-12DB 用量试验

在水玻璃用量为1.0 kg/t、温度为20 ℃的条件下以及确定的细粒级浮选 Na_2CO_3 用量的基础上,进行细粒级捕收剂 WIT-12DB 用量探索试验,试验结果见表4。

由表4可知,随着捕收剂 WIT-12DB 用量的增加,磷精矿品位下降,回收率增加;在捕收剂用量达到0.3 kg/t时,精矿回收率迅速增加到90%以上,以后增加速度变得缓慢,与传统正浮选时的结论一致,综合考虑选择捕收剂用量为0.3 kg/t,此时捕收剂用量明显较传统法要小。

表4　细粒级 WIT-12DB 用量试验结果

捕收剂用量 /(kg/t)	产品名称	磷品位 /%	磷回收率 /%	选矿效率 /%
0.1	精矿	25.42	54.89	6.02
	尾矿	13.05	29.47	
0.3	精矿	25.48	92.02	10.26
	尾矿	9.90	7.98	
0.5	精矿	24.45	92.84	6.87
	尾矿	11.55	7.16	
0.7	精矿	24.43	89.97	6.59
	尾矿	13.66	10.03	
0.9	精矿	24.01	92.50	5.28
	尾矿	13.29	7.50	

在完成以上试验后，得到细粒级的最佳药剂制度为：Na_2CO_3 用量为 1.0 kg/t、水玻璃用量为 1.0 kg/t、捕收剂用量为 0.3 kg/t，可获得的磷精矿技术指标为：精矿磷品位为 25.48%、作业回收率可达 92.02%，可见分级浮选工艺在较小药剂耗量的情况下就能获得较理想的指标。

3.4　浮选工艺的主要参数和技术指标对比

由于分级浮选对正浮选影响较大，因此试验研究不进一步比较后续反浮选效果的优劣。现将传统正浮选工艺与分级正浮选工艺的浮选指标和药剂制度见表5。

表5　传统浮选法与分级浮选法比较结果

浮选工艺	正浮选药剂耗量 /(kg/t)			主要技术指标 /%	
	Na_2CO_3	水玻璃	WIT-12DB	精矿磷品位	磷回收率
传统浮选法	7.0	1.0	1.8	26.55	85.14
分级浮选法	2.0	1.3	0.8	26.73	89.72

由表5可知，与传统浮选法相比，分级浮选能明显节约浮选药剂，其中 Na_2CO_3 用量减少 5.0 kg/t、捕收剂减少 1.0 kg/t，水玻璃用量略微增加 0.3 kg/t。在获得的磷精矿主要技术指标方面，2 种浮选工艺得到的精矿品位相差不大，但分级浮选工艺较传统浮选工艺的精矿最终磷回收率提高了 4.58 个百分点，因此，对于什邡式中低品位胶磷矿的浮选，采用新型分级浮选工艺具有明显的优势。

4　结　语

(1)通过试验结果可以确定，什邡式中低品位胶磷矿适合采用分级浮选工艺来处理，开发的新型捕收剂 WIT-12DB 的分选效果也较好。以上的浮选流程和药剂制度都证明了，在磷矿选矿中采用分级浮选是可行的，可以获得合格的精矿产品。

(2)对原矿 P_2O_5 含量为 24.66% 的混合矿样，经分级后粗粒级产品得到富集，品位有所提高。粗、细粒级经分级正浮选工艺后可获得磷精矿品位为 26.73%、磷回收率为 89.72% 的综合指标。与传统直接浮选工艺相比，分级浮选工艺能在保证精矿质量的前提下，提高综合回收率约 4.5 个百分点。

(3)分级浮选工艺可以克服矿浆中粗、细颗粒间严重的相互作用，明显降低浮选药剂的耗量，同时能发挥粗、细粒级在浓缩、过滤等工艺上各自的特点和优势，因此在生产上也具有较大的可行性。

(4)可以实现在矿浆温度为 20℃ 条件下的常温浮选，按什邡式磷矿所在地区的平均气温的特点，基本可以实现全年不加温浮选。

参 考 文 献

[1]　任清宇，姚金蕊．中国磷矿资源的特点与开发策略[J]．矿业快报，2006(2)：1-4.

[2]　张照伟．云南省磷矿资源的最适耗竭研究[D]．昆明：昆明理工大学，2004.

[3]　陈代农．展望 2000 年我国磷资源的开发利用[J]．矿产综合利用，1984(4)：19-21.

[4]　胡为柏．浮选（修订版）[M]．北京：冶金工业出版社，1989：238-242.

[5]　谢广元，吴　玲，欧泽深，等．煤泥分级浮选工艺的研究[J]．中国矿业大学学报，2005，34(6)：756-760.

[6]　魏以和，王姝娟，李晓东，等．磷矿正—反浮选产品粒度分布与存在问题分析(Ⅲ)—流程的发展与云南磷矿的浮选[J]．化工矿物与加工，2007，36(10)：1-4.

[7]　杨　勇，钱押林．某磷矿分级浮选试验研究[J]．矿产保护与利用，2010(3)：23-26.

[8]　李　根，李冬莲，李文洁，等．正—反浮选产品粒度分布与存在的问题分析(Ⅴ)—晋宁磷矿的分级浮选[J]．化工矿物与加工，2009，38(9)：1-6.

[9]　夏学惠，袁俊宏，杜家海，等．中国沉积磷矿床分布特征及资源潜力[J]．武汉工程大学学报，2011，33(2)：6-11.

[10]　刘宗达．硫磷铝锶矿的综合利用[J]．化工环保，1994，44(3)：80-83.

[11]　喻婵娟，应建康，李　军，等．硫磷铝锶矿制取磷酸的研究[J]．化工矿物与加工，2008(2)：7-10.

[12]　吴良国，朱维成．反浮选脱除氧化镁的研究[J]．化工矿山技术，1986(3)：33-34.

(收稿日期　2015-05-26)

杏山地采铁矿石可选性试验

赵春福[1]　侯金亮[2]
（1. 首钢矿业公司生产技术处;2. 首钢矿业公司大石河铁矿）

摘　要　杏山铁矿由露天转地下开采后,矿石性质的变化需要对相应选厂的处理流程进行调整,以实现该矿石铁的回收利用。在分析矿石性质的基础上,以水厂铁矿石为参照,进行相对可磨度试验。结果表明,杏山地采矿石更易磨。进一步的可选性试验结果表明,在磨矿细度为-0.074 mm 80%、磁场强度为160 kA/m时,可获得铁品位为67.05%、回收率为75.15%的铁精矿,选矿指标较好,并在产品的主要化学成分分析和铁物相分析结果中得到验证。可选性试验结果可为杏山铁矿地采矿石的工业提铁提供技术参考。

关键词　可选性　可磨度　品位　回收率

杏山铁矿是首钢矿业公司第一家露天转地下开采矿山,设计生产能力320万t/a,采出矿石作为大石河铁矿选矿厂的原矿。大石河铁矿选矿厂于1959年建成投产,经过50多a的不断发展,处理能力达到950万t/a。矿石经三段一闭路破碎后,筛下产品进行磁滑轮预选抛尾,精矿进入阶段磨矿、阶段选别、细筛循环磨选工艺流程。自2009年,大石河铁矿选厂开始入选杏山地采铁矿石,入选量占总入选矿石的47.15%。掌握杏山露天转地下开采后矿石性质的变化,可为选矿厂选矿流程的调整提供科学依据,因此有必要对杏山地采矿石进行可选性试验研究。

1　矿石性质

1.1　矿石组成

矿石所取矿样为大石河铁矿选厂破碎11#胶带输送物料,-12 mm含量为95%。在试验室用颚式破碎机、对辊破碎机、筛子形成二段一闭路破碎流程,筛下物料粒度控制在为-3 mm,充分混匀后缩分为4份平行样,分别进行矿石性质分析、矿石相对可磨度试验、矿石可选性试验及备份底样。对矿样进行主要化学成分分析和铁物相分析,结果分别见表1、表2。

表1　主要化学成分分析结果　%

成分	TFe	SiO_2	CaO	MgO	Al_2O_3	S
含量	26.61	48.58	2.07	4.04	4.04	0.083
成分	P	K_2O	Na_2O	MnO	TiO_2	SO_3
含量	0.039	1.11	0.44	0.35	0.19	0.15
成分	P_2O_5	Cr_2O_3	ZnO	ZrO_2	V_2O_5	
含量	0.10	微量	微量	微量	微量	

由表1可知,矿石中主要有价元素为Fe,TFe含量达到26.61%,有害元素S、P含量较低。SiO_2、Fe_2O_3含量分别为43.30%、38.90%,是组成矿石的主要成分,SiO_2是选矿要抛除的主要成分。矿石中不含金、银等贵金属及其他有回收价值的元素。

表2　铁物相分析结果　%

铁相态	磁性铁	菱铁矿中的铁	赤铁矿	硫化铁	硅酸铁	总铁
含量	20.27	0.93	0.23	0.7	4.48	26.61
分布率	76.17	3.49	0.86	2.63	16.84	100.00

由表2可知,矿石中的铁主要是以磁性铁形式存在,占总铁的76.17%,适用于目前常规的磁选法分选,最大理论回收率为76.17%。其次为硅酸铁和菱铁矿中的铁,难以选别。

1.2　矿物组成和嵌布特征

杏山地采矿石矿物结构简单,有用矿物主要为磁铁矿,少量为黄铁矿。磁铁矿呈它形粒状和半自形粒状集合体,多呈条带状分布。黄铁矿呈星点状,它形粒状,含量小于1%,分布在磁铁矿中,交代磁铁矿现象明显。脉石矿物主要为石英、镁铁闪石及辉石,少量碳酸盐矿物。矿石结构多为粒状变晶结构,见有交代残留结构及包裹结构。矿石构造多为条纹、条带状构造和片麻状构造。

2　矿石可磨度试验

以水厂铁矿的矿石为参照样,对杏山地采铁矿石进行相对可磨度试验,结果见表3。

赵春福（1959—）,男,高级工程师,064404 河北省迁安市滨河村。

表3 矿石相对可磨度试验结果

磨矿时间/min	-0.074mm 含量/%	
	杏山矿	水厂矿
1	22.00	14.40
2	37.00	28.60
4	53.67	55.47
6	69.67	71.80
8	79.00	78.00
10	87.50	84.50

由表3可知，当磨矿产品-0.074 mm含量小于50%或大于75%时，相同的磨矿时间下，杏山地采矿石磨矿产品-0.074 mm含量高于水厂矿石，说明杏山地采矿山相对可磨性较好；当磨矿产品-0.074 mm含量在50%～75%时，水厂矿石可磨性较好；当磨矿产品-0.074 mm含量为80%时，杏山地采矿石所需磨矿时间为8.24 min，水厂矿石为8.31 min。以水厂矿石为标样，此磨矿细度条件下杏山矿石在所需磨矿时间上的相对可磨度为0.99，说明杏山地采矿石比水厂矿石易磨。

3 矿石可选性试验

矿石可选性试验的流程为1段磨矿、1次磁选流程。

3.1 磨矿细度试验

磨矿细度与选矿回收率等指标有着密切的关系。为确定矿石最佳磨矿细度，避免矿石“欠磨”和“过磨”而影响磨矿生产效率和选别指标，在磁场强160 kA/m的条件下进行磨矿细度条件试验。试验结果见表4。

表4 磨矿细度试验结果 %

细度（-0.074 mm含量）	产品	产率	品位	回收率
45	精矿	37.37	59.03	81.70
	尾矿	62.63	7.89	18.30
55	精矿	34.39	62.12	80.50
	尾矿	65.61	7.89	19.50
65	精矿	32.64	64.37	80.66
	尾矿	67.36	7.48	19.34
75	精矿	31.52	66.08	78.68
	尾矿	68.48	8.24	21.32
85	精矿	29.17	68.78	75.72
	尾矿	70.83	9.08	24.28

由表4可知，随着磨矿细度的提高，精矿产率与回收率呈下降趋势，铁品位逐渐上升。当精矿铁品位为66.08%时，磨矿细度需控制为-0.074 mm含量75%，此时精矿铁回收率为78.68%；当精矿铁品位为68.78%时，磨矿细度需控制为-0.074 mm 85%，此时精矿回收率为-0.074 mm含量75.72%。考虑到后续选别和当前市场对铁精矿的品位要求，确定磨矿细度为-0.074 mm 80%。

3.2 磁场强度条件试验

磁选机磁场强度参数设定是矿石可选性试验中重要的选别条件之一，为寻找最佳磁场强度条件，掌握在不同磁场强度条件下精矿铁品位、金属铁回收率等指标的变化规律，在磨矿细度-0.074 mm 80%的条件下对矿石进行磁场强度条件试验。试验结果见表5。

表5 磁场强度条件试验结果

场强/(kA/m)	产品	产率/%	品位/%	回收率/%
120	精矿	28.28	67.40	73.06
	尾矿	71.72	9.80	26.94
160	精矿	29.38	67.05	75.15
	尾矿	70.62	9.22	24.85
200	精矿	30.53	67.02	76.49
	尾矿	69.47	9.05	23.51
240	精矿	30.53	66.80	77.63
	尾矿	69.47	8.46	22.37

由表5可知，随着磁场强度的增大，精矿产率和回收率变化呈上升趋势，精矿品位逐渐下降，但下降幅度较小。综合施加磁场的成本和铁精矿产品的质量，确定磁场强度为160 kA/m，此时精矿铁品位为67.05%、回收率为75.15%，指标较好。由该表结果也可以看出提高磁场强度对提高金属铁回收率的影响。

3.3 产品分析与评价

将在磨矿细度-0.074 mm 80%、磁场强度为160 kA/m条件下试验获得的产品进行分析，精矿主要化学成分分析结果见表6，尾矿主要化学成分分析和铁物相分析结果分别见表7、表8。

表6 铁精矿主要化学成分分析结果 %

成分	TFe	SiO_2	CaO	MgO	Al_2O_3	S
含量	67.05	4.76	0.16	0.64	0.63	0.121

由表6可知，精矿铁品位可达到67.05%，铁金属回收率为75.15%，说明杏山地采矿石属于易磨易选矿石，精矿铁品位及含杂量等均达到了铁精矿一级品的质量标准。其中(CaO + MgO)/(SiO_2 +

Al_2O_3)= 0.15,说明精矿产品呈酸性。

表 7　尾矿主要化学成分分析结果　%

成分	TFe	SiO_2	CaO	MgO	Al_2O_3	S
含量	9.22	66.81	2.85	5.62	5.89	0.081

表 8　尾矿铁物相分析结果　%

铁相态	磁性铁	菱铁矿	赤铁矿	硫化铁	硅酸铁	总铁
含　量	0.62	1.65	0.4	0.89	5.66	9.22
分布率	6.72	17.90	4.34	9.65	61.39	100.00

由表 7、表 8 可知,尾矿 SiO_2 含量较高,其他元素较低。铁物相分析表明:尾矿中的铁主要是以硅酸盐形式存在,其硅酸铁含量占总铁的 61.39%,其次是碳酸铁、硫化铁,分布率分别为 17.90%、9.65%,磁性铁中的铁仅占总铁的 6.72%。说明选矿过程中磁性铁回收比较充分。

4　结　论

(1)杏山铁矿矿石有价金属为铁,主要以磁铁矿的形式存在,是选矿回收的主要目的矿物,S、P 等有害元素的含量较低。矿石可磨度试验结果表明,在磨矿细度为 -0.074 mm 80% 时,相对可磨度为 0.99,说明该铁矿石较水厂铁矿石易磨。

(2)在磨矿细度 -0.074 mm 80%、磁场强度为 160 kA/m 条件下,获得的精矿铁品位为 67.05%、回收率为 75.15%,达到该性质矿石的回收率要求,可满足铁精矿一级品的质量标准。

(收稿日期　2015-05-26)

(上接第 118 页)

态,为矿山生产提供可靠的决策依据。

(2)将生产准备矿量纳入矿山计划管理的内容。在编制矿山中长期发展规划、年度采掘计划时,平衡好生产准备矿量使之满足矿山生产与发展的需要,并根据计划要求补充采准巷道和回采炮孔。

(3)保持合理的采掘顺序,避免工序间相互干扰。在矿山生产管理过程中,应严格按采掘计划要求的作业地点和作业量执行,当采场生产条件发生变化需要改变作业地点时,应征得计划部门的同意对采掘计划进行适当调整,以免造成现场管理混乱、工序间相互冲突。

(4)将生产准备矿量与损失贫化管理相结合。生产准备矿量与采矿过程中损失贫化指标有着密不可分的关系,当采矿回收率较高时,矿块的退采速度变缓、服务时间延长,反之,矿块的退采速度加快、服务时间缩短。

3　结　语

生产准备矿量是矿山采矿计划管理的重要内容之一,做好该项工作对于保证矿山正常有序生产、避免采掘失调有着至关重要的作用。对生产矿山来说,当原矿产量发生变化时,需要提前做好准备,及时补充或减少采准掘进量、回采炮孔量;对新建矿山来说,因矿山生产初期采矿回收率变化较大,导致生产准备矿量消耗指标处于非正常状态,平衡好采准掘进量、回采炮孔量更为重要。笔者提出的按照出矿设备效率确定生产准备矿量的方法,矿山可根据原矿产量、生产条件的变化情况,适时地动态调整采准掘进工程量和回采炮孔量,以保持合理的保有矿量指标。

(收稿日期　2015-05-26)

陕西某低品位铜矿石选矿试验研究

王　花　王宇斌　余　乐　张　威
（西安建筑科技大学材料与矿资学院）

摘　要　陕西某混合铜矿铜品位较低，仅0.22%，69.45%的铜以硫化铜形式存在，其余为氧化铜和结合铜。脉石矿物主要为长石、石英、云母等，铝、硅含量较高，矿物嵌布关系复杂，伴生现象严重，难以分选。为回收矿石中的铜，对该铜矿进行了浮选试验。结果表明，在条件试验确定的最佳浮现条件下，采用1粗3精2扫闭路流程，可获得铜品位18.12%、回收率70.91%的铜精矿，指标较好。试验结果对该类铜矿石的开发利用具有一定的参考意义。

关键词　低品位铜矿　浮选　开发利用

随着矿业经济的不断发展，低品位难选铜矿的开采越来越受到人们的关注[1-5]。陕西某混合铜矿铜品位仅0.22%。针对矿石性质，进行了选矿试验研究，确定了水玻璃用量、捕收剂种类和用量等因素对浮选指标的影响，并在开路试验的基础上进行了闭路试验，以期为该矿石的开发利用提供依据。

1　矿石性质

1.1　矿石组成

对陕西某混合铜矿石进行主要化学成分分析和物相分析，结果分别见表1、表2。

表1　原矿主要化学成分分析结果　%

成　分	Au	Ag	Cu	Pb	Zn	As	S
含　量	0.027	41.9	0.22	0.12	0.011	0.15	3.16
成　分	Fe	MgO	CaO	P	Al_2O_3	SiO_2	TiO_2
含　量	16.19	0.99	<0.001	0.15	8.49	31.8	0.29

注：金、银的单位均为g/t。

表2　铜物相分析结果　%

铜相态	含　量	分布率
氧化铜	0.035	16.20
硫化铜	0.15	69.45
结合铜	0.031	14.35
合　计	0.216	100.00

由表1可知，矿中可供回收的有价元素为铜，品位仅为0.22%，其他元素现阶段达不到可回收的最低含量。SiO_2和Al_2O_3含量较高，是选矿中需要抛除的主要成分。

由表2可知，矿石中的铜主要以硫化铜的形式存在，占矿石中总铜的69.45%，是主要回收的目的矿物。其余为氧化铜和结合铜，分别占16.20%和14.35%，含量较低，可能无法回收。进一步分析可知矿石中脉石矿物主要为长石、石英、云母等矿物，与其他矿物一起和铜矿物嵌布关系复杂，伴生现象严重，增加了选别难度。

1.2　X衍射分析

原矿X衍射分析结果见表3。

表3　原矿X衍射分析结果　%

矿物名称	石　英	重晶石	绢云母	菱铁矿	硫铁铜矿	黄铜矿
含　量	12	41	17	9	2	3
矿物名称	绿泥石	黄铁矿	方黄铜矿	磁黄铁矿	针铁矿	磁铁矿
含　量	3	3	2	1	4	3

由表3可知，原矿中主要金属矿物为黄铜矿、黄铁矿、磁铁矿和针铁矿，主要脉石矿物有重晶石、石英、绢云母，菱铁矿、绿泥石等少量。结合岩矿鉴定结果可知，矿石中矿物氧化蚀变作用比较强，褐铁矿化普遍。含铜矿物因此还有黝铜矿及铜蓝等。黄铜矿多以星散状分布，和黄铜矿共生的金属硫化物主要为黄铁矿，黄铜矿部分包裹于磁铁矿中。

2　粗选条件试验

探索试验表明，该矿石适合浮选回收铜，在磨矿细度为-0.074 mm占70%时，选别指标较好。因此确定粗选条件试验的磨矿细度为-0.074 mm占70%，采用1次粗选流程。

王　花（1989—），女，硕士研究生，710055 陕西省西安市雁塔路13号。

2.1 水玻璃用量试验

水玻璃用量试验固定磨矿细度-0.074 mm 占 70%、石灰用量 2 000 g/t、六偏磷酸钠用量 500 g/t、SN-9 + Z-200 用量 50 g/t+27 g/t、$2^{\#}$油用量 24 g/t。试验流程见图 1,试验结果见表 4。

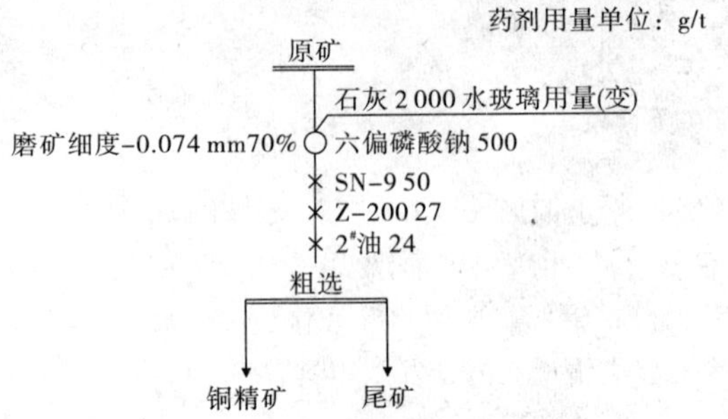

图 1　水玻璃用量试验流程

表 4　水玻璃用量试验结果　%

水玻璃用量 /(g/t)	产品	产率	铜品位	铜回收率
0	铜精矿	2.48	6.611	73.47
	尾矿	97.52	0.0607	26.53
	原矿	100.00	0.22	100.00
500	铜精矿	3.00	5.58	71.14
	尾矿	97.00	0.07	28.86
	原矿	100.00	0.24	100.00
1 000	铜精矿	3.30	5.07	70.33
	尾矿	96.70	0.073	29.67
	原矿	100.00	0.24	100.00
1 500	铜精矿	3.27	4.89	71.47
	尾矿	96.73	0.066	28.53
	原矿	100.00	0.22	100.00
2 000	铜精矿	3.45	4.86	69.01
	尾矿	96.55	0.078	30.99
	原矿	100.00	0.24	100.00

从表 4 中可知,不加水玻璃时,铜精矿的品位和回收率最高,分别为 66.11% 和 73.47%,均优于其他条件。因此,试验不添加水玻璃。

2.2 捕收剂种类试验

捕收剂种类试验固定磨矿细度-0.074 mm 占 70%、石灰用量 2 000 g/t、六偏磷酸钠用量 500 g/t。试验流程不变,试验结果见表 5。

表 5 试验结果说明,捕收剂采用 SN-9+Z-200 组合时,铜精矿的回收率最高为 75%,品位指标也较优为 6.2058%,因此捕收剂种类采用 SN-9+Z-200 组合药剂。

2.3 SN-9 用量试验

试验条件为:鉴于捕收剂 Z-200 价格较高,因此固定其用量为 27 g/t, 在磨矿细度-0.074 mm 含量为 70%,石灰用量为 2 000 g/t、六偏磷酸钠用量为 500 g/t、$2^{\#}$油用量为 24 g/t 的条件下进行 SN-9 用量条件试验,流程见图 1,验结果见表 6。

表 5　捕收剂种类试验结果　%

捕收剂种类 /(g/t)	产品	产率	铜品位	铜回收率
丁基黄药+丁胺黑药 30+20	铜精矿	5.35	2.854	73.86
	尾矿	94.65	0.0571	26.14
	原矿	100.00	0.21	100.00
丁胺黑药+Z-200 20+27	铜精矿	4.80	3.096	70.92
	尾矿	95.20	0.064	29.08
	原矿	100.00	0.21	100.00
丁基黄药+Z-200 40+18	铜精矿	4.22	3.6315	72.69
	尾矿	95.78	0.0611	27.31
	原矿	100.00	0.21	100.00
SN-9+Z-200 50+27	铜精矿	2.75	6.2058	75.00
	尾矿	97.25	0.0585	25.00
	原矿	100.00	0.23	100.00
丁基黄药+乙基黄药 30+30	铜精矿	4.05	3.945	71.83
	尾矿	95.95	0.0653	28.17
	原矿	100.00	0.22	100.00
SN-9+乙基黄药 60+30	铜精矿	2.65	6.214	73.15
	尾矿	97.35	0.0621	26.58
	原矿	100.00	0.23	100.00

表 6　SN - 9 用量条件试验结果　%

SN-9 用量 /(g/t)	产品	产率	铜品位	铜回收率
30	铜精矿	2.47	6.16	70.91
	尾矿	97.53	0.064	29.09
	原矿	100.00	0.22	100.00
50	铜精矿	2.50	6.36	71.82
	尾矿	97.50	0.064	28.18
	原矿	100.00	0.22	100.00
70	铜精矿	2.80	5.76	73.44
	尾矿	97.20	0.06	26.56
	原矿	100.00	0.22	100.00
90	铜精矿	3.10	5.06	71.04
	尾矿	96.90	0.066	28.96
	原矿	100.00	0.22	100.00
110	铜精矿	2.95	5.38	71.75
	尾矿	97.05	0.064	28.75
	原矿	100.00	0.22	100.00

由表 6 可知,随着 SN-9 用量的增加,精矿铜品位和回收率均呈先上升后下降趋势。当 SN-9 用量为 70 g/t 时,精矿铜的回收率达到峰值,为 73.44%,此时铜品位达到较高值,为 5.76%,和最大值相差不大。考虑到粗选作业铜回收率越高越好,因此确定捕收剂 SN-9 用量为 70 g/t。

3 开路试验

在条件试验的基础上进行开路试验,流程见图2,结果见表7。

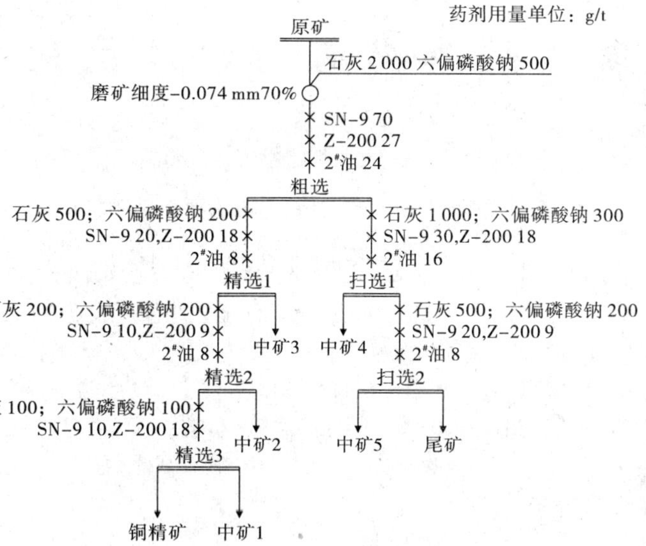

图2 开路试验流程

表7 开路试验结果 %

产品	产率	铜品位	铜回收率
铜精矿	0.55	23.31	60.73
中矿1	0.22	4.22	4.40
中矿2	0.55	2.08	5.42
中矿3	0.95	0.43	1.94
中矿4	1.25	0.46	2.72
中矿5	1.05	0.35	1.74
尾矿	95.43	0.051	23.05
原矿	100.00	0.21	100.00

由表7可知,开路实验可获得产率为0.55%、品位为23.31%和回收率为60.73%的铜精矿,指标较好。

4 闭路试验

在条件试验和开路试验基础上进行闭路试验,流程见图3,数质量流程见图4。闭路试验最终获得的铜精矿产率为0.88%、品位为18.12%、回收率为70.91%。

5 结论

(1)该铜矿石铜品位较低,仅0.22%,其他元素不具有回收价值,属低品位难选混合铜矿。铜主要以硫化铜的形式存在,主要赋存于黄铜矿中。黄铜矿多以星散状分布及与黄铁矿共生,部分黄铜矿包裹于磁铁矿中,嵌布关系十分复杂。

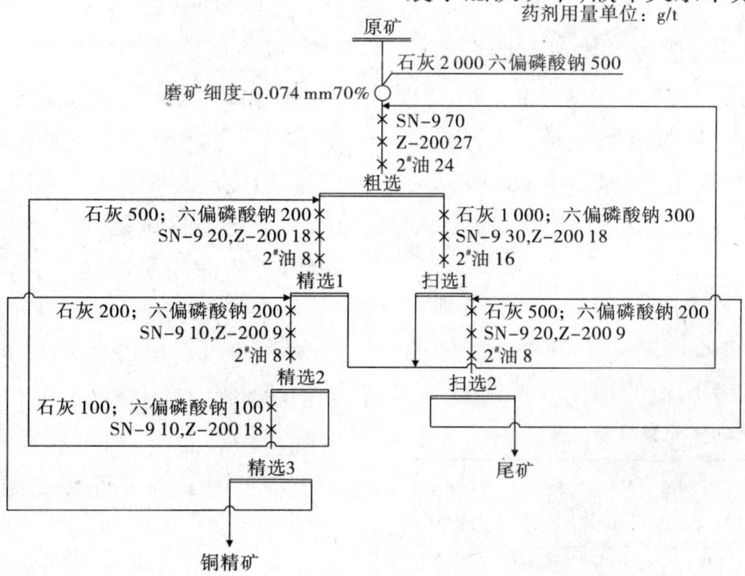

图3 闭路试验流程

(下转第143页)

某锌冶炼渣中银的回收试验研究

陈晓芳[1]　梁治安[2]
（1. 紫金矿冶设计研究院；2. 福建马坑矿业股份有限公司）

摘　要　某锌冶炼厂冶炼废渣产量约3万t/a，银含量200 g/t左右且pH值较低。经氢氧化钠转化后银含量提高到614 g/t，硫化银和金属银占69.07%，脉石主要成为SiO_2。采用浮选对渣中银进行回收试验，分析知浮选矿浆pH的控制是影响浮选指标的关键。条件试验确定的最优浮选条件下为：pH调整剂硫酸用量为120 kg/t，硫化钠用量为5 000 g/t，硫酸铵用量为2 000 g/t，粗选1捕收剂SN-9#+丁铵黑药用量为400+300 g/t，矿浆浓度为20%。最终闭路试验获得的精矿加权后银品位1 005.8 g/t、回收率78.23%，较好地实现了锌冶炼渣中银的有效回收。

关键词　锌冶炼渣　pH控制　浮选回收

某锌冶炼厂浸出工艺为两段沉矾—富集铅银，每年可产出锌冶炼渣3万t左右，渣pH小于2，银含量200 g/t左右。废渣若不处理直接排放，不仅会占用大面积土地，同时污染环境，还造成银资源的浪费。因此对这部分冶炼渣进行银的综合回收利用可以达到节能减排的效果，经济意义远大[1-2]。

锌冶炼渣主要矿物由焙烧不完全的黄铁矿、闪锌矿和方铅矿等硫化物和石英、黄钾铁矾等硫酸盐类以及氧化物和硅酸盐类矿物组成。其中76.07%的银为难溶矿物包裹银，以易回收的硫化银和金属银形式存在银仅占总银的19.08%。探索试验结果表明，若直接对渣进行浮选，银富集很少。故浮选前需对该渣进行处理。

锌冶炼废渣水洗过滤以除掉其中可溶性金属离子，主要为Zn^{2+}，再加热到70 ℃以上后加入氢氧化钠进行搅拌，持续60 min后过滤转化渣，以解放复杂化合物包裹银，达到回收银的目的。试验研究对象为该锌冶炼废渣处理后的转化渣。

1　矿样性质

转化渣粒度-5 μm，个别颗粒可达20 μm，基本呈团聚状，不存在矿物间的包裹连生现象。矿样的化学多元素分析结果见表1，银的物相分析见表2。

表1　矿石化学多元素分析结果　　%

成　分	Cu	Pb	Ag	Zn	Zn水	Fe
含　量	0.26	7.07	614.00	7.44	微量	25.99
成　分	S	Mn	SiO_2	Al_2O_3	MgO	/
含　量	4.52	1.18	62.44	17.75	9.34	/

注：Ag含量单位为g/t。

表2　银的物相分析结果

银相态	含　量/(g/t)	分布率/%	银相态	含　量/(g/t)	分布率/%
硫酸银	9.74	1.60	硫化银	234.06	38.54
金属银	185.42	30.53	包裹银	144.04	23.72
氯化银	34.02	5.60	合　计	607.28	100.00

由表1可知，矿样含银614 g/t，是主要的回收对象。进一步分析知，80%以上的铅、锌以硫酸盐和硅酸盐形式存在，暂不考虑回收。

由表2可知，银主要以硫化银和金属银的形式存在为主，占69.07%，其次为难溶矿物包裹银，氯化银和硫酸银少量。

2　试验结果与讨论

目前从冶炼废渣中回收银主要有硫脲法、氰化法、氯盐法、硫酸盐化焙烧—浸出法、浮选法等。浮选法因工艺简单、处理成本低、选别指标好等特点，被广泛推崇。本研究也采用浮选法[3-4]。

2.1　浮选条件试验

2.1.1　硫酸用量试验

该锌冶炼渣处理转化时加入大量的氢氧化钠，pH值大于14，因此必须通过加酸进行中和。试验采用硫酸作pH调整剂，不仅能中和过量的碱，还能清洗矿样表面，有利于药剂充分作用。硫酸用量试验流程见图1，试验结果见图2。

陈晓芳（1986—），女，工程师，517400 广东省河源市紫金县。

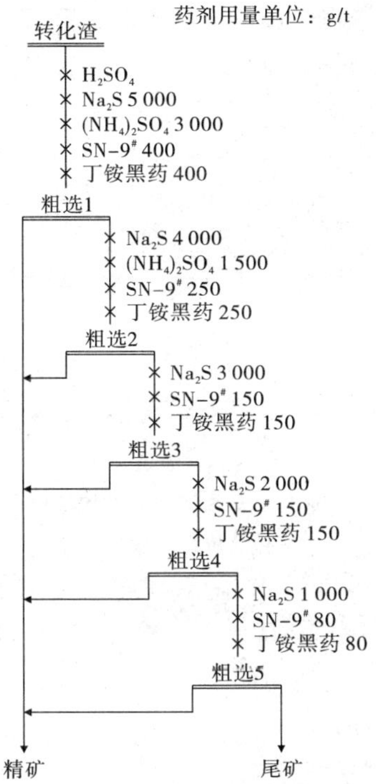

图 1　硫酸用量试验流程

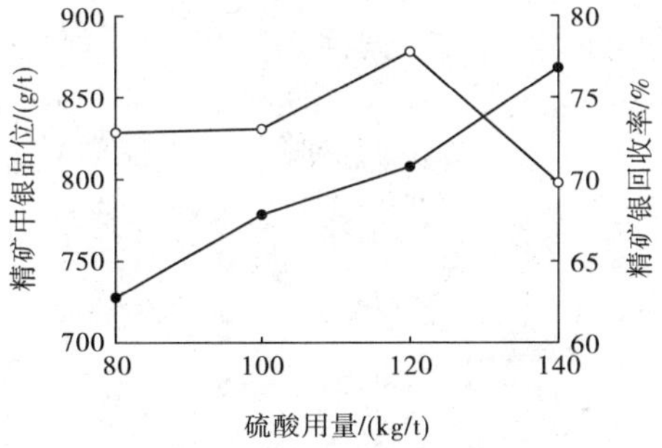

图 2　硫酸用量试验结果

●—银品位；○—银回收率

由图 2 可知，随着硫酸用量的增加，精矿银品位逐渐上升，银回收率先升后降。银浮选过程中对酸较敏感，硫酸用量大于 140 kg/t 时，精矿含泥少，泡沫金属光泽度好，银品位高，但银的回收率低；硫酸用量小于 100 kg/t 时，精矿含泥较多、活化不彻底，部分银难以上浮，精矿银品位和回收率均不高；硫酸用量为 120 kg/t 时，精矿中银品位较高，回收率达到峰值。因此确定硫酸用量为 120 kg/t，此时矿浆 pH 为 4.6 左右，浮选精矿银的指标最理想。

2.1.2　硫化钠用量试验

转化渣中存在的氧化铅和银，亲水性强而可浮性较差。为提高银的回收率，常添加硫化钠，使其表面生成疏水性强的硫化物薄膜，这类薄膜与黄药类捕收剂的作用较强，从而使氧化物得到活化上浮。硫化钠用量试验流程同图 1，固定硫酸用量为 120 kg/t，其余不变。试验结果见图 3。

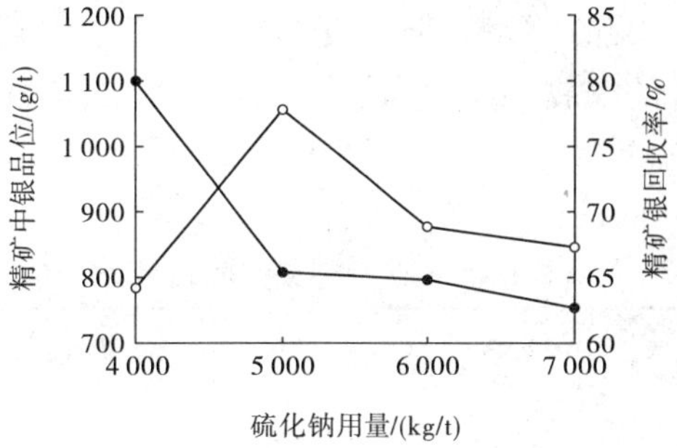

图 3　硫化钠用量试验结果

●—银品位；○—银回收率

由图 3 中可知，随着硫化钠用量的增加，精矿银品位呈先快后慢的下降趋势，银回收率先上升后下降。在硫化钠用量为 5 000 g/t 时，银回收率最高，同时银品位较高。故确定硫化钠用量为 5 000 g/t。

2.1.3　硫酸铵用量试验

氧化铜矿的浮选常适量添加硫酸铵以消除过量硫化钠对矿物的抑制剂作用[5]。同理，本试验适量的硫酸铵也有助于银的浮选指标。硫酸铵用量试验流程同图 1，固定硫酸用量 120 kg/t，硫化钠用量 5 000 g/t，其余药剂用量不变，试验结果见图 4。

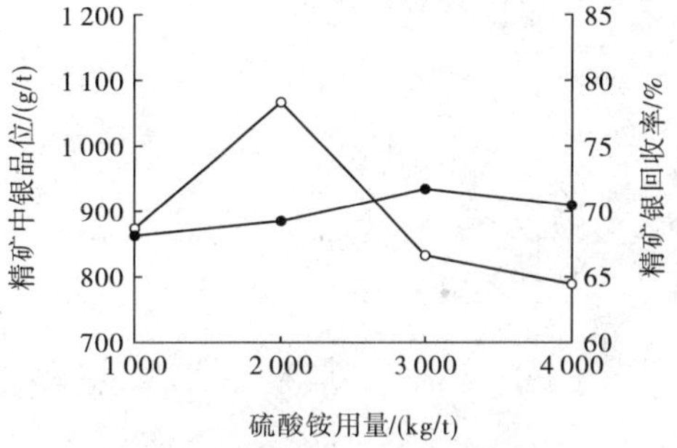

图 4　硫酸铵用量试验结果

●—银品位；○—银回收率

由图 4 可知，随着硫酸铵用量的增加，精矿银品位和回收率均先升后降。当硫酸铵用量为 2 000 g/t，银的收率达到峰值而银品位也较高。因此确定硫酸铵用量为 2 000 g/t。

2.1.4　捕收剂种类和用量试验

2.1.4.1　捕收剂种类试验

分别选用丁基黄药、戊基黄药以及 SN-9# 与丁铵黑药组合做捕收剂，分别考察对试样的捕收性能。捕收剂种类试验流程同图 1，固定硫酸用量为 120 kg/t，硫化钠用量为 5 000 g/t，硫酸铵用量为 2 000 g/t，其余用量不变，试验结果见表 3。

由表 3 可知，丁基黄药与丁铵黑药组合捕收性能最差，所得精矿中银品位和回收率均最低；戊基黄药与丁铵黑药的选择性最好，但捕收能力较弱，所得精矿中银品位较高，但回收率较低；SN-9#与丁铵黑药组合的捕收能力较强，所得精矿中银回收率最高，银品位也较高，故确定 SN-9#与丁铵黑药组合为银的捕收剂。

表 3　捕收剂种类试验结果

捕收剂种类	用　量 /(g/t)	产　品	产　率 /%	Ag 品位 /(g/t)	Ag 回收率 /%
丁基黄药+丁铵黑药	400+400	精　矿	54.45	797.3	71.28
		尾　矿	45.55	384	28.72
		转化渣	100	609.04	100.00
戊基黄药+丁铵黑药	400+400	精矿	33.87	1110.03	61.29
		尾　矿	66.13	359	38.71
		转化渣	100	613.37	100.00
SN-9#+丁铵黑药	400+400	精　矿	55.62	863	78.46
		尾　矿	44.38	296.9	21.54
		转化渣	100	611.76	100.00

2.1.4.2　捕收剂用量试验

对 SN-9#与丁铵黑药组合捕收剂进行用量试验，流程同图 1，固定硫酸用量为 120 kg/t，硫化钠用量为 5 000 g/t，硫酸铵用量为 2 000 g/t，其余不变，试验结果见图 5。

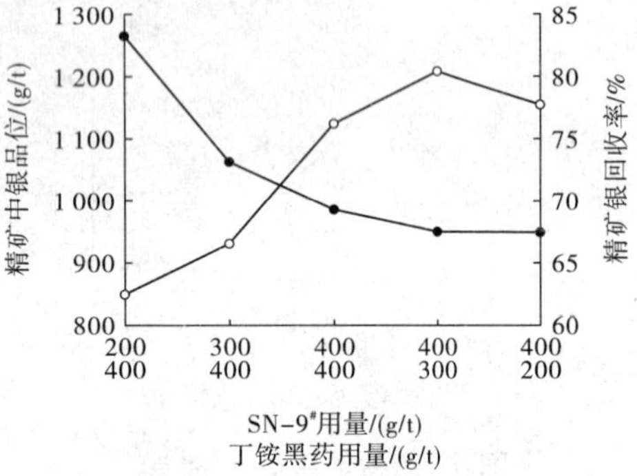

图 5　捕收剂用量试验结果

●—银品位；○—银回收率

从图 5 可以看出，丁铵黑药用量不变，随着 SN-9#用量增加，精矿中银品位呈下降趋势，银回收率呈上升趋势。当 SN-9#用量为 400 g/t 时，银回收率最高；固定 SN-9#用量不变，随着丁铵黑药用量的增加，精矿中银品位变化不大，回收率先升后降。当丁铵黑药用量为 300 g/t 时，银回收率最高，银品位也较高。因此，确定粗选 1 捕收剂 SN-9#+丁铵黑药用量为 400+300 g/t。

2.1.5　浮选矿浆浓度试验

试验过程添加硫酸调整 pH 时，矿浆体积会有一定的膨胀，因此药剂用量试验均是在较低浮选矿浆浓度（15%）下进行的。合理的浮选浓度不仅对浮选指标有利，还能提高浮选机的利用率。浮选矿浆浓度试验流程同图 1，固定硫酸用量为 14 kg/t，硫化钠用量为 5 000 g/t，硫酸铵粗选用量为 2 000 g/t，粗选 1 捕收剂 SN-9#+丁铵黑药用量为 400+300 g/t，试验结果见图 6。

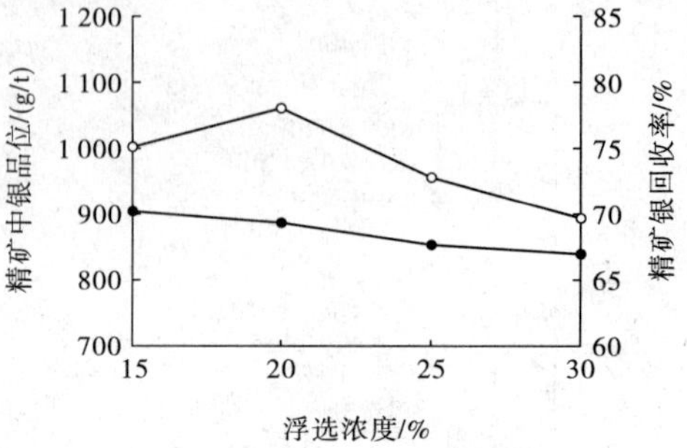

图 6　浮选浓度试验结果

●—银品位；○—银回收率

从图 6 可以看出，随着矿浆浓度的增加，精矿中银品位缓慢下降，但大于 800 g/t，银回收率先升后降，在矿浆浓度为 20% 时达到峰值，因此确定浮选矿浆浓度为 20%。

2.2　闭路试验

在条件试验和开路试验的基础上进行了闭路试验，流程见图 7，结果见表 4。

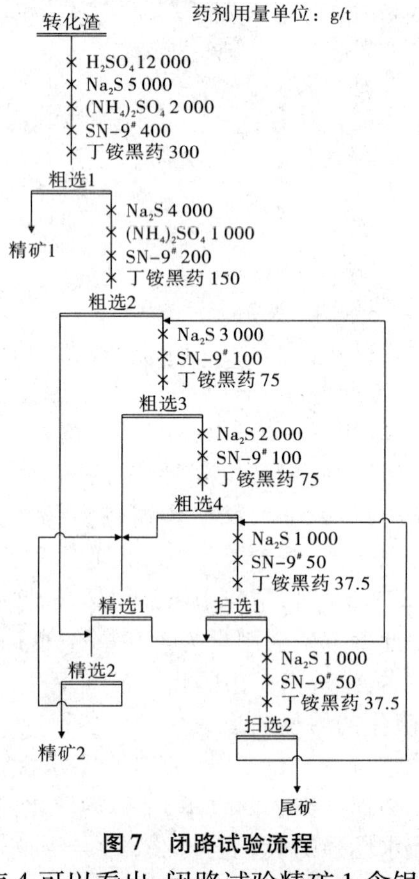

图 7　闭路试验流程

从表 4 可以看出，闭路试验精矿 1 含银 1 223.6 g/t、银回收率 38.62%，精矿 2 含银 857.1 g/t、银回收率为 39.61%，尾矿含银 261.5 g/t，精矿 1、精矿 2

合并后加权得含银 1 005.8 g/t、回收率为 78.23%，整体银浮选回收指标较好。

表 4　闭路试验结果

产　品	产率/%	Ag 品位/(g/t)	Ag 回收率/%
精矿 1	19.6	1223.6	38.62
精矿 2	28.7	857.1	39.61
尾　矿	51.7	261.5	21.77
给　矿	100	621.01	100.00
精矿 1+精矿 2	48.3	1 005.82	78.23

3　结　论

(1)某锌冶炼厂冶炼渣经氢氧化钠转化后含银 614.00 g/t，主要以硫化银和金属银的形式存在，是此次回收的主要对象。铅、锌的氧化率均在 80% 以上，浮选难以回收。

(2)处理转化后的锌冶炼渣矿样对浮选矿浆 pH 的要求较高，需控制在 4.4 ~ 4.8，高于或低于这个范围，银浮选指标差别较大。

(3)通过条件试验确定最佳浮选条件为：硫酸用量为 120 kg/t，硫化钠用量为 5 000 g/t、硫酸铵用量为 2 000 g/t、捕收剂 SN-9#+丁铵黑药用量为 400+300 g/t。闭路试验最终获精矿 1、精矿 2 合并后加权得银品位 1 005.8 g/t、回收率 78.23%，较好地实现了该锌冶炼废渣中银的有效回收，达到了资源综合利用的目的。

参　考　文　献

[1]　张丽军，严志明，罗仙平，等. 从锌湿法冶炼酸浸渣中综合回收铅锌银[J]. 四川有色金属，2008(3)：13-16.

[2]　余忠保，邹　松，刘三军，等. 湖南某冶炼渣有价金属的选矿回收研究[J]. 矿产综合利用，2014(5)：63-66.

[3]　周国华. 提高锌浸出渣中银浮选回收率的工艺与理论研究[D]. 长沙：中南大学，2002.

[4]　肖尧华. 锌离子对湿法炼锌渣中浮选回收银的影响[D]. 赣州：江西理工大学，2011.

[5]　Zhang Wenbin George W Poling. 在硫化过程中用硫酸铵作活化剂用黄药浮选孔雀石[J]. 有色矿山，1990(6)：55-59.

(收稿日期　2015-05-26)

(上接第 139 页)

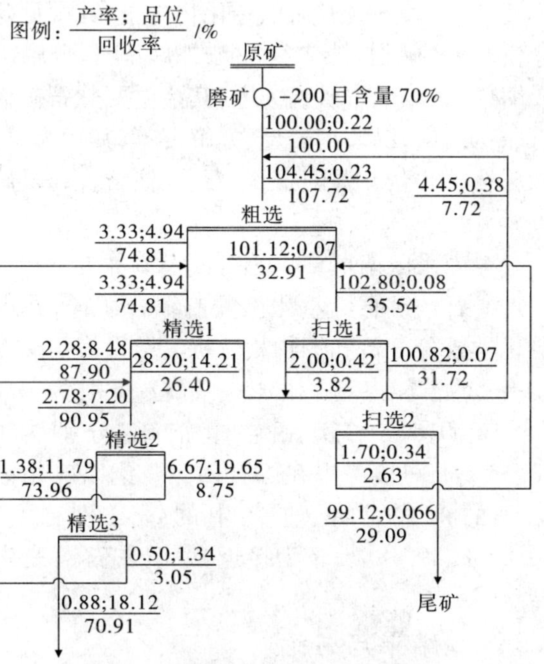

图 4　闭路浮选试验数质量流程

(2)对该矿石进行条件试验，确定最佳的磨矿细度和药剂制度。在开路试验的基础上，采用 1 粗 3 精 2 扫的闭路流程处理该矿石，可获得铜精矿产率、铜品位和铜回收率分别为 0.88%、18.12% 和 70.91% 的良好指标。

参　考　文　献

[1]　董颖博，林　海. 低品位铜矿微生物浸出技术的研究进展[J]. 金属矿山，2010(1)：11-15.

[2]　李小燕，张卫民，高曙光，等. 微生物浸出技术在处理低品位铜矿中的现状及发展趋势[J]. 中国矿业，2007，16(7)：91-93.

[3]　沈新春，崔振红，周源陈，等. 低品位铜矿微生物浸出技术综述[J]. 现代矿业，2010(2)：19-21.

[4]　石莹莹，张强华，陈　静，等. 用 Cu^{2+} 印迹凹土/壳聚糖复合材料纯化低品位铜矿中的铜[J]. 中国有色金属学报，2014(3)：801-807.

[5]　尤腾胜，文书明，徐风平，等. 低品位铜矿微生物浸出技术研究及应用现状[J]. 国外金属矿选矿，2007(11)：27-29.

(收稿日期　2015-06-08)

甲玛某铜铅锌多金属矿矿石选矿试验研究

刘子龙[1,2]　李　彩[2]
(1. 东北大学材料与冶金学院;2. 西藏华泰龙矿业开发有限公司)

摘　要　西藏甲玛铜铅锌多金属矿石铜、铅、锌品位分别为0.61%、0.92%、0.62%,并含有少量金、银。为开发利用矿石中的铜、铅、锌,并综合回收金、银,在分析矿石性质的基础上,进行选矿试验研究。通过采用先硫后氧混合浮选、混合精矿进行脱药抑铅浮铜铜铅分离工艺,可以获得铜精矿和铅锌混合精矿,其中铜精矿中铜品位20.46%、含位7.69%,铅锌混合精矿中铅品位41.58%、锌品位9.35%、含铜10.63%、含金2.16 g/t、含银338.41 g/t。铜、铅、锌总回收率分别为50.80%、58.63%、32.63%,同时对金、银进行了综合回收。结果表明,铜、铅分离流程仍需进一步优化,并需对铅锌精矿进行铅、锌分析,以实现多金属的综合回收。

关键词　铜铅锌多金属矿　氧化率　试验　铜铅分离

甲玛某铜铅锌多金属矿成矿元素多、伴生组分丰富,铜、钼、铅、锌均可单独圈定矿体。该矿床是典型的斑岩-矽卡岩型矿床,主要由3个矿体组成,分别为产于斑岩中的钼铜矿体、产于矽卡岩中的铜铅锌钼(金银)矿体和产于角岩中的钼铜矿体。据统计,矿床矿石以铜钼矿石为主,铜铅矿石量仅占矿床总工业矿石量的很少一部分,绝大部分赋存于南区。根据目前所掌握的地质资料看,铜铅锌矿石相对集中分布于南采区上部,北采区仅在局部有零星分布,部分矿体具备分采条件。相当部分铜铅矿体夹于铜钼矿体之间,分采有一定难度,估算可分采铜铅矿体矿量约占全部铜铅矿体矿量的50%,其余铜铅矿体随铜钼矿体开采。

南采区上部大部分为氧化率较高的铜铅矿石。由于目前铜铅、铜钼矿石难以进入同一流程进行选别,须进行分选,以便更多的回收金属。矿石氧化造成铜可浮性变差[1],产生的铜离子以及矿石中含有一定量的绿泥石、褐铁矿等易泥化的矿物都会影响选别指标,故对此部分矿石展开试验研究,为下一步工业生产提供工艺技术参数。

1　矿石性质

该铜铅锌多金属矿石主要成矿元素较多,包括Cu、Mo、Pb、Zn、Au、Ag,主要富集的微量元素有Co、Bi、Ni、Cd、Sb、As、Te、W等。矿石氧化程度不均匀类型分为硫化矿石、氧化矿石和混合矿石三类。

矿石中金属矿物比较复杂,主要见硫化物、硫盐矿物和碳酸盐矿物。氧化矿石金属矿物组成为孔雀石、硅孔雀石、蓝铜矿、自然铜、自然金、自然银、辉铜矿、蓝辉铜矿等,以氧化物、自然元素、碳酸盐和部分硫化物为主[1];硫化矿石金属矿物组成为黄铜矿、斑铜矿、黝铜矿、辉铜矿、铜蓝、辉钼矿、方铅矿、闪锌矿、硫钴矿、镍矿物等,以硫化物为主,其次见硫盐矿物,包括铋矿物、镍矿物、碲矿物等。非金属矿物比较简单,以矽卡岩矿物为主,其余主要脉石矿物有长石、石英、黑云母、绢云母、方解石等,其次为绿帘石、绿泥石、阳起石、透闪石、萤石、红柱石、白云母、石膏等。

对南采区南坑4940平台、4955平台、5060平台矿点矿石按矿石储量比例配制综合矿样,并进行主要化学成分分析和铜物相分析。结果表明矿石中主要有价元素为铜、铅、锌,品位分别为0.61%、0.92%、0.62%,金、银含量较高,分别为0.24,28.55 g/t,可以考虑在综合回收。铜以硫化铜和氧化铜的形式存在,二者中的铜分别占总铜的50.82%、49.18%,较为接近,说明矿石铜氧化率较高。

2　试验结果与讨论

矿石中硫化铜矿物和氧化铜矿物的浮选特性不同,试验采取先浮选硫化铜矿物后浮选氧化铜矿物,二者精矿混合为混合精矿再进一步开展铜铅锌分选的工艺进行处理[2],能充分利用矿石特点,节约选

* 国家科技支撑计划项目(编号:2012BA01B00)。
刘子龙(1972—),男,教授级高级工程师,850200 西藏拉萨市墨竹工卡县甲玛乡。

矿的药剂成本。本次试验只要进行铜、铅分离，同时考察金、银的综合回收情况，锌的分离不做讨论。

2.1 混合浮选条件试验

2.1.1 磨矿细度条件试验

探索试验表明，磨机内加入石灰1 000 g/t，控制矿浆pH=8适宜。1次粗选戊基黄药、丁铵黑药、2[#]油用量分别为200，50，30 g/t，浮选时间5 min；2次粗选硫化钠、硫酸铵、戊基黄药、丁铵黑、2[#]油用量分别为1 000，500，80 g/t、药20，15 g/t，浮选时间5 min。试验流程见图1，试验结果见表3。

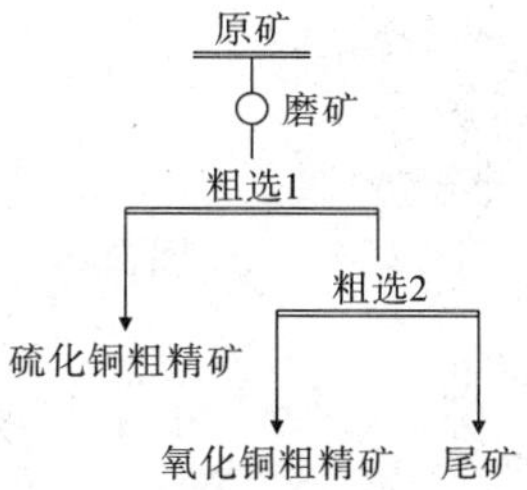

图1 磨矿细度试验流程

表1 磨矿细度试验结果 %

磨矿细度（-0.074 mm含量）	产品	产率	品位			回收率		
			Cu	Pb	Zn	Cu	Pb	Zn
63	硫化铜粗精矿	5.88	3.39	3.69	2.19	32.74	23.98	17.59
	氧化铜粗精矿	3.36	2.47	7.51	0.13	13.63	27.89	0.60
	尾矿	90.76	0.36	0.48	0.66	53.63	48.13	81.81
70	硫化铜粗精矿	4.87	3.81	3.56	2.38	31.19	19.59	15.12
	氧化铜粗精矿	4.54	2.24	7.11	1.18	17.07	36.43	6.98
	尾矿	90.59	0.34	0.43	0.66	51.73	43.98	77.91
76	硫化铜粗精矿	7.93	2.64	2.56	1.2	34.67	24.05	15.11
	氧化铜粗精矿	4.89	2.00	5.79	1.12	16.21	33.57	8.70
	尾矿	87.18	0.34	0.41	0.55	49.12	42.38	76.19

由表1可知，随着磨矿细度的提高，尾矿铜、铅、锌回收率逐渐下降，但下降幅度呈降低趋势，尾矿铜、铅、锌品位变化趋势与回收率一致。当磨矿细度为-0.074 mm 70%时，一次粗选铜、铅、锌回收率分别为48.27%、56.02%、22.09%。综合考虑生产的经济性，确定最佳的磨矿细度为-0.074 mm 70%。

2.1.2 捕收剂用量试验

在磨矿细度-0.074 mm70%、固定其他条件不变，进行捕收剂用量条件试验，结果见表2。

由表2可知，随着戊基黄药和丁基铵黑药用量的增加，铜、铅矿物回收率随之提高，但药剂用量增加到一定程度时，回收率不再增加。经对比确定粗选1和粗选2的戊基黄药与丁基铵黑药的用量分别为200，50，80，20 g/t。

表2 捕收剂用量试验结果

捕收剂用量/(g/t)	产品/%	产率/%	品位/%			回收率/%		
			Cu	Pb	Zn	Cu	Pb	Zn
粗1：戊黄150、丁黑30，粗2：戊黄40、丁黑10	硫化铜粗精矿	6.06	3.24	3.74	2.06	32.23	25.16	19.21
	氧化铜粗精矿	3.15	2.46	7.26	0.82	12.70	25.41	3.97
	尾矿	90.79	0.37	0.49	0.55	55.07	49.43	76.82
粗1：戊黄200、丁黑50，粗2：戊黄80，丁黑20	硫化铜粗精矿	6.21	3.59	2.52	1.68	37.13	17.17	16.81
	氧化铜粗精矿	4.67	1.78	6.98	0.93	13.85	35.82	7.01
	尾矿	89.12	0.33	0.48	0.53	49.02	47.01	76.18
粗1：戊黄250、丁黑100，粗2：戊黄150，丁黑40	硫化铜粗精矿	6.45	3.51	2.16	2.02	37.73	20.82	19.46
	氧化铜粗精矿	5.23	1.57	6.32	1.03	13.69	35.93	8.04
	尾矿	88.32	0.33	0.51	0.55	48.58	48.96	72.50

2.1.3 硫化钠用量试验

在磨矿细度-0.074 mm70%、粗选1和粗选2的戊基黄药与丁基铵黑药的用量分别为200，50，80，20 g/t的条件下，固定其他条件不变，进行硫化钠用量条件试验，结果见表3。

表3 硫化钠用量试验结果

硫化钠用量/(g/t)	产品/%	产率/%	品位/%			回收率/%		
			Cu	Pb	Zn	Cu	Pb	Zn
0	硫化铜粗精矿	6.42	3.52	2.99	2.09	37.51	20.68	17.54
	氧化铜粗精矿	5.07	0.79	1.08	0.92	6.65	5.90	6.09
	尾矿	88.51	0.38	0.77	0.66	55.84	73.43	76.37
500	硫化铜粗精矿	6.41	3.17	3.36	2.07	35.17	23.42	17.69
	氧化铜粗精矿	5.56	1.35	3.79	0.97	13.01	22.95	7.20
	尾矿	88.03	0.34	0.56	0.64	51.82	53.63	75.12
1 000	硫化铜粗精矿	6.08	3.50	3.42	2.12	36.57	24.12	16.96
	氧化铜粗精矿	3.38	2.62	9.99	1.27	15.21	39.14	5.64
	尾矿	90.54	0.31	0.35	0.65	48.22	36.75	77.40
1 500	硫化铜粗精矿	5.91	3.640	3.61	2.17	36.63	23.09	16.89
	氧化铜粗精矿	4.90	2.32	8.69	1.42	19.34	46.04	9.16
	尾矿	89.19	0.29	0.32	0.63	44.03	30.87	73.96
2 000	硫化铜粗精矿	5.73	3.82	3.42	2.27	35.89	22.91	53.23
	氧化铜粗精矿	4.72	1.46	7.15	1.17	11.30	39.44	22.60
	尾矿	89.54	0.36	0.36	0.66	52.82	37.66	24.17

由表3可知,随着硫化钠用量从0～1 500 g/t增加,尾矿铜、铅回收率逐渐下降;用量从1 500 g/t增加到2 000 g/t时,铜、铅回收率反而上升。尾矿铜、铅品位与回收率变化趋势一致,锌品位波动较小。综合考虑,确定硫化钠用量为1 500 g/t,此时尾矿铜回收率44.03%,达到最低值。

2.2 混合浮选闭路试验

在条件试验的基础上,进行闭路试验。将粗1、粗2的硫化铜粗精矿和氧化铜粗精矿混合,进行3次精选获得铜铅混合精矿。固定石灰用量1 000 g/t以控制矿浆pH=8,粗选1戊基黄药200 g/t、丁铵黑药50 g/t、2[#]油30 g/t、浮选5 min,粗选2硫化钠1 500 g/t、硫酸铵500 g/t、戊基黄药80 g/t、丁铵黑药20 g/t、2[#]油15 g/t,浮选5min。扫选1、扫选2药剂用量在粗选2的基础上依次减半,浮选时间依次为5,6 min。试验流程见图2,结果见表4。

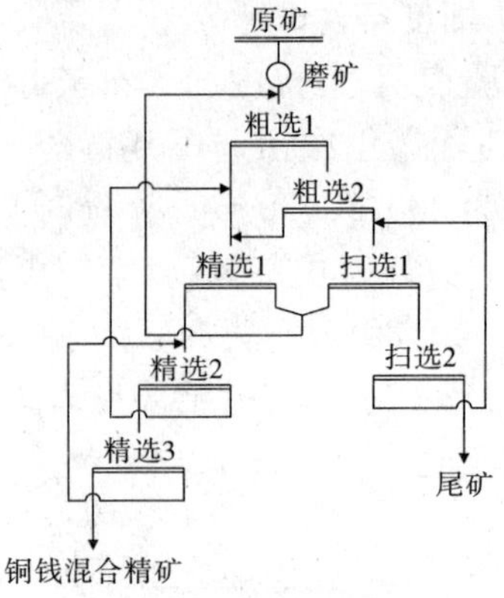

图2 闭路试验流程

表4 混合浮选闭路试验结果 %

产品	产率	品位					回收率				
		Cu	Pb	Zn	Au	Ag	Cu	Pb	Zn	Au	Ag
混精	2.73	16.63	26.72	9.86	4.16	583.04	75.67	70.14	46.41	47.32	59.26
尾矿	97.27	0.15	0.32	0.32	0.13	11.25	24.33	29.86	53.59	52.68	40.74

注:Au、Ag的单位为g/t,下同。

由表4可知,闭路试验可获得铜品位16.63%、铅品位26.72%的铜铅混合精矿,含金4.16g/t、银583.04 g/t,铜、铅、金、银回收率分别为75.67%、70.14%、48.01%、59.26%。但混合精矿中铜与铅互混严重,需要进行铜铅分离。

2.3 混精铜铅分离浮选试验

考虑西藏地区生态环境脆弱,铜铅分离不采用重铬酸钾抑铅浮铜方法。

2.3.1 抑铅浮铜探索试验

用水玻璃、亚硫酸钠、CMC等药剂对铜铅混合精矿进行探索铜铅分离,试验流程见图3,结果见表5。

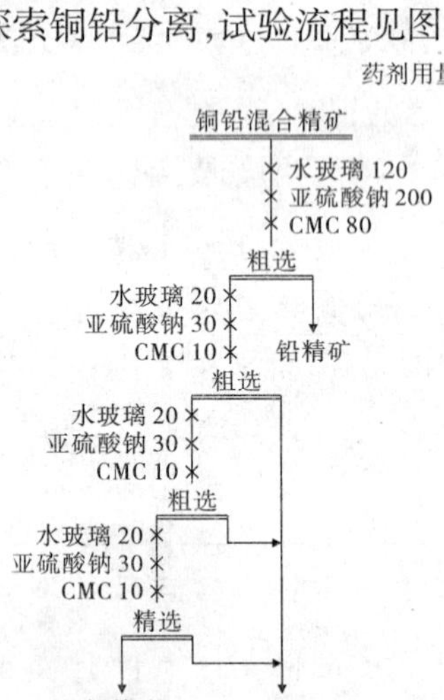

图3 铜铅分离探索试验流程

表5 铜铅分离探索试验结果 %

产品	产率	品位		回收率	
		Cu	Pb	Cu	Pb
铜精矿	18.42	20.20	16.65	23.07	12.43
中矿N1	32.21	16.95	21.05	33.85	27.47
铅精矿	49.37	14.08	30.04	43.08	60.10
混合精矿	100.00	16.13	24.68	100.00	100.00

由表5可知,利用水玻璃+亚硫酸钠+CMC联合抑制铅矿物没有达到预期效果,铜铅混合精矿经过3次精选后铜精矿中含铅依然很高,含量为16.65%。说明该方案不适合铜铅分离。

2.3.2 混合精矿脱药抑铅浮铜探索试验

铜铅混合精矿进行分离的关键就是要在分离前高效脱除矿浆中的药剂并重新调浆[2],硫酸锌和亚硫酸钠两者组合可对锌矿物产生较好的抑制效果[3]。采用活性炭与硫化钠联合脱药,同时发挥硫化钠对铅锌起抑制作用[4]。探索试验采用亚硫酸钠与硫酸锌联合抑制铅锌矿物浮选铜矿物的铜铅分离方法。

试验药剂制度为铜铅混合精矿依次用活性炭用量500 g/t、硫化钠用量500 g/t各进行3 min脱药,分离粗选添加亚硫酸钠用量2 000 g/t/硫酸锌用量1 000 g/t/铜捕收剂Z-200用量15 g/t。精选1和精选2亚硫酸钠与硫酸锌用量在粗选的基础上依次减半。试验流程见图4,结果见表6。

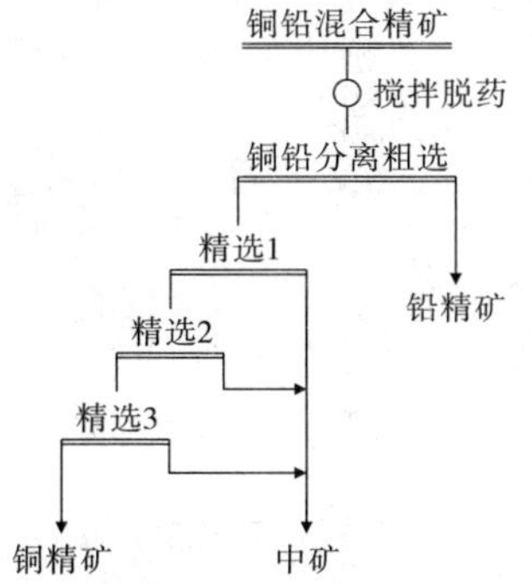

图4　混精脱药后铜铅分离探索试验流程

表6　混精脱药后铜铅分离探索试验结果　　%

产品	产率	品位		回收率	
		Cu	Pb	Cu	Pb
铜精矿	24.65	22.46	7.38	33.72	7.73
中矿	23.99	19.44	17.20	28.40	17.54
铅精矿	51.36	12.11	34.22	37.88	74.73
混合精矿	100.00	16.42	23.52	100.00	100.00

由表6可知,通过对混合精矿进行脱药后利用亚硫酸钠与硫酸锌联合抑制铅锌矿物浮选铜矿物获得了含铅小于8%的铜精矿,铜品位为22.46%、回收率33.72%,指标较好。说明方案可行。

2.3.3　铜铅分离闭路试验

铜铅分离闭路试验药剂制度为铜铅混合精矿依次用活性炭用量500 g/t、硫化钠用量500 g/t各进行3 min脱药,分离粗选亚硫酸钠用量2 000 g/t、硫酸锌用量1 000 g/t、铜捕收剂Z-200用量15 g/t;精选1、精选2亚硫酸钠与硫酸锌用量在粗选基础上依次减半。试验流程见图5,结果见表7。

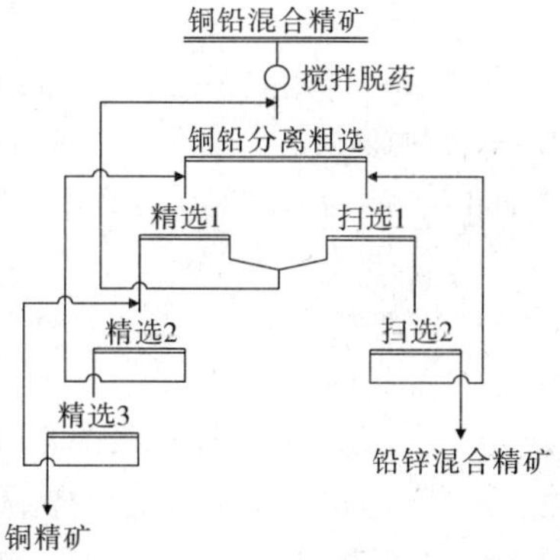

图5　铜铅分离闭路试验流程

表7　铜铅分离闭路试验结果　　%

产品	产率	品位					回收率				
		Cu	Pb	Zn	Au	Ag	Cu	Pb	Zn	Au	Ag
铜精	51.49	20.46	7.69	3.72	5.25	645.48	67.14	16.41	29.70	72.09	66.94
铅精	48.51	10.63	41.58	9.35	2.16	338.41	32.86	83.59	70.30	27.91	33.06
混精	100.0	15.69	24.13	6.45	3.75	496.52	100.0	100.0	100.0	100.0	100.0

由表7可知,通过对混合精矿进行活性炭与硫化钠联合脱药后利用亚硫酸钠与硫酸锌联合抑制铅锌矿物浮选铜矿物获得了含铅小于8%的合格铜精矿,铜作业回收率为67.14%,铅作业回收率83.59%。但铅精矿中含铜超过10%,还有待于进一步优化铜铅分离流程,以获得更好的铜铅分析效果,锌主要富集在铅精矿中。

3　结　论

(1)甲玛铜铅锌多金属矿石铜、铅、锌品位分别为0.61%、0.92%、0.62%,并含有少量金、银。矿石成矿元素多,金属矿物和脉石矿物组成复杂,非金属矿物简单。铜氧化率较高,接近一半的铜以氧化铜的形式存在,难以选别。

(2)在最佳条件下进行铜铅锌混合浮选,最终获得铜品位16.63%、铅品位26.72%的铜铅混合精矿,含金4.16 g/t、银583.04 g/t,铜、铅回收率分别为75.67%、70.14%,需要进行铜铅分离。

(3)铜铅分离闭路试验的铜铅混合精矿铜品位15.69%、铅品位24.13%、锌品位6.45%,获得的铜精矿和铅锌混合精矿中,其中铜精矿铜品位20.46%、含铅7.69%,铅锌混合精矿中铅品位41.58%、含锌9.35%、含铜10.63%,分离作业铜、铅回收率分别为67.14%、83.59%,并综合回收金、银。

(4)试验结果表明该铜铅锌多金属矿石铜回收率50.80%、铅58.63%、锌32.63%,铜铅分离还需要进行深入试验研究,以达到降低铜精矿与铅锌混合精矿中铜铅互混问题,进而提高铜铅锌实际回收率。

参　考　文　献

[1]　赵红芬,彭时忠,王周和,等.伏牛山高硫铜锌矿选矿工艺研究[J].有色金属:选矿部分,2015(3):9-14.

[2]　孙志健,陈经华,李成必,等.某含泥难选氧化铜矿选矿试验研究[J].有色金属:选矿部分,2013(4):5-8.

[3]　王冬奎.铜铅分离工艺流程的改进与应用[J].有色金属:选矿部分,2013(1):17-19.

[4]　罗仙平,高　莉,马鹏飞,等.安徽某铜铅锌多金属硫化矿选矿工艺研究[J].有色金属:选矿部分,2014(5):11-16.

(收稿日期　2015-06-13)

某微细粒铁矿石选矿工艺试验研究

王振刚[1]　钟素姣[2]　高春庆[2]

(1. 宝钢集团新疆八一钢铁有限公司;2. 中钢集团马鞍山矿山研究院有限公司)

摘　要　为回收利用某微细粒铁矿石中的铁,进行了原矿磁选抛尾—球磨—弱磁选—球磨—弱磁选试验(方案Ⅰ)和磁选抛尾—球磨—弱磁选—塔磨—弱磁选试验(方案Ⅱ)2 个选别工艺试验研究。结果表明,方案Ⅰ在最终磨矿粒度为-0.038 mm 95%的条件下,可以获得铁品位为 59.02%、铁回收率为 67.71%的铁精矿,方案Ⅱ二段磨矿采用塔磨代替球磨,磨矿细度-0.038 mm 95%时可以获得铁品位为 59.24%、铁回收率为 66.75%的铁精矿。比较知,方案Ⅱ铁精矿品位略高于方案Ⅰ,说明塔磨机磨矿产品单体解离度略优于球磨,可为该铁矿石的开发利用提供一定的指导作用。

关键词　细粒铁矿石　塔磨　弱磁选　单体解离

根据某铁矿石铁矿物嵌布粒度微细的特点和目前选矿技术的发展现状,本着能抛早抛、高效节能的原则,对该矿石进行高压辊磨超细碎、粗粒预先抛尾、阶段磨选,有效降低了后续磨矿能耗,符合现代化选矿趋势。在磨矿工艺中采用球磨超细磨方案与塔磨超细磨方案对比,结果表明:在最终磨矿粒度相同的条件下,塔磨—弱磁选工艺比球磨—弱磁选工艺能获得铁品位略高的铁精矿,说明塔磨机磨矿产品单体解离度略优于球磨。

1　矿石性质

1.1　矿石组成

矿石主要化学成分分析结果见表 1,铁物相分析见表 2。

表 1　矿石主要化学成分分析结果　%

成分	TFe	S	P	CaO	MgO	SiO_2	Al_2O_3	MnO	Cu
含量	35.18	0.007	0.30	2.51	1.10	38.61	2.43	0.073	-
成分	K_2O	Na_2O	TiO_2	Zn	Cr_2O_3	NiO	V_2O_5	烧减	
含量	0.21	0.61	0.27	-	0.043	0.027	0.028	3.31	

表 2　矿石铁物相分析结果　%

铁相态	磁性铁	赤(褐)铁	碳酸铁	硅酸铁	合计
含量	24.83	9.39	0.41	0.55	35.18
铁分布率	70.58	26.69	1.17	1.56	100.00

由表 1、表 2 可知,矿石中铁品位较高,达 35.18%,是主要有价元素。有害杂质磷含量较高,为 0.30%,SiO_2 是脉石矿物的主要成分,需要给予选别抛除。其中 $(CaO+MgO)/(SiO_2+Al_2O_3)=0.088$,说明该矿石属酸性铁矿石。矿石中铁主要以磁性铁的形式存在,占总铁的 70.58%,是主要回收的目的矿物。其次赤(褐)铁,占 26.69%,碳酸铁和硅酸铁少量。磁铁矿和赤褐铁矿是矿石中主要的铁矿物。

1.2　粒度分析

原矿经粗碎、中碎后高压辊磨至-3 mm,产品进行粒度分析,结果见表 3。

表 3　矿石高压辊磨产品粒度分析结果

粒级/mm	产率/%		铁品位/%		分布率/%	
	产率	累计产率	产率	累计产率	产率	累计产率
+2.5	0.25	100.00	17.18	35.23	0.12	100.00
2.5~2.0	19.68	99.75	23.19	35.27	12.96	99.88
2.0~1.0	31.93	80.07	35.45	38.24	32.13	86.92
1.0~0.5	15.94	48.14	34.36	40.09	15.55	54.79
0.5~0.2	10.52	32.20	40.82	42.93	12.19	39.24
0.2~0.1	5.39	21.68	42.16	43.95	6.45	27.05
0.1~0.076	0.91	16.29	34.34	44.55	0.89	20.60
-0.076	15.38	15.38	45.15	45.15	19.71	19.71
合计	100.00		35.23		100.00	

由表 3 可知,粒级越细,矿石铁品位整体呈上升趋势,粗粒级中铁品位和分布率均较低。因此矿石采用粗粒抛尾、阶段磨选工艺是合理的。

2　选矿试验研究

试验所用主要设备为 XMQ 型 ϕ350 mm×160 mm 锥型球磨机、XMQ-67 型 ϕ240 mm×90 mm 锥型

王振刚(1966—),男,工程师,830022 新疆乌鲁木齐市头屯河区八一路 2 号。

球磨机、KM-5 型塔磨机、DQ-Ⅱ型谐和波式脱磁器、ϕ400 mm×300 mm 圆筒弱磁选机和 ϕ400 mm×300 mm 圆筒永磁中磁选机。

2.1 磁选抛尾—球磨—弱磁选—球磨—弱磁选试验(方案Ⅰ)

粗粒磁选抛尾有利于提高矿石入选铁品位、降低入磨矿量,从而达到降低磨矿成本的目的。

2.1.1 湿式磁选抛尾试验

将矿石高压辊磨后-3 mm 的产品进行湿式磁选抛尾试验,通过条件试验确定磁选抛尾的磁场强度为318.47 kA/m、上升水量为660 mL/s,试验流程见图1,结果见表4。

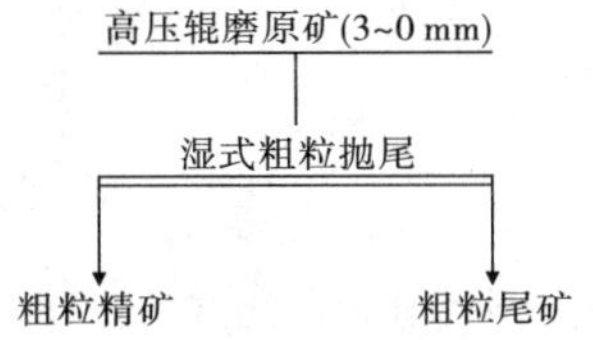

图1 湿式磁选抛尾试验

表4 湿式磁选抛尾试验结果 %

产品	产率	铁品位		铁回收率	
		TFe	mFe	TFe	mFe
粗粒精矿	79.61	41.05	31.01	92.71	99.44
粗粒尾矿	20.39	12.61	0.68	7.29	0.56
原矿	100.00	35.25	24.83	100.00	100.00

由表4试可以看出,磁选抛尾试验可剔除产率为20.39%、铁品位为12.61%的尾矿,全铁的损失率为7.29%,其中磁性铁损失率为0.56%。

2.1.2 一段磨矿—弱磁选试验

将湿式磁选抛尾所得粗粒精矿进行一段磨矿—弱磁选试验。根据现场情况和条件试验,确定一段磨矿细度为-0.076 mm 60%、磁场强度为159.24 kA/m、上升水20 mL/s,试验流程见图2,试结果见表5。

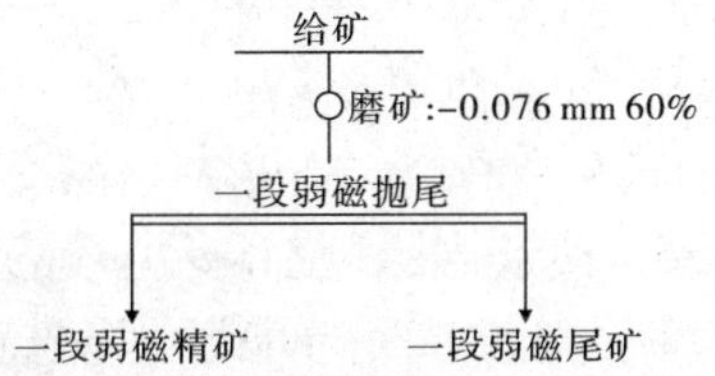

图2 一段磨矿—弱磁选试验流程

表5 一段磨矿—弱磁选抛尾试验结果 %

产品	产率	铁品位	铁回收率
精矿	75.57	47.61	87.64
尾矿	24.43	20.77	12.36
给矿	100.00	41.05	100.00

由表5试可以看出,一段磨矿—弱磁可以剔除产率为24.43%(对原矿19.45%)、铁品位为20.77%的尾矿,全铁的损失率为12.36%(对原矿11.46%)。

2.1.3 二段磨矿—弱磁选试验

对一段磨矿—弱磁选精矿磨进行二段磨矿—弱磁选试验。固定条件试验确定的粗选磁场强度119.43 kA/m、上升水量20 mL/s,精选磁场强度95.54 kA/m、上升水量25 mL/s,考察磨矿细度对选别指标的影响。试验流程见图3,结果见表6。

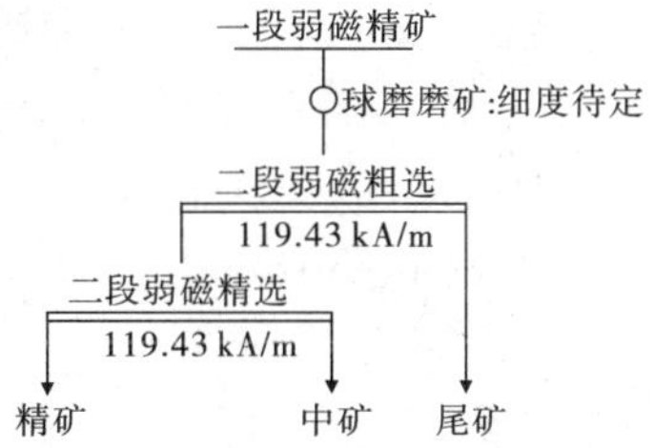

图3 二段磨矿—弱磁选磨矿细度条件试验流程

表6 二段磨矿—弱磁选磨矿细度条件试验结果 %

磨矿细度	产品	产率	铁品位	铁回收率
-0.043 mm 75 (-0.076 mm 90)	精选精矿	79.76	53.47	90.07
	精选尾矿	4.03	32.01	2.73
	尾矿	16.21	21.04	7.20
	给矿	100.00	47.35	100.00
-0.043 mm 85	精选精矿	75.54	55.27	88.06
	精选尾矿	4.45	32.24	3.02
	尾矿	20.01	21.13	8.92
	给矿	100.00	47.41	100.00
-0.043 mm 90	精选精矿	72.73	56.38	86.63
	精选尾矿	4.68	32.40	3.20
	尾矿	22.59	21.31	10.17
	给矿	100.00	47.34	100.00
-0.043 mm 95 (-0.038 mm 90)	精选精矿	70.18	57.44	84.95
	精选尾矿	6.01	32.52	4.12
	粗选精矿	76.19	55.47	89.07
	尾矿	23.81	21.79	10.93
	给矿	100.00	47.45	100.00
-0.043 mm 97 (-0.038 mm 95)	精选精矿	67.31	58.95	83.30
	精选尾矿	6.99	32.75	4.81
	粗选精矿	74.30	56.49	88.11
	尾矿	25.70	22.04	11.89
	给矿	100.00	47.63	100.00
-0.043 mm 99 (-0.038 mm 95)	精选精矿	65.91	59.17	82.36
	精选尾矿	7.23	33.37	5.09
	粗选精矿	73.14	56.98	87.45
	尾矿	26.86	22.12	12.55
	给矿	100.00	47.35	100.00

由表6可以看出:随着二段磨矿细度的增加,精矿铁品位逐渐升高,铁回收率降低。当磨矿细度达

到-0.038 mm95%时，精矿铁品位达到58.95%，继续细磨至-0.038 mm 95%，铁品位提高幅度较小，尾矿铁品位迅速上升。综合考虑，二段磨矿—弱磁选的磨矿细度确定为-0.038 mm95%。

一段弱磁选精矿球磨至-0.038 mm95%时，在粗选磁场强度119.43 kA/m、上升水量20 mL/s，精选磁场强度95.54 kA/m，上升水量25 mL/s的条件下进行一粗一精弱磁选试验。与一段磨矿—弱磁选试验结果综合，得原矿高压辊磨-3 mm产品方案I的数质量流程图，见图4。

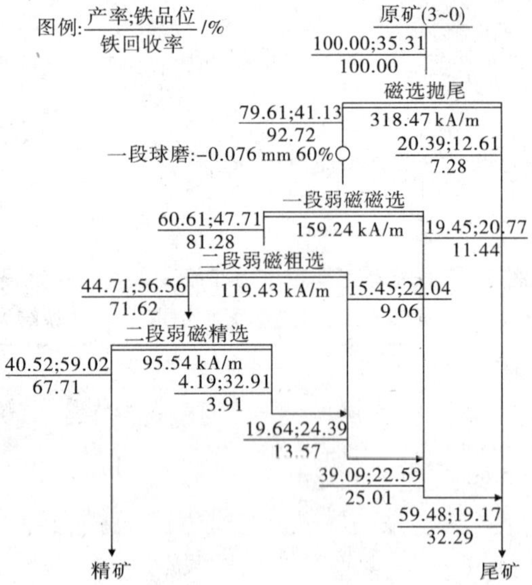

图4 方案I试验数质量流程

2.2 原矿磁选抛尾—球磨—弱磁选—塔磨—弱磁选试验(方案Ⅱ)

塔磨机是一种搅拌类磨机，整体设备尺寸较卧式球磨机大为减小、系统结构简单。通过对给矿强力的挤压、研磨和内部分级，塔磨机大大地降低了系统能耗。对矿料的硬度、可磨性适应能力强，实现了微米级产品的大量生产。

2.2.1 塔磨试验及设备选型

2.2.1.1 塔磨试验

以方案I一段磨矿—弱磁选精矿产品作为塔磨试验的给矿，试验所用设备为日本爱立许公司KM-5塔磨机，塔式磨直径441 mm，螺旋直径240 mm，磨矿钢球直径为20 mm，共350 kg。

试验条件塔磨机主轴速度85 r/min、矿浆体积130 L、体积浓度20%、入磨矿石密度3.86 g/cm^3，由此计算出试验物料干重100.4 kg、水104 kg、矿浆重量浓度49.27%，分别在试验开始后0.5，1.0，2.0，2.5，3.0和3.5 h取样筛析，并分别在达到要求的细度后取生产大样。不同磨矿时间所取样品粒度筛析结果见图5，不同磨矿时间和粒度变化关系见图6。

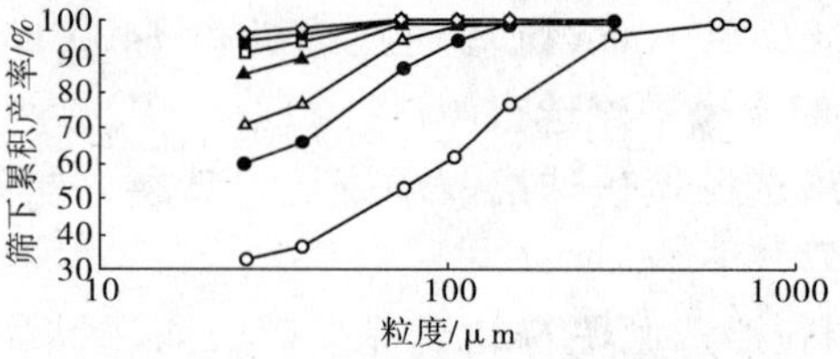

图5 不同磨矿时间所取样品粒度筛析结果

○—给料；●—0.5 h；△—1 h；▲—2 h；□—2.5 h；■—3 h；◇—3.5 h

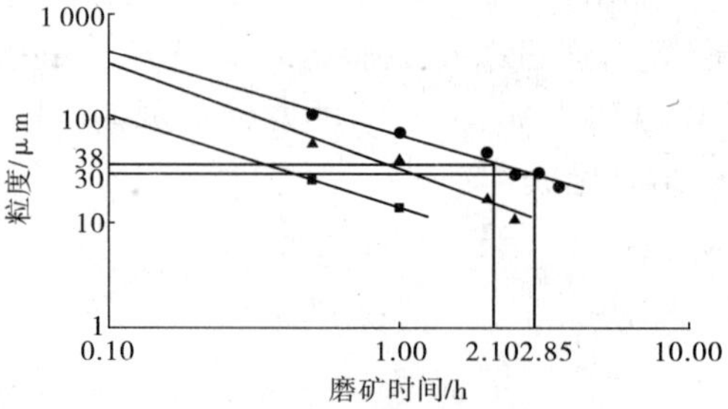

图6 不同磨矿时间与粒度变化的关系

●—通过率95%的筛孔；▲—通过率80%的筛孔；■—通过率60%的筛孔

由图5、图6可知，随着磨矿时间的延长，筛下累积通过量逐渐增加。当磨矿时间为1.80 h时，样品中95%的颗粒可通过筛孔尺寸为0.043 mm的筛子；当磨矿时间为2.10 h时，样品中95%的颗粒通过筛孔尺寸为0.038 mm的筛子；当磨矿时间为2.85 h时，能使样品中95%的颗粒通过筛孔尺寸为0.030 mm的筛子。

以塔磨试验通过的给矿量(干料101 kg)和研磨时间对KM-5塔磨产能进行计算，当磨矿细度为-0.043 mm 95%时，产能为56.11 kg/h；当磨矿细度为-0.038 mm 95%时，产能为为48.10 kg/h；当磨矿细度为-0.030 mm 95%时，产能为35.44 kg/h。

2.2.1.2 设备选型

塔磨设备净功率计算公式：

$$净功率=\exp\{\ln[QC/(q_{km-5}k_1k_2\cdots k_6)]\}$$，

式中，Q为所需处理能力，kg/h；$k_1\cdots k_6$为修正系数；q_{km-5}为KM-5塔磨机处理量，kg/h；C为扩大系数，结合塔磨设备试验结果进行塔磨设备选型分析。

以年处理原矿石300万t计，按选别流程计算：塔磨处理干矿227.9 t/h，在入磨粒度为-0.076 mm 50%，当磨矿粒度要求为-0.043 mm 95%时，计算出的单台功耗为893 kWh，需要单套主电机功率1 120 kW的ETM-1500型塔磨机3套，单位功耗9.22 kWh/t；当磨矿粒度要求为-0.038 mm 95%时，计算出的单台功耗 896 kWh，需要单套主电机功率 1 120 kW 的 ETM-1500 型塔磨机 3 套，单位功耗 10.98 kWh/t；当磨矿粒度要求为-0.030 mm 95% 时，计算出单台功耗 908 kWh，需要单套主电机功率 1 120 kW 的 ETM-1500 型塔磨机 4 套，单位功耗 14.83 kWh/t。

2.2.2 塔磨产品弱磁选试验

2.2.2.1 磨矿粒度试验

以塔磨不同时间的产品为给矿，在粗选磁场强度 119.43 kA/m、上升水量 20 mL/s，精选磁场强度 95.54 kA/m、上升水量 25 mL/s 的条件下进行磨矿细度条件试验，试验流程为 1 粗 1 精，参照图 3。试验结果见表 7。

表 7 塔磨磨矿细度条件试验结果 %

磨矿细度	产品	产率	铁品位	铁回收率
-0.043 mm 76.17 (-0.076 mm 90.24)	精选精矿	78.49	53.91	89.36
	精选尾矿	4.44	32.18	3.02
	粗选精矿	82.93	52.75	92.38
	尾矿	17.07	21.14	7.62
	给矿	100.00	47.35	100.00
-0.043 mm 84.05	精选精矿	74.45	55.68	87.43
	精选尾矿	4.84	32.31	3.30
	粗选精矿	79.29	54.25	90.73
	尾矿	20.71	21.22	9.27
	给矿	100.00	47.41	100.00
-0.043 mm 89.53	精选精矿	71.50	57.05	85.90
	精选尾矿	5.36	32.49	3.67
	粗选精矿	76.86	55.34	89.57
	尾矿	23.14	21.41	10.43
	给矿	100.00	47.49	100.00
-0.043 mm 95.12	精选精矿	68.70	58.15	84.26
	精选尾矿	6.72	32.66	4.63
	粗选精矿	75.42	55.88	88.89
	尾矿	24.58	21.42	11.11
	给矿	100.00	47.41	100.00
-0.038 mm 94.57	精选精矿	65.99	59.24	82.50
	精选尾矿	7.34	32.96	5.11
	粗选精矿	73.33	56.61	87.61
	尾矿	26.67	22.01	12.39
	给矿	100.00	47.38	100.00
-0.030 mm 94.72	精选精矿	64.38	60.01	81.43
	精选尾矿	7.71	33.84	5.50
	粗选精矿	72.09	57.21	86.93
	尾矿	27.91	22.23	13.07
	给矿	100.00	47.47	100.00

由表 7 可以看出，随着磨矿细度增加，精矿铁品位逐渐升高，铁回收率降低，与表 6 球磨条件试验结果相比，精矿产率略低，铁品位略高，即塔磨—弱磁选的效果略优于球磨—弱磁选效果。

2.2.2.2 塔磨产品弱磁选验证试验

将一段弱磁选精矿塔磨至-0.038 mm 95%，在粗选磁场强度 119.43 kA/m、上升水量 20 mL/s，精选磁场强度 95.54 kA/m、上升水量 25 mL/s 的条件下进行 1 粗 1 精弱磁选验证试验，将试验结果与一段磨矿—弱磁选试验结果综合计算得出方案Ⅱ试验数质量流程，见图 7。

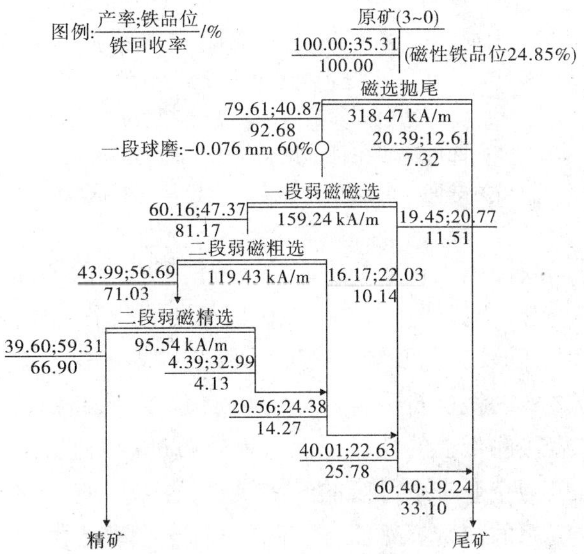

图 7 方案Ⅱ试验数质量流程

3 结 论

(1)该铁矿石可以回收的主要元素是铁，有害元素硫不高，磷为 0.30%，主要工业铁矿物为磁铁矿，其次为赤褐铁矿，属酸性铁矿石。矿石中粗粒级铁品位较低，适合粗粒抛尾、阶段磨选工艺进行选别提铁。

(2)矿石高压辊磨后-3 mm 产品经磁场强度 318.47 kA/m 的湿式磁选预先抛尾，可抛去产率 20.39%、铁品位 12.61%、磁性铁含量 0.68% 的粗粒尾矿，全铁损失率 7.29%，磁性铁损失率 0.56%。

(3)对原矿磁选抛尾—球磨—弱磁选—球磨—弱磁选试验(方案Ⅰ)和磁选抛尾—球磨—弱磁选—塔磨—弱磁选试验(方案Ⅱ)2 个选别工艺进行试验研究，结果表明：方案Ⅰ在最终磨矿粒度为-0.038 mm 95% 的条件下，可以获得产率为 40.52%、铁品位为 59.02%、铁回收率为 67.71% 的铁精；在相近磨矿细度下，方案Ⅱ可获得产率为 39.60%、铁品位为 59.31%、铁回收率为 66.90% 的铁精矿，精矿铁品位略高，综合选矿指标较好，说明塔磨机磨矿产品单体解离度略优于球磨。

(收稿日期 2015-06-09)

某低品位混渣铁矿石可选性试验

李林生　李　晓
（五矿邯邢矿业有限公司符山铁矿）

摘　要　随着我国铁矿资源的不断短缺，对原不具有开采价值的低品位混渣铁矿石进行回收利，不仅可实现资源的有效利用，还能创造可观的经济效益。在分析某覆盖层散体中低品位混渣铁矿石性质的基础上，进行了可选性试验。通过3段破碎—3段干选抛废处理该矿石，最终获得产率为40.81%、铁品位为19.40%的成品矿，为进一步分选创造了条件。试验结果为此类混渣铁矿石的回收利用提供了技术依据。

关键词　混渣铁矿石　干选抛尾　可选性

我国钢铁行业的迅速发展使铁矿石资源消耗量大，矿产资源严重短缺。在矿山长期的开采、选冶过程中，随着工艺及装备的进步，原先被划定在工业品位之外的铁矿石重新具有回收价值。对该部分处于矿岩接触带上的低品位混渣铁矿石进行回收，不仅可以为企业带来可观的经济效益，也可以避免该部分资源的浪费。然而，该部分矿石在采矿后由于地压作用，自然崩落后重新压实，形成具有一定强度的散体。当前矿山企业在该领域的探索并没有充分的成功经验可供参考。五矿邯邢矿业有限公司符山铁矿目前混渣铁矿石铁品位为11.45%，为实现对该低品位混渣铁矿石的资源化利用，进行了可选性试验，以期为类似铁矿石资源回收利用提供技术借鉴。

1　矿石性质

1.1　矿石组成

该混渣铁矿石为典型的矽卡型磁铁矿，主要金属矿物为磁铁矿及少量的黄铁矿、赤铁矿、褐铁矿等，脉石矿物主要为透辉石，其次为蛇纹石、方解石及少量的石榴子石、绿帘石、石灰石等。矿石构造为致密状、条纹状、侵染状，结构以他形晶和半自形晶为主，次为交代残余及自形晶粒状或粉状结合体。矿石铁品位较高、铁矿物成分单纯、磁性率较好，但铁矿物分布较细，磁铁矿嵌布粒度一般为0.1～0.3 mm。说明矿石中有用矿物的组成、嵌布粒度和原生矿基本相同，可考虑通过磁选进行回收。

为充分了解该部分矿石性质，进行采场放矿试验，并对原矿进行取样。矿石主要化学成分分析结果和铁物相分析结果分别见表1、表2。

表1　矿石主要化学成分分析结果　　%

成分	TFe	FeO	SiO_2	Al_2O_3	CaO	MgO	S	P
含量	11.45	4.33	20.36	2.11	8.21	6.89	0.80	0.06

表2　矿石铁物相分析结果　　%

铁相态	含量	分布率
磁性铁	8.18	71.44
赤铁矿中的铁	1.56	13.63
黄铁矿中的铁	1.45	12.66
其他形式铁	0.26	2.27
合计	11.45	100.00

由表1、表2可知，矿石中主要有价金属为铁，全铁品位为11.45%，其中磁铁矿铁品位为8.18%，占总铁71.44%，是主要回收的目的矿物。矿石 $w(TFe)/w(FeO)=2.64<2.7$，为磁铁矿类型铁矿石，且硫、磷含量较低，适合单一弱磁选选别。矿石中 $(CaO+MgO)/(SiO_2+Al_2O_3)=0.67$，说明该矿石属半自熔性矿石，易回收磁铁矿，并可伴随回收少量的赤铁矿和黄铁矿。

1.2　粒度分析

对混渣铁矿石矿样进行粒度分析，考察各粒度级别中全铁与磁性铁品位及分布率，结果见表3。

由表3可知，+300 mm粒级全铁和磁性铁品位分别为6.12%、2.32%，铁分布率为3.38%，基本属于废石；10～300 mm粒级组成的块矿含量为49.80%，铁分布率46.01%，全铁品位及磁性铁品位均处于可回收范围，可予以回收；-10 mm粒级组成的面矿含量为43.88%，金属分布率为50.61%，

李林生（1868—），男，矿长，工程师，056403 河北省涉县西戌镇。

表3　矿石粒度分析　　%

粒级 /mm	产率	累计产率	铁品位		铁分布率
			TFe	mFe	
+300	6.32	-	6.12	2.32	3.38
100～300	10.75	17.07	8.21	3.52	7.71
50～100	18.36	35.43	10.99	6.21	17.62
10～50	20.69	56.12	11.45	7.98	20.68
5～10	13.89	70.01	12.23	8.54	14.84
1～5	20.34	90.35	15.62	10.98	27.75
-1	9.65	100.00	9.52	2.44	8.02
合计	100.00	-			100.00

全铁品位及磁性铁品位较高。低品位混渣铁矿石中全铁与磁性铁的分布不均匀性主要是由于细粒级成分中原生磁铁矿的富集造成的。针对矿石组成的这一特性，进行块矿和面矿的分级，有利于减少破碎量。同时，利用现有干选抛尾流程，对低品位混渣铁矿石进行分步干选抛尾，进一步提高入磨矿石铁品位、降低入磨矿量是经济合理地开发该铁矿资源的有效途径。

2　可选性试验

2.1　探索性试验

在分析低品位混渣铁矿矿石的基础上，利用矿山现行选矿系统进行选矿探索试验，即原矿通过PE600 mm×900 mm 颚式破碎机破碎至-150 mm后，经过表面场强为278.52 kA/m 的ϕ500 mm×600 mm 干选磁滑轮选别。试验结果见表4。

表4　低品位混渣铁矿石干选试验结果　　%

原矿铁品位	成品矿产率	成品矿铁品位	废石产率	废石铁品位
11.45	42.77	18.10	57.23	6.48

由表4可知，经过单一的干式磁选就可以得到较为理想的成品矿和合格的废石，铁品位分别为18.10%、6.48%，为进一步分选打下基础。采用干式预选抛尾来降低入选矿石量、提高入磨矿石铁品位、降低选矿成本在技术上是可行的。

2.2　磁场强度试验

将矿石矿样破碎至-20 mm，在实验室里使用CTB400/400 干式磁选机对其进行磁场强度选别的条件试验，试验结果见表5。

由表5可知，随着磁选机磁场强度的提高，精矿铁品位小幅度下降，但铁回收率逐渐上升。根据矿山生产实际情况和相关规定规范，干选精矿铁品位和铁回收率要分别大于15%、75%，因此确定干选抛尾的磁选机磁场强度为358.10 kA/m 为宜，此时

表5　磁场强度条件试验结果

磁场强度 /(kA/m)	产品 /%	铁品位 /%	产率 /%	铁回收率 /%
238.73	给矿	11.45	100.00	100.00
	成品矿	16.79	48.21	70.69
	废石	6.48	51.79	29.31
278.52	给矿	11.46	100.00	100.00
	成品矿	16.24	51.32	72.73
	废石	6.42	48.68	27.27
318.31	给矿	11.52	100.00	100.00
	成品矿	15.88	54.91	75.69
	废石	6.21	45.09	24.31
358.10	给矿	11.50	100.00	100.00
	成品矿	15.02	60.93	79.58
	废石	6.01	39.07	20.42
397.89	给矿	11.49	100.00	100.00
	成品矿	14.11	70.19	86.20
	废石	5.32	29.81	13.80

磁选精矿铁品位为15.02%、铁回收率79.58%，抛除的废石尾矿铁品位为6.01%。进一步分析表明，干选精矿中含有较明显的磁铁原生矿、矽卡岩以及渣土等成分，各组成成分颜色差别较为明显，易通过拣选方式选别。因此，我们可直观认为低品位混渣铁矿石中全铁与磁性铁的分布并不均匀，具有一定的天然富集性。

2.3　破碎粒度对比试验

将一定量低品位混渣铁矿石矿样并缩分为两份，分别破碎至-20 mm 和-12 mm，采用CTB400 mm×400 mm 干式磁选机对其进行两种破碎粒度干式磁选对比试验，固定磁选机表面磁场强度为358.10 kA/m，试验结果见表6。

表6　破碎粒度对比试验

粒度 /mm	产品 /%	产率 /%	铁品位/%		铁回收率/%	
			TFe	mFe	TFe	mFe
-20	成品矿	62.46	14.87	6.47	80.90	91.42
	废石	37.54	5.84	1.01	19.10	8.58
	原矿	100.00	11.48	4.42	100.00	100.00
-12	成品矿	74.58	13.59	5.61	88.44	95.03
	废石	25.42	5.21	0.86	11.56	4.97
	原矿	100.00	11.46	4.40	100.00	100.00

由表6可知，-20 mm 和-12 mm 粒级矿样干选后废石中全铁品位分别为5.84%、5.21%，磁性铁品位分别为1.01%、0.86%，且成品矿中全铁、磁性铁品位及回收率也分别得到不同程度的提高，说明降干选给矿矿石的破碎粒度，可以降低铁在废石中

的损失,加强铁在成品矿中的富集,对提高干选指标是有利的。

3 工艺流程试验

由以上各试验结果可知,低品位混渣铁矿石由原生矿和废石、渣土等混合组成,块矿和面矿铁品位和分布率相差较大。为实现该铁矿石经济合理利用,减小块矿的破碎粒度、干选抛尾降低入磨矿量是要考虑的关键。结合矿山现有设备、流程,对该矿石实施分步抛尾工艺试验,流程见图1,试验结果见表7。

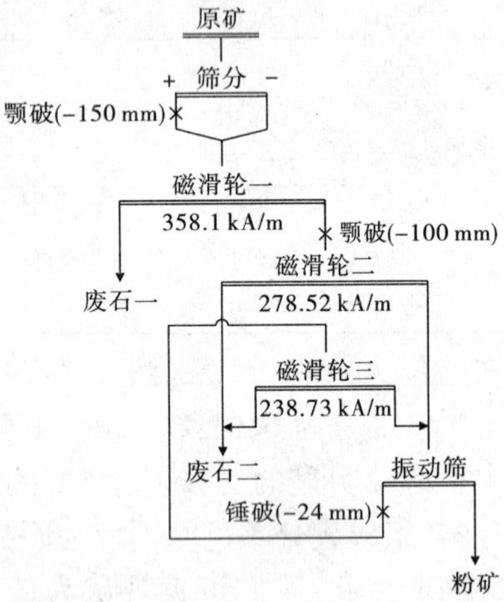

图1 工艺流程

表7 工艺流程试验结果 %

产品	产率	品位		回收率	
		TFe	mFe	TFe	mFe
原矿	100.00	11.45	4.53	100.00	100.00
废石1	37.63	5.89	1.02	19.36	8.47
废石2	21.56	6.11	1.12	11.50	5.33
粉矿	40.81	19.40	9.57	69.14	86.20

由表7可知,矿石经预先筛分—3段破碎—3段干选抛尾后综合尾矿废石铁品位5.97%,其中磁性铁品位1.06%,损失在尾矿中的铁占总铁的30.86%,其中磁性铁损失13.80%,成品粉矿全铁和磁性铁品位分别为19.40%、9.57%,回收率分别为69.14%、86.20%,较好地实现了铁的富集,抛除了59.19%的尾矿废石。说明矿石经该工艺流程处理后,大幅提高了入磨矿石品位,减少入磨量。

4 结 论

(1)某混渣铁矿石为典型矽卡型磁铁矿,主要金属矿物为磁铁矿,黄铁矿、赤铁矿、褐铁矿等少量,脉石矿物以透辉石为主。矿石铁品位较高、磁性率较高,但铁矿物分布较细,磁铁矿嵌布粒度一般为0.1~0.3 mm,有用矿物分布不均匀,可考虑通过磁选进行回收。提高破碎比、保证单体解离度是实现经济合理利用该资源的有效途径。

(2)在研究矿石性质和粒度分析的基础上,通过预先筛分减少破碎矿石量,3段破碎将矿石粒度控制在-24 mm,同时利用现有的不同磁场强度的干选磁滑轮进行3段干选抛尾。最终可抛除合格尾矿产率可达59.19%,得到产率为40.81%、全铁品位19.40%、磁性铁品位为9.57%的成品粉矿,达到入磨矿石的要求。大大降低了磨矿量和磨矿粒度,提高了入磨品位,为进一步提铁创造了条件。试验结果为该低品位混渣铁矿石的工业应用提供了技术参考。

(3)在保证经济合理利用的前提下,干选抛尾所能处理的最低品位与矿石性质直接相关,同时受矿石的粒度组成影响比较大。磁场强度的增加对回收率和产率影响之间的关系综合考虑,选取最佳的磁场强度。

(收稿日期 2015-06-09)

新型外磁磁选机用于某钒钛磁铁矿的预选试验

成　磊　尚红亮
（北京矿冶研究总院）

摘　要　矿业新常态下，矿石入磨前预选抛尾是降低选矿厂生产成本的有效途径。攀西地区钒钛磁铁矿原常规湿式筒式预选磁选机预选抛尾时回收 TiO_2 效果不佳，新型磁选机的研发成为亟待解决的问题。介绍了新型NLCT外磁筒式磁选机分选原理、主体结构及性能特点，并用小型外磁磁选机对攀西某钒钛磁铁矿细碎入磨前产品进行预选抛尾试验，通过条件试验确定了最佳的可调设备参数为筒体转速 19 r/min、筒体倾角 5.5 度、导向条与筒体轴线平行。与常规 BKY1230 型磁选机的工业指标实践结果对比表明：新型外磁式磁选机在抛废产率 29.89% 情况下，TFe 和 TiO_2 回收率分别高达 87.13%、86.08%，分选指标和控尾效果良好，无需再进行强磁回收。试验结果为钒钛磁铁矿选矿工艺的优化提供一种新的思路，对该外磁磁选机的推广应用打下了一定的基础。

关键词　钒钛磁铁矿　外磁式磁选机　预选抛尾

随着国内高品位易选矿石越来越少，低品位铁矿石的利用越来越多。目前，国内选厂为降低选矿成本，大都采用了预选抛废工艺，包括粗碎后-350mm 的大块矿石预选工艺、中细碎后的干式预选抛废工艺以及磨前-12mm 的粗颗粒湿式预选工艺。通过预选抛废，可将废石或已经解离的脉石提前抛出，提高选厂入选矿石品位，同时提高磨机的有效处理能力，增加产能。预选粗粒尾矿可直接脱水堆存，用作建筑材料或用于筑路，而不进入尾矿库堆放。这不仅能够提高选矿企业的经济效益、实现节能减排，还能合理利用低品位铁矿资源，减少对国外铁矿石依赖程度。尤其在目前铁精粉价格处于低谷期，预选抛废工艺是我国选矿企业降本增效的有效方式。

粗颗粒湿式预选工艺随着细碎超细碎工艺及设备的推广应用日趋广泛成熟。攀西地区低品位、难选钒钛磁铁矿资源的综合利用一直是我国选矿界关注的难题。目前，该地区钒钛磁铁矿分选的主体流程为阶段磨矿-阶段弱磁选选铁、选铁尾矿高梯度强磁选-浮选选钛。随着 40 多 a 的强化采选，品位较低、嵌布粒度较细的白马铁矿、红格铁矿以及各矿区低品位表外矿也被陆续开发。为降低生产成本，各大选厂针对入磨前的预选工艺进行了探索和实践，其中以细碎后湿式粗粒抛尾效果显著。采用粗粒预选筒式磁选机进行 1 粗 1 扫抛尾，可以减少 20% ~30% 的矿石入磨量，TFe 回收率达到 65% 以上[1-3]，但预选尾矿 TiO_2 品位仍在 5% 左右，不能直接丢弃。预选尾矿一般利用高梯度强磁选机对 TiO_2 进行回收，工艺流程复杂，生产成本高。

针对常规湿式筒式预选磁选机回收 TiO_2 效果不佳的难题，北京矿冶研究总院研制出新型外磁筒式磁选机（NLCT 型，下同）以改善预选抛尾效果。该磁选机为打破以往常规筒式磁选机分选原理，应用轴向给矿、筒内分选模式，能极大程度延长分选矿物时间，提高金属回收率。

利用小型实验室用外磁磁选机对攀西某钒钛磁铁矿细碎后产品进行了预选抛尾试验，取得了良好的分选效果，TFe 和 TiO_2 回收率达到 90% 以上，预选尾矿 TiO_2 品位降至 3.36%，可以直接丢弃，无需进行强磁回收。外磁磁选机的工业推广应用将为钒钛磁铁矿选矿工艺的优化提供一种新的思路。

1　外磁筒式磁选机

1.1　外磁筒式磁选机分选原理

新型外磁筒式磁选机改变以往常规筒式磁选机分选机理，工作原理见图 1。

弧形磁系设置在分选圆筒外部并以 150° ~270°大包角包围分选圆筒，在分选圆筒内形成强弱有序的弧形磁场。分选矿物沿圆筒侧端轴向给入筒体内部，矿浆中的磁性颗粒被捕获并吸附在筒体内表面，并随圆筒一起旋转，当到达分选圆筒顶部无磁区域时，磁性颗粒在惯性和重力作用下，落入精矿箱

成　磊（1988—），男，助理工程师，100160 北京市丰台区南四环西路 188 号十八区 23 号楼。

中排出;非磁性及磁性极弱的矿粒基本不受磁力作用,因此随矿浆沿筒体轴向向前推进至落入尾矿箱中,从而完成分选作业。在矿浆沿筒体轴向前进的过程中,随着圆筒的旋转,分选矿物可以得到多次的扫选作业,因此可以保证较高的金属回收率。

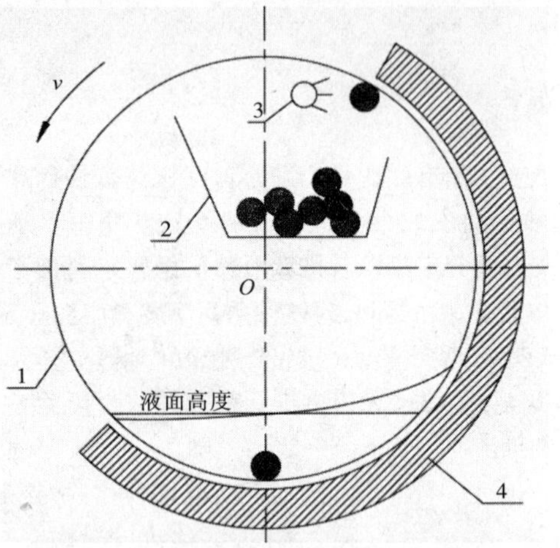

图1 外磁筒式磁选机分选原理示意

1—分选圆筒;2—精矿箱;3—卸精矿冲洗水;4—外置弧形磁系

1.2 外磁筒式磁选机主体结构及性能特点

外磁筒式磁选机(实验室小型)主体结构示意见图2,主要具有以下性能特点:

(1)磁系外置,分选圆筒内部大空间吸住式分选,选矿效率高,处理能力大,分选粒度范围宽。

(2)磁包角大,分选带长,回收率高,把尾效果好。

(3)沿分选圆筒轴向给矿,给矿箱出矿部位伸入筒体内部,并沿筒体轴向具有分矿功能,保证矿浆在分选带上的均匀布矿。

(4)分选筒体转速、倾角可调,根据工况适时调整,保证分选指标。

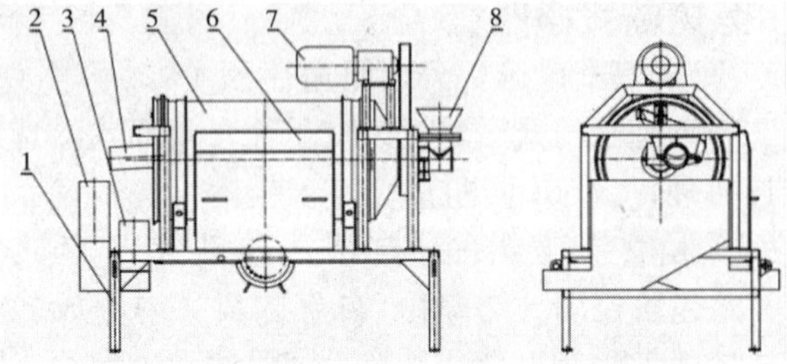

图2 小型外磁筒式磁选机主体结构示意

1—机架;2—精矿箱;3—尾矿箱;4—精矿槽;

5—分选筒;6—磁系;7—驱动装置;8—给矿箱

2 矿样性质及试验设备

2.1 矿样性质

试验矿样取自四川攀西地区某钒钛磁铁矿选厂的细碎后产品,粒度为0~15 mm。矿石中钛、铁主要以钛磁铁矿、钛铁矿、赤褐铁矿形式存在。TFe、TiO_2 品位分别为21.43%、8.90%,另外还含有微量的V、Cr、Co等有价金属元素。

2.2 试验设备

预选抛尾试验采用小型外磁磁选机进行设备参数试验,技术参数见表1。对比试验使用小型试验室用BKY0405预选磁选机。

表1 试验室用外磁磁选机技术参数

给矿粒度 /mm	给矿浓度 /%	处理量 /(t/h)	筒体转速 /(r/min)	筒表磁感应强度 /mT
0~30	20~50	0.5~1	0~26	350~700

3 试验结果与分析

预选抛尾试验首先考察了新型外磁磁选机可调设备参数对于分选效果的影响,然后在最优的设备参数条件下进行新型外磁磁选机与常规筒式磁选机预选抛尾对比试验,以验证外磁磁选机对于钒钛磁铁矿粗颗粒湿式预选抛尾工艺的适应性和优越性。

3.1 分选筒体转速试验

当外磁磁选机分选圆筒转速不同时,筒体单位时间内的有效分选路程不同,分选效果也会有差异。在其他设备工艺参数不变的条件下,考察了筒体转速为13,19,26 r/min下的分选效果,试验结果见表2。

表2 外磁磁选机筒体转速条件试验结果 %

筒体转速 /(r/min)	产品	产率	品位		回收率	
			TFe	TiO_2	TFe	TiO_2
13	精矿	71.54	26.69	10.97	89.10	88.45
	尾矿	28.46	8.21	3.64	10.90	11.55
	给矿	100.00	21.43	8.90	100.00	100.00
19	精矿	73.64	26.19	10.87	90.00	90.10
	尾矿	26.36	8.13	3.36	10.00	9.90
	给矿	100.00	21.43	8.90	100.00	100.00
26	精矿	76.11	25.68	10.70	91.20	91.60
	尾矿	23.89	7.89	3.14	8.80	8.40
	给矿	100.00	21.43	8.90	100.00	100.00

由表2可知,预选抛尾率随着分选圆筒筒体转速的提高而减小,筒体转速越高,TFe和 TiO_2 的回收率越大,并且尾矿中TFe和 TiO_2 品位越低。当筒体转速为19 r/min时,可以抛出产率为26.36%、TFe品位8.13%、TiO_2 品位为3.36%的合格尾矿,TFe和 TiO_2 回收率达到90%,指标较好。继续提高筒体转速至26 r/min,TFe和 TiO_2 品位和回收提高不明显。综合考虑,选择筒体转速为19 r/min。

3.2 筒体倾角试验

由于外磁磁选机沿分选圆筒轴向给矿，分选行程和精尾矿输送距离较长，为保证良好的流动性和分散性，一般要求分选平台具有一定倾角。为验证筒体倾角对于分选指标的影响，保持筒体转速为19 r/min，其他条件不变，进行筒体倾角试验，结果见表3。

表3 外磁磁选机筒体倾角试验结果 %

筒体倾角/(°)	产品	产率	品位		回收率	
			TFe	TiO_2	TFe	TiO_2
5.5	精矿	73.64	26.19	10.87	90.00	90.10
	尾矿	26.36	8.13	3.36	10.00	9.90
	给矿	100.00	21.43	8.90	100.00	100.00
0	精矿	88.60	23.17	9.64	95.79	95.85
	尾矿	11.40	7.91	3.21	4.21	4.15
	给矿	100.00	21.43	8.90	100.00	100.00

由表3可知，筒体倾角为0°时，即分选平台水平布置，抛尾产率仅11.40%明显低于5.5°的倾角。虽然精矿TFe和TiO_2回收率高于倾角为5.5°时，但品位均较5.5°倾角时低。可见通过设置一定的筒体倾角，可以明显提高抛尾率，提高精矿入磨品位，同时保证良好的金属回收率，因此选择筒体倾角为5.5°。

3.3 导向条角度试验

新型外磁磁选机分选圆筒内表面设置了具有刮料和推进作用的螺旋导向条。当导向条与筒体轴向平行时，只具有沿筒体周向的刮料作用；当导向条与筒体轴线呈一定角度时，具有刮料和导向推进双重作用。为了验证导向条角度对于分选指标的影响，在保持筒体转速为19 r/min、筒体倾角5.5°的条件下，保持其他条件不变，进行了导向条角度条件试验，试验结果见表4。

表4 外磁磁选机导向条角度试验结果 %

导向条角度/(°)	产品	产率	品位		回收率	
			TFe	TiO_2	TFe	TiO_2
5.5	精矿	67.05	27.78	11.28	86.91	85.02
	尾矿	32.95	8.51	4.05	13.09	14.98
	给矿	100.00	21.43	8.90	100.00	100.00
0	精矿	73.64	26.19	10.87	90.00	90.10
	尾矿	26.36	8.13	3.36	10.00	9.90
	给矿	100.00	21.43	8.90	100.00	100.00

由表4可知，当导向条角度为45°时，抛尾率明显增大，精矿TFe和TiO_2品位明显提升，但是尾矿TFe和TiO_2品位明显偏高，金属回收率也有一定幅度下降。分析原因是45°设置的导向推进条在运输筒体内附着精矿过程中，在重力和导向推进力作的用下，精矿中部分弱磁性矿粒会回落至矿浆中，最终进入尾矿产品，造成部分磁性物的丢失。因此，为降低尾矿TiO_2品位，提高金属回收率，一般将导向条设置为与筒体轴线平行。

3.4 外磁磁选机与常规筒式磁选机抛尾对比试验

为验证新型外磁磁选机在钒钛磁铁矿预选抛尾工艺中较好的分选效果，在优化后的设备结构参数条件下，将外磁磁选机与常规预选用筒式磁选机进行对比抛尾试验，结果见表5。

表5 抛尾对比试验结果 %

试验设备	产品	产率	品位		回收率	
			TFe	TiO_2	TFe	TiO_2
外磁磁选机	精矿	73.64	26.19	10.87	90.00	90.10
	尾矿	26.36	8.13	3.36	10.00	9.90
	给矿	100.00	21.43	8.90	100.00	100.00
预选筒式磁选机	精矿	60.27	28.22	11.19	79.37	80.17
	尾矿	39.73	11.13	4.87	20.63	19.83
	给矿	100.00	21.43	8.90	100.00	100.00

由表5中可知，新型外磁磁选机与常规筒式预选型磁选机相比，在提高金属回收率、控制尾矿TFe和TiO_2品位方面效果显著。对该钒钛磁铁矿预选抛尾，可使尾矿TiO_2品位降至3.36%，低于预选筒式磁选机尾矿$TiO_2$4.87%品位1.51个百分点，因此预选尾矿可直接抛弃，无需再进行强磁回收，因此可以简化选矿流程，降低生产成本。

4 工业应用实践

为了进一步考察外磁式磁选机在工业预选抛废的适用性，2014年6月对攀西某选厂进行了工业应用结果考察。用1台NLCT1215外磁式磁选机代替原有1粗1扫BKY1230磁选机，外观见图3，工业考察分选指标对比结果见表6。

图3 NLCT1215外磁式磁选机

（下转第164页）

某云母选厂工艺改造试验

王宇斌　余　乐　张　威　王　花　何廷树
（西安建筑科技大学材料与矿资学院）

摘　要　某云母选厂原生产工艺简单，云母精矿 K_2O 品位仅 6.56%，质量较差。为提高云母产品质量，在研究矿石性质的基础上，对该选厂进行工艺改造。研究采用“脱泥—浮选—尾矿筛分”的工艺流程回收云母，并通过条件试验确定了最佳浮选条件。最终采用 1 粗 2 精 2 扫的酸性浮选闭路流程，可获得 K_2O 品位 9.72%、回收率 80.68% 的云母精矿，适应了市场需求，可以作为对该选厂改造的技术参考。

关键词　云母　浮选　改造

云母作为一种非金属材料，广泛应用于涂料、油漆、电绝缘等行业[1]。某云母选矿厂原生产工艺流程简单，采用磨矿—分级—脱泥的生产工艺对矿石中的云母进行回收，最终产品 K_2O 品位仅 6.56%、回收率 82.78%，精矿产品质量较差，难以适应市场需求，导致产品滞销[2]。为提高云产品母质量，使选厂可持续发展，结合现场条件，对选厂进行了工艺改造试验研究。

1　矿石性质

原云母矿石的主要化学成分分析结果见表 1。

表 1　原矿化学多元素分析　%

成分	SiO_2	Al_2O_3	K_2O	Na_2O	Fe
含量	39.43	26.30	6.32	0.25	3.78
成分	C	S	MgO	CaO	Li_2O
含量	3.36	0.014	0.62	0.64	0.003

由表 1 可知，矿石中主要具有回收价值的对象是 K_2O，含量为 6.32%。SiO_2、Al_2O_3 含量较高，使选矿过程中要抛除的主要部分。

进一步镜下分析表明[3]，矿石中云母矿物主要为白云母、黑云母、绢云母，脉石矿物主要为石英，还有少量的石榴子石。原矿中白云母大部分呈薄片状，部分呈鳞片状集合体和不规则颗粒状，绢云母主要呈细小的隐晶质鳞片状集合体。脉石矿物石英、石榴子石为中细粒均匀嵌布，容易解离；而白云母和黑云母互层生长，相互交切，绢云母生长于白云母和黑云母周围，不易分离。部分石英与云母、绿泥石、石榴子石等矿物均形成共生关系。

2　探索试验

针对矿石性质，参考类似云母选矿厂选矿实践[4-6]，探索试验采用 1 次粗选流程，主要就原矿是否进行磨矿和脱泥开展了粗选对比试验。磨矿与不磨矿对比试验条件为：浮选前对原矿进行脱泥、水玻璃用量为 1 000 g/t、硫酸用量为 12 kg/t、十二胺用量为 150 g/t。试验结果见表 2。

表 2　磨矿与否试验结果　%

是否磨矿	细度（-0.149 mm 含量）	产品	产率	K_2O 品位	K_2O 回收率
否	55.40	矿泥	14.70	7.21	15.89
		精矿	66.60	7.98	79.68
		尾矿	18.70	1.58	4.43
是	59.92	矿泥	20.70	7.20	22.41
		精矿	59.32	8.16	72.78
		尾矿	19.98	1.60	4.81

由表 2 可知，原矿的磨矿后产品中 -0.149 mm 含量增加了近 4.5 个百分点，云母精矿产率有所下降，降低 7.28 个百分点，精矿品位几乎没有变化，回收率减少不到 7% 个百分点。原因可能是由于矿泥量增大恶化了浮选过程，导致浮选指标下降。综合考虑生产成本和流程改造的可行性，确定对原矿不再进行磨矿。

脱泥与不拖泥对比试验条件为：浮选前原矿不磨矿、水玻璃用量为 1 000 g/t、硫酸用量为 12 kg/t、十二胺用量为 150 g/t，试验结果见表 3。

由表 3 可知，浮选前原矿进行脱泥的云母精矿回收率增加 2.09 个百分点，云母精矿 K_2O 品位增加 0.58 个百分点，且尾矿 K_2O 品位较低，仅为

王宇斌（1972—），男，副教授，博士，710055 陕西省西安市雁塔路 13 号。

2.63%,指标均总体优于不脱泥。不进行脱泥原矿所含的细泥会对浮选效果产生不利影响。因此确定对原矿进行脱泥后浮选。最终探索试验确定改造后的工艺流程为脱泥—浮选—尾矿筛分。

表3 脱泥与否浮选对比试验结果 %

条件	产品	产率	K_2O 品位	K_2O 回收率
不脱泥	精矿	76.80	7.25	83.48
	尾矿	21.56	5.11	16.52
脱泥	泥	6.70	7.20	7.15
	精矿	73.32	7.83	85.57
	尾矿	19.98	2.63	7.28

3 浮选条件试验

浮选以水玻璃为脉石矿物的抑制剂,硫酸为矿浆 pH 调整剂,十二胺为捕收剂。条件试验的流程见图1。

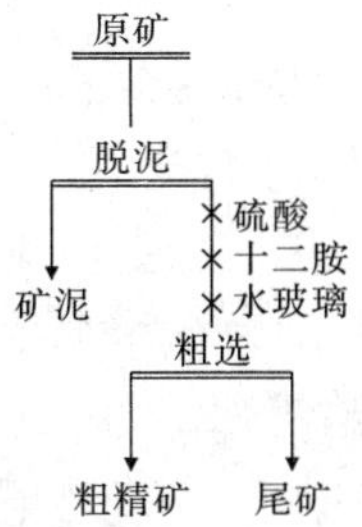

图1 条件试验流程

3.1 水玻璃用量试验

水玻璃用量试验在硫酸用量为 12 kg/t、十二胺用量为 100 g/t 的条件下进行,粗选前对原矿进行脱泥。考察水玻璃用量对浮选指标的影响,试验结果见表4。

表4 水玻璃用量条件试验结果 %

水玻璃用量/(g/t)	产品	产率	K_2O 品位	K_2O 回收率
500	矿泥	14.58	7.71	16.70
	精矿	66.76	7.96	78.96
	尾矿	18.66	1.57	4.34
1 000	矿泥	14.70	7.70	17.07
	精矿	66.60	7.98	78.47
	尾矿	18.70	1.58	4.56
1 500	矿泥	14.22	7.72	16.51
	精矿	66.60	7.98	78.91
	尾矿	19.18	1.59	4.58
2 000	矿泥	16.54	7.72	19.15
	精矿	65.14	7.99	78.01
	尾矿	18.32	1.03	2.84

由表4可以看出,当水玻璃用量在 500 ~ 2 000 g/t 变化时,云母精矿产率和 K_2O 品位及回收率变化较小。综合考虑药剂成本和浮选指标,确定粗选作业不使用水玻璃,而在精选作业使用水玻璃。

3.2 硫酸用量试验

试验条件为:原矿粗选前进行脱泥、十二胺用量为 100 g/t,考察硫酸用量对浮选指标的影响。试验结果见表5。

表5 硫酸用量试验结果 %

硫酸用量/(g/t)	产品	产率	K_2O 品位	K_2O 回收率
7 000	矿泥	6.56	7.70	7.05
	精矿	59.94	8.66	77.45
	尾矿	33.5	3.10	15.50
8 000	矿泥	6.64	7.70	7.62
	精矿	63.12	8.36	78.63
	尾矿	30.24	3.05	13.75
9 000	矿泥	5.98	7.71	6.90
	精矿	65.12	8.28	80.68
	尾矿	28.9	2.87	12.42
10 000	矿泥	6.96	7.70	8.04
	精矿	67.86	8.05	81.95
	尾矿	25.18	2.65	10.01

由表5可知,硫酸用量显著影响浮选指标。随着硫酸用量的不断增加,云母精矿产率、K_2O 回收率均呈上升趋势,而 K_2O 品位则逐渐下降。综合考虑浮选指标和药剂成本及药剂对设备的腐蚀问题,确定硫酸用量为 8 000 g/t。

3.3 捕收剂用量试验

3.3.1 十二胺和十六胺配比试验

在类似云母选矿厂有选用十六胺作为捕收剂,也有部分选矿厂采用十二胺和十六胺组合使用的先例。因此进行了十二胺和十六胺配比试验。

配比试验在原矿粗选前进行脱泥、硫酸用量为 8 kg/t 的条件下进行,固定十二胺用量为 100 g/t,考察十二胺和十六胺不同配比用量下对浮选指标的影响,试验结果见表6。

由表6可知,随着十二胺配比用量的减少,云母精矿产率和 K_2O 回收率逐渐降低,K_2O 品位略有增加。当只用十六胺作捕收剂、用量为 100 g/t 时,云母精矿的回收率仅为 13.05%。因此捕收剂仅选择十二胺,不和十六胺配比使用。

3.3.2 十二胺用量试验

在原矿粗选前进行脱泥、硫酸用量为 8 kg/t,考察十二胺用量队浮选指标的影响,试验结果见表7。

由表7可知,云母精矿 K_2O 回收率随着十二胺的用量增加而增加,K_2O品位稍有下降。当十二胺

表 6　捕收剂配比试验结果　%

十二胺:十六胺	产品	产率	K_2O 品位	K_2O 回收率
4:1	矿泥	7.26	7.70	8.42
	精矿	54.02	8.35	67.93
	尾矿	38.72	4.06	23.65
3:2	矿泥	7.46	7.70	8.64
	精矿	52.88	8.50	67.59
	尾矿	39.66	3.99	23.77
1:4	矿泥	7.42	7.70	8.62
	精矿	27.1	9.98	40.79
	尾矿	65.48	5.12	50.59
0:5	矿泥	7.30	7.70	8.44
	精矿	8.00	10.86	13.05
	尾矿	84.7	6.17	78.51

用量为 80 g/t 时，云母精矿 K_2O 回收率达到 77.39%、K_2O 品位为 8.53%。随着十二胺用量的进一步增加，云母精矿 K_2O 回收率上升不明显。因此，确定十二胺用量为 80 g/t。

表 7　十二胺用量试验结果　%

十二胺用量/(g/t)	产品	产率	K_2O 品位	K_2O 回收率
60	矿泥	7.22	7.71	8.37
	精矿	46.06	8.95	61.99
	尾矿	46.72	4.22	29.64
80	矿泥	6.1	7.70	7.07
	精矿	60.24	8.53	77.39
	尾矿	33.66	3.07	15.64
100	矿泥	6.64	7.72	8.00
	精矿	63.12	8.27	78.73
	尾矿	30.24	2.91	13.27
120	矿泥	6.78	7.72	7.87
	精矿	64.46	8.22	79.63
	尾矿	28.76	2.89	12.50

3.4　酸性浮选闭路试验

在条件试验及开路试验的基础上进行了浮选闭路试验。由于扫选尾矿中含有较大的片状云母，试验采用筛分工艺对该部分云母矿进行回收。闭路试验流程见图 2，结果见表 8。

由表 8 可知，酸性浮选闭路试验最终获得产率为 55.18%、K_2O 品位为 9.72%、K_2O 回收率为 80.68% 的云母精矿以及产率为 5.88%、K_2O 品位为 7.70%、K_2O 回收率为 6.81% 的矿泥，浮选指标较好。证明脱泥—浮选—尾矿筛分的改造工艺选别指标较为理想。

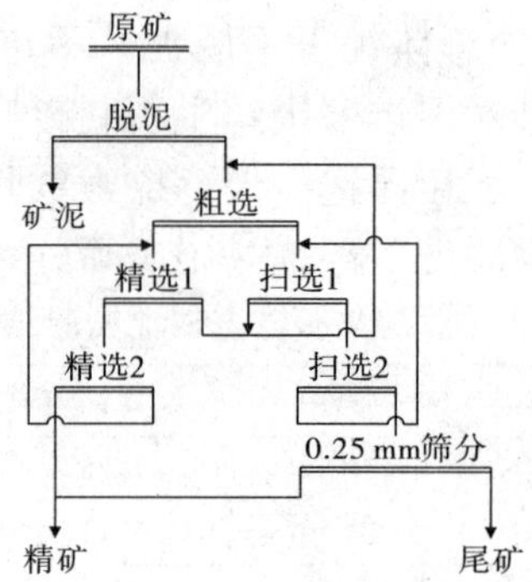

图 2　闭路试验流程

表 8　闭路试验结果　%

产品	产率	K_2O 品位	K_2O 回收率
矿泥	5.88	7.70	6.81
精矿	55.18	9.72	80.68
尾矿	38.94	2.14	12.51
合计	100	6.65	100.00

4　结　论

（1）某云母矿选矿厂矿石主要有用矿物为白云母、黑云母、绢云母，脉石矿物以石英、赤铁矿、纤铁矿及石榴子石等为主。原生产工艺简单落后，云母精矿产品 K_2O 含量仅为 6.56%，不符合市场对精矿品位的要求，因而销售迟滞，影响选厂继续发展。在研究矿石性质的基础上，进行工艺改造试验研究，确定了脱泥—浮选—尾矿筛分的新工艺，并通过条件试验确定了最佳的选矿条件。

（2）原矿预先脱泥后经 1 粗 2 精 2 扫、尾矿筛分的酸性闭路试验流程，最终获得云母精矿产率 55.18%、K_2O 品位 9.72%、K_2O 回收率 80.68% 的良好指标，产率为 5.88% 的矿泥 K_2O 品位和回收率分别为 7.70%、6.81%，可用作钾肥原料进行综合利用。该试验结果可为该选厂的工艺改造提供技术参考。

参　考　文　献

[1]　余　力，戴惠新. 云母的加工与应用[J]. 矿冶，2011，20(4)：73-76.

[2]　马旭明，何廷树，王宇斌，等. 某云母选矿厂流程改造实践[J]. 非金属矿，2012(4)：32-34.

[3]　何廷树，马旭明，任金彬，等. 某云母矿工艺矿物学研究[J]. 中国矿业，2013(3)：95-97，116.

[4]　李　萌，白丽梅，代淑娟，等. 低品位云母矿综合利用研究[J]. 矿山机械，2009，37(11)：95-99.

[5]　王玉峰. 选铁尾矿回收云母选矿试验[J]. 现代矿业，2013，29(6)：31-34.

[6]　张丹萍. 河南某地云母矿选矿试验研究[D]. 武汉：武汉理工大学，2013.

（收稿日期　2015-06-08）

影响钒钛磁铁矿钛渣品位的关键因素试验*

郭明坤[1,2]　胡文韬[1,2]　王化军[1,2]　曲　媛[1,2]　高本恒[1,2]
(1. 北京科技大学土木与环境工程学院;2. 金属矿山高效开采与安全教育部重点实验室)

摘　要　制约钒钛磁铁矿钛渣品位的主要因素是铁回收率、残炭量、入炉脉石矿物和镁铝尖晶石含量。研究表明,使用直接还原-磁选工艺可获得铁回收率为97.27%,但铁仍是贫化钛渣的最主要组分。为制备高品位钒钛磁铁矿钛渣,需要发展一种能够获得较高铁元素回收率且能同时降低剩余碳量的新工艺,从根本上消除"残铁"和"残碳"的影响。对于钒钛磁铁矿选矿工艺,需要比以往更加强调钒钛资源的综合利用,而不仅以回收铁和部分钒为目标。强化分选、提高入炉品位,消除脉石矿物对钛渣的污染,同时探索新冶炼工艺,避免使用造渣剂贫化钛渣。钛磁铁矿中的镁铝尖晶石不可能能通过选矿分离,现有的钒钛磁铁矿冶炼工艺也不能将其脱除。因此探索镁铝尖晶石的重构规律和脱除方法,对提高钛渣品位大有裨益。

关键词　钒钛磁铁矿　单体解离　钛渣　尖晶石　脉石

钒钛磁铁矿是世界公认的难综合利用资源,但因富含铁、钒、钛等多种有用元素,潜在的利用价值十分显著[1]。为实现其综合利用,国内外提出了"高炉—转炉"和"直接还原—电炉—转炉"等多种工艺[2-6]并分别实现了工业化,但都未能实现钛元素的回收利用[7-8]。我国的钒钛磁铁矿储量巨大[9],仅攀西地区就超过100亿t,占全国铁储量的20%、钒的62%、钛的90.5%,目前仅能利用其中的铁和钒,不能利用钛,资源浪费严重。可见,钛元素的富集和回收是钒钛磁铁矿综合利用必须面对的核心问题之一。讨论了制约钛渣 TiO_2 品位的影响因素,提出了本课题组对钒钛磁铁矿综合利用和提高钛渣的一些思考,可为钒钛磁铁矿资源综合利用研究工作提供有益参考。

1　矿样性质与试验仪器

1.1　矿样性质

试验原矿为东南亚某海滨砂矿的磁选精矿,制成矿样,主要化学成分分析结果见表1,铁物相分析结果见表2,显微镜照片见图1。

表1　矿样主要化学成分分析结果　%

成分	TFe	TiO_2	V_2O_5	Al_2O_3	SiO_2	MgO
含量	60.50	11.72	0.77	3.51	2.50	3.02
成分	CaO	Na_2O	K_2O	P_2O_5	SO_3	
含量	0.25	0.04	0.07	0.05	0.095	

从表1可以看出,原矿中主要可利用的元素为铁、钛、钒,铁品位60.5%,TiO_2 的品位11.72%,V_2O_5 的品位0.77%。有害元素S、P的含量较低,主要杂质元素为Al、Si、Mg、Ca。从铁品位和脉石含量角度考虑,矿石品质高于国内钒钛磁铁矿精矿。

表2　铁物相分析结果　%

铁相态	磁性铁	硅酸盐	钛铁	赤(褐)铁	总铁
分布率	50.11	16.24	7.94	25.71	100.00

由表2可知,铁主要赋存在磁铁矿中,分布率为50.11%,其次为赤(褐)铁,分布率为25.71%,硅酸盐中的铁分布率为16.24%。

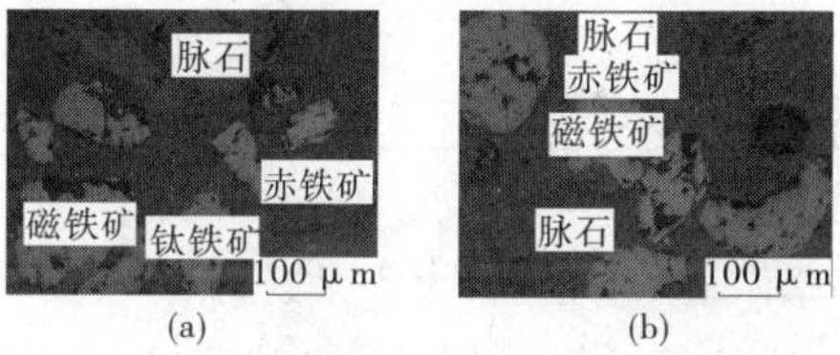

图1　原矿显微镜照片(反光,200x)

由图1(a)可知,原矿中主要金属矿物为磁铁矿和钛铁矿,其次是赤铁矿。图1(b)表明,原矿中有少量磁铁矿与脉石矿物紧密共生,但连生体的数量较少,矿石的单体解离度较高。部分磁铁矿被赤(褐)铁矿包裹,可能是外缘磁铁矿被风化的缘故。镜下观察表明,原矿中的主要含铁矿物是磁铁矿、钛磁铁矿,主要含钛矿物包括钛磁铁矿和钛铁矿,脉石矿物主要为橄榄石、斜长石、辉石,少量石英、铬尖晶石、绿泥石、氯磷灰石等。

* 国家自然科学基金项目(编号:51304012);中国博士后科学基金项目(编号:2014M550845);钢铁冶金新技术国家重点实验室开放基金项目(编号:KF 13-04、KF 13-05)。

郭明坤(1990—),男,硕士研究生,100083 北京市海淀区学院路30号。
通讯作者　王化军(1963—),男,教授,100083 北京市海淀区学院路30号。

试验采用的还原煤采自云南某地，工业分析结果见表3，灰分多元素分析结果见表4。

表3 还原煤工业分析 %

水分(M_t)	挥发分(V_{ad})	灰分(A_{ad})	固定碳(FC_{ad})
9.16	39.42	5.07	46.35

表4 煤灰分化学组成 %

成分	SiO_2	Fe_2O_3	Al_2O_3	CaO	MgO	K_2O	TiO_2	Na_2O	P_2O_5
含量	38	22.57	21.37	7.15	1.90	1.38	0.84	0.43	0.41

由表3和表4可知，该褐煤挥发份高、灰分低，灰分对试验影响小，可以满足研究需要。另外，试验采用的NCP是一种钠盐，购自西陇化工股份有限公司。

1.2 试验仪器和分析方法

主要试验设备见表5。主要分析仪器见表6。

表5 主要实验仪器设备

名称	棒磨机	箱式电阻炉	磁选管	天平	过滤机	干燥箱
型号	XMB-70	CGME-8/200	CXG-99	AR1140	XTLZ	PH050

表6 主要分析仪器

仪器名称	型号
扫描电子显微镜	ZEISS EVO18
X射线光电子能谱仪	Thermo Scientific K-Alpha
电感耦合等离子体质谱仪	IRIS Intrepid II XSP
矿相显微镜	LEICA PM4500
多功能X射线衍射仪	Rigaku TTRⅢ

1.3 试验方法

将原矿、助还原剂NCP及还原剂煤按照比例配矿、混匀后置于石墨坩埚中，加盖密封。同时将马弗炉升温，待温度达到直接还原试验设定温度时，将坩埚移入马弗炉中，保温还原一定时间后，取出冷却，所得的直接还原矿经过破碎—磨矿—磁选工艺进行分选，可获得粉末铁及钒钛渣。磨矿采用阶段细磨方式，磁选磁场强度为111 kA/m[10]。一段磨矿细度为-0.043 mm 95%，二段磨矿细度为-0.030 mm 95%。粉末铁回收率的计算公式为：

$$\varepsilon(\mathrm{Fe})\ \frac{\theta}{\alpha}\gamma\ , \qquad (1)$$

式中，α 为原矿全铁品位，%；θ 为产品的全铁品位，%；γ 为粉末铁产率，%。

试验工艺流程见图2。

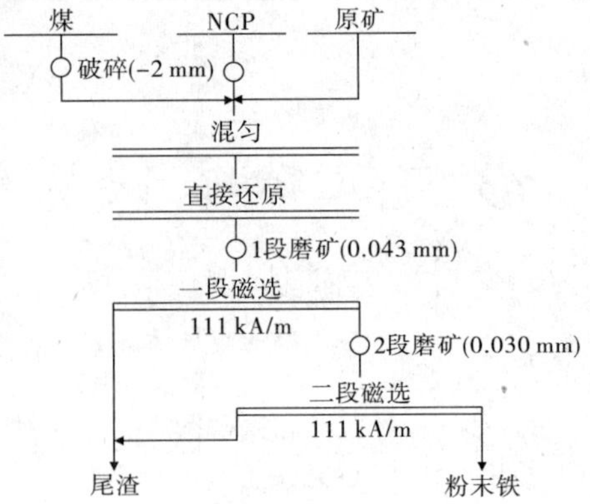

图2 工艺流程

2 数据与结果分析

2.1 直接还原条件优化

采用正交试验优化直接还原磁选条件。正交试验 $L_9(3^4)$ 因素及水平见表7，正交试验结果见表8，极差分析结果见表9[10]。

表7 正交试验因素水平

水平	*A* 还原温度/℃	*B* 还原时间/min	*C* NCP用量/%	*D* 烟煤用量/%
1	1 050	75	2.5	12.5
2	1 100	90	5.0	15.0
3	1 150	105	7.5	17.5

表8 正交试验结果

编号	因素 *A*	*B*	*C*	*D*	产率/%	品位 β/%	回收率 ε/%
1	1	1	1	1	59.7	82.91	81.99
2	1	2	2	2	62.71	83.91	86.96
3	1	3	3	3	66.49	90.29	94.69
4	2	1	2	3	66.47	88.4	95.26
5	2	2	3	1	67.02	93.12	95.75
6	2	3	1	2	67.09	82.94	90.47
7	3	1	3	2	64.71	91.2	96.18
8	3	2	1	3	64.07	88.61	96.02
9	3	3	2	1	64.62	92.42	95.71

表9 极差分析结果

因素	指标	各水平下指标平均值 水平1	水平2	水平3	极差	较优水平
A	β	85.7	88.15	95.74	5.04	3
	ε	87.88	93.83	95.97	8.09	3
B	β	87.5	88.55	88.55	1.05	2
	ε	91.14	92.91	93.62	2.48	3
C	β	84.82	88.24	91.54	6.72	3
	ε	89.49	92.64	95.54	6.05	3
D	β	89.48	86.02	89.1	3.47	1
	ε	91.15	91.2	95.32	4.17	3

正交试验研究表明：①影响因素大小排序：*C*>*A*>*D*>*B*，即NCP用量>还原温度>烟煤用量>还原时间；②最佳试验条件为：*A*3*B*2*C*3*D*3，即还原温度1 150 ℃，还原时间90 min，助熔剂用量7.5%，还

原剂用量 17.5%[10]。

最佳工艺条件下的验证试验结果见表 10。

由表 10 可知,在还原温度 1 150 ℃,还原时间 90 min,NCP 用量 7.50%,烟煤用量 17.50% 的工艺条件下进行直接还原—磨矿—磁选,所得粉末铁品位 91.06%,回收率 97.27%[10]。磁选尾渣 TiO_2 品位 30.94%,V_2O_5 品位 1.96%。原矿中 90.82% 的 TiO_2 和 86.83% 的 V_2O_5 富集于磁选尾渣中,富集比分别为 2.44 和 2.55。使用直接还原—磁选工艺可以实现铁元素的高效分离和回收,同时实现 TiO_2 的初步富集。

表 10 正交试验因素验证试验结果[10]

编号	产物	产率/%	含量/%		回收率/%	
			Fe	TiO_2	Fe	TiO_2
1	粉末铁	63.15	90.58	1.60	97.37	9.19
	钛渣	36.85	4.19	27.08	2.63	90.81
	还原矿	100.00	58.74	10.99	100.00	100.00
2	粉末铁	62.37	91.55	1.60	97.17	9.16
	钛渣	37.63	4.42	26.30	2.83	90.84
	还原矿	100.00	58.76	10.89	100.00	100.00
均值	粉末铁	62.76	91.06	1.60	97.27	9.18
	钛渣	37.24	4.31	26.69	2.73	90.82
	还原矿	100.00	58.75	10.94	100.00	100.00

2.2 钛渣品位的影响因素

通过直接还原—磁选可将原矿中 97.27% 的铁元素分离至粉末铁,使 TiO_2 富集于磁选尾渣(钛渣)之中。直接还原—磁选获得的钛渣化学组成如表 11 所示。

表 11 钛渣化学组成 %

成分	TiO_2	V_2O_5	Fe_2O_3	C	SiO_2
含量	30.94	1.96	14.13	12.33	10.24
成分	Al_2O_3	Na_2O	MgO	CaO	K_2O
含量	9.487	9.46	8.57	1.95	0.12

研究表明,影响钛渣品位的主要组分是 Fe_2O_3、C、SiO_2、Al_2O_3、MgO 和 Na_2O。其中,Fe_2O_3 含量最高,为降低其影响只能强化铁元素回收;其次是 C,主要来自还原煤,为降低其影响只能降低还原煤用量。但也会降低粉末铁回收率,从而提高钛渣中的 Fe_2O_3 含量。可见,无论增加还是降低还原煤用量都会对钛渣品位产生不利影响。

结合原矿矿物组成分析,钛渣中的 SiO_2 和部分 Al_2O_3 来自原矿中橄榄石、斜长石、辉石等脉石矿物。现有的钒钛磁铁矿处理工艺,包括高炉冶炼工艺、电炉工艺和各种直接还原—熔分工艺,均不能在其冶炼环节从钛渣中脱除脉石矿物。这些矿物最终只能进入钛渣,贫化 TiO_2 品位。为降低脉石矿物对钛渣品位的影响只能依靠强化分选,以降低入炉精矿中脉石矿物的相对含量。

现有的高炉冶炼工艺侧重铁元素的回收,本身对钛渣流动性的要求较高,需要配入低钛矿石和造渣剂以降低炉渣黏度。为了综合回收钒钛磁铁矿中的钒钛(尤其是钛)资源,在钛渣分选技术没有获得明显突破的前提下,应避免使用高炉等对钛渣流动性有较高要求的冶炼设备,避免使用造渣剂贫化钛渣,以提高钛渣的综合利用价值。

钛渣中的另一部分 Al_2O_3 和 MgO 来自钛磁铁矿中的镁铝尖晶石,该组分赋存于钛磁铁矿纯矿物中,无法通过选矿分离。为了获得高品位钛渣,需要探索镁铝尖晶石在冶炼过程中的重构规律和分离方法,消除其对钛渣的贫化作用。

3 结 论

(1)制约钒钛磁铁矿钛渣品位的主要因素是残铁、残炭量,入炉精矿中脉石矿物的相对含量和钛磁铁矿纯矿物中的镁铝尖晶石含量。

(2)消除"残铁"和"残炭"的影响。为制备高品位钒钛磁铁矿钛渣,需要发展一种能够获得极高铁元素回收率且能同时降低剩余 C 影响的新工艺,从根本上消除残铁和残炭对钛渣的贫化作用。

(3)强化钒钛磁铁矿选矿工艺研究。建议重新审视钒钛磁铁矿选矿目标,从以回收铁为中心转向更加强调钒钛资源的综合利用。强化脱除脉石,降低入炉精矿中的脉石含量,消除其对钛渣的污染。

(4)发展对炉渣流动性要求较低的新型炉窑。避免使用高炉等对钛渣流动性有较高要求的冶炼设备,避免使用造渣剂贫化钛渣。

(5)探索能够脱除镁铝尖晶石的冶炼工艺。钛磁铁矿中的镁铝尖晶石不可能能通过选矿分离,现有的钒钛磁铁矿冶炼工艺也不能将其脱除,这些组分最终只能进入的钛渣。若能在冶炼过程中将其脱除,对提高钛渣品位大有裨益。

参 考 文 献

[1] 陈双印,储满生,唐 钰,等. 预氧化对钒钛磁铁矿球团矿及内部结构的影响[J]. 东北大学学报:自然科学版,2013,34(4):536-541.

[2] 王喜庆. 钒钛磁铁矿高炉冶炼[M]. 北京:冶金工业出版社,1994.

[3] 杜鹤桂. 高炉冶炼钒钛磁铁矿原理[M]. 北京:科学出版社,1996.

[4] 刘熙光,邱克辉,张其春. 关于钒钛磁铁矿综合利用可持续发展问题的讨论[J]. 中国矿产,2001,10(4):21-23.

[5] Zhu Q S, Zhang J B, Li H Z. Influence of phase and microstructure on the rate of hydrochloric acid leaching in pretreated Panzhihua ilmenite[J]. Particuology, 2014 14: 83-90.

[6] Han G H, Jiang T, Zhang Y B, Huang Y F, Li G H. High-tenperature oxidation behavior of vanadium, titanium-bearing magnetite pellet[J]. Journal of Iron and Steel Research, International, 2011, 18(8): 14-19.

[7] 郭新春. 钒钛磁铁矿的利用现状及其使用价值[J]. 攀枝花科技,14-18.

[8] 李 静,唐续龙,郭 敏,等. 攀钢高钛高炉渣黑钛石结晶规律探索[J]. 中国稀土学报,2010,28(ZJ):365-371.

[9] 徐丽君,李 亮,陈六限,等. 攀西地区钒钛磁铁矿综合回收利用现状及发展方向[J]. 四川有色金属,2011(3):1-5.

[10] 高本恒,王化军,曲 媛,等. 印尼某海滨砂矿精矿直接还原—磨矿—磁选提铁试验研究[J]. 矿冶工程,2012,32(5):44-46.

(收稿日期 2015-05-26)

(上接第157页)

表6 工业考察指标对比结果 %

试验设备	产品	产率	品位		回收率	
			TFe	TiO_2	TFe	TiO_2
NLCT1215	精矿	70.11	26.93	11.39	87.13	86.08
	尾矿	29.89	9.10	3.98	12.87	13.92
	给矿	100	21.60	9.05	100	100
2BKY1230	精矿	59.78	30.54	11.17	81.00	79.66
	尾矿	40.22	11.17	4.97	19.00	20.34
	给矿	100	22.58	8.86	100	100

由表6可知,采用NLCT1215外磁式磁选机代替原有1粗1扫BKY1230磁选机,当原矿TFe平均品位为21.6%时,可以使精矿TFe平均品位提高至26.93%,抛出产率为30%、TFe品位9.1%、TiO_2品位为3.98%的尾矿,精矿TFe、TiO_2的回收率分别为87.13%、86.08%。与常规BKY1230预选筒式磁选机相比,精矿铁回收率高、尾矿TFe、TiO_2品位低,说明NLCT1215外磁筒式磁选机分选指标和控尾效果更好。

5 结 论

(1)新型外磁式磁选机采用磁系外置、内筒分选原理,选别空间大、分选带长,因此分选效率及金属回收率高,特别适用于钒钛磁铁矿等含有多金属磁性矿物的预选作业或中弱磁性矿物的尾矿回收作业。

(2)外磁式磁选机分选圆筒转速越高,单位时间内扫选距离越长,金属回收率越高,控尾效果更好。但综合考虑能耗,一般筒体转速不宜太高;通过设置一定的筒体倾角,可以显著提高精矿入磨品位,提高抛尾效果;分选圆筒内可设置具有刮料作用的导向条,为了减少弱磁性矿粒流失,一般将导向条设置为与筒体轴线平行。

(3)外磁式磁选机与常规预选筒式磁选机相比,金属回收率高,把尾效果好,能够使预选尾矿中TiO_2品位降至13.92%,可直接作最终尾矿处理,不再进行强磁回收。试验结果为外磁式磁选机替代原预选抛尾磁选设备提供了技术依据。

参 考 文 献

[1] 张克仁,苏 波. 攀西钒钛磁铁矿石矿物工艺特征及其粗粒抛尾选矿工艺[J]. 中国地质科学院院报,1986(15):246-260.

[2] 杨任新. 高压辊磨机应用于攀西红格钒钛磁铁矿选矿工艺研究[J]. 现代矿业,2010(11):62-65.

[3] 钟永红. 浅析钒钛磁铁矿的选矿方法[J]. 现代矿业,2010(2):46-49.

[4] 廖祥文,张裕书,等. 攀西某低品位钒钛磁铁矿选铁试验研究[J]. 矿产综合利用,2006(3):62-65.

[5] 赵瑞敏,董恩海,尚红亮. BKY型预选机对某超贫磁铁矿预选效果研究[J]. 金属矿山,2008(12):74-76.

(收稿日期 2015-06-08)

超声波技术优化浮选柱浮选特性试验

任　佳[1,2,3]

(1. 北京矿冶研究总院;2. 矿物加工科学与技术国家重点实验室;3. 北京市高效节能矿冶技术装备工程技术研究中心)

摘　要　尽管矿物加工技术与设备不断发展,我国矿产资源综合利用整体水平仍较低。为提高选矿回收率,柱浮选技术得到快速发展。超声波作为物理调节法对强化浮选柱的选别效果具有重要作用。通过建立超声波浮选柱试验系统,并在清水条件下进行浮选动力学特性参数如浮选柱内超声波强度的空间分布和气体保有量、空气分散度等进行了测定试验,指出利用试验结果可优化浮选选别效果。参考超声波浮选柱对洛阳某钼矿选厂进行的适应性工业试验实例,证明采用超声波辅助浮选可提高选矿效率达 4 个百分点,同时具有去泥效果。

关键词　超声波　浮选柱　选矿效率

我国金属矿产资源大多属于贫、细、杂难选矿,近十多年来在矿物加工技术与选别设备上虽然取得了巨大的突破,某些领域甚至达到了国际先进水平,但矿产资源的综合利用水平仅有 30% ~35%,选矿回收率不超过 60%,特别是对于多金属矿、嵌布粒度细的矿物选矿回收率更低[1]。研发一种新型高效的选矿技术和设备成为当前迫切任务之一。柱浮选技术经过百余年的发展,已经进入第三个技术阶段。浮选柱在气泡发生器技术、矿化方式及过程控制方面得到了迅猛发展,浮选柱多样化和利用辅助技术强化柱浮选也获得极大的发展[2]。在强化矿物浮选的方法中[3-4],通常可行的方法有化学调节法和物理调节法。把物理调节法中的超声波技术引入矿物浮选领域,同时利用物理调节法和化学调节法来改变矿物的表面性质。这对提高矿物浮选的选择性和浮选效率具有很强的现实意义。

在 20 世纪 30 年代 Petersen W 就在浮选试验中应用了超声波技术[5-6],试验结果表明:与机械搅拌相比,超声波可使浮选药剂更易形成乳浊液。在泡沫浮选强化研究中,试验结果证明应用超声波可获得较好的作用效果。90 年代后期,C. ALDRICH 和 D. FENG 对 Merensky 选矿厂的复杂硫化矿进行了浮选前的超声波预处理研究,其中包括超声波处理时间、温度、气体通入量与泥浆含量以及浮选药剂等因素对选矿指标的影响[7]。结果表明使用超声波预处理对浮选速率、金属硫化物的选择性以及整体的回收率都有着显著的改善。

利用超声波技术优化浮选柱的浮选特性是将超声波直接加载在浮选柱不同位置段,使超声波激励浮选柱的浮选,以改善浮选环境,提高分选效率。

1　超声波浮选柱试验系统的建立

早期的一些理论分析和试验研究已表明超声激振作用能够影响气泡的生成、药剂分散矿物粒度、表面状态等浮选环境特性[8-9]。为了进一步验证超声波激励作用对实际选矿效果的影响,建立了一个小型超声波浮选柱试验系统。

超声波浮选柱试验系统主要由两大部分构成,即超声波部分和浮选柱部分。浮选柱采用 KYZB 型浮选柱结构,通过上部给矿、底部充气实现矿化,泡沫溢流入泡沫槽;超声波采用 28 kHz 和 40 kHz 模拟发生器产生,总功率 450 ~480 W。超声波浮选柱试验系统见图。

试验系统除了超声波浮选柱的主体外,还包括有给矿装置、精矿导流管、尾矿管、气泡发生器、空气压缩机以及喷淋水系统和加药系统。

2　超声柱浮选动力学特性

超声波浮选柱试验系统建立后,首先在清水条件下对浮选柱的浮选动力学特性参数进行测定。一是测定超声波强度在浮选柱内的空间分布情况。为增强浮选效果,浮选柱内既要保证足够的输入超声波强度又要分布均匀;二是测定超声波激励作用下的柱内空气充气量和保有量。测定目的是明确这两个重要浮选因素受超声波作用影响规律。

任　佳(1986—),女,助理工程师,100160 北京市南四环西路 188 号总部基地十八区 23 号楼。

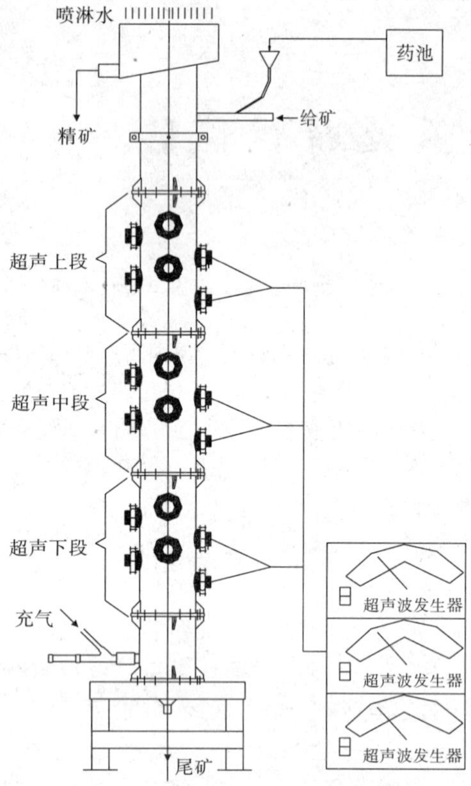

图 1　超声波浮选柱试验系统

2.1　浮选柱内超声强度测试

超声波模拟发生器即振子共分 3 段，每段 8 个振子，皆呈螺旋分布，相邻振子水平相差 90°，因此在强度测试时在同一水平面内只检测 5 个点的超声波强度值，即振子所在方位的 4 点和中心 1 点。由于 4 个振子完成一周螺旋，因此垂直方向上以振子所在平面为准分 4 个水平截面进行测试，即可推知超声波在浮选柱内其他各点强度的分布。测试仪器为超声波强度（功率）测试仪。

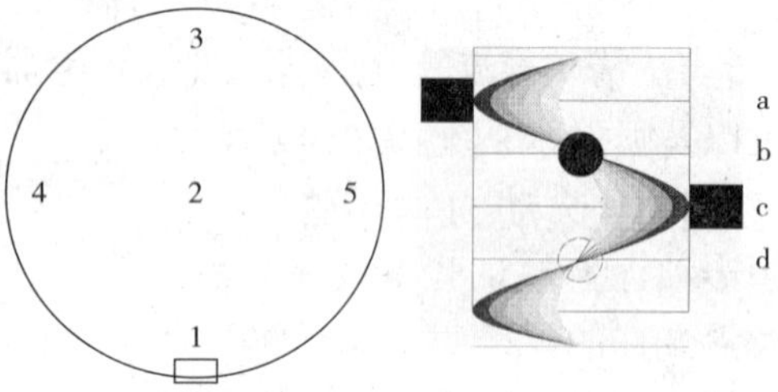

图 2　超声波强度测试点

图 2 中左侧图为测点在某一水平面分布图中，测点 1 为起始位置，处于垂直方向上最高位置的 a 截面上。右侧图为振子螺旋示意图，此示意图只给出了单个超声波振子强度的螺旋分布，并没有考虑各波源间的叠加情况，颜色由深到浅代表了超声波强度的由强到弱。

图 3 数据是在超声波模拟发生器的频率为 40 kHz、输出电流 1.2 A 下测得的强度分布。

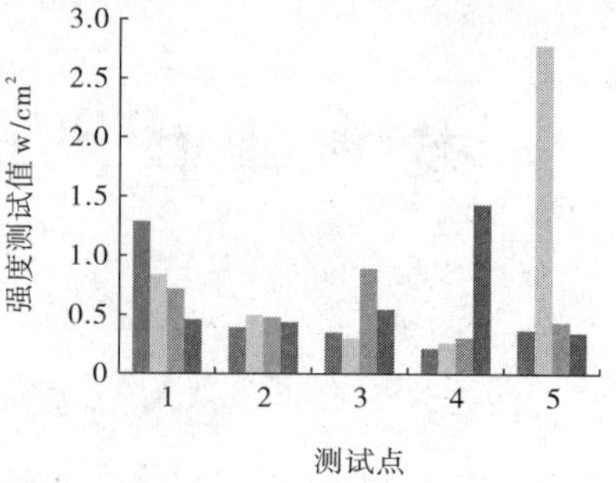

图 3　超声波强度在各测试点的分布

■—a截面；■—b截面；■—c截面；■—d

周圈各测试点 1、2、3、4、5 都是在距离振子振面约 30 mm 处测得。由图 3 数据可知，每个水平测量截面中离振子最近的测试点，都比其他测试点超声波强度强。其他各点超声波强度相对较小且相差不大。而中心测试点 2 在各个振子水平截面的超声波强度相差不大，均处于较低水平。测试超声波强度的最大值 2.78 W/cm^2，最小值 0.22 W/cm^2，平均值 0.67 W/cm^2。该测试只是为了掌握超声波场在浮选柱内的空间分布情况，并没有使超声场强达到较高的量值。试验中强度可根据实际需要进行调节。

2.2　浮选柱内空气保有量和分散度测试

浮选柱内空气保有量和分散度是影响矿物浮选效果的重要因素，在浮选柱上直接加载超声波会对这 2 个因素产生影响，因素的测试结果能进一步了解超声浮选柱内的浮选环境。

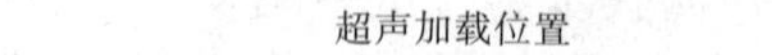

图 4　气体保有量与空气分散度测试

将不同超声波发生器分别加载于浮选柱的上、中、下三段位置，测试超声波激励作用下的不同高低位置的柱内空气保有量和分散度。并与三段超声波全开和无超声波激励下的柱内空气保有量和分散度进行比较。

由图 4 可知，空气保有量在超声波各加载段差别不大，有超声波激励作用下的空气保有量要明显高于无超声波。主要原因是高频震荡的超声波在浮选矿浆中的传播使上升的气泡随之振荡从而降低了其上升速度，增加空气保有量。在清水试验时也清楚观察到浮选柱内气泡的局部往复振动，甚至出现在矿浆中的悬停。而空气分散度随着超声波激励位置的下移而不断增大，全段超声波打开时，分散度达到最大，明显大于无超声作用下的空气分散度。这是由于越靠下超声波的激励点离充气器气体出口越近，对上升的空气激励作用越早，激励效果越好。超声波除了在矿浆内产生高频振动外，还会在振面方向上产生宏观的超声直进流力，同时由于超声波振子的螺旋型布置，直进流力从而对柱体内的矿浆产生了一定的搅拌作用。在实验室进行的药剂分散试验时也观察到这一现象。

3 带矿试验及其结果分析

杨丽君[10]曾经采用本装置就超声波对浮选柱选钼过程中细粒尾矿的再选进行了实验研究。选矿厂采用1粗2扫1预精选、预精选精矿3精1精扫选、中矿顺序返回的闭路工艺流程。试验给矿为选矿厂精扫选的尾矿，采用施加超声波的浮选柱进行正浮选。给矿矿物粒度较细，泥化比较严重。由于微细颗粒比表面积大，表面能高、吸附药剂量大，且有用矿粒易被细粒脉石覆盖，矿浆的黏度增加，颗粒间凝聚现象明显，使脉石矿粒与目的矿粒间非选择性团聚严重，使药剂选择性降低，超声波的粉碎作用可以减少团聚和清洗矿物表面[2]。工艺流程见图5。

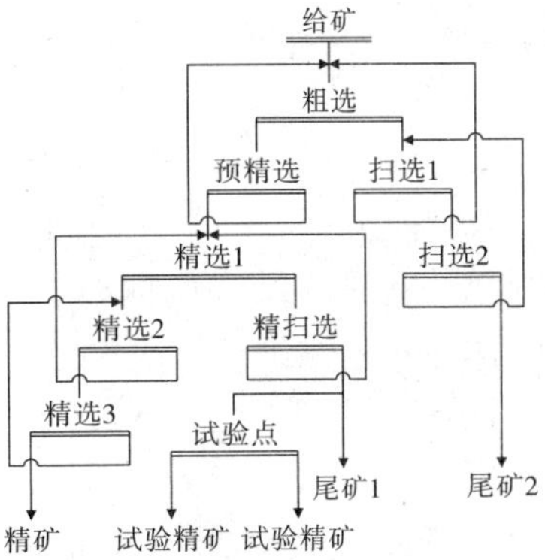

图5 精选尾矿试验流程

3.1 正交试验与结果

由于精扫选尾矿的泥化较为严重，25 μm以下粒级含量最多，高达74.37%，利用超声波的清洗作用可能产生较好的效果。因此，决定对精扫选的尾矿进行超声再选试验。试验采用四因素三水平$L_9(3^4)$的正交试验，浮选段位置、超声波频率、强度、时间分别为因素*ABCD*。分析每个条件的精矿品位和回收率，并计算选矿效率作为评价标准。为了减小误差和便于试验安排，采取9组试验随机进行的方式，试验因素水平见表1，结果见表2，极差分析见表3。将试验结果填于试验表内进行正交分析，找出影响选别效果的超声参数优组合。

表1 正交试验因素水平安排

水平	各因素取值			
	A	*B*	*C*	*D*
1	上	28	1.4	2.5
2	中	40	1.2	5.0
3	下	28+4	1.0	10.0

表2 正交试验安排分析表[10]

测试顺序	编号	所在列				试验结果/%		
		1 浮选段	2 频率 /kHz	3 强度 A	4 时间 /min	品位	回收率	选矿效率
8	1	1	1	1	1	2.14	29.34	24.80
4	2	1	2	2	2	1.52	33.37	27.56
3	3	1	3	3	3	0.99	25.72	20.73
6	4	2	1	2	3	0.80	40.03	29.83
1	5	2	2	3	1	1.69	34.08	25.55
9	6	2	3	1	2	1.64	41.61	33.05
2	7	3	1	3	2	0.85	22.05	15.89
7	8	3	2	1	3	1.51	40.15	31.46
5	9	3	3	2	1	1.22	9.31	7.65

表3 正交试验极差结果分析表[10]

因素	精矿品位/%				回收率/%				选矿效率/%			
	极 差	均值1	均值2	均值3	均值1	均值2	均值3	极 差	均值1	均值2	均值3	极 差
A	1.55	1.377	1.193	0.357	29.477	38.573	23.837	14.736	24.363	29.477	18.333	11.144
B	1.263	1.573	1.283	0.310	30.473	35.867	25.547	10.32	23.507	28.19	20.477	7.713
C	1.763	1.18	1.177	0.586	37.033	27.57	27.283	9.75	29.77	21.68	20.723	9.047
D	1.683	1.337	1.100	0.583	24.243	32.343	35.3	11.057	19.333	25.5	27.34	8.007

注：超声波作用会同时影响到精矿品位和回收率，除考察两者的影响因素外，还引入将表征两者综合因素的选矿效率，以确定最佳的优组合条件。

由表1、表2可知，对于精矿品位，超声波的强度和作用时间影响最大；对于回收率，超声波所处的浮选段的影响最为显著。为了便于综合比较，引入选矿效率参数。通过极差分析可知，超声波所处的位置（即浮选段）对选矿效率影响最为明显，而频率对选矿效果的影响最小。根据极差分析得出影响选矿效率的因素序列为：浮选段、强度、激励时间、频率。

3.2 对比试验分析

为检验超声波加载与否对试验中 Mo 精矿品位和回收率的影响，在正交试验的同时进行了无超声条件下取样，作为对比测试。为使检验结果明显，根据前面分析得出的结果选取至少包括了两个最有影响力水平（中段：1.4A，10 min，40 kHz）的试验组，即正交试验 2、5、6、8 共 4 组数据与未加超声的 6 组数据进行分析。结果见图 6。

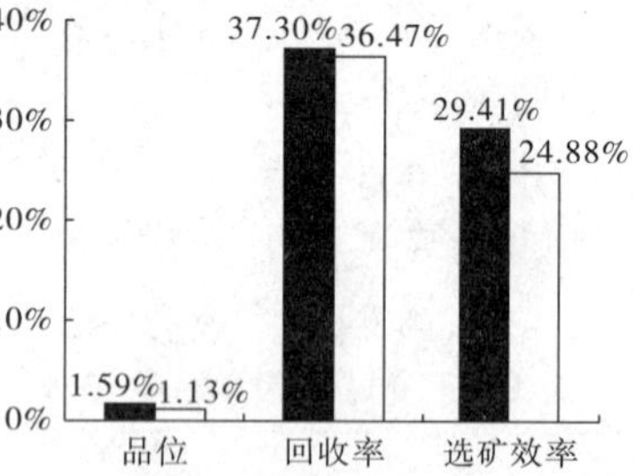

图 6　有无超声选矿效率对比结果

■—加载超声；□—无加载超声

由图 6 可知，加载超声时，无论是精矿品位还是精矿的回收率都要略高于无超声作用条件，选矿效率在加载超声时比无超声作用时提高了 4.53 个百分点，效果较为明显。

3.3 试验矿样粒度分析

由于精扫选的尾矿粒度较细，泥化现象严重，影响有用矿物的回收，因此对其进行了粒度分析，检验超声对细粒矿物选别的影响特性，原矿、精矿和尾矿中+38 μm、25 ~ 38 μm 粒级、-25 μm 粒级的含量分别见图 7、图 8、图 9。

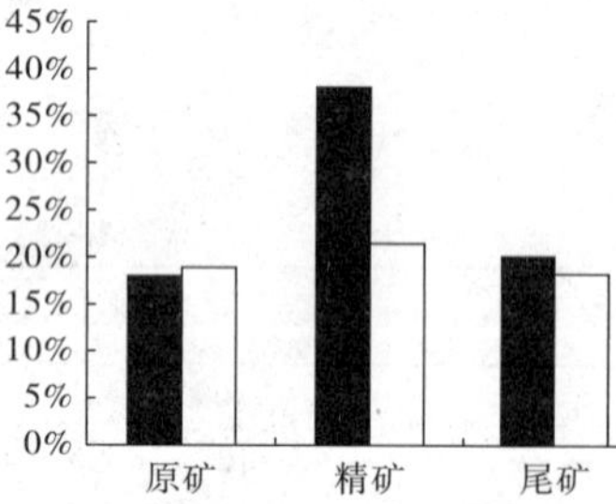

图 7　原、精、尾矿中+38 μm 粒级含量对比结果

■—加载超声；□—无加载超声

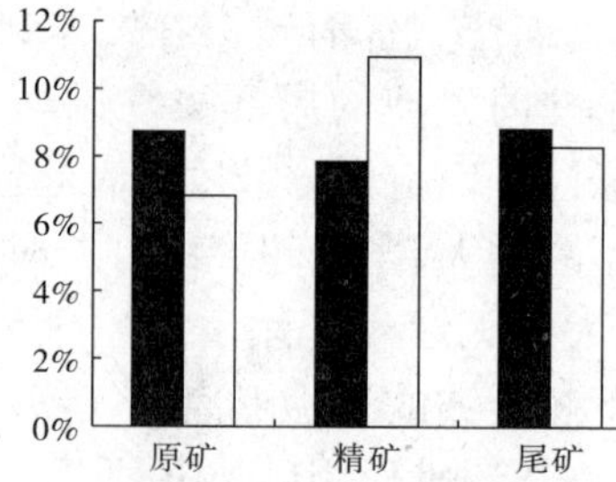

图 8　原、精、尾矿中 25 ~ 38 μm 粒级含量对比结果

■—加载超声；□—无加载超声

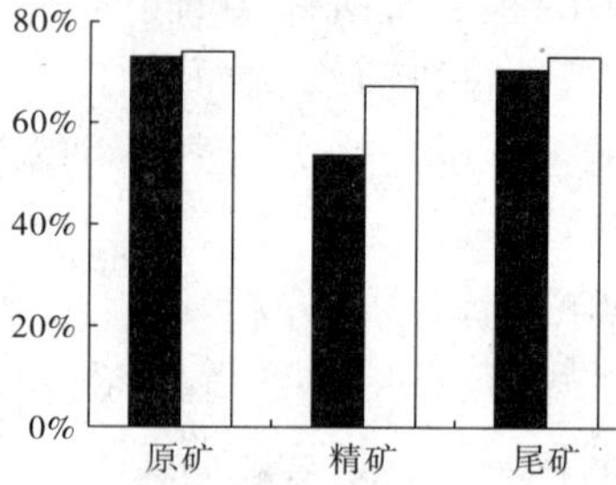

图 9　原、精、尾矿中-25 μm 粒级含量对比结果

■—加载超声；□—无加载超声

由图 7 ~ 图 9 可以看出，①不同粒级下是否加载超声原矿、精矿和尾矿中各粒级含量都比较接近，差距不大。原因可能是原矿和尾矿的量都比较大，小量偏差应属于化验测量误差所致。而精矿量较少，有无超声波作用产生的影响就比较显著；②加载超声后，精矿中+38μm 粒级含量明显高于未加载超声，说明超声波作用促进了相对较粗颗粒的上浮；-38 μm 粒级矿物在加载超声时精矿中的含量明显低于无超声时；原矿中-25 μm 粒级矿物约占原矿给矿量的 74%左右，属较细粒矿物浮选作业；③在精矿品位和回收率没有降低且略有提高的情况下，较粗粒级矿物得到了回收，细泥部分受到了抑制，说明了超声激励作用在浮选过程中具有较好的去泥效果。

4　结　论

（1）由于超声波对浮选柱浮选效果影响的复杂性，特别是应用于实际工况环境中，很难通过理论推导来得出准确明晰的结论，需要进行大量的试验总结、验证。

（2）超声波浮选柱试验中，超声波波源分成三大段呈螺旋式分布于浮选柱柱体外围。超声波强度测试结果表明超声场在柱体空间内也呈螺旋式分布，并且外圈（即靠近振子振面）强度偏大，而中间没有明显聚焦现象，超声场在柱体内得到了较为均匀的分布。

（3）超声波会减缓浮选柱内气泡的上升速度，使其在矿浆内有较长时间的停留，气体保有量略有上升。超声波施加在浮选柱的不同空间段，对空气分散度的影响变化也较大并成一定的规律性，即超声波源越靠近充气器出口空气的分散性能越好。主要是因为超声波在矿浆中产生的超声直进流力的搅

（下转第 178 页）

磁黄铁矿单矿物的浮选特性试验*

马英强　王东辉　印万忠
（福州大学紫金矿业学院）

摘　要　磁黄铁矿易夹杂于磁选铁精矿中，影响硫精矿的品位和回收率。在以丁基黄药为捕收剂的浮选体系中，研究了捕收剂用量、矿浆 pH 值、金属阳离子、无机阴离子和有机调整剂等因素对磁黄铁矿单矿物浮选特性的影响，得出不同捕收剂用量和 pH 条件下磁黄铁矿的浮选规律，初步分析了不同种类调整剂对磁黄铁矿浮选特性的影响和原因。该结果对优化含有磁黄铁矿的矿物浮选指标具有积极意义。

关键词　磁黄铁矿　浮选特性　捕收剂

磁黄铁矿是一种亚铁磁性矿物，具有较强的磁性，易与磁铁矿产生磁团聚。若夹杂于磁选铁精矿中，造成铁精矿硫含量过高。磁黄铁矿也是影响硫精矿品位和回收率的重要因素。另外，镍常以类质同象的形式存在于磁黄铁矿中，影响其磁性和可浮性，这也是某些硫化镍精矿选别指标不高的主要原因[1]。

因此，在丁基黄药为捕收剂的浮选体系中，对磁黄铁矿单矿物的浮选特性进行研究，以获得不同药剂用量、不同矿浆 pH、不同调整剂条件下磁黄铁矿的浮选规律及原因，对实际矿石的浮选分离具有一定的指导意义。

1　矿样性质及研究方法

1.1　矿样性质

矿样取自湖南七宝山某矿体，人工选取高纯度块矿后破碎、拣选，经瓷球磨机粉磨后筛分，获得 0.045～0.106 mm 的高纯度磁黄铁矿产品作为试验用矿样。主要化学成分分析结果见表 1。

表 1　矿样主要化学成分分析结果　　%

成分	Fe	S	P	SiO_2	MgO	CaO	Cu
含量	58.32	39.20	0.001	0.51	0.02	0.28	0.128

由表 1 可知，该磁黄铁矿矿样单矿物纯度较高，进一步的 X 射线衍射分析结果也表明磁黄铁矿单矿物纯度大于 95%。

1.2　试验方法

单矿物浮选试验在 XFG 型挂槽式浮选机中进行。每次取 2.0 g 矿样，加入 20 mL 蒸馏水后经实验室超声清洗机超声清洗 5 min，静置，倒出上清液。清洗过的单矿物加入浮选槽，加入 25 mL 蒸馏水后调浆 1 min，用 HCl 或 NaOH 调节合适的 pH 后搅拌 2 min，再依次加入调整剂、捕收剂和起泡剂，搅拌时间分别为 2、2、1min，浮选 3min。泡沫产品和槽内产品分别烘干、称重，计算磁黄铁矿回收率。浮选机转速为 1 500 r/min。

2　试验结果与讨论

2.1　磁黄铁矿的自然可浮性

以丁基黄药为捕收剂，进行磁黄铁矿单矿物自然可浮性试验。控制浮选初始 pH = 5.0～6.5。不同捕收剂用量和矿浆 pH 值的对泡沫产品回收率表征的浮选特性的影响分别见图 1、图 2。

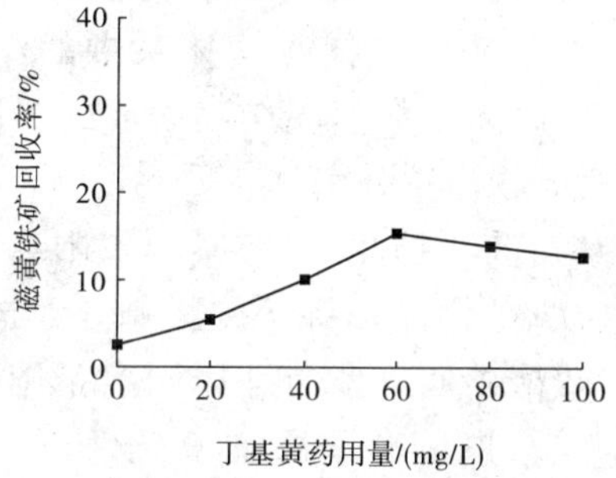

图 1　丁基黄药用量对磁黄铁矿浮选特性的影响

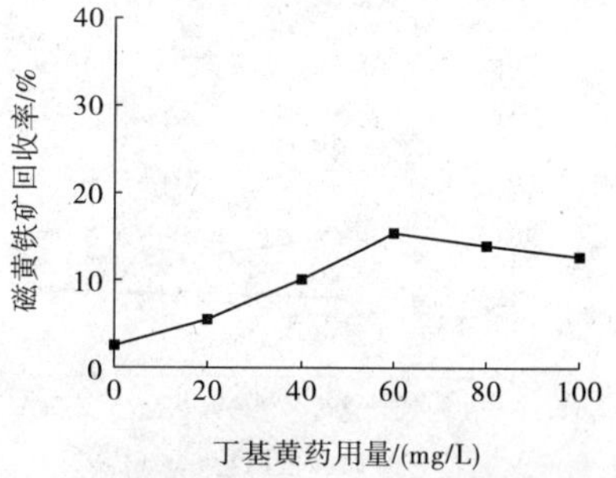

图 2　矿浆 pH 对磁黄铁矿浮选特性的影响

由图 1 可知，随着捕收剂丁基黄药用量的增加，

* 福建省自然科学基金项目（编号：2015J05101）；福州大学科技发展基金项目（编号：2014-XQ-41）；福州大学科研启动基金项目（编号：510057）。

马英强（1983—），男，博士，讲师，350108 福建省福州市福州地区大学新区学园路 2 号。

磁黄铁矿的回收率呈先快速上升后缓慢下降的趋势。当丁基黄药用量为 60 mg/L 时,磁黄铁矿的回收率达到最大值 15.35%。

由图 2 可知,当矿浆 pH=3 时,磁黄铁矿回收率最高为 49.75%,在该强酸条件下磁黄铁矿可浮性最好。原因是磁黄铁矿表面零电点较高,酸性条件下荷正电,易于捕收剂的吸附。磁黄铁矿属于较易氧化的硫化铁矿物,当矿浆 pH 小于零电点 6.2 时,在酸性介质中,表面的铁和硫溶解[2],不会形成 $Fe(OH)_3$ 等氢氧化物薄膜,黄药的氧化产物双黄药分子便能在磁黄铁矿表面产生稳定吸附作用,浮选回收率较高;随着矿浆 pH 的不断升高,双黄药分解产生黄药阴离子,和溶液中双黄药同时存在,对磁黄铁矿产生联合捕收作用。但由于矿物表面荷负电,与捕收剂吸附作用较弱。因此,磁黄铁矿的可浮性随着矿浆 pH 的升高总体呈先上升后下降的趋势。

2.2　金属阳离子调整剂对磁黄铁矿浮选特性的影响

硫化矿浮选受矿浆中金属离子的赋存状态和物理化学特性影响较大。从矿物溶解下来或添加的金属离子在矿物表面的吸附导致矿物表面特性发生改变,直接影响了矿物在捕收剂体系中的浮选特性。因此,研究金属离子在不同矿物表面的吸附能力和吸附状态对矿物浮选分离具有重要意义[3]。

以丁基黄药为捕收剂,考察金属阳离子调整剂对磁黄铁矿单矿物浮选特性的影响。浮选初始 pH =5.0~6.5,精矿回收率与金属阳离子用量的关系见图 3,一定金属阳离子添加量条件下,不同矿浆 pH,对磁黄铁矿浮选特性的影响试验结果见图 4。

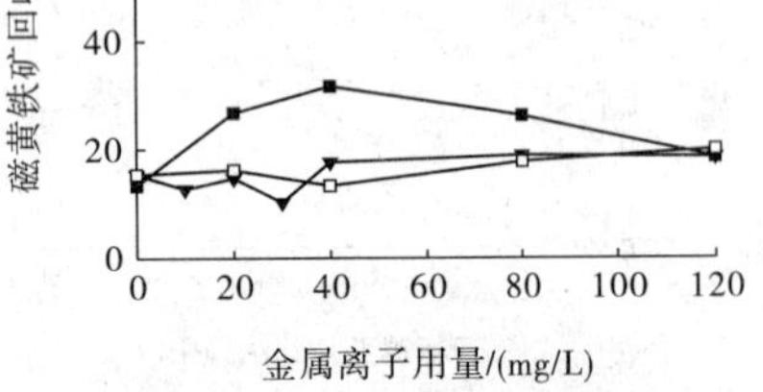

图 3　金属离子用量对磁黄铁矿浮选特性的影响

■—Cu^{2+};▼—Ca^{2+};□—Fe^{3+}

由图 3 和图 4 可知,在丁基黄药为捕收剂的浮选体系中,钙离子对磁黄铁矿均产生了一定的抑制作用,原因是钙离子及其水解组分 $CaOH^+$ 与捕收剂发生竞争吸附,消耗部分捕收剂,抑制磁黄铁矿上浮;铜离子在矿浆小于 4 时,铜离子与矿物表面的硫发生作用,阻碍捕收剂在矿物表面的吸附,对磁黄铁矿上浮产生抑制。pH 大于 6 时,铜离子在矿物表面产生一定的交换吸附,形成硫化物薄膜,另一方面铜离子溶液组分多以氢氧化铜沉淀为优势组分,能在矿物表面优先吸附,并与捕收剂反应生成碱式黄原酸铜,促进捕收剂吸附[3];铁离子具有较强的氧化性,在磁黄铁矿矿物表面形成氧化物薄膜,在一定 pH 范围内对其产生抑制作用。

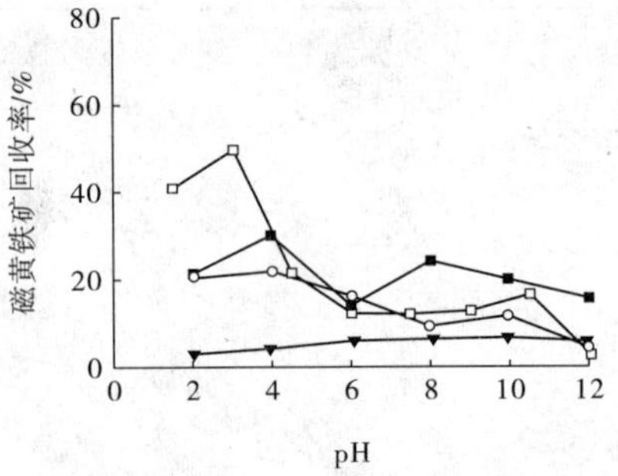

图 4　矿浆 pH 对磁黄铁矿浮选特性的影响

□—未添加金属离子;▼—添加钙离子 80 mg/L;

■—添加铜离子 20 mg/L;○—添加铁离子 120 mg/L

2.3　无机阴离子调整剂对磁黄铁矿浮选特性的影响

无机阴离子调整剂在浮选中常作为抑制剂,偶尔用作活化剂。对矿物浮选的主要作用有[4]:①在矿物表面形成亲水性化合物薄膜、离子吸附膜或亲水性胶粒,使矿物表面亲水化或削弱其对捕收剂的吸附性,从而抑制矿物浮选;②溶解矿物表面捕收剂形成的疏水性覆盖膜。当无机阴离子调整剂吸附强度和浓度足够时,使捕收剂从矿物表面解吸。或在矿物表面形成亲水性薄膜与捕收剂产生竞争吸附;③增加或减少矿物表面的捕收剂吸附活性点;④改变矿浆的离子、分子组成。

以丁基黄药为捕收剂,考察不同无机阴离子调整剂对磁黄铁矿单矿物浮选特性的影响。浮选初始 pH=5.0~6.5,无机阴离子调整剂用量对精矿回收率的影响见图 5,一定无机阴离子调整剂用量条件下,不同介质 pH 对磁黄铁矿浮选特性的影响见图 6。

由图 5、图 6 归纳出以下结论:

(1)硫化钠对磁黄铁矿浮选具有一定的抑制作用。添加量为 140 mg/L 时,抑制作用最强,磁黄铁矿回收率由未添加时的 15.35% 降低为 2.25%;在全 pH 范围内,硫化钠均会抑制磁黄铁矿的可浮性:硫化钠属于还原性调整剂,大都以 H_2S 分子形式存

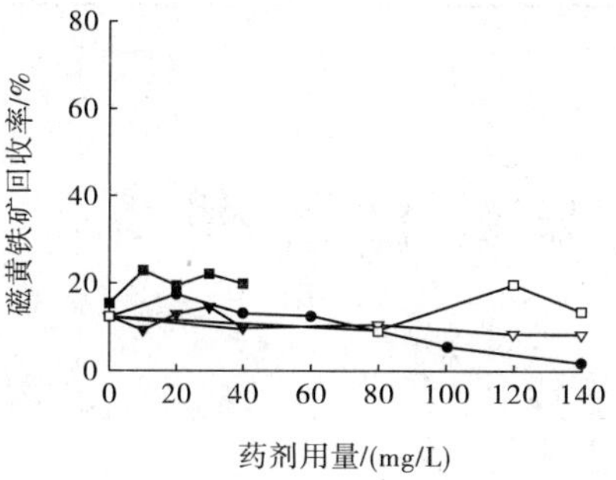

图 5　无机阴离子调整剂用量对磁黄铁矿浮选特性的影响

▽—$Na_2S_2O_3$；□—Na_2SO_3；■—K_2CrO_4；

●—Na_2S；▼—Na_2CO_3

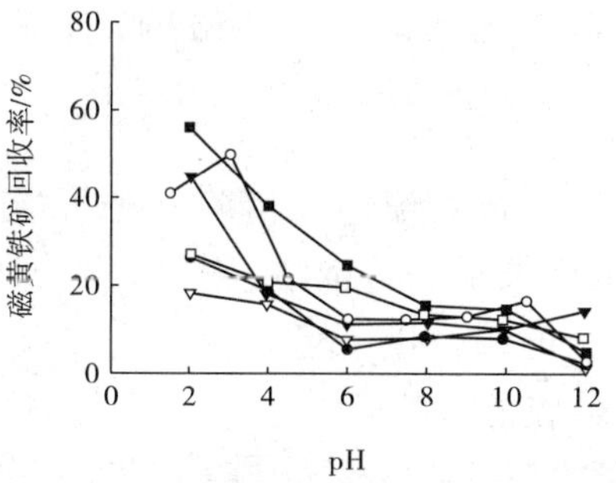

图 6　矿浆 pH 对磁黄铁矿浮选特性的影响

○—未添加调整剂；■—添加 K_2CrO_4 20 mg/L；

▼—添加 Na_2CO_3 20 mg/L；●—添加 Na_2S 60 mg/L；

□—添加 Na_2SO_3 120 mg/L；▽—添加 $Na_2S_2O_3$ 120 mg/L

在于溶液中，其余是 HS^- 和少量的 S^{2-}，这些硫化矿物定位离子可调节电位使矿浆处于还原气氛，通过解吸作用使吸附磁黄铁矿表面的捕收剂解吸，从而抑制磁黄铁矿上浮。

(2)增加碳酸钠与铬酸钾的用量，磁黄铁矿的可浮性变化不大。介质 pH 条件试验也显示，矿浆 pH 的不断变化，碳酸钠与铬酸钾对磁黄铁矿的可浮性影响微弱。

(3)亚硫酸钠用量试验表明，在添加量为 120 mg/L 时，对磁黄铁矿的活化作用最强，回收率由未添加时的 15.35% 提高到 24.55%；由矿浆 pH 条件试验可知，亚硫酸钠在 pH<4.2 时，存在的亚硫酸根吸附在矿物表面解吸吸附在表面的捕收剂，增强矿物表面亲水性，抑制矿物浮选；pH>4.2 时，亚硫酸钠则对其起到一定的活化作用。

(4)硫代硫酸钠用量为 140mg/L 时，对磁黄铁矿的抑制作用最强，回收率由未添加时的 15.35% 降低到 10.40%；矿浆 pH 条件试验表明在全 pH 范围内，硫代硫酸钠的存在均对磁黄铁矿可浮性产生了一定的抑制作用。

2.4　有机调整剂对磁黄铁矿浮选特性的影响

以丁基黄药为捕收剂，考察有机调整剂草酸对磁黄铁矿单矿物浮选特性的影响。浮选初始 pH = 5.0 ~ 6.5，草酸用量对精矿回收率的影响见图 7，一定草酸添加量条件下，不同矿浆 pH 对磁黄铁矿浮选特性的影响见图 8。

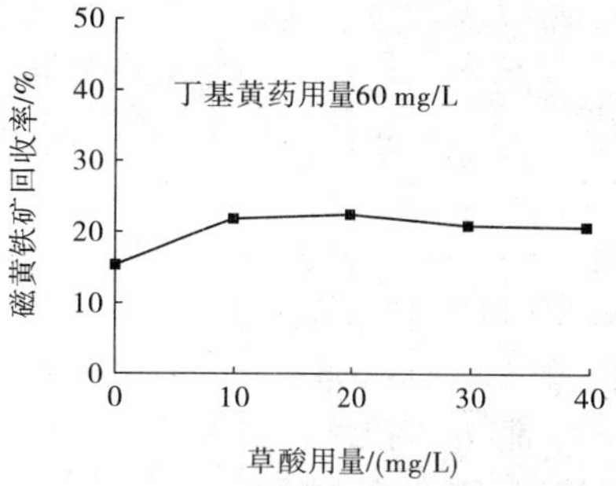

图 7　草酸用量对磁黄铁矿浮选特性的影响

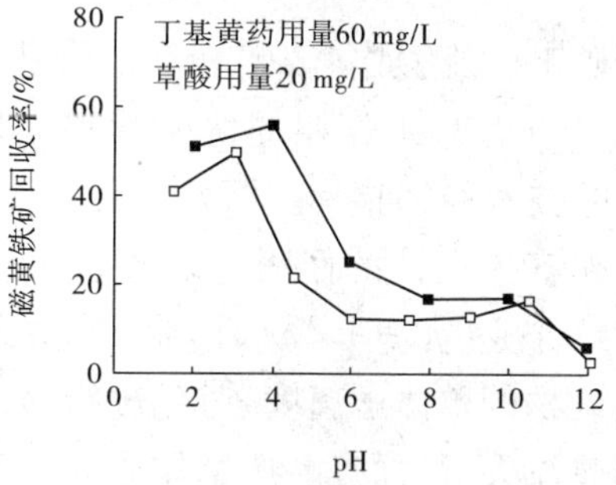

图 8　矿浆 pH 对磁黄铁矿浮选特性的影响

□—未添加草酸；■—添加草酸

由图 7 可知，草酸对磁黄铁矿浮选具有活化作用。草酸用量为 20 mg/L 时，活化作用最强，磁黄铁矿回收率由未添加时的 15.35% 升高为 22.45%；矿浆 pH 条件试验表明，较大 pH 范围内，草酸对磁黄铁矿均产生了一定的活化作用。原因是草酸是二元羧酸，可清洗磁黄铁矿表面，使其恢复疏水性，进而产生活化效果[5]。

3　结　论

(1)磁黄铁矿在强酸性条件下具有一定的自然可浮性，但总体可浮性较差，总体均呈先上升后下降趋势。

(2)不同种类的金属阳离子调整剂对磁黄铁矿浮选特性有着不同的影响。钙离子对磁黄铁矿的浮选只有抑制作用。铜离子在强酸环境对磁黄铁矿的可浮性具有抑制作用，在弱酸及碱性条件下则有活化作用；铁离子则在一定 pH 范围内对其产生抑制作用。

(3)不同种类的无机阴离子调整剂对磁黄铁矿可浮性影响不同。弱酸性及碱性环境下，亚硫酸钠对磁黄铁矿的浮选具有一定的活化作用，具体作用

(下转第 182 页)

石英的磨碎特性及其破裂参数的估算研究*

赵瑞超[1,2] 杨 光[3] 李艳军[1] 韩跃新[1]

(1. 东北大学资源与土木工程学院;2. 内蒙古科技大学矿业与煤炭学院;3. 鞍山钢铁集团公司东鞍山烧结厂)

摘 要 石英作为选矿过程主要的脉石矿物,直接影响着目的矿物的磨矿产品质量。应用总体平衡微分分批磨矿动力学模型,使用实验室小型滚筒球磨机研究了 1.19 ~ 2.00 mm 窄粒级石英矿样的磨矿动力学行为。试验结果表明:该粒级石英的磨矿动力学是线性的,细粒级具有零阶产出特征,说明粒级石英的破裂速率函数 S_i 和破裂分布函数 b_{ij} 都与时间无关。同时,计算仿真结果表明,该粒级石英的磨矿的模拟仿真结果与试验结果吻合度较高。

关键词 石英磨碎特性 分批磨矿动力学模型 破裂参数

在选矿工艺流程中,破碎和磨矿作业具有十分重要的地位[1]。磨矿作业的优劣直接影响着整个选矿企业的技术经济指标。磨矿产品的质量对后续分选指标起着决定性的作用。改善磨矿技术指标,可优化后续作业(尤其是浮选作业)的生产指标,如提高有用矿物的单体解离度、避免过粉碎,减少有用矿物的金属流失,进而提高选别作业的精矿品位、回收率和选矿效率等。

石英是地球表面分布最广的矿物之一,作为一种重要的工业矿物原料,广泛用于玻璃、陶瓷、冶金、化工等行业。在其他非金属或金属矿物加工提纯过程中,石英作为主要脉石矿物被首先考虑排入尾矿。因此,在选矿过程中石英一直都是重点研究对象[2]。

论文使用试验室小型球磨机对 1.19 ~2.00 mm 窄粒级石英的磨碎特性及其破裂参数进行试验研究。应用 Reid 总体平衡分批磨矿微分动力学数学模型,研究该窄粒级石英在单独磨矿时的破裂参数(破裂速率函数 S_i 和破裂分布函数 b_{ij})特性,并结合该粒级石英的磨矿试验结果,建立石英矿样的磨矿动力学数学模型。

1 试验方法

1.1 石英矿样原料的制备

石英矿样取自辽宁某地,块矿经矿用颚式破碎机破碎、手选后纯度较高,然后用试验室盘式粉碎机进行细碎使矿样的粒度达到 2 mm 以下。再用套筒筛在振筛机上筛分 10 ~ 15 min,制取 5 种窄粒级的石英矿样:0.50 ~ 1.19 mm、0.25 ~ 0.5 mm、0.15 ~ 0.25 mm、-0.15 mm。采用浓度为 8% 左右的稀盐酸对石英颗粒进行浸泡以清除其中可能含有的杂质,然后用自来水进行清洗,直至表面 pH 为中性。处理后的石英颗粒烘干后备用。论文仅对 1.19 ~ 2.00 mm 粒级的石英矿样进行磨矿试验研究。

1.2 试验方法

试验采用 ϕ100 mm×150 mm 试验室小型滚筒式球磨机对石英矿样分批进行磨碎试验。球磨机滚筒容积为 1 L,物料体积与钢球间隙体积之比即料球比为 0.6。试验过程中保持滚筒转速、钢球填充率、球径大小和配比保持不变。每次磨矿产品进行干湿联合粒度分析,根据各粒级产品产率计算石英的理论破裂参数。

2 分批磨矿动力学模型

1965 年,K. J. Reid 提出的时间连续-粒度分散的分批磨矿动力学数学模型[3]:

$$\left[\frac{dm^i(t)}{dt}\right] = - S_i(t)m^i(t) + \sum_{j=1}^{i-1} b_{ij}S_j(t)m_j(t) , \tag{1}$$

式(1)中,$m_i(t)$ 为 t 时刻第 i 粒级的质量分数(产率),%;S_i 为破裂速率函数;b_{ij} 破裂分布函数;其中 $i=1,2,3,\cdots,n,j=1,2,3,\cdots,n,(i>j)$。

一般假定 S_i,b_{ij} 与磨矿时间 t 无关,且 $S_i \neq S_j(i \neq j)$,式(1)对分批磨矿过程的解析解为

$$m_i(t) = \sum_{j=1}^{i} A_{ij}\exp(-S_jt) . \tag{2}$$

* "十二五"国家科技支撑计划项目(编号:2012BAB14B05);中国地质调查项目(编号:12120113087600)。

赵瑞超(1980—),男,博士,110819 辽宁省沈阳市辽宁省沈阳市和平区文化路 3 号巷 11 号。

式(2)中，系数 A_{ij} 由下式计算：

$$A_{ij}=\begin{cases}0 & i<j\\ m_i(0)-\sum_{k=1}^{i-1}A_{ik} & i=j\\ \dfrac{1}{S_i-S_j}\sum_{k=1}^{i-1}b_{ik}S_kA_{kj} & i>j\end{cases}, \tag{3}$$

式中，$m_i(0)$ 为磨机的给料中 i 粒级的含量，%。

为求解方程(1)首先必须求出参数 S_i 和 b_{ij}。关于参数 S_i 和 b_{ij} 的特性及测定，许多学者做了详细的研究计算，提出许多参数估算方法[4-6]，本文采用L. G. 奥斯汀-P. T. 勒基理论简算法（又叫预估-反算法）。该法要求的试验简单，而且具有较高的精度[3]。同时试验估算出参数 S_i 和 b_{ij} 后，代入式(2)中即可预测出任一磨矿时刻 t 时的产品粒度分布，对该粒级石英磨矿过程进行模拟仿真。

3 试验结果与讨论

3.1 1.19～2.00 mm 石英的破裂速率函数 S_i

对于最粗粒级石英（第一粒级 $i=1$），式(2)为[7-8]

$$\left[\frac{\mathrm{d}m_1(t)}{\mathrm{d}t}\right]=-S_1(t)m_1(t)\ , \tag{4}$$

式中，$m_1(t)$ 为 t 时刻第一粒级的质量分数，%；S_1 为第一粒级的破裂速率函数。

当破裂速率函数 S_1 与磨矿时间无关，即物料的磨矿过程符合一级线性动力学模型时，式(4)可变为

$$\ln\frac{m_1(t)}{m_1(0)}=S_1t\ . \tag{5}$$

式(5)表明，试验结果在半对数坐标图上为直线关系。1.19～2.00 mm 石英的一级动力学曲线见图1。

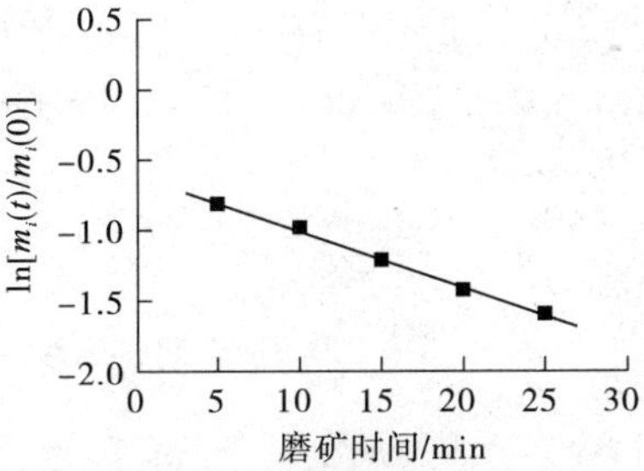

图1 1.19～2.00 mm 磨矿动力学曲线

由图1可知，该粒级石英的磨矿动力学特性是线性的，即破裂速率函数与磨矿时间无关。经计算，曲线的斜率即为破裂速率函数 $S_1\approx0.05$。曲线不通过零点，$t=0$，$m_1(t)=m_1(0)$，即 $\ln[m_1(t)/m_1(0)]=0$，理论上石英的动力学特性曲线应该通过零点，这一现象的产生主要是由粗颗粒物料筛分不完全，也与物料粗颗粒本身的破裂特性有关，这种现象可以通过对破裂参数进行修正得以解决[7]。

3.2 1.19～2.00 mm 石英的细粒级零阶产出特征

试验结果表明，物料在较短的磨矿时间内均具有相当显著的细粒级零阶产生特征[3-8]，结果见图2，即磨矿速率为常数

$$\frac{\mathrm{d}y_i(c)}{\mathrm{d}x}=\overline{F}_1, \tag{6}$$

式中，$y_i(t)$ 为 t 时刻小于 i 粒级的累积产率，%；为小于粒度 x_i 的细粒级零阶产出常数。

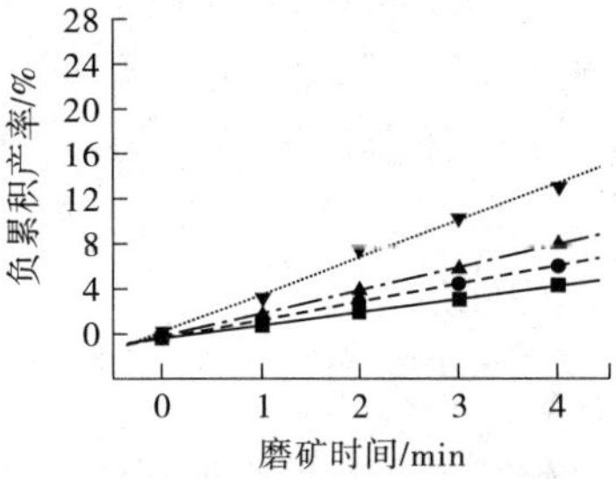

图2 石英颗粒短时间磨矿细粒产出特性

■—试验结果：−0.074 mm；●—试验结果：−0.1 mm；
▲—试验结果：−0.15 mm；▼—试验结果：−0.25 mm
——拟合结果：−0.074 mm---—拟合结果：−0.1 mm；
—·—拟合结果：−0.15 mm；……—拟合结果：−0.25 mm

由图3可知，F_i 和 x_i 间满足下列关系式：

$$\overline{F}_i=kx_i^{\gamma},$$

式中，k 和 γ 均为常数，对试验结果进行线性拟合，得 $k=10.8143$，$\gamma=0.8577$。

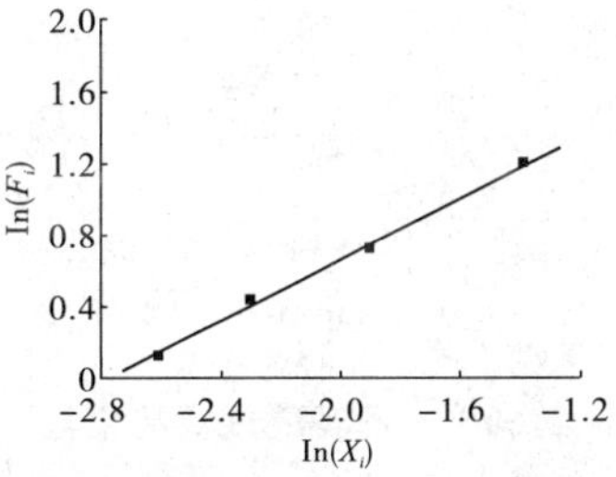

图3 石英在不同磨矿条件下 F_i 与 x_i 的关系

3.3 碎裂分布函数 b_{ij}

下面讨论 1.19～2.00 mm 的石英矿样在单独磨矿时碎裂分布函数 b_{ij} 的变化情况。根据实际测定，当磨矿时间较短时细粒级产品符合下述关系[3]：

$$B_{ij}S_j=kx_i^{\gamma}. \tag{7}$$

根据 B_{ij} 的定义可得：$b_{ij}=B_{ij}-B_{i+1j}=kx_i^{\gamma}-kx_{i+1}^{\gamma}$。对于最粗粒级 1.19～2.00 mm 的石英矿样，可以得出 $B_{i1}S_1=kx_i^{\gamma}$，代入式(6)得出 B_{ij} 的一个数学表达

式,最后将 S_i 和 b_{ij} 代入总体平衡模型的数学表达式中可以得出任意时刻不同阶段各粒级中石英的粒级含量,与实际磨矿所测出的数据进行比较。1.19~2.00 mm 石英在不同的磨矿时间下,累积碎裂分布函数 B_{ij} 与粒度 x_i 的关系曲线见图4。

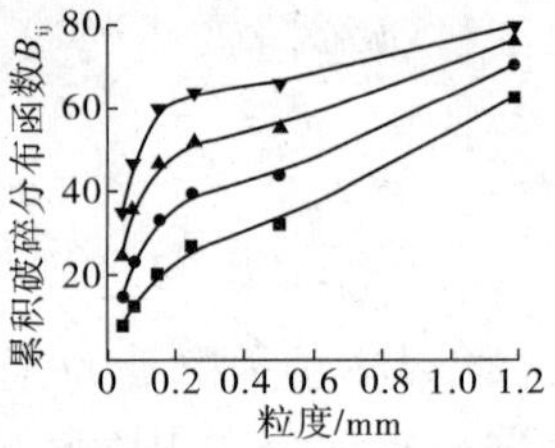

图4　不同磨矿时间条件下石英的破裂分布函数 B_{ij}

由图4可知,对于不同的磨矿时间,考虑到试验的误差,累积碎裂分布函数 B_{ij} 基本上相同。由于 B_{ij} 是可规范化,故可认为累积碎裂分布函数 B_{ij} 相同,意味着 b_{ij} 相同。

3.4　1.19~2.00 mm 石英的磨矿数学模型拟合仿真

假定1.19~2.00 mm 石英在磨矿过程中碎裂特性满足式(5)~式(7),对只有单粒级石英矿样进行磨矿时,破裂速率函数仅 S_1、破裂分布函数为 B_{i1},不考虑其他粒级石英的影响,通过磨矿数学模型的仿真结果来考查这些破裂参数是否成立。

在假定上述各破裂参数计算公式成立的前提下,采用 L. G. 奥斯汀-P. T. 勒基理论简算法经行模拟仿真。模型仿真结果和试验结果的拟合情况见图5。

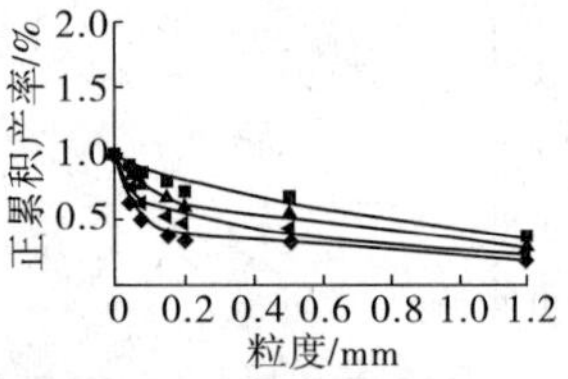

图5　1.19~2.00 mm 石英的试验结果与计算模拟结果

从图5可知,1.19~2.00 mm 的石英矿可以获得了满意的模型仿真结果,这也说明前述假设是成立的,即在粗粒石英的磨矿过程中,碎裂参数是正确的,可以认为该数学仿真模型能对任意时刻1.19~2.00 mm 石英的磨矿产品粒度分布进行理论分析计算。

研究查明了1.19~2.00 mm 窄粒级石英矿样的磨碎特性,对该粒级的破裂速率函数 S_i 和破裂分布函数 b_{ij} 进行分析和估算,并对试验结果进行仿真模拟计算,发现试验值和模拟值具有很高的一致性。

4　结　论

(1)对1.19~2.00 mm 粒级的石英单独磨矿时,其一级动力学行为是线性的,即窄粒级石英颗粒的破裂速率函数 Si 为常数,与磨矿时间无关。

(2)在一定的短时间磨矿时,1.19~2.00 mm 粒级的石英具有显著的细粒级零阶产出特征,通过 S_i 的值可以估算得出破裂分布函数 b_{ij},且 b_{ij} 也不随时间的变化而变化。

(3)通过 L. G. 奥斯汀-P. T. 勒基理论简算法对1.19~2.00 mm 粒级的石英磨矿行为进行理论模拟仿真。仿真结果表明,模拟仿真结果与试验结果吻合度较好,理论上可以模拟计算任意时刻磨矿产品。该试验研究结果对其他粒级的石英以及其他矿石的磨碎特性具有很好理论指导意义。

参　考　文　献

[1]　韩跃新,王泽红. 破碎磨矿技术进展及趋势[J]. 现代矿业,2009(S):1-8.

[2]　韩跃新,袁致涛,李艳军,等. 我国金属矿山选矿技术进展及发展方向[J]. 金属矿山,2006(1):34-40.

[3]　Reid K J. A Solution to the batch grinding equation[J]. Chemical Engineering Science,1965,20(11):953-963.

[4]　陈丙辰. 磨矿原理[M]. 北京:冶金工业出版社,1989.

[5]　Fuerstenau D W, Phatak P B, P. C. Kapur, A. -Z. M. Abouzeid. Simulation of the grinding of coarse/fine (heterogeneous) systems in a ball mill[J]. International Journal of Mineral Processing, 2011(99):32-38.

[6]　Venkataraman K S, Fuerstenau D W. Application of the Population Balance model to the grinding of mixtures of minerals[J]. Powder Technology,1984(39):133-142.

[7]　刘开忠,翁伟雄,周忠尚. 某些物料的碎裂特性及其碎裂数估计[J]. 矿冶工程,1988,8(3):42-46,57.

[8]　田金星. 石墨及其混合物料的磨碎动力学行为[J]. 中国有色金属学报,1996,6(4):47-50.

(收稿日期　2015-06-03)

某铝土矿浮选联合机组的性能试验

韩志彬[1,2,3] 张跃军[1,2,3] 张 明[1,2,3] 樊学赛[1,2,3]
(1. 北京矿冶研究总院;2. 矿物加工科学与技术国家重点实验室;3. 北京市高效节能矿冶技术装备工程技术研究中心)

摘 要 铝硅浮选分离技术是提高铝土矿的铝硅比,进而减少用拜耳法处理铝土矿的能耗、改善产品质量的常用方法。但铝土矿浮选工艺对浮选机要求严格,采用简单配置单一浮选机无法实现精矿的稳定生产。某选厂采用多个系列水平配置的充气式 KYF、XCF 浮选机和自吸式 GF 浮选机组成联合机组,进行铝土矿浮选,结合不同机型的流场,介绍了联合机组的配置方式与特点,对单系列联合机组的浮选机的动力学特性进行测试试验。结果表明,空气分散度在 3 ~ 4,无粗、细颗粒分层现象,泡沫流速可达 2.4 m/min。浮选机组的粗、扫选流程逐槽性能考察结果表明,首槽浮选机对 Al_2O_3 回收率的贡献最大,整个浮选作业精矿 Al_2O_3 品位约为 64.29%,回收率为 68% 左右,铝硅比提至 10.3。试验结果为浮选机组在低铝硅比铝土矿浮选中的推广应用提供了基础。

关键词 铝硅比 铝土矿 浮选机 联合机组 动力学特性

我国仅有不到 10% 的铝土矿资源铝硅比大于 10,多在 3 ~ 7,属于高硅铝土矿[1]。直接用拜耳法处理高硅铝土矿不仅能耗高,而且产品质量差[2]。目前铝土矿主要采取铝硅浮选分离技术来提高铝硅比、改善品质,再使用拜尔法生产氧化铝[3-4]。铝土矿的浮选过程不同于硫化矿,对浮选设备的要求更加严格,所需浮选机充气量小、调节精度高,实际浮选生产泡沫黏度高、产率大且产品难于运输[5]。由于铝土矿浮选工艺的特点,仅采用单一类型的浮选机、遵循简单的配置原则已不能高效稳定地生产精矿,大多数选矿厂结合矿石性质和工艺特点采用多种类型的浮选机组成联合机组进行选别。目前我国处理铝土矿的浮选设备主要有 XCF、KYF 等充气机械搅拌式浮选机,BF、GF 等自吸气式机械搅拌浮选机,微泡旋流浮选柱[6-7]以及水力分选设备等[8]。

1 联合机组的配置方式与特点

某铝土矿选厂根据不同正浮选作业的工艺特点选用了 KYF-40、XCF-40、GF-40 3 种浮选机组成联合机组进行选别。粗、扫选作业的配置为 3:3:2,包括粗 1、粗 2 和粗扫作业,精选作业的配置为 4:4:2,包括精 1、精 2 和精扫作业。配置方式见图 1。

联合机组集合了各类型浮选机的特点和优势。在联合浮选机组中,KYF-40 型浮选机是充气机械搅拌式浮选机,分选能力强,气量可以小幅精密调整,作为直流槽浮选机使用[9-10];XCF-40 型浮选机是充气机械搅拌式浮选机,具有自吸浆功能,气量不仅可以小幅度精密调整,还与泡沫返回量较小的作业配合作吸浆槽使用[11];GF-40 型浮选机是自吸气、自吸浆型浮选机,自吸浆能力强,与泡沫返回量较大的作业配合作吸浆槽使用[12-13]。

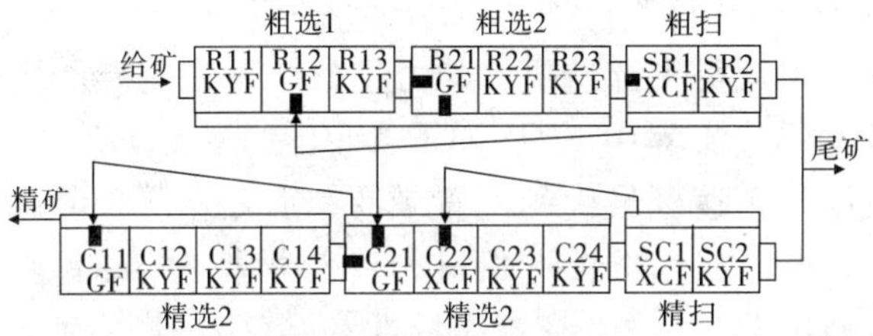

图 1 浮选机配置示意

浮选机之间的性能差异,是由浮选机槽内不同的动力学特性决定的。KYF 浮选机应用了后倾式高比转数叶轮、直悬式定子,矿浆由叶轮区甩出,叶轮产生的周向流经定子后变为径向流,在定子的稳流导向作用下,形成了向上和向下的两个大循环流。浮选机搅拌混合区矿浆流速最大,一方面实现了矿物颗粒有效的离底悬浮,另一方面增加了矿物颗粒和气泡的碰撞黏附概率。运输区、分离区、泡沫区流速明显变小,有利于有用矿物的分选,降低矿物颗粒的脱附概率。XCF 浮选机的流场与 KYF 极为相似。KYF 浮选机速度矢量分布见图 2。GF 浮选机应用了半封闭式叶轮,与盖板配合更易产生强烈的负压区,达到抽吸矿浆的目的。但作为吸浆槽的 GF 浮选机,较强的抽吸作用使得槽内紊流略强于 KYF、

韩志彬(1988—),男,助理工程师,100160 北京市南四环西路 188 号总部基地 18 区 23 号楼。

XCF 浮选机，分选效果也不如 KYF、XCF 出色，GF 浮选机速度矢量分布见图 3。根据这 3 种浮选机的性能差异，常规流程设计中将 GF 浮选机作为吸浆槽来优化流程配置，实现中矿、泡沫的快速返回，将 KYF 浮选机作为直流槽来促进矿物的有效分选，取得优良的选别效果。

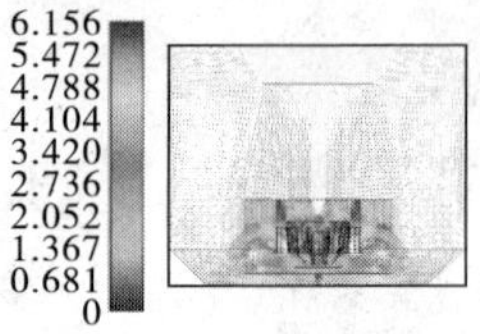

图 2　KYF 浮选机速度矢量分布

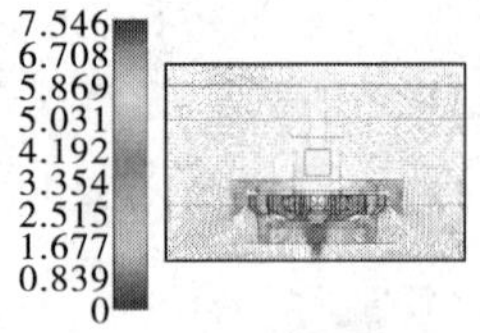

图 3　GF 浮选机速度矢量分布

2　联合机组的动力学特性研究

不同类型浮选机的动力学特性存在差异。为了考察浮选流程中 KYF、XCF、GF 浮选机组成的联合机组是否达到最优的配置效果，对某选厂 1 个系列组成联合机组的浮选机进行动力学特性研究，测量了空气分散度、矿浆悬浮特性和泡沫流速等性能指标。试验系列的给矿量在 82.5t/h 左右波动，相对比较稳定，浮选机叶轮的线速度在 4.41 ~ 7.10 m/s，转速可调。

2.1　空气分散度性能

空气分散度是表征浮选槽内空气分散均匀程度的量[14]，会对浮选指标产生显著影响。为考察浮选机的充气性能，进行了空气分散度测试。选择图 1 中编号 R11 的 KYF-40 浮选机、R21 的 GF-40 浮选机和 SR1 的 XCF-40 浮选机进行测试，测量方法和计算公式参考文献[14]，分别计算出充气量和浮选槽内的空气分散度，试验测量结果见表 1。因为吸气量（单位为 $m^3/(m^2 \cdot min)$）与充气量在数值上相同，故不在表格中体现。

表 1　3 种型号浮选机的空气分散性能

设备编号	充气量/($m^3/(m^2 \cdot min)$)	空气分散度
R11	0.39	3
R21	0.26	3.4
SR1	0.11	4

由表 1 可知，粗选 1 采用的 KYF-40 的浮选机的充气量最大，但空气分散度最低；扫选采用的 XCF-40 浮选机充气量最小，仅 0.11 $m^3/(m^2 \cdot min)$，空气分散度最高，为 4；粗选 2 采用的 GF-40 浮选机充气量和空气分散度介于两者之间。这是因为粗选作业泡沫产率最大，需要大量的泡沫以负载和输送矿物，充气量的需求大于其他两个作业。同时由于该浮选机处在整个粗扫选作业的首槽，采用自流给矿，矿浆的流动对浮选机内部的流场影响较大，导致空气分散度较低。由于测试在正常生产时进行，受矿浆中药剂的影响，气泡直径均小于 0.3 mm，但空气分散度仍能达到 3 ~ 4，表明浮选机空气分散性能优良。

2.2　矿浆悬浮特性

矿浆悬浮特性是浮选槽内矿浆是否存在分层、离析的主要判定依据。试验选取图 1 中编号 R21 的 GF-40 浮选机，编号 R13 的 KYF-40 浮选机和编号 SR1 的 XCF-40 浮选机进行悬浮特性测量试验。试验沿槽体深度方向设置 5 个取样点，测量不同深度矿浆的浓度分布，见图 4。将矿浆分为 5 个粒级进行筛分和制样，对不同槽内、不同深度截面的相同粒级产品产率进行统计，上下两个星标分别对应该粒级下产率的最大值和最小值，见图 5。

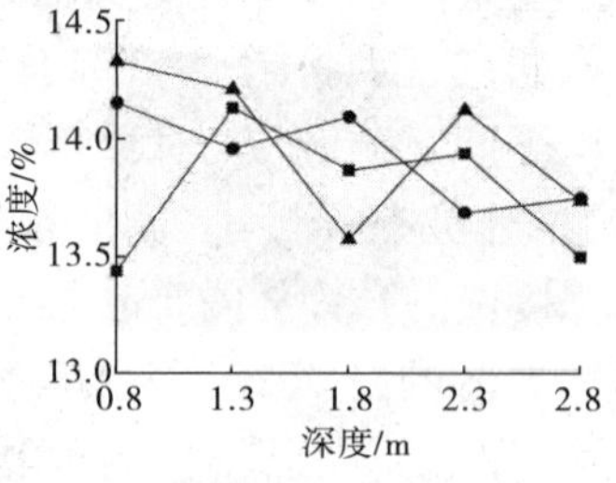

图 4　浮选机槽内矿浆浓度分布

■—XCF；●—GF；▲—KYF

由图 4 可知，各浮选机矿浆浓度在沿槽体方向各深度下分布基本一致，基本在 13% ~14%。

由图 5 可知，各槽体相同粒级在不同深度截面的产率分布趋势、大小基本一致，波动较小，产品主要集中在-0.038 5 mm 范围。无论是处在粗选作业还是扫选作业的浮选机，各槽内的矿浆粒度分布均匀，没有粗、细颗粒分层现象，说明该浮选机颗粒悬浮能力强，能为铝土矿的浮选提供很好的流体动力学条件。

2.3　泡沫流速测定

铝土矿正浮选的泡沫黏度高、产率大，矿浆在浮选机内停留时间长。为确保泡沫产品的快速高效排出，铝土矿专用浮选机优化了浮选机槽体推泡板和刮板配置。为考察泡沫的快排效果，选定编号为 C11、C12、C13、C14 共4台浮选机，每台设定5个取

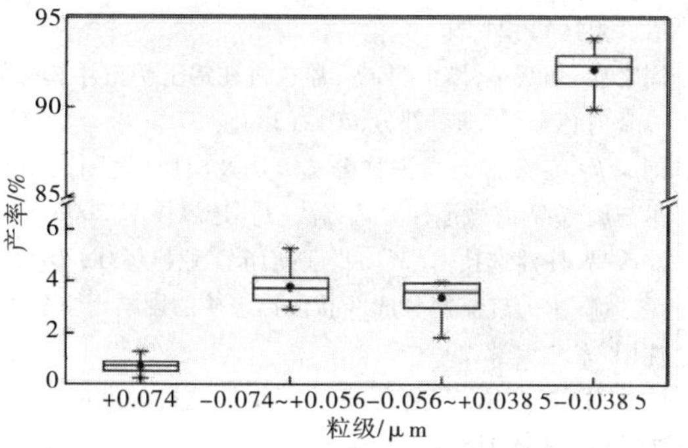

图5　浮选机槽内粒级分布

样测量点，进行泡沫流速测量试验。测量点的分布见图6，1、2点在右侧，4、5点在主轴的左侧，3点在槽体中间。在指定测量点放置漂浮物，记录其到达溢流堰的时间再计算出流速，漂浮物的流速可表征泡沫的流动速度，测量结果见表2。

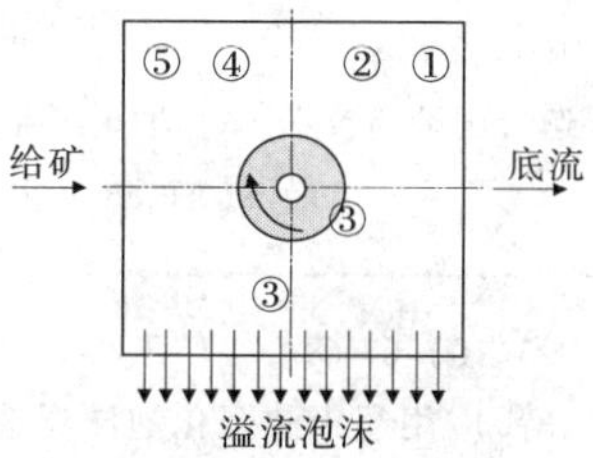

图6　泡沫流速测量点分布

表2　泡沫流动速度　m/min

编号	1点	2点	3点	4点	5点
C11	2.2	2.2	1.2	2.2	2.2
C12	2.4	2.4	1.2	2.2	2.2
C13	2.2	2.2	1.2	2.2	2.2
C14	2.2	2.2	1.1	1.5	1.8

测量时浮选机泡沫层厚度相同，约300 mm但C11、C12、C13、C14浮选机的电机转速不同，分别为500，478，751，590 r/min，在一定程度影响了泡沫的流速。从表1可知，浮选机表层的泡沫流速最大达到2.4 m/min，编号为C11和C12浮选机的泡沫流速略大于编号C13和C14浮选机。原因是后者是精II作业的最后两台浮选机，泡沫量比前者要大，泡沫流动速度相对较小。就整体而言，泡沫流动良好，3种型号的浮选机完全可以满足铝土矿泡沫的排出要求。

3　联合机组的选别效果分析

为了解3种型号浮选机联合作业的选别效果，定量分析每槽浮选机回收率的梯度分布情况，在第7系列的粗、扫选作业进行了逐槽品位测试，分别对8台浮选机的给矿、泡沫产品和底流产品进行取样。粗选R11浮选机的给矿在给矿箱取样，其余7台浮选机的给矿采用泵从过流口抽吸底流样，泡沫产品在溢流堰取样。对粗、扫选作业所取样进行化验计算Al_2O_3回收率，见图7。该选厂第一季度的生产指标见表3。

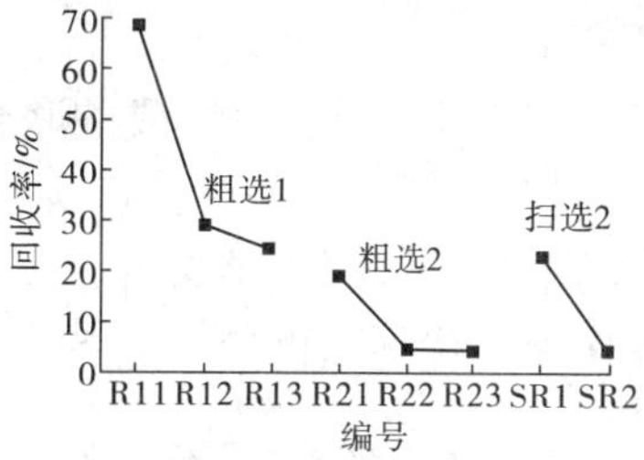

图7　粗扫选作业浮选机Al_2O_3的回收率

表3　联合机组季度生产数据

月份	精矿品位/%	回收率/%	铝硅比
1	66.19	69.58	10.25
2	64.04	66.58	9.53
3	62.65	64.3	10.31

从图7可知，首槽R11浮选机的Al_2O_3回收率最高，为70%，对整个粗扫选作业贡献最大，此后5台浮选机的Al_2O_3回收率逐渐降低。第7槽浮选机的Al_2O_3回收率突然变高，第8台最低。各作业Al_2O_3回收率下降的趋势基本一致，梯度变化十分明显，如第1槽浮选机回收率最高，第2、3槽的回收率在28%左右。同时，由于每个作业前置了搅拌槽或给矿箱，药剂分散均匀，因此各作业的首槽浮选机的回收率最高。如R11是粗1作业的KYF浮选机，给矿由搅拌槽自流给入，Al_2O_3品位最高、药剂充分搅拌，所以Al_2O_3其回收率最高。

由表3可知，浮选联合机组自运转以来，浮选精矿Al_2O_3品位约64.29%，浮选作业Al_2O_3回收率68%左右，铝硅比提至10.31，效果较好。

4　结　论

（1）铝土矿常采取铝硅浮选分离技术来提高铝硅比，降低拜尔法生产氧化铝的能耗。但传统简单配置的单一浮选机难以满足铝土矿浮选对设备的严格要求，采用单一浮选机组成联合机组是解决该问题的有效方法。

（2）对XCF、KYF、GF浮选机组成的联合机组开展动力学特性测试试验研究，结果表明：联合机组各浮选机的空气分散度在3～4，槽内矿浆浓度分布均匀，没有粗、细颗粒分层现象，泡沫流速可达2.4 m/min，可满足铝土矿正浮选的要求，实现高产黏性泡沫的顺序快速返回。

（3）联合机组的选别效果分析结果表明，粗扫选作业粗 1 的首槽浮选机回收率最大,为 70%,贡献最大,各作业 Al_2O_3 回收率下降的趋势基本一致,梯度变化明显。浮选作业精矿 Al_2O_3 品位约为 64.29%,回收率在 68% 左右,铝硅比达 10.31,生产指标较好。

(4)XCF、KYF、GF 浮选机组成的联合机组系统集成了各自的技术优势,使得浮选机实现水平配置,减少了能源的消耗。该研究结果可为浮选流程配置和浮选机操作参数优化提供较为完备的技术支持。

参 考 文 献

[1] 催萍萍,黄肇敏,周素莲. 我国铝土矿资源综述[J]. 轻金属,2008(2):6-8.

[2] 刘 冰,邱越琴. 铝土矿浮选脱硅现状与展望[J]. 现代矿业,2012(5):131-133.

[3] 黄攀峰,张国范,冯其明. 铝土矿浮选脱硅研究进展[J]. 矿产保护和利用,2003(1):50-54.

[4] 刘水红,方启学. 铝土矿选矿脱硅技术研究现状述评[J]. 矿冶,2004(4):24-29.

[5] 周宏喜,张跃军,谭 明,等. 浮选机在铝土矿正浮选中的应用[J]. 有色金属:选矿部分,2012(3):55-57.

[6] 刘炯天. 旋流-静态微泡柱分选方法及应用(之一):祝分选技术与旋流-静态微泡柱分选方法[J]. 选煤技术,2000(4):1-4.

[7] 沈政昌. 柱浮选技术[M]. 北京:冶金工业出版社,2015.

[8] 孟 娜. 水力旋流器分选低品位铝土矿的影响因素研究[D]. 沈阳:东北大学,2008.

[9] 沈政昌,刘惠林,卢世杰. BGRIMM 浮选机的发展[J]. 矿冶,2002(7):134-138.

[10] 沈政昌,刘振春,卢世杰,等. KYF-50 充气机械搅拌式浮选机研制[J]. 矿冶,2001(9):31-36.

[11] 沈政昌,XCFⅡ浮选机及 XCFⅡ/KYFⅡ浮选机联合机组的发展与实践[J]. 有色设备,2007(04):4-7.

[12] 沈政昌. 浮选机发展历史及发展趋势[J]. 有色金属:选矿部分,2011(9):34-46.

[13] 卢世杰,等. GF 型机械搅拌式浮选机研究[J]. 有色金属:选矿部分,2000(6):24-28.

[14] 沈政昌. 浮选机理论与技术[M]. 冶金工业出版社,2012.

(收稿日期 2015-06-09)

(上接第 168 页)

拌作用,同时还伴有螺旋型的超声波分布结构对其分散效果的影响。带矿试验也验证了超声波浮选柱能增强硫化物的可浮性、具有较好的去泥效果,浮选效果受超声波因素影响,但不明显。

参 考 文 献

[1] 侯万荣,李体刚,赵淑华,等. 我国矿产资源综合利用现状及对策[J]. 采矿技术, 2006,6(3):63-66.

[2] 沈政昌. 柱浮选技术[M]. 北京:冶金工业出版社,2015.

[3] 谢广元. 选矿学[M]. 徐州:中国矿业大学出版社,2001.

[4] 卢寿慈,翁 达. 界面分选原理及应用[M]. 北京:冶金工业出版社,1992.

[5] 康文泽,路迈西,等. 超声波作用下的矿浆性质研究[J]. 煤炭科学技术,2005(10):67-68.

[6] 勒特马瑟 C,等. 应用超声波强化泡沫浮选[J]. 国外金属选矿,2002(10):21-25.

[7] Aldrich C, Feng D. Effect of ultrasonic preconditioning of pulp on the flotation of sulphide ores [J]. Minerals Engineering, 1999, 12(6):706.

[8] 史帅星,江 宇,曹 亮,等. 超声作用对+38 μm 萤石矿的再粉碎、解离度和成分构成的影响研究[J]. 有色金属:选矿部分,2010(2):31-34.

[9] 陈 东,梁殿印,韩登峰,等. 超声波对常用浮选药剂分散乳化效果研究[J]. 有色金属:选矿部分, 2011(3):50-53.

[10] 杨丽君,梁殿印,韩登峰,等. 超声波对浮选柱选钼过程中细粒尾矿再选的试验研究[J]. 有色金属:选矿部分,2011(4):51-55.

(收稿日期 2015-05-26)

秘细粉高压辊磨预处理试验研究

张金华　宋文武　朱辛洲　刘福来
（矿业公司技术处首钢球团厂）

摘　要　首钢球团厂原采用自产铁矿粉作为造球原料，但脉石含量较高，影响球团矿质量。配加秘细粉后造球出现生球质量下降、回转窑内部频繁黏结等问题。通过对比分析秘细粉与自产矿粉的成球性能，进行高压辊磨等预处理方式对改善秘细粉成球性的条件试验，确定高压辊磨预处理的最佳条件为压力 5.5 MPa、转速 17 r/min；辊磨后秘细粉的成球性试验表明其表面活化能和吸附水的能力增加，表现为表面积和成球性指数升高，辊磨后秘细粉配比在较低水平为宜。同时显示辊磨中间料成球性能提高最为显著，因此闭路循环工艺可达到最佳预处理效果。试验结果可为高压辊磨预处理秘细粉配加于自产矿粉以提高造球性能的具体工艺提供参考。

关键词　秘细粉　高压辊磨　预处理　试验研究

细粒级磁铁矿粉通常作为球团厂造球原料，矿粉水分、粒度是衡量矿粉成球性的主要指标。首钢球团厂全部采用自产高品位磁铁矿粉作为球团原料，但存在脉石含量较高的缺点。为进一步提高球团矿品质，决定配加一定量的秘鲁细铁精粉（简称秘细粉，-0.074 mm 占 90%）以改善矿粉造球性能。按过去经验，矿粉粒度越细，成球性越好。但实际生产实践表明，秘细粉成球性低于自产矿粉，直接添加在自产矿粉进行造球，表现出生球质量下降、回转窑内部频繁黏结等现象，被迫提高皂土配比、频繁调整热工参数，影响球团生产的稳定进行，制约球团降硅攻关工作的深入开展。为此，对秘细粉和自产矿粉成球性进行对比，分析影响成球性的原因，进而探究改善秘细粉成球性的因素，尤其是高压辊磨预处理对优化秘细粉成球性的可行性进行试验研究，以期获得改善秘细粉成球性的高压辊磨预处理具体工艺。

1　秘细粉与自产矿粉成球性对比

1.1　秘细粉与自产矿粉性质对比

自产矿粉具有品位高、有害元素低等特点，但脉石含量较高；秘细粉铁品位高、脉石含量低，但矿粉中硫含量较高，且含有一定量的碱金属。首钢球团厂配加一定量的秘细粉，可以实现两种矿粉特性的优劣互补，降低脉石含量，提高球团矿品位。自产矿粉和秘细粉的主要化学成分分析对比见表 1。

表 1　两种矿粉主要化学成分分析对比　　%

物料	TFe	SiO_2	CaO	MgO	Al_2O_3	FeO
自产粉	68.18	3.7	0.19	0.49	0.73	28.63
秘细粉	69.25	2.04	0.37	0.05	0.41	29.28
物料	**P**	**S**	**TiO_2**	**K_2O**	**Na_2O**	**Zn**
自产粉	0.01	0.071	0.16	0.01	0.028	0.006
秘细粉	0.01	0.135	0.09	0.051	0.185	0.009

1.2　秘细粉成球性分析

针对球团厂自产矿粉配加秘细粉后，进行球团生产过程中暴露出来的问题，对秘细粉进行了成球性分析。委托首钢技术研究院对 2 种矿粉的成球性进行检测，结果见表 2。

表 2　矿粉成球性指数和比表面积对比

矿粉名称	成球性指数	比表面积/(cm^2/g)
矿业自产粉	1.46	1 227
秘鲁细精粉	1.02	913

由表 2 可知，秘细粉比表面积仅为 913 cm^2/g，比自产矿粉低 25.59 个百分点，成球性指数仅为 1.02，比自产粉低 30.14 个百分点。虽然秘细粉粒度比自产矿粉粒度细，适合作为球团原料，但成球性低于自产矿粉。经调研分析，秘细粉成球性差的主要原因是：秘鲁铁矿采用海水选矿，脱硫作业中应用了浮选药剂，秘细粉经过长时间运输，导致矿粉颗粒表面钝化。

1.3　改善秘细粉成球性试验研究

为探索改善秘细粉成球性的措施，与首钢技术研究院联合开展了秘细粉造球试验研究，考察不同

张金华(1976—)，男，高级工程师，064404 河北省迁安市滨河村。

温度、不同存储时间及水洗、高压辊磨等对成球性能的影响。

结果表明,秘细粉存储时间延长,秘细粉成球性下降;通过提高矿粉温度和水洗秘细粉等措施并不能有效改善秘细粉成球性,而高压辊磨是改善秘细粉成球性的有效手段。

2 秘细粉预处理方式对成球性的影响

为改善秘细粉成球性,探索提高秘细粉配比的措施,对秘细粉预处理方式进行了探索试验研究。

2012 年 4 月 28 日开始,利用球团厂 1 系列的润磨机对秘细粉进行了润磨预处理连续性试验,润磨预处理比例为 10%。润磨后的秘细粉粒度提高不明显,但与未进行 10% 比例润磨的秘细粉相比,皂土配比降低 0.2 ~ 0.25 个百分点。结果表明,采用润磨方式可改善秘细粉成球性能。京唐公司球团厂原料大部分为秘细粉,经高压辊磨预处理后比表面积增加 218 cm^2/g,成球性指数由 0.88 提高到 1.14,也验证了试验结论,但润磨机处理能力低、能耗高,难以工业应用。

3 秘细粉高压辊磨预处理试验

3.1 秘细粉高压辊磨试验方案

为考察高压辊磨预处理对秘细粉成球性的影响,委托国内某单位在实验室进行了秘细粉高压辊磨试验,分别采取不同转速、不同压力进行辊磨,测试处理后的秘细粉比表面积。

3.2 试验设备及参数

高压辊磨机终粉磨系统采用 CLM25/10 型高压辊磨机,工作参数为:

辊面形式为 3 mm 点阵柱钉,辊子直径为 250 mm,辊面宽度为 100 mm,辊子线速度为 0 ~ 0.37 m/s、转速为 0 ~ 30 r/min 可调,液压缸推力为 0 ~ 18 MPa 可调,投影压力为 0 ~ 7.5 MPa 可调。

比表面积仪器采用 FBT-9 型全自动比表面积测定仪。

3.3 高压辊磨预处理条件试验

3.3.1 压力条件试验

设定高压辊磨机的主要工作参数,设定中边料比例为 7∶3,双进料装置全开,辊压机转速固定为 17 r/min,辊间压力分别为 3.5、4.5、5.5 MPa。每次试验给料 15 kg,进行高压辊磨开路试验。打开高压辊磨机进料闸板同时开始计时,出料结束关闭闸板停止计时。自打开高压辊磨机进料闸板 10 s 后,高压辊磨机达到理想工作状况,同时开始取样。每隔 10 s 取一次,每次取 200 g 左右,一共取 3 次。取出的样装入密封口袋中,进行粒度和比表面积的测定。压力条件试验结果见表 3。

表 3 压力条件试验结果

压力 /MPa	产品	−0.074 mm 含量 /%	与原矿差值	比表面积 /(cm^2/g)	比原矿增加值	提高比例 /%
	原矿	83.24		790	0	0
3.5	中料	86.48		1 290		
	边料	84.45		1 000		
	综合	85.87	2.63	1 203	413	52.28
4.5	中料	87.33		1 200		
	边料	86.65		1 100		
	综合	87.13	3.89	1 170	380	48.10
5.5	中料	86.98		1 420		
	边料	85.53		1 100		
	综合	86.55	3.31	1 324	534	67.60

由表 3 可知,秘细粉综合比表面积随着高压辊磨压力的提高,−0.074 mm 粒级含量的提高幅度先增加后降低,在压力为 4.5 MPa 时,提高幅度最大达 3.89 个百分点;秘细粉比表面积相对于未经高压辊磨处理,均有不同程度的提高,在压力 5.5 MPa 时,比表面积提高值达到峰值,提高了 67.60%,达到 1 324 cm^2/g。高压辊磨处理后的秘细粉具有中间料(占辊磨长度的 70%)比表面积和粒度提高幅度优于边料的特点。

3.3.2 转速条件试验

固定高压辊磨机工作压力为 5.5 MPa,调整辊压机转速分别为 14、17、20 r/min。其他条件和操作流程不变,转速条件试验结果见表 4。

表 4 辊速条件试验结果

转速 /(r/min)	产品	−0.074 mm 含量 /%	与原矿差值	比表面积 /(cm^2/g)	与原矿差值	提高比例 /%
	原矿	83.24		790	0	0
14	中料	86.48		1 290		
	边料	84.45		1 000		
	综合	85.87	2.63	1 203	413	52.28
17	中料	87.33		1 200		
	边料	86.65		1 100		
	综合	87.13	3.89	1 170	380	48.10
20	中料	86.98		1 420		
	边料	85.53		1 100		
	综合	86.55	3.31	1 324	534	67.60

由表 4 可知,随着辊压机转速的提高,秘细粉中 −0.074 mm 粒级含量变化不大,在 86.50% 左右。

比表面积则呈先上升后下降趋势,在转速为 17 r/min 时达到峰值,较原秘细粉提高了 67.60%。转速为 14 r/min 和转速为 20 r/min 时,秘细粉比表面积接近,且中间料辊压效果最好。

4 辊压后秘细粉成球性试验

4.1 秘细粉成球性变化

为验证高压辊磨预处理后的秘细粉成球性变化,对其进行成球性检测并与未经过辊磨预处理的秘细粉进行比较,结果见表5。

表5 秘细粉辊磨前后成球性变化

项目	比表面积/(cm^2/g)	成球性指数
未辊磨秘细粉	948	1.16
辊磨后中间料	1 063	1.38
辊磨后综合料	1 046	1.25

由表5可以看出,高压辊磨预处理后的秘细粉比表面积和成球性指数均得到提高,比表面积提高 100 cm^2/g 左右,成球性指数提高 0.2 左右,且中间料改善效果最好,比表面积提高 12.13%,成球性指数提高 18.97%,接近自产矿粉成球性水平。

4.2 辊磨秘细粉镜像分析

高压辊磨前后秘细粉微观形貌在扫描电镜下(放大500倍)形貌观察结果见图1。

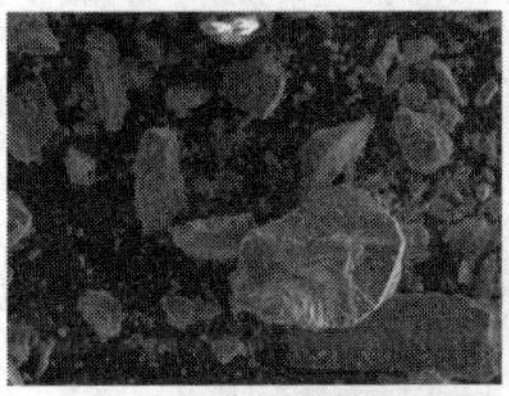

(a)原秘细粉颗粒形貌

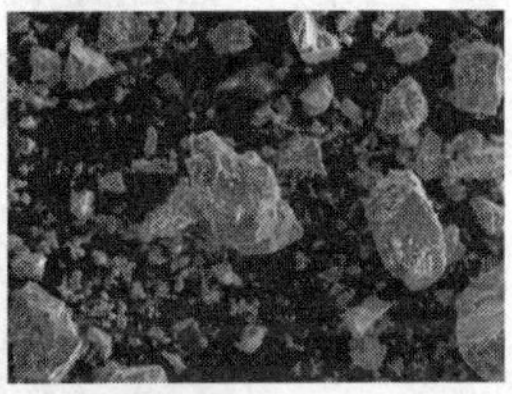

(b)高压辊磨后中间颗粒形貌

(c)高压辊磨综合料形貌

图1 高压辊磨综合料形貌

由图1可知,未辊磨的秘细粉颗粒微观形貌比较规则,颗粒表面比较光滑。辊磨后中间料的颗粒形貌则表面比较粗糙,颗粒表面缺陷多,综合料颗粒表面也出现了一些缺陷,但比中间料颗粒少。说明高压辊磨预处理增加了秘细粉表面活化能和吸附水的能力,从而提高了成球性能。对京唐公司球团厂高压辊磨预处理前后的混合矿粉进行同样镜像分析,颗粒形貌的观察结果了进一步验证了高压辊磨机对秘细粉表面性能的改善,见图2和图3。

图2 高压辊磨前混合矿粉颗粒形貌

图3 高压辊磨后混合矿粉颗粒形貌

4.3 高压辊磨预处理后秘细粉造球试验

为考察辊磨后的秘细粉对造球过程及成球性能的影响,在球团厂实验室对高压辊磨前后的秘细粉进行造球对比试验。

4.3.1 试验方案

试验采用固定自产皂土配比的方法,分别将秘细粉、辊磨后的中间料、综合料与自产高品位铁矿粉按一定比例进行配加试验,共计进行15组。秘细粉和皂土配比见表6。

表6 造球试验的原料配比 %

秘细粉种类	秘细粉配比	皂土配比
辊磨前秘细粉	10	1.8
	20	1.8
	30	1.8
	40	1.8
	50	1.8
辊磨后秘细粉中间料	10	1.8
	20	1.8
	30	1.8
	40	1.8
	50	1.8
辊磨后秘细粉综合料	10	1.8
	20	1.8
	30	1.8
	40	1.8
	50	1.8

4.3.2 试验结果数据对比分析

固定实验室造球试验的球盘转速、造球时间、打水方法等条件均相同,最大限度稳定各组的生球水分在8%左右,配加未辊磨秘细粉、高压辊磨中间秘细粉、高压辊磨综合秘细粉的混合矿粉所造生球质量指标分别见表7、表8、表9。

表7　配加未辊磨秘细粉的生球质量指标

未辊磨秘细粉配比/%	落下强度/(次/0.5 m)	生球水分/%
10	3.5	8.02
20	3.4	7.99
30	3.2	7.97
40	2.9	8.01
50	3	7.94

表8　配加高压辊磨中间秘细粉的生球质量指标

高压辊磨中间秘细粉配比/%	落下强度/(次/0.5 m)	生球水分/%
10	5.9	8.3
20	7.8	8.21
30	8	8.1
40	5.8	8.05
50	7.7	8.07

表9　配加高压辊磨综合秘细粉的生球指标

高压辊磨综合秘细粉配比/%	落下强度/(次/0.5 m)	生球水分/%
10	4.2	8.11
20	4.1	8.04
30	4.6	8.01
40	4.3	7.95
50	4	7.88

由表7～表9可知，在秘细粉配比相同条件下，配加高压辊磨处理后的综合秘细粉和中间秘细粉的生球落下强度均有小幅提升，且配加中间秘细粉的生球质量最佳；但随着辊磨处理后的秘细粉配比的提高，生球落下强度呈逐渐下降的趋势。说明配加辊磨处理的秘细粉可提高生球质量，但配比以较低水平为宜。

5　结　论

(1)首钢球团厂自产铁矿粉脉石含量高，球团矿品质收到影响，而秘细粉具有铁品位高、粒度细的特点。在自产矿粉中配加一定量的秘细粉能使二者优劣互补，提高造成性能。但直接配加进行造球，易出现生球质量下降、回转窑内部频繁黏结等问题；润磨预处理秘细粉虽然能提高其比表面积和成球性指数，但能耗高、处理能力低，限制了工业应用。

(2)高压辊磨机在压力5.5 MPa、转速17 r/min时预处理秘细粉，其比表面积增加值最大，颗粒表面缺陷最多，成球性指数提高最明显，主要原因是表面活化能和吸附水能力的提高。

(3)自产矿粉配加预处理后的秘细粉进行造球，生球水分和落下强度得到改善，但秘细粉配比较低为宜。高压辊磨后中间部分矿粉成球性能优于边料和综合料。因此，为最大限度改善矿粉成球性，应优先选择闭路循环高压辊磨预处理秘细粉工艺。

(收稿日期　2015-05-25)

(上接第171页)

效果受pH值影响，但硫化钠与硫代硫酸钠的存在均为抑制作用，碳酸钠与铬酸钾则对可浮性影响较小。

(4)有机调整剂草酸在条件试验的大部分pH范围内对磁黄铁矿产生较为显著的活化作用。

参　考　文　献

[1]　崔毅琦，童　雄，周庆华，等. 国内外磁黄铁矿浮选的研究概况[J]. 金属矿山，2005(5)：24-26.

[2]　汤朝荣. 磁黄铁矿的可浮性研究及强化浮选[J]. 有色金属：选矿部分，1986(1)：11-15.

[3]　王淀佐，胡岳华. 浮选溶液化学[M]. 长沙：湖南科学技术出版社，1988.

[4]　魏德洲. 固体物料分选学[M]. 2版. 北京：冶金工业出版社，2009.

[5]　覃武林，孙　伟，张　英，等. 基于交流阻抗技术的磁黄铁矿活化浮选研究[J]. 矿冶工程，2009，29(2)：32-35.

(收稿日期　2015-05-26)

大红山铜选厂起泡剂优化研究及应用

蔡正鹏
（玉溪大红山矿业有限公司）

摘　要　玉溪大红山矿业有限公司铜选厂设计使用的起泡剂为2#油，通过对先进矿山的学习和相关资料的查询，开展了730A及松醇油起泡剂的研究及应用，最终获得了较好的效果。

关键词　铜选厂　浮选　起泡剂　金属回收率

玉溪大红山矿业有限公司（以下简称大红山）隶属于昆钢集团公司，位于云南省新平县嘎洒镇。大红山铜选厂设计能力为150万t/a，自2012年2月投产以来，按照设计药剂制度使用丁基黄药作为捕收剂，2#油作为起泡剂，铜系列浮选系统精矿品位在19%左右，金属理论回收率在88%左右，理论浮选指标接近试验指标，但与浮选较为成熟的铜选厂相比，回收率低，且生产中浮选指标不稳定，铜精矿浓缩时由泡沫难消、部分带矿泡沫损失于溢流中，实际金属回收率与理论回收率差距较大。为此，开展了浮选药剂对比试验，旨在探索较优的浮选起泡剂，改善泡沫难消的现状，提高浮选金属回收率。

1　铜矿石性质

1.1　矿石性质分析

原矿化学多元素分析、铁物相分析及铜物相分析结果分别见表1～表3。

表1　原矿化学多元素分析结果　%

元素	TFe	FeO	SFe	CaO	MgO	SiO_2	Al_2O_3
含量	21.10	9.70	19.36	5.12	4.86	33.71	6.52
元素	S	Co	P	Cu	K_2O	Na_2O	烧失
含量	0.728	0.016	0.075	0.503	0.819	0.93	15.52

表2　原矿铁物相分析结果　%

铁物相	铁含量	铁分布率
磁铁矿	6.40	30.40
赤褐铁矿	4.75	22.57
黄铁矿	0.65	3.09
碳酸铁	7.40	35.15
硅酸铁	1.85	8.79
合　计	21.05	100.00

表3　原矿铜物相分析结果　%

铜物相	铜含量	铜分布率
原生硫化铜	0.121	24.10
次生硫化铜	0.290	57.77
自由氧化铜	0.079	15.74
结合氧化铜	0.012	2.39
合　计	0.502	100.00

1.2　矿物组成及含量

原矿金属矿物主要有磁铁矿、赤铁矿、黄铁矿、黄铜矿、斑铜矿、黑铜矿、硫钴矿、菱铁矿、石墨。脉石矿物主要有石英、黑云母、碳酸盐、石榴石、角闪石、斜长石、硅灰石、绢云母、绿泥石、磷灰石、碳质物。

Ⅰ号含铁铜矿矿石中主要工业铁矿物为磁铁矿，含量为8.84%；其次为赤铁矿，但主要呈假象～半假象矿产出。需回收的铜矿物主要为黄铜矿，含量为0.84%；其次为斑铜矿，其他铜矿物量微。脉石矿物主要为碳酸盐、石英，含量分别为29.19%和21.85%，其次为黑云母、石榴石等矿物，有用金属矿物较脉石矿物粒度要细，-0.07 mm粒级约占70%，而所有脉石矿物-0.07 mm粒级分布率均不到40%，平均约69%分布于+0.07 mm粒级中。矿石中各矿物相对含量见表4。

表4　矿石中各矿物相对含量　%

矿物	磁铁矿	赤铁矿	黄铁矿	黄铜矿	斑铜矿	石英	云母类
含量	8.84	6.79	1.39	0.84	0.19	21.85	18.46
矿物	碳酸盐	石榴石	绿泥石	长石	其他	合计	
含量	29.19	4.66	2.91	1.01	3.87	100.00	

蔡正鹏（1970—），男，高级工程师，653405 云南玉溪新平戛洒镇。

2 选矿试验研究

2.1 试验设备及流程

试验采用的浮选设备为 FX-0.75L 单槽浮选机，试验原矿为现场采取的铜系列 ϕ660 mm 水力旋流器溢流（浮选原矿），细度为-0.074 mm 82%，铜品位为 0.30%，试验给矿为 250 g，浓度为 33%。由于闭路试验工作量大且难以平衡，考虑到浮选关键在粗选环节，所以试验流程采用 1 段粗选流程。试验流程见图 1。

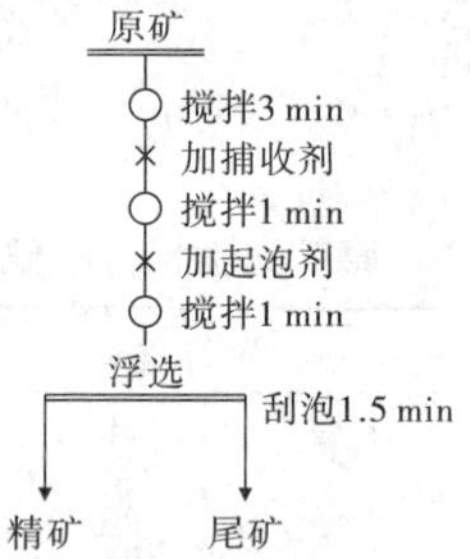

图 1 试验流程

2.2 药剂对比探索试验

按试验流程图 1 固定浮选充气量为 0.30 L/min，改变捕收剂及起泡剂，配置捕收剂浓度为 1%，起泡剂为原始浓度。配制大红山铜矿捕收剂，黄药类复合药剂 540：丁胺黑药配比为 1：1，简称 YT-1，配制捕收剂另一种复合药剂，丁基黄药（简称丁黄）：丁胺黑药配比为 1：1，简称 SX-1。药剂组合用量均为 100+50 g/t，药剂组合及浮选试验结果见表 5。

表 5 药剂对比探索试验结果

编号	药剂组合	原矿铜品位/%	精矿/%			尾矿铜品位/%
			产率	铜品位	铜回收率	
1	丁黄+ HCCL-N3#	0.30	14.01	1.78	82.89	0.060
2	丁黄+2#浮选剂	0.30	5.65	4.05	76.30	0.075
3	丁黄+730A	0.30	2.32	9.31	72.00	0.086
4	丁黄+2#油	0.30	8.18	2.98	81.21	0.061
5	丁黄+松醇油	0.30	3.00	7.96	79.60	0.063
6	YT-1+730A	0.30	12.86	2.24	96.02	0.014
7	YT-1+松醇油	0.30	9.18	2.66	81.40	0.065
8	YT-1+2#油	0.30	14.01	1.74	81.35	0.065
9	YT-1+ HCCL-N3#	0.30	14.02	1.86	86.78	0.046
10	YT-1+2#浮选剂	0.30	7.14	3.23	76.97	0.074
11	SX-1+730A	0.30	10.60	2.26	79.78	0.068
12	SX-1+松醇油	0.30	8.22	2.66	72.97	0.088
13	SX-1+ HCCL-N3#	0.30	13.32	1.74	77.21	0.079
14	SX-1+2#油	0.30	13.40	1.84	82.32	0.061

由表 5 可知，编号 1～5 试验以丁黄作捕收剂，与编号 11～14 试验以 SX-1 作捕收剂相比，铜回收率相当，但精矿铜品位较高，表明 SX-1 作捕收剂效果不如丁黄；编号 6～10 试验以 YT-1 作捕收剂，铜回收率普遍较高，当起泡剂为 730A 时，铜回收率高达 95%左右；丁黄作捕收剂时，松醇油与 730A 作起泡剂，粗选精矿铜品位较高，表明药剂选择性较好。

2.3 药剂对比重复性试验

分别对丁黄及 YT-1 进行重复试验，以判断试验的重复性、指标的重现性，其他试验条件同探索试验条件。试验结果见表 6。

表 6 药剂对比重复试验结果

编号	药剂组合	药剂用量/(g/t)	原矿铜品位/%	精矿/%			尾矿铜品位/%
				产率	铜品位	铜回收率	
15	丁黄+730A	150+50	0.30	3.23	7.04	75.79	0.075
16			0.30	2.64	8.17	71.80	0.087
17	SX-1+730A	100+50	0.30	13.02	1.74	75.62	0.084
18	YT-1+730A		0.30	12.04	2.35	94.42	0.019

由表 6 可知：编号 15～16 试验条件参数均相同，指标基本相当，有重复性，与表 1 中相比，在捕收剂用量增加的情况下，铜回收率提高不明显，精矿铜品位均大于 7%，与 10% 的设计品位仍有所差距；编号 15～16 试验条件参数与表 1 中编号 11 试验均相同，试验指标相当，有重复性，说明 SX-1 与 730A 组合效果不是很好；编号 18 试验条件参数与表 1 中编号 6 试验均相同，试验指标相当，有重复性，均获得 95%左右的金属回收率，缺点是精矿铜品位较低，但大红山铜矿生产实践表明，可通过降低药剂用量提高精矿铜品位，最终铜精矿品位在 20%左右。

2.4 试验小结

（1）通过对试验现象的观察，2#油作起泡剂时，浮选泡沫较难消，表明该药剂黏性较大，其优点是铜回收率较高，但容易导致生产上浓缩时高品位带矿泡沫流失于溢流中；松醇油黏性相对较小，泡沫相对好消，但该药剂有难闻刺鼻味，如用于生产，可能会恶化生产环境；730A 起泡剂黏性最小，泡沫较好消，有股松香味，无刺激性味道。

（2）对各种起泡剂质量进行测定，每滴质量均在 0.025 g 左右，表明各药剂有效成分含量基本相当。

（3）粗选的作用是初步富集，在浮选流程上起着承上启下的作用，其回收率的大小很大程度上决定了浮选流程的回收率；通过探索试验及重复性试验，YT-1 捕收剂（黄药类复合药剂 540 与丁胺黑药配比为 1：1）与 730A 起泡剂组合（大红山铜矿现药剂制度)可获得较高的金属回收率;丁黄与730A或松醇油组合可获得较高的精矿铜品位。

(4)建议进行工业试验,对药剂性质进行对比。推荐工业对比试验药剂组合如下:①YT-1捕收剂(黄药类复合药剂540:丁胺黑药配比为1:1)+730A;②丁基黄药+730A;③丁基黄药+松醇油。

(5)药剂中添加丁胺黑药有助于金、银的回收,而使用低黏度的起泡剂不利于金、银的回收,工业试验期间,除对比选铜指标外,仍需要对比金、银指标情况,避免将来不必要的重复试验。

(6)通过工业对比试验,确定浮选药剂制度后,针对现浮选流程进行优化,改造后再进行一次流程结构对比工业试验。

3 工业试验

经过试验室小试后,现铜选厂在生产中对起泡剂进行工业试验,寻找出一种适合选厂生产要求的起泡剂。试验条件为固定捕收剂为丁黄,更换起泡剂为730A和松醇油,试验室对其流程进行考察和分析。

3.1 流程考察

3.1.1 考察时间及取样点的布置

三选厂铜系列起泡剂为730A时,考察时间为5月21日14:00~18:00,共计4h,除粗选尾矿(无法取样)以外,对浮选流程各作业点进行取样,包括铜精矿ϕ15m浓缩池溢流,共11个取样点,各点均为连续手取,每隔30min取一次样;起泡剂为松醇油时,考察时间为5月25日14:00~16:00,共计2h,取样点与前面一组考察相同。

3.1.2 考察结果

对考察取样进行浓度、铜品位测定,测定结果见表7。

表7 流程考察指标 %

产品名称	起泡剂730A		起泡剂松醇油	
	浓 度	铜品位	浓 度	铜品位
原 矿	42.69	0.304	39.99	0.367
尾 矿	37.31	0.026	31.92	0.026
扫 精	25.44	4.02	7.16	3.23
粗 精	28.91	12.40	30.55	10.21
精Ⅰ精	13.38	17.63	15.33	12.77
精Ⅰ尾	6.62	2.77	5.17	1.14
精Ⅱ精	28.11	18.79	22.46	12.98
精Ⅱ尾	5.08	5.63	5.04	3.21
精Ⅲ精	21.00	19.46	21.37	17.94
精Ⅲ尾	5.83	7.98	9.85	5.27
ϕ15 m溢流	0.62	13.94	0.98	12.00

注:ϕ15 m溢流浓度单位为g/t。

由表7可知,起泡剂为730A的铜精矿品位为19.46%,接近选矿厂考核指标(铜精矿品位为20%);松醇油的铜精矿品位为17.94%,比考核指标低2个百分点。

3.1.3 数质量流程

考察试验数质量流程见图2、图3,

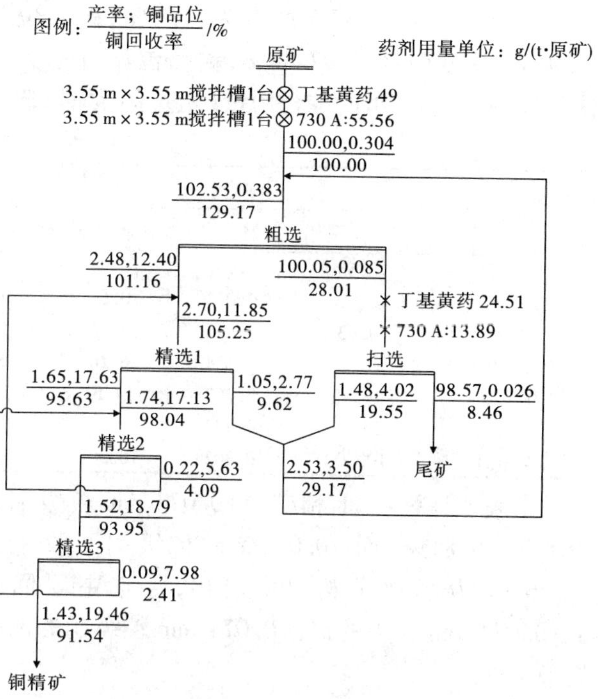

图2 730A起泡剂浮选数质量流程

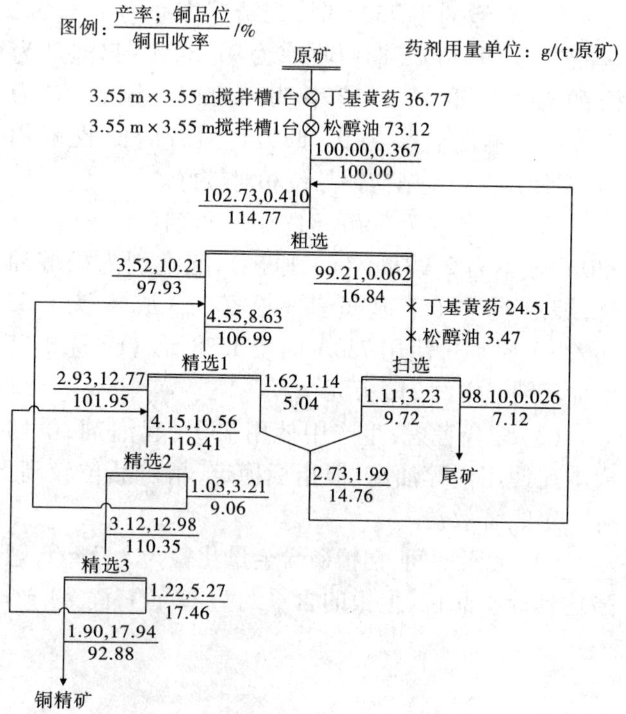

图3 起泡剂为松醇油的数质量流程

由图2可见,铜精矿产率为1.43%,铜品位为

19.46%，铜回收率为91.54%，指标较好；捕收剂丁黄的综合用量(粗选用量+扫选用量)为73.51 g/t，起泡剂730A的综合用量为69.45g/t。丁基黄药按 *X* 元/t，730A 按 *Y* 元/t 计算，原矿成本分别为0.94元/t、2.04 元/t，合计 2.98 元/t，铜精矿成本为65.73 元/t、142.66 元/t，合计为208.39 元/t。

由图3可见，铜精矿产率为1.90%，铜品位为17.94%，铜回收率为92.88%，铜品位没有达到考核要求；捕收剂丁黄的综合用量(粗选用量+扫选用量)为61.28 g/t，起泡剂松醇油的综合用量为86.59g/t。丁基黄药按 *X* 元/t，松醇油按 *Y* 元/t 计算，原矿成本分别为0.78元/t、0.82元/t，合计1.60元/t，铜精矿成本为41.05 元/t、43.16 元/t，合计为84.21 元/t。

3.2 产品粒级分析

对使用730A时原、精、尾各产品进行粒级分析，其结果见表8。

表8 产品粒级分析结果

粒级/mm	原矿/%			精矿/%			尾矿/%		
	产率	铜品位	铜回收率	产率	铜品位	铜回收率	产率	铜品位	铜回收率
+0.2	2.63	0.108	0.94	0.20	5.560	0.18	2.00	0.033	2.27
-0.2+0.15	2.50	0.072	0.60	0.44			2.32	0.038	3.04
-0.15+0.10	9.93	0.076	2.50	2.88	7.620	1.13	9.58	0.036	11.89
-0.10+0.074	12.28	0.154	6.26	5.68	13.080	3.84	12.25	0.029	12.25
-0.074+0.045	16.88	0.260	14.53	14.53	18.850	14.16	17.25	0.030	17.84
-0.045	55.78	0.407	75.17	76.27	20.470	80.68	56.62	0.027	52.71
合计	100.00	0.302	100.00	100.00	19.350	100.00	100.00	0.029	100.00

由表8计算可知，精矿中+0.074 mm粒级铜回收率为45.81%，而-0.074 mm粒级铜回收率为97.06%。从粒级分析可以看出，浮选主要回收了-0.074 mm粒级的铜，+0.074 mm粒级铜的回收效果不理想。

3.3 工业试验小结

(1)起泡剂为730A时，铜精矿产率为1.43%，铜品位为19.46%，铜回收率为91.54%；起泡剂为松醇油时，铜精矿产率为1.90%，铜品位为17.94%，铜回收率为92.88%。两者的回收率相当，但使用730A精矿铜品位相对较好。

(2)起泡剂为730A时，综合药剂(丁基黄药+730A)成本为2.98元/(t·原矿)，起泡剂为松醇油时，综合药剂(丁基黄药+松醇油)成本为1.60元/(t·原矿)，使用730A时贵1.38元/(t·原矿)，增加药剂成本约213万元/a。

(3)综合考虑，生产中使用730A起泡剂，虽然成本比使用松醇油高，但指标稳定，精矿品位较高，有一定经济效益。

(4)考察期间，铜精矿含金量化验为3.0 g/t，勉强达到计价品位，但银的含量约为12 g/t，离20 g/t的计价品位要求仍有差距。银的回收率远低于金的回收率，建议寻找有利于提高金、银回收率的捕收药剂组合，提高经济效益。

(5)考察期间，浮选1段精选的给矿浓度在30%左右且偏高，建议在粗选泡沫槽中增大冲洗水量，将浓度调节到20%左右，有利于提高精矿铜品位。

(6)考察时由于生产仅使用1台浓缩池对精矿进行浓缩，在溢流水中流失的铜精矿较多，造成金属量不平衡，需采取措施进行改造。

(7)生产指标。利用730A作为起泡剂投入生产后，精矿铜品位由19.08%提高到20.375%，提高了1.295个百分点，铜回收率由88.64%提高到89.63%，提高了0.99个百分点。

4 结 语

大红山铁矿铜选厂通过新型起泡剂730A的选铜试验研究及生产应用，有效提高了选铜金属回收率及精矿铜品位，克服了采用2#油导致的精矿泡沫黏、浓缩过滤难等问题，虽然药剂成本有所增加，但经济效益显著，提高了资源利用水平。

(收稿日期 2015-05-26)

安徽某铁矿石选矿流程辅助重选工艺改造实践

汪加军　姚　加　武立硕
（安徽开发矿业有限公司）

摘　要　安徽某铁矿选矿厂入选铁矿石铁矿物主要为镜铁矿，设计采用阶段磨矿—强磁—阴离子反浮选工艺流程，投产后多次铁精矿品位和金属回收率不达标且不稳定的情况，主要原因是入选矿石性质变化和生产系统缺陷。为优化选矿技术指标、降低选矿成本，开展了一段强磁—重选工艺改造的"重选螺旋溜槽提前提精"工业探索试验。应用正交试验设计方法对重选螺旋溜槽工业探索试验结果进行综合分析，确定最佳工艺条件。重选螺旋溜槽最终能够提前获得产率为20%以上（相对于原矿）、铁品位64.50%以上的精矿。试验结果表明，重选溜槽选别工艺能够适应该选矿厂原矿性质的变化，重选螺旋溜槽提前提精效果显著，大大提高了选矿生产效益。

关键词　镜铁矿　重选　螺旋溜槽

赤铁矿选矿技术一直是我国选矿界的一大热点和难点问题。我国赤铁矿资源虽然储量丰富，但原矿铁品位低、嵌布粒度细，矿石可选性差。赤铁矿强磁选—反浮选工艺的提出是赤铁矿选矿工艺的一大突破，赤铁矿资源通过该工艺可以获得比较好的选矿指标。强磁选是赤铁矿预先抛尾的有效手段，反浮选是提高赤铁矿精矿品位的较佳方法[1-4]。由于我国铁矿石性质复杂，当采区转变时，入选矿石性质产生波动，强磁选—反浮选工艺不能适应矿石性质的变化，选矿指标变差。为保持稳定的铁矿石选矿技术指标，国内选矿厂采用辅助重选的方法对强磁选—反浮选工艺进行补充，使得该工艺能够更好的适应矿石性质的变化。

重选工艺主要类型有：水力分级、重介分选、跳汰分选、摇床分选和溜槽分选等。安徽某铁矿选矿厂入选矿石主要铁矿物为镜铁矿，采用强磁选—阴离子反浮选工艺处理，但存在着入选矿石性质变化、生产指标不稳定的问题。结合该选矿厂的选别现状，采用螺旋溜槽进行重选辅助选别更符合现场需求。优势在于它能够有效地处理一般粗、中粒以及含泥量低的细粒铁矿矿石，同时具有结构简单、无运动件、占地面积小、处理量大、选别效率高、对工艺条件适应性强和操作控制简便等优点。

该选矿厂通过前期试验确定了某新型螺旋溜槽为最终重选设备，新型螺旋溜槽较普通螺旋溜槽主要有两大特点：一是槽面加条，有利于产生涡流效应。当水流通过与螺旋直径成一定角度的特殊条带时，会产生能促使细粒级矿物松散、离析、分层的涡流现象，从而使矿粒在槽面上更好的按密度和粒度分带，提高选矿富集比；二是引入漂洗水，可以减少向内缘移动的矿浆中的夹杂，有利于提高细粒级矿石的精矿质量。漂洗水必须保持衡压，水量平衡，大小适中，避免由于水量过大而使细粒级精矿损失于尾矿中。这两大特点使得新型螺旋溜槽对有用矿物和脉石矿物的分选作用加强，有利于提高生产能力、富集比和选矿回收率。该选矿厂结合入选矿石工艺矿物学性质和现场生产实际，采用新型螺旋溜槽对强磁选—反浮选工艺进行了辅助重选工艺改造，开展了工艺改造的工业探索试验，改造提高了选矿生产效益，取得了良好的效果[5-9]。

1　原工艺流程及存在的问题

安徽某铁矿该选矿厂采用阶段磨矿—强磁—阴离子反浮选选矿工艺流程。磨矿采用两段闭路流程，当1段磨矿细度达到-0.074mm50%时，通过一段弱磁、一段强磁、一段强磁扫选别可选出铁品位为50%以上的一段精矿。一段精矿再磨至-0.074mm 80%，再经过二段弱磁选、二段强磁选，可以选出铁品位为65%以上的精矿。二段强磁扫选后的中矿进入1粗1精3扫反浮选作业。二段弱磁选精矿、二段强磁选精矿和反浮选精矿合并为最终合格铁精矿，一段强磁扫选尾矿、二段强磁扫选尾矿、反浮选

汪加军（1989—），男，工程师，237474 安徽省六安市霍邱县经济开发区。

尾矿合并为最终尾矿。原设计选别指标铁精矿品位65%以上、尾矿铁品位12%以下、铁回收率达到80%以上。选矿工艺流程见图1。

选矿厂自2013年生产系统进入稳定运行阶段以来,多次出现铁精矿品位和金属回收率均达不到设计指标的时间段。2013年1月到2015年1月生产指标见表1。

表1　2013.1—2015.1选矿平均生产指标

时间段	原　矿铁品位	精矿铁品位/%	尾矿铁品位/%	铁回收率/%	选矿比
2013.1～2013.3	32.11	65.13	11.78	77.29	2.62
2013.4	31.86	64.65	11.66	77.35	2.62
2013.5～2014.9	30.69	65.31	11.87	74.94	2.84
2014.10～2014.12	31.79	63.98	11.45	77.93	2.58
2015.1	32.12	63.57	11.59	78.17	2.53

由表1可知,考察时间段内铁回收率均未达到设计指标,平均回收最低仅74.94%。2013年4月、2014年10月至2014年12月平均铁精矿品位也均不达标,平均铁品位最低仅63.57%。多次对全流程考查以及工艺矿物学研究结果表明,镜铁矿系统生产流程的工艺现状和存在的问题主要有2点。

一是入选矿石性质的变化。该矿入选矿石类型主要为镜铁矿,经矿物学分析,矿石的矿物种类较为简单,铁矿物主要是镜铁矿和假象赤铁矿,少量褐铁矿、菱铁矿。生产正常和生产异常期间矿物铁物相分析结果对比见表2。

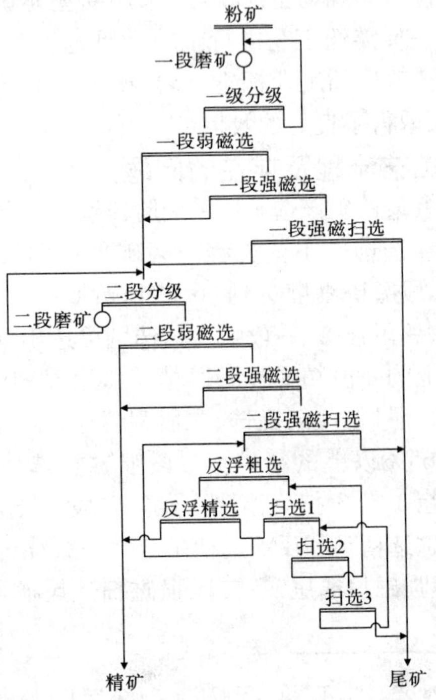

图1　原选矿工艺流程

表2　生产正常与生产异常铁物相分析结果　　%

铁相态	生产正常铁矿石		生产异常铁矿石	
	铁含量	铁分布率	铁含量	铁分布率
磁性铁	0.22	0.71	0.97	3.07
赤(褐)铁	28.65	92.87	27.96	88.59
碳酸铁	0.56	1.82	0.89	2.82
硅酸铁	1.36	4.41	1.59	5.04
硫化铁	0.06	0.19	0.15	0.48
总　铁	30.85	100.00	31.56	100.00

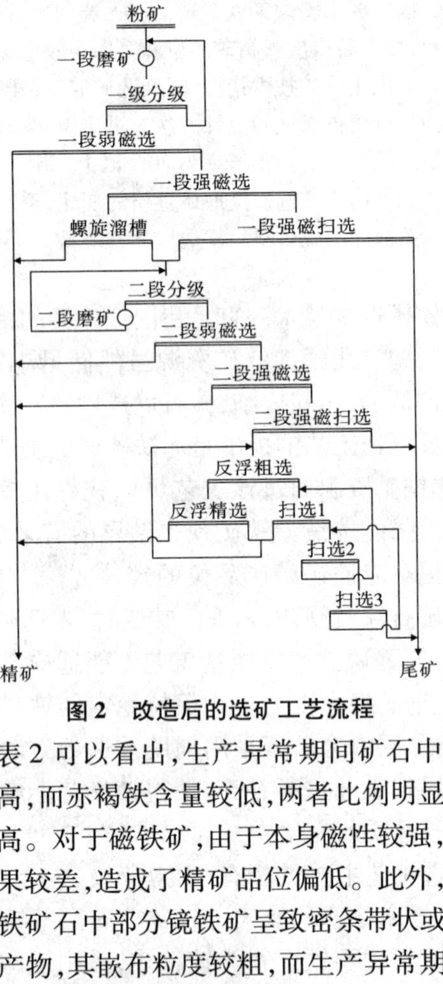

图2　改造后的选矿工艺流程

从表2可以看出,生产异常期间矿石中磁性铁含量增高,而赤褐铁含量较低,两者比例明显比生产正常时高。对于磁铁矿,由于本身磁性较强,强磁选选别效果较差,造成了精矿品位偏低。此外,生产正常期间铁矿石中部分镜铁矿呈致密条带状或团块状集合体产物,其嵌布粒度较粗,而生产异常期间的铁矿石中常见部分微细的条带、针状镜铁矿分布,并且呈星散浸染条带状与脉石交生,其嵌布粒度偏细。随着入选矿石性质的变化,目前工艺流程无法很好适应高磁镜铁矿石是造成精矿指标偏低的主要原因。

二是生产系统的缺陷。它是造成选矿生产指标达不到设计要求的次要原因。由于该选矿厂一段磨矿为3台 ϕ5.03 m×6.40 m球磨机,二段磨矿为2台 ϕ5.03 m×6.40 m球磨机,若以“一对一”、“二对二”或“三对二”模式运行时,容易导致二段或一段磨矿出现过磨,造成后续强磁选别中微细粒铁矿物的流失，使尾矿含铁品位增高；若以"二对一"模式运行时，二段球磨机入磨矿量偏大，二段容易欠磨，易使二段强磁精选铁精矿品位偏低。此外，当出现一段或者二段过磨时，由于强磁选设备设计选型的不合理，强磁选设备对过磨后的微细粒级颗粒捕集效果差，微细粒级精矿流失严重，容易产生尾矿铁品位高、铁金属回收率低的问题。

2 重选工艺流程的改造

针对入选原矿性质变化和生产系统缺陷这两大问题，为进一步优化选矿技术指标、降低选矿成本，通过引入"重选螺旋溜槽提前提精"工艺，对原设计的一段磨选系统进行强磁选—重选工艺改造。改造后的选矿工艺流程见图2。

改造后一段弱磁精矿、一段强磁精矿将给入新型螺旋溜槽，经选别后螺旋溜槽精矿作为最终精矿，螺旋溜槽尾矿与一段强磁扫选精矿共同进入二段磨选系统，以期通过螺旋溜槽提前获取合格精矿，同时减少二段磨矿系统的入磨矿量。为了验证强磁—重选工艺改造可行性和有效性，开展了一段强磁选—重选工艺改造的"重选螺旋溜槽提前提精"工业探索试验，将一段强磁的12台强磁机中的1号强磁机粗选精矿矿浆作为入选给矿，经分矿箱四分给入四台 ϕ1500mm 的新型重选螺旋溜槽，再经分矿器四分给入每台螺旋溜槽的4个螺旋溜槽，螺旋溜槽选别后的精矿、尾矿分别集中收集于管道并取样，取样后返回原生产流程。

2.1 螺旋溜槽工业探索实验

工业探索实验历时2个月，共获得80组试验数据，因为数据较多，不予列出。根据试验结果，工业探索试验得出以下结论：给矿量控制在6～8 t/h、给矿浓度要求为30%～35%时，螺旋溜槽精矿铁品位能够达到64%以上、产率达到20%以上、铁回收率达到40%以上。

考虑到在生产操作水平相同的条件下，螺旋溜槽的精矿产率和金属铁回收率不仅受给矿量的影响，还与给矿品位、给矿浓度等因素有关。为探寻"重选螺旋溜槽提前提精"工业探索试验最佳工艺条件，采用正交试验设计分析方法，从80组工业试验指标中，找出若干个因素和水平组合符合要求的数据，采用正交表 $L_9(3^4)$ 安排试验，因素水平表见表3，正交试验结果见表4，极差分析结果见表5。

从表5可知，给矿量、给矿品位和给矿浓度对精矿产率和金属回收率指标均有一定的影响。对于精矿产率来说，给矿量应取水平2，即6～8t/h；给矿品位应取水平3，大于56%；给矿浓度取水平2、3均可，即30%以上。而对于金属回收率来说，给矿量应取水平2，即6～8t/h，次选水平3；给矿品位取水平2，即54～56%；给矿浓度取水平1、2均可，即35%以下。综合分析精矿产率和金属回收率，确定"重选螺旋溜槽提前提精"工业探索试验的最佳条件组合为给矿量6～8t/h、给矿品位高于54%、给矿浓度30%～35%。

表3 正交试验因素水平

水平	因素		
	给矿量/(t/h)	给矿铁品位/%	给矿浓度/%
1	<6	<53	<30
2	6～8	54～56	30～35
3	>8	>56	>35

表4 正交试验结果

各因素水平			试验结果指标	
给矿量/(t/h)	给矿铁品位/%	给矿浓度/%	精矿产率 i/%	铁回收率 j/%
1	1	1	18.95	39.82
1	2	2	18.35	41.69
1	3	3	22.09	38.75
2	1	2	23.11	42.15
2	2	3	19.86	39.75
2	3	1	20.45	41.87
3	1	3	19.89	38.76
3	2	1	19.54	40.11
3	3	2	21.45	37.67

表5 极差分析结果

因素	指标	各水平下指标平均值			极差	较优水平
		水平1	水平2	水平3		
给矿量/(t/h)	i	19,80	21.14	20.29	1.34	2
	j	40.09	41.26	38.85	2.41	2
给矿铁品位/%	i	20.65	19.25	21.33	2.08	3
	j	40.24	40.52	39.43	1.09	2
给矿浓度/%	i	19.65	20.97	20.61	1.32	2
	j	40.60	40.50	39.09	1.51	1

在最佳生产条件下，进行了连续8小时的工业探索连续生产试验，每隔一小时取样一次，试验结果见表6。工业探索连续生产试验表明：镜铁矿一段强磁精矿采用螺旋溜槽重选，可以提取产率22.35%、品位TFe64.85%、回收率40.34%、粒度-0.074mm 51.8%的铁精矿，同时二段磨矿给矿产率从现流程的50.61%减少到28.26%。

表6　螺旋溜槽工业探索连续生产试验结果

产品名称	品　位
一段强给/%	32.02
溜槽给矿/%	56.95
溜槽精矿/%	64.85
溜槽尾矿/%	49.41
精矿产率/%	22.35
-0.074 mm 精矿粒度/%	51.8
金属回收率/%	40.34
改造前二段给矿产率/%	50.61
改造后二段给矿产率/%	28.26

2.2　技术经济效益分析

工业探索试验中螺旋溜槽提前提精效果明显。一段强磁精矿经螺旋溜槽分选后，螺旋溜槽的精矿品位达到64.5%以上时，经过流程推算，总精矿品位可以达到65%以上。根据设计数质量流程图，一段精矿产率为50.61%，螺旋溜槽精矿产率达到20%以上时，大大减少了二段磨矿的入磨量，明显降低了球磨机的钢耗和能耗，符合精矿能收早收的选矿原则。

目前该选矿厂日常按照"三对二模式"运行，即一段磨矿采用三台球磨机，一段入磨台时量为750 t/h，二段磨矿采用2台球磨机。当"重选螺旋溜槽提前提精"工艺改造完成后，二段磨矿将可以采用一台球磨机，即采用"三对一"模式运行，按照"三对一"运行模式推算球磨机节省钢耗和能力的潜力，结果见表7。

表7　球磨机节能降耗潜力分析结果　　%

节能降耗项目	节能降耗潜力消费
钢球/万元	584.1
电量/万元	1 170.0
总计/万元	1 754.1

从表7可知，当"重选螺旋溜槽提前提精"工艺改造完成后，二段精矿入磨量的减少每年将节约钢球和电量消耗共1 754.1万元。由于"重选螺旋溜槽提前提精"工艺改造尚未全面完成，无法准确计算精矿品位和金属回收率提高后的效益，故选矿技术指标提高后的技术经济效益暂不作分析。

3　结　论

(1)一段强磁—重选工艺改造的"重选螺旋溜槽提前提精"工业探索试验取得了预期的效果，重选溜槽选别工艺能更好的适应入选原矿性质的变化，并且能够弥补设计阶段造成的生产系统缺陷，镜铁矿一段强磁精矿采用螺旋溜槽重选，可以获得产率22.35%、品位TFe 64.85%、回收率40.34%、粒度-0.074 mm 51.8%的铁精矿，同时二段磨矿给矿产率从现流程的50.61%减少到28.26%。

(2)"重选螺旋溜槽提前提精"工艺改造每年至少减少选矿成本1 754.1万元，选矿产品竞争力大幅增强，大大提高了选矿生产效益。

参　考　文　献

[1]　张泾生，邓　克，李维兵. 磁选—阴离子反浮选工艺应用现状及展望[J]. 金属矿山，2004(5)：24-28.

[2]　蒋文利. 赤铁矿选矿工艺流程研究与探讨[J]. 中国矿业，2014(1)：109-114.

[3]　唐雪峰. 难处理赤铁矿选矿技术研究现状及发展趋势[J]. 现代矿业，2014(3)：14-19.

[4]　魏德洲. 固体物料分选学[M]. 北京：冶金工业出版社，2009.

[5]　陈晓鸣，严　鹏，陈力行. 磁性螺旋溜槽回收细粒钛铁矿试验[J]. 金属矿山，2014(3)：132-135.

[6]　彭会清，李　广，胡海祥，等. 螺旋溜槽的研究现状及展望[J]. 江西有色金属，2009(3)：26-29.

[7]　孙希乐，汪孟群，章　镇，等. 周油坊低品位铁矿石选矿工艺演进[J]. 现代矿业，2014(12)：79-81.

[8]　饶宇欢，罗仙平，李　磊，等. 周油坊铁矿提高选矿回收率工业试验[J]. 现代矿业，2014(2)：155-157.

(收稿日期　2015-05-26)

西石门铁矿选矿车间3个系列运转方案的优化

朱利军　李生龙
（五矿邯邢矿业有限公司西石门铁矿）

摘　要　西石门铁矿随着近年来的不断开采，原矿产量下降，原选矿车间的4个磨矿-磁选工艺系列现在仅开启3个系列进行生产，每个系列每天运转时间也降至18h。加之当地峰谷分时电价政策的施行，选矿车间进行方案优化、施行避峰填谷运转方案成为降低成本费用成为必然趋势。通过阶梯电价分布，进行了3个系列运转下，不同运转起始时间的3种运转方案的必选。结果表明，方案1只改变运转起始时间，对现有模式改动较小，但安全可靠、经济合理，节约电费大约98万元/a，并且适应选矿车间实际情况，达到了降低成本、增加经济效益的目的。

关键词　运转方案　优化　避峰填谷　经济效益

目前，全球铁矿石需求增速放缓，产能快速释放，价格持续下跌，冶金矿山行业正遭遇前所未有的困境，矿山企业面临很大的生存压力，一方面，需要一些国家政策支持；另一方面矿山企业应当从自身出发，做好挖潜降本工作，增强竞争力。西石门铁矿是开采了30多年的老矿山，原矿产量逐年减少，选矿车间由原来每天运转4个系列变为现在运转3个系列，并且运转时间减少到每个系列每天运转18 h，选矿车间采用磨矿磁选工艺对原矿进行选别提铁，原设计为4个系列进行生产，每天运转约90台时。但随着矿山开采年限的不断延长，原矿产量逐步下降，已无法满足选矿车间原4个系列生产的供矿需求。现阶段生产仅开启3个磨矿磁选系列，每天运行18 h，合计每天生产运转仅54台时。选矿工艺流程见图1。

1　现阶段生产模式存在的问题

选矿车间生产系列减少后，仍采用之前的生产模式，生产时间段为每天13:00-次日早7:00。根据《河北省物价局关于调整电网电价的通知》（冀价管〔2011〕62号），选厂可以利用峰谷电价的差值，通过不同方案比较，确定选矿车间经济合理的生产运转模式，达到节约电费的目的。峰谷电价的时段划分见表1。

2　现阶段生产运转模式下的费用

现阶段生产运转模式下的费用的计算是在选矿车间运转3个系列，每天54台时（转车前4个矿仓全部半仓以上，其中一个矿仓为备用矿仓）的条件下进行的，因此只需对生产用电与所需的新水量费用进行计算。我们把现阶段生产的时间划分到峰谷电价时间段内进行电费计算，同时计算不同时段使用新水量的费用，二者之和为该生产模式下的运转费用。通过计算得出，日生产消耗水量5 424 m^3，日消耗新水水费为8 138元，电费为67 748元，合计75 886元。具体计算见表2。

表1　峰谷电价时段划分表格

名　称	时间段	单价/（元/kWh）
高　峰	8:00-11:00	0.878 9
平　段	11:00-16:00	0.617 1
高　峰	16:00-21:00	0.878 9
平　段	21:00-22:00	0.617 1
低　谷	22:00-6:00	0.381 9
平　段	6:00-8:00	0.617 1
尖峰（7—9月）	18:00-21:00	0.911 2

3　方案优化

选矿车间根据峰谷电价的特点，利用不同时间段调整相应的生产模式，以降低总生产费用。拟定3种不同的优化方案，仍运转3个系列：①每日运转54台时。运转时间段是21:00—次日15:00（转车前4个矿仓全部半仓以上，其中1个矿仓为备用矿仓）；②连续运转36h，计108台时，运转时间段是：21:00—第三日9:00（转车前4个矿仓全部满仓，其中1个矿仓为备用矿仓）；③皮带连续运转54h，计162个台时，运转时间段是：21:15—第四日3:15（转车前4个矿仓全部满仓，其中1个矿仓为备用矿仓）。

朱利军（1964—），男，副科长、工程师，056303 河北省邯郸市。

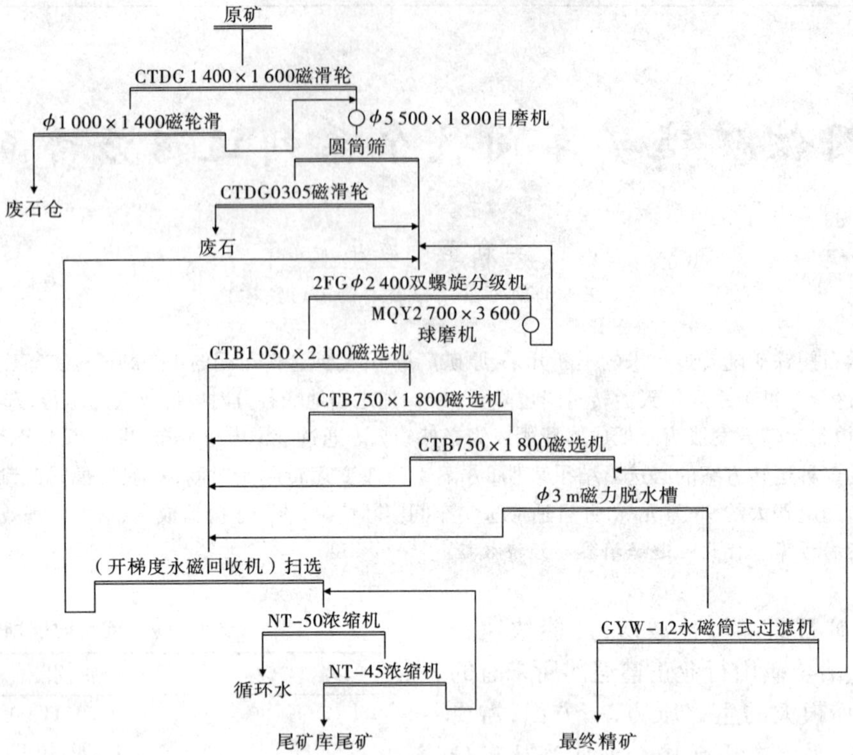

图1　选矿工艺流程

表2　现阶段生产运转模式下费用的计算

名　称	时间段	运转时间/h	单位时间消耗水/(m^3/h)	用水量/m^3	水单价/(元/m^3)	水费/元	电单价/(元/kWh)	运转功率/kW	电费/元
平段辅助设备提前运转	12:45—13:00	0.25	300	75	1.5	113	0.617 1	1 986	306
平段运转	13:00—16:00	3	252	756	1.5	1 134	0.617 1	5 923	10 965
峰段运转	16:00—21:00	5	252	1 260	1.5	1 890	0.878 9	5 923	26 029
平段运转	21:00—22:00	1	252	252	1.5	378	0.617 1	5 923	3 655
谷段运转	22:00—次日 6:00	8	252	2 016	1.5	3 024	0.381 9	5 923	18 096
平段运转	6:00—7:00	1	252	252	1.5	378	0.617 1	5 923	3 655
平段主机摇空	7:00—8:00	1	252	252	1.5	378	0.617 1	5 923	3 655
峰段砂泵摇空	8:00—9:00	1	277	277	1.5	416	0.878 9	916	805
峰段隔膜泵摇空	9:00—10:00	1	285	285	1.5	428	0.878 9	662	582
全部停车	10:00—12:45	2.75	0	0	1.5	0	0	0	0
合计		24		5 425		8 138			67 748

注:消耗水费、电费合计 75 886 元/d。

3.1　方案 1 生产费用

通过计算得出,日消耗新水水费为 8 138 元,电费为 64 777 元,合计 72 915 元。具体计算见表 3。

3.2　方案 2 费用

通过计算得出,两日生产消耗水量 9 961 m^3,两日消耗新水水费为 14 942 元,电费为 130 105 元,合计 145 047 元,折合为单日费用为 72 523 元。具体计算见表 4。

3.3　方案 3 费用

通过计算得出,3 d 生产消耗水量 14 497 m^3,3 d 消耗新水水费为 21 746 元,电费为 195 792 元,合计 217 538 元,折合为单日费用为 72 512 元,详细计算内容与方案 1、方案 2 计算方法一致,不再以表格形式具体说明。

4　方案比选

3 种生产方案对比见表 5。

表 3 方案 1 生产运转模式下的费用计算

名 称	时间段	运转时间 /h	单位时间消耗水 /(m^3/h)	用水量 /m^3	水单价 /(元/m^3)	水费 /元	电单价 /(元/kWh)	运转功率 /kW	电费 /元
峰期辅助设备提前运转	20:45—21:00	0.25	300	75	1.5	113	0.878 9	1 986	436
平期运转	21:00—22:00	1	252	252	1.5	378	0.617 1	5 923	3 655
谷期运转	22:00—6:00	8	252	2 016	1.5	3 024	0.381 9	5 923	18 096
平期运转	6:00—8:00	2	252	504	1.5	756	0.617 1	5 923	7 310
峰期运转	8:00—11:00	3	252	756	1.5	1 134	0.878 9	5 923	15 617
平期运转	11:00—15:00	4	252	1 008	1.5	1 512	0.617 1	5 923	14 620
平期主机摇空	15:00—16:00	1	252	252	1.5	378	0.617 1	5 923	3 655
峰期砂泵摇空	16:00—17:00	1	277	277	1.5	416	0.878 9	916	805
峰期隔膜泵摇空	17:00—18:00	1	285	285	1.5	428	0.878 9	662	582
全部停车	18:00—20:45	2.75	0	0	1.5	0	0	0	0
合 计		24		5 425		8 138			64 777

注:日消耗水费、电费合计 72 915 元。

表 4 方案 2 生产运行模式下的费用计算

名 称	时间段	运转时间 /h	单位时间消耗水 /(m^3/h)	用水量 /m^3	水单价 /(元/m^3)	水费 /元	电单价 /(元/kWh)	运转功率 /kW	电费 /元
峰段辅助设备提前运转	20:45-21:00	0.25	300	75	1.5	112.5	0.878 9	1 986	436
平段运转	21:00-22:00	1	252	252	1.5	378	0.617 1	5 923	3 655
谷段运转	22:00- 6:00	8	252	2 016	1.5	3 024	0.381 9	5 923	18 096
平段运转	6:00-8:00	2	252	504	1.5	756	0.617 1	5 923	7 310
峰段运转	8:00-11:00	3	252	756	1.5	1 134	0.878 9	5 923	15 617
平段运转	11:00-16:00	5	252	1260	1.5	1 890	0.617 1	5 923	18 275
峰段运转	16:00-21:00	5	252	1260	1.5	1 890	0.878 9	5 923	26 029
平段运转	21:00-22:00	1	252	252	1.5	378	0.617 1	5 923	3 655
谷段运转	22-第 3 日 6:00	8	252	2 016	1.5	3024	0.381 9	5 923	18 096
平段运转	6:00-8:00	2	252	504	1.5	756	0.617 1	5 923	7 310
峰段运转	8:00-9:00	1	252	252	1.5	378	0.878 9	5 923	5 206
峰段主机摇空	9:00-10:00	1	252	252	1.5	378	0.878 9	5 923	5 206
峰段砂泵摇空	10:00-11:00	1	277	277	1.5	415.5	0.878 9	916	805
平段隔膜泵摇空	11:00-12:00	1	285	285	1.5	427.5	0.617 1	662	409
全部停车	12:00-20:45	8.75	0	0	0	0	0	0	0
合 计		48		9 961		14 942			130 105

注:折合日消耗水费、电费合计 72 523 元。

表 5 选矿车间生产运转模式优化方案比较

方案	优 点	缺 点
1	①充分利用了峰谷电价的差值,与现阶段生产模式相比较日节约电费 2 971 元;②尾矿管道压力相对较小。	①因为是在下午 17:00—21:45 点停车,由于光线不足,对停车后的设备检修有一定影响,但由于有一个系列备用,所以影响不大;②生产用水不节约。
2	①充分利用了峰谷电价的差值,与现阶段生产模式相比较日节约电费 3 363 元;②节约新水 445 t。	①连续运转 36h,浓缩大井易出现水混,需要加聚丙烯酰胺,从而增加成本;②尾矿管道易出现压力高情况,增加尾矿管路爆管几率。
3	①充分利用了峰谷电价的差值,与现阶段生产模式相比较日节约电费 3 374 元;②节约新水 593 t。	①连续运转 54 h,尾矿管道易出现压力高,增加尾矿管路爆管几率;②选矿车间大井水出现严重浑浊,需要加聚丙烯酰胺,增加成本的投入;③如发生入选原矿量不足时,此方案不能运转。

由于表 5 方案优缺点比较可知,方案 1 只改变了运转的起始时间,对现有的模式没有根本的改变,但是要比现有模式下每年节约电费大约 98 万元(如果将每年的尖峰电价算进去,年节约电费在 100 万元以上)。综合来看,比较安全可靠,经济合理,并且适应西石门铁矿选矿车间目前的实际情况,可以达到很好的效果;方案 2 和方案 3 都会使尾矿管路压力升高,增加尾矿管路爆管几率,并且添加聚丙烯酰胺会增加选矿成本。由于井下原矿产量的波动,选矿车间在实施方案 1 时,要根据矿源的实际情况,多利用每天 22:00—次日 6:00 谷段 8h 组织生产,避开16:00—21:00高峰段(7—9月的18:00—

(下转第 208 页)

阿勒泰某选矿废水处理与回用

刘亚龙[1]　缪建成[1]　陈清海[2]

（1.南京银茂铅锌矿业；2.新疆华通矿业）

摘　要　新疆阿勒泰华通矿业某选厂主要回收金属为铅、锌、铁，同时对银进行综合回收。选矿废水pH和重金属离子含量高、烧失大，原采用部分直接排放、部分经简单沉淀后回用的办法处理，既影响选矿指标，又污染生态环境。对原选矿药剂制度进行优化，采用专利技术处理选矿废水并全部回用。结果表明：废水回用后选矿指标较清水好，而且节约药剂，减少用水量。保护了周围环境，降低了生产成本，具有广泛的社会和经济效益。

关键词　选矿废水　处理回用　循环利用技术

新疆阿勒泰华通矿业有限公司铅锌选矿厂位于新疆阿勒泰汗德尕特乡，地处中蒙边境，原矿处理量为700 t/d。选矿废水约3 250 m^3/d，和尾矿一起泵送到尾矿库。部分废水沉淀后回用到选矿厂。由于废水性质的限制，对选矿指标造成不利影响；剩余废水排放到尾矿库后不做处理。由于废水重金属离子含量较高，渗漏到土壤中，严重污染周围草原生态环境。

近年来为响应新疆地区对环境保护日益严格的要求，使选矿厂可持续发展，华通矿业公司特地到南京银茂铅锌矿业有限公司进行实地考察、调研，并委托开展选厂选矿废水循环利用的可行性研究。南京银茂铅锌矿业有限公司根据华通矿业公司提供的原矿和选矿废水进行选矿试验，制定出废水适度处理回用的实施方案，并于2014年5月下旬进行了生产调试。目前选矿废水处理回用系统运行稳定，选矿指标较原来有大幅度提高。

1　药剂制度和废水处理回用的设计

1.1　原矿性质和药剂制度的优化

矿石中主要的金属矿物有磁黄铁矿、黄铁矿等，其次为(铁)闪锌矿、方铅矿、磁铁矿、赤铁矿、褐铁矿等，黄铜矿、毒砂、斑铜矿等微量。非金属矿物主要有黑云母、角闪石、透辉石、石英、白云母，其次为方解石、石榴子石、橄榄石、绿泥石等，黏土矿物、萤石、电气石、斜黝帘石、磷灰石等少量或微量。原矿化学多元素分析结果见表1。

由表1可知，矿石主要回收金属为铁、铅、锌。贵金属银可伴生在铅精矿和锌精矿中进行综合回收。

表1　原矿化学多元素分析结果　%

元素	TFe	Cu	Pb	Zn	S	As	Sn	Au
含量	21.96	0.088	2.59	2.90	9.48	0.02	0.085	0.05
元素	MFe	CaO	MgO	SiO_2	Al_2O_3	PbO	ZnO	Ag
含量	12.32	3.15	2.12	38.11	6.72	0.23	0.16	60.21

注：Au、Ag的含量单位为g/t。

选矿厂原药剂制度为：①选铅捕收剂为25#黑药，抑制剂为硫酸锌；②选锌捕收剂为丁黄，用石灰抑制硫，硫酸铜作为活化剂，松醇油作为起泡剂[1]；③选锌尾矿除硫后磁选铁。因磁选过程不涉及药剂，故本研究不考虑铁的回收。

由于25#黑药在矿浆pH高于11时捕收能力较弱，废水回用到浮选后，高pH和重金属离子使选铅指标恶化。经过试验研究，选铅捕收剂药剂制度改为：在球磨机内添加少量的25#黑药。在球磨机内pH值8左右的低碱环境下，对铅进行预先捕收；在粗选搅拌桶中添加乙硫氮和丁黄药，利用组合捕收剂在高pH值环境下的较强捕收性能最大限度低回收铅[2]。组合抑制剂采用硫酸锌和亚硫酸钠，并补加石灰调节pH值。选锌系统药剂制度不变。

改变药剂制度后的闭路试验流程图见图1，结果见表2。

刘亚龙(1980—)，男，工程师，江苏省南京市栖霞街81号。

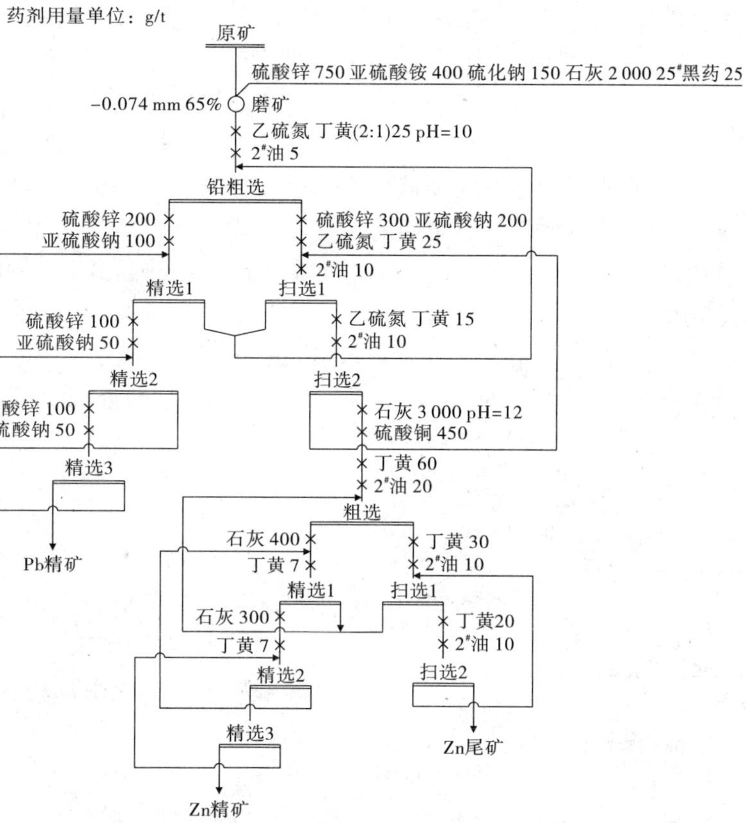

图 1　选矿废水回用闭路试验工艺流程

表 2　闭路试验结果　%

产品名称	产率	品位			回收率		
		Pb	Zn	Ag	Pb	Zn	Ag
铅精矿	3.98	54.85	5.25	1 152	84.31	7.28	77.08
锌精矿	4.91	1.78	46.02	55	3.38	78.75	4.54
尾　矿	91.11	0.35	0.44	12	12.31	13.97	18.38
原　矿	100	2.59	2.90	60	100.00	100.00	100.00

注：Ag 的含量单位为 g/t。

1.2　选矿废水处理回用的设计

根据选矿废水对铅锌硫化矿物浮选指标的影响特点，利用铅锌硫化矿选矿废水循环利用技术，采用废水混凝吸附适度净化工艺，沉淀去除废水中影响铅、锌浮选的有害离子，用活性炭吸附过剩的有机选矿药剂，剩余选矿药剂继续循环利用，实现选矿废水全部循环回用[3-4]。选矿废水处理回用工艺流程简图见图 2。

消除废水直接回用对选矿指标的影响排放污染，大幅度节省新鲜水用量，同时也消除废水直接回用对选矿指标的影响。

2　生产运行情况

2.1　选矿废水处理结果与讨论

选矿废水经初步沉淀，所含悬浮物较少，呈浅褐色。待处理的选矿废水添加 PAM、PAC 混凝反应后进入浓密机，绝大部分重金属离子和固体悬浮物在浓密池沉淀下来。浓密机溢流废水经活性炭吸附，水中的有机物及大分子物质得以祛除[5]。浓密机的沉淀的泥砂定期打入尾矿库。选矿废水处理前后水质分析结果见表 3。

表 3　选矿废水处理前后水质分析

水质参数	pH	元素含量/(mg/L)					颜色
		Pb	Zn	Fe	Cu	烧失	
处理前	11.06	3.45	3.18	12.54	1.25	258	浅褐色
处理后	10.65	0.30	0.63	0.59	0.09	98	无色

由表 3 可知，处理后的选矿废水重金属离子含量和烧失明显降低，颜色也由浅褐色变为无色，水质清澈透明，各项指标符合选矿生产要求。实际生产中抽回选矿废水约 3 200 t/d，其中 1 600 t/d 直接用于选锌系统、除铁系统和磁选系统；余下的废水经处理后用于球磨系统、选铅系统及溶药系统。预计年处理选矿废水 35 万吨，大幅度地降低了生产用水，节约了选矿药剂的使用量。

2.2　工业生产调试结果

工业生产调试阶段的浮选药剂制度基本按照前期选矿试验工艺要求。但初期出现药剂用量大、铅跑尾略高的现象，通过在球磨机内添加少量六偏磷酸钠用来抑制矿泥，浮选指标得到改善。回水仍存在的部分药剂使调试阶段浮选药剂用量下降。经计算，总药剂成本节约5.10元/t。

调试阶段降低球磨机的入料粒度，优化球磨机钢球球径配比和磨矿浓度等使球磨机处平均理量由576 t/d提升到703 t/d。选矿废水处理循环使用前后生产指标对比见表4。

表4　选矿废水处理循环使用前后生产指标对比　%

时间	产品	品位			回收率		
		Pb	Zn	Ag	Pb	Zn	Ag
调试阶段	铅精矿	55.87	5.98	1 127	81.98	8.49	72.26
	锌精矿	2.44	44.97	109.36	4.37	77.67	8.53
	尾　矿	0.31	0.32	9.86	13.65	13.84	19.21
	原　矿	2.24	2.32	51.35	100.00	100.00	100.00
调试前	铅精矿	54.92	5.47	1280.88	78.59	6.84	70.15
	锌精矿	1.84	46.47	117.80	3.40	75.19	4.32
	尾　矿	0.42	0.48	15.50	18.01	17.97	25.53
	原　矿	2.32	2.66	60.72	100.00	100.00	100.00

注：Ag的含量单位为g/t。

在调试阶段原矿铅、锌、银品位都低于调试前的情况下，最终获得铅品位55.87%、铅回收率81.98%、含锌5.98%、含银1 127 g/t的铅精矿，锌品位44.97%、锌回收率77.67%、含铅2.44%、含银109 g/t的锌精矿。铅、银、锌回收率较调试前分别提高3.39、2.11、2.49个百分点，选矿指标明显改善。随着操作人员对新工艺熟练程度的提高和工艺管理的细化，选矿指标将进一步得到稳定和提高。

3　结　论

（1）新疆华通矿业公司选矿厂原选矿废水直接排放到尾矿库，只有部分沉淀后回用到选矿厂。既污染生态环境，回用的废水又恶化浮选指标。

（2）通过分析原矿性质，优化药剂制度如改变捕收剂的加入地点为球磨机中、控制球磨机中矿浆的pH=8、在粗选中添加乙硫氮和丁黄药组合捕收剂等。采用铅锌硫化矿选矿废水循环利用技术处理选矿废水，结果表明废水中重金属离子含量和烧失显著降低，水质改善明显，满足回用的要求。

（3）实际生产中，优化药剂制度后的选矿废水在尾矿库沉淀后其中1 600 t/d直接用于选锌系统、除铁系统和磁选系统；余下的废水经处理后用于球磨系统、选铅系统及溶药系统。在调试生产阶段，获得铅品位55.87%、铅回收率81.98%、含锌5.98%、含银1 127 g/t的铅精矿，锌品位44.97%、锌回收率77.67%、含铅2.44%、含银109 g/t的锌精矿。铅、银、锌回收率较调试前也有明显提高。

（4）选矿废水中存在部分选矿药剂，回收利用可降低药剂用量。实际计算，调试后节约药剂成本5.10元/t，节约用水量35万t/a。经济效益显著，同时解决了选矿废水环境污染和安全隐患问题，实现选了清洁生产，减轻了尾矿库的压力，延长了尾矿库的使用年限。

参　考　文　献

[1]　朱玉霜，朱建光. 浮选药剂的化学原理[M]. 长沙：中南工业大学出版社，1987.

[2]　刘亚龙，缪建成，等. 西藏唐加选矿厂尾矿脱水干堆和选矿废水回用研究[J]. 有色金属：选矿部分，2013(6)：52-55.

[3]　孙水裕，谢光炎，宁寻安，等. 硫化矿浮选废水净化与回用的研究[J]. 有色金属：选矿部分，2001(4)：33-37.

[4]　赵永斌，袁增伟，戴文灿，等. 混凝吸附处理选矿废水的研究[J]. 广东工业大学学报，2001，18(4)：94-97.

[5]　缪建成，王方汉，胡继华. 南京铅锌银矿废水零排放的研究与实践[J]. 金属矿山，2003(8)：56-58.

（收稿日期　2015-05-26）

某铜钼精矿铜钼分离工艺改造实践

刘子龙[1,2] 杨洪英[1] 李 彩[2] 王 剑[1]
(1. 东北大学材料与冶金学院 2. 西藏华泰龙矿业开发有限公司)

摘 要 某大型铜钼矿山选矿厂铜钼精矿原分离工艺流程各选别段处理能力配置不合理、铜精矿过滤困难,最终铜精矿和钼精矿产品品位和回收率波动较大,且质量合格的产品很少。为解决该问题,在分析铜钼混合精矿性质的基础上,通过分离回水返回流程再用、改进精矿脱水设备、优化分离工艺流程、调整抑制剂为硫氢化钠等措施,进行铜钼分离工艺改造。工业生产实践结果表明,获得的铜精矿铜品位 20.93%、回收率 87.53%、含钼 0.22%,钼精矿钼品位 46.31%、回收率 45.80%、含铜 1.4%,铜钼分离效果较为理想,指标稳定,经济效益得到提高;实际工业生产考察发现,分离作业成本高、抑制剂用量大且影响生产指标的稳定性,进行铜钼分离浮选抑制剂探究试验。试验结果表明,复合抑制剂 DDY 作为该铜钼分离工艺流程的抑制剂较为合适,但仍需进一步的现场试验研究。该铜钼分离工艺改造实践对其他铜钼矿山具有借鉴和参考作用。

关键词 铜钼分离 浮选流程 抑制剂

某大型铜钼矿矿石性质复杂,选别获得的铜钼混合精矿粒度较细,铜、钼分离困难。铜钼分离工艺流程有待完善,生产的连续性和稳定性较差,生产指标长时间不理想。钼精矿产品铜含量高,销售困难,大量成本被占用、闲置,造成资金的浪费。选矿厂正常生产受到影响,进而不利于整个矿山正常运转。矿山自 2009 年正式投产以来,就对该铜钼多金属矿石的综合开发利用进行多次试验研究和现场工艺改进,主要集中在改变现有铜钼分离的药剂制度、改善分离回水性质、优化分离浮选流程结构、提高分离效率等方面。

1 铜钼混合精矿性质

工艺矿物学研究表明,该大型铜钼矿山选矿厂铜钼混合精矿金属矿物主要有黄铁矿、黄铜矿、辉铜矿、铜蓝、砷黝铜矿、斑铜矿、辉钼矿等,脉石矿物由石英、云母、伊利石、高岭土等组成。混合精矿铜、钼主要分布在-0.043 mm 粒级中,含量分别占总量的 65.77%、77.30%,其次分布在 0.043 ~0.074 mm 粒级中[1],钼单体解离程度较好。混合精矿的主要化学成分分析结果见表 1,铜物相分析见表 2,钼物相分析见表 3。

表 1 混合精矿多元素分析结果 %

成分	Cu	Mo	S	Fe	Pb	Zn	As
含量	24.42	0.49	32.93	23.82	0.03	0.42	0.92
成分	CaO	SiO_2	Al_2O_3	MgO	Au	Ag	
含量	0.56	11.03	1.82	1.37	0.42	56.6	

注:Au,Ag 含量单位为 g/t。

表 2 铜物相分析结果 %

铜相态	原生硫化铜	次生硫化铜	氧化铜	总铜
含 量	9.10	13.88	1.44	24.42
分布率	37.26	56.94	5.90	100.00

表 3 钼物相分析结果 %

钼相态	氧化钼	辉钼矿中的钼	总钼
含量	0.001	0.489	0.489 7
分布率	0.20	99.80	100.00

由表 1、表 2、表 3 可知,铜钼混合精矿铜品位为 24.42%、钼品位为 0.4897%,同时含硫 35.93%;铜主要以次生硫化铜的形式存在,占总铜的 56.94%,其次是原生硫化铜,占 37.26%,以氧化铜形式存在的铜最少。次生硫化铜分布率较高是导致钼精矿铜含量高的主要原因,在铜钼分离中需要消耗大量的抑制剂才能使钼精矿含铜降至 0.5% 以下[2];钼主要要以辉钼矿的形式存在,占总钼的 99.80%,是钼回收的主要对象。

2 原铜钼分离工艺流程及存在的问题

2.1 原铜钼分离工艺流程

原铜钼分离作业采用抑铜浮钼工艺。生产流程为单系列浮选铜钼混合精矿经浓密机脱药处理,底流经旋流器分级,沉砂进入球磨机再磨构成闭路磨

刘子龙(1972—),男,教授级高级工程师,850200 西藏拉萨市墨竹工卡县甲玛乡。

矿;旋流器溢流经搅拌槽调浆后进入铜钼分离作业[3]。分离采用为1粗2扫6精的浮选流程进行，前3次精选采用充气式浮选机，精选3精矿经旋流器分级，沉砂给入立式磨机进行闭路再磨，溢流作为精选4的给矿。后3次精选采用浮选柱进行浮选，其中精选4精矿给入立式磨机进行擦洗脱药、开路再磨，细度达到-0.045 mm90%后依次给入精5、精6。精选6精矿经隔膜压滤机一次脱水后经干燥机干燥后进入包装机成为最终钼精矿。粗选铜粗精矿经2次扫选后扫2精矿经浓密机脱水、底流进入陶瓷过滤机过滤后给入包装机，最终成为铜精矿。原分离工艺流程见图1。

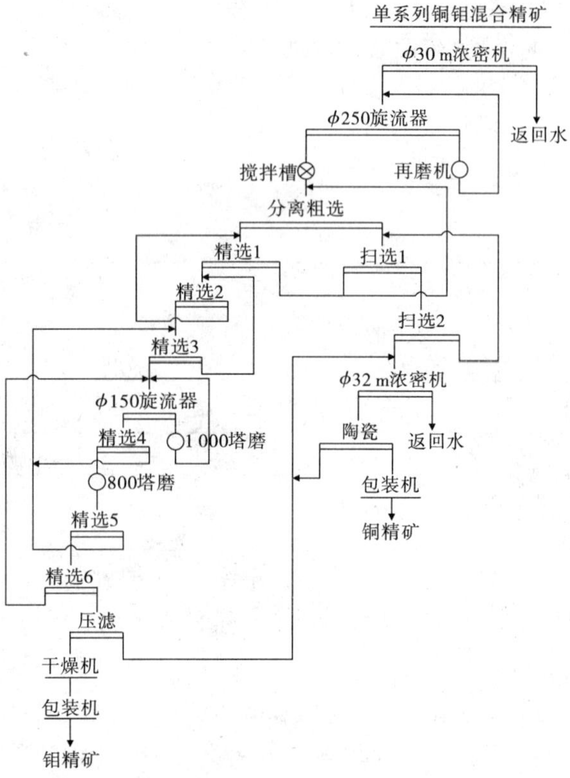

图1　原设计铜钼分离浮选工艺流程

2.2　存在问题

(1)铜精矿过滤困难。铜钼分离后，因铜精矿含有大量高碱度抑制剂使陶瓷过滤机很难形成滤饼进行深层过滤。过滤机滤饼水分很高不仅造成过滤机过滤能力大幅下降，还使浓密机容易出现跑混现象。

(2)分离流程各分选段处理能力配置不科学。粗、扫选处理能力过大。原设计为15 000 t/d单系列磨浮作业流程对应一套铜钼分离浮选作业，1粗2扫采用3∶2∶2配置，粗、扫选浮选机原采用容积为24 m^3的浮选机，浮选时间过长、钼精矿含铜较高;精选处理能力过小。原分离精选作业1精2精3精采用4 m^3浮选机，配置5∶3∶2。粗选浮选机总容积为72 m^3，精选浮选机容积为20 m^3，二者匹配不合理，严重影响铜钼分离钼的回收率。

(3)铜钼分离钼精矿铜含量超标。混合精矿中次生硫化铜含量高，在采用硫化钠做铜钼分离抑制剂对铜抑制效果不明显，不仅消耗量大，还造成钼精矿中铜含量超标，并且对辉钼矿的上浮产生不利影响。

(4)钼回收率不理想。多次进行铜钼分离的工业试验过程中，由于再磨分级后的矿浆浓度较低，抑制剂硫化钠加药系统工作不稳定，使各分选段分选作用有限，混合精矿中铜矿物尤其次生硫化铜矿物更加难以被抑制，铜钼分离指标波动大，铜回收率不理想，铜精矿和钼精矿产品质量不合格。

3　铜钼分离工艺改造

针对现场铜钼分离工艺流程存在的实际问题，对原工艺流程进行改造。

(1)分离回水返回流程再用。水量丰富地区的选厂生产，新水用量大，分离回水返回流程再用不会对生产指标产生较大影响，但对于高寒干旱地区回水占用水量比例较大的生产企业来讲，含有大量硫化钠的分离回水返回分离流程使用，不但会严重影响铜钼分离的生产指标，而且受现场条件限制，分离设备检修放矿时存在分离系统物料进入到前端混合浮选系统从而影响浮选指标。结合该铜钼矿山现场情况，决定采用分离回水返回流程再用。

(2)改进精矿脱水设备。经考察，选用加压过滤机做为铜精矿产品的脱水设备，将陶瓷过滤机作为混合精矿的脱药设备。

(3)调整抑制剂。根据试验结果，将分离抑制剂硫化钠调整为硫氢化钠，同时不再使用高锰酸钾。

(4)改进分离浮选流程。根据矿物学分析结果，取消再磨作业，将原各种型号的浮选机、浮选柱设备联合配置改为单一浮选机配置，增设分离前的脱药作业。

(5)改造后铜钼分离工艺流程。原矿经磨浮流程产出的铜钼混合精矿经浓密机浓密脱水后，底流经陶瓷过滤机过滤脱药进入浓密机，溢流水进行调浆后输送至搅拌槽，给入1粗2扫9精分离浮选流程。粗选、扫选均采用容积为24 m^3充气式浮选机，仍实行3∶2∶2配置;粗选泡沫产品自流入精选1，精选1由3台容积为16 m^3浮选机组成;精选2采用3

台容积为 8 m^3 浮选机；精选 3、4、5、6、7、8、9 分别由 2 台 8 m^3、6 m^3、4m^3、3m^3、3m^3、3m^3、2 m^3 浮选机完成；精选 7 泡沫产品泵入 JM1000 塔磨，塔磨溢流泵入精选 8；精选 9 泡沫产品经砂泵泵入精矿车间钼精矿储浆槽，由隔膜压滤机压滤得到钼精矿；铜钼分离流程为中矿顺序返回的闭路流程。

铜钼分离的铜精矿由 6/4D-AHR 泵给入 ϕ32 m 浓密机浓密，底流泵入加压过滤机入料搅拌槽，过滤滤液返回 ϕ32 m 浓密机。加压过滤机产品滤饼装袋外售。改造后的铜钼分离工艺流程见图 2。

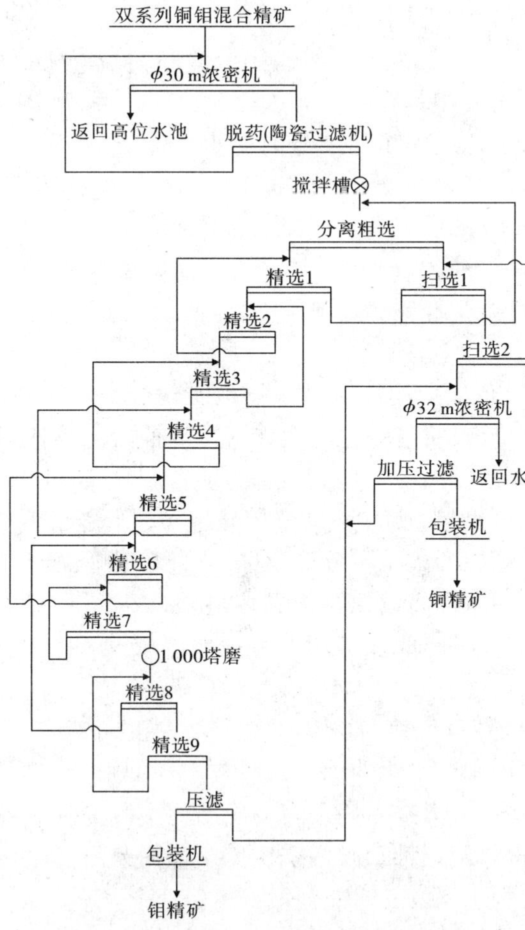

图 2　改造后铜钼分离工艺流程

4　铜钼分离生产实践

4.1　工业生产指标

2012 年 12 月，铜钼分离工艺流程改造后进行工业生产，并于 2013 年 7 月 20 日完成了专家验收。统计部分分析指标，见表 4。

表 4　改造后铜钼分离生产指标部分统计结果　%

原矿处理量/t	铜精矿品位		钼精矿品位		回收率	
	Cu	Mo	Cu	Mo	Cu	Mo
950 904.68	20.92	0.22	1.4	46.31	87.53	45.80

由表 4 可知，铜钼分离工艺流程改造后，生产实践结果表明，最终产品中铜精矿铜品位 20.93%、回收率 87.53%、含钼 0.22%，钼精矿钼品位 46.31%、回收率 45.80%、含铜 1.4%，指标符合合格产品的要求，达到工业验收指标，而且具有稳定性，可连续工业生产。对比原铜钼混合精矿铜钼分离工艺流程实际生产的产品指标不合格、稳定性和连续性差，说明工艺改造是较为成功的。

4.2　经济效益分析

改造后的铜钼分离工艺流程总费用(按 24.7 d 处理原矿量 897 893.98 t 计算)见表 5。

表 5　铜钼分离 7 月份生产成本

项目	金额/元	单位成本/(元/t)
煤油	123 066	0.14
水玻璃	147 809.25	0.16
硫氢化钠	3 449 080	3.84
包装袋	16 118.4	0.02
限额材料(滤布等)	92 580	0.11
电费	328 001.78	0.37
水费	20 527	0.02
选矿总生产成本	4 331 135.77	4.82

由表 5 可知，7 月选矿投入总成本 433.11 万元，计算得预计维修成本 40 万元，所得税费用 265.0 万元，财务等费用 10 万元。实际月产出 126.19 t 钼，可产生经济效益 1018.55 万元。

5　铜钼分离抑制剂种类探究

改造后的铜钼分离工艺流程经过半年多的生产实践，工业运行连续、稳定。尽管获得了较为理想的铜钼分离技术指标，但分离作业成本超过 4.0 元/ t(对原矿计)，还有待提高。国内选矿厂对铜钼精矿进行铜钼分离多采用硫化钠做抑制剂，但存在硫化钠用量大、分离回水 pH 值高、分离指标不稳定的缺点。现场生产为获得较好的铜钼分离指标，抑制剂硫氢化钠用量不断增加，最高时达到 835 g/t(对原矿计)。为此，技术人员反复推敲各工序细节，深入研究分析数据，在试验室对影响成本的药剂进行进行小型筛选试验研究。选择有代表性的硫化钠、巯基乙酸钠、硫氢化钠、BK510、DC 系列、DDY 系列等多种类抑制剂进行对比试验。分离铜钼抑制剂种类条件试验采用混合精矿再磨、1 粗 3 精流程，各抑制剂用量为经探索试验确定的最佳用量。试验流程见图 3，结果见表 6。

由表 6 可知，应用东北大学生物冶金实验室研发的新型铜钼分离复合抑制剂 DDY，铜钼分离指标

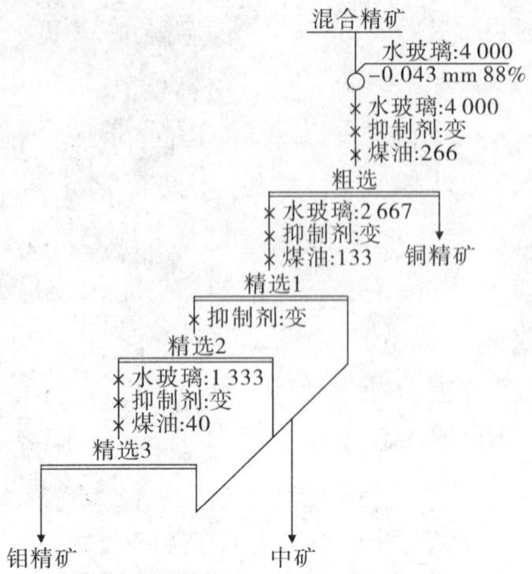

图3　抑制剂种类条件试验流程

表6　抑制剂种类条件试验结果　　%

种类	用量/(g/t)	产品	产率/%	品位		回收率	
				Cu	Mo	Cu	Mo
硫化钠	300	钼精矿	0.52	5.16	29.27	1.23	47.56
		中矿	34.35	21.63	12.82	33.07	13.77
		铜精矿	65.13	21.93	0.19	65.70	38.67
		混合精矿	100	21.74	0.32	100.00	100.00
巯基乙酸钠	190	钼精矿	0.45	8.87	36.86	1.78	47.39
		中矿	29.19	22.37	19.69	27.51	16.42
		铜精矿	70.36	22.54	0.18	70.71	36.19
		混合精矿	100	22.43	0.35	100.00	100.00
BK510	120	钼精矿	0.56	10.31	34.11	0.26	53.06
		中矿	17.82	21.75	19.25	17.28	9.53
		铜精矿	81.62	22.65	0.165	82.46	37.41
		混合精矿	100	22.42	0.36	100.00	100.00
硫氢化钠	180	钼精矿	0.18	26.39	49.85	0.21	26.62
		中矿	41.74	27.05	0.39	49.43	48.42
		铜精矿	58.08	19.80	0.14	50.36	24.96
		混合精矿	100	22.84	0.34	100.00	100.00
DDY	96	钼精矿	0.46	1.27	46.31	0.03	57.67
		中矿	2.74	21.9	2.68	2.68	19.68
		铜精矿	96.80	22.43	0.089	97.29	22.65
		混合精矿	100	22.32	0.37	100.00	100.00
DC	2 700	钼精矿	0.47	2.19	41.7	0.05	52.97
		中矿	1.38	19.61	4.07	1.19	15.20
		铜精矿	98.15	22.75	0.12	98.76	31.83
		混合精矿	100	22.61	0.37	100.00	100.00

最好，可获得钼品位46.31%、钼回收率57.67%、含铜1.27%的合格钼精矿和铜品位22.43、铜回收率97.29%、含钼仅0.089%的铜精矿，药剂用量最少，为96g/t（对原矿计）。综合考虑，复合抑制剂DDY作为该铜钼分离工艺流程的抑制剂最为合适。因此需进一步开展现场铜钼分离工艺流程中以DDY作为抑制剂的试验研究，力争将铜钼分离成本降低到2.0元/t（对原矿计）左右，同时避免因分离用药量大对混合浮选回收率的影响。

6　结　论

（1）铜钼分离关键技术是根据混合精矿的工艺矿物学性质选择合适的工艺流程、筛选出最佳的浮选药剂制度和确定分离回水是否返回流程再用。但分离回水是否返回流程再用，要根据具体作业环境尤其是当地气温条件进行考虑。

（2）原铜钼混合精矿铜钼分离利用硫氢化钠代替硫化钠抑制铜矿物，减少药剂对循环水的影响。改造后工艺流程在利用分离回水条件下，实现了铜钼的有效分离，获铜品位20.93%、回收率87.53%、含钼0.22%的铜精矿和钼品位46.31%、回收率45.80%、含铜1.4%的钼精矿，产品质量合格，指标稳定，月产生经济效益1 018.55万元，经济效益较好。

（3）创新应用加压过滤技术实现分离后铜精矿的固液分离，将陶瓷过滤机作为分离前脱药设备，有效降低混合浮选药剂对分离浮选的影响；通过研发新型复合抑制剂DDY调整矿浆电位进行铜钼分离取得了理想的试验室分选指标。可以预测该药剂的工业应用对提高铜钼分离技术经济指标同时，简化分离工艺、保障职业健康及系统水系安全具有积极作用。

（4）随着铜钼分离工业生产实践的不断进步，以及对铜钼矿中钼的综合回收技术药剂筛选试验的成功，铜钼分离技术将不断优化升级，利用新工艺、新设备、新药剂推动国内铜钼矿中铜钼分离，提高矿产综合利用率，保护生态环境。

参　考　文　献

[1]　刘子龙，杨洪英，佟琳琳.内蒙古大型铜钼矿铜钼分离试验研究[J].矿产综合利用，2013(1)：30.

[2]　马　晶，张文钲，李枢本.钼矿选矿[M].2版.北京：冶金工业出版社，2008.

[3]　刘子龙，杨洪英.加压过滤机在铜钼分离工艺中的应用[J].中国钼业，2012，36(3)：29.

（收稿日期　2015-06-07）

昆钢大红山铁矿400万t/a选厂提质降尾研究及实践

刘 娟 张江龙
（昆钢大红山铁矿）

摘 要 为了提高昆钢大红山铁矿400万t/a选厂精矿品位和降低尾矿品位，通过考查和分析现工艺流程存在的问题，在充分论证改造方案的基础上进行了技术改造。改造后达到了预期的目的，取得了显著的经济效益。

关键词 选矿厂 工艺流程 技术改造

昆钢大红山铁矿位于云南省玉溪市新平县戛洒镇境内，矿产资源丰富，是集采、选、管道输送为一体的大型铁矿山之一，是昆钢主要的铁矿石原料基地。目前大红山铁矿选矿厂下设3个选矿分厂，一选厂设计处理量为50万t/a，二选厂设计处理量为400万t/a，三选厂设计处理量为700万t/a，经过多年的不断探索和改造，目前已具备年处理原矿1 150万t的规模。其中二选厂于2007年建成投产，年产铁精矿粉200万t，处理矿石为深部磁赤混合低硫磷酸性矿石，主要金属矿物有磁铁矿、赤铁矿等，脉石矿物主要为石英，其次为斜长石、白云母等。矿石结构以粒状、碎裂状、脉状结构为主，晶粒完好。矿石以块状构造为主，较少角砾状、浸染状、斑状构造。磁铁矿结晶粒度较粗，+0.1 mm粒级约占50%，赤铁矿粒度较细，-0.05 mm粒级含量超过60%。

随着昆钢公司的不断发展，公司原料缺口将进一步加大，为提升公司的核心竞争力，合理高效利用资源，提高公司的自产矿比例，大红山铁矿工程按照整体规划，分步对原工艺流程进行了技术改造，2009年进行了一期离心机工程改造、2012年进行了1段强磁尾矿扩能降尾改造、2013年进行了ϕ30 m浓缩池改造，改造后工艺指标得到大幅提高，经济效益显著。

1 大红山工艺流程简介

大红山铁矿二选厂生产工艺为阶段磨矿、阶段选别、弱磁—强磁—重选工艺，矿石经井下ϕ1 200 mm旋回破碎机破碎至粒度为0～250 mm，通过胶带运输机输送至地面矿仓堆存，然后通过振动给矿机及给矿皮带给入ϕ8.53 m×4.27 m大型半自磨机，半自磨机与2台GK3.0 m×7.0 m直线振动筛组成磨矿闭路，振动筛筛下物经泵泵至两组ϕ660 mm×7旋流器预先分级，旋流器与2台MQYϕ4.0 m×7.0 m溢流型球磨机组成2段磨矿闭路，旋流器溢流进入1段弱磁，1段弱磁采用10台XCTB1224永磁筒式磁选机，1段弱磁尾矿进入1段强磁选别，1段强磁采用10台SLon-2000高梯度磁选机，1段强磁机精矿及1段弱磁精矿通过泵分别泵至ϕ350 mm×20、ϕ350 mm×10旋流器进行分级，旋流器与2台MQYϕ4.0 m×7.0 m溢流型球磨机组成3段磨矿闭路，1段强磁尾矿进入扩能降尾系统进行再次选别，3段旋流器溢流通过2段、3段弱磁进行选别，3段弱磁精矿为最终精矿，2段弱磁机尾矿通过KM-LZ3400 m^2斜板浓密机浓缩后进入2段强磁，2段强磁分别采用2台SLon-2000及3台LGS-2000高梯度磁选机，2段强磁精矿进入44台SLon-2400离心机进行选别，离心机精矿为最终精矿，2段强磁尾矿和离心机尾矿通过2台KMLZ-3200/55斜板浓密机浓缩后进入降硅及降尾系统。

2 离心机技术改造

2.1 矿石性质分析

大红山铁矿矿石为磁赤混合铁矿，磁铁矿结晶粒度较粗，利用阶段磨矿阶段选别工艺，磨矿细度至-0.045 mm70%，利用单一弱磁选流程即可得到有效回收，3段弱磁精矿品位可达66%，回收率可达80%以上，赤铁矿嵌布粒度较细，0.037～0.045 mm占有率为52.37%左右，为获得较高的单体解离度需较高的磨矿细度，现有的半自磨+球磨流程难以实现，大红山铁矿原处理赤铁矿工艺流程为弱磁+

刘 娟(1987—)，女，助理工程师，653405 云南省玉溪市新平县戛洒镇。

强磁+摇床重选，摇床精矿为最终精矿，精矿品位为57.25%，摇床尾矿品位为38.47%，3段弱磁精矿和摇床精矿混合精矿品位为62.5%，精矿中二氧化硅含量占7.02%，无法满足集团公司生产需要，针对这一现状，2009年大红山铁矿进行离心机技术改造，利用离心机选别2段强磁精矿。2段强磁精矿矿石性质分析见表1、表2。

表1　2段强磁精矿铁物相分析结果　　%

铁物相	铁含量	铁分布率
硅酸铁	5.04	10.09
硅酸铁	3.50	7.00
菱铁矿	1.29	2.58
赤、褐铁矿	36.53	73.13
其他	3.60	7.20
全铁	49.96	100.00

由表1可知，2段强磁精矿中的主要有用矿物为赤铁矿占73.13%，还有少量的硅酸铁、磁铁矿和菱铁矿。由表2可知，2段强磁精矿中金属分布与粒度分布特征一致，主要分布在0.074～0.019 mm粒级，0.045～0.037 mm粒级铁金属分布率最高，达52.38%；另外精矿中二氧化硅含量高，占13.97%，主要分布在+0.074 mm和-0.019 mm粒级。综上所述，要有效回收0.074～0.019 mm粒级矿物，才能提高精矿品位，降低铁精矿二氧化硅含量。

表2　2段强磁精矿粒度分析结果

粒级/mm	产率/%	铁品位/%	金属分布率/%	SiO_2含量/%	SiO_2分布率/%
+0.2	0.42	20.65	0.42	40.47	2.95
-0.2+0.154	0.60				
-0.154+0.125	0.79	15.61	0.25	48.61	2.75
-0.125+0.105	0.99	16.78	0.50	45.76	4.88
-0.105+0.088	0.50				
-0.088+0.074	4.82	23.96	2.31	39.88	13.77
-0.074+0.045	18.14	42.93	15.59	21.73	28.20
-0.045+0.037	40.94	63.87	52.38	4.91	14.39
-0.037+0.019	26.75	46.02	24.66	10.89	20.83
-0.019+0.010	3.74	34.78	2.60	25.08	6.71
-0.010	2.31	27.89	1.29	33.35	5.52
合计	100.00	49.93	100.00	13.97	100.00

2.2　改造前后工艺流程分析比较

大红山铁矿2段强磁精矿选别改造前工艺流程为弱磁+强磁+摇床重选工艺，改造后工艺流程为弱磁+强磁+离心机重选工艺，改造前后工艺流程见图1、图2，改造前后生产技术指标见表3、表4。

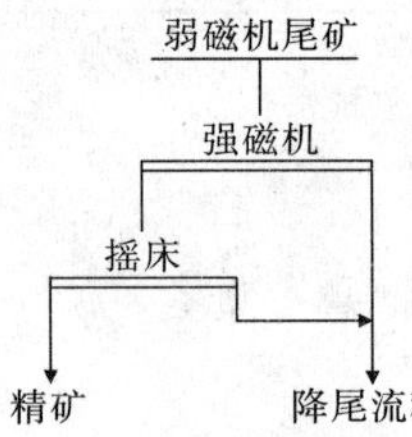

图1　改造前工艺流程

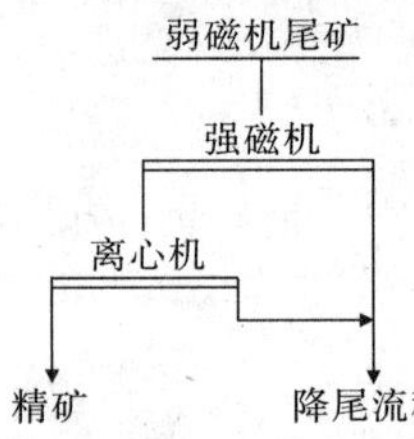

图2　改造后工艺流程

表3　改造前生产技术指标情况　　%

月份	给矿品位	精矿品位	尾矿品位	产率	综合精矿品位	综合精矿SiO_2含量
1	48.71	56.21	39.57	54.93	61.31	7.86
2	47.69	57.36	38.33	49.19	62.24	6.92
3	46.54	58.09	39.07	39.27	63.06	6.80
4	45.97	57.44	37.24	43.22	62.03	7.57
5	45.33	57.07	37.81	39.04	62.76	6.96
合计	46.85	57.23	38.40	45.13	62.28	7.22

由表4可知，2段强磁精矿利用摇床重选，给矿品位为46.85%时，产率为45.13%，3段弱磁和摇床综合精矿品位为62.28%，综合精矿中SiO_2含量为7.22%，精矿品位为57.23%。

表4　改造后生产技术指标情况表　　%

月份	给矿品位	精矿品位	尾矿品位	产率	综合精矿品位	综合精矿SiO_2含量
1	47.17	60.41	40.23	49.26	64.58	5.72
2	46.98	60.11	36.04	62.07	64.58	5.38
3	48.22	59.47	36.68	58.10	64.95	5.26
4	47.32	60.73	36.09	59.29	64.86	5.19
5	49.28	59.69	35.62	56.75	65.15	5.17
合计	47.79	60.08	36.93	57.09	64.82	5.34

由表5可知，2段强磁精矿利用离心机重选，给矿品位为47.79%时，产率为57.09%，3段弱磁和摇床综合精矿品位为64.82%，综合精矿中SiO_2含量为5.34%，精矿品位为60.08%。综上所述可得出以下结论：

(1)利用离心机重选，在给矿品位波动不大的情况下，比利用摇床重选精矿品位提高2.85个百分点，产率提高11.96个百分点，综合精矿品位提高2.54个百分点，综合精矿中SiO_2含量可降低1.88个百分点，离心机选别效果要优于摇床选别。

(2)摇床单位面积处理能力低且占用厂房面积大,另外摇床耗水量大,增加浓缩系统压力,从而导致循环水浑浊,进而影响精矿品位及现场设备的管理维护工作。

(3)摇床的操作维护比离心机复杂,采用离心机可降低工人劳动强度,减少选矿厂劳动定员。

3 扩能降尾工程改造

2012 年随着二选厂处理量的增加及原矿性质的变化,原有的处理 1 段强磁尾矿的螺旋溜槽——摇床工艺能力不足而且选别效果不理想,为完成矿业公司制定的 2012 年将尾矿品位降至 8% 以下的工作目标,选矿厂联合科技部对二选厂进行了流程考查。根据流程考查情况,1 段强磁尾矿量占总尾矿量的 60% 以上,金属占有率占总尾矿量的 50% 以上,其铁品位在 9.5% 左右,因此该段的降尾对降低总尾品位到 8% 以下是关键性的。为此,红山铁矿决定对二选厂 1 段强磁尾矿开展扩能降尾工程技术改造。

3.1 1 段强磁矿石性质分析

1 段强磁尾矿中有氧化物、硅酸盐、磷酸盐、钨酸盐及硫化物六类 18 种矿物存在,硅酸铁含量偏高,粗颗粒的赤铁矿连生体较多,难回收的微细颗粒赤铁矿金属分布率较高,1 段强磁尾矿多元素分析、铁物相分析及粒度分析见表 5 ~ 表 7。

表 5 1 段强磁尾矿多元素分析结果 %

元素	As	P	S	TFe	SiO_2
含量	7.28	0.35	0.03	9.50	58.30
元素	Al_2O_3	CaO	MgO	K_2O	Na_2O
含量	10.43	3.74	2.52	1.08	3.50

注:As 含量单位为 g/t。

表 6 1 段强磁尾矿粒度分析

粒度/mm	产率/%	铁品位/%	铁分布率/%
+0.20	5.88	8.59	5.50
-0.20+0.154	3.97	9.11	3.94
-0.154+0.105	6.30	9.95	6.82
-0.105+0.088	1.82	10.72	2.12
-0.088+0.074	9.41	10.73	10.99
-0.074+0.045	18.10	8.37	16.50
-0.045+0.037	8.79	10.99	10.51
-0.037+0.019	26.61	6.48	18.77
-0.019+0.010	9.18	13.55	13.54
-0.010	9.94	10.46	11.31
合计	100.00	9.19	100.00

表 7 1 段强磁尾矿铁物相分析 %

铁物相	铁含量	铁在各主要矿物中的分配率
赤铁矿	7.700	88.48
钛铁矿	0.368	4.23
绿泥石	0.495	5.69
电气石	0.140	1.60
合　计	8.703	100.00

由表 5、表 6 可知,1 段强磁尾矿主要有用组分为铁,较适合选别的中间粒级 0.019 ~ 0.074 mm 产率仅占 53.5%,金属占有率仅占 45.75%;+0.074 mm 粒级产率高达 27.38%,在较高的强磁粗选条件下将会影响精矿品位;难选的-0.010 mm 粒级产率高为 9.94%,金属占有率为 11.31%。由表 7 可知,有 88.48% 的铁赋存于赤铁矿中,有 4.23% 的铁赋存于钛铁矿中。

3.2 改造前后工艺流程分析比较

大红山铁矿 1 段强磁尾矿选别改造前工艺流程为螺旋溜槽+摇床工艺,改造后工艺流程为强磁粗选+强磁精选+摇床重选工艺,改造前后工艺流程见图 3、图 4,改造前后生产技术指标见表 8、表 9。

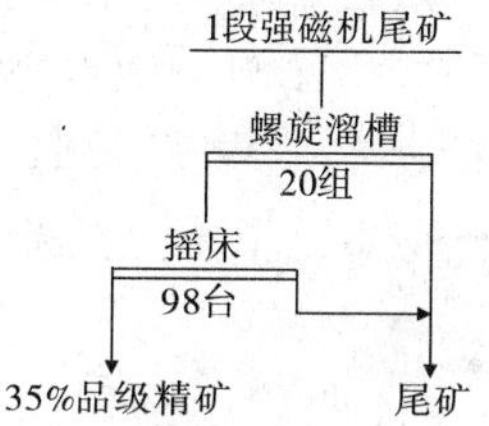

图 3 改造前工艺流程

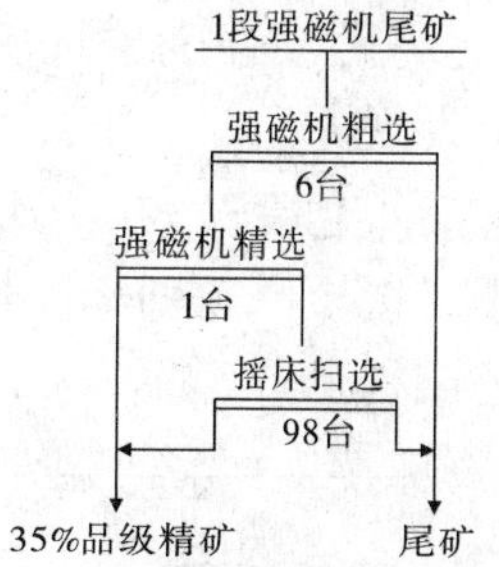

图 4 改造后工艺流程

表 8 改造前生产技术指标情况 %

月份	给矿品位	精矿品位	尾矿品位	产率	35% 品级精矿品位	摇床尾矿品位
3	9.84	10.64	9.65	19	32.45	11.32
4	9.67	10.32	9.50	21	33.46	12.13
5	8.96	10.58	8.62	17	34.24	13.24
6	9.35	10.68	9.12	22	33.28	13.28
7	9.46	10.79	9.25	23	34.1	12.96
合计	9.46	10.60	9.23	20.4	33.51	12.59

表9　改造前生产技术指标情况表　　%

月份	给矿品位	精矿品位	尾矿品位	产率	35%品级精矿品位	摇床尾矿品位
1	9.23	16.5	6.45	27	35.42	10.32
2	9.54	17.1	6.64	28	34.21	11.25
3	8.96	16.32	6.02	29	35.26	10.24
4	9.35	16.89	6.93	24	35.81	11.28
5	9.46	16.25	6.22	32	36.41	10.96
合计	9.31	17.01	6.34	28	35.42	10.81

由表8可知，1段强磁尾矿利用螺旋溜槽重选，给矿品位为9.46%时，产率为20.4%，螺旋溜槽精矿品位为10.60%，尾矿品位为9.23%，35%品级精矿品位为33.51%，摇床尾矿品位为12.59%。由表9可知，1段强磁尾矿利用强磁机粗选+精选+重选流程选别时，给矿品位为9.31%时，产率为28%，粗选强磁机精矿品位为17.01%，尾矿品位为6.34%，35%品级精矿品位为35.42%，摇床尾矿品位为10.81%。

综上所述可以得出以下结论：

（1）利用强磁机粗选+精选+重选流程，在给矿品位波动不大的情况下，比利用螺旋溜槽+摇床工艺精矿品位提高6.41个百分点，产率提高7.6个百分点，35%品级精矿品位提高1.91个百分点，摇床尾矿品位可降低1.78个百分点，选矿技术指标得到了明显的改善。

（2）生产实践证明利用强磁机选别赤铁矿，特别是微细粒赤铁铁可以使生产技术指标得到极大的改善，也说明了超高磁场强度磁选机将是选别微细粒赤铁矿的一个发展方向。

4　ϕ30 m浓缩池工程改造

大红山铁矿二选厂原选别2段强磁机及一期离心机尾矿的工艺流程见图5。

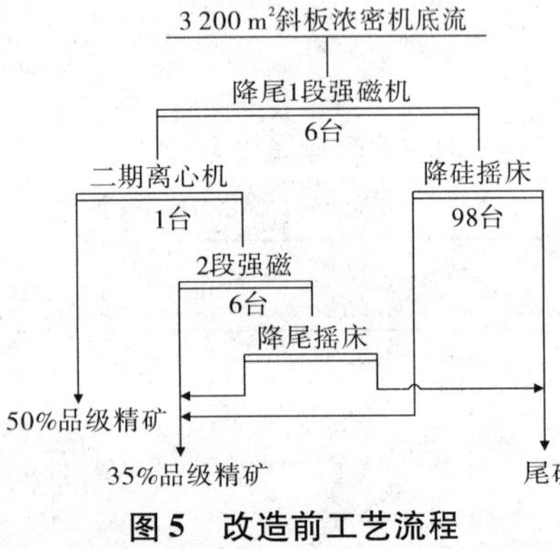

图5　改造前工艺流程

4.1　原工艺流程存在的问题

（1）2013年随着二选厂原矿处理量的增加以及原矿品位降低，为了保证球团精矿品位达标，生产调整主要采取降低2段强磁电流以及延长一期离心机冲洗水时间，导致2段强磁尾矿量及一期离心机尾矿量加大，为了保证循环水水质达标，只有提高两台KMLZ3200斜板浓密机底流泵转速，进一步导致进入降尾系统矿浆体积量加大，现有的工艺流程无法满足生产需要。

（2）降尾2段强磁机主要处理二期离心机尾矿，离心机设备的性质决定离心机尾矿浓度较低，根据流程考查数据，离心机尾矿浓度仅为8.61%，现有的三台强磁机能力不足，日常生产组织主要是通过分一部分矿浆进降尾摇床进行选别，由于摇床选别效果不好，导致精矿品位降低，尾矿品位升高，另外由于降尾2段强磁机给矿浓度较低，导致强磁机选别效果差。

（3）原降硅98台摇床主要是处理降尾1段强磁尾矿，随着扩能降尾工程的改造，扩能降尾精选强磁机的尾矿进入98台摇床选别，从而导致降硅摇床能力无法满足生产需要，导致摇床选别效果差。

综上所述，工艺流程存在的问题是降尾2段强磁给矿体积量大及给矿浓度太低，降硅摇床能力不足的问题，要解决以上问题只有采取以下2种办法：

（1）增加降尾2段强磁机及降硅摇床的台数，此方法成本较高且由于场地限制，再加上降尾2段强磁给矿浓度低，选别效果不好，所以此方法不可行。

（2）增加浓缩设备，提高降尾2段强磁机及降硅摇床给矿浓度，降低矿浆体积量，此方法既可以解决降尾2段强磁机及降硅摇床能力不足的问题，又可以提高设备的选别效果。

4.2　工艺流程改进

通过流程考查，降尾1段强磁尾矿体积量为612 m^3/h，二期离心机尾矿体积量为448 m^3/h，总尾矿体积量为1 060 m^3/h，综合给矿浓度为12%，按给矿浓度12%前提下，给矿体积为950～1 300 m^3/h作为设备选型依据，需要增加一台ϕ30 m中心传动耙式浓缩机，根据选厂场地情况，需增加一个泵池及2台渣浆泵，降尾1段强磁和二期离心机尾矿先进入泵池，然后通过渣浆泵泵站ϕ30 m浓缩池，浓缩池一部分底流通过自流进入降尾2段强磁，另一部分现通过扩能降尾强磁机选别后进入降硅摇床，根据项目概算，ϕ30 m浓缩池工程改造项目，投资共计176万元，改造后工艺流程见图6。

（下转第208页）

某次级铁精矿反浮选提质降杂试验研究

蔡正鹏
（玉溪大红山矿业有限公司）

摘　要　玉溪大红山矿业由于近年降尾工作的进行，次级铁精矿大量产生，且铁品位较低，无法销售、产生经济效益。在分析其性质的基础上，进行反浮选提质降杂反浮选试验。通过条件试验确定了磨矿细度、捕收剂的种类和用量、抑制剂用量等。小型闭路试验确定采用1粗2扫反浮选流程处理该次级铁精矿较为适合。最终在NaOH用量800 g/t，粗选苛性淀粉用量400 g/t、扫选一200 g/t、扫选二100 g/t，YB用量粗选200 g/t、精选50 g/t的条件下，获得铁精矿产率48.99%、铁精矿品位48.76%、铁回收率64.89%的良好指标。试验结果对该次级铁精矿的提铁降杂、提高企业经济效益具有积极意义。

关键词　次级铁精矿　YB药剂　反浮选　提质降杂

玉溪大红山矿业有限公司（以下简称大红山矿业）隶属于昆钢集团公司，位于云南省新平县嘎洒镇。投产以来一直致力于降尾工作研究与应用，尾矿铁品位由设计的15%左右降低到目前的10.5%左右。但由于降尾工作的推进，每年从尾矿中回收出铁品位35%的次级铁精矿约50万t左右，难以销售，实现经济价值。如何进一步提高次级铁精矿的质量，是大红山矿业面临的一个难题。对于次级精矿的提质降杂，大红山矿业进行了多种选矿药剂的探索研究，并对次级铁精矿进行反浮选试验研究。

1　次级铁精矿性质研究

1.1　次级铁精矿组成

次级铁精矿取样后进行主要化学成分分析和铁物相分析，结果分别见表、表2。

表1　主要化学成分分析结果　%

元素	Fe	SiO_2	Al_2O_3	CaO	MgO	P
含量	35.47	29.53	6.05	1.62	1.95	0.18
元素	S	K	Na	As	Ga	
含量	0.091	0.31	0.58	<0.10	0.0016	

表2　铁物相分析结果　%

铁相态	铁含量	铁分布率
磁性铁	7.64	21.60
碳酸铁	0.32	0.91
硅酸铁	1.38	3.90
硫化铁	0.08	0.22
赤褐铁	25.95	73.37
总铁	35.37	100.00

由表1、表2可知，次级铁精矿中铁含量较高，达35.47%，是此次反浮选试验回收的主要元素，有害元素S、P、As的含量较低，对选矿的影响较小。铁主要以赤铁矿以及少量磁铁矿的形式存在，是回收的主要目的矿物，脉石矿物主要有钠长石、绿泥石、石英等。其中氧化物占66.21%，硅酸盐占25.42%，碳酸盐占5.02%，其他少量，对铁的回收较有利。

1.2　粒度筛析

对次级铁精矿进行粒度筛析，结果见表3。

表3 粒度筛析结果

粒级/μm	产率/%		铁品位/%		铁分布率/%	
	产率	累计产率	品位	平均品位	分布率	累计分布率
+74	16.04		16.07		7.31	
37~74	71.85	87.90	40.44	35.99	82.36	89.67
19~37	7.98	95.88	28.22	35.34	6.38	96.05
10~19	1.87	97.75	47.28	35.57	2.51	98.56
5~10	0.83	98.58	22.84	35.47	0.54	99.10
-5	1.42	100.00	22.39	35.28	0.90	100.00
合计	100.00		35.28		100.00	

由表3可知，-74 μm粒级产率接近84%，说明该次级铁精矿粒度较细。铁主要分布在37~74 μm粒级中，说明反浮选需要对该次级铁精矿进行磨矿。进一步分析结果表明，磁铁矿嵌布粒度较细，+37 μm粒级累计分布率为55.31%，磁铁矿全样单体解

蔡正鹏（1970—），男，高级工程师，653405 云南省玉溪市新平县戛洒镇。

离度为67.04%。赤铁矿+0.037 μm粒级累计分布率为85.36%，全样单体解离度为56.47%。预计铁的回收及铁精矿中铁品位的提高需要磨矿才能达到。

2 选矿试验研究

次级铁精矿磨矿至细度为-0.045 mm 80%，在碳酸钠用量为1 000 g/t、淀粉用量为400 g/t的条件下，采用1粗1精1扫浮选试验流程进行捕收剂种类和用量试验。

2.1 捕收剂种类试验

捕收剂种类试验结果见表4。

表4 捕收剂种类试验结果

捕收剂种类	粗+精选用量/(g/t)	产品	产率/%	铁品位/%	铁回收率/%
1631、pH:碱性	300+200	铁精矿	10.15	54.67	15.56
		中矿Ⅰ	8.96	55.43	13.92
		中矿Ⅱ	8.03	58.23	13.10
		尾矿	72.86	28.13	57.43
		给矿	100.00	35.69	100.00
十二胺	200+100	铁精矿	26.97	53.39	40.77
		中矿Ⅰ	32.01	39.01	35.35
		中矿Ⅱ	4.98	46.12	6.50
		尾矿	36.04	17.03	17.38
		给矿	100.00	35.32	100.00
YB	300+200	铁精矿	29.87	56.68	48.13
		中矿Ⅰ	14.10	44.64	17.89
		中矿Ⅱ	4.79	51.49	7.02
		尾矿	51.25	18.50	26.96
		给矿	100.00	35.17	100.00

由表4可知，采用捕收剂醚胺、YB、1631及十二胺均可以得到50%以上铁品位的铁精矿。为进一步研究这4种捕收剂的选别效果，进行了捕收剂用量试验。

2.2 捕收剂用量试验

控制其他条件不变，进行捕收剂用量条件试验，试验结果见表5。

表5 捕收剂用量试验结果

捕收剂	粗+精选用量/(g/t)	产品	产率	铁品位/%	铁回收率/%
醚胺	200+100	铁精矿	51.55	53.80	77.59
		中矿Ⅰ	15.82	22.74	10.07
		中矿Ⅱ	6.66	31.85	5.93
		尾矿	25.97	8.83	6.41
		给矿	100.00	35.75	100.00
	300+200	铁精矿	22.61	56.24	35.69
		中矿Ⅰ	8.94	57.37	14.39
		中矿Ⅱ	23.53	42.52	28.07
		尾矿	44.92	17.33	21.85
		给矿	100.00	35.63	100.00
YB	100+50	铁精矿	59.00	50.83	83.77
		中矿Ⅰ	11.86	18.45	6.11
		中矿Ⅱ	5.55	30.75	4.77
		尾矿	23.60	8.11	5.35
		给矿	100.00	35.80	100.00
	200+100	铁精矿	39.99	53.14	59.29
		中矿Ⅰ	17.35	42.11	20.38
		中矿Ⅱ	4.84	42.39	5.72
		尾矿	37.83	13.85	14.62
		给矿	100.00	35.84	100.00
1631	50+30	铁精矿	56.92	51.76	81.85
		中矿Ⅰ	23.57	18.16	11.89
		中矿Ⅱ	5.33	20.08	2.97
		尾矿	14.18	8.35	3.29
		给矿	100.00	36.00	100.00
	100+50	铁精矿	39.63	56.94	62.92
		中矿Ⅰ	13.46	39.59	14.86
		中矿Ⅱ	8.21	38.49	8.81
		尾矿	38.70	12.43	13.41
		给矿	100.00	35.86	100.00
十二胺	200+100	铁精矿	26.97	53.39	40.77
		中矿Ⅰ	32.01	39.01	35.35
		中矿Ⅱ	4.98	46.12	6.50
		尾矿	36.04	17.03	17.38
		给矿	100.00	35.32	100.00
	300+150	铁精矿	3.40	59.07	5.64
		中矿Ⅰ	17.41	53.17	25.98
		中矿Ⅱ	13.93	52.08	20.37
		尾矿	65.26	26.20	48.00
		给矿	100.00	35.62	100.00

由表5可知，随着捕收剂用量的增加，铁精矿和尾矿中铁品位逐渐增加，但铁的回收率逐渐下降，铁在尾矿中的损失也逐渐增加。当粗选、精选捕收剂用量醚胺为200+100 g/t、YB为100+50 g/t、1631为50+30 g/t时均可以得到铁品位为50%以上、尾矿品位仅8%左右的铁精矿。采用醚胺、YB所得浮选尾矿易过滤。1631虽然用量较小，但浮选尾矿过滤困难，有轻微的刺激性气味。十二胺作用下的尾矿品位偏高，抑制剂用量需加强。综合考虑，捕收剂宜采用醚胺或YB。

2.3 淀粉用量试验

用醚胺作捕收剂时，淀粉用量条件试验结果表明：随着淀粉用量的增加，铁精矿品位不断降低，铁回收率增加。粗选淀粉用量在500～800 g/t之间时均可以得到较高品位和回收率的铁精矿。由于淀粉具有一定的黏性，易造成槽中铁精矿产品过滤难度加大。

3 小型闭路探索试验和结果

根据次级铁精矿性质特点，结合以上试验结果，试验采用反浮选工艺流程，分别进行了不同磨矿细度、不同品级铁精矿品位、不同捕收剂的小型闭路流程试验。结果表明：细度较粗时不利于铁精矿的提质，适当的磨矿细度（-0.044 mm 60% ~80%）有助于铁精矿品位及回收率的提高，细度太低会增加生产成本，降低了选矿效益。可根据小型闭路试验结果并依托经济成本核算，确定适宜捕收剂及选矿工艺流程；采用4种捕收剂（醚胺、1631、YB、十二胺）都可以达到铁精矿体质的目的，可以通过比较经济成本，选择适宜捕收剂进行铁精矿提质浮选；通过药剂适当调整，可以得到铁品位>50%的铁精矿。由于在一粗两扫原则流程下，铁精矿品位不易调控，没有进行小型实验室试验，亦不建议采用此流程；用YB作捕收剂，次级铁精矿磨矿至-0.044 mm 70%进行1粗1精1扫反浮选闭路试验，获得铁精矿产率50.45%、铁品位55.18%、铁回收率78.13%；磁选、磁选-重选等探索试验均可回收部分较好品质的铁精矿，原因是给矿粒度较细，有利于回收率的提高。

从试验结果分析来看，获得的铁精矿中 SiO_2 多以连生体形式存在，脱除硅质杂质需要进行再磨再选，会增加工艺复杂程度，经济利用价值低；尾矿中含铁矿物虽有一定量的单体解离度，但解离单体粒度细，浮选难以分离，另外还有部分连生体，再回收利用需进行再磨。

弱碱性流程精矿产率和回收率高，中矿返回量小流程易控制。虽然药剂制度中多了pH调整剂，但用量小、易控制，对矿浆适应性强。而中性流程中精矿品位高，但回收率、产率及对矿浆适应能力等不及弱碱性流程。因此，以弱碱性流程为最终推荐流程。且具有工艺流程简单、药剂耐低温性能良好的优点。由于该次级铁精矿品位较低，工业利用价值需要进一步论证。进一步探索试验表明，1粗1精1扫流程选矿效果不理想，1粗2扫反浮选流程较适合该次级铁精矿的提铁降杂。

4 工业试验

4.1 工业试验方案

在以上试验的基础上，以淀粉为反浮选抑制剂、CaO+NaOH为调整剂，捕收剂采用醚胺或YB系列，重点对比不同捕收剂对脉石的富集情况。

4.2 工艺流程的确定

根据现场设备配置、地理位置条件及前期试验情况，确定采用1粗2扫的工艺流程，设计处理能力50 t/h，试验设备为20 m³浮选机12槽（粗选5槽，扫选一4槽，扫选二3槽）及附属药剂添加、矿浆搅拌设施。工艺流程见图1。

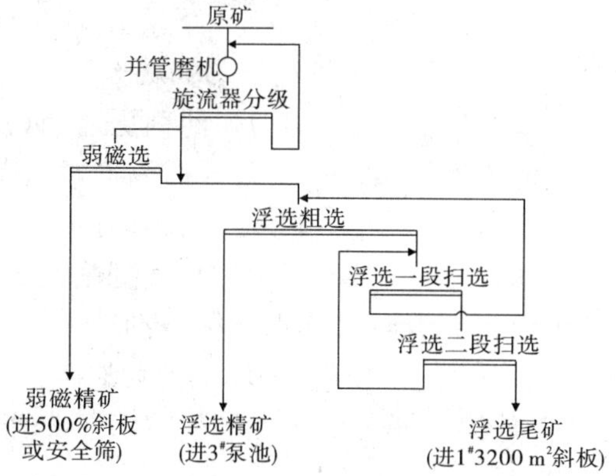

图1 工业试验流程

4.3 药剂制度

在上述药剂和工艺流程条件下，确定35%品级铁精矿品位提高到50%以上的药剂制度。

以YB为捕收剂时，YB用量为200+80 g/t，浓度为2%；苛化淀粉用量为200+100+100 g/t，浓度为2%；NaOH用量为800 g/t，浓度为5%。

以十二胺改进药剂GH-HL为捕收剂时，GH-HL用量为900 g/t，浓度10%；NaOH用量1 200 g/t；玉米淀粉用量为800 g/t；CaO用量150 g/t。

4.4 反浮选磨细度对指标的影响

次级铁精矿入选细度对铁精矿品位有较大影响。结合实际生产情况，当入选细度提高至-0.044 mm 65%以上后，精矿指标提升明显；当细度提高至-0.044 mm 70%以后，富集比提高更明显，均在1.3以上部分达到1.4，产率下降较多，维持在40%左右。

入选的次级铁精矿硅含量在29%左右，变化不大。反浮选后精矿硅含量从23%降至20%以内。经调试固定添加制度后，9月25日后降至17%左右，10月4日以后降至15%左右。入选次级铁精矿细度提高后，磁铁矿单体解离更充分，浮选效果越明显，指标越高。精矿中的硅含量随精矿品位的提高，硅含量随之降低。

4.5 工业试验指标

在NaOH用量800 g/t，粗选苛性淀粉用量400 g/t、扫选一200 g/t、扫选二100 g/t，YB用量粗选200 g/t、精选50 g/t的条件下，在实际工业生产中，获得的选矿指标为铁精矿产率48.99%，铁精矿品位48.76%，铁回收率64.89%，达到了35%品级精矿工业试验指标。

5 结 论

(1)采用 YB 阳离子捕收剂选别低品位铁精矿，对次级铁精矿药剂成本 14.92 元/t；采用 GH-HL 阴离子捕收剂选别低品位铁精矿，对次级铁精矿药剂成本 18.42 元/t。对比可知，YB 药剂更适合该低品位次级铁精矿反浮选；YB 阳离子捕收剂对矿浆 pH 的变化不敏感，pH 在 8～11 之间，浮选指标均比较稳定，适用的范围广；GH-HL 阴离子捕收剂的选别效果随矿浆 pH 的波动，选别指标波动较大。pH 在 9～10 时，泡沫较多，pH 值 10～11 时，泡沫较少，ph 值超过 12 时，泡沫过少，影响浮选。GH-HL 药剂适应范围比较窄。

(2)反浮选工业试验结果表明，采用阳离子捕收剂对低品位铁精矿进行反浮选提铁降硅，具有明显的选别效果，但精矿指标波动较大，稳定指标存在一定难度。如果再进一步精选，指标会进一步改善，但成本较高。实际生产中给矿量不稳定，影响磨矿细度和生产指标，建议选矿厂控制好给矿量及磨矿细度，以稳定工业试验中精矿品位和进一步降低尾矿品位；完善附属设施、再增加精选作业，为浮选药剂的提供更好的条件，以获得更好的浮选指标。

(3)35%品级次级铁精矿通过浮选可将品位提高到 50%以上，大幅降低次级铁精矿的堆存成本，减少资金积压，实现了市场销售。试验结果可广泛应用于微细粒赤铁矿的提铁降杂，经济效益显著，应用前景广阔，为微细粒赤铁矿的提铁降杂提供了新技术方案。

(收稿日期 2015-06-10)

(上接第 193 页)

21:00 的 3 小时为尖峰段)5 小时组织生产，从而进一步节约电力成本。

5 结 论

以上优化方案是以选矿车间运转 3 个系列的情况下进行比较的，而没有列举运转 2 个系列或 4 个系列，是由于西石门铁矿现阶段的生产情况不允许。运转 2 个系列无法完成生产任务。若运转 4 个系列，原矿品位的下降使尾矿量的增加，尾矿管路不能满足选矿车间 4 个系列的生产要求。

本方案适用于在原矿产量不足、选矿生产台时有一定的可操作性的矿山，调整不同的运转时间，进行避峰填谷，达到经济效益的最大化。也可以为其他类似矿山进行避峰填谷生产提供参考。

(收稿日期 2015-05-26)

(上接第 204 页)

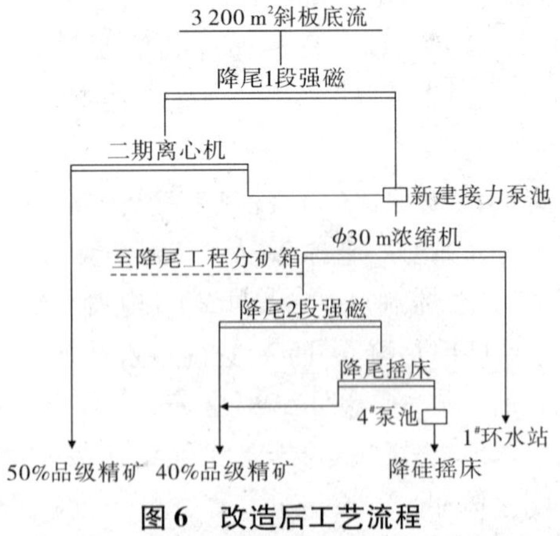

图 6 改造后工艺流程

通过 ϕ30 m 浓缩池工程改造不仅解决了原流程降尾 2 段强磁体积量过大，浓度过低的状况，又解决摇床负荷不足的问题，同时在日常生产组织过程中，可以根据原矿性质合理调整降尾 1 段强磁机电流及二期离心机冲洗水时间，这样就可以保证50%品级精矿达标。另外 ϕ30 m 浓缩池一部分矿浆进入扩能降尾强磁机粗选+精选+摇床重选，这样既可以保证 35%品级精矿达标，又可以在一定程度上降低尾矿品位，总之通过 ϕ30 m 浓缩池工程改造二选厂 50%品级精矿品位提高了 1.24 个百分点，35%品级精矿品位提高了 2.36 个百分点，尾矿品位由 11.5%左右将至目前的 9%左右，取得了明显的效果。

5 结 语

通过对大红山铁矿生产工艺流程进行的一系列技术改造表明，随着采矿深度的加大及矿石性质的变化，选矿工艺技术指标也会随之改变，只有通过对原有工艺流程进行流程考查及分析论证，找出其中存在的问题并进行技术改造，才能不断提高精矿品位，降低尾矿品位，实现节能降耗，提高经济效益。

(收稿日期 2015-05-26)

四川某铁矿石提铁降磷选矿流程试验

彭小敏[1,2] 王 宽[1,2] 林圣森[1,2] 魏礼明[1,2]
(1. 华唯金属矿产资源高效循环利用国家工程研究中心有限公司;2. 中钢集团马鞍山矿山研究院有限公司)

摘 要 四川某高磷铁矿石铁品位为45.18%,主要以赤褐铁矿的形式存在,磷含量较高,为0.84%。为合理开发利用该矿石,在确保铁回收率的前提下,分别进行了单一磁选选矿流程、单一重选选矿流程、单一浮选流程试验,并确定了浮选流程中应用新型除磷捕收剂的最佳工艺条件。在单一浮选流程的基础上进行浮选—磁选联合流程试验,最终获得产率61.2%、铁品位51.58%、铁回收率70.14%、磷含量0.19%的铁精矿,质量合格。试验结果可为该矿石提铁降磷选矿工艺流程的选择提供技术依据。

关键词 铁矿石 提铁降磷 选矿流程

随着工业的高速发展,我国有限的富矿及易开发资源已逐渐枯竭。目前可利用的铁矿资源日益趋于贫、细、杂,给开发利用增加了难度。我国铁矿资源中硫、磷、二氧化硅等有害杂质含量高、与有用矿物间嵌布粒度细,造成选矿难度大、选矿效率低、产品质量差,有效地回收和利用这部分矿石已成为选矿工作者主要研究课题之一。

磷是钢铁冶炼过程中主要的有害元素之一,严重影响炼钢工艺和钢材产品质量。随着冶金工业的发展和新工艺的不断实施,对铁精矿的质量要求越来越高,对磷的含量也有严格的限定,铁精矿提铁降磷迫在眉睫。对四川某高磷铁矿石进行不同工艺流程的选矿流程试验,以期为该矿石的开发利用提供技术依据。

1 原矿性质

1.1 矿石组成

矿石外观呈现红色,硬度较高。矿样经粗碎、中碎2段破碎程序后进入对辊,产品进入振动筛,-1 mm矿样混均、缩分后,对矿样进行主要化学成分分析和铁物相分析,结果分别见表1、表2。

表1 主要化学成分分析结果 %

Fe	S	P	SiO_2	Al_2O_3	CaO	As
45.18	0.028	0.84	25.87	5.16	1.60	<1.0

注:As含量单位为10^{-4}。

由表1可知,矿石含铁量为45.18%,是主要回收的有价元素。磷含量偏高,将会对铁的选别产生不利影响。因此,该铁矿石选矿的关键是要提高铁品位、降低有害杂质磷的含量。

表2 铁物相分析结果 %

铁相态	含量	分布率
磁性铁	11.07	10.67
赤褐铁	30.22	79.26
碳酸铁	1.02	2.68
硅酸铁	2.69	7.05
硫化铁	0.13	0.34
总铁	45.18	100.00

由表2可以看出,矿石中铁主要以赤褐铁矿的形式存在,铁品位30.22%,占全铁的79.26%。其次是磁铁矿的铁,占总铁的10.67%,其他如硅酸铁、碳酸铁少量。由铁的矿物组成可知,当采用强磁选分选时,必须先用弱磁场磁选机分选出强磁性矿物磁铁矿。

1.2 粒度筛析

矿样粒度筛析结果见表3。

表3 矿样粒度筛析结果

粒度/mm	产率/%	
	产率	累积产率
+0.50	10.00	
0.28~0.50	10.88	20.88
0.15~0.28	14.52	35.40
0.098~0.15	24.44	59.84
0.076~0.098	16.68	76.52
0.045~0.076	12.66	89.18
0.0385~0.045	7.82	97.00
-0.0385	3.00	100.00
合计	100.00	100.00

彭小敏(1970—),男,工程师,243000 安徽省马鞍山市经济技术开发区西塘路666号。

由表3可知，矿样中+0.076 mm 占76.52%，因此矿样进行选别试验前需要磨矿。矿样经XMQ-67型240X90锥型球磨机进行磨矿试验。每次取矿样420 g，控制磨矿浓度66%，磨矿时间与细度关系见表4。

表4 磨矿时间与粒度的关系

磨矿时间/min	2	4	6	8	10	12
细度(-0.076 mm 含量)	50.0	64.0	87.0	92.5	97.0	99.5

由表4可以看出，若要达到-0.076 mm 97%细度，需磨矿10 min，因此该矿石属于中等难磨矿石。

2 选矿流程对比试验

为了寻找出对于该矿适合选矿工艺流程，进行了大量的流程试验：单一的磁选试验、单一重选试验流程、单一浮选流程试验、浮选—磁选流程试验。以精矿产率、精矿铁品位、精矿磷含量三个指标作为取舍流程的标准。

2.1 单一磁选试验

矿样磨至细度为-0.074 mm 97%，在单一磁选选别流程下，进行磁场强度条件试验。试验结果见表5。

表5 单一磁选流程磁场强度试验结果

磁场强度/(kA/m)	精矿产率/%	精矿铁品位/%	精矿磷含量/%
144(弱磁机)	10.12	63.19	0.15
224(弱磁机)	14.56	61.20	0.29
304(湿式永磁中磁机)	24.50	56.82	0.36
392(湿式永磁中磁机)	65.34	54.41	0.68
472(SLon高梯度强磁机)	83.21	51.58	0.73
552(SLon高梯度强磁机)	85.76	49.60	0.78

由表5可知，随着磁磁场强度的增加，精矿产率和含磷量逐渐增加，铁品位则呈逐渐下降的趋势。原因是该矿石强磁性矿少量，弱磁性矿物较多，含磷脉石杂质也具有弱磁性的特点，导致精矿中磷随磁场强度的增加而增加。因此不可能通过单一磁选来达到提铁降磷的目的，但可以提高精矿中铁的品位。

2.2 单一重选流程试验

对于赤褐铁矿，利用铁矿与石英类的杂质密度差异来进行铁矿物的分选是一种十分有效的方法。对矿样在不同磨矿细度下进行摇床重选试验，结果见表6。

由表6可知，摇床重选对提高铁品位程度有限，大量中矿还需进行后续处理，跑尾现象严重，且对磷含量的降低也十分有限。基于以上考虑，该矿石不适合采用摇床重选以提铁降磷，应予舍去。

表6 摇床重选试验结果 %

磨矿细度(-0.074 mm 含量)	产品	产率	铁品位	磷含量
64.0	精矿	37.53	54.34	0.51
	中矿	38.12	40.87	0.64
	尾矿	24.35	30.54	1.43
87.0	精矿	35.87	56.34	0.48
	中矿	37.62	41.37	0.66
	尾矿	26.51	31.73	1.58
92.5	精矿	32.87	58.74	0.46
	中矿	38.12	40.87	0.64
	尾矿	29.11	34.73	1.54
97.0	精矿	29.45	59.44	0.43
	中矿	37.82	37.87	0.63
	尾矿	32.11	42.34	1.53
99.5	精矿	27.87	60.54	0.41
	中矿	37.12	35.47	0.68
	尾矿	35.11	43.73	1.35

2.3 单一浮选流程试验

浮选是利用铁矿物与含磷脉石矿物的表面物理化学性质不同而进行的目的矿物与杂质的分离，浮选药剂的筛选尤其重要。因此对该铁矿石进行浮选选别试验，着重考察药剂对浮选指标的影响。

2.3.1 新型除磷捕收剂与普通捕收剂浮选指标对比试验

矿样磨至细度为-0.074 mm 97%后，经2次调浆，分别加入抑制剂、活化剂和捕收剂，进行1粗3精浮选开路流程捕收剂种类条件试验，药剂制度为：抑制剂氢氧化钠2 000 g/t、活化剂氧化钙500g/t、粗选捕收剂400 g/t、300 g/t精(精1)、200 g/t(精2)、100 g/t(精3)，固定其他试验条件不变，分别使用1#普通捕收剂、2#普通捕收剂、3#新型除磷捕收剂(针对该矿研制)进行浮选试验，结果见表7。

表7 捕收剂种类条件试验浮选精矿指标 %

捕收剂	产率	铁品位	磷含量
1#	72.80	46.86	0.35
2#	77.70	46.54	0.39
3#	72.00	48.06	0.23

由表7可以看出，在各捕收剂用量相同的情况下，3#捕收剂比1#、2#捕收剂表现出良好的捕收性能，有利于铁品位的提升、对比磁选与重选，降磷效果明显，可以起到“提铁降磷”的双重目的，因此选择3#捕收剂作为该高磷铁矿石提铁降磷的浮选捕收剂。

2.3.2 除磷药剂的选矿工艺条件确定

新型除磷捕收剂不仅可提高铁品位，对降低杂质磷含量也具有明显作用。为进一步确定该药剂最佳的选矿工艺条件，分别进行了浮选的磨矿细度条件试验和新型除磷捕收剂加药方式（1 次加药或多次分段加药）试验。

2.3.2.1 浮选的磨矿细度条件试验

以新型除磷捕收剂作为该含磷铁矿石浮选捕收剂，固定抑制剂氢氧化钠 2 000 g/t、活化剂氧化钙 500 g/t、粗选、精选 1、精选 2、精选 3 捕收剂用量分别为 400，300，200，100 g/t，进行浮选磨选细度条件试验，结果见表 8。

表 8　磨矿粒度条件试验结果　　%

磨矿细度（-0.074 mm 含量）	精矿产率	精矿铁品位	精矿含磷量
64.0	84.2	46.35	0.36
87.0	80.4	47.16	0.33
92.5	74.5	47.59	0.31
97.0	72.0	48.06	0.23
99.5	70.4	48.56	0.27

由表 8 可知，随着矿石磨矿细度的增加，铁矿物与含磷杂质解离越来越充分，精矿铁品位逐渐升高、磷含量逐渐降低，但在磨矿细度达到 97% 后，磷含量降低幅度不明显，趋势整体趋于平缓。结合磨矿能耗的经济性，确定磨矿细度为-0.074 mm 97%。

2.3.2.2 浮选捕收剂加药方式试验

一般浮选采用分段加药是基于浮选流程的考虑，即分段加药比一段或二段加药效果要好。但对含磷铁矿，浮选结果不仅包括铁品位，还有磷含量。多段加药会使选矿流程变得复杂，延长生产时间，增加动力消耗。固定磨矿细度为-0.074 mm 97%、新型除磷捕收剂总用量为 1 000 g/t，其他条件不变，分别进行 1 粗 3 精、1 粗 1 精、1 粗 3 种不同加药流程浮选试验，结果见表 9。

由表 9 可知，3 种不同加药方式，浮选指标接近。考虑不同流程到所需浮选机的数目和动力消耗，选择 1 次粗选的加药流程较为合适。

表 9　不同加药方式浮选试验结果

加药方式与用量 /(g/t)	精矿产率 /%	精矿铁品位/%	精矿磷含量/%
1 粗(400)3 精(300+200+100)	72.0	48.06	0.23
1 粗(800)1 精(200)	71.8	48.23	0.23
1 粗(1000)	71.9	48.56	0.22

2.4 浮选—磁选联合流程

鉴于以上浮选提铁降磷的效果，还需进一步提高铁品位与降低磷含量，因此对浮选精矿进行强磁选试验。将 1 次粗选精矿，调浆 33% 后给入 SLon 高梯度湿式强磁机，在磁场强度分别为 336，472，552 kA/m 的条件下进行 1 次强磁选磁场强度条件试验，结果见表 10。

表 10　1 次强磁选磁场强度条件试验结果

磁场强度 /(kA/m)	精矿产率 /%	精矿铁品位 /%	精矿磷含量 /%
336	60	52.30	0.16
472	85	51.58	0.19
552	88	49.60	0.21

由表 10 可知，结合浮选流程结果计算得浮选—磁选联合流程的铁精矿总产率为 61.2%、铁品位 51.58%、回收率为 70.14%、含磷 0.19%，符合目前市场对铁精矿的质量要求。

3 结　论

（1）四川某铁矿石，铁品位为 45.18%，主要以赤褐铁的形式存在，占总铁的 79.26%。磷含量较高，如不降低到合适含量，将使铁精矿质量不达标，对后续炼铁产生不利影响。因此，该铁矿石选矿的关键是提高铁品位、降低有害杂质磷的含量。

（2）对该高磷铁矿石分别进行单一磁选选矿流程、单一重选选矿流程、单一浮选流程选矿试验，并对浮选流程中新型除磷捕收剂的加药方式进行条件试验。通过浮选精矿作为强磁选给矿进行浮选—磁选联合选矿流程试验。结果表明，浮选—磁选选矿流程处理该铁矿石效果最好，最终可获得产率为 61.2%、铁品位 51.58%、回收率为 70.14%、含磷 0.19% 的铁精矿，达到了市场要求。

（收稿日期　2015-06-26）

某磁铁矿精矿提铁降硅试验

邵　彪　李大凯
（首钢矿业公司大石河铁矿）

摘　要　生产实践表明，磁重联选工艺可以有效剔除铁矿物中的贫连生体，是选矿厂提铁降硅、提高精矿品位的有效手段。淘洗磁选机因独特的补偿磁场技术、自动化水平高，在改善磁铁精矿质量、简化流程、降低生产成本方面具有重要作用。大石河铁矿选厂原选矿工艺流程复杂、精选机故障多，产品铁品位低，影响生产的正常运行。通过淘洗磁选机替代精选机的工业试验，考察给矿浓度、矿浆上升流速、背景磁感应强度对选别效果的影响，进一步的选别效果对比试验和产品粒度分析结果表明，在该选厂选矿工艺中应用淘洗磁选机，可取得了理想效果。结果对不均匀嵌布磁铁精矿的提铁降硅具有参考作用。

关键词　磁重联选　提铁降硅

随着我国经济的发展，钢铁工业已进入产能过剩时期，加之国外价格低廉的铁矿石冲击，国内铁矿山面临前所未有的生存挑战。矿山行业新常态下，如何降低生产成本、提高铁精矿产品质量成为铁矿山的首要任务。磁铁精矿在我国铁矿选矿厂产品中占有很大比例，其质量的优劣直接影响大部分矿山的发展。而目前部分铁矿选矿厂由于选矿工艺和设备较为陈旧，磁铁精矿质量存在着铁品位偏低、硅含量较高的缺点，对矿山和钢铁厂的经济效益产生不利影响。近年来，随着电磁技术的不断进步，通过电磁系产生磁场，使磁场强度得以控制，并能达到一些要求较高的磁场强度，磁重联选设备得以进一步发展。通过调节底流排矿口大小和上升水量等因素来提高精矿铁品位、改善选别效果，是行之有效的方法。

淘洗磁选机集独特的补偿磁场技术、高自动化控制水平和设备大型化于一体，在改善磁铁精矿质量方面具有良好的应用效果。2014 年 4 月大石河铁矿在选矿厂 6-7 系列安装 4 台 CH-CXJ1600 淘洗磁选机。经流程考察，淘洗磁选机剔除贫连生体作用明显，解决了磁铁矿铁品位低、硅含量高的难题，达到简化选别工艺流程、降低选矿加工成本、提高铁金属回收率目的。

1　选矿工艺现状

1.1　原选矿工艺流程

首钢大石河铁矿选矿厂设计原矿处理能力 960 万 t/a，选矿工艺流程为阶段磨矿—阶段选别—磁重联选—细筛自循环流程。振动细筛筛下产品给入复合闪烁精选机，精选机精矿进入 3 次磁选，3 次磁选精矿经过滤脱水，成为最终精矿粉。工艺流程见图 1。

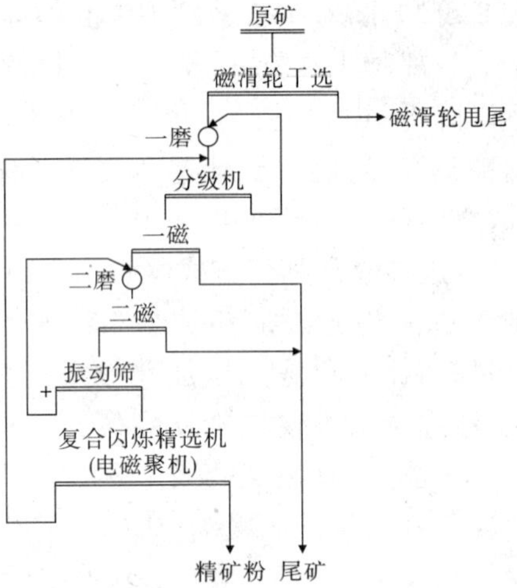

图 1　选矿工艺流程

1.2　精选机现状

2003 年大石河铁矿投入使用 $\phi600$ mm 复合闪烁磁场精选机，因使用时间较长，存在着线圈烧损等故障，且线圈修复进度缓慢，不能满足现场及时更换的需要，直接导致选别效果变差。精选机选别效果见表 1。

由表 1 可知，目前精选机给矿铁品位 61.34%，精矿铁品位 63.61%，仅提高 2.27 个百分点。另外，精矿浓度 33.03% 说明选别浓度较低，重力选矿

邵　彪（1971—），男，高级工程师，064404 河北省迁安市滨河村。

在一定程度上受到影响，故底流浓度不可控是影响选别效果的一个关键因素。

表1　精选机选别效果　　%

给矿		精矿		溢流	
浓度	铁品位	浓度	铁品位	浓度	铁品位
43.38	61.34	33.03	63.61	1.9	11.23

2　淘洗磁选机替代精选机工业改造试验

2014 年 4 月，大石河铁矿在选矿厂 6-7 系列安装 4 台 CH-CXJ1600（ϕ800 mm）淘洗磁选机，替代原精选机，进行了现场工业试验和考察。

2.1　给矿浓度试验

工业现场通过调整振动筛给矿补加水量，进行淘洗磁选机不同给矿浓度条件试验。变化 4 种补加水量，每种加水量试验状况下取样 5 批次，取其平均值，结果见表 2。

表2　不同给矿浓度试验结果　　%

给矿浓度	给矿品位	精矿铁品位	品位提幅/百分点
34.20	62.6	67.74	5.14
39.76	63.1	68.22	5.12
45.43	61.8	67.29	5.49
48.51	62.5	68.03	5.53

由表 2 可知，在给矿铁品位差不多的条件下，淘洗机底流、溢流基本稳定，由于给矿浓度发生变化，会影响淘洗磁选机补加水量及上升水流速的变化，进而影响选别效果。随着给矿浓度的提高，品位提高幅度变化并不明显。

2.2　矿浆上升流速试验

磁重联选分选过程具有明显的按不同容重进行分选的特征。从多次试验测定结果表明，精选机中的上升介质流速有一个临界值。当上升介质流速超过临界值时，上升水流影响磁链的形成，分选效果急剧恶化，大量高品位细粒级的磁铁矿颗粒被溢流带出。对不同上升水流速度条件试验结果见表 3。

表3　不同上升流速条件试验结果　　%

速度水平	给矿铁品位	溢流铁品位	底流铁品位
1	63.42	8.99	67.89
2	63.04	9.81	68.22
3	62.89	10.57	68.56
4	62.87	14.24	68.11

由表 3 可知，随着矿浆上升流速水平从 1、2、3、4 逐渐提高时，淘洗磁选机的各项分选指标发生变化。溢流铁品位随着矿浆上升流速的上升而提高，但在速度水平为 4 时，溢流铁品位提高最为明显，底流铁品位最低，验证了淘洗磁选机分选过程中临界流速的存在。

2.3　背景磁感应强度

背景磁感应强度对淘洗磁选机选别效果有明显的影响。磁感应强度过高有利于磁团聚体形成，但不利于选别过程中的分散，会影响精矿铁品位；磁感应强度过低会影响磁团聚体的形成，使细粒级单体随溢流流失，引起尾矿铁品位过高。合适的磁感应强度有利于磁团聚体的形成，使脉石矿物和磁铁矿在选别过程中分离，稳定并提高铁精矿品位。在不同磁感应强度下淘洗磁选机的选别结果见表 4。

表4　不同磁感应强度的选别结果

磁场强度/(kA/m)	产品/%	产率/%	铁品位/%	回收率/%
63.7	精矿	87.83	68.89	97.16
	尾矿	12.17	14.56	2.84
	原矿	100.00	62.28	100.00
79.6	精矿	89.96	68.62	97.92
	尾矿	10.04	13.06	2.08
	原矿	100.00	63.04	100.00
95.5	精矿	90.32	68.18	98.21
	尾矿	9.68	11.58	1.79
	原矿	100.00	62.7	100.00
111.5	精矿	90.89	68.22	98.62
	尾矿	9.11	9.49	1.38
	原矿	100.00	62.87	100.00

由表 4 可以看出，随着背景磁感应强度逐渐提高，精矿铁品位逐渐降低，溢流铁品位逐渐提高。因此，在给矿条件基本稳定的情况下，淘洗磁选机背景磁感应强度的调整，成为岗位人员日常操作的重点。合适的背景磁感应强度，不仅可以确保精矿铁品位稳定达标，也可以控制中矿比例，降低循环负荷。

3　淘洗磁选机与复合闪烁精选机选别效果对比

3.1　选别试验结果

对淘洗磁选机和闪烁精选机进行选别效果的对比，在同等给矿条件下，对 6-7 系列淘洗磁选机与 4-5 系列复合闪烁精选机进行对比试验。取样日期 2014 年 4 月 19 日—5 月 21 日，考察结果见表 5。

表5　两种设备对比试验结果　　%

设备名称	给矿浓度	给矿品位	精矿品位	溢流品位
复合闪烁精选机	44.06	62.78	65.12	13.27
淘洗磁选机	43.12	62.69	68.43	10.12

由表 5 可以看出，给矿经淘洗磁选机选别，精矿

铁品位由入选时62.69%提到68.43%，提高5.74个百分点,提高幅度比精选机高了3.4个百分点,溢流铁品位比精选机低3.15个百分点,说明淘洗磁选机的选别性能优于符合闪烁精选机。

3.2 产品粒级分析

对6-7系列淘洗磁选机产品和4-5系列精选机各产品进行筛析对比,结果分别见表6、表7。

表6 6-7淘洗磁选机产品筛析结果

粒级/mm	给矿/%		溢流/%		底流/%	
	产率	品位	产率	品位	产率	品位
+0.280	0	0	0	0	0	0
0.154~0.280	0.55	0.00	0.60	0.00	0.40	0.00
0.098~0.154	11.00	60.30	15.50	11.87	10.20	66.17
0.074~0.098	15.00	60.67	20.20	10.05	14.50	67.30
-0.074	73.45	63.98	63.70	9.83	74.90	68.97
合计	100.00	62.73	100.00	10.13	100.00	68.17

表7 4-5系列复合闪烁磁场精选机产品筛析结果

粒级/mm	给矿/%		溢流/%		底流/%	
	产率	品位	产率	品位	产率	品位
0.280	0	0	0	0	0	0
0.154~0.280	0.59	0	0.2	13.48	0.77	0
0.098~0.154	10.98	60.37	11.8	18.2	11.6	63.46
0.074~0.098	15.28	62.81	22.6	16.45	14.83	65.34
-0.074	73.15	63.74	65.4	12.45	72.8	67.3
合计	100.00	63.22	100.00	14.04	100.00	66.56

由表6、表7可知:①淘洗磁选机各粒级溢流铁品位较低,相应粒级精矿铁品位提升幅度较大,常规精选机各粒级溢流品位较高,但相应粒级精矿品位提升幅度较小。说明淘洗磁选机溢流尾矿中有大部分贫连生体和细泥,淘洗比较充分;②淘洗磁选机对粗粒级部分的淘洗较为明显。淘洗机溢流中+0.098 mm含量为16.1%,常规精选机溢流含量为12.0%,对提高精矿品位有较大作用。可见,淘洗磁选机脱除贫杂连生体效果好于目前在用精选机。

3.3 精矿产品磁选管选别试验

由于淘洗磁选机剔除贫连生体效果明显,精矿铁品位大幅度提高。为了进一步验证应用淘洗磁选机后,取消第3次磁选、简化流程的可行性,对淘洗磁选机精矿进行了磁选管选别试验,结果见表8。

表8 磁选管模拟3段磁选选别试验结果 %

项目	给矿品位	精矿品位	尾矿品位	精矿品位提幅
闪烁精选机底流	65.23	67.73	13.21	2.50
淘洗磁选机底流	68.43	68.89	16.32	0.46

由表8可知,淘洗磁选机底流经磁选管选别后,精矿铁品位提幅0.46个百分点,提幅较小。考虑到淘洗磁选机底流精矿品位68.43%,高于闪烁精选机精矿磁选管选别后的精矿品位1.16个百分点,因此试验指标。

4 结 语

淘洗磁选机对磁铁矿尤其是呈不均匀嵌布的鞍山式磁铁矿提铁降硅选别效果效果最好。淘洗磁选机具有较高的选择性和选别精度,通过将大量贫连生体从磁铁精矿中分离出来,得到再磨和再选,从而可在放粗精矿粒度的情况下获得高品位的精矿,实现了产量和质量的双提高,是磁铁精矿提铁降硅的有效方法,在磁铁矿选矿厂应用可以取得较好的经济效益。

(收稿日期 2015-05-26)

新型旋流器在某选矿厂一段磨矿分级的改造实践

齐加刚　王世兰　孙玉伟　郑纪民　贾　辉
（威海市海王旋流器有限公司）

摘　要　某钨矿选矿磨矿分级作业中原旋流器分级效率低、返砂比大，导致尾矿中-10 μm 粒级中钨金属损失量过大。通过采用海王新型旋流器进行工艺改造，生产实践结果表明，相比原传统旋流器，新型旋流器分级质量效率达到52%，提高了22个百分点，磨机处理能力提升5t/h，磨矿分级作业指标改善明显，同时减轻了钨矿石过磨现象，有利于提高最终选矿指标。该结果可以为同类磨矿分级作业工艺改造提供借鉴。

关键词　新型旋流器　磨矿分级　过磨

某钨矿选矿厂原矿为矽卡岩型矿石，矿石硬度中等，主要有用矿物为白钨矿，嵌布粒度为0.02～0.12 mm，呈浸染状分布于石英等脉石矿物中。目前选矿厂磨矿采用一段磨矿工艺，磨矿细度要求达到-0.074 mm占70%。几次提产后浮选设备并未相应更新，导致浮选作业浓度不断提高，对分级溢流浓度要求达到40%左右。长期以来原旋流器的给料浓度一直在60%以上，分级质量效率很低仅30%，返砂中夹杂大量已解离的富钨颗粒。选厂曾委托国内某高校的进行考察研究，发现尾矿中-10 μm 粒级中钨金属损失接近全部尾矿钨金属量的一半，说明磨矿作业存在一定程度的过磨。经海王公司配合选厂对磨矿分级作业进行考察和论证，得出原旋流器分级效率低、返砂比过大是造成钨矿物过磨的主要原因。

1　现场磨矿分级工艺

选厂原矿处理量2 500 t/d，磨矿分级作业流程见图1。旋流器溢流产品作为浮选给矿，沉砂通过分矿隔板返回两台球磨机，球磨机排矿矿浆汇集到同一旋流器给料泵池。主要设备配置为两台3.2 m×4.5 m溢流型球磨机配套一组 ϕ350 mm 标准型分级旋流器。

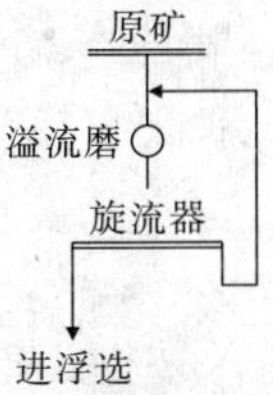

图1　磨矿工艺流程

2　改造前后分级指标

改造前的磨矿分级作业矿浆细度指标不稳定，尤其在矿石供应不足时2台磨机只运行1台时，磨矿细度指标变化更大，旋流器的分级效率也很低。为降低磨矿系统的返砂量、减轻过磨现象，生产中也尝试过使用小直径沉沙嘴的旋流器。但实际操作中很容易引起旋流器沉砂柱状排矿，反而使溢流细度指标更差，浮选指标不理想。

现场采用新型FX350旋流器进行试验，改造前后磨矿分级作业平均指标见表1。

表1　改造前后磨矿分级作业平均指标对比

项目名称	磨机处理量/(t/h)	溢流细度-0.074 mm/%	返砂中 WO_3 含量/%	返砂比/%	分级质量效率/%	运行压力/kPa
新型旋流器	110	74	0.68	190	52	75～80
原旋流器	105	72	0.84	280	30	90～100

由表1可知，改造后磨矿平均细度-0.074 mm占74%，比改造前提高2个百分点；分级质量效率达到52%，比改造前提高22个百分点，改善效果显著；磨矿返砂比降至190%，比改造前降低90个百分点；磨机处理量提高到110 t/h，提升了5 t/h。从改善分级效率和降低返砂比方面，新型旋流器在该选厂的应用是成功的。

试验过程中我们还对两种结构旋流器的返砂的 WO_3 含量做了比较：原矿的 WO_3 品位为0.4%左右，采用标准型旋流器返砂的 WO_3 含量为0.84%，

（下转第221页）

齐加刚（1982—），男，工程师，264203 山东省威海市科技路975号。

基于多目标规划的金矿选矿月生产计划优化模型*

董 殊[1,2] 王 宝[1,2] 彭良振[1,2] 刘 青[1,2]

(1. 钢铁冶金新技术国家重点实验室;2. 北京科技大学冶金与生态工程学院)

摘 要 以某黄金选矿厂的实际情况为背景,建立优化选矿磨浮过程月生产计划指标的指标体系(包括黄金产量、金属回收率、原矿总处理量、给矿品位、地质品位、全选比、选矿成本和原矿消耗结构),并将各指标的优先级别进行排序;针对人工调整月生产计划指标的主观性及效率低的特点,提出按各指标优先级别,建立以黄金产量、金属回收率及原矿总处理量等八项指标值的偏差量最小为优化目标的月生产计划指标多目标规划模型;并采用分层求解的非线性规划方法对本模型进行求解。研究结果表明:非线性规划方法求解月生产计划指标多目标规划模型时间为 8 s,其求解时间远远短于人工调整时间(1 ~2 h),且降低了人工调整中主观因素对满足各生产计划指标要求的影响;本模型优化后,黄金产量、金属回收率、原矿总处理量及出矿品位指标值无偏差,地质品位、全选比偏差量分别减少到 1.25% 和 0.58%,选矿成本可降低 2 元/t,可降低月生产成本超过 10 万元;将本模型应用于金矿磨浮过程月生产计划指标的优化,对快速高效编制合理的生产计划,使生产过程稳定、协调地运行具有重要意义。

关键词 金矿 磨浮过程 月生产计划指标 多目标规划

随着我国黄金选冶工业的不断发展以及黄金需求量的不断增长,2014 年已探明的黄金储量已跃居世界第二,达到 8974.7 t,金矿产($130 亿元,对国内 GDP 的贡献量排名世界第一。日前,金矿选冶主要包括金矿选矿过程和冶炼过程,其中选矿过程成本占据整个流程的 80% 以上。而磨矿和浮选过程作为选矿过程的核心工序,成本占据选矿成本的 50% 以上。为了稳定生产、节能降耗,目前主要采取优化工艺的手段,比如"多碎少磨"工艺,优化球磨机工作参数 ,优化浮选流场[1]等。国内外在流程工业实施 CIMS 表明,单纯提高生产装置的控制水平,寻求局部最优的投入产出比远远低于提高整体管理调度水平的投入产出比[2]。因此,选矿生产计划与调度对于节能降耗、提升企业竞争力及实现可持续发展具有重大意义。近年来,黄金选矿过程生产计划与调度的研究较少,文献[3]研究了将扁平化的三层集成结构 ERP / MES / PCS 应用于金矿生产计划与调度过程。文献[4]构建了黄金生产调度系统,为决策分析、确定和调整生产经营方针提供了可靠的信息和依据,然而并没有对生产计划指标的优化或分解策略做系统的研究。合理的月生产计划指标对编制先进而可靠的生产计划具有重要意义[8]。金矿企业生产计划部门给定的指标值往往不能直接用于实际生产,需要进行调整。但是月生产计划指标的调整过程非常复杂,这是由于[5]:①原矿种类众多,不同的原矿消耗结构使得黄金产量、金属回收率、全选比等指标不同;②各月生产计划指标的重要程度和优先级别不同,有些指标需优先考虑,有些则次之;③要求月生产计划指标的调整幅度尽量小。日前,月生产计划指标的调整主要依靠人工经验根据实际指标的完成情况进行多次试凑,往往很难同时满足各指标的要求,造成有些指标无法满足要求,并累积到后续生产,使得生产过程不均衡和不稳定。文献[6]对铁矿的选矿月生产计划指标的优化分解进行了研究,但其月生产计划指标均为预先确定值;文献[7-8]分别利用回归分析和 BP 神经网络建立了各技术经济指标之间的关系,但均只侧重于某一指标的研究。

根据某黄金选矿厂实际情况,将月生产计划指标归纳为黄金产量、金属回收率、原矿总处理量、给矿品位、地质品位、全选比(原矿投入总量与精矿总量之比)、选矿成本及原矿消耗结构。论文建立以黄金产量、金属回收率及原矿总处理量等八项指标值的偏差量最小为优化目标的月生产计划指标多目标规划模型,考虑众多智能算法求解此类多目标模型的复杂性及求解结果具有偏好性,采用逐层求解的非线性规划方法求解此类模型,其求解方法是,逐

* "十二五"国家科技支撑计划项目(编号:2012BAB08B04)。

董 殊(1991—),男,硕士研究生,100083 北京市海淀区学院路 30 号。

通讯作者 刘 青(1967—),男,教授,博士,100083 北京市海淀区学院路 30 号。

层求解目标函数,将上一个求解出来的最优值作为约束条件,进行下一个目标的求解,直至得到所有目标函数的最优解。

1 黄金选矿生产流程

某选矿厂生产流程见图1。该厂新选矿工艺为:粗选前预先筛分的3段4闭路破碎筛分工艺流程、2段闭路磨矿流程、1粗3扫3精的浮选流程回收金,最终产品为金精矿。即原矿石首先经过粗碎处理,然后经中碎细碎得到粉矿,粉矿存储于粉矿仓备后续磨矿使用,粉矿经过粗磨及细磨进一步加工为粒度更小的磨矿产品,并进入搅拌槽调整其浓度及添加浮选药剂,之后进入浮选作业工序。经过粗选后的矿粒分别进入两道工序:解离度较好的矿石被选出来进入精选工序,最后得到金精矿;解离度较差的矿石则进入扫选工序,最后得到尾矿。金精矿储存于精矿仓库供下游冶炼厂冶炼,尾矿则送尾矿坝堆放。

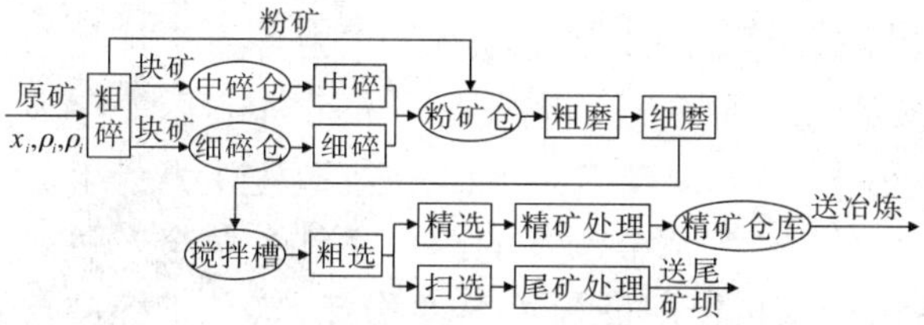

图1 黄金选矿生产流程

生产计划指标的优化及分解流程见图2。优化过程主要是协调生产过程,保证各生产计划指标均满足要求。公司生产计划部门将月生产计划下达至选矿厂,月生产计划中设定了黄金产量、金属回收率、原矿总处理量、给矿品位、地质品位、全选比,选矿成本及原矿消耗结构的计划值。选矿厂生产管理部门接收到公司下达的生产计划后,按照各原矿计划处理量进行简单的计算,然后将计算出的各生产计划指标值与公司给定的指标值进行对比,通过人工多次试凑调整,使各指标满足要求。经过调整后,得到月度各原矿处理量以及由此计算出的各月生产计划指标值。然后,选矿厂生产管理部门根据月度计划编制周生产计划,通过调整给出周原矿处理量,计算得出各周生产计划指标值。选矿厂调度室接收周计划,并结合实际生产状况,编制日生产计划。作业长接收日生产计划并将其分解为班生产计划。通过公司生产计划部门、选矿厂生产部门、选矿厂调度室和作业长的优化分解工作,月生产计划指标在时间上被分解到各作业班,在空间上被分解到各生产工序。本文主要研究从公司生产计划部门到厂生产管理部门之间的月生产计划的优化决策。

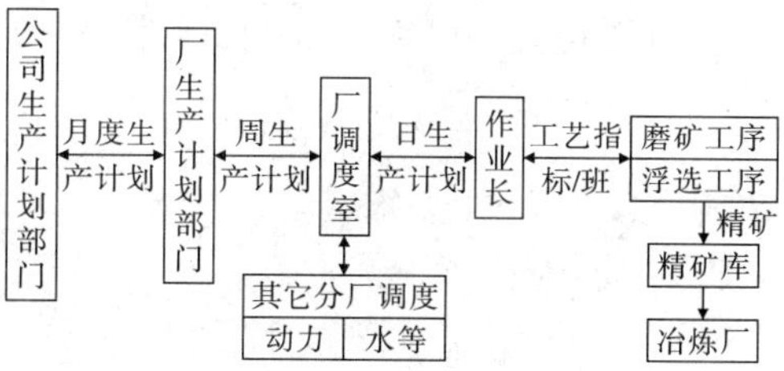

图2 生产计划指标的优化及分解流程

2 月生产计划多目标规划模型的建立

考虑到黄金选矿过程的复杂性,以及其生产计划指标是否合理的评价体系和方法的不统一,通过实际调研,归纳了影响黄金选矿生产的8个月生产计划指标,作为客观评价生产合理性的依据,它们是黄金产量、金属回收率、原矿总处理量、给矿品位、地质品位、全选比、选矿成本及原矿消耗结构。考虑到这些评价指标中前七项指标均为原矿消耗量 x_i($i=1,2,\cdots,5$)的函数,即 $y_i=f(x_i)$,通过调整原矿消耗结构实现月生产计划指标的优化。为此,建立了以黄金产量、金属回收率及原矿总处理量等8个指标值的偏差量最小的月生产计划的多目标规划模型。

2.1 对象描述

已知该厂的原矿种类有5种,设第 i($i=1,2,\cdots,5$)种矿石分别代表1号井矿、2号井矿、3号井矿、东风井矿和斜坡道矿,第 i 种出矿品位及地质品位分别为 ρ_i、ρ'_i,矿石成本(包括原料及加工成本)为 r_i 元/t。矿石经选矿(磨矿及浮选)后,不同的原矿有不同的金属回收率 η_i、选矿比 σ_i,M_{gold}、R、W、P、P'、A、C 及 i 分别为计划部门给出的月生产计划指标中的黄金产量、金属回收率、原矿及加工成本、原矿总处理量、给矿品位、地质品位、全选比、原矿成本及该月原矿消耗结构。

实际生产中,选矿厂对生产计划指标的调整是通过原矿消耗结构调整完成的,本文定义决策变量为 x_i,代表调整后第 种原矿当月的消耗量。

根据物料平衡原则可推出月度精矿产量:

$$Q=\sum_{i=1}^{5}x_i/\sigma_i, \tag{1}$$

式中,Q 为月度金精矿产量,t;x_i 为各原矿的月度消耗量,t;σ_i 为各原矿的选矿比,倍。

由金属平衡原则推出月度金属量:

$$M=\sum_{i=1}^{5}x_i\rho_i\eta_i, \tag{2}$$

式中,M 为月度精矿含金量产量,10^{-3} kg;x_i 为各原矿的月度消耗量,t;ρ_i 为各原矿的出矿品位(即金属含量),g/t;η_i 为各原矿的金属回收率,%。

由此,可以得出,月度金属回收率为:

$$R' = M/\sum_{i=1}^{5} x_i\rho_i , \tag{3}$$

式中,R'为月度金属回收率,%。

月度全选比为:

$$A' = \sum_{i=1}^{5} x_i/Q , \tag{4}$$

式中,A'为月度全选比。

2.2 优化策略与数学模型

为了实现月生产计划指标的优化,提出了如下优化策略及数学模型。

2.2.1 优化策略

生产计划部门要求严格制定月生产计划指标,规定除了满足设定的个月生产计划指标计划值的要求,还要减少生产计划指标值的调整幅度,同时要求这些指标采取不同的优先级别,其优先级别的排序为:黄金产量>金属回收率>原矿总处理量>给矿品位、地质品位>全选比>选矿成本>原矿消耗结构(">"表示优先级别,前者优先于后者)。因此,确定合理的选矿月生产计划指标是根据选矿生产实际需要完成的黄金产量及金属回收率等,调整原矿消耗结构,使得调整后的月生产计划指标值按照优先级别与月生产计划指标计划值的偏差量最小。

2.2.2 数学模型

据以上分析,本文提出优化月生产计划指标的多目标规划模型如下:

$$lex\min[P_1 d_1^-, P_2 d_2^-, P_3 d_3^-, P_4(d_4^- + d_5^-), P_5(d_6^- + d_6^+), P_6 d_7^+, P_7 \sum_{i=1}^{5} w_i(d_{8i}^+ + d_{8i}^-)] , \tag{5}$$

$$\text{s.t.} \quad M - d_1^+ + d_1^- = M_{\text{gold}} , \tag{6}$$

$$M/\sum_{i=1}^{5} x_i\rho_i - d_2^+ + d_2^- = R , \tag{7}$$

$$\sum_{i=1}^{5} x_i - d_3^+ + d_3^- = W , \tag{8}$$

$$\sum_{i=1}^{5} x_i\rho_i/\sum_{i=1}^{5} x_i - d_4^+ + d_4^- = P , \tag{9}$$

$$\sum_{i=1}^{5} x_i\rho'_i/\sum_{i=1}^{5} x_i - d_5^+ + d_5^- = P' , \tag{10}$$

$$\sum_{i=1}^{5} x_i/Q + d_6^- - d_6^+ = A , \tag{11}$$

$$\sum_{i=1}^{5} x_i r_i/\sum_{i=1}^{5} x_i + d_7^- - d_7^+ = C , \tag{12}$$

$$x_i - d_{8i}^+ + d_{8i}^- = G_i ,\ i = 1,2,\cdots,5 \tag{13}$$

$$0 \leqslant x_i \leqslant U_i ,\ i = 1,2,\cdots,5 \tag{14}$$

$$d_k^- d_k^+ = 0 ,\ k = 1,2,\cdots,7 \tag{15}$$

$$d_{8i}^- d_{8i}^+ = 1,2,\cdots,5 \tag{16}$$

$$d_1^-, d_1^+, d_2^-, d_2^+, d_3^-, d_3^+, d_4^-, d_4^+, d_5^-, d_5^+, d_6^-, d_6^+, d_7^-, d_7^+, d_{8i}^-, d_{8i}^+ \geqslant 0 ,\ i = 1,2,\cdots,5 \tag{17}$$

对以上各式说明如下:

式(5)为目标函数。其中 d_1^-,d_1^+ 分别为黄金产量的负偏差量和正偏差量;d_2^-,d_2^+ 分别为金属回收率的负偏差量和正偏差量;d_3^-,d_3^+ 分别为矿石处理量的负偏差量和正偏差量;d_4^-,d_4^+ 和 d_5^-,d_5^+ 分别为选矿厂的给矿品位和地质品位的负偏差量和正偏差量;d_6^-,d_6^+ 分别为全选比的负偏差量和正偏差量;d_7^-,d_7^+ 分别为生产成本(包括原料及加工成本)的负偏差量和正偏差量;d_{8i}^-,d_{8i}^+(i=1,2,…,5)分别为5种计划原矿投入量的负偏差量和正偏差量;w_i(i=1,2,…,5)为5种原矿投入的优先级系数,定义 $w_i = r_i^{-1}(\sum_{i=1}^{5} r_i^{-1})^{-1}$,($i$=1,2,…,5);$P_m$($m$=1,2,…,7)为优先层次号,其关系为 $P_m > P_{m+1}$,表示第 m 优先层次"优先于"第 m+1 优先层次;G_i 为各原矿计划投入量;U_i 为各原矿投入量上限。$lex\min$ 表示安字典序极小化目标,即按 P_m 的顺序逐层地进行极小化。

式(6)为黄金产量的约束条件。黄金产量是月生产计划指标中最为重要的指标,这个指标应首先得到保证,即黄金产量大于或等于生产计划部门给出的指标产量。为使第一优先级黄金产量得到保证,需要建立约束方程式(6),目标函数第一项即为 $\min P_1 d_1^-$,式(6)中的 M 为黄金产量,M_{gold} 为生产计划部门给定的月黄金产量计划值。

式(7)为金属回收率的约束条件。金属回收率作为决策部门很重要的指标,应大于或等于给定的计划值,即使其负偏差值 d_2^- 最小化,为了使第二优先级金属回收率得到保证,需建立约束方程式(7),目标函数中包含 $\min P_2 P_2^-$,式(7)中的 $M/\sum_{i=1}^{5} x_i\rho_i$ 为金属回收率,R 为生产计划部门给出的金属回收率计划值。

式(8)为原矿总处理量的约束条件。月生产计划指标包括原矿总处理量,要求选矿厂的总处理量不低于给定的计划值,其负偏差量 d_3^- 应最小化,目标函数中包含 $\min P_3 d_3^-$,同时满足式(8)的约束,该式中 W 即为给定的原矿总处理量的计划值。

式(9)和式(10)为出矿品位和地质品位的约束条件。作为采矿的后续作业工序以及黄金冶炼厂的准备工序,采矿场矿石地质品位以及选矿厂给矿品位(即出矿品位)的优化对于稳定工序生产及前后工序的衔接起着重要作用,因此,生产计划部门要求二者均不低于给定的计划值,即应使二者负偏差量之和($d_4^-+d_5^-$)最小,目标函数中包含 $\min P_4(d_4^-+d_5^-)$,同时应满足式(9)、式(10)的约束,式中 P、P' 即为给定的出矿品位和地质品位的计划值。

式(11)为全选比的约束条件。全选比应接近生产计划部门给定的全选比计划指标 A,目标函数中包括 $\min P_5(d_6^++d_6^-)$,式(11)中 $\sum_{i=1}^{5} x_i/Q$ 为全选比的计算公式。

式(12)为生产成本的约束条件。实际生产中生产成本应不超过该给定的计划值,即满足式(12)的约束,目标函数中包括 $\min P_6 d_7^+$。

式(13)为原矿消耗结构的约束条件。原矿的消耗结构也应接近于给定的计划值,考虑到原矿的调整影响公司上下游的生产供求,不应大幅度调整,目标函数中 $\min P_7\sum_{i=1}^{5} w_i(d_{8i}^++d_{8i}^-)$ 中利用权值 w_i 的差异使成本相对低的矿石得以优先使用。

2.3 模型求解

求此类问题有多种方法,采用线性加权求和法求解多目标规划[9],由于权重系数的确定具有主观性,权重不同,其求解结果也就不一样,特别是对于求解具有众多目标函数的多目标规划模型时,求解难度进一步增大。文献[10-12]采用智能算法求解多目标优化问题,其目标函数通常为两个,且其本质上大多是将多目标转换为单目标,即将各目标加权求和得到单一目标,然后进行求解,不同的权值代表不同的决策偏好,最后导致求解结果也各不相同,很难同时满足优化目标最小值的要求,难以应用于求解此类多目标问题。本文采用了数学规划软件 LINGO(Linear Interactive and General Optimizer)对本文建立的模型进行求解,LINGO 常用于解决最优生产计划、最优决策等最优化问题,适用于线性及非线性的规划问题求解,其求解方法是,逐层求解目标函数,将上一个求解出来的最优值作为约束条件,进行下一个目标的求解,最后得到所有目标函数的最优解,对于多目标规划问题,LINGO 的求解优势在于易于输入、修改和求解,且求解速度快。数学规划求解步骤见图 3。

3 实例分析

以国内某黄金选矿厂月生产计划实际数据为实例,进行模型及算法的应用效果检验。并与生产实际决策结果进行比较分析。

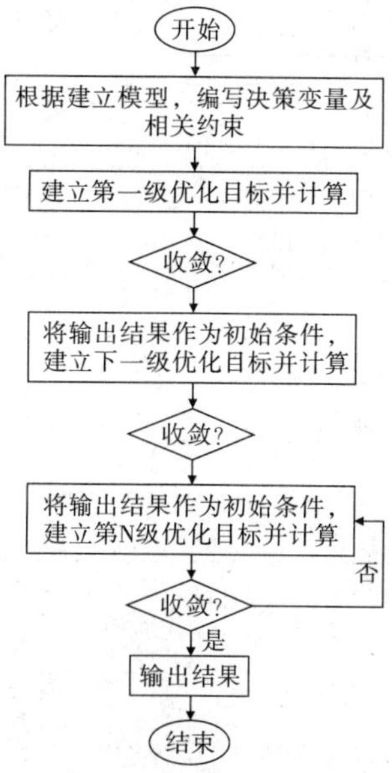

图 3 多目标规划求解流程

3.1 实例输入

该厂 2014 年 10 月各种原矿的相关生产条件,包括出矿品位、地质品位、原矿成本,以及各种原矿量的上限值见表 1,生产计划部门下达给选矿厂的月生产计划指标见表 2。

表 1 选矿生产的原矿相关情况

项目	出矿品位 /(g/t)	地质品位 /(g/t)	选矿比	金属回收率 /%	原料及选矿成本 /(元/t)	原矿量上限 /t
1 号井矿	4.5	5.18	13.3	62.2	301.4	32 375
2 号井矿	4.17	4.8	13.5	55.1	211.8	8 736
3 号井矿	4.07	4.68	15.5	54.6	205.7	8 000
东风井矿	5.23	6.02	10.1	68.3	322.8	11 140
斜坡道矿	5.21	5.99	10.3	66.1	316.8	16 683

表 2 选矿厂月生产计划指标

黄金产量 /kg	金属回收率 /%	原矿总处理量 /t	出矿品位 (g/t)	地质品位 /(g/t)	全选比
210.375	63	71 050	4.7	5.34	12

选矿成本 /(元/t)	1 号井矿 /t	2 号井矿 /t	3 号井矿 /t	东风井矿 /t	斜坡道矿 /t
294	31 200	8 736	8 000	11 140	16 683

如按照表 2 中原矿消耗量进行计算,得到黄金产量为 222.4 kg,金属回收率为 62.7%,出矿品位为 4.68 g/t,地质品位为 5.38 g/t,全选比为 12.15 倍,成本为 287.5 元/t,见表 3。

3.2 结果与讨论

采用数学规划软件 LINGO 对本文建立的模型进行求解,本模型优化的指标值及其与计划值之间的偏差量见表 4。为了方便比较,未经调整、经人工调整以及本模型优化后的指标值与指标计划值之间的偏差量(即相对误差)的对比情况见图4。

表3　未经调整及人工调整的月生产计划指标

月生产计划指标	黄金产量/kg	金属回收率/%	原矿总处理量/t	出矿品位/(g/t)	地质品位/(g/t)	全选比/倍	选矿成本/(元/t)	1号井矿/t	2号井矿/t	3号井矿/t	东风井矿/t	斜坡道矿/t
计划值	210.375	63.0	71 050	4.700	5.34	12.00	294	31 200	8 736	8 000	11 140	16 683
未调整的指标值	222.4	62.7	75 759	4.68	5.38	12.15	287.5	31 200	8 736	8 000	11 140	16 683
未调整指标值与计划值的偏差量/%	5.715	0.5	6.627	0.425	0.749	1.25	2.2	0	0	0	0	0
人工调整指标值	213.587	63.2	71 700	4.714	5.424	12.17	293	32 100	4 580	7 200	11 140	16 680
人工调整指标值与计划值的偏差量/%	1.527	0.3	0.914	0.298	1.570	3.62	0.34	2.88	47.6	0	0	0.02

表4　模型优化指标

月生产计划指标	黄金产量/kg	金属回收率/%	原矿总处理量/t	出矿品位/(g/t)	地质品位/(g/t)	全选比/倍	选矿成本/(元/t)	1号井矿/t	2号井矿/t	3号井矿/t	东风井矿/t	斜坡道矿/t
计划值	210.375	63.0	71 050	4.700	5.340	12.00	294	31 200	8 736	8 000	11 140	16 683
本模型优化指标值	210.379	63.0	71 050	4.700	5.407	12.07	291	31 124	5 021	8 000	10 222	16 683
模型优化指标值与计划值的偏差量/%	0	0	0	0	1.250	0.58	1.02	0.24	42.5	0	8.24	0

注:上述各月生产计划指标经过人工调整的时间为1~2 h;上述各月生产计划指标经过本模型求解时间为8 s。

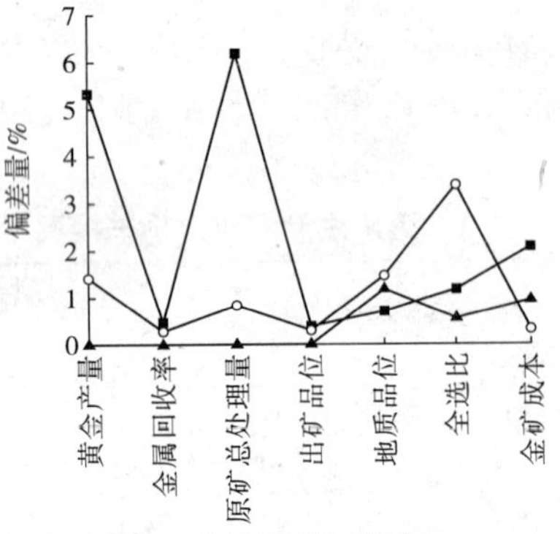

图4　月生产计划指标值偏差量

由表3可知,按照选矿厂生产水平,根据设定的各生产计划指标的计划值进行生产,金属回收率、出矿品位不能满足计划部门要求的63%和4.7 g/t的要求。这是由于各计划值的设定没有均衡考虑各生产计划指标之间的关系,未经调整的各生产计划指标之间存在内在的矛盾。凭人工经验进行多次调整后各生产指标满足计划值的要求。两种情况的偏差量,经人工调整后的指标除了地质品位和全选比外,均优于未经调整的指标值。

由表4可知,采用的模型及求解方法对于优化月生产计划指标效果明显,其求解时间为8 s,远远短于人工调整时间(1~2 h),且按照各指标的优先级别顺序进行求解,减少人工调整的随意性及主观因素的影响;本模型优化后,黄金产量、金属回收率、原矿总处理量和出矿品位均满足计划值要求,实现无偏差,即完全满足生产计划部门给定的指标值及偏差量最小的要求。地质品位、全选比调整幅度分别为1.25%和0.58%,均小于人工调整幅度(分别为1.57%和3.62%),相比人工调整,其选矿成本值为291元/t,低于人工调整后的选矿成本值293元/t,对原矿的消耗结构的调整幅度也整体小于人工调整的幅度,其中个别矿石调整幅度较高。例如,模型优化后东风井矿处理量的调整幅度高于人工调整幅度,但考虑到原矿消耗的优先级处于最低级别,相比前面优先级别高的生产指标来说,个别指标偏差并不影响整体的优化。

由图4可知,经过本模型优化后,各指标均满足生产计划部门计划值的要求,且调整幅度基本小于人工调整和未经调整的指标。

4　结　论

通过黄金磨浮过程月度生产计划的优化研究,得出如下结论:

(1)为了优化月生产计划指标,归纳了月生产计划的指标体系为:黄金产量、金属回收率、原矿总处理量、给矿品位、地质品位、全选比、选矿成本和原矿消耗结构,并将各指标的优先级别进行排序。

(2)建立以黄金产量、金属回收率等八项指标偏差量最小为目标的多目标规划模型,采用分层求解的非线性规划方法能快速、高效的求解此模型。

(3)经过本模型求解,求解时间减少为8 s,远远短于人工调整时间(1～2 h),且降低人为主观因素对生产计划指标调整的不全面性等影响;本模型优化的结果均满足生产计划指标的要求,黄金产量、金属回收率、原矿总处理量及出矿品位均实现无偏差;地质品位、全选比偏差量分别减少到1.25%和0.58%;选矿成本可降低2元/t,可降低月度生产成本超过10万元。

参 考 文 献

[1] 李剑锋,刘 青,杨 腾,等.浮选机浮选金矿过程的流场分析[J].有色金属:选矿部分,2014(3):67-71.

[2] 秦绪伟,罗焕佐.流程工业计划调度技术研究与发展分析[J].计算机工程与应用,2004,40(19):1-5.

[3] 柴天佑,李小平,周晓杰,等.基于三层结构的金矿企业现代集成制造系统[J].控制工程,2003,10(1):18-22.

[4] 安 龙,李少辉,孙豁然,等.中国黄金集团大屏幕生产调度系统的开发[J].矿业研究与开发,2011(1):67-70.

[5] 马恩杰,柴天佑,金忠新.确定选矿合理月生产计划指标的智能优化方法[J].系统工程学报,2009,24(2):238-242.

[6] 黄肖玲,丁进良,柴天佑.面向生产指标优化的选矿过程调度研究[J].系统工程学报,2006,21(2):136-142.

[7] 云庆夏.优化采选冶产品品位的遗传算法[J].金属矿山,1999,1(10):11-13.

[8] 刘 青,王 彬,袁 玮,等.金矿浮选回收率预测模型[J].北京科技大学学报,2014(11):113-120.

[9] 张国立,李庚银,谢 宏,等.多目标加权模糊非线性规划[J].华北电力大学学报:自然科学版,2004,31(1):33-35.

[10] Ma1 Enjie, Chai Tianyou. Optimization decomposition methods based on particle swarm algorithm for daily global production indices of mineral process[J]. Computer Intergrated Manufacturing System, 2007, 13(8):1624-1631.

[11] Hu X, Eberhart R C, Shi Y. Particle swarm with extended memory for multiobjective optimization[C]//Swarm Intelligence Symposium, 2003. SIS'03. Proceedings of the 2003 IEEE. IEEE, 2003:193-197.

[12] 谢金星,薛 毅.优化建模 LINDO/LINGO 软件[M].北京:清华大学出版社,2005.

(收稿日期 2015-05-26)

(上接第215页)

采用新型旋流器返砂的WO_3含量为0.68%。相比标准型旋流器,新型旋流器的返砂中WO_3含量低了0.16个百分点。旋流器的返砂中存在大比重矿物富集的现象,难以避免。试验发现新型旋流器在WO_3富集程度上相比标准型旋流器低一些。

3 新型旋流器介绍

新型旋流器模型见图2。新型旋流器采用一种螺旋线型结构的进料方式,这种进料方式阻力小、进料口末端紊流程度小。在外接溢流管结构方面,常规旋流器外接弯管以U型结构最为常见。U溢流弯管有2个直角弯头,溢流出料阻力大。新型旋流器外接管由溢流帽和一个L型直角弯头组成,溢流出口阻力更小。

新型旋流器具有如下技术特点:①处理能力大。通过计算机模拟研究在相同的进料压力下,新型旋流器的处理能力比标准型旋流器提高15%;②分级分级精度高。新型旋流器进料口和溢流管处流场紊流程度低,粗细颗粒错配几率低,可以减轻溢流跑粗和底流夹杂细颗粒的几率;③流量比小,便于控制磨矿系统的返砂量。

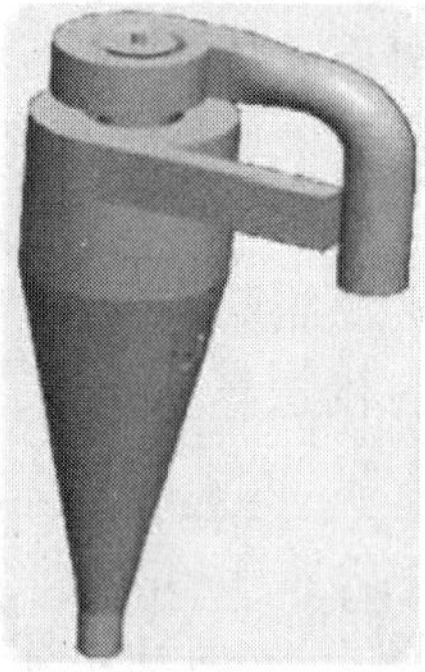

图2 新型旋流器模型

目前新型旋流器已经应用于国内部分有色金属选矿厂。现场反馈采用新型旋流器,旋流器运行压力更低、分级效率更高,同时降低了磨矿负荷小幅提升磨机的产能。

4 结 论

高浓度矿浆和大比重矿物的磨矿分级一直是旋流器分级的技术难点。传统结构旋流器存在分级效率较低、磨矿负荷大、过磨等一系列相关问题。该钨矿选矿厂旋流器的改造实践结果表明,新型旋流器相比同规格常规旋流器分级效率更高,并且在控制返砂量和改善过磨方面有独有的优势,有利于提高磨矿效率和提高选别回收率。

(收稿日期 2015-05-16)

· 安全与环保 ·

厚煤层分层开采下分层支护方式

李嘉峰[1,2]　刘长武[1,2]　刘德峰[1,2]
(1. 水力学与山区河流开发保护国家重点实验室;2. 四川大学水利水电学院)

摘　要　采煤方法及支护方式的选择是厚煤层高产、高效及安全开采面临的重要问题。在对分层开采、大采高一次采全高、放顶煤开采3种采煤方法的适用条件及特点系统分析的基础上,重点介绍了分层开采采煤方法及下分层支护方式,讨论了金属支架在下分层支护中的应用。

关键词　厚煤层　分层开采　下分层支护　金属支架

众所周知,我国是世界上煤炭生产和消费大国,煤炭在我国能源结构中占有无可替代的地位。我国的煤炭储量中,厚煤层储量约占全部煤炭储量的44%,厚煤层的产量占总产量的40%以上[1]。我国不仅是一个厚煤层储量大国,也是厚煤层开采大国。目前我国千万吨级矿井均以厚煤层开采为主,厚煤层高产、高效、安全开采是我国厚煤层开采技术的发展和研究方向。

厚煤层具有资源储量优势,由于煤层厚度较大,有多种采煤方法可供选择。目前,我国厚煤层开采方法主要有分层开采、大采高一次采全厚和放顶煤开采等3种方式。随着煤炭开采技术和机械自动化的不断发展,近年来大采高开采和放顶煤开采技术得到了快速发展和广泛应用,而分层开采在我国应用时间最长,技术较为成熟。

由于厚煤层分层开采下分层岩体受上分层采动影响,巷道围岩较破碎,一般采用架棚支护。随着矿井生产的发展和机械化程度的提高,架棚支护中的木支架逐渐被金属支架所代替。20世纪后期,随着采煤技术的发展,煤矿地下开采深度增加,矿山压力逐渐增大,传统的刚性金属支架无法很好的维护巷道围岩稳定,可缩性金属支架逐渐替代刚性金属支架成为煤矿巷道的主要支护方式。早在20世纪60年代初期,我国开滦、淮南等矿务局已使用U型钢可缩性金属支架,之后发展相对缓慢,直到70年代后期,U型钢可缩性金属支架才有了较快发展。目前,金属支架已占新增巷道支架总量的24%,其中,可缩性金属支架的增长更为迅速,所占比重越来越大。无论德国还是英国,目前煤矿井下巷道基本仍使用金属支架;在围岩坚硬、顶底板厚度很大时使用锚杆支护;若岩层厚度不大,也可采用锚杆加金属支架进行联合支护[2]。

1　厚煤层煤层采煤方法适用条件

选择适宜的采煤方法直接影响整个矿井的生产安全和各项技术经济指标,是建设高产高效矿井的关键。选择的采煤方法必须与矿井地质构造、煤层赋存条件及开采技术条件相适应,所选择的采煤方法应当符合安全、经济、煤炭回收率高等基本原则。

1.1　厚煤层采煤方法的适用条件

1.1.1　大采高一次采全高

大采高一次采全高一般是指煤层高度和采煤机割煤高度大于3.5 m,一次性采全高的采煤方法。大采高一次采全高采煤方法的适用条件有:①煤层厚3.5～7 m,厚度变异系数小,煤层厚度小于大采高液压支架最大支撑高度的煤层;②地质构造简单,煤层顶底板稳定且有一定强度,煤层底板不宜过软,煤层倾角不大,最好小于12°,最大不超过20°的煤层;③当煤层顶板极为坚硬时,若采用强制放顶(或注水软化顶板)垮落法处理采空区有困难,可采用大采高一次采全厚。

1.1.2　放顶煤采煤方法

放顶煤采煤法是指在开采厚煤层时,沿煤层的底板或煤层某一厚度范围内的底部布置一个采高为2～3 m的采煤工作面,利用矿山压力作用或辅以松动爆破等方法使顶煤破碎成散体后冒落,并将冒落

李嘉峰(1993—),男,硕士研究生,610065 四川省成都市一环路南一段24号。

顶煤回收。放顶煤采煤方法的适用条件有：①煤层厚5～20 m或更厚的煤层；②在不采取任何顶煤弱化技术的条件下，煤层的坚固性系数一般应不大于2.5，煤质比较松软易冒落的煤层；③顶煤中含有夹矸量不大，顶板容易垮落的煤层；④煤层倾角由缓倾斜到倾斜或急倾斜的厚煤层。

但对于瓦斯涌出量大、煤尘有爆炸性危险的煤层，不能直接采用放顶煤采煤方法；对于水文地质条件复杂，采放后有可能与地表水、老窑积水和强含水层导通的煤层，以及有煤与瓦斯突出危险的煤层区域，禁止使用放顶煤开采[3]。

1.1.3 分层开采

随着我国厚煤层放顶煤技术及大采高综采技术的推广应用，分层开采所占比重不断减少，但是在部分赋存有厚煤层或特厚煤层的矿井中，也普遍采用分层开采方法。目前开采技术条件下，分层开采方法的适用条件有：①不具备大采高一次采全厚或放顶煤开采条件的厚煤层；②对于煤层稳定性差、瓦斯涌出量较大、地面需要缓慢下沉的“三下”中小型矿井；③对于厚超过7 m的坚硬煤层以及中硬以下的特厚（大于14m）煤层[3]；④煤层顶板不太坚硬，易于垮落、直接顶有一定厚度且不能或不宜采用放顶煤开采的缓、中倾斜厚煤层。

1.2 厚煤层采煤方法的技术比较

上述3种方法适用条件各不相同，各具特色，特点对比如表1所示。

表1 厚煤层开采技术比较

特点	一次采全厚开采	放顶煤开采	分层开采
优点	支架高度大、采煤机功率大、有强力刮板输送机和相应的大型巷道及辅助设备，具有产量大、效率高、适用于集中生产、井下布置简单	巷道掘进率低、投资少、开采成本低、产量大、效率高	技术相对成熟，是我国长期应用的采煤方法，设备投资少、一次采高小、采出率高、瓦斯治理技术相对成熟、上覆岩层及地表可以实现缓慢下沉
缺点	一次性投资较大，设备笨重、安装工作量大，对井型及井下巷道、硐室的尺寸要求较大	对煤层硬度和裂隙发育程度要求较高，工作面的瓦斯绝对涌出量较大，采空区残留一定浮煤，给瓦斯治理、采空区防火等工作带来一定困难	铺假顶工作量大；巷道维护较困难，下分层巷道支护难度大；掘进巷道多；工作面接替较复杂；生产组织管理较复杂；开采易自燃煤层，防自燃难度大

目前，上述3种开采方法均得到了应用，分层采煤方法在我国应用时间最长，技术比较成熟，适合中小煤矿生产。由于煤炭的开采与煤矿的开采技术条件、地质条件、企业的经济条件等密切相关[4]，因此，针对特定煤矿，应根据具体的煤层性质和现有的技术条件来选择适当的开采方式。

2 厚煤层分层开采方法

开采厚煤层时，利用大采高一次采全厚或直接放顶煤开采将会遇到困难，在技术上较复杂。相似材料模拟试验的结果表明，采用大采高一次采全厚，当采高大于5.5 m后，工作面支架将承受动载荷和较大的偏心载荷，将影响到支架的稳定性及使支架、围岩关系恶化。因此，为了克服其他采煤方法的困难，可将厚煤层分层来开采。

分层开采即平行于厚煤层面将厚煤层分为若干个2～3 m的分层进行自上而下逐层开采（也有自下而上开采）。自上而下开采时，上一分层开采后，下一分层在上分层垮落的顶板下进行，为了确保安全，上分层开采时必须铺设人工假顶或形成再生顶板。目前多采用在分层间铺设金属网作为下一分层的“假顶”，下分层开采在“假顶”保护下作业，称为下行式分层开采。有的矿区为对地面进行保护，在特易自燃的特厚煤层条件下采用上行充填开采，如水砂充填、风力充填等，称为上行分层开采。

根据煤层赋存条件及开采技术不同，分层采煤法又可以分为倾斜分层、水平分层、斜切分层等，前者用于缓斜、倾斜厚煤层，后2种主要用于急倾斜厚煤层（图1）。

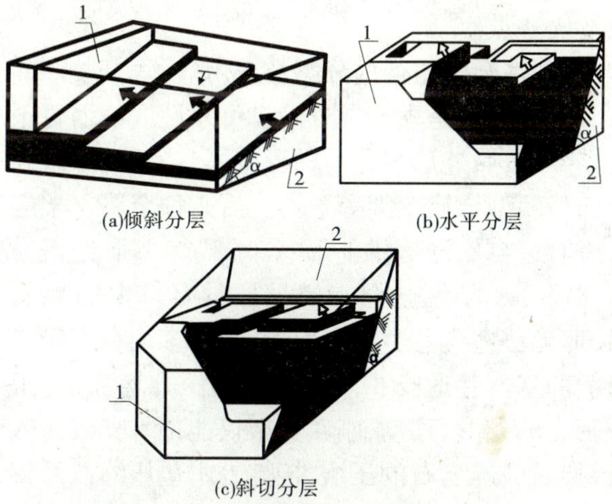

图1 厚煤层分层方法

1—顶板；2—底板

不同的分层方法、回采顺序及采空区处理方法的综合运用，可以演变出各式各样的分层采煤方法。但在实际工作中一般采用方法主要有倾斜分层下行垮落采煤法、倾斜分层上行充填采煤法、水平或斜切分层下行垮落采煤法等 3 种[2]。

3 分层开采下分层支护

煤矿巷道的支护经历了木棚支护、砌碹支护、型钢支护到锚杆支护的漫长过程,锚杆支护是将杆体插入围岩内的一种巷道支护方式,通过给巷道围岩表面施加托锚力,给锚固岩体施加约束围岩变形的锚固力,使被锚固岩体强度得到提高,起到加固围岩的作用[5],当前锚杆支护以其优良的支护性能、低廉的支护成本,能有效改善围岩体受力状况,广泛应用于各类岩土工程中。

厚煤层分层开采上分层时,需在底板铺设金属网作为下面各分层开采时的假顶,下分层开采时因其巷道顶板为开采后的冒落矸石或破碎煤体,而且受到上分层采动压力和集中压力的影响,顶板较破碎,下分层巷道支护如若直接采用传统锚杆加固技术,整个锚杆杆体有可能都处在巷道周边的破碎或极限平衡区范围内的煤体或岩体中,则锚杆的内着力点很难形成[6],无法发挥锚杆的支护作用,因此下分层巷道支护一般采用架棚支护。

目前回采巷道的主要支护方式为架棚支护和锚杆锚索支护,巷道支护经历了“被动”的支架支护和“主动”的锚杆支护 2 个阶段。架棚支护经历了木棚支护、刚性金属支架及可缩性金属支架支护。金属支架与木支架相比,具有承载能力高,不易腐蚀,可多次使用,巷道维护费用较少等优点,得到比较广泛的应用。因而,文中主要讨论金属支架的分类、应用及优缺点。

3.1 刚性金属支架的分类及应用

刚性支架是支架自身没有可缩性或可缩行很小的支架,按照外形可分为梯形金属支架、拱形金属支架和封闭型金属支架等 3 类。后 2 种金属支架能够适应巷道自然冒落拱的形状,承载能力强且不易变形和损坏。刚性金属支架虽然具有较大的承载能力,但无法适应巷道围岩变形,因而多用在不受采动影响的基本巷道支护。随着矿山压力增大,为了适应围岩的变形、移动,刚性支架仅能依靠支架压入底板、架后破碎岩石的压缩、接榫处木垫压缩以及支架本身的挠曲变形来解决。所以,刚性金属支架仅能在围岩比较稳定,变形较小,矿山压力不大的巷道使用,否则将造成支架变形和破坏,巷道变形严重和断面急剧缩小,甚至难以使用。根据拱形支架的力学特点,拱形金属支架则可在矿山压力较大的巷道使用,而且不受巷道断面大小的限制。对于需要控制巷道底鼓及两帮移近的巷道,可用封闭型刚性支架[2]。然而在支架实际承载过程中,支架承载能力很大程度上受支架结构、载荷分布状况和支架-围岩相互作用关系制约[7]。

3.2 可缩性金属支架的发展及应用

20 世纪后期,随着采煤技术的发展,煤矿地下开采深度增加,矿山压力逐渐增大,传统的刚性金属支架无法有效维护巷道围岩的稳定,可缩性金属支架逐渐替代刚性金属支架成为煤矿巷道主要的支护方式。金属支架在较低的围岩压力作用下将产生挠曲和弹性形变,由于该类挠曲和形变很小,不会影响金属支架的正常使用。当围岩压力继续增加,支架的内力将随之增大,如果使用刚性金属支架,由于其可缩性很小,当支架内力增大到一定程度后,支架变形将迅速增大为塑性变形,严重时支架将遭到破坏甚至完全失去支撑能力。如果使用可缩性支架,由于支架具有可缩性能够适应围岩变形,可将支架的内力控制在一定的范围之内,从而避免支架的严重变形和损坏。实践证明,在深部矿井巷道,即使支架的抗压、抗拉及抗剪强度等力学性能很好,如果支架无法较好地适应围岩的变形,支架也会产生较大的变形甚至破坏。尤其在矿山压力较大的巷道中,支架容易产生较大的变形,因此不宜采用刚性金属支架支护。可缩性金属支架不但具有可缩性还具有足够的工作阻力,能够适应围岩变形的同时又能在一定程度上阻碍围岩的变形,充分发挥支架的承载作用[8]。可缩性金属支架通过连接件锁紧后,支架节间连接段的型钢受到压紧,产生预紧力。外力若要推动支架连接部分滑动,必须克服搭接部位型钢与型钢之间、型钢与连接件之间的摩擦阻力,当巷道围岩变形促使支架承受载荷增加时,支架内力随之增大[9],可保持巷道围岩稳定。

可缩性金属支架用 U 型钢制成,故可缩性金属支架也叫 U 型棚,我国可缩性金属支架所用的 U 型钢有 U18、U25、U29、U36 等 4 种。可缩性金属支架可分为梯形可缩性金属支架、拱形可缩性金属支架和环形(封闭形)可缩性金属支架 3 种[10]。可缩性金属梯形支架可分为垂直方向可缩和垂直水平双向可缩 2 种支架,前者只适用于承受顶压的巷道,后者用于既承受顶压又承受侧压作用的巷道[11]。梯形可缩性金属支架不破坏顶板,能够保持顶板的完整性,当顶板比较稳定,围岩变形量较小时,可以考虑使用;拱形支架具有较好的受力状况,承载能力大,能够适应围岩的较大变形,应用较为广泛;环形(封闭形)支架只有当围岩变形强烈或者巷道易发生底鼓时才使用。虽然可缩性金属支架具有可缩性,但是其可靠性在现有的技术条件下并不能得到很好的保证,井下经常出现可缩性金属支架不可缩导致支架变形损坏的现象。

3.3 金属支架优缺点

随着新井建设和软岩矿区的不断增加,采煤机械的发展,金属支架的比重将逐年增加,金属支架与其他巷道支护方式相比具有不可替代的作用,金属支架优点有:①支架结构简单,储运方便,安装容易及迅速,可多次使用;②支护强度大,金属支架如果形状选择合适,整体具有较高的承载能力,当围岩压力较大时,可与其他支护方式联合应用[12];③可适用于高地应力、松软破碎围岩等极困难地质条件,尤其是不具有可锚性和可注性的极软散围岩回采巷道。

但金属支架也有很大的缺陷:①支护阻力低;②刚性金属支架,无法适应巷道围岩大变形的要求;③金属支架抗侧帮变形能力很弱,在侧压作用下,支架柱腿很容易弯曲。随着开采深度和矿山压力的增加,金属支架支护的缺陷更加突出,无法有效维护巷道的稳定性。在实际生产中,通过对金属支架的改进及合理布置回采巷道来保证下分层回采巷道的稳定。

由于锚杆支护在深部破碎顶板支护中存在局限性,因而导致金属支架在深部巷道支护中得到广泛应用。为了抵御高原岩应力,金属支架逐渐向高强度、可缩性、机械化方向发展,以满足日益复杂多变的回采巷道的支护要求。

4 结 语

随着我国煤炭工业的迅速发展和生产工艺的改善,厚煤层开采将更加安全、高产、高效,分层开采技术将越来越成熟,巷道金属支架的发展和应用也将登上新的台阶。对于厚煤层分层采煤需进一步推广和改善机械化采煤方法,研究分层采高的合理控制,上分层假顶材料选择,减少岩石巷道掘进,合理优化巷道布置,使分层采煤方法更加完善和优化。国内外一般均用矿用工字钢和 U 型钢作为金属支架材料,刚性金属支架一般用矿用工字钢,可缩性金属支架一般用 U 型钢。煤矿巷道金属支架的材料应向重量轻、高强度发展,制造工艺及加工方式向精细化发展,大幅度提高该类支架的力学性能,使其能更好地适应分层开采下分层复杂多变的支护条件,保持回采巷道稳定。

参 考 文 献

[1] 孟宪锐,王鸿鹏,刘朝晖,等.我国厚煤层开采方法的选择原则与发展现状[J].煤炭科学技术,2009(1):11-15.
[2] 侯朝炯.巷道金属支架[M].北京:煤炭工业出版社,1989.
[3] 孟宪锐,吴昊天,王国斌.我国厚煤层采煤技术的发展及采煤方法的选择[J].煤炭工程,2014(10):24-27.
[4] 王家臣,仲 淑.我国厚煤层开采技术现状及需要解决的关键问题[J].中国科技论文,2008(11):56-59.
[5] 侯朝炯,勾攀峰.巷道锚杆支护围岩强度强化机理研究[J].岩石力学与工程学报,2000(3):342-345.
[6] 刘长武,褚秀生.软岩巷道锚注加固原理与应用[M].徐州:中国矿业大学出版社,2000.
[7] 陆士良,王悦汉.软岩巷道支架壁后充填与围岩关系的研究[J].岩石力学与工程学报,1999,18(2):180-183.
[8] 梁国栋,惠长德,韩昌良,等.煤矿巷道金属支架的发展及应用[J].能源技术与管理,2010(1):70-72.
[9] 陈炎光,陆士良.中国煤矿巷道围岩控制[M].徐州:中国矿业大学出版社,1994.
[10] 张 农,高明仕.煤巷高强预应力锚杆支护技术与应用[J].中国矿业大学学报,2004(4):46-52.
[11] 严正方.沿空留巷使用可缩性金属支架的分析[J].煤炭科学技术,1990(5):44-47.
[12] 尤春安.巷道金属支架的计算理论[M].北京:煤炭工业出版社,2000.

(收稿日期 2015-05-26)

压力型锚索加固断层作用边坡锚固角计算分析

陈　翔　宫琪辉
（五矿矿业（安徽）工程设计有限公司）

摘　要　基于压力型锚索受边坡断层的剪切作用，采用压力型锚索轴力与剪应力沿杆体的分布解，推导出了压力型锚索的一种最优锚固角解。在此基础上分析了锚固体弹性模量、岩体与锚固体的界面摩擦角、岩体弹性模量、岩体泊松比、锚固体泊松比、断层摩擦角和锚固体变形角等影响因素。通过分析得出以下结论：①断层摩擦角对锚固角的影响最大，影响范围可达30°，断层摩擦角每1°的变化将会引起锚固角1°的变化；E/E′对锚固角的影响较大，影响范围为5°～10°；界面摩擦角与锚固体泊松比对锚固角的影响较小，影响范围3°左右；岩体泊松比对锚固角的影响很小，影响范围小于1°；其中界面摩擦角对锚固角的影响范围很大程度上受到E/E′的影响。②在断层摩擦角一定时，随着E/E′的逐步增大，锚固角呈现稳定状态，并无限接近于某个数值。③压力分散型锚索的锚固角解与压力型锚索的锚固角解相同，影响因素也一致。

关键词　压力型锚索　锚固角　影响因素　压力分散型锚索

由于压力型锚杆工作时锚固注浆体为受压状态，不易开裂，其承载能力和变形性能比拉力型锚杆均有所改善，用于永久性锚固工程具有很大的优越性，已被广泛运用于实际工程中[1]。国内许多专家学者对该类锚索进行了试验与理论分析，并结合各种数值模拟方法与力学分析，对压力分散型锚索的锚固机理进行了大量研究[2-6]，但对于其锚固角的理论研究则较少涉及。

众所周知，对于连续性较好的岩体，其锚固的基本原理是依靠锚固体周围岩体的抗剪强度来传递结构物的拉力或保持地层开挖面自身的稳定[7]。但具体到节理发育的岩体，由于岩体内存在的大量节理在一定程度上给锚杆施加了剪切荷载，只要不超出锚固体的剪切强度，反而有利于加强锚固体与岩体的作用力。国内外很多学者对拉力型锚索在节理岩体中的加固机制进行了大量的试验研究和理论探讨[8-11]，但对于压力型锚索受节理断层剪切荷载下的力学性质方面研究较少。对于锚索锚固角的研究，国内外学者也做了大量研究[12-13]，但是仅仅对拉力型锚索的锚固角做了研究，压力型锚索的锚固角理论研究甚少。

为此，基于压力型锚索受边坡断层的剪切作用，采用压力型锚索轴力与剪应力沿杆体的分布解[5]，综合考虑了锚固体弹性模量、岩体与锚固体的界面摩擦角、岩体弹性模量、岩体泊松比、锚固体泊松比、断层摩擦角和锚固体变形角等影响因素，推导出压力型锚索的一种最优锚固角解，并分析了压力型锚索的最优锚固角影响因素，为压力型锚索最优锚固角的设计计算提供了理论依据。

1　压力型锚索锚固角求解

压力型锚索对含断层边坡的加固锚固段必须穿透断层，锚固在稳固的岩体中，锚固体与断层面的夹角称为锚固角[14]如图1所示。

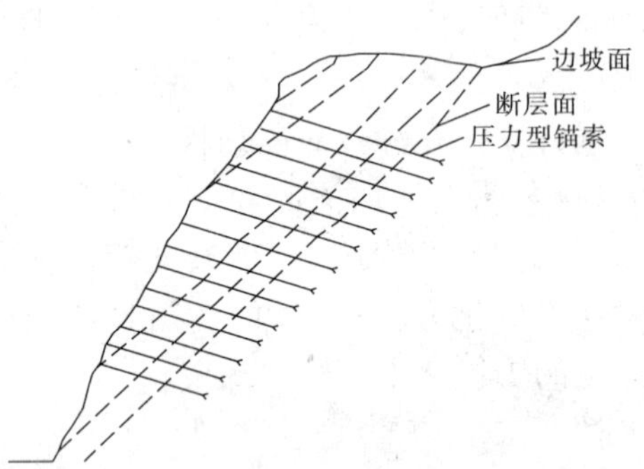

图1　压力型锚索加固含断层边坡示意

Ferrero[15]提出描述锚杆的力学行为应该以锚固体变形后的实际状态为基础。如图2所示的压力型锚索受断层剪切荷载作用下发生的变形，在节理面剪切荷载的作用下，锚杆产生 θ 角的局部变形。则此时锚杆轴向力 N 和剪切力 Q 可分别表示为

$$\begin{cases} N = \pi a^2 \sigma \\ Q = \pi a^2 \tau, \end{cases} \tag{1}$$

陈　翔（1983—），男，工程师，230601 安徽省合肥市滨湖新区武汉路230号。

式中，σ 为锚杆正应力；τ 为锚杆剪应力；a 为锚固体半径。

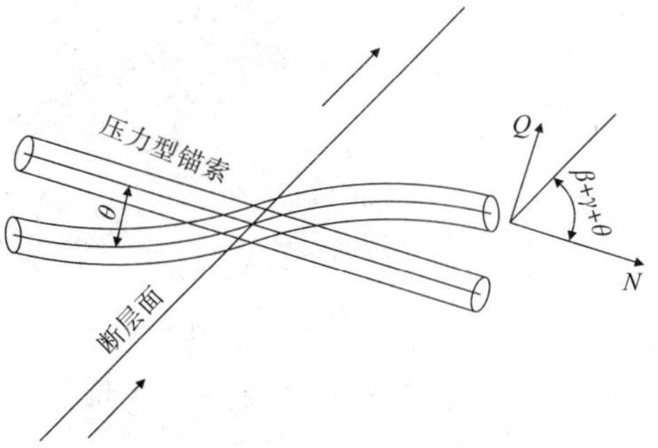

图 2　压力型锚索在断层作用下的示意

由于锚杆轴向受拉及横向销钉效应的共同作用，导致沿节理面方向抵抗变形作用力而使锚固体的作用而增加。由图 3 所示的压力型锚索在段层面处的受力分析，可得锚杆在节理处的最大剪力 P_m，则有：

$$P_m = N\cos(\theta+\alpha) + Q\sin(\theta+\alpha) + [Q\cos(\theta+\alpha) - N\sin(\theta+\alpha)]\tan\varphi, \quad (2)$$

式中，α 为锚固角，(°)；θ 为锚杆变形角，(°)；β 为断层面的倾角，(°)；γ 为锚索与水平的夹角，(°)；φ 为边坡摩擦角，(°)。

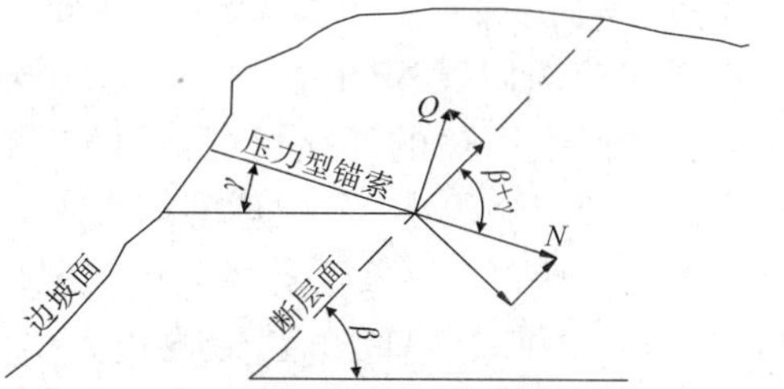

图 3　压力型锚索在断层面处的受力分析

将式(2)整理可得：

$$P_m = \pi a^2\sigma(\cos(\theta+\alpha) + \sin(\theta+\alpha)\tan\varphi) + \pi a^2\tau(\sin(\theta+\alpha) - \cos(\theta+\alpha)\tan\varphi). \quad (3)$$

在节理发育的岩体，由于岩体内存在的大量节理断层在一定程度上给锚固体施加了剪切荷载，只要不超出锚固体的抗剪强度，反而有利于加强锚固体与岩体的作用力。假设锚杆仅仅发生 θ 角的局部变形，因此锚杆节理处的剪应力小于锚杆剪切强度。为了获得最优锚固角，对最大剪力 P_m 求导，可得：

$$\frac{dP_m}{d\alpha} = \pi a^2\sigma(-\sin(\theta+\alpha) + \cos(\theta+\alpha)\tan\varphi) + \pi a^2\tau(\cos(\theta+\alpha) + \sin(\theta+\alpha)\tan\varphi). \quad (4)$$

令 $\frac{dP_m}{d\alpha}=0$，可得：

$$0 = \sigma(-\sin(\theta+\alpha) + \cos(\theta+\alpha)\tan\varphi) + \tau(\cos(\theta+\alpha) + \sin(\theta+\alpha)\tan\varphi). \quad (5)$$

此处采用尤春安根据压力型锚索锚固段受力状态，导出的锚固段剪应力和轴力分布的理论解，即：

$$\tau = \frac{P}{\pi a^2 t}\exp\left(-\frac{2}{at}z\right), \quad (6)$$

$$N = P\exp\left(-\frac{2}{at}z\right), \quad (7)$$

式中，

$$t = \frac{1}{\mu\tan\varphi}\left[(1+\mu')\frac{E}{E'} + 1 - \mu\right];$$

P 为锚索的拉力，kN；z 为距承压板的距离，m；μ 为锚固体的泊松比；E 为锚固体的弹性模量；μ' 为岩体的泊松比；E' 为岩体的弹性模量；φ 为锚固体与岩体界面上的内摩擦角，(°)。

由此，可得优锚固角 α 为

$$\alpha = \frac{k}{2}\pi + \arctan\left(\frac{1+t\tan\varphi}{t-\tan\varphi}\right) - \theta \quad (k=0,\ \pm1,\ \pm2,\cdots). \quad (8)$$

结合实际情况，此处 $k=0$，因此，最优锚固角的最终解为

$$\alpha = \arctan\left(\frac{1+t\tan\varphi}{t-\tan\varphi}\right) - \theta, \quad (9)$$

其中，

$$t = \frac{1}{\mu\tan\varphi}\left[(1+\mu')\frac{E}{E'} + (1-\mu)\right].$$

2　压力型锚索的锚固角因素

作为算例，此处所采用锚固角各参数如表 1 所示。

表 1　锚固角参数

类　型	弹性模量 /GPa	泊松比	摩擦角 /(°)	变形角 /(°)
岩　体	15	0.3	45	
锚固体	30	0.3		1
岩体与锚固体界面			20	

图 4 为在前面假设相同的条件下，采用不同岩体泊松比与锚固体泊松比时，锚固角的变化情况。由图 4 可知，岩体泊松比对锚固角的影响很小(影响范围小于 1°)，随着锚固体泊松比的增大，岩体泊松比对锚固角的影响稍有增大；锚固体泊松比对锚固角的影响较小(影响范围仅有约 4°)，随着岩体泊松比的增大，锚固体泊松比对锚固角的影响略有减小；锚固角大体上为 46° ~ 50°。

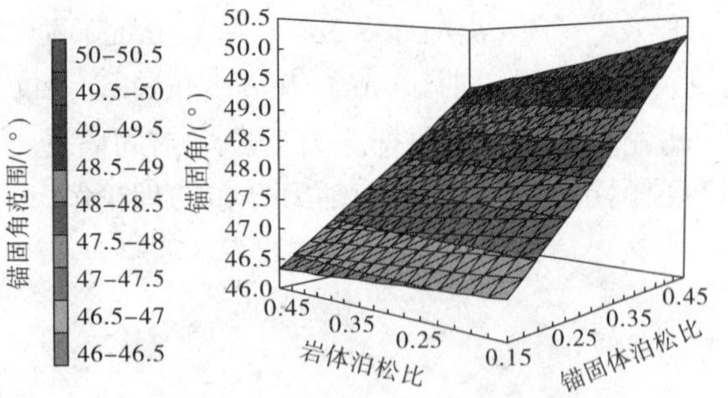

图 4　锚固体泊松比、岩体泊松比与锚固角的关系

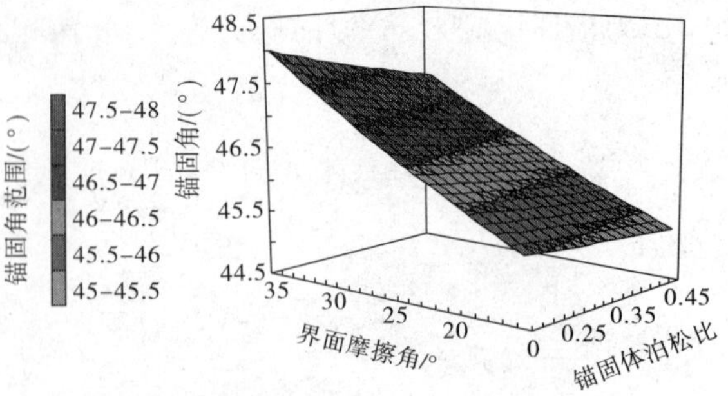

图 6　锚固体泊松比、界面摩擦角与锚固角的关系

图 5 为在前面假设相同的条件下，采用不同 E/E′与锚固体泊松比时，锚固角的变化情况。当 E/E′较小时，锚固体泊松比对锚固角的影响很大（影响范围约 10°），随着 E/E′的增大，锚固体泊松比对锚固角的影响减小；当锚固体泊松比较大时，E/E′对锚固角的影响较大（影响范围小于 3°），随着锚固体泊松比的减小，E/E′对锚固角的影响显著减小（影响范围小于 1°）；并且做进一步研究发现当 E/E′大于 1 后，锚固角逐渐呈现稳定状态，随着 E/E′不断增大，锚固角无限接近于 44°；锚固角大体上为 44°～58°。

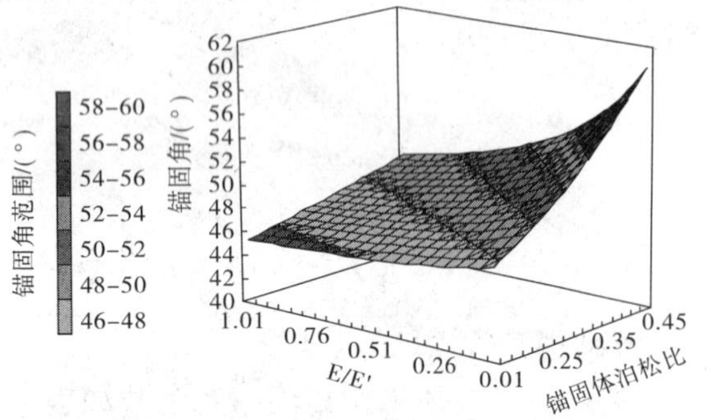

图 5　锚固体泊松比、E/E′与锚固角的关系

图 6 为在前面假设相同的条件下，采用界面摩擦角与锚固体泊松比时，锚固角的变化情况。可知，界面摩擦角对锚固角的影响较小（影响范围仅有约 3°），随着锚固体泊松比的增大，界面摩擦角对锚固角的影响稍有减小；锚固体泊松比对锚固角的影响很小（影响范围小于 1°），随着界面摩擦角的增大，锚固体泊松比对锚固角的影响略有增大。锚固角大体上为 45°～48°。

图 7 为在前面假设相同的条件下，采用界面摩擦角与 E/E′时，锚固角的变化情况。由图 6 可知，界面摩擦角对锚固角的影响很大（影响范围约 10°），随着锚固体泊松比的增大，界面摩擦角对锚固角的影响快速减小直至没有影响；E/E′对锚固角的影响较小（影响范围约为 5°），随着界面摩擦角的减小，E/E′对锚固角的影响略有减小；并且当 E/E′大于 1 后，锚固角逐渐呈现稳定状态，随着 E/E′不断增大，锚固角无限接近于 44°。锚固角大体上为 44°～59°。

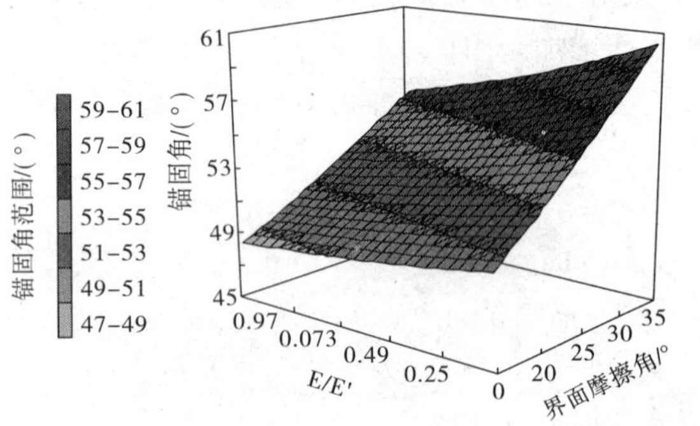

图 7　界面摩擦角、E/E′与锚固角的关系

图 8 为在前面假设相同的条件下，采用岩体泊松比与 E/E′时，锚固角的变化情况。可知，岩体泊松比对锚固角的影响很小（影响范围约小于 0.5°），随着锚固体泊松比的增大，界面摩擦角对锚固角的影响略有增加；E/E′对锚固角的影响较大（影响范围约为 8°），随着岩体泊松比的增大，E/E′对锚固角的影响略有增大；并且当 E/E′大于 1 后，锚固角逐渐呈现稳定状态，随着 E/E′不断增大，锚固角无限接近于 44°。锚固角大体上为 44°～53°。

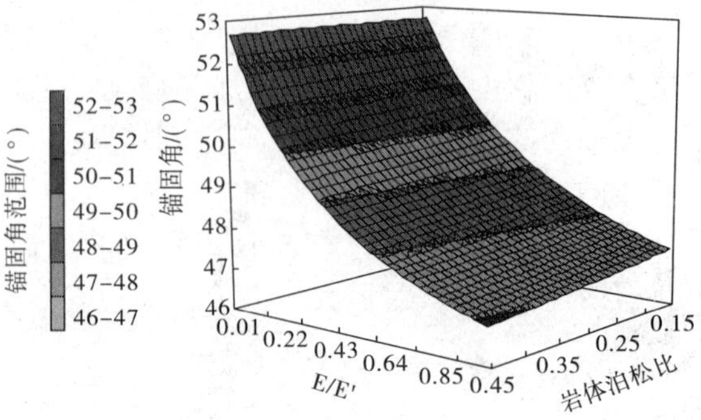

图 8　岩体泊松比、E/E′与锚固角的关系

图 9 为在前面假设相同的条件下，采用岩体泊松比与界面摩擦角时，锚固角的变化情况。可知，岩体泊松比对锚固角的影响很小（影响范围小于 1°），

随着界面摩擦角的增大，岩体泊松比对锚固角的影响稍有增大；界面摩擦角对锚固角的影响较小（影响范围小于3°），随着岩体泊松比的增大，锚固体泊松比对锚固角的影响略有减小；锚固角大体上为45°～48°。

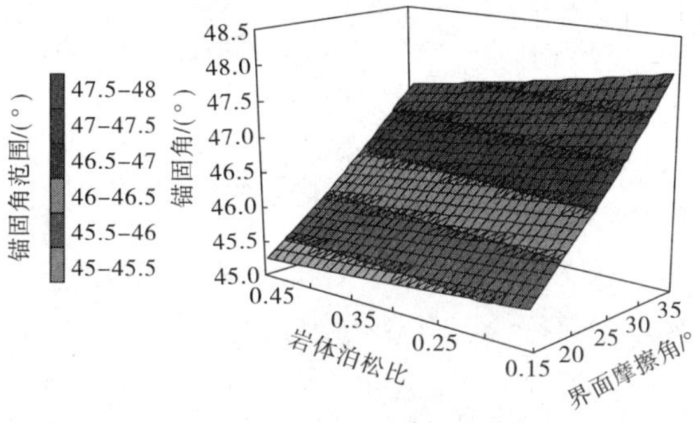

图 9　岩体泊松比、界面摩擦角与锚固角的关系

图 10 为在前面假设相同的条件下，采用岩体泊松比与边坡摩擦角时，锚固角的变化情况。可知，岩体泊松比对锚固角的影响很小（影响范围约小于0.5°），随着锚固体泊松比的增大，界面摩擦角对锚固角的影响不变；边坡摩擦角对锚固角的影响较大（影响范围约为30°），随着岩体泊松比的增大，边坡摩擦角对锚固角的影响不变；锚固角大体上为15°～45°。

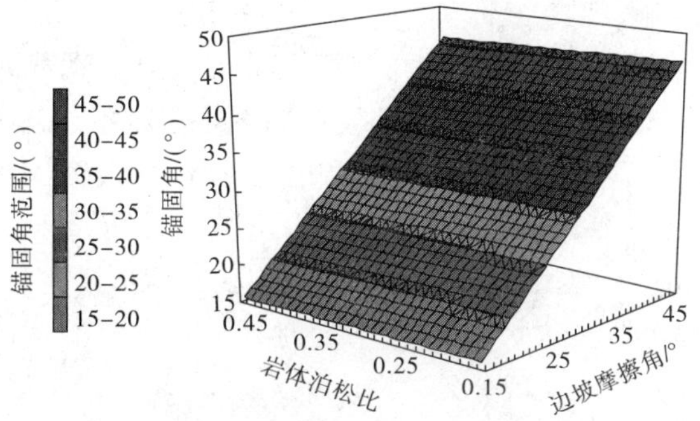

图 10　岩体泊松比、E/E′与锚固角的关系

图 11 为在前面假设相同的条件下，采用锚固体泊松比与边坡摩擦角时，锚固角的变化情况。可知，锚固体泊松比对锚固角的影响很小（影响范围约小于2°），随着边坡摩擦角的增大，锚固体泊松比对锚固角的影响不变；边坡摩擦角对锚固角的影响较大（影响范围约为30°），随着锚固体泊松比的增大，边坡摩擦角对锚固角的影响不变；锚固角大体上为15°～45°。

图 12 为在前面假设相同的条件下，采用界面摩擦角与边坡摩擦角时，锚固角的变化情况。可知，界面摩擦角对锚固角的影响很小（影响范围约为2°），随着边坡摩擦角的增大，锚固体泊松比对锚固角的

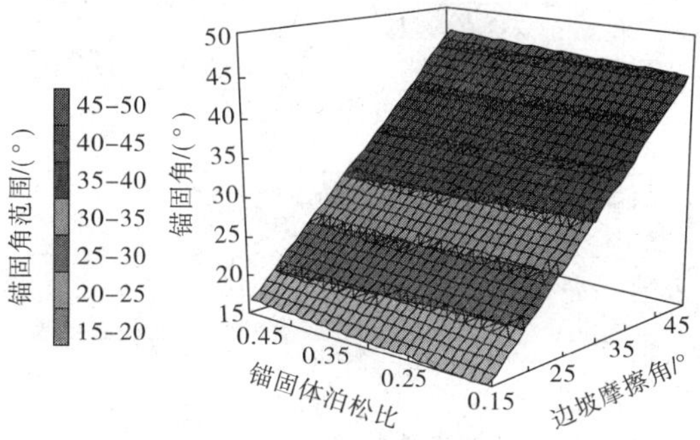

图 11　锚固体泊松比、边坡摩擦角与锚固角的关系

影响不变；边坡摩擦角对锚固角的影响较大（影响范围约为30°），随着锚固体泊松比的增大，边坡摩擦角对锚固角的影响不变；锚固角大体上为15°～45°。

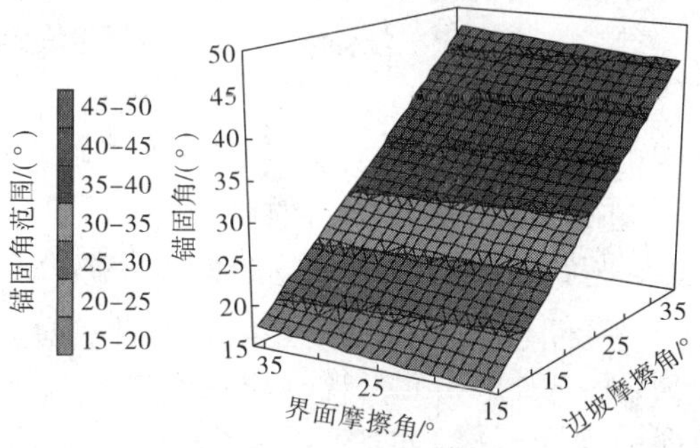

图 12　边坡摩擦角、界面摩擦角与锚固角的关系

图 13 为在前面假设相同的条件下，采用 E/E′与边坡摩擦角时，锚固角的变化情况。可知，E/E′对锚固角的影响较大（影响范围约为6°），随着边坡摩擦角的增大，锚固体泊松比对锚固角的影响不变；边坡摩擦角对锚固角的影响很大（影响范围约为30°），随着 E/E′的增大，边坡摩擦角对锚固角的影响不变；并且做进一步研究发现当 E/E′大于 1 后，锚固角逐渐呈现稳定状态，随着 E/E′不断增大，锚固角无限接近于14°～44°。锚固角大体上为14°～44°。

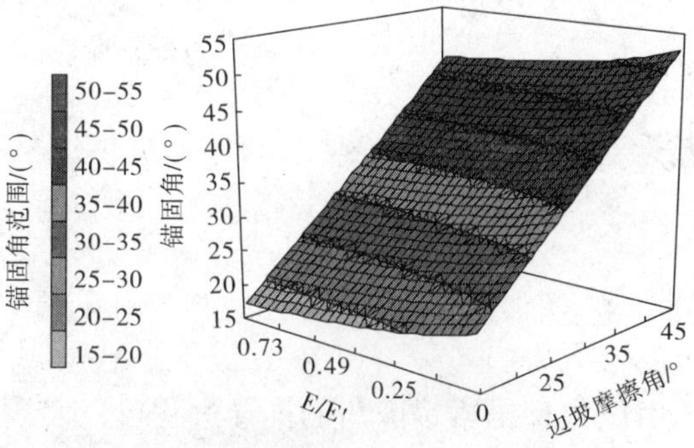

图 13　边坡摩擦角、E/E′与锚固角的关系

根据上述模拟结果，可总结出锚固角影响因子对锚固角的影响范围，如图 14 所示。

影响因子	岩体泊松比	锚固体泊松比	边坡摩擦角	界面摩擦角	E/E'
岩体泊松比	— / —	4 / <1	30 / <0.5	3 / <1	8 / <0.5
锚固体泊松比	<1 / 4	— / —	30 / <2	3 / <1	0~10 / <1
边坡摩擦角	<0.5 / 30	<2 / 30	— / —	2 / 30	6 / 30
界面摩擦角	<1 / 3	<1 / 3	30 / 2	— / —	5 / 10
E/E'	<0.5 / 8	<1 / 10	30 / 6	0~10 / 5	— / —

图 14　锚固角影响因子对锚固角的影响范围

(1)边坡摩擦角对锚固角的影响最大,影响范围可达 30°;E/E′对锚固角的影响较大,影响范围 5° ~10°;界面摩擦角与锚固体泊松比对锚固角的影响较小,影响范围约 3°;岩体泊松比对锚固角的影响很小,影响范围小于 1°;其中界面摩擦角对锚固角的影响范围在很大程度上受到 E/E′的影响。

(2)在边坡摩擦角一定时,锚固角呈现稳定状态,如边坡摩擦角等于 45°时,锚固角大部分分布在 44° ~55°之间;如边坡摩擦角等于 15°时,锚固角大体上为 14° ~25°,由此可得出边坡摩擦角每 1°的变化将会引起锚固角 1°的变化。

(3)在边坡摩擦角一定时,随着 E/E′的逐步增大,锚固角呈现稳定状态,并无限接近于某个数值,如边坡摩擦角等于 45°时,随着 E/E′不断增大,锚固角无限接近于 44°;边坡摩擦角等于 15°时,随着 E/E′不断增大,锚固角无限接近于 14°。

3　压力分散型锚索的锚固角分析

压力分散型锚索剪应力与轴力的分布解为[5]:

$$\tau = \sum_{i=1}^{n} \frac{P_i}{\pi a^2 t} \exp\left[-\frac{2}{at}(z - z_{0i}) \right] num(z - z_{0i}) \ , \tag{10}$$

$$N = \sum_{i=1}^{n} P_i \exp\left[-\frac{2}{at}(z - z_{0i}) \right] num(z - z_{0i}) \ , \tag{11}$$

其中,

$$num(z - z_{0i}) = \begin{cases} z - z_{0i} \geq 0 \\ z - z_{0i} < 0 \end{cases};$$

z_{0i} 为距第 i 个承载板的距离; P_i 为作用在第 i 个承载板的预应力。

由压力型锚索锚固角的推导过程可以发现:

$$\alpha = \arctan\left(\frac{1 + \frac{\sigma}{\tau}\tan\varphi}{\frac{\sigma}{\tau} - an\varphi} \right) - \theta. \tag{12}$$

而分散压力型锚索中 σ/τ 也等于 t,所以压力分散型锚索的锚固角解与压力型锚索的锚固角解相同,即:

$$\alpha = \arctan\left(\frac{1 + t\tan\varphi}{t - \tan\varphi} \right) - \theta, \tag{13}$$

其中,

$$t = \frac{1}{\mu\tan\varphi}\left[(1 + \mu') \frac{E}{E'} + (1 - \mu) \right].$$

4　结　论

(1)基于边坡断层的作用,推导出了一种压力型锚索最优锚固角的解,对优化锚索力学性质、分析锚索的力学特征与其影响因素有一定的意义,为锚索的设计和计算、施工安装提供了理论依据。

(2)压力型锚索的最优锚固角受锚固体弹性模量、岩体弹性模量、岩体泊松比、锚固体泊松比、岩体与锚固体的界面摩擦角、断层摩擦角和锚固体变形角等因素影响。其中边坡摩擦角对锚固角的影响最大,影响范围可达 30°;E/E′对锚固角的影响较大,影响范围 5° ~10°;界面摩擦角与锚固体泊松比对锚固角的影响较小,影响范围 3°左右;岩体泊松比对锚固角的影响很小,影响范围小于 1°;其中界面摩擦角对锚固角的影响范围很大程度上受到 E/E′的影响。

(3)在边坡摩擦角一定时,锚固角呈现稳定状态,如边坡摩擦角等于 45°时,锚固角大部分分布在 44° ~55°之间;如边坡摩擦角等于 15°时,锚固角大体上为 14° ~25°;由此可得出边坡摩擦角每 1°的变化将会引起锚固角 1°的变化。

(4)在边坡摩擦角一定时,随着 E/E′的逐步增大,锚固角呈现稳定状态,并无限接近于某个数值,如边坡摩擦角等于 45°时,随着 E/E′不断增大,锚固角无限接近于 44°;边坡摩擦角等于 15°时,随着 E/E′不断增大,锚固角无限接近于 14°。

(5)压力分散型锚索的锚固角解与压力型锚索的锚固角解相同,影响因素也一致。

参 考 文 献

[1]　吴曙光,张永兴,康　明,等.压力型和拉力型锚杆工作性能对比研究[J].水文地质工程地质,2008,35(5):45-49.

[2]　王树仁,何满潮,金永军.拉力集中型与压力分散型预应力锚索锚固机理[J].北京科技大学学报,2005(3):278-282.

[3]　靖洪文,曲天智,吴学兵,等.压力分散型锚杆力学特征影响因素的数值分析[J]..西安理工大学学报,2008(1):32-36.

(下转第 234 页)

三山岛金矿西山矿区深部F_3断层以南回风井断面设计

周　伟[1]　贾敏涛[1]　居伟伟[1]　黄寿元[1]　王明斌[4]

(1. 中钢集团马鞍山矿山研究院有限公司;2. 金属矿山安全与健康国家重点实验室;

3. 华唯金属矿产资源高效循环利用国家工程研究中心有限公司;4. 山东黄金矿业(莱州)有限公司三山岛金矿)

摘　要　矿井通风系统与井下各作业地点紧密联系,是矿山(地下)开采大系统中最重要的一个子系统,既依附又制约着矿井开采大系统,回风井断面优选是矿井通风系统设计的主要内容之一,回风井断面大小对矿井通风阻力及矿山经济效益有直接影响。依托《山东黄金矿业(莱州)有限公司三山岛金矿 8 000 t/d 工程深部开采矿井通风及监控技术研究》项目,从深部采矿降温措施的选择、F_3断层以南采矿通风系统和方式建立以及需风量核算等3个方面对西山矿区F_3断层以南回风井断面参数进行探讨,确定出回风井基建费用和通风能耗费用之和为最小的回风井最优断面,以达到节省经济效益的目的,并为深部通风系统规划提供依据。

关键词　高温热环境　通风降温　节能通风　经济断面

三山岛金矿 8 000 t/d 工程深部开采项目随着生产开拓逐渐向深部转移,西山矿区-600 m 以下F_3断层以南矿体已开拓至-780,-645,-690 m 水平南巷已经出矿。F_3断层以南区域临时通风系统采用主斜坡道进风,盲混合井、临时南风井回风的通风方式,盲混合井、临时南风井-690,-780 m 水平联巷各设一台回风机站风机,系统总风量 36.49 m^3/s,作业点风温均超过《金属非金属矿山安全规程》(GB 16423—2006)规定限值 28 ℃。深部临时通风系统未与-600 m 水平以上通风系统有效的进行衔接,当前系统通风线路紊乱,通风井巷工程欠缺、高温高湿热环境等问题显现,严重影响了井下作业人员的工作效率和身心健康。

1　深部采矿降温方式

随着我国对矿产资源需求量的日益增加,深部地区资源开采已成为未来采矿发展的热点。矿井热害成为制约矿井开采深度的决定性因素。高温矿井热害的防治措施主要有隔离热源、预冷进风风流、加强通风、冷水喷雾、采取个体防护和人工制冷降温等。

目前,利用避开局部热源、加强通风、预冷进风风流等方法在我国矿井热害治理中应用较为成熟。国内外矿山的生产实践经验表明,当采用隔离热源、加强通风和冷水喷雾等降温措施不足以消除井下热害时,才采用人工制冷降温这种能耗比较大的措施。据相关资料查询,加强通风的最大有效经济深度一般为 1 700 ~2 300 m,通风降温一般在矿井深部围岩温度低于45 ℃时比较有效[1-3]。

西山矿区设计开采最低标高为-1 140 m 水平,实测-780 m 大巷围岩温度为 34.4 ℃,按照深部地温梯度 2.6 ℃/100 m 推算[4],-1 140 m 水平巷道围岩温度将达到43.76 ℃,低于限值45 ℃。根据西山矿区-600 m 以下实际情况,确定其深部降温措施为加强通风为主,局部制冷降温为辅,改善井下高温、高湿作业环境。

2　F_3断层以南矿体通风系统及通风方式

结合深部作业条件,欲改善深部高温、高湿作业环境,须先将深部通风系统与-600 m 水平以上通风系统进行有效的衔接,深部污风能及时汇入回风系统排出地表。

考虑到 1 300 线盲竖井的功能以及老南风井井筒断面偏小等因素,F_3断层以南-600 m 水平以下采矿通风系统采用盲竖井、入风井进风,F_3断层以南回风井(新掘)回风的通风方式。回风井(新掘)与原-600 m 以上南风井衔接后,在衔接处增设辅扇,深部采掘污风经南风井-150 m 水平主回风机站排出地表。

另外,主斜坡道风质较差,深部F_3断层以南作业场所采用辅扇压入-抽出相结合通风方式。通过

周　伟(1984—),男,工程师,243000 安徽省马鞍山市经济技术开发区西塘路666 号。

在回风井联巷设回风辅扇、在进风井分段巷设进风辅扇，保证深部作业场所有新风进入，污风能及时排走。

1 300线盲竖井卸矿站污风通过 F_3 断层以南回风井排入回风系统。通过在卸矿站南端新掘1条绕道与回风井贯通，在贯通处增设有风墙局扇，控制中段卸矿站回风量。

深部炸药库布置在-600 m水平南部，新风从盲竖井-600 m水平进入，回风经炸药库联巷调节风窗后，排入 F_3 断层以南回风井。

-1 140 m水平水泵房降温通风新鲜风流采用入风井进风，回风经 F_3 断层以南回风井排入回风系统。所需风量纳入到-1 140 m水平作业场所需风量一道核算。该金矿深部 F_3 断层以南通风系统如图1所示。

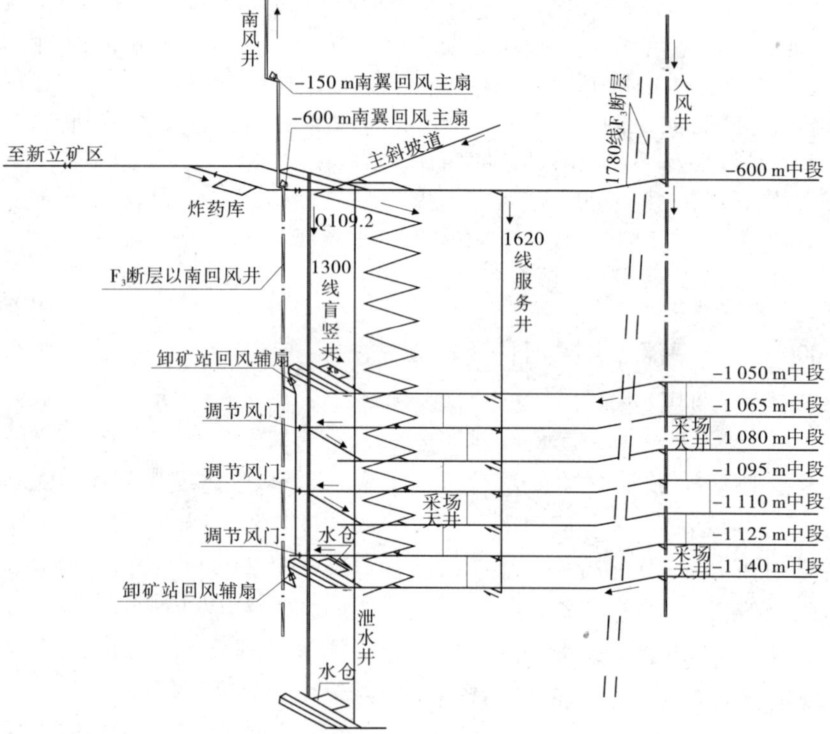

图1 三山岛金矿深部 F_3 断层以南通风系统示意

3 F_3 断层以南矿体总风量核算

结合西山矿区深部 F_3 断层以南采矿开拓部署，按5个中(分)段同时作业核算，需利用通风降温的中段为-1 050 ~ -1 140 m中段，含-1 095，-1 110，-1 125 m等3个分段，共计5个中(分)段，每个中(分)段4个作业面，共计20个作业面。风量核定分别从作业场所降温以及采场排尘风速两个方面对矿井需风量进行计算。

3.1 按作业场所降温计算需风量

降温需风量按将深部作业地点工作温度降至安全规程规定28 ℃以下(27 ℃)进行核算。西山矿区斜坡道-600 m中段进风风温超过28 ℃(实测值为28.8 ℃)，对深部通风降温作用较小。进风温度按通地表的入风井进风温度进行核算，其-600 m联巷进风平均温度取值为21 ℃(参照新立矿区副井-600 m联巷实测进风平均温度为20 ~ 22 ℃)，根据入风井各中(分)段进风量、风温以及风流热交换初步计算，最后确定各中(分)段需风量。

围岩散热是造成井下高温的主要因素，其向井巷传热的途径有：①通过热传导自岩体深处向井巷传热；②经裂隙水通过对流将热量传给井巷。井下未被扰动的岩石温度随着与地表的距离加大而上升，其温度的变化是由自围岩径向向外的热流造成的。在大多数情况下，围岩主要以传导方式将热传给巷壁[1]。

围岩与风流的热交换属于复杂的不稳定过程，为了便于计算，常用类似于稳定传热的计算公式来计算围岩散热量：

$$q_r = K_r UL(t_r - t) \quad , \qquad (1)$$

式中，q_r 为围岩散热量，W；K_r 为围岩与井下风流的热交换系数，W/(m^2·℃)；U 为井巷净断面周长，m；L 为井巷长度，m；t_r 为井巷始末两端的平均原岩温度,℃;t 为流经井巷始末两端的平均气温,℃。

各中(分)段围岩散热量计算结果如表1所示。

表1 各中(分)段围岩散热量

中(分)段/m	原岩温度/℃	新风温度/℃	巷道周长/m	巷道长度/m	热交换系数	围岩散热量/W
-1 140	43.76	21.00	13.30	1 200	0.55	199 787.28
-1 125	43.37	21.00	13.30	1 200	0.55	196 363.86
-1 110	42.98	21.00	13.30	1 200	0.55	192 940.44
-1 095	42.59	21.00	13.30	1 200	0.55	189 517.02
-1 050	41.42	21.00	13.30	1 200	0.55	179 246.76

根据热平衡方程可得,在不考虑其他热源的情况下,单位时间内入风井进风热量+围岩散热量=回风井回风热量,即:

$$QCJ_1tJ_1 + q_r = QCJ_2tJ_2, \tag{2}$$

式中,Q 为入风井进风风量,m^3/s;CJ_1 为入风井进风比热容,kJ/(kg·℃);tJ_1 为入风井进风风温,℃;CJ_2 为回风井进风比热容,kJ/(kg·℃);tJ_2 为回风井回风风温,℃。

各中(分)段降温需风量计算结果如表2所示。

表2 各中(分)段降温需风量

中(分)段/m	CJ_1 /(kJ/(kg·℃))	tJ_1/℃	CJ_2 /(kJ/(kg·℃))	tJ_2/℃	围岩散热量/W	Q/(m^3/s)
-1 140	1.005	21.00	1.006	27.00	199 787.28	32.98
-1 125	1.005	21.00	1.006	27.00	196 363.86	32.42
-1 110	1.005	21.00	1.006	27.00	192 940.44	31.85
-1 095	1.005	21.00	1.006	27.00	189 517.02	31.29
-1 050	1.005	21.00	1.006	27.00	179 246.76	29.59

经统计,按西山矿区入风井进风温度为21 ℃代入计算,将深部 F_3 断层以南同时作业的5个中(分)段大巷温度降至27 ℃,矿井需风量为158.14 m^3/s。

3.2 按采场排尘风速计算需风量

矿山所需要的总风量为各工作面所需风量和需要独立通风的硐室所需风量之和。考虑井下作业面以及硐室的工作性质、通风排尘所需风速,以及风量漏风系数等,计算矿井需风量为151.26 m^3/s。需风量计算详见表3。

表3 矿井需风量

序号	用风工作面	断面面积/m^2	排尘风速/(m/s)	耗风量/(m^3/s)	用风点数目/个	总需风量/(m^3/s)
1	回采工作面	32	0.15	4.80	10	48.00
2	备采工作面	15	0.25	3.75	5	18.75
3	充填工作面	10	0.25	2.50	3	7.50
4	掘进工作面	10	0.25	2.50	5	12.50
5	炸药库	10	0.25	2.50	1	2.50
6	维修硐室	32	0.20	6.40	1	6.40
7	水泵房	32	0.20	6.40	1	6.40
8	值班室	10	0.60	6.00	1	6.00
9	装、卸矿硐室	10	0.60	6.00	3	18.00

3.3 F_3 断层以南总风量确定

取按作业场所降温计算需风量和按采场排尘风速计算需风量的较大值作为 F_3 断层以南5个中(分)段需风量,即矿井需风量为158.14 m^3/s。考虑到西山矿区作业场所生产时机电设备散热、热水散热、氧化热和炸药爆破散热、空气自压缩放热等其他散热因素,同时考虑到在生产变动时通风系统调节不及时带来的风量不均衡因素,矿井通风的总风量应在计算需风量的基础上再乘以系统风量备用系数[5],本次风量备用系数取值为1.50,则矿井总风量为237.21 m^3/s。根据风量计算结果,确定矿井总风量为240 m^3/s。

4 F_3 断层以南回风井断面选择

通风系统设计过程中,回风井断面往往与通风阻力发生着矛盾,根据计算和实际工作经验,回风井断面越大,通风阻力越小,通风费用也就越少,井巷断面越大,掘进费用也越大。因此,在选择回风井断面时,必须从基建费用和通风能耗费用这两方面进行综合考虑,最终确定最优断面。

回风井断面优选时,可通过下式研究其最佳半径[6],

$$A = L\pi\beta r^2 + (2L\pi\beta\Delta r + 2L\pi\varepsilon\Delta r)r + (L\pi\beta\Delta r^2 + L\pi\varepsilon\Delta r^2) + \alpha\frac{6LnTK}{125\pi^2\eta r^5}Q^3, \tag{3}$$

$$2L\pi\beta r^7 + (2L\pi\beta\Delta r + 2L\pi\varepsilon\Delta r)r^6 - 30\alpha\frac{6LnTK}{125\pi^2\eta}Q^3 = 0, \tag{4}$$

式中,A 为基建费和通风动力费的总和;L 为回风井的深度,m,取值540;β 为下掘土石方的单位平平均造价,元/m^3,取值810;ε 为混凝土筑壁的平均单位造价,元/m^3,取值220;Δr 为混凝土筑壁厚度,m,取值0.20;r 为回风井净断面最优半径;T 为回风井服务年限,a,取值20;n 为年平均作业天数,d,取值300;风机每天运转24 h;K 为电耗单价,元/度,取值0.60;η 为扇风机和电机的总体效率,取值0.88;Q

为通过回风井风量，m^3/s，取值 240；α 为回风井摩擦阻力系数，取值 0.000 8。

式(4)即为计算风井断面最佳半径的方程式，将已知量代入式(4)中，可求得 r 为 2.75 m，该值即为回风井最佳半径，照此半径施工，回风井的基建费、维修费与通风动力费之总和最小。

F_3 断层以南回风井总风量为 240 m^3/s，井筒断面面积为 23.75 m^2，井筒平均风速为 10.11 m/s，满足《金属非金属矿山安全规程》(GB 16423—2006)专用回风井井筒断面平均最高风速不得超过 15 m/s 的规定。

5 结 语

回风井是通风网络的重要组成部分，在选择回风量大、服务时间长的回风井井筒断面时，除了参照《金属非金属矿山安全规程》(GB 16423—2006)允许的最高风速，还应通过经济计算，最终确定合理的断面。西山矿区 F_3 断层以南回风井按此半径施工形成后，将会在满足深部回风量的同时，降低回风井通风阻力，改善深部高温高湿环境，实现矿山降本增效的目的。

参 考 文 献

[1] 胡汉华. 深热矿井环境控制[M]. 长沙：中南大学出版社，2009.

[2] 冯兴隆，陈日辉. 国内外深井降温技术研究和进展[J]. 云南冶金，2005(5)：7-10.

[3] 支学艺. 冬瓜山铜矿掘进工作面强化通风与降温技术[J]. 金属矿山，2006(12)：11-14.

[4] 赵兴东，修国林，杨竹周，等. 三山岛金矿围岩温度梯度测试及工程热环境分析[J]. 金属矿山，2013(6)：109-113.

[5] 吴冷峻，宋爱东，周 伟，等. 司家营铁矿南区 2 000 万 t/a 工程通风系统优化研究[J]. 金属矿山，2011(10)：139-143.

[6] 刘 杰，谢贤平，吴邵星. 矿井通风井巷断面优化的数学模型研究与应用[J]. 云南冶金，2010(5)：8-12.

(收稿日期 2015-05-26)

(上接第 230 页)

[4] 夏元友，范卫琴，芮 瑞，等. 压力分散型锚索作用效果的数值模拟分析[J]. 岩土力学，2008(11)：3144-3148.

[5] 尤春安. 压力型锚索锚固段的受力分析[J]. 岩土工程学报，2004，26(6)：828-831.

[6] 卢 黎，张永兴，吴曙光，等. 压力型锚杆锚固段的应力分布规律研究[J]. 岩土力学，2008，29(6)：1517-1520.

[7] 程良奎，张作嵋，杨志银. 岩土加固技术[M]. 北京：地震出版社，1994.

[8] Dr M Marenĉe, Dr G Swoboda. Numerical model for rock bolts with consideration of rock joint movements[J]. Rock Mechanics and Rock Engineering, 1995, 28(3)：145-165.

[9] H Jalalifar, N Aziz. Analytical Behaviour of Bolt-Joint Intersection Under Lateral Loading Conditions[J]. Rock Mechanics and Rock Engineering, 2009, 43(1)：89-94.

[10] 朱维申，李术才，陈卫忠. 节理岩体破坏机制和锚固效应及工程应用[M]. 北京：科学出版社，2002.

[11] 李术才，陈卫忠，朱维申，等. 加锚节理岩体裂纹扩展失稳的突变模型研究[J]. 岩石力学与工程学报，2003，22(10)：1661-1666.

[12] 张发明，刘 宁，赵维炳 等. 岩质边坡预应力锚索加固的优化设计方法[J]. 岩土力学，2002(2)：187-190.

[13] 杨 涛，周德培，张忠平. 预应力锚索地梁中合理锚固角的确定[J]. 岩土力学，2006(2)：290-293.

[14] Yoshinaka R. Evaluation of bolt reinforcement in discontinuous rocks[C] // Proceedings of 8th Congress on Rock Mechanics IRSM. Tokyo：[s. n.]，1995：249-252.

[15] A M Ferrero. The shear strength of reinforced rock joints[J]. International Journal of Rock Mechanics and Mining Sciences. 1995，32(6)：595-605.

(收稿日期 2015-05-26)

通风系统风流机械能图及其应用

宫良伟[1]　何　华[2]　邹德均[1]

（1. 重庆工程职业技术学院；2. 重庆市能源投资集团有限公司）

摘　要　鉴于目前通风能量图的缺陷，提出了通风系统风流机械能图的概念，即在用单线绘制的通风系统图（实际通风网络图）上标出每个节点的机械能，用于矿井通风技术管理。基本思路是利用通风网络解算结果、地面大气压的测定数据和进风井口相对于矿井最低点的位能来计算网络图每个节点的机械能，给出了实际通风网络图中各节点风流机械能计算方法，风流机械能的计算机算法和通风系统风流机械能图的应用结果，为相关应用研究提供参考。

关键词　通风能量图　实际通风网络图　风流机械能　通风系统风流机械能图

空气流动的动力是两处的机械能差，因此了解矿井中每一处的机械能对矿井通风管理（如巷道贯通、均压防灭火等）具有非常重要的意义。目前多使用通风系统风流能量（压力）坡度图，类似的工具还有通风网络相对压能图和通风网络相对等熵静压图[1]。该类工具的缺点是显而易见的，要做大量的阻力测定和手工计算、绘图和使用都不方便。为此，笔者提出了通风系统风流机械能图的概念和绘制方法。

1　风流机械能计算

文中所指的通风系统风流机械能图，就是在用单线绘制的通风系统图（实际通风网络图[2]）上标出每个节点的机械能。

1.1　通风系统风流机械能图的概念

在实际通风网络图上的每个节点标注风流的机械能而得到的图就是通风系统风流机械能图。利用通风系统风流机械能图可以通过插入法确定通风系统中每一点的总能量，与通风系统图结合使用，便于指导巷道贯通、均压防灭火、控制瓦斯涌出等矿井通风安全技术工作。在每个节点标注风流机械能的通风系统风流机械能图如图1所示。

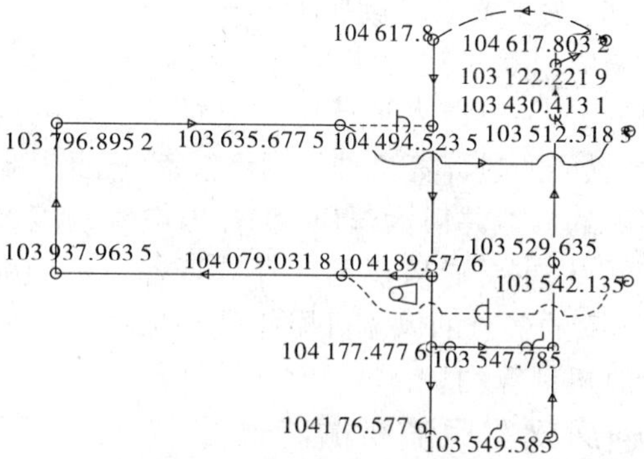

图1　尾矿库的地理位置

图1中，节点2为矿井进风口，其风流机械能为该节点的全压与相对于矿井最低点的位能之和；一般认为进风口动压为0，全压即为大气压。风流沿通风系统流动，各节点的机械能逐渐降低。前1个节点到后1个节点风流能量降低的值就是两节点的通风阻力。实际通风网络图一般是按一定比例绘制的，假定2个节点间巷道通风属性一致，通风能量均匀降低，则分支内的任意点的机械能都可以通过插值法求得。

1.2　风流机械能计算

计算前，应获取井下巷道每一段的通风阻力、矿井进风口附近地面大气压和进风井口相对于矿井最低点的位能。矿井每一段的通风阻力可以通过通风网络解算得到。图2为矿井某处风流机械能计算示意图。先确定矿井中的最低点，以便计算位能。图中2点为矿井最低点，将2点作为计算位能的基点。假设2点的位能为零，则1点的机械能 U_1 为（该点风速为0）：

$$U_1 = P_0 + \rho_{m12} g Z_{12}, \tag{1}$$

式中，P_0 为矿井进风口的大气压，Pa；ρ_{m12} 为1和2两点间的平均密度；g 为重力加速度；Z_{12} 为12两点间高度。节点2、3、4点的机械能 $U_j(j=2,3,4)$ 为：

$$U_j = U_i - h_{rij}, \tag{2}$$

＊ 重庆市教委科学技术研究项目（编号：KJ132004）。

宫良伟（1964—），副教授，高级工程师，博士，402260 重庆市沙坪坝区上桥一村86号。

式中，i 为 j 之前的节点；h_{rij} 为 i、j 两点间的通风阻力。

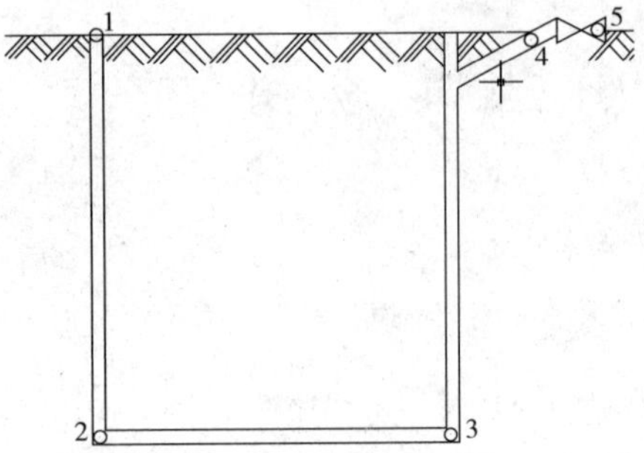

图 2　矿井风流能量计算示意

节点 4、5 分别为矿井主要通风机的入口和出口，在不考虑两点之间通风阻力的情况下，两点间的机械能之差为主要通风机的静压，即：

$$U_5 = U_4 + H_s, \qquad (3)$$

式中，H_s 为主要通风机静压。

图 2 只是经过简化的通风系统，在测定数据已知的情况下，可以人工计算。但对于实际的通风系统图，只能通过计算机进行网络解算，在此基础上根据实测的当地井口大气压、矿井内空气密度及矿井的最低点、主要通风机参数等计算各点机械能。图 1 和图 2 的各点的风流机械能就是依据上述原理利用计算机计算的。

2　通风网络风流机械能计算

2.1　计算条件

并非每个矿井都能利用计算机计算井下各节点的风流机械能，只有矿井具备下列 2 个条件才能实施井下各点风流机械能的计算机计算：

(1)矿井建立了完善的井下设施通风属性数据库，并安装有功能齐全的安全监控系统，矿井通风系统的动态数据，如井口大气压、井下各处的静压、温度、湿度等参数能随时准确测定。

(2)矿井通风网络系统各分支的通风阻力系数、风阻和主要通风机参数等通风网络解算数据准确，计算出的风量和通风阻力误差很小。

2.2　计算步骤

(1)确定井下各节点高程的最低点。矿井进风井口节点风流机械能的计算需要知道该节点相对于井下最低点的位能。

(2)利用网络通路算法计算通风网络中从进风井口到回风井口的所有通路。

(3)确定一个计算进风井口节点风流机械能的路线，该路线是既包含进风井口节点又包含井下高程最低点的通路。该路线用于计算进风井口的风流机械能。

(4)计算进风井口的风流机械能。进风井口节点风流机械能等于该点大气压加上相对于最低点的位能。

(5)计算其他节点的风流机械能。

(6)在实际通风网络图上标注各节点的风流机械能。

上述各步骤的每一步还有各自更详细的算法。但限于篇幅，文中仅给出(5)的算法的详细说明。

利用图的遍历算法对各节点的风流机械能进行计算。对网络图每个节点进行访问的方法有 2 种：深度优先遍历和广度优先遍历。深度优先遍历即首先从进风井口节点（对多进风井的矿井，从一个虚拟节点开始）V_0 出发，访问 V_0；然后依次从 V_0 的未被访问的相邻节点出发深度优先遍历图。用递归算法进行处理，也可以使用非递归算法并结合栈来处理。广度优先遍历是从进风井口节点 V_0 出发，计算 V_0 风流机械能后，再计算 V_0 的所有未被计算的相邻节点的风流机械能；然后依次从这些相邻点出发计算它们各自的相邻点的风流机械能。这里只给出计算各节点风流机械能算法的广度优先遍历实现的流程图（见图 3），图中进风井口节点 V_0 用 baseNodeId 代替。

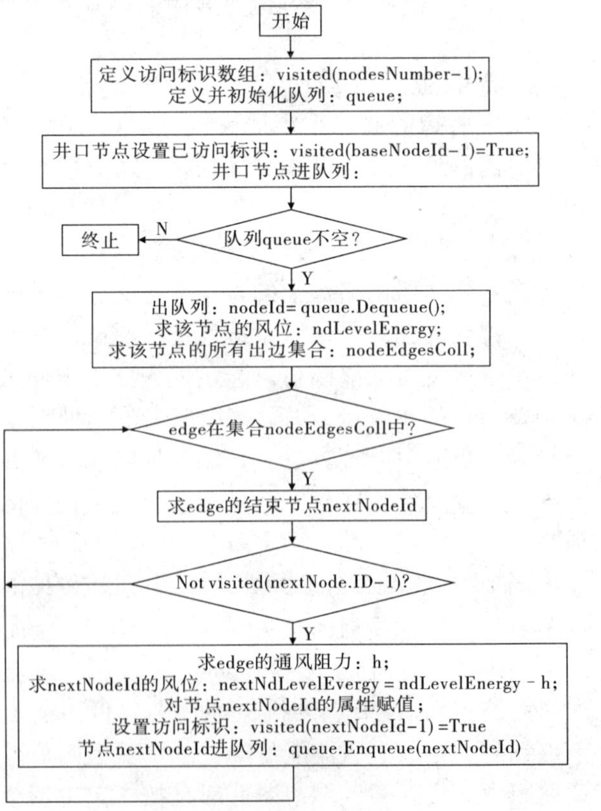

图 3　节点机械能计算流程

3 应用效果

与压力坡度图、相对压能图或相对等熵静压图类似，通风系统风流机械能图主要应用于矿井通风技术管理，如巷道贯通、均压通风及控制瓦斯涌出等。但绘制和使用通风系统风流机械能图更为方便。

3.1 在巷道贯通中的应用

巷道贯通工作是煤矿常见的通风技术管理工作。它涉及了通风、地测和掘进施工等部门。通风部门的任务是确定巷道贯通后矿井通风系统如何调整，并应在巷道贯通前做好调整前的准备工作。首先应准确预测巷道贯通后风流的方向；否则，就要准备2套风流调整方案，浪费人力物力。为此，必须实测贯通前两侧点风流全能量或机械能的大小；甚至为了准确测定两端的静压，还应停止局部扇风机的运行，给煤矿安全带来了隐患[3]。

有了通风系统风流机械能图，确定巷道贯通后的风流方向便非常容易。图5中，AB为要贯通的巷道。只要知道*A*、*B*两点的风流机械能，就能确定巷道*AB*贯通后风流方向。利用插值法可以计算*A*、*B*两点的风流机械能，如图插值计算得到*A*、*B*点的风流机械能为103 586.4、103 703.2 Pa，判断贯通后*B*流向*A*。

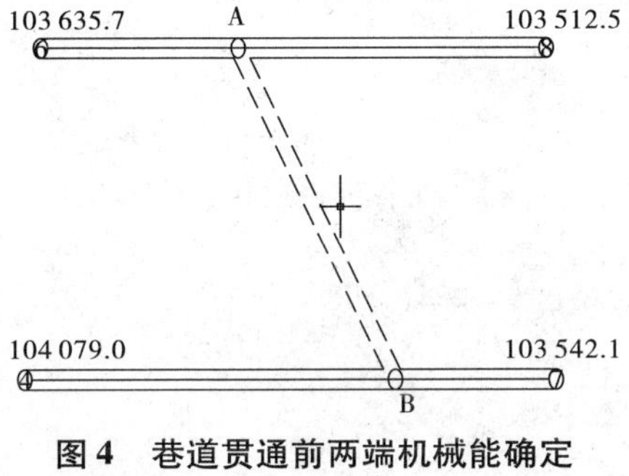

图4 巷道贯通前两端机械能确定

3.2 在均压防灭火中的应用

均压防灭火技术于20世纪50年代被提出[4-5]，很快应用于世界上的主要产煤国家。该技术是通过人为减少易发火区域进风和回风两端风流的机械能差，控制乃至消除流入易发火区域的氧气，达到防灭火的目的。该技术既可以用于封闭区域也可以用于与工作面联通的采空区。由于该技术成本低廉、效果明显，均压防灭火已被广泛应用于国内很多煤矿[6-12]。

目前实施均压技术存在的问题是：①均压设施的选择和安装位置的确定是通过定性分析进行的，或通过局部阻力测定来确定，但是局部均压方案会对整个通风系统产生影响，这种影响很难评价，有时会顾此失彼；②地面大气压的变化直接影响了矿井通风网络各点的风流机械能，也会使得发火区域处在类似“呼吸”的状态，对灭火非常不利，但当前的技术很难处理大气压的影响。因此，既要了解易发火区域内煤的自燃程度、风流分布，还应考虑均压后对邻近区域的影响。而利用通风系统风流机械能图可以在实施均压方案前，模拟均压后通风系统的参数变化，了解均压方案对整个通风系统的影响。

均压防灭火中使用通风系统风流机械能图的优点有：①能够及时反映地面大气压的变化对整个通风系统的影响；②快速模拟均压方案实施后的均压效果，及时了解均压方案对整个通风系统的影响，与局部阻力测定相结合，优势更为明显。

4 结 语

在对通风系统风流机械能图的概念深入介绍的基础上，对实际通风网络图中各节点风流机械能计算方法，风流机械能的计算机算法进行了研究，并从巷道贯通、均压防灭火2个方面讨论了通风系统风流机械能图的应用效果。

参 考 文 献

[1] 张国枢，谭允祯，陈开岩，等. 通风安全学[M]. 徐州：中国矿业大学出版社，2004.

[2] 宫良伟. 基于AutoCAD Map 3D的通风仿真系统的研制[D]. 徐州：中国矿业大学，2012.

[3] 卫林孝. 伯努利方程在判定巷道贯通后风流方向中的应用[J]. 科技情报开发与经济，2008，18(10)：134-136.

[4] 冯圣洪. 浅谈煤矿均压防灭火技术应用现状与发展[J]. 煤，1997，6(2)：49-52.

[5] 王省身，张国枢. 矿井火灾防治[M]. 徐州：中国矿业大学出版社，1990.

[6] 施帮华，马中飞. 采煤工作面煤炭自燃防治技术的应用[J]. 江苏煤炭，2001(1)：26-27.

[7] 戴广龙，朱贵旺，方恩才，等. 多漏风汇高瓦斯综采工作面采空区防火技术实践[J]. 煤矿安全，2004，35(7)：18-20.

[8] 何 兵. 浅谈均压防火技术在18128采空区的应用[J]. 煤，2009，18(11)：74-75.

[9] 赵俊卿、张希志. 均压防火技术在龙口矿区的应用[J]. 煤矿安全，2000(9)：7-9.

[10] 李耕勤. 利用阻化剂及均压防火探析[J]. 煤炭技术，2003，22(6)：30-31.

[11] 朱明珍. 煤层自燃灾害防治浅探[J]. 煤矿安全，2009，30(8)：56-57.

[12] 曹永辉. 综放开采防灭火技术及其实施[J]. 煤矿开采，2003(4)：66-67.

（收稿日期 2015-05-26）

矿井通风系统可靠性研究

胡维西
(中钢集团武汉安全环保研究院)

摘　要　矿井通风系统的可靠性是矿井安全生产的一项重要安全指标,以可靠性工程为理论基础,研究矿井通风系统的可靠性问题,对实际生产中通风管理和评价通风优劣有理论指导作用。先提出矿井通风系统可靠性指标即有效度,给出矿井通风有效度的定义并引用系统工程里面有效度计算公式。在此基础上,应用马尔柯夫理论分别计算矿井主要通风机有效度和矿井工作面有效度,并且结合具体矿井进行了实例计算。

关键词　矿井　马尔柯夫　可靠性　通风系统　有效度

矿井通风是由向井下作业地点供给新鲜空气并排出污浊空气的通风网络、通风动力和通风控制设施构成的通风系统。矿井通风系统与井下各作业地点密切联系,通风系统的可靠性对矿井的通风安全状况具有全局性的影响。矿井通风系统是一个可修复系统,评价其通风网络、通风设备和通风控制设施的主要可靠性指标是有效度。矿井通风系统是多环节、多设备的复杂系统,加上矿井地下通风系统的特殊环境和作业场所的动态性,从而就存在影响正常矿井通风的随机因素。从可靠性工程理论来研究矿井通风状况,进行矿井通风系统有效度分析,从而找出影响通风系统运转良好与否的主要因素,掌握整个矿井的通风状况。

1　矿井通风系统可靠性评价的指标

工作面是矿井生产的主要单元,我们以工作面作为考查对象,通过对各个工作面通风状况的统计分析,进行通风系统可靠性计算。工作面是井下最重要的通风地点,必须保证工作面通风正常。除了工作面之外,还有诸如通风设备、回风大巷、风门等最终也会导致通风系统的通风失效,最终也是导致工作面通风失效。抛开具体巷道、工作面,以影响通风系统的因素为研究对象,进行通风系统可靠性计算。

矿井通风之目的可归纳为如下几点:

(1)提供各巷道、工作面稳定的、足够的新鲜风量;

(2)保证作业空间有良好的气候条件;

(3)冲淡或稀释有毒有害气体和矿尘。

由此可以作出以下定义:矿井通风有效度是在通风设备、有毒有害气体及粉尘、影响矿井通风断面的堆积物等因素影响的条件下,在任意时刻 t 内能够达到上述通风目的的概率,用 A 表示。由于矿井通风系统是一个可修复系统。如果工作面通风量不足造成粉尘浓度超限,此时该工作面处于通风失效状态。失效后,马上进行处理,在人为处理之后,工作面恢复到有效通风状态,这种状态的转移如图 1。

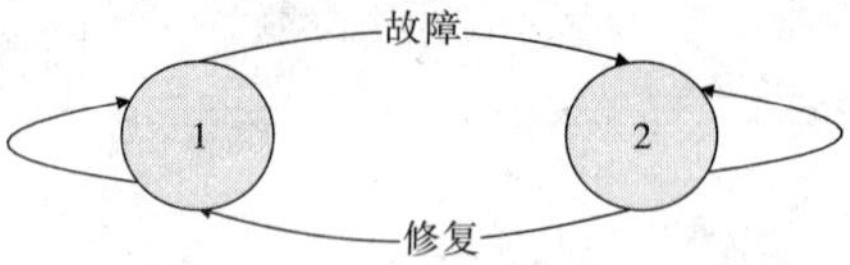

图 1　工作面通风状态转移

1—通风有效图;2—通风失效图

根据可靠性工程理论,工作面通风有效度可用下列公式计算:

$$A = \frac{\mu}{\mu + \lambda}, \tag{1}$$

式中,λ 为失效率,即由状态 1 转移到状态 2 的转移率,$\lambda = \frac{1}{\mathrm{MTTF}}$,MTTF 失效前的平均时间;$\mu$ 为修复率,即由状态 2 转移到状态 1 的转移率,$\mu = \frac{1}{\mathrm{MTBF}}$,MTBF 平均失效时间间隔。

2　矿井通风系统有效度的求解

2.1　矿井主要通风机有效度的计算

对于一个矿井来说,矿井主要通风机必须装置

胡维西(1992—),男,硕士研究生,430081 湖北省武汉市青山区和平大道 1244 号。

2 套相同能力的通风机，其中 1 套运转，另 1 套作为备用。因此，可将矿井主要通风机看作由 2 个同型部件组成的冷贮备系统，其中 1 套工作，另 1 台处于冷贮备状态。若 1 台主要风机发生故障，马上启动另 1 台开始工作，同时又 1 各修理组对故障主要通风机进行修理，故障主要通风机修复后，又处于贮备状态。只有当 2 台主要风机均发生故障，通风系统才处于故障状态。

由系统工程基本知识可知，这是 2 个单元构成的并联系统。如果矿井的故障时间分布和维修时间分布服从指数分布，瞬间发生故障的概率为 λ，完成维修的概率为 μ，则系统可能处于 3 种状态：2 通风机都正常的状态 S_2，1 个通风机正常的状态 S_1 和 2 通风机都故障的状态 S_0。这时的转移矩阵为

$$\boldsymbol{P}=\begin{vmatrix}1-2\lambda & 2\lambda & 0\\ \mu & 1-(\lambda+\mu) & \lambda\\ 0 & 2\mu & 1-2\mu\end{vmatrix}. \qquad (2)$$

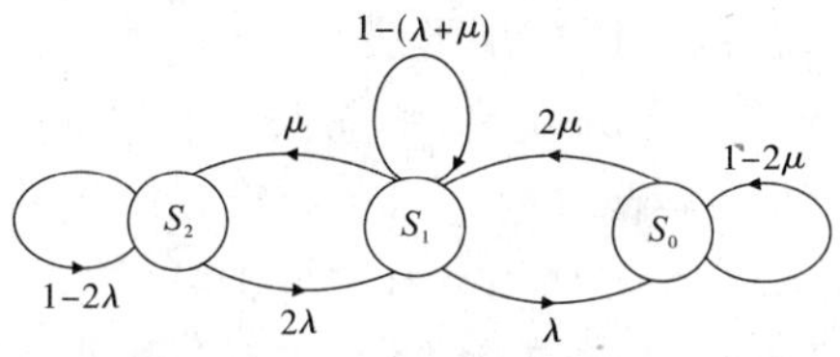

图 2　矿井通风系统状态转移

其状态转移图为图 2。由于 2 元素同时运转，所以由状态 S_2 转移到状态 S_1 的概率为 2λ。设系统处于状态 S_2 的概率为 x_2，处于状态 S_2 的概率为 x_2，处于状态 S_0 的概率为 x_0，则

$$(x_2 \quad x_1 \quad x_0)\begin{vmatrix}1-2\lambda & 2\lambda & 0\\ \mu & 1-(\lambda+\mu) & \lambda\\ 0 & 2\mu & 1-2\mu\end{vmatrix}=(x_2 \quad x_1 \quad x_0). \qquad (3)$$

解方程得到系统可用度为

$$\boldsymbol{A}=\frac{\mu^2+2\lambda\mu}{(\lambda+\mu)^2}. \qquad (4)$$

2.2　矿井工作面有效度的计算

设矿井有 n 个工作面，每个工作面任意时刻的通风状态有 2 种，有效和失效。任一工作面通风失效，都会给整个矿井的安全造成威胁，即整个矿井通风失效。若任一工作面失效后都有人去处理，那么，矿井通风系统实际上是由 n 各工作面和 n 各维修工组成的串联系统。设各工作面的失效率和修复率分别为($i=1,2,\cdots,\mathrm{n}$)，这时矿井通风共有 $n+1$ 各状态：对工作面通风状态考查写实的结果表明，其失效前平均失效间隔时间均服从指数分布。因此，矿井通风有效度可用马尔柯夫理论求得。

为了区别工作面通风系统的不同情形，我们定义通风系统的状态：

状态 0：所有工作面都正常，矿井通风处于有效状态；状态 i：第 i 个工作面失效，其余工作面正常都正常，$i=1,2,\cdots,n$。

矿井通风系统的状态及其转移情况由图 3 所示。

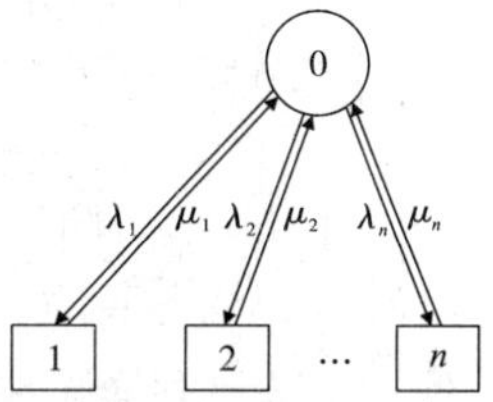

图 3　通风转移

进而可得系统的状态转移矩阵为

$$\boldsymbol{A}=\begin{bmatrix}-\sum\limits_{\mathrm{i}=1}^{\mathrm{n}}\lambda_{\mathrm{i}} & \lambda_1 & \lambda_2 & \cdots & \lambda_n\\ \mu_1 & -\mu_1 & 0 & \cdots & 0\\ \mu_2 & 0 & -\mu_2 & \cdots & 0\\ \cdots & \cdots & \cdots & \cdots & \cdots\\ \mu_n & 0 & 0 & \cdots & -\mu_n\end{bmatrix}. \qquad (5)$$

用 Laplace 变换，并利用初始条件最终可以求得

$$A(t)=P_0(t)=\frac{1}{1+\sum\limits_{j=1}^{n}\frac{\lambda_j}{\mu_j}}+\sum_{i=1}^{n}\frac{\prod\limits_{j=1}^{n}(s_i+\mu_j)}{s_i\prod\limits_{j\neq i}(s_i-s_j)}\mathrm{e}^{s_i t}, \qquad (6)$$

则可得系统的稳态可靠度为

$$A=\lim_{t\to\infty}A(t)=\frac{1}{1+\sum\limits_{\mathrm{i}=1}^{n}\frac{\lambda_{\mathrm{i}}}{\mu_{\mathrm{i}}}}. \qquad (7)$$

2.3　实例分析

某个生产矿有 1 个回采工作面采矿，1 个准备工作面，2 个掘进工作面，根据矿井生产实际通风状态与实际情况对矿井通风有效度进行分析。步骤为：

(1) 根据写实资料统计该矿 1 a 内各工作面通风失效的总次数；

（下转第 249 页）

二道沟金矿红旗矿区通风系统优化方案

梁春贵　黎凡秀　徐世杰
(辽宁二道沟黄金矿业有限责任公司)

摘　要　二道沟金矿红旗矿区矿井通风系统经过多次改造,目前采用单翼对角抽出式井下主辅扇联合通风系统,由于生产情况不断变化等多种原因,导致生产中段风量不足、风流紊乱、污风循环、进风井与回风井断面小、堵塞严重等通风问题,通过进行通风系统改造与优化,解决了上述问题,设计方案经济合理,取得了预期效果。

关键词　通风系统优化　需风量　通风阻力　模拟解算

二道沟金矿为火山岩中的含金石英脉型矿床,矿体最大厚度为1.2~1.5 m,平均厚0.3~0.5 m。采用平硐—明竖井—盲竖井联合开拓,中段高度分别为40,45 m。出矿平硐标高为+590 m,上部竖井为矩形断面,尺寸为2.2 m×4.8 m,井口标高为+618 m,最末服务中段为14中段,标高为+15 m,中段高40 m,采用双罐笼互为配重提升方式。14中段以下为盲竖井开拓,矩形断面,尺寸为2.2 m×4.8 m,井口标高为+15 m,最末服务中段为22中段,标高为-345 m,中段高45 m,采用双罐笼互为配重提升方式。

目前红旗坑口井下主要开采中段为13~18 m中段,其中8~12 m中段为少量零星残矿回收,19~22 m中段现处于开拓、探矿与采准时期。采矿方法主要为浅眼留矿法和削壁充填法,上部中段留下许多采空区没有处理。

1　通风系统现状及存在问题

红旗矿区井下通风系统随着开采深度的延深及年产量的增长,井下通风系统经过多次设计(最后一次为2004年),目前采用单翼对角抽出式主辅扇联合通风系统。该系统主扇安装于井下6中段V#脉北沿端部,主扇型混凝土为K45-4-No13,电机功率为90 kW。

现通风系统存在主要问题:

(1)红旗矿原井下通风系统设计风量为17 m^3/s,满足200 t/d生产规模。按照目前400 t/d生产计划计算,该通风系统已不能满足正常开采通风需求。

(2)井下污风循环、串联现象严重。红旗矿井下主要开采Ⅰ#、Ⅲ#、Ⅴ#、M#脉。根据调查,矿脉沿走向最长约1 500 m,由于各种各样的原因,井下同时作业中段多,并一时难以解决,导致通风阻力大,虽然井下安装近10台辅扇,局扇40余台,由于其通风系统(主扇、主要入风井巷系统、主要回风井巷系统)难以满足需求,故井下内部漏风、循环、污风串联较严重,污风难以排出地表。

(3)现有通风系统专用进风井、回风井断面小,堵塞严重,阻力高,致使通风系统难以满足井下开采用风需求。红旗矿井下6中段90 kW主扇风量经测定为13.56 m^3/s,效率仅为21%,通风系统阻力经测定为1 160 Pa。

(4)井下通风系统构筑物损坏严重。经现场调查,3中段以上系统总回风井巷部分通风构筑物已损坏,污风难以排出地表,致使污风循环至井下作业地点,环境恶劣,严重影响井下作业人员身心健康。

(5)地表入风井堵塞严重。目前地表入风井通风不畅,有几个中段被废石堵塞,造成新鲜风流不能按要求满足用风作业中段,致使部分作业点温度过高,所需风量不足,也是造成井下污风循环原因之一。

2　通风系统优化设计

2.1　通风系统优化方案

本次设计红旗矿区采用竖井+盲竖井进风,各矿脉端部倒段天井+回风井回风的单翼对角抽出式通风系统。优化通风系统见图1。

新鲜风流沿上部竖井进入14中段石门,沿14中段石门进入盲竖井,再沿各中段石门、沿脉运输巷道、穿脉巷道和人行通风天井进入采场,清洗工作面

梁春贵(1969—),男,工程师,122126 辽宁省北票市龙潭乡。

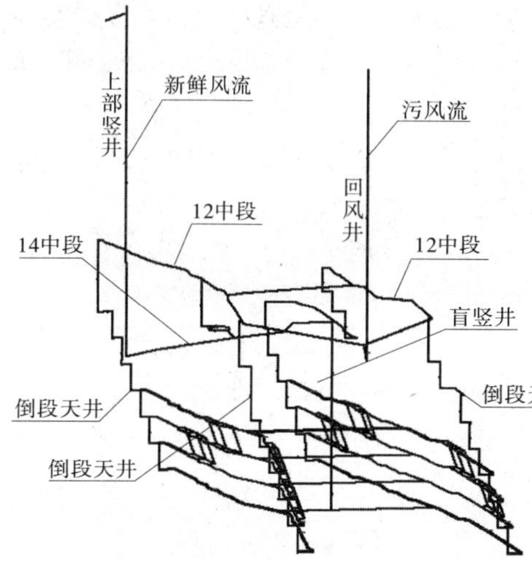

图 1 优化通风系统

后污风排入上中段回风巷道,经各矿脉端部倒段天井回至 12 中段,再沿 12 中段回风巷道至回风井,排出地表。

回风井为新建工程,布置在矿体东翼端部,位于 1#尾矿库北西方向 116 m 处(图 2),井筒净直径为 3 m,井口标高为+577.6 m,井底标高为+90 m(12 中段),井深 487.6 m,井筒装配梯子间兼作第二安全出口。

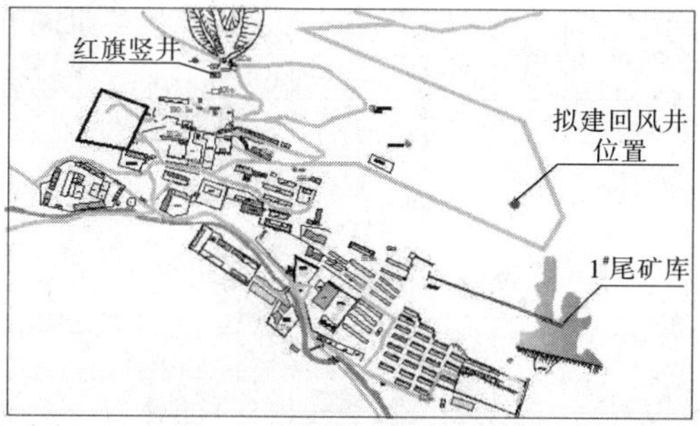

图 2 回风井地表位置

12 中段以下采用倒段天井回风,倒段天井位于各矿脉东、西两翼端部下盘,断面为 2.5 m×1.5 m,天井内布置梯子间作为第二安全出口。

考虑到回风井距离生活区较近(230 m),为避免风机噪声影响生活区居民工作和休息,将主扇设置在井下 12 中段回风石门附近而远离地表(图 3)。

2.2 矿井需风量计算

矿井需风量为各回采、掘进工作面,需独立通风的硐室以及矿井漏风量之和[1-2]。单个工作面需风量见表 1,矿井总风量见表 2。

2.3 矿井通风阻力

矿井通风阻力是自然风压与井巷通风阻力之和。

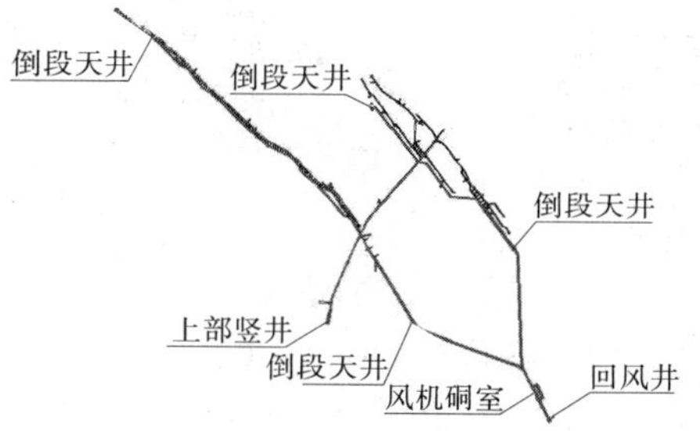

图 3 12 中段平面

表 1 单个工作面需风量计算

工作面名称	断面尺寸/m	断面积/m²	排尘风速/(m/s)	风量/(m³/s)
掘进断面	2.2×2.3	4.718	0.3	1.4
削壁充填回采	0.9×3	2.7	0.37	1.0
浅孔留矿回采	1.2×3	3.6	0.28	1.0

表 2 矿井总风量计算

需风工程	工作面	用风点数目/个	单位耗风量/(m³/s)	总需风量/(m³/s)
回采	削壁充填法	9	1.0	9.0
	浅眼留矿法	3	1.0	3.0
	备用采场	4	1.0	4.0
掘进	采准切割	4	1.4	5.6
	开拓掘进	4	1.4	5.6
	探矿掘进	4	1.4	5.6
硐室	爆破器材发放站	1	1.4	1.4

注:内部漏风系数为 1.2,外部漏风系数为 1.1,总需风量为 45.1 m³/s。

2.3.1 自然风压

自然风压计算公式如下:

$$h_z = KB(10\,000/RT_1 - 10\,000/RT_2)H/10\,000 , \tag{1}$$

式中,h_z 为矿井自然风压,Pa;B 为井口大气压力,Pa;K 为修正系数,取 1;H 为井筒深度,取进、回风井筒的最大者,m;R 为干空气的气体常数,29.27;T_1,T_2 为进、回风井的平均绝对温度,K。

进、回风井底按同一标高计算,进、回风井口标高不同时,应取标高较大者为基准面,井口标高较低的一侧将基准面以下地面空气柱与井筒空气的气温加权平均[3]。

目前上部竖井无预热措施,根据《金属非金属矿山安全规程》(GB 16423—2006)第 6.4.1.7 条规定,进风巷冬季的空气温度应高于 2 ℃;低于 2 ℃时,应有暖风设施。故本次设计容易时期冬季入风流按 2 ℃计算,自然风压为 234 Pa,困难时期夏季最热温度为 40.4 ℃,自然风压为-306 Pa(正值代表自然风压与主扇风压作用方向一致,负值则相反)。

2.3.2 井巷通风阻力

井巷通风阻力由摩擦阻力和局部阻力两部分组成，设计局部阻力按矿井摩擦阻力的20%考虑[4]。

矿井通风阻力计算公式：

$$h_i = \alpha PLq_i^2/S^3, \quad (2)$$

式中，h_i 为通风巷道摩擦阻力，Pa；α 为通风巷道摩擦阻力系数，NS^2/m^4；P 为通风巷道的周界长度，m；L 为巷道长度，m；S 为巷道的过风断面积，m^2；q_i 为巷道通过的风量，m^3/s。

由3Dvent通风程序计算机模拟容易时期和困难时期通风模型，输入参数见表3。

表3 通风模型输入参数

工程名称	断面形式	支护形式	断面尺寸/m	断面积/m^2	周长/m	摩擦阻力系数	装备
上部竖井	矩形	混凝土	2.2×4.8	10.56	14	0.04	双罐笼梯子间
盲竖井	矩形	混凝土	2.2×4.8	10.56	14	0.04	双罐笼梯子间
14中段进风石门	三心拱	喷射混凝土	3.0×3.0	8.364	10.980	0.015	
中段巷道	三心拱	无	2.2×2.3	4.718	8.252	0.015	
采场天井	矩形	木支护	1.3×1.5	1.95	5.6	0.025	梯子间
倒段天井	矩形	喷混凝土	2.5×1.5	3.75	8	0.055	梯子间
12中段回风石门	三心拱	喷射混凝土	3.0×3.0	8.364	10.980	0.015	
回风井	圆形	混凝土	$\phi3$	7.069	9.425	0.016	梯子间

经模拟计算，机站风量与风压见表4。

表4 机站风量与风压

工况	机站风量/(m^3/s)	自然风压/Pa	井巷通风阻力/Pa	机站风压/Pa
容易时期	45.1	234	1 996	1 762
困难时期	45.1	-306	2 424	2 730

2.4 风机选型

风机装置漏风系数取1.15，机站局部阻力（机站巷中风机前后风流的突然缩小和突然扩大的阻力之和）按300 Pa考虑，理论计算风机风量和全压见表5。

表5 理论计算风机风量与全压

工况	风机风量/(m^3/s)	风机全压/Pa
容易时期	51.9	2 062
困难时期	51.9	3 030

选择1台DK62(B)-6-No19型风机，电机功率为2×160 kW。从图4可看出，风机效率均大于83%。

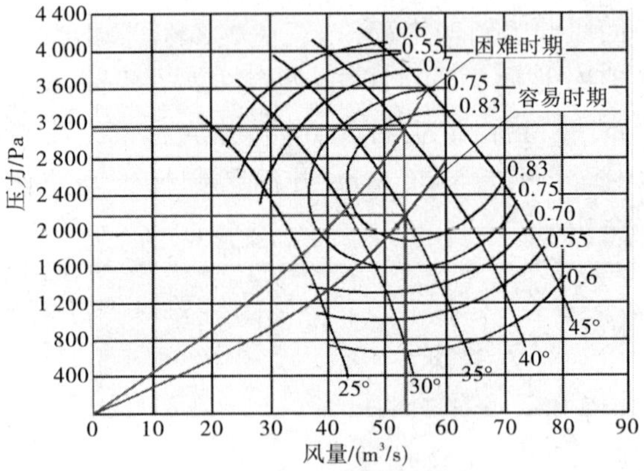

图4 风机特性曲线

2.5 通风模拟结果

将DK62(B)-6-No19型风机特性曲线代入3Dvent通风程序进行模拟。通风网络模拟见图5，风机运行工况见表6，主要井筒、巷道及风机站风量见表7。

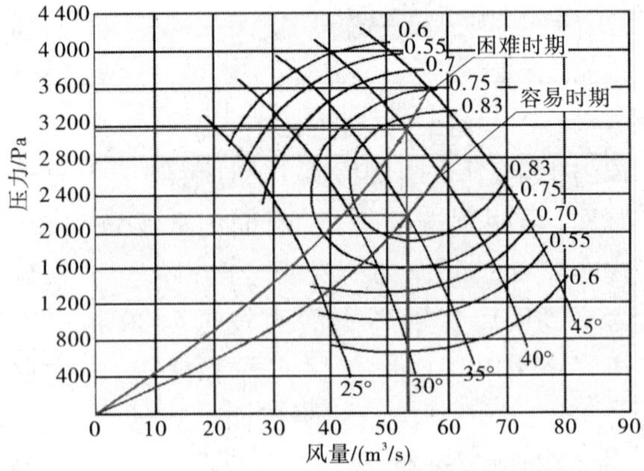

图5 通风网络模拟

表6 风机运行工况

工况	风压/Pa	风量/(m^3/s)	效率/%	轴功率/kW	电机功率/kW	有效功率/kW	额定功率/kW
容易时期	2 183	53.2	85.8	135.3	180.0	116.14	2×160
困难时期	3 176	52.8	87.1	192.4	243.0	167.7	2×160

2.6 通风构筑物

2.6.1 风 门

12中段进风石门安装风门隔断风流。

表 7　主要井筒、巷道及风机站风量

工况	巷道名称	巷道断面 /m^2	风量 /(m^3/s)	风速 /(m/s)
容易时期	上部竖井	10.56	46.4	4.4
	14 中段进风石门	8.364	46.4	5.5
	盲竖井	10.56	44.6	4.2
	中段石门	4.718	7.1	1.5
	12 中段总回风石门	8.364	46.4	5.5
	回风井	7.069	46.4	6.6
困难时期	上部竖井	10.56	46.0	4.4
	14 中段进风石门	8.364	46.0	5.5
	盲竖井	10.56	44.2	4.2
	中段石门	4.718	7.4	1.6
	12 中段总回风石门	8.364	46.0	5.5
	回风井	7.069	46.0	6.5

2.6.2　调节风窗

根据生产的需要在 I[#]和 V[#]脉生产中段东西两翼回风石门、14 中段各矿脉进风段、爆破器材发放站回风天井石门安装调节风窗以控制风量。

2.6.3　风墙密闭

已采空的采场、不再利用的中段巷道及天井工程等应及时采用风墙进行封闭，减小漏风。

2.7　局部通风

在矿山生产期间，使用局扇加强和辅助通风的地点有开拓、探矿巷道掘进工作面，采准、切割工作面，回采、凿岩、装矿等通风效果较差的工作面，其他需要临时加强通风的地点。

2.8　基建工程

本次设计需新建的工程有回风井、12 中段回风石门、风机硐室及其变配电硐室、各中段各矿脉端部倒段天井、爆破器材发放站回风天井、14 中段进风石门(刷大断面)。基建工程量见表 8。

表 8　通风系统基建工程量

工程名称		净断面 /m^2	掘进断面 /m^2	长度 /m	支护形式	支护厚度 /mm	掘进量 /m^3	支护混凝土量/m^3	备注
回风井	井筒	7.069	10.179	563	混凝土	300	5 727	1 750	ϕ3 m
	马头门	10.614	11.587	5	喷混凝土	100	58	5	
风机及其变配电硐室	风机硐室	23.234	27.545	12	混凝土	300	331	52	5 m×5 m
	风机硐室前后渐变断面	15.799	19.313	20	混凝土	300	386	70	(3×3) mm ~ (5×5) m
	配电硐室	16.576	19.995	14	混凝土	300	270	46	4.5 m×4 m
	配电硐室联络道	5.967	5.967	43	无	0	255	0	2.7 m×2.4 m
12 中段回风石门	总回风石门	8.364	9.178	108	混凝土	300	992	88	3 m×3 m
	I[#]脉回风石门	4.718	5.339	424	喷混凝土	100	2 264	263	2.2 m×2.3 m
	V[#]脉回风石门	4.718	5.339	475	喷混凝土	100	2 536	295	2.2 m×2.3 m
14 中段进风石门		8.364	9.178	332	喷混凝土	100	1 481	270	刷大断面 3 m×3 m
倒段天井	倒段天井	3.750	4.590	980	喷混凝土	100	4 498	823	2.5 m×1.5 m，5 个中段共 21 条
	倒段天井联络道	4.718	4.718	347	无	0	1 637	0	2.2 m×2.3 m

3　工程费用预算及时间

二道沟金矿红旗矿区通风系统改造工程包括通风系统研究设计、地面工程施工、井巷工程施工、设备购置安装 4 个部分。其中，研究设计费用预算 55 万元、地面工程预算 20 万元、设备购置预算 95 万元、井巷工程预算 390 万元，工程总投资预算 560 万元。通风系统优化改造需时约 2 a 完成。

4　结　语

(1)根据矿山现状，地表入风井通风不畅，有几个中段被废石堵塞，需详细调查该井情况再讨论研究是否能加以利用。本次设计按不利用该井考虑。

(2)上部竖井井口无预热设施，冬季入风温度低于 2 ℃，不符合安全规程规定，建议增加井口预热设施，如电热风或锅炉供热。

(3)本次设计自然风压计算时冬季入风温度按 2 ℃估算。宜测定矿山冬季和夏季不同时期自然风压，以便根据自然风压适时调整风机叶片角度，降低主扇能耗。

(4)本次设计工作面风速按排尘风速 0.3 m/s 计算。采掘至 21,22 中段时，工作面垂深已达 900 多米，井下工作面温度达 28 ℃，降温风速应为 0.5 ~1.0 m/s，若按 0.6 m/s 计算，系统总风量增加至 83.4 m^3/s，系统总阻力增加至 8 300 Pa，需选择 3 台 DK40-6-No21 型风机(2×200 kW)串联才能满足要求，此时通风系统投资及运营费用都很高。

参 考 文 献

[1]　王英敏. 矿井通风与防尘[M]. 北京:冶金工业出版社,1993.
[2]　王英敏. 矿山通风讲座[M]. 北京:冶金工业出版社,1991.
[3]　王　青,史维祥. 采矿学[M]. 北京:冶金工业出版社 ,2010.
[4]　于润沧. 采矿工程师手册[M]. 北京:冶金工业出版社,2009.

(收稿日期　2015-05-26)

大孔径双聚能不耦合药柱结构参数模拟分析与试验

孙厚广[1]　郭连军[2]　范晓明[1]　张大宁[2]　李　林[2]　费爱萍[2]　徐振洋[2]
(1. 鞍钢集团鞍千矿业有限责任公司;2. 辽宁科技大学矿业工程学院)

摘　要　大部分大型露天铁矿山采用 ϕ250 mm 钻机,在满足台阶爆破钻孔的同时,还用于台阶靠帮预裂爆破钻孔。针对预裂爆破装药在炮孔底部集中,不利于预裂缝生成的情况,通过对双线性聚能药柱的结构分析,提出了聚能不耦合系数概念和计算方法,定义了聚能罩平面结构中的内角和外角,对不同药柱直径下的内角和外角组合参数进行了模拟分析,得到了有效参数组合,通过工业试验,验证了模拟结果的有效性。

关键词　大孔径　聚能不耦合装药　聚能罩结构参数　预裂爆破

预裂爆破技术是减弱主爆对保留岩体的破坏作用,同时形成平整的轮廓面,后期有利于边坡的稳定性。边坡预裂爆破经历了孔底集中药包装药、药袋不耦合装药和聚能不耦合装药多个阶段,中小孔径聚能预裂爆破在水电工程施工中得到了较好应用,但大型露天金属矿山穿孔设备多为 ϕ250 mm 及以上的牙轮钻机,为了提高钻机的利用率,矿山也往往直接钻垂直预裂孔,因此大孔径垂直深孔预裂爆破装药结构及工艺参数是矿山生产面临的迫切问题。

1　聚能预裂爆破原理

新型聚能药柱利用聚能效应原理做成特殊形状的装药间隔器,使能量集中,把爆轰气体产物转化为高速射流物质,形成聚能流。高速射流所产生的切割裂缝具有沿切割缝稳定延伸的规律,爆轰压力越高,射流速度越大,破裂效果越好,同时由于射流作用,可以有效控制射流方向,控制其裂缝的生成[1-2]。见图 1。

图 1　聚能预裂爆破效果示意

2　聚能不耦合装药结构分析

2.1　不耦合系数及其影响

装药结构是影响爆破效果的重要因素,最常用的结构形式有耦合装药、不耦合装药、连续装药、间隔装药等。通常用不耦合系数 R_d 来表示药包和炮孔孔壁之间的不耦合程度。对于径向不耦合系数 R_d,传统的计算公式为

$$R_d = \frac{d}{d_c}\,, \tag{1}$$

式中,d 为炮孔直径,mm;d_c 为药包直径,mm。

在形状规整的装药结构中,一般采用传统的计算方法来确定不耦合系数 R_d,但是随着聚能装药在工程爆破中的应用,需要考虑聚能穴,但不同条件的爆破工程中的聚能穴形状各有不同,如楔形、半圆弧、椭圆弧等,见图 2。

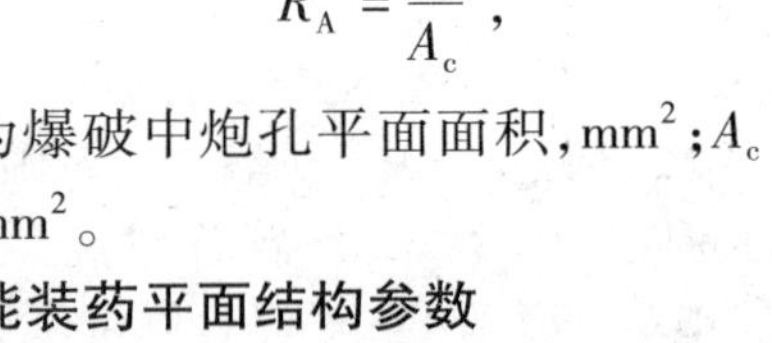

图 2　聚能穴形态示意

新的不耦合系数 R_A 计算公式为

$$R_A = \frac{A}{A_c}\,, \tag{2}$$

式中,A 为爆破中炮孔平面面积,mm^2;A_c 为药包平面面积,mm^2。

2.2　聚能装药平面结构参数

新型聚能药柱采用双向线性弧形聚能(图 3),当炸药爆炸时能在轴向的 2 个弧形聚能穴上产生高速聚能流,切割聚能穴正对的岩石,多个聚能药柱在一个方向上排列,使聚能穴同向,形成线性聚能切割器,提高了裂缝的贯通率。此外聚能药柱平面结构参数还与炮孔直径密切相关,即与不耦合系数密切相关。

* 国家自然科学基金项目(编号:51474123)。

孙厚广(1982—),男,工程师,硕士,114045 辽宁省鞍山市千山区七大山镇。

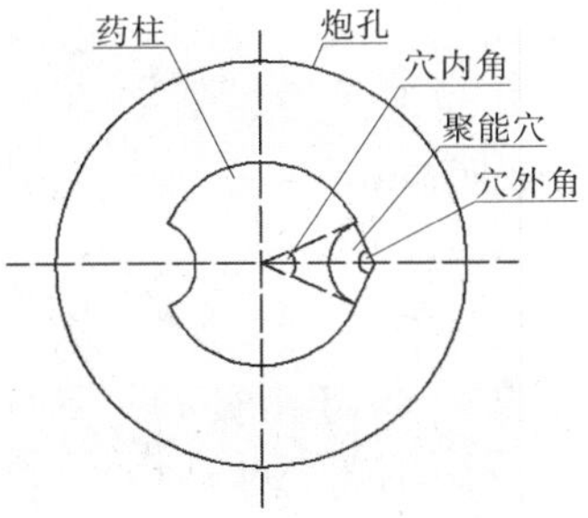

图 3　双向弧形聚能示意

3　仿真参数正交试验设计

为了用尽可能少的模拟试验次数，迅速获得具有代表性的可靠模拟结果，通过正交试验设计选取出最具代表性的参数组合，并对这些参数组合进行计算机模拟分析，找出规律，确定最佳参数组合。

通过上面分析，对一定直径的炮孔，选取聚能药柱直径、聚能穴内角和聚能穴外角为试验参数。根据露天矿山生产实际和使用的钻机型号，对炮孔直径为 250 mm 时聚能不耦合爆破进行模拟分析，根据炮孔尺寸，确定聚能药柱平面几何参数。聚能药柱平面几何参数组合模拟试验方案见表 1。

表 1　三因素三水平试验方案

试验号	穴内角 α/(°)	药柱直径 r/mm	穴外角 β/(°)
1#	50	160	70
2#	40	160	60
3#	30	160	50
4#	50	140	50
5#	40	140	70
6#	30	140	60
7#	50	110	60
8#	40	110	50
9#	30	110	70

4　数值模拟分析

4.1　模型建立

选取 ANSYS/LS-DYNA 中 SOLID164 实体单元，模拟试验模型见图 4。

图 4　模拟试验模型

在选取材料模型时，选用 LS-DYNA 程序中高能炸药燃烧材料模型（MAT_HIGH_EXPLOSIVE_BURN），需要输入爆速、压力和燃烧系数参数；空气的材料模型采用 NULL 材料模型以及 LINEAR_POLYNOMIAL 状态方程加以描述；在冲击或爆炸荷载作用下，结构材料产生快速变形，与受静载荷作用的情况相比，应变率明显提高。材料的动力试验表明[3]，随着应变率的提高，材料内部发生了一系列的物理和化学变化，其力学特性表现为应力-应变关系更复杂，屈服极限、瞬时应力、延性阻尼比等一些基本参数均有不同程度的变化，这些都将对结构的动力响应产生影响。因此，矿岩的材料模型选用非线性塑性材料模型（PLASTIC_KINEMATIC 材料模型），该材料模型适用于包含应变率效应的各向同性塑性随动强化材料。

4.2　模拟结果分析

数值模型由炸药、空气和岩石 3 种材料组成，炸药材料、空气和矿岩介质均采用欧拉网格建模，单元采用多物质 ALE 算法，共划分 3 个材料部分，4 959 个节点，3 164 个计算单元。对称面边界施加固定边界约束，其余为自然透射边界条件。

在平面直角坐标系中，以 X 轴为聚能射流方向，Y 轴为应力降低区。分别选取模型中 X、Y 轴上特征区单元，分析其应力-时间历程。以炮孔直径 250 mm，药卷直径 110 mm，聚能穴内角 50°、外角 60°参数组合时的模拟结果为例，X 轴方向炸药内部单元、炸药与空气分界处单元和空气与岩石分界处单元的应力随时间变化曲线见图 5 ~ 图 7。

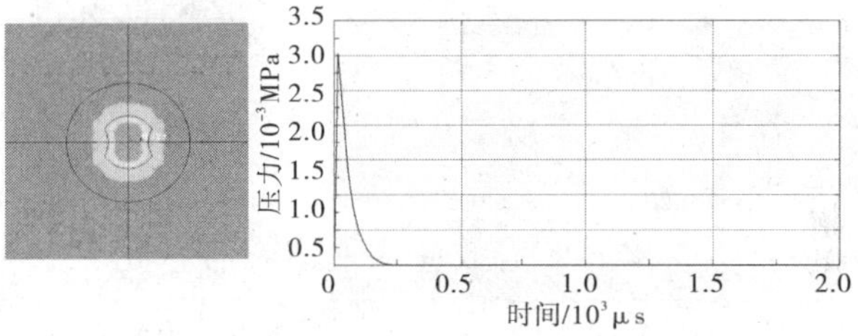

图 5　H129 单元位置及压力-时间历程曲线

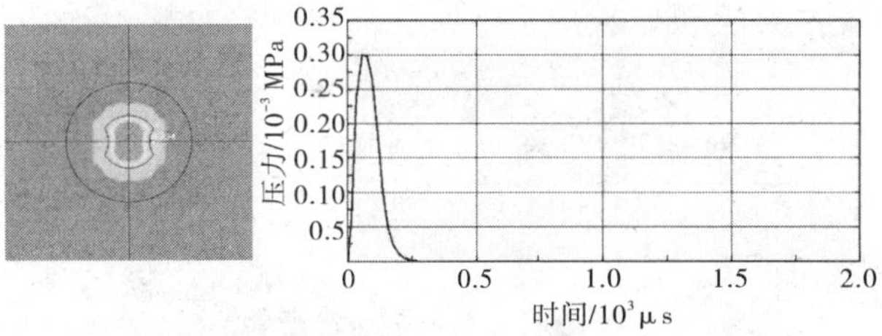

图 6　H234 单元位置及压力-时间历程曲线

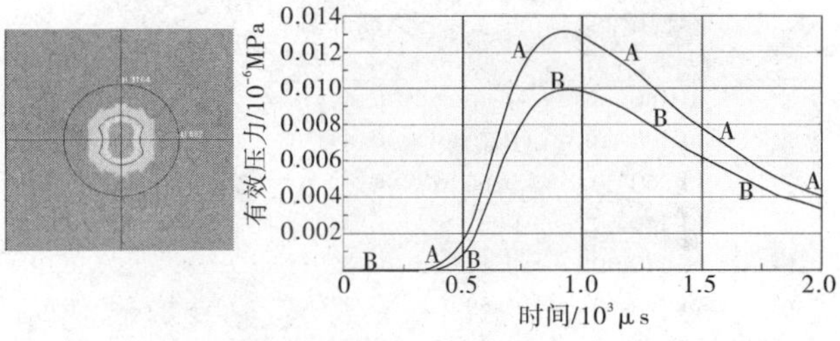

图 7　H882 和 H3164 单元位置及有效应力曲线示意

A—882；B—3164

图5和图6说明炸药爆炸在内部产生陡峭波阵面，持续爆轰在炸药与空气界面处产生强度不断增大的冲击波。而图7说明聚能方向和非聚能方向炮孔壁上的H882和H3164两个单元的有效应力变化，聚能方向上的矿岩实体单元有效应力较先发生变化，且数值较非聚能方向矿岩单元要大，这要归结于在此方向上聚能效应的作用。炸药爆炸冲击波首先冲击聚能凹穴方向的低压空气介质(能量总是先向最容易释放的方向传递)，压缩并推动其向矿岩岩壁侵彻。炸药在持续爆炸化学反应的过程中不断提供聚能射流能量，使被侵彻的H882单元的有效应力持续增加。聚能作用汇集了大量集中能，其侵彻能力要远远高于非聚能方向的侵彻能，在持续能量的补充下聚能方向的能量增量逐渐增加，此方向介质的单元质点加速度也在增加，H882单元的有效应力曲线上升阶段的切线斜率要大于H3164单元的有效应力曲线上升阶段的切线斜率。在聚能效应产生后，由于爆炸冲击波的能量扩散在非聚能方向的不耦合介质(空气)也被压缩并推动向岩壁侵彻，此时H3164单元有效应力出现增大的趋势。聚能方向汇聚的能量在同时间要比非聚能方向的侵彻能量大，则H882单元的有效应力峰值远远高于H3164单元的有效应力峰值。

在炸药接近爆破完成阶段，爆轰产物能量的逐渐减少，卸荷过程的耗能使得侵彻能降低，H882单元和H3164单元的有效应力曲线在各自达到顶峰后都出现了不同程度下滑。但聚能方向上H882单元的下降更缓慢些，说明能量更趋向于此方向扩散，这是聚能效应有利于指定方向侵彻的很好表现。

在本次模拟试验中，依次选取有代表性的单元位置分别提取 X、Y 方向的应力，计算出应力比 $\sigma_{maxy}/\sigma_{maxx}$，同时计算出不耦合系数 R_A，数据计算结果见表2。

表2 数据计算结果

试验号	参数规格	聚能方向 σ_{maxx}/MPa	垂直于聚能方向 σ_{maxy}/MPa	不耦合系数 R_A	$\sigma_{maxy}/\sigma_{maxx}$ /%
1#	50-160-70	0.70	0.44	2.14	62.9
2#	40-160-60	0.70	0.45	2.18	64.3
3#	30-160-50	0.60	0.44	2.24	73.3
4#	50-140-50	0.52	0.34	2.58	64.3
5#	40-140-70	0.57	0.32	2.92	56.1
6#	30-140-60	0.50	0.33	2.98	66.0
7#	50-110-60	0.38	0.22	4.37	57.9
8#	40-110-50	0.35	0.21	4.48	60.0
9#	30-110-70	0.36	0.22	4.91	61.1

根据9组试验，不耦合系数与孔壁应力的关系见图8。随着不耦合系数的增大，孔壁应力逐渐减小，有利于孔壁保护；但当药柱直径减小到一定限度，爆炸能在孔壁上引起的应力太小，不足以形成裂缝时，就达到了药柱直径的最小极限。在评价合理聚能装药结构参数时，不仅要确定最佳的药柱直径，还要选择应力比较小的聚能结构。当炸药能量一定时，应力比越低，爆炸能向聚能方向释放的能力比例越高，即用于形成裂缝的能量利用率越大。根据以上规则，5#、7#试验的组合参数作为生产试验的优选方案。

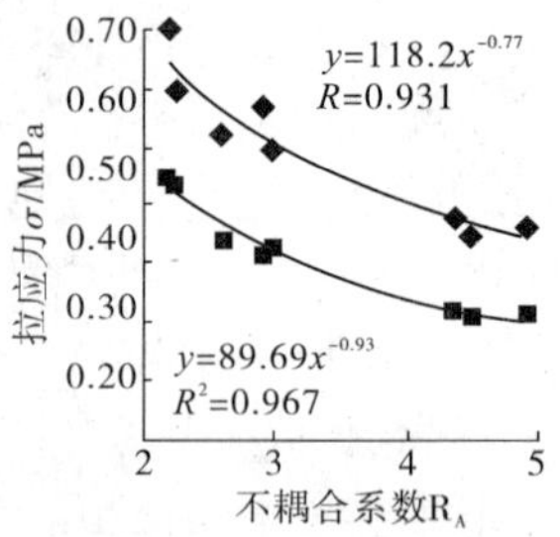

图8 不耦合系数与应力比曲线

◆—聚能方向；■—垂直方向

5 工业试验

对优选的聚能装药方案在鞍钢矿业公司进行工业试验，试验参数见表3[4]。

表3 聚能药柱预裂爆破爆破参数

孔径/mm	孔深/m	孔距/m	孔数/个	药柱直径/mm
250	12	2.5	20	110,140
炸药类型	炸药密度/(g/cm^3)	炸药单孔量/kg	不耦合系数 R_A	装药方式
乳化甘油混合硝酸铵	1.22	45	2.92,4.37	孔内连续径向聚能不耦合

通过设置在不同距离处的拾振仪采集振动信号，分析能量利用情况。监测数据表明采用双向聚能药柱预裂爆破与原来的传统预裂爆破相比，主爆传播的振幅大幅降低，振动频率提高，震动延时缩短。试验结果对比见表4。

开挖后的台阶坡面观测对比分析也显示出，聚能爆破在台阶坡面留下的半壁孔形态连续完整，坡面完整性和完好性均优于传统不耦合装药。

6 结论

计算机模拟试验和现场爆破试验均表明，利用生产钻机实现大孔径预裂爆破是可行的，合理的装药结构参数是保证裂缝生成和炸药有效利用的关键。炮孔平面的面积不耦合系数与聚能装药结构参

(下转第261页)

杏山铁矿大孔径爆破在破碎点位的应用实践

李月喜　严振湘
（首钢矿业公司杏山铁矿）

摘　要　杏山铁矿采用大结构参数无底柱分段崩落法开采，通过对中深孔施工及堵孔情况进行试验分析，认为增加中深孔炮孔直径对于提高破碎点位的中深孔合格率，提高爆破效率效果较为明显，具备在杏山铁矿破碎点位推广应用的条件，对于同类地下矿山具有一定的参考价值。

关键词　大孔径　中深孔合格率　爆破效率

杏山铁矿自2011年投产以来，一直采用无底柱分段崩落法开采，地采从-30～-105 m水平分段高度15 m，进路间距20 m；-105 m水平以下分段高度增加至18.75 m，进路间距20 m。采用Simba H1354采矿台车，钻凿上向垂直扇形炮孔，炮孔直径80 mm，钻头76 mm；采用斗容6立TORO1400E电动铲运机回采出矿，生产能力一直保持在320万t/a以上。大结构参数高强度开采，对爆破质量要求较高。然而破碎点位炮孔堵塞，造成爆破质量不够理想，丢排、悬顶等问题经常发生，严重影响生产效率，同时也影响作业安全和矿石回采率。

据统计，杏山铁矿存在中深孔堵孔现象的主要是3#采区矿岩较破碎三类围岩点位。在爆破振动及地压的影响下堵孔频繁出现，炮孔完好率低，从爆前测孔数据统计结果看，临近眉线第一排炮孔孔数完好率41%，平均孔深仅为设计的68%。炮孔整体合格率较低，无法达到设计预期装药条件，常出现爆破质量问题，影响日常生产。针对堵孔问题前期采用过解决措施，主要从变更爆破参数上进行过试验，先后3次加大了炮孔排距，最终将排距从1.8 m增加至2 m，但未能从根本上解决堵孔问题。后经过对破碎点位的岩石结构研究和实际穿孔理论分析，在矿石松软、节理发育、炮孔容易变形的条件下，采用大直径深孔对装药有利，可有效降低堵孔机率，提高堵孔后处理成功率。为此，从中深孔穿孔设计、布孔参数、装药参数等技术问题进行试验研究，为提高穿孔质量，改善爆破效果，保证生产提供参考。

1　地质条件

杏山矿区位于华北地台北缘燕山沉降带中部迁安隆起西缘的褶皱带南部杏山复向斜构造中。矿床赋存于太古代迁西群三屯营组黑云变粒岩、浅粒岩、斜长角闪岩及混合岩中，属于鞍山式沉积变质贫铁矿床。矿石物质组成较简单，属于中硫、低磷、贫磁铁矿石。金属矿物主要矿石矿物为磁铁矿，其次为黄铁矿。脉石矿物主要为石英、镁铁闪石及辉石。矿石结构多为粒状变晶结构，矿石构造多为条纹、条带状构造和片麻状构造，按矿石矿物成分、结构构造可划分为三种矿石自然类型：角闪磁铁石英岩、辉石磁铁石英岩及赤铁石英岩。巷道穿越地段按围岩分级划分为Ⅱ、Ⅲ、Ⅳ、Ⅴ级围岩。Ⅱ级围岩岩质坚硬、围岩稳定。Ⅲ级围岩岩质弱风化，裂隙较发育，围岩基本稳定。Ⅳ、Ⅴ级围岩裂隙发育，岩体为破碎结构，围岩稳定性差，易掉块。

矿床主体呈向斜构造，被F_9断层破坏。向斜走向350°，向南倾伏，倾伏角40°。F_9断层走向20°～50°，倾向NW，倾角83°，走向长500 m，宽8～10 m，倾向延伸可达700～800 m，属正断层。矿床被F_9断层破坏分割成大杏山和小杏山2部分：①大杏山，F_9断层以西至$C_{19}^{\#}$线，矿体走向40°～10°，倾向SE—SEE，倾角60°，矿体长440 m，平均厚120 m；②小杏山，F_9断层以东至$A_2^{\#}$线，走向变化，倾角50°～60°，矿体平均厚：东翼30～35 m，西翼45～50 m，矿体连续长450 m，平均厚30～50 m。

2　设计参数

2.1　采矿基本参数

杏山铁矿进路规格4.8 m×3.85 m，进路断面面积为17.12 m²，平巷掘进穿孔设备采用瑞典阿特拉

李月喜（1984—），男，助理工程师，064404 河北省迁安市滨河村。

斯科普柯公司生产的 Boomer281 掘进台车。中深孔爆破采用垂直上向扇形孔布置,边孔角为 57 度,排距根据采区矿岩性质不同,分别有 1.8,1.9,2 m 3 种形式,中深孔穿孔设备采用瑞典阿特拉斯科普柯公司生产的 Simba H1354 采矿台车,标准钻头直径 76 mm,最大钻头直径 89 mm,回采出矿设备采用瑞典山特维克公司生产 TORO1400E 电动铲运机,斗容 6 m^3。

2.2 爆破设计参数

杏山铁矿回采爆破采用铵油与粉状乳化混合炸药,平均爆速 3 800 m/s,经过对破碎点位的岩石结构研究和实际穿孔试验结果分析,得知增大孔径有利于提高破碎点位穿孔质量,降低堵孔机率,但是增大孔径,中深孔穿孔效率降低,通过综合考虑研究决定,分别采用 ϕ89 mm 和 ϕ76 mm 钻头进行穿孔对比试验。中深孔爆破设计参数如表 1 所示。中深孔爆破设计如图 1 所示。

表 1 中深孔爆破设计参数

钻孔尺寸 /mm	排距 /m	孔底距 /m	设计孔径 /mm	延米爆破量 /(t/m)	孔数 /个	平均米数 /m	平均崩矿量 /t	爆破单耗 /(kg/万 t)
ϕ76	2	2.3~2.5	76	11.55	9	149.8	1 730	3 360
ϕ89	2	2.6~2.8	89	13.84	8	125	1 730	3 460

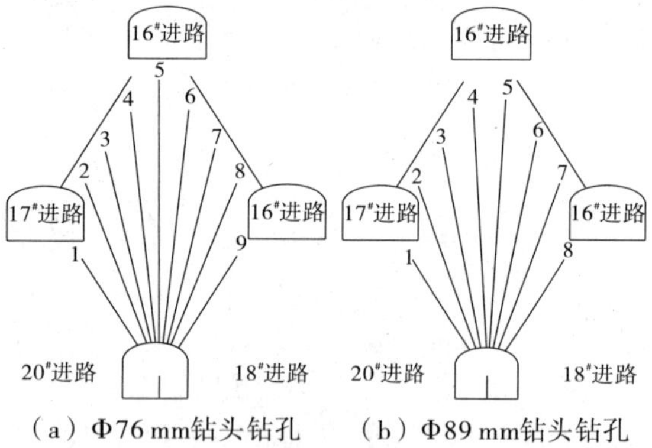

(a) Φ76 mm钻头钻孔 (b) Φ89 mm钻头钻孔

图 1 不同孔径下的中深孔设计示意

3 作业效率

孔径的增大对穿孔作业带来穿孔效率降低的问题。为充分掌握直径 89 mm 钻头穿孔质量、消耗指标、穿孔效率及对 Simba H1354 采矿台车性能的影响。在施工中,大量收集了现场作业相关数据,并与前期使用直径 76 mm 钻头穿孔时相关数据进行对比。通过对比分析,穿孔效率方面,使用直径 76 mm 钻头穿孔时台车穿孔效率是 13.8 m/h,使用直径 89 mm 钻头穿孔时台车穿孔效率是 11.79 m/h,使用直径 89 mm 大钻头穿孔效率比使用直径 76 mm 普通钻头穿孔效率降低了 2.01 m/h ,但 2 种孔径的中深孔设计参数不同,直径 89 mm 钻孔比直径 76 mm 钻孔单排孔设计孔深少 24.8 m,最终单位爆破量穿孔时间比小直径钻头用时少 1.4 h,具体如表 2 所示。

表 2 爆破参数对比

钻孔尺寸 /mm	爆破效率 /(m/h)	单排穿孔米道 /m	单排作业时间 /h	单排爆破量 /t	爆破量穿孔时间 /(h/万 t)
ϕ76	13.8	149.8	10.86	1 730	62.7
ϕ89	11.79	125	10.60	1 730	61.3

4 炮孔合格率

在生产过程中,使用直径 89 mm 钻头在-124 m 水平具有代表性的进路进行穿孔,2 条进路共穿孔 130 排,1 000 余孔。穿孔完毕立即验收,计算其合格率,炮孔完好率达到 97%。5 个月之后对其进行回采爆破,每次爆破前对装药孔进行 2 次验收,在装药过程中对堵孔采用高压风处理,统计其经过处理后合格的孔数。同时与岩石性质基本相同的相邻进路采用直径 76 mm 钻头穿孔时炮孔合格率进行对比,共对比 60 余排 500 多个炮孔,从炮孔合格率和经过处理后能达到合格的炮孔结果看,直径 89 mm 钻头占有一定优势,具体分析结果如表 3 所示。

表 3 不同直径钻头炮孔合格率

钻头尺寸 /mm	总孔数 /个	堵孔数 /个	经处理后合格孔数 /个	炮孔合格率 /%	经处理达到合格孔 /%
ϕ76	563	182	69	68	38
ϕ89	537	73	53	87	73

由表 3 可知,同点位不同孔径的炮孔,直径 89 mm 炮孔合格率比直径 76 mm 炮孔高 19%,同时经过处理达到合格的炮孔比直径 76 mm 炮孔高 35%,大直径钻头比小直径钻头从解决堵孔和处理堵孔具有一定优势。从整体上看,2 个不同直径的炮孔均发生堵孔现象,但从炮孔合格率和经处理能达到合格,大直径孔都优于小直径孔。

5 装药操作

杏山铁矿回采爆破中装药使用 BQF-100 型装药器进行人工装药和地采混装车自动装药 2 种方法。当使用 BQF-100 型装药器进行人工装药时,大孔径装药在输药罐、输药管、装药风压、起爆具等都不变的情况下,从装药操作、返粉、装药密度、孔口预留等几方面验证都能达到标准要求。存在的主要问题是起爆具出现下滑现象。在装药作业过程中,起爆具同输药管并排同时下滑,导致整个孔的炸药外流，全部流出孔外，起爆具掉出孔外。经现场试验，采用加粗起爆具的方式进行装药，将起爆具用胶布包裹好再送入孔中，有效解决了起爆具下滑的问题。采用地采混装车对大直径炮孔进行装药，未出现起爆弹及乳胶炸药下滑现象，能够达到装药标准。

6 爆破效果

（1）提高了中深孔合格率，确保了炮孔质量。中深孔合格率从68%提高至87%，中深孔合格率提高了19%，经处理能到达合格的孔从38%增加至73%。

（2）提高了回采爆破质量，增加了矿石回收率。中深孔合格率提高，爆破质量提高，使用直径76 mm钻头穿孔后，因炮孔堵塞，每次爆破装药前，炮孔完好率低于70%，爆破后易出现悬顶，使用大直径钻头后，中深孔合格率提高，爆破质量提高，悬顶次数降低50%，经对比出矿量和爆破量数据关系，采出矿石率从80%增加至85%。

7 结 论

（1）提高中深孔合格率在很大程度上解决了堵孔问题，达到了采用大孔径解决堵孔最基本的目的，2个不同直径的炮孔都会发生堵孔现象，但从中深孔合格率看，大直径孔都优于小直径孔。

（2）使用直径89 mm钻头穿孔效率比使用直径76 mm降低2.01 m/h，但是延米爆破量提高2.29 t/m，每万吨爆破量节省中深孔穿孔米道143.4 m。

（3）从装药操作方面看，89 mm钻头存在起爆具下滑问题，但在后期可通过相关技术措施加以解决，其他方面基本能够达到要求，提高了爆破质量，增加了矿石回收。

（4）总体分析在岩石破碎的Ⅲ、Ⅳ类围岩部位，将中深孔钻头由76 mm增大至89 mm有利于提高中深孔合格率和爆破效率，从而提高爆破质量，提高矿石回收率等，具备在破碎的Ⅲ、Ⅳ类围岩部位推广应用的条件。

（收稿日期 2015-05-26）

（上接第239页）

（2）根据实际资料统计该矿1 a内各工作面通风失效的时间间隔MTTF；平均通风失效时间间隔MTBF；

（3）计算有效度结果表1所示。

表1 有效度计算结果

工作面	MTTF (h)	λ_i	MTBF (h)	μ_i	$\frac{\lambda_i}{\mu_i}$
采矿面Ⅰ	603	0.001 66	42	0.023 8	0.069 7
准备面Ⅱ	527	0.001 90	35	0.028 6	0.066 4
掘进面Ⅰ	639	0.001 56	27	0.037 0	0.042 2
掘进面Ⅱ	521	0.001 92	17	0.058 8	0.032 7

从而

$$\sum_{i=1}^{n}\frac{\lambda_i}{\mu_i}=0.211,$$

可以得到矿井有效度为$A=0.827$。

3 结 论

（1）有效度是通风系统可靠性的重要指标，可用平均正常通风时间和平均通风失效时间2个指标进行衡量。应用马尔可夫定理对矿井通风系统有效度求解进行了推导，得出了有效度的计算式。

（2）计算矿井通风有效度对指导实际生产过程中的通风管理和评价矿井通风优劣具有一定的理论参考价值。

（3）把工作面作为考查对象计算矿井通风有效度时，主要缺陷是看不出矿井通风的主要因素，所以考查工作面通风状况时，可将它和影响工作面的诸因素结合起来分析。

参 考 文 献

［1］ 程远国，王德明. 矿井通风系统可靠性研究［J］. 太原理工大学学报，1998. 29(4).

［2］ 贾进章，马 恒，刘 剑. 基于灵敏度的通风系统稳定性分析［J］. 辽宁工程技术大学学报，2002. 21(4).

［3］ 王海桥. 矿井通风可靠性分析［J］. 煤矿安全，1993(4)：32－34.

［4］ 郭永基. 可靠性工程原理［M］. 北京：清华大学出版社，2002.

［5］ 金伟娅，张康达. 可靠性工程［M］. 北京：化学工业出版社，2005.

（收稿日期 2015-05-26）

采场爆破规律的精确分析和高效应用

贝建刚
（安徽开发矿业有限公司）

摘　要　炸药产生的爆破能量以直线方式向四周传播，在均质介质中，对爆破体产生的各个方向的破坏状况相同；当介质处于不均匀状态时，爆破时会沿最薄弱的方向产生爆破能量泄漏，从而消弱爆破效果。中深孔施工过程中，由于存在误差从而直接影响了采场爆破效果，从而容易产生爆破空间不足，悬顶等爆破事故，有必要采取相应的解决方案进行爆破保障采场正常开采。在充分分析爆破时采场现状的基础上，采取了相应的爆破方案，使得采场爆破过程中遇到的空间不足，炮排密集，束状炮排等各项问题在爆破过程中得到有效的解决，保障了采场的安全与高效开采。

关键词　爆破规律　爆破方案　悬顶

在炸药爆炸过程中，炸药在引爆初始，仅从极少部分开始爆炸，而后引起附近区域内的炸药爆炸，最后爆炸区域内所有炸药发生爆炸，达到爆破的目的。在爆破过程中，由于爆破瞬间产生的高温，高压气体产物向四周的均匀压缩，在单点爆破时，其为球形向外传播，但随着外界约束条件的影响与作用，球形传播，转变为沿爆破裂隙向外传播，或定向传播，当四周封闭时，会沿着在爆炸初期形成的初始裂隙传播，由于向四周传播的压力，温度，各纵向，横向的大小相同，当遇着最小抵抗线时，爆破能量产生的振动波首先在最近自由面产生拉伸与释放，当拉伸应力大于岩石自身的允用应力时，会由自由面部位首先产生破坏，而后高温，高压气体产物沿裂隙面浸入，崩落体产生进一步的破坏，甚至沿着自由面的方向将崩落物被抛掷出来，从而实现爆破的目的。

1　爆破理论的精确分析

根据爆破沿自由面均匀传播的特点，爆破过程中，初始状态为高温与高压，随着向四周的扩展，高温，高压产物的温度及压力开始逐渐降低，从而可以出现多种现象，形成多个压力线。

炸药的爆炸过程，从时间上来讲，持续的时间 t 仅为几十毫秒至几百毫秒，从函数上来进行模拟，此函数 $f_{(x)}$ 能够描述爆炸发生时爆炸压力 p 的变化，即在爆炸产生过程中，压力 p 由 0 随时间 t 增加至最大 p_D，在爆炸结束后，压力 p 在一定时间内缩小为 0。在压力的变化过程中，具有不可逆性，不可休止性，每一次爆炸与炸药的威力，炸药的物理性能，炸药的化学性质，引爆的方式，爆炸时间的长短，炸药的外形，炸药所处的外界约束等因素有关。

炸药爆炸的威力，主要由炸药的数量，炸药的分子组成有关，当炸药的数量增大，直接引起炸药爆炸能量增大，其破坏力亦会增大。当炸药的分子组成是由高猛炸药分子组成时，其爆炸威力会较普通炸药明显增大，其敏感性增大，引爆点降低，容易引爆；炸药的物理性能与爆炸效果有直接的关系，当炸药的物理性能较好时，在爆炸过程中，炸药爆炸会产生大量的气体产物，能够直接增大爆炸产物的体积，放出大量的热量，导致爆炸产物处于高温，高压状态，容易使得爆炸作用时间延长，使得爆破效果更彻底；炸药的化学性质与炸药爆炸效果有直接的关系，当炸药的化学性质处于不稳定状态的条件下，容易引发炸药自爆，甚至在自然条件下发生分解或结块，影响爆破效果和储存安全；引爆的方式与炸药爆炸效果有一定的关系，在孔内起爆时，保采取多各引爆方式，即孔底起爆，孔口起爆及多点起爆，全孔引爆，其中的孔底起爆，直接延长了炸药爆炸产物在爆破孔内的作用时间，可保证对崩落体的全部爆破，达到理想的爆破效果。

炸药爆炸时间的长短，直接影响炸药的爆炸威力，炸药爆炸的威力取决于作用时间，当炸药爆炸时间越短，由于其能量不变，导致其冲量增大，从而对

贝建刚（1975—），男，技术主任，高级工程师，硕士，237462 安徽省霍邱县冯井镇。

崩落体产生的破坏力越大，可起到彻底爆破的作用。

炸药的外形影响爆破作用的地点和位置，当炸药形状为球形时，其爆破能量向四周均匀的扩散，在最近的抵抗线，即自由面产生破坏；当炸药形状取为柱状时，柱状药包会沿药柱发生爆炸，生成柱状的爆炸物，当在掘进掌子面，柱状孔内的药柱爆炸时，爆炸产生的冲击波及高温，高压气体，首先利用相邻的补偿空间，将崩落体崩落下来，而后崩落体在高温，高压气体产物作用下，将崩落体自内向外抛出来，为后续爆破创造了空间；当炸药为薄饼状态时，薄饼状的炸药爆炸，使得被崩落体在炸药接触面均匀受力，使得被崩落体均匀受到挤压，从而实现搭接的次目的。当在起爆管内壁涂上薄层炸药时，相当于起爆塑料管内壁上附着有薄层炸药，从而使得引爆冲击波，沿起爆塑料管由起爆器传至引爆炸药部位，将炸药引爆。尤其是在爆炸加工过程中，炸药被加工成多种形状，以达到爆炸加工的目的；只要能够在炸药传播的最小厚度及最小尺寸范围内，炸药能够到达任何部位，满足炸药爆破的要求。在炸药外形加工过程中，由于炸药加工条件的限制及炸药外形加工过程中的危险性，往往不直接加工炸药包，而是提前将崩落体内的装药部位的空间形成预计的炸药形状，当空间被爆破的炸药填满时，就形成了需要的炸药爆炸形状。如采场掘进施工及采场爆破孔的施工，提前由凿岩设备施工成孔形，完全满足了爆破预计效果，从而在爆破过程，能够实现预期的爆破目的。

炸药的外界约束条件，如孔口的填塞效果，孔径的大小，孔深的大小，各孔的施工角度直接影响爆破的效果，当炸药的外界阻力越大，其爆炸产物在爆破体内的作用时间越长，由于爆炸冲击波及爆炸产物的多次反复折射叠加，使得孔内爆炸产物的温度及压力急剧增大，从而最大限度发挥炸药的爆炸能量，实现高效爆破的目的。

但当爆炸时，由于外界的阻力大于爆炸最终破坏力时，炸药会在较短时间内，将炮孔口附近破坏，从而引起爆炸产物在高温，高压气体作用下，沿爆破的孔口漏出来，形成窜炮现象。此现象的出现，爆破能量大部分泄漏，因而形成的窜炮时产生的噪音，影响了炸药爆破效果。

当炸药爆炸满足 $y=f(x)$，方程时，其中 y 表示崩落体上的质点位移，它表明了质点的运动轨迹，当爆炸结束后，质点由于受到爆炸的作用力，使得质点产生了一定的位移。当质点受力较大时，其位移的距离增大。反之其位移的距离缩小。

$$y = at^2/2 + C \,, \tag{1}$$

式中，a 为炮孔壁上的质点在爆炸时受到的加速度；t 为炸药爆炸时的作用时间；C 为已知常数，与周围环境有关；当时间 t 为 0 时，$y=C$；即炮孔壁的质点起始所处的位置。

爆炸过程的模拟应等同于光的特性，具有波粒二相性，由于其传播的快速性，瞬时性，大量放热，释放大量气体，直接形成了波粒二象性，在爆炸过特性程中，产生的冲击波在爆破过程中，具有波的特性，即波在传播过程中，受振动的质点在原位置发生振动，当冲击波为纵波时，质点会产生左右振动，当冲击波为横波时，产生的冲击波为横波，其振动的状态为上下振动，两种波同时作用于质点的振动为两种波引起的振动合成，粒子的即具有遇平面反射的特性，爆炸物的颗粒在作用时，发生反射，有垂直反射，倾斜反射等多种反射现象。如中孔爆破中来自孔底与孔壁的多次折叠反射，引起了爆炸冲击波的增强，从而将崩落体破碎下来。

在炸药爆炸点的四周，由于炸药刚被引爆，在瞬时内，爆炸产物开始迅速向四周扩散，此时爆炸生成物的每一个点都会在爆炸压力及热膨胀的作用下，可视为一个带有方向性的矢量 $\vec{F}$，此时炸药爆炸的能量较为集中，随着所有炸药开始爆炸，生成一个合成的爆破作用范围，此合力会直接作用于被崩落体上，达到所要爆破的目的。

炸药的爆轰理论，冲击波是一种特殊的压缩波，一般的压缩波是压力连续升高的，而冲击波是压力突然升高的；冲击波波阵面前后状态在极小范围内变化，其差值为有限量；冲击波传播速度大于未扰动介质的声速；冲击波波速与其强度有关；没有外界能量的支持，冲击波传播因消耗能量而逐渐衰减。

爆轰波是爆轰结束后的产物，其特点为：只存在炸药爆轰过程；高速的化学反应区是爆轰稳定传播的基本保证；稳定性是其波阵面参数不随时间改变。影响稳定传播的因素包括：药包直径；药包外壳；药包密度；径向间隙；炸药粒度。

矿用炸药，主要成分为氧化剂，硝酸铵（有少量硝酸钾，高锰酸钾）；可燃剂，木粉，石蜡；敏化剂，锑恩锑（TNT），少量铝粉，黑索金及 OX。

在炸药爆炸过程中，介质受力是由炸药爆炸提供，因为炸药爆炸所产生的爆破力是急剧增大，仅在几十毫秒内发生爆炸，爆炸力直接传到受力介质，介质发生移动，产生爆炸力作功，尤其是爆炸能量以冲击波的方式向外传播，使得崩落体产生巨大的振动，直接消耗了炸药爆炸的能量，同时使得崩落体介质在原来位置发生振动及位移，在距离起爆点的位置越近，质点发生振动的幅度越大，当质点振动力大于质点分子力时，质点会从崩落体脱离而滑落下来。在距离自由面处的崩落体较薄，其阻碍力小，崩落体在受力相等的条件下，首先自自由面部位开始崩落开裂。因此爆破时应该充分利用现有的自由面空间，采取分段爆破的方案，方可将岩体爆破下来，达到预期爆破的目的。在随后的爆炸过程中，被崩落岩体具有一定的初速度，自原岩体剥离，炸药爆炸产生的能量一部分以冲击波的方式传播出去，另一部分以高温，高压的方式储存于爆炸产物中，当岩体开裂时，高温，高压产物会沿着现有裂隙，进行膨胀，扩散，从而将崩落体的位移增大，速度增大，直接扩大了崩落范围，改善了爆破效果。

1.1 爆炸力做功计算过程

由于爆炸力在爆炸过程中是一种变力，不能用不变的机械力进行分析，但变力的做功规律仍符合力的做功原理，因此应该采取变力的方式，通过积分进行有效的计算，掌握其产生及变化的规律，进一步优化各爆破参数，满足爆破技术要求。

由于爆炸力 $\vec{F}$ 在 X 轴方向的力 $\vec{F}_X$ 是炸药爆炸提供，直接与在 X 轴方向的炸药分布有关，同理，Y 与 Z 轴方向的受力也与 Y 与 Z 轴方向的炸药分布有关，同时也与各方向的药包直径；药包外壳；药包密度；径向间隙；炸药粒度有关。为了更好的表示各方向的受力，现要求在各轴方向的受力取到合理的表达式，首先建立坐标系，炸药的分布状态取为柱状，当炸药的外形与球体相似时，可取为球状体或椭球状体；炸药的形状取为球状体时，其球状方程为：$R_{(x,y,z)} = x^2 + y^2 + z^2$，此时各方向的受力与其炸药量的多少，药包外壳，炸药密度，炸药粒度等有关，对于同一种炸药，主要影响在药量的多少，因此根据药量的多少建立一爆炸力公式，即：

$$\vec{F} = \lambda \rho V \,, \tag{2}$$

式中，λ 为炸药量转化爆炸力的系数；ρ 为炸药的密度；V 为炸药的体积。

则有 X 轴方向的受力为：

$$\vec{F} = \frac{\partial R}{\partial x}\vec{i} + \frac{\partial R}{\partial y}\vec{j} + \frac{\partial R}{\partial z}\vec{k} \,, \tag{3}$$

则有：

$$\vec{F} = 2x\vec{i} + 2y\vec{j} + 2z\vec{k} \,, \tag{4}$$

质点在变力的作用下运动到曲面 $\frac{x^2}{a^2} + \frac{y^2}{b^2} + \frac{z^2}{c^2} = 4$ 上第一卦限内的点 $M(\xi\eta\zeta)$ 上，点 M 到曲面的过程是直线，则力 $\vec{F}$ 做的功为：W，直线 OM 取为：$x = \xi t, y = \eta t, z = \zeta t$；$t$ 值取为 0 ～ 2，于是：$W = \oint_{OM} 2xdx + 2ydy + 2zdz = \int_0^2 2(\xi^2 + \eta^2 + \zeta^2)tdt = 4(\xi^2 + \eta^2 + \zeta^2)$。

下面计算当 $W = 4(\xi^2 + \eta^2 + \zeta^2)$ 在条件下 $\frac{x^2}{a^2} + \frac{y^2}{b^2} + \frac{z^2}{c^2} = 4 \quad (\xi, \eta, \zeta \geqslant 0)$ 的最大值。

令 $F_{(\xi+\eta+\zeta)} = 4(\xi^2 + \eta^2 + \zeta^2) + L(4 - \frac{x^2}{a^2} - \frac{y^2}{b^2} - \frac{z^2}{c^2})$，计算得：$\frac{\partial F}{\partial \xi} = 0, 8\xi = \frac{2L\xi}{a^2}, \frac{\partial F}{\partial \eta} = 0$，得：$8\eta = \frac{2L\eta}{b^2}, \frac{\partial F}{\partial \zeta} = 0, 8\zeta = \frac{2L\zeta}{c^2}$，从而：有 $a^2 = b^2 = c^2$ 则有：$a = b = c$；$W_{\max} = \xi^2 + \eta^2 + \zeta^2 = 4a^2 = 4b^2 = 4c^2$。

此时曲面的方程 $\frac{x^2}{a^2} + \frac{y^2}{b^2} + \frac{z^2}{c^2} = 4$ 为球面，其球半径为：$2a = 2b = 2c$。

此最大做功面为球面，形象的描述了爆炸过程为向四周均匀传播的特征，表明了爆炸冲击波及爆炸产物的向四周传播的大小相等，方向各不相同。形同高压球体，但此球体在瞬时体积发生扩大，并且球内压力急剧增大。直到将崩落体破碎开来。

球形炸药包最能形象的表明炸药爆炸过程中，向四周均匀扩散的特性。但在实际应用过程中，炸药往往加工成不同的形状，有圆柱形，凹面形，薄片形，四方形等各种形状，以满足不同的爆破要求。在相应形状的炸药包爆炸过程中，以原炸药包为基础，在原炸药包表面冲击波同样均匀向四周传播，但由于各部位的炸药量不同，引起各方向的压力不同，压力增大的速度亦不同，如对于圆柱形炸药包，爆炸球体会沿炸药柱进行传播，即沿炸药柱方向爆炸压力在增大，而在横向爆炸压力相对较小并且爆炸传过后则冲击波停止生成，而沿炸药柱方向的纵向波在整个炸药柱爆炸结束后，才能消失。此特点可解释采场中深孔爆破过程中，孔底冲击力大的现象。凹面形炸药包，主要利用了爆炸冲击波沿凹面形表面进行反射，使得爆炸物能够在凹面垂直反射，在中心形成高温，高压的聚能流，增强了爆炸冲击波的传播能力。在试验过程中能够穿透铅块。

1.2 炸药形状对爆破的影响

薄片形炸药，能够缠绕在需要压接物体上，通过炸药爆炸，利用瞬时爆炸能，将两个物体均匀完好的连接在一起。由于炸药片厚度均匀，使得各部位爆炸能量相等，爆炸压力相同，产生的瞬时压力相同，在加工件对称的条件下，能够在高压作用下，将不同性质的两件物体连接在一起。实现了不同物体的牢固连接。

四方体形炸药及根据加工件的形状加工成的炸药包，能够按设计要求产生相应爆炸压力，从而达到加工相应部件的目的。

炸药爆破能量的利用过程，必须充分利用炸药的特点，符合炸药爆炸的规律，完成特定的爆炸要求。在岩体中爆破时，必须提前将爆破孔按设计施工，只有将中深孔均匀的布置在岩体中，满足中深孔的深度和角度误差要求，在采场爆破过程中，对已施工的中深孔按爆破设计要求进行装药作业，在爆破后方可将矿体崩落下来。若已施工的中深孔在爆破前遇到了堵孔，错位等破坏，阻碍了爆破过程中的装药施工，则不能达到完全崩落的目的，甚至产生大块与悬顶，给后续施工带来困难。

为了保证采场爆破的顺利进行，必须根据现有实测工程及矿体边界的现有状况进行中深孔回采设计，首先利用现有的切割井空间，布置扩井排及切割排，为采场正排布置形成足够的空间，而后根据实测凿岩巷及二次圈定资料，布置凿岩巷的正排。当实测工程无法按正常的参数要求进行布置时，要求及时调整设计要求，根据现有的工程调整排面的布置，保证施工上方便，技术上可行，安全上可靠，有效的保证采场矿石资源的回收。

2 井下采场中深孔施工精度及对爆破的影响

井下采场中的爆破效果与中深孔的施工精确度有直接关系，当炮排及中深孔精确度高时，能够按技术要求提高爆破效率，达到要求的爆破效果，其施工偏差越大，则爆破效果越差，爆破效率越低，直接影响后续出矿的正常进行。甚至产生爆破事故，如悬顶，窜炮，冲击，巨大噪声等。影响以至于破坏生产，后果十分严重。

当采场的分层高度增加时，凿岩巷的中深孔深度增大，中深孔深度增加时，需要提高其施工精确度，如当中深孔深度增加到了 L 米时，设计角度为 α，当由于施工误差，实际角度减小了 0.5°，建立如图 1 所示的座标系。

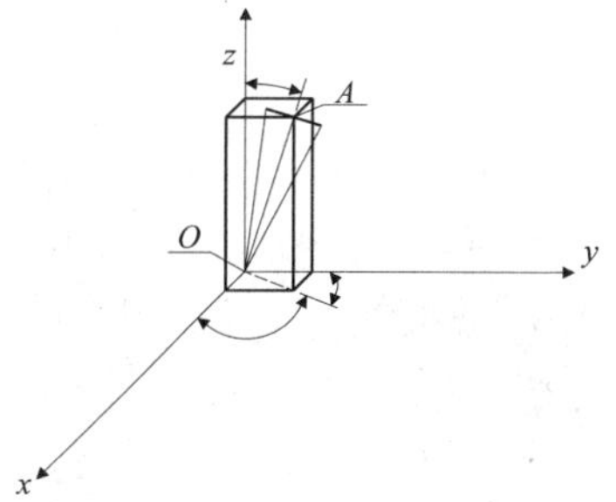

图 1　中深孔施工时孔底偏差

将台车凿岩中心做为原点建立座标系，设中深孔的向量为：$\vec{a}=\{l,m,n\}$，则炮孔中心线的直线方程为 $\frac{x}{l}=\frac{y}{m}=\frac{z}{n}$，当台车施工中深孔时，由于施工时的误差，直接导致中深孔孔底与设计位置相差一定的距离，一般误差为倾角偏差在 1°左右，因此会导致中深孔在孔底部位与设计误差较大，且孔深越大，其孔底误差越大，因此应该进一步提高施工精确度。

当以 $\overrightarrow{OA}$ 为法向量时，在点 A 由于中深孔的施工偏差，直接导致中深孔孔底落入孔底半径为 0.3 m 的圆内，此圆的法向量为 $\overrightarrow{OA}$，因此此平面 B 的方程为：$lx+my+nz+D=0$，此时孔的施工误差在一定的范围内，由于中深孔的施工误差，直接引起孔底落于平面 B 内以 A 为圆心的，半径为 0.3 m 的一个圆内。此孔底圆与原点构成一个锥体，此锥体的底面在平面 B 内，顶点为 A，底圆半径为 0.3 m。

如上述分析，由于在中深孔排面内，各孔都存在一个类似的中深孔施工误差锥体，直接导致中深孔未能落在设计位置，使得原设计参数在施工后发生相应的变化，即爆破孔距与排距发生相应的改变，误差范围达到 0~0.6 m，原设计孔底距由 2.5~3.2 m 变化为 3.1~3.8 m。远远超出了设计要求，直接产生相应的恶劣影响，如产生悬顶，大块，推墙等爆破事故，严重影响正常施工，给技术方面带来困难。

在确定中深孔排面角度时，同样存在类似的问题，由于前后倾角摆动的误差，使得排面前后倾角与设计相差较大，为此需要采取相应的措施，方可达到要求，否则严重影响施工效果，给施工带来巨大的困难。中深孔施工时，排面孔底偏差如图 2 所示。

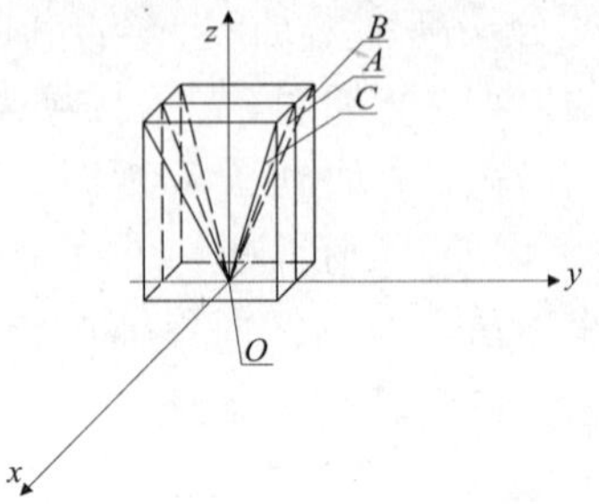

图 2　排面孔底偏差

在炮排前后倾斜时，炮排前后排的最大距离误差可达到为 0.6 m，因此，排面发生了倾斜，为了确定孔的最大误差，需要同时考虑各孔存在的最大孔底误差 0.6 m，因此其叠加误差可达到 1.2 m，因此原设计排距原设计孔底距由 2.5 ~3.2 m 变化为离 3.7 ~4.4 m，可见孔深越大，越容易出现更大的排距及孔底距差额，为了保证中深孔施工质量，确保达到技术要求，必须提高施工精确度，尤其是中孔深较大时，精确度要求不得大于技术要求的范围，否则容易产生其他方面的影响。给爆破产生影响，甚至不能保障爆破的正常进行，影响采场出矿及施工效率。

为了保障中深孔的施工严格达到设计要求，需要对孔施工过程中的实测情况进行监督检查，只有进一步的提高监测效果，方可保障中深孔按设计要求严格施工。需要在施工过程增加角度测量功能，使其实测状况能够在跟踪显示屏上及时显示出来，并能根据偏差情况及时进行自动较正，使其能够达到技术的要求，减少废孔及不合格孔的出现，提高中深孔的施工效率。

中深孔施工过程中与设计要求出现的偏差，主要与施工过程中的凿岩过程中有关，中深孔台车凿岩是采用钻头旋转式凿岩，通过钻头旋转，合金部位与所钻凿的岩面进行摩擦，由于合金的硬度远大于所钻凿岩石的硬度，将钻凿的岩石磨成粉末通过高压水将岩石粉末排出孔外。同时保证对钻施加压力，达到一定的压力加快了磨碎岩石的速度，从而加快了凿岩进度。在此过程中在岩石性质均匀的部位，钻头各部位受力均匀，钻凿出的中深孔成形相对较为理想，此孔的误差仅与施工人员的技术熟练程度，机械设备的技术性能，钻凿平台的施工精度，钻具的精确度等外界因素有直接关系；但是在井下采场施工过程中，往往所钻凿的岩体并非均匀分布，尤其是矿岩接触带，由于岩石与矿石的性质，密度，硬度，裂隙，含水率各不相同，因此，在钻头钻凿此部位，会沿着容易钻的部位延伸，由硬岩部位向松软，疏松部位偏斜，由于接杆凿岩过程中，钻杆及接尾存在一定的变形能力，弹性变形，弯曲变形，塑性变形等多种形式的变形，直接引起中深孔的直线性得到改变，容易发生弯曲，在中深孔施工结束后出现螺旋孔，偏斜孔等废孔现象。

在正常施工条件下，螺旋孔及倾斜孔的出现，主要体现在中深孔达到 10 m 以上的部位时，10 m 以下基本可以保证中深孔的直线性，其排内最大误差在 0.18 m，排间最大误差在 0.36 m 能够满足目前的技术要求。

中深孔施工是进行爆破的关键工艺，只有保证中深孔按技术要求施工，达到设计的各项参数，方可保证后续的采场爆破能够顺利完成。由于中深孔施工过程中存在误差，使得采场在爆破过程中可能产生各种爆破事故，如爆破悬顶，窜炮，推墙，炮孔破坏等问题。

爆破工艺是采矿过程中关键工艺，爆破效果的好坏与提高采矿效率，降低采矿成本，减少人员配置，增大企业利润等有直接的关系，俗话说：大炮一响，黄金万量。形象的说明了放炮是采矿过程中的效率高，时间短，危险性大的重要工艺，前期工作量大，使用人员多，准备工作时间长，爆破时间仅在几十毫秒内完成，效率最高，破坏及振动最大。

提高中深孔施工精度的几点措施：

首先保证中深孔施工平台的稳定性，即正确的架设中深孔施工平台，保证平台在施工过程中，保持平稳，不会发生移动。对于凿岩台车，除要求平稳外，还需要使平台保持水平，支柱保持竖直状态，以保证炮孔排面及炮孔倾角的正确性。

其次为施工人员的操作技能。炮孔施工人员需要经过严格的考核，操作技能达到要求后方可允许施工。

三为施工人员的责任心。只有保持高度的提高施工质量的信心，在开孔前，开孔后，凿岩过程中，对施工角度进行核对，时刻自觉提高操作质量，方可保证中深孔的最终施工精确度。

3　采场爆破规律的应用

根据采场爆破规律的特点，在采场爆破过程中，采取灵活的方法对爆破规律进行应用，解决在爆破过程出现的爆破悬顶，窜炮，推墙，炮孔破坏等问题，保障采场正常爆破，实现采场开采高效率，低成本的目标，收到事半功倍的效果。

3.1 充分利用现有空间进行爆破处理悬顶

由于在采场的首次爆破过程中，地质条件差，存在较大的裂隙，直接影响爆破过程中的爆破能量充分发挥作用，容易产生大块，悬顶，推墙等爆破事故。在-325 m 分层 10-5[#] 采场切割巷部位在首次爆破时，由于地质条件原因，存在大的裂隙层，使得爆破能量产生泄漏，爆破能量产生损失，导致局部产生悬顶，若按正常爆破次序势必造成后续爆破失败，影响采场内矿量的正常回收。

3.1.1 利用采场爆破掌子面的右部空间进行爆破

根据采场悬顶部位的现有条件，利用切割井部位空间高度满足要求的爆破条件，对第 2 次爆破采取充分装药的方案，并根据空间的现有状况，采用毫秒分段装药的方案，对于抵抗线越小的部位采取低段，抵抗线大的部位采用高段，充分解决了由于其空间不充足，无法爆破的困难。后部采取高段可保证此部位爆破时，可充分利用先爆部位的空间，将采场内矿体爆破下来。

在首次爆破过程中在切巷右侧爆破成功，根据右侧的空间比较充分的现状，在正排爆破过程中，利用右侧空间充足的条件，更改以往的爆破顺序，采取对应右侧采用低段别毫秒雷管，而后中部及左侧爆破分别采用较高段及最高段的雷管，利用右侧空间向左侧进行爆破，有效的将采场内矿体爆破下来。彻底解决因左侧空间不充足而产生后续正排悬顶丢矿的问题。

3.1.2 在实际过程中的应用效果

按上述方案，经过实际进行爆破处理，有效的将采场内现有空间扩大，满足了后续爆破补偿空间要求，同时在后续正排炮孔爆破时，采取右侧为低段毫秒管的方案，充分拉开了左侧爆破所需的补偿空间，解决了开采掌子面空间不充足的问题，有效的将采场切巷部位矿体爆破下来，保证了采场的后续回采。

经过实际爆破处理，有效的解决了因切巷爆破高度不够而产生后续采场悬顶的问题，可减少损失矿量 3.2 万 t，品位 23.5%。

3.1.3 产生的直接效益

每吨矿效益为 50 元，净利润 160 万元。

3.1.4 处理采场悬顶适用的范围

适用于井下采场在爆破空间不足的爆破掌子面，利用现有空间逐步扩大开采掌子面现有补偿空间，将开采掌子面空间拉大，保证了采场的后续回采。

3.2 爆破过程中仅对上部矿体部位进行爆破，减少岩石混入

采场系统工程及矿岩接触带部位爆破方案的优化采场在距离沿脉巷入口不足 8 m 部位有中深孔布置，若采取正常密集倾斜炮排爆破，不仅破坏沿脉巷系统工程，同时增大底部围岩的混入，不仅影响安全生产而且增加了岩石的混入，增大了毛矿贫化率。

（1）保护系统工程及避免岩石混入的解决方案。在采场崩落边界部位，往往存在矿岩交界的情况，存在底部为岩石上部为矿石，中部为矿石上下为岩石及顶部为岩石底部为矿石等多种情况。当底部为岩石时，在爆破时可采取仅对顶部矿体进行爆破，将顶部矿石爆破下来，而避免底部岩石的混入；当顶部为岩石时，采取仅对底部矿体时行爆破，避免顶部岩石的混入。当中部为矿石，底部及顶部为岩石时，根据中部矿体的厚度，采取中部装药爆破的方案，将中间部位的矿石崩落下来，避免底部及顶部岩石的混入。根据倾斜矿体存在底部岩石损失的特性，采取对炮孔顶部矿体进行爆破的方案，同时对下部 9 m 以下的围岩进行保留。不仅将上部矿量进行回收，同时减少对附近沿脉巷围岩的破坏及岩石的混入，保证了沿脉巷安全使用，多回收了上部矿量 2.5 万 t，品位 23.5%。

（2）采取顶部，中部及底爆破方案的应用效果。经过对矿体部位进行爆破，避免了各部位岩石的混入，取得了显著效果，崩落矿石品位增大，贫化率降低了一半，不仅有效的保证了沿脉巷及系统的安全使用，而且将采场内顶部，中部，底部矿量完全回收回来及减少了采场岩石的混入。回收了-325 m 分层，-350 m 分层对应部位的所有矿量，保证了采场全部矿量的正常回收。在实际应用过程中，要根据现场情况，当由于矿体倾角缓时，须采取保留底岩石的措施，既能避免各部位岩石混入采场，又能保证采场现有矿石的全部回收。

（3）采取顶部矿体爆破，中部矿体爆破及顶部矿体爆破的直接效益。通过此方案的实施，有效的多回收采场矿石资源 2.5 万 t。提高了出矿品位，降低了岩石的混入，每吨矿效益为 50 元，净利润 125 万元。

（4）顶部矿体爆破，中部矿体爆破及底部矿体爆破方案的适用范围。该方案适用于上部为矿体底部为岩石，中部为矿体上下为岩石，或者底部为矿体

顶部为岩石，且矿体倾角大于 60°，能够保证矿石顺利溜下的采场；

3.3 采取布置倾斜排的方案降低采场岩石贫化

在采场地质条件中，经常呈现矿体倾角缓的现象，此时采取多分层的布置方案，不能确保上部崩落矿体能够全部流动到出矿分层，若不采取有效的方案，势必形成矿石资源的浪费。

此时需要构造溜矿斜坡，使得上分层的矿石资源，能够通过构造斜坡，最大限度的溜至出矿分层，保障矿石资源的充分回收。

由于矿体倾角局部较平缓，采取布置垂直排的方案，势必造成底部岩石的贫化，不仅降低了毛矿品位，而且产生了成本浪费。对待此类问题，采取布置倾斜排的方案，使得斜排倾角与矿体倾角相近，从而可将矿体全部回收回来，而还会降低底部岩石的贫化率。

(1)对于回收缓倾斜矿体的解决方案。采取布置倾斜排的方案，对此部分倾斜矿体进行回收。如对-425 m 中段 10-3#采场在-325，-350，-375，-400 m 分层中深孔设计与施工过程中，采取在矿体下盘边界部位布置倾斜排，使得最后一个倾斜排的倾角与矿体倾角基本吻合，有效的回收了矿石资源，减少了采场底部岩石的混入，可多回收矿量，降低矿石的损失率，每层多回收矿量 1.04 万 t，325，-350，-375，-400 m 分层 4 个分层共可多回收矿量为 4.16 万 t。

(2)采取倾斜排爆破的应用效果。经过实际进行倾斜排的施工与爆破回采，有效的沿矿体底板边界，将采场内矿体回收回来，提高了资源回收率，降低了底部岩石的贫化，获得了最大经济效益。在实际应用过程中，要根据现场情况，当由于矿体倾角缓时，须采取保留底部岩石的措施，既能防止底部岩石混入采场，又能保证上部矿石的全部回收。

(3)经过实际应用产生的直接效益：共多回收采场内矿量 4.16 万 t，避免了采场回采过程中的矿石损失。每吨矿效益为 50 元，净利润为 208 万元。

(4)经过实践总结得到此优化方案的适用范围。适用于矿体底板边界较陡，且巷道与矿体走向垂直的采场。

3.4 采取阶梯爆破方案解决束状密集炮排的爆破施工

在采场中深孔设计过程中，有时存在工程不到位，采场紧张，急需施工中孔的问题。为此中深孔设计过程中，需要利用现有工程控制采场内矿体，需要采取布置多束倾斜排的方案，有效的将采场内的矿体控制住，最大限度的将采场内矿量回收回来。多组束状炮排的出现或多个密集排的出现，给采场分次爆破带来困难，需要采取有效的爆破方案，解决多个束状炮排及多个倾斜排的爆破问题。

(1)束状密集炮排的爆破方案选择。需要采取首先对炮排顶部分次爆破，而后采取底部一次性爆破的方案，有效解决单次爆破炸药量过大的问题。400 m 分层 10-5#采场由于中深孔在施工过程中，已形成 4 组倾斜炮排，倾斜炮排排距孔口为 0.4 m，组与组之间炮孔排距为 1.7 m，若按正常分组爆破顺序，势必造成后组炮排被相邻炮排爆破所破坏，影响后序爆破工程的施工。

(2)束状密集炮排爆破方案。对于该部分成组的倾斜炮排在放炮时，要求对放炮顺序进行调整，采取合理的爆破顺序，将上部矿体全部爆破下来。采取合理的爆破分段工艺，对矿体的爆破顺序进行有效的控制，采取分次、分段毫秒延期爆破工艺，将第 1 组倾斜炮排在爆破时采取保留底部的爆破方案，将底部保护层进行保留。在爆破过程中，采取每排的内进行分段爆破的方案，充分利用掌子面的现有补偿空间将矿体爆破下来；为避免第 1 组由于与第 2 组距离近，而产生破坏每 2 组炮孔的问题，对第 1 组炮孔采取分 2 次爆破的方案，首先爆破上部，而后爆破保留的下部炮孔。第 1 组底保留层厚度为 7 m，第 1 组第 2 次爆破应与后面 3 组的第 2 次爆破同时进行。通过此方案的实施，可有效解决因爆破顺序而产生危害后续爆破问题。第 2 组爆破与第 1 组一致，底部保护层厚度取为 7 m。第 3、4 组倾斜排爆破要求同第 1、2 组，考虑上部矿石溜放问题，采取保护层增大为 8 m 的方案保证上部矿石的顺利溜下。各排分段要求为中间孔为低段，两侧孔为高段，为降低单段最大药量，高段取为不同的段。

(3)分组爆破方案的应用效果。经过实际进行爆破回采，有效的解决了因倾斜炮排各组间距离过近，容易产生破坏的问题。经过现场统计与计算，确认上部矿量得到充分的回收，达到了预期的爆破效果。解决了爆破过程中产生的安全隐患，提高了出矿效率，避免了矿量损失，可减少矿量损失 2 万 t。

(4)分组爆破方案应用的直接效益。每吨矿直接效益为 50 元，净利润 100 万元。

(5)经过实际总结此方法适用范围。适用于矿体底板边界较缓，且巷道与矿体走向垂直的采场。

3.5 针对需保护工程，预留保护矿柱，保证安全开采

底部回收结构中，对进路掌子面附近炮孔多留底部保护层的方案，保证出矿底部结构的安全使用

（1）根据距离爆破部位的远近，确定保护矿柱厚度。在-400 m分层出矿进路靠近凿岩巷出矿部位的一侧，由于凿岩巷距离出矿进路顶板较近，往往由于边孔距离出矿进路顶板距离过近，在爆破时产生出矿进路前端顶板出现破坏。一则影响安全出矿，降低出矿效率；二则容易增加底部矿量损失，为正确的解决此类问题，必须进行合理的爆破方案优化。针对距离沿脉巷较近部位的采场，采取预留12 m的保护矿柱，有效的保障了沿脉巷的安全使用。同时在设计初期，采取固定沿脉巷至崩落边界的距离，可有效的保证沿脉巷的安全使用。针对已布置在矿体内的溜井等系统工程，采取系统工程预留保安矿柱的方案，有效的确保了溜井等系统工程的安全使用。如针对已布置在矿体内的溜井，采取距离溜井中心15 m的范围作为溜井的保安矿柱，可有效的确保溜井等系统工程的安全，避免溜井等系统工程遇到破坏。在保安矿柱外侧布置半排中深孔，对于已穿入溜井保安矿柱范围内的中深孔禁止爆破，使得溜井系统工程得到安全保护。

（2）距离采场较近部位的工程保护方案。对于底部集中出矿部位，采取预留炮孔深度的方案，保证了采场底部结构的稳定。爆破时根据现场实际情况，对距离出矿进路顶板较近的部位，采取多留孔口不装药长度的方案。由原孔口留3 m不装药的方案调整为孔口留6 m不装药的方案，保障了进路顶板的稳固，从而保证正常出矿。如－400 m中段的10-5#采场采取该保护方案，有效的解决了进路顶板塌冒问题，尤其是对于出矿安全方面的保障，效果明显。对于采场附近的保护部位，及时缩短中深孔的深度，保障了中深孔没有穿入保护部位，从而保障了受保护工程的安全。

（3）方案优化后的应用效果。经过实际进行实施，有效的解决了-400 m分层底部回收结构中，在掌子面安全生产，提高了生产效率，保证了进路顶板的稳固性。提高了出矿效率，降低了开采损失，可多回收矿量为3万t，品位为22.8%。在采场内的各个溜井及系统工程得到了有效的保护，从满足了溜井及系统工程的安全使用。

（4）经过实际应用与统计产生的直接效益。通过保护采场的底部结构，有效的保障了采场底部结构的安全使用，提高了出矿效率，减少了采场内的矿量损失，每个采场多回收矿量3万t，每吨矿直接效益为50元，净利润150万元。

（5）经过实践与总结得出其适用范围。适用于底部结构中，各进路口存在炮孔的采场，且进路要求经常进行查看与支护。各溜井及系统工程位于采场崩落范围的工程保护及对应上分层的工程保护。

4 结语

在采场爆破过程中，需要根据采场的实际工程情况，进行相应的回采设计，提前考虑采场矿体的崩落顺序，最大限度的控制采场内的矿体，减少采场岩石的混入；在采场爆破过程中，针对采场容易产生的悬顶，推墙等爆破事故，要充分利用采场掌子面的现有条件进行有效的处理，制定有效的解决方案，即实现爆破过程中出现的问题，继续通过采取相应的爆破措施进行解决，最终达到的目标为提高采场矿石回收率，降低采场的损失与贫化，为矿山获得最大的经济效益。

（收稿日期　2015-05-26）

露天矿山控制爆破技术

刘为洲[1,2,3] 张西良[1,2,3] 杨海涛[1,2,3]
(1. 中钢集团马鞍山矿山研究院有限公司;2. 金属矿山安全与健康国家重点实验室;
3. 华唯金属矿产资源高效循环利用国家工程研究中心有限公司)

摘　要　从提高矿山生产效率和安全角度出发,开展了水力增压爆破和大孔距定向切割爆破方面的露天矿山控制爆破技术研究。在露天深孔爆破中,台阶上部矿岩大块较多,为改善台阶上部矿岩的破碎质量,提出了水力增压爆破技术,并介绍了其作用机理、装药结构及技术要点。为降低露天矿山边坡预裂爆破成本,提出了采用双面聚能药卷及定向装置、大切割炮孔间距的定向切割爆破技术。试验矿山统计数据显示,采用水力增压爆破提高了延米爆破量和炸药利用率,大块率降低了49.4%;采用定向切割爆破技术研究,在爆破效果基本不变前提下,孔距比普通预裂爆破增大46%~67%。

关键词　水力增压　装药结构　超前压塞药包　定向切割爆破

随着矿业形势的逐渐下滑,低成本安全高效开采成为矿山追求的发展目标。露天矿山爆破粉尘、爆破振动等危害,直接影响着企业的安全高效回采;矿石大块的二次破碎,增加了生产成本,降低了铲装效率,制约着企业经济效益的提升。而应用科学有效的控制爆破技术是矿山解决该问题的关键所在。本文从水力增压爆破和大孔距定向切割爆破两个方面开展了露天矿山控制爆破技术研究,显著改善了爆破效果,减小了大块率,大幅度降低了爆破粉尘、爆破振动等危害,为矿山低成本安全高效开采创造了条件。

1　水力增压爆破技术研究

1.1　水力增压爆破机理分析

水力增压爆破是指在炮孔装药上部炸药与填塞物之间安置一定长度水柱,增加水柱来传递药包爆轰压力,并在水柱和上部填塞物之间敷设超前压塞药包,超前主药包25 ms起爆,起到对填塞物的超前压缩密实作用,增加填塞物与孔壁的摩擦力,防止能量过早外泄。

根据哈努卡耶夫进行大量波阵面衰减试验研究,得出的冲击波在水中的压力峰值随距离的增加而衰减的规律,开始爆轰时波阵面压力很大,为峰值压力,其衰减的速率也相对较大。普通装药结构的药包起爆时,峰值压力在炸药周围形成粉碎区,而在采用水力增压爆破装药结构的炮孔中,主药包起爆后,冲击波波阵面沿炮孔轴向传播的压力传到水柱中,水柱受到冲击波波阵面压缩后,吸收了波阵面的峰值压力,当波阵面压力逐渐衰减后,水柱不再吸收压力而转为逐渐释放能量,从而延长了对岩体的作用时间。同时水柱吸收了压缩区波阵面峰值压力,减小了压缩区的能量损失,且由于水柱起到对能量的传导作用,使得台阶上部岩体受到更大的作用力,从而改善台阶上部岩石的破碎质量。

同时,炸药爆炸产生的冲击力将炮孔上部的水雾化并在高压作用下挤入台阶岩体裂隙内,雾化水分子将粉尘吸附结团,大幅度降低了爆破粉尘,创造了良好的生产作业环境。

1.2　水柱高度计算

炸药被引爆后,猛烈地冲击上部水柱,由于水在高冲击载荷下的非弹性行为及水质点间的能量损耗,该水柱中将出现一个衰减的波阵面。参照J. Henryoh关于可压缩流体在直通道中波阵面压力随距离的衰减形式,以及哈氏的近似平面波随距离的衰减指数,波阵面压力随距离的衰减公式为

$$P_m(r)=\frac{P_0}{1+\left(\frac{r}{r_0}\right)^{0.5}},\qquad(1)$$

式中,r_0为当量距离,$r_0=5\ d$(d为炮孔直径)以后的计算均按$d=200$ mm;P_0为炸药波阵面压力。

由于炮孔内水柱上波阵面压力是渐衰的,故冲击波传播速度也是逐渐减小的。根据水力增压爆破

刘为洲(1961—),男,教授级高级工程师,243000 安徽省马鞍山市西塘路666号。

理论,水柱高度的计算公式:

$$h_w = \left[\frac{25(\rho_p C_p + P_e D)P_{iw}}{9(\rho_p C_p + P_w C_w)P_o} - 1\right]^2, \qquad (2)$$

式中,h_w 为水柱高度;$\rho_p C_p$ 为矿岩声阻抗;$P_w C_w$ 为合理装水高度上水的声阻抗;$P_e D$ 为炸药声阻抗;P_0 为炸药波阵面压力 5.26 GPa;P_{iw} 为水介质波阵面的初始压力,5.1 GPa,矿岩水柱高度计算见表 1。

表 1　不同矿岩水柱高度的计算

类别	矿岩声阻抗 ($\rho_p C_p$) /(kg/m²/s)	水声阻抗 ($P_w C_w$) /(kg/m²/s)	炸药声阻抗 ($P_e D$) /(kg/m²/s)	水柱计算高度 (h_w) /m
矿　石	(15.35 ~ 16.96)×10⁶	3.0×10⁶	5.5×10⁶	4.24 ~ 4.12
闪长岩	(7 ~ 8)×10⁶	3.0×10⁶	5.5×10⁶	5.61 ~ 5.32

1.3　最小填塞高度

为确保"露天深孔水力增压爆破"的填塞效果,参照常规爆破,确定水力增压爆破的最小填塞高度为 5.5 m(含水柱高),同时保证上部有 2.5 ~ 4.0 m 的填塞物;在水柱与填塞物之间放置 3 kg 超前压塞药包(超前主药包 25 ms 起爆),作为加强填塞措施。

1.4　数值模拟分析

根据水力增压爆破机理,我们设计了爆破模拟软件,通过对每一个节点的爆炸应力波产生的能量进行计算,可以确定任意爆炸时刻台阶任意剖面的能量场分布。这里以台阶高度为 12 m、孔径 200 mm 的大孔径单孔台阶模型进行数值模拟,得到了水压爆破与普通爆破的能量分布情况,见图 1。由图 1 可知,同一时刻,水力增压爆破台阶上部的能量明显大于普通介质爆破,可以有效避免台阶上部大块的产生,降低大块率,改善爆破效果。

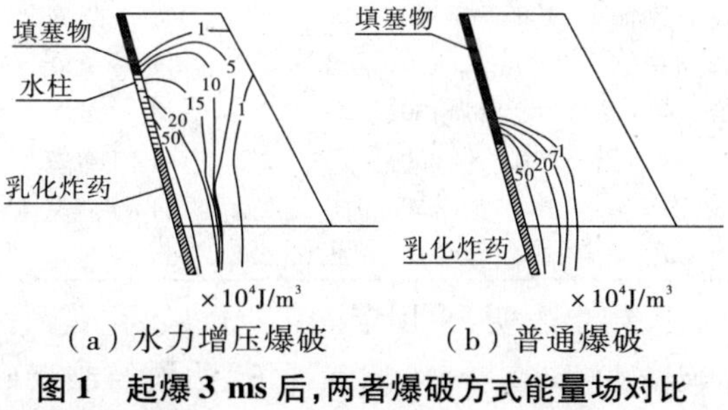

(a) 水力增压爆破　　(b) 普通爆破

图 1　起爆 3 ms 后,两者爆破方式能量场对比

1.5　现场试验

为验证水力增压爆破效果,以指导矿山生产作业,我们在马钢集团下属矿山开展了露天深孔水力增压爆破现场工业试验,矿岩坚固性系数为 $f = 10 \sim 12$,试验采用轴向不耦合水压爆破方式,装药结构如图 2 所示。

根据矿山的岩体参数,硬岩:$\rho_0 = 4$ g/cm³,$C_p =$ 4 000 m/s;贫矿:$\rho_0 = 3.44$ g/cm³,$C_p = 3\,500$ m/s;土岩:$\rho_0 = 2.5$ g/cm³,$C_p = 3\,000$ m/s。计算得到合理水柱高度,硬岩:$h_w = 4$ m;贫矿:$h_w = 4.7$ m;土岩:$h_w = 6.7$ m。

由于合理水柱高度的选取还受其他因素的影响,因此现场实际应用时,在不出现喷孔的情况下,水柱高度可以取得高一些,但若超过 h_w 太多,其作用就不再显著。

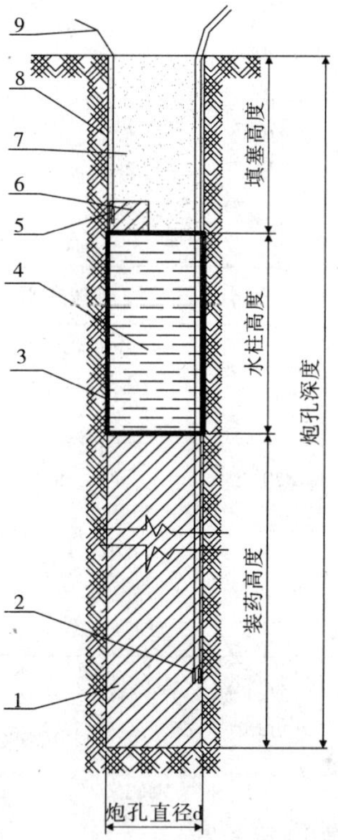

图 2　水力增压爆破装药结构

1—主药柱;2—主药柱起爆雷管;3—水袋;
4—水柱;5—超前压塞药包起爆雷管;
6—超前压塞药包;7—填塞物;8—炮孔;9—导爆管

结合矿山生产进度安排,矿山生产作业平台共进行 4 次试验,爆破炮孔总长度 192 m,爆破矿岩量为 2.7 万 t,乳化炸药消耗量为 4.35 t。试验结果如表 2 所示。

水力增压爆破主要指标与常规爆破的对比情况见表 3。

现场试验表明,采用水力增压爆破技术,爆破效果较好,无根底,孔口无上冲,大幅度降低了爆破尘毒和粉尘危害,创造了良好的生产作业环境和劳动卫生条件,较好地维护了作业人员的健康和安全。水压爆破装药结构延米爆破量提高了 10.86%;与常规爆破相比,提高了炸药能量利用率,改善了爆破破岩效果,提高了铲装效率,大块率降低了 49.4%,

表 2　现场试验结果

孔网参数 /(m×m×m)	常规装药量 /kg	水介质装药量 /kg	填塞情况		
			水高 /m	矿渣高度/m	药包重量 kg
7×9×12	400	360	3	2.8	3
6×9×12	390	350	2.8	2.4	3
8×8.8×12	418.9	376.3	4	2.5	3
9×9×12.2	489.9	440.2	3	2.1	3
5.5×10×12	397.6	355	3	3.5	3
8×7.5×12	360	320	4	3.5	3
8×7.5×12	360	320	4	3	3
5×8.5×12	300	270	4	4	3
6.5×8.5×12	400	360	4	3	3
8.5×8×11	376.3	333.7	3.5	2.5	3
5.5×9×11	333.7	298.2	3.5	4	3
5.5×9×11	333.7	298.2	3.5	4	3
5.0×9×11	298.2	269.8	3.5	2.5	3

表 3　水力增压爆破与常规爆破主要指标对比

项　目	爆破量 /万 t	潜孔钻进尺 /m	炸药量 /t	一次爆破雷管 /发	延米爆破量 /(t/m)	大块率 /%	铲装效率 /(车/min)
常规爆破	185	11 820	239.25	36 447	156.5	8.1	0.42
水力增压爆破	26.79	1 543.8	34.55	2 670	173.5	4.1	0.50
备　注					提高 10.86%	降低 49.4%	提高 19%

降低了矿山二次破碎成本，提高了企业经济效益。同时，水力增压爆破也大幅减少了爆破粉尘的产生。

2　大孔距定向切割爆破技术研究

2.1　定向切割爆破装置

为降低露天矿山边坡预裂控制爆破成本，增大预裂孔距，特提出了一种定向切割爆破装药装置。该装置由定向切割爆破装药管、橡皮条和装药管两端封堵盖组合而成，在其两侧对称布置聚能槽。为确保每个炮孔的聚能槽处于一条直线上，装药管与倾斜切割孔底部均为圆弧，且半径相差 26 ~ 40 mm，同时在倾斜孔药卷重力作用下，装药管在倾斜切割孔底部孔壁位置相对固定，采用防水胶带进行固定，可以通过导爆索调整聚能槽方向，可以使切割孔内各装药管聚能槽控制在同一方向上。

通过装药管两侧的凹形聚能槽，将爆破能量集中于切槽方向，使爆破能量按照指定的方向集中释放，利用聚能效应，提高爆炸的局部作用力，使得聚能槽方向的聚能流大幅度增强，增大预定方向的爆炸压力，增加定向致裂的范围，进而扩大切割炮孔间距，实现炮孔的定向致裂，从而达到大孔距定向切割的目的。同时，由于爆炸能量向聚能槽方向定向释放，降低了爆炸能量向其他方向的扩散，减小了对炮孔其他方向的峰值压力，减轻了对炮孔周边的破坏作用，抑制了非设定方向裂纹的扩展，从而有效提高了保留岩体的稳定性，该装置如图 3 所示。

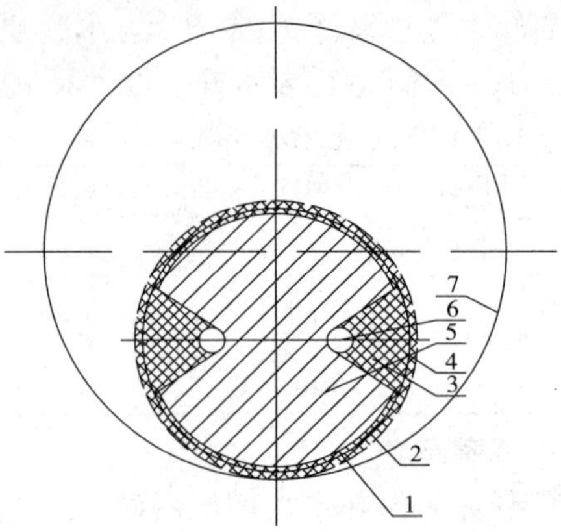

图 3　定向切割爆破装药装置

1—装药管；2—封堵盖；3—橡皮条；4—聚能槽；5—炸药；6—导爆索；7—倾斜切割孔

2.2　现场切割爆破试验

为验证定向切割爆破装药装置的试验效果，我们在试验矿山闪长玢岩等岩体中进行了 8 次生产试验，切割孔孔径为 165 mm，孔距比普通预裂爆破增大 46% ~ 67%，试验总炮孔数为 165 个，切割线总长度 383 m。切割爆破试验效果见表 4。

表 4　切割爆破试验汇总

地　点	主爆孔最大药量/kg	总炸药量 /kg	孔数 /个	孔距 /m	切割线长 /m	爆破效果 /cm
-12 m 东南侧	260	3 600	23	2.2	51	缝宽 2 ~ 3
-12 m 东南侧	250	3 720	25	2.2	54	缝宽 2 ~ 5
-12 m 南侧	190	3 340	19	2.5	48	缝宽 2 ~ 3
-12 m 南侧	180	3 150	20	2.5	49	缝宽 2 ~ 4
-12 m 西南侧	185	4 130	15	2.5	38	缝宽 2 ~ 3
-12 m 西南侧	180	4 050	18	2.5	44	缝宽 2 ~ 5
0 m 东南侧	160	3 250	20	2.2	44	缝宽 2 ~ 4
0 m 东南侧	150	3 350	25	2.2	55	缝宽 2 ~ 3

试验结果表明，采用定向切割爆破，在孔距比普通爆破增大 46% ~67% 的前提下，边坡控制爆破效果较好，在地面形成了连续的预裂缝，预裂缝宽度为 2 ~5 cm，边坡面不平整度≤15 ~20 cm，半壁孔率达到 73.50%；通过钻孔摄像拍照，孔内预裂缝连续，地表及孔内预裂缝摄像如图 4、图 5 所示。由于切割孔比主爆孔先行 80 ~ 150 ms 起爆，形成的切割缝，能够吸收和反射主爆孔的一部分爆炸能量，起到了降低爆破振动效应的效果。

图4　地表预裂缝

图5　孔内摄像预裂缝

通过大孔距定向切割爆破，爆破后冲得到明显控制，显著降低了生产爆破对矿山边坡的破坏作用，维护了边帮的稳定。与普通预裂爆破相比，定向切割孔孔距增大了46% ~67%，边坡控制爆破成本降低了25%左右，提高了矿山经济效益。

3　结　论

（1）研究表明，水力增压爆破和大孔距定向切割爆破是两种典型的矿山控制爆破技术，对于矿山安全低成本高效开采具有重要指导意义。

（2）水力增压爆破可以大幅度改善爆破效果，显著提高炸药能量利用率；试验结果表明，与常规爆破相比，延米爆破量提高了10.86%，大块率降低了49.4%，降低了二次破碎成本；同时爆破粉尘以及爆破振动等危害得到明显控制，有利于矿山生产安全。

（3）采用定向切割爆破技术，在孔距比普通预裂爆破增大46% ~67%的情况下，较好地实现了破碎岩体的大孔距定向切割爆破，爆破成本降低了20%左右，具有较好的推广应用价值。

参　考　文　献

［1］　王运敏，刘为洲，张西良，等．Investigation of borehole aqua stemming blasting［C］// The 10th International Symposium on Rock Fragmentation by Blasting. New Delhi：2012：823-826.

［2］　于亚伦．工程爆破理论与技术［M］．北京：冶金工业出版社，2004.

［3］　亨利奇 J. 爆炸动力学及其应用［M］．熊建国，等，译．北京：科学出版社，1987.

［4］　张松林．水压爆破破碎特征研究［M］．北京：北京钢铁学院，1986.

［5］　刘为洲，张西良，袁英杰，等．大孔径水力增压环保爆破技术研究［R］．马鞍山：马鞍山矿山研究院爆破工程有限责任公司，马钢（集团）控股有限公司南山矿业公司，2012.

（收稿日期　2015-05-26）

（上接第246页）

表4　试验结果数据对比

爆破类型	半壁孔率 /%	贯通缝宽 /cm	平整度	最大振幅 /cm	最大频率 /Hz	震动延时 /s
传统预裂爆破	65	3 ~6（时断时续）	参差不平	5.856 3	23.193 4	1.2114
新型聚能药柱预裂爆破	87	5 ~10（连续）	比较平整	4.556 6	32.959	0.58

数共同影响裂缝的生成，当炮孔直径为250 mm，药柱直径在110 ~140 mm，聚能结构的内角为40° ~50°、外角为60° ~70°时，能够获得较好的预裂成缝效果和较高的能量利用率。

参　考　文　献

［1］　秦健飞．聚能预裂（光面）爆破技术［J］．工程爆破，2007（2）：19-24.

［2］　Guo Lianjun，Zhang Guojian，Zhang Daning. Analysis and Evaluation On Stability of High and Steep Slope Under Energy-Concentrated Pre-Split Blasting［C］. Shanghai：Progress in Safety Science and Technology，2004：1314-1317.

［3］　郭连军，杨跃辉，华悦含，等．冲击荷载作用下花岗岩动力特性试验分析［J］．工程爆破，2014，20（1）：1-4.

［4］　李　林，郭连军，张大宁．新型聚能药柱在东鞍山铁矿的研究与应用［J］．有色金属，2014，66（2）：73-79.

（收稿日期　2015-05-26）

孔底起爆技术在西石门铁矿应用

王兰在
（五矿邯邢矿业有限公司）

摘　要　分别对扇形深孔孔底起爆的作用原理、安全装置、爆破器材、爆破效果进行了分析，认为扇形深孔采用孔底起爆技术不但安全可靠，而且可以取得良好爆破效果，经济效益显著。

关键词　扇形深孔孔底起爆　安全装置　爆破器材　爆破效果

西石门铁矿中区为了提高采场生产能力，充分发挥进口凿岩设备（瑞典 ATLAS 生产的 SIMBAH252 型全液压凿岩台车）的能力，将无底柱分段崩落法回采结构参数由 12 m×13.3 m 提高至 12 m×24 m。24 m 高分段的扇形炮孔，其最大孔深为 26 ~ 35 m。孔深 26 m 时，孔底距为 2.25 ~ 3.0 m。当排距为 1.5 m，每米崩矿量为 12.21 t，其孔底部分比孔口部分每米崩矿量大 2.5 m^3(9.3 t)。

1　起爆方式

常用的起爆方式一般有电雷管起爆网路，继爆管起爆网路，非电导爆管起爆网路及混合网路等。从爆破效果、操作安全等因素考虑，选择非电微差导爆管起爆网路较好。试验矿块沿用了正常生产所采用的非电微差导爆管网路作为起爆方式。

2　起爆药包位置及孔底起爆

2.1　扇形深孔爆破的现状及存在问题

扇形中深孔或深孔爆破方式，虽排间距相同，但孔底与孔口的孔间距差别却较大，造成孔底每米崩矿量较大，而孔口崩矿量却较小。若按 24 m 高分段最大孔深 26 m，孔低距为 2.25 ~ 3.0 m，孔口距为 0.3 ~ 0.4 m，排距为 1.5 m，以每 3 m 一段计算，其各段崩矿量如表 1 所示。孔底部分比孔口部分每米崩矿量大 2.51 m^3，而孔口部分因炮孔密集，单位矿岩炸药消耗量大于孔底。由此可知，若将起爆药包位置设于孔底，充分利用起爆药包及孔底炸药能量，无疑能够提高爆破能量利用率，改善爆破效果。

由于采用 BQF-100 型压送式装药器装粒状炸药，罐内风压为 0.36 ~ 0.46 MPa，孔底压强最大可达到313.4 Pa。在压气输送时，存在静电、冲击等危险。因此，西石门铁矿以及国内其他矿山采用压气装药时，均将起爆药包置于孔口，以防止因压气装药过程中产生的静电及冲击而引起早爆。但空口起爆会产生较多的问题，诸如眉线破坏严重、影响后排装药、悬顶、大块多、矿石破碎不均匀、孔口部过粉碎等等。对于 24 m 高分段，上述问题尤为突出。

表 1　扇形炮孔各段崩矿量

孔深/m	崩矿量/m^3	炮孔崩矿量/(m^3/m)
24 ~ 21	9.90	3.30
21 ~ 18	9.11	3.03
18 ~ 15	7.99	2.66
15 ~ 12	6.86	2.29
12 ~ 9	5.74	1.91
9 ~ 6	4.50	1.50
6 ~ 3	3.38	1.12
3 ~ 0	2.36	0.79

2.2　“孔底起爆”的作用原理

所谓“孔底起爆”，即将起爆药包置于孔底，装药结构如下图 1 所示。

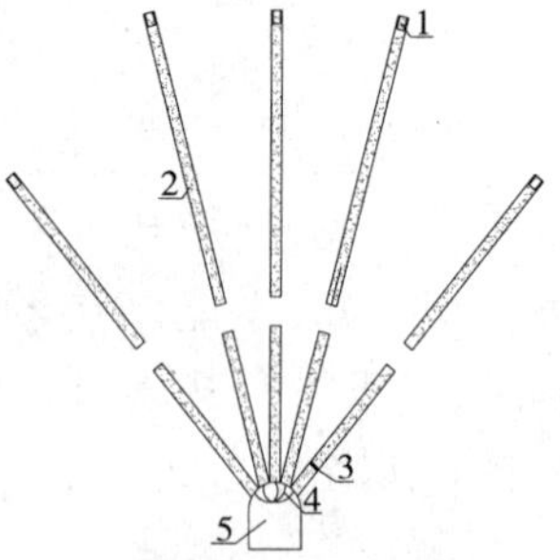

图 1　导爆管孔底起爆网路及装药结构

1—安全起爆装置；2—炸药；3—填塞物；
4—导爆管；5—主导爆索（或火雷管）

当药包起爆时，爆轰波向孔口方向传播，由于孔壁和前方装药约束，无爆炸产物飞散，由此产生一个

王兰在（1963—），男，高级工程师，056002 河北省邯郸市丛台区朝阳路 88 号。

高压恒压区，直至爆轰波到达自由面（孔口）。此时反射膨胀波向孔内传播，与爆炸产物区相互作用。膨胀波传至孔底，又反射回来，如此重复，在孔内形成一个复合波。而孔口起爆时，爆轰波向孔底传播，由于孔口约束太小，爆炸产物向相反方向飞散。在爆轰波之后，紧跟一膨胀波，使孔内压力迅速下降。当爆轰波到达孔底时，产生反射，反射的冲击波与后续的膨胀波相遇，使冲击波迅速衰减。由孔壁压力曲线可以看出，孔底起爆的最大特点是在距离孔底相当长的一段炮孔内有一个较长的压力重合区，即压力平台；孔口起爆的孔内压力在体梯的作用下迅速下降，至孔底时，由于刚性反射，瞬间压力上升1倍以上，但很快下降。

基于一维等熵流理论可计算出炮孔壁在不同时间及部位的爆破冲量，结果见表2。由冲量值可以看出除孔底和孔口一小部分外，孔底起爆的冲量恒大于孔口起爆。

表2　孔内不同位置的冲量

冲量	0	0.05	0.1	0.2	0.3	0.5	0.6	0.7	0.8	0.9	1.0
孔口起爆	0.33	0.36	0.41	0.52	0.67	0.76	0.82	0.85	0.95	0.96	0.99
孔底起爆	0.25	0.39	0.46	0.59	0.68	0.81	0.87	0.91	0.95	0.96	0.99

由表2可知，采用孔底起爆法，利用其起爆前期冲量大且具有压力重合区（即压力平台较长）的特点，可有效解决炸药在无底柱24 m高分段扇形孔面分布不均匀（从孔口到孔底依次减少）、大块产出率高、眉线破坏严重及悬顶等问题，从而达到降低大块率，使矿岩破碎较均匀的目的。

2.3　孔底起爆的安全装置

如前所述，采用BQF-100型压送装药器装药，无疑将造成孔底压强大（313.4 Pa）、静电、冲击等不安全因素。因此，在试验中采用了武汉安全环保研究院研制的孔底起爆安全装置（图2），该装置具有较强的防静电抗击性能，基本性能指标如下：

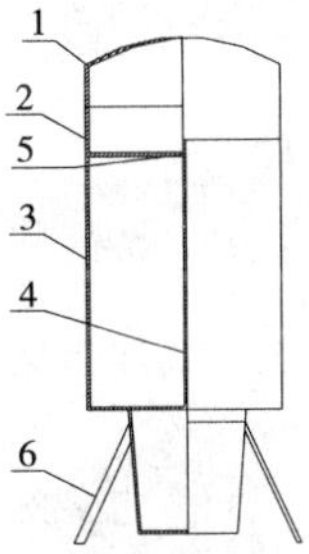

图2　孔底起爆安全装置

1—端盖；2—固定环；3—外壳；4—凹槽；5—雷管孔；6—定位翼

（1）抗冲击性能。该装置最大承受压力为7.78 $\times10^5$ Pa，经测试现场压气装药初始（输药管瞬间填塞时）冲击压力约为1.86$\times10^5$ Pa，而一般情况下仅为（0.4～0.7）$\times10^5$ Pa，远大于装药所产生的冲击压力。

（2）防静电性能。由于压气装药过程中，高速流动的炸药与输药管壁摩擦而产生静电，电压可达200 V，计算积累静电能量为0.015 MJ，而导爆管在静电场中，0.01%发火概率的静电能量为325 MJ，故而不会引起早爆。

3　爆破器材及试验

为了保证充分发挥孔底起爆技术的作用，延长压力时间，还必须在应用孔底起爆技术的同时，取消传爆速度太快的导爆索。但取消导爆索后，26 m长孔内炸药是否确保安全暴轰单孔，导爆管是否确保全部起爆，还需进一步试验与测定。

3.1　炸药传爆性能试验

为了确保在取消导爆索后，炸药能够完全暴轰，试验采用9根直径70 mm，2 m长的钢管，模拟炮孔，对西石门铁矿使用的地下1#炸药的殉爆距离进行了测定，结果见表3。

表3　约束条件下炸药殉爆距离试验结果

主要药包		被爆药包		殉爆距离/mm	爆否
长度/mm	重量/g	长度/mm	重量/g		
470	2 000	450	1 500	500	爆
500	2 000	450	1 700	500	爆
500	2 000	600	2 000	700	爆
500	1 900	400	1 400	600	爆
550	2 000	350	1 200	600	爆
500	2 000	510	1 900	800	爆
500	2 000	600	2 000	700	爆
500	2 000	500	2 000	800	爆
600	2 000	400	1 400	900	爆

由表3可知，最大殉爆距离高达900 mm仍能传爆。在正常压力装药中，一般不会中断如此大的装药距离，且孔壁上一般存在药粉，也有助于炸药传爆。因此，孔内取消导爆索仍可传爆。

3.2　非电导爆管起爆概率测定

取消导爆索网络之后，仅靠孔内非电雷管起爆，这就要求非电导爆管必须具有较高的起爆概率。试验中和生产中对各段非电导爆管进行了抽样检查,每段抽取20发,测试结果见表4。

表4 非电导爆管抽样测试结果

段别	爆否	段别	爆否
2段	爆	3段	1发未爆
4段	1发未爆	5段	爆
6段	爆		

4 爆破效果

在合理选择爆破参数的情况下,应用SimbaH252全液压凿岩台车提高炮孔质量和孔底起爆技术提高爆破效果,共爆破44.9万t,取得了很好的效果,见表5。由于采用了孔底起爆技术,明显降低了大块产出率,试验矿块块度组成见表6。

表5 24 m高分段孔底起爆效果

爆破地点	耗孔量/m	崩矿量/t	炸药单耗/(kg/t)			大块率/%
			一次	二次	单耗	
2#采场	8 887	62 121	0.55	0.12	0.67	5.9
3#采场	16 863	114 398	0.41	0.23	0.64	4.77
6#采场	11 371	78 458	0.45	0.19	0.64	5.7
平均	37 121	255 027	0.46	0.19	0.65	5.4

表6 块度组成 %

采场或进路	块度组成			
	<0.2 m	0.2~0.4 m	0.4~0.65 m	>0.65 m
2#采场	53.5	30.1	10.5	5.9
3#采场	52.4	29.5	13.4	4.7
6#采场	51.6	28.4	14.3	5.7
平均	52.5	29.4	12.7	5.4

由表5、表6可知,通过在24 m高分段崩落法中44.9万t爆破量的工业试验,所取得的成果如下:

(1)大块率与二次炸药单耗明显降低,大块率降低了30%,二次单耗降低了40%,由于崩矿块度均匀,铲运机效率也得到了提高。

(2)空气冲击波降低,空气冲击波是反映炸药能量利用率的一个重要指标,通过测试,采用孔底起爆比孔口起爆空气冲击波降低36%,表明炸药能量利用率得到进一步提高。大大减轻了爆破冲击波对平巷内敷设的风水管,电缆以及附近作业的设备、通过设施(节能风机)的破坏作用。

(3)基本避免了悬顶的产生,不但提高了矿产资源的回收,减少了复杂的处理工程,而且也改善了工人的作业安全条件。

(4)孔口起爆时,眉线破坏严重,完全率仅为20%,采用了孔底起爆技术后,眉线完好率达到72%,装药和放矿条件也得到了改善。

(5)由于爆破导致二次单耗及损失率降低,仅取消导爆索一项,每吨原矿可节约成本0.25元,经济效益显著。

5 结 语

将孔底起爆技术应用于西石门矿,大量试验证明,采用该技术不仅操作上是安全可靠的,而且有助于降低大块率,避免了悬顶的产生,眉线保护较好,经济效益较为显著。

(收稿日期 2015-05-26)

爆破振动的研究

马建兴
（内蒙古科技大学矿业与煤炭学院）

摘　要　对爆破地震波在岩土中的传播、爆破地震效应参数、爆破参数的影响、爆破振动安全判据及峰值速度预测、爆破振动分析技术、新型爆破测振仪的特点以及测振传感器选择与安装研究，提出了一些看法，对从事该研究的人员具有一定的意义。

关键词　爆破参数　爆破振动　传感器

爆破地震对岩体、建筑物或构筑物的危害，主要是振动的峰值、频率和持续的时间。但从理论上研究爆破振动的影响是个十分复杂的问题，这主要是由于爆破介质的复杂性、爆破参数、爆破方式选择和边界条件影响所致。由于爆破振动持续时间较短，振动峰值和频率对岩体、建筑物或构筑物的破坏作用更加明显，由于影响爆破振动的诸多地质因素预测困难，振动变化偶然性大，特别是振动频率测值有很大的离散性，使得难于从实测中统计出经验公式。

目前我国爆破振动测试使用的仪器类型有很多种类型，智能数字式测振仪种类越来越多，有国产的，也有进口的，智能数字式测振仪一般将放大器直接置于机体内，省去了现场连接电缆，现场使用方便、可靠。

1　爆破地震波在岩土中的传播

1.1　爆破地震波的传播特征

在矿山台阶深孔爆破中，我们研究的是台阶或边坡上岩面的爆破地震，当爆源距台阶坡底或边坡脚距离较近时，表面积累而次生的面波弱，而边坡位移在坡顶生成的走向张性裂隙又减弱了面波的传播，主要是体波而未见面波。因此，对于中、近距离岩石爆破地震波，可以主要研究体波的传播，而相对忽略面波。体波无论纵波和横波在强风化岩层、土层内的传播速度，均比微风化基岩内慢得多，根据折射定理，透射波应比入射波以更接近竖直的方向传播，因此工程中可以近似认为体波在强风化层、土层中是竖直折射的。

1.2　爆破地震对岩石损伤机理

根据工程爆破作用分区，对于矿山爆破危害问题，应该考虑地震作用区的作用甚至非弹性介质状态区域的影响。根据岩石损伤断裂理论和岩石爆破机理，岩石在爆炸载荷作用下的损伤机理分为2个阶段：

（1）爆炸应力波作用下的动态损伤断裂初期效应，该阶段在爆破近区产生宏观裂纹，在爆破中区使微裂纹激活并扩展，此时岩石损伤断裂准则可采用纯脆性损伤断裂准则为：$\sigma=\sigma_u$，其中，σ_u 为岩石的断裂应力。

（2）爆生气体作用下的损伤断裂后期效应，该阶段是在爆炸应力波造成的损伤场基础上产生二次损伤断裂的过程。从岩石细观损伤力学出发，在爆生气体压力场作用下，裂纹的扩展是由于局部塑性变形而造成的，可采用准脆性材料的微裂纹扩展条件，即

$$\sigma=\sigma_c=\sqrt{\pi/4a\cdot k}, \tag{1}$$

式中，σ_c 为微裂纹发生扩展的临界应力，Pa；k 为相关系数；a 为微裂纹的初始半径，mm。

由于地下工程的地质条件复杂、围岩差别大，应根据岩层条件和爆炸应力波强度等确定 a 值。对于爆破远区的弱地震振动区，岩体产生弹性振动，根据弹性动力学理论，应力 σ 计算式为

$$\sigma=\rho Cv, \tag{2}$$

式中，ρ 为岩石密度，g/cm^3；C 为岩石中的纵波波速，m/s；v 为岩石质点振动速度，m/s，可由现场测试得到。

2　爆破地震效应参数

从爆源和岩石变形特性出发，当介质处于弱地

马建兴（1957-），男，教授，014010 内蒙古包头市昆区阿尔丁大街7号

震振动区时，仅以质点峰值速度的形式来描述损伤是不充分的，通过对振动临界值的检验来确定岩石的损伤有一定指导意义，是目前对爆破损伤评价的重要手段之一。大量的测试资料和工程实践经验表明，采用质点振动速度作为被保护物的破坏判据是比较成功的，但更合理的是以振速和频率作为综合判据，振速为主，频率和持续时间作为修正参考依据。根据我国《GB6722—2011　爆破安全规程》，被保护物处的质点振动速度为

$$V = K(Q^{1/3})\alpha, \tag{3}$$

式中，V 为保护物处的质点振动速度，cm/s；Q 为最大一段装药量，kg；K 为与介质性质、爆破方式等有关的系数；α 为与传播途径和地形等有关的参数。

3　爆破参数的影响

3.1　装药结构的影响

采用不同的爆破方法会产生不同的爆破震动，在爆破规模相同的情况下，分散药包比集中药包产生的震动小，普通爆破比微差爆破产生的震动大，而逐孔爆破技术产生的震动最小。不同的装药结构所产生的爆破震动也差异较大，使用空气间隔装药爆破所产生的爆破震动小，从而使爆破振动效应改善而降低。

3.2　炮孔直径的影响

不同孔径的炮孔爆破时，既使同时爆破的药量相同，由于场地系数和衰减指数的不同，大炮孔直径的爆破震动强度仍然是较大的。实测表明，孔径 310 mm 的炮孔的震速相比孔径 250 mm 的炮孔的震速，在垂直方向的震速大 24% ~44%，水平径向的震速大 27% 左右，250 mm 炮孔的震速比 170 ~ 200 mm 震速平均大 50% 左右，可见炮孔直径对爆破震动的影响是一个不可忽视的因素。

4　爆破振动安全判据及峰值速度预测

4.1　爆破振动安全判据

在工程爆破中，往往需要对矿山边坡、建筑物及构筑物的安全及稳定性做出评价，以便做出安全防护措施。早期的爆破振动安全判据通常以单一参数来描述，主要包括速度、位移、加速度，这 3 个量通过辛普森积分和数值微分可以进行相互转换。爆破工程中最常用的是地面质点的振动速度地震工程中多采用地面质点振动加速度，这是因为大量的现场观测表明，当炸药量、爆源距离、最小抵抗线，传播地震波介质发生变化时，振动速度虽然有变化，但较其他物理量而言，与岩土介质有较稳定关系。此外，利用速度的优点是使地震波所携带的能通量与所产生的地应力相联系，并进一步使结构中产生的动能和内应力建立关系。

4.2　爆破振动峰值强度的预测

爆破振动峰值强度的预测是研究爆破振动效应的主要目的之一，在任何灾害控制方法中都是重中之重，在预测质点振动速度时，不论采用何种形式的经验公式，离散程度都很高，这主要在于把爆破振动速度理解为仅与药量和距离有关，模型过于简单化了。

由于爆破条件非常复杂，影响爆破效果和爆破振动效应的因素有许多，这些因素相互影响、相互制约，使预测时难免出现误差。灰关联分析法在处理模糊数据时具有很好的适应性，广泛用于爆破振动参数的因素分析中。通过建立各因素与地震波参数之间的灰关联阵，爆破参数与地震波参数的内在关联性就可以体现出来。研究发现，质点的振动速度与单响装药量及传播距离密切相关，因此常用的爆破振动强度预测公式一般为药量和水平距离的函数，其一般形式位移、速度和加速度为

$$A = KQ^m R^n, \tag{4}$$

式中，A 为反映爆破振动强度的物理量；Q 为最大段药量，kg；R 为爆心距，m；K,m,n 均为地形常数。

根据 m,n 的不同可以衍生出许多适用于不同情况的公式，如萨氏公式、印度公式、日本公式、欧洲公式、美国矿业局公式。

5　爆破振动分析技术

爆破振动信号具有持续时间短，突变快的特点，信号的结构包括频谱都是时变的，属于典型的非平稳随机信号。长期以来人们只将它简化为平稳信号通过傅立叶变换来处理，然而，傅氏变换从本质上而言仅适用于平稳信号。随着科学技术的发展和进步特别是新数学工具的出现，信号的时频分析法已广泛应用于工程技术领域，用小波变换或小波包变换处理非平稳随机信号激起了人们很高的热忱。

6　新型爆破测振仪的特点

6.1　更高的分辨率

测振仪的分辨率是影响测振仪器精确程度的一个重要指标，更高的分辨率下仪器本身的量化误差减小，同等工艺水平下信噪比提升，线性度更优，从而使得在测振仪这个环节所引起的系统误差更小，使测得的数据更为准确。如成都拓普科技有限公司 UBOX20016 型产品，采用 24 位的分辨率，在直流精

度都控制在0.001%以内，远小于传感器的误差。

6.2 操作智能化

传统设备为了便于现场操作，往往预设一套或多套采集参数，通过监测人员现场经验选择使用，在复杂监测环境中由于参数设置有误，误触发及不触发时有发生。新型爆破测振仪现场操作智能化上尤为突出，打破传统现场参数设置操作模式，提出全自动工作模式，即设备进入采集前预采2～3 s的现场环境作为环境参数设置依据，并自动录入，完全脱离了人为经验设置，整个过程持续时间不足3 s。

7 测振传感器选择与安装

7.1 传感器频率要求

爆破地震频率范围在5～150 Hz。选用的振动速度传感器频率响应范围一般宜在3～500 Hz，国产振动速度传感器频率范围较窄，大多数传感器低频域高于10 Hz，低频域小于10 Hz的传感器高频域又只能到500 Hz，这类传感器基本能用于完整的爆破振动测试。通常爆破振动波频域较广，频率成分复杂，在传感器安装方面一定要和被测点紧密接触，否则测得的低频域数据会严重失真，最好在实测前，在振动台上标定测试系统后用于爆破振动测试中。

7.2 传感器的安装

一般的振动测试中，因振动幅值不大，频率不高，只需将传感器直接置于地表，用石膏黏附即可。在地下巷道内墙壁上测试强烈爆破振动时，需用钢钎嵌入岩体中，将传感器固定的钢钎上；而一般岩石表面尽可能直接安装传感器，不需通过钎杆、基座安装传感器，它可能使振动波形失真。现在有些传感器安装有磁座，比较方便、可靠，可在地表下埋入（胶结）一块小铁板，将传感器磁座直接吸引固定在铁板上。

传感器有竖向和横向之分，在测量三向振动分量时，应注意传感器的方向性。现国内外提供有三向速度或加速度传感器，一个传感器可同时测试出X、Y、Z3个方向的振动分量，能方便准确地求出合速度。

8 结论

爆破地震传播规律、对岩石损伤机理的研究是爆破振动测试的重要工作之一。爆破参数及爆炸能量是影响爆破振动的主要因素，它与岩体性质、节理裂隙及地质构造等有关，爆破振动的大小与炸药波阻抗及岩石波阻抗间相互匹配有关，两者相等传递能量就大，反之传递能量就小。爆破测振仪器的幅频特性对爆破振动信号的采集有很大的关系，通常爆破振动波频域较广，频率成分复杂，我们要选择仪器频带带宽尽量大，以免丢失有用信号。

爆破测振的设备和技术正越来越向智能化，人性化方向发展，各项新技术的采用使得爆破振动的监测更加准确便捷。但传感器的选型和安装尚无统一的规定和要求，振动数据的分析软件各不相同，可比性相对较差。

参考文献

[1] 张学亮，黄树棠．爆破地震效应[M]．北京：地震出版社，1981.

[2] 孟吉复，董振华．爆破震动反应谱的测试与分析[M]．湖北科技出版社，1984.

[3] 霍永基，等．工程爆破文集[J]．武汉：中国地质大学出版社，1993.

[4] 孟吉复，惠鸿斌．爆破测试技术[M]．北京：冶金工业出版社，1992.

[5] 吕淑然．露天台阶爆破地震效应[M]．北京：首都经贸大学出版社，2006.

[6] 马建兴，等．爆破振动对壕濑梁煤矿建筑物影响的研究[J]．中国矿业，2009(6).

[7] 马建兴，等．爆破振动的实验研究[J]．实验室科学，2009(3).

[8] 李夕兵，等．爆破振动信号分析理论与技术[M]．北京：科学出版社，2010.

[9] 史雅语，金骥良，顾毅成，等．工程爆破实践[M]．合肥：中国科学技术大学出版社，2002.

[10] 马建兴，马　强．爆破理论与实验技术[M]．呼和浩特：内蒙古大学出版社，2012.

（收稿日期　2015-05-26）

露天边坡在线远程监测预警系统在石英石矿的应用

黄永祥
（金川集团股份有限公司）

摘　要　针对金川公司石英石矿露天采场边坡存在的问题，按照相关规范要求，开发了露天边坡在线远程监测预警系统。通过对石英石矿典型剖面边坡的破坏形式和破坏位置进行分析，对最危险滑动面的位置进行监测。在危险区域布置传感器，同时监测边坡竖向位移和水平位移，将采集后数据传输至监控中心服务器。采用基于有限元应力分析和统计损伤理论的RFPA分析法对监测数据进行分析，来完成对边坡稳定性情况的实时监测。系统应用后实现了露天边坡的实时、动态、自动化监测，满足了安全生产管理的需要。

关键词　露天边坡　在线远程监测　预警系统　有限元分析　损伤理论　RFPA分析法

边坡滑落是露天矿安全生产的重大隐患之一，保证边坡稳定是露天矿正常生产的前提。我国每年由于岩土体失稳而引发的大小滑坡数百万次，由此造成的经济损失高达100亿～200亿元[1]。因此，露天矿山应根据实际建设完善采场边坡监测，预测边坡失稳的可能性和滑坡的危险性，并提出相应的防灾减灾措施，确保矿山安全生产。

金川公司石英石矿位于金昌市区以南8 km的高石咀，矿山以露天开采方式进行开采，采用公路开拓的运输方式，设计年生产石英石70万t，台阶高度12 m，矿石出口标高1 756 m。目前的采场由山坡开采逐渐向凹陷开采过渡，许多区段边坡已产生不同程度的变形和破坏，因此必须建立边坡监测预警系统，对其进行实时、动态、自动化监测，有效监视坡体安全，为生产运行期间管理提供可靠的资料。

1　露天矿边坡监测概述

1.1　露天矿边坡监测基本要求

露天矿采场边坡监测内容包括边坡变形、采动应力、爆破震动、水文气象和场内视频监测等。边坡变形监测主要有表面位移监测、内部位移监测和裂缝监测。安全监测等级三级以上的矿山应开展表面位移监测；一级矿山应设置内部水平位移在线监测；边坡出现长度超过5 m、宽度大于1 cm、深度大于2 m的贯通性裂缝时，应对边坡裂缝实施监测。采动应力监测主要监测开采过程垂直应力、水平应力等的变化，一级和二级且工程地质条件复杂的矿山，应开展采动应力监测。爆破震动监测主要对质点震动速度监测；三级以上的矿山边坡应进行爆破震动监测。水文气象监测主要有渗透压力监测、地下水位监测和降雨量监测，一级和二级且水文地质条件中等及复杂的矿山应进行渗流压力和地下水位监测。三级以上的矿山应对采场边坡建立视频监测系统[2]。

1.2　露天矿边坡监测方法

边坡监测方法主要有简易观测、设站观测、仪表观测和远程监测等。随着科学技术的不断进步，露天矿边坡监测技术取得了长足的进步，由以往的简易监测手段、常规的监测方法与技术逐渐向自动化、高效率与高精度、实时动态监测及远程系统的方向发展[1]。地表位移主要采用经纬仪、裂缝计、地表倾斜仪、GPS监测等设备和技术进行监测；地下岩体位移主要采用倾斜仪、沉降仪分别来监测水平位移和垂直位移；地下水采用水压计进行监测。

2　石英石矿边坡监测系统开发

2.1　石英石矿边坡现状

石英石矿岩石节理、裂隙发育，矿岩较为破碎，工程地质条件较差。矿区地质特征与断裂构造特征反映出，矿区经历了自吕梁运动以来多期构造运动的作用，变质作用，形成矿区复杂的岩石组合，使得矿区内断裂构造发育、节理纵横交错，形成大量层间挤压，矿区地层较为破碎，工程地质条件较差，应属中等类型。

黄永祥，男，737100 甘肃省金昌市金川区金川路98号。

露天采场最终边坡角为 43° ~ 45°，台阶高度12 m，坡面角为 65°，封闭圈位于 1 744 m 水平。目前采场正由山坡露天向凹陷露天过渡，在1 744 m水平以上已形成8 个台阶，设计露天坑底为1 696 m水平，最终将形成采场长约1 000 m、宽约390 m、高160 m的深凹露天坑。

目前许多区段边坡已产生不同程度的变形和破坏，主要表现为1 816 m 东部出现局部坍塌，1 846 m西部出现裂缝，如图1 所示。

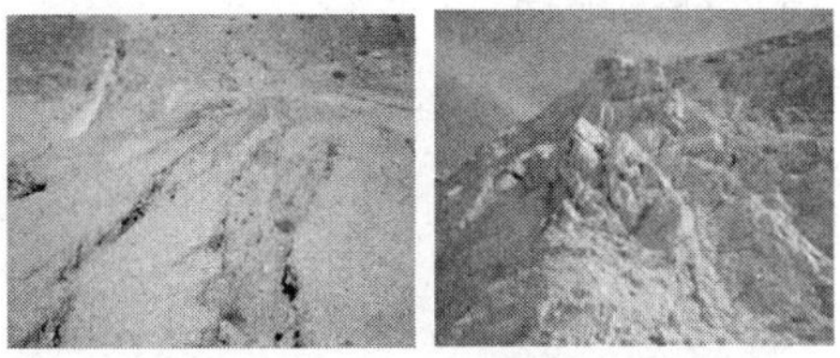

(a)平台平行裂纹　(b)边坡垮塌崩落

图1　边坡变形破坏情况

2.2　监测内容

根据《冶金矿山采矿设计规范》和《金属非金属露天矿山采场边坡安全监测技术规范》，石英石矿边坡监测等级为四级，推荐进行变形监测、爆破振动、水文气象监测和视频监测[3-5]。结合石英石矿实际，确定对边坡开展内部变形监测。

2.3　监测方案

根据对石英石矿典型剖面边坡的破坏形式和破坏位置的分析，确定对最危险滑动面的位置进行监测。在8 个危险区域布置传感器，同时测边坡竖向位移和水平位移，采集后数据传输到监控中心服务器。采用基于有限元应力分析和统计损伤理论的RFPA 分析法进行分析，完成对边坡稳定性情况的实时监测。

2.3.1　监测系统组成

监控系统组成如图2 所示，系统数据全部采用无线传输，无需横向布置数据电缆，相互之间独立，确保数据传输的稳定性，任何一个节点坏死或者传感器坏死均不会影响其他断面数据的传输。

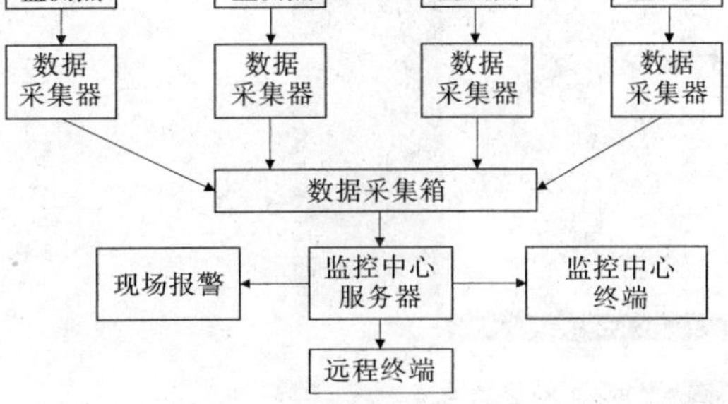

图2　监测系统组成示意

2.3.2　监测设备选型

整个系统用到的设备包括：测斜仪、分段供电箱、数据采集模块、太阳能控制器、中继器和服务器。

（1）测斜仪。用于监测边坡内部的水平方向变化大小，采用 YH50100AH 型高智能型滑轮式测斜仪，直接接入系统中可实现无线自动化监测。

（2）分段供电箱。板为数据采集箱提供持续稳定的电能。

（3）数据采集箱。共安装3 套数据采集箱，分别安装于1 768，1 792，1 816 m平台，向测斜仪发送采集数据指令，将测斜仪采集的数据传输至电脑控制中心，可实现全天24 h 监测坡体安全。

（4）太阳能控制器。对太阳能发电系统进行控制。

（5）中继器。由于现场距离太远，为了减少压降在监测点及采集箱安装7 个中继器，起到提高电压的作用。

（6）服务器。在办公室设置监测系统控制中心，控制中心布置1 台服务器实时读取监测数据，并进行智能分析评估。

2.3.3　监测原理

孔内测斜仪测斜探头固定在外置测斜管内，当探头随测斜管一起发生倾斜时，测斜仪会同时测量X、Y方向的位移量，通过自动化采集系统可以直接读出倾斜的角度。测斜仪位移变化计算示意如图3 所示。图3 中，安装的初始值角度为a，安装高度为h，变化后角度为b。

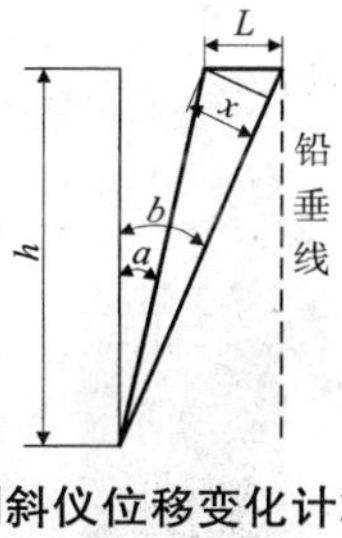

图3　测斜仪位移变化计算示意

2.4　边坡分析预警系统

在线远程智能监测预警系统主要实现以下功能：

（1）监视边坡的状况变化和运行情况，在发现不正常现象时及时分析原因，采取措施，防止发生事故，保证生产的安全运行。

（2）随时对观测资料进行分析，对边坡重点部位应力应变状况进行分析并总结经验，为制定安全措施和评价生产状况提供依据。

2.4.1 数据采集模块

根据边坡实际情况布设传感器，实现内部位移场和倾斜等分析预警功能，可根据需要行修改和增加，数据采集模块如图4所示。系统数据采集的数据库采用Microsoft公司的SQL Server数据库。

传感器编号	传感器自编号	型号	生产日期	类型	测量单位	记录总数
28A6F1EB010000ED	CJJ01	YH2520A	2009-04-29	0	mm	1600
2899D7EB01000040	CJJ02	YH2520A	2009-04-29	0	mm	1600
28F32DEC010000D1	CJJ03	YH2520A	2009-04-29	0	mm	1600
28B3EFEB01000083	CXY01	YH9103A	2009-05-04	10	°	1600
28A398EC01000062	CXY02	YH9103A	2009-05-27	10	°	1600
287882EC0100009F	CXY03	YH9103A	2009-05-04	10	°	1600
2875E5EB01000013	CXY11	YH9103A	2009-05-04	10	°	1600
28CF25EC0100007F	CXY12	YH9103A	2009-05-04	10	°	1600
289470EC010000EE	CXY13	YH9103A	2009-05-04	10	°	1600
2865EB9F0100004C	CXY21	YH9103A	2009-05-04	10	°	1600
2823EBEB0100002D	CXY22	YH9103A	2009-05-04	10	°	1600

图4 传感器列表

2.4.2 传感器数据监测模块

系统提供传感器的布局图，可以对每个传感器的数据进行查询，与历史数据进行对比分析，并可对监测截面的情况进行动态查看，显示方式有走势图和数据表2种方式，如图5所示。

2.4.3 边坡变形显示模块

系统提供了边坡变形的实时显示情况，为边坡的变形提供科学依据；提供了预警功能，根据需要设置预警值，系统可提供自动报警，如图6所示。

2.4.4 数据管理模块

服务器选用采用HP公司的HP ProLiant G5机架式服务器，硬盘采用RAID5技术，系统采用了远程数据自动备份功能。

2.4.5 数据实时显示和预警模块

系统提供大屏幕显示画面，实时显示采集的数据，并实现预警分析功能。

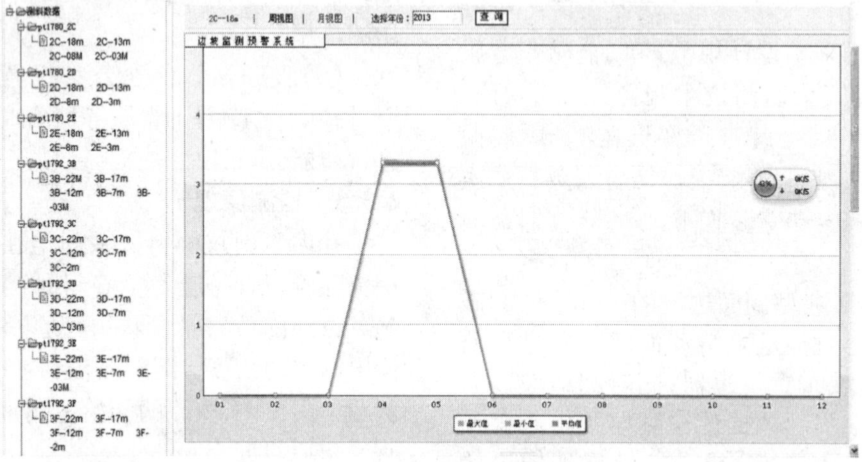

图5 传感器的走势图和数据

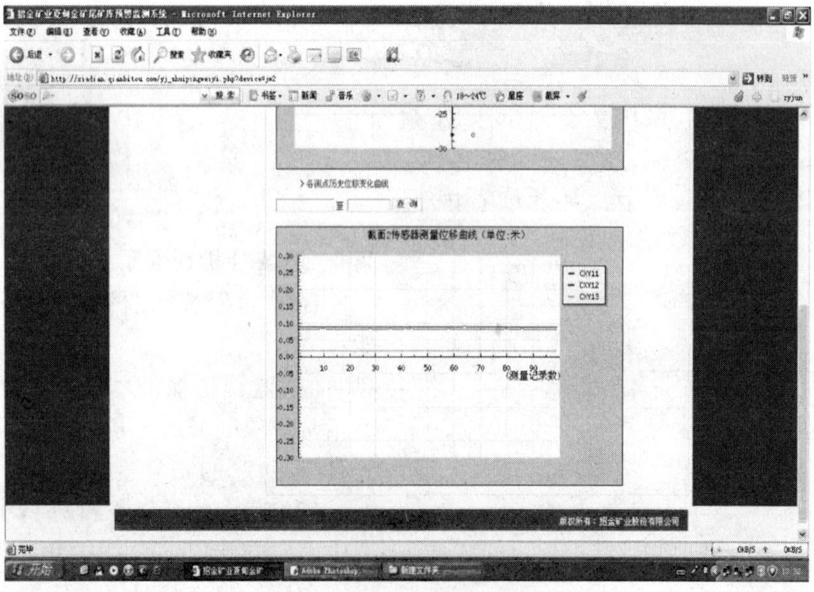

图6 边坡变形显示和预警

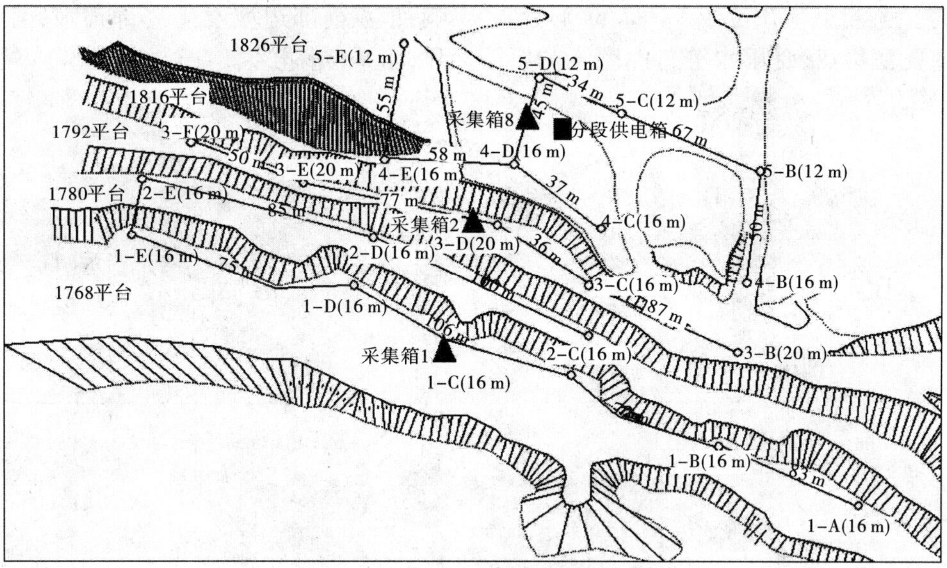

图7　监测点布置

3　应用实例

3.1　监测点布置

系统的钻孔监测点主要分布于石英石矿边坡的5个平台上，分别为1 768，1 780，1 792，1 816，1 826 m平台，共设置21个监测点，如图7所示。监测点具体分布如下：

（1）1 768 m平台。由东至西编号依次为1-A、1-B、1-C、1-D、1-E。

（2）1 780 m平台。由东至西编号依次为2-C、2-D、2-E。

（3）1 792 m平台。由东至西编号依次为3-B、3-C、3-D、3-E、3-F。

（4）1 816 m平台。由东至西编号依次为4-B、4-C、4-D、4-E。

（5）1 826 m平台。由东至西编号依次为5-B、5-C、5-D、5-E。

3.2　测斜管安装

首先在现场各个平台钻孔，钻孔开口直径不小于110 mm，终孔直径应不小于95 mm。钻孔完毕后全面清孔，除净孔内残留岩粉、杂物，测定钻孔偏斜度。将测斜管安装于钻孔内，首先将测斜管装上底盖，然后用螺钉或铆钉固定并用胶带密封。各段测斜管由专用接头连接，接头处必须密封处理，防止浆液和填料进入。

3.3　测斜仪安装

倾斜仪安装前应测定钻成孔或测斜管的垂直度不得超出传感器满量程的30%。对测斜管导向槽应做好永久标记用以确定倾斜变形的正方向。依照安装次序，将传感器按同一方向与接杆（管）连接起来，调整校直后固定可靠。将测斜仪下放到测斜管之后，用铁盖将钢丝绳固定于测斜管管口。

3.4　数据采集箱安装

为了保证采集箱的安全及整体稳定性和保护蓄电池，首先施工混凝土基础及墩台，混凝土基础安装地锚连接采集箱，墩台内部安防蓄电池，将太阳能板焊接固定于箱子顶部，并将数据采集模块焊接于箱子内部，并在箱子底部预留孔连接电缆线；然后将斜孔中的测斜仪连接到系统总线上完成系统连接，如图8所示。

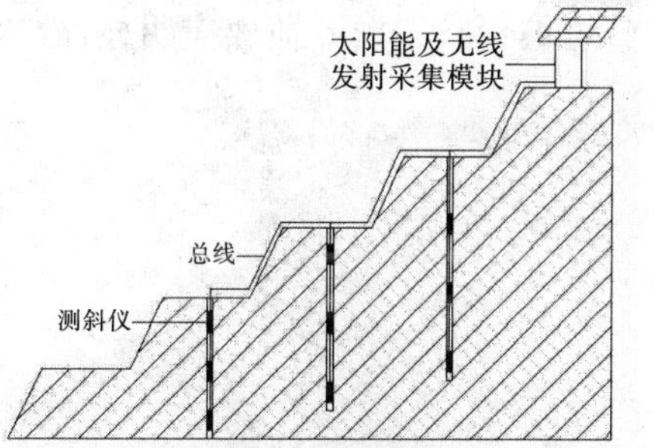

图8　监测设备安装示意

4　应用效果分析

监测系统自投用之后，真实反映了边坡坡体内毫米级的位移变化，能够及时掌握边坡的变形情况，及时采取应对措施，避免边坡破坏造成次生灾害。图9为Ⅰ#边坡（包括监测点1-B、3-B）监测断面的实时数据分析图。由图9可知，监测点1-B水平位移较大，位移累加分别达到了56.267 mm和31.409 mm。主要原因是由于监测点1-B位于1 768 m平台，该平台刚刚完成开采，由于开采作用的影响，边坡台阶采动卸荷效应明显，水平位移较大，与现场实际生产情况相符。监测点 3-B 位于 1 792 m 平台，该处水降雨的主要汇集点，受雨水等自然因素的影响，该点前部边坡发生局部滑坡，且新裂纹萌生明显，水平位移较大，与现场实际生产情况相符。

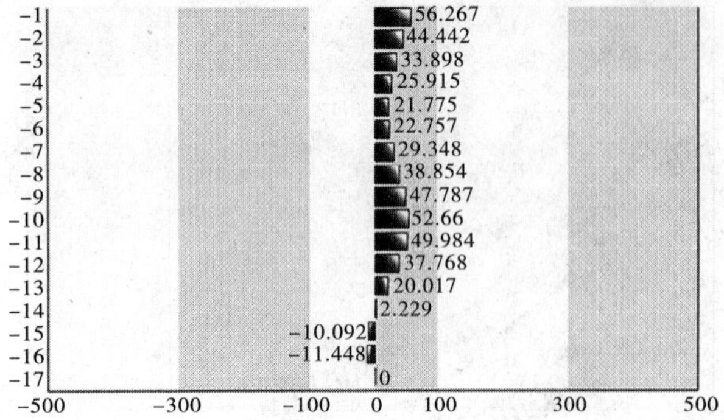

(a)1 768 m平台1-B钻孔水平位移

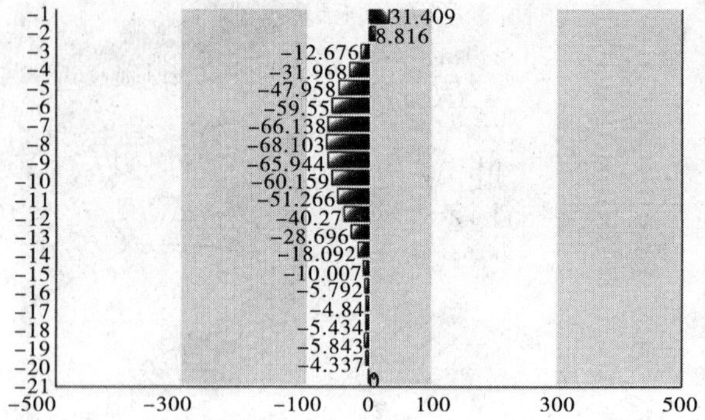

(b)1 792 m平台3-B钻孔水平位移

(c)1 792 m平台边坡局部垮塌

图 9　Ⅰ[#]边坡监测数据与现场实际对比

图 10 为Ⅱ[#]边坡（包括监测点 1-C、4-C）监测断面的实时数据分析图。由图 10 可知，监测点 1-C、4-C 水平位移较大，位移累加分别达到了-55.436 mm 和-47.471 mm。经过分析，监测点 1-C 位于 1 768 m 平台，该平台刚刚完成开采，由于采动作用的影响，边坡台阶采动卸荷效应明显，故水平位移较大，发生滑坡的可能性较小。监测点 4-C 位于 1 816 m 平台此处水降雨的主要汇集点，几次较大降雨都是从 4-C 钻孔处汇集流下，受雨水等自然因素的影响严重，此点前部边坡发生局部垮塌（图 10（c）），且此处裂纹发育完全（图 10（d）），随时都有发生垮塌滑坡的可能。

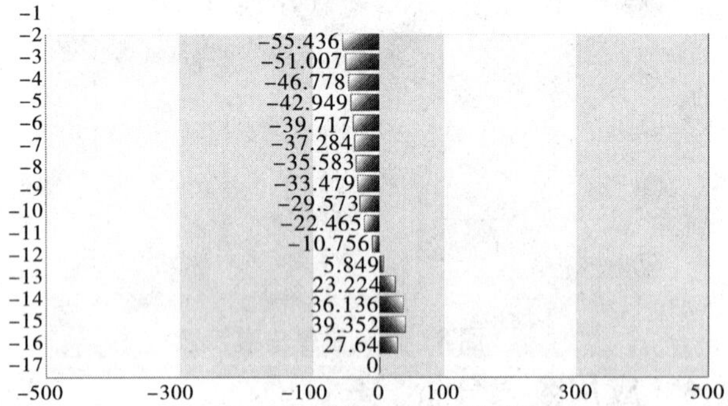

(a)1 768 m平台1-C钻孔水平位移

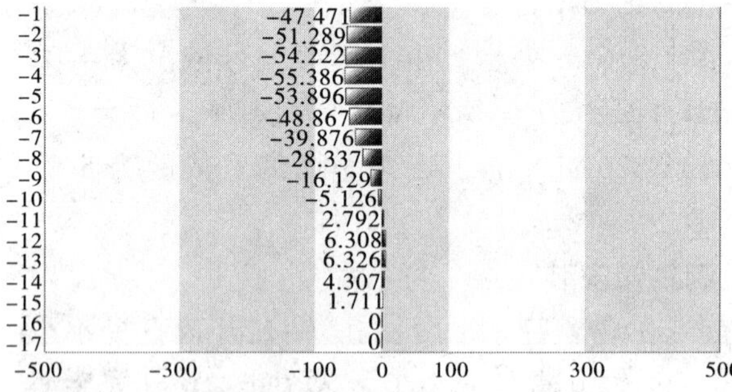

(b)1 816 m平台4-C钻孔水平位移

(c)1 816 m平台局部垮塌

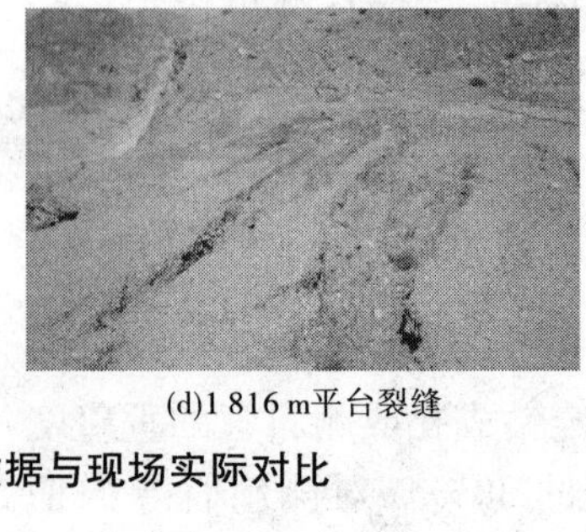

(d)1 816 m平台裂缝

图 10　Ⅱ[#]边坡监测数据与现场实际对比

（下转第 284 页）

大红山铁矿露天边坡治理方案

李 俊
（玉溪大红山矿业有限公司）

摘 要 利用极限平衡方法对大红山铁矿露天采矿工程边坡在天然工况、开挖施工工况等7种工况下的稳定性进行分析，认为该边坡在暴雨工况下安全系数无法满足稳定安全要求。对此，考虑此边坡表层为深厚覆盖层，采用削坡减载处理方案对该边坡进行治理设计，取得了较好的效果。

关键词 边坡稳定分析 极限平衡法 削坡减载

大红山铁矿位于云南省玉溪市新平彝族、傣族自治县戛洒镇，地理坐标：东经101°39′，北纬24°06′。矿区往东有公路通往新平县城（87 km）、玉溪市（179 km），昆明市（282 km），往西有公路至楚雄市（178 km）、昆明市（344 km），交通便利。矿区标高600～1 850 m，属侵蚀剥蚀山地地形，切割深，起伏大，网状沟谷发育，曼岗河、肥味河、老厂河从矿区流过，汇合为浑龙河，在矿区西南约9 km处注入戛洒江。河水流量受降雨量控制，变化很大。

1 矿区概况

玉溪大红山矿业有限公司浅部熔岩铁矿露天380万t/a采矿工程，2009年投入建设，2010年底完成基建剥离，2011年投入生产至今。目前，整个露天采场逐步往东南方向下移，主要供矿点位于910 m台阶以下。由于地表段的2条充填管线曼岗河堆场挡墙终点端-双电杆段位于露天采场835～910 m台阶正下方，部分管线暴露在地表，而该段山体边坡陡峭，接近垂直，岩石裸露，风化严重，加上露天采矿生产过程中爆破作业震动会产生滚石向下滚落，存在落石对供水管线产生砸坏的安全隐患。目前已有少部分边坡浮石滚下，对暴露段的供水管线有轻微砸扁或管线表皮擦落及前期雨水涌量较大，受到雨水冲刷、每日受到爆破的震动影响、局部采空区及地质原因（土夹石、风化）造成895，880，865，850，835 m台阶靠近露天采场内侧边坡坡脚出现了不同程度的现垮塌现象，对采场组织生产及过往车辆形成了较大安全隐患。

目前，露天采场910～835 m台阶便道边坡由于地质原因及前期雨水冲刷，边坡出现了不同程度的垮塌现象，给该便道区域人员及车辆通行造成严重的安全隐患及对正下方的充填、供水管线患有随时遭到破坏的危机。具体隐患情况如图1所示。

(a)采场边坡现状 (b)采场边坡垮塌严重 (c)供水管线被砸中
(d)供水管线上方浮石 (e)边坡浮石松动

图1 边坡隐患

2 治理方案

为了消除露天采场910～835 m台阶垮塌的安全隐患，防止台阶边坡进一步受到破坏，确保台阶便道进出通行安全及采场内采矿生产作业有序进行，避免造成不利后果及不必要的经济损失。经现场踏勘并结合露天生产实际，研究分析影响边坡稳定性的各项因素，分析边坡岩体的稳定性，参照地质资料了解岩体中结构面分布及岩性变化，分析潜在滑面，拟定采用削坡减载对露天边坡进行治理。即910～895 m台阶标高土石方可直接按1∶0.75的坡度用挖掘机进行开挖至895 m台阶标高，留6 m宽的安全平台；895～880 m台阶标高土石方，从895 m台阶按1∶0.75的坡度穿孔至880 m台阶标高进行爆破，留8 m宽的安全平台；以下台阶以此类推，采用用挖掘机及双桥车进行铲装运输。通过削坡降低滑力，提高滑体的稳定系数，甚至清除滑体，提高边帮角，减小剥采比。

李 俊（1988—），男，助理工程师，653405 云南省玉溪市新平县戛洒镇。

该方案工程量虽大，但施工简单，投资较有利，安全可靠，对持续生产安全保障起重要的支撑作用，有利于矿区的后续生产。

2.1 稳定性分析

2.1.1 露天高陡边坡稳定性

所谓高陡边坡指边坡高度在 500 m 以上，边坡角度(总体边坡角)约 50°的边坡。该类边坡特点有：①高陡相联的必然性，往往一个高的边坡，一般均以陡坡形式出现，否则，开挖量将成指数级增加；②边坡岩体的复杂性，正由于边坡高峻，其所扰动的岩体范围大大扩大，对环境的波及面也较大，随之，揭露的边坡岩体的岩性将会多种多样构造多变，再加上地下水、地应力等环境因素的多重影响，致使边坡岩体复杂与突出；③边坡失稳的敏感性和失稳方式的多重性，边坡岩体主要为多类型结构的组合，尤其是软弱结构面不同程度的发育，在多重应力作用下，造成了边坡失稳的可能性、敏感性和多重性；④稳定性分析、评价的综合性，对高陡边坡，由于其波及面广、条件复杂，应分区分段进行评价。

高陡边坡除上述特点外，地下水和地应力将成为高陡边坡的突出问题。由于露天矿的深凹，将有可能遇到浅层与深层 2 种地下水，成为影响边坡稳定性的重要因素。应查明地下水网络系统、网络非均一性的具体性状，分析地下水运移规律及其所产生的压力，水压在边坡的分布规律及其对边坡稳定性的作用等。关于地下水对岩体软化等的影响，有必要结合岩体的物理力学性质进行研究。随着露天矿的深凹，地应力的作用日益显示出来。目前，关于地应力的概念存在某种程度的模糊，但有一点是明显的，当三维应力中水平应力为最大主应力时，则有构造应力的参与[1-4]。为此，在地质力学观点的指导下，从构造形迹出发，着重研究最大主应力方向，这对指导应力量测，分析矿山地应力性状，起到不可忽视的作用。

2.1.2 坑露联合开采引起围岩稳定性

地下开采仍是大红山矿业有限公司矿山生产的主要方式，随着 400 万 t/a 主采区的逐渐下降，二期的采掘范围下降至 400 m 标高以下。深部地质环境最大特点是地应力大，地下水多变，松软破碎岩体变形强烈，破坏概率增大及某些特殊的灾害等。矿山井巷、地下硐室是典型地质工程。以地质体为构筑物的主体部分，对地质的依赖性是较为明显的，工程质量的优劣主要取决于地质条件和人为作用。新奥法就是在总结以往经验和研究基础上提出的新的施工方法，该方法的理论观点将把围岩作为工程结构的一部分，而不能单纯地看作荷载，围岩体具有自身支撑的能力。从地质观点来看，该方法存在某些缺陷。即缺少基础性的工程地质预测环节。因而，将岩体结构控制施工的程序初步拟定为：预测预报(或预处理)—变形监测与反分析—制定适应的施工方法—变形监测与工程评。

2.2 边坡治理过程管理

2.2.1 削坡过程管理及技术要求

2.2.1.1 技术管理

组织有关人员，充分利用前人的现有资料，认真分析研究，在进行边坡岩体的地质环境调查的基础上建立矿区内地顶软弱夹层，分布情况，岩体的结构，断层地下水状况，节理、裂隙等信息的原始数据库。利用现有的国内外有关边坡治理与防治的先进技术、先进经验，结合矿区实际情况，制定出一套边坡管理的技术方案。

2.2.1.2 削坡过程中的边坡管理

(1)在削减边坡过程中，为了控制和减少大爆破对边坡的破坏，在爆破设计中，可采用缓冲孔和预裂孔保护边坡，缓冲孔采用间隔装药，预裂孔采用不偶合装药。炮孔布置见图 2。

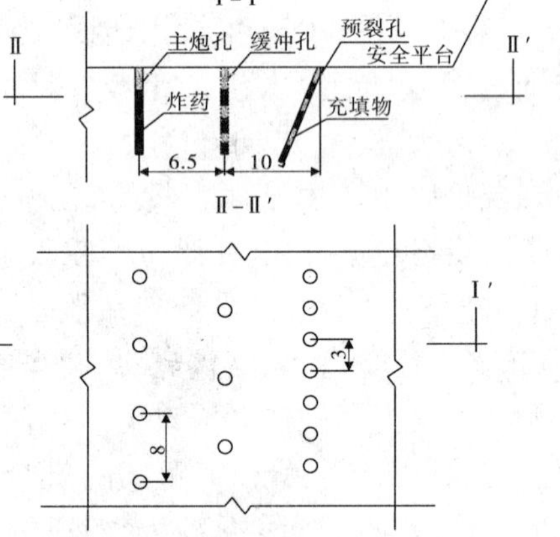

图 2 炮孔布置示意

(2)在削减边坡过程中，如遇边坡、节理、裂隙发育、断层、空洞，应根据具体地质情况，及时制定施组织方案，采用充填、封闭空洞、挂金属网喷浆等方式进行支护，岩石比较破碎松散的地段，采用锚固桩，挂金属网喷浆等方式进行支护(锚固桩间距、喷浆厚度视岩石情况而定)。

(3)在爆破过程中，边坡出现凸块、浮岩、浮矿，必须及时清理，凸块用小孔径炮孔爆破修平，使边坡光滑整洁。

(4)经常对安全平台积渣,浮石进行清理。

2.2.1.3 排水管理

(1)由于采区属丰水地区,年降雨量700 ~1 200 mm,雨季集中于6—9月份。为了确保边坡安全与稳定,采场外部必须建立排水系统,雨季前必须对截洪沟进行清理,如发现裂隙坍塌,应及时采用高标号水泥砂浆充填裂隙,避免地表水向采场内渗水影响边坡稳定。

(2)采场内各安全平台内侧,设置排水沟,将边坡水引入排水沟,确保安全平台上无积水。

(3)暂时不工作的台阶应设立临时排水沟,将积水和径流水分台阶排入永久排水沟内。

(4)工作平台内积水,根据水量,安装临时排水泵,将积水排出采场外。

2.2.2 削减边坡后的排渣管理

2.2.2.1 削减边坡后废石场处理

(1)根据各废石场的堆放容积,按计划进行堆放,在排渣场使用前,必须在渣场外围修建固定排水沟,防止径流水直排入渣场,避免冲坏排渣场,引发泥石流等地质灾害。

(2)排渣场使用前必须认真清理场内植被及其杂物,避免形成场内腐植夹层,影响废石场边坡的稳定。

(3)组织地质人员对区内废石场的地质情况认真调查研究,对废石场存在的地质不利因素,在堆放前期,提出整改方案措施,消除隐患。

(4)废石场使用前应在废石场坡底用大块石碾压坡脚,碾压宽度为4 ~6 m,堆高4 m,形成废石堆护坡,增加摩擦力。

(5)废石场坡脚用大块废石压紧坡脚后,并修建渗水盲沟,疏导场内积水及裂隙渗水,避免形成场内的软弱面积及滑移面。

2.2.2.2 倒排渣石现场管理

(1)排渣场严格按排放计划,循序渐进排废,上废上排,下废下排的原则,沿山坡排废,形成排废平台。

(2)为了确保汽车卸载安全,在平台边缘利用石渣增设安全车挡,车挡底宽1.5 m,高0.8 m,用前装机或推土机形成。

(3)新形成的排渣平台,岩土松散、孔隙率高,台阶沉降变形频繁,容易造成安全事故,因此应经常用前装机垫道、平整场地,确保排渣场的正常运行。

(4)由于该地区雨量比较大,暴雨经常出现,排渣场内部必须修建临时排水沟,并与固定防洪沟接通,及时将径流水和积水排除,确保排渣场的安全。

2.3 预期效果

通过台阶边坡削坡减载后,清除滑体,可提高滑体的稳定系数,提高了露天作业的安全性,同时扩宽了露天采场下部采矿区域,增加了后续工作平台,消除了目前露天采场出入的安全隐患,确保了露天采场生产作业安全以及下部充填管线、供水管线及老虎嘴运矿公路的安全运行,有效提高了1#铜井下采矿的连续性。

3 结 语

在对大红山矿业有限公司露天边坡隐患分析的基础上,采用削坡减载处理方案进行治理,通过对边坡稳定性、边坡治理过程管理进行详细讨论,为类似矿山边坡治理提供参考。

参 考 文 献

[1] 周维坦. 高等岩石力学[M]. 北京:水利水电出版社,1984.

[2] 李功伯,谢建清. 滑坡稳定性分析与工程治理[M]. 北京:地震出版社,1997.

[3] 张振营. 岩土力学.[M]. 北京:中国水利水电出版社,2000.

[4] 张有天,周维坦. 岩石高等边坡的变形与稳定[M]. 中国水利水电出版社,1999.

(收稿日期 2015-05-26)

矿山边坡加固体系中框架梁的动力力学行为分析

熊齐欢[1,2,3]　刁　虎[1,2,3]
(1. 中钢集团马鞍山矿山研究院有限公司;2. 金属矿山安全与健康国家重点实验室;
3. 华唯金属矿产资源高效循环利用国家工程研究中心有限公司)

摘　要　通过理论分析,充分考虑矿山爆破作业的不利影响,从动力和静力的角度对矿山边坡框锚加固体系中框架梁受力进行分析,得到了矿山边坡框架梁的受力解析解。在动力分析过程中,将矿山爆破动力荷载分为平行坡面方向动力和垂直坡面方向动力,分析了平行坡面方向动力作用带来的直接动压力大小,同时根据垂直坡面方向动力所引起的框架梁的弯矩变化,得到了垂直坡面方向动力给框架梁在平行坡面方向带来的应力大小;根据动力作用下沿着梁轴线方向应力的特点,分析了框架梁中拉应力的存在性以及拉应力的大小。

关键词　框架梁　爆破荷载　动力分析　拉应力

框锚加固体系作为一种简单、高效、廉价的加固方式,被广泛的运用到边坡加固工程中。目前对于框架梁在静力作用下的受力研究较多,对其抗震性能与动力响应研究相对滞后[1],大多停留静力分析、动力模拟以及震灾统计层面。2008 年汶川地震后,姚令凯等对路基震害调查中发现,桩板框架结构在地震中受到破坏较小,而单纯锚杆、锚索加固区域,则出现较大的预应力损失甚至加固失效。众多工程事实已经表明[2-3],桩梁、框锚等复合结构能很好的应对动载作用。从理论分析的角度,针对矿山边坡框锚加固体系,分别从静力和动力的角度对框架梁的受力进行分析,为矿山边坡加固中的框架梁尺寸设计以及强度校核提供理论支撑。

1　基本假设

由于研究模型比较复杂,在不影响模型实用性基础上,进行以下假设:①框架梁和接触岩体处于弹性范围,并符合弹性力学基本假设;②假设加固的边坡坡面与框架梁完整结合,不存在空隙;③由于钢筋混凝土梁的弹性模量往往比松散的边坡坡面弹性模量要大很多,因此忽略框架梁因受到岩体挤压而产生的变形;④借助 Winkler 弹性地基理论,假设边坡体为半无限大弹性体,框架梁与滑体之间的相互作用力大小符合胡克定律。

2　框架梁的受力分析

2.1　静力作用下框架梁的受力分析

在框锚加固体系中,锚索往往布置在横梁与纵梁的节点上,在预应力作用下横梁与纵梁相应发生弯曲变形,其变形量的大小主要取决于预应力在该梁上的分量大小。根据应力分布与梁坡面面积的反比例关系,得到:

$$\begin{cases} F_a = \dfrac{b}{a+b}P \\ F_b = \dfrac{a}{a+b}P \end{cases}, \tag{1}$$

式中,a 为横梁半长;b 为纵梁半长;P 为预应力大小;F_a,F_b 分别为预应力在横梁、纵梁上的分力。

框架梁的受力示意图模型如图 1 所示。

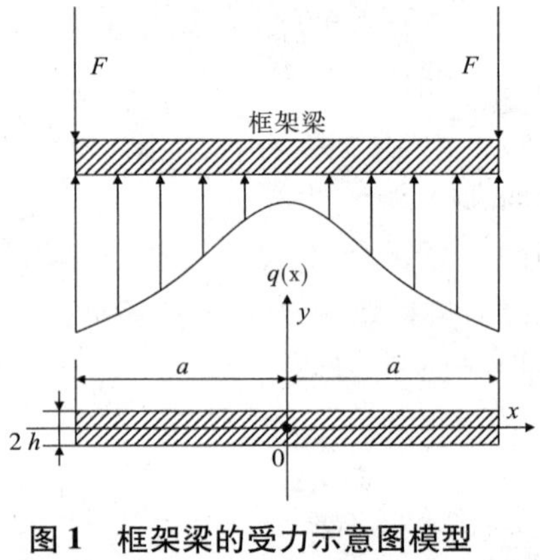

图 1　框架梁的受力示意图模型

对于任意格梁,在垂直坡面方向力 F 作用下,框架梁与岩体之间产生了相互挤压作用,在如图 1 所示的坐标系中,有 WINKLER 弹性地基梁假设得

熊齐欢(1988—),男,助理工程师,硕士,243000 安徽省马鞍山市经济技术开发区西塘路 555 号。

到：

$$q(x) = Ky(x) \ , \tag{2}$$

式中，$q(x)$ 为坡面与格梁之间的相互作用力；$y(x)$ 为任意 x 处梁在垂直于坡面的挠度大小。

对于某一横梁，其长度为 $2a$，两端集中力 F_a，任一点 x 处的弯矩为：

$$M(x) = -(x+a)F_a + \int_a^x (x-t)cq(t)\mathrm{d}t \ . \tag{3}$$

根据挠曲线微分方程：

$$EI\bar{w}'' = -M(x) \ , \tag{4}$$

得到：

$$EIy'''' = -cq(x) \ . \tag{5}$$

将式(2)代入到式(5)，并积分得到：

$$y = \mathrm{e}^{\alpha x}[C_1\cos\alpha x + C_2\sin\alpha x] + \mathrm{e}^{-\alpha x}[C_3\cos\alpha x + C_4\sin\alpha x] \ . \tag{6}$$

根据挠度与转角、弯矩、剪力的关系得到：

$$\theta = \frac{\mathrm{d}y}{\mathrm{d}x} = \mathrm{e}^{ex}\alpha[C_1\cos(x\alpha) + C_2\sin(\alpha x)] - \mathrm{e}^{-\alpha x}\alpha[C_3\cos(\alpha x) + C_4\sin(\alpha x)] + \mathrm{e}^{\alpha x}[C_2\alpha\cos(\alpha x) - C_1\alpha\sin(\alpha x)] + \mathrm{e}^{-\alpha x}[C_4\alpha\cos(\alpha x) - C_3\alpha\sin(\alpha x)] \ . \tag{7}$$

$$M = -EIy'' = -EI\{\mathrm{e}^{\alpha x}\alpha^2[C_1\cos(\alpha x) + C_2\sin(\alpha x)] + \mathrm{e}^{-\alpha x}\alpha^2[C_3\cos(\alpha x) + C_4\sin(\alpha x)] + 2\mathrm{e}^{\alpha x}\alpha[C_2\alpha\cos(\alpha x) - C_1\alpha\sin(\alpha x)] - 2\mathrm{e}^{-\alpha x}\alpha[C_4\alpha\cos(\alpha x) - C_3\alpha\sin(\alpha x)] + \mathrm{e}^{\alpha x}[-C_1\alpha^2\cos(\alpha x) - C_2\alpha^2\sin(\alpha x)] + \mathrm{e}^{-\alpha x}[-C_3\alpha^2\cos(\alpha x) - C_4\alpha^2\sin(\alpha x)]\} \ . \tag{8}$$

$$F_s = EI\{\mathrm{e}^{\alpha x}\alpha^3[C_1\cos(\alpha x) + C_2\sin(\alpha x)] - \mathrm{e}^{-\alpha x}\alpha^3[C_3\cos(\alpha x) + C_4\sin(\alpha x)] + 3\mathrm{e}^{\alpha x}\alpha^2[C_2\alpha\cos(\alpha x) - C_1\alpha\sin(\alpha x)] + 3\mathrm{e}^{-\alpha x}\alpha^2[C_4\alpha\cos(\alpha x) - C_3\alpha\sin(\alpha x)] + 3\mathrm{e}^{\alpha x}\alpha[-C_1\alpha^2\cos(\alpha x) - C_2\alpha^2\sin(\alpha x)] - 3\mathrm{e}^{-\alpha x}\alpha[-C_3\alpha^2\cos(\alpha x) - C_4\alpha^2\sin(\alpha x)] + \mathrm{e}^{\alpha x}[-C_2\alpha^3\cos(\alpha x) + C_1\alpha^3\sin(\alpha x)] + \mathrm{e}^{-\alpha x}[-C_4\alpha^3\cos(\alpha x) + C_3\alpha^3\sin(\alpha x)] \ . \tag{9}$$

有边界条件可以求出常数 C_1, C_2, C_3, C_4，在如图 1 所示的坐标系中，边界条件为：

(1)在 $x=0$ 处的挠度很小，近似为0，$y(x=0)$，得到：

$$y(x=0) = C_1 + C_3 = 0 \ . \tag{10}$$

(2)根据梁的对称性，在 $x=0$ 处的转角为0，$y'(x=0)$，得到：

$$y'(x=0) = C_1 - C_3 + C_2 + C_4 = 0 \ . \tag{11}$$

(3)有静力平衡条件得到，在 $x=0$ 处剪力 $F=0$，

$$F_s(x=0) - C_1 + C_2 + C_3 + C_4 = 0 \ . \tag{12}$$

(4)在 $x=-a$ 处剪力 $F_s=-F_a$。

由此可得：$C_1 = C_3, C_2 = -C_4$。

将 $C_1 = C_3, C_2 = -C_4$ 代入到式(9)，取 $x=-a$，得到：

$$EI2C_2\alpha^3[-\mathrm{e}^{\alpha a}\cos(\alpha a) + \mathrm{e}^{-\alpha a}\cos(\alpha a) + \mathrm{e}^{\alpha a}\sin(\alpha a) + \mathrm{e}^{-\alpha a}\sin(\alpha a)] = -F_a. \tag{13}$$

解得：

$$\begin{cases} C_1 = 0 \\ C_2 = \dfrac{F_a}{2EI\alpha^3[-\mathrm{e}^{\alpha a}\cos(\alpha a) + \mathrm{e}^{-\alpha a}\cos(\alpha a) + \mathrm{e}^{\alpha a}\sin(\alpha a) + \mathrm{e}^{-\alpha a}\sin(\alpha a)]} \\ C_3 = 0 \\ C_4 = \dfrac{F_a}{2EI\alpha^3[-\mathrm{e}^{\alpha a}\cos(\alpha a) + \mathrm{e}^{-\alpha a}\cos(\alpha a) + \mathrm{e}^{\alpha a}\sin(\alpha a) + \mathrm{e}^{-\alpha a}\sin(\alpha a)]} \end{cases} , \tag{14}$$

式中，$\alpha = \sqrt[4]{\dfrac{cK}{EI}}$ 为仅与材料性质和梁的抗弯刚度有关的参数。

将求得的 C_1, C_2, C_3, C_4 带入到式(6)～式(9)得到：

$$\begin{cases} y=-\dfrac{P[e^{\alpha x}\sin(\alpha x)-e^{-\alpha x}\sin(\alpha x)]b}{2EI\alpha^3(a+b)[-e^{\alpha a}\cos(\alpha a)+e^{-\alpha a}\cos(\alpha a)+e^{\alpha a}\sin(\alpha a)+e^{-\alpha a}\sin(\alpha a)]} \\ \theta=-\dfrac{bP[e^{\alpha x}\sin(\alpha x)+e^{-\alpha x}\sin(\alpha x)+e^{\alpha x}\cos(\alpha x)-e^{-\alpha x}\cos(\alpha x)]}{2EI\alpha^2(a+b)[-e^{\alpha a}\cos(\alpha a)+e^{-\alpha a}\cos(\alpha a)+e^{\alpha a}\sin(\alpha a)+e^{-\alpha a}\sin(\alpha a)]} \\ M=\dfrac{bP\cos(\alpha s)(e^{\alpha x}+e^{-\alpha x})}{\alpha(a+b)[-e^{\alpha a}\cos(\alpha a)+e^{-\alpha a}\cos(\alpha a)+e^{\alpha a}\sin\alpha a+e^{-\alpha a}\sin(\alpha a)]} \\ F_s=\dfrac{bP[-e^{\alpha x}\sin(\alpha x)-e^{-\alpha x}\sin(\alpha x)+e^{\alpha x}\cos(\alpha x)-e^{-\alpha x}\cos(\alpha x)]}{(a+b)[-e^{\alpha a}\cos(\alpha x)+e^{-\alpha a}\cos(\alpha a)+e^{\alpha a}\sin(\alpha a)+e^{-\alpha a}\sin(\alpha a)]} \end{cases}, \qquad (15)$$

根据弯矩与应力的关系有：

$$\sigma_m = M/W . \qquad (16)$$

剪力与最大剪应力的关系为：

$$\tau_m = \frac{3F}{2A} . \qquad (17)$$

由上述函数关系可知，挠度、转角、弯矩以及剪力大小都与预应力大小成正比关系，梁上的应力与弯矩成正比，最大剪应力与梁的剪力成正比，因此轴向应力以及剪应力的图像与弯矩和剪力是类似的，因此在压应力与剪应力的分布规律研究中只需对弯矩和剪力加以分析。

2.2 动力作用下框架梁的受力分析

矿山边坡不可避免的受到了来自周围爆破作业带来的爆破动力作用，动力作用是边坡加固失效的主要诱因之一，因此对于动力作用下框架梁的力学行为加以研究十分必要。根据弹性波的传播特点，可以将爆破地震波简化为：

$$w = W_0\sin\omega(t - \frac{r}{v}) . \qquad (18)$$

根据波的矢量性，可以将爆破地震波分解为平行坡面方向和垂直坡面方向弹性波，如图 2 所示。

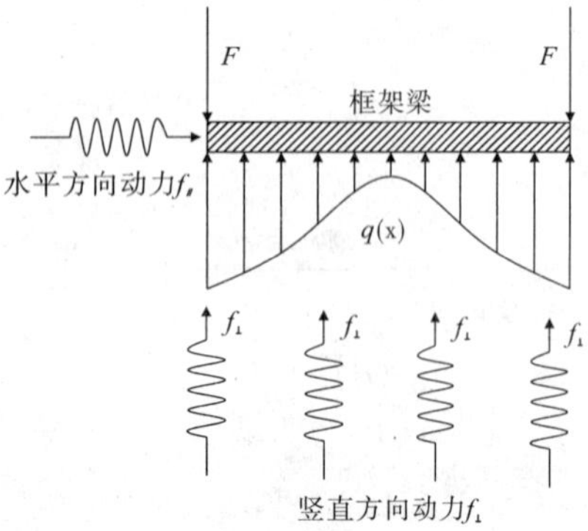

图 2 动力作用下框架梁受力示意

平行坡面方向、垂直坡面方向分别为：

$$\begin{cases} u = U_0\sin\omega(t - \dfrac{x}{v}) \\ v = V_0\sin\omega(t - \dfrac{x}{v}) \end{cases}, \qquad (19)$$

式中，U_0，V_0 分别为平行坡面方向以及垂直坡面方向振动质点的振幅；ω 为圆频率；v 为弹性波在框架梁中的传播速度。

对一个质量为 dm 的质点有动力方程为：

$$\mathrm{d}F = A\mathrm{d}m = A\rho h\mathrm{d}s , \qquad (20)$$

得到：

$$\sigma = \frac{\mathrm{d}F}{\mathrm{d}s} = A\rho h , \qquad (21)$$

式中，A 为质点加速度；ρ 为质点密度，h 为框架梁高度。

于是有：

$$\begin{cases} A_x = \dfrac{\partial^2 u}{\partial x^2} = -U_0\omega^2\sin\omega(t - \dfrac{x}{v}) \\ A_y = \dfrac{\partial^2 v}{\partial y^2} = -V_0\omega^2\sin\omega(t - \dfrac{y}{v}) \end{cases} . \qquad (22)$$

$$\begin{cases} \sigma_x = -\rho h U_0\omega^2\sin\omega(t - \dfrac{x}{v}) \\ \sigma_y = -\rho h V_0\omega^2\sin\omega(t - \dfrac{y}{v}) \end{cases} . \qquad (23)$$

由式(23)式可知，在框架梁上由于爆破震动所引起的额外的应力大小并非一个恒定值，其大小不但与质点所处的位置有关而且与所研究的时刻有关，由于式中有一个周期性余弦函数，那么应力的方向也可能会发生变化。

由于弯矩、剪力分别与正应力、剪应力呈线性关系，因此可以利用叠加的原理，分别对平行坡面方向和垂直坡面方向动力进行分析，如图 3 所示。

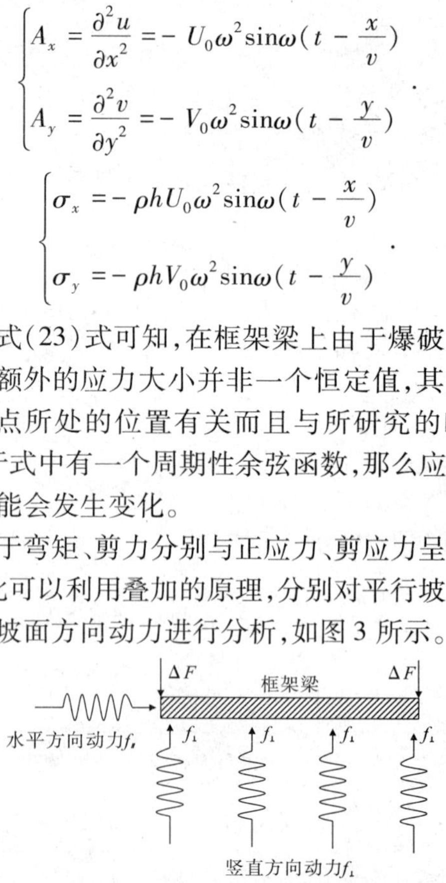

图 3 动力所引起的额外力系

设在垂直坡面方向上框格横梁上单位长度动力大小为 $f_\perp$，那么根据框架梁上 y 方向上质点振动的

应力 σ_y 得到：

$$f_{\perp}=\sigma_y|_{y=0}=-c\rho hV_0\omega^2\sin\omega t\ , \tag{24}$$

式中，c 为框架梁的宽度；h 为框架梁高度。

$f_{\perp}$ 相当于一个均布荷载一样作用在框架梁上，其合力与动力作用下预应力锚索上的额外力 ΔF 平衡。由 $\Sigma F_y=0$，得到：

$$2\Delta F=f_{\perp}\,2a\ . \tag{25}$$

求解得到：

$$\Delta F=-Ac\rho hV_0\omega^2\sin\omega t\ . \tag{26}$$

动力所引起的额外弯矩为：

$$\Delta M(x)=-\Delta F(x+a)+\frac{1}{2}f_{\perp}(x+a)^2=$$

$$-\frac{1}{2}(x^2-a^2)c\rho hV_0\omega^2\sin\omega t\ . \tag{27}$$

额外剪力为：

$$AF_s=-xc\rho hV_0\omega^2\sin\omega t\ . \tag{28}$$

3 动力作用下框架梁上最危险点的应力值

无论弯矩、剪力的正负如何，只要有弯矩、剪力存在的地方，梁上一定存在着拉伸应力和压缩应力以及剪应力。由于混凝土梁的抗拉强度较其抗压强度低很多，因此梁上最危险的点为弯矩、剪力大小的最大值处的拉伸部分。

除了弯矩带来的拉伸应力外，在动力作用下，沿着梁轴向方向的动力也可能提供拉伸应力。由水平动力带来的轴向正应力 σ_x $-1\le\sin\omega(t-\frac{x}{v})\le1$ 是一个关于时间和位置周期变化的函数，所以有 $-\rho hU_0\omega^2\le\sigma_x\le\rho hU_0\omega^2$。

由于 $\sin\omega(t-\frac{x}{v})$ 是一个关于位置 x、时间 t 的函数，如果时间够长的话，理论上在梁的每一个点的应力都可以取到 $-\rho hU_0\omega^2\le\sigma_x\le\rho hU_0\omega^2$，因此最大拉应力为：

$$\sigma_x=-(\rho hU_0\omega^2+\frac{6|M|_{\max}}{ch^2})\ . \tag{29}$$

爆破应力波在介质中的传播是沿着各个方向都存在，严格来讲，梁中任意质点会存在3个方向上的应力作用，处于一个三维应力状态，最大拉应力 $\sigma_1=-(\rho hU_0\omega^2+\frac{6|M|_{\max}}{ch^2})$，最小拉应力 $\sigma_3=-\rho hU_0\omega^2$，具体数值大小则需要根据现场试验、现场监测以及设计参数进行计算分析获取。

除了最大拉应力可能会导致结构体的破坏，剪应力也是材料破坏的一个重要原因。最大剪应力

$$\tau_m=\frac{9Fs|F_s|\max}{4A^2}\ . \tag{30}$$

最大拉应力位于梁的上下面附近，其对应的剪力趋于0；而最大剪应力处于梁的中性轴附近，其对应的正应力大小趋于0，因此对于已加固的体系中可以分别直接校核最大拉应力和最大剪应力大小。

4 结 语

通过理论分析，从静力和动力角度，得到了矿山边坡框锚加固体系中框架梁的受力分析。根据静力作用下正应力、剪应力表达式得到，正应力、剪应力的大小与预应力大小成正比，与梁的设计长度及断面尺寸有关；在动力作用下，动力作用除了给框架梁结构带来压应力外，而且在部分区域产生了破坏性的拉伸应力和剪应力，威胁到了框锚体系的整体有效性与安全性。

参 考 文 献

[1] 文畅平. 桩板墙地震动力特性的大型振动台模型试验研究[J]. 岩石力学与工程学报, 2013(5):233-240.

[2] 姚令凯，冯俊德，杨 明. 汶川地震路基震害分析及对抗震规范改进的启示[J]. 西南交通大学学报,2009(1):34-40.

[3] 曲宏略，张建经. 桩板式抗滑挡墙地震响应的振动台试验研究[J]. 岩土力学,2013(3):26-35.

（收稿日期 2015-05-26）

大红山铁矿露天边坡治理

李　俊
（玉溪大红山矿业有限公司）

摘　要　边坡稳定治理方法有多种，结合具体边坡工程，利用极限平衡方法对大红山铁矿露天采矿工程边坡在天然工况、开挖施工工况等7种工况下的稳定状况分析，该边坡在暴雨工况下安全系数不能满足稳定安全要求，考虑此边坡表层为深厚覆盖层，选用削坡减载处理方案对该边坡进行治理设计，校核边坡处理后的稳定状况，各工况下该边坡安全系数均满足要求，表明对该边坡采用削坡减载方式进行处理是可行的。

关键词　露天采矿　边坡　稳定分析　削坡减载　极限平衡法

1　边坡及边坡地质危害

边坡是指地表一切具有倾向临空面的地质体，是广泛分布于地表的一种地貌景观。峰峦起伏的山川大地，有千变万化的边坡所显现；蜿蜒曲折的河流湖泊，有水上和水下的边坡所约束。不少工程建筑，兴建在边坡岩（土）体上。随着国民经济的发展，人民生活和生产与边坡发生着紧密联系。因此，边坡工程的设计与施工、边坡稳定性的分析与监测，以及滑坡的预报与治理，是一项十分重要的系统工程。

边坡的失稳造成的滑坡、崩塌是十分严重的全球性自然灾害，也是仅次于地震的第二大地质灾害。它常常摧毁建筑，堵塞交通，造成人员伤亡，给生态坏境工程和工程建设带来危害，造成巨大的经济损失。滑坡是地壳层边坡的一种灾害地质现象，往往出现在山区和丘陵地带，其区域分布受到地球动力学背景和动力作用过程的控制，而其形成和演化主要与外营力，诸如浅表层改造、风化、卸荷、地下水及人类活动等密切相关。在全球范围内滑坡分布广泛，危害严重。

2　矿山概况

大红山铁矿位于云南省玉溪市新平彝族、傣族自治县戛洒镇，地理坐标东经101°39′，北纬24°06′，在紧靠哀牢山脉东侧的戛洒江（红河、元江上游）东岸。矿区往东有公路通往新平县城（87 km）、玉溪市（179 km），昆明市（282 km），往西有公路至楚雄市（178 km）、昆明市（344 km）。从矿区经新平、玉溪至昆钢本部公路距离260 km，至戛洒生活区10.5 km，对外交通方便。

新平县归玉溪市管辖，全县面积4 223 km^2，人口25.6万，是云南省待开发的地区。历史上一直是以生产稻米、甘蔗、木材等为主的农业经济，工业基础薄弱，经济比较落后。在“改革、开放”方针指引下，近十年以来全县经济有了较大发展，全县农业、经济作物种植和加工、制糖、造纸等行业继续发展，小冶金、小有色金属采选冶，交通、旅游、水利、水电等也有很大发展，商品交易繁荣，地方经济活跃。新平县境内矿产资源丰富，铁矿及有色金属蕴藏量大，特别是大红山铁铜矿属优质特大型铁铜矿床。铜矿已由易门矿务局先期开发。

矿区标高600～1 850 m，属侵蚀剥蚀山地地形，切割深，起伏大，网状沟谷发育，曼岗河、肥味河、老厂河从矿区流过，汇合为浑龙河，在矿区西南约9 km处注入戛洒江。河水流量受降雨量控制，变化很大。

3　工程简介

玉溪大红山矿业有限公司浅部熔岩铁矿露天380万t/a采矿工程，2009年投入建设，2010年底完成基建剥离，2011年投入生产至今。目前，整个露天采场逐步往东南方向下移，主要供矿点位于910 m台阶以下。由于地表段的两条充填管线曼岗河堆场挡墙终点端～双电杆段位于露天采场835～910 m台阶正下方，部分管线暴露在地表，而该段山体边坡陡峭，接近垂直，岩石裸露，风化严重，加上露天采矿生产过程中爆破作业震动会产生滚石向下滚落，存在落石对供水管线产生砸坏的安全隐患。目前已有少部分边坡浮石滚下，对暴露段的供水管线有轻微砸扁或管线表皮擦落及前期雨水涌量较大，受到

李　俊（1988—），男，助理工程师，653405 云南省玉溪市新平县戛洒镇。

雨水冲刷、每日受到爆破的振动影响、局部采空区及地质原因（土夹石、风化）造成 895、880、865、850、835 m 台阶靠近露天采场内侧边坡坡脚不同程度出现垮塌现象，对采场组织生产及过往车辆形成较大安全隐患，台阶服务年限约 6 a，为确保该段供水管线不因为爆破滚石砸坏而影响供水管线的使用，保证Ⅰ号铜矿带 150 万 t/a 采矿工程、Ⅲ、Ⅳ矿体 80 万 t/a 采矿工程和露天浅部熔岩铁矿 380 万 t/a 采矿工程的顺利进行和确保露天采矿安全生产，经公司各部门现场勘查，必须对该隐患及时进行处理。

4 隐患情况

目前，露天采场 910 ~ 835 m 台阶便道边坡由于地质原因及前期雨水冲刷，边坡不同程度出现垮塌现象，给该便道区域人员及车辆通行造成严重的安全隐患及对正下方的充填、供水管线患有随时遭到破坏的危机。具体隐患现场情况如图 1 ~ 图 9 所示。

图 1 采场边坡现状

图 2 采场边坡垮塌严重

图 3 供水管线砸中现场情况

图 4 供水管线上方浮石情况

图 5 供水管线砸中现场情况

图 6 充填管线砸中现场情况

图 7 充填管线砸中现场情况

图 8 边坡浮石松动情况

图 9 各部门现场查看情况

5 患整改方案

为了消除露天采场 910 ~ 835 m 台阶垮塌的安全隐患，防止台阶边坡进一步受到破坏，确保台阶便道进出通行安全及采场内采矿生产作业有序进行，避免造成不利后果及不必要的经济损失，经矿业公司各部门现场踏勘并结合露天生产实际，研究分析影响边坡稳定性的各项因素，分析边坡岩体的稳定性，参照地质资料了解岩体中结构面分布及岩性变化，分析潜在滑面。拟定采用削坡减载对露天边坡进行治理，边坡削坡减载是露天采场边帮综合治理的当务之急，具体方案如下。

经现场实地勘察，提出对910～835 m台阶便道边坡进行削坡减载处理。即910 m台阶标高至895 m台阶标高是土方可直接按1∶0.75的坡度（从原来55°自然山坡削减至85°的急倾斜坡体）用挖掘机进行开挖至895 m台阶标高，留6 m宽的安全平台；895 m台阶标高至880 m台阶标高是石方，从895 m台阶按1∶0.75的坡度穿孔至880 m台阶标高进行爆破；留8 m宽的安全平台，以下台阶以此类推，然后用挖掘机及双桥车进行铲装运输。通过削坡降低滑力，提高滑体的稳定系数，甚至清除滑体，提高边帮角，减小剥采比。

此方案工程量虽大，但施工简单，投资较有利，既能确保经济合理可行，并保证安全可靠，对持续生产安全保障起重要的支撑作用，利于后续的组织生产。

6 稳定性分析

6.1 露天高陡边坡稳定性问题

所谓高陡边坡指边坡高度在500 m以上，边坡角度（总体边坡角）在50°左右及其以上。

高陡边坡特性：

（1）高陡相联的必然性。往往一个高的边坡，一般均以陡坡形式出现，否则，开挖量将成指数级增加；

（2）边坡岩体的复杂性。正由于边坡高峻，它所扰动的岩体范围大大扩大，对环境的波及面亦大，随之，揭露的边坡岩体的岩性将会多种多样构造多变，再加上地下水、地应力等环境因素的多重影响，致使边坡岩体复杂与突出；

（3）边坡失稳的敏感性和失稳方式的多重性。边坡岩体主要为多类型结构的组合，尤其是软弱结构面不同程度的发育，在多重应力作用下，造成了边坡失稳的可能性、敏感性和多重性；

（4）稳定性分析、评价的综合性：对高陡边坡，由于其波及面广、条件复杂，应分区分段进行评价，不少边坡的失稳往往起源于局部，而后逐步扩展；

（5）边坡加固的必要性；综合上述高陡边坡的个性情况，边坡加固是必然的与必要的。只要加固方案经济合理与可行，就应毫不犹豫地加以实施。通过国内外成功边坡的经验．加固边坡往往成为提高边坡角的必由之路。宜早不宜迟，早作加固往往会带来更有利的效果，相反，则将事倍功半，甚至会产生更为严重的后果。

高陡边坡往往是深凹露天或从山坡露天向深凹露天过渡的专门问题。除上述几个基本特性外，地下水和地应力将成为高陡边坡的突出问题。由于露天矿的深凹，将有可能遇到浅层与深层两种地下水．成为影响边坡稳定性的重要因素 应在岩体结构观点指导下，查明地下水网络系统、网络非均一性的具体性状、地下水运移规律及其所产生的压力。水压在边坡的分布规律及其对边坡稳定性的作用等。关于地下水对岩体软化等的影响，最好结合岩体的物理力学性质一起研究。同样，随着露天矿的深凹，地应力的作用日益显示出来。目前，关于地应力的概念存在某种程度的不情。按理，所谓地应力，它是包容地壳内部一切因素所形成应力的综合，其中，最重要的是重力和构造应力。目前人们还很难将它们加以区分。但有一点是明显的，当三维应力中，水平应力为最大主应力时，则有构造应力的参与。为此．在地质力学观点指导下，从构造形迹出发，抓住最大主应力方向（这只能是定性的，但具战略意义），这对指导应力量测，分析矿山地应力性状，起到不可忽视的作用。有了较为可靠的地应力资料，对分析边坡变形和稳定性十分有利。

6.2 坑露联合开采引起围岩稳定性问题

地下开采仍是大红山矿业有限公司矿山生产的主要方式，随着400万t/a主采区的逐渐下降，二期的采掘范围下降至400 m标高以下。深部地质环境最大特点是地应力大，地下水多变，松软破碎岩体变形强烈，破坏概率增大及某些特殊的灾害等。矿山井巷、地下硐室是典型地质工程。以地质体为构筑物的主体部分，显然对地质的依赖性是更为明显的，工程的好坏与稳定性主要取决于地质条件和人为作用。在某种意义上来说，人为作用如能顺乎地质条件，那么将大大有利于工程的安危。新奥法就是在总结以往经验和研究基础上提出的新的施工方法。该法的理论观点就是把围岩作为工程结构的一部分，而不能单纯地看作荷载。围岩体有自己支撑的能力。这一观点的改变，具有十分重要的理论指导意义，其基本途径就是以变形监测来控制与监督施工。这样可确保施工的安全及随时掌握与修正施工方法，这些均显示新奥法的优越性。从地质观点来看，该方法也存在某些严重缺陷。即缺少基础性的工程地质预测，如能补上，就能形成一套较为科学的完整的方法系统。我们初步拟定为“岩体结构控制施工法”，其程序为：预测预报（或预处理）—变形监测与反分析—制定适应的施工方法—变形监测与工程评。

7 边坡治理过程管理

7.1 削坡过程管理及技术要求

为了贯彻“安全第一、预防为主、综合治理”的安全生产方针，确保矿山生产的正常进行，保护员工的安全、健康。保护国家资源和财产不受损失，促进生产的发展，必须认真执行国家颁布的有关安全生产的各项法律法规，执行矿山的安全规程，和各项管理制度，结合矿山的特点，加强安全措施，预防灾害事故，确保安全生产。

露天矿采场削坡减载边坡的管理，是露天矿山重大的安全性工程，依附于采矿作业而存在，受采矿作业的制约，露天矿边坡削坡减载管理是采矿系统的一个子系统，服务于采矿工艺，加强边坡的管理预测和控制边坡的稳定状态，是保证安全、高效组织生产提高经济效益的重要组成部分。

7.1.1 技术管理

（1）组织有关人员，充分利用前人的现有资料，认真分析研究，初步做好边坡岩体的地质环境调查，对矿区内地顶软弱夹层，分布情况，岩体的结构，断层地下水状况，节理、裂隙等情况，建立原始数据库。

（2）利用现有国内外有关边坡治理与防治的先进技术、先进经验，认真分析与对照，结合自己实际，制定出一套边坡管理的技术方案。

7.1.2 削坡过程中的边坡管理

（1）在削减边坡过程中，主要是大爆破对边坡的破坏。为了控制和减少大爆破对边坡的破坏，在爆破设计中，必须采用缓冲孔和预裂孔保护边坡。缓冲孔采用间隔装药，预裂孔采用不偶合装药两种形式，减轻大爆破对边坡的破坏。见图10所示。

（2）在削减边坡过程中，如遇边坡、节理、裂隙发育、断层、空洞等地质，人为因素，根据情况，及时制定施组织方案，采用充填、封闭空洞、挂金属网喷浆支护，岩石比较破碎松散的地段，采用锚固桩，挂金属网喷浆支护，（锚固桩间距、喷浆厚度视岩石情况而定）确保边坡的稳定和安全。

（3）在爆破过程中，由于爆破的原因，边坡出现凸块、浮岩、浮矿。必须及时清理，凸块用小孔径炮孔爆破修平，使边坡光滑整洁。

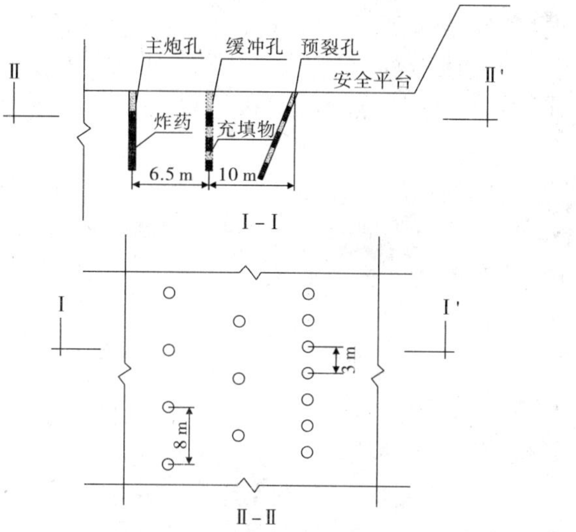

图10 边坡炮孔布置

（4）经常对安全平台积渣，浮石进行清理。

7.1.3 排水管理

（1）由于采区属丰水地区，年降雨量700～1 200 mm，雨季集中于6—9月份，为了确保边坡安全与稳定，采场外部必须建立排水系统，雨季前必须对截洪沟进行清理，如发现裂隙坍塌，应及时采取措施填实、和用高标号水泥砂浆充填裂隙，避免地表水向采场内渗水，影响边坡稳定。

（2）采场内各安全平台内侧，设置排水沟，把边坡水引入排水沟。确保安全平台上无积水。

（3）暂时不工作的台阶设立临时排水沟，把积水和径流水分台阶排入永久排水沟内。

（4）工作平台内积水，根据水量多少，安装临时排水泵，把积水排出采场外。

7.2 削减边坡后的排渣管理

7.2.1 削减边坡后废石场处理

（1）根据各废石场的堆放容积，按计划进行堆放，在排渣场使用前，必须在渣场外围修建固定排水沟，做到场外截流、防洪，防止径流水直排渣场，避免冲坏排渣场和产生泥石流等地质灾害。

（2）排渣场使用前必须认真清理场内植被及其杂物避免形成场内腐植夹层，影响废石场边坡的稳定。

（3）组织地质人员对区内废石场的地质情况认真调查、研究，对废石场存在的地质不利因素，在堆放前期，提出整改方案措施，消除隐患。原始资料认真保存。

（4）废石场使用前应在废石场坡底用大块石碾压坡脚，碾压宽度4～6 m，堆高4 m，形成废石堆护坡,增加摩擦力。确保边坡的稳定。

(5)废石场坡脚用大块废石压紧坡脚后,并修建渗水盲沟,疏导场内积水及裂隙渗水避免形成场内的软弱面积及滑移面。

7.2.2 倒排渣石现场管理

(1)排渣场严格按排放计划,循序渐进排废,上废上排,下废下排的原则,首先沿山坡排废,形成排废平台。

(2)为了确保汽车卸载安全,在平台边缘利用石渣增设安全车挡,车挡底宽 1.5 m 高 0.8 m,用前装机或推土机形成。

(3)新形成的排渣平台,岩土松散、孔隙率高,台阶沉降变形频繁,容易造成安全事故,因此要经常用前装机垫道、平整场地,确保排渣场的正常运行。

(4)由于该地区雨量比较大,暴雨经常出现,排渣场内部必须修建临时排水沟,并和固定防洪沟接通,及时把径流水和积水排除,保证排渣场的安全。

8 预期效果

通过台阶边坡削坡减载后,清除滑体,可提高滑体的稳定系数,人员、车辆、设备等可以不用再冒着危险作业,提高了露天作业的安全性,同时扩宽了露天采场下部采矿区域,增加了后续工作平台,解决目前露天采场出入的安全隐患,确保露天采场生产作业安全有效运行。也确保下部充填管线、供水管线及老虎嘴运矿公路的安全运行,有效提高一号铜井下采矿的连续性。

参 考 文 献

[1] 周维坦. 高等岩石力学[M]. 北京:水利水电出版社,1984.

[2] 李功伯,谢建清. 滑坡稳定性分析与工程治理[M]. 北京:地震出版社,1997.

[3] 张振营. 岩土力学[M]. 北京:中国水利水电出版社,2000.

[4] 张有天,周维坦,等. 岩石高等边坡的变形与稳定[M]. 中国水利水电出版社,1999.

[5] 昆明有色冶金设计研究院. 昆钢集团大红山铁矿浅部熔岩铁矿露天 380 万 t/a 采矿工程初步设计[R]. 昆明:昆钢集团大红山铁矿,2009.

(收稿日期 2015-05-26)

(上接第 272 页)

根据以上分析结果,石英石车间对监测点 4-C 位置边坡加强监测,及时调整回采方案,减少雨季在此区段边坡下的作业时间,避免可能出现的滑坡对生产造成影响。

5 结 语

石英石矿边坡在线远程监测预警系统开发了远程职能监测的技术方案和控制测量,并对监测数据进行科学分析,提出了边坡安全的预警值,构建了安全预警系统。将金川集团石英石露天采场边坡安全管理和远程监测的全过程科学化、信息化、实时化、智能化、网络化和数字化,为安全生产提供了有力的保障。

参 考 文 献

[1] 任建喜. 岩土工程测试技术[M]. 武汉:武汉理工大学出版社,2009.

[2] 林宏智. 露天矿边坡监测的现状与展望[J]. 煤炭科学技术,1995,23(7):51-54.

[3] 中华人民共和国国家住房和城乡建设部. GB 50830—2013 冶金矿山采矿设计规范[S]. 北京:中国计划出版社,2013.

[4] 中华人民共和国国家质量监督检验检疫总局. GB 16423—2006 金属非金属矿山安全规程[S]. 北京:中国标准出版社,2006.

[5] 胥耀林. 石英石采场边坡远程自动化监测系统的构建[J]. 金川科技,2013(1):25-29.

(收稿日期 2015-05-26)

矿山边坡滑体治理过程中的控振爆破试验

李　屹[1]　帅　培[1]　张　涛[2]
(1. 攀钢集团矿业有限公司设计研究院;2. 攀钢集团矿业有限公司朱家包包铁矿)

摘　要　针对朱矿滑体治理过程中削坡减载爆破振动对滑体边坡稳定的安全影响问题,特别是靠帮爆破对边坡稳定性的影响,研究了靠帮爆破技术方案并在实践中不断总结和优化,同时结合微差爆破理论和预裂爆破成缝机理,提出了预裂爆破逐孔起爆的技术方案,并在朱矿滑体靠帮爆破中进行了试验。结果表明:逐孔起爆不影响预裂缝的贯通、扩展和预裂轮廓线的形成,使预裂爆破技术得以创新和发展。在朱矿滑体治理靠帮爆破中,使用该技术方案,预裂半壁孔成形率达90%以上,降振率达40%~50%,保证了预裂爆破的效果和质量,同时也极大地降低了爆破震动对边坡的伤害,确保了滑体边坡的稳定与安全。

关键词　矿山边坡　滑体治理　爆破振动　预裂爆破　逐孔起爆

攀枝花朱矿是我国大型冶金露天铁矿之一,是攀钢集团公司主要的铁矿石原料供应基地,设计年产铁矿石1 500万t。目前矿山已进入中深部开采,平台已下降至1 165 m水平,采场四周已形成高陡边坡。2012年8月朱矿西帮和南帮结合部位出现了大的滑坡,该滑坡部位是朱矿皮带通廊和设备出入的咽喉,需及时进行滑坡治理。经分析研究滑体治理工程中最重要环节就是削坡减载工程,削坡减载需要进行爆破作业。确保滑坡体边坡的安全与稳定是削坡减载滑体治理急需解决的生产难题之一,而爆破振动又是影响滑体边坡稳定的关键因素,特别是靠帮爆破振动对边坡稳定性影响尤为突出,预裂爆破虽然是爆破工作中解决边坡稳定性的有效措施,但是由于朱矿滑体靠帮爆破是在已完成边坡支护的根部进行爆破作业,局部地段预裂孔与边坡根部距离不足5.0,靠帮的预裂爆破与其他的正常生产爆破相比,其爆破振动对滑体边坡稳定的影响更大,极有可能破坏现已进行挡墙支护的边坡,甚至还可能引起整个滑体边坡失稳。为了降低靠帮爆破振动,确保边坡稳定与安全,进行了滑体治理过程中控振爆破技术的试验研究与应用。

1　滑体基本情况

1.1　滑体概况

2012年8月发生的滑坡位于朱矿采场南帮与西帮结合部位的1 290 m平台3#倒装矿仓下方,滑体的主滑方向N14°E,为一楔形体滑坡,从西帮1 290 m水平滑坡至1 210 m水平,长约180 m,高约80 m,滑坡体总方量约为22万m^3。滑坡形成主要有3个原因:①该段边坡为受长大结构面控制的高陡边坡,节理裂隙发育,且边坡中存软弱接触面,是滑坡的内部原因;②1 225~1 210 m台阶的靠帮爆破以及靠帮的切坡作业使滑体坡脚失去支撑反力,是触发滑坡的外部原因;③由于连降大雨,雨水下渗使弱面软化降低了岩体的力学强度,是加剧滑坡的产生与发展的又一外部因素。滑坡状况图见图1。

图1　2012年8月滑坡状况

1.2　滑体应急治理情况

该滑体对处于1 290 m平台的3#倒装矿仓产生了安全影响,同时也阻断了1 290 m下方进入采场的1 270 m主运输通道。在滑体下部1 210 m水平还将拟建矿石胶带通廊,此部位边坡出现滑体不但影响采场的正常生产也对下部采场构成重大安全隐患。因此,需及时对1 290,1 270 m滑体边坡进行加固处理,确保1 290 m矿仓和1 270 m运输通道正常使用外,也必须对1 255~1 210 m整个滑体进行治理,才能确保采场的安全生产。

李　屹(1976—),男,工程师,617063 四川省攀枝花市雅阁巷10号。

2013 年 2 月对 1 290 ~ 1 270 m 和 1 270 ~1 255 m 台阶滑坡面进行了治理。1 290 ~ 1 270 m 滑坡面削坡减载后采用锚杆挡墙及砂浆砌石挡墙进行支护。1 270 ~ 1 255 m 采用锚索格构梁和喷浆支护。支护情况见图 2、图 3。

图 2　未支护的边坡雨季塌落情况

图 3　1 270 ~ 1 255 m 边坡已支护现状

至 2014 年 4 月，对 1 290 ~ 1 270 m 和 1 270 ~1 255 m 台阶滑坡面的支护处理已完成，但 1 255 ~1 210 m 还有 3 个台阶 45 m 的边坡也需有削坡减载进行有效治理，才能确保滑坡体边坡的整体稳定与安全。

2　滑体靠帮控振爆破技术试验

对于矿山一般的岩石边坡，中深孔爆破振速控制在 12 cm/s 以内即可满足爆破控制安全要求，但对于朱矿滑体边坡的现状情况，爆破振动越小也好。在滑体 1 255 ~ 1 210 m 削坡减载过程中，滑坡卸载爆破作业需确保 2 点技术要求：①不破坏上部已进行了支护处理的滑体边坡；②爆破振动不影响滑体的整体稳定，诱发滑体边坡再次滑坡。为了达到这两点要求，核心是控制爆破振动，其关键是控制起爆药量，尤其是起爆段药量。为此进行了滑体治理过程中控振爆破试验研究。

2.1　滑体爆破穿孔方案选择

爆破穿孔的孔径大小以及孔网参数的确定是影响爆破振动的重要的因素之一，它关系到单孔装药量的控制。结合矿山的已有的穿孔设备，初步制定了 3 种穿孔方案，KQ200 潜孔钻穿孔方案，CS165 钻孔方案，KQ100 钻孔方案。通过对孔网参数，穿爆效率等参数的比较，兼顾效率、成本、安全的原则，采用 KQ200 钻机穿孔，其孔网参数大，爆破率较高，穿爆成本较低，单孔装药量较大，即便采用逐孔起爆，段药量仍然较大，爆破振动也相对较大。采用 KQ100 钻机穿孔，其孔网参数较小，爆破效率较低，但单孔装药量较小，爆破振动容易控制，CS165 钻机穿孔，钻机效率高，其孔网参数，爆破效率，穿爆成本介于 KQ200 和 KQ100 潜孔钻之间，单孔装药量也较容易控制，介于 KQ200 和 KQ100 潜孔钻之间，以 15 m 穿孔平台为例，各参数比较见表 1。

表 1　不同类型钻机主要技术经济指标

方案	钻机类型	孔网参数 /m	延米爆破量 /m²	单孔药量 /kg	钻孔效率 /(m/h)	成本 /(元/m)	综合评价
1	KQ200	6×5.0	30	248	7.2	9.9	控振难
2	RL165	4×3.5	12.7	105	26	25	较优
3	KQ100	3×2.8	7.6	63	9.4	9.0	可行

为了尽快解除滑体的安全隐患，以及推进滑体下部矿石运输通廊的建设，需加快滑体治理进程，公司要求滑体 1 255 ~ 1 210 m 削坡减载工程要在 2015 年雨季之前完成，同时也有利于滑体治理过程的安全。因此滑体爆破实施方案重点考虑滑体稳定和安全，同时兼顾考虑工程效率及成本的原则，通过综合比较爆破穿孔方案选择 2 方案较优。

2.2　滑体控振爆破技术方案试验

爆破振动大小与起爆药量相关。齐发爆破与总药量相关，分段微差爆破主要与段起爆药量相关。经分析研究，逐孔起爆技术可以最大限度控制段起爆药量，从而控制爆破振动，因此朱矿滑体治理中，总体上采用逐孔起爆即除预裂孔之外的生产孔（包含主爆孔和辅助孔）均采用逐孔起爆。先后试验了全台阶逐孔起爆方案和半台阶逐孔起爆方案以及半台阶逐孔分层起爆方案，同时进行了预裂爆破控振技术的研究，最大限度降低爆破振动对滑体边坡的影响。

2.2.1　全台阶爆破逐孔方案试验

15 m 的台阶个高度一次穿孔到位，即穿孔深度 17.0 m（超深 2 m），单孔装药量主爆孔约为 110 kg，辅助孔约为 60 kg，预裂孔为 10 kg 段药量即为单孔装药量，在有 8 个预裂孔，4 个辅助孔，4 个主爆孔的爆破试验中，主爆孔和辅助孔均采用逐孔起爆，预裂孔采用齐发爆破，预裂孔总装药量为 80 kg，在距离爆区后缘 20 m 实测爆破振动速度达到 18 cm/s，爆破振动大，分析主要原因是主爆孔单孔装药量较大至段药量较大。使用该方案爆破对滑体边坡安全及稳定性影响大。

2.2.2 半台阶逐孔爆破方案试验

半台阶爆破即把一个 15 m 段高的台阶分成 2 次进行降段，每次降 7.5 m，实际穿孔深度 9 m(超深 1.5 m)，单孔装药量主爆孔约为 70 kg，辅助孔为 35 kg，预裂孔为 7 kg。在有 8 个预裂孔，4 个辅助孔，4 个主爆孔的爆破试验中，主爆孔和辅助孔均采用逐孔起爆，预裂孔采用齐发爆破，预裂孔总装药量为 56 kg，在距离爆区后缘 20 m 实测爆破振动速度达到 15 cm/s，爆破振动较大，分析主要原因仍然是主爆孔单孔装药量较大至段药量较大。使用该方案也不利于滑体稳定与安全。

2.2.3 半台阶逐孔分层爆破方案试验

该方案仍然采取分次降段，每次降段 7.5 m，穿孔深度仍然穿 9 m 炸药单耗和单孔装药量与半台阶逐孔起爆基本相同，只是装药结构和孔内起爆方式有所变化，即生产孔(主爆孔和辅助孔)分上下层装药，中部用空气间隔器间隔，上分层药量约占单孔总药量的 40%，下分层约占单孔总药量的 60%，以单孔装药量 70 kg 为例上分层装 30 kg，下分层装 40 kg，上下分层通过安装不同段别的起爆雷管，使上分层先起爆，下分层后起爆，达到逐孔分层起爆的目的，可有效减小段起爆药量，实现降振的目的。在有 8 个预裂孔，4 个辅助孔，4 个主爆孔的爆破试验中，生产孔采用此方案进行起爆，预裂孔仍采用齐发爆破，预裂孔总装药量为 56 kg，在距离爆区后缘 20 m 实测爆破振动速度最大值达到 12 cm/s，比预期计算要大。通过实验，随着预裂孔的增加爆破振速随之增大。爆破振动偏大，分析主要原因预裂孔齐发起爆爆破，预裂孔起爆段药量比主爆孔起爆段药量大，预裂孔先起爆且距离边坡较近。

2.2.4 预裂爆破控振技术方案试验

通过在滑体靠帮控振研究中通过方案优化降低生产孔(主爆孔和辅助孔)段起爆药量起到了很好的降振效果，但是爆破振动仍然偏大，对滑坡边坡的稳定与安全仍然有较高的安全风险。因此在降低生产孔爆破振动试验研究的基础上，进行了预裂孔爆破控振技术研究。

2.2.4.1 预裂爆破分段微差起爆技术方案试验

由于预裂孔齐发起爆，导致整个爆区段起爆药量大，为了解决此问题，把预裂孔按照 4 ~ 6 个分成一组进行起爆，这样就大大降低了预裂孔起爆段药量，就可以有效控制爆破振动，由此可以扩大靠帮预裂爆破规模，提高爆破效率。该爆破技术方案的关键是控制好预裂孔每组间微差起爆的时间，若微差时间控制过长不利于预裂缝的贯通，预裂效果不好，若微差时间控制过短组与组之间爆破振动可能会叠加，降振效果不明显，起不到降振目的。通过实验组与组之间延期时间控制在 15 ~ 25 MS 爆破效果较为理想。对预裂孔 20 个以上的靠帮预裂爆区的试验和爆破振动监测，爆破振动可控制在 10 cm/s 以下，也能基本达到预裂孔成缝效果，该方案对于朱矿滑体治理过程中靠帮爆破大多数爆区能够适用，但是对于一些特殊的爆破区仍然存在较大的安全风险，例如，有些爆区平台宽度较窄，预裂孔距离上台阶根部的距离不足 5 m，有的只有 2 ~ 3 m，即便预裂孔采用分段微差起爆，爆破振动对滑体边坡也会造成较大伤害，若上台阶边坡已进行了支护工作，爆破振动也将对支护结构造成较大的安全影响。

2.2.4.2 预裂爆破逐孔起爆技术方案试验与优化

为了解决滑体治理工程中一些靠帮特殊部位爆破振动对边坡造成伤害，影响滑体边坡稳定与安全的问题，把逐孔起爆技术引用到预裂爆破，其最大的技术问题是逐孔起爆是否能够形成预裂缝起到预裂爆破效果，以及逐孔起爆是否能够确保起爆网络的安全，为此对逐孔起爆技术应用于预裂爆破进行了理论分析和工程试验。

(1)逐孔起爆可应用于预裂爆破的原理。所有的预裂孔同时起爆时，预裂孔爆破形成预裂缝的贯通性更好，其爆破效果是最理想的[2]，这是预裂爆破设计的理论要求。但在工程实践中，实际是很难做到的，这也为逐孔起爆技术在预裂爆破中的应用提供了相应的理论基础，使逐孔起爆运用到预裂爆破中成为可能。在预裂孔逐孔起爆过程中，相邻炮孔先后微差起爆时，先爆炮孔起爆后，其冲击波波峰掠过相邻的后起爆炮孔时，因延期还没有起爆的炮孔可视为空孔，空孔效应会使得先起爆炮孔的爆炸动、静应力向两孔连心线方向集中，并可能在两孔连心线方向上出现较长的裂纹，或在后爆炮孔的孔壁上出现初始的裂纹[1-4]。待后起爆炮孔爆炸时，由于先起爆炮孔产生的准静态应力场在该炮孔周围的应力集中，后爆炮孔孔壁四周产生的应力将与先爆炮孔的准静态应力叠加，沿连心线方向的切向拉伸应力将是同号相加而增强，而连心线的垂直方向则为异号相减而减弱，这就使裂缝在垂直方向受到某种程度的抑制，在连心线方向的裂纹会继续延伸、扩展。同时根据场裂纹发展所需能量最小原理，后爆炮孔的应力波波峰过后，高压气体的楔入和准静态应力的作用，促使在炮孔连心线方向上已形成的裂缝进一步扩大，从而在两孔的连心线方向上形成一条一定宽度的裂缝面。

(2)预裂爆破逐孔起爆技术在滑体治理靠帮爆破中的现场试验。预裂爆破的逐孔起爆与正常的生产爆破采用的逐孔起爆又有较大差别，正常的生产爆破采用逐孔起爆时，由于爆区的所有炮孔均采用连续或间隔的柱状装药结构，孔内和地表使用延期雷管起爆和传爆，设计施工较为简单。而预裂孔采用逐孔起爆时，预裂孔前面的缓冲孔和主爆孔是采用连续的柱状装药或间隔装药结构，使用延期雷管起爆；预裂孔是采用线状不藕合装药结构，使用导爆索起爆。因此，预裂爆破逐孔起爆与其他正常生产爆破的逐孔起爆比较，逐孔起爆预裂爆破在起爆网络设计和爆破施工方面更复杂，要求也更高。预裂爆破逐孔起爆的技术要求：①预裂孔和同一爆区其他的生产孔均是逐孔起爆；②预裂孔的起爆时间超前前面的正常孔 100 ms 以上；③爆破网络传爆的可靠性达到或接近 100%。经爆破试验，预裂孔同时起爆和逐孔起爆，预裂孔形成预裂缝的贯通效果有一定差别，经工程试验，在孔网参数一样条件下，同时起爆的成缝贯通效果要好一些。预裂爆破的孔网参数与岩性和节理裂隙发育程度相关，在相同地质岩性情况下，逐孔起爆预裂爆破的孔网参数与齐发爆破的预裂爆破孔网参数要约小，主要是预裂孔的孔距要小 10% ~15%，以朱矿滑体 1 255 ~1 240 m 台阶爆破为例(台阶实际段高为 17 m，采用半台阶爆破，即分成 8. 5 m 段高 2 个台阶分段爆破，钻孔直径 165 mm)，齐发起爆预裂孔孔距(常规预裂爆破)，1. 3 ~1. 4 m、排距 1. 6 ~1. 8 m；缓冲孔孔距 3. 0 ~3. 5 m、排距 2. 5 m。预裂孔采用逐孔起爆，预裂孔的孔距 1. 1 ~1. 2m，其他孔网参数基本不变，炸药单耗也基本相同，其炸药单耗为 0. 8 kg/m^3，预裂孔设计孔药量为 8 ~10 kg。

2.2.5 预裂孔装药结构优化

逐孔起爆预裂孔装药结构与齐发起爆预裂孔装药结构和分段微差起爆预裂孔装药结构基本一致，可以采用间隔装药或细药卷连续装药，根据朱矿炸药供应情况，预裂孔采用 $\phi 50$ 专用药卷，采取间隔装药，为克服下部和底部夹制作用，下部线装药密度约大于上部，底部需装加强药，下部间隔 400 ~ 500 mm，上部间隔 500 ~600 mm，孔底加强药 3 kg，如图 4 所示。

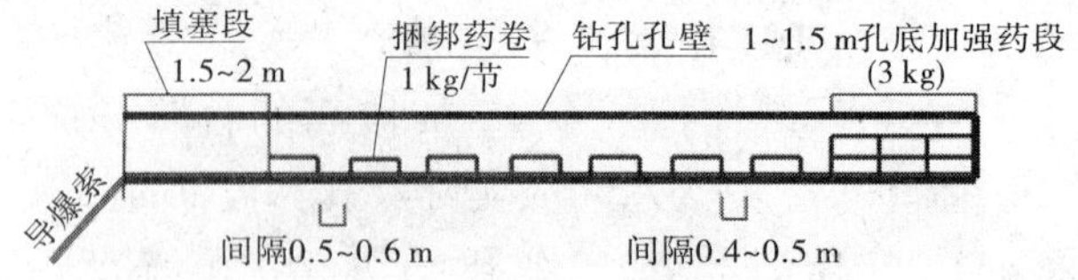

图 4 预裂孔装药结构

2.2.6 预裂爆破逐孔起爆网络优化

为了保证起爆网络的可靠性和预裂孔超前起爆的技术要求，试验期间，朱矿滑体预裂爆破使用的起爆雷管为澳瑞凯高精度非电雷管，该雷管延期时间精度和地表网路传爆可靠性较高。由于高精度地表延期雷管无法直接起爆预裂孔内的导爆索、而且延期起爆时间也不能满足地表网路的安全可靠传爆，所以，需要在预裂孔的孔内采用高段别的孔内雷管延期起爆，在孔外采用延时时间短的连接雷管连接。

2.2.6.1 起爆结构及孔内雷管的选取

预裂孔逐孔起爆，孔内雷管布置及起爆结构与通常的齐发起爆和分段微差起爆有一定差别，预裂孔齐发起爆，孔内不需要布置起爆雷管，孔外布置一母线导爆索，各预裂孔导爆索与母线导爆索搭接，通过一发起爆雷管起爆母线导爆索即可起爆所有预裂孔，起爆结构如图 5 所示。预裂孔分段微差起爆，孔内也不需要布置起爆雷管，几个孔分成一组，通过一母线导爆索搭接，每一组连接一发起爆雷管，通过所连接的起爆雷管延时差别(即不同段别雷管)实现分段微差起爆，起爆结构如图 6。预裂孔逐孔起爆，孔内需要导爆索传爆炸药外，还需要安置延期起爆雷管，以确保地表连线雷管完全点燃，预裂孔才逐次起爆，避免先起爆的预裂孔炸起的石块砸断地表连线雷管，起爆结构图如图 7 所示。为了延长孔内雷管的起爆时间，预裂孔前面的生产孔内的延期雷管和捆绑在预裂孔内的导爆索上的延期起爆雷管均采用高段别的 16 段(延期时间为 400 ms)或 15 段(延期时间为 375 ms)起爆雷管，以保证在孔内雷管开始起爆时，地表网路尽可能传爆到较远的地方，避免爆破飞石和爆破震动对地表网路的影响。根据朱矿滑体采场爆破规模，采用 16 段或 15 段的高段别孔内起爆雷管，几乎可以实现地表网路完全点燃孔内雷管才起爆，确保地表网路传爆的安全可靠率达 100%。

2.2.6.2 地表雷管的选取及孔外起爆网络

在选取地表延期雷管时，将预裂孔和其前面的

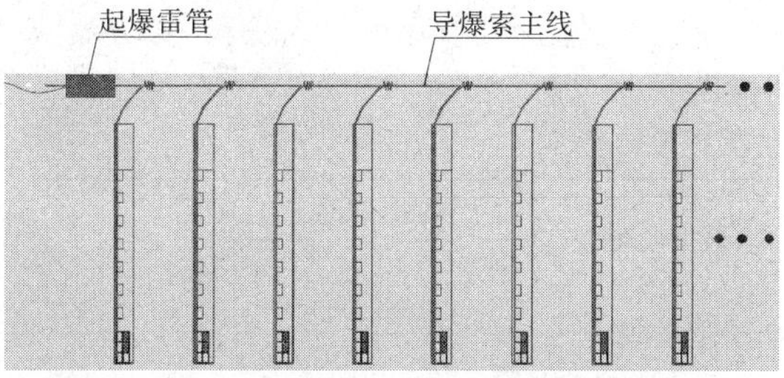

图 5　预裂孔齐发起爆网络(常规起爆网络)

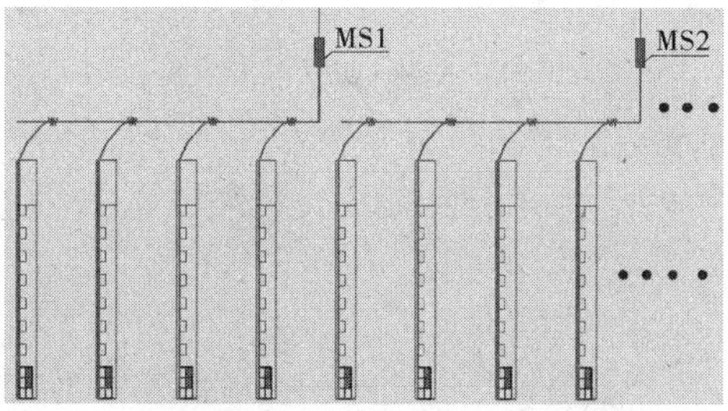

图 6　预裂孔分段微差起爆网络

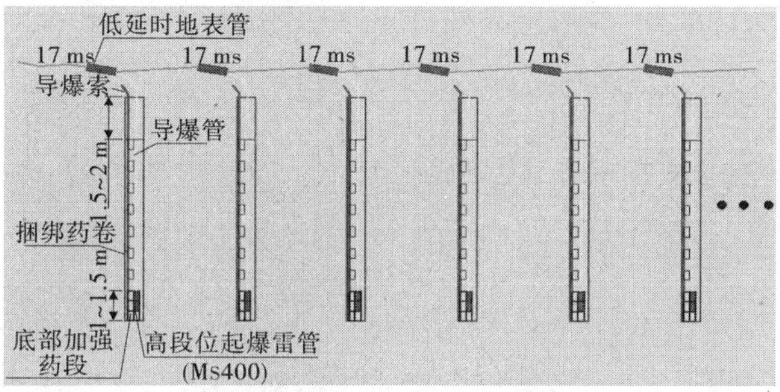

图 7　预裂孔逐孔起爆网络

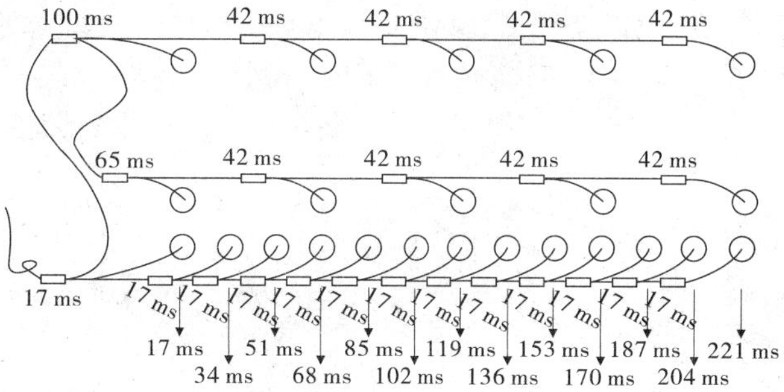

图 8　逐孔起爆预裂爆破起爆网络

生产孔按两个网络分别设计。按照设计爆区的爆破孔网参数:预裂孔前面的生产孔的地表孔间延期时间选用 25 ms 或 42 ms 雷管,排间地表延期时间选用 42 ms 或 65 ms 雷管;预裂孔间的地表延期雷管时间为 9 ms 或 17 ms。

2 个单独的起爆网络确定后,在起爆点或爆区中部的位置,生产孔起爆网路选用 100 ms 的地表延期雷管延时,实现预裂孔比生产孔超前 100 ms 起爆。这样,起爆点击发后,最先起爆的预裂孔会在击发 400 ms 左右开始起爆,前面的生产孔最快也要在击发 500 ms 后才起爆。逐孔起爆预裂爆破地表起爆网络联接见图 8。

2.3　试验效果

在朱矿滑体治理过程中,为了控制爆破振动,确保滑体安全与稳定,通过多次爆破试验研究和爆破技术方案优化,特别是预裂爆破逐孔起爆技术的试验成功,解决了在滑体治理过程中的爆破控振要求高的技术难题,使滑体治理工程能够安全、高效、顺利推进,取得了良好效果。

2.3.1　爆破质量

靠帮预裂爆破的质量应从设计开挖边坡的半壁孔痕率、后冲和爆堆的松散度、爆破块度等几个方面进行评价。从试验的 3 个逐孔起爆预裂爆区的爆破效果看,均取得了较好的爆破效果:爆区塌落明显,爆堆大块较少,爆破块度均匀;采场掌子面底板平整,无根底;预裂孔几乎没有后冲、边坡预留体岩石较为完整。逐孔起爆预裂爆破平均的半壁孔痕较完整,半壁孔痕率达 90% 以上,达到了预裂爆破的效果,爆破效果见图 9、图 10。

图 9　预裂爆破逐孔起爆爆堆块度

图 10　逐孔起爆预裂爆破半壁孔痕效果

2.3.2　爆破振动

为了定量的分析预裂爆破逐孔起爆的降震效果与裂爆破分段微差爆破和裂爆破齐发起爆的差别,从 2014 年 8 月—2015 年 5 月,使用中国科学院成都分院研制的 TC-4850 爆破测振仪,在朱矿滑体 1 270 m 下部 1 255 ~ 1 210 m 水平对爆区总药量差值约 200 kg,主爆孔最大起爆段药量都为 40 kg,1 个齐发起爆预裂爆区,2 个分段微差起爆月裂爆区和 2 个逐孔起爆预裂爆区进行了爆破振动速度的对比。从爆破药量规模相近爆区的对比测震情况看,预裂孔分段微差起爆比齐发起爆最大振速降振率达

25% ~30%，逐孔起爆比齐发起爆最大振速降振率约 50%。爆区规模越大，降振率越大，降振效果将会越明显，预裂孔不同起爆方式爆破振动及降震率对比情况见表 2。

表 2　预裂孔不同起爆方式爆破振速及降震率

通道最大振速波形图	预裂孔起爆类型	爆区总药量 /kg	最大段药量 /kg	爆破振速(通道最大值)			最大振速降振率 /%
				通道 X /(cm/s)	通道 Y /(cm/s)	通道 Z /(cm/s)	
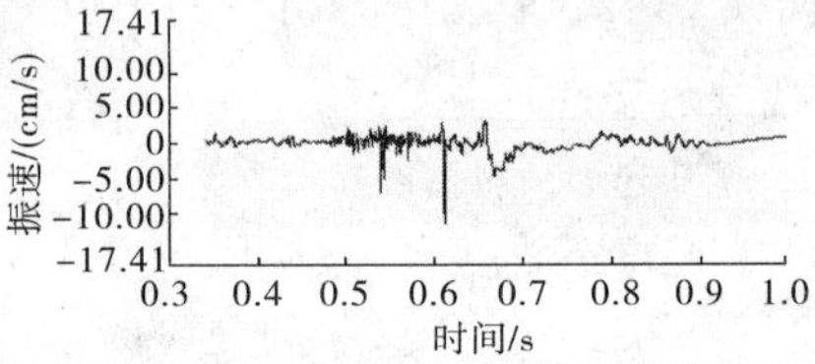	齐发起爆	1 239	84	2.89	11.61	9.34	
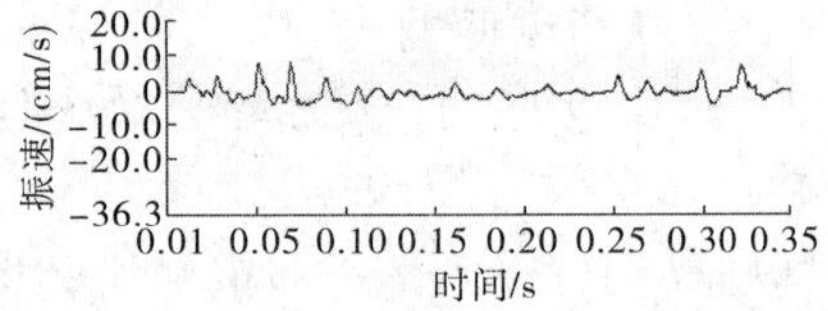	分段起爆	1 337	42	8.63	5.24	7.77	25.7
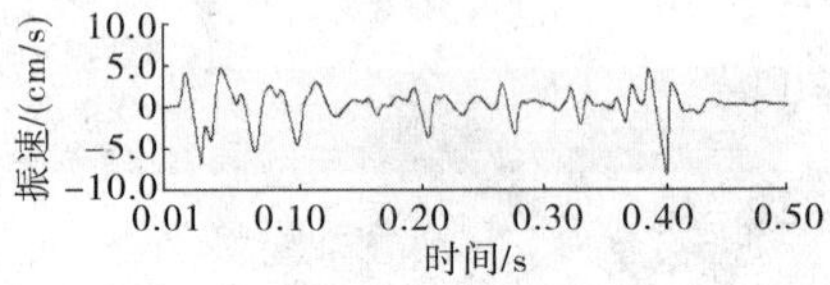	分段起爆	1 321	42	4.27	2.83	8.57	26.2
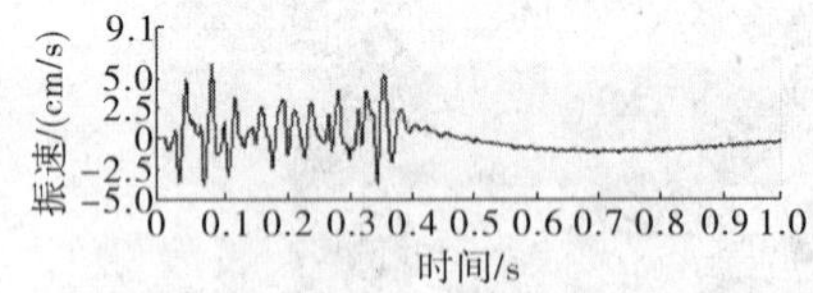	逐孔起爆	1 476	40	6.08	4.19	5.04	47.6
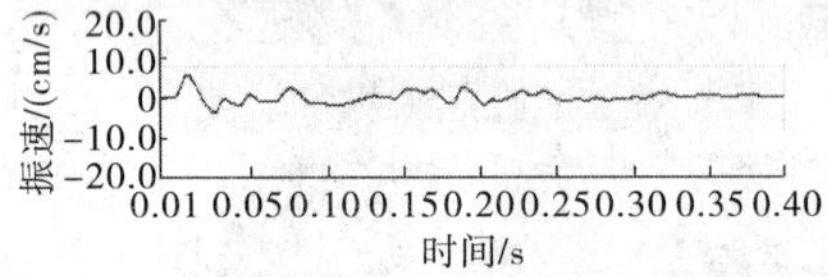	逐孔起爆	1 412	40	4.64	4.49	5.73	50.6

注：主爆孔最大单孔装药为 70 kg，由于采取分层装药，逐孔分层起爆，最大起爆药量可控制在 40 kg，若预裂孔采用齐发起爆或分段微差起爆，则预裂孔起爆段药量可能为最大段药量。若预裂孔采用逐孔起爆，生产孔最大段药量即为最大段起爆药量。

3　结　论

通过朱矿边坡滑体治理过程中的控振爆破试验研究，先后试验了 5 种爆破技术方案，并在该工程爆破实践中不断完善和优化，圆满解决了朱矿滑体治理过程中爆破振动对边坡安全影响的问题，特别是预裂爆破逐孔起爆技术在朱矿滑体治理靠帮爆破中的实验成功，不仅有利于降低爆破振动，提高爆破质量，而且还有利用增大爆破规模，提高预裂爆破的整体效果，也有利于现场生产的组织，提高工程效率，对朱矿滑体边坡治理提供了可靠的技术支持，确保了滑体边坡安全与稳定。

(1)预裂爆破逐孔起爆技术试验成果表明，通过调整预裂爆破的孔网参数，较短的毫秒延期时间爆破不影响预裂缝的贯通、扩展和预裂轮廓线的形成。

(2)使用预裂爆破逐孔起爆技术，要达实现良好的预裂效果和降振目的，雷管的延时精度要求较高。

(3)预裂爆破逐孔起爆技术的试验成功对滑体采矿，高陡边坡靠帮控制爆破，以及有特殊控振要求的爆破工程有很好的借鉴意义。

参　考　文　献

[1]　龙维祺，霍永基. 爆破工程[M]. 北京：冶金工业出版社，1997.

[2]　陶颂霖. 凿岩爆破[M]. 北京：冶金工业出版社，1995.

[3]　秦明武. 露天深孔爆破[M]. 陕西：陕西科学技术出版社，1995.

[4]　郭学彬，张继春. 爆破工程师手册[M]. 北京：冶金工业出版社，2007.

(收稿日期　2015-05-26)

露天转地采塌陷区边坡危岩体崩塌滚落预测分析

李　林　谢海波
（攀钢集团矿业有限公司设计研究院）

摘　要　为了探究露天转地下开采后，地采岩移圈引起原有高陡边坡垮塌，其垮塌体形成的滚石对原露天采场坑底作业设施的安全影响，确保露天坑底在用溜井等设施的安全。结合攀钢矿业尖山采场露天转地下开采的实际问题，对高陡边坡垮塌进行了现场调查，运用边坡滚石运动理论和滚石运动分析方法进行了垮塌体滚石最大跳跃高度、最大滚动距离的计算，求出了地采塌陷区边坡危岩体崩塌滚落影响范围。得到了现状条件下，尖山采场1号溜井处于危岩体崩塌滚石波及范围之外，随塌陷区标高上移，滚石运动高差加大，1号溜井将处于危岩体崩塌滚石波及范围之内。采取在距1号溜井一定位置设一道约15 m高的挡滚石岩堤，对预防危岩体崩塌滚石是有效的。

关键词　露天转地下开采　地采岩移圈　危岩体崩塌滚落　滚石运动　溜井安全

攀钢矿业尖山采场于1966年初建，1970年2月建成投产，设计能力150万 t/a，后经过多次技改其产能达200余万 t/a。通过多年的开采，已累计开采出铁矿石近5 000万 t，按照矿山开采规划，设计露天坑底标高+1 300 m，2011年底露天开采结束，终了边坡高达350 m。

露采转地采设计规模为200万 t/a。根据尖山采场矿体赋存条件、露天开采设计境界及开采现状，露天底+1 300 m以上挂帮矿体及+1 300 m以下矿体，采用（大结构参数）无底柱分段崩落法进行开采，分段高度20 m，自上而下采出挂帮矿及地下矿石。一期地下开采最低标高+1 000 m，包括+1 300、+1 200、+1 100、+1 000 m等中段，二期开采+1 000 m以下矿体。

露采转地采对上部近350 m高的原露采边坡必然产生影响，现状露采边坡不可避免的出现垮塌破坏。随着地采深度的不断扩大，地采范围内的上部边坡体将渐次出现垮塌破坏。本文将对原有边坡垮塌后，其垮塌体形成的滚石向原露天坑运动多远，并对坑底作业的设施安全影响问题进行探究，以搞清地采岩移圈引起原有高陡边坡垮塌，其垮塌体形成的滚石对原露天坑坑底作业设施的安全影响范围，从而为确保露天坑坑底在用溜井的安全提供保障。

1　尖山采场现状调查

尖山采场露天转地下开采，自上而下采出挂帮矿以来，已形成一定范围的塌陷区，并形成了危岩体崩塌滚落的散体堆积区。通过对塌陷区周界的实测，塌陷区顶标高为1 570 m，底标高为1 315 m，塌陷区范围约5.14万 m^2，危岩体崩塌滚落的散体堆积区停积的落石最大块度约30 m，危岩体解体并滚到坡脚的滚石最大块度约1 m，散体堆积区坡度约38°。见图1。

图1　尖山地采挂帮矿回采崩塌危岩体坠落运动堆积体（2015年4月）

目前塌陷区顶标高1 570 m处，可见宽度达3 m以上的拉裂缝，拉裂缝深度也达3 m以上，从空间上看，危岩体走向长度约80 m，危岩体垂向高度约60 m，危岩体厚度约15 m，危岩体体积约7.2万 m^3，危岩体随时都有崩塌滚落的可能。见图2。

2　边坡危岩体崩塌影响范围分析

由于地下采空区形成的岩移圈对露天边坡的影响，尖山采场露天转地下开采后，已导致边坡的变形、开裂与危岩崩塌。

崩塌是危岩体在重力的作用下，从斜坡体上脱离母岩瞬时失稳发生坠落、滚动等运动方式的地质

李　林（1964—），男，教授级高级工程师，617063 四川省攀枝花市。

图 2　目前挂帮矿回采的塌陷区既将崩塌的危岩体(2015 年 4 月摄)

灾害[1-2]，其运动过程与危岩体的力学结构、坡面的形态、坡度有关。

2.1　崩塌危岩体落石运动纵向特征

崩塌危岩体坠落运动过程如图 3。

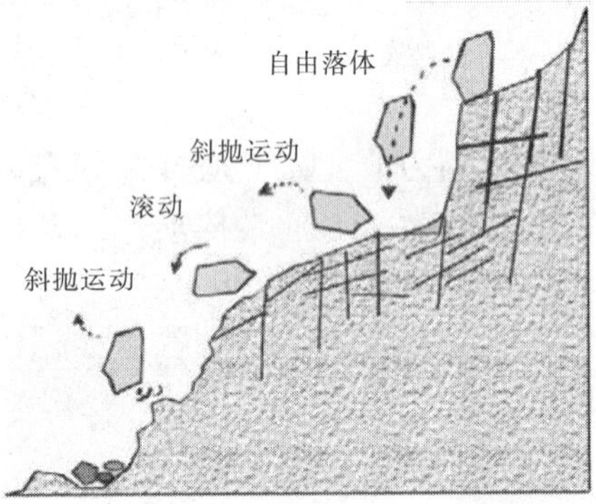

图 3　崩塌危岩体坠落运动过程

根据坡面形状、运动学原理，危岩体的运动状态至上到下分为以下 3 种类型。

2.1.1　自由落体

危岩体突然失稳坠落，在不与地表接触，发生的运动过程，遵循自由落体运动规律。

2.1.2　斜抛运动

危岩体坠落碰撞基岩，发生碰撞弹跳，做斜抛运动，其运动可以分解为垂直方向的上抛运动和水平方向的匀速直线运动，利用碰撞原理、引入恢复系数来计算落石的水平位移和垂直位移。

2.1.3　滚动和滑动

滚动和滑动与坡面的摩擦系数、斜坡坡度有关。坡向法向方向一般认为是对心塑性碰撞，切向发生的碰撞损失速度的 10%，采用功能关系计算其运动过程。

2.2　崩塌危岩体落石运动横向偏移

落石运动过程实际上是一种三维运动[3]，在运动过程中岩块会出现横向偏移现象。落石停止点距运动坡面左右偏移的距离与等效坡长的比值为落石偏移比，其范围是确定被动拦截系统布置长度的依据文献[4-8]，同时也是落石防治工程设计中需要明确的一个主要参数[9]。国内外学者对落石偏移已做了不少研究，如 Azzoni 等[10]在现场试验基础上，提出单一斜坡下，落石横向运动范围为斜坡长度的 10% 及偏移比在 0.1 范围内；叶四桥等[11]在选定坡段的情况下，进行落石现场试验，分析了落石形状、质量和运动模式对落石偏移影响范围，偏移比为 0.1 ~ 0.3。

2.3　尖山边坡危岩体崩塌规模与波及范围预测

尖山采场地下开采后塌陷区范围及目前挂帮矿回采的塌陷区实测图见图 4。

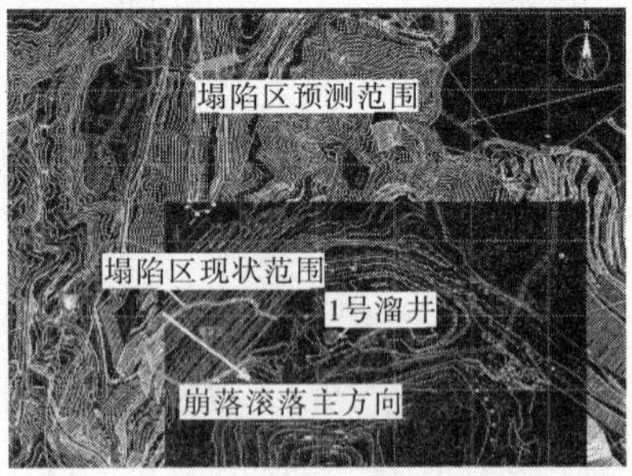

图 4　尖山地采后塌陷区范围及目前挂帮矿回采的塌陷区

崩塌实例研究表明，危岩体崩塌后，滚落的过程中，大的崩塌体会发生解体，滚石的块度会变小。另外，坡面上已形成的危岩体崩塌滚落的散体堆积区，其对滚石运动的速度恢复系数比原岩低，使绝大部份危岩体崩塌滚石停积于坡面上，只有少部份形状较圆的滚石才会滚落到坡脚以下。

从塌陷区实测图直观判断，危岩体崩塌滚落的主方向并未正对尖山 1 号溜井，且大部份危岩体崩塌滚石有下方山岩阻挡，仅有小部份崩塌滚石由于落石运动横向偏移会滚向尖山 1 号溜井方向。基于以上分析，危岩体崩塌滚石对下方设施的危害不如想像的那样大。

目前塌陷区顶标高为 1 570 m，底标高为 1 315 m，高差为 255 m。现就如此高度的边坡危岩体崩塌滚石运动进行分析。

滚石滚离边坡脚的最大滚动距离，滚石跳离边坡脚的最大距离，滚石在平台上的最大跳跃高度计算公式如下：

(1) 滚石滚离边坡脚的最大滚动距离：

$$l_m = \frac{(1 - K_1 \mathrm{ctg}\alpha / R) H \cos^2\alpha}{K_2 / R}, \quad (1)$$

式中，K_1、K_2 为滚石与边坡面、平台的滚动摩擦系数；H 为滚石起动点到边坡脚的高度；α 为边坡角；

R 为滚石的半径。

(b)滚石跳离边坡脚的最大距离：

$$l_0 = v\cos(45° - \alpha/2)\left[\sqrt{v^2\sin^2(45° - \alpha/2) + 2gh} - v\sin(45° - \alpha/2)\right]/g - h\mathrm{ctg}\alpha, \qquad (2)$$

式中，v 为滚石跳离边坡的速度；g 为重力加速度；h 为滚石跳离边坡处到坡脚的高度。

(c)滚石在平台上的最大跳跃高度：

$$h_m = \frac{(v^2 + 2gh)p^2/g - (1 - p^2)(l - l_0)}{2(1 + p^2)}, \qquad (3)$$

式中，p 为滚石与平台碰撞后的速度恢复系数；l 为滚石最大跳跃点到坡角的距离；其他符号意义同前。

根据研究及工程经验，计算公式的有关参数选取见表1、表2。

表1　滚石速度恢复系数取值

山坡表层覆盖物情况	恢复系数
基岩外露	0.7
密实的岩块堆积层	0.5
长有草皮的光滑坡面	0.3
松散的堆积层，堆积层等	0.3
基岩埋藏不深(≤0.5 m) 的山坡	0.5

表2　滚石其他计算参数的选取

H/m	α/(°)	K_1	K_2	R/m
255	38	0.30	0.22	0.5

若滚石近视为球形体，直径为 1 m。将表中参数带入上述公式，其结果为：滚石滚离边坡脚的最大滚动距离 l_m = 85.5 m；滚石跳离边坡脚的最大距离 l_0 = 15.6 m；滚石在地上的最大跳跃高度 h_m = 1.65 m。按偏移比 0.2 计，滚石最大偏移距离为 99.8 m。

由于危岩体崩塌滚落的散体堆积区类似于矿山排土场，据排土场研究及工程经验，排土场滚石滚离边坡脚的最大滚动距离一般为排土场高的 0.3 ~ 0.5 倍，则 H = 255 m 时，滚石滚离坡脚的最大滚动距离为 76.5 ~ 127.5m。

经上述分析，现状条件下危岩体崩塌波及范围如图 5 所示。

由图 5 可见，尖山 1 号溜井距尖山边坡脚的距离约 140 m，目前处于危岩体崩塌滚石波及区预测范围之外，但随塌陷区顶标高上移，滚石运动高差加大，尖山 1 号溜井将处于危岩体崩塌滚石波及范围之内。

3　结　论

(1)地下矿石开采是一个渐进的过程，危岩体崩塌滚落也是一个渐进的过程，它在时空上与地下矿石开采密切相关，并有一定滞后性。对危岩体崩塌滚石危害进行一定预防与监测是必要的，定期对危岩体崩塌区域监测以掌握塌陷区的发展变化规律意义重大。

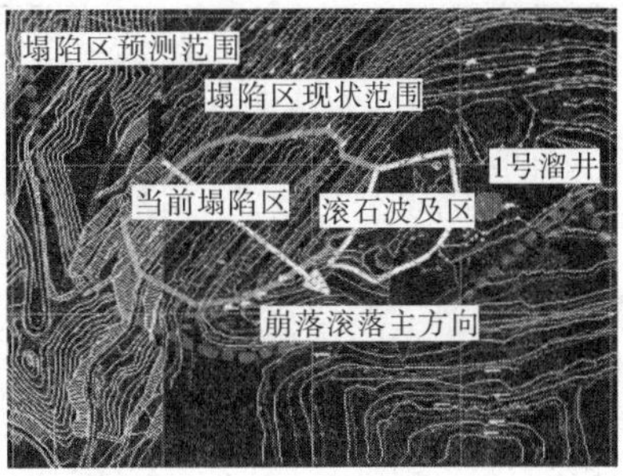

图 5　现状条件下危岩体崩塌滚石波及区预测范围

(2)基于危岩体崩塌后，滚落的过程中，大的崩塌体会发生解体，滚石的块度会变小；坡面上已形成的危岩体崩塌滚落的散体堆积区，使绝大部份危岩体崩塌滚石停积于坡面上，只有少部份形状较圆的滚石才会滚落到坡脚以下。

(3)现状条件下，尖山采场 1 号溜井处于危岩体崩塌滚石波及范围之外，随塌陷区顶标高上移，滚石运动高差加大，尖山 1 号溜井将处于危岩体崩塌滚石波及范围之内。采取在距尖山 1 号溜井一定位置设有一道约 15 m 高的挡滚石岩堤，对预防危岩体崩塌滚石是有效的。

(4)目前塌陷区后缘距上山公路最近距离约有 100 m，塌陷区不断扩展，也将危及目前在用的外部公路(倮密路)。因此，要考虑外部公路改道的问题，但外部公路改道的时机尚需进一步分析研究。

参 考 文 献

[1] 胡厚田. 崩塌与落石[M]. 北京:中国铁道出版杜,1998.

[2] 杨志法,张路青,尚彦军. 两个值得关注的工程地质力学问题[J]. 工程地质学报,2002,10(1):10-13.

[3] 张路青,杨志法,许　兵. 滚石与滚石灾害[J]. 工程地质学报,2004,12(3):225-231.

[4] 叶四桥,陈洪凯,唐红梅. 基于落石计算的半刚性拦石墙设计[J]. 中国铁道科学,2008,29(2):17-22.

[5] 黄润秋,刘卫华,周江平,等. 滚石运动特征试验研究[J]. 岩土工程学报,2007,29(9):1296-1302.

[6] 黄润秋,刘卫华. 平台对滚石停积作用试验[J]. 岩石力学与工程学报,2009,28(3):516-524.

[7] 胡厚田,陈　彪. 崩塌落石区段预测的研究[J]. 铁道学报,1996,18(4):95-99.

(下转第 306 页)

河东排土场优化设计

徐云富　关晓峰

（首钢矿业公司水厂铁矿）

摘　要　河东排土场是目前东部胶带运输系统重要排土场所，在执行原设计过程中，存在对日常排土生产指导性不强、操作性差的问题，成为制约正常排土生产的重要影响因素，需重新优化设计，以确保正常排土生产。详细介绍了河东排土场优化设计，对今后排土场日常管理及类似工程设计具有指导意义。

关键词　河东排土场　优化设计

河东排土场于1999年12月由北京首钢设计院、秦皇岛冶金设计研究院完成设计，排土高度为170，210，250，300 m，排土的阶段高度为40～50 m，每个台阶的平台宽度为30 m，台阶坡面角为自然安息角37.5°，设计排土容量为2.06亿m^3。按照原设计，截止到2014年5月末，结存排土容量为0.9965亿m^3。从排土场实际生产来看，之前设计存在缺陷，具体体现：210，250，300 m水平排土坡顶线、坡底线以及安全平台没有设计；250，300 m 2个分水平扇形排土方案以及210～300 m水平的胶带路由、检修联络公路等没有设计；按照现有堆存方式，河东排土场剩余堆存量不能满足生产需求。

综上所述，有必要对河东排土场重新进行优化设计，为此，2014年6—9月，北京矿冶研究总院、水厂铁矿对河东排土场在开展稳定性研究的基础上重新优化设计，达到指导排土场现场堆排施工的要求。

1　河东排土场概况

1.1　场区地形地貌

河东排土场原始地形为燕山山脉中低山区沟谷地貌，沟谷呈Y形分布，近于北东南西走向；沟谷断面呈V形，山体呈浑圆状，坡度一般为10°～30°，山体大部分为残坡积成因的碎石土及粉质黏土，局部为迁西群三屯营组片麻岩出露。场区原始地形标高介于75～173 m，高差约98 m。

1.2　场区地层岩性

根据地质调查及钻探资料，河东排土场地层主要有太古界迁西群三屯营组黑云混合片麻岩（Ars），少量为石榴黑云混合片麻岩；在沟谷和比较平缓的山梁之上分布部分第四系坡积土（Qel+dl）；排土场征地界内主要为采场排弃的人工填土（Qr）。排土场周边以及排土场内出露基岩多为中风化黑云混合片麻岩，测得排土场内产状倾向一般为248°，倾角为35°；排土场西侧桑园村东部测得产状倾向一般为106°～294°，倾角为25°～31°；排土场西北侧靠近马赛克砖厂附近产状倾向一般为174°～199°，倾角为41°～62°。

1.3　地质构造

根据收集的区域构造资料，河东排土场位于黄金寨断裂南侧。黄金寨断裂走向东西，倾向西南，倾角为80°～85°，长4～5 km，宽30～50 m。岩性主要为压碎状混合花岗岩、压碎状混合辉石岩和构造角砾岩等，距离河东排土场约1.5 km。虽然河东排土场外围断裂构造较发育，但排土场内无断裂通过，不造成影响。

1.4　水文地质

据场区钻孔揭露的地质资料，本区风化带厚7.40～40.77 m，主要接受大气降水和上部相邻第四系含水层补给，风化裂隙较发育，富水性差。经对场区内5个钻孔进行简易注水试验，结果表明风化裂隙含水层渗透系数为0.0116～0.2704 m/d，属弱富水含水层。

1.5　不良地质作用和不利埋藏物

经钻探揭露、排土场周边工程地质调查及现有的地质资料收集，河东排土场及周围100 m内，不存在断裂构造、滑坡、崩塌、泥石流、塌陷、液化土层等不良地质作用，局部地段发育伟晶岩脉，为岩浆后期

徐云富（1984—），男，工程师，064400 河北省迁安市。

活动侵入,亦无防空洞等不利埋藏物。

2 河东排土场优化设计

2.1 排土工艺及参数

排土场稳定与安全是实施露天矿采掘进度计划和排弃计划的重要保证,与排土工艺直接相关。河东排土场始建于1999年,属平地型排土场,目前采用胶带+排岩机连续排土作业,分台阶前进式排土,已受土约1.875 3亿m^3。本设计依据排土场岩土空间分布状况及排土场地基承载力要求调整排土顺序。具体排土工艺如下:

(1)本次设计采用原有的胶带+排岩机连续排土方式,排弃的岩土类别为混合土石。

(2)排土场堆排采用自下而上的覆盖式多台阶排土方式。当剥离物中土岩能分开时,应在表层排弃岩石,内部排土;需要土岩混排时,应避免集中排弃在排土体内部形成软弱夹层,不同排弃物料应进行合理搭配。及时调整排土推进方向及运岩路线,并控制排土速度及水平排土作业线长度等。

(3)根据《首钢矿业公司水厂铁矿河东排土场稳定性研究》推荐的河东排土场工艺参数,优化后河东排土场共分5个台阶堆排,台阶标高分别为160,195,240,285,330 m,各排土平台自下而上依次命名为第一台阶、第二台阶、第三台阶、第四台阶及第五台阶,其中,第一台阶单台阶高35~80 m,第二台阶高35 m,第三~第五台阶高45 m,平台宽30 m;台阶坡面角为自然安息角37.5°。排土场自上而下依次为排土物料、第四系残坡积层和基岩。

优化后排土场的典型剖面见图1。排土场设计参数见表1。

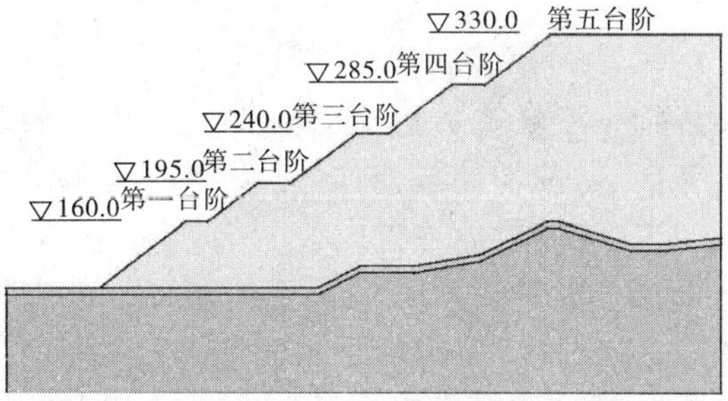

图1 优化后河东排土场典型剖面(单位:m)

表1 排土场设计参数

地基坡度 θ /(°)	阶段数 N /层	阶段高度 h_n /m	总高度 H /m	安全平台宽 b_1 /m	阶段边帮角 α_1 /(°)	总边帮角 α /(°)	占地面积 S /km^2	总容积 V /万 m^3
10~30	5	35~45	250	30	37.5	28	3.5	36 042

2.2 排土容积及等级

利用SURPAC软件计算结果,截止至2014年5月河东排土场已堆排物料1.875 3亿m^3。根据上述优化后排土场设计参数,可得到设计堆置总高度为250 m,排土容积共计3.604 2亿m^3。依据《有色金属矿山排土场设计规范》(GB 50421—2007)规定,$V \geqslant 1\ 000$万m^3,$H \geqslant 150$ m为一级排土场,本排土场设计等级为一级。设计剩余排土场总容积V_z为1.728 9亿m^3,较原设计增加容积0.732 4亿m^3。按照2 500万t/a的生产能力测算,还可持续排土生产13.85 a。排土场结存容积见表2,终了规划见图2。

表2 排土场结存容积计算 万m^3

作业水平/m	一区	二区	三区	合计
330~285	1 111	1 090		2 201
285~240	2 558	1 581	734	4 873
240~195	2 995	2 846	1 348	7 189
195~160		2 047	979	3 026
合计	6 664	7 564	3 061	17 289

图2 河东排土场终了规划示意

2.3 排土场运输道路设计

2.3.1 斜坡道

斜坡道是用来布置向上运送岩石胶带机的斜坡平台,位置选择原则:尽可能布置在排土场轴心位置,以利于排岩机采用扇形排土工艺;尽可能布置在排土场设计排土范围边缘,避免占用排土空间或者影响排岩机作业;尽可能减少皮带折返运输,避免皮带路基占用有效排土空间,同时减少皮带运输能量消耗。

河东排土场整体呈左凹、南北两端宽、中间窄的不规则形状。南北最大长度约2 800 m,北端头东西最大跨度约 1 800 m，中间凹入部位东西跨度约 1 000 m，南端头东西最大跨度约 1 200 m。现有 D3 转运站位于土场中间 195 m 水平，呈西南—东北走向，受土场自身形状影响，为尽量减少胶带路基及检修路占压排土场空间，按照斜坡道位置选择原则，本次设计共拟定 3 个斜坡道设计方案。

方案一：保持现 D3 转载站不动，考虑排土场靠中间区域边坡形状较规则的实际，将 D8、D9、D10 皮带机整体近似北—南布置，检修路沿皮带靠西侧布置；由于排土场现状制约，土场只能实现增加 2 个排土台阶（最大排土标高+285 m），较稳定性允许排高少一个台阶。

方案二：考虑将转运站尽量设置在排土场中部，以减少水平转载站数量及提高排土机排岩效率 。去掉现 D3 皮带平坡段，转载站重新设置在老站位置，沿现有皮带机运输方向设置 D8 转运站。同时 D8、D9、D10 皮带段采用"之"字形布置于排土场中部。其中 D8 皮带走向西南—东北，D9 皮带走向近似东—西，D10 皮带走向西南—东北，为避免检修路布置在土场中间位置占压排土空间，将其沿土场外边缘滦河一侧布置，考虑到检修路与胶带机之间不同步的情况，排土过程中利用过渡检修路到达转载站，排土结束后再形成固定检修路。

方案三：去掉现 D3 皮带平坡段，向上折返站点设置在老 D3 转运站部位，皮带继续向上延伸，走向沿土场北端头南侧，其中 D8 皮带走向东—西，D9 皮带走向东南—西北，D10 皮带走向西南—东北，为减少直排工程量，检修路沿皮带机折返布置，在形成胶带路基过程中利用矿车一次性直排到位。

将以上方案进行分析对比：

方案一中 D9 转运站已布置于方案三中的+285 m 平台南侧端点处，但由于该区域+330 m 平台排土面较窄，难以满足排岩机最小工作平台宽度要求，无法布置 D10 皮带及转运站，因此最大排土标高只能到+285 m 水平，较设计允许排高少一个台阶，对排土空间影响较大。

方案二中 D8 胶带机将排土场整体划分为南北 2 个区域，转载站位于排土场+285 m 水平的坡底线，占用较大排土空间，且胶带机路基两侧为高边帮，整体布设成双臂沟形式，不利于皮带机的架设，特别是雨季存在安全隐患。同时由于 D8 皮带近似与现 D3 皮带延长段在同一空间平面上，在 195 m 升段至 240 m 过程中无法实现提前准备 D8 胶带路基；由于检修路与胶带机之间距离较远，考虑到一次性形成设计检修路工程量较大，因此在每个作业水平初排区域均需要随排岩机排土推进而形成过渡检修路，不利于生产的经济运行。

方案三将现 D3 皮带平坡段去掉，采用原 D3 转运站，避免 D3 皮带平坡段占压排土有效空间，同时减少皮带重叠运转长度，降低皮带运输负荷，能够达到节能降耗的目的。

因此，采用方案三对排土场斜坡道、皮带机等进行设计，排岩机将每个水平划分 2 ~ 3 个区域，分别采用扇形排土工艺。

本次设计胶带斜坡道宽度为 15 m 以上，与原设计保持一致。斜坡道坡度由胶带机最大提升角度、高度确定。从+195 ~ +330 m 水平，垂直提升高度为 135 m，受排土场现有形状限制，需设计 3 条胶带斜坡道：D8 胶带斜坡道垂直提升高度为 45 m，即 195 ~240 m 水平，斜坡道全长 472 m，其中平坡段 60 m（机头、机尾各 30 m）、缓坡段 70 m（斜坡段与平坡段过渡圆弧段，过渡半径 300 m，坡度 3°，机头、机尾各 30 m）、斜坡段 342 m（坡度 7°），对应的 D8 胶带将由 D8 转运站驱动；D9 胶带斜坡道垂直提升高度为 45 m，即 240 ~ 285 m 水平，斜坡道全长 326 m，其中平坡段 60 m（机头、机尾各 30 m）、缓坡段 154 m（斜坡段与平坡段过渡圆弧段，过渡半径 300 m，坡度 7°，机头、机尾各 77 m）、斜坡段 112 m（坡度 14°），对应的 D9 胶带将由 D9 转运站驱动；D10 胶带斜坡道垂直提升高度为 45 m，即 285 ~ 330 m 水平，斜坡道全长 326 m，其中平坡段 60 m（机头、机尾各 30 m）、缓坡段 154 m（斜坡段与平坡段过渡圆弧段，过渡半径 300 m，坡度 7°，机头、机尾各 77 m）、斜坡段 112 m（坡度 14°），对应的 D10 胶带将由 D10 转运站驱动。

2.3.2 升段运输公路

升段运输公路位置布置原则：尽量使用直线布置，减少排岩机行走距离；空间上尽量避免与上水平排土胶带路基重叠。

升段运输公路设计宽 45 m，坡度 8%，长 563 m。排岩机行走侧公路宽 30 m，另一侧宽 15 m，转弯半径不低于 150 m。

2.3.3 初始路基

初始路基是排岩机、移置机系统的最小工作平台，其长度、宽度直接取决于移置机、排岩机的技术参数，同时，考虑到 240，285，330 m 3 个初始路基均需由矿车直排形成,因此,设计的最小工作平台一方面要满足移置机、排岩机正常作业技术参数,另一方面尽最大可能减少矿车直排形成初始路基工程量。

原设计考虑到排岩机首次安装、调试,最小工作平台长度设计为 220 m,本次设计结合河东、河西排岩机近几年生产实际,最小工作平台长度设计为 145 m,较原设计 220 m 缩短 75 m。其中,移置机地锚位置与排土边缘水平距离为 10 m,尾滚筒与地锚水平距离为 15 m,尾滚筒与移置机钢轨末端水平距离为 10 m,移置机卸料小车长 50 m,卸料小车与转运站水平距离为 30 m,转运站占用 30 m,共计 145 m。

设计考虑排岩机履带板外宽为 12.5 m,排岩机距离轨道最小距离为 13 m,排岩机距离排土平台边缘最小距离为 30 m,轨道路基钢轨宽 4.5 m,轨道路基与里内侧平台边缘或者边坡保持 15 m 以上安全距离,由此,初始路基的最小平台宽度为 75 m。

240,285,330 m 3 个初始路基,均需采用矿车直排+推土机配合作业方式修筑完成,之后的移置机偏移、延长的路基以及新增的 D8-1、D8-2、D9-1、D9-2、D10-1、D10-2 过渡胶带路基由排岩机正常排土作业过程中排放岩石堆筑而成。

2.3.4 检修运输公路

检修运输公路位置布置原则:尽量与斜坡道及初始平台并行布置,减少矿车直排工程量;布置在排土场边界部位,排岩机排土设计范围以外,形成后将不再变动。

检修运输公路设计宽 20 m,坡度 8%,长 563 m。其中 195 ~240 m、240 ~285 m 阶段检修运输道路与胶带斜坡道并行折返布置,285 ~330 m 阶段由升段运输公路靠土场外侧宽 20 m 平台作为检修运输道路。

2.3.5 道路物料来源

初始路基、胶带斜坡道、检修公路、升段运输公路修筑工程总量为 892 万 m^3,其中可直接利用排岩机上排工程量 470 万 m^3,剩余 422 万 m^3 均需要矿车直排,见表 3。

表 3　道路总工程量　　万 m^3

水平/m	工程量	可直接利用工程量
195 ~240	336	151
240 ~285	298	163
285 ~330	258	156
合计	892	470

道路所需物料来源:

直接利用排岩机上排物料,即排岩机排土至斜坡道、初始路基、检修路等设计位置时,安排排岩机按照最大上排高度 18 m 作业,形成以上工程土石方的第一层物料。

电铲二次捣装排岩机上排物料,即按照各水平所需物料总量安排排岩机上排作业,在上排形成第一层物料的同时准备出电铲倒装货源,然后利用电铲装车直排的方式按照设计作业线形成。

利用印子峪干选废料。

总之,物料来源较为广泛,将结合生产实际,按照经济效益最大化原则,合理安排物料。

2.4 排土方案设计

2.4.1 排土方式

排岩机可采用扇形展开方式或平行展开方式,根据排土场的形态和地形条件具体确定。

扇形排土工艺适用于形状不规则的排土场,以移置机的受料点为中心,以中心至排土场边缘的距离为半径,将排土场划分为若干个扇形条块,由排岩机完成各扇形条块的排土作业。该排土工艺最大的特点是通过移置机的延长或截短,以满足排岩机能到达排土场的各边缘点进行作业,其扇形轴长期固定在各排土台阶的一个部位。

平行展开排土工艺适用于辽阔、规整呈矩形的排土场。

由于河东排土场轴向较长、几何形状极不规则,故采用扇形排土展开方式,每个水平需划分 2 ~3 个排土区域,每个区域分别自东向西顺时针方向展开。

240,285 m 水平设置 2 条过渡式胶带机,195 m 水平剩余排土范围及 330 m 水平设置一条过渡式胶带机,通过增设过渡式胶带机连接各排土区域。

考虑到每个水平在正常排土作业过程中,需提前通过矿车直排方式在每个水平的第一排土区域形成上一个水平的排岩机+移置机系统初始路基,排土坡底线与新增胶带必须保持一定安全距离。

排岩机在作业中是以移置机的尾部为起点,沿着走向进行排放。排岩机作业时,可以使设备的排料臂呈水平状态作业,将排料臂头部 50 m 处的作业区排满,而后再向前行走,对下一个作业带进行排土。若在地质条件较差的地段作业,可以先排一次带宽的外缘部位,而后再排内环形条带部分。按排岩机的规格性能每次扇形条块的最大排宽是 100 m,即相邻移置机中心线最大距离。

2.4.2 排土工作程序

采用半连续排岩工艺，排土场的每个台阶从修筑斜坡道的准备到全部排满，主要按3个步骤进行：先修筑斜坡道和初始路基，再堆筑移置机的路基，完成排土机排土的准备工程；在每个扇形区排满后将移置式胶带机移设到本扇形条块的边缘，为下一个扇形条块的排土做准备；对排土场的边缘按85 m的宽度划分扇形区，排土机对每个扇形区进行循环排土，先完成第一排土区域，然后完成第二排土区域，直至将该排土阶段全部排满。

2.4.3 分水平排土方案

2.4.3.1 外环大坝160 m以下排土方案

160 m水平马赛克厂1#巡查点部位，2# ~4#巡查点部位，7#、8#巡查点至D3胶带部位的平台均未能形成，考虑到土场周边坡底线标高普遍在100 m左右，其中靠近滦河一侧滦河大桥至1#巡查点部位标高为70 ~80 m，中间二层台标高为120 ~140 m，靠近擂鼓台、上金山院一侧2# ~4#巡查点部位标高为100 m左右，靠近桑园村一侧7# ~8#巡查点部位标高为100 ~140 m，干选车间到D3胶带部位标高为130 ~140 m。如果以上部位160 m平台不能形成，土场局部最大段高度将达到100余米，不利于土场稳定。基于以上情况，设计采用机车排土的方式在排土场底部逐步形成160 m平台，台阶坡面角为37.5°，平台宽度预留30 m，具体见图3。各部位工程量见表4。

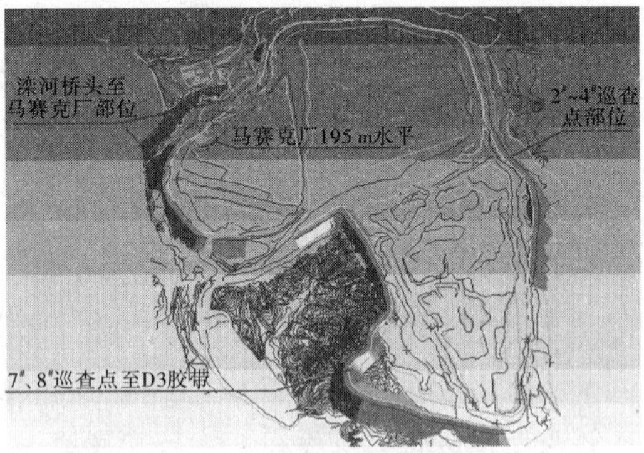

图3 外环160 m以下排土示意

表4 各部位工程量统计 万 m^3

部位	滦河桥头—马赛克厂	2# ~4#巡查点	7#、8#巡查点至D3胶带
直排工程量	139	155	767

2.4.3.2 各标高分水平排土方案

胶带排岩系统的移置机与固定式胶带机通过D8、D9、D10转运站连接，即排岩机的推进展开是以D8、D9、D10转运站为轴心，以移置机为半径顺时针进行的，由于排土场的形状不规则，在对各地段排土的时候，移置机将按排土场几何形状调整设备的长度，各水平排土区域划分及移置机布置见表5 ~表8。

表5 195 m水平移置机平面布置

第二排土区域			第三排土区域		
偏移次数	移置机长度/m	偏移角度/(°)	偏移次数	移置机长度/m	偏移角度/(°)
初始机道	570	-	初始机道	365	-
第1次	596	9	第1次	392	15
第2次	619	8	第2次	443	12
第3次	673	6	第3次	505	9
第4次	738	5	第4次	570	8
第5次	769	6	第5次	593	10
第6次	796	6	第6次	512	10
第7次	819	6	第7次	463	11
第8次	858	6	第8次	414	13
第9次	901	5	第9次	402	13
第10次	901	5	第10次	421	12
第11次	901	5			
第12次	900	5			
第13次	900	5			
第14次	900	5			

注：195 m水平已排土到界部位部分坡面未达到设计要求，考虑到后期以上各水平需要布置胶带系统，因此需对坡面按设计要求进行恢复，总长650 m，补排工程量约70万t。本水平排岩机设计分3个区域进行排土到界，目前排岩机已完成第一排土区域作业，剩余2个排土区域可排土空间为3 026万 m^3，其中第二排土区域排土空间为2 047万 m^3，第三排土区域排土空间为979万 m^3，利用排岩机排土形成过渡胶带路基。

3 新增设备设计

河东胶带排岩生产线主体设备由破碎机、皮带机和排岩机组成。目前195 ~330 m平台需要新增D8、D9、D10 3条固定胶带机，同时240，285 m水平分3个区域排土，每个水平需设置2个临时转运站。195 m水平剩余排土范围及330 m水平分2个区域排土作业，每个水平设置一个临时转运站，每个临时转运站及临时胶带机均可循环利用，临时胶带机长度设计见表9。

D8皮带机采用双滚筒三电机驱动方式，皮带型号为1600 * 8-17/9 ST3150，全长472 m，皮带速度为3.5 m/s，电机型号为YKK4503-4W，电机功率为560 kW，减速机为ML3RSF110，速比为28.0。

D9皮带机采用双滚筒三电机驱动方式，皮带型号为1600 * 8-17/9 ST3150，全长326 m，皮带速度为3.5 m/s，电机型号为YKK4503-4W，电机功率为560

表6　240 m 水平移置机平面布置

第一排土区域			第二排土区域			第三排土区域		
偏移次数	移置机长度/m	偏移角度/(°)	偏移次数	移置机长度/m	偏移角度/(°)	偏移次数	移置机长度/m	偏移角度/(°)
初始机道	145	–	初始机道	517	–	初始机道	477	–
第1次	305	27	第1次	517	9	第1次	413	12
第2次	911	14	第2次	517	9	第2次	413	12
第3次	1 000	5	第3次	510	9	第3次	465	12
第4次	1 000	5	第4次	412	12	第4次	465	11
第5次	1 000	5	第5次	359	14	第5次	499	7
第6次	1 000	5	第6次	359	14	第6次	291	17
第7次	1 000	5	第7次	359	14			
第8次	1 000	5	第8次	448	14			
第9次	1 000	5	第9次	576	11			
第10次	1 000	5	第10次	663	9			
			第11次	712	7			
			第12次	777	7			
			第13次	859	6			
			第14次	975	6			
			第15次	1 000	5			
			第16次	1 000	5			

注:排土作业空间为7 189 万 m^3,分3个排土区域,其中第一排土区域排土空间为2 995 万 m^3,第二排土区域排土空间为2 846 万 m^3,第三排土区域排土空间为1 348 万 m^3。利用排岩机排土形成各区域过渡胶带路基,同时安排排岩机在第一排土区域上排物料298万 m^3,为后期排岩机由240 m升段至285 m水平做准备。

表7　285 m 水平移置机平面布置

第一排土区域			第二排土区域			第三排土区域		
偏移次数	移置机长度/m	偏移角度/(°)	偏移次数	移置机长度/m	偏移角度/(°)	偏移次数	移置机长度/m	偏移角度/(°)
初始机道	565	–	初始机道	332	–	初始机道	292	–
第1次	676	9	第1次	522	15	第1次	292	17
第2次	778	7	第2次	592	9	第2次	331	17
第3次	857	6	第3次	676	8			
第4次	807	6	第4次	785	7			
第5次	807	6	第5次	976	6			
第6次	807	6						
第7次	857	6						

注:排土作业空间4 873 万 m^3,分3个排土区域,其中第一排土区域排土空间为2 558 万 m^3,第二排土区域排土空间为1 581 万 m^3,第三排土区域排土空间为734 万 m^3。利用排岩机排土形成各区域过渡胶带路基,同时安排排岩机在第一排土区域上排物料258万 m^3,为后期排岩机由285 m升段至330 m水平做准备。

kW,减速机为ML3RSF110,速比为28.0。

D10皮带机采用双滚筒三电机驱动方式,皮带型号为1600＊8-17/9 ST3150,全长326 m,皮带速度为3.5 m/s,电机型号为YKK4503-4W,电机功率为560 kW,减速机为ML3RSF110,速比为28.0。

临时运转站采用双滚筒双电机驱动方式,皮带型号为1600＊8-17/9 ST3150,皮带速度为3.5 m/s,电机型号为YKK4503-4W,电机功率为560 kW,减速机为ML3RSF110,速比为28.0。

表8　330 m 水平移置机平面布置

第一排土区域			第二排土区域		
偏移次数	移置机长度/m	偏移角度/(°)	偏移次数	移置机长度/m	偏移角度/(°)
初始机道	312	–	初始机道	435	–
第1次	437	13	第1次	707	9
第2次	437	11			
第3次	491	11			
第4次	559	10			
第5次	145	36			
第6次	145	36			
第7次	207	19			

注:排土作业空间2 201 万 m^3,分2个排土区域,其中第一排土区域排土空间为1 111 万 m^3,第二排土区域排土空间为1 090 万 m^3。

表9　各平台临时胶带机长度

水平/m	胶带机编号	长度/m
195	D3-1	780
240	D8-1	807
	D8-2	955
285	D9-1	615
	D9-2	942
330	D10-1	506

4　结　语

(1)综合考虑场区工程地质情况,结合台阶优化稳定性研究结果,河东排土场优化后共分5个台阶堆排,台阶标高分别为160,195,240,285,330 m,台阶坡面角为37.5°,单个台阶高35~45 m,平台宽30 m,总堆置高度为250 m,较原设计+300 m堆高至+330 m。

(2)按照河东排土场最终堆积高程+330 m计算,截止到2014年5月末,河东排土场结存排土容积为1.728 9亿 m^3,较原设计0.996 5亿 m^3 增加容积7 324万 m^3。按照东排2 500万 t/a的生产能力测算,还可持续稳定排土生产13.85 a,实现满足水厂铁矿露采排土空间需求。

(3)原设计考虑到排岩机首次安装、调试,最小工作平台长度设计为220 m,本次设计结合河东、河西排岩机近几年生产实际,最小工作平台长度设计为145 m,较原设计220 m缩短75 m。

(4)按照优化方案堆积后形成的边坡处于稳定状态,有一定的安全储备,加强雨季安全管理工作,可以满足正常运行。

(收稿日期　2015-05-26)

某大型铁矿充填(干堆)尾矿堆存方案选择

刘晓林　李书朝
(五矿矿业(安徽)工程设计有限公司)

摘　要　针对当下矿山尾矿排放中尾矿占用耕地面积多,对环境污染严重的现状,讨论采用尾矿充填和尾矿干堆的方法寻求解决上述问题。对比尾矿制备设施布置方案,选用合理的布置方案,提高了尾矿排放系统效率。

关键词　尾矿固结　尾矿干堆　尾矿充填

矿山生产企业对矿石粉碎筛选后,目标组分含量最低的部分即为尾矿。在当前技术和经济下,尾矿中有用部分很难提取利用,同时尾矿排放及堆存会对周围环境造成一定程度的污染并存在安全隐患,这就需要对尾矿排放进行合理处置[1-2]。近年来,国家对矿山尾矿库的环境和安全方面不断重视,改革传统的尾矿地表堆存处理方法存在的环境、安全和占用土地等诸多问题,不断开发安全、高效的尾矿处理新技术逐渐成为主流。以某大型铁矿为例,探讨了尾矿充填和尾矿干堆同时运用的尾矿处理理念,并对尾矿制备设施布置方案进行对比,以期为尾矿制备提供参考。

1　传统湿式尾矿堆存

尾矿从选厂直接输送至尾矿库,需耗费大量水资源,同时占地面积较大。尾矿库的基建投资一般约占矿山建设总投资的10%以上,约占选矿厂投资的20%,有的几乎接近甚至超过选矿厂投资。尾矿设施的运行成本较高,有些矿山尾矿设施运行成本占选矿厂生产成本的30%以上。为了减少运行费,有些矿山的选矿厂厂址取决于尾矿库的位置。

尾矿库是一个具有高势能的人造泥石流的危险源。在长达十多年甚至数十年的期间里,各种自然的(雨水、地震、鼠洞等)和人为(管理不善、工农关系不协调等)不利因素时时刻刻或周期性地威胁着它的安全。尾矿库一旦失事,将给工农业生产及下游人民生命财产造成巨大的损失。

2　尾矿胶结充填

将尾矿浆泵送至尾矿充填站,经立式砂仓浓缩后利用高浓度搅拌槽和螺旋输送机把矿浆与胶结材料(矿渣水泥)混合以后,用于井下回填作业。尾矿充填不但节省尾矿存放成本,而且也不会造成环境污染,还可有效避免地表塌陷等问题。

3　尾矿固结干堆

尾矿经过脱水处理后,根据不同含水量的状态将尾矿分为浓缩尾矿,膏体尾矿及滤饼。将压滤或过滤后低于或等于饱和含水率的尾矿滤饼以汽车或其他输送方式运至尾矿堆场,在山谷或傍山、平原围堤所形成区域内存放尾矿的排放方式即为干堆。干堆又可划分为塌陷区内堆存和地表堆存2类。

4　尾矿处理方案

4.1　项目概况

项目矿区范围较小,加之存在地表建构筑物,较近的地表只有陈台沟等较小的山沟,周边无法找到储存全部尾矿的山沟或平地作为尾矿固结堆场。故尾矿采用井下充填和地表干堆同时进行的处理方案。项目铁矿为沉积变质型的大型隐伏矿床,一期设计矿山生产规模1 200万t/a,采出铁矿石全部入选,铁精矿品位65%,年产铁精矿435.37万t,项目服务期为18 a。磨选系统采用“阶段磨矿、单一磁选”工艺流程。最终破碎产品粒径小于12 mm。选矿厂排出的湿尾矿量584.62万t/a,排放矿浆浓度(浓缩机底流浓度)为45%,矿浆流量为1 159 m^3/h。选矿厂每年排出的尾矿量巨大,如用传统的湿式尾矿库堆存,土地占用面积大、征地费用高昂。

4.2　井下充填尾矿

选矿厂排出尾矿305.45万t/a,井下采空区体积为173.41万m^3;本工程充填需要尾砂量225.43万t/a,水泥27.50万t/a。考虑到矿体分布、充填倍线以及尾矿浆排放等情况,设置4座充填站,8套系

刘晓林(1987—),男,工程师,硕士,230601 安徽省合肥市滨湖区武汉路230号。

统,每套系统充填料浆制备能力 160 ~ 180 m^3/h。固结料浆浓度为 71% ~73%,系统连续稳定运行最长时间为 10 h。系统一次最大固结 1 600 m^3,全尾砂(可调)灰砂比为 1:15。项目选矿厂排出的尾矿浆经过旋流器组处理,旋流器底流进入砂仓,旋流器溢流进入高效浓缩机处理;高效浓缩机溢流清水排到溢流水池供选厂循环使用,底流通过渣浆泵打入立式砂仓进一步浓缩。最后通过尾矿制备系统添加胶凝材料制备成浓度为 72% 的膏体状,经高浓渣浆泵加压输送到浓缩尾矿堆场固结堆场。

4.3 地表干堆方案

采用尾砂干堆技术,矿山不需要再建设尾矿库且能实现尾砂地表安全堆存。由于固结的尾砂具有一定的稳定性,所以相同的占地面积可以堆存更多的尾砂,这就减少了上地的占用;同时含水量低的干尾矿对周边水土的破坏也极小。本项目尾矿固结堆场选址于矿区的塌落区及错动界限范围内,一方面可以少征土地;另一方面在矿山开采完以后,随着矿区地表塌陷,地表上的固结尾矿也随之缓慢塌陷,塌陷后的固结尾矿堆场总高度将降低直至塌陷稳定。

在塌落区及错动界限范围内的尾矿固结干堆,目前在国内还没有先例。该矿体赋存深,岩层覆盖厚度大。同时埋深大(开采最大标高为-710 m,堆场地面标高为 44 ~90 m)。根据东北大学、中国科学院武汉岩土力学研究所提交的报告可知,开采活动对地表影响较小,不会产生地表错动及塌落。同时为避免因地表产生错动或塌落而影响地表堆存尾矿从而产生二次灾害,设计采用尾矿固结技术(尾砂固结排放技术是在尾砂干式排放的基础上通过加入少量的胶凝材料对尾砂进行胶结后形成的具有一定强度的固结体。该技术从根本上改变了尾砂堆体的结构特点和力学性能,确保了尾矿堆体的稳定和安全)从而减小二次灾害的影响乃至消除二次灾害。基于现状情况及实验性的目的采用以下措施以确保尾矿堆存顺利进行并为尾矿堆存于采区课题积累经验。

(1)尾矿经过尾矿固结(脱水工艺及添加胶凝材料)处理后形成膏体尾矿,采用高效渣浆泵加压输送至尾矿堆场固结堆存。

(2)固结尾矿输送系统设置于安全区。

(3)提高堆场内自动化作业水平,减少人员作业或实现无人化作业。

(4)利用采区内措施井(生产期的泄压井),建立多方位、多层面的监测体系。

(5)根据地下采矿活动计划结合固结尾矿排放计划将作业场区进行划分,做好场区规划。

(6)固结尾矿排放应根据监测结果分析进行,当监测结果显示作业区出现危险状况时应在安全区内进行排放作业。

根据上述措施,在厂区东南部设置尾矿固结处理站,固结尾矿输送管路设置于错动界限西侧,固结尾矿通过支管排入堆场,在错动界限附近设置监测系统,通过措施井在地下-250,-500 m 设置监测系统。

4.4 塌陷区尾矿固结干堆

尾矿固结排放技术是在尾砂干排的基础上,通过加入少量的胶凝材料对尾砂进行胶结,经固结后形成具有一定强度的固结体,从根本上改变了尾砂堆体的结构特点与力学性质,确保了尾砂堆体的稳定与安全。

河北邯郸某铁矿共有南、中、北 3 个采区,经过多年的采矿活动,在地表出现了大面积的移动盆地,并形成了 3 个相应的开采塌陷坑。现役的尾矿库库容不够使用,后经全尾砂固结排放技术研究,利用采矿塌陷坑堆存尾矿,取得了比较满意的技术经济指标,证明了利用矿山的采矿塌陷坑堆存尾矿是一种技术合理、经济可行的适宜方案。

5 结 语

(1)通过对比尾矿处理 3 种方案的优缺点,结合该铁矿实际现状,大部分尾矿采用井下胶结充填,剩余部分根据周边现状可采用露天采坑充填及塌落区、错动界限范围内的尾矿固结干堆,重点采用塌落区及错动界限范围内的尾矿固结干堆。

(2)针对塌落区及错动界限范围内的尾矿固结干堆采取了固结、监测等措施,提高尾矿固结干堆的安全性。

(3)在符合国家法律和环境保护要求的方针下,本项目尾矿处理方式选用国内技术先进且环保的井下充填及尾矿干堆。与传统的尾矿库湿矿排放相比,该方案能够减少征地,节约大量耕地,降低施工期,同时固结堆场有效利用率更好及安全隐患小。

(4)本设计中尾矿处理摒弃了传统的直接入库的方法,收先将尾矿浓缩,其回水率可达 70% 以上,

(下转第 306 页)

尾矿库安全监测预警系统*

郝 哲 张维正 陈殿强
（辽宁有色勘察研究院）

摘 要 建立了尾矿库安全监测的预警系统，将模型计算、定量监测、定性判断相结合，综合确定尾矿库的安全性，给出了必要的预警预报值。建立了尾矿库的安全预警综合指标体系；确立了尾矿库的安全预警准则；给出了尾矿库安全预警控制的判定原则；确定了尾矿库的安全预警级别和相应判定标准。建立了尾矿库安全预警方法：①采用安全系数指标作为计算预警条件；②确定定量监测预警控制值，实现越界预警；③采用现场巡查定性结果，修正相应安全预警结果；④设定强制性要求，在特殊情况下强制发出安全预警。研究成果可为预测尾矿库运行状况提供决策依据，为编制相关规定提供参考。

关键词 尾矿库 安全监测 预警 模型计算 定量监测 定性判别

尾矿库安全监测的目的在于实现对安全状态的预警预报，提前发现可能出现的安全隐患，及时分析原因，进行安全管理决策和制定相应的对策措施。尾矿库安全监测与预警预报相辅相成，为使尾矿库在线监测系统能更全面地发挥作用，需要对各项监测指标建立不同的预警控制值。经笔者调研，现行各类岩土工程监测规范中，除规范[1]和[2]外，其他相关行业的边坡、大坝、隧道等规范均未见给出报警控制值。制定有效的安全预警控制值是各行业面临的重大课题和技术难题[3-4]。尾矿库的尾矿颗粒细小、分期筑坝、坝高不断变化，与土石结构差距大，尾矿库结构形式、筑坝方式也多种多样。建立完整的尾矿库监测预警标准是一项十分严肃和复杂的课题，具有重要的现实意义。本文尝试建立起尾矿库安全监测预警系统，给出监测预警控制标准，为规范编制提供依据。

1 安全预警的关键要素

尾矿库安全预警系统的关键要素包括预警指标、预警准则和预警原则的确定。

1.1 预警指标

（1）依据模型计算结果的安全预警。参考现行尾矿库勘察、设计和安全规程，仍采用坝坡抗滑稳定安全系数指标。该指标体现出尾矿库设计计算和分析的综合结果，应作为尾矿库监测预警分析的前提和必要条件。

（2）依据监测结果的安全预警。定量资料主要取自于尾矿库在线监测指标和人工监测指标。据此，确定的安全预警定量指标包括：浸润线埋深、坝体位移、库水位、裂缝、超高、滩长、降水量。

（3）现场巡查结果的安全预警。巡查所获取的多为定性资料，可作为尾矿库安全预警的补充。确定的安全预警定性指标包括：防洪安全巡查、排洪设施安全巡查、尾矿坝安全巡查和库区安全巡查。

尾矿库是一个完整的系统，它将相互作用和相互依赖的若干指标组合起来，来综合保障安全运行。因此，所建立的安全预警方法应为一套系统，而不宜只采用某个单独的计算或监测指标。

1.2 预警准则

尾矿库安全预警准则目前没有相应标准、规范可遵循。现行尾矿库分析是依据非测量指标的计算安全系数值，将其作为评价标准并不全面：首先它是单一指标，不是测试结果，不做在线监测也可以得到安全系数；而且在一定条件下，不同人会算出同一结果。因此，应以综合反映尾矿库安全状态的安全系数为基础，对各监测指标分别设定预警阈值的原则，来拟定预警准则。

预警准则的核心问题是确定预警阈值（控制值），它对于预警的准确性具有重要作用。当预警指标的度量值偏离其安全水平并超过预警阈值时，警情即出现。要科学合理地确定阈值，使之能准确地对尾矿库安全发展状况和趋势作出判断。

应由设计方根据本文提出的预警值，并结合尾矿库建设的不同阶段、设计计算结果、周边环境中被

---

* 辽宁省科技厅计划项目（编号：F13-165-9-00）。

郝 哲（1972—），男，副总工程师，教授级高级工程师，博士，110013 辽宁省沈阳市。

保护对象的控制要求等来综合确定。

1.3 预警原则

针对以上分析,提出尾矿库安全预警原则:

(1)根据规范[5]的方法,进行尾矿坝稳定性分析,确定安全系数,作为计算预警标准。

(2)根据尾矿库监测的工程经验类比和相关规范标准规定,建立定量监测指标的预警阈值标准;并给出定性监测指标的判定方法。

(3)设定强制性要求,列出在工程实践中总结出来的尾矿库及周边环境的几种危险情况,一旦出现这些情况,将可能严重威胁尾矿库以及周边环境中被保护对象的安全,必须立即发出危险报警,通知建设、设计、施工、监理及其他相关单位及时采取措施,保证尾矿库及周边环境的安全。

2 预警级别

参考地质灾害、环境污染、防汛、气象等相关行业的预警级别划分方法,建立尾矿库安全监测的三级预警模式,含义和特征如下。

2.1 黄色预警(Ⅲ级)

(1)含义。尾矿库灾害发生具有一定可能性。

(2)特征。尾矿坝渗流稳定性接近最小安全系数要求,且各项定量指标中除浸润线外,有一项定量指标超出相应警戒值,而各定性指标均未达到相应警戒值时,可判定为黄色预警状态。此时,坝体总体来说是安全的,但尾矿库运行存在一定的风险。

(3)防御措施。适当加大尾矿库巡查频率,对超标的监测指标进行分析,分别进行整治,防止安全状况进一步下降。

2.2 橙色预警(Ⅱ级)

(1)含义。尾矿库灾害发生可能性较大。

(2)特征。尾矿坝渗流稳定性小于最小安全系数要求、但略大于1,且满足至少下列条件之一时,可判定为橙色预警状态:① 浸润线埋深监测值小于预警标准;② 其他定量监测指标,有2项及以上超出相应警戒值;③ 定性指标有2项及以上处于橙色预警状态。此时,尾矿库产生溃坝的可能性较大,尾矿库已经进入警戒阶段,坝体已脱离安全阶段。

(3)防御措施。① 马上组织相关人员分析指标观测值恶化的原因,同时制定能改善指标值的方案,并且及时实施方案;② 提醒下游的厂矿、学校、居民等密切关注通知,以防事故突然发生。

2.3 红色预警(Ⅰ级)

(1)含义。灾害发生可能性大。

(2)特征。尾矿坝计算最小安全系数近于1,或大部分定量指标和定性指标超出相应警戒值或红色预警值,可判定为红色预警状态。此时,尾矿库已处于破坏临界状态,坝体已经处于危险状态,尾矿库产生溃坝的可能性极大。

(3)防御措施。① 暂停尾矿库作业;② 迅速降低库区水位;③ 以最快的速度采取措施保证坝体的安全;④ 观察其他监测指标的变化速度和发生地震的可能性;⑤ 马上组织下游居民转移以保证安全。

3 预警方法

3.1 安全系数预警

与规范[5]、[6]和[7]相一致,最小安全系数按表1取值。

表1 坝坡最小安全系数

计算方法	运行条件	尾矿坝级别			
		1	2	3	4、5
简化 Bishop 法	正常	1.50	1.35	1.30	1.25
	洪水	1.30	1.25	1.20	1.15
	特殊	1.20	1.15	1.15	1.10
瑞典圆弧法	正常	1.30	1.25	1.20	1.15
	洪水	1.20	1.15	1.10	1.05
	特殊	1.10	1.05	1.05	1.00

3.2 定量指标预警

渗流、坝坡稳定和洪水漫顶是尾矿库溃坝事故发生的主要原因,应作为观测和预警的重点。尾矿库渗流可通过浸润线埋深来反映;坝坡稳定性可通过坝体位移来反映;漫顶可以通过调洪能力(体现在库水位、干滩高程和降水量)来反映。因此,与之相关的浸润线埋深、位移、库水位、干滩长度和降水量等应作为检验尾矿库安全的重要定量监测指标;而浸润线作为尾矿库的生命线,其埋深更是最重要的监测指标,应给予较之其他指标更为重要的地位,这在3预警级别定义中有所体现。

3.2.1 浸润线预警

据规范[5]、[8],尾矿坝下游坡浸润线最小埋深应满足表2要求。

表2 尾矿坝下游坡浸润线最小埋深

堆积坝高 H/m	$H \geqslant 150$	$150>H \geqslant 100$	$100>H \geqslant 60$	$60>H \geqslant 30$	$H<30$
浸润线埋深/m	10~8	8~6	6~4	4~2	2

3.2.2 库水位预警

(1)库水位每小时上涨超出5 cm,发出预警。

(2)上游式尾矿库的库水位需满足最小安全超高要求,见表3。

表 3　上游式尾矿坝最小超高

坝级别	1	2	3	4	5
最小超高/m	1.5	1.0	0.7	0.5	0.4

3.2.3　裂缝预警[9]

(1)尾矿库局部表面裂缝宽度超过 80 mm。

(2)尾矿库表面各裂缝带的平均展宽速度超过 4 mm/d。

(3)尾矿库表面单个裂缝带的展宽速度超过 9 mm/d。

(4)坝外坡冲蚀严重,有较大较多冲沟。

3.2.4　滩长预警

尾矿库的干滩长度不应小于坝体高度,且满足表 4、表 5 的要求[5-7]。

表 4　上游式尾矿库最小滩长

坝级别	1	2	3	4	5
最小滩长/m	150	100	70	50	40

表 5　下游式及中线式尾矿库最小滩长

坝级别	1	2	3	4	5
最小滩长/m	100	70	50	35	25

3.2.5　降水量预警

(1)黄色预警。6 h 降雨量 50 mm 以上,且降雨持续。

(2)橙色预警。3 h 降雨量 50 mm 以上,且降雨持续。

(3)红色预警。3 h 降雨量 100 mm 以上,且降雨持续。

以上预警值是根据中国气象局的暴雨预警信号等级标准[10]确定的,可供尾矿库降雨预警参考。

需要注意的是,对不同尾矿类别、尾矿库等别和库区地质地貌条件,临界降雨量是不同的。但目前关于尾矿库临界降雨量的历史记录稀少,建议:根据尾矿库溃坝发生时的历史降雨量、降雨强度、降雨持时和其他内在地质环境因素建立耦合模型,通过非线性的方法确定其临界降雨指标。

3.2.6　堆积坝坡比预警

尾矿堆积坝的下游坝坡坡比应经稳定计算确定。在初步估算时,上游式尾矿库的下游总坝坡比不宜大于 1∶4.0;中线式及下游式尾矿库的下游总坝坡比不宜大于 1∶3.0。

3.2.7　位移预警

与其他监测指标相比,位移监测预警控制值的确定是最复杂的。在此,首先建立位移预警值的确定原则:① 尾矿库在运行初始期可采用本文设定的位移警戒值;② 三等及以下尾矿库在尾矿坝堆积至 1/2 ~ 1/3 最终设计总坝高,一、二等尾矿库在尾矿坝堆至 1/3 ~ 1/2 最终设计总坝高,应对坝体进行一次全面勘察[6];③ 在全面勘察和积累足够监测资料基础上,根据计算,进一步调整位移监测控制值,以提高预警准确性。

位移监测控制值的计算方法为,通过建立考虑一定置信区间的数学模型,并形成数学表达式来确定;根据最不利可能因变量组合,并计入误差因素,来确定极限值,作为监控指标;通过符合稳定及强度条件的临界安全度或可靠度来反算出监测量的允许值作为监控指标。

位移作为各类岩土工程的主要监测指标,一般来讲,其预警不但要控制监测项目的累计变化量,更要注意控制其变化速率[11]。累计变化量反映的是监测对象的即时与危险状态的关系,变化速率反映的是对象变化的快慢。变化速率过大,往往是事故的先兆。当监测数据超过其中之一时,进入预警状态,必须及时报警。

对我院多年来获取的尾矿库位移监测数据进行整理、整编和分析后,提出尾矿库位移及孔压监测预警值见表 6。表 6 中,考虑到不同监测项目、筑坝方式和尾矿库等级的预警值区别;提供的位移报警值是一个取值范围,而具体的报警值由设计方根据土质特征和周边环境保护要求,结合工程经验给出合适的预警确定值。

今后,尚需通过对不同地质条件下尾矿库主要形式的不断调研,选择有代表性的地区开展专题研究,搜集工程技术信息,进一步深入研究不同地质条件下各类尾矿库形式的位移监测报警值。

3.3　定性指标预警

除以上定量指标,还需一些定性指标。定性与定量相结合可对尾矿库安全状态做出更有效的判断。与定量指标不同,定性指标在判断过程中不是通过仪器对数据进行读取,而是依据主观感受做出评判,涉及人的主观能动性要多一些。具体工作中,往往要使用表格或问卷,评判时依然按照黄色、橙色、红色 3 个等级标记指标的现状。

3.3.1　排洪设施现状判断

若排洪设施各构筑物满足设计要求,且工况正常,有轻微的破坏和损伤但不影响使用,则标记为黄色预警。若排洪设施出现明显的漏筋、裂缝或者倾

表6 尾矿库位移监测预警值

监测项目	筑坝方式	尾矿库等别								
		Ⅰ			Ⅱ			Ⅲ		
		累计值		变化速率/(mm/d)	累计值		变化速率/(mm/d)	累计值		变化速率/(mm/d)
		绝对值/mm	相对坝高 H 控制值/%		绝对值/mm	相对坝高 H/控制值%		绝对值/mm	相对坝高 H 控制值/%	
尾矿坝表面水平位移	上游式	20～30	0.1～0.2	7～10	30～40	0.3～0.4	10～12	40～50	0.4～0.5	12～15
	下游式及中线式	35～50	0.2～0.4	9～12	50～60	0.4～0.5	12～15	60～70	0.5～0.6	15～18
尾矿坝表面竖向位移	上游式	15～25	0.1～0.2	5～8	25～35	0.3～0.4	8～10	35～45	0.4～0.5	10～13
	下游式及中线式	25～35	0.2～0.4	7～9	35～45	0.4%～0.5%	9～12	45～55	0.5～0.6	12～16
尾矿坝内部位移	上游式	15～25	0.1～0.2	7～10	25～35	0.2～0.3	10～12	35～45	0.3～0.4	12～15
	下游式及中线式	30～45	0.2～0.3	9～12	45～55	0.3～0.4	12～15	55～65	0.4～0.5	15～18
岸坡位移	各类方法	20～40		5～6	50～60		7～8	60～70		9～10

监测项目	筑坝方式	尾矿库等别					
		Ⅳ			Ⅴ		
		累计值		变化速率/(mm/d)	累计值		变化速率/(mm/d)
		绝对值/mm	相对坝高 H 控制值/%		绝对值/mm	相对坝高 H/控制值%	
尾矿坝表面水平位移	上游式	50～60	0.5～0.6	15～18	60～70	0.5～0.6	18～22
	下游式及中线式	70～80	0.6～0.7	18～21	80～85	0.6～0.7	21～25
尾矿坝表面竖向位移	上游式	45～55	0.5～0.6	13～16	55～65	0.5～0.6	16～20
	下游式及中线式	55～65	0.6～0.7	16～19	65～70	0.6～0.7	19～22
尾矿坝内部位移	上游式	45～55	0.4～0.5	15～18	55～65	0.4～0.5	18～22
	下游式及中线式	65～75	0.5～0.6	18～21	75～80	0.5～0.6	21～25
岸坡位移	各类方法	60～70		9～10	60～70		9～10

注:1. 据规范[12]10.1.3,测量精度值约为允许变形量的1/20;2. 变化速率报警:连续10个监测周期超过预警值,应报警。

斜等一系列具一定危害的损伤,则标记为橙色预警。若排洪设施出现部分堵塞或坍塌,排洪功能近乎丧失,则应标记为红色预警。

3.3.2 坝体滑动迹象判断

当坝体未出现滑动现象,但是从某些经验或其他迹象判断坝体可能会具有滑动趋势时,则将该项判断为黄色预警。当坝体出现轻微的不连续浅层滑动时设置为橙色预警。当坝体已具有一定规模的浅层滑动或是深层滑动,设置为红色预警。

3.3.3 坝体出现流土(或管涌)现象判断

若坝体未出现流土(或管涌)现象,但是根据观察某些位置一段时间之后可能会出现流土(或管涌)现象,则将该项设置为黄色预警。若坝体少量位置出现轻微的流土(或管涌)现象,则应该设置为橙色预警。若坝体出现明显的流土(或管涌)变形、水质混浊、挟泥沙、坝外坡有较大范围渗漏逸出,应设置为红色预警。

3.3.4 坝体冲刷现象判断

若坝体的排水沟基本能够满足排水要求,冲刷对坝体表面只有轻微的影响,形成明显的浅表性拉沟,则设置为黄色预警。若坝端无截水沟山坡雨水冲刷坝肩,或坝面没有可起明显作用的排水沟,坝体冲蚀严重,有较多较大的冲沟,则设置为橙色预警。若由于持续冲刷已经导致坝体的局部规模性破坏,危及到坝体的稳定性,则设置为红色预警。

3.3.5 坝体塌陷现象判断

若坝体未出现塌陷现象,但根据经验某些位置有塌陷的可能,则将该项设置为黄色预警。若坝体少量位置出现轻微塌陷现象,应设为橙色预警。

若坝体出现明显塌陷现象,应设为红色预警。

3.3.6 坝体及其附近的非法采掘活动

若坝体某些位置出现不影响坝体安全的小规模人工采掘,则设置为黄色预警。若较多位置出现了较大规模采掘则设置为橙色预警。

若较多位置出现了大规模采掘,且采掘已引起坝体明显变形或改变坝体的渗流环境,已经威胁到坝体的安全,则应该设置为红色预警。

3.4 强制性要求

出现下列情况之一时,应立即进行危险报警,对尾矿库结构和周边对象采取应急措施。

(1)当位移监测数据达到报警累计值。

(2)位移值突然明显增大,且尾矿库坝体出现贯穿横裂缝。

(3)库区周边的建(构)筑物、周边地面出现可能发展的变形裂缝或较严重的突发裂缝。

(4)库内水位在强降雨时持续上升,有可能超过最高警戒水位时。

(5)根据当地工程经验判断,出现其他必须进行危险报警的情况。

4 结 语

建立了尾矿库安全监测预警系统,将模型计算、定量监测、定性判断相结合,综合确定尾矿库的安全稳定性,给出必要的预警预报。

(1)建立了尾矿库的安全预警综合指标体系。

(2)确立了尾矿库的安全预警准则。

(3)给出了尾矿库安全预警控制的3条判定原则。

(4)确定了尾矿库安全预警的三级预警级别和相应判定标准。

(5)建立了全面的尾矿库安全预警方法:① 采用传统安全系数指标作为计算预警条件;②确定监测预警控制值,采用定量监测数据,实现各项数据的越界预警;③采用现场巡查定性判别结果,修正相应安全预警结果;④设定强制性要求,在特殊情况下强制性发出安全预警。

预警系统可为预测尾矿库安全状况提供依据,为规范编制提供参考;据此及早采取措施消除事故隐患,提高尾矿库生产效率和管理水平,确保尾矿库安全稳定运行。

参 考 文 献

[1] GB 50497—2009 建筑基坑工程监测技术规范[S].

[2] DB 11490—2007 地铁工程监控量测技术规程[S].

[3] 《现代尾矿设施设计与管理维护技术及尾矿资源综合利用实用手册》编写组.现代尾矿设施设计与管理维护技术及尾矿资源综合利用实用手册[M].徐州:中国矿业大学出版社,2005.

[4] 《尾矿设施设计参考资料》编写组.尾矿设施设计参考资料[M].北京:冶金工业出版社,1980.

[5] GB 50863—2013 尾矿设施设计规范[S].

[6] GB 50547—2010 尾矿堆积坝岩土工程技术规范[S].

[7] AQ 2006—2005 尾矿库安全技术规程[S].

[8] GB 50191—2012 构筑物抗震设计规范[S].

[9] 姜晨光,蔡香玲,路 奎.尾矿库监测与预警问题研究[J].矿冶,2010,19(4):15-18.

[10] SL 21—2012 降水量观测规范[S].

[11] 谢旭阳,王云海,张兴凯.尾矿库区域预警指标体系的建立[J].中国安全科学学报,2008,18(5):16-22.

[12] GB 50026—2007 工程测量规范[S].

(收稿日期 2015-05-26)

(上接第293页)

[8] AZZONIA, FR% ITASM H. % xperimentallyGainedPa-rameters, DecisiveforRockfallAnalysis[J]. RockMe-chanicsandRock% ngi-neering, 1995, 28(2): 111-124.

[9] 唐红梅,易朋莹.危岩落石运动路径研究[J].重庆建筑大学学报,2003,25(1):17-23.

[10] AZZONIA, BARB% RAGL, ZAINN% TTYA. AnalysisandPredictionofRockfallsUsingaMathematicalModel[J]. InternationalJournalofRockMechanicsandMiningScienceandGeomechanicsAbstracts, 1995, 32(7): 709-724.

[11] 叶四桥,陈洪凯,唐红梅.落石运动过程偏移特征与随机特性的实验研究[J].中国铁路科学,2011,32(3):74-79.

(收稿日期 2015-05-26)

(上接第301页)

回水经简单处理后用于选矿生产,减少生产用水消耗,提供水利用率。另一方面充填用矿仓可靠近矿井布置,对厂区其他建筑布置影响小。本方案实现了浓缩工艺与充填、干排的有效衔接,实现尾矿排放经济效益。

(5)塌落区及错动界限范围内的尾矿固结干堆经过进一步深入研究和优化后,可在崩落法开采中推广运用。

参 考 文 献

[1] 付永祥.大型山谷型尾矿干堆场设计理念与实例[J].金属矿山,2009(10):1-4.

[2] 朱大鹏.分层充填采矿法的应用及优化[J].现代矿业,2012(8):8-9.

(收稿日期 2015-05-26)

西石门铁矿尾矿库挖潜改造工程

朱利军　李生龙

（五矿邯邢矿业有限公司西石门铁矿）

摘　要　为了充分挖掘西石门铁矿原尾矿库堆存尾砂潜力，计划对原尾矿库进行挖潜改造，增加尾矿库有效库容，排出库内积水提高尾矿库的安全度。针对原尾矿库沟口狭长，干滩长度大，滩顶与1[#]、2[#]支沟高差大的特点，对现有尾矿库进行挖潜改造是增加尾矿库堆存量的重要途径，不仅可以满足企业的生产需要，而且充分利用了尾矿库的资源，减少了土地资源的浪费和环境的污染，符合环境及社会可持续发展的要求，具有较大的经济和社会效益。

关键词　尾矿库　库容　挖潜改造

西石门铁矿位于武安市矿山镇西石门村西，选矿车间原矿处理规模为250万t/a，排尾量约141.46万t/a。矿石类型主要为磁铁石英岩，选矿工艺为磨矿磁选工艺。西石门铁矿尾矿库设计最终堆积标高440 m，现状堆积标高为435 m，已接近设计最终标高，剩余库容322万m^3。该尾矿库谷口狭窄，沟长约2 160 m，沟口呈"V"字型，为一座山谷型三等尾矿库，上游式筑坝。其中库内有2个弯沟，称为1[#]、2[#]支沟。

根据2014年底西石门铁矿可开采地址储量计算，需要676万m^3库容，其中354万m^3尾矿无处可排。如果新建尾矿库，不但建设周期长，投资高，而且征地困难。为了充分挖掘该尾矿库堆存尾砂潜力，五矿邯邢矿业有限公司西石门铁矿计划对该尾矿库进行挖潜改造，增加尾矿库有效库容，排出库内积水提高尾矿库的安全度。依据《尾矿库安全监督管理规定》规定，五矿邯邢矿业有限公司西石门铁矿委托中冶京诚（秦皇岛）工程技术有限公司对该尾矿库进行挖潜改造工程设计。

1　尾矿库基本情况

1.1　地理位置与交通

西石门铁矿尾矿库位于邯郸与邢台交界处的沙河市境内，沙河市册井乡八十县村东南、后井村西南的山谷内。尾矿库地理位置见图1。

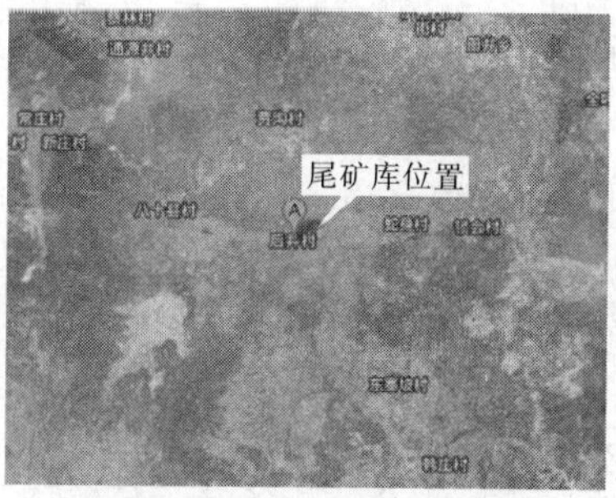

图1　尾矿库的地理位置

1.2　周边环境概况

库区山体稳定，不良地质现象不发育，无崩塌、滑坡、泥石流等不良地质现象。尾矿库下游约1.5 km为后井村，约2.5km处为蛇身村，约3.5km处为锁会村。该尾矿库所在区域内无国家和省重点保护名胜古迹，区内地貌类型单一、地层结构较简单、无明显不良地质现象，稳定性良好，尾矿库下面无有开采价值的矿床，周围无铁路、水库等重要工程。

1.3　尾矿库原设计情况

1976年9月，马鞍山钢铁设计院完成了西石门铁矿尾矿库的施工图设计，该尾矿库由南北两库组成，库区总汇水面积2.92 km^2，其中南库汇水面积1.72 km^2，北库汇水面积1.20 km^2，两库在标高425 m时合并为一库，设计要求先建设使用南库，后适时建设北库。南库于1985年建成，1991年底投入使用。2002年初，考虑到矿山的剩余储量和建北库存在征地、投资及环境影响等问题，原邯邢冶金矿山管理局西石门铁矿提出不建北库，通过对南库进行加高扩容来满足矿山后期安全生产需要的建议。2002年3月，原中国冶金建设集团秦皇岛冶金设计研究总院完成了南沟尾矿库（南库）安全扩容研究，采用

朱利军（1964—），男，副科长，工程师，056303 河北省武安市矿山镇。

单独使用南库,不再建设北库的方案。

南沟尾矿库实施加高扩容后,最终堆积标高440 m,总坝高为90 m,新增库容1260.84万m^3,尾矿库等别为三等。库内主要构筑物包括初期坝、堆积坝、副坝和排水系统。

1.4 尾矿库现状

该尾矿库从正式投入使用至今,运行正常,并形成了60 m高的堆积坝。该尾矿库由1条主沟和2条支沟组成,目前主沟尾部水面标高为420 m,低于现状堆积坝坝顶标高15 m。1#支沟位于南3#副坝南侧,该沟较小,通过放矿已排出沟内积水,目前沟内的尾砂滩面标高与整体滩面保持一致。2#支沟位于库区东南侧,支沟滩面长约400 m,支沟内滩面标高为420 m,低于现状堆积坝坝顶标高15 m。目前该库主沟尾部和2#支沟均有较大的利用空间。

1.4.1 初期坝

初期坝为透水堆石坝,采用石灰岩块石堆筑而成,初期坝坝顶标高375.0 m,坝高约25 m,外坡比1:2,内坡比1:1.8,坝顶宽5.0 m。

1.4.2 堆积坝

尾矿堆积坝采用人工配合装载机的上游式筑坝工艺分级筑坝,现状尾矿库有多级子坝,各级堆积子坝高度不同,下游坝坡外坡比不完全一致,目前尾矿库已堆积至标高435 m,总坝高85.0 m,堆积坝标高410.0 m以下平均外坡比为1:6;标高410.0 m以上主坝区、北副坝区和南1#副坝区的坝外坡平均坡比为1:5;南2#、3#副坝区的坝外坡平均坡比为1:4。尾矿堆积坝下游坡已进行绿化。尾矿库现状滩顶标高为435 m,水面标高为420 m,干滩长度约1 196 m,沉积滩平均坡度约1.2%。

1.4.3 副 坝

由于现状尾矿库库区受南侧地形条件限制,南侧堆积坝坝轴线有3处较大调整,原设计分别称为南1#、2#、3#副坝。库区北侧设有北1#、2#副坝,均为浆砌石结构。北1号副坝坝顶标高430 m,最大坝高13.5 m,北2#副坝坝顶标高440 m,最大坝高10.5 m。

1.4.4 排水系统

该尾矿库排洪系统采用溢水塔—排水隧洞方式,库区共设有3座溢水塔,目前正在使用3号溢水塔。尾矿库溢水塔结构正常,并且溢流塔上有清晰的水位标尺,由于尾矿库基岩渗透,导致库内水位较低,目前3#溢水塔位于干滩上。

1.4.5 安全监测设施

该尾矿库按照原设计要求设置了常规安全观测设施,目前运行状况良好,在标高413 m和422 m各有3个位移观测点,共6个常规位移监测点。主坝设有1个浸润线观测断面,观测点分别设置标高378,389,401,410,420 m标高平台,南副坝设有2个浸润线观测断面,观测点分别设置标高410,420 m标高平台,共9个常规浸润线监测点。

企业于2011年在尾矿库上安装了在线监测系统,在标高378 m设有1个浸润线监测孔和1个位移监测点,在标高392 m设有1个浸润线监测孔和1个位移监测点,在标高399 m设有3个浸润线监测孔和3个位移监测点,在标高410 m设有3个浸润线监测孔和3个位移监测点,在标高421 m设有5个浸润线监测孔和4个位移监测点,在标高427 m设有1个浸润线监测孔和1个位移监测点,在标高429 m设有7个浸润线监测孔和7个位移监测点,共计21个在线水位观测孔,20个在线位移观测点。在堆积坝标高429 m平台设有3个视频监测点。

2 地质概况

西石门铁矿尾矿库原地貌属沟谷地貌,地势起伏较大,库区范围内灰岩裸露,地质条件较好。现地貌为尾矿堆积坝和尾矿沉积滩。库区地层系中奥纪石灰岩,山谷两岸山坡覆盖第四纪全新统冲积层,基岩岩性比较完整,水文地质条件较好,库区山体稳定。依据邯郸市中远岩土工程有限公司2005年编制的《西石门铁矿尾矿库岩土工程勘察报告》,库区未发现不良地质现象。据钻孔揭露,地层上部为选矿排尾形成的尾矿堆积体,下部为第四纪全新世早期坡残积(Q^{4dl+el})形成的粉质黏土和中奥陶纪(O_2)灰岩。

3 挖潜改造方案

3.1 2#支沟放矿排积水增容

目前尾矿库2#支沟内形成了一处死水区,该支沟内库容得不到有效利用,设计在支沟尾部设置放矿管,随着尾矿排放的进行,2#支沟内的积水被逐渐排入主沟,并通过库区排水系统排出库外,最终形成一个自支沟尾部标高440 m向支沟沟口倾斜的坡面,坡度为1.5%。

由于2#支沟沟尾部坡度较陡,直接在440 m标高向下游放矿时尾砂难以沉积形成滩面。设计首先将放矿管铺设在430 m标高,待430 m标高放矿形成滩面以后,再将放矿管移至440 m标高继续放矿。

该工程的实施充分利用了 2# 支沟的库容，排出支沟内积水，提高了尾矿库的安全度[1-2]。2# 支沟内放矿时应进行控制，保证滩面平均坡度不缓于 1.5%。支沟库容利用完成后，在滩面上种植沙棘等植被进行绿化。

3.2　库尾放矿排积水增容

由于生产过程中采用在坝前均匀分散放矿，根据尾砂的沉降性质，尾砂大部分沉积在坝前区域，库尾部形成较深的尾矿集水区。目前 3# 溢水塔位于库区中部，溢水塔至库尾标高 440 m 距离约为 1 300 m，由于尾矿库基岩渗透，导致库内水位较低，库尾尾矿水不能通过排水系统排往库外[2]。自库尾进行放矿，可以将库区尾部的水逐渐排向 3# 溢水塔附近，既有利于尾矿水向库外排泄，又充分利用了库区尾部的库容。

设计将放矿管铺设至库尾部，在库尾部标高 440 m 均匀放矿，逐渐将尾部尾矿水排至 3 号溢水塔附近。库尾滩面形成后，对其进行平整，形成标高 440 m 的平台，宽度约为 300 m，然后再将放矿管道向前移动继续放矿，最终形成 1 个库尾部标高 440 m 向 3# 溢水塔倾斜的坡面，坡度为 1.5%。但注意在生产运行过程中始终保持库尾部尾砂滩面低于坝前尾砂滩面[2]。

放矿管可通过 2# 支沟一侧铺设至库尾部，管道铺设标高为 441 ~ 442 m，放矿管道的铺设由企业根据现场地形进行实施。铺设时根据现场情况，管道可在 1# 支沟滩面上铺设，见图 2。

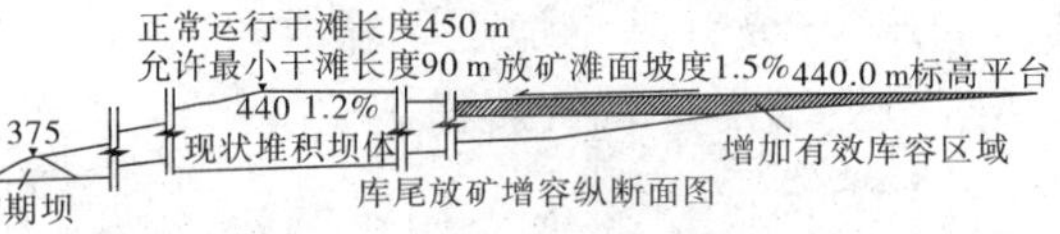

图 2　库尾放矿增容断面

3.3　新增有效库容和使用年限

3.3.1　新增有效库容

依据放矿方式，在 1∶2 000 地形图上计算，新增有效库容为 368.27 万 m^3，大于所需库容 354 万 m^3，可以满足今后西石门铁矿的服务年限，相关参数见表 1。

3.3.2　新增服务年限

选矿车间年产尾矿量 141.46 万 t/a，尾矿平均堆积干容重按 1.48 t/m^3 计算，尾矿库的服务年限约为 3.85 a。

3.4　溢洪道

为了防止库内超标准洪水和库内排洪系统出现问题导致尾矿库内洪水漫顶情况的发生，设计在北 2# 副坝西侧修建溢洪道。溢洪道过水断面尺寸为 1.0 m×1.2 m，总长 61 m，浆砌石侧壁和底板厚均为 0.5 m，浆砌石水泥砂浆强度等级 M7.5。在溢洪道入口处设八字形进水口，溢洪道进水口底标高为 437.8 m，最小坡度为 1.0%。

表 1　库容曲线参数

区域	标高 /m	面积 /m^2	平均面积 /m^2	高差 /m	有效库容 /万 m^3
2# 支沟	420	69 300			
	428	69 283	69 291.5	8	55.43
	430	59 203	64 243.0	2	68.28
	432	46 250	52 726.5	2	78.83
	434	25 935	36 092.5	2	86.05
	436	14 346	20 140.5	2	90.07
	438	4 792	9 569.0	2	91.99
	440	0	2 396.0	2	92.47
库尾	420 以下				44.1
	420	164 358			0
	428	144 378	154 368.0	8	167.59
	430	122 995	133 686.5	2	194.33
	432	116 108	119 551.5	2	218.24
	434	105 564	110 836.0	2	240.41
	436	76 393	90 978.5	2	258.60
	438	47 796	62 094.5	2	271.02
	440	0	23 898.0	2	275.80

3.5　消能坑

为了防止泄洪时洪水冲刷附近地面，破坏溢洪道基础，在溢洪道出水口设置消能坑。消能坑净断面尺寸为 5.0 m×5.0 m×2.5 m，壁厚 0.8 m，采用浆砌石结构。浆砌石水泥砂浆强度等级 M7.5。消能坑内抛填大块石。

3.6　监测设施

西石门铁矿已按设计要求设置了常规监测和在线监测，监测系统运行良好。挖潜改造设计范围为尾矿库库尾、2# 支沟内和溢洪道，不在现有视频监控范围内，需在这 3 处各设置 1 个在线视频监控设施。

4　洪水计算及调洪演算

4.1　防洪标准

该尾矿库设计总坝高 90 m，总库容 2 527.0 万 m^3。按《尾矿库安全技术规程》（AQ 2006—2005）的规定，确定尾矿库的等别为三等，其防洪标准为 200 ~ 500 a 一遇，本设计防洪标准取 500 a 一遇。挖潜改造后尾矿库的汇水面积现状为 1.53 km^2[3]。

4.2 洪水计算

设计暴雨量计算公式为:

$$H_{24_p} = K_p \bar{H}_{24}, \quad (1)$$

式中,H_{24_p}为某一频率24 h暴雨量,mm;$\bar{H}_{24}$为多年平均24 h暴雨量,mm;K_p为某一频率的模比系数。

设计洪峰流量计算公式为:

$$Q_p = C_p F^n, \quad (2)$$

式中,C_p为某频率的洪峰模系数;F为流域面积,km^2;n为指数,取0.6。

设计洪水总量计算公式为

$$W_p = R_p F, \quad (3)$$

式中,R_p为径流深,mm;F为汇水面积,km^2。

洪水过程线计算公式为:

$$T = 2W/Q, \quad (4)$$

式中,T为洪水总历时,h;W为洪水总量,万m^3;Q为洪峰流量,m^3/s。

上述参数计算结果见表2。

表2 洪水计算参数

24 h暴雨量参数		洪峰流量参数		
K_p	$\bar{H}$/mm	F/km^2	n	R_p/mm
4.54	85.0	1.53	0.6	240

设计频率24 h最大暴雨量、洪峰流量Q_{24_p}、洪水总量W_{24_p}、涨水历时T_g及洪水总历时T,计算结果见表3,洪水过程线见图3。

表3 500 a一遇洪水计算结果

汇水面积/km^2	24 h最大暴雨量/mm	洪峰流量/(m^3/s)	洪水总量/万m^3	涨水历时/h	总历时/h
1.53	385.9	157.05	36.72	0.43	1.30

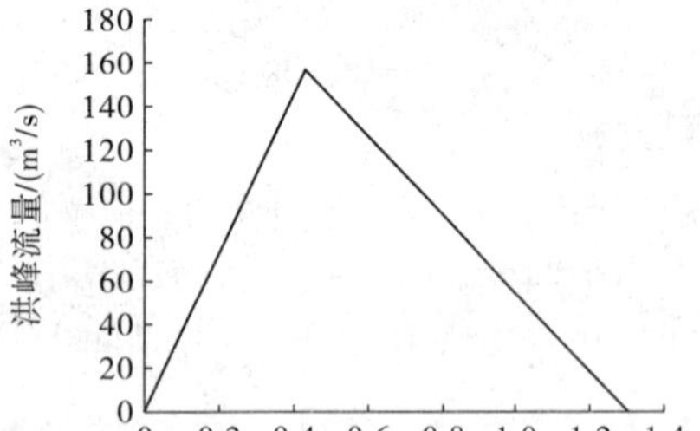

图3 洪水过程线

4.3 调洪演算

尾矿库等别为三等,根据《尾矿库安全技术规程》(AQ 2006—2005),尾矿库最小干滩长度应不小于70 m,安全超高不小于0.7 m。根据《构筑物抗震设计规范》(GB 50191—2012),尾矿坝需满足抗震构造要求,最小干滩长度不应小于坝体高度,且不应小于40 m。因此,尾矿库最小干滩长度不小于90 m,安全超高不小于0.7 m[3]。

尾矿库现状沉积滩平均坡度为1.2%,正常运行控制干滩长度为450 m,安全超高为5.4 m,允许最高洪水位按最小干滩长度对应的库水位标高计算,在1∶2 000地形图上计算调洪库容,结果见表4。

表4 调洪库容参数

标高/m	允许最高洪水位标高/m	正常水位标高/m	调洪幅度/m	调洪库容/m^3
440.0	439.0	434.6	4.4	228.4

由调洪计算结果可知,在满足最小安全滩长的要求下,南沟尾矿库调洪库容远大于洪水总量,在挖潜改造过程中,只要严格控制好尾矿库的滩面坡度及正常水位,尾矿库挖潜改造后防洪能力可满足要求。洪水仍采用库区原有排洪设施排出,一次排泄洪水时间不应超过72 h。

5 坝体稳定性分析

实施挖潜改造工程后,尾矿坝坝体未发生变化,但是运行水位和洪水位发生变化,需重新进行坝体渗流和坝坡稳定性计算[4]。

5.1 尾矿库的等别及标准

该尾矿库等别为三等,尾矿坝作为主要构筑物,重要性级别为3级,按规范要求,正常运行、洪水运行和特殊运行状态下坝坡抗滑稳定最小安全系数分别为1.20、1.10和1.05。

根据《中国地震动参数区划图(2010年修订)》(GB 18306—2001)划分,地区的地震基本烈度为7度。依据《构筑物抗震设计规范》(GB 50191—2012)的规定,设计基本地震动峰值加速度为0.10 g时,按规范要求需进行抗震稳定验算。

5.2 计算方法

计算原理按现行规范采用瑞典圆弧法和总应力法,采用AutoBank6.1软件进行计算。根据尾矿沉积规律对尾矿堆积体进行概化分层,计算简图如图4所示。

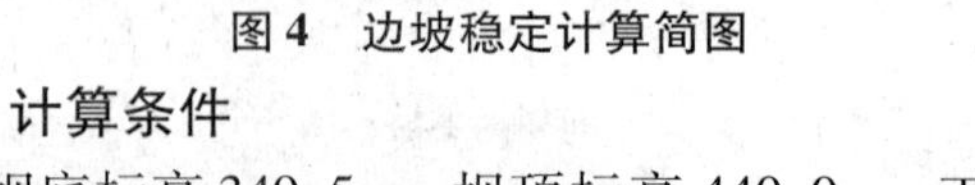

图4 边坡稳定计算简图

5.3 计算条件

坝底标高349.5 m,坝顶标高440.0 m,正常运行水位434.6 m,最高洪水位439.0 m。

5.4 计算指标

尾矿材料以及地基的物理力学指标参考《西石

门铁矿后井尾矿库安全运行技术研究与实践报告》和类似工程经验指标选取，结果见表5。

表5 材料的物理力学指标

类别	天然容重/(kN/m³)	浮容重/(kN/m³)	黏聚力/MPa		内摩擦角/(°)		渗透系数/(cm/s)	
			水上	水下	水上	水下	水平方向	垂直方向
尾细砂	18.5	8.5	7.84	5.84	27.3	25.3	1.3×10^{-3}	1.3×10^{-3}
尾粉砂	19.7	10.7	9.8	7.8	24.8	22.8	3.75×10^{-4}	3.75×10^{-4}
尾粉质黏土	19.6	10.6	10.87	8.87	24.6	22.6	3.0×10^{-6}	3.0×10^{-6}
初期坝	20.0	11.0	2.0	2.0	35.0	35.0	0.23×10^{2}	0.23×10^{2}
基岩	23.0	14.0	26.0	26.0	38.0	38.0	1.0×10^{-7}	1.0×10^{-7}

5.5 浸润线

浸润线根据 AutoBank6.1 软件计算得出，正常运行水位 434.6 m 和最高洪水位 440.0 m 时的渗流计算结果见图5、图6。

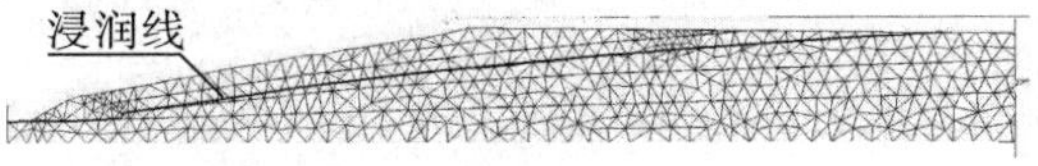

图5 正常水位渗流计算结果

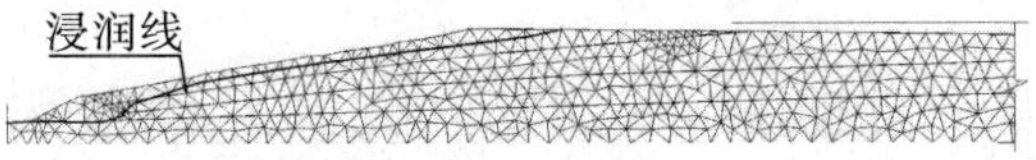

图6 最高洪水位渗流计算结果

在尾矿库运行过程中，应密切关注浸润线埋深，若发现浸润线埋深不满足规范时，应及时汇报，组织专业人员分析原因，及时采取措施。

5.6 稳定计算结果

邯邢矿业有限公司西石门铁矿尾矿坝最终堆积标高 440.0 m，稳定计算结果图见图6～图8所示，坝体正常运行工况和洪水运行工况下的抗滑稳定计算结果见表6。

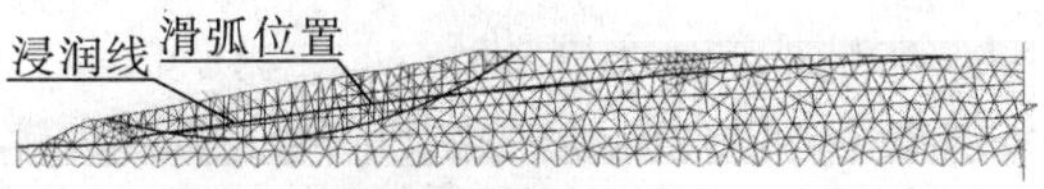

图7 正常运行工况稳定计算结果

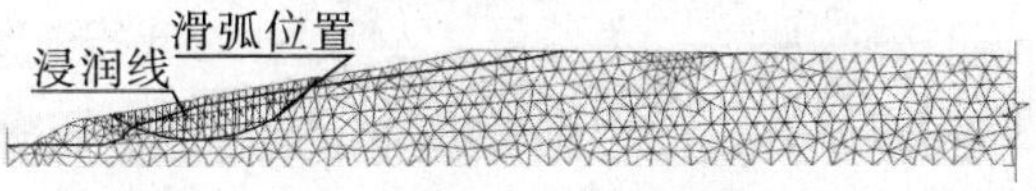

图8 洪水运行工况稳定计算结果

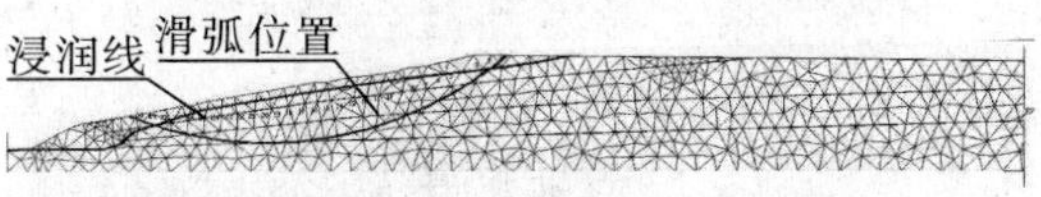

图9 特殊运行工况稳定计算结果

表6 稳定分析计算结果

计算工况	滑弧半径/m	计算的最小安全系数	规范要求工况下的最小安全系数
正常运行工况	446.96	2.371	1.20
洪水运行工况	148.85	1.684	1.05
特殊运行工况	355.14	1.370	1.00

计算结果表明坝体在正常运行、洪水运行和特殊运行工况下，抗滑稳定安全系数均能满足规范规定的要求。

6 结语

根据西石门铁矿尾矿库沟谷狭长，干滩长度大，滩顶与1#、2#支沟和库尾高差大这样的特点，对现有尾矿库进行挖潜改造，不仅充分利用了尾矿库的资源，满足企业的生产需要，减少了土地资源的浪费和环境的污染，符合环境及社会可持续发展的要求，具有较大的经济和社会效益，同时排出库内积水提高了尾矿库的安全度，也为其他类似的尾矿库提供借鉴。

参考文献

[1] 张培安. 栗西尾矿库挖潜改造延长服务期探讨[J]. 矿业快报，2004(2):36-37.

[2] 王威威. 尾矿库对环境的影响及防治对策[J]. 黑龙江科技信息，2011(20):11-14.

[3] 郜自安，孙景敏，冯煜彪，等. 某尾矿库排水系统防洪能力验算及评价[J]. 现代矿业，2011(8):136-137.

[4] 沈建新. 矿山尾矿库风险评价及防范对策[J]. 有色冶金设计与研究，2011(3):32-35.

(收稿日期 2015-05-26)

矿山泥石流不同阶段的防治措施

陈宏臻[1,2]　刘长武[1,2]　蒋　源[1,2]
(1.水力学与山区河流开发保护国家重点实验室;2.四川大学水利水电学院)

摘　要　矿山泥石流破坏力强、危害性大,但发生泥石流所需物源位置、数量相对确定。以时间为轴线,将矿山泥石流的治理分成矿山设计施工阶段、运营生成阶段和环境恢复阶段等3个时期,针对各个阶段可能产生泥石流的主要因素,从限制物源、工程措施及环境治理等方面对矿山泥石流的防治手段进行了总结,并对未来的发展提出建议。

关键词　矿山泥石流　防治　尾矿　环境恢复

上世纪90年代中期以后,矿山数量急剧增加,废渣随意排放、植被破坏、水土流失等现象也随之加剧,生态环境急剧恶化,导致矿山泥石流呈现高发态势[1]。矿山泥石流对人们生产、生活产生了巨大的危害[2]。矿山废石渣、尾矿沙是矿山泥石流形成的主要松散物质,因其堆积位置、数量确定,即矿山泥石流形成的地点是明确的,其危及对象是该地段下游流通区、堆积区内的矿山设施及人员。因此,与一般泥石流的区别在于矿山泥石流具有可控性,其防治重点在于源头预防。通过控制矿山泥石流的物源,就能够达到控制和减轻矿山泥石流的发生及其灾害损失的目的[3]。将矿山泥石流的治理分成矿山设计施工阶段、运营生成阶段和环境恢复阶段,针对各个阶段可能产生泥石流的主要因素,从限制物源、工程措施及环境治理等方面介绍矿山泥石流的防治手段。

1　设计施工阶段

1.1　地质灾害危险性评估

矿山地质灾害危险性评估是一项起点高、难度大、操作强的技术性工作,需要在实践中逐步探索和完善。该项工作旨在发现矿山潜在的重大地质灾害问题,为矿山提供防治地质灾害措施和建议,指导矿山安全运营,为进一步治理和整顿矿产资源管理秩序提供科学依据,对防治重大地质灾害具有十分重要的现实意义[4]。

矿山地质灾害危险性评估主要通过对评估区地质灾害调查和资料的综合研究,查明评估范围内的地质环境条件,评价矿山地质灾害危险性和新建矿山场地适宜性。评估内容主要包括现状评估、预测评估和综合评估3个环节。各环节在内容上既相互联系又各有侧重,在认识流程上是一个由已知到未知、由简单到复杂、由具体到综合的过程,最终的结论和综合评估主要依据现状评估和预测评估结论而得出[5]。

1.2　选择固体废渣物堆放场所

尾矿库是金属矿山重要工业设施之一,主要是用来储存选矿厂洗矿的废水与矿渣[6]。由于山区地形条件所限,山谷型尾矿库的建设往往难以避开居民区,矿山尾矿库一旦溃坝,含有大量水分的尾沙沿山谷向下游倾泄形成泥沙流,造成群死群伤的重大灾害。因此尾矿库的选择需要注意以下因素:

(1)经济因素。为了节约矿山生产成本,尾矿库宜选择洼地,距选矿厂的距离不能太远,且库容能满足选矿厂生产年限内尾矿量的储存。

(2)环境因素。为了最大程度地降低安全和环境污染隐患,尾矿库的建设位置不宜位于工矿企业、大型水源地和居民区上游。

(3)社会因素。考虑到社会影响,尾矿库的建设位置应与主要的交通干线有一定的安全距离,不宜位于重点保护名胜古迹的上游,且尾矿库建设过程中尽量少占农田、少迁村庄。

可以利用GIS的空间分析功能与AHP法的综合要素叠置分析方法相结合进行尾矿库选址研究,

陈宏臻(1992—),男,硕士研究生,610065 四川省成都市一环路南一段24号。

实现地形复杂的峡谷区尾矿库科学选址[7]。

2 运营生产阶段

2.1 废渣减量化与资源化

中国是一个矿产资源大国，矿业废料的积存量和年排放量都十分巨大，同时，一些矿山对尾矿库、尾矿堆管理不善，易造成垮坝，以致形成泥石流。对于矿山尾矿、废石等固体废弃物的综合利用，一些大型矿山正在探索综合利用的产业化道路，取得了一定的效益和宝贵的经验。但由于受技术、市场等多种因素的制约，距离规模化、产业化经营目标还有一定的距离，需要政府制定相应的扶持政策。

在该方面可参考国外的矿场资源开发模式。以澳大利亚的矿业部门为例，在可持续概念的总体框架下，按照最有效的、竞争性的和对环境负责的方式，在从生产到处理整个循环周期中通过与用户和其他人合作，对矿产品和金属产品进行勘查、开采、生产、增值、运输、利用、再利用、再循环和处置，在全国矿山企业实施全方位清洁生产，确保在矿山生产的各个阶段实现废物最少量化、环境影响最小化和经济效益最佳化，建立了完善的生命周期管理模型[8]。

2.2 矿产资源开发方式

我国矿山企业整体规模较小，矿产资源开采秩序混乱，资源浪费严重，矿难现象时有发生，矿山泥石流更是时有发生，解决该问题需要对矿产资源开发进行整合[9]。矿业资源开发整合措施有：①矿产开发整合应走行政划分与企业自主选择的道路，依靠地质专家根据历史资料和资源储量，确定矿产整合方案，通过机制建设公正公平地对待民营资本，准许其作为整合主体自主谈判，整合矿山；②明确矿业权人对资源开采和环境保护的责任；③转变垄断观念，更多依靠市场机制进行矿产资源开发整合，减少矿产资源开发整合企业间的干预[10]。

2.3 地质灾害防御措施

矿山泥石流是矿山开采和建设所产生的一个突出问题，治理指导基本原则是：排导、拦挡及综合治理[11]，具体措施有：

(1)排导工程的作用是改善泥石流流势，增大桥梁等建筑物的泄洪能力，使泥石流按设计意图顺利排泄。泥石流排导工程包括导流堤、急流槽和束流堤3种类型[12]。

(2)拦挡工程是用以控制组成泥石流的固体物质和雨洪径流，削弱泥石流的流量、下泄总量和能量，减少泥石流对下游经济建设工程冲刷、撞击和淤积等危害，目的是削弱泥石流[13]。

(3)综合治理包括适当的管理措施和正确的工程技术。

2.4 井下泥石流预防

井下泥石流具有突发性强，来势凶猛，破坏性极强等特点，目前治理对井下泥石流没有成功理论、方法和工程经验可循。究其原因是井下泥石流不但是一种典型的两相流，而且相对于地表泥石流而言，其影响因素更多，更加错综复杂[14]。

针对井下泥石流形成所需三要素之间的相互联系和各自的特点，必须采取相应的措施来有效预防和控制井下泥石流的发生，程潮铁矿经多年的泥石流防治实践，以下措施对预防井下泥石流的发生具有很好的作用：①在塌陷区周边要设置排水沟，减少水渗流到塌陷坑；在大雨或暴雨较多时期，停止采矿作业；②加强天气预报和雨量的监测，根据雨量大小和降雨速度分析空区滞留雨水量所产生的压力大小对形成井下泥石流的影响；③对废弃的巷道和溜井要及时进行封堵，不为井下泥石流创造入侵通道；④制定详细的采矿计划，控制采场出矿量，保证各回采进路均匀出矿，使上覆岩层有足够的厚度且覆盖层厚度均匀；⑤找准可能涌入采场泥石流的淤积区有利于后续对井下泥石流的预防、预控和预治工作，提前采取措施；⑥制定井下泥石流的应急预案[15]。

3 环境恢复阶段

废弃矿山环境恢复工程主要通过对废弃矿山、弃渣坡等进行适当工程处理，在此基础上进行矿山植被重建和生态系统功能恢复等工程建设，改善矿区地质环境、减轻和防止地质灾害的发生，恢复自然生态环境[16]。该阶段以植被生态恢复建设为主，土木工程建设为辅，兼顾综合治理和规划开发，采用的工程措施主要是修建排水设施、对开采创面进行放坡、清除浮石，修建挡渣墙、护坡和坡脚防护等，在此基础上，根据场地条件开展针对性的植被建设和工程规划，为植被建设创造条件。因此，该类工程的建设对地质灾害具有适度治理和预防的双重作用，可以有效改善地质环境条件、降低地质灾害的发生和发展，能够促进矿区资源开发利用与环境保护、水土保持的协调发展[17]。

4 结论与建议

4.1 结 论

矿山泥石流的治理可分成矿山设计施工阶段、

运营生成阶段和环境恢复阶段等 3 个不同时段,针对各个阶段可能产生泥石流的主要因素提出相应治理措施。

(1)矿山设计施工阶段。主要进行地质灾害危险性评估,通过对物源的限制防止泥石流的发生。

(2)矿山运营生产阶段。从废渣减量化与资源化和矿产资源开发方式入手,减少泥石流的物源;针对可能发生的泥石流险情,采取地质灾害防御工程措施减轻危害。

(3)矿山环境恢复阶段。通过开展矿山植被重建和生态系统功能恢复等生态工程建设,改善矿区地质环境,最大限度的防止泥石流的发生,恢复自然生态环境。

4.2 建 议

(1)研究和制定矿山环境保护的专门法规。矿山地质灾害应当受到各级政府及主管部门的高度重视,应将矿山地质灾害纳入国家防灾减灾政策范围内,严把矿山开采审批关,加大监管力度。

(2)建立健全市政管理机构和技术机构,严格管理,科学防治。

参 考 文 献

[1] 昝世明,樊赟赟,万 江,等. 矿山泥石流灾害防治研究[J]. 现代矿业,2013(2):93-96.

[2] 薛喜成. 秦岭典型矿山泥石流发育规律及环境效应研究[D]. 西安:西安科技大学,2008.

[3] 徐友宁,何 芳,张江华,等. 矿山泥石流特点及其防灾减灾对策[J]. 山地学报,2010,28(4):463-469.

[4] 张 琦,陈福恩,张江华,等. 关于矿山地质灾害危险性评估中几个主要技术问题的探讨[J]. 化工矿产地质,2005,27(2):103-109.

[5] 徐美琼. 矿山地质灾害危险性评估的思路与基本方法[J]. 中国水运,2008(5):182-183.

[6] 夏既胜,秦德先,杨树华,等. 基于 GIS 的矿山尾矿库选址方法研究——以个旧锡矿某矿山为例[J]. 金属矿山,2006(8):51-54.

[7] 夏既胜,李 阳,蒋顺德,等. 基于 AHP 与 ArcGIS 的峡谷区尾矿库选址方法探讨[J]. 金属矿山,2011(2):32-35.

[8] 杜林华. 我国矿山尾矿、废石综合利用现状及其管理制度建设研究[D]. 北京:中国地质大学(北京),2008.

[9] 杨昌明,付传君. 矿产资源开发利用整合文献综述[J]. 资源行政管理与法制建设,2011(1):24-29.

[10] 宋 磊,汪雄武. 浅析我国的矿产资源整合[J]. 中国国土资源经济,2010(7):31-33.

[11] 刘 丽,陈洪凯. 矿山泥石流灾害成因与防治对策[J]. 重庆交通大学学报:自然科学版,2009,28(5):915-920.

[12] 崔立昌. 矿山生态影响评价及恢复对策研究[D]. 石家庄:河北师范大学,2003.

[13] 刘希林,何思明,乔建平,等. 四川泸沽铁矿大顶山矿区泥石流及其防治[J]. 中国地质灾害与防治学报,2004,15(3):64-68.

[14] 王永清,宋卫东,杜翠凤,等. 金属矿山井下泥石流发生机理分析[J]. 金属矿山,2006(8):62-67.

[15] 欧任泽,宋嘉栋,林卫星. 漓铁井下泥石流的灾害控制方案探讨[J]. 采矿技术,2010(1):28-30.

[16] 王 琼,辜再元,周连碧. 废弃采石场景观设计与植被恢复研究[J]. 中国矿业,2010,19(6):57-59.

[17] 陈昌彦,朱志刚,王维理. 废弃矿山植被恢复工程地质灾害危险性评估关键问题分析[J]. 中国地质灾害与防治学报,2011,22(2):76-81.

(收稿日期 2015-05-26)

歪头山铁矿小型滑坡体处理及实践探讨

渠爱巧[1]　韩延清[1]　米　成[2]　杨德义[2]
(1.辽宁科技学院资源与土木工程学院;2.本溪钢铁集团矿业公司歪头山铁矿)

摘　要　针对歪头山铁矿主采场下盘188 m水平出现的小型滑坡体,通过对滑体区域封路警戒并实施位移监测,研究并制定了该滑体的处理技术方案;通过液压破碎锤和液压挖掘机交替作业、布置块体岩石护坡等,完成了滑坡体的技术处理;处理后的实际边坡外观整齐,通过近1个月的数据监测,其稳定性较好。歪头山铁矿对滑坡处理的成功实践,值得推广和应用。

关键词　露天铁矿　滑体　位移　监测　技术处理

1　矿山概况及边坡稳定性分区

辽宁省本溪钢铁(集团)矿业有限责任公司歪头山铁矿位于辽宁省本溪市溪湖区歪头山镇,该矿床矿层为单斜构造,矿体(层)呈层状及似层状,主要工业矿体(层)有3层,即Fe1、Fe2、Fe3。

歪头山铁矿是一个经历了多期勘探、多期设计开采的老矿山。最新的地质勘探资料为辽宁省冶金地质勘查局四〇四队于2009年3月提交的《辽宁省本溪市歪头山铁矿床补充地质勘探报告》,全矿床共获得(111b + 331 + 332 + 333)编码储量合计16 028.61万t[1]。最新设计为本钢设计研究院于2011年提交的《本钢矿业歪头山铁矿深部开采(扩帮过渡)工程可行性研究报告》,设计露天底矿山标高北部 -100 m,南部为 -52 m,采场最高标高212 m,采场封闭圈164 m。规模500万t/a,采剥总量2 300万t/a,剥采比为3.62 t/t[2],目前矿山正按此设计的境界进行深部开采。

根据1989年10月马鞍山矿山研究院、保定勘察科学技术研究所等4家单位提交的报告《本钢歪头山铁矿边坡稳定性研究报告》,该矿采场分为6个区,北端帮为Ⅰ分区,下盘为Ⅱ、Ⅲ分区,南端帮为Ⅳ分区,上盘为Ⅴ、Ⅵ分区。见图1。

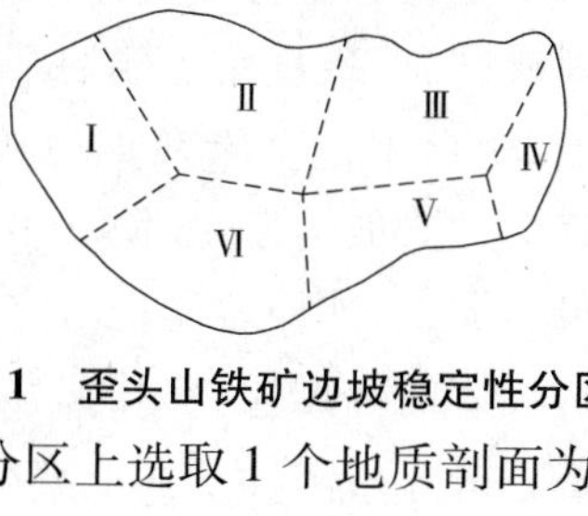

图1　歪头山铁矿边坡稳定性分区

在每个分区上选取1个地质剖面为典型计算剖面,采用了国内外常用的4种方法,分别在有水和无水的情况下,预裂爆破和非预裂爆破的情况下进行计算,安全系数达到1.2时为稳定边坡。计算结论如下。

北端帮Ⅰ分区在有水的情况下,边坡角在45°时,安全系数为1.53。

下盘Ⅱ分区计算的边坡角为28.7°,在有水的情况下,无予裂爆破时安全系数为1.21,本钢设计研究院对该分区实际设计的总体边坡角为21.8°~23°,因此,总体边坡稳定。

下盘Ⅲ分区计算的边坡角为32.2°,在有水的情况下,无予裂爆破时安全系数为1.46,本钢设计研究院对该分区实际设计的边坡角为26°,因此,总体边坡稳定。

根据(边坡报告中表3-4《上盘、端帮总体边坡角灵敏度分析》),当总体边坡角为45°时,各分区的安全系数如下:南端帮Ⅳ分区,露天底有水的情况下,安全系数在1.2,无水的情况下,安全系数在1.39;上盘Ⅴ分区,露天底在有水的情况下,安全系数在1.15,无水的情况下,安全系数在1.42;上盘Ⅵ分区在有水的情况下,安全系数在1.2,无水的情况,安全系数在1.41[3]。鉴于上述情况,本钢设计研究院设计对Ⅳ、Ⅴ、Ⅵ分区边坡体疏干,该分区的总体边坡角45°时,是稳定的。

渠爱巧(1977—),女,教研室主任,讲师,硕士,117022 辽宁省本溪市高新园区香槐路176号。

2　矿山滑坡体现状

在一定的地形、地质条件下的边坡，由于外界因素的变化(如坡面植被破坏、长期受水浸润、切坡或堆载等)，破坏了原有的力学平衡条件，使边坡上的不稳定体在自重或其他荷载的共同作用下，沿着一定的相对软弱面(带)作整体的、缓慢的、间歇性的有时甚至是突发性的向下滑动的不良地质现象，就是滑坡[4]。歪头山铁矿主采场下盘固定路堑188 m水平靠采场一侧于2014年5月8日出现一处明显的滑坡，滑坡体呈三角体，长度80余m，最宽处25 m，从南北两端的裂隙判断，高度约为1个台阶高度12 m，滑坡体为挂帮的二层铁矿石，滑面为矿岩交界的接触弱面，呈弧状。

露天矿边坡破坏类型，主要是受岩体的工程地质条件特别是岩体结构面的控制。常见的破坏形式有：平面破坏、楔体破坏、圆弧形破坏和倾倒破坏[5]。歪头山铁矿的本次滑坡为圆弧形破坏。见图2，*ABC* 的阴影部分为滑体。

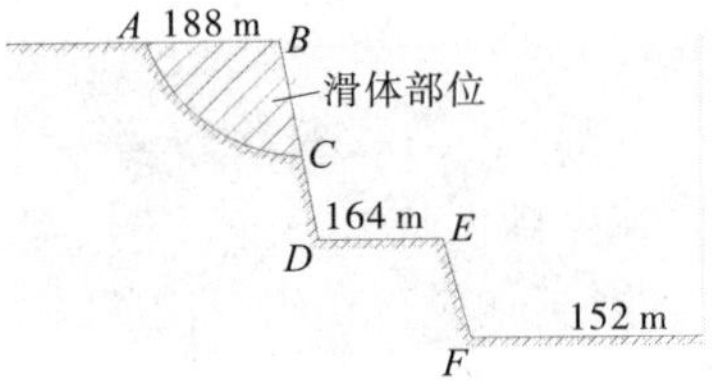

图2　188m 滑体剖面

5月末，经过18 d的测量数据监测，最北端部位位移较大为400 mm，南端部位位移200 m，中间部位位移300 mm，下降一般300 mm，中部为最大400 mm；到7月中旬，188滑坡体经过2个多月的监测后，稍为稳定。南北两端最大位移500 ~ 600 mm，下降400 mm，中间部位下降最大约500 mm，同时上沿部分滑落一小块，而中部向南北两侧也产生了数道明显的横向裂隙。详见滑坡体监测数据统计表1。

表1　5—7月份188 m滑体监测数据统计

5月份	观测点	水平位移/m	下降/m
9 ~ 8	1	0.167	0.018
	2	0.17	0.132
	3	0.133	0.310
	4	0.061	0.212
	5	0.043	0.02
	6	0.106	0.017
	7	0.078	0.239
	8	0.036	0.044
11 ~ 9	1	0.183	0.012
	2	0.115	0.029
	3	0.091	0.033
	4	0.087	0.031
	5	0.049	0.034
	6	0.018	0
12 ~ 11	1	0.058	0.003
	2	0.083	0.016
	3	0.065	0.027
	4	0.053	0.030
	5	0.039	0.029
	6	0.009	0.007
13 ~ 12	1	0.111	0.045
	2	0.072	0.024
	3	0.057	0.031
	4	0.042	0.021
	5	0.030	0.027
	6	0.001	0.004
14 ~ 13	1	0.036	0.002
	2	0.039	0.012
	3	0.034	0.006
	4	0.032	0.011
	5	0.022	0.012
	6	0.009	0.006
15 ~ 14	1	0.025	0.013
	2	0.025	0.008
	3	0.010	0.007
	4	0.014	0.012
	5	0.012	0.011
	6	0.005	0.003

7月份	观测点	水平位移/m	下降/m
2 ~ 30	1	0.01	0.01
	2	0.01	0.022
	3	0.013	0.03
	4	0.04	0.04
	5	0.02	0.001
4 ~ 2	1	0.03	0
	2	0.01	0.013
	3	0.015	0.01
	4	0.02	0.001
	5	0	0.007
7 ~ 4	1	0.04	0.002
	2	0.02	0.001
	3	0.011	0.003
	4	0.001	0.002
	5	0.003	0.006
9 ~ 7	1	0.01	0.001
	2	0.02	0
	3	0.01	0.01
	4	0.007	0.004
	5	0.004	0.003
11 ~ 9	1	0.012	0.084
	2	0.014	0.07
	3	0.006	0.09
	4	0.006	0.075
	5	0.008	0.03
14 ~ 11	1	0.005	0.097
	2	0.014	0.084
	3	0.007	0.093
	4	–	–
	5	0.006	0.053
16 ~ 14	1	0.003	0.083
	2	0.011	0.081
	3	0.002	0.044
	4	–	–
	5	0.001	0.035

3　滑坡体处理

3.1　滑坡体应急处理

歪头山铁矿在几十年的生产中，鲜有滑坡的出现，本次主采场滑坡体的产生及其处理方式，对歪头山铁矿来说是非常棘手。矿山及时组织对滑体区域封路警戒并实施位移监测，研究并制定了该滑体的处理技术方案。首先对滑坡体所威胁到的大路堑采取了封闭措施，对滑体下部采场的2台设备及工程车间的小房、油罐等采取了搬迁措施，同时也封闭了靠滑体一侧的128 m公路；并跟踪滑体动向，制定了专人测量、专人监督等一系列安全措施。

3.2　技术方案

本次滑坡体呈三角体的形状，如果把基岩作为母体，把滑坡体作为个体，滑体的形成过程为：个体在重力作用下，沿其与母体之间的层理面(即弱结构面)移动一定距离，甚至脱离母体，即形成滑坡体。如何处理滑坡体，最直接有效的办法是卸载，即把滑坡体搬走，相当于把基岩在重力作用下的载荷卸下来。若直接把滑坡体搬走，便一步到位，彻底解决了滑坡隐患。那么，如何才能把滑体安全搬走呢？

通过对滑坡体的数据监测，其位移变化并不大，但人员或设备直接在滑坡体上作业亦存在相当大的隐患，在工程实践中，不能利用侥幸的心理去冒险。为此，矿山组织人员研究制定了3套方案，我们详细论证，确保成功处理本次滑坡。经论证，决定采用技术和安全均能满足的第3套方案，即从侧面处理滑坡体。该方案是在滑坡体北侧，首先拓宽大路堑，长度80 m，宽度5.0 m。这样，固定大路堑宽度在14.0～15.0 m，保8.0 m路面宽度，做宽×高＝2 m×2 m挡墙，然后从185 m水平起步，在采场一侧向176 m水平做临时小路堑，宽度4～5 m，长度100 m，下降9.0 m，坡度9%。接触到滑体后，便可以直接进行作业了。如果在小路堑或滑体处理过程中，遇到非常坚硬难以作业的块段，可适当从侧面穿凿爆破作业。详见图3，阴影部分为拓宽公路和小路堑，小路堑直达滑体北侧。

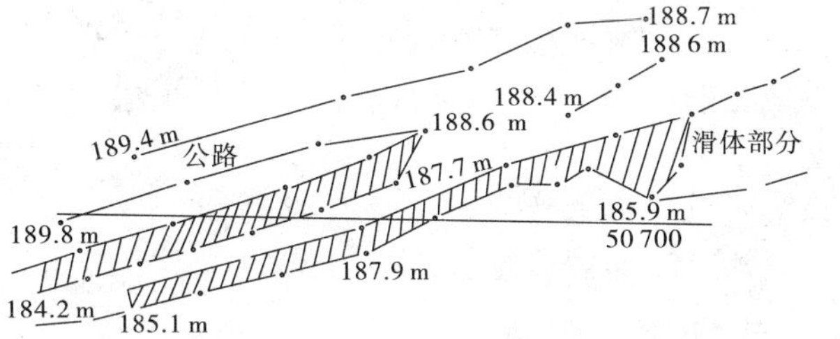

图3　拓宽公路及小路堑设计

3.3　方案实施

1台液压挖掘机和1台液压破碎锤交替作业，固定大路堑的拓宽工程很快完毕。由于小路堑只有两台液压设备行走，而且对处理后的滑坡体直接向下甩方，所以距滑坡体向北50 m处开挖，减少了总开拓量的一半。由于液压破碎锤作业最佳高度为3～4 m，因此最佳方案是分层作业，见图4。图4中，*ABHG*为液压破碎锤作业部分。由于二层铁非常坚硬，炮锤的作业非常艰难，也非常缓慢。为确保安全，需要每天详细观测滑坡体的监测数据，并到作业现场查看作业进度。当滑坡体削减3.0 m，前进5.0 m后，原有的甩方和现在的甩方加在一起累积在164 m以上，达到了滑体上部，甚至到了炮锤作业面，即图4中*HDE*部分。而这部分的形成，恰好把倒方的矿石变成了“护坡”的矿石，通过数据监测，“护坡”使得滑体更稳定了。

有了滑体外侧从下至上的“矿石护坡体”，人员设备在工作面上作业有了保障。为了更快，更好地处理滑体。爆破是这个时候的科学选择。详见图5，图5中*GHNM*是爆破部位，我们如期实施了这个爆破计划，并且彻底进行了甩方，也就是成功地卸了载。

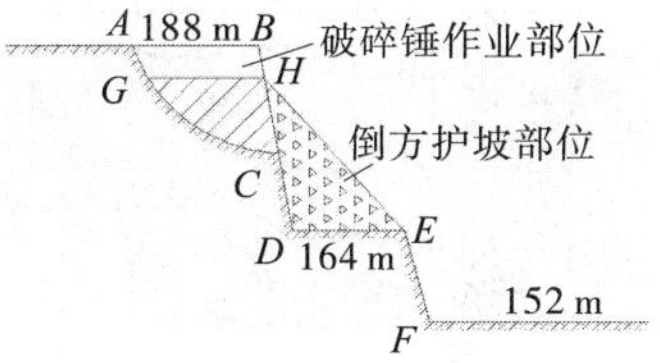

图4　液压破碎锤作业剖面

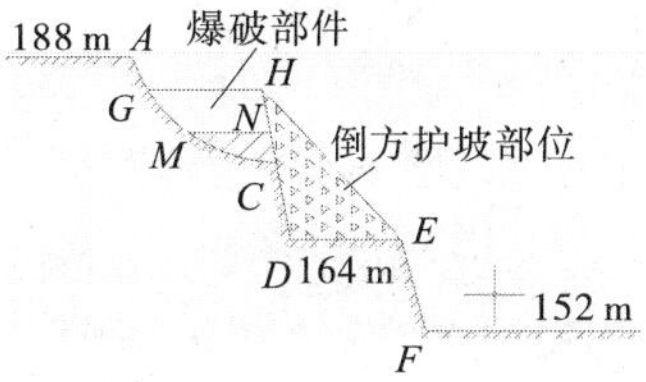

图5　倒方护坡剖面

3.4　方案实施成果

经过近1个月的液压破碎锤作业和一个半月的液压挖掘机交替作业，最终完成了滑体处理工作，保证了边坡的稳定，并通过了矿山安全科、生产科、计划科和技术科等有关科室部门的验收。

处理后的边坡见图6。在靠近滑体的外侧，也就是大固定路堑靠采场一侧布置了一道挡墙。同时，也布置了块体岩石护坡（178～188 m），护坡高度为10.0 m。另1个块体护坡是164～178 m的部分，在171 m水平留出一个平台，这样，原24 m的并段台阶变成了10.0 m、7.0 m、7.0 m段高的3个台阶。特别要强调的是164 m水平的最厚达10多m的最坚固的“护坡”是保证上部水平稳固的基础和坚强后盾。

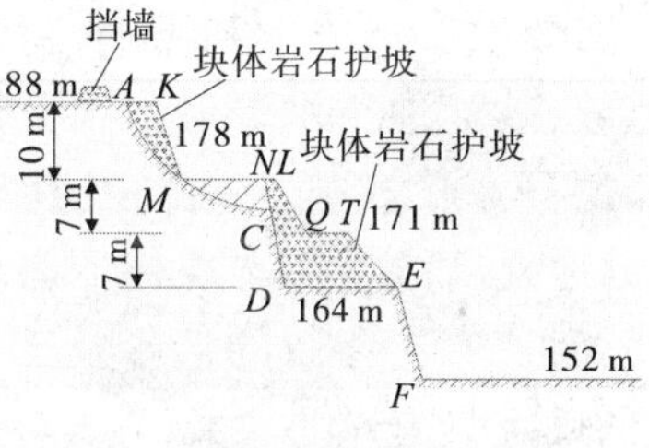

图6　边坡最终成果剖面

4　结　论

（1）处理后的实际边坡外观整齐，通过近一个月的数据监测，其稳定性较好。

（2）歪头山铁矿188 m水平滑体的处理方案，是一种创新的处理滑坡的模式，是在摸索中实施并实践应用的。

（3）矿山组织本单位的技术人员，研究制定滑坡体处理技术方案，对滑坡体进行实时监测和安全处理，为公司节省了大量资金。

（下转第327页）

浅埋深薄基岩工作面覆岩活动及地表沉陷研究

丁陆军[1,2] 刘长武[1]
(1. 四川大学水利水电学院;2. 四川建筑职业技术学院)

摘 要 浅埋煤层的典型赋存特征是埋深浅、基岩顶板较薄、表土覆盖层较厚。由于浅埋采场自身独特的特点,在开采活动中往往存在矿压显现剧烈、顶板和地表台阶下沉,甚至会出现工作面溃水、溃沙事故等不利于安全生产的因素。为此,探讨了浅埋深薄基岩在物理模拟试验、岩层控制理论和地表开采沉陷等方面国内外的研究现状,为浅埋煤层的安全高校绿色开采研究提供参考。

关键词 浅埋深 薄基岩 相似模拟 矿山压力 关键层

被誉为世界七大煤田之一的神东矿区,煤炭储量大,探明储量达 2 236 亿 t,是我国最重要的商品煤生产基地,对本世纪国民经济的发展具有重大意义。神东矿区开采区域大部分集中于埋深在 100 ~ 150 m 的浅部,煤层具有埋深浅、基岩薄、表土覆盖层较厚、倾角小、瓦斯含量低和煤层厚度大等特点。通常将具有浅埋深、基岩薄、上覆厚松散层赋存特征的煤层称为浅埋煤层。煤层埋藏浅并不一定矿压小,由于浅埋采场自身独特的特点,在开采活动中往往存在工作面矿压显现剧烈、顶板和地表台阶下沉、支架压毁,甚至会出现工作面溃水、溃沙事故、地面塌陷等一系列采动损害问题。该类问题一方面会对工作面安全高效生产造成不利影响,另一方面会恶化沙地的植被、破坏地下水资源。因此深入系统地研究浅埋煤层开采的覆岩层结构及其矿压显现规律,对于有效地提高浅埋特殊条件下煤炭开采的安全保障程度、巷道支护参数的选择及工作面“支架-围岩”关系的确定具有重要意义。

1 浅埋煤层的界定

黄庆享[1]通过对浅埋煤层顶板矿压特征的研究,提出以埋深、基载比和关键层为浅埋煤层判定指标,将浅埋煤层分为典型的浅埋煤层和近浅埋煤层,这是岩层控制意义上的浅埋煤层定义。典型的浅埋煤层埋藏浅、基载比小、老顶为单一关键层结构,近浅埋煤层顶板结构呈现两组关键层,存在轻微的台阶下沉现象。任艳芳[2]判断浅埋煤层的关键因素应为覆岩中的承压拱结构在工作面不同推进阶段的基本特征及稳定性情况,并对地质条件和人为可控因素对覆岩结构稳定性的影响展开了研究,通过分析评价将煤层分为浅埋煤层、常规埋深煤层和深部煤层 3 类。浅埋煤层在煤层开采后,覆岩中无法形成稳定的动态承压拱;常规埋深煤层在煤层开采后,覆岩中能形成稳定的动态承压拱;深部煤层在煤层开采后覆岩中虽然能够形成稳定结构,但整个开采过程均受高地压影响。

2 物理模拟试验

2.1 相似材料物理模拟试验

相似材料模拟是国内外进行重大岩土工程可行性研究的主要方法之一。最早由苏联开始煤矿采场相似材料模拟等相关方面的研究,平面应力模型在上世纪 50 年代左右就趋于成熟。Kuznetsov 通过相似材料模拟实验提出了关于铰接岩块的假说,以及“支架-围岩”相互作用的“给定变形”和“给定载荷”理论,发展到现在已成为国内外矿业界一种重要的研究手段。前苏联、德国、澳大利亚、波兰等国在矿山压力现象的研究中大量采用相似材料模拟方法,极大地促进了该方法的发展。

清华大学等科研单位采用整体或砌块石膏模型来研究围岩与水坝的相互作用,并以此探讨岩体工程结构方案的课题,取得了良好的效果。此外,武汉大学等单位分析了地下工程的围岩破坏及应力分布形式,进而建立了完善的平面应变模拟实验装置。中科院地质力学研究所为分析边坡的稳定及滑落破坏机理而建造了高容重材料模型来模拟地质结构,并进行了大量研究。以北京煤炭研究总院为代表的

丁陆军(1975—),男,博士研究生,610065 四川省成都市一环路南一段 24 号。

煤炭系统的高等院校及科研院所，结合各自特长开展了矿山压力模拟的研究工作，在相似材料的研究、各种平面、立体模拟试验台的建立，以及试验数据的自动监测采集及分析处理等方面均取得了较大进展[3-5]。随着研究工作的深入，模拟研究的范围及对象也不断地扩大，已发展了固、液二相耦合或固、液、汽三相耦合的模拟。乌克兰科学院曾采用石蜡油、沙、石墨等混合物作相似材料来模拟发生在泥质岩石层的底鼓现象。卢薇、李文中等采用熔融甘油和石蜡模拟板块的驱动和地幔的对流；蔡美峰及郑雨天分别用熔融的糖浆和石蜡等作为岩石圈，模拟在板块碰撞过程中，重力作用使板块俯冲下插的过程；刘听成采用石蜡、石膏、矿物油等半塑性混合材料以及水分别作为岩石圈和软流圈来模拟板块俯冲碰撞这一动力学过程。长科院以石蜡油做胶凝剂，模拟变形较大、强度较低的泥化夹层和塑性破坏型岩体。煤科院西安分院在研究奥灰承压水作用下的煤炭开采时也曾进行过相关模拟。20 世纪 90 年代初，原西安矿业学院以"固-液耦合"相似模拟来研究水下煤炭开采。侯忠杰、黄庆享在 1993 年进行的大柳塔首采面含潜水沙土层下开采模拟研究中，探讨了开采引起溃水灾害的可能性。2002 年石平五等开发出高精度固液气三相介质模拟实验装置，并开展一系列的多相模拟研究工作。2003 年侯忠杰等结合上述设备，从富水厚风积沙和薄基岩 2 个方面来研究间歇式开采参数的确定，并对模型试验的固液耦合相似材料的选取、配比及相关参数等进行了深入而有效的研究。格维尔茨曼也曾对浅埋煤层水体下采煤工作开展过相应研究，利用相似材料物理模拟试验对采空区上覆岩层贯通裂隙的高度进行了确定。2006 年黄庆享等在高精度固液气三相介质模拟试验装置上开展了浅埋煤层隔水层稳定性的模拟研究。涂敏等进行了厚松散层超薄覆岩煤层防水煤柱开采试验，结果表明，基岩风化带具有阻止四含水下渗和抑制导水裂高发展的双重作用。近年来，国内外学者对相似材料的组成、性质以及模型制备进行了广泛的研究，积累了相当丰富的成果。

2.2 相似材料物理模拟试验装置

相似材料物理模拟实验技术的发展，尤其是三维立体模拟实验台的逐步建立，解决了一些通过平面相似模拟或数值模拟等方法难以解决的问题。德国、俄罗斯、波兰等国均在 20 世纪 70—80 年代建起了三维立体试验装置。重庆大学、中国矿业大学、山东科技大学等高校也都建立了平面应变模拟装置及简易的三维立体模拟装置。诸多先进的研究成果在很大程度上都是通过相似模拟试验而得出的，如采场上覆岩层"三带"的形成规律，著名的"砌体梁"理论以及老顶岩层的断裂规律等。

山东大学的张强勇等自行研制的三维地质力学实验系统，主要由盒式台架装置、带扁千斤顶的变荷加载板、液压加载控制试验台组成。该系统具有加荷高、升压快速、持荷稳定等优点。该系统应用于沪蓉西高速公路八字岭分岔隧道的三维地质力学模型实验研究，借以反映分岔隧道围岩的应力、变形状态以及分岔隧道的整体安全度，实验结果有效指导和优化了工程设计和施工。试验系统如图 1 所示。

图 1　组合式三维地质力学模型试验系统

西安科技大学石平五等自主研制出的尺寸为 10 m×8 m×3 m 的组合堆体相似材料物理模拟试验装置，成功研究了神府矿区所出现的厚风沙覆盖下浅埋煤层的安全开采及环境保护等问题，并提出了浅埋煤层开采过程中顶底板岩层控制理论及技术体系。员东风等针对深部开采的相似物理模拟实验问题，自主研制了平立交互式可加载物理模拟实验架，该实验架尺寸为 1.5 m×1.5 m×0.2 m，顶部和侧帮均采用千斤顶加载。

四川大学的何显松等采用了三维地质力学模型，通过强度安全储备与超载相互结合的研究手段开展了重力坝坝基稳定破坏分析实验，研究了坝基失稳的破坏过程、形态和机理。太原理工大学采矿工艺研究所研制的大型三维固-流耦合模拟试验台。其外型尺寸为 3 m×2 m×2 m，轴向加载力为 9 000 kN，最大模拟采深为 1 200 m，实验台靠侧向槽钢和有机玻璃约束产生侧向力，如图 2 所示。

图 2　三维固-流耦合模拟试验台

中国矿业大学研制出一种新型真三轴巷道平面模型实验台，模型尺寸为 1 m×1 m×0.2 m，立式布置。通过给液压枕加载而实现对模型的 6 面加载，3 个方向加载比例可以任意调节，最大荷载为 10 MPa，采用机械臂和步进微型掘进机技术、微型高精度位移量测技术、声波测试技术、光纤测量及内窥摄影技术等，解决了三维实验中的隐蔽开挖模拟及量测等关键技术问题，成功地完成了复杂硐室群模型实验。整体试验台侧视图及三维地应力加载系统如图 3 所示。

图 3　整体试验台侧视图及三维地应力加载系统

3　浅埋采场岩层控制理论

19 世纪后期到 20 世纪初，相继提出了多种采场矿压假说，开始利用比较简单的力学原理解释采矿实践中出现的一些矿压现象，其中最早的也最具代表性的是“压力拱假说”（图 4），目前在欧洲国家仍有不少拥护者。该假说认为巷道上方能形成自然平衡拱，拱承受的载荷经拱脚传递到巷道两帮岩石，从而引起围岩变形。20 世纪 30—50 年代以连续介质力学理论为基础，将巷道周围直到地表的整个岩体作为连续的各向同性的弹性体，采用弹性力学理论来研究矿山岩石力学问题，并建立起了相关假说。1951 年比利时学者阿·拉巴斯以芬涅尔的巷道地压为基础，提出了预成裂隙假说。1954 年前苏联学者库兹涅佐夫根据相似材料模拟试验和现场实测结果，在悬臂梁假说的基础上提出了铰接岩块假说。前苏联学者秦巴列维奇提出了研究埋藏较浅的水平及缓倾斜薄及中厚煤层矿压问题的台阶下沉假说。前苏联学者鲁宾涅依特提出了楔形假说，该理论在很多方面与实际不符，缺乏可信性。

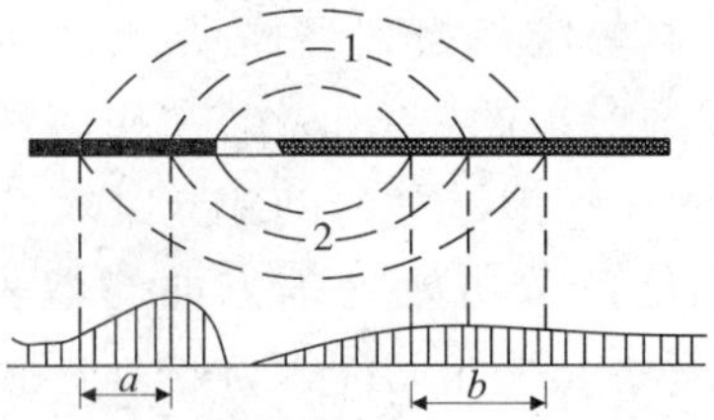

图 4　压力拱假说

a—前拱脚；b—后拱脚；

1—顶板内压力拱轴线；2—底板内压力拱轴线

宋振骐院士在长期岩层控制技术实践的基础上，特别是在基本顶来压预测的基础上，提出了“传递岩梁假说”，该假说主要提出了“限定变形”和“给定变形”的观点，指出支架是在一定的“位态方程”下工作，可以通过限定变形，使基本顶在一定层位达到平衡。还提出了“内外应力场”的概念，通过对开采中内外应力场的形成和变化的观测及认识，成功地预报了基本顶的来压情况[6]。与此同时，钱鸣高院士提出的“砌体梁假说”，对基本顶进行了薄板的破断分析，建立了巷道的来压预报与基本顶的空间运动关系。20 世纪 90 年代，钱鸣高院士等通过建立砌体梁关键块体的“S-R”稳定理论采场矿山压力整体力学模型，形成了岩层控制的关键层理论，如图 5 所示[7-8]。黄庆享在浅埋深矿山压力研究方面，通过将关键层理论运用到浅埋煤层顶板控制研究中，成功建立了浅埋煤层岩层控制理论。

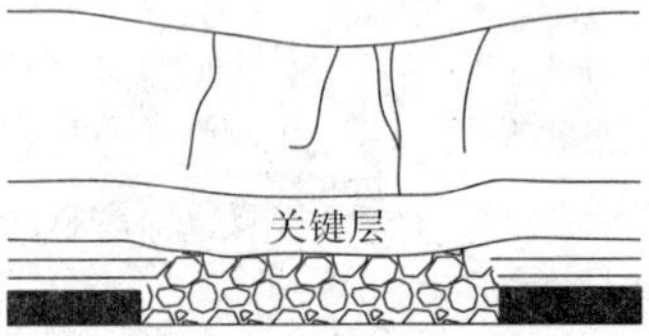

图 5　浅埋煤层单一关键层结构示意

岩层控制关键层理论的基本思想为：由于地质条件的不同，煤系地层形成了强度不同、厚度不等的多层岩层。在岩层活动中，其中一层或数层厚硬岩层起着关键作用，这里称对岩体活动局部或全部起主要控制作用的岩层为关键层。当关键层破断时，将与上部全部岩层的下沉变形相互一致而未发生离层现象的关键层称为岩层活动的主关键层，将与局部岩层的下沉变形相互一致的关键层称为亚关键层。覆岩中的主关键层只有一层，而亚关键层可能不止一层。关键层的运动下可影响至回采工作面，上可影响到地表引起地表产生裂缝乃至塌陷。通过对岩层活动过程中形成的煤岩体中水与瓦斯的流动、采场矿压显现和地表沉陷等状态的变化进行有效的监测与控制，来研究开采时由下向上传递的岩层活动动态过程，以弄清关键层的运动和变形破断规律以及在运动过程中与软岩层间的相互耦合作用关系。

4　浅埋煤层开采地表沉陷

地表塌陷是浅埋煤层开采遇到的严重采动损害问题之一。国内外对不同水文地质开采条件下的地表沉陷特征进行了大量的研究。国外对地表沉陷的研究始于19世纪,1839年,比利时的学者们给出了垂线理论,这是最初的开采沉陷的假设理论,并于1858年发展为法线理论。从19世纪末期开始,大批新理论和假设不断涌现,1876年,德国的法约尔提出了圆拱理论,1889年,豪斯建立了采空区岩体三带分布的沉陷模式。波兰学者J. Litwiniszyn于1953年采用数理统计的方法,建立了单元开采地表移动表达式。1960年来自南非的Salamon提出了面元原理,为边界单元法奠定了基础。1984年,Karmis提出了最大下沉值与应力强度因子、岩性和剩余煤量百分比之间的关系。此外,VonKimmelmann、Krauland和Ipotvin、B. A. 布克林斯基等都对开采沉陷进行了相关研究。

我国是从20世纪50年代开始地表沉陷方面的研究,起步虽晚但经过几代矿业工程技术人员的努力,目前,我国矿山开采沉陷研究水平已达到世界先进水平。1965年,刘宝琛与廖国华在李特威尼申的理论基础上发展出了概率积分法,至今国内学者们仍在运用该方法解决预计沉陷问题。何国清、周国栓、马伟民、崔继宪等分别提出了威布尔分布法和负指数函数预测法,陕西煤田地质局的魏秉亮、范立民等以神府煤田大柳塔煤矿为例,探讨了浅埋煤层开采过程中,地表下沉变形的过程及有关参数,为地面建筑物的安全煤柱留设提供了依据。李增琪给出了移动变形的弹性力学的解析式,并建立了三维层状模型。辽宁工程技术大学桂祥友教授等对神府东胜矿区活鸡兔煤矿首采工作面采动后覆岩运动规律进行仿真模拟[9]。刘文生研究了采留宽度对减小地表沉陷的合理尺寸。黄乐亭采用黏弹性基础梁方程推到了沉陷计算公式,武强等对榆林神府矿区大柳塔井田煤层群开采地面沉陷进行了可视化数值模拟[10],结果表明煤层开采引起的地面沉陷不仅与采厚有关,而且与采面大小、覆岩岩性、煤层倾角、开采方法等因素有关。

在开采沉陷预计方面,通过地表沉陷的实测和统计已基本掌握了缓斜、倾斜、急倾斜煤层开采后沉陷的分布形态特征,典型曲线法、影响函数法、概率积分法等是常用的地表沉陷预计方法。20世纪50年代,波兰学者李特维尼申等建立了岩层与地表下沉预计的随机介质理论法。何国清提出了地表下沉预计的威布尔分布法,郭增长在研究极不充分开采条件下地表的移动时,提出了预测方法,,戴华阳建立了统一的开采沉陷模型和预计方法,该方法适用于各种倾角的煤层。所有这些理论和方法都极大丰富了地表沉陷的预计方法。

经国内外研究人员多年的不懈努力与坚持,矿山压力与岩层控制取得了丰富的研究成果,但由于浅埋深薄基岩厚松散层采场的复杂性,仍有许多问题迫切需要系统全面的进一步研究,以解决高产高效矿井生产过程中遇到的一系列难题。

5 结 语

通过对浅埋深薄基岩在物理模拟试验,岩层控制理论以及地表开采沉陷等方面国内外的部分研究成果进行深入总结分析,为相关应用研究提供参考。

参 考 文 献

[1] 黄庆享. 浅埋煤层的矿压特征与浅埋煤层定义[J]. 岩石力学与工程学报,2002,21(8):1174-1177.

[2] 任艳芳. 浅埋煤层长壁开采覆岩结构特征研究[D]. 北京:煤炭科学研究总院,2008.

[3] 李鸿昌. 矿山压力的相似模拟试验[M]. 徐州:中国矿业大学出版社,1988.

[4] 催广心. 相似理论与模型研究[M]. 徐州:中国矿业大学出版社,1990.

[5] Jacoby. W. R, Schmeling, H. Convection experiments and driving mechanism [J]. Geol. Rundsch, 1981 (2):207-230.

[6] 宋振骐. 实用矿山压力与控制[M]. 徐州:中国矿业大学出版社,1993.

[7] 钱鸣高,缪协兴,许家林,等. 岩层控制的关键层理论[M]. 徐州:中国矿业大学出版社,2003.

[8] 许家林,钱鸣高. 覆岩关键层位置的判别方法[J]. 中国矿业大学学报,2000,29(5):463-467.

[9] 桂祥友,马云东. 浅埋工作面矿山压力显现规律模拟研究[J]. 中国矿业,2004,13(6):69-71.

[10] 武 强,王 龙,魏学勇,等. 榆神府矿区大柳塔井田煤层群采地面沉陷可视化数值模拟[J]. 水文地质工程地质,2003(6):37-39.

(收稿日期 2015-05-26)

煤柱压缩量引起地表下沉规律的数值模拟*

丁建闯[1]　闫方方[2]　袁德宝[3]

(1. 华北科技学院建筑工程学院;2. 河北天元地理信息科技工程有限公司;3. 中国矿业大学(北京)地球科学与测绘工程学院)

摘　要　基于煤柱压缩量,利用有限差分软件 FLAC 对岩层与地表移动进行了数值模拟,并借助 Origin 软件对模拟结果进行分析,揭示了煤柱压缩量引起地表下沉的机理,并提出了煤柱压缩量与煤柱宽高比的关系式。研究结果表明,地表下沉包含了煤柱压缩量引起的下沉,考虑这一因素的影响对地表沉陷预计方法的研究具有较好的借鉴价值。

关键词　煤柱压缩　数值模拟　沉陷预计

随着国内外地下资源开采强度的增加,"三下一上"采煤暴露出的问题日益突出,在解决该类问题前,应首先明确地下煤层采出后,围岩与地表移动变形趋势,影响范围和程度有以及产生机理[1]。理想地质环境下,煤炭开采对地表影响主要表现为垂直方向上的移动和变形、水平方向上的移动和变形及地表平面内的剪应变等 3 类。在煤炭开采过程中,当采空区足够大时,地下开采将引起采区周围尤其上覆岩层的移动、变形与破坏,该类移动变形逐步延伸发育至地表,破坏了原岩应力的平衡状态及建筑物与地基之间的初始应力平衡状态,伴随着力系平衡的重新建立,建(构)筑物中将产生附加应力,进而产生相应的移动和变形[2]。

但所有现存的地表沉陷预计方法主要是研究工作面开采的影响,煤柱压缩量这一因素引起的地表下沉大都未加以考虑,对于 2 个或多个工作面开采,尤其是采区间存在隔离煤柱时,已有的预计方法无法精确预计工作面间煤柱上方的地表下沉。为了进一步揭示煤柱压缩量影响下的地表沉陷规律,以开采沉陷理论和弹性力学理论为基础,借助 FLAC 软件对模拟结果进行深入分析,为地表沉陷预计提供参考。

1　沉陷机理与模型参数

传统的沉陷预计主要是基于采空区影响的,对煤柱存在压缩情况下地表移动变形的研究较少。而煤层开采后工作面间的煤柱是存在一定压缩的,且随着煤柱尺寸的不同,由煤柱压缩量引起的地表下沉量也不一致,实际上,地表下沉量包含由工作面开采引起的地表下沉量和由煤柱压缩量引起的地表下沉量 2 部分,如图 1 所示。

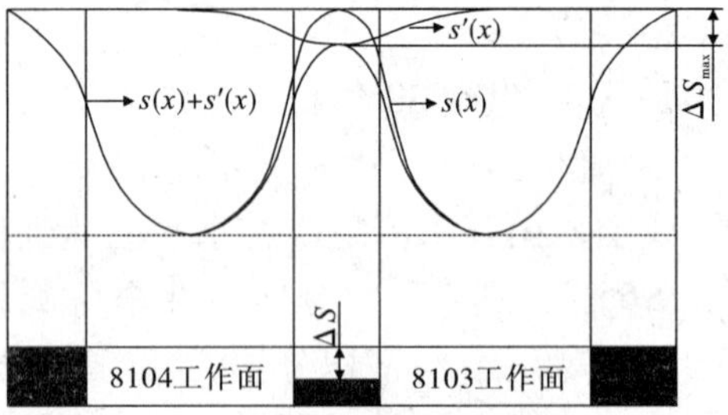

图 1　多工作面上方地表下沉的预计方法原理

ΔS—煤柱压缩量;ΔS_{max}—煤柱压缩引起的煤柱上方地表最大下沉值;$S(x)$—工作面开采引起的地表下沉曲线;$S'(x)$—煤柱压缩引起的地表下沉曲线;$S=S(x)+S'(x)$—由煤柱压缩和工作面开采综合引起的地表下沉曲线

在进行地表沉陷预计时,传统仅针对采区开采的预计,而忽略煤柱压缩量的预计方法势必会存在一定的误差,有必要进一步对煤柱压缩引起的地表下沉规律进行研究。以塔山矿的地质条件为基础,利用有限差分软件 FLAC 进行模拟分析[9],物理模型见图 2。

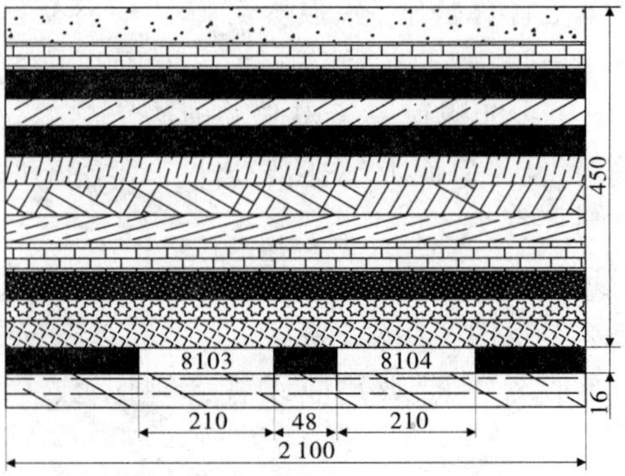

图 2　物理模型示意(单位:m)

* 中央高校基本科研业务费基金项目(编号:JWC2013B01)。
丁建闯(1982—),男,讲师,101601 北京市东燕郊。

1.1 计算模型

以塔山矿 8103、8104 工作面为例,工作面走向长 800 m,倾向长 210 m,此时走向达到充分采动,倾向为非充分采动。模型长宽高分别为 2 100,1 180,600 m,模型共分 160 654 个单元,212 842 个网格节点,网格的长宽比不大于 5,见图 3。为了更好地模拟开采引起的覆岩应力场、破坏场和位移场的变化情况,对工作面附近的网格进行了适当加密,模型侧面限制水平移动,模型底面限制垂直移动,模型上部为自由地表,采用弹塑性本构模型及摩尔-库仑破坏准则[5]。

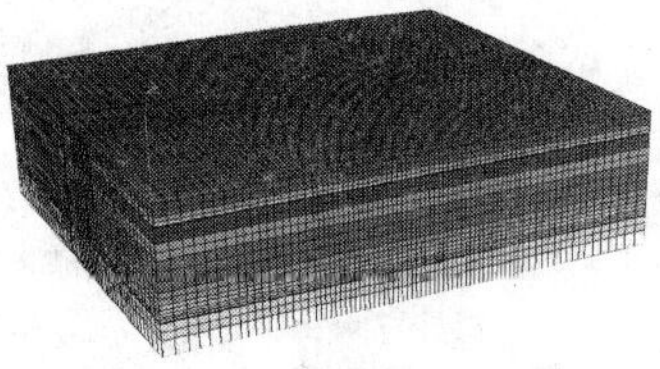

图 3 三维数值模拟网格

1.2 计算参数

模型岩体力学参数见表 1。

表 1 岩体力学参数

岩层名称	密度 /(kg/m^3)	弹性模量 /MPa	泊松比	黏聚力 /MPa	摩擦角 /(°)	抗拉强度 /MPa
黄土层	1 800	10	0.300	0.02	15	0.02
泥质粉细砂岩	2 650	2 245	0.200	3.50	25	2.00
粗砂岩	2 480	1 500	0.190	2.90	28	2.50
泥质细砂岩	2 660	2 200	0.200	3.40	25	2.00
侏罗纪煤层	1 290	1 290	0.300	1.20	22	1.60
粉细砂岩	2 675	2 100	0.215	3.40	25	2.56
含砾粗砂岩	2 535	1 600	0.200	2.50	28	2.40
泥质粉细砂岩	2 650	2 245	0.200	3.50	25	2.50
中细砂岩	2 670	1 815	0.230	3.65	25	2.56
粉细砂岩	2 675	2 100	0.215	2.50	25	2.40
煌斑岩	2 680	3 000	0.160	3.40	26	2.60
煌斑岩煤岩互层	2 100	1 500	0.230	1.50	24	2.40
石炭二叠纪煤层	1 290	1 290	0.300	1.20	22	1.60
细砂岩	2 670	4 054	0.170	4.00	28	4.00

1.3 研究思路与分析方案

研究思路如图 4 所示。以水平煤层 2 个工作面开采为研究对象,讨论不同尺寸煤柱对地表沉陷规律的影响,煤柱两侧工作面宽 210 m,走向达到充分采动,煤层采厚 16 m,一次采全厚,采用走向长壁全部垮落法管理顶板,模拟顺序如下:①基于煤柱留设理论和塑性区破坏理论[6],计算出煤柱的合理宽度,进而对煤柱宽度分别取 21,42,63,84,105 m 等条件下煤层开采进行数值模拟;②对模拟结果进行宏观力学分析,以揭示煤柱压缩量引起地表下沉的机理。

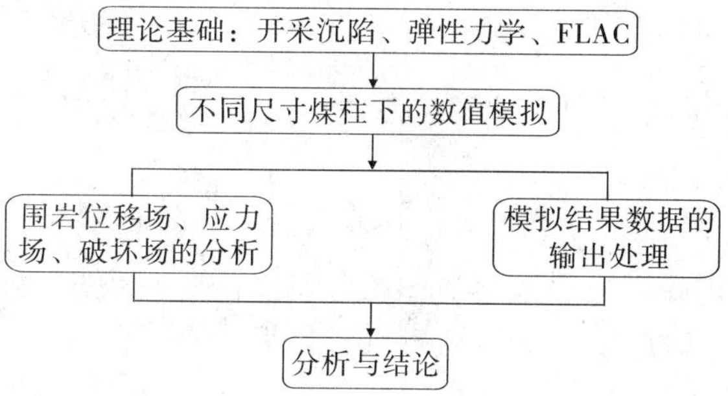

图 4 技术路线

2 模拟计算结果及分析

岩石的力学行为除了与岩石本身的力学性质有关外,还与载荷状态及加载历史有很大的关系。直接顶应力与煤柱尺寸关系如图 5 所示,水平应力在煤壁处、煤柱边缘处均产生了明显的应力集中现象,且峰值高达 3.75 MPa,并向煤柱宽度增加方向转移,这是由于采空区形成后上覆岩层应力集中于煤柱(壁)处所致;且沿煤柱宽度增加方向,8103 工作面停采线煤壁处的水平应力有小幅度的降低,这是由于随着煤柱尺寸的增加承载了上覆岩层应力,且采区正上方水平应力略有波动的趋近于一定值 0.01 MPa,煤柱中心正上方水平应力峰值由 1.0 MPa 减小至 0 MPa,远离采区的水平应力逐渐趋于原岩应力,由于隔离煤柱的存在,随着应力的转移与释放,当采空区一定,煤柱越窄应力集中越剧烈,峰值也就愈大愈明显。当煤柱宽度为 21 m 时,煤柱中心上方应力较大,煤柱因较窄失去承载能力而出现塑性破坏。随煤柱宽度增加,竖向应力在煤柱壁处和煤壁处形成拱形应力支撑点,使煤壁处竖向应力急剧增大,在煤柱中逐步形成具有强承载作用的煤柱核区。随煤柱宽度增加逐步恢复承载作用,应力值显著回升,竖向应力峰值由 2.5 MPa 减小至 2.0 MPa。

不同煤柱尺寸的覆岩及地表应力模拟结果见图 6。由图 6 可知,煤柱尺寸是影响应力大小及分布状态的主导因素,煤柱壁处及煤壁处形成支承应力区,且距采区越近,煤壁及煤柱上方所形成的支承应力峰值越大,煤柱上方应力高达 40 MPa。当煤柱宽度较小时,煤壁支承应力远大于煤柱处形成的支承应力,但随着煤柱宽度的增加,煤柱处与煤壁形成的支承应力几乎相等,这也是应力转移和释放达到新的

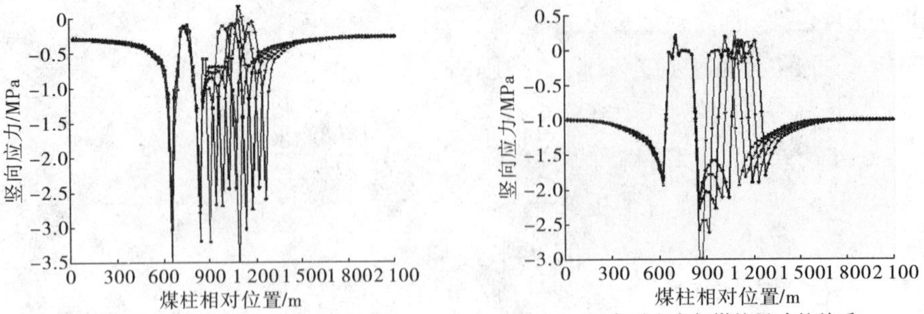

(a)竖向应力与煤柱尺寸的关系　　(b)水平应力与煤柱尺寸的关系

图5　直接顶应力与煤柱尺寸关系

■—煤柱宽度 42 m;◆—煤柱宽度 84 m;▲—煤柱宽度 126 m;▼—煤柱宽度 168 m;◆—煤柱宽度 210 m

应力平衡的过程。同时,随煤柱宽度增加,煤柱由塑性破坏到具有支承作用所受的应力逐步减小。

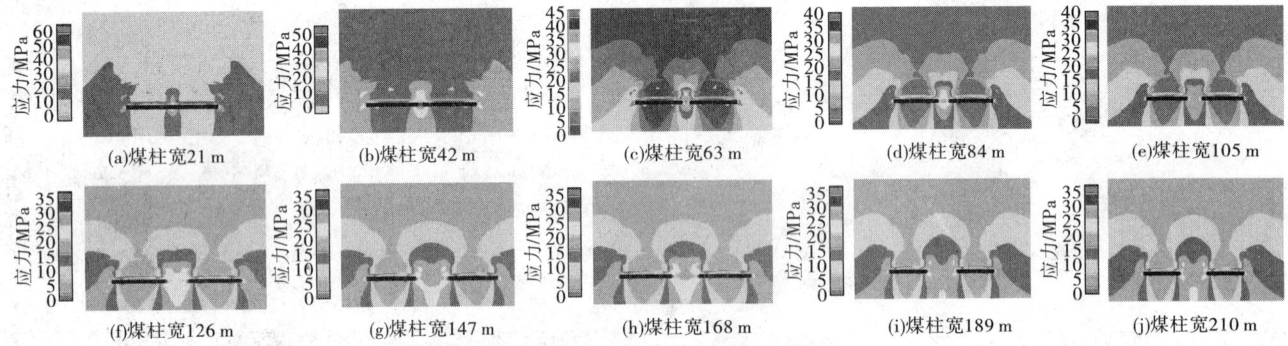

(a)煤柱宽21 m　(b)煤柱宽42 m　(c)煤柱宽63 m　(d)煤柱宽84 m　(e)煤柱宽105 m　(f)煤柱宽126 m　(g)煤柱宽147 m　(h)煤柱宽168 m　(i)煤柱宽189 m　(j)煤柱宽210 m

图6　不同煤柱尺寸的覆岩及地表应力云图

不同煤柱尺寸的覆岩及地表位移模拟结果见图7。随煤柱宽度增加,围岩的竖向位移随之发生变化,且呈拱形发育状态。采空区顶板位移由12.5 m减小至8 m,顶板到地表位移依次减小,地表位移由2.6 m减小至1.0 m,这是由于煤柱由塑性破坏到起支承作用的结果。煤柱正上方地表出现了显著的下沉,表明煤柱出现了压缩,当煤柱足以支承上层岩重,煤柱正上方地表仅会出现拉剪破坏而形成两独立的地表下沉曲线,进而说明地表下沉包含煤柱压缩引起的一部分,上覆岩层自重下压下的煤柱压缩引起的地表下沉不容忽视。

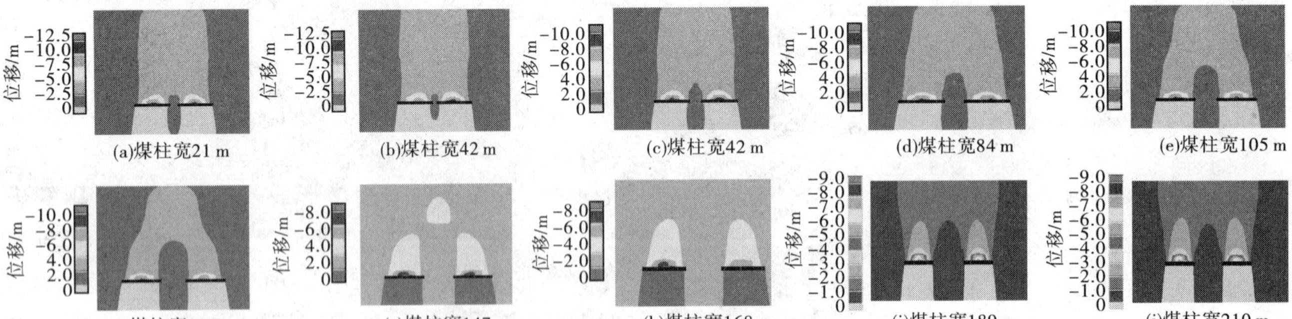

(a)煤柱宽21 m　(b)煤柱宽42 m　(c)煤柱宽42 m　(d)煤柱宽84 m　(e)煤柱宽105 m　(f)煤柱宽105 m　(g)煤柱宽147 m　(h)煤柱宽168 m　(i)煤柱宽189 m　(j)煤柱宽210 m

图7　不同煤柱尺寸的覆岩及地表位移云图

不同煤柱尺寸的覆岩及地表破坏场模拟结果见图8。由图8可知,煤柱初始由于较窄失去承载能力,在煤层直接顶及老顶、采区煤壁及煤柱壁处均出现不同程度的拉剪破坏;煤柱宽度从42 m开始,可把破坏区分为3个水平,由下至上依次为第1水平破坏区、第2水平破坏区和第3水平破坏区,3层破坏水平之间为2个关键层[7],且随煤柱宽度增加覆岩内部破坏场发育高度依次降低。采区中心上方出现拉破坏,煤柱及煤壁上方形成3个水平的拉剪破坏区,第1、第2水平分别位于煤柱及煤壁正上方,这也是前述的应力集中区,与应力云图分析结果相符合,且第2水平较第1水平向围岩边缘延伸,这是岩体由深部向地表影响范围逐渐扩大的结果,且随煤柱宽度增加,破坏区呈减小的趋势。当煤柱宽210 m时,破坏场仅出现在煤柱上方局部区域,上覆岩层应力集中到煤柱上方,这势必促进煤柱进一步压缩,当煤柱宽度足以支承上覆岩层的强度时,破环场不再随煤柱宽度增加而扩大。

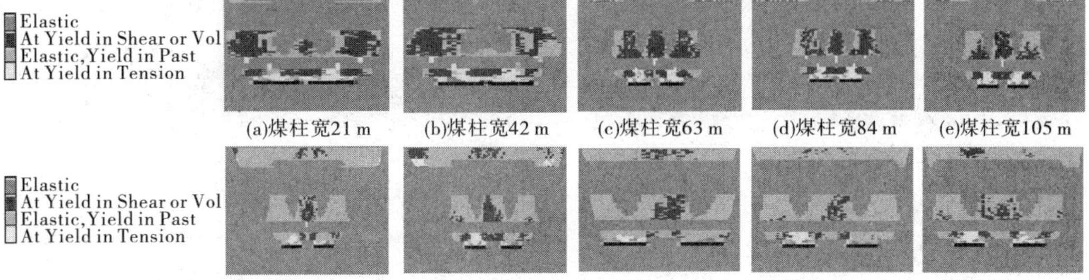

(a)煤柱宽21 m　(b)煤柱宽42 m　(c)煤柱宽63 m　(d)煤柱宽84 m　(e)煤柱宽105 m

(f)煤柱宽105 m　(g)煤柱宽147 m　(h)煤柱宽168 m　(i)煤柱宽189 m　(j)煤柱宽210 m

图8　不同煤柱尺寸的覆岩及地表破坏场

岩层内部煤层采出后,围岩产生涌向采区的移动,当拉、剪应力超过岩石的抗拉、抗剪强度,由直接顶到老顶将产生裂缝、断裂、冒落,老顶的冒落带动上覆岩层以悬臂梁弯曲的形式沿层理面法线或水平方向移动。覆岩内部位移矢量呈现由大到小的趋势,当煤柱宽度为21 m时,煤柱失去承载能力而发生塑性破坏,此时位移矢量涌向煤柱破坏后形成的整个采空区,随煤柱宽度增加,覆岩及地表位移矢量逐步发展成涌向以煤柱为界的2个采空区,煤柱上方岩层也产生涌向采区的位移矢量,并产生下沉趋势,煤柱进而产生压缩。

图9为地表下沉三维立体图及地表等值线云图,随煤柱宽度增加,地表等值线云图由1个以煤柱中心为为圆心的同心椭圆逐步发展成以煤柱为界的2个椭圆,且煤柱中心上方地表下沉值及地表最大下沉值均减小,地表最大下沉值由3.404 m减小至2.551 m,煤柱中心上方地表最大下沉值由3.400 m减小至1.155 m,且煤柱上方地表下沉较采区上方地表下沉速率慢,这在三维立体图中也给出了很好的反映,这是由煤柱压缩引起的地表下沉叠加后的结果。

由以上分析可知,当煤柱两侧工作面一定,随煤柱宽度增加,采空区正上方及煤柱中心上方地表最大下沉值均减小,当煤层采深、采厚不变的情况下,煤柱尺寸(或采留比)成为影响地表沉陷的主要因素,同时,地表下沉包含煤柱压缩量这一因素引起的下沉,因此,有必要考虑煤柱压缩量这一因素对地表沉陷的影响。

3　煤柱压缩量计算

3.1　曲线拟合

开采沉陷研究的核心问题是开采沉陷预计,预计可以定性或定量的研究受开采影响的岩层与地表移动的时空分布规律。开采沉陷预计模型有多种,如基于理论研究的剖面函数理论、影响函数理论和连续介质力学理论等。无论采用何种预计方法都有一套对应的预计参数,参数选取的优劣将直接关系到预计结果的精确度,通常预计参数的求取可基于矿区实测资料,利用FLAC软件模拟并输出主断面上的数据,采用曲线拟合的方式求出[8]。

3.2　煤柱压缩量的计算

当煤柱上方地表下沉由煤柱压缩和工作面开采2部分综合引起时,应首先求出煤柱压缩量,可将压缩量视为等效厚度的开采,由模拟结果中煤柱上方各监测点的位移量求出煤柱压缩量值,见表2。

表2　不同煤柱尺寸的压缩量

煤柱尺寸/m	煤柱宽高比	节点41	节点42	节点43	节点44	节点45	节点46	节点47	节点48	节点49	节点50	节点51	煤柱压缩量
21	1.312 5	−0.871 2	−0.864 4										−0.867 8
42	2.625	−1.099	−0.463	−1.112									−0.781
63	3.937 5	−0.929 3	−0.536 3	−0.535 6	−0.920 8								−0.732 8
84	5.25	−0.773 6	−0.501 4	−0.526	−0.502 9	−0.798							−0.600 33
105	6.562 5	−0.690 1	−0.450 2	−0.489 6	−0.490 4	−0.451 8	−0.699 2						−0.543 3
126	7.875	−0.637 1	−0.407 7	−0.447 5	−0.458 3	−0.448 5	−0.408 3	−0.626 5					−0.487 65
147	9.187 5	−0.594 8	−0.377 9	−0.414 1	−0.424 7	−0.424 1	−0.412 1	−0.373 2	−0.573 5				−0.452 88
168	10.5	−0.558 5	−0.348 4	−0.380 4	−0.386 8	−0.386 7	−0.385 6	−0.377 4	−0.342 8	−0.532 3			−0.412 16
189	11.812 5	−0.530 2	−0.325 4	−0.354	−0.356 5	−0.352 6	−0.352 5	−0.356 4	−0.353 6	−0.325 2	−0.521 2		−0.383 74
210	13.125	−0.507 4	−0.307	−0.332 8	−0.332 4	−0.324 8	−0.320 6	−0.324 7	−0.332 3	−0.332 6	−0.306	−0.498 7	−0.354 17

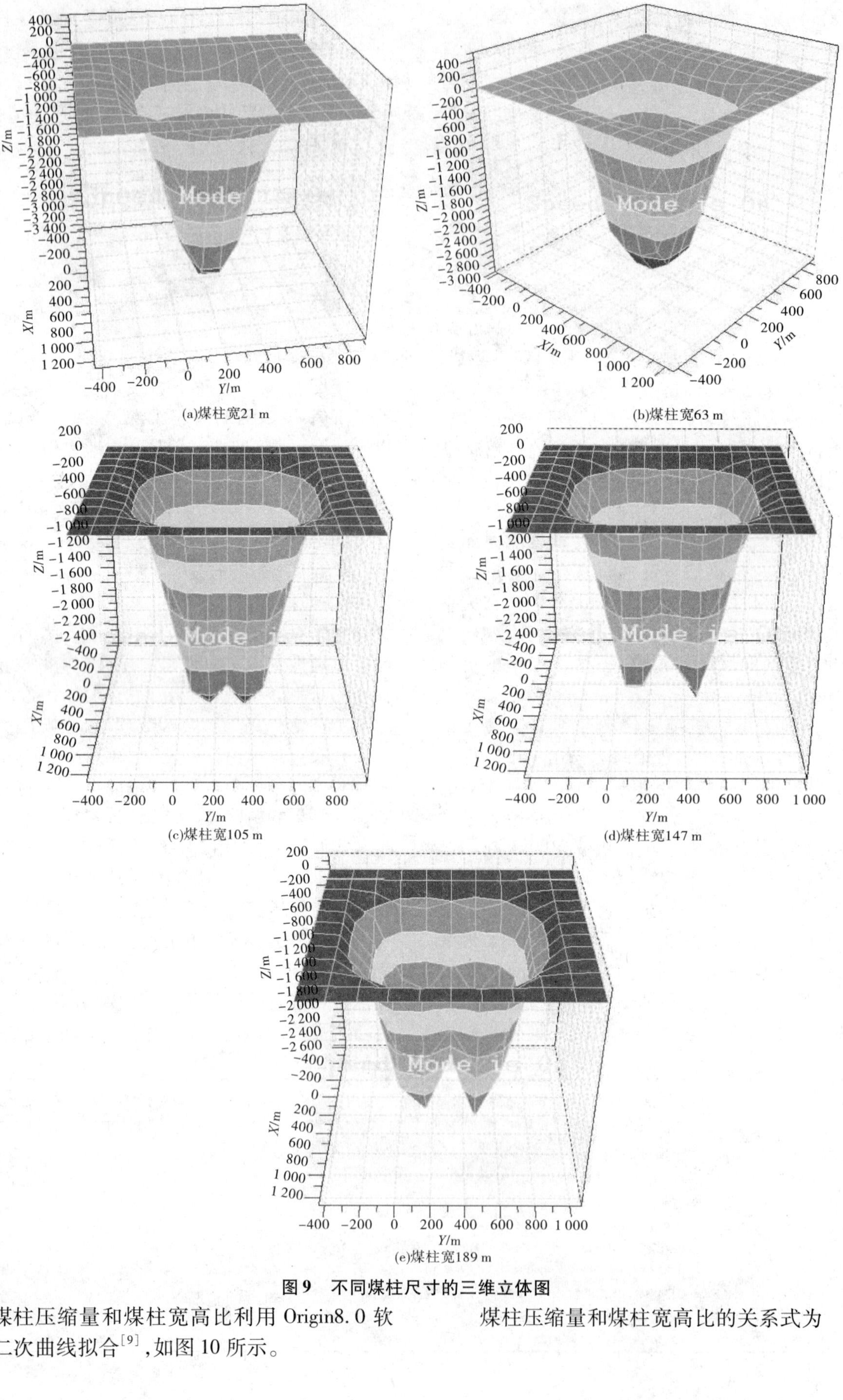

(a)煤柱宽21 m　(b)煤柱宽63 m　(c)煤柱宽105 m　(d)煤柱宽147 m　(e)煤柱宽189 m

图9　不同煤柱尺寸的三维立体图

由煤柱压缩量和煤柱宽高比利用 Origin8. 0 软件进行二次曲线拟合[9]，如图 10 所示。

煤柱压缩量和煤柱宽高比的关系式为

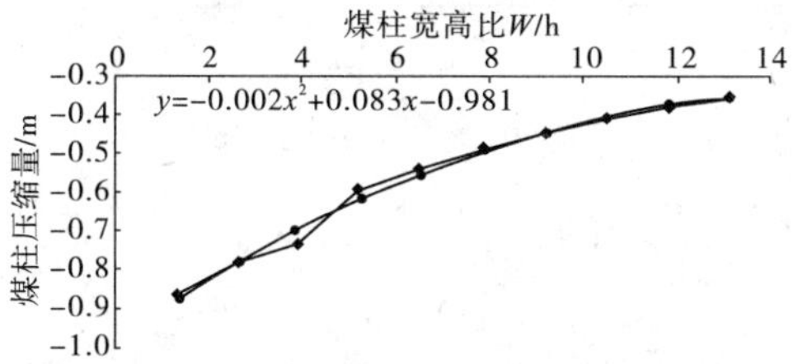

图 10　煤柱压缩量与煤柱宽高比的关系

◆—节点号即从煤柱上方左至右编；

●—多项式(节点号即从煤柱上方左至右编)

$$\Delta S = -0.002\left(\frac{l}{h}\right)^2 + 0.083\frac{l}{h} - 0.981,$$

式中，l 为留设煤柱宽度，m；h 为留设煤柱高度，m。

不同煤柱压缩量对应的地表下沉曲线，如图 11 所示。由图 10、图 11 可知，煤柱压缩量对地表下沉影响显著，应加以考虑。

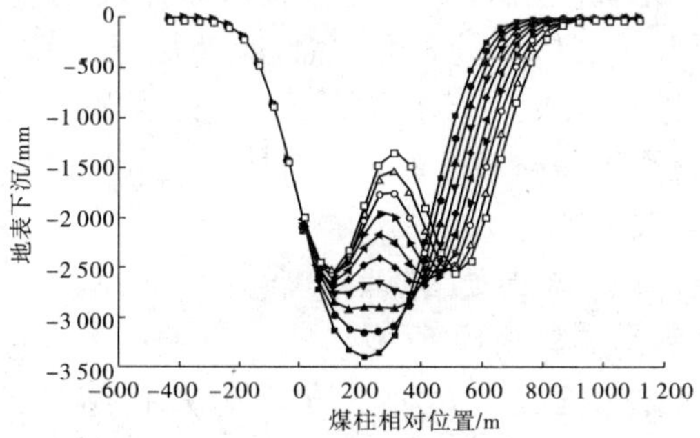

图 11　煤柱压缩量对应的地表下沉曲线

■—煤柱压缩 0.867 8 m；●—煤柱压缩 0.781 0 m；
▲—煤柱压缩 0.732 8 m；▼—煤柱压缩 0.600 33 m；
◆—煤柱压缩 0.543 3 m；◄—煤柱压缩 0.487 65 m；
►—煤柱压缩 0.452 88 m；○—煤柱压缩 0.412 16 m；
△—煤柱压缩 0.383 74 m；□—煤柱压缩 0.354 17 m

4　结　语

结合塔山矿地质条件，基于煤柱压缩量这一因素，模拟了不同尺寸煤柱条件下岩层与地表移动规律，并利用 Origin8.0 软件对数据进行分析，提出了煤柱压缩量与煤柱宽高比的关系式，认为煤柱压缩量是引起地表下沉的重要因素。

参　考　文　献

[1] 中国矿业学院，阜新矿业学院，焦作矿业学院. 煤矿岩层与地表移动[M]. 北京：煤炭工业出版社，1982.

[2] 煤炭科学研究院北京开采研究所. 煤矿地表移动与覆岩破坏规律及其应用[M]. 北京：煤炭工业出版社，1981.

[3] 吴　侃. 开采沉陷预计一体化方法[M]. 徐州：中国矿业大学出版社，1998.

[4] 陈育民，徐鼎平. FLAC/FLAC^{3D} 基础与工程实例[M]. 北京：中国水利水电出版社，2008.

[5] 谢和平，周宏伟，王金安. FLAC 在煤矿开采沉陷预测中的应用及对比分析[J]. 岩石力学与工程学报，1999，18(4)：397-401

[6] 张晓君. 矿柱及围岩对采空区破坏影响的数值模拟研究[J]. 采矿与安全工程学报，2006，23(1)：123-126.

[7] 侯志鹰，王家臣. 大同矿区"三硬"条件地表沉陷数值模拟[J]. 煤炭学报，2007，32(3)：235-238.

[8] 刘大杰. 陶本藻. 实用测量数据处理方法[M]. 北京：测绘出版社，2000.

[9] 李润明，吴晓明. 图解 ORIGIN8.0 科技绘图及数据分析[M]. 北京：人民邮电出版社，2009.

(收稿日期　2015-06-03)

(上接第 317 页)

(4) 歪头山铁矿对滑坡处理的成功实践，值得推广和应用。

参　考　文　献

[1] 辽宁地质勘察局四〇四队. 歪头山铁矿床补充地质勘察报告[R]. 鞍山：本钢矿业歪头山铁矿，2009.

[2] 本钢设计研究院. 本钢矿业歪头山铁矿深部开采(扩帮过渡)工程可行性研究报告[R]. 鞍山：本钢矿业歪头山铁矿，2011.

[3] 马鞍山矿山研究院，保定勘察科学技术研究所，等. 本钢歪头山铁矿边坡稳定性研究报告[R]. 鞍山：本钢矿业歪头山铁矿，1989.

[4] 顾晓强. 边坡稳定分析方法及其应用研究[D]. 上海：上海交通大学，2007.

[5] 郑永学. 矿山岩体力学[M]. 北京：冶金工业出版社，1988.

(收稿日期　2015-05-26)

特大采空区围岩稳定性评价*

刘德峰[1,2] 刘长武[1,2] 陈宏臻[1,2]
(1. 水力学与山区河流开发保护国家重点实验室;2. 四川大学水利水电学院)

摘 要 地下矿床开采产生大量采空区,打破原岩应力状态的平衡,可能引起围岩破坏。采空区围岩稳定性严重影响支护、开采方法及顺序的确定。以东升庙铅锌矿特大采空区为例,采用 CSIR 分类法和 Q 系统分类方法来评价该矿山采空区围岩稳定性,通过室内试验和现场测量,得出 CSIR 分类法的 RMR 总评分值为 55~65;Q 分类方法的 Q 值为 8.6,RMR 值为 52.41,由此可知该矿山采空区围岩稳定性为一般稳定。

关键词 采空区 稳定性 CSIR 分类 Q 分类

地下矿床开采产生了大量采空区,破坏了岩体静态平衡,采空区围岩应力发生变化,达到新的应力平衡。当新应力值达到岩体应力临界值时,采空区围岩会出现移动、破坏,围岩稳定性不仅影响矿山支护方法和开采方式,而且对矿山开采造成一定的安全威胁。因此,对矿山采空区围岩稳定性进行评价具有一定的实际意义[1-2]。以东升庙特大采空区围岩为例,分别采用 CSIR 岩体地质力学分类和 Q 系统分类方法对该采空区稳定性进行评价[3-4]。

1 岩体地质力学分类

CSIR 分类由岩石单轴抗压强度、岩石质量指标 RQD 值、节理间距、节理状态和地下水 5 个因素组成。分类时,参考 RMR 分类表[5],对各类指标进行标准评分,求和得总分 RMR 值,按 RMR 的大小进行分级,取值范围为 0~100,其值越大,质量越好。在此基础上对总分作适当的修正,采用用修正的总分对照表 1 来确定采空区围岩稳定性状况。

表 1 按总分值确定的岩体级别及岩体稳定性评价

评分值	100~81	80~61	60~41	40~21	<21
分级	Ⅰ	Ⅱ	Ⅲ	Ⅳ	Ⅴ
岩体质量	非常好	好	一般	不好	非常差
岩体稳定性	很好	好	一般	较差	很差

2 Q 系统分类

巴顿岩体质量分类[5]通过分类指标值 Q 进行分级

$$Q = \frac{RQD}{J_n}\frac{J_r}{J_a}\frac{J_w}{SRF}, \tag{1}$$

式中,RQD 为岩石质量指标,%;J_n 为节理组系数;J_r 为节理面粗糙度系数;J_a 为节理蚀变程度系数;J_w 为地下水影响系数;SRF 为地应力影响系数。

Q 系统使用 6 个不同参数对岩体质量进行评估,反映了岩体质量 3 个方面,即 RQD/J_n 为岩体的完整性;J_r/J_a 表示结构面的形成、充填物特征及次生变化程度;J_w/SRF 表示水与其他应力存在时对岩体质量的影响。

3 岩体力学参数的确定

3.1 岩石质量指标 *RQD*

迪尔首先提出 RQD[6] 的概念,采用小口径的 Nr 钻头(直径 17/8 英寸的金刚石钻头),双层芯管钻进,取得岩芯后统计大于 10 cm 的累计长度,则 RQD 值表示为:

$$RQD = \frac{L_p}{L} \times 100\%, \tag{2}$$

式中,L_p 为大于 10 cm 长的岩芯累计长度,cm;L 为钻孔长度,cm。

RQD 是岩体结构面密度、结构面蚀变程度和充填物性质的综合指标,在国内外使用较多。考虑到我国使用钻具的现状,测定 RQD 值时要使用修正的金刚石钻头(直径 54.1 mm)钻取大于长度 10 cm 岩芯的采取率。

帕尔姆斯特拉姆通过对非黏性岩体的 RQD 与 J_v 的关系所做深入研究,得出经验公式[7]:

$$RQD = 115 - 3.3J_v, \tag{3}$$

式中,J_v 为总节理数。

3.2 岩石单轴抗压强度

从东升庙铅锌矿取样,在岩石力学实验室首先

* 国家重点基础研究发展计划(973 计划)项目(编号:2010CB226802);国家自然科学基金项目(编号:51369001)。

刘德峰(1988—),男,博士研究生,610065 四川省成都市一环路南一段 24 号。

制作岩石试样，然后对其进行单轴加压，记录试样破坏后的单轴抗压强度，结果如表2所示。

表2　岩石抗压强度测试结果

岩石样品	单轴抗压强度/MPa	自然吸水率/%
石墨片岩	75.20	0.0010
绢云母片岩	89.32	0.1080
石墨大理岩	137.12	0.1065
大理岩	118.00	0.0010
砂砾岩	98.76	0.0110
断层角砾岩	54.22	0.0161

3.3　节理间距

采用详细线观测法对东升庙铅锌矿采空区围岩节理裂隙进行测量[8]。调查沿巷道壁（少量在采场内）进行，选择壁面较干净，具有一定代表性的且便于测量的巷道段作为调查点。调查内容包括结构面的类型、基距（间距）、产状、粗糙度、充填物、岩性等，对厚度较大的断层破碎带作特别的量测和记录。以巷道腰线作为测线，测线上下1 m的范围作为测带，每条测线的长10~20 m，由基点开始沿测线方向对各条结构面进行测定。

根据东升庙铅锌矿采空区围岩实际赋存情况进行节理间距测量，测量总长为800 m，节理裂隙参数如表3所示。

3.4　节理条件

结构面间距是指相邻结构面间的垂直距离，是影响岩体完整性的主要因素之一，岩体结构面间距越小，说明岩体被切割得越厉害，岩体的完整性就越差[9-10]。经统计，该矿采空区围岩节理裂隙平均间距为23 cm，节理裂隙各间距的分配情况如图1所示。由图1可知，该矿山采空区围岩节理较密集，围岩节理裂隙比较发育。

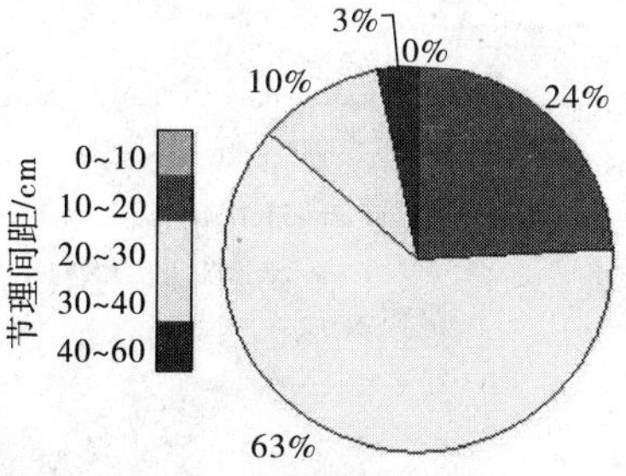

图2　节理裂隙间距

3.5　地下水条件

地下水渗流会使岩石或结构面产生软化、泥化、溶蚀或潜蚀，而水的静压力和动压力也削弱岩体的稳定性，从而导致岩体强度降低。经统计，该矿潮湿结构面占绝大多数，流水节理面很少，几乎没有。各类岩石吸水率经室内试验测得，由于相关测试数据可知，地下水对岩体物理力学性质影响不大，属于潮湿状态。

表3　节理裂隙调查结果

中段名称		节理密度/(条/m)	裂隙平均间距/m
980 m水平	980 m脉外巷-1	4.800	0.360
	980 m脉外巷-2	3.530	0.280
	980 m脉外巷-3	3.725	0.270
970 m水平	970 m脉外运输巷-1	4.650	0.220
	970 m脉外运输巷-2	4.300	0.230
958 m水平	958 m沿脉巷-1	3.560	0.280
	958 m沿脉巷-2	2.075	0.480
950 m水平	950 m-20-24沿脉巷	4.630	0.220
	2#斜井出口处	3.400	0.290
900 m水平	2#斜井下方	5.650	0.180
	900 m脉外运输巷	5.900	0.170
	900 m运输大巷交叉点	3.500	0.290
	900 m运输大巷	4.330	0.230
	900 m探矿巷道	3.300	0.300
	900 m竖井马头门	2.700	0.370
850 m水平	850-1	4.430	0.230
	5#脉外运输巷	3.400	0.290
	1#斜井下方	5.100	0.200
	运输巷	6.400	0.160
	运输巷	4.850	0.210
	竖井口	4.700	0.210
800 m水平	运输巷	5.420	0.185
	800 m-2	7.080	0.140
	800 m-3	4.050	0.250
	800 m-4	3.000	0.330
矿体	2#矿体800 m水平44穿脉	7.270	0.140
	2#矿体800 m水平48穿脉	4.460	0.220
	2#矿体800 m水平52穿脉	4.550	0.220
	2#矿体800 m水平46穿脉	6.330	0.160

4　采空区围岩稳定性评价

4.1　CSIR法评价采空区围岩稳定性

基于岩体地质力学分类标准，根据测量结果对5种指标进行分级评分，采空区围岩稳定性评分结果如表4所示。

根据岩体地质力学分类分级方法，综合考虑岩石质量指标*RQD*、岩石单轴抗压强度、节理条件、节理间距、地下水状态等5种因素，得出岩体质量评分为60分，属Ⅲ类岩体。

基于岩体地质力学分类（CSIR分类）评价标准，依据优势结构面组与岩体工程的方位关系，可知节

表4　采空区围岩稳定性分级

中段/m	完整岩石强度/MPa	岩芯质指标 RQD/%	节理间距/cm	节理条件	地下水条件	总分评分
980	7	13	30	10	10	70
970	7	13	20	10	10	60
950	7	13	20	10	10	60
900	7	13	20	10	10	60
850	12	13	20	10	10	65
800	12	13	20	10	10	65

理走向与倾角大小会使采空区整体围岩的 RMR 总指标值减小，因此，需要对测得的 *RMR* 值进行修正，经修正后的各中段采空区围岩总评分为：①980 m 中段采空区围岩稳定性评价总分为 65；②970 m 中段采空区围岩稳定性评价总分为 55；③950 m 中段采空区围岩稳定性评价总分为 55；④900 m 中段采空区围岩稳定性评价总分为 55；⑤850 m 中段采空区围岩稳定性评价总分为 60；⑥800 m 中段采空区围岩稳定性评价总分为 60。由表 1 可知，该矿山采空区围岩稳定性为Ⅲ级，岩体质量一般，岩体稳定性一般，即采空区围岩稳定性为一般。

4.2　Q 系统评价采空区围岩稳定性

由表 3 可知，岩石每立方米中的总节理数的折减系数为 0.6。根据实测资料，可知 Q 系统分类方法 Q 指标值为 8.6。评价围岩稳定性的 CSIR 分类和 Q 系统分类方法已经得到了许多矿山岩体工程的应用，成效显著。该 2 种方法均考虑了影响矿区岩体多种因素的综合反映，Bieniawski 在大量实测统计的基础上，证明该 2 种方法之间存在着一定的相关性[7]，即：

$$RMR = 44 + 9\lg Q . \qquad (4)$$

将所计算出的 Q 值带入式(4)中，可得 *RMR*=52.41。根据 Q 分级法得出 *RMR* 的总评分值为 52.41，另知 CSIR 分类法求得 *RMR* 总评分值为 65、55、60。这一方面说明采空区围岩稳定性为一般稳定，另一方面验证了 2 种判定围岩稳定性方法之间具有一定的相关性。以上引入的 2 种岩体质量分类方法经过大量的工程实践，具有较强的适用性，因此，东升庙铅锌矿采空区围岩稳定性为一般稳定。

5　结　论

(1)采空区围岩稳定性判断对于地下矿山来说是至关重要，针对于东升庙铅锌矿采空区围岩实际赋存情况，采用岩体地质力学分级法和 Q 系统岩体质量分级的方法判断该矿山采空区围岩稳定性。通过室内试验和现场测量，获取影响围岩稳定性主要指标值，根据上述 2 种方法评分标准，确定该矿山采空区围岩稳定性为Ⅲ，岩体质量一般，岩体的稳定性为一般稳定。

(2)随着开采深度的增加，矿柱的回收，采空区的体积会进一步扩大，采空区围岩整体稳定性会下降，可能对矿山造成巨大危害。根据矿山采空区实际赋存情况，建议在矿山继续开采的过程中布置监测网，全天候对采空区围岩进行监测，防止因围岩不稳定造成的大面积垮落。

参　考　文　献

[1]　郑永学. 矿山岩体力学[M]. 北京：冶金工业出版社，1995.

[2]　廖国华. 矿山岩体力学[M]. 北京：北京科技大学出版社，1981.

[3]　刑念信. 国内外围岩分类概况[M]. 北京：地下工程出版社，1980.

[4]　李兆权. 应用岩石力学[M]. 北京：冶金工业出版社，1987.

[5]　蔡美峰. 岩石力学与工程[M]. 北京：科学出版社，2002.

[6]　解世俊. 金属矿床地下开采[M]. 北京：冶金工业出版社，1979.

[7]　徐黎明，王　清，陈剑英，等. 三维节理岩体分形维数与 RQD 相关性研究[J]. 岩石力学与工程学报，2010(5)：2667-2673.

[8]　王　蓬. 巷道围岩力学参数估计及其稳定性评价[D]. 西安：西安科技大学，2010.

[9]　马世志，张茂林. 巷道围岩稳定性分类方法评述[J]. 建井技术，2004，25(5)：24-27.

[10]　Shan R L, Kong X S, Liu J, et al. Research status and development trends of roadways surrounding rock stability classification [J]. Applied Mechanics and Materials, 2014(1): 1352-1357.

(收稿日期　2015-05-26)

高深溜井井筒中矿石移动规律研究

吕向东
（酒泉钢铁集团公司）

摘　要　通过对经常发生井筒堵塞事故的黑沟矿高深溜井的观测，在前人总结的矿石在溜井中的移动规律及特点的基础上，发现高深溜井存在垂直全断面阶段性矿石移动的特性，并对其形成机理进行了研究分析，总结归纳出高深溜井矿石移动规律，为我们破解高深溜井井筒出现的故障（含堵塞、片帮、跑矿等）开拓了思路。对同类型溜井的设计和生产实践有重要的指导意义。

关键词　高深溜井　井筒堵塞　散体材料　移动规律

酒钢黑沟铁矿位于祁连山腹地，是典型的山坡露天矿，矿山采用平硐-溜井方式开拓，采场开采境界处于海拔 3 980 ~ 3 466 m，设计年产原矿 450 万 t。矿山的 3 条矿石溜井均为单段垂直式溜井，2003 年投产时主溜井、1#、2#采区溜井井深分别达 561 m、362 m 和 529 m，溜井直径分别为 5 m、5.5 m 和 5.5 m，采区溜井拉出的矿石经粗破碎后装进主溜井。其中，主溜井和 2#采区溜井属于国内冶金矿山少有的几条高深溜井之一。

2#采区溜井是二期采场的唯一矿石输出通道，设计矿石通过量 7 763.31 万 t。该溜井在输出矿 105 万 t 后于 2007 年 9 月开始发生井筒堵塞，堵塞前深度达 493 m，经氢气球探测等方法观察 8 次堵塞在井筒内标高 3 650 ~ 3 700 m 处，至今该井筒发生堵塞多次。主溜井（海拔 2 834 ~ 3 400 m）在输出矿 1 800 万 t 后于 2013 年 5 月 6 日-5 月 31 日，在井筒内标高 3 220 m 处发生堵塞 25 d，溜井堵塞迫使黑沟矿区停产。

高深溜井在生产过程中存在很多不可控因素，难免发生堵塞，因此大部分溜井在设计时都有专门的检查巷，黑沟矿区除主溜井（设有 3 条检查巷）外，1#、2#溜井在设计时没有布置检查巷，导致一旦发生溜井井筒堵塞处理非常困难。矿山管理技术人员经过不断探索独自完成了主溜井和 2#采区溜井井筒堵塞的多次的疏通工作，在高深溜井的生产管理和井筒堵塞处理方面积累了较为丰富的经验。

黑沟矿自 2003 年投产以来，溜井经常发生井筒上部滞留现象，一次下落 20 ~ 30 m，多则下落 50 ~ 60 m，且井筒发生堵塞多次。我们发现前人总结的矿石在溜井中的移动规律及特点，不能很好地解释黑沟矿溜井使用过程中发生的一些现象，需提出对矿石在高深溜井溜井中的移动规律及特点的再认识。

1　矿石在溜井中的移动规律及特点综述

按业界通常认识[1-2]，根据矿石在溜井中的移动规律及特点可将溜井分为 4 个区，见图 1 各区矿石流动的特点如下。

（1）第一区。第一区为等速垂直全断面移动区。由于放矿椭球体的流动速度分布是中心快、外围低，充分发育的放矿椭球体短径远大于溜井直径。因此，该区的矿石垂直下降而不产生水平移动，是典型的全断面流。如果溜井直径与放矿口尺寸匹配合理，矿石在该段不会产生堵塞。所以又称该区为畅流区。

（2）第二区。第二区为变速变向全断面移动区。由于溜井溜口偏于溜井一侧，这样使远离溜口一侧的矿石产生较大的水平移动。在垂直方向上靠近流动轴线的矿石移动速度较快，远离轴线的矿石移动速度较慢，在松动体内形成移动的平衡拱。当该移动的平衡拱尺寸大于或等于矿石移动的有效断面时，便容易形成稳定的平衡拱。但由于第二区内的矿石呈全断面移动，有效断面没有缩小，故在此区内一般也不产生稳定的平衡拱，即不产生溜井堵塞事故。该区主要是为第三区的堵塞做“准备”，因此又称其为溜井堵塞的准备区或过渡区。

吕向东（1969—），男，教授级高级工程师，735000 甘肃嘉峪关市。

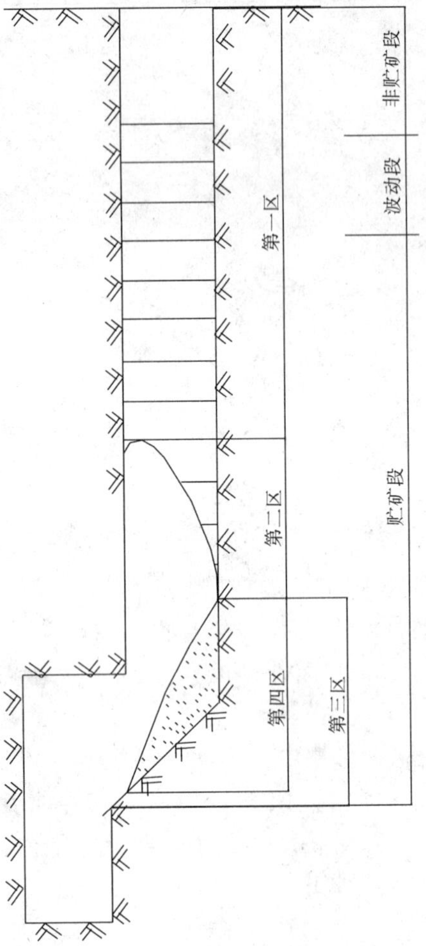

图1　溜井分区示意

(3)第三区。第三区为变速变向局部断面移动区。该区的特点是小块矿石和粉矿在大块的空隙中渗漏。由于放矿口偏于溜井一侧,致使另一侧易形成一个粉矿堆积体(即第四区)。堆积体的存在,会使矿流阻力增大,矿流速度分布不平衡。接近粉矿堆的一方,重力流断面逐渐收缩,迫使大块矿石向矿流轴线集中,愈接近放矿口这种现象愈明显,也愈容易导致咬合拱或黏结拱的产生。当条件成熟时,这种移动的平衡拱便会形成稳定的平衡拱,导致溜井堵塞的产生。由于此区成拱和堵塞机会多、频率高,因此常称此区为高频堵塞区。

(4)第四区。第四区处在流动线以下,该区矿石处于静止状态,不移动,所以又称为死矿区。死矿的堆积,对放矿影响较大。第四区处在流动线以下,该区矿石处于静止状态,不移动,所以又称此区为死矿区。

2　高深溜井矿石移动规律

2.1　高深溜井矿石移动规律的观察分析

近年来,我们对黑沟矿 3 条溜井的运行观察,记录了上千数据。正常生产时,记录数据包括溜井上口装矿量与时间、溜井下口拉矿量与时间、拉矿时井筒内矿面高度;溜井上口装矿品位及下口出矿品位等内容;溜井井筒堵塞时,使用我们自己总结的高深溜井井筒堵塞观测监听方法(专利号 201210527031. 3),搜集在监测巷采集的溜井下部拉矿和爆破过程中井内矿流声响、空腔回声、钻孔的气流变化和气流声响等数据信息,并进行多次反复分析,诊断推测井筒堵塞位置、堵塞形式和空腔高度。

选取 2008 年 9 月 7 日黑沟 2#溜井放矿井筒中矿石移动情况记录数据供参考(见表 1)。该状态属非正常生产组织状况,黑沟溜井正常生产组织非贮矿段控制在 30 m 以内。

表 1　黑沟 2#溜井放矿井筒中矿石移动情况

溜口放矿时间 2008 年 9 月 7 日	溜口连续放矿量/t	井筒贮存矿石		
		移动次数	距井口高度/m	下落时间
14:20—14:50	320	第 1 次	200	15:07
		第 2 次	205	15:10
		第 3 次	207	15:13
		第 4 次	210	15:16
15:00—15:25	320	第 5 次	214	15:55
		第 6 次	215	15:58
		第 7 次	216	16:01
		第 8 次	217	16:03
15:35—16:00	320	第 9 次	217. 5	16:18
		第 10 次	218	16:21
		第 11 次	221	16:23

通过音频和视频设备等手段观察,主溜井拉矿时各检查巷气流变化不尽相同,下部观察巷气流强度较弱,上部表现较强。溜井下矿过程呈现“喘气”现象,下部“喘气”频率快,持续时间短;上部频率慢,持续时间长。通过音频观察分析,井筒内存在空腔,上部空腔长度明显大于下部;个别块度大的矿石对下部矿面冲击声明显,且先于整体矿石下落;溜井下口连续出矿,整个井筒有数次落矿现象。观察结果表明,越到溜井的上部,矿石移动的平均周期越长。也就是说,越到溜井的上部,一次下落的矿量越多,一次移动矿石下降的平均距离变长。

通过对酒钢矿山溜井矿石移动现象的观察分析对比,我们认为过去业界对溜井中矿石移动规律的认识是基于短溜井的(通常深度小于 100 m),并且生产运行正常的几十米深的短溜井的移动规律与前人的总结较为吻合。对黑沟三条溜井、酒钢西沟矿两条采区溜井和桦树沟矿主溜井矿石移动规律的观察分析,与前人总结的移动规律存在差异。

依据我们的观察分析，提出如下认识，对井筒断面上下一致的高深溜井（通常深度大于150 m）来说（对井筒断面刷大的溜井同样适用），认同前人总结的第二—第四区移动规律，第一区的矿石移动存在2种现象，也即随溜井深度的变化该区矿石流动的规律与特点归纳如下。

（1）第一区上部。第一区上部为垂直全断面阶段性移动区。在该区域受矿石物理性能，如块度组成、压实程度、含水量等的影响，易形成临时平衡拱，该拱为粉矿黏结拱。该悬拱通过下部连续拉矿或落矿产生的气流挠动和负压的作用或承受不住来自上部的载荷时崩落；在该区域形成的临时平衡拱有无数个，井内一定高度范围内反复形成悬拱并向上发展，在溜井放矿过程中始终处于破坏再形成的过程；在该区域矿石移动并不是随着下部溜口放矿而同时移动，它与下部溜口放矿有一时间差，且该时间差随井筒向上的延伸而加大，矿石下落呈一次或数次下落过程来实现，呈全断面阶段性移动特征。如溜井闲置时间过长，受贮存矿石物理机械性能及井筒裂隙水的影响，临时平衡拱极易向稳定的平衡拱转变，从而形成井筒堵塞。

(2)第一区下部。第一区下部为垂直全断面连续性移动区。在该区域矿石移动随着下部溜口放矿而同时移动，呈全断面连续性移动特征，矿石在该段不易产生堵塞。

2.2 高深溜井第一区矿石移动规律的机理分析

近年来，国内外学者对散体材料的物理力学性质和散体的流动规律进行了较为深入的研究，已有许多研究成果。散体材料结构的最大特点之一就是搭拱效应，在散体材料结构中，力的分布具有高度的各向异性，当材料颗粒与其侧向临近颗粒的相互作用间存在的摩擦与挤压使得颗粒位置形式合适时，它们就排列成了力链和拱结构，形成拱结构是颗粒系统内部自发的随机现象，拱是一种相对稳定结构，这些拱结构支撑着堆积在他们上边颗粒的重力和外荷载力。当拱结构不能支撑上面的重量和外荷载力时，就会很快崩塌，内部开始自组织运动，重组新的拱结构，宏观上表现出沉降。散体材料结构不同于连续介质材料结构，其沉降变形是在一次次的坍塌过程中完成的，自组织的过程是旧拱结构崩塌与新拱结构形成的过程，在散体材料结构不断自组织重组的过程中，拱结构会不断的消亡后再产生，且始终存在自组织现象，直到散体材料结构内部没有任何一点可移动空间为止。拱结构的抗衡力与材料的密度有直接的关系，也与颗粒之间的剪阻（摩擦和咬合）力有关，通常越密实，剪阻力越大，承载力越高。拱结构的形成与坍塌过程都是随机过程[3]。

溜井中矿岩散体的流动遵循以上规律，对于单个矿岩颗粒，其本身具有不可压缩和变形的固体性质，其运动具有很大的随机性；对于整个矿岩散体来说，矿岩散体又具有流动性，但整体移动又表现出一定的规律性。拱的形成和破坏交替进行，拱形成时矿岩流动瞬间停止，拱破坏后矿岩继续流动，矿石的放出呈现脉动过程。井筒中的平衡拱承担着来自上部矿岩的重力、井壁摩擦力和下部放矿时的抽力（在密闭或近乎密闭的井筒中，放矿时平衡拱下部呈负压状态）。拱崩塌，上部矿岩移动区下降时，受到与井壁的摩擦阻力和空气阻力等，就是由于这样的反复，矿石才从连续流动变为阶段性流动。呈现该现象的区域我们称之为垂直全断面阶段性移动区。在垂直全断面阶段性移动区之下一段区域（第一区下部），在放矿过程中，矿岩散体同样出现搭拱现象，通常拱的形成和破坏交替时间短，对移动区的整体矿岩来说，表现出整体移动的特点；对于该区域我们称之为垂直全断面连续性移动区。

3 结 论

高深溜井国内外尚无成熟的设计和使用经验，且由于溜井结构不同，各条溜井及矿石在溜井中的移动规律既有其共性又有其个性，高深溜井存在垂直全断面阶段性矿石移动的特性，为我们破解高深溜井井筒出现的故障（含堵塞、片帮、跑矿等）开拓了思路，分析研究高深溜井矿石流动规律及机理有助于预防、解决溜井出现的故障问题，以指导溜井的设计和生产管理。

参 考 文 献

[1] 郭宝昆，张福珍．矿石在溜井各区内的移动特点及其分析[J]．黄金，1985(3)．

[2] 郭宝昆．开阳磷矿溜井中矿石移动规律及其分析[J]．化工矿山技术，1983(6)．

[3] 蒋红英．散体材料结构沉降机理分析与模型建立[J]．昆明理工大学学报，2010(4)．

[4] 吴爱祥．崩落矿岩散体流动规律研究[J]．金属矿山，2006(5)．

（收稿日期 2015-05-26）

综采工作面的局部综合防突

张继周
（江苏联合职业技术学院徐州机电工程分院）

摘　要　用钻屑指标法结合复合指标法的综合方法对7447工作面突出危险性进行分析预测。论述了综采工作面通过区域验证结合“四位一体”防突措施来消除工作面突出危险,并提出保障防突有效的整套安全措施。

关键词　煤与瓦斯突出　区域验证　四位一体　综合防突　钻屑法

7447工作面位于-1 200 m回风暗斜井以东,东到夹张边界,上部为7445工作面均已回采结束,下部7449工作面尚未开拓,浅部2447工作面已回采结束,深部9煤层尚未开拓。工作面水平标高为-960～-1 080 m,工作面煤层厚度1.0～2.8 m,平均2.3 m;煤层倾角18°～32°,平均23°;煤层结构较简单。根据2010年矿井煤与瓦斯突出危险性鉴定结果,7煤层在-1 086 m水平以下具有煤与瓦斯突出危险性,7447工作面局部属煤与瓦斯突出区域,工作面回采期间需加强防突工作管理,在突出区域的7447皮带机道掘进期间开始施工顺层钻孔预抽回采区域煤层瓦斯,经抽采达标评判属抽采达标区域工作面瓦斯含量及瓦斯压力均未超过临界值,为保证工作面安全生产,杜绝煤与瓦斯突出及瓦斯超限事故发生,工作面采取区域验证结合工作面防突措施来消除工作面突出危险。

1　区域验证

区域验证采用钻屑指标法结合复合指标法综合方法对采煤工作面突出危险性进行区域验证,通过钻屑瓦斯解析指标Δh_2、钻屑量S、钻孔瓦斯涌出初速度q测量指标与《防治煤与瓦斯突出规定》给定临界值进行对比测出工作面突出危险性。验证钻孔采用ZQS-35型手持式气动钻机和配套麻花钻杆施工。

根据《防治煤与瓦斯突出规定》要求,在工作面回采前期,连续进行2次区域验证,经两次区域验证无突出危险性后,工作面每推50 m至少进行2次区域验证(地质构造复杂区域适当缩短循环距离)。在首次区域验证时,工作面保留2 m预测超前距,然后进行第二次区域验证,即连续进行至少2次区域验证。之后每推进50 m都要进行至少2次区域验证,但这2次不必连续进行,而且只要每次验证都没有突出危险,不必保留预测超前距。在工作面进入地质构造破坏带后,应保留预测超前距(2 m)进行连续的区域验证,直到离开破坏带为止,7447工作面回采前期按照《防治煤与瓦斯突出规定》要求,连续进行2次区域验证,之后工作面每推进20 m进行一次区域验证。

无论在任何情况下,只要有一次区域验证为有突出危险或超前钻孔等发现了突出预兆,则该工作面都必须执行局部防突措施。

2　综采面局部“四位一体”防突措施

2.1　“四位一体”防突流程

根据防突规定要求,在7447工作面回采期间只要有一次区域验证有突出危险或发现突出征兆,该工作面均执行局部“四位一体”综合防突措施,局部“四位一体”综合防突措施主要分为四个部分,即工作面突出危险性预测、工作面防突措施、工作面措施效果检验、安全防护措施。工作面经突出危险性预测为突出危险工作面的必须采取工作面防突措施,防突措施施工完成必须经过工作面措施效果检验,经检验无突出危险性的采取相应安全防护措施后进行回采,反之必须重新实施补充工作面防突措施,直至效果检验为无突出危险性,工作面预测无突出危险性则直接执行安全防护措施后回采作业。流程见图1。

2.2　工作面突出危险性预测

采用钻屑指标法结合复合指标法综合方法对7447工作面突出危险性进行预测。具体按照下列

张继周(1973—),男,高级讲师,221011 江苏徐州贾汪区育才路1号。

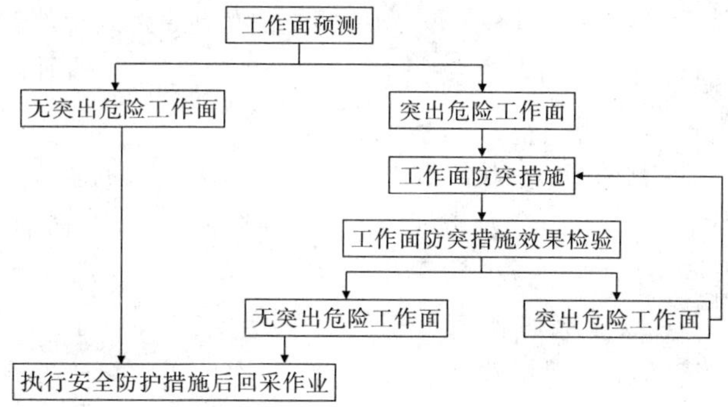

图 1　7447 工作面局部“四位一体”防突措施流程

步骤进行。

(1)沿采煤工作面每隔 15 m 施工 1 个直径为 42 mm、深度不小于 5 m 的钻孔(根据工作面倾向长度及地质构造情况适当调整钻孔个数),钻孔应布置在软分层中。

(2)钻孔每打 1 m,测定钻屑量 1 次,每隔 2 m 测定一次钻屑瓦斯解吸指标 Δh_2 值,并在暂停钻进后 2 min 内测定钻孔瓦斯涌出初速度 q。测定钻孔瓦斯涌出初速度时,测量室的长度为 1 m。根据每个钻孔沿孔长每米的最大钻屑量 S_{max}、钻屑瓦斯解吸指标 Δh_2 值及瓦斯涌出初速度 q,对比《防治煤与瓦斯突出规定》中参考值,预测工作面的突出危险性,见表 1。

表 1　钻屑指标法及复合指标法预测采煤工作面突出危险性的临界值

最大钻屑量 S /(kg/m)	钻屑瓦斯解吸指标 Δh_2/Pa	瓦斯涌出初速度 q /(L/min)
6	干煤 200、湿煤 160	5

实测得到的任一指标 S、Δh_2、q 值等于或大于临界值时,该工作面预测为突出危险工作面。

(3)采用钻屑指标法预测突出危险性,当预测为无突出危险时,每个预测循环应留有 2 m 预测超前距。

钻孔布置:沿工作面方向每隔 15 m 布置 1 个 ϕ42 mm、深度为 5 m 的钻孔,要求钻孔垂直于煤壁,距底板高 1.2 m(暂定 1.2 m,具体根据现场实际情况适当调整),钻孔应布置在软煤中(钻孔布置如图 2 所示)。

当实测得到的任一指标 S、Δh_2、q 值等于或大于临界值时,预测结果为有突出危险性,该工作面开始执行防突措施。当实测得到的指标 S、Δh_2、q 值均小于临界值时,预测结果为无突出危险性,在采取安全防护措施后进行回采作业。

工作面预测期间,如工作面遇断层或在煤机两端 2 m 范围内无法正常施工预测钻孔,必须在预测原始报表上标明,以便于分析的准确性。

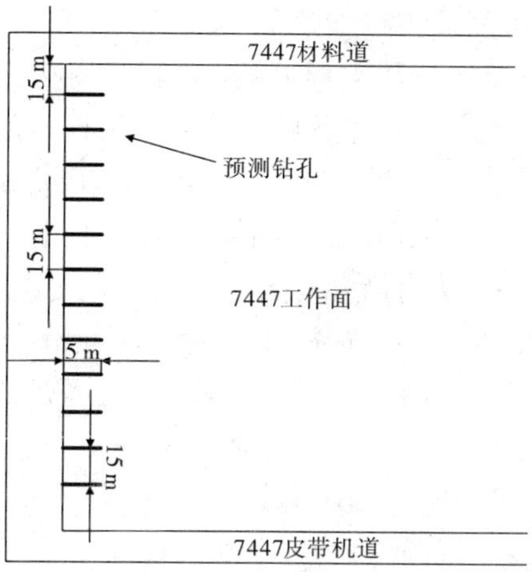

图 2　7447 工作面突出预测钻孔布置

2.3　钻孔参数

钻孔参数见表 2 所示。

表 2　钻孔参数

孔径 /mm	钻孔距底板/m	煤壁夹角 /(°)	水平倾角 /(°)	间距 /m	孔深 /m	注水时间 /min	注水压力 /MPa
42	1.1	90	0	15	5	两侧钻孔出水为止	8

2.4　工作面防突措施

如预测为突出危险工作面,则根据工作面实际情况,采取采煤工作面浅孔注水湿润煤体措施消除工作面煤与瓦斯突出危险性。在预测(或效果检验)超标钻孔上下各 10 m 范围内实施水力卸压防突措施,注水孔沿工作面方向每隔 3 m 布置 1 个钻孔(根据注水实际渗透半径具体确定),呈单排孔,钻孔深度 5 m,注水压力不低于 8 MPa,如水压达不到需及时开启加压泵,保证注水压力,当发现水由煤壁或相邻注水钻孔中流出时,即可停止注水。钻孔布置如图 3。

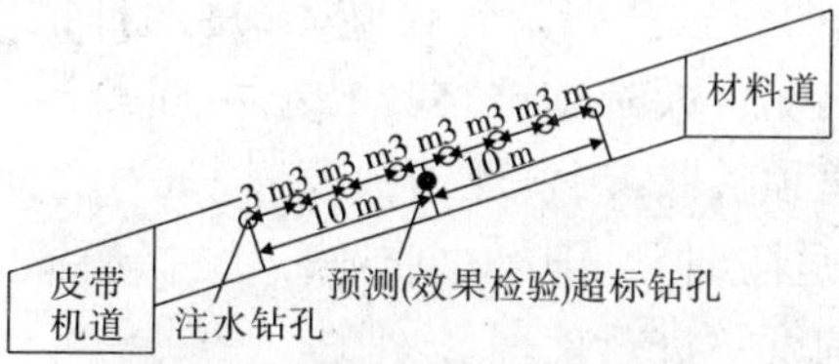

图 3　7447 工作面注水钻孔

注水机具:采用封孔胶囊封孔。封孔长度:大于 1 m。注水期间由防突工区安排人员现场进行盯控,确保注水工作落实到位。

2.5 工作面防突措施效果检验

工作面执行防突措施后，采用钻屑指标法结合复合指标法进行措施效果检验。检验钻孔的数量与预测钻孔相同，但检验孔的孔深应小于或等于措施孔，并应布置在措施孔之间。当测得的指标都在临界值以下，则认为措施有效，反之，则认为措施无效。当措施无效时，无论措施孔还留有多少超前距，都必须采取补充防突措施，并经措施效果检验有效后，方可采取安全措施后进行回采。

2.6 安全防护措施

(1)工作面施工人员必须按照要求携带完好隔离式自救器，并熟悉自救器使用方法。

(2)工作面两道每隔50 m设置1组5个压风自救装置、距工作面切眼向后25～40 m设置1组15个压风自救装置，工作面爆破地点、警戒人员所在地点、撤离人员地点以及回风道有人工作的地点各安装1组15个压风自救装置，每个压风自救装置的压缩空气供给量不小于0.1 m^3/min。

(3)如工作面因地质构造原因需放炮时，放炮必须采用安全等级不少于三级的煤矿许用安全炸药，毫秒雷管(最后一段延长时间不得超过130 ms)和采用正向起爆；炮眼内必须按作业规程规定充填水炮泥和黄泥封孔，防突预测孔、措施孔、检验孔不得作为炮眼使用，且放炮时必须用黄泥封堵，封孔长度不小于炮眼深度1.5倍；并实行全断面一次放炮，严禁分次放炮，并严格执行放炮停、送电工作程序。

3 实现综合防突的保障性措施

(1)回采前必须建立独立通风系统，且回风侧不得设置控制风量的通风设施。

(2)区域验证、局部突出危险性预测及局部防突措施效果检验钻孔严格按照设计参数进行施工，不得随意更改，确保施工质量，当遇地质异常带时，施工单位及时调整钻孔施工参数。

(3)所有钻孔严禁套孔施工，每次打钻作业前，现场施工负责人必须严格执行敲帮问顶制度，密切观察巷道顶板状况，发现顶板掉渣、压力增大等有片帮、冒顶危险时，立即停止作业，人员撤出危险区，并汇报矿调度室进行处理。

(4)出入该区域的跟班干部、班长、放炮员和流动电钳工必须携带瓦斯便携仪。

(5)通风工区每周安排专人对瓦斯监测进行校验，确保探头断电量值准确、动作灵敏可靠。

(6)施工钻孔时，施工人员应站在钻孔孔口两侧，不得站在钻孔孔口正后方及钻孔延长线上，严禁面对钻孔孔口观察钻进情况，以免发生钻孔喷孔伤人。

(7)在进行工作突出预测时，预测人员应认真观察工作面构造及施工预测钻过程中喷孔、夹钻、响煤炮 等异常现象，并作相应记录。

(8)机电科和施工单位必须定期派人对工作面及其回风沿途的电气设备进行一次完好检查，发现问题及时处理，问题不处理不准生产。

(9)工作面作业人员必须加强对突出征兆的观察，发现有煤炮声、瓦斯浓度忽大忽、打钻喷瓦斯、喷煤与及出现哨声、蜂鸣声、煤层层理紊乱、煤体变松软、色泽变暗而无光泽、煤壁开裂、煤壁外臌等突出征兆时，立即停止工作，切断电源，撤出人员，并汇报总调度室进行处理。

(10)工作面作业人员必须经过防突知识的专门培训，掌握煤与瓦斯突出发生规律及征兆，熟悉发生煤与瓦斯突出时的应急措施、避灾路线，考试合格后方可上岗作业。

(11)电气设备(包括电线、电缆)严禁带电检修、搬运；矿灯严禁打开、敲打、撞击；金属材料及设备搬运时应轻拿轻放，避免产生火花。

(12)通风工区必须定期安排人员对-1010水平区域、7447工作面及邻近采掘工作面的通风系统进行一次全面检查，发现问题及时汇报处理，确保通风系统的稳定。

(13)采用浅孔注水湿润煤体措施防突措施期间与注水期间，工作面的溜子必须停电并闭锁。

(14)注水顺序沿打好的注水孔从工作面由上而下依次进行，每孔注60 min后视煤壁或下一个钻孔渗水，即刻停止注水。

(15)注水工在进行注水作业时，必须将施工时间、钻孔参数(角度、孔径、钻孔深度、封孔长度)注水时间(开始、结束时间)注水压力(静压、动压)及注水量(注水前、后流量表读数)记录在记录簿上。

(16)打钻后，必须及时对施工地点前后20 m范围进行洒水除尘。

(17)浅孔注水钻孔打好后，必须将钻孔内的遗留煤用钻杆掏净，以便注水工作按要求用封孔胶囊封孔、注水。注水工按要求用封孔胶囊封孔、注水。在装封孔胶囊时，必须先连接好注水软管，再将胶囊全部塞到孔内，以防胶囊外露，导致胶囊爆裂。

(下转第344页)

三山岛金矿溜矿系统防尘措施探讨

吴若菡　贾万玉　刘国栋
（山东黄金矿业莱州（股份）有限公司三山岛金矿）

摘　要　溜矿系统作为矿山生产的关键环节，随着采矿机械化水平的提高与矿山开采量的提高，各种形式的矿石溜井应用越来越广泛。然而溜井在放矿过程中由于矿石相互碰撞破碎往往会产生大量的粉尘，通过溜井与各分段巷连接处扩散，并随风流扩散至通风系统中，严重污染工作区域环境，直接危害工人生命安全，给生产作业带来严重的安全隐患。因此如何采取有效的防尘措施减少溜矿过程中粉尘逸出量成为溜矿系统设计中必须优先考虑的问题。本文主要针对三山岛金矿溜矿系统现状，结合-600 m中段进风井石门巷溜矿系统设计，在参考国内外粉尘治理措施的基础上，对矿山溜矿系统防尘措施进行探讨。

关键词　溜矿系统　防尘　卸压　硐室

三山岛金矿作为国内机械化程度最高的黄金矿山，目前西山矿区已经开采至-780 m中段，主要采用竖井、斜坡道联合开拓方式。运输系统采用有轨、无轨相结合，各分段矿石经溜矿井卸载至斜坡道或有轨运输巷内，经过卡车、电机车转载后进入矿仓，由主井、混合井提至地表。矿山生产能力大，目前生产能力为12 000 t/d，生产能力的不断提高导致生产区域下延进度加快，因此相应的溜矿系统迅速增加，仅西山矿区地表至-690 m中段范围内，各分段布置有溜矿井共计10个，转载溜井共计5个。溜井倒矿及卸矿的过程中由于矿石相互碰撞进行二次破碎，产生大量的粉尘，并且由于卸矿时矿石落差高、速度快，产生了强大的冲击风流，粉尘通过风流进行扩散，严重的污染卸矿硐室及其附近的巷道，甚至造成整个风流的污染[1]。粉尘的大量逸出，造成作业环境的恶劣，降低了作业面可视程度，直接加剧了放矿时安全隐患，风尘大量积聚、沉降，附着于运矿、破碎设备以及有轨运输巷架线、管路上，减低了设备及管线使用寿命；粉尘长时间积聚于巷道两帮及底板，甚至影响工作区域的通风及有轨设备的运行，因此采取切实可行的防尘措施减少粉尘逸出量成为溜矿系统设计中必须考虑的关键问题。

1　溜矿系统现状

以西山矿区4#溜井为例，如图1所示。该溜井作为西山矿区中部生产区域重要的矿石溜井，主要承担-330、-345、-360、-375、-390 m分段生产任务，主要负责S08142采场、S10192采场、S10175采场、S10167采场、S10173采场、S09166采场等11个采场矿量运输，每日运输矿量达到800 t左右。由于该溜矿系统没有设计独立回风系统以及采取必要的防尘措施，因此溜井倒矿及放矿时，溜井下口以及各分支溜井口产生大量粉尘，严重污染各中段生产作业环境。经过实测，-405 m中段装载站卡车装矿时粉尘浓度最高达到20 mg/m^3，远远超过《金属非金属矿山安全操作规程》规定的2 mg/m^{3}的要求。目前仅仅通过铲运机出矿前向矿石喷雾洒水来降尘远远达不到要求，主要由于采场爆破后矿石包裹粉尘量大、爆堆体积大，仅通过喷雾洒水方式减低粉尘的方法可靠性有限。此外，对矿石进行洒水时洒水量必须适当，否则不但不能起到除尘作用，甚至影响生产。洒水量较小时只能解决爆堆表面局部矿石粉尘，大部分矿石粉尘依然进入溜井中；若洒水量过大又会造成矿石运输时矿石淋水从而污染运输巷，倒入溜井后的矿石含水量饱和或过饱和状态导致矿石结块造成溜矿困难，甚至放矿闸门开启瞬间矿石呈泥石流状急速倾泻，从而造成矿石流淹没巷道、硐室、损坏放矿设备等溜井跑矿事故，增加了安全隐患。

2　-600 m中段进风井石门巷溜矿系统防尘措施

按照矿山整体规划，三山岛金矿F3北翼进风井将装备双层双罐，除用于人员运输外，还将利用罐笼

吴若菡（1987— ），女，助理工程师，264000 山东省莱州市。

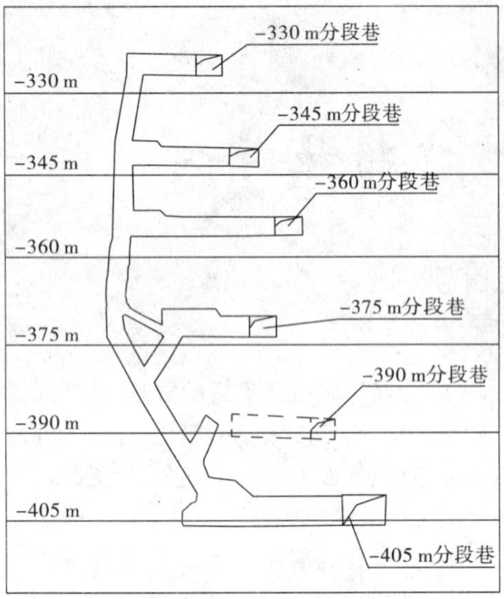

图1　二期4#溜井示意

提升部分矿(废)石,缓解深部F3北翼运输困难问题。进风井最大提升能力设计为500 t/d,进风井石门巷布置有轨、无轨双车道,有轨运输矿、废石,无轨运输人员、材料。

西山矿区-600 m中段以上通风系统采用中央对角抽出式通风系统。即中央主斜坡道(地表~-780 m)、混合井(地表~-307 m)、进风井(地表~-600 m)、北翼辅助斜坡道(地表~-150 m)进风,两翼南风井(地表~-645 m)、北风井(地表~-510 m)回风。由于F3北翼进风井为-600 m中段以下深部新鲜风流的主要来源,风流中含尘量要求严格,因此针对溜矿粉尘问题,-600 m中段进风井石门巷溜矿系统设计时充分借鉴国内外现有防尘措施,并结合三山岛金矿具体情况不断优化、改进,形成具有特色的综合治理方案。

2.1　综合防尘措施

2.1.1　溜矿井断面设计优化

溜矿时产生的冲击性风流是导致粉尘逸出的关键因素,溜矿高差越大,溜矿井断面越小,溜矿冲击风流作用越强,粉尘逸出量越大[2-3]。因此在规划溜井各分支分段的基础上,溜矿井设计断面不宜太小,尤其是矿仓部分断面在保证施工可行性及安全的前提下,应尽量增大断面尺寸。从限制冲击风速的角度来看,溜矿井越高,卸矿量越大,溜矿井断面应设计越大。

2.1.2　增设简易风门

冲击风流随溜矿井口局部阻力系数的增大而迅速减小,因此在溜矿井口适当采取各种密闭措施,增大溜矿井口的通风阻力是防止冲击风流的重要措施之一[4-5]。有不少矿山在溜矿井安设自动溜矿井密闭门、自动井盖、挂皮带帘或在调车场安设自动风门等措施,以减少冲击风量,都收到了一定的效果。但是,溜矿井口密闭都比较笨重,并需经常检修维护,在管理上增加了麻烦。

-600 m进风井石门巷溜矿系统设计时在各分支溜井溜联内布置简易风门,可以起到调解通风及阻挡粉尘双重作用,简易风门主要由木板及土工布组成,如图2所示。布置简易风门后,分支溜井在倒矿时可以手动打开,卸矿后及时进行关闭,土工布可以经常用少量水流冲刷,保持土工布湿润可以有效的阻挡粉尘通过分支溜联扩散至分支中段内。

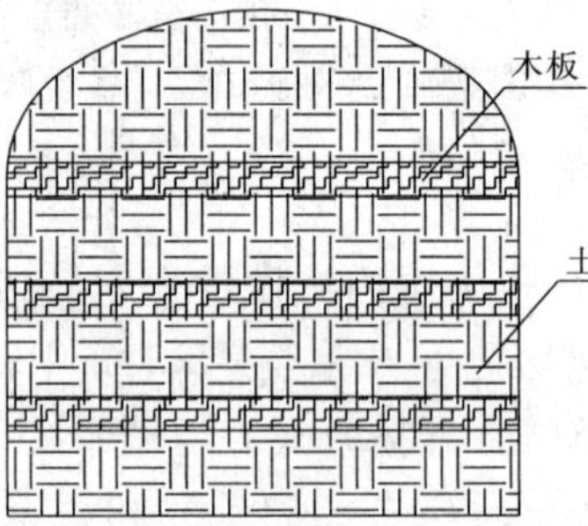

图2　风门示意

2.1.3　增设回风卸压天井

溜矿时产生的冲击风流具有高风速、高压力的特点,为有效降低冲击风速可以适当增大溜井断面;为有效的降低冲击风压可以设计卸压天井,如图3所示。卸压天井兼卸压、通风两用,断面设计为ϕ=1 m,天井与溜井平行,间距3~4 m,各分支中段掘进联络巷与天井相通,联络道坡度由天井向溜井方向设计为上向,预防天井内水流进入溜井内,造成溜井塌方或放矿困难。

增加卸压天井后,天井顶部联络巷内架设风机,当卸矿或放矿时,溜井内矿石下落会产生较强的冲击风流,冲击风流由于天井内负压作用大部分通过天井向上运动,相应从溜井下侧冲出风流大大减低。卸压天井的设置使溜井放矿时冲击风流在天井与溜井内形成循环回路,粉尘大部分留在溜井内或随天井排除,溜井上、下口粉尘逸出量大大减少,除尘效果得到大大改进。

2.1.4　增设卸压硐室

虽然设置卸压天井后溜井、天井下口处冲击风流大大降低,但强烈风流依然将粉尘带入周围巷道内严重污染环境。

为进一步将溜井、天井下口冲击风流进行释压,可在天井下方装矿巷内施工硐室,硐室规格5 m×4 m

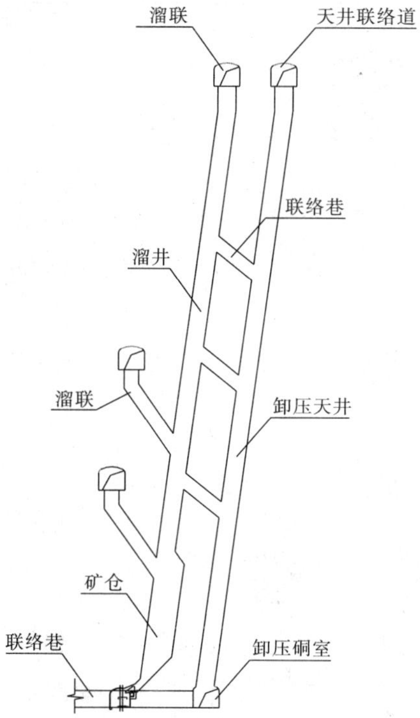

图3 回风卸压天井

×4 m,如图4所示。硐室与装矿巷连接处可按照分支溜联设计方案布置简易风门,当溜井倒矿时关闭风门。溜井放矿时打开风门。设计卸压硐室后,溜井卸矿、放矿时从天井、溜井下口冲出的高速风流由于硐室巨大空间作用,风流速度明显减低,粉尘大部分通过沉降附着于硐室两帮及底板上,实现了冲击风流于硐室内"内循环",将粉尘逸出量降到最低[6]。

2.1.5 天井湿式处理

由于天井、硐室的设置,溜矿时粉尘大部分附着于天井、硐室壁上,清理比较困难,因此在天井上侧联络道内设计高压喷雾水管,当卸矿粉尘量较大时,及时打开水管开关,高压水由天井井壁流至卸压硐室内,在冲洗井壁附着粉尘的同时可以湿润粉尘,使粉尘密度增加,风尘抽出量减少,大部分粉尘可以在自重作用下下落至卸压硐室内,天井联络巷内粉尘量减少可以大大增加风机使用寿命。

2.1.6 溜井矿仓改造

矿石冲击高度越高,作用于溜井井壁及矿仓内矿石作用力越大,进而加快了井壁磨损,增加溜井堵塞及塌方的可能性;另外冲击作用力提高,破碎产生的粉尘量大幅度增加。为减少矿石对溜井破坏以及最大程度减少粉尘来源,溜矿系统设计时可以尽量加高储矿段高度,矿仓高度可以适当加高[7]。除此之外,应加强溜矿系统管理,尽量保证溜井内存矿量,避免溜井内矿石放空现象,控制溜井放矿速度,各分支溜井尽量避免同时向主溜井内倒矿。

2.1.7 装矿巷改造

为避免风流中粉尘继续扩散影响周围巷道作业环境,因此装矿巷由环形布置形式改为尽头式布置形式,新鲜风流由进风井石门巷进入装矿巷内,通过回风天井排出,污风不再进入石门巷[8]。除修改装矿巷布置形式外,为减少污风中粉尘含量,在装矿巷进、出口处分别布置两道高压水幕,粉尘逸出后打开喷水装置,通过水雾湿润粉尘,使粉尘由于密度增大逐渐沉降,聚集在装矿巷底板上随水流进入卸压硐室内,积水较深后可通过水泵抽出,最终进入-600 m中段排水系统中。

3 结 论

通过采用多种措施对溜矿系统进行改造,溜矿冲击风流得到有效化解与释压,粉尘产生量以及回风风流中粉尘含量得到有效控制,从而改善作业环境。

三山岛金矿-600 m中段进风井溜矿系统防尘措施的建立,具有完整、高效、可行、实用的特点,具有较大的推广价值;防尘措施的设计,为未来矿山溜矿系统优化指明了新方向。

参 考 文 献

[1] 金龙哲. 矿井粉尘防治理论[M]. 科学出版社,2010.
[2] 周 刚,程卫明,王 刚,等. 综掘工作面封闭式除尘工艺[J]. 煤矿安全,2009,40(3):22-24.
[3] 杨盛强. 粉尘防治理论与技术[M]. 徐州:中国矿业大学出版社,2007.
[4] 刘 毅,蒋仲安,蔡 卫,等. 综采工作面粉尘运动规律的数值模拟[J]. 北京科技大学学报,2007,29(4):351-353.
[5] 程卫明,刘向升,阮国强,等. 煤巷锚掘快速施工的封闭控尘理论与技术工艺[J]. 煤炭学报,2009,32(4):203-207.
[6] 王运敏. 现代采矿手册[M]. 北京:冶金工业出版社,2012.
[7] 于润沧. 采矿工程师手册[M]. 北京:冶金工业出版社,2009.
[8] 采矿设计手册编委会. 采矿设计手册[M]. 北京:中国建筑工业出版社,1987.

(收稿日期 2015-05-26)

煤矿隐蔽动力水害及防治关键技术

郭正文
（重庆能源集团南桐矿业公司红岩煤矿）

摘 要 根据矿井水文地质特征和突水原因，对煤矿水害的基本特点及其形成机理进行分析，从而有效地采取水害预防和治理措施，避免矿井突发性突水灾害的发生，诱发事故。

关键词 隐蔽 突水通道 防治水 技术

煤矿在建设开发过程中，不同形式、不同水源的水通过特定的途径进入矿井，给矿山建设或生产带来影响和灾害；因此，封堵井下突水通道（点）以阻截水源含水层对矿井充水的补给以减少矿井运行排水量、变含水层为隔水层以增加煤层顶底板有效隔水层厚度、隔断连接充水水源与矿井之间的导水通道以避免矿井突发性突水灾害的发生。

1 矿井概况

红岩煤矿属典型南方裸露型喀斯特岩溶地貌，水文地质条件极复杂，矿井涌水量大，为全国十大水文矿床之一。特别是煤系底板茅口灰岩岩溶管道发育，水害威胁严重，上世纪五十年代曾被原苏联专家定性为不可开采矿床。

为解决水害制约安全生产的难题，矿业公司及红岩煤矿从上世纪六十年代开始就逐渐进行矿井水害治理研究。采取地面截和井下疏、排、堵等综合治理措施，取得了一定的成效。但随着矿井水平延深，水文地质条件发生变化，受补给水源充分、充水通道纷繁复杂、矿山企业治理资金投入有限等因素的影响，矿井水害威胁依然存在，±0 m 水平南运输大巷在 1999 年延深时发生岩溶突水，水平被淹达 5 a，造成巨大经济损失。因此在红岩煤矿开展以“地面截排治水、井下堵、疏、排水”的立体综合治理模式，对消除隐蔽性动力水害威胁、改善作业环境有较好的示范作用。

2 突水通道和涌水水源分析

矿井由西向东展布有鲜家坪背斜、丛林沟向斜、F32 断层和轴部的 F7 断层，均为一级构造；丛林向斜东翼的石磐坝向斜和郭家湾背斜则为次级构造。主要充水含水层为煤系底板的茅口灰岩和煤系顶板的长兴灰岩；茅口灰岩岩溶、裂隙特别发育，共有溶洞、漏斗 77 个，暗河 4 条；长兴灰岩岩溶含水层，共有溶洞 40 个，暗河 3 条，全长 9 000 m，出露面积 1.72 km^2。

大量调查资料和多年研究表明，岩溶呈线状发育规律，并定名为“岩溶管道”，岩溶管道沿岩溶发育层与构造带呈线状展布；而岩溶地下水不遵守传统的水文地质学渗透定律，在当地排水面+530 m 以上发育了水平状的管道，在当地排水面以下沿倾斜方向发育。邻近排水面的管道为充水的暗河，远离排水面和后期不能充水的管道被淤泥河砂充填。管道的形态特征一般呈水平状和缓倾斜状，断面呈梯形和长柱形，最大断面宽 60 m、高 40 m，最小断面宽 2 m、高 5 m，一般长 30 ~ 1 000 m。受采矿活动的影响，含水层中地下水的原始动动状态受到破坏。一是采动裂隙导通构造裂隙带，使长兴灰岩中的岩溶水通过构造裂隙、采动裂隙进入矿井，构成充沛的顶板水。二是矿井的主要运输巷和回风巷都在主含水层茅口灰岩中，在掘进过程中直接揭穿岩溶水，造成矿井突水，三是汇水洼地、暗河、岩溶管道发育，对矿井有直接充水作用。这 3 方面是矿井充水主要来源。红岩煤矿近 3 a 最大涌水量为 3113 m^3/h，平均涌水量为 1 700 m^3/h。

3 截流注浆防治水害原理及典型类型

3.1 截流注浆防治水害原理

截流注浆防治矿井水害技术系指通过专门的设备和工程，根据具体的矿井水文地质条件和水害类型与特点，将预先研制配成的低渗透浆液或骨料注入含水层、隔水层中的空隙、断裂破碎带、岩溶陷落

郭正文（1982—），男，工程师，副总工程师，400800 重庆市万盛区。

柱、井巷或突(出)口水等,并使之与围岩固结成不透水的、具有一定强度的整体,而起到堵塞过水通道、充填导含水空隙、降低受注岩体渗透性、增大岩石强度和隔(阻)水作用的一种矿井水害防治技术方法。

3.2 截流注浆防治水害的典型类型

截流注浆防治水害的典型类型如图1~图6所示。

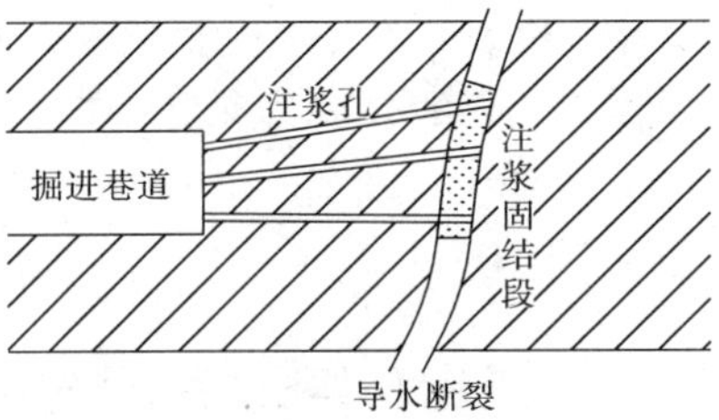

图1 导水断层注浆

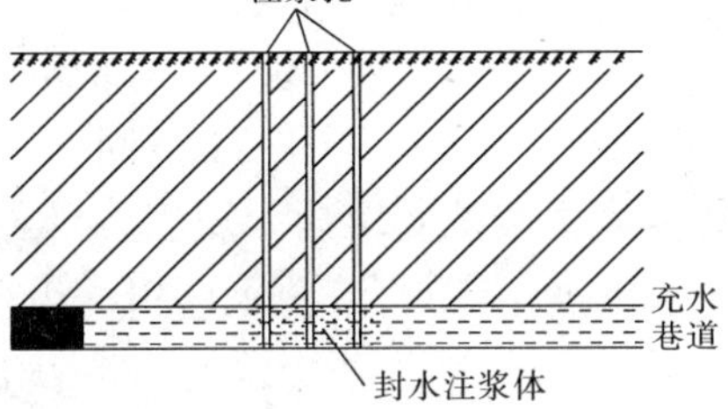

图2 地面封堵

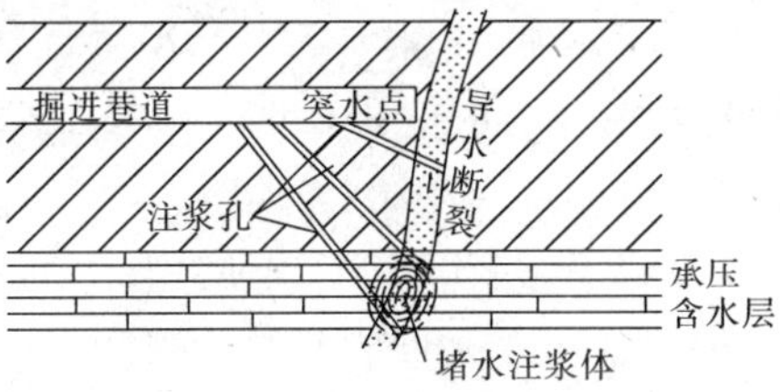

图3 井下封堵

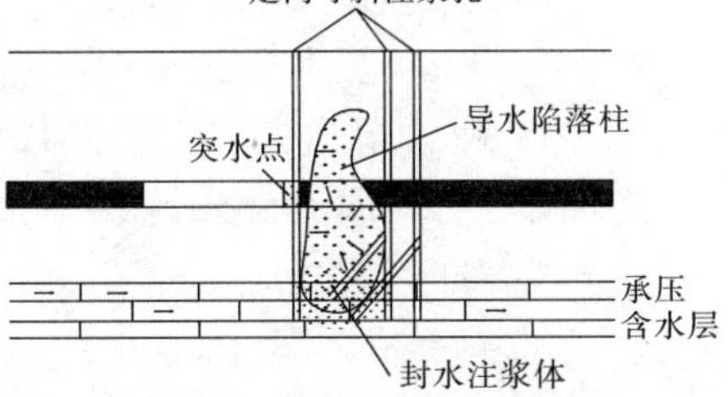

图4 地面倒斜注浆

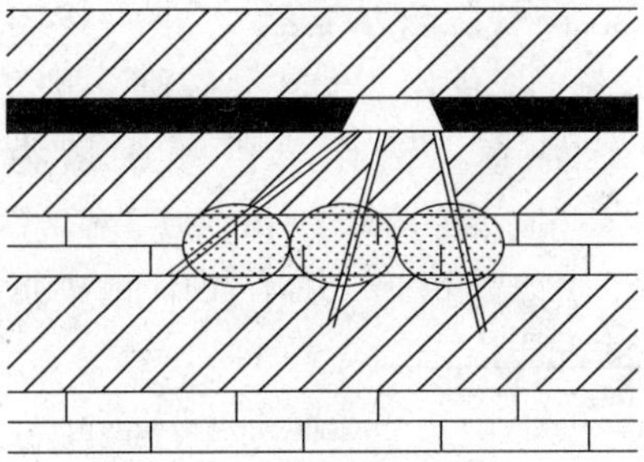

图5 含水层注浆

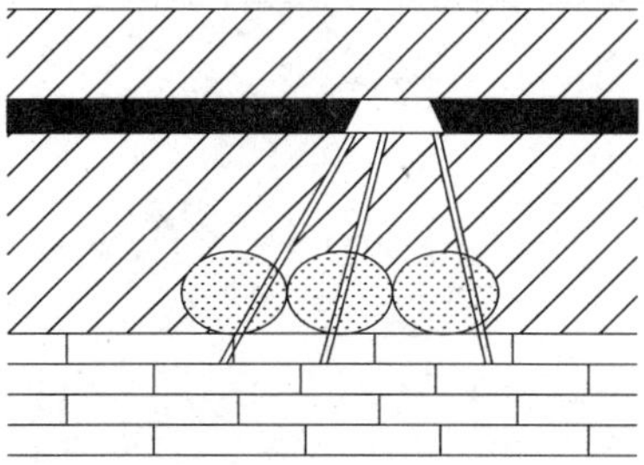

图6 破碎带注浆

4 主要治理技术

治理水害的关键是改造含水层为隔水层,这就要注入较多的优质水泥材料,堵水难度大大增加。主要治理技术有以下方面。

(1)科学布孔。突水后,综合分析突水点地质构造,首先确定了第一期工程的布孔原则,然后根据一期工程所揭露的地质构造为滑动构造后,及时修改了设计,进行了科学布孔。

(2)采用新技术、新方法。根据各注浆孔的设计目的,在施工中采用的组合钻具、齿轮钻头、化学泥浆、定向导斜、旋喷护壁技术等,为快速注浆堵水提供了条件。

(3)立体注浆。采用围绕突水点附近,在不同层段,采用大规模间歇性立体注浆;一方面为提前排水创造条件,另一方面有效地控制浆液流失和无限扩散,防止了不必要的材料浪费。

(4)大规模快速注浆。在需要大量注浆时期,采用大规模多系统快速注浆。

5 结 语

大型含导水地质构造突水具有隐蔽性强、分布无明显规律等特性,且是一个复杂的动力过程,因此,必须对具体的地质构造性质,包括岩溶发育程度、突水补给水源的充沛程度、来水含水层的富水性以及突水通道的性质和大小进行全面分析,制定科学合理的治理方案。

参 考 文 献

[1] 武 强,董书宁,李竞生,等. 煤矿防治水规定[M]. 北京:煤炭工业出版社,2009.

[2] 张 群,赵苏启,张培河,等. 煤矿地质工作规定[M]. 北京:煤炭工业出版社,2014.

[3] 虎维岳. 矿山水害防治理论与方法[M]. 北京:煤炭工业出版社,2005.

[4] 张正浩. 煤矿水害防治技术[M]. 北京:煤炭工业出版社,2010.

[5] 袁河津. 煤矿防治水知识培训教材[M]. 徐州:中国矿业大学出版社,2009.

(收稿日期 2015-05-26)

安庆铜矿地下水化学特征及矿坑充水因素分析

叶 强[1] 杨 柱[2]
(1. 铜陵有色金属集团股份公司安庆铜矿;2. 长沙矿山研究院有限责任公司)

摘 要 安庆铜矿为岩溶大水矿床,水文地质条件复杂。在对矿区含水岩组划分的基础上,探讨了矿区地下水地球化学特征,并对矿坑充水因素进行了深入分析,以进一步查明深部矿体开采充水水源,为深部矿体开采矿坑防治水提供依据。

关键词 水文地质 地下水化学特征 矿坑充水

安庆铜矿于1987年投产,具有近30 a的开采历史,随着开采深度及生产规模扩大,矿床深部水文地质条件较勘探前期发生了较大变化,原有矿床水文地质研究成果无法用于解决深部开采遇到的问题,矿坑涌水成为较大的安全隐患[1-4]。为了确保矿山安全高效生产,减少或者避免突水事故,进一步查明矿坑充水因素,有必要采取有效的防范措施势。通过研究矿区地下水地球化学特征,分析矿坑充水因素,结合本矿区水文地质条件,为矿坑防治水提供重要的依据。

1 含水岩组划分

1.1 松散岩类孔隙含水岩组

该岩组由第四系全新统坡积、冲积亚砂土夹砂及砂砾层透镜体组成,砂砾石含水层厚1~15 m,马山口局部地段可达18 m。局部含黏土层,呈双层结构。钻孔单位涌水量为0.027~0.182 L/(s·m),渗透系数为0.246~3.215 m/d,矿化度小于0.5 g/L,为HCO_3-Ca型水。

1.2 碎屑岩类裂隙含水岩组

该岩组由中三叠统铜头尖组粉砂岩、月山组上段含钙质粉砂岩等组成,总厚大于1 700 m。裂隙较发育,但多闭合而连通性差,一般含水极弱或不含水,风化带及局部张性裂隙密集带富水性稍好。钻孔单位涌水量一般为0.036~0.043 L/(s·m),渗透系数为0.028~0.034 m/d。矿化度小于0.5 g/L,为HCO_3-Ca或HCO_3-Mg型水。

1.3 碎屑岩夹碳酸盐岩裂隙岩溶含水岩组

该岩组由中三叠统月山组上段钙质粉砂岩夹不纯大理岩组成,厚43 m。裂隙岩溶较发育,岩溶发育深度一般在-280 m以上,局部深达-400 m。矿区钻孔见溶洞率25%,矿体附近埋藏较深,未见溶洞,局部可见溶孔。富水性弱—中等。钻孔单位涌水量0.154~0.315 L/(s·m),渗透系数为0.034~0.520 m/d,矿化度小于0.5 g/L,浅部为HCO_3-Ca型水,深部为SO_4·HCO_3-Ca·Mg型水。

1.4 碳酸盐岩类裂隙岩溶含水岩组

(1)月山组中段(T_2y^2)含水层组。由角砾状大理岩组成,厚15~20 m。地层破碎,岩溶裂隙发育,且相对均匀,连通性好。岩溶形态以小溶孔、溶蚀裂隙为主,局部有溶洞,孔隙率5%~20%。富水性中等—强。钻孔单位涌水量0.154~1.226 L/(s·m),渗透系数0.214~1.204 m/d。

(2)月山组下段(T_2y^1)含水层组。由三叠系中统月山组下段白云质大理岩组成,厚50~60 m。该层裂隙一般不发育,岩溶仅局部发育,岩溶形态主要为小溶孔、溶隙,溶洞少见。富水性弱。

(3)南陵湖组(T_1n)含水层组。由三叠系下统南陵湖组中厚层大理岩组成,厚度大于420 m。该层岩溶裂隙在南部发育,向北随埋深的增加逐渐减弱。富水性中等—强,但不均匀。钻孔单位涌水量0.005~1.236 L/(s·m),渗透系数为0.003~1.321 m/d。

1.5 岩浆岩类裂隙含水岩组

(1)闪长岩(月山岩体)。裂隙一般不发育,风化带裂隙较发育。钻孔单位涌水量为0.001~0.067 L/(s·m),渗透系数0.000 3~0.0410 m/d,坑下各中段均揭露该层,其中在中部及西部裂隙不

叶 强(1973—),男,工程师,244000 安徽省铜陵市。

发育，一般干燥无水，仅探矿孔揭露有涌水点，单个水点(孔)水量一般均小于500 m^3/d；东部风化较强，在-340，-400 m探矿巷道闪长岩风化带中揭露裂隙水，水清而较稳定，-340 m中段涌水量为1 000 m^3/d，-400 m中段为1 500 m^3/d。

(2)闪长玢岩(总铺岩体)。分布于矿区东部外围，为矿区东部相对隔水边界。

2 矿区地下水化学特征

2.1 地下水样品的采集及分析

此次试验分别于2011年1月、2012年11月先后分2批次进行，在矿区具有代表性的地表水、井下各中段探矿巷道、斜坡道、溜井等处共采集了47件水化学分析样品，分析数据主要包括K^+、Na^+、Ca^{2+}、Mg^{2+}、Cu^{2+}、Pb^{2+}、Zn^{2+}、Fe^{2+}、Fe^{3+}、SO_4^{2-}、Cl^-、HCO_3^-、CO_3^{2-}、NO_2^-、NO_3^-。

2.2 矿区地下水类型

矿区地下水类型的确定对于正确了解和评价矿区地下水，阐明矿区地下水的补给、径流和排泄规律具有重要作用。采用阿廖金天然水分类法将地下水按化学成分如下类型。

(1)C类Ca组Ⅱ型、Ⅲ型。水化学类型为$HCO_3 \cdot SO_4-Ca \cdot Mg$型水，矿化度为0.5～1.09 g/L，对应样品21件占总样品数量45%，其分类标准为阴离子HCO_3^-含量最多，阳离子Ca^{2+}含量最多。C类Ca组Ⅱ型水中，阴阳离子含量$HCO_3^-<Ca^{2+}+Mg^{2+}<HCO_3^-+SO_4^{2-}$，该型标志为与沉积岩及其风化产物有关的天然水，包括循环深度不大的地下水，矿化度较低；C类Ca组Ⅲ型水，阴阳离子含量为$HCO_3^-+SO_4^{2-}<Ca^{2+}+Mg^{2+}$，矿化度较高，地下水循环活跃，含水介质与地下水发生离子交换。

(2)S类Ca组Ⅱ型、Ⅲ型。水化学类型为$SO_4 \cdot HCO_3^-Ca \cdot Mg$或$HCO_3 \cdot SO_4-Ca \cdot Na$型水，矿化度一般为0.54～1.84 g/L，对应样品24件占总样品数量51%。S类Ca组Ⅱ型水中，阴阳离子含量$HCO_3^-<Ca^{2+}+Mg^{2+}<HCO_3^-+SO_4^{2-}$，该型标志为与沉积岩及其风化产物有关的天然水，包括循环深度不大的地下水，矿化度较低；S类Ca组Ⅲ型水，阴阳离子含量$HCO_3^-+SO_4^{2-}<Ca^{2+}+Mg^{2+}$，矿化度较高，含水介质与地下水发生离子交换显著。

(3)S类Mg组Ⅲ型。水化学类型为$SO_4 \cdot HCO_3-Mg \cdot Ca$型水，矿化度一般为1.09～2.24 g/L，对应样品2件占总样品数量4%，其分类标准为阴离子SO_4^-含量最多，阳离子Mg^{2+}含量最多。该型水出现在-400 m中段，pH值及矿化度较高，说明地下水处于相对封闭的还原环境，径流条件不畅。

2.3 矿区地下水水文地球化学特征

通过对安庆铜矿各中段出水位置地下水的化学类型划分，可知安庆铜矿矿区地下水化学特征受大气降水、区域地质环境及补、径、排条件的影响，水质类型主要为$HCO_3 \cdot SO_4-Ca \cdot Mg$型水，$SO_4 \cdot HCO_3-Ca \cdot Mg$型水。在深部矿体附近，揭露的出水点多为$SO_4 \cdot HCO_3-Ca \cdot Mg$型水，矿区内主要含水层均深埋地下，地下水迳流条件不畅，水循环交替弱，并处于含硫金属矿床附近。由于地质历史时期长期的溶滤作用，且处于相对封闭的还原环境中，形成了矿化度较高的硫酸盐类水。安庆铜矿开采后，由于长期疏排地下水，水迳流条件变畅，地下水交替活动加剧，不断接受浅层水的补给，还原环境转化为氧化环境，其水化学类型逐渐变为$HCO_3 \cdot SO_4-Ca \cdot Mg$型水，矿化度降低。

3 矿床充水因素

3.1 大气降水

矿区西部、北部、东部山区基岩裸露区，裂隙多闭合、连通性差，补给量不大。中部盆地区，上覆含砾亚黏土，渗透性极弱，补给微弱。南部东、西马鞍山三叠系碳酸盐岩裸露，岩溶裂隙发育有利于大气降水入渗补给。月山河河床第四系松散砂砾石层下无隔水层，局部地段河床深切三叠系碳酸盐岩。马鞍山河床下虽有黏土隔水层，但不稳定，局部存在天窗。2条河流的沿河地带，下伏三叠系碳酸盐岩岩溶裂隙发育，特别溶洞发育，有利于河水渗漏补给。

3.2 碳酸盐岩裂隙水侧向补给

矿区南部石门湖区地势低凹，且大面积第四系覆盖区厚度薄，自然状态下为矿区地下水的排泄区，矿床开采后，因矿坑排水成为本区地下水的主要排泄途径，改变了地下水的流向，使该区三叠系碳酸盐岩裂隙岩溶水在接受大气降水入渗补给和地表水渗漏补给后侧向补给矿区三叠系碳酸盐岩裂隙岩溶水。

矿区东南部主要含水层埋藏较深，其中，T_2y^2岩溶裂隙最发育，在T_2y^2露头区北东，小断裂发育，使其勾通了与T_1n含水层的水力联系，T_1n岩溶裂隙发育，补给面积大，是矿井涌水的主要补给源。矿井采开后位于该区的观测孔地下水位下降明显，降落漏斗沿东南方向扩展较远，已至$Ⅱ_3$观号以南水磨村—陈家破屋一带。井下突水引发东南方向一带地面塌陷，这说明东南部地下水的侧向径流也是矿井涌水的补给来源。

3.3 地表水补给

安庆铜矿井下几次大的突水事故均引发地面塌陷或老塌陷复活，导致河水直接倒灌补给地下水。虽然安庆铜矿为此修建了水泥渡槽，但马山口以南地段因种种原因未修水泥渡槽，对塌陷区进行了注浆回填处理。由于枯季河流量小，河水倒灌量不大，而在丰水期，洪水不可能全部通过渡槽流出区外，加之地形低凹处常常形成积水，从而导致大量洪水倒灌补给地下水。

4 结 语

(1)安庆铜矿的水化学分析表明，矿区地下水受受大气降水、区域地质环境及补、径、排条件的影响，水质类型主要为 $HCO_3 \cdot SO_4-Ca \cdot Mg$ 型水，矿化度一般小于0.7 g/L，水质较好。矿区地下水长期受采矿活动影响，水迳流条件变畅，地下水交替活动加剧，不断接受浅层水的补给，还原环境转化为氧化环境，其水化学类型逐渐变为 $HCO_3 \cdot SO_4-Ca \cdot Mg$ 型水，矿化度降低。

(2)开采条件下，矿区地下水补给来源主要有大气降水直接入渗补给和地表水渗漏补给，南部及东南部侧向补给，以及河水倒灌等3种方式。其中，河水倒灌时间短、水量大、对矿坑造成安全威胁。开采状态下，受矿井涌排水的控制，地下水自四周向矿井汇集。

(3)矿区地下水变化与大气降雨关系密切。降雨量异常或水位异常变化时应加强矿区周边观测，遇到地面塌陷应及时采取措施处理，防止地表水通过塌洞倒灌至井下，造成井下涌水量大量增加，形成安全隐患。

参 考 文 献

[1] 沈照理. 水文地质学[M]. 北京:科学出版社,1985.
[2] 王大纯,张人权,梁 杏. 水文地质学基础[M]. 北京:地质出版社,1998.
[3] 王 军,胡 强. 安庆铜矿水土流失特点及防治对策[J]. 水土保持研究,2001,8(1):75-78.
[4] 王玉民,焦立敏. 利用水质分析法判定矿井涌水水源[J]. 煤矿安全,2001(10):23-251.

(收稿日期 2015-05-26)

(上接第336页)

(18)在注水前，必须检查各个注水接头的连接情况，在确认完好后方可注水。

(19)浅孔注水时，必须先将供水瓦笼全部打开，并关注注水压力情况，确保注水压力不低于8 MPa，否则，必须及时采取相应加压措施保证压力达标。注水顺序沿打好的注水孔从工作面由上而下依次进行，在注水过程中，必须进行注水情况的巡视，当煤体被水压压裂漏水或折帮漏水时，必须立即停止注水。

(20)浅孔注水的每个孔注水完工后，将注水胶囊取出，进行下一组孔的封孔注水工作，当注水胶囊被卡在孔内时，用手镐将孔口的煤壁刨落，用铁丝连接好，用液压单体支柱将注水胶囊拉出(由采煤单位人员负责施工)。

4 结 论

通过综合防突的安全和保障性措施强力实施执行，对钻孔参数等防突参数的控制，根据煤矿矿井区域综合防突措施实施及防突效果检验效果分析，7447工作面回采期间煤层已经消除突出危险性。

(收稿日期 2015-05-26)

瞬变电磁探测技术在小沟矿扩建井防治水中的应用

高　飞[1]　雷燕昂[2]　张　斌[1]
(1.新疆天富南山煤矿有限责任公司;2.新疆天富集团有限责任公司)

摘　要　新疆天富南山煤矿小沟分矿60万t/a扩建项目在掘进过程中顶板多处出现淋水现象。为了消除矿井突水、透水隐患,保证矿井安全掘进,以瞬变电磁探测技术为例,通过对井下各见水点区域进行超前探测,来分析巷道掘进头前方含水情况,为扩建井项目安全施工提供参考。

关键词　瞬变电磁　防治水　电阻率

小沟井田位于石河子市西南约75 km,行政区划属新疆维吾尔自治区沙湾县。井田中心地理坐标为东经85°44′13″,北纬43°54′32″,井田范围由5个拐点圈定;SE—NW向长约3 500 m,NE—SW向宽约900 m,面积3.01 km^2。南山煤矿小沟分矿60万t/a扩建项目,在施工B_4煤层+1 190 m～+1 270 m水平联络上山40 m处时,位于+1 214.63 m标高的掘进工作面煤层下部及底板见水。轨道下山+1 190 m甩车场水平车场30 m处,B_4、B_3煤层间岩石存在构造裂隙淋水现象,见水点标高位于+1 186.19 m。皮带运输下山480 m处出现淋水现象,见水点标高位于+1 186.19 m。经分析,小沟矿井下的水主要来自老采空区积水,该区域为B_3煤层采空区,存在老采空区年代久远,无法得知确切的采深、采长等信息。为了保证井下施工安全,防止透水事故发生,分别在+1 270 m水平和+1 190 m水平B_3、B_4煤层采用瞬变电磁探测法进行探水。

1　原始数据采集

1.1　方法介绍

瞬变电磁法是利用不接地回线或接地线源向地下发射一次脉冲磁场,在一次脉冲磁场间歇期间利用线圈或接地电极观测地下介质中引起的二次涡流场,从而探测介质电阻率的一种方法[1-3]。井下瞬变电磁勘探仪能在巷道内进行,一般利用多匝小线圈采用剖面装置进行发射和接收[4-6]。此次探测使用澳大利亚TERRA TEM瞬变电磁仪,发射线圈和接收线圈框重叠,两线圈轴线指向目标体。发射和接收线圈尺寸均为1.5 m×1.5 m的多匝线圈。

1.2　测点布置

根据小沟矿的情况,此次井下超前探测共有3处,分别为+1 270 m东翼水平巷道、+1 270 m水平石门和+1 190 m上山巷道。+1 270 m东翼水平巷道共观测物理点66个,+1 270 m水平石门采集物理点9个,+1 190 m上山巷道采集物理点115个,试验点10个,共计物理点200个。

+1 270 m东翼水平巷道主要探测巷道左侧煤层顶底板。针对B_4煤层顶底板共进行了煤层顶板45°方向、煤层顶板30°方向、煤层顶板15°方向、顺B_4煤层方向、煤层底板15°方向、煤层底板30°方向等6个方向的探测工作。+1 190 m上山巷道主要探测巷道两侧煤层顶底板及掘进头前方煤层顶底板。针对B_4煤层顶底板共进行了煤层顶板30°方向、顺B_4煤层方向、煤层底板15°方向、煤层底板30°方向、煤层底板45°方向等5个方向的探测工作。+1 270 m水平石门主要探测煤层方向,共布置测点9个。

1.3　空间位置

由于此次探测主要针对+1 270 m东翼平巷和+1 190 m上山巷道中间位置的B_4煤层顶底板,因而布置了多个探测方向,来有效控制上述区域。顺B_4煤层方向探测,可以看出,从2个巷道进行探测基本覆盖了2个巷道之间的区域及+1 190 m上山巷两侧区域。从2个巷道进行多个方向探测从立体上覆盖了2个巷道之间的区域。

2　数据处理与资料解释

2.1　瞬变电磁法

瞬变电磁法观测到的资料是各测点各个时窗

高　飞(1981—),男,助理工程师,832000 新疆石河子市乌伊路221号。

(测道)的瞬变感应电压,需换算成视电阻率、视深度等参数,以便对资料进行解释。处理步骤主要有:①对采集到的数据进行滤波,消除噪声;②瞬变电磁仪器在野外观测到的是二次场电位随时间的变化,为了便于对资料的认识,需将该类数据变换成电阻率随深度的变化参数;③绘制电阻率曲线和等视电阻率断面图。

2.2 资料解释

2.2.1 +1 190 m 上山巷

B_4 煤层顶板 30°、45°方向探测视电阻率断面图如图 1 所示。

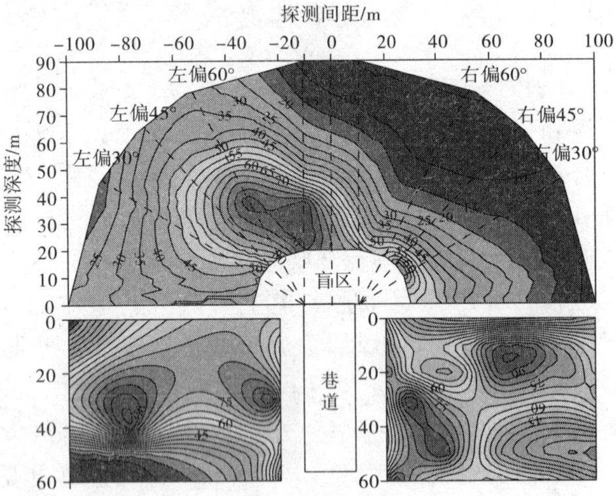

(a) 30° 方向

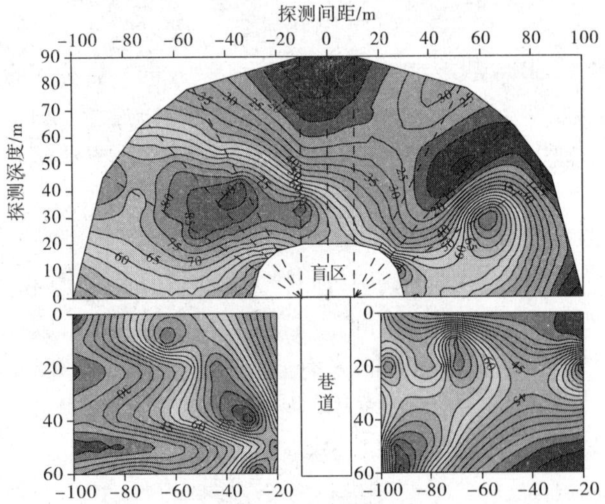

(b) 45° 方向

图 1 探测视电阻率断面

图中空白部分为瞬变探测盲区,图中颜色过渡代表视电阻率由低到高的变化。在超前方向的正前方和右偏 45°方向各有一个规模相对较小的低阻异常,其他区域则无明显异常。

2.2.2 +1 270 m 东翼平巷

+1 270 m 东翼平巷水平、30°方向视电阻率断面图如图 2 所示。

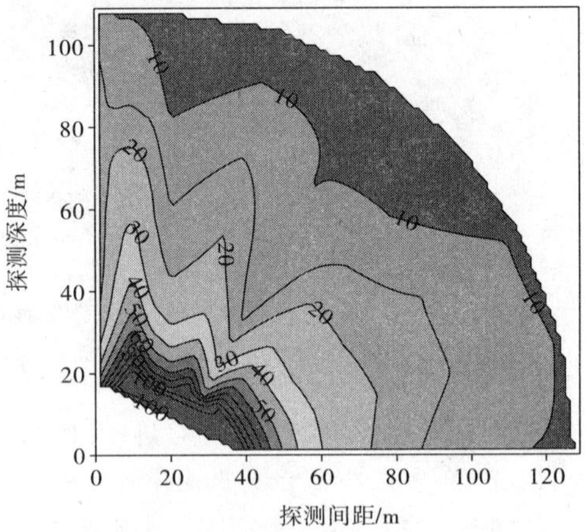

(a) 水平方向

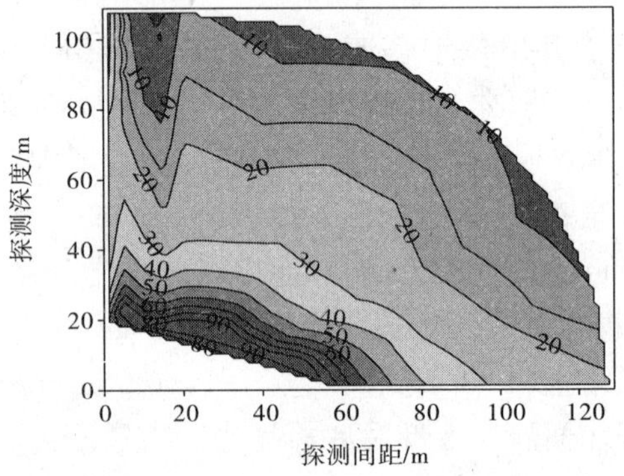

(b) 30° 方向

图 2 1 270 m 东翼平巷视电阻率断面

图中空白部分为瞬变探测盲区,图中、颜色过渡代表视电阻率由低到高的变化,其他区域则无明显异常。

2.2.3 +1 270 m 水平石门

+1 270 m 水平石门顺 B_4 煤层方向视电阻率断面图如图 3 所示。图中空白部分为瞬变探测盲区,图中颜色过渡代表视电阻率从低到高的变化,没有大规模的低阻区域,推断富水性较弱。

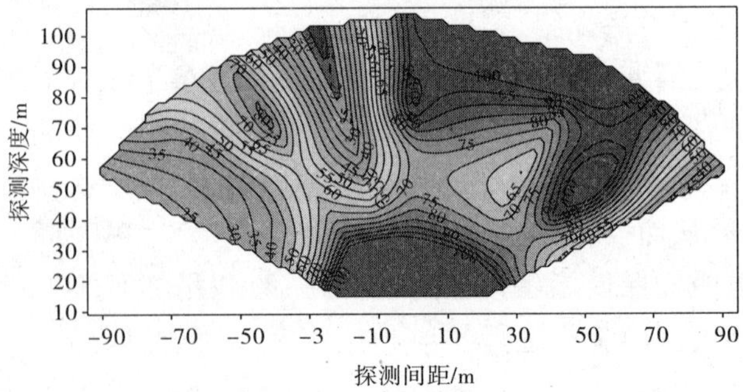

图 3 视电阻率断面

3 勘探成果

根据对断面图的分析解释,对探测区域的低阻区域进行了综合分析,划分了探测区域的富水异常区域。

3.1 B_4 煤层顶板富水区

B_4 煤层顶板共划分富水区域2处，分别编号为 A_1、A_2，平面位置见图4。

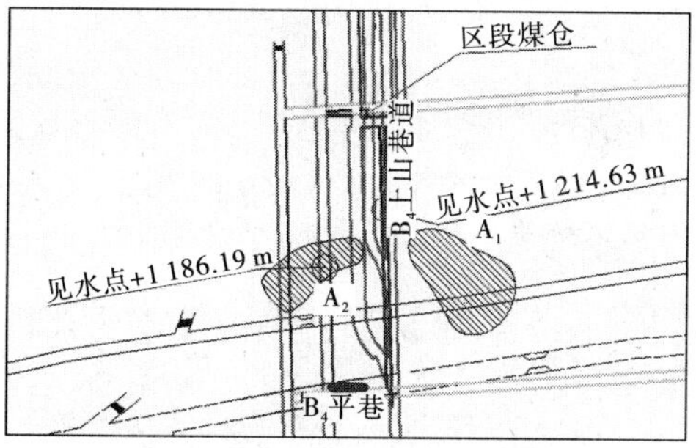

图4 煤层顶板富水异常区位置

3.2 B_4 煤层富水区

B_4 煤层共划分富水区域2处，分别编号为 B_1、B_2，平面位置见图5。

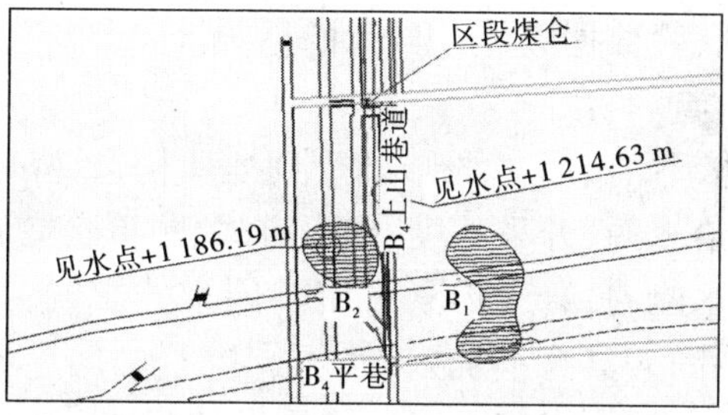

图5 煤层富水异常区位置

3.3 B_4 煤层底板富水区

B_4 煤层底板共划分富水区域4处，分别编号为 C_1、C_2、C_3、C_4，平面位置见图6。

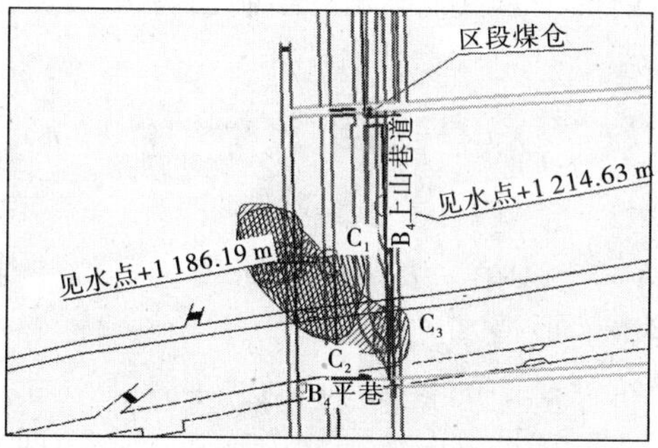

图6 煤层底板富水异常区位置

4 结 论

（1）综合探测成果并结合地质资料及现场地质情况对富水区进行了分析，共划分富水异常区8处，其中2处位于 B_4 煤层顶板，2处位于 B_4 煤层，4处位于 B_4 煤层底板。

（2）A_1 富水异常位于 B_4 煤层顶板，标高约1 260 m；A_2 富水异常标高约1 265 m。B_1 富水异常位于 B_4 煤层，标高约1 255 m；B_2 富水异常标高约1 250 m。C_1 富水异常位于 B_4 煤层底板，标高约1 245 m；C_2 富水异常标高约1 240 m；C_3 和 C_4 富水异常标高约1 215 m。

（3）瞬变电磁探测成果是通过对视电阻率值的相对高低划分的，对于某些低阻特性岩体如泥岩等呈现的低阻反应，会对异常区的划分造成一定的影响。建议对煤层底板 C_2 异常区进行钻探超前探测验证工作，并根据探放水实际情况，深入分析含水体种类及更准确的圈定含水范围，以确定掘进头前方的含水情况。

参 考 文 献

[1] 李新云，李新宽，赵 华. 瞬变电磁仪在煤矿巷道探测中的应用[J]. 中国科技信息，2011(6)：65-68.

[2] 杨 帆，史 华. 井下瞬变电磁法在矿井水仓探测中的应用[J]. 技术与市场，2013(11)：82-84.

[3] 王志荣，蒋 博，张利民. 地下空穴的瞬变电磁信息反馈特征研究[J]. 地下空间与工程学报，2012(12)：1201-1207.

[4] 李玉嵩，李秋生，李 欣，等. 瞬变电磁测量在河南许昌武庄铁矿找矿中的应用[J]. 资源与产业，2011(5)：159-164.

[5] 刘国春. 瞬变电磁法在新疆拜城县阿依冬可档煤矿区采空区运用[J]. 新疆有色金属，2014(3)：64-67.

[6] 郝玉昭，苍震球，张凤予. 瞬变电磁法在地下采空区勘探中的应用[J]. 安阳工学院学报，2010(2)：64-67.

（收稿日期 2015-05-26）

基于灰色关联分析的地下矿山水害安全评价

汪为平[1,2,3]　李同鹏[1,2,3]　周雪斐[4]
(1. 中钢集团马鞍山矿山研究院有限公司;2. 金属矿山安全与健康国家重点实验室;
3. 华唯金属矿产资源高效循环利用国家工程研究中心;3. 安徽省地质矿产勘查局322地质队)

摘　要　采用灰色关联理论对影响强富水矿矿床地下水害的因素进行分析,通过关联度计算,评价大水矿山地下水害安全等级,有利于提高安全评价的全面性和客观性,有利于灾害控制。

关键词　灰色关联分析　水害　安全评价

强富水矿床是指水文地质条件复杂含水层异常发育、矿坑涌水量超过万吨,正常开采受到严重影响的矿床[1]。我国金属强富水矿床广泛分布,如山东张马屯铁矿、河北北洺河铁矿、安徽徐楼铁矿、云南大红山铁矿等。由于金属矿床与煤矿成矿环境的不同,以及矿床在岩体渗流方面表现出的特殊性,使得金属地下矿山水害预测与防治更具复杂性。因此,在对强富水金属矿床地下水害评价时,应综合分析各类影响因素,找出矿山水害发展趋势,为矿山防治水提供科学依据。

本研究采用灰色关联理论,对可能造成徐楼铁矿地下水害的各个影响因素进行综合分析,以确定矿山水害安全等级,对矿山防治水措施的有效性进行评价。

1　灰色关联理论

灰色关联分析是根据各因素之间发展态势的相似或相异程度,来衡量因素间的关联程度的方法。[1]这种分析方法将定性比较转化为定量分析,通过分析和比较系统或不同影响因素之间在发展过程中趋势,既弥补了定性分析的不确定性,又补充了数理统计计算中的关联性。

灰色关联分析的数学原理实质上是几何曲线间形状的分析比较,即几何形状越接近,发展变化态势越接近,则关联度越大。灰色关联度计算就是通过定量分析和比较系统发展变化趋势,寻找系统中各个因素的关联性,并确定影响系统发展方向的主要因素,从而有利于控制和引导系统向安全有效的方向发展。

灰色关联分析对分析的系统对象没有特殊的要求,系统中各因素的数据与系统特征数据之间也无需存在特定的线性关系,不需要研究数据分布的规律性,关联度分析结果也不会出现与定性分析相悖的情况。因此,灰色关联分析更适合于系统影响因素多、各因素之间关系不确定、系统因素数据指标量纲不统一、数据数值差异大的系统。

2　计算方法

地下矿山水害的影响受到地质构造、隔水关键层、补给水源、开采强度、出水方式、防治水措施有效性、排水能力、管理因素等诸多因素的影响,且大部分影响因素具有不确定性,不同因素之间差异性也比较大。地下水突水造成的后果受多种因素综合作用影响,各因素之间存在复杂的非线性关系,评价对象具有较强的灰色系统特征。

假设矿山水害安全等级共分为 m 级,影响矿山水害的评价因素共有 n 个,则矿山各安全等级参数序列为

$$X_i(k)=\left\{X_i(1),X_i(2),.........X_i(n)\right\},\quad i=1,2,3\cdots\cdots,m, \tag{1}$$

式中, $X_i(k)$ 为第 i 级矿山水害安全等级中第 k 项评价因素的取值。

设待评矿山的参数序列为[2]:

$$X_0(k)=\left\{X_0(1),X_0(2),X_0(3),\cdots,X_0(n)\right\}, \tag{2}$$

式中, $X_0(k)$ 为待评矿山中第 k 项评价因素的实测值。

计算过程中,由于各评价因素物理意义不同,指标的量纲也不同,数据数量级相差悬殊,无法直接进

汪为平(1964—),男,教授级高级工程师,所长,243000 安徽省马鞍山市技术经济开发区666号。

行关联计算,需要在各因素比较前对原始数据进行归一化处理,使各原始数据消除量纲,合并数量级,使其具有可比性。

设 $X_i(k)$ 为归一化处理后数据序列,则:

$$\Delta_{0i} = x_{ik}\left[\frac{1}{k}\sum_{j=0}^{k} x_{ik}\right]. \tag{3}$$

求出关联系数:

$$\sigma_{0i}(k) = \frac{\min_i \min_k |X_0(k) - X_i(k)| + P\max_i \max_k |X_0(k) - X_i(k)|}{|X_0(k) - X_i(k)| + P\max_i \max_k |X_0(k) - X_i(k)|}, \tag{4}$$

其中, $\min_i \min_k |X_0(k) - X_i(k)|$ 为二级最小差; $\max_i \max_k |X_0(k) - X_i(k)|$ 为二级最大差; $|X_0(k) - X_i(k)|$ 为参评数据序列与第 i 个标准数据序列对应第 k 个指标差的绝对值; P 为分辨系数,用来削弱 $\max_i \max_k |X_0(k) - X_i(k)|$ 数值过大造成的失真影响,以提高关联系数之间差异的显著性, $P \in [0,1]$,一般取0.5。

得出关联系数矩阵

$$\sigma_{0i}(k) = \begin{Bmatrix} \sigma_{01}(1) & \sigma_{01}(2) & \cdots & \cdots & \sigma_{01}(n) \\ \sigma_{02}(1) & \sigma_{02}(2) & & & \sigma_{02}(n) \\ \cdots & & & & \\ \cdots & & & & \\ \sigma_{0m}(1) & \sigma_{0m}(2) & \cdots & \cdots & \sigma_{0m}(n) \end{Bmatrix}. \tag{5}$$

求出关联度及最大关联度:

$$\gamma_{0i} = \frac{1}{n}\sum_{k=1}^{n} \sigma_{0i}(k),$$

$$\gamma_{max} = \max\{\gamma_{0i}\}. \tag{6}$$

3 地下水害安全评价

3.1 基本情况

徐楼铁矿水文地质条件复杂,涌水量 44 361 m^3/d,是典型的强富水矿床。主要含水层为第四系中粉砂、细砂、中砂含水层和大理岩含水组。大理岩含水组直接位于矿体之上,其岩溶裂隙发育,水源补给来源主要通过东部数公里外之灰岩露头区,含水量丰富。主要隔水层第四系黏土层局部存在“天窗”。矿区喀斯特溶洞较为发育,地下水的迳流条件良好。矿山在普查期间遗留了个别未封孔或封孔质量差的钻孔。为治理矿区地下水,在-45 m 水平以下采用近矿体帷幕注浆防治水措施,隔水帷幕厚度控制在25 m以上,帷幕治水后,涌水量降为7 272 m^3/d。矿山井下配备5台D450-60×3水泵用于井下排水。

3.2 评价指标

根据矿山水文地质条件及现有的防治水措施,将含水层安全、隔水层稳定性、岩溶治理、不良钻孔保护、帷幕注浆止水、防水门设置、排出单位水量所需时间、排水设备完好率、防排水安全管理作为该矿山水害灰色关联分析确定的9个评价因子,并划分4级安全等级标准,分别为安全、较安全、一般、差。其中:

(1)含水层安全。目前矿山通过地下水位监测,含水层水位保护较好,取8;

(2)隔水层稳定性。目前井下涌水量没有明显增加,说明隔水层稳定性较好,取8;

(3)岩溶治理。对近矿体岩溶已采用注浆方式进行治理,取8;

(4)不良钻孔保护。通过生产勘探,尚未找到不良地质钻孔,取6;

(5)帷幕注浆治水效果。通过帷幕注浆,井下涌水量减少到原来的16.4%;

(6)防水门设置。在与副井连通的主运输巷道和水泵房、中央变电所设置了防水门,取8;

(7)排出单位水量所需时间。单台水泵排出1 m^3 水量约需0.13 min;

(8)排水设备完好率。取90%;

(9)防排水安全管理。有专业部门负责防排水管理,取8。

将评价因素编辑成灰色关联分析原始数据表,见表1。

表1 地下矿山水害灰色关联分析原始数据

分 级	含水层安全/分	隔水层稳定性/分	岩溶治理/分	不良钻孔保护/分	帷幕注浆治水效果/%	防水门设置/分	单位水量所需时间/(min/台)	设备完好率/%	防排水安全管理/分
安 全	10	10	10	10	<30	10	<0.5	>90	10
较安全	8	8	8	8	40	8	1.0	80	8
一 般	6	6	6	6	50	6	1.5	60	6
差	4	4	4	4	>60	4	>2	<40	4
取 值	8	8	8	6	16.4	8	0.13	90	8

将9个评价因素关联数据采用式(3)进行归一化处理,见表2。

表2 归一化后评价

分级	含水层安全/分	隔水层稳定性/分	岩溶治理/分	不良钻孔保护/分	帷幕注浆治水效果/%	防水门设置/分	单位水量所需时间/(min/台)	设备完好率/%	防排水安全管理/分
安全	1.429	1.429	1.429	1.429	0.667	1.429	0.4	1.333	1.429
较安全	1.143	1.143	1.143	1.143	0.889	1.143	0.8	1.185	1.143
一般	0.857	0.857	0.857	0.857	1.111	0.857	1.2	0.889	0.857
差	0.571	0.571	0.571	0.571	1.333	0.571	1.6	0.593	0.571
取值	1.143	1.143	1.143	0.857	0.364	1.143	0.104	1.333	1.143

按照式(4),求$|X_0(k)-X_i(k)|$,见表3。

表3 绝对值评价

分级	含水层安全/分	隔水层稳定性/分	岩溶治理/分	不良钻孔保护/分	帷幕注浆治水效果/%	防水门设置/分	单位水量所需时间/(min/台)	设备完好率/%	防排水安全管理/分
安全	0.286	0.286	0.286	0.571	0.302	0.286	0.296	0	0.286
较安全	0	0	0	0.286	0.524	0	0.696	−0.15	0
一般	−0.29	−0.29	−0.29	0	0.747	−0.29	1.096	−0.44	−0.29
差	−0.57	−0.57	−0.57	−0.29	0.969	−0.57	1.496	−0.74	−0.57

由表3可以看出:

二级最小差:

$$\min_i \min_k |X_0(k) - X_i(k)| = 0;$$

二级最大差:

$$\max_i \max_k |X_0(k) - X_i(k)| = 1.496.$$

取$p=1$,根据式(3)求得关联系数,见表4。

表4 关联系数评价

分级	含水层安全/分	隔水层稳定性/分	岩溶治理/分	不良钻孔保护/分	帷幕注浆治水效果/%	防水门设置/分	单位水量所需时间/(min/台)	设备完好率/%	防排水安全管理/分
安全	0.729	0.729	0.729	0.574	0.718	0.729	0.722	1	0.729
较安全	1	1	1	0.729	0.595	1	0.525	0.838	1
一般	0.729	0.729	0.729	1	0.507	0.729	0.412	0.634	0.729
差	0.574	0.574	0.574	0.729	0.442	0.574	0.34	0.509	0.574

根据表4中的数据,代入式(4)列出关联系数矩阵,并求出关联度:

$$R = \begin{Bmatrix} r_1 \\ r_2 \\ r_3 \\ r_4 \end{Bmatrix} = \begin{Bmatrix} 0.740 \\ 0.854 \\ 0.689 \\ 0.543 \end{Bmatrix}.$$

由上式可以看出最大关联度$R_{max} = r_2 = 0.854$,即r_2的关联度最大,所以徐楼铁矿地下水害安全评价等级为较安全级。

4 结论

根据对徐楼铁矿地下水害安全影响因素的分析,该矿山涌水量大,且涌水补给水源来源复杂,对矿床地下开采安全影响大。采用灰色关联理论对该矿山地下水害进行安全评价,根据评价结果:

(1)采用灰色关联理论对矿山地下水害进行安全评价,能够充分考虑和兼顾各类影响因素,有利于安全评价的全面性。

(2)地下水害灰色关联分析过程中,对各类因素按级别进行赋值,并经过均一化处理,分析结果不受量纲和数量级的限制,更消除了定性评价过程中主观因素的影响,有利于安全评价的客观性。

(3)灰色关联分析结果体现的是评价对象变化发展的趋势,有利于进行灾害控制。

参考文献

[1] 刘晓亮,褚洪涛. 我国复杂大水金属矿床的开采现状与发展趋势[J]. 采矿技术,2008(3):3-4.

[2] 侯晓亮,谭晓慧. 灰色关联理论在边坡稳定性分析中的应用[J]. 路基工程,2011(3):16-18.

(收稿日期 2015-05-26)

·地质与测量·

大红山式矿床地质特征及成因

李伟宝
（玉溪大红山矿业有限公司）

摘　要　大红山铜铁矿床的形成明显受地层层位、岩性、构造及火山活动控制，为一个海底火山成矿系列，是在时间上、空间上、成因上相互联系的一套矿床组合。通过对该矿床成矿地质条件、矿床特征、控矿因素、成因进行分析，并提出了寻找“大红山式”铁、铜矿床的找矿标志，为区内找矿工作提供参考。

关键词　地址特征　矿床特征　控矿因素　矿成因　找矿标志

大红山铁铜矿区东段位于云南省新平县戛洒、老厂、新化3个公社交界处。地理坐标为东经101°37′52″～101°39′51″，北纬24°04′58″～24°06′49″。矿段西自F_3断层东至$A_{49}^{\#}$线，略呈EW向展布。东西长3 400 m，南北宽3 400 m，面积11 km^2。矿区有简便公路西到戛洒（9 km）、北至老厂（20 km）。由戛洒有公路直达新平县城（76 km）、玉溪（200 km）、昆明（290 km）、楚雄（160 km）、墨江（110 km），交通较为便利。

1　区域地质背景

1.1　大地构造位置

矿区位于滇中中台坳南端，区域内出露有大片中生代上三叠统和侏罗系地层，大红山群是在中生代盖层中出露的“天窗”。矿区西部出露有变质较深、混合岩化较强的哀牢山群，矿区东部（即绿汁江断裂以东）分布有变质较浅、以含微古生物化石和叠层石为特征的昆阳群。紧靠矿区外围，北起太和街，南至漠沙，西至哀牢山深断裂，东至曼干村、岩子脚及新化一带，面积约800 km^2的范围内，开展过较为详细的区域地质填图工作，编有1∶5万区域地质简图及相关文字报告。

1.2　地　层

矿区出露的地层由老至新分别有哀牢山群（Aral）的阿龙组（Ara）、小羊街组（Arx），大红山群（Ptd）的老厂河组（Ptdl）、曼岗河组（Ptdm）、红山组（Ptdh）、肥味河组（Ptdf）、坡头组（Ptdp），中生界（Mz）的上三叠统（T3）、侏罗系（J），新生界（Kz）的老第三系（R）、第四系（Q）。

1.3　构　造

矿区位于EW、SN、NW走向的3组主要构造线的交汇地带中。区内构造运动强烈，从太古代末期开始，不同时期和不同阶段的构造运动，如红山运动、龙川运动、晋宁运动、印支运动、燕山运动、喜山运动及新构造运动，在区内均有不同程度的反映。所形成的构造线、构造形态和伴随的岩浆活动、变质作用，自成体系，相互继承和干扰，致使区内地质构造趋于复杂化，对“大红山式”铁、铜矿的形成、富化和发展变化有一定的依存关系。

2　矿床地质特征

2.1　矿区地层特征

矿区仅出露2套地层，盖层为晚三叠世干海子组及舍资组，基底为早元古代大红山群，系一套富含铁、铜的浅-中变质的钠质火山岩系。前者广布于矿区四周，后者主要出露于老厂河、曼岗河、肥味河河谷及两岸山坡地带。大红山群是矿区的主要含矿地层，为一套古海底火山喷发-沉积变质岩系。自下而上分为老厂河组（Ptdl）、曼岗河组（Ptdm）、红山组（Ptdh）、肥味河组（Ptdf）、坡头组（Ptdp）。

（1）老厂河组（Ptdl）。为大红山群下部地层，总厚377 m。与上覆曼岗河组为过渡接触，以具斜层理的钾长石英岩及石榴白云片岩为标志性特征。全组自下而上由碎屑岩-白云片岩斗碳酸盐岩组成，为一海侵序列，属滨海-浅海相正常沉积，为陆源碎屑岩夹少量碳酸盐的组合建造。

（2）曼岗河组（Ptdm）。地表主要见于老厂河及曼岗河谷中及其两侧，深部被大量的钻孔所揭露，总

李伟宝（1984—），助理工程师，653405 云南省玉溪市新平县戛洒镇。

厚约650 m,与其上红山组为火山不整合接触,其组成以钠质火山沉积岩为特征,火山岩以凝灰岩为主,熔岩较少,全组构成一火山沉积旋回。全组为一套较深海相海底火山喷发沉积建造,缺乏陆源碎屑,富含硅质条带。下部主要为中基性钠质火山岩,以凝灰岩为主,显层纹构造,钠质火山岩中含绿帘石斑点、团块及片状镜铁矿为其特征。上部绿色片岩向大理岩的过渡部位,盛产条纹条带状铁铜矿层(Ⅰ#矿),所含的铁矿物为磁铁矿及菱铁矿。

(3)红山组(Ptdh)。主要见于曼岗河中段及大量的深部钻孔中,总厚约880 m,与上覆肥味河组为过渡接触,其组成以火山熔岩(细碧-角斑岩)为标志性特征。全组以熔岩为主,下部主要为浅灰色碱中性变钠质熔岩(角斑岩);上部为暗绿色碱基性的角闪变钠质熔岩(细碧岩),具明显的火山岩结构构造,是"大红山式"铁矿产出的主要层位;中部为绿色片岩,产条带状黄铜长英磁铁矿为其特征。

(4)肥味河组(Ptdf)。地表零星出露于大红山矿区南部肥味河北侧及丫么登、哈姆白祖等地,深部被大量钻孔所揭露,厚度大于375 m,与其上覆坡头组为整合接触。全组总体特征为中等变质的碳酸盐建造,以白色块状白云石大理岩为其特征,靠底部大理岩中含火山碎屑及钠质火山岩透镜体,上部夹多层含黄铁矿的炭质板岩。

(5)坡头组(Ptdp)。主要见于大红山矿区东南部瞰头地区,且以肥味河谷出露较为清楚,其上被三叠系不整合覆盖,未见其顶,已知厚度大于626 m。该组为一套变质较浅的,含炭质、砂泥质及碳酸盐的组合建造,具有复理石特征,主要由陆源物质沉积变质而成,未见或很少见角闪石、钠长石等火山成分,铁、铜矿化低,大理岩、片岩中很少见黄铜矿、磁铁矿及赤铁矿,与曼岗河组及红山组截然不同。

2.2 变质火山-沉积岩和侵入岩岩石特征

矿区属海底火山喷发环境,岩浆活动频繁,具多期性和多样性,既有强烈的火山喷发(喷溢)作用,又有不同阶段、不同性质的岩浆侵入作用。含矿系形成后还经历了多次的构造变动及变质作用。因而,大红山群岩石组成复杂,既有火山岩、次火山岩、火山-沉积岩,也有不同时期的侵入岩。

2.3 侵入岩类

(1)石英钠长斑岩。岩石为灰白色、白色,粒状、斑状结构。基质为他形粒状结构,块状构造,常见条纹条带次构造。斑晶为他形到自形钠长石,他形石英聚斑。基质由细小他形钠长石、石英及少量金红石组成,其中含少量自云石自形菱面体变斑晶。

(2)辉长辉绿岩。新鲜岩石为灰绿-暗绿色,蚀变后呈绿色,中-粗粒变余辉绿结构,变余嵌晶含长结构,块状构造主要矿物成分为角闪石、钠长石,次要矿物为绿泥石、黑云母、绿帘石等。副矿物有磁铁矿、钛铁矿、黄铜矿、黄铁矿、磷灰石等。角闪石含量为40% ~70%,钠长石含量为30% ~55%。该岩体无明显的岩相带,与围岩接触带大多同化混染,后期变质蚀变强烈,次生变化较大,原岩特征常已改变,有些面貌全非。

(3)辉绿岩。为区内较晚的脉岩,规模小,分布少,厚小于10 m。主要为暗绿色,变余嵌晶含长结构、变余辉绿结构,块状构造,是区内唯一可见辉石的侵入岩。岩石中 SiO_2 含量45.76%,Na_2O+K_2O 含量平均5.62%,Na_2O 含量4.20%,K_2O 含量1.42%。岩石化学成分、酸碱度、查氏数值特征与辉长辉绿岩十分相似,可能为辉长辉绿岩同源而稍后的产物。

(4)石英钠长石白云石岩。呈侵入产状,常与辉长辉绿岩伴生,一般出现于辉长辉绿岩与围岩接触带上,以 F_2 断裂带最为发育,其次在熔岩底部与大理岩界面上分布较多。从深度上看,主要分布于400 m标高以上,向深部逐渐减少,具垂直分带性。呈脉状、树枝状、囊状及不规则形状。规模大小不等,一般厚数米至50 m,大者厚100 ~200 m。新鲜岩石为白色、灰白色,风化后为黄褐色,烧后呈深棕色、棕褐色、土黄色,表明岩石含铁。主要矿物成分为白云石、钠长石,石英少量,副矿物有磁铁矿、钛铁矿、白钛矿等。该类岩石主要为热液成因,并与辉长辉绿岩有关,是辉长辉绿岩期后热液充填交代的产物。

2.4 构　造

矿区位于EW、NW、SN向诸组构造线的交汇地带偏EW向构造带内。矿区北部为区域一级的近东西轴向的底巴都背斜,矿区位于该背斜南翼西端。

(1)EW向构造。为矿区含矿系的主干构造,形成时间最早(早元古代末),由一系列的褶皱及断裂组成,既是成矿构造,也是控矿构造。由于上三叠统干海子组及舍资组的大片覆盖,基底岩系露头甚少,各种构造形态多系深部钻孔揭露,有底巴都背斜及其南翼的次级大红山向斜、肥味河向斜、肥味河背斜与 F_1、F_2 等断层。

(2)NW 向构造。系成矿后的晚期构造,是哀牢山构造带与红河深断裂多次活动影响的结果,由一系列的正断层、逆断层及平移断层等组成,在矿区境内反映比较明显,计有 F_3、F_4、F_6、F_8、F_{18}、F_{10}、F_{16} 等断层。

(3)SN 向及 NE 向构造。该构造在矿区内不十分明显。SN 向构造仅有 F_{23}、F_{41}、F_{43} 等几条小断层,NE 向构造有 F_7、F_{13}、F_{22} 及 F_{29} 等断层,对矿体影响较小。

矿区 EW 向及 NW 向构造不仅对侵入岩、火山岩及铁铜矿具有明显的控制作用,而且某些断层还是划分矿段和采区的自然边界线。如 F_1 构成了矿区东矿段南部的自然边界,F_2 构成了浅部铁矿与深部铁矿的天然分界线,F_3 构成了矿区西段与东段的天然分界线。矿区主要构造详细分析如下:

(1)底巴都主背斜。轴向近似 EW,西端轴向有向南偏转之势,为南 55°~60°西。背斜两翼比较平缓,对称开阔,北翼倾角为 15°~20°,南翼略陡,倾角为 20°~35°。核部为老厂河组及曼岗河组下段,翼部为曼岗河组中上段及红山组、肥味河组。背斜的西、北、东三面由于巨厚的上三叠统覆盖,基本构造特征不详。根据钻孔揭露,$\mathrm{I}^{\#}$铁铜矿带在背斜南翼走向控制长达 9 km,斜深达 2.2 km 以上,北翼经稀疏钻孔揭露控制长在 9 km 以上,该矿带沿背斜翼部延展,受背斜产状及形态控制。

(2)大红山向斜。位于 $A_{20}^{\#}$~$A_{45}^{\#}$ 线,F_1、F_2 断层之间,为深部铁矿体分布部位,主要由 Ptdh 含矿岩系及矿体组成。轴向大致为北 80°东,略有北翼较缓、南翼较陡之势,长约 2 650 m,宽约 400~750 m。东端翘起,向南西 260°方向倾伏,$A_{40}^{\#}$ 线以西倾伏角为 16°~21°,$A'^{\#}_{40}$ 线东变陡,,倾伏角为 41°。

(3)肥味河向斜。位于大红山向斜之南,轴向 SE 东或近 EW,两翼岩层倾角为 30°~40°,向斜东部抬起,向西倾伏,核部由肥味河组块状白云石大理岩夹炭质板岩构成,翼部为薄层白云石大理岩及角闪黑云白云石大理岩。

(4)F_1 断层。位于大红山向斜南侧,NWW 或近 EW 走向,倾向 S 或 SSW,倾角为 60°~85°,断距大于 500 m,为深部 $\mathrm{II}_1^{\#}$ 铁矿的南界。区内控制长 1.2 km,向东推断延伸至坡头、秀水,长约 5 km 以上。其断层带特征为:①断层上下盘岩层产状不一致,下盘(北盘)产状平缓、稳定,倾角约 25°,上盘(南盘)陡立零乱,倾角为 60°~85°;②沿断层带有大量辉长辉绿岩呈岩墙贯入,相互平行的正平移断裂成群出现,断层角砾岩十分发育,角砾成分有大理岩、钠质火山岩、铁矿石、辉长辉绿岩,也有上三叠统的砂页岩、为绿泥石胶结;③两盘岩层不对应,上盘肥味河组(Ptdf)与下盘红山组直接接触,经钻探证实,南盘孔深 1 200 m 尚未穿透肥味河组,可见,即便存在含矿钠质火山岩及铁矿体,埋深也很大。

(5)F_2 断层。位于大红山向斜北侧,推断早期为逆断层,晚期为正断层。该断层近 EW 走向,延长约 1.1 km,倾向 S,倾角约 80°,沿断层带辉长辉绿岩呈岩墙贯入,并广泛发育白云石钠长石岩、角砾岩,碳酸盐化、钠化退色现象非常强烈,伴随钠化常有不规则状铁矿体产出。倾向斜断距为 50~600 m,初期断距不大,后被岩体侵入充填破坏,反映在沿走向各剖面上断距变化大,为辉长辉绿岩岩墙所占,成为浅部铁矿与深部铁矿的自然分界。

(6)F_{12} 断层。位于浅部铁矿南边界,走向近东西长约 155 m,倾向 SSE,倾角为 66°,平移约 50 m,垂直落差 30~15 m,使 $\mathrm{III}_2^{\#}$、$\mathrm{II}_5^{\#}$ 矿体重复。断层带被辉长辉绿岩贯入充填,为 F_2 断层边缘的逆冲小断层,对矿体影响不大。

(7)F_3 断层。走向 EW10°~50°,倾向 SW,倾角约 64°,延长达 4 km,垂直断距为 215 m。含铁铜矿带平均垂直落差 200 m。断层带宽 15 m,沿断层带石英脉发育,可见断层角砾岩,水平擦痕显示,北东盘向北西方向推移。该断层为 $\mathrm{I}^{\#}$含铁铜矿带东西矿段的自然边界。

(8)F_4 断层。位于深部 $\mathrm{II}_1^{\#}$ 铁矿西南边界,走向约 NW70°,向南西倾斜,倾角约 70°,延长 2 250 m。西段与 F_1 断层重合,属晚期平移断层。断层现象清楚,断层角砾岩及水平擦痕明显,擦痕显示,北东盘相对南西盘向西推移。该断层带中"入字"型片理十分发育。

(9)F_6 断层。位于矿区东北部 A'_{32} 矿层露头线处,断层切割 $\mathrm{II}_{5\text{-}4}^{\#}$ 及 $\mathrm{III}_2^{\#}$ 矿体。走向 NW30°,倾向 NE,倾角为 75°,延长约 260 m,垂直断距大于 30 m,断层带胶结紧密,有石英、方解石脉充填。断层面平直、光滑,常见水平擦痕,东盘上升,西盘下降,为高角度正平移断层。

(10)F_8 断层。出露于 $A'^{\#}_{32}$ 矿层北段的 $\mathrm{I}^{\#}$沟中,断层切割了 $\mathrm{II}_{5\text{-}4}^{\#}$ 及 $\mathrm{III}_2^{\#}$ 矿体,走向 NW30°,倾向 NE,倾角为 80°,延长约 360 m,断距约 50 m,断层带胶结较紧密,由石英脉及方解石脉充填,断层面平

直、光滑，常见水平擦痕，东盘上升，西盘下降，属高角度逆平移断层。

(11) F_{18} 断层。横切曼岗河南北岸。断层破坏了 $Ⅱ^{\#}_{5\text{-}4}$ 及 $Ⅲ^{\#}_{2}$ 矿体的连续性，断层线走向 NW60°，倾向 NE，倾角为 75°，延长约 460 m，断距约 20 m，断层带胶结紧密，胶结物为碳酸盐、钠长石及泥质物，断层带宽 0.7 m，具水平擦痕，属逆平移断层。

(12) F_7 断层。位于 $A'^{\#}_{36}$ 线北端，使 $Ⅱ_{5\text{-}4}$ 及 $Ⅲ^{\#}_{2}$ 矿体地表露头被错断，断层线延长约 100 m，其走向为 NE30°，倾向 NW，倾角为 76°，北西盘下降，南东盘上升，垂直落差 25 ~ 40 m，为高角度的正平移断层，南东盘向南西方向平移约 48 m。

(13) F_{13} 断层。位于哈姆白祖大沟东侧，倾向 110° ~ 140°，倾角为 40° ~ 60°，地表延长约 366 m，断层带宽约 3 m，带内钠长石、石英及磁铁矿有搓碎现象。

(14) F_{22} 断层。地表延长大于 360 m，断层倾向 302°，倾角为 67°，断距约 30 m，断层带宽约 0.15 m，断层带属铁泥质胶结，较松散，沿断层带地表肾状褐铁矿及次生石英脉较发育，为正断层。

3 矿床特征

3.1 矿床规模及矿体分布

大红山铜铁矿床为古海相火山岩型铜铁矿床，矿床规模巨大，经查明有 5 个主要含矿带（$1^{\#}$ ~ $V^{\#}$矿带），共有 71 个矿体，共有铁矿总储量 45 825.34 万 t，其中表内储量 34 112.75 万 t，表外储量 1 1 712.59 万 t，铜矿总金属储量 135.11 万 t，其中表内储量 119.63 万 t，表外储量 15.48 万 t。

矿段内铁、铜矿体产于大红山群曼岗河组、红山组地层中。矿体分布范围西自 F_3 断层，东至 $A^{\#}_{49}$ 线，北自大水井梁子，南至肥味河 F_4 断层；东西长约 4 000 m，南北宽约 2 000 m，面积为 8 km^2。铁矿主要分布于曼岗河以南，F_1、F_4 断层以北，$A^{\#}_{25}$ ~ $A^{\#}_{43}$ 线。此外，曼岗河北岸、哈姆白祖地段也零星分布一些小矿体。铜矿主要分布于 F_4 断层至 $A^{\#}_{42}$ 线。

$Ⅲ^{\#}$矿带中的铁、铜矿体共生，其余 $Ⅱ^{\#}$、$Ⅳ^{\#}$、$V^{\#}$ 矿带中的矿体为单一的铁矿体。从垂直方向上看，$Ⅱ^{\#}$、$Ⅲ^{\#}$、$Ⅳ^{\#}$、$V^{\#}$铁矿带位于 $Ⅰ^{\#}$铜矿带之上，两者在剖面上相距十多米至百多米。从平面位置上看，位于 $A^{\#}_{25}$ ~ $A^{\#}_{43}$ 线的铁矿体和铜矿体在空间位置上是相互重叠的。

3.2 主要矿体特征

(1) $Ⅱ^{\#}_{5}$ 矿组各矿体。矿组分布于 $A^{\#}_{27}$ ~ $A^{\#}_{40}$ 线。产于红山组下段 ($Ptdh^1$) 浅色变钠质熔岩上部，含矿围岩为浅色块状含磁铁变钠质熔岩。

(2) $Ⅱ^{\#}_{4}$ 矿组各矿体。该矿组产于红山组下段 ($Ptdh^1$) 变钠质熔岩中，断续分布于 $A^{\#}_{29}$ ~ $A^{\#}_{36}$ 线，沿 EW 走向展布，倾向 S，长 690 m，南北宽 50 m，含矿面积 3.45 万 m^2。矿体埋深 458 ~ 652 m。

(3) $Ⅱ^{\#}_{3}$ 矿组各矿体。矿组产于红山组下段 ($Ptdh^1$) 变钠质熔岩底部，赋存于火山不整合面之上的低凹部位，分布于 $A'^{\#}_{29}$ ~ $A'^{\#}_{32}$ 线和 $A^{\#}_{34}$ ~ $A^{\#}_{41}$ 线东西 2 个地段，共有 9 个矿体。该矿组各矿体矿石主金属矿物以磁铁矿为主，其次为斑铜矿、黄铜矿；脉石矿物以钠长石、石英为主，其次有黑云母、绿泥石、角闪石、绢云母、白云石等。矿石类型为花斑状或浸染状长英磁铁贫矿石。

(4) $Ⅱ^{\#}_{2}$ 矿组。矿组位于 $A^{\#}_{32}$ ~ $A^{\#}_{44}$ 线，沿 F_1 断层带，绕 $Ⅱ^{\#}_{1}$ 矿体南侧和底侧，呈 NE—SW 向分布，由 4 个小铁矿体组成。矿组各矿体均产于辉长辉绿岩内，含矿岩石为硅化、钠长石化角砾岩、白云石钠长石岩和绿泥石化角砾状辉长辉绿岩。含矿岩石与辉长辉绿岩之间没有明显界线，矿体与围岩之间由明显到过渡接触。过渡接触时围岩矿化较高，一般有 1 ~ 3 m 厚含全铁 18% ~ 20% 的过渡带。

3.3 矿物成分与结构构造

矿段内各矿带及其矿体虽赋存于不同层位和地段，但其矿物成分与结构构造均比较简单，无论是铁铜共生矿体，还是单一的铁矿体，矿与含矿围岩在矿物组合、结构构造等特征方面具有明显的一致性。

金属矿物主要由磁铁矿、次为赤铁矿组成，尚有少量假象赤铁矿（磁赤铁矿）、钛铁矿、黄铁矿、黄铜矿，偶见斑铜矿。脉石矿物主要由钠长石、石英组成，次为白云母（绢云母）、碳酸盐（以白云石为主，次为方解石，少量铁白云石或菱铁矿）和含铁硅酸盐矿物（以绿泥石为主）。磷灰石、电气石虽含量甚少，但分布广泛，偶见金红石、锆石、绿帘石、角闪石等。根据磁铁矿、赤铁矿、钠长石、石英等主要金属和脉石矿物的结构和嵌布特征，可进一步区分为半自形、自形微粒，他形、半自形细粒，半自形、自形细粒和半自形、自形中粗粒磁铁矿；微粒及尘点状，他形粒状，半自形、自形板状、叶片状赤铁矿和假象赤铁矿（磁赤铁矿）；他形柱状和半自形、自形粒柱状钠长石；微细粒状、他形细粒、粒状集合体和不等粒团块状石英。这不仅反映了成矿作用过程和矿物生成的顺序，而且与矿石的品级、结构构造特征密切相关。对构成不同地段、不同品级的矿体具有明显的作用,并直接影响了矿石的加工利用性质。

矿石结构以粒状结构为主,板状、叶片状结构为次。矿石构造有浸染状、条纹条带状、花斑状、角砾状、斑点状、斑块状、块状和致密块状等。矿石的构造特征与其矿物成分和品级密切相关。

3.4 矿石类型

3.4.1 矿石自然类型的划分

矿石自然类型受矿体产出层位和成因差异的控制。根据主金属铁铜矿物、脉石矿物及矿石结构、构造的不同,可将矿石自然类型划分为铁矿石自然类型、含铜铁矿石自然类型、含铁铜矿石自然类型。

(1)铁矿石自然类型。按主金属矿物划分为磁铁矿、赤铁矿、磁赤铁矿、赤磁铁矿4类。按其脉石矿物可分为石英型铁矿石,长英型铁矿石2亚类。每一亚类按其不同铁矿物及含量多少又可分为石英磁铁富矿石、长英磁铁贫矿石、石英赤磁铁富矿石、长英赤磁铁贫矿石、石英磁赤铁富矿石、长英磁赤铁贫矿石、石英赤铁富矿石、石英赤铁贫矿石等8类。

(2)含铜铁矿石自然类型。主金属矿物为磁铁矿、菱铁矿,次为黄铜矿。脉石矿物主要为长石、石英、石榴石、黑云母、白云石。可划分为石英含黄铜磁铁矿石、长英含黄铜磁铁矿石、石榴黑云含黄铜磁铁矿石、长英白云石含黄铜磁铁菱铁混合矿石,长英白云石含黄铜菱铁矿石等5个亚类。

(3)含铁铜矿石自然类型。主金属为黄铜矿,次为磁铁矿。脉石矿物与上述含铜铁矿石基本相同,但结构、构造有所差异。按其主金属矿物及含量可分为磁铁黄铜矿石及含磁铁黄铜矿石2类。每个大类按金属矿物及脉石矿物组合又可分为4个亚类:①长英磁铁黄铜矿石、长英含磁铁黄铜矿石;②石榴黑云磁铁黄铜矿石、石榴黑云含磁铁黄铜矿石;③白云石磁铁黄铜矿石、白云石含磁铁黄铜矿石;④炭质白云母石英磁铁黄铜矿石、炭质白云母石英含磁铁黄铜矿石。

3.4.2 矿石工业类型划分

由于矿石自然类型的差异性,矿石中所含的主要金属矿物、脉石矿物组合及矿石结构、构造特征差别很大,矿石加工性能、选矿流程、选矿方法也各不相同。根据各方面的特征可将本段矿石分为2类:①以Ⅱ#矿带各矿体为代表的单一铁矿石,成分简单;②以Ⅰ#矿带各矿体为代表的铁铜共生的矿石。

(1)铁矿石工业类型。属单一铁矿石类型的主要为Ⅱ#矿带中的矿体,其次为$Ⅲ^{\#}_{1}$、$Ⅳ^{\#}_{1}$、$Ⅴ^{\#}$矿带的矿体,矿物成分较单纯,矿石类型较简单。除$Ⅱ^{\#}_{1}$铁矿体有赤铁矿外,其余各矿体主要为磁铁矿石。可将矿石分为磁铁矿石、赤磁铁矿石、磁赤铁矿石、赤铁矿石等4类。

(2)铁铜共生矿石工业类型。该类矿石中主金属铜矿物成分简单,主要为黄铜矿、少量斑铜矿,属硫化矿石,铁主要为磁铁矿,但有时相变为菱铁矿,铁和铜共生,互为消长,围岩、脉石矿物成分复杂。因此,根据铁、铜金属的品位,可将该类矿石划分为含铁铜矿石、含铜铁矿石2类。

4 矿床成因及控矿条件

4.1 矿床成因及分类

对铁矿来说,含铁钠质火山岩为超浅成的侵入溢出的岩体,其中浅色变钠质熔岩为变钠长岩,深色角闪变钠质熔岩为变基性岩(即变辉绿岩及变辉长辉绿岩)。钠长质岩浆沿红山向斜北侧的EW向构造薄弱带超浅成侵入溢出,在岩浆冷凝过程中由于重力作用,部分熔浆下沉底部,冷凝结晶形成铁矿体,产于显微粒状、浸染状、团块状的磁铁矿,分布于硅酸盐矿物颗粒间。岩浆冷凝后,深源残浆中的富钠质挥发分的矿化剂,沿底部围岩的裂隙活动,与早期的磁铁矿一起富集成巨厚的透镜状矿体群,构成了矿床的基本形态。稍后,同源分异的基性岩浆沿同一通道侵入,在基性岩浆期后热液作用下,赤铁矿被广泛交代,使原已形成的铁矿再次富化,形成先进的面貌。Ⅰ#矿带大型铜铁矿床为晚期岩浆热液交代矿床,是含铜热液沿层选择性交代的结果。

随着勘探工作的深入,认为各矿带矿体,虽具有各自不同的特点,但都明显地围绕着一个火山喷发中心分布。在火山喷发活动中心,伴随中、基性偏碱性的海底火山喷发-沉积作用,出现了一组不同类型的矿化,是海底火山成矿作用不同时期、不同阶段、不同环境和条件下的产物,在空间上、时间上是相互联系的,构成了具有统一成因的配套关系。根据各矿带矿体地质特征,对区内铁铜矿床成因进行分类:

(1)火山喷发(喷气)-沉积变质铁铜矿床。①产于绿色片岩夹不纯薄层大理岩中的层状含铁铜矿床,如Ⅰ#、Ⅲ#铁铜矿带;②产于角斑质层凝灰岩中的似层状铁矿床,如$Ⅱ^{\#}_{5\text{-}4}$铁矿体;③产于长英质白云石大理岩中的火山-沉积改造菱铁矿床,如$Ⅰ^{\#}_{0}$、$Ⅰ^{\#}_{a}$、$Ⅰ^{\#}_{b}$、$Ⅰ^{\#}_{c}$等含铜菱铁、磁菱铁矿体。

(2)受变质的火山喷溢熔浆(矿浆)铁矿床。①

产于富铁杏仁状、角斑状变钠质熔岩中的浸染状铁矿床，如$Ⅱ^{\#}_{5\text{-}3}$矿体中部贫铁矿床；②产于角砾状变钠质熔岩中的花斑状铁矿床，如$Ⅱ^{\#}_{5\text{-}1}$铁矿体下部的表外矿；③产于变钠质熔岩（角斑岩）喷溢韵律顶部的致密块状铁矿体（即矿浆铁矿），如$Ⅱ^{\#}_{5\text{-}3}$矿体上部的富铁矿。

(3)受变质火山气液（热液）交代（充填）的富化矿床。即产于角斑质富铁凝灰角砾岩夹角斑岩中的$Ⅱ^{\#}_{1}$厚大富铁矿。

(4)岩浆期后热液钠化交代（充填）矿床。如产于白云石钠长石岩中的不规则状钠长磁铁矿床，如$V^{\#}_{2}$、$Ⅱ^{\#}_{2}$铁矿体。

4.2 控矿条件

4.2.1 火山活动中心控矿

大红山铁铜矿床高度集中分布于约8 km^2的范围内，特别是其中主要富铁矿集中于不足2 km^2的范围内，其分布和富集明显受火山机体，特别是火山活动中心（火山口、火山管道）的控制。从古火山机体示意图上可以看出，各类矿体都集中于火山机体中，$Ⅱ^{\#}_{1}$矿带接近喷发中心，稍远为$Ⅱ^{\#}_{5}$矿带，$Ⅲ^{\#}$矿带距喷发中心稍远，主要停积于相对稳定的地带，$Ⅰ^{\#}$矿带则更远些，可能位于火山口与火山口之间的凹部。自火山口向外随火山机体中各种火山岩向四周变薄、尖灭并逐步被正常沉积岩所取代，矿体也相应变薄、变贫，层数减少，以至尖灭，并由铁矿逐步变为铁铜矿、菱铁矿。造成该类布局的原因是：火山活动中心成矿物质来源丰富，岩性构造比较有利。因而在地质工作中沿一定层位寻找和研究出露和隐伏的可能成带、成串的火山喷发中心，有可能找到铁、铜矿富集的有利部位。

4.2.2 岩性、岩相成矿的专属性

虽然火山岩中普遍含有高量且分散均匀的尘点状铁质，但毕竟尚未构成具有工业价值的矿床。就矿区的情况而论，对铁矿来说，最有利的是浅灰色角斑质凝灰岩、角斑岩（浅色熔岩）及角斑质凝灰角砾岩，属火山喷发相，该类岩石距火山口近，含钠较高（Na_2O含量一般为6% ~7%），铁与富钠质的岩石关系密切，因钠和Fe^{2+}半径相近，亲合力大，在晶体结构中铁最靠近钠，在结合链中，铁也接近钠，因而其结合力强，常呈络合物一起搬运。对铜矿来说，根据矿区各种岩石铜量分析结果，以绿色基性凝灰质片岩、深灰色变钠质层凝灰岩、条带状磁铁矿及不纯白云石大理岩含铜较高，是最有利的岩性，该类岩石属火山-沉积变质岩，为火山喷发沉积相（过渡相）。

从矿区的实际情况看，中偏碱性的火山喷发岩具有铁的成矿专有属性，基偏碱性的火山喷发凝灰沉积岩与铜矿的生成关系密切。此外，后期热液交代的白云石钠长石岩和钠长石白云石岩，对铁质的富集也具有重要作用。

4.2.3 火山喷发-沉积旋回（韵律）控矿

大红山铜铁矿与特定的火山喷发-沉积旋回有关。铁矿主要产于红山组第Ⅲ旋回中下部，铜矿主要产于曼岗河组第Ⅱ旋回中上部，这是由当时火山作用特点及地质环境决定的。当时的火山作用对每个旋回来说自下而上逐渐减弱，正常的沉积作用逐渐增强，基本上遵循了从爆发→喷发→宁静→溢流→间歇的发展过程。从岩性组成上看，各旋回的中下部主要由火山碎屑岩及熔岩组成，中上部主要为层凝灰岩、绿片岩及大理岩，该类岩性组成上的变化特点，直接关系着不同类型矿体的生成。对铜矿来说，由于曼岗河旋回的中晚期，矿区为基性凝灰质的喷发沉积，当时的海盆主要为弱还原环境，海水相对稳定，有利于铜矿的沉积；对铁矿而言，由于火山旋回的早中期为中偏碱性的火山岩浆喷溢，且当时矿区主要为氧化环境，故有利于铁矿的生成。从单个溢流韵律看，矿体主要位于韵律的顶部及熔岩的中上部杏仁气孔比较密集的部位。前者与岩浆分异晚期铁质较为富集有关，后者是由于富铁熔浆流出之后，在冷凝过程中其间的挥发分携带部分铁质向上部压力减小的方向集中的结果。总之，旋回韵律控矿是与每个旋回或韵律的特征密切相关。

4.2.4 地层控矿

铜铁矿均具有一定的层位，受地层控制。地层的含矿性是形成各类铜铁矿床的原始胚胎矿（贫矿）或矿源层的物质基础。而其富集程度及矿床类型的不同，则主要与地层的含矿强度（取决于火山岩浆的含矿性及沉积时的岩性、古地理条件）和后期改造作用的性质和强度有关。就层位而言，铁矿主要受红山组地层控制，铜矿主要受曼岗河组地层控制。

4.2.5 构造控矿

(1)背向斜控矿。铜矿的分布和产出状态主要受底巴都背斜控制，沿底巴都背斜翼部延展，并富集于该背斜南翼；浅部铁矿、深部巨大的$Ⅱ_{1}^{\#}$富铁矿受大红山向斜制约，集中分布于该向斜的底部，其产出形态与向斜一致。

(2)地层接触带控矿。Ⅰ#、Ⅲ#铁铜矿带分别产于不同的地层(不同岩性层)接触带中。Ⅰ#铁铜矿带赋存于曼岗河组三、四岩段的接触部位,此处为沉积岩相转变的过渡地区,有利于铁、铜矿的形成;Ⅲ#铁铜矿带赋存于红山组一、二岩段的接触部位;Ⅳ#铁矿带赋存于红山组第三岩段底部,矿体严格受地层接触带控制。

(3)断层带及岩浆控矿。铁铜矿成矿带受成矿前的 F_1 古断层及受其制约的断层-喷溢带所控制,在空间上这三者是重合的。该带现紧靠矿段南侧,呈 EW 方向延伸,已知长约 5 km,带内浅灰色变钠质熔岩、深绿色变钠质熔岩及其凝灰岩断续分布,后又有辉长辉绿岩侵入。沿断层岩浆带北侧自西向东有白糯格、二道河、大红山、坡头秀水磁异常显示及与之相适应的铁矿体产出。大红山、二道河磁异常经详勘及详查证实,两者分别为大、中型铁矿床。白糯格及秀水坡头异常亦经钻探证实,其下见红山组变钠质熔岩及大理岩。F_2 断层岩浆带位于 $Ⅱ_1^{\#}$ 盲矿带北侧,处于浅部铁矿的南界,呈 EW 向分布。带内有辉长辉绿岩贯入及白云石钠长石岩产出,在辉长辉绿岩体内外接触带有钠长磁铁矿产出,属岩浆期后热液钠化交代铁矿床。

5 找矿标志

(1)铁(铜)矿露头、转石及重砂异常。大红山铁矿是根据铁矿转石首先找到原生矿露头,铜矿是根据深部钻探经对比连接取样化验后发现的,反推至地表找出露头。

(2)航磁及地磁异常。为寻找该类具有磁性铁矿的重要间接找矿标志,大红山铁矿床的发现,磁异常的存在起到了十分重要的作用,化探异常特别是铜晕在该类铜矿体之上十分显著且浓度较高,也是主要的找矿标志。

(3)近矿围岩蚀变标志。该类矿床近矿围岩蚀变虽不典型,但火山气液交代充填加富型及后期变质热液改造型铁矿及铜矿围岩蚀变仍很明显。铁矿硅化、钠化、绢云母化、电气石化及磷灰石化显著是主要的找矿标志,铜矿绿泥石化、棕云母化及含铜含铁碳酸盐脉是主要的找矿线索。

(4)岩性标志。含铁浅灰色变钠质火山岩(角斑岩类)及含铁暗绿色角闪变钠质熔岩(细碧岩),是寻找大红山式铁矿的先决条件和极重要的岩石标志。特别是前者,即碱中性浅灰色变钠质火山岩与铁矿的赋存关系更为密切,只要该类岩石存在,一般都有铁矿产出。火山喷发间歇期以基性凝灰质为主沉积变质形成的绿片岩,是寻找铜矿体的重要岩性标志。

(5)火山机构标志。大红山式铁矿和铜矿是海底火山喷发-沉积的产物,受火山机构控制,在火山机体中,围绕火山活动中心形成一套矿床,因此,火山机构的存在是明显的构造标志。

(6)岩浆岩标志。在大红山式铁、铜矿分布和富集的部分,碱中性和碱基性岩浆岩以及基性侵入岩(辉长辉绿岩)十分发育,后期的碳酸盐岩也很广泛,因此,该类岩浆岩大量发育的地区在找矿过程中同样值得注意。

6 结论与建议

6.1 结 论

从矿区矿床特征、控矿条件及矿床成因分析,铁矿为海底火山喷发熔浆及火山气液富化成矿,主要铜矿为海底火山喷发-沉积变质成矿。矿床受滇中中台坳基底早元古代地层——大红山群的控制,受 EW 向构造的制约。铁矿主要产于红山组变钠质火山岩中,铜矿主要产于曼岗河组火山喷发-沉积相的绿色片岩中。各个矿体均围绕火山活动中心分布,配套产出,并受火山机构的控制,由内向外矿体由多变少,由富变贫。铁矿多赋存于喷发-沉积旋回的中下部,而铜矿则赋存于中上部。菱铁矿产于远离火山活动中心的边缘由火山喷发沉积至正常沉积相中,铁铜矿床都具有层控性,都受海相富钠质火山岩的控制,矿床规模大、矿体集中、品位高、有害杂质低、选矿效果好,工业利用价值大。

6.2 建 议

(1)配合地面物探工作验证磁异常,这是矿床能够迅速扩大找矿远景的有效方法。

(2)根据大红山矿区成矿背景以及类似矿山的经验,经综合分析认为大红山片区成矿条件较好,外围及深部有较好的找矿远景。建议建立重点靶区,加强地质勘查,为矿产开发提供新的资源基地。

(3)随着选矿技术的提高,建议降低工业指标重新圈定矿体,合理利用低品位矿石资源。

(收稿日期 2015-06-05)

河台金矿和金山金矿矿床地质特征对比分析

陈永长
（辽宁二道沟黄金矿业有限责任公司）

摘　要　广东高要河台金矿和江西金山金矿矿床类型均为蚀变糜棱岩型金矿床，前者于20世纪90年代末期探明资源金储量48.237 t，整个金山金矿田其中一座矿山包括金山矿区、雷高雾矿区、石坞矿区、朱林西矿区等在21世纪初期勘探金储量已经超过100 t，未包括-200 m（或-400 m）以下矿体未封闭区储量。分别对上述2类金矿的矿床地质特征进行对比分析，并对各自的成矿模式进行了深入讨论，为相关研究提供参考。

关键词　蚀变糜棱岩型金矿床　赋存规律　地质特征　成矿模式

广东高要河台金矿属于蚀变糜棱岩型金矿床，由广东省原地质局719地质队普查与勘探，先后于20世纪80年代与90年代分别提交高村和云西2个矿床勘探报告，经国家与省储委批准的地质储量为48.237 t，矿石量为609.1万t，平均品位为7.92×10^{-6}，属于大型金矿床。河台蚀变糜棱岩型金矿产于云开隆起区，东部边界为四会—吴川褶断带，北部为广宁—罗定褶断带，其中广宁—罗定断裂带主干断裂之一即宝鸭塘—坑尾断裂从矿区南部通过。震旦系变质岩由北向南逆冲于奥陶系中统之上，形成2 500 m宽的韧性剪切带，在矿田范围内形成几个次级背斜、向斜及一系列次一级的糜棱岩带，呈斜列状产出，单个走向NE50°～70°，倾向NW，倾角为65°～85°，长几百米到数千米，宽一般数十米，已发现69条，分北中南3带。其中河台金矿的高村、云西矿床位于北带西端。矿体严格受糜棱岩带控制，主矿体产于岩带的中下部。河台金矿21世纪初期生产能力已经达到800 t/d，目前向深部矿体开发[1]。

江西金山金矿床是赣东北德兴地区20世纪80年代探明的一座特大型金矿床，是我国南方金矿勘查的重大突破之一。赣东北大断裂带是晚元古代九岭地体和怀玉地体碰撞拼贴的缝合带。其走向NE—SW，总体倾向NW。区域上表现为宽约10 km的构造混杂带，由一系列韧性剪切带、构造杂岩带和蛇绿混杂岩块构成，蛇绿混杂岩带示出了该断裂的主断裂面。自SE向NW可划分为茅桥蛇绿岩剪切带、花桥构造杂岩带、江光—富家坞韧性剪切带、金山韧性推覆变形带和八十源—铜厂韧性剪切带等5个亚带，其中金山—西蒋韧性剪切带融成矿作用与容矿空间于一体，韧性剪切带由上而下划分为含碳千糜岩带、超糜棱岩-糜棱岩带、初糜棱岩带和含碳千糜岩带。整个金矿田东西长大于10 km，南北宽约4 km。20世纪80年代末期开发利用。目前有采矿权6个，分别是金山金矿、花桥金矿、远坑金矿、渔塘金矿、石碑金矿、黄柏洋金矿；其中前者是国营，其余为个体股份制企业；还有八十源、罗家墩等小型矿山数座。其中金山金矿目前拥有4个生产矿区包括金山（也包括湾家坞、大坞、水泽坞与阳山4个矿段）、石坞、雷高雾、朱林西矿区，21世纪初期勘探金储量已经超过100 t，目前矿山生产能力为2 000 t/d，不久的将来扩大到4～5 000 t/d[2]。

1　区域地质演化

1.1　河台金矿床

粤西绝大多数金矿床（点）产于寒武系云开群，它是主要的矿源层。云开群是一套浅-中变质岩，划分为上下2个亚群：①下亚群以含铁石英岩、大理岩为主，其中夹有中基性火山岩；②上亚群以含碳、富泥质为特征，夹薄层凝灰质砂岩。岩石类型可分为石英岩类、片岩类、片麻岩类、变粒岩类、斜长角闪岩类和千枚岩类等。在云开群上，亚群的硅质岩与海底火山喷发-热泉沉积有关。深部来源的高热流体在海盆地溢出，沉淀出硅质、重晶石和黄铁矿，同时也带来金等成矿元素。云开群上亚群岩层其含金量高出地壳平均克拉克值2～5倍，而金的变异系数和

陈永长（1974—），男，工程师，122126 辽宁省北票市龙潭镇。

均方差都较小,说明含金量比较集中,在岩石中分布也比较均匀。通过研究发现,上亚群地层中的金呈多峰性与近正态分布,多峰性是由不同岩性地层含金性不同造成的,反映了沉积物的金含量随沉积物的来源和沉积环境不同而变化;正态分布说明各类岩性中的金分布均匀。矿区含金矿源层主要由长石、石英、黄铁矿和各种黏土矿物组成,其中长石、石英为低含金量矿物,而黄铁矿却是含金量高的矿物,而区内矿源层中黄铁矿含金量普遍较高[3]。

矿源层中的金能否被后期热液萃取,主要决定金的赋存状态。研究发现,矿源层中金有 3 种赋存状态:①上亚群变质细砂岩人工重砂发现 0.1 mm 的自然金,样品中金的丰度值为$(35.6\sim56)\times10^{-9}$,地层中黄铁矿与含金量呈正比关系,说明金可能以自然金形式存在于岩石或黄铁矿中;②金易被黏土矿物、碳质吸附,而本区矿源层存在富黏土质和碳质岩石组合,可以吸附呈胶体状态的金;③铁镁硅酸盐晶格中的金在黑云片麻岩中黑云母含金量可达 625×10^{-9},由于本矿源层以浅变质岩相为特征,富含泥砂质陆源碎屑岩建造,矿源层的金易于被热液萃取。

1.2 金山金矿田

根据金山金矿田区域沉积建造、构造形变和岩浆活动特点,该区区域构造大体经历了以下发展演化阶段:①中元古宙阶段,沉积了含铜、金丰度值高的双桥山群初始矿源层;②晚元古宙阶段,早期该区沉积了登山群火山碎屑沉积岩,中晚期的晋宁运动Ⅱ幕使双桥山群逆冲在登山群之上,蛇绿岩块沿韧性变形带同期侵位,从而形成规模宏大的赣东北韧性剪切蛇绿岩构造混杂带;③加里东—印支阶段,形成一系列 NE 向断裂及轴向北东的小型叠加褶皱;④燕山运动阶段,形成一系列 NE、NNE 东向断裂组和 NW 向张性断裂,赣东北断裂复活,沿着该带出现一系列断陷盆地和岩浆活动,形成该区大规模的铜、金、铅、锌、银、钼矿化,为该区形成超大型矿床提供了丰富的成矿物质,其发展演化使成矿物质活化、迁移并在有利的构造部位富集,形成超大型铜金矿床,即江西德兴铜矿和江西金山金矿[4]。

2 2 座矿床相同之处

2.1 具有形成蚀变糜棱岩的相似地质条件

江西金山金矿田大面积出露一套中元古界双桥山群浅变质岩系,为一套火山碎屑沉积岩夹大量火山碎屑的熔岩。该套浅变质岩系属于中元古界双桥山群第 3 岩组中部,按其岩性组合特征,在矿区范围内可分为 2 个岩性段,自下而上为:

(1)第 1 岩性段。分布于矿区中南部,厚度大于 400 m。上部以灰黄色薄层状粉砂质板岩夹凝灰质板岩、夹少量变质安山玄武岩透镜体;中部为绿泥板岩;下部为深灰色风化呈土黄色,中厚层状变质晶屑凝灰岩、凝灰质板岩。受韧性剪切变形作用的影响,剪切带内岩石多已改造成片理发育的绿泥石千糜岩和含炭千糜岩,强应变部位出现超糜棱岩、糜棱岩。中下部金平均含量为 2.88×10^{-9}。

(2)第 2 岩性段。分布于矿区北部,进一步可以分为 2 个岩性层:①第一岩性层凝灰质砂质板岩层,层厚 153.35 m,分布于矿区中部,是韧性剪切带的顶板标志层,其与下伏第 1 岩性段之间为金山—西蒋韧性剪切带,金平均含量为 12.86×10^{-9};②第 2 层千枚岩层,出露厚度大于 319.15 m,分布于矿区北西部,金含量为 3.5×10^{-9}[5]。

河台金矿位于华南加里东褶皱系云开大山后加里东隆起带的东北部,罗定—广宁断裂变质带东北段与吴川—四会断裂变质带的交汇部位。区内出露地层除震旦系和寒武-志留系外,其次为泥盆系中统、石炭系下统、三叠系上统和新生界沉积。金矿床主要分布于震旦系 C 组深变质岩中,该地层为一套浅海相的类复理石碎屑岩建造,由砂岩、砂砾岩、长石石英砂岩及砂页岩互层组成,但大部分已经变质并具强烈混合岩化,地层中金含量为$(15\sim20)\times10^{-9}$,是区内各时代地层中含金量最高的地层。罗定—广宁断裂变质带主干断裂之一的宝鸭塘—坑尾断裂从矿区南部通过,区内主要褶皱有两侧的雪顶向斜、中部的雪顶背斜以及东部的黄田、南东侧的石牛头背斜等。区内断裂主要有 NE 向讴坑、禄步等断裂构造。区内岩浆岩属加里东和海西—印支期。其中加里东期有北西部的诗洞、黄连山岩体和东南角的石牛头岩体,主要为二长花岗岩和花岗岩,而海西—印支期有凤村、云楼岗、伍村等岩体,主要为二长花岗岩、花岗闪长岩、斜长花岗岩[6]。

2.2 糜棱岩与矿体关系

金山金矿床严格受剪切带控制,金矿体赋存在剪切带应变中心部位超糜棱岩-糜棱岩带-金矿化带中,矿体与矿化围岩为同一地质体,矿与非矿靠样品圈定。矿体形态以似层状为主,透镜状次之,产状与主剪切面平行,舒缓波状延展。金山—西蒋韧性剪切带是矿区最重要的控矿构造,剪切带倾向 NW、NE,倾角为 10°~35°,呈舒缓波状延展,在倾向上呈陡缓变化,沿走向表现为波状起伏的背形和向形。金山金矿体可分为 2 种矿体:①蚀变岩型是主体,呈似层状、透镜状、扁豆状,平行剪切带产于中心部位而与围岩界线不清晰,在空间上表现为矿化贫富相间平行产出的特点,组成矿体的矿石为星散浸染状硅化、黄铁矿化超糜棱岩-糜棱岩;②石英脉型矿体出现于韧性剪切带内呈脉状、透镜状充填于剪切带上部,其展布方向与剪切带方向一致,有单个大脉,也有细脉群,品位贫富变化较大,其中金山金矿 V1# 矿体为矿床的主矿体,分布于 337#~328#线,走向控制长 1 910 m,倾向控制延伸 1 480 m(180~-200 m 矿体延深并未封闭),总体呈 NW—SE 走向,倾向 NE,平均倾角为 29°,矿体最大厚 26.87 m,平均厚 4.16 m,品位变化大,一般为$(1\sim10)\times10^{-6}$;矿体在剪切带陡坡处较薄,而在陡坡两端膨大为厚矿段,厚、薄矿段呈弧形条带以 100~150 m 的间距相间出现[7]。

河台蚀变糜棱岩(千糜岩)型金矿床主要发生于韧性剪切带的塑性变形构造岩中,如糜棱岩或千糜岩,矿体严格受其控制,延长和延深均较大,无论走向或垂向连续性较差,具尖灭再现、膨胀狭缩规律,尖灭后一般呈右行侧列式产出。矿体赋存条件与糜棱岩产状一致,矿体和围岩没有明显界线,上下盘为不够工业品位的糜棱岩,以不规则脉状矿体为主,但也有透镜状矿体存在,普遍具有分支复合、膨胀狭缩、尖灭再现现象,走向连续长度最长超过 400 m,而垂向连续长度一般不足 200 m,矿体倾角变化不大,均属陡倾斜,为 65°~89°。矿化不均匀,品位为$(7.72\sim8.07)\times10^{-6}$。矿体向 NEE 向侧伏,侧伏角约 40°。主要金矿石类型为黄铜黄铁矿化硅化岩和千糜岩,主要金属矿物有自然金、黄铁矿、黄铜矿、菱铁矿等,还有少量碲铋矿。金矿物大部分为自然金,且粒度较细,0.074~0.01 mm 占 77.89%[8]。

2.3 存在特高品位富矿囊

特高品位是指在品位分布很不均匀或极不均匀的矿床中,偶尔会出现个别样品品位高于一般样品品位几倍、几十倍的特殊样品的品位。就热液成因的金属矿床而言,在成矿过程中,有用组分由宏观连续均匀分布变为断续不均匀分布,使得某种或某些有用组分产生局部聚集和总体分散,因此,便会形成特高品位存在的客观事实。特高品位矿体富集而成为富矿囊或富矿包,这在蚀变糜棱岩型金矿床中是一种共性[9-10]。

2.3.1 河台金矿

目前开采的云西和高村 2 座大型矿床均位于北组糜棱岩带内,以灰暗色的硅化岩、石英团块出现和以黄铁矿化、黄铜矿化等较强的蚀变现象出现,从而形成以硅化岩为核心的富矿地段——富矿包。金品位常常高出矿床平均品位的几倍到几十倍,由中心向外硅化减少,围岩蚀变现象减弱,渐变为糜棱岩,形成贫矿地段,品位高者可达 500×10^{-6} 以上,一般为$(35\sim75)\times10^{-6}$。富矿包呈台阶式分布,即一个富矿包为一个台阶,越是往下台阶越大。就单个富矿包而言,呈现出向 NE 侧伏的趋势。高村矿床富矿包连续性较好,呈较规则的脉状产出,富矿包厚度变化很大,云西矿床 220 m 中段富矿包最厚达 3.9 m,最薄处则标高富矿包产出形态处几厘米,平均水平厚 1.56 m;高村矿床 0 m 中段富矿包最厚达 5.37 m,最薄处达 0.56 m,平均水平厚 2.36 m。富矿包产状与容矿的糜棱岩带一致,与贫矿产状一致,即走向约 70°,倾向 NW,倾角约 82°。富矿包与贫矿界线清晰,二者呈突变的关系[10]。

2.3.2 金山金矿

金山金矿床矿化类型主要分为硅化岩型及含金石英脉型 2 种。其中硅化岩型矿体受顺层剪切带内次级构造裂隙控制,总体呈灰-深灰色透镜体状产出,与围岩呈断层接触,控矿断面较平直,倾向 SE,倾角为 30°~40°。该类型矿体产出方式有切层及顺层 2 种,以后者为主。单个硅化岩透镜体长 100~300 m,厚 2~23 m,其内矿化不均匀分布,品位一般为$(1\sim5)\times10^{-6}$,最高可达$(100\sim550)\times10^{-6}$,局部地段肉眼可见大量明金。该类型矿化系剪切带内碎裂岩化糜棱岩类经含矿热液强烈交代的产物。矿石成分以石英为主,多呈微晶结构,仍见少量原岩的石英矿物残斑,多具波状消光特征。矿石结构为细结晶粒状,保留有少量的糜棱、超糜棱岩结构,以碎裂状、浸染状构造为主。而石英脉型矿化同硅化岩型矿化相比，尽管其规模小，但金矿化品位高，一般为$(1\sim9)\times10^{-6}$，最高可达$5\,000\times10^{-6}$，因此，它是金山矿区最主要的富矿石类型[11]。

3 2座矿床区别

上述2座矿床有许多相似之处，如该类型金矿化主要发生于韧性剪切带的中心部位，如糜棱岩或千糜岩，矿体严格受其控制，延长和延深均较大，无论走向或垂向连续性较差，具尖灭再现、膨胀狭缩规律；矿体赋存条件与糜棱岩产状一致，矿体和围岩没有明显界线，上下盘为不够工业品位的糜棱岩；矿体以不规则脉状为主，但也有透镜体状产出，矿化不均匀，品位变化大；主要金矿石类型为黄铜黄铁矿化硅化岩和千糜岩，矿石中金属矿物含量不足5%，主要金属矿物有自然金、黄铁矿、黄铜矿、菱铁矿等；金矿物大部分为自然金，且粒度较细等。然而，它们间的区别也是较为明显的。

3.1 矿床规模

从矿床开发与生产生产实践来看，2座矿床的赋存规模差别较大。金山金矿床因地层和构造作用影响，剪切带内岩石已多被改造成片理发育的绿泥石千糜岩和含炭千糜岩，强应变部位出现超糜棱岩、糜棱岩，从而形成3个含金岩带和相应的金矿体，长度大于10 km，宽约4 km，目前整个金矿田探清地质储量已超过150 t[12]。河台金矿床的蚀变糜棱岩带虽然数量多，达到69条并分北、中、南3带，但是，其中只有北矿带的云西、高村、后迳和河海几座可以进行开发利用的金矿床，其他矿带也仅有民采零星开发，形成不了规模，勘查储量不足50 t。因此，无论矿带长度与宽度、矿山个数或探明地质储量，前者规模都大大超过后者。

3.2 矿体赋存条件

（1）矿石类型。江西金山金矿的矿石主要有硅化岩型及含金石英脉型2种类型，前者以星散浸染状硅化黄铁矿化超糜棱岩-糜棱岩为主，次为星散浸染状硅化黄铁矿化千糜岩矿石。河台金矿的矿石类型只有一种即蚀变糜棱岩型矿石。

（2）矿体赋存于相应的糜棱岩带中。金山金矿的矿体赋存于糜棱岩带、糜棱岩化岩带中，是构造-蚀变-金矿化三位一体统一地质作用的产物。河台金矿的矿体间的基本关系为：有蚀变糜棱岩矿体必然赋存于相应的糜棱岩带中，而有糜棱岩带却不一定赋存有矿体。

（3）矿体产状与糜棱岩带一致。河台金矿陡倾斜，而金山金矿主要为缓倾斜，局部矿体倾角稍大。

（4）矿体连续性。金山金矿体连续性优于河台金矿，这是因为后者连续矿体大都有无矿天窗，而连续长度与延深深度前者均优于后者。

3.3 矿石性质

（1）金山金矿含有毒砂，有用矿物为金，少量银，其他元素没有回收价值，属于易采易选难冶类型，而河台金矿的矿石不但没有毒砂，而且还含微量的铜并可以回收，属于易采易选易冶类型。

（2）富矿床平均品位不同，前者高而后者低，无论从整体矿石平均品位，还是从富矿囊平均品位都是如此；前者不见明金而后者可以随便看到明金；河台金矿每年从富矿囊开采中可以获得大量金的金属量，而金山金矿从富矿包开采中只能进行重选而得砂金。

3.4 矿岩稳固性

河台金矿高村矿体特点有：①矿岩界线不清，靠刻槽取样化验确定；②矿体大体呈脉状，也有透镜状产出；③矿体分支复合，尖灭再现现象普遍，在走向及倾向上连续性差；④矿岩坚固性系数为10～16，但节理裂隙发育，尤其成矿后在走向长度上有7条后期构造带切穿矿体，并于下盘发育一条与矿体平行的构造破碎带，相距0～5 m，严重影响矿体开采的稳固性；⑤矿岩属中等稳固，局部不稳固。建矿以来，主要以浅孔留矿法为主要采矿方法，矿柱一般使用扇形中深孔一次性爆破回收。建矿初期采矿损失贫化过大，近地表的上部中段巷道大都垮塌。为了提高出矿技术指标，采用类框架结构采空区处理工艺而大大提高出矿品位并减少了中深孔应用范围，这是我国黄金系统发明的一种新型采空区处理技术。

金山金矿矿区发现高角度断层有3条（F_1、F_2、F_3断层），对矿体有明显的破坏作用，基本属于成矿稍后的断层。①F_1断层呈NE—SW走向斜贯穿矿区中上部，该断层属于先压后张的左行斜落正断层错切矿体；②F_2断层位于F_1断层南东侧，与F_1断层平行展布，相距100～120 m；③F_3断层出露在116#～114#线，出露宽0.5～5 m不等，该断层形成较晚，错断F_1断层，属正断层，垂直断距为15～40 m不等。矿区断层多但规模不大。矿体及其顶、底板围岩属中等坚硬、完整性和稳固性较好的层状岩体，岩体结构类型属Ⅱ类，尤其以Ⅲ、Ⅳ级结构面为主，矿岩稳固性优于河台金矿。使用全面或房柱空场法开采，采空区一般安全暴露面积达数百甚至上千平方米，其矿岩稳固性优于河台金矿。采空区安全暴露面积为河台金矿的 5 ~ 7 倍，矿山生产上下 20 多个中段同时作业，1987—2009 年累计采出矿石量约 510 万 t，形成大大小小形态各异的采空区约 180 万 m^3，分布于+162 ~ −80 m 各个中段。2009 年末仅在 100 m 中段发生一次空区矿岩冒落百余吨，而未发生安全重大事故，目前采空区采用鳎后分级尾砂充填[13-14]。

4 成矿模式

4.1 河台金矿

河台金矿床韧性剪切作用成矿的规律为，在韧性剪切作用过程中，在一定温度和较大的剪应力下，由于物理与化学变化的综合作用，以及有水参与条件下退变质作用，使得二氧化硅、硫的碱性溶液活化转移金，并使其富集于千糜岩、硅化糜棱岩及动态重结晶的硅质岩中，因而在韧性剪切作用过程中同时导致金的富集。其成矿模式为云开群矿源层→金的活化转移→金富集成矿形成糜棱岩带浸染型金矿→金后期局部叠加富集形成网脉状硫化物金矿化。综上所述，矿床为中低温浅成热液变质蚀变糜棱岩型金矿床[15-16]。

4.2 金山金矿田

金山金矿田矿体形成过程大致经历了以下几个阶段：①在前寒武纪板块边缘的构造环境下，沉积了一套以砂质和泥质为主并夹有中基性到中酸性火山岩含金建造；②在此基础上发生剪切作用使得金进一步富集；③在中深层韧-脆性构造环境中，剪切带因局部张开和充填交代作用形成透镜状石英脉，并再次经历塑性变形但仍未发生强烈矿化；④在浅层脆性构造环境中，主要因拉伸构造机制的作用而在剪切带以内或旁侧的围岩中产生一系列张性构造，并因充填作用而形成晚期的石英脉。综上所述，可以概括韧性剪切带型金矿床的形成经历 3 ~ 4 个阶段，即首先是中晚期元古代含金建造经区域变质作用和混合岩化作用使得金在变质岩中进一步富集，继而在韧性变形阶段形成含金糜棱岩，在韧-脆性变形阶段形成蚀变糜棱岩型金矿体和早期含金石英脉，在晚期脆性变形阶段而形成晚期含金石英脉[17]。

参 考 文 献

[1] 付山岭，胡　斌. 从微观角度探讨韧性剪切带型金矿床的成矿模式[J]. 黄金科学技术，2003(4)：31-34.

[2] 李传明，陈小惠. 江西石坞金矿床成矿特征及找矿方向[J]. 地质与勘探，2005，41(4)：10-17.

[3] 王鹤年，张景荣，陆建军，等. 粤西金矿矿床地球化学[M]. 南京：南京大学出版社，1991.

[4] 吴学益，尚精华，张开平. 金山金矿构造控矿特征及其模拟实验[J]. 矿物学报，2007，27(2：143-152.

[5] 徐华斌. 江西金山金矿床控矿特征及找矿方向[J]. 黄金，2010(S)：31-35.

[6] 黄栋林. 关于蚀变糜棱岩型金矿床赋存规律的探讨[J]. 黄金，2003(S)：54-58.

[7] 陆　燊. 金山金矿田构造与成矿的关系研究[J]. 黄金，2010(S)：45-48.

[8] 张开平，尹幸忠. 金山金矿成矿机理及其模拟实验[J]. 黄金，2010(S)：27-30.

[9] 刘振升. 河台金矿床特高品位及成矿富集规律研究[J]. 黄金，2001，22(3)：11-14.

[10] 王斯亮. 河台金矿富矿包的发现、预测及开发意义[J]. 南方钢铁，2000(8)：12-17.

[11] 李晓峰，华仁民，冯佐海. 韧性剪切带变形变质作用与金的矿化富集[J]. 桂林工学院学报，2001(3)：207-212.

[12] 余　荣. 江西金山金矿开发战略分析研究[D]. 南昌：南昌大学，2010.

[13] 陈友东，唐有德，姚　香. 类框架结构采空区处理新技术的研究与实践[J]. 金属矿山，2002(6)：37-40.

[14] 林永峰，崔年生，宋宏元. 江西金山金矿采空区处理技术浅析[J]. 黄金，2010(S)：45-49.

[15] 王鹤年，张守韵，陈　骏，等. 华夏地块韧性剪切带型金矿地质[M]. 北京：科学出版社，1992.

[16] 凌井生，裘有守，陈础廷，等. 云开大山及其外围金矿远景区成矿条件[M]. 北京：地质出版社，1992.

[17] 王可勇，梁毓鎏，卢作祥. 江西金山金矿床地质特征及矿床成因探讨[J]. 地质与勘探，1999，35(2)：17-20.

（收稿日期　2015-05-26）

广东封开板梯金矿床地质特征

陈永长
（辽宁二道沟黄金矿业有限责任公司）

摘　要　位于广东封开县的一座岩金矿床即金装镇板梯与金鼓金矿床，其中板梯金矿床无论勘探年代或开采条件都比较优越。分别对该矿床赋存条件、矿脉分布、金矿脉地质特征等进行详细分析，为该区域找矿工作提供参考。

关键词　赋存条件　地质特征　矿脉分布　开采技术条件

广东封开金鼓金矿区是广东省最重要的黄金生产基地之一。在桂东—粤西金成矿带中，受寒武系控制的石英脉或硅化破碎带型金矿床为数众多，占有特殊地位，其中金鼓矿区是该类矿床的代表。通过野外系统踏勘、民窿调查、填绘1∶10 000地质图、就少数矿脉做坑探和钻探控制之后，在对富集规律取得一定程度了解的基础上，有选择性地分片、分阶段逐步扩大评价范围，逐步提高勘探研究程度，最终达到全面评价的设想，编制了《封开金鼓金矿区(1979年6月—1981年12月)普查-勘探设计书》。根据广东省地质局有关技术专家的审查意见，规定了下述的普查勘探任务：①选择板梯矿段3#、5#、50# 3条矿脉作为矿区重点解剖勘探的对象，以坑探为主，钻探为辅，着眼于金脉，着手于已知或推断的富集段落，完成对矿脉的全面控制，目的是研究矿化富集规律，探明工业储量并核算经济效果，探索合理的勘探方法和手段；②普查评价，以富集段为单位，选择矿区44个已知富集段中的1/4以坑钻结合，以钻为主对其作出评价，提出可供勘探求取工业储量的富集段落；③普查评价，是指面上93 km^2 5个矿段内的普查、寻找新富集段的工作，以1∶10 000地质填图和民窿调查为主，逐条矿脉进行研究，从中筛选出一批可供详细评价的矿脉或富集段落进行系统的地表揭露。

金鼓矿区位于封开县金装镇之东平距5 km，相邻怀集县桥头镇之西北8 km的山区。其地理坐标：东经111°52′30″～56′50″，北纬23°46′15″～51′15″，南北长13 km，东西宽7.4 km，面积93 km^2，包括冲军塘、板梯、金鼓、利九、利十等5个矿区，板梯矿区是其中之一，矿区北部与冲军塘矿区相接，南部比邻金鼓矿区。板梯矿区位于该矿区中偏北部位，面积4.8 km^2。

1　矿区概况

1.1　自然地理

板梯矿区在地貌分类属于低山丘陵，侵蚀程度为中年期，地貌V形山谷发育，山坡多数为凸形坡，坡度40°～70°，局部悬崖峭壁和小瀑布。总体地势是北东高，向西南逐渐降低，略成环状。矿区附近最高点为北端的宝盖顶，海拔1 075 m。除近EW向贯通全矿区的板梯河河曲比较发育，谷底稍为开阔之外，其余沟谷通常表现谷底狭窄平直的特点。说明当地丘陵比较年青。矿区内平均海拔340 m，板梯北矿区内地形的制高点海拔560 m，板梯河在矿区内的最低点海拔120 m，相对高差440 m。而矿脉在所有高程上均有出露。区内板梯河又称为状元河，是金装河的支流，发源于石塘尾、尖峰山麓，由东向西曲折流经板梯，在汤洲村附近汇入金装河。其上游河面宽1～2 m，下游宽3～5 m，水深0.1～0.3 m，全长约8 km，汇水面积12 km^2，流量季节性变化很大，一般流量0.08～0.3 m^3/s，年平均流量0.2 m^3/s，最大流量6 m^3/s。水质属于HCO_3-Ca. Mg型，pH=6.9。基本属于中性水，可以饮用，也可以作为工业用水。

矿区气候属于亚热带季风气候，年平均温度20.8 ℃，最高39 ℃，最低-3 ℃；年平均降水量1 795.3 mm，最大2 430.2 mm，最小1 452.1 mm，其中每年4—8月丰水期占全年降水量的68%

陈永长(1974—)，男，工程师，122126 辽宁省北票市龙潭镇二道沟金矿。

~78%,年蒸发量 1 473 mm;冬春季多吹北风,夏秋季多吹南风,并受台风影响,年平均风速 1 ~2 m/s,最大风速 15 m/s。根据国家地震台网记录,矿区于 1558 年 6 月曾经发生过地震 5.5 级烈度 7 级的微有灾害性地震后,近年没有发生地震,基本稳定。区内农业比较发达,主要农作物是稻米、玉米和红薯,经济作物有甘蔗、花生、南方水果如砂糖橘、花石榴等。矿区内劳动力资源丰富。

1.2 区域矿产

矿区位于梧州—佛岗金矿带西段,梧州—佛岗金矿带受佛岗—丰良 EW 向构造带控制,西起广西的马江附近,向东经过梧州而进入广东的开封、怀集、广宁直至佛岗,全长 270 km,宽 40 ~50 km。板梯矿区处于该金矿带的西段,产于寒武系中的热液石英脉型金矿脉广泛发育,已知的矿床(点)达 40 多处,并常相对密集出现在纬向构造带与经向构造带发生横跨或截接的部位上。该类构造交接点在矿带内由西向东近似于等距分布,间隔约 30 km,分别控制了岭岛、夏郢、涌流、金鼓、狮子头、大坑山等金矿田或金矿区[1]。

2 矿区地质特征

2.1 矿区地层

矿区包括涌流、狮子头和金鼓矿区在内约 1 000 km^2 的区域内的地层有:①第四系冲洪积地层;②老第三系泥质、钙质粉砂岩、凝灰质砂砾岩;③白垩系上下统,包括石英砂斑岩、火山角砾岩、泥钙质粉砂岩、花岗质砾岩;④石炭系地层包括各式各样的灰岩;⑤上泥盘统石灰岩,中泥盘统灰岩、白云岩、或石灰岩,下泥盘统页岩、砂岩、砾岩;⑥寒武系水口群分上亚群与下亚群 2 组,其中上亚群与下亚群也分为各自上组和下组。

2.2 构 造

区内构造主要特征是寒武系构造层中的 EW 向复式褶皱和上古生代 NE 向沉积拗陷以及 NNE 向断裂的发育,沿 NNE 向断裂带有火山喷发作用和拗陷中的拗陷成生,可大致划分如下构造单元:①大玉口—金鼓纬向隆起带;②金庄华夏系断陷带;③桥头华夏系拗陷带。2 个拗陷带在后期受新华夏系的影响,沿金庄和桥头断裂带复活,方向略向北偏转,伴随新华夏系的成生,有多罗山、白鹤山岩体的侵入和火山喷发,并沿断裂带的一侧形成更新的拗陷,控制中-新生代红色向斜盘地展布。金鼓金矿区两侧的新华夏断裂带的力学性质为压性兼压扭性,处于两者之间的次级金鼓式配套控金断裂裂隙的成生,与其长期复活和运动可能有一定联系。

2.3 岩浆岩

区内花岗岩主要为燕山晚期侵入,分布于区域的北部、中部和南部。其中北部连阳岩体,为燕山三期侵入,岩性为中-粗粒黑云母花岗岩;中部多罗山岩体与白鹤山岩体为燕山四期侵入,同位素年龄为 81.4 Ma,主体为中粒黑云母花岗岩,补充侵入为细粒黑云母花岗岩或细粒斑状黑云母花岗岩;南部为诗洞岩体,属燕山三期侵入,岩性为中粒(斑状)黑云母花岗岩[2]。

2.4 地层与其含金性

区内出露地层有石炭系、泥盘系和寒武系。而含金石英脉或硅化破碎带仅赋存于寒武系,寒武系为区域性金矿化专属地层,矿区出露部分由上而下可分为水口群并分上亚群与下亚群 2 组。其中上亚群上组第 1 亚组为变质细粒石英砂岩,层厚 350 m,不含金。

水口群下亚群下组分为 3 个亚组。其中第 3 亚组底部一层厚 0.44 m 的含砾中粗粒石英砂岩;下部位水云母胶结细粒石英砂岩与硅泥质胶结细粒石英砂岩夹黄铁矿化千枚状云母页岩或绢云母泥质页岩;中部石英绢云母千枚岩、石英砂岩;上部硅泥质细粒石英砂岩局部夹千枚状硅质页岩或绢云母泥质页岩;顶部为细粒石英砂岩,厚 112 ~300 m。第 2 亚组下部为轻变质细-中粒石英砂岩夹凝灰质中细粒或中粒石英砂岩,上部变质中细粒石英砂岩夹绢云母泥质页岩、粉砂质页岩,顶部一层 6 m 厚的云母石英粉砂岩、石英千枚状云母页岩,厚 183 ~350 m。第 1 亚组底部为一层厚 1.2 ~4.0 m 的绿泥石化含砾粗粒石英砂岩;下部绢云母泥质页岩、石英粉砂质绢云母泥质页岩、泥质粉砂岩夹中细粒含棱铁矿云母石英砂岩或粉砂岩;上部铁泥质细粒石英砂岩夹薄层泥质页岩和粉砂岩;下部含粉砂泥质页岩或泥质粉砂岩中含原始海绵骨针,层厚 183 ~350 m。

水口群中亚组也分上下 2 组。其中中亚组上组有 3 个亚组:第 3 亚组厚层状变质石英细砂岩夹薄层页岩或板状页岩,局部为粉砂岩夹页岩,层厚 120 ~400 m。第 2 亚组下部含黄铁矿细粒石英砂岩与粉砂岩、粉砂质页岩、板状页岩及板岩互层;上部为细粒石英砂岩夹页岩与粉砂岩夹页岩,层厚 170 ~340 m。第 1 亚组底部为一层变质含砾细粒石英砂岩,厚 0.4 m,其上以粉砂岩夹绢云母泥质页岩、粉砂质页岩为主、局部夹变质细砂岩，厚度大于200 m。水口群中亚组下2组只有第3亚组，为中厚层-厚层铁质石英粉砂岩夹薄层状页岩，局部夹细粒长石石英砂岩，总厚大于130 m。

寒武系地层各种岩性或岩性组合中金背景值见表1。正常岩层中金的平均含量比克拉克值0.0035×1.0^{-6}高30倍，近矿或遭受硅化蚀变的岩层平比克拉克值高50倍。近矿蚀变岩层含金量平均比正常岩层提高64%，说明地层中的金确实受到活化并向裂隙带扩散或集中形成金矿床。

表1 寒武系地层中各种岩性层中金含量 $\times 1.0^{-6}$

岩性	远矿		近矿	
	正常岩层	样品数量	遭受蚀变岩层	样品数量
页岩类	0.11	29	0.16	147
炭质页岩类	0.26	4	0.24	19
砂(粉砂)页岩类	0.17	18	0.18	50
粉砂和泥质粉砂岩类	0.08	14	0.12	20
中细粒(泥质)砂岩类	0.09	85	0.17	392
中粗粒砂岩类	0.11	84	0.19	583
砂砾岩类	0.12	4	0.17	16

2.5 侵入岩及其含金性

多罗山岩体侵入于矿区北部的寒武系和泥盘系地层中，面积约20 km^2。主体岩性为中粒斑状黑云母花岗岩，为燕山旋回第四期侵入。多罗山岩体是含稀土和钨的岩体，为多罗山钨矿的成矿母岩，并含稀土元素：其TR_2O_3含量可达0.0168%～0.0504%；WO_3含量为0.001%～0.09%，局部浸染状矿化体中的WO_3高达1.5%。根据原岩和残坡积、冲积层重砂测量成果，似乎存在一个以岩体为中心，依次向外(主要是向南侧)递变的TR-W-Au的元素地球化学水平分带现象。给分带虽然在理论上尚无法做出明确的阐述，但金矿化与岩体存在某种内在联系是显而易见的。

2.6 构造形迹及其成生阶段

矿区(专指板梯、金鼓2个矿段及其邻近47 km^{2}地区)受纬向及新华夏系复合构造的控制，寒武系地层强烈褶皱，轴向EW或NEE，轴面多数互相平行，倾向N或NNW，构成北翼缓南翼较陡的准等斜褶皱，局部倒转或有一些小的穹窿伴生。断裂裂隙构造发育，计有5组配套断裂裂隙构造成生，均为金的导矿和储矿构造。

(1)第1组。倾向SWW或W，倾角65°～85°，常作等距分布，间距约200 m少数为100 m。受该组裂隙构造控制的含金石英脉或硅化破碎带在整个矿区内占优势，如在板梯矿段NNW向矿脉可占矿脉总数的75%，其主脉一般长度数百米至2 000 m，伴随主脉常出现为数众多的次级平行脉，有时可达6条或更多，其长度和宽度都比主脉小，与主脉间距5～30 m不等，规模大致随其余主脉的距离增大而减少。通常由硅化岩、压碎硅化岩、硅化角砾岩、压碎-碎裂石英脉、硅质、炭质或泥质糜棱岩组成。石英脉的充填表现有几次，呈透镜状，长几米至上百米，并与硅化岩类交替出现。糜棱岩类一般处于矿脉的两侧，时有时无。控制矿脉的断裂裂隙构造具有典型的扭性特性，如脉壁光滑平整，具斜的或近水平的擦痕，出现糜棱岩和切变石英透镜体。在矿脉特别膨大部位，常可直接判别出裂隙至少经历过张—扭—再扭3次成生阶段。

(2)第2组。倾向S，倾角65°～85°，常沿背斜轴分布。沿该组裂隙充填的矿脉，主要有2组。脉带长可达700 m，一般为14～100 m，厚0.1～1.8 m，局部达10 m。由石英脉、糜棱岩、硅化岩、角砾状石英脉和方解石脉等组成，是一种交代和充填并行的矿脉。

(3)其余组。倾向SE或NW，倾角50°～70°；第4组倾向SW，倾角65°～70°与第5组的裂隙构造规模与矿化关系都不大。只有第4组NW向断裂裂隙控制的矿脉数量少，但规模大。如金鼓大破碎带全长7 000 km，厚10～20 m，由硅化角砾岩、糜棱岩、硅化岩、石英脉等组成，常见巨大的透镜状岩块，其长轴与破碎带走向平行。

2.7 变质作用

(1)区域变质作用。一般比较轻微，涉及全矿区的寒武系地层，砂岩类岩层显示轻度重结晶，页岩类岩层被改造成为千枚状页岩。变质过程可能是使岩层中微量金活化的重要原因。

(2)接触变质作用。围绕多罗山岩体南侧外接触带的寒武系地层普遍遭受角岩化和堇青石化，变质带的宽度约500～1 000 m，而冲军塘矿段处于角岩化堇青石化变质带之内。

(3)围岩蚀变。多数表现为近矿围岩蚀变，以硅化和绢云母化为主，有时可见毒砂、黄铁矿等硫化物的矿化，但通常影响范围很窄[3]。

3 矿脉地质特征分析

3.1 矿脉分布

矿脉围岩全部为寒武系上亚群或中亚群。在板梯矿段已编号并经不同程度控制的矿脉共20组。

若顾及到如5#、19#、50#和17#等脉组首尾联结的特征,则矿脉数目仅有16组。矿脉之所以称为组,是因为多数矿脉具有分支或出现众多次级平行脉。

矿段内以NNW向矿脉占绝大多数,共15组,占矿段总数的75%;而NEE向矿脉共5组,占总数的25%;其余矿脉不发育。NNW向矿脉组在矿段内作等距性排列,走向与岩层走向大体垂直或大角度相交,其间距200 m,少数为100 m。其中规模比较大的脉组为3#、5#和50#,余皆较小,3#脉组主脉连续长度达1 500 m,厚0.5 ~12 m,平均3.16 m,主脉上盘伴有5条低级次平行矿脉,各矿脉间隔5 ~30 m不等;5#脉如果与19#脉连接计算,其连续长度可达1 800 m,厚0.2 ~5.0 m,平均2.5 m;50#脉如与17#脉相连,则其长度可达2 000 m,平均厚2.5 m。NEE向脉组主要沿背斜轴分布,如中部1#、2#、105#脉组沿板梯背斜断续分布;60#脉组主要沿大屋坪背斜分布。

3.2 富集段落特点

金在矿脉中分段富集是该矿区金矿化的显著特征,是指矿脉中金含量达到边界品位要求的地段。1个脉组中常赋存1个至数个富集段落,一般1个富集段落长10 ~250 m,矿脉总长度与富集段落合计长度之比为3∶1 ~10∶1。经调查,矿段内富集段落共48段,每一个富集段落都做过统计,其中产于NNW向矿脉占绝大多数,共43组,占富集总数的89.6%;产于NEE向矿脉共5段,占总数的10.4%。富集段落出露的高程似乎也存在一定的规律性,其中65%的富集段落出露高程为100 ~300 m,见表2[4]。

表2 含金富集段落出露高程

出露高程/m	富集段落数目	占富集段落总数/%
100 ~200	11	22.91
200 ~300	20	41.67
300 ~400	8	16.67
400 ~500	8	1 6.67
≥500	1	2.08

3.3 矿体地质特征

富集矿段中存在平均品位大于$3×1.0^{-6}$,并有一定连续的地段便构成工业矿体。1个富集段落中往往赋存1个至数个工业矿体。矿体厚度与矿脉厚度之比为1∶1 ~1∶4,最厚可达8 ~10 m,一般约1.0 m。矿体长度通常为10 ~220 m,大多数矿体延深大于延长,延深与延长之比为2∶1 ~7∶1,延深最大矿体从地表起始超过298 m。

多数矿体靠近矿脉上盘或下盘产出,有斑岩侵入时,矿体往往紧靠斑岩一侧或两侧产出。单个矿体形态在平面上多数呈透镜状或不太规则的脉状;在横剖面上常呈分支的脉状或透镜状;在纵投影图上矿体常呈不规则的长条饼状或板柱状。矿体总是被限制在矿脉范围内,但偶尔也有超越至围岩片理化带的现象,这时,矿与非矿靠样品确定。

矿体厚度的变化一般比较稳定,厚度变化系数为59.25% ~163.81%,多数在100%以内;品位则变化幅度很大,其变化系数为63.6% ~297.1%,多数在150%以上,属不均匀至极不均匀类型;矿段中最富的矿体平均品位为$15.83×1.0^{-6}$,矿体中最富的块段平均品位为$33.76×1.0^{-6}$。矿体品位与厚度之间常呈一定的相关性,如3-1#脉中矿体厚度与品位成正向消长。如果按全脉平均,则矿脉厚度与矿脉品位之间的关系:当矿脉厚约1.0 m,品位最高;矿脉厚度大于1.0 m时,则品位与厚度呈反向消长,厚度越大品位越低,反之亦然。

3.4 矿化富集的控制因素

矿脉受地层控制而使金分段富集规律性非常明显,在面积为4.8 km^2的矿段内寒武系地层主要出露水口群上亚群下组和中亚群上组的第3个亚组。

对板梯矿段内20个脉组中的48个富集段落进行了一定的研究和1∶2 000地质填图,发现该类富集段落的分布主要受寒武系地层的一些特殊岩性组合段控制。该类岩性组合段被称为金岩性组合段,厚20 ~80 m或更厚,有时也出现跨越2个甚至个别跨越3个岩性组合单位的现象。当矿脉切过该类控金岩性组合段时,便出现1个富集段落,大部分有工业矿体形成,但也有少数不形成工业矿体。

板梯矿段48个富集段落中,85%为水口群上亚群下组第1亚组和第3亚组控制,可以划分出6个主要的控金岩性组合段。该类岩性组合段的特征为:①微含炭质,新鲜岩石绝大部分为灰黑色;②含菱铁矿,含量一般为2% ~10%;③少数控金岩性组合段有火山凝灰质成分,火山灰含量为8% ~30%;④是地质中相对比较稳定的沉积岩性组合段,常为含粉砂的页岩夹粉砂岩组合或含泥质成分的石英或石英长石质粉砂岩、砂岩组合。金矿化与某些特定岩性组合段关系密切的原因,可能与金亲铁的地球化学行为以及因微量炭质存在而形成的还原环境有关。

3.5 矿石与矿物

矿石与非矿化岩石肉眼很难区分,完全依靠样品来确定。主要为2种类型:①含少量硫化物的碎裂-压碎绢云母化石英脉金矿石;②含少量硫化物的绢云母化压碎岩-绢云母化压碎硅化岩。前者以充填方式形成,含金稍富,但品位变化幅度大;后者以交代方式形成,含金稍贫,但品位变化比较均匀。实际上这2种主要的矿石连续经常同时出现在同一矿体中,但其比例是不固定的。

2种主要金矿石特征为:①为含少量硫化物的碎裂-压碎绢云母化石英脉金矿石,主要成分石英为88%~95%、绢云母、泥质岩屑为2%~10%,其他微量如黄铁矿、绿泥石和炭质,矿石为块状构造,密度为2.6~2.67,变余花岗变晶结构,裂隙极度发育,一般被压碎的石英都发生重结晶,变为不规则的细粒集合体;②含少量硫化物的绢云母化压碎岩-绢云母化压碎硅化岩金矿石,主要成分石英为50%~72%,绢云母为20%~32%,炭质为5%~10%,泥质为3%~5%,硫化物为1%~5%,少量方解石;矿石为块状构造,密度为2.54~2.61,变余碎裂不等粒变晶结构,原岩一般为含炭质泥质的砂岩、粉砂岩,少量页岩,岩石遭受强烈压碎,直至只剩下少量不规则的黏土矿物残留体,矿石中金银比值为0.006~7.72。

对于矿段内占主要位置的贫硫化物矿石来说,金与砷、铅锌等组分的含量一般呈正向相关。金银比值高,表示以金为主;反之亦然。自然金则主要赋存于毒砂和黄铁矿中。金矿石有20余种伴生矿物如自然金、毒砂、黄铁矿、方铅矿、闪锌矿等。自然金有枝杈状、不规则粒状,嵌布于上述矿物中,粒度为0.02~1.28 mm,密度为17.7[5]。

4 开采技术条件与富集标志

4.1 开采技术条件

(1)水文地质。区内出露地层为寒武系水口群,主要岩性为轻变质中细粒石英砂岩、云母石英细砂岩夹粉砂页岩,并常互交叠出现。成分以石英为主,次是长石、云母、局部硅化,坚硬致密或碎裂,总厚度大于1 000 m。经钻孔抽水试验,其含水性极其微弱。又由于该地区是南方多雨地区,尽管地面排水条件非常良好,但不利于地下水的补给。矿坑充水因素主要是基岩裂隙水,坑道涌水量均较少,地表水和地下水无水力联系。该矿区水文地质条件属于简单类型。

(2)工程地质。该矿区的地层围岩全部是寒武系上亚群或中亚群,其岩性属于轻变质中细粒石英砂岩、云母石英细砂岩夹粉砂页岩,岩石硬度系数为8~10。在其中开挖的巷道一般无需支护,但如果遇到破碎带时,有必要采取支护措施才能通过。矿石硬度系数为10;围岩硬度系数为8,矿石密度为2.60,围岩密度为2.50。矿岩松散系数为1.6,自然安息角为39°。由此可知,该矿区工程地质条件也属于简单类型。

(3)环境地质。矿区地震基本强度在7°区以内,但未见倒石堆、山体滑坡、阶地等新构造运动迹象。矿床埋藏于最低侵蚀基准面以上山坡,矿坑涌水量不大,不会危及区域地下水的大幅变化,矿体顶底板岩层稳固,裂隙不发育,脉幅中等,不会造成地面沉降等不良影响。

4.2 矿床富集标志

矿床富集标志主要有:①在空间上矿田受纬向与经向构造带相互横跨或截接部位的控制,矿床受局部隆起的控制;②存在含金背景值高的寒武系金矿化专属地层,一般为寒武系水口群上、下亚群;③附近有燕山晚期侵入岩发育;④断裂裂隙显示多次成生阶段。具体富集部位有:①受特殊成分的控金岩性段制约的段落;②矿脉受压碎最强烈,规模较大,有较多次生裂隙成生的部位;③硅化、绢云母化、绿泥石化,尤其是多阶段经受硅化、绢云母化蚀变的地段;④金属硫化物无论绝对数量多寡,但是种类必须繁多的部位;⑤2组裂隙相互交切的部位或其附近;⑥如果是受控于以扭为主的裂隙中的碎裂石英脉,则稳定、平直、近于等厚的部位富金。

参 考 文 献

[1] 张宝仁,寸 珪.黄金矿山地质学[M].北京:中国建材工业出版社,1997.

[2] 王鹤年,张景荣,陆建军,等.粤西金矿矿床地球化学[M].南京:南京大学出版社,1991.

[3] 陈纪明,寸 珪,董建乐,等.中国金矿地质概论[M].北京:地质出版社,1997.

[4] 王鹤年,张守韵,陈 骏,等.华夏地块韧性剪切带型金矿地质[M].南京:南京大学出版社,1992.

[5] 凌井生,裘有守,陈础廷,等.云开大山及其外围金矿远景区成矿条件[M].北京:地质出版社,1992.

(收稿日期 2015-05-26)

3DMine矿业工程软件在四方金矿储量估算中的应用

刘　炜

（陕西凤县四方金矿有限责任公司）

摘　要　3DMine矿业工程软件是由北京三地曼矿业软件科技有限公司研究并开发的大型矿山工程软件，已广泛应用于矿山地质勘探、测量、采矿设计以及生产管理等领域。介绍了3DMine矿业工程软件中资源储量估算方法的基本原理及主要关键技术，简述了计算方法在四方金矿储量计算过程的成功应用，并对其储量估算流程进行讨论，为矿山储量估算提供参考。

关键词　3DMine　地质模型　储量估算　应用

凤县四方金矿是陕西省第二大黄金矿山，是一家集采、选、冶一身的大型黄金生产企业，拥有八卦庙金矿床的开采权。企业拥有2个选矿厂，年处理矿石量约90万t，年生产黄金约1t多。矿山生产稳定，管理严格，各种资料齐全，数据准确。当前，矿山借助3DMine矿山三维软件建立了四方金矿的地质数据库，在综合分析数据的基础上建立了矿体模型，采用距离幂次反比法对矿体金属元素品位进行估值，运用估值结果进行了资源储量估算，并与矿山实际勘探获得的储量进行了对比，结果表明，所建模型可靠，计算结果准确。

1　矿床地质概况

八卦庙金矿床位于秦岭泥盆系马鞍桥—双王—八卦庙—李坝金矿带中段，著名的凤（县）太（白县）多金属矿田中，处于秦岭褶皱系南秦岭印支褶皱带，凤县—镇安束的北缘。

八卦庙矿床为一特大型的低品位金矿床，矿体赋存在星红铺组下岩性段上岩性层（D"$3x_1^2$）的一组含铁白云石千枚岩、斑点状铁白云石千枚岩、白云母石英大理岩中，位于蚂蟥沟—八卦沟复式倒转向斜的北翼，受矿区北部（F_1^3）断裂及下盘发育的脆-韧性剪切带控制。八卦庙金矿床矿体品位整体较低，没有明显的高品位带，仅在NE向节理脉中有一些特高样，金矿石的类型主要为构造蚀变岩型，矿体与围岩之间没有明显的分界线，工业矿体靠采样化验圈定，矿化体的形态与工业指标的高低关系紧密。按照矿山现阶段实际生产所确定的工业品位，圈出了13条工业矿体，矿体呈层状、似层状、大透镜状产出，总体产状20°∠75°，平均品位1.56×10^{-6}。

2　三维块体模型建立

2.1　建立地质数据库

根据研究需要，选择该矿区Au的品位做为区域化变量。矿山生产及勘探以来，共施工122条穿脉，9个钻孔，分析化验16443个样品。以矿山所有的刻槽及岩芯样样品化验数据为数据源，借助3DMine矿业工程软件创建地质数据库，建立如下数据表：钻孔开口信息表-孔品表，钻孔测斜信息表，钻孔化验信息表-化验表，钻孔岩性信息表-岩性表。各数据表的结构如表1。

表1　3DMine矿业工程软件地质数据库结构

表名	字段名	字段类型	字段意义
孔口表	Hold_id	文本型	钻孔名称
	Max_depth	双精度型	钻孔深度
	X	双精度型	孔口东坐标
	Y	双精度型	孔口北坐标
	Z	双精度型	孔口标高
测斜表	Hold_id	文本型	钻孔名称
	depth	双精度型	测量位置
	dip	双精度型	倾角
	azimuth	双精度型	方位角
化验表	Hold_id	文本型	钻孔名称
	Deptp_from	双精度型	从
	Depth_to	双精度型	到
	Au品位	双精度型	金品位
岩性表	Hold_id	文本型	钻孔名称
	Deptp_from	双精度型	从
	Depth_to	双精度型	到

刘　炜（1977—），男，工程师，721705陕西省凤县坪坎镇孔棺村。

2.2 地质剖面解译

3DMine 矿业工程软件一个很明显的优势就是能建立起矿体的三维模型,能直观的显示矿体的空间形态。建立矿体模型时,首先要在剖面上进行矿体的解译,在软件中,通过建立的地质数据库进行分析,在当前四方金矿实际采用的工业指标的前提下,确定矿岩界线并在剖面上根据岩性、品位分布或构造等特征来解译矿体界线,从而形成一个完整的剖面界线图,并且要求每个矿体界线或岩性界线必须是闭合的(构造线可通过软件中切制剖面的功能,将一定容差范围内的工程投影到当前的剖面上,所以是开放的)。这里需要说明的是,我们在对矿体的剖面界线进行解译时,不是单纯的按照地质数据库和确定的工业指标进行,而是在八卦庙金矿床矿体赋存规律的基础上,运用综合信息,再进行剖面界线的解译的。再次,依据同样的方法,根据不同的勘探线间距,完成一系列的剖面矿体界线的解译工作。最后将所有剖面的矿体界线保存为线文件。

2.3 建立矿体模型

当所有的剖面矿体界线都做好后,运用软件中的体建模的各种功能将各个剖面的矿体界线依次进行联接,完成矿体模型的建立。3DMine 矿业工程软件建模功能中集成了当前先进的三角网建模手段,并运用控制线和分区线联合方法,对象的选择方便,对任意形态的物体都可以建立模型。八卦庙金矿床矿体较为复杂,在实际矿体解译时,出现大量的矿体分枝复合的情况,按照对矿体的空间位置的理解和分析,在软件中通过各种功能将这种结果表现出来,真实的反应出矿体的实际形态。同时要说明的是对矿体中的夹石也建立了模型。建立的八卦庙矿体模型,如图 1 所示。

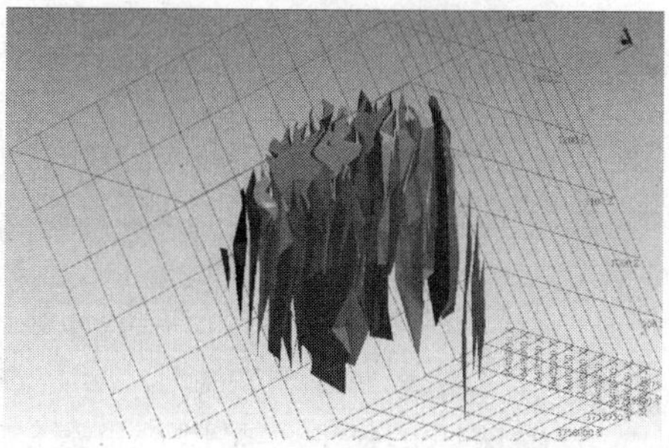

图 1 八卦庙金矿床三维矿体模型

在矿体模型建立后要进行实体的验证,如果组成矿体模型的各三角面不存在自相交,且无相邻边,重复边,无效边,则该矿体模型实体不是一个有效的实体,无效的实体不能进行计算体积,空间约束,逻辑运算等。无效实体可以通过编辑使其符合各约定后,才称得上有效实体。

2.4 样长组合

在实际工作中,生产勘探工程的施工并不完全平直,钻孔岩心样品的采集长度也不一致,导致刻槽样品和岩心样品的长度不一样长,为了保证地质统计学中参数的无偏估计量,所有的样品数据应落在相同的承载上,即同类参数的地质样品段的长度应该一致,这就是我们所说的组合样。根据八卦庙金矿床的矿体的特征,四方金矿在生产勘探过程中,坑探刻槽样品的长度均按照 1 m 的长度进行采取,建立的钻孔数据库中,1 m 长的样品数占全部样品位的 80% 以上,因此,按 1 m 的组合长度对样长进行组合,组合的方式为距离加权平均法,由于有特高品位的存在,为了保证组合样品品位的准确性,我们在组合之前首先要对特高品位进行处理。组合之后的样品品位在 3DMine 中显示为点或者线段,如图 2 所示。

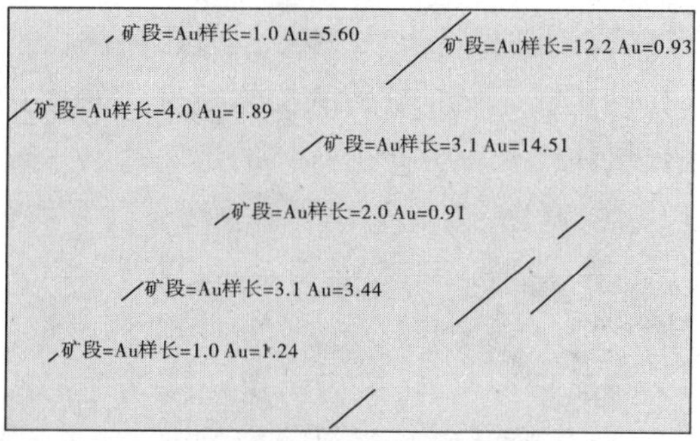

图 2 金品位组合样

2.5 块体模型建立与估值

在建立了所有的矿体实体模型和样品组合后,我们就可以建立块体模型。块体模型也叫品位模型是另一种数据库的格式,是将数学地质与品位空间分布的结合的具体应用。这是和传统的数据库不同的地方,存储数据的时候更像内插替换一个值,而不是度量一个值。当前,国内各大矿山大部分采用平行断面法或地质块段法进行储量计算,这些算法在计算机发达的国外已成为过去,3DMine 矿业工程软件储量估算实际上利用块体充填法进行储量估算,其本质是将不规则的矿体用规则的正方体或者长方体填充,通过计算块体的体积总和而得出不规则矿体的体积(如图 3、图 4 所示)。

3DMine 矿业工程软件中引入块体模型概念是在空间上,在一定的范围内,确定一定尺寸的空间块体,相对应的块体都有一个质心点,这样,在质心点

图3　建立的矿体模型

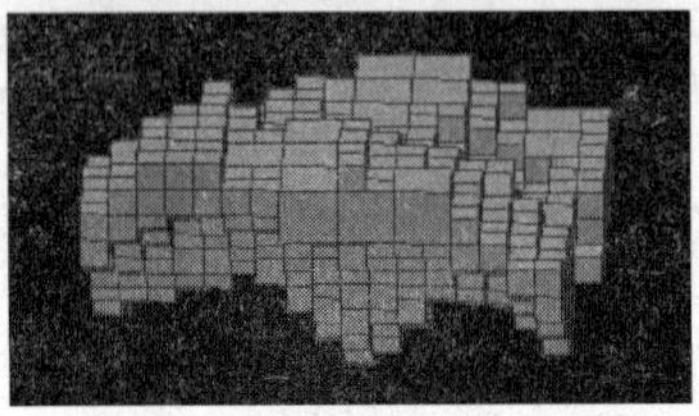

图4　充填后的块体模型

上可以存储所有属性,包括品位、金属量、比重、体积等,因为这个质心点的属性就是一个小块体的属性,所以品位和金属量两个属性用一个就可以;同时,引进次级模块的概念,则是保证矿体边缘的块体尽可能地与矿体界线(曲面)相一致,从而得到准确的报告值,次级模块越小,估算的值越精确。根据八卦庙金矿床矿体的赋存特点及产状,为更加精确的进行估算,我们建立了一个旋转的块体模型,其中的小块体、次级块体的长轴方向与矿体的走向基本一致,块体的长×宽×高为、为 5 m×2.5 m×5 m,次级块体的长×宽×高为 2.5 m×1.25 m×2.5 m。

建立好块体模型后,对这个块体模型添加比重、矿体号、金属量等属性,然后对这些属性进行赋值。在对属性赋值的过程中,最主要是对品位进行赋值,它与地质统计学相结合,应用数学方法对品位分布进行估值。由于品位分布是在资源中受地质因素控制而明显存在的,从而形成一定约束条件下的品位模型。根据八卦庙金矿床矿体的赋存特点以及所有的工程和样品位置,选择运用距离幂次反比法进行品位赋值,估值参数:距离幂次 = 2,样品点数目 =4 611,主轴搜索半径 = 600.000,主/次轴 = 1.000,主/短轴 = 20.000,主轴方位角 = 110.000,侧伏角 = -30.000,主轴倾角 = 70.000,最少样品点 = 1,最多样品点 = 12,未使用单孔限制和未使用八分圆搜索。成功估计了 459 954 个块 ,有 0 个块没有估上值。

3　在矿山储量估算中的应用

在以上的工作完成后,对矿山的资源储量进行估算与报告,如表 2 所示。通过与平行断面法的估算结果进行对比,矿石量、金金属量误差均在 5% 以下。

表2　3DMine 块体模型参数

体积/m^3	矿石量/t	金属量/$\times10^4$	Au/$\times10^{-6}$
7 990 093.75	21 971 574.22	34.37	1.56

在矿山地质工作中,我们不仅要提估算整个矿体的储量,还要根据不同的需要对各个矿体、各个标高范围的矿体资源量等进行资源储量的快速估算与报告,如表 3 所示。

表3　3DMine 块体模型报告

体积/m^3	矿石量/t	金属量/$\times10^4$	Au/$\times10^{-6}$
1 492.19	4 148.28	0.01	2.27
10 851.56	30 167.34	0.05	1.8
34 273.44	95 280.16	0.14	1.43
133 296.88	370 565.31	0.55	1.49
554 468.75	1 541 039.22	2.53	1.64
1 228 531.25	3 355 988.59	5.23	1.56
1 911 921.88	5 217 601.09	7.9	1.51
2 127 468.75	5 861 502.19	8.94	1.52
1 987 789.06	5 495 282.03	9.03	1.64

3DMine 矿业工程软件还可以将块体模型的属性分区间、范围进行直观的显示(如图 5、图 6 所示),同时,结合在不同范围资源储量估算结果和井下测量数据,能为矿山生产提供更为准确的资源依据,也对井下采矿作业有着尤为重要的指导和监督作用。

图5　八卦庙金矿床某标高中段品位分布

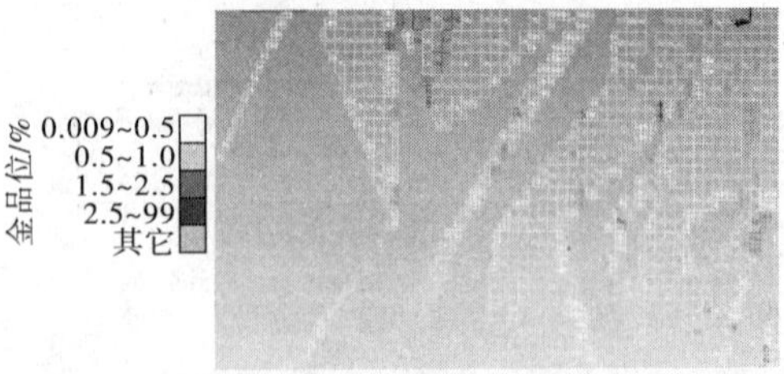

图6　八卦庙金矿床剖面品位分布图(局部)

4　结　语

矿山主要的地质工作之一是进行资源储量的估算,利用 3DMine 矿业工程软件可以快速、准确而有效的进行各种不同需求的资源储量的报告,通过在四方金矿中的实际运用,可以看出,在当今信息化高

(下转第 373 页)

黄山石灰石矿三维地质实体建模与储量估算

冉秀峰[1]　胡　斌[1]　甘　露[2]　余海兵[1]　寇　天[1]
(1. 中国地质大学(武汉)工程学院;2. 成都建筑材料工业设计研究院有限公司)

摘　要　在分析黄色石灰石矿山的地质特征、开采方式、最终开采境界的基础上,以3DMine软件为平台,采用三角网建模技术、普通克里格估值法和距离幂次反比法,构建了矿区地质数据库、地表模型、矿体模型、块体模型并进行了储量估算。结果表明:针对地形地貌比较复杂的矿山,普通克里格储量估算精度优于传统地质勘探法和距离幂次反比法,可直接应用于编制露天开采计划,便于动态管理矿产资源。

关键词　三维地质实体建模　储量估算　3DMine　普通克里格方法　距离幂次反比法

目前,我国高品位矿石储量日益减少,为了提高资源利用效率,有必要对矿体进行三维精细化建模并准确估算资源储量[1]。本研究借助3DMine软件构建了该矿山的地质数据库、地表模型、矿体模型、块体模型,对矿体品位进行估值,并估算了资源储量,实现了矿体、地质数据、地表的三维可视化,为矿山在资源利用、安全生产、节约成本、科学决策等方面提供参考。

1　矿区地质概况

矿区处于四川盆地的边缘低山-低中山地段,属二峨山背斜北翼,地层大致呈EW走向,总体地形为南高、北低(图1)。根据矿区钻孔剖面图显示,地层为奥陶系、二叠系(栖霞和茅口组)、第四系。矿区内受黄山断层 F_1 及鱼洞口断层 F_2 构造的影响,在矿区北部,靠近峨眉山玄武岩一带略有倒转,矿区东部比西部倒转更加严重,产状为212°~240°∠68°~75°。该矿山主要开采水泥用灰岩主要赋存于栖霞组和茅口组地层中。该矿山开采已达40余a,优于受滑坡、开采边坡压矿等因素限制,其批准开采范围内的保有可采储量无法满足下步扩大矿山生产规模800万t/a的生产需求。

2　地质数据库的建立

根据原始的图形(包括钻孔柱状图、地质剖面图、地形图、钻孔工程化学分析表等)地质资料,采用3DMine软件创建地质数据库,建立了开孔表、测斜表、化验表、岩性表等4类数据表。其中定位表和测斜表决定了钻孔在三维空间的轨迹,属于默认表,各岩性表和化验表用于描述岩性和品位。各表的结构如表1所示。

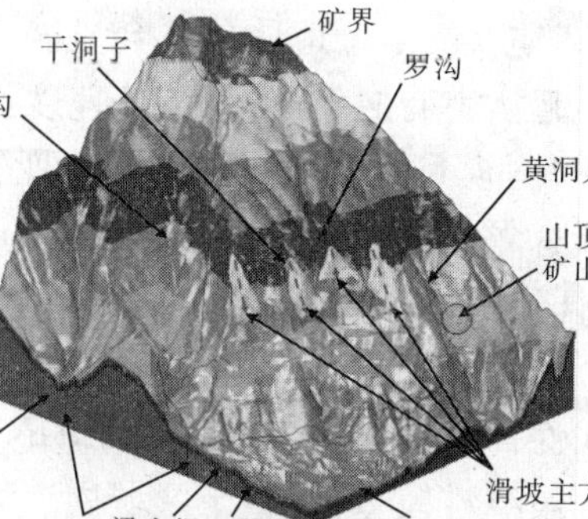

图1　矿区三维全貌

表1　地质数据库数据表结构

表名	字	段				
定位表	工程号	*X*坐标	*Y*坐标	*Z*坐标	最大孔深	轨迹类型
测斜表	工程号	深度	方位角	倾角		
化验表	工程号	从	至	Cao品位	Mgo品位	
岩性表	工程号	从	至	岩性描述		

针对大量的勘探或钻孔资料,采用3Dmine软件创建数据库,方便用户对数据进行检索、编辑、查询、更新、统计分析;在三维状态下查看钻孔的岩性、品位、轨迹和深度等数据信息。此外,根据地质数据库选择合适的参数(如最小可采长度、夹石剔除厚度、是否忽略或缺失的样品、圈矿品位指标),可以生成组合样品点。参照标高生成平面或沿勘探线形成竖直剖面钻孔空间位置,在屏幕上可以选择容差范围内的数据按。将钻孔数据调入地表模型中(图2),可以验证所建地表模型的准确性[2]。

冉秀峰(1988—),男,硕士研究生,430074 湖北省武汉市洪山区鲁磨路。

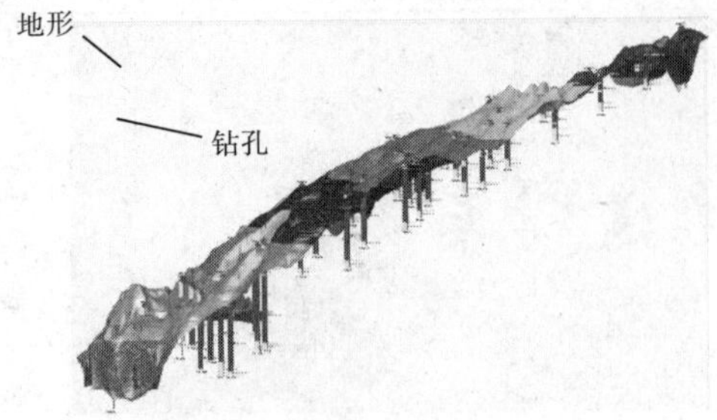

图2 地形、钻孔组合

3 三维模型构建

3.1 三维模型构建的基本原理

对于三维数字地表地形模型，比较典型的有规则格网模型、等高线模型、不规则的三角网模型（TIN）和层次模型。3DMine 软件建立的模型为不规则的三角网模型（TIN），其特点有：①减少大量的数据冗余；②建立的复杂地质体不会显得很生硬，特别是在地形起伏突变的部位；③计算速度快；④解决 GRID 规则格网模型无法解决的通视问题。TIN 模型根据区域有限点集将区域划分为相连的三角面网络，区域中任意点落在三角面的顶点、边上或三角形内。若点不位于 TIN 模型顶点，该点的高程值通常需要采用线性插值的方法得到。因而 TIN 模型是三维空间的分段线性模型，在整个区域内连续。因此，众多学者认为基于 TIN 模型构建的封闭面并非真正的三维空间实体[3]。

3.2 矿区三维模型建立

3.2.1 矿区地表 DTM 模型

矿区地表模型主要表达覆盖矿体的地表、露天矿的矿坑、山脉及矿区分布和工业场地等，是矿区三维可视化的基础。地表地形模型主要包括数字地形模型（DTM）和数字高程模型（DEM）[4]。相对于 DEM，DTM 用途更广，包含除地表以外更多的信息，如资源、环境、人口等特征信息。建立 DTM 是完成库容分析、挖填方计算、境界优化等方面的前提条件。3Dmine 软件具有超强的兼容性，可直接打开、编辑、修改和保存的格式文件有：①AutoCAD 软件 2000—2007 版本的“. dwg”和“. dxf”格式文件；②MapGis 软件的的. wl、. wp、. wt、明码格式文件；③Datamine 软件的点线面文件、质心文件；④Surpac 软件的线文件、体文件；⑤micromine 软件的线文件、线框文件；⑥Surfer 软件的网格文件；⑦ArcGIS 软件的矢量文件。此次工作是将地形等高线“. dwg”文件导入 3Dmine 软件中，并使 3Dmine 软件中的坐标与原有的坐标相对应，并按照以下步骤完成地表 DTM 建模过程：①清理多段线冗余点，重复线条，连接断线；②线赋高程，形成三维等高线；③利用线文件生成 DTM，完成地表模型的构建。为了防止在构建模型时产生细碎的三角块，应清除冗余点、压线点、断线。

3.2.2 地层模型

根据地质剖面图可以建立地层模型。将各勘探线的地质剖面图导入 3Dmine 软件中，调整期坐标与地形平面图相对应，利用地质剖面图中各地层的地质界线，通过闭合线之间连接三角网、删除与橡皮线相交的三角面等一系列线框命令，连成闭合的三角面。在生成地层模型过程中应适当增加点，改变地质界线上点的疏密程度。由于不同的方法有效验证的结果不一致，在建模过程中，对比较规则的地质体，可以自动生成线框命令，但一般都需要人工预设几条控制线或辅助线，干预地质体的形成[5-6]。通过自动生成和人工引导，使实体多边形结构紧密联系在一起，能够逼真地反映矿体的实际赋存情况。

3.2.3 矿体模型

建立块体模型是进行储量估值，露天境界优化，开采计划编制等工作的基础。根据钻孔图建立矿体模型，并通过地质剖面图校对矿体的空间形态和结构位置。由 TIN 模型建立的矿体模型属于实体模型，所谓实体模型指的是由许多相邻的三角面构成的封闭空壳，称为实体[7-8]。

3.2.4 块体模型

矿体模型仅能反映矿体的空间形态，而无法表现矿体局部品位、岩性、分布情况及储量估算，为此，可在矿体模型的基础上建立块体模型。建立矿山的块体模型是国际上计算储量的通用方法，主要利用规则的块段填充不规则的矿体，并通过边部块段次分技术实现矿体储量的准确估算。每个块段的质心点都存储着多种属性，其中品位属性是应用地质统计学方法进行内插获得的。

计算复杂地质矿山矿石储量需要以块段模型为基础[9]，块体模型涉及的范围包含矿山所有探矿钻孔所确定的区域[10]。根据黄山石灰石矿体特征和变异函数特征，研究所采用的块段尺寸为 5 m×5 m×5 m，边界的尺寸为 2.5 m×2.5 m×2.5 m。

4 储量估算

普通克里格法在估值时采用椭球体搜索法[9-10]，根据搜索椭球体内分析的数据对块段进行插值，搜索对待估块段具有影响的样品点，对搜索到的有用信息样品分别赋予一定的权系数，进行加权平均来估计待估块段的品位，进行估算资源储量。计算变异函数时采用球状模型，采用椭球体搜索法确定变异函数的参数：块金值为0，基台值为0.95，变程为123.23 m，步距为45 m，方位角为118.9°，倾角为36.85°，展开角为60°，半径为60 m，长为300 m，样品点数目为3 217，主轴搜索半径为850 m，主/次轴为2，主/短轴为3，主轴方位角为215°，侧伏角为35°，主轴倾角为0°，最少样品点为1，最多样品点为12。距离幂次反比法常用于样品点较少，地形地貌比较简单的情况下，利用已知样品点与未知点呈幂次反比的关系来估值估算资源储量。采用距离幂次反比法也用椭球体搜索法确定计算参数，一般取距离幂次为2。

通过3DMine软件分别采用上述2种方法对块体模型进行估值，估算结果与与地质详勘报告对比如表2所示。

表2 储量估算结果

类 别	矿石量/万t	平均品位/%	储量偏差/%
普通克里格法	21 027.63	53.97	5.88
距离幂次反比法	21 148.37	54.01	6.41
地质勘探法	19 791.90	53.98	

由表2可知，距离幂次反比法估算的资源储量略高于普通克里格法，这是因为相对于前者，后者考虑了样品点空间位置关系影响因素，因而估算结果更为准确。距离幂次反比法和普通克里格法的估算结果与地质勘探法存在较大差别原因是，在850 m高程以下缺失钻孔信息，为了增加估值的准确性和保证建立模型的完整性，根据地勘报告中CaO的平均品位在矿床数据库中手工添加1～2个品位信息点，由于组合样品点的不足和不准确性，导致850 m以下块段估值误差较大。但是，上述2种方法与传统地质勘探法估计的CaO平均品位相差仅为0.01%～0.03%。总体来说，普通克里格方法估算的资源储量较为准确。

5 结 论

（1）构建的矿山三维地质模型逼真再现了黄山石灰石矿区的地质地貌、品位分布、采场现状等情况，能够三维展现各累地质数据。

（2）采用普通克里格估值算法和距离幂次反比法分别对黄山石灰石矿山范围内的矿石量进行了储量估算，并与传统地质勘探法的储量估算结果进行对比分析，认为普通克里格法由于考虑了样品点空间位置变异特征对复杂地质体进行储量估算结果更为准确。

参 考 文 献

［1］ 宁选凤，苏昌学. 矿山数字化的探讨［J］. 现代矿业，2009（2）：31-32.

［2］ 周智勇，陈建宏，杨立兵. 大型矿山地矿工程三维可视化模型的构建［J］. 中南大学学报：自然科学版，2008（3）：423-428.

［3］ 叶海旺，王 荣，韩亚民，等. 基于3Dmine的鄂西高磷赤铁矿凉水井矿区三维建模［J］. 金属矿山，2011（1）：89-92.

［4］ 王运敏. 现代采矿手册［M］. 北京：冶金工业出版社，2012.

［5］ 王李管，何昌盛，贾明涛. 三维地质体实体建模技术及其在工程中的应用［J］. 金属矿山，2006（2）：58-62.

［6］ 贾建红，周传波，张亚海，等. 基于DATAMINE的三维采矿工程可视化建模技术研究［J］. 金属矿山，2009（3）：111-115.

［7］ 王李管，曾庆田，贾明涛，等. 复杂地质构造矿床三维可视化实体建模技术［J］. 金属矿山，2006（12）：46-49.

［8］ 李 梅，董 平，毛善君，等. 地质矿山三维建模技术研究［J］. 煤炭科学技术，2005，33（4）：46-49.

［9］ 吴健飞，叶义成，王其虎，等. 某多层复杂矿床开采优化的三维地质建模［J］. 金属矿山，2012（9）：124-128.

［10］ 罗周全，刘晓明，苏家红，等. 基于Surpac的矿床三维模型构建［J］. 金属矿山，2006（4）：33-36.

（收稿日期 2015-05-26）

（上接第370页）

度发展的形势下，结合计算机硬件的普及和矿业软件的功能性，与传统的地质工作手段相比，利用3DMine矿业工程软件，可以极大地提高数据利用效果和工作效率，减少了大量的的制图和表格运算过程，让地质工程师有更多的时间来思考与专业相关的问题。

（收稿日期 2015-05-26）

基于 Micromine 的云浮硫铁矿尖山区段地质建模

王义成
（广东广业云硫矿业有限公司）

摘　要　结合云浮硫铁矿尖山区段相关地质资料，应用 Micromine 软件建立了尖山区段钻孔数据库和地表、矿体及断层等三维地质模型，以直观的方式揭示矿体之间的空间形态关系。结合尖山区段采矿方法、矿体地质特征，选择距离幂次反比法进行储量估算。结果表明，储量估算结果与地质勘探报告储量基本吻合，为尖山区段开采设计提供参考。

关键词　三维地质建模　Micromine　储量估算

云浮硫铁矿探明地质储量 2.08 亿 t，平均含硫量为 31.04%，是我国重要的硫铁矿生产基地。矿区位于广东省云浮市高峰大降坪，由北向南分为长排岭、大降坪和尖山 3 个区段，目前仅有大降坪区段采用露天方式开采。尖山区段位于大降坪区段南侧，尚未开采。尖山区段主要采用传统几何方法估算储量，估算速度慢、效率低。随着数字化矿山技术的发展和应用，综合考虑尖山区段采矿方法、勘探网度等因素，利用三维矿业软件建立三维地质模型和地质数据库，采用合适的资源储量估算方法进行估算与统计分析，为尖山区段开采设计提供依据。

1　地质概况

尖山区段出露地层由一套经过变质的类复理式岩层组成，为前泥盆系地层。矿区区域位于吴川—四会褶断带中段北部西侧的大降坪旋卷构造中。尖山区段编号的大小矿体有 4 个，矿体南北走向长约 1 430 m，东西斜宽约 600 m。矿体空间分布以 F_3 断层为界，东侧、断层上盘为Ⅱ$^{\#}$、Ⅳ$^{\#}$矿体。西侧、断层下盘为Ⅰ$^{\#}$、Ⅲ$^{\#}$矿体。Ⅲ$^{\#}$、Ⅳ$^{\#}$矿体为主矿体，产于 AnD^{d2} 层。Ⅰ$^{\#}$、Ⅱ$^{\#}$矿体为次要矿体，产于 AnD^{d1} 层。呈层状、似层状、透镜状产出，赋存于 AnD^{d} 地层中，受地层层位控制。

褶皱主要有水源坑顶扇形向斜及 723（大台）倒转背斜。水源坑顶扇形向斜以 F_3 为界分成东西 2 部分。西部由一个背斜和一个向斜组成形态复杂的“Z”字形平卧褶曲。东部为一形迹不明显并被 F_4 断层破坏了的向西倒转的向斜。723（大台）倒转背斜位于区段的北东角 16$^{\#}$ ~ 20$^{\#}$线。背斜向西倒转，轴面倾向 E，倾角 33° ~ 35°。在区段范围内轴向近 SN，向南倾伏，倾伏角约 18°。

区内断裂发育，依其空间展布特征，纵断层有 F_1、$F_{1\text{-}6}$、F_3、F_4、F_5、F_6、F_7、F_8。横断层及斜断层分布于尖山区段的南侧外围，属张扭性和张性断裂，切断纵断层[1]。

2　三维模型构建

2.1　地质资料整理

地质资料的收集整理是建立模型的基础，整理地质资料时出现的问题有不同勘探线钻孔重号、测斜文件不全、样品有误等。针对该类问题，应按勘探线统一钻孔编号，修正、补全测斜资料，按地质编录核对样品编号、化验结果。

2.2　钻孔数据库建立

首先将钻孔的孔口文件、测斜文件、岩性文件、样品分析文件等信息输入至 Excel 软件中，然后将数据导入 Micromine 软件中建立钻孔数据库，由钻孔数据库生成的钻孔轨迹如图 1 所示。

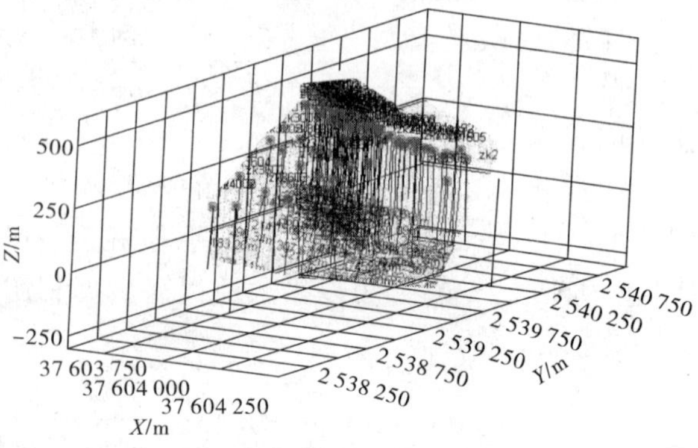

图 1　尖山区段钻孔三维模型

王义成（1973—），男，队长，工程师，527343 广东省云浮市星岩四路 51 号。

2.3 地表模型建立

尖山区段利用的地形控制点资料包括钻孔、水文点、勘探线控制点、槽探和地表控制点等，将空间插值与高程控制点相结合，共采用了 174 组坐标数据。首先通过对尖山区段纸质地形地质图进行扫描、纠斜、矢量化提取等高线和高程点；然后将坐标转换导入到 Micromine 软件中，并对等高线进行服从点的样条圆滑处理，将测量控制点加入其中，修改线的连结域，从而生成新的地形控制线文件，进而生成样条圆滑的地表模型见图 2。既充用利用了空间插值获得新的数据，避免重复插值造成的误差累积，又确保了所有的测量控制点均位于地表模型表面。

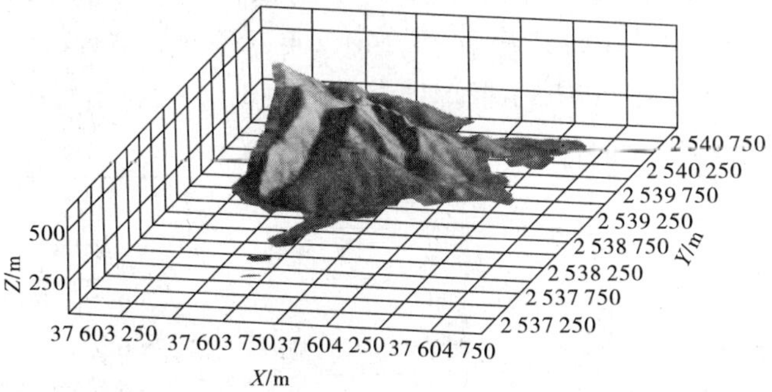

图 2 地表 DTM

2.4 地质解译

尖山区段地质图件有图片和纸质资料，结合钻孔轨迹、岩性和样品信息，直接在软件中参照光栅底图进行解译。地质解译工作面是由同一条勘探线上的钻孔轨迹组成的连续不规则面，所有地质解译线均叠加于该工作面上。三维地质解译工作如图 3 所示，解译效果如图 4 所示。

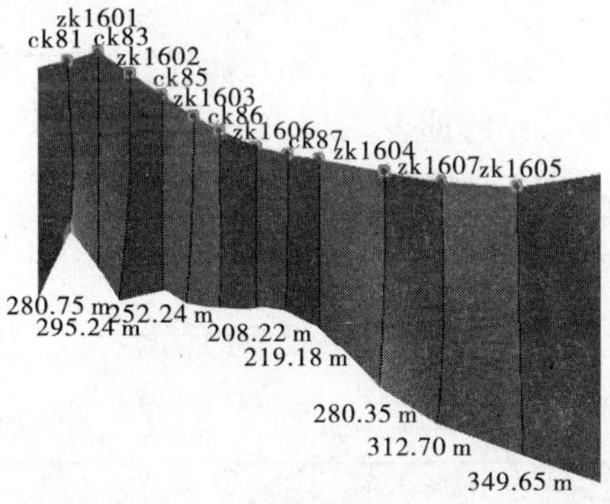

图 3 16#线解译工作面

2.5 矿体模型构建

在构建矿体模型过程中，由于地质剖面图为栅格图像格式，应首先对剖面图进行了几何校正及矢量化处理，然后通过控制点将矢量化后的矿体解译线串向三维空间进行变换，最后利用三维地质钻孔数据库对钻孔进行三维显示，根据剖面图对矿体解译线串进行空间校正。矿体三维解译过程充分融合了地质剖面图中矿体圈定和连接、尖灭等信息，所构建的矿体三维模型如图 5 所示。

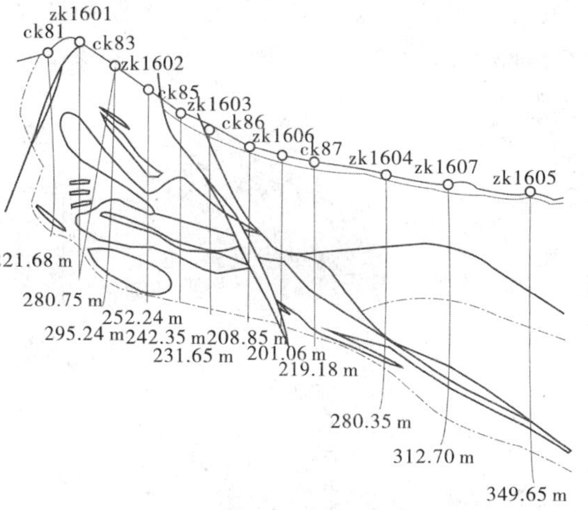

图 4 16#线解译效果

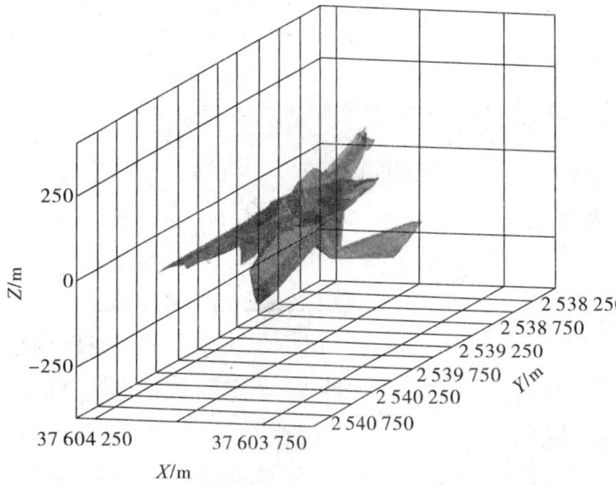

图 5 矿体模型

2.6 构造模型建立

为了进一步研究断层对矿体的影响，根据 16# ~40#线的勘探线剖面图、纵剖面图、-100 ~ 100 m 水平断面图，并结合断层的产状、分布和延伸情况，建立了断层空间位置模型如图 6 所示。

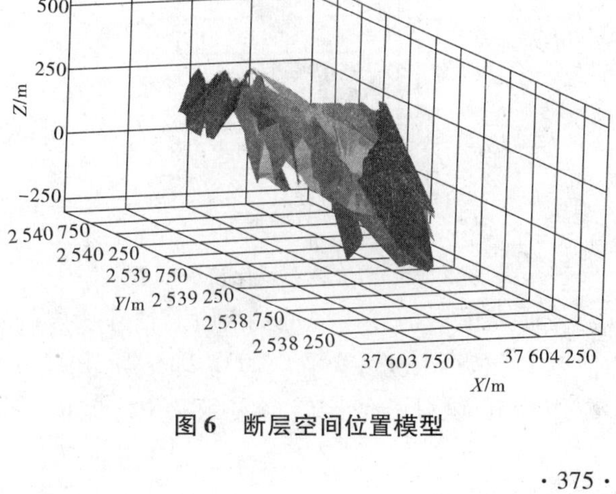

图 6 断层空间位置模型

2.7 岩体模型

根据尖山区段地层岩性，建立了如图 7 所示的岩体模型。

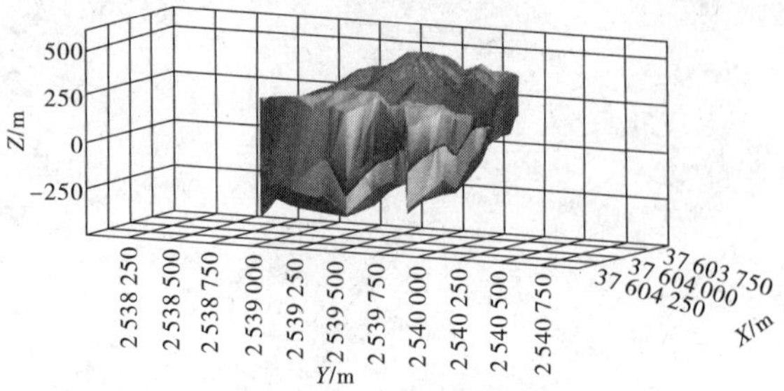

图 7　岩体模型

3　资源量估算方法及结果分析

3.1　资源量估算方法

封闭多面体估算方法是通过对矿体线框内部点、样品或者块的体重和品位分别进行简单平均、样长加权或块系数加权计算，从而获得矿体总的品位和比重，在此基础上根据矿体线框总体积，从而计算出总矿石量。块模型估算方法是将矿体划分成无数个大小相同的块体，每个块体都有代表其空间位置的三维坐标，根据模型中已知采样点的品位，利用数学方法对各个块的品位进行空间插值，从而获得品位块模型，进而求出总的资源量。

经统计，尖山区段样长平均为 1. 85 m，钻孔样品组合样长取 2 m，最小取 0. 1 m。尖山区段Ⅰ#、Ⅱ#、Ⅲ-1#、Ⅲ-2#和Ⅳ#矿体的组合样品分别为 133，103，311，719，347 个。空块模型正方体边长取 2. 5 m。根据尖山区段勘探最小勘探网度（50 m×50 m），搜球半径最小取 70，140，200，250 m。结合矿体特征，建立的搜索椭球体参数见表 1。

表 1　搜索椭球体参数

矿体	搜索半径/m	轴 1/(°)			轴 2/(°)		轴 3（系数）
		系数	方位角	倾角	系数	倾角	
Ⅰ#	70/140/200	1	340	−10	0.6	30	0.2
Ⅱ#	70/140/200/250	1	10	−6	0.6	40	0.2
Ⅲ-1#	70/140/200/250	1	350	−25	0.6	10	0.2
Ⅲ-2#	70/140/200	1	350	−3	0.6	50	0.2
Ⅳ#	70/140	1	0	0	0.6	30	0.2

尖山区段块模型品位估值方法采用距离反比加权法和普通克里格法。距离反比加权法是一种几何空间内插方法，该方法利用未知点的值与该点到邻近已知点之距离成反比关系来确定，某已知点的估值权重系数为该点到未知点距离的倒数与所有已知点到该点距离倒数总和的比值。采用距离反比法建立的Ⅱ#矿体块模型如图 8 所示。

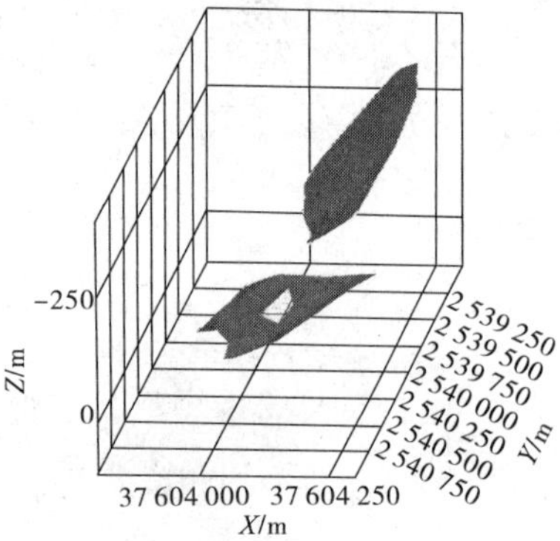

图 8　Ⅱ#矿体距离反比法块模型

普通克里格估算方法是要求所有估计块段的实际值与其估计值的偏差平均为 0，即估计误差的数学期望为 0；块段的估计值与实际品位之间的单个偏差应尽可能小。利用普通克里格法估值，首先应对组合样品进行统计分析，确定其是否服从正态分布；然后对矿体进行结构分析，确定搜索椭球体的 3 个方向，利用适当的理论模型进行拟合，得出相应的变程和局部检验方差，确定克里格估值参数；最后通过交叉验证检验参数的合理性，并不断进行调整，确保估值参数达到最优。尖山区段的普通克里格法变异函数特征参数见表 2。

表 2　尖山区段变异函数特征参数

方向	方位角/(°)	倾角/(°)	块金值	部分基台值		变程/m		
				c_1	c_2	a_1	a_2	模型类型
第一	0	0	4	55	14	300	57	a_1，a_2 均为球状模型
第二	90	40				94	83	
第三	270	55				0	0	

3.2　资源量估算结果分析

选取 16# ~ 40#线作为估算范围，分别利用封闭多面体法、距离反比法和克里格法[1-3]估算资源量，结果见表 3。

由表 3 可知，文中构建的模型计算出的资源储量与地质勘探报告资源储量的误差率小于 5%，说明文中构建的矿体模型是可行的，此外，距离反比法

表 3　4 种估算方法结果对比

矿体号	分矿体号	垂直断面法 资源量/万 t	垂直断面法 品位/%	封闭多面体法 资源量/万 t	封闭多面体法 品位/%	封闭多面体法 品位误差/%	距离反比法 资源量/万 t	距离反比法 品位/%	距离反比法 品位误差/%	普通克里格法 资源量/万 t	普通克里格法 品位/%	普通克里格法 品位误差/%
Ⅰ#		161.19	21.63	154.02	22.16	-2.09	153.1	21.99	-3.42	152.36	21.31	-6.86
Ⅱ#		635.30	19.08	613.24	19.08	-3.46	616.05	19.49	-0.94	626.54	20.60	6.49
Ⅲ#	Ⅲ-1#	376.84	19.70	374.74	19.59	-1.10	374.26	19.38	-2.28	372.34	18.58	-6.80
	Ⅲ-2#	1 007.95	18.78	989.64	19.26	0.68	984.87	18.77	-2.35	982.88	18.26	-5.20
Ⅳ#		1 981.78	25.54	2 134.00	27.08	14.16	2 071.61	24.55	0.47	2 040.35	22.96	-7.46

估算的品位与地质勘探报告品位基本一致，误差率小于1%。

将表 3 中的估算结果与地质勘探报进行了对比可知：

（1）地质勘探报告所采用的垂直断面法，估算速度慢、效率较低。

（2）封闭多面体法。解译参照剖面底面进行，利用解译工作面进行调整，三维连接的矿体线框体积较垂直断面法体积更接近，估算的矿体平均品位是通过样长简单加权求得，Ⅳ#矿体的钻孔样品分布不均，因而矿体资源量和品位相差较大。

（3）距离反比法。根据各矿体特征，合理设置各矿体的搜索椭球参数，分矿体分区估算，与垂直断面法估算资源量相差小，品位误差为-0.66%。

（4）克里格法。矿床受多种因素的影响，原生沉积后经受了多期次的构造活动与热液改造，分矿体的样品数量较少，单个矿体变异函数曲线不理想，克里格法估算结果与距离反比法相比，品位相差较小。

4　结论及建议

（1）通过构建尖山区段三维地质模型，采用距离反比法法和克里格法联合估算资源量，为采矿设计提供依据。在研究尖山区段矿床地质特征基础上，利用 Micromine 软件的三维地质建模功能，构建了矿床地质数据库和三维矿体模型。建模过程充分融合了地质剖面图及三维钻孔信息，模型能够反应矿体外部特征和空间分布规律，可为地质工作提供更为准确的地质信息。

（2）尖山区段地质三维模型的构建。为大降坪黄铁矿区地质建模积累了经验。构建复杂矿床地质模型时应首先构建地层、断层等控矿系统，然后构建矿体模型，按照由地表至地下，先整体后局部的顺序进行。

（3）地质资料整理过程中存在钻孔编号相同、测斜文件不全、样品分析不完整等问题，在后续生产勘探过程中应加强钻孔测斜、样品检查等地质资料的管理工作。

参考文献

[1]　王建华，张　阳，王月军，等. 马城矿区三维地质建模及开采影响因素分析[J]. 中国矿业，2013，22(7)：127-130.

[2]　王泽群. 新桥硫铁矿床地质特征及矿体三维模型构建[J]. 现代矿业，2013(11)：67-68.

[3]　李章林，张夏林. 距离平方反比法矿产资源储量计算模块设计与实现[J]. 地质与勘探，2007，43(6)：92-95.

（收稿日期　2015-05-26）

胜利沟地区变质火山岩地球化学特征及找矿方向

郭　旻
（五矿矿业（安徽）工程设计有限公司）

摘　要　青海省胜利沟地区位于赛什腾山构造-岩浆岩带南西侧。区内主要出露上奥陶统滩涧山群变质火山岩。详细的地球化学特征表明，火山岩为超基性-基性-中性系列，主要为准铝-低铝质岩类。碱度指数 ALK(Na_2O $+K_2O$)平均值为4.89%，岩石分异指数(DI)普遍较低，总体上显示偏钠质特点。稀土总量变化大，ΣREE 为(25.35 ~446.11)$\times10^{-6}$，δEu 为弱负铕异常，显示出火山弧玄武岩或过渡型洋脊玄武岩的特点。在区域上偏钠质火山熔岩及相对应的火山碎屑岩为金矿最好的赋矿层位，显示了本矿区火山岩地层巨大的成矿潜力。通过对该区内编制火山岩地质化学特征进行分析，并对找矿方向进行探讨，为区内找矿工作提供参考。

关键词　变质火山岩　地球化学特征　找矿方向

近年来，青海省都兰县胜利沟地区相继发现了多个小型金矿、铅锌矿以及多处金、银、铅、锌、铜多金属矿化点，其中滩涧山金矿的发现显示了该区内巨大的成矿潜力[1-5]。形成于奥陶系的滩涧山群变质火山岩是该区主要的含矿岩系，因此厘定火山岩的地质地球化学特征，对于了解区内火山岩与成矿关系、指导进一步找矿工作有重要的意义。在野外调研的基础上，结合室内镜下鉴定以及各种测试分析资料，通过对滩涧山群变质火山岩的岩石地球化学特征研究来揭示其与成矿的关系，讨论了区内找矿方向。

1　区域地质背景

研究区位于赛什腾山构造-岩浆岩带南西侧，仅出露上奥陶统滩涧山群火山岩、侏罗系中下统和第四系。上奥陶统滩涧山群($Q_{3tn}b$)岩性主要为灰绿色片理化蚀变安山岩夹安山质晶屑凝灰岩、安山质凝灰岩局部夹英安岩、安山质火山角砾岩、砂岩和硅质岩、板岩夹片理化蚀变安山岩。中下侏罗统(J_{1-2})分布面积小。地层底部为砾岩，其上为灰色粉砂质页岩夹煤层、黏土岩。第四系(Q)由冲洪积砾石、砂、少量亚灰土及风成黄土等组成。矿区构造形迹总体呈 NW—SE 向。断层十分发育，总体上构成规模大、变形弱及分散的韧性剪切带，并伴随有少量北西、北东以及近南北向张性断层。本区岩浆活动强烈，主要有晚泥盆世浅灰-浅肉红色中细粒-中粗粒花岗闪长岩体、晚泥盆世肉红色斜长花岗岩体、晚奥陶世浅肉红色中粗粒花岗闪长岩体以及加里东期中细粒辉长岩体。

2　火山岩的地球化学特征

胜利沟地区滩涧山群火山岩主要分布于研究区中部及东西部其主要的岩石类型由安山岩、安山质晶屑凝灰岩、岩屑凝灰岩、角砾凝灰岩、凝灰质砂岩组成。采取具有代表性的岩石样品分别测试主量元素以及稀土元素来探讨火山岩的地球化学特征。

2.1　主量元素特征

样品的主量元素组成见表1，同时根据测试的主量元素结果计算出了 CIPW 标准矿物和岩石化学参数表2。

(1)岩石 SiO_2 含量为42.46% ~59.28%，分布范围较广，其中 L_9、L_{48} 样品属于硅极不饱和系列(<45%)，L_5 与 L_{48} 样品也出现了橄榄石矿物，而 L_5 样品则属于硅饱和系列，所以本区的岩石类型从超基性—基性—中性系列均有产出。Al_2O_3 含量为6.9% ~17.53%，变化较大。样品的 $CaO+K_2O+Na_2O > Al_2O_3 > K_2O+Na_2O$(分子数)，铝饱和指数 A/CNK ≤1.1，主要为贫-准铝质岩石，在 Al_2O_3-SiO_2(图1)中，除 L48 样品投影至高铝质区外，其余的均为准铝-低铝质岩类，表明其岩浆源于火成岩。

(2)岩石的 Na_2O 和 K_2O 含量分别为0.15% ~5.51%和0.03% ~5.22%，碱度指数 ALK(Na_2O+K_2O)为2.7% ~10.73%，平均值为4.89%。MgO

郭　旻(1986—)，男，助理工程师，230601 安徽省合肥市滨湖新区武汉路230号。

表 1　胜利沟地区火山岩岩石化学分析结果　%

样号	名称	SiO_2	TiO_2	Al_2O_3	Fe_2O_3+FeO	MnO	MgO	CaO	Na_2O	K_2O	P_2O_5
L_5	安山岩	56.42	0.57	17.53	5.20	0.13	1.32	3.03	5.51	5.22	0.24
L_9	安山岩	36.49	0.26	6.9	9.91	0.19	1.18	22.61	2.42	1.07	0.07
L_{15}	凝灰岩	50.72	1.1	15.93	9.54	0.37	2.74	6.82	0.15	3.78	0.34
L_{17}	安山岩	46.08	0.81	16.18	9.39	0.32	3.57	7.95	1.94	3.65	0.59
L_{48}	凝灰岩	36.68	0.89	15.49	12.77	0.28	5.62	10.34	1.53	2.68	0.1
D_8	晶屑凝灰岩	50.46	0.38	13.74	10.14	0.12	5.82	6.96	2.67	0.03	0.09
D_{11}	安山岩	53.29	0.27	11.55	8.20	0.17	7.3	10.72	3.47	0.1	0.03

分析单位：中南大学地球科学与信息物理学院 X-荧光分析室。

表 2　胜利沟地区火山岩 CIPW 标准矿物以及化学参数

样号	Q	An	Ab	Or	Ne	Di	Hy	Wo	Ol	Il	Hm	Ap	A/CNK	A. R	ALK	σ	DI
L_5		8.07	46.00	32.41	1.62	3.52			1.28	0.29	5.46	0.58	0.867	3.18	10.73	7.81	80.03
L_9		5.92	2.19	7.80	12.49	7.82		50.76		0.50	12.22	0.20	0.149	1.27	3.49	9.29	22.48
L_{15}	19.28	34.55	1.39	24.42		0.01	7.46			0.87	10.43	0.86	0.952	1.42	3.93	1.48	45.09
L_{17}	2.76	27.25	18.14	23.84		8.05	6.09		10.48	0.76	10.38	1.51	0.749	1.6	5.59	4.82	44.74
L_{48}		33.11	15.60	19.08		4.12				0.72	15.39	0.28	0.857	1.46	4.21	21.57	34.68
D_8	14.73	28.11	24.99	0.20		6.60	12.97			0.28	11.22	0.23	0.804	1.3	2.70	0.70	39.92
D_{11}	7.38	16.45	30.87	0.62		30.34	5.05			0.38	8.62	0.07	0.456	1.38	3.57	1.08	38.87

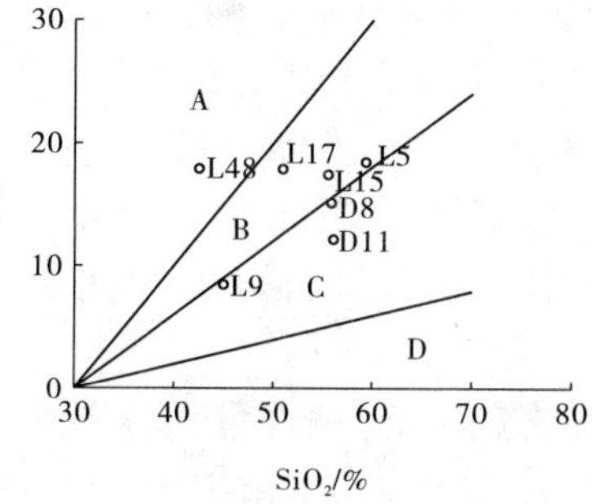

图 1　Al_2O_3-SiO_2 变异图解

A-高铝质区，B-铝质区，C-低铝质区，D-贫铝质区

含量为 1.18%～5.82%。在碱-二氧化硅图解上（图 2），L_{15}、D_8、D_{11} 属于亚碱性系列，L_5、L_9、L_{48}、L_{17} 则为碱性系列。

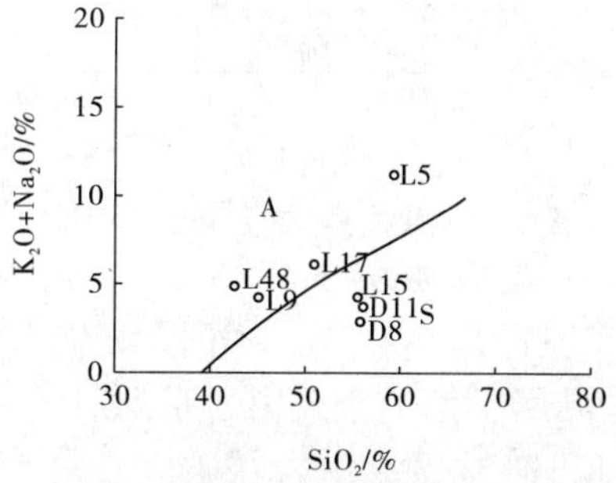

图 2　(K_2O+Na_2O)-SiO_2 图解

A—碱性区，S—亚碱性区

（3）岩石分异指数（DI）普遍较低，除了 L_5 样品的分异指数为 80.03，其余样品的分异指数均在 50 以下，说明区内岩石分异作用不强烈，为玄武岩浆或交代地壳物质直接上升的产物。

2.2　稀土元素特征

矿区稀土元素组成见表 3，稀土元素参数见表 4。

（1）ΣREE 为 $(25.35\sim446.11)\times10^{-6}$，变化范围较大，LREE 为 $(16.89\sim417.77)\times10^{-6}$，HREE 为 $(6.55\sim35.78)\times10^{-6}$，变化范围也较大。其中，$L_8$ 与 L_9 样品稀土总量较低，在稀土元素配分模式图上（图 3）为平坦型，轻重稀土分馏不明显；L_5、L_{15}、L_{17} 样品稀土总量较高，在稀土元素配分模式图上为明显的右倾型，轻重稀土分馏较为明显。

（2）LREE/HRE 为 2.00～16.69，w(LaN)/w(YbN) 为 1.32～26.46，变化较大，这说明稀重稀土分馏不太明显。

（3）δEu 为弱的负铕异常至正异常，反映结晶分异作用在本区火山岩的岩浆演化过程中不占主导地位，且岩浆中地壳物质混染较少，说明岩浆源区没有长石等矿物大量残余。

以上特征说明，区内火山岩的来源较为多样，除 2 个样品外大多数样品均显示出火山弧玄武岩或过渡型洋脊玄武岩的特点。

3　火山岩与成矿的关系

3.1　矿体特征

区内主要的矿体为含金黄铜-石英-铁白云石矿体，其矿体宽度变化在十至近百米左右，矿体走向与早期断层构造方向一致，为 NW 向，矿体延长几十

表 3　胜利沟地区火山岩稀土元素含量　　$\times 10^{-6}$

样号	La	Ce	Pr	Nd	Sm	Eu	Gd	Tb	Dy	Ho	Er	Tm	Yb	Lu	Y
L_5	80.8	144	17.0	62.2	9.91	2.650	7.09	0.932	4.80	0.809	2.43	0.354	2.20	0.353	23.5
L_9	7.16	15.2	1.89	8.17	1.64	0.449	1.52	0.254	1.56	0.346	1.21	0.178	1.28	0.202	10.7
L_{15}	60.4	121	15.8	64.0	12.5	2.780	10.6	1.67	9.64	1.750	5.25	0.807	5.27	0.790	48.0
L_{17}	103	183	22.9	89.4	15.7	3.770	11.7	1.52	7.24	1.170	3.28	0.428	2.63	0.374	34.0
L_{48}	30.7	68.5	9.62	43.0	9.48	2.330	7.23	1.05	4.91	0.799	2.11	0.279	1.69	0.265	21.3
D_8	2.97	6.56	0.909	4.54	1.36	0.552	1.79	0.341	2.30	0.495	1.54	0.231	1.52	0.243	14.0

注:分析单位:核工业二三零研究所分析测试中心。

表 4　胜利沟地区火山岩稀土元素参数

样号	ΣREE	LREE	HREE	LREE/HREE	LaN/YbN	δEu	δCe
L_5	335.53	316.56	18.97	16.69	24.82	0.92	0.87
L_9	41.06	34.51	6.55	5.27	3.78	0.86	0.95
L_{15}	312.26	276.48	35.78	7.73	7.74	0.72	0.90
L_{17}	446.11	417.77	28.34	14.74	26.46	0.82	0.85
L_{48}	181.96	163.63	18.33	8.93	12.28	0.83	0.93
D_8	25.35	16.89	8.46	2.00	1.32	1.08	0.93

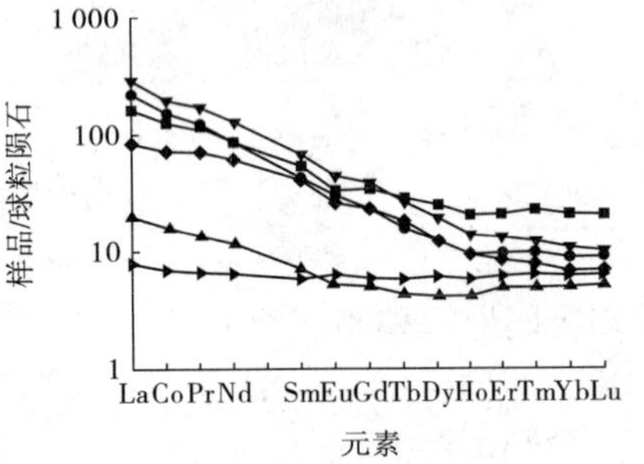

图 3　火山岩稀土元素球粒陨石标准化配分型式

●—L_5;▲—L_9;■—L_{45};▼—L_{17};◆—L_{48};►—D_8

米至 400 m 左右,地表矿化不太连续,品位变化较大。从总本上看矿化带延续范围较大,分布范围达 20 km^2,将区内的金矿化分为以下几个矿带:

(1)Ⅰ#矿带。带内断续产出有 6 条矿体,单一矿体长度不超过 40 m,厚约 1.5 m,规模不大。矿体走向与矿带一致,NW—SE 向,倾向 NE,地表倾角 60°~75°。

(2)Ⅱ#矿带。地表产出有 18 条金矿体。规模较大的有Ⅱ-4#、Ⅱ-6#,矿体在 0#线 3 200 m 高程有 CM0-1 控制,地表与坑道中矿体基本对应连接,剖面图上测得各矿体倾角为 55°~80°;23#~47#线之间地表较大规模的矿体有Ⅱ-10#、Ⅱ-11#、Ⅱ-16#矿体。

(3)Ⅲ#矿带。内产有 2 条金矿体,3 条金矿化体。其中Ⅲ-1#金矿体地表长 325 m,厚 0.50~3.00 m。

3.2　火山岩与矿体的关系

区内火山岩为岛弧造山带火山岩和大洋底玄武岩的产物,滩涧山群火山岩与金、铅、锌、铜等多金属矿产关系密切。而柴北缘钠质火山岩建造是金、铅、锌成矿的有利地段,由于各段陆壳水平扩张及下降程度不均衡及后期构造破坏作用,以至于各段火山岩岩石组合、建造类型存在明显的差异。已发现的锡铁山大型含金铅锌矿床和绿梁山铜矿、结绿素金矿、中间沟金矿等中小型矿床,矿产地多集中于火山岩带的中段,形成十余个矿集区。通过地质类比,本区正好位于柴北缘西段地区,上奥陶统滩涧山群火山建造发育,构造条件好,而其中的偏钠质火山熔岩及相对应的火山碎屑岩为金矿最好的赋矿层位。本研究将本区火山岩的钾钠含量进行了综合整理、分析,为了防蚀变作用对钾、钠这类活泼元素造成影响,结合了多种图解进行分析,以求结果更具代表性。

(1)在玄武岩钾、钠含量划分图解(图 4)上,有 D_8、D_{11}、L_5、L_9 样品属于偏钠质火山岩系列。

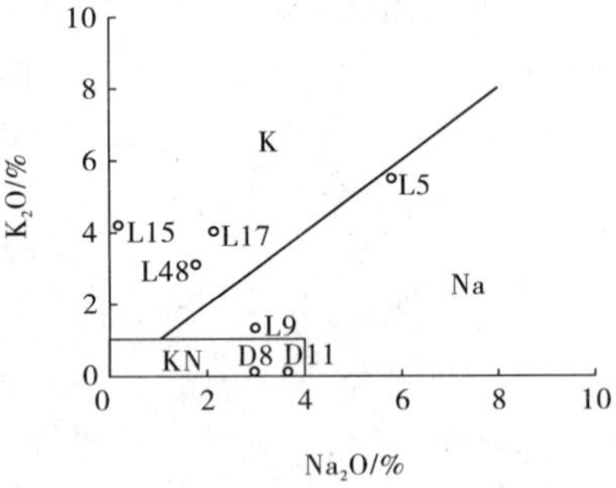

图 4　玄武岩钾、钠含量划分图解

K-富钾玄武岩;Na-富钠玄武岩;KN-贫钾富钠玄武质岩类

(2)在碱性岩 An-Ab′-Or 图解(图 5)上,D_8、D_{11}、L_{48} 样品属于偏钠质火山岩系列。

综上所述:钠质火山岩在矿区有较大范围的产出,这说明区内成矿地质条件十分优越。

4　找矿方向

(1)区内钠质火山岩为最重要的赋矿层位,在今后的找矿工作中应十分重视。

(下转第 390 页)

TSP 超前预报地质灾害在井巷施工中的应用*

肖益盖[1,2,3]　孙国权[1,2,3]　舒高敏[4]

(1. 中钢集团马鞍山矿山研究院有限公司;2. 金属矿山安全与健康国家重点实验室;
3. 华唯金属矿产资源高效循环利用国家工程研究中心有限公司;4. 东平百成矿业有限公司)

摘　要　石河王铁矿在进行井巷施工及水仓掘砌时,掌子面出现大量涌水,工程施工受阻。通过采用 TSP 探测技术,按照 TSP 探测成果处理原则,对 TSP 地震传感器接收到遇断层、破碎带或者岩性变化等岩石波阻抗差异界面反射回来的地震波信号进行分析处理,查明和验证了矿区内的断层及破碎带的分布情况,对断层及破碎带的富水情况以及巷道掌子面前方含水岩层的位置及规模进行了揭露。上述探测成果对于制定安全防范措施,有效控制矿山地质灾害的发生具有一定的参考价值。

关键词　TSP 探测　波阻抗差异界面　含水构造　超前预报

石河王铁矿南区巷道在贯通掘进及水仓掘砌过程中,在掘进掌子面上均遇到了大量涌水,主要表现为:①在-100 m 水平巷道 5#井与 6#井之间贯通作业时,分别在两侧的掌子面遇水;②在-300 m 水平巷道 5#井与 6#井之间贯通作业时,分别在两侧掌子面遇水,出水量较大,进行了封堵处理;③-300 m 主水仓的内、外水仓西侧巷道向北掘进至 50 余 m 处遇水,水量较大,进行了封堵处理,其中内水仓试图采用绕行掘进的方式通过,但绕行掌子面同样遇水,水量较大;④6#井-300 m 车场环形道,掘砌施工完成,在车场环形道东墙东南转角处的岩石缝隙中有水渗流,其他地带未见水,在环形绕道南墙壁上打探水钻,个别地段遇少量出水或泥。为了保障掘砌安全,通过 TSP 探测技术探查验证区内断层及破碎带的分布及富水情况、巷道掌子面前方含水情况。

1　TSP 探测原理及成果处理

1.1　TSP 探测原理

TSP 法属于多波多分量高分辨率地震反射法[1],在设计探测的作业面用少量炸药爆破,激发产生地震波,制造一个震源点。当激发产生的地震波遇到诸如断层、破碎带或者岩性变化等岩石波阻抗差异界面时,部分地震波信号通过波阻抗差异界面反射回来,部分信号透射进入到前方介质。通过 TSP 地震传感器接收反射回的地震波信号,并以数字形式加以记录[2]。通过 TSP 专用数据处理软件对采集到的数据进行处理,可知掘进巷道掌子面前方岩体是否存在软弱岩层、断层破碎带或者含水岩层等,并对岩体的性质、位置及规模进行判断。

1.2　TSP 探测数据处理原则

在进行巷道掘进水害超前预报时,地震波速离散性大,软件处理时取波速平均值;当 2 个反射面间距不超过 1 m 时,合并为一个界面。因此,薄层的软、硬岩石互层软件会合并成均质岩石加以考虑,理论预报误差为预报范围的 5%[3]。

1.3　TSP 探测成果处理原则

(1)接收的反射波振幅越大,反射系数及波阻抗的差别就越大[4]。

(2)反射振幅(呈红色)为正,则为正反射系数,则表明岩层为刚性界面;反射振幅(兰色)为负,则为负反射系数,则表明岩层为软弱界面。

(3)若横波反射比纵波波强,则表明该岩层为强含水岩层。

(4)纵波速度与横波速度的比值增加明显或泊松比骤增,可判定为存在流体。

(5)若纵波速度减小,则表明岩层的裂隙度或孔隙度增加。

2　探测工作布置

TSP 探测法需要摆放探测排列,原则上需要 50 m 以上的直线空间,受巷道分布的制约,采取缩短炮检距和炮间距的方法,在充分利用测区巷道分布条件的情况下,布设了 7 条 TSP 超前预报探测

* 十二五国家科技支撑计划(编号:2012BAB14B01)。

肖益盖(1984—),男,工程师,硕士,243000 安徽省马鞍山市经济技术开发区西塘路 666 号。

剖面,炮检距为 10 m 或 15 m,炮间距为 1 m。各 TSP 排列布设的详细信息见表 1。

表 1 TSP 排列布设详细信息

排列号	炮检距/m	跑间距/m	排列方向	炮数	物理位置
1	15	1	南检北炮	20	6#井-300 m 水平北大巷
2	10	1	南检北炮	20	6#井-300 m 水平北大巷改线
3	10	1	西北检东南炮	15	6#井-300 m 水平车场环形绕道
4	10	1	北检南炮	20	6#井-300 m 内水仓
5	10	1	北检南炮	15	-6#井-100 m 水平北大巷
6	10	1	南检北炮	20	6#井-300 m 水平南大巷
7	10	1	北检南炮	20	6#井-100 m 水平南大巷

3 TSP 探测数据处理结果分析

3.1 TSP 排列 1 数据处理结果

6#井-300 m 水平北巷 TSP 探测成果的地质解释见图 1。由图 1 可知,在检波器孔向前 42 ~ 68 m 和 84 ~ 116 m 处存在 2 个明显的富水带。

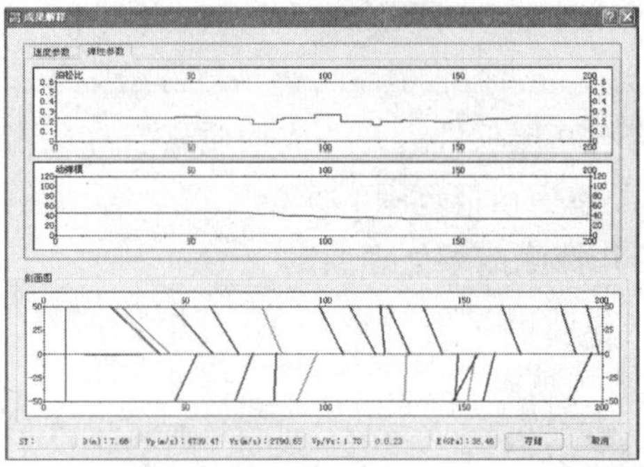

图 1 6#井-300 m 水平北巷 TSP 探测成果的地质解释

3.2 TSP 排列 2 数据处理结果

6#井-300 m 水平北大巷改线巷道内 TSP 探测成果的地质解释见图 2。

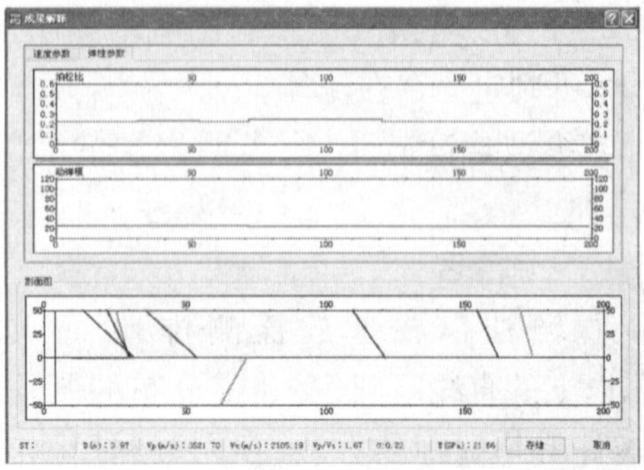

图 2 6#井-300 m 北巷改线巷道 TSP 探测成果的地质解释

由图 2 可知,在检波器孔向前 30 ~ 53 m 和 71 ~ 121 m 处存在 2 个明显的富水带。根据探测结果,在进行 6#井-300 m 水平北巷施工时,采取了超前探水和预注浆堵水措施,安全顺利地通过了该 2 个含水层。

3.3 TSP 排列 3 数据处理结果

6#井-300 m 水平车场环形绕道斜边处 TSP 探测成果的地质解释见图 3。

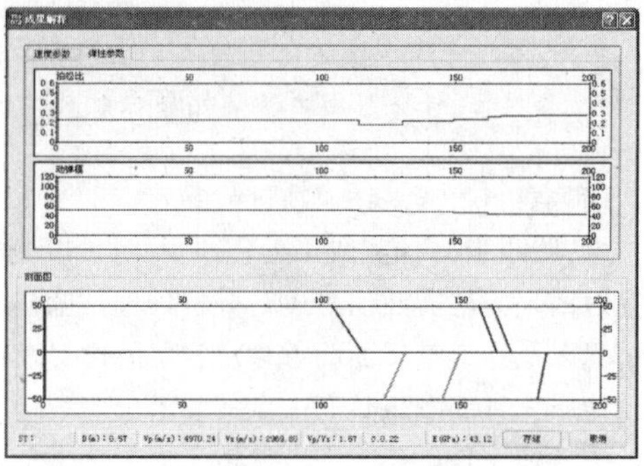

图 3 6#井-300 m 水平环形绕道斜边处 TSP 探测成果的地质解释

由图 3 可知,在检波器孔向前 148 m 处存在 1 个明显的富水带,富水带的范围较大,由于仪器探测距离的限制,远端边界无法给出。在该区域掘进巷道时,应加强超前探水,遇水后进行预注浆堵水,尚未发生地质灾害。

3.4 TSP 排列 4 数据处理结果

6#井-300 m 水平内水仓巷道 TSP 探测成果的地质解释见图 4。由图 4 可知,在检波器孔向前 88 ~ 102 m 岩石较破碎且 102 m 处存在 1 个较为明显的含水带。

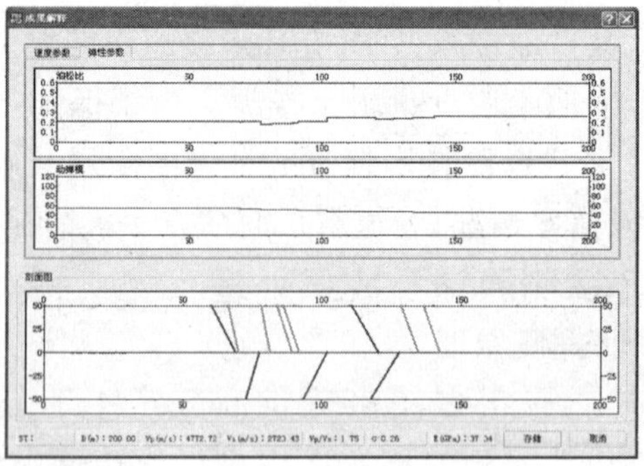

图 4 6#井-300 m 水平内水仓 TSP 探测成果的地质解释

3.5 TSP 排列 5 数据处理结果

6#井-100 m 水平北大巷 TSP 探测成果的地质解释见图 5。由图 5 可知,检波器孔向前 67 ~ 107 m 和 134 ~ 142 m 处存在 2 个明显的富水带。在-100 m 水平北大巷施工时,施工至 67 m 位置时,工作面出现了渗水,采取了预注浆堵水措施,安全通过了该段施工。

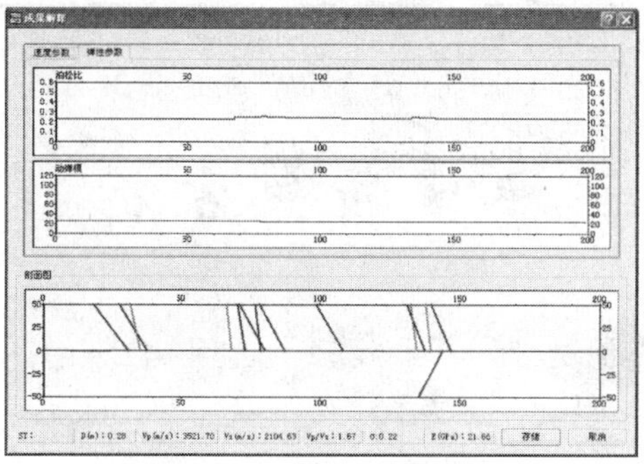

图 5　$6^{\#}$井-100 m 水平北巷 TSP 探测成果的地质解释

3.6　TSP 排列 6 数据处理结果

$6^{\#}$井-300 m 水平南大巷 TSP 探测成果的地质解释见图 6。

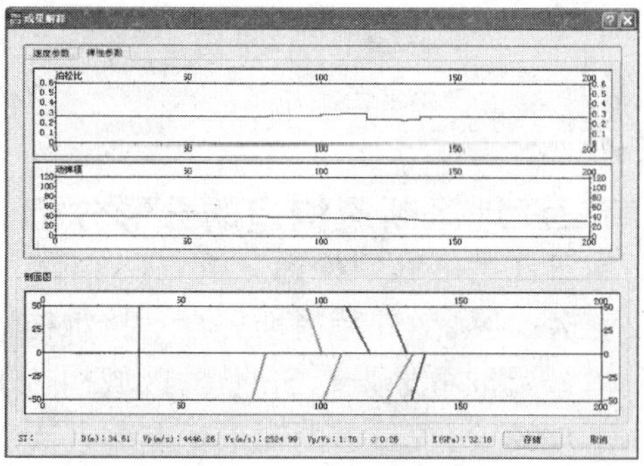

图 6　$6^{\#}$井-300 m 水平南大巷 TSP 探测成果的地质解释

由图 6 可知，在检波器孔向前 80 ~ 134 m 岩石较破碎，节理裂隙发育，且 102 ~ 116 m 处存在 1 个较为明显的含水带。-300 m 水平南大巷矿山施工至 80 m 处时，岩石较破碎，采取短掘短砌的方式安全通过了该段巷道施工，没有发生地质灾害。根据探测成果，在 102 ~ 116 m 处有 1 个含水带，超前探水后，工作面涌水量不大，矿山强掘通过了该段。

3.7　TSP 排列 7 数据处理结果

$6^{\#}$井-100 m 水平南大巷 TSP 探测成果的地质解释见图 7。

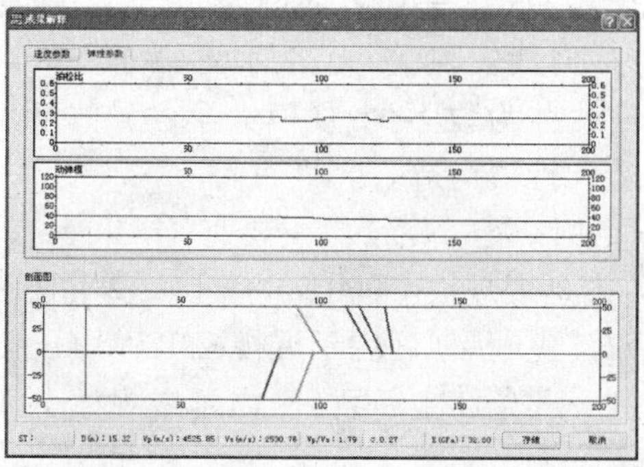

图 7　$6^{\#}$井-100 m 水平南大巷 TSP 探测成果的地质解释

由图7可知，在检波器孔向前88 ~ 126m岩石较破碎，节理裂隙发育，且 102 ~ 118 m 处存在 1 个较为明显的含水带。在进行-100 m 水平南大巷施工时，探测结果予以了证实。且施工至 102 m 处时，涌水量较大，在施工止浆墙后采取了预注浆堵水措施，安全通过了该地段。

4　结　论

（1）通过 TSP 探测，整体上查明和验证了区内断层及破碎带的分布及富水情况，巷道掌子面前方含水情况。

（2）根据 TSP 超前预报成果，探明了 $5^{\#}$井和 $6^{\#}$井之间的 1 个走向 NNW 向，倾向 NEE 向，近直立，宽约 130 m 的断层破碎带。剖面显示破碎带的外侧富水，中部含水特征不明显，推断为两侧有断层泥形成隔水效应。在施工过程中易发生由爆破引起隔水层破裂而导致巷道突水，因而在整个破碎带范围内，应提前采取防水措施。

（3）查明了当前水仓位置与破碎带分布的位置关系，当前内水仓位置正处于 $5^{\#}$井和 $6^{\#}$井之间的断层破碎带上。从破碎带的展布情况来看，当前内水仓掌子面后应该推进至断层破碎带的中部弱含水地带，但是整个内水仓均处于该破碎带中，继续按目前位置向前施工风险较大。

（4）车场环形绕道南部区域未与 $5^{\#}$井和 $6^{\#}$井之间的断层破碎带相交，从 TSP 排列来看，距绕道南墙 70 m 左右的位置存在含水带，矿山在施工工程中应提前采取防范措施。

（5）TSP 探测显示，$6^{\#}$井-300 m 南巷前方局部裂隙节理发育，含裂隙水，涌水量不大，在进行该段施工时强掘通过，未采取堵水措施。

参　考　文　献

[1]　罗利锐，刘志刚. TSP 系列探测仪器在隧道中的应用[J]. 地下空间与工程学报，2012(5)：1103-1109.

[2]　丁国铭. TSP 超前地质预报在岩溶隧道中的应用[J]. 山西建筑，2009，35(16)：322-324.

[3]　薛翊国，李术才，张庆松，等. TSP203 超前预报系统探测岩溶隧道的应用研究[J]. 地下空间与工程学报，2007(S)：1187-1191.

[4]　刘志刚，凌宏亿，俞文生. 隧道隧洞超前地质预报[M]. 北京：人民交通出版社，2011.

（收稿日期　2015-05-28）

基于 GIS 的分形法的西南三江地区断裂分析*

黄　飞[1,2]　何政伟[1,2]　赵银兵[1,2]　曹发生[2]　王超维[2]
(1. 国土资源部地学空间信息技术重点实验室;2. 成都理工大学地球科学学院)

摘　要　西南三江地区是我国著名的有色、贵金属成矿带,断裂作为一种与成矿关系密切相关的构造,在三江地区十分发育。采用分形理论对三江地区的断裂构造进行定量研究,借助 MapGIS 软件的网格功能和空间分析功能,得到相关数据,计算出分维数,解释了分维数的地质意义。利用 ArcGIS 软件对断裂构造进行频率分析,认为研究区分维数为 1.8 对成矿较有利,且控矿断裂(NNW—NW 向)比一般断裂具有更高的分维值,断裂构造分布最密集的地区并非最有利的成矿区。

关键词　断裂　MAPGIS　ArcGIS　分形理论　分维数

西南三江地区是我国重要的成矿带,断裂是一种与成矿密切相关的构造[1],因此,找矿和断裂构造的研究密不可分,分形理论对断层的定量研究提供了有效的方法,金章东等[2]利用数盒子法计算浙江某矿田分维数,增加了工作量;皇甫岗等[3]将滇西北区断裂系解析为近 SN、NE、NW 向,分别进行了分维数几何学研究;刘科等[4]对河北平原地区断层系进行了相关分形研究。根据成矿作用模式将三江地区断层系细分为 4 个成矿省,分别对 4 个成矿省进行分形理论研究,借助分形理论不但有助于了解断裂带本身的性质,而且对于受断裂控制的矿产分布预测工作具有一定的作用。

1　分形统计模型

分形统计模型可定义为

$$N(r) = Cr^{\pm D} r > 0, \tag{1}$$

其中,r 表示特征尺度;$C>0$ 为比例常数;$D>0$ 称为分维数;$N(r)$ 表示尺度大于等于 r 的数目(当分维数 D 前面的符号取负号,记为 $N(\geqslant r)$)或尺度小于等于 r 的数目(当分维数 D 前面的符号取正号,记为 $N(\leqslant r)$)。

为了求出分维数,将观测数据($N(r_1)$,$N(r_2)$,…,$N(r_n)$)和(r_1,r_2,…,r_n)绘于双对数坐标纸上,如果其散点大致分布于一条直线上,分维数便可利用直线的斜率求出。将观测数据($N(r_1)$,$N(r_2)$,…,$N(r_n)$)和(r_1,r_2,…,r_n)代入式(1),方程两边取对数,式(1)可转化为性回归模型:

$$\ln[N(r)] = \pm D\ln(r) + \ln(C), \tag{2}$$

采用最小二乘法求出式(2)的斜率,即为分维数 D[5]。

2　西南三江地区断裂构造的分形分析

2.1　西南三江地区断裂构造分析

西南三江地区地处特提斯—喜马拉雅构造域东部挤压、褶皱及推覆最强烈的地带,区域构造十分复杂,形成了规模大、数量多的弧形深断裂及大断裂和各种区域性断裂。三江成矿带经历了西部漫长的构造变动历史,构造复杂,张裂、碰撞和消减作用交替,形成数条板块结合带及深大断裂带,分割了不同的构造单元,构成了区内独特的构造、地貌景观。同时“三江”成矿区远高于全国的平均水平,是我国最重要的多金属富集区。

三江地区的断裂主要由几条主干断裂(一级断裂)组成一个 NNW 向狭长状、中间部位急剧紧缩变窄、断裂变为 SN 向,并向北向南两方向扩张变宽的断裂构造[6],与主断裂紧密相伴的还有几十条 NNW—NW 向展布的二级断裂,并在某个时期、某个地段也出现有 NE—NNE 向断裂带,该类断裂规模较小,形成时代较晚,多为切割、穿插于 NW 向主断层。还有一些为数不少、规模大小各异的环状—似环状构造和推覆构造。

一级主断裂(深断裂)主要有:①丁青—怒江主断裂(区内延展规模 1 000 km 以上);②北澜沧江—昌宁—双江主断裂(区内延展规模 1 500 km 以上);③金沙江—藤条江主断裂(区内延展规模 1 600 km

* 中国地质调查局地质调查工作项目(编号:12120113095400)。
黄　飞(1991—),男,硕士研究生,610059 四川省成都市成华区二仙桥东三路 1 号。

以上)；④治多—甘孜—理塘主断裂(区内延展规模800 km以上)；⑤金河—洱海—红河主断裂(区内延展规模1 000 km以上)[6]。该5条主干断裂共同组成了三江地区的主断裂构造骨架，属于一级或超一级构造断裂带，二级断裂区内延展规模为200～850 km，数量较多，三级断裂区内延展规模为160～600 km，数量较多，形成时代一般较晚，部分断裂活动性强[6]，其中二级和三级断裂为主要的控矿断裂。

将1∶100万西南三江地区断层图按地质背景和成矿作用模式分为扬子成矿省、Ⅱ"三江"、Ⅲ怒江—昌宁—勐海、Ⅳ冈底斯—腾冲等4个成矿省，每个成矿省有包含多条成矿带。其中金属矿床主要集中于"三江"成矿省，约有78%的铜矿床(点)分布于"三江"成矿省。三江地区北段主要为NNW向断裂，连续性相对好；中段区域断裂转为近SN向，少部分NW向断裂，连续性相对较好；东南段区域断层主要是NW向断裂，矿(床)点密集分布，西南段区域断层以NE向为主，铜矿床(点)较少。利用MapGIS软件分别对上述4个成矿省断层进行了分形分析(因怒江—昌宁—勐海成矿省范围较小，矿床分布也较少，故和冈底斯—腾冲成矿省一并分析)。

2.2 利用MapGIS软件提取数据

借助MapGIS软件的空间分析功能，得到相关数据[7]，统计不同边长 r 下所得到的 $N(r)$，结果见表1、表2。

表1 西南三江地区断裂分维计算结果

区　域	$r=15$	$r=17.5$	$r=20$	$r=22.5$	$r=25$	$r=27.5$	$r=30$	分维数	铜矿床(点)数
Ⅰ#区	162	125	102	85	70			1.607 0	18
Ⅱ#区			708	575	468	400	342	1.795 7	156
Ⅲ#区和Ⅳ#区	811	631	493	397	331	289	245	1.722 2	27
全　区				956	779	665	558	1.842 0	201

表2 西南三江地区断裂分级后分维计算结果

断裂	$r=25$	$r=30$	$r=35$	$r=40$	$r=45$	$r=50$	分维数
一级	225	186	159	139	118	107	1.080 4
二级	375	298	245	202	175	151	1.293 7
三级	743	535	410	324	258	214	1.793 9

利用Excel软件对上述数据在双对数坐标下作图，并添加线性趋势线，并显示公式和相关系数 R 的平方值得到下面一系列的方程式。同理得到一级断裂、二级断裂、三级断裂的分维数计算结果。

2.3 断裂的分维数计算及其地质意义

应用分形法，对三江地区进行了一系列网格分割，得到不同大小的网格单元，统计在不同大小网格中所包含断层的网格个数 $N(r)$。在 $\ln r$-$\ln N(r)$ 坐标中投点，采用用最小二乘法拟合直线，得到相应的直线方程为：①Ⅰ#区，$\ln N(r)=-1.607\,0\ln r+4.0997$，相关系数为0.999 5；②Ⅱ#区，$\ln N(r)=-1.795\,7\ln r+5.185\,9$，相关系数为0.999 7；③Ⅲ#区和Ⅳ#区，$\ln N(r)=-1.7222\ln r+4.934\,3$，相关系数为0.999 4；④全区，$\ln N(r)=-1.842\,0\lg r+5.470\,0$，相关系数为0.999 5；⑤一级断裂，$\ln N(r)=-1.080\,4\ln r+3.865\,7$，相关系数为0.997 9；⑥二级断裂，$\ln N(r)=-1.293\,7\ln r+4.381\,1$，相关系数为0.999 5；⑦三级断裂，$\ln N(r)=-1.793\,9\ln r+5.379\,9$，相关系数为0.999 8。

以上方程结果显示：Ⅰ#区域分维数(1.607 0)最小，结合断裂图像可知，Ⅰ#区域断层破碎、数量少，铜矿床(点)主要分布于断裂交汇处；Ⅱ#区域分维数(1.795 7)大于其余2个区域，该区域主要是NNW—NW向断裂，断裂贯通性和连续性好，分支断裂相对较少，铜矿床(点)分布最多，说明断裂构造的分维数最大，而整个三江区域的控矿断裂主要为NNW—NW向断裂，在该断裂带上分布的铜矿床(点)也最多。这说明：①分维数越大，对成矿越有利，Ⅲ#区域和Ⅳ#区域分维数为1.722 2，该区域北段为NNW—NW向断层，断层稀疏，南段以NE向为主，断层密集，分支断裂较多，但铜矿床(点)较少，说明NE向断裂分维值比NW向小，NE向断裂是后期形成的构造叠加有利于矿化富集；②一级、二级、三级断裂所得到的分维数依次增大，这主要是由于分维数与断裂数目存在正相关关系，同时也与断裂的空间分布均匀程度有关。就断裂的发育演化而言，总的趋势是一个降维的过程，即由复杂几何结构的次级断裂向单一的连续型的大断裂过渡，这一观点已得到岩石破裂试验证实[8]，因此，断裂的分维数大小在一定程度上反映了断裂的发育程度，即分维数越低代表断裂的发育程度越高。

为了能够更直观地解释所计算出的分维数与断裂之间的关系，应用ArcGIS对断裂进行了构造频率分析。构造频率是指单位面积内线性构造的条数，在控制研究精度的基础上，采用10 km×10 km标准网格将研究区进行划分，利用ArcGIS软件自动统计单位面积内线性构造的条数，生成断裂构造频率图，见图1。

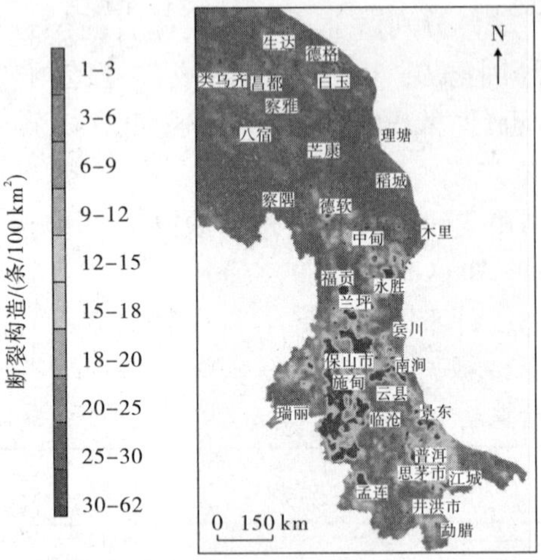

图1　西南三江断层构造频率与铜矿分布示意

由图1可知，频率高值区偏重在三江南段的云南西部兰坪—保山一带和东部部分地区，说明这些地区断裂构造分布密集，但是多为小型破碎断裂，而三江北段虽然断裂构造分布相对稀疏但多为大、中型断裂。结合之前分维数计算结果来看：频率高值区的云南西部兰坪—保山一带属于Ⅲ#、Ⅳ#成矿省，频率高值区并不代表分维数，铜矿床（点）主要集中在三江北段和中段的Ⅱ#成矿省（3～6条/100 km²），故断裂构造分布最密集的地区（南段）也非最有利的成矿区。

3　结　论

（1）西南三江地区分维数越高，越有利于矿床形成。且控矿断裂（NNW—NW向）比一般断裂具有较高的分维值，这是由于该断裂结构复杂，构造活动强。研究区分维数约1.8对成矿较有利，矿化密集地区（Ⅱ#三江成矿省）的分维值明显高于其余3个成矿省的分维值。因此分维数大小一定程度上可以做为判断矿化强弱的指标。

（2）如果将三江区域的NW，NE，SN向断裂分开统计，得到的结论应为：NW向断裂分维数>NE向断裂分维数>SN向断裂分维数。

（3）由断裂分级后的计算结果可知，影响分维数大小的主要因素为断裂的数目和断裂的空间分布情况。断裂数目越少，相应的分维数也会越小，并且断裂分维数大小在一定程度上反映了断裂的发育程度。

（4）文中2种分形方法计算的结果不一致，这主要是因为不同的分形方法计算得到的分维值不仅数目不同，而且地质意义也不一致，因此在讨论相应的结果时要结合其代表的地质意义。

参　考　文　献

［1］　陈国达.成矿构造研究法［M］.北京：地质出版社，1978.

［2］　金章东，卢新卫，张传林.江西德兴斑岩铜矿田断裂分形研究［J］.地质论评，1998，44（1）：57-61.

［3］　皇甫岗，韩　明，王晋南.滇西北区断层分维数几何学的研究［J］.地震地质，1991，13（1）：61-66.

［4］　刘　科，李昌存.河北平原地区断层系的分形特征分析［J］.工程地质学报，2008，16（2）：206-210.

［5］　申　维，赵鹏大.分形统计模型的理论研究及其在地质学中的应用［J］.地质科学，1998，33（4）：234-243.

［6］　王铠元.依据卫星遥感影像研究结果综论西南三江地区构造特征［J］.矿产与地质，1991，5（增刊）：1-32.

［7］　马佳国，李婷婷，李　群，等.基于GIS软件的分形方法在断层分析中的应用［J］.长江大学学报：自然科学版，2011（1）：49-51.

［8］　谢和平，高　峰，周宏伟，等.岩石断裂和破碎的分形研究［J］.防灾减灾工程学报，2003，23（4）：1-9.

（收稿日期　2015-05-26）

大红山铁矿地表塌陷区测量工作

李　波
（玉溪大红山矿业有限公司）

摘　要　针对大红山铁矿采用无底柱分段崩落法大规模开采，多区段立体联合开采引发的地表沉降变形，在原有监测工作的基础上优化完善监测方案，将整个变形测量网覆盖至整个地表变形区域，为在矿山地表塌陷区开展测量工作提供参考。

关键词　地表塌陷区　测量　研究

目前，研究地表变形移动的主要方法是实地测量，通过测量获得大量的实测资料，然后对这些实测资料进行综合分析；大红山铁矿地表塌陷区最早发现开裂时间是2011年8月，位于深部主采空区投影到地表东北角的位置；2012年4月为解决采空区顶板突然垮塌带来冲击地压的安全隐患，对上覆岩层进行了强制放顶并取得较好的效果，应力得到了进一步释放。整个塌陷区也随应力的释放呈现不同程度的开裂、下沉、扩展。2013年4月11日在主采区的最南边地表出现400 m^2 塌陷坑，整个塌陷区裂缝继续向外扩展，地表裂缝范围于2013年5月由7.8万 m^2 发展到20.3万 m^2，部分地段已超出原来的警戒范围。地表的开裂与沉降逐渐在地表公路、南部废石场与露采高陡边坡方向展现出来并向外扩展，地表明显开裂区域已经形成一个闭合圈。塌陷区内虽然已经布置了2个变形观测点和1125m复垦土平台的26个沉降测桩，能对所布置区域进行监测，但还不能满足目前整个大面积的塌陷区变化发展形势的监测需求，现必须尽快研究完善塌陷区测量监测工作，达到全面覆盖、布置科学合理、长期规划等目标。

1　目前开展工作的情况

1.1　裂缝监测点的布置

在设计岩移范围外做控制点，采用全站仪通过地表导线点进行测量，平面测量精度为1 mm，高程测量精度为2 mm。综合地表目前开裂沉降现状、地表地形等条件，在最先开裂沉降区域布置1#观测点及具有典型代表性的区域布置2#观测点，共计两个沉降观测点，沉降观测点在地表的位置分布见图1。

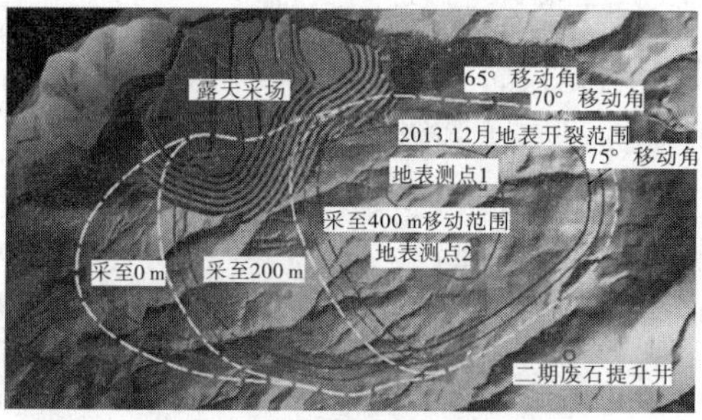

图1　2013年底地表开裂范围

1.2　裂缝监测点的测量情况

2011年8月起截止到2013年12月在采空区的东北部观测点1处对地表开裂缝进行定期的测量，绘制每个时期地表开裂范围图。观测点1累计沉降量与水平移动量为1 779 mm与948 mm，见图2，沉降与水平移动具有较强的一致性，整体变化趋势具有前期阶段性的快速增加与后期趋缓的特点，并且因2012年4月9日上覆岩层硐室爆破强制崩落作用效果的作用，观测点1沉降与水平移动在2012年4月至6月间几乎没有发展，表明上覆岩层强制崩落后对空区形成了较好的充填作用，延缓了地表变形量的发展。目前观测点1沉降与水平移动处于平稳缓慢增加的状态中；观测点2于2012年6月进行首次观测，截止到2013年12月，累计沉降量与水平移动量为823 mm与311 mm，见图2，整体变化趋势与观测点1基本一致，沉降与水平移动处于平稳缓慢增加的状态。

1.3　排土场沉降测量

地表的开裂、沉降范围逐渐向地表1125m复

李　波（1985—），男，工程师，653405 云南省玉溪市新平县戛洒镇。

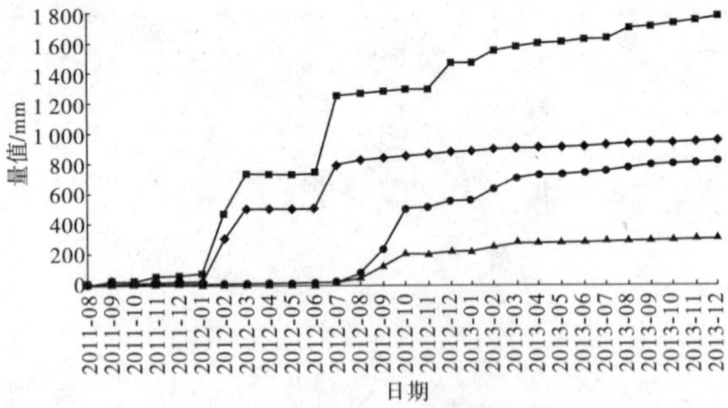

图2 测点累计沉降与水平移动变化趋势

垦土场平台扩展。为及时掌握塌陷区对复垦土场、南部废石场的影响情况，2014 年 4 月在塌陷区 1 125 m 平台布置了 26 个沉降桩开展沉降测量工作。通过每月一次的测量发现下沉量最大的为 21#沉降桩，其下沉量累计为 2.8 cm，其他沉降观测点暂时没有发生明显位移变化，经过测量数据的分析排土场的安全性没有受到影响。

1.4 塌陷区陷落角的绘制

通过沉降测量与裂缝实测图在 $A_{37}^{\#}$、$A_{38}^{\#}$、$A_{39}^{\#}$ 勘探线及纵Ⅱ#勘探线做剖面图可以反应出裂缝与井下现状的一些关系，通过测量数据上图分析后，对警戒范围进行了扩大；地表开裂范围位于岩石移动角为 75°划定的地表岩移范围内。离露天采场最终边坡与二期废石提升井还有一定距离，目前对露天采场最终边坡和二期废石提升井的稳定性暂不构成影响见图 3、表 1。

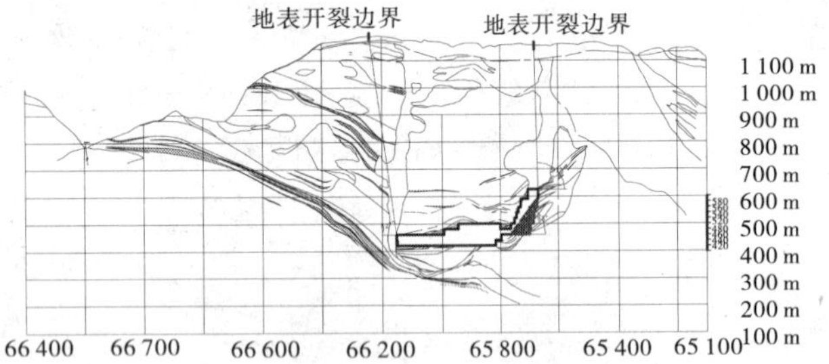

图3 $A_{37}^{\#}$ 勘探线

表1 各个剖面得到的陷落角 (°)

剖面编号	北	南	西	东
$A_{37}^{\#}$	79	80		
$A_{38}^{\#}$	82	91		
$A_{39}^{\#}$	80.7	87.3		
纵Ⅱ#		87	76	

2 下一步的测量工作

虽然原先的测量、监测手段取得了一些技术资料与成果，但具有一定局限性。对于大红山铁矿这样大规模、复杂的塌陷区的监测管理是远远不够的，要全面了解其变化发展就必须制定一个较为完整的监测方案，达到相应的技术研究与安全管理的目标。

2.1 建立观测站

首先建立测站，按照一定要求设置的一系列互相联系的观测点，在采动过程中它们和地表一起移动，从而反映地表的移动状态。通过定期地对这些观测点进行监测，确定其空间位置及其相对位置的变化情况，从而掌握地表移动变形规律。

剖面线观测站是目前各矿区用得较多的一种布站形式。它是在沿移动盆地主断面的方向上，将观测点布设成直线的观测站。通常由两条互相垂直且相交的观测线所组成。其中沿走向主断面布设的观测线称为走向观测线，沿倾斜主断面布设观测线称为倾向观测线。大红山铁矿采用勘探线作为剖面线观测站进行建站。

2.2 测量监测点的布置

根据冶金矿山测量规范，结合大红山铁矿塌陷区特点进行设计。观测线应设计在移动盆地的主断面上；观测线的长度应大于移动盆地的范围。观测线上布置的测点应有一定密度，控制点处于移动范围之外。结合实际情况将监测点布置在 $A_{28}^{\#}$ ~ $A_{44}^{\#}$ 勘探线，待掌握了下一步地表岩移范围发展的变化情况后，再科学地增加或加密地表岩移监测点。

长期固定的沉降测量点在垂直于矿体走向上均依据勘探线布设，这样一方面充分考虑了设点的方便，更是为了便于未来对数据的处理和分析，监测数据结果可以在勘探线剖面图上明确地反映出来；在沿矿体走向上则沿纵剖面线方向布设，从而在沿矿体纵向和勘探线两个方向上形成经纬网状监测线。

在测点间距上分为 3 种网度，分别为 200，100，50 m 在重点监测区域，如南部废石场与露采陡边坡区域采用沿纵向 200 m 网度、沿勘探线方向 100 m 网度的加密测点布置；针对开裂范围内的公路采用沿纵向 50 m 网度、沿勘探线方向 100 m 网度的加密测点布置；在其他区域采用沿纵向与沿勘探线方向均为 200 m 网度的测点布置见图 4。

2.3 测量的技术要求

测量采用 GPS RTK 测量方法，在基准站上安置 1 台接收机为参考站，对卫星进行连续观测，并将其观测数据和测站信息通过无线电传输设备实时地发送给流动站，流动站 GPS 接收机在接收 GPS 卫星信号的同时，通过无线接收设备接收基准站传输的数据，然后根据相对定位的原理，实时解算出流动站的三维坐标及其精度。

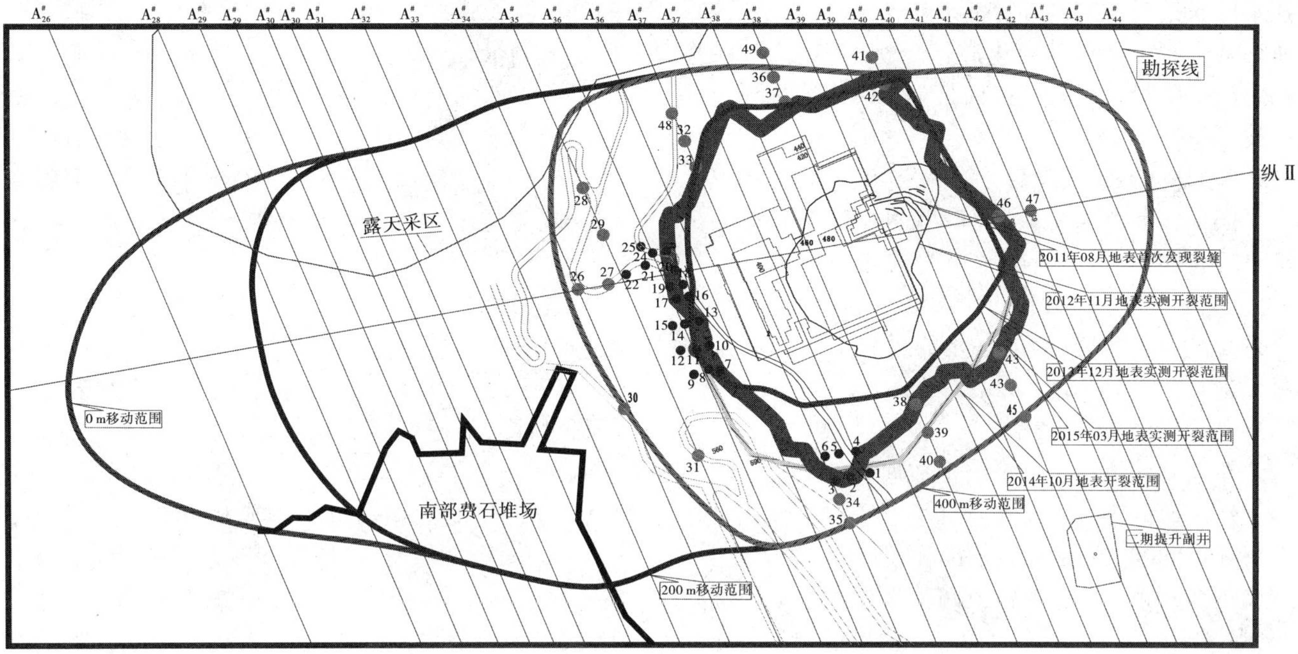

图4　测点布置

所用仪器、设备要稳定;观测人员要稳定;观测时环境条件要基本一致;观测路线、镜位、程序和方法要固定。地表移动观测的基本内容就是定期、重复测定所埋测点在采动过程中的位置变化。在监测点埋设好等点位固结之后,进行一次定位测量,作为监测点的原始坐标,即监测点的首次观测数据。平面精度为±5 mm;高程精度为±10 mm。随后,一般每1个月对所有监测点进行1次测量。根据每个监测点变形沉降的剧烈程度调整测量时间间隔。

测量时间间隔调整的条件与安排为:

(1)若监测点垂直沉降变形一次增加量<20 mm,则该监测点的测量时间间隔为1个月1次。

(2)若监测点垂直沉降变形一次增加量≥20 mm,则该监测点的测量时间间隔调整为半个月1次。

(3)针对每一个监测点每次测量后,应按表2所示的格式提供测量结果,方便进行地表岩移趋势与规律的分析。

表2　测量数据统计

日期 点号		基期测量 坐标/m	累计 /mm	1期测量坐标 /m	本期1Δx、Δy、 Δz/mm	累计1′Δx、Δy、 Δz/mm	2期测量坐标 /m	本期2Δx、Δy、 Δz/mm	累计2′Δx、Δy、 Δz/mm
测点1	X	2 666 418.603	0	2 666 418.607	4	4	2 666 418.604	−3	1
	Y	464 507.069	0	464 507.071	2	2	464 507.074	3	5
	Z	1 120.637	0	1 120.640	3	3	1 120.643	3	6

计算步骤:

(1)用基期作为基础坐标,所以沉降量累计为0,累计变化从一期以后算起。

(2)计算1期与基期的差值,$\Delta X_1=4$ mm;1期的累记沉降值$\Delta X'_1=4$ mm;2期的X坐标值$\Delta X_2=-3$ mm;2期的累记沉降值$\Delta X'_2=1$ mm;其他1期、2期的Δy、Δz及相应累计值计算方法类似。

(3)绘制测点位移图如图5所示。

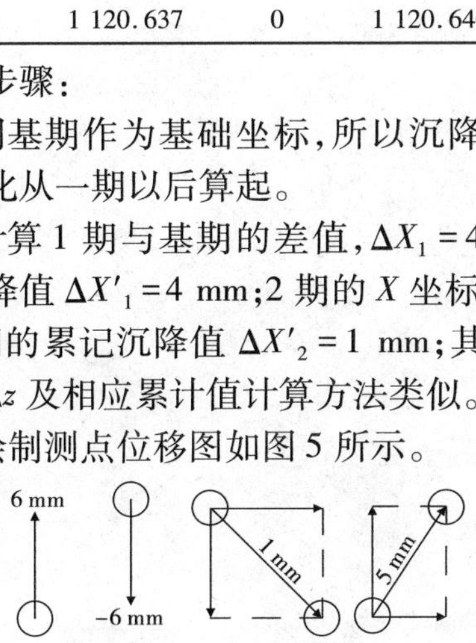

图5　位移示意

3　研究目标

通过建立此测量系统对各任务进行分解,对各个阶段的现状、变化趋势进行分析得出塌陷区的发展过程,具体有以下几个阶段:

3.1　塌陷区移动过程中

井下矿石采出之后形成了空间,随着采空区面积的增大,岩层移动的范围也相应地增大,其上覆岩层与底板岩层的原始应力平衡状态遭到破坏,导致地表发生移动和变形。其有害后果表现为地面沉降损害、地面倾斜损害、地表弯曲损害和地面水平变形损害。通过对地表塌陷区进行测量工作所收集到的变化过程中的沉降、位移等数据结合井下生产现状,在不同时期对塌陷区进行活动规律、发展趋势、沉降速率及岩石移动角的变化进行分析，为理论上的塌陷区的沉降带、挤压带、拉伸带等相关内容的研究提供技术依据

3.2 塌陷区移动稳定后

回采工作面采完地表移动稳定后，测量塌陷区最终现状图，对从开始到结束的变化情况进行分析对比，绘制平、剖面图和变化曲线，结合最终现状确定采空区下沉盆地，为下一步的复垦工作做基础资料准备。

3.3 塌陷区复垦阶段

在塌陷区下沉盆地最终形成后开始对其进行复垦工作。矿区土地生态复垦和生态重建不仅仅是在出现环境问题之后才采取的一种后患治理措施，而应该是在开采之前就预测到可能发生的生态环境问题，在开采中采取行之有效的措施，尽量避免和减少开采可能对环境造成的不利影响和破坏，其对策是超前的，而不应该是滞后的。前期必须要做好一系列的测量基础工作，包括矿区土地复垦前和复垦后的地形测量；绘制与复垦各阶段的设计和实施有关的矿山测量图，并在图上表示出地表破坏的全貌；预计采矿引起的地表移动与变形，绘制预计平面图，为当前的土地复垦规划及远景规划准备原始数据资料。参与将已复垦地区移交给使用单位的交接工作，准备交接的图纸资料。

4 结 语

通过对地表塌陷区进行测量工作的布置与研究，对地表塌陷区进行一个长期的监测与规划，系统搜集各个阶段的数据。同时将观测结果进行统计、分析、绘图，根据不同阶段的任务目标来决定各个时期测量工作的重点。结合各个阶段开展的研究工作，对资料进行总结与分析形成相应的技术成果报告；从一个企业的安全、环保管理方面来说是塌陷区的一种系统管理的过程，可根据塌陷区的变化情况制定相应的防治措施，对地表大规模塌陷起到预警作用，对以后的复垦进行管理；对同类 g 矿山塌陷区的管理具有参考价值。

（收稿日期 2015-05-26）

（上接第 380 页）

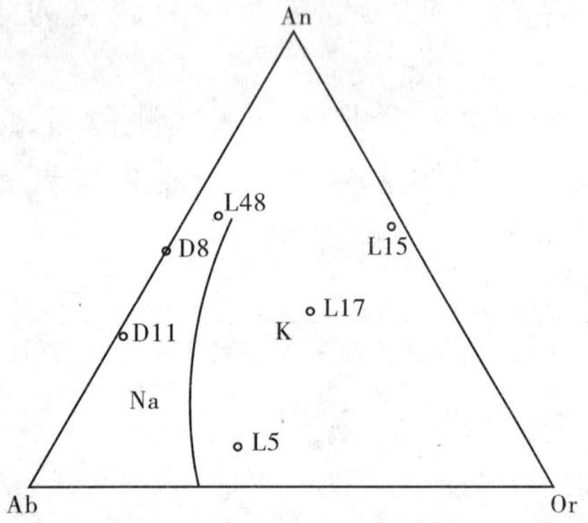

图 5 碱性岩 An-Ab′-Or 图解

Na—钠质系列火山岩；K—钾质系列火山岩

（2）后期的剪切作用和岩浆侵入活动为矿质再次富集提供了动力和热源，也提供了部分的成矿物质，因此韧性剪切带为一个非常重要的找矿方向。

（3）对比柴北缘其他矿床类型、成矿地质背景，如锡铁山含金铅锌矿床、绿梁山铜矿、结绿素金矿、中间沟金矿，综合认为区内深部具有极好的找矿前景，特别是其基底地层如万洞沟群或大肯达坂群应为另一个颇具前景的赋矿层位。

参 考 文 献

［1］ 邱家骧，林景仟. 岩石化学［M］. 北京：地质出版社，1991.

［2］ 王中刚，于学元，赵振华，等. 稀土元素地球化学［M］. 北京：科学出版社，1989.

［3］ 刘昌实，朱金初，沈渭洲，等. 华南陆壳改造系列花岗岩类型划分和成岩物质来源［J］. 地质学报，1990(1)：43-52.

［4］ 徐克勤，胡受奚，孙明志，等. 华南两个成因系列花岗岩及其成矿特征［J］. 矿床地质，1982(2)：1-14.

［5］ 胡祥昭. 银岩含锡花岗斑岩的岩石学特征及成因探讨［J］. 地球化学——中国地质大学学报，1989(3)：251-259.

（收稿日期 2015-05-26）

大红山铁矿测量工作分析讨论

郭 庆

（玉溪大红山矿业有限公司）

摘 要 分别从地面工程测量、井建工程测量、矿井联系测量的要求、施工单位提交测绘资料的内容、监理单位以及甲方测量的职责等方面对大红山铁矿的日常测量工作进行分析讨论，为类似矿山提供参考。

关键词 工程测量 联系测量 测绘资料

矿山测量工作是矿山安全生产不可缺少的基础性工作，测量数据的精确与否直接关系到矿山的安全生产。因而有必要结合矿山测量的特点，加强矿山测量的管理及业务水平，更好地服务于生产一线，避免因测量工作的失误给矿井造成损失。

1 地面工程测量

大红山矿区首级控制采用1997年布设的大红山铁矿矿区四等平面控制网及矿区三等水准高程控制基准。平面坐标系统采用1954年北京坐标系统，高斯三度带第34带投影，中央子午线为东经102°，长度投影至参考椭球面和高斯平面上，参考椭球面至大地水准面差距采用+27 m。2006年云南省有色地质三一二队对大红山矿区约3.5 km^2 地形进行了1:500地形图测量。一级导线网控制测量17个点，一级交会点1个，二级导线点联测3个。2008年云南省有色地质三一二队布设由32个点构成的GPS E级网，点编号为：GPS30，GPS31，…，GPS52。平面控制网按E级GPS网精度观测，高程控制网采用曲面高程拟合。在矿区控制网的基础上，甲方测量人员负责提供工程建设的首级控制点，施工单位负责建立施工控制网，根据现场实际情况及总平面布置图，选择方便使用又易永久保存的地点埋设永久标志。

地表工业建（构）筑物放样测量应根据设计图纸采用地表首级控制点进行放样。放样点应根据工程需要埋设部分永久标桩，按地面一级导线的精度要求测设。放样点高程测量应按三等水准测量的精度要求进行，放样可采用极坐标法、支距法、或交会法等方法。标定后应对各轴线间的几何关系进行检查。各单位在施工前须熟悉设计图纸，验算与测量有关的数据。核对图上的平面坐标和高程系统，设计与现场是否相符，对核定工作所需的测量控制点及其成果进行检查，当对图纸有疑问时应及时向管理部门反映，在未得到项目管理部测量负责人签字认可的情况下不得进行标设。各单位施工工程竣工时须按现场工程竣工验收规范进行验收，并提交工程测量控制成果和竣工图。

2 井建工程测量

玉溪大红山矿业有限公司已在矿山建设时布设、施测了矿区首级控制成果，作为矿山建设、生产的测量基准资料。地面平面控制为四等导线网，高程为三等水准资料。井下从710～380 m及344 m破碎硐室布设了Ⅰ级（5″）导线网，四等水准控制网并实测计算了测量成果，作为井下建设、生产（采区）的首级控制资料。

2.1 井下控制测量依据

井下控制测量应依照《冶金矿山测量规范》的规定分级布设，各级井下控制导线必须布设成闭合、附合或复测支导线。基本控制导线定向基点至少应埋设4个，基点应埋设稳固并进行挂牌标识管理。利用基本控制导线进行测量时，必须对控制点进行点与点之间的长度、角度检查，确认误差在允许范围内的才可进行下一步测量工作。井下建设开拓控制主控工程均应按Ⅰ级（5″）导线控制（斜坡道、盲竖井、箕斗井等），各分段巷道工程应满足Ⅱ级（10″）导线控制要求。

2.2 巷道平面及高程控制技术要求

各坑平面控制均为Ⅰ级（5″）导线。高程控制：

郭 庆（1986—），男，助理工程师，653405 云南省玉溪市新平县戛洒镇。

坑口点为四等水准，坑道内未等外水准及等外三角高程控制，平面、高程测量主要技术相关要求见表1～表4。

表1 高程测量测角技术要求

等级	测角中误差/(″)	测回数		半测回归零差/(″)	一测回内2C互差值/(″)	一方向各测回较差/(″)	复测支导线限值/(″)
		J_2	J_6				
Ⅰ	5	3	6	12	18	12	±10
Ⅱ	10	2	3				

注：当边长小于30 m时，每一测回仪器和觇标都要重新对中一次。

表2 光电测距主要技术要求

等级	边长/m	测边中误差/mm	测距相对中误差	导线相对闭合差	单测回间最大互差/mm	测回数	往返测互差/mm
Ⅰ	60～200	+5	1/20 000	1/10 000	10	2	+2
Ⅱ	40～140		1/10 000	1/5 000	15	2	+2

注：边长在弯道时不受上述相关指标限制。

表3 水准测量技术要求

等级	仪器	每公里中误差/mm	往返较差闭合差/mm	最大视距/m	前后视距差/m	前后视距累计差/m
四等	DS3	+10	+6	100	3	10
等外	DS3	+20	+12	100	10	50
Ⅰ级	DS10	+20	+10	50		
Ⅱ级	DS10	+20	+20	50		

注：水准尺均为木质双面；观测次数均为往返各1次。

表4 三角高程技术要求

等级	仪器	测回数	指标差互差/(″)	垂直角互差/(″)
四等	DJ_2	4	15	10
等外	DJ_2	2	15	10
	DJ_6	4	20	20
Ⅰ级	DJ_2	1		30
	DJ_6	2		
Ⅱ级	DJ_6	1		

2.3 井口、井筒中心及十字中心线标定

根据矿区基本控制网，设置近井点，标定井口位置和井筒中心线。近井点采用插网、插点、光电测距导线等方法设置，是井巷测量的依据。竖井井口的测放，首先根据近井点采用极坐标法测放出井筒中心，然后以井筒中心为依据，设置井筒十字中心线，并在十字中心的4个方向各埋设3个以上永久标桩，作为井筒掘砌安装和测放提升系统的依据。斜井和平峒：井口位置测放后，测量巷道中心，测放井口底板高程，实测锁口开挖深度，测放硐口上下边坡线位置。井口测放需独立进行2次以上，标定偏差必须在标准允许的范围以内。

如果在标定之前尚未测设近井点，可依据井口附近首级控制点采用经纬仪导线或交会法建立临时近井点，然后标定井筒中心。标定的井筒位置用大木桩固定，并在木桩上钉小钉，作为井筒中心的标志。标定后应及时测算出井筒中心点的坐标，对于上述第2种情况应及时建立永久近井点，并重测井筒中心点坐标和十字中线方位角，作为最后的测量成果，在整个矿井施工过程中均不得变动。

2.4 矿业公司矿井联系测量要求

近井点应在四等或矿区首级控制网的基础上采用插网插点或敷设导线等方法布设，近井点的点位中误差不超过±5 cm，后视边的方位角中误差不超过±10″，井口高程基点的高程应按四等水准测量的精度要求测定。竖井几何定向测量应独立进行2次，从近井点推算至井下定向边的坐标方位角的较差：一井定向不超过2′；两井定向应不超过1′。当一井定向的外界条件较差时，在满足采矿工程需要的前提下，较差可放宽至3′。井下导线延伸长度在700～400 m和400 m水平时，2次独立定向结果的误差可分别放宽至4′和8′，通过竖井导入高程应独立进行2次，从井口高程基点推算至井下高程点的高程较差不超过井深的1/8 000。

2.5 施工单位井下控制测量要求

(1)井下导线分为3个等级(5″,10″,15″)，测角中误差分别为±5″,±10″,±20″，闭(附)合导线的相对闭合差为10″,20″,40″。

(2)井下首级平面控制点一般应从井底车场开始，随着主要巷道的掘进而分段建立。每300～500 m设置1组永久导线点，每组至少应由3个相邻点组成。

(3)永久导线点应采用不易锈蚀的金属标志，在顶板或底板较稳定的岩石中，采用水泥将金属标志固定于点位上。在顶板或底板稳定性较差的巷道中，可先在点位上打眼，采用水泥灌注金属标志。临时点可因地制宜，采用其他形式，但点位必须确定、标志稳固和使用方便。

(4)同一矿区的井下导线点必须统一编号，并将编号明显标注于点位附近。

(5)井下控制点布设完成后，应绘制比例尺

为1∶500～1∶2 000的点位分布图，重要的点可绘制点之记。

3 施工单位提交测绘资料的内容

（1）井下工程测绘资料。①近井点的原始记录、计算及成果；②矿井联系测量，井深测量的全部资料；③标定井筒十字中心线的资料；④井下导线和高程测量的全部资料；⑤各种巷道平面图，井底车场平面图，硐室平剖面图，主要运输巷道的纵横剖面图，已进行巷道检查测量的资料等；⑥井筒垂直剖面图，井筒装备及提升系统几何关系图；⑦巷道贯通误差预计和实测资料；⑧采准矿块平面和纵横剖面图，文字说明书；⑨建设工程每月6，16，26日向矿业公司测量部门提交坑道实测迎头坐标，26日提交本月坑道实测现状图（平剖面图）。

（2）地表工程测绘资料。①地表工业建（构）筑物放样测量的原始资料；②工业场地平面图；③各建、构筑物的施工设计图和竣工图；④地表土石方原始地形、竣工地形图，土石方工程量测量计算资料；⑤露天采场年末各台阶实测现状图（平剖面图），废石场实测现状图（平剖面图）；⑥露天采场、废石场沉降观测全部资料。

4 相关职责

（1）监理单位测量责任。①对施工单位的测量控制点，中、腰线，断面进行实测，对实测成果负责；②对施工单位的巷道断面进行检查，对检查结果负责；③对溜井通过的分段组织实测，对实测结果负责；④根据施工进度，及时测绘巷道实测图，实测图应准确反映施工的实际情况。

（2）甲方测量责任。①负责向监理、施工单位提交各施工区域的首级控制资料；②对关键部位的测量资料进行复核，搜集各项同区域的测量资料；③对各施工区域的控制点统一复测，确保测量精度的统一；④对各单位的竣工测量资料及施工图纸的审核、归集。

5 相关注意点

（1）井下控制测量应依照《冶金矿山测量规范》分级布设，各级井下控制导线必须布设成闭合、附合或复测支导线。

（2）基本控制导线定向基点至少应埋设4个，基点应埋设稳固并进行挂牌标识管理。

（3）利用基本控制导线进行测量时，必须对控制点进行点与点之间的长度、角度检查，确认误差在允许范围内的才可以进行下一步测量工作。

（4）任何单位和个人不得擅自移动和破坏井上、下永久性和临时性测量导线点及标志，若确需移动时，必须经过矿业公司测量部门同意。

（5）巷道开口时，测量人员必须上报巷道开口报验单，监理公司必须认真复核开口报验数据，确认开口报验数据无误后上报矿业公司测量部门，矿业公司测量部门对监理上报的开口报验数据进行抽查、复核。

（6）标定巷道开口前，应收集有关测量资料，对测量资料进行检查，对设计图纸进行检查校队，确保测量资料和设计数据正确无误，如对设计图纸和数据有疑问，施工单位立即与矿业公司设计部门联系，在问题未得到解决之前，不得进行标定，施工单位不得开口施工；巷道开口位置和方向的标定必须独立进行2次；新开口巷道，在掘进4～8 m时应重新进行标定。

（7）巷道掘进工作面每向前掘进80～100 m必须进行延伸测量，在巷道中、腰线延伸时，必须对原中腰线进行检查，严格核实上次测量导线点之间的距离和角度，确认无误后方可进行下一步导线测设；巷道中腰线标定后必须设置明显标志，施工单位应妥善管理。

（8）巷道贯通前15～20 m，必须及时下发《贯通通知书》通知矿业公司测量部门，由矿业公司测量部门负责通知相邻施工单位，及时采取安全措施；在巷道贯通剩余100 m之前，施工单位、监理人员必须对掘进巷道进行整体复测，对复测资料与原测量数据进行核对，发现数据有误时必须及时对有关测量导线点进行重测，找出数据错误的原因并及时通知矿业公司测量部门对巷道的掘进方位及坡度进行调整。每次贯通前，施工单位测量人员、监理人员应进行现场监督管理，发现问题应及时采取措施，确保准确贯通；巷道贯通后必须进行联测，并对联测数据进行精度评定，未进行精度评定的数据不得在后续的测量工作中使用。

（9）工程完工后提供测量竣工资料时必须附有导线测量记录台账、精度评定报告、导线点成果表、巷道实测图（平、剖面图）、导线点布置图。

（收稿日期 2015-05-26）

大红山铁矿施工坐标测量方法

郭 庆
（玉溪大红山矿业有限公司）

摘 要 工程坐标系的选择是施工测量的重要问题，工程坐标系统选择的得当与否直接影响施工控制测量的精度。在井下施工测量过程中，施工坐标测量方法比传统大地坐标测量方法更适用且能高效率完成外业工作。该方法通过在大红山铁矿的应用实践，以期促进施工坐标系测量方法的发展与完善，满足大红山铁矿的生产、建设测量需求。

关键词 施工 坐标测量 大地坐标测量

玉溪大红山矿业有限公司地处云南省玉溪市新平县境内，是正在建设中的国内特大型地下矿山，矿石总储量约4.5亿t。矿山矿石储量大，原矿品位较高，具备良好的开采条件，能形成大规模地下开采能力。2002年建成年产50万t采、选试验性工程；2006年建成400万t/a采、选、管道工程；2010年建成380万t/a熔岩铁矿露天采选工程。目前，已经具备年产原矿640万t、成品矿320万t以上的生产能力。同时，大红山铁矿800万t/a采选扩产工程、400万t/a井下二期工程正有序向前推进，2015年将形成1200万t原矿处理能力，可生产500万t成品矿。施工测量是工程施工的一个重要部分，尤其在施工前，有时贯穿整个施工过程。因此，测量的精度直接影响到工程质量；测量的快慢直接关系到施工进度。引进了施工坐标，从而使整个测量过程化繁为简，提高了测量精度和速度。由于建设、生产任务重，巷道开挖工作量大，日常检查巷道断面测量工作繁多。为此，玉溪大红山矿业有限公司在测量管理工作中采用施工坐标测量方法，不仅能够快速、直观的对巷道超欠挖进行检查工作，且能够保证测量数据的真实性，大大提高外业测量效率，对指导矿山建设、生产具有重大意义。

1 大红山铁矿测量工作现状

大红山铁矿的办矿模式为新矿新模式，通过招标引进外协单位进行功能承包模式。所以外协单位在进场进行施工前就必须根据合同要求配备相关专业技术人员，包括测量专业技术人员。我矿也同样配备了测量技术人员进行整个矿区的生产、建设工程测量管理工作。同时在建设过程中也同样配备了监理公司，监理公司也需要配备相关的测量专业监理工程师。所以目前整个矿山的测量工作开展情况是：外协功能承包单位自测用于工程项目的测量工作，监理公司复测、抽测，甲方负责施测矿区首级控制及日常检测工作；负责抽测巷道导线点，竣工导线测量、巷道断面检查测量工作等等。由于矿区建设、生产交叉，测量区域点多面广，如何加强测量管理工作，提高测量效率就成为该矿测量工作的重点。

2 施工坐标测量方法

工程施工坐标系统是为总平面设计而确定的独立坐标系统，坐标轴的方向与设计建筑物的方向平行，坐标原点虚设在总平面图西南角而使建筑物的坐标为正值。国家大地测量坐标系统是进行国家大地测量或城市勘测设计所采用的平面直角坐标系统。在工程放样过程中因测量条件、设计要求、工程特点，为了利用两个不同坐标的测量成果，往往需要进行施工独立坐标系统与大地测量系统的相互换算。

2.1 施工坐标系定义

施工坐标系也称工程坐标系，是根据待定工程建立的一种独立坐标系统，是一种假定的平面直角坐标系，坐标原点通常设在整个工程的西南角，坐标轴 X、Y 分别与主要建筑物主轴线平行或垂直。设计文件中的坐标为测量坐标系，一般采用54北京坐标系或者80西安坐标系，这个在设计文件中会有说明。这种坐标的数字都很大，实际使用时，往往进行

郭 庆（1986—），男，助理工程师，653405 云南省玉溪市新平县戛洒镇。

简化,视情况取到千位数或万位数,比如 $X=3\ 103\ 132.879$、$Y=399\ 932.265$ 两个坐标在计算时均简化为 $X=3\ 132.879$、$Y=9\ 932.265$,这样可减少按键输入,并方便阅读。在道路工程中的直线路段的项目(包括直线桥梁)一般还使用施工坐标系,使坐标更加简化,并使坐标值具有特定的含义。

施工坐标系的定义一般是:施工坐标系纵轴(X 轴)指向路线前进方向,并使 X 坐标等于道路里程,而坐标横轴(Y 轴)则指向与路线垂直的右边方向,这样 Y 坐标就等于距道路中心线的距离,Y 坐标为正,表示在路线右侧,Y 坐标为负,表示在路线的左侧。这样一来,施工坐标系下的坐标值就不再是一个冰冷的数字,而是具有明确的含义了,比如 $X=210$、$Y=4.5$,表示桩号 K0+210 右侧 4.5 m 处的点,同样,要放样 K0+160 左侧 12 m 的点,就不要再翻设计文件或者现场计算边桩坐标了,直接将坐标 $X=160$、$Y=12$ 输入全站仪即可放样。

2.2 测量坐标与施工坐标的转换

如图 1 所示,XOY 是测量坐标系,$X'O'Y'$ 为施工坐标系,若已知施工坐标系原点 O' 在测量坐标系中的坐标(X_0,Y_0),以及施工坐标系纵轴 $O'X'$ 在测量坐标系中的方位角 a,则 P 点在两坐标系之间的转换公式如下:

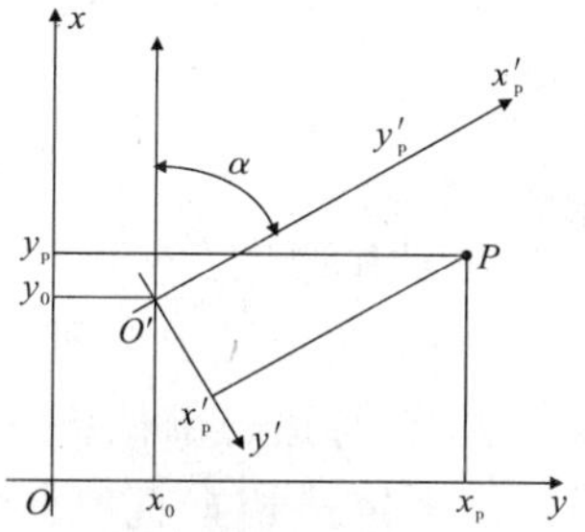

图 1 测量坐标系与施工坐标系

(1)根据测量坐标转换成施工坐标

$$\left.\begin{aligned} X'_P &= (X_P - X_0)\cos\alpha + (Y_P - Y_0)\sin\alpha \\ Y'_P &= (X_P - X_0)\sin\alpha + (Y_P - Y_0)\cos\alpha \end{aligned}\right\}, \quad (1)$$

式中,(X_P,Y_P)、(X'_P,Y'_P)分别为 P 点在 XOY 是测量坐标系;$X'O'Y'$ 为施工坐标系中的坐标;α 为两坐标系夹角;(X_0,Y_0)为 $X'O'Y'$ 为施工坐标系的原点在 XOY 是测量坐标系的坐标。

(2)根据施工坐标转换成测量坐标

$$\left.\begin{aligned} X_P &= X_0 + X'_P\cos\alpha - Y'_P\sin\alpha \\ Y_P &= Y_0 + Y'_P\sin\alpha - Y'_P\cos\alpha \end{aligned}\right\}, \quad (2)$$

式中,相关参数意义同上。

在某些项目中,施工坐标的原点并非放在(0,0)处,比如某桥梁,若桥梁的起点桩号为 K20+020,则该点就会定为桥梁的施工坐标系原点,且施工坐标为(20 020,0),当然,也可以反推算出原点(0,0)的坐标,但没有这个必要。因此,这里定义施工坐标系原点在施工坐标系中的坐标为(X'_0,Y'_0),则坐标转换公式为:

(1)根据测量坐标转换成施工坐标

$$\left.\begin{aligned} X'_P &= (X_P - X_0)\cos\alpha - (Y_P - Y_0)\sin\alpha + X'_0 \\ Y'_P &= (X_P - X_0)\sin\alpha + (Y_P - Y_0)\cos\alpha + Y'_0 \end{aligned}\right\}, \quad (3)$$

式中,各参数意义同上。

(2)根据施工坐标转换成测量坐标

$$\left.\begin{aligned} X_P &= X_0 + (X'_P - X'_0)\cos\alpha - (Y'_P - Y'_0)\sin\alpha \\ Y_P &= Y_0 + (X'_P - X'_0)\sin\alpha + (Y'_P - Y'_0)\cos\alpha \end{aligned}\right\}, \quad (4)$$

式中,各参数意义同上。

如某项目,有 2 个控制点,测量坐标系下的坐标为:H_{13}(3 102 788.523,399 959.678,63.413),BM_5(3 102 864.227,399 960.263,64.449)通过坐标转换计算,两控制点在施工坐标系下的坐标分别为 H_{13}(−9.346,27.413,63.413),BM_5(66.358,27.998,64.449)也可以通过 CAD 软件进行施工坐标和测量坐标的转换:打开 CAD 图形→工具→新建→三点,根据命令完成施工坐标的转换。反之打开 CAD 图形→工具→新建→世界,就已转换成测量坐标。

3 应用实例

在大红山铁矿巷道中有很多都是直线段,在直线段使用施工坐标系比测量坐标系更为直观,使用起来更为方便,不宜出错。假如直线巷道 500 m,宽 5 m,用施工坐标系可设起点为起始原点坐标,X 为 0,Y 为 0,当巷道开挖至 100 m 时,施工坐标则表示为 X 为 100,中心线上的 Y 为 0;而边线则是 X 为 100,Y 为±2.5 m。总的来说施工坐标系 X 表示巷道的前进方向里程纵轴,而 Y 则表示巷道的宽横轴。

大红山铁矿 4[#]胶带斜井工程胶带长 1 096.022 m 直线段。现场检查胶带巷道断面、胶带中线、支墩标高等测量工作可以通过施工坐标测量方法一站式完成。首先在 CAD 软件中创建施工坐标系统,创建坐标原点,把设计点4J05在施工坐标系里创建为

(下转第 399 页)

全站仪视准线测小角观测法在紫金山金铜矿的应用

刘国元
（紫金矿业集团股份有限公司）

摘　要　在坝体和边坡的安全监测方法中，全站仪视准线测小角法具有简单易行、便于实地操作、精度较高的优点。主要介绍了应用全站仪视准线测小角法对紫金山金铜矿重点大坝边坡进行变形观测设计、实施以及监测成果的管理和发布，为相关应用提供参考。

关键词　全站仪　视准线测小角法　大坝边坡安全监测

矿区尤其是露天采矿区，由于采矿和选矿生产的需要，产生了如露采场边坡、排土场边坡、大型堆浸场边坡、运矿大道边坡等较大型人为边坡。由于防洪调节及环保水处理的需要，产生了如重力拦水坝、混排坝、拦碴坝、尾矿坝等较大型大坝。紫金山金铜矿作为“中国第一大金矿”，经过 20 多 a 的发展，创造了黄金可利用资源量最大、黄金产量最大、采选规模最大、经济效益最好、发展速度最快等多项全国第一，成为中国唯一的世界级特大金矿。在这快速发展的过程中，也产生了大大小小重点大坝边坡二十多处，如何对该类大坝边坡进行安全监测和统一管理，成为紫金山安全监测人员面临的迫切难题。

1　重点大坝边坡概况

紫金山金铜矿经过 20 多 a 的露天和井下建设开发，原有山体应力已逐渐发生变化，加上堆浸选矿工艺形成了大规模的不稳定矿碴堆积体，极易形成泥石流、崩塌、塌陷等地质灾害。由于防洪调节和环保处理的需要，紫金山形成了大大小小的拦水坝、拦碴坝、尾矿坝十几座。重点大坝有金矿一选厂金子湖拦水坝、金矿一选厂金子湖坝拦碴坝、金矿二选厂三清亭大坝、金矿三选厂余田坑 1#坝、金矿三选厂余田坑 2#坝、铜矿一选厂大崇背 1#尾矿坝、铜矿一选厂大崇背 2#尾矿坝、铜矿一选厂哑坑 1#坝、铜矿一选厂哑坑 2#坝、铜矿湿法厂湖洋坑220 大坝、东南矿段小金山沟拦碴坝、金矿二选厂 2#拱坝。重点边坡有铜矿湿法厂 3#子坝边坡、金矿二选厂肚子坑边坡、金矿二选厂 2#混排坝边坡、金矿二选厂 3#混排坝边坡、金矿二选厂 4#混排坝东侧边坡、金矿三选厂余田坑 3 万 t 环保处理系统边坡、铜矿二选厂厂房边坡、铜矿湿法厂堆场边坡、东南矿段 B 块边坡、铜矿湿法厂哑坑萃取系统边坡、铜矿运输大道路基边坡、金矿三选厂余田坑 315 硐口上方边坡、金建食堂下方边坡。

2　监测方法

针对紫金山金铜矿重点大坝边坡多、点多面广、工作量大的特点，紫金山重点大坝边坡安全监测主要以视准线测小角法来进行，该方法具有简单易行、便于实地操作、精度较高的优点。为了方便外业测量和内业原始数据和成果数据的统一管理和发布，对矿区重点大坝安全监测内容主要以表面位移沉降观测为主。

2.1　视准线测小角法

视准线作为大坝和边坡（直线型）监测的一种常用手段，越来越多的被布设于大坝和边坡的顶部、迎水面和背水面边坡、廊道等部位，用来监测大坝和边坡各高程面的水平位移和垂直位移（沉降），反映大坝和边坡不同高程面的外部变形趋势。视准线由端点和多个测点组成，视准线法是测定测点至由端点组成的直线的垂距（即测点偏离值），测定测点偏离值常用的方法有活动觇牌法和小角法。活动觇牌法主要用于短距离视准线观测中，但应越来越少，普遍采用小角法观测。利用小角法观测视准线，必须观测距离和角度，距离精度对测点偏离值计算精度影响较少，仅需在首次观测时精确获取端点之间和端点至各测点的水平距离即可，周期观测不考虑水平距离的变化，测点偏离值的精度主要取决于角度观测精度，同时测点偏离值与端点周期观测间隔时

刘国元（1984—），男，助理工程师，364200 福建省上杭县旧县镇。

间内是否发生位移有关，当端点在周期观测间隔时间内发生位移时，应利用周边已布设的监测网点获取端点首次和某周期角度变化值，通过首次和某周期观测角度值相比计算端点在某周期的实际位移量。一般采用高精度全站仪配合小棱镜来进行观测。

采用全站仪视准线测小角法安全监测时，当视准线长度在500 m以内时，成像较清晰，角度观测误差小，测点偏离值精度高；当视准线长度大于500 m时，角度观测误差相对大，加上大气折光因素的影响，测点偏离值精度难以保证，需要采取中间设站等方法来进行观测。但其原理都是测小角算位移量。紫金山大坝边坡跨度一般约500 m，因此文中主要介绍当视准线在500 m以内时的全站仪视准线测小角安全监测的设计与应用。

以紫金山金铜矿金矿三选厂余田坑2#重力坝为例（图1）首先在坝轴线延长线的坝体左岸原山体稳固基岩处设置A点，作为全站仪视准线测小角法的工作基点，在坝轴线延长线的坝体右岸原山体稳固基岩处设置B点，作为全站仪视准线测小角法的后视基准点，即参考点，A、B点的连线形成了一个视准线AB；然后在坝体上均匀布设观测点C、D、E、F、G、H，布设观测点时需注意使工作基点、后视基准点、观测点必须尽量在同一直线上，工作基点A和后视基准点B和各测点之间高差不能太大。由于A、B点均建于稳固的基岩上，几乎不发生位移，如果发现A、B点由于人为因素发生了位移，需要采用附近的高等级控制点重新校核后方可再进行安全监测。在实际大坝边坡安全监测工作中为方便区分与记录，同一水平马道或坝体工作基点一般点号设置为A_0，后视基准点号设置为A_1，观测点号设置为A_{0-1}、A_{0-2}、A_{0-3}……。为方便公式推导叙述，点号设置按图1设置。垂直位移、水平位移观测原理分别如图2、图3所示。

2.2 变形监测控制网布设

全站仪测小角观测法的变形监测控制网一般于一水平马道或大坝布设工作基点、后视基准点、变形观测点。如果工作基点和后视基准点由于人为破坏发生位移，必须利用附近的高等级控制点作为校核基点对其进行校核。如图4所示，大坝边坡位移沉降监测控制网布设必须遵循的原则有：

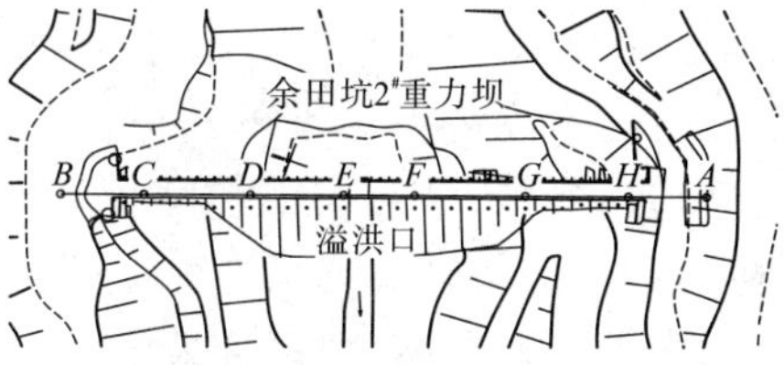

图1 安全监测点位分布

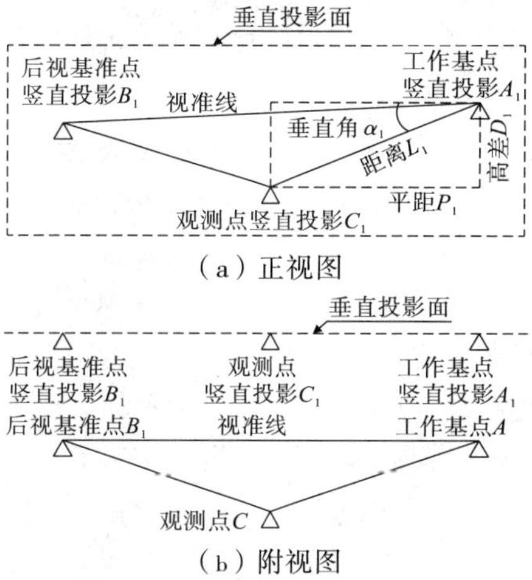

图2 垂直位移观测原理示意

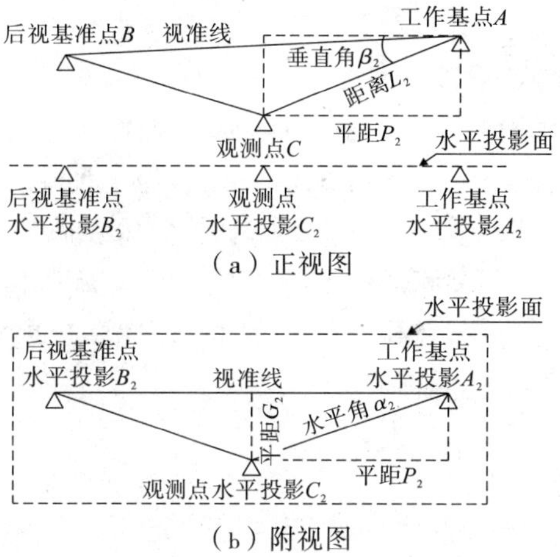

图3 水平位移观测原理示意

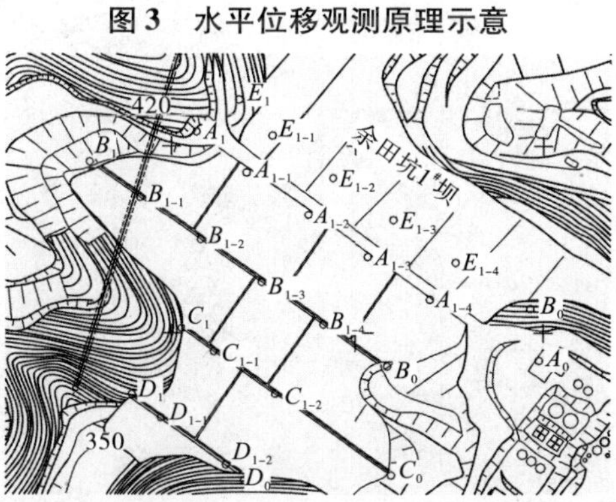

图4 位移沉降观测点位布置

（1）工作基点和后视基准点必须选在地基稳固、便于监测和视线不受影响的地区，三者之间必须能通视。

(2)工作基点一般设于坝体或边坡的左岸,后视基准点一般设于坝体或边坡的右岸,按照相关变形监测规范,通过公式计算出的位移值若为向边坡或坝体下游偏离或下降值,则符号为正;若为向边坡或坝体上游偏离或上升值,则符号为负。

(3)校核基点一般用来验证工作基点和后视基准点是否有变化,校核基点等级越高越好且尽量靠近工作基点和后视基准点。

(4)变形观测点应选择在能反映变形体变形特征且便于监测的位置,对于一般的大坝和边坡而言,一般在横纵断面均匀布设。

(5)在同一水平断面上,工作基点、后视基准点、变形观测点应尽量处于同一直线上,且工作基点、后视基准点、变形观测点之间高差相差不宜太大,以保证工作基点、后视基准点和变形观测点的水平投影和竖起投影之间形成小角,保证观测精度。

(6)基准点和工作基点及变形观测点的埋设时必须采用不锈钢材质带有强制归心和保护装置的对中盘的观测墩。

2.3 桩点的设计与施工

如图5所示,工作基点、后视基准点与变形观测点的设计与施工过程基本一致。为了便于测量,避免长时间工作产生疲劳,工作基点和后视基准点的监测桩可以设计得比观测点高一些。安装不锈钢材质带有强制归心和保护装置的对中盘时,可利用调整螺栓将对中盘调整至其水平。

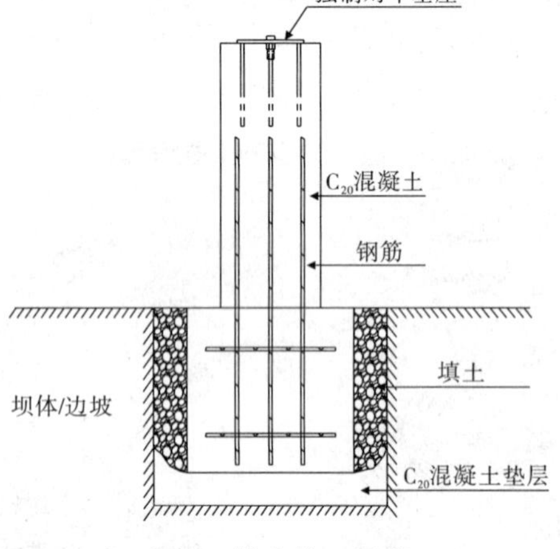

图5 桩点施工示意

2.4 外业观测

视准线测小角法大坝边坡位移沉降观测一般3人1组(测站1人,后视基准点1人,测点1人),有条件的话也可以4人(测站1人,记录1人,后视基准点1人,测点1人),利用高精度全站仪进行观测。紫金山金铜矿重点大坝边坡视准线测小角法安全监测采用的是拓普康MS05全站仪,测角精度0.5″,测距精度为0.000 1 m,成果数据位移量精度达到0.000 1 m,达到变形监测的精度要求。

观测时应定期进行观测,以保证观测时间间隔相同,从而使得位移数据更加客观。不应在下雨(雪)(视线不好,仪器容易进水受潮)、大风(测量时角度值不容易固定)、高温(水蒸汽,大气折光影响观测)的环境中进行观测,遇到此情形时可在定期观测日期适当推后几天。外业观测时一般用2B铅笔进行记录,防止雨水打到纸面模糊不清,如有记错应轻轻划一下在旁边空白处重新记录,主要外业观测步骤如下:

(1)观测时采用铜质连接螺丝将全站仪与强制对中基座连接,调整水准气泡使之居中,量取仪器高及觇高并记录在原始记录表中,在原始记录表中记录观测地点、天气、时间、仪器型号及观测者、记录者等信息。

(2)将小棱镜利用铜质连接螺丝拧在后视基准点的对中基座上,使棱镜正面对准工作基点方向。利用全站仪望眼镜上的物镜大致将望眼镜对准后视基准点棱镜位置,固定水平和竖直制动,利用水平和竖直微调将十字丝中心点调整至棱镜中心。

(3)记录测站、测点(后视基准点和变形观测点),将全站仪水平角置零后进行水平角盘左、垂直角盘左及距离观测,量取小棱镜觇高并记录在原始记录表格中。

(4)旋转全站仪水平和竖直方向进行水平角盘右、垂直角盘右、距离的观测并记录在原始记录表中。

(5)采用同样的方法对其余变形观测点进行水平角盘左、盘右,垂直角盘左盘右、距离、觇高的观测并记录在原始记录表中。

(6)如果测点为3个或3个以上,必须应返回重新测量后视基准点归零,以减小人为操作带来的误差,最终的后视基准点盘左盘右值为2次的平均值。

(7)按照相关测量规范利用已测得的水平角盘左、盘右值和垂直角盘左、盘右值计算出测点的水平角值(水平角一测回值)和垂直角值。

(8)计算出测点此次测量的平距和高差。

2.5 内业数据计算

此次水平角观测值减去上一次水平角观测值便

为水平角较差,此次沉降观测值减去上一次沉降观测值便为沉降值(较差),利用相关公式可计算出此次测量的水平位移量和垂直位移量。

2.6 基于 Excel 软件的成果数据管理

在大坝边坡的安全监测中,最终的结果是最终位移量,即累计位移量。内业计算出的位移量为单次测量所得的位移量,为此,应将每次所测单次位移量加上上一次所测位移量从而得到此次测量的累计位移量。如图 6 所示,利用 Excel 软件的图表功能便可得出最终的垂直位移量和累计垂直位移量,将所得成果传输相关的大坝边坡日常管理部门及相关领导以供参考和决策。

3 结 语

由于紫金山金铜矿矿区面积大,需要安全监测的重点大坝边坡多,点多面广,采用全站仪视准线法

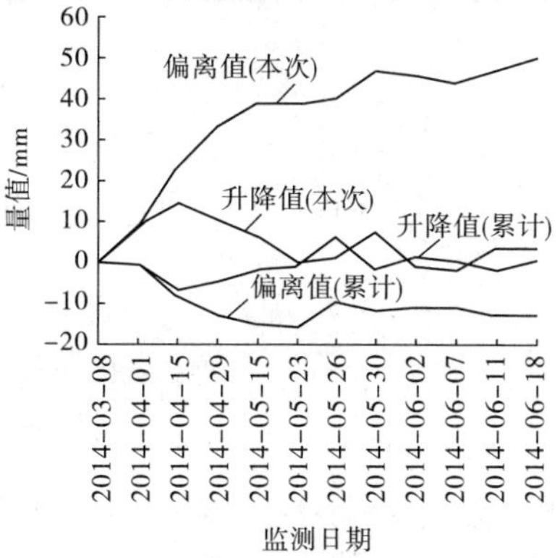

图 6 全站仪视准线小角法位移沉降监测统计(单位:mm)

对这些重点大坝边坡进行安全监测具有机动性好、精度高、便于实地操作、简单易行等优点。通过编制年度监测计划,对这些大坝边坡进行定期监测,及时了解各大坝边坡的安全运行情况具有重要作用。

(收稿日期 2015-05-26)

(上接第 395 页)

(0,0);然后在 CAD 软件中将设计点 4J14 创建为施工坐标系 X 轴方向表示为距离,Y 轴方向表示为在 X 轴上的左右偏移距离(右负左正,这个偏移距离的设置可以根据个人习惯设置),得到设计点 4J14 的施工坐标为(1 024.956,0);最后转换完成后在 CAD 软件中直接查询导线控制点施工坐标值,采用施工坐标值到现场测量。

测量过程中,导线点号坐标值见表 1,各导线布置情况见图 2。

表 1 导线点坐标 m

导线点号	大地坐标		施工坐标	
	X	Y	X	Y
JD-06	65 389.918	64 953.534	7.156	0.667
JD-07	65 437.747	65 061.888	125.585	−1.022
JD-08	65 525.776	65 261.295	343.536	−4.139
JD-09	65 607.057	65 464.542	562.385	0.456
JD-10	65 666.357	65 593.166	703.954	−3.872
JD-11	65 700.273	65 682.849	799.760	−0.050

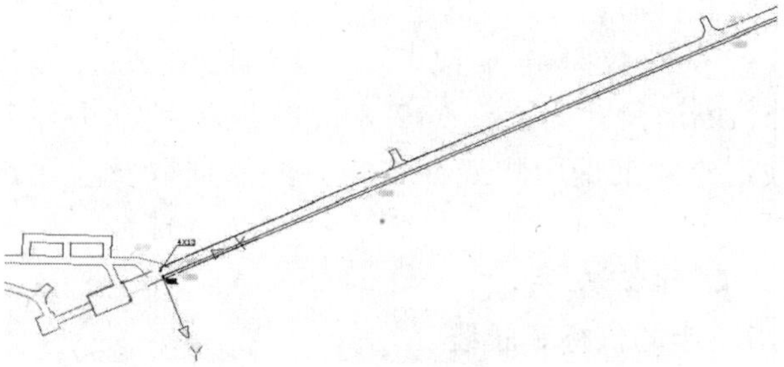

图 2 导线点布置情况

4 结 语

相对于测量坐标系而言,施工坐标表示的是巷道的里程与巷道的宽度,在施工时能够一目了然。在测量前找到一种快捷、简单、方便的测量方法能够极大地减轻测量人员劳动强度,而且在施测过程中很容易检查出测量精度是否满足工程规范,从而减少测量误差,提高工程质量。结合大红山铁矿测量实例,对施工坐标测量方法进行详细分析,为类似矿山提供参考。

(收稿日期 2015-05-26)

矿山斜坡道腰线标定方法选取及应用

桂淮彬

（五矿邯邢矿业有限公司玉石洼铁矿）

摘　要　在矿山斜坡道施工过程中，为了正确指导斜坡道按设计方向和坡度掘进，测量人员需及时准确地测设中腰线。通过对半圆仪标定腰线、利用中线点标定腰线、伪倾角标定腰线等 3 种方法基本原理进行了分析，并结合实例着重对伪倾角法进行了讨论，为相关应用提供参考。

关键词　腰线　全站仪　半圆仪　中线点　伪倾角

矿山斜坡道施工过程中测设的腰线一般位于设计巷道底板 1 m 位置处，标设于斜坡道的两帮上，供施工人员掌握和检查斜坡道的坡度及断面质量。倾角小于 8°的主要巷道，一般采用水准仪或连通管标定腰线；倾角大于 8°的主要巷道，则用半圆仪、经纬仪或全站仪标定腰线[1-3]。以全长 126 m，坡度 25°，断面尺寸为 2.8 m×2.8 m 的巷道为例，介绍斜坡道延伸工程中腰线标定的方法的选取及应用成果。

1　腰线标定方法

1.1　半圆仪标定腰线

如图 1 所示，1 点为新开斜巷的起点，称起坡点。1 点高程 H_1 由设计给出，H_A 为已知点 A 的高程，可知

$$h_{Aa} = H_A - H_1. \qquad (1)$$

在 A 点悬挂垂球，自 A 点向下量 ，得到 点，过点拉 1 条水平线 11′，使 1 点位于新开巷道的一帮上，挂上半圆仪，此时半圆仪上读数应为 0°。将 1 点固定于巷道帮上，在 1 点系上测绳，沿巷道同侧拉向掘进方向，在帮上选定一点 2，拉直测绳，悬挂半圆仪，上下移动测绳，使半圆仪的读数等于巷道的设计倾角 δ，此时固定 2 点，连接 1、2 点，用灰浆或油漆在巷道帮上划出腰线。

1.2　利用中线点标定腰线

在中线点 1 安置仪器，量取仪高 ，使竖盘读数为巷道的设计倾角 δ，此时的望远镜视线方向与腰线平行。然后瞄准掘进方向已标定的中线点 2、3、4 的垂球线，分别作临时记号，得到 2″点，3″点，4″点。倒镜再测一次倾角 δ 作为检查。由下式计算 k 值

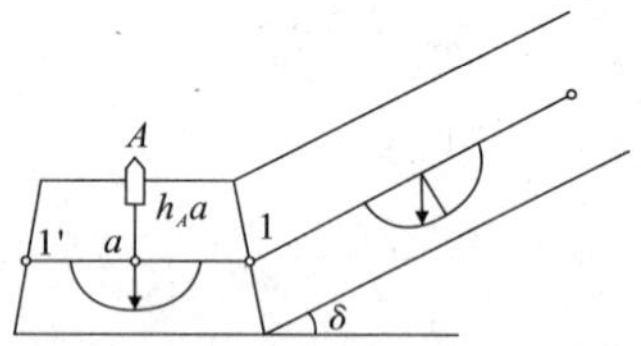

图 1　半圆仪法标定腰线原理

$$k = H_1 - (H'_1 + h) - i, \qquad (2)$$

式中，H_1 为 1 点处的高程，m；H'_1 为 1 点处轨面设计高程，m；i 为仪器高，m；h 为轨面到腰线点的铅垂距离，m。

由中线点的记号 2′点、3′点、4′点，分别向下量 k 值，得到的 2″点、3″点 4″点即为所求的腰线点。采用半圆仪分别从腰线点拉 1 条垂直中线的水平线至两帮上，在此基础上，采用测绳连接帮壁上的 2″点、3″点、4″点，并用石灰浆或油漆沿测绳划出腰线。

1.3　伪倾角标定腰线

如图 2 所示，如果 AB 为倾斜巷道中线方向，巷道的真倾角为 δ，BC 垂直于 AB，C 点位于巷道左帮上，与 B 点同高，那么，水平距离 AC' 大于 AB'，则 AC 的倾角 α（巷道伪倾角）小于 AB 倾角 δ。α 可如下计算

$$\tan\alpha = \cos\beta\tan\delta, \qquad (3)$$

式中，β 为 AB 与 AC 的水平夹角，(°)；δ 为设计巷道的真倾角，(°)。为了方便使用，将水平角、真倾角、伪倾角三者之间的关系编制成表。标定时，以水平角 β 为引数。从表中直接查得伪倾角 α，亦可用电子计算器迅速算出 α。

桂淮彬（1984—），副科长，助理工程师，056303 河北省武安市。

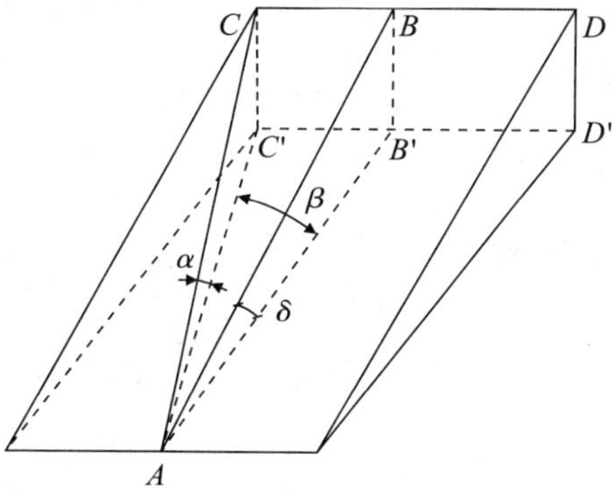

图2　伪倾角示意

图3(a)为巷道纵断面图,图3(b)为巷道平面图。采伪倾角标定腰线步骤如下:

(1)在 B 点下安置仪器,测出 B 至中线点 A 及原腰线点1之间的水平夹角 β_1。

(2)根据水平角 β_1 和真倾角 α_1,按式(3)计算得伪倾角 α'_1。

(3)瞄准1点,固定水平度盘,上下移动望远镜,使竖盘读数为 α'_1,在巷道帮上作记号1′,用小钢卷尺量出1′到腰线点1的铅垂距离 k。

(4)转动照准部,首先瞄准新设的中线点 C,然后松开照准部瞄准在巷道帮上拟设腰线点处,测出 α_2 角。

(5)根据水平角 β_2 和真倾角 α_2,计算得伪倾角 α'_2。

(6)望远镜照准部拟设腰线处,并使竖盘读数为 α'_2,在巷道帮上作记号2′,用小钢卷尺从2′向上量出距离 k,即得到新标定的腰线点2。

(7)用测绳连接1、2两点,用灰浆或油漆沿测绳划出腰线。

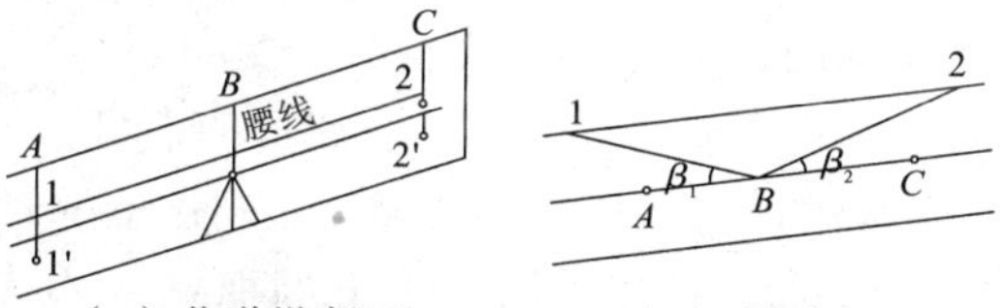

(a)巷道纵断面　　(b)巷道平面

图3　伪倾角标定腰线原理

2　腰线标定方法特点分析

通过对半圆仪法、中线点标定法、伪倾角法进行分析可知,不同方法在操作及数据处理过程中存在较大差异。

(1)半圆仪法。优点是操作简单,数据处理简单;缺点是精度低,而且随着距离的增加,误差会随之增大。在日常工作中,该方法只适用于短距离的斜坡道施工,不适用于实例斜坡道施工。

(2)中线点法。优点是在放线过程中中线的标定和腰线的标定可以利用同一个测量点,缺点是在放线过程中由于腰线点不是直接标定于巷道两帮,在操作中容易造成误差的累计,所以不适用于实例斜坡道施工。

(3)伪倾角法。优点是在放线过程中可以通过数据处理,将腰线点直接标定于巷道两帮,减少了人为操作对数据精度的影响。缺点是计算复杂,数据处理过程中易出错。

3　应用实例

由于实例斜坡道长126 m,为了保证精度,该斜坡道施工中我们采用伪倾角法标定腰线,由式(3)可知,当巷道设计倾角固定时,伪倾角 α 仅与视线方向与巷道中线夹角 β 有关,可以利用 β 反算 α,利用全站仪标定腰线。如此,在放线过程中便可在一个点上对上下进行腰线标定,水平夹角 β_1 和 β_2 相等,则伪倾角 α 的上山巷道竖直角即为 $90°+\alpha$,下山巷道竖直角为 $90°-\alpha$。根据伪倾角放线步骤完成对巷道的腰线标定。为了保证最终放样结果满足斜坡道施工要求,使用拓普康GTS-330全站仪进行施工,根据测设过程中可能出现的测角误差和仪器对中误差等采用相应的检查措施,并且地表准备材料充足有效,施测过程中严格按照全站仪操作流程进行,施测时应保证精确度的基础上提高作业速度,减少井下巷道作业时间,尽量减小和避免偶然误差和人为误差。

实例斜坡道设计巷道坡度为25°,巷道断面尺寸为2.8 m×2.8 m,则 $\mathrm{tg}\beta=0.0466$,根据井下环境并保证工程施工质量,每30 m对巷道进行一次中腰线的标定。按照伪倾角标定腰线步骤分别获得 $\beta_1=\beta_2=2°40'19''$,反算得 $\alpha_1=\alpha_2=24°58'34''$,按步骤标定2个点并连接2个标定点得巷道腰线。巷道施工完成后,贯通高差相差0.02 m,精度满足要求。通过此次工程的实践,伪倾角放线精度在允许范围内,满足矿山日常施工生产需要。伪倾角法标定腰线需要的主要数据支撑仅为视线方向与巷道中心夹角,计算方法及实现方法较为简单。但是竖直角差值较小,因而对全站仪的精度及操作精确度要求较高,同时,中腰线同时在一个点进行标定,节省了很多时间,提高了工作效率,并保证了标定精度。

4　结　语

斜坡道作为矿山开拓系统的重要组成部分,其工程控制有严格要求。结合实例对矿山斜坡道腰线

(下转第404页)

·材料与装备·

流固耦合作用下岩石类材料的若干流变问题*

董景涛[1]　刘长武[1,2]　苏　蔚[1]
(1.四川大学水利水电学院;2.水力学与山区河流开发保护国家重点实验室)

摘　要　随着社会对能源需求量的增加和开采强度的不断加大,浅部资源日益减少,国内外许多矿山都相继进入深部开采状态。采矿过程中的工程灾害也随之不断增多,使得巷道的开挖、支护以及长期维护等问题越发突出,特别是受高地压和高压水体耦合作用的威胁越来越严重。为此,在系统总结采矿工程领域流固耦合作用下岩石类材料若干流变问题的基础上,对岩石类材料流变问题的主要研究方法、研究结果等进行了归纳和对比分析,并就今后采矿工程领域流变的研究与应用进行了展望。

关键词　采矿工程　流固耦合　岩石流变　混凝土流变　高水材料填充体流变

流固耦合问题研究已辐射到许多工程技术研究领域,其中在采矿工程领域尤为突出,煤炭行业频繁发生的矿井突水事故的实质就是巷道开挖岩体或混凝土砌体等支护结构在水压和外力耦合作用下发生流变破坏。流固耦合作用下岩石类材料的流变问题与常规流变问题的区别在于水压与岩石类材料直接接触,即结构所受的围压是以水为介质传递或施加的,而水的直接作用对大多数岩石类材料的物理力学性能产生不可忽视的影响。据统计在我国大约有60% 的煤矿不同程度的受到水的影响,受水害的面积和严重程度均居世界首位。许多重大采矿工程,如金川二矿区深部有色金属开采、邢东矿井地下千米煤炭资源承压开采、冬瓜山超千米铜矿开采等均为采矿工程中岩石类材料在流固耦合作用下流变问题的研究带来了严峻的挑战。因此,流固耦合作用给岩石类材料流变问题的研究增添了很多难题,同时也引发了更多的工程灾害。

1　流固耦合作用下岩石类材料的流变问题

流固耦合作用下的流变问题在矿物开采的各个阶段均有涉及,从巷道的开挖、混凝土结构的衬砌到采空区的填充阶段都要考虑相应岩石类材料所涉及到的流变问题,采矿工程中该类问题所涉及的岩石类材料主要有岩石、混凝土以及高水速凝填充材料等。目前,国内针对岩石类材料的流变问题研究主要集中在岩石、混凝土的蠕变(徐变)等方面。

1.1　流固耦合作用下岩石的蠕变

岩石的流变研究是流变问题研究中经验相对丰富,理论体系也较为完整的部分。目前关于岩石流变的研究主要集中在蠕变模型方面,已提出的岩石蠕变模型有数百种,如 Maxwell 模型、Burgers 模型、Bingham 模型、广义 Kelvin 模型以及西原模型等,该类模型具有各自的特点,适用于不同的情况[1]。在我国岩石蠕变研究成果显著的采矿工程领域,沈荣喜[1]等在对比分析干燥页岩和受压力水作用页岩流变特征的基础上,由受压力水作用页岩的流变特征构建了六元件线性黏弹塑性流变模型,得到压力水作用下页岩的本构方程和蠕变方程,但试验表明,所建线性模型无法有效描述岩石蠕变的全过程。为此,吴秀仪、蒋海飞等[2-3]首先通过将非线形黏滞阻尼器与塑性元件并联,然后串联在 Burgers 模型中,建立了能够反映水压与轴压共同作用下岩石蠕变全过程的非线性蠕变本构模型,并给出了模型参数的数学推导方法。部分学者在岩石流变问题的损伤机理方面也取得了诸多成果,康亚明等[4]基于反映煤岩内部缺陷的微元强度服从 Weibull 分布的概念,建立了水压轴压耦合作用下煤岩的损伤本构模型,并证实了在弹性矩阵中引入孔隙水压力影响因子来考虑孔隙水压力对煤岩损伤本构模型影响的可行性。除了对蠕变模型的研究外,郭富利、蒋海飞等[5-6]也分别就高水压高围压对软岩力学性质和蠕变特性的影响进行了研究,研究表明,水压力通过微孔隙、扩展裂纹渗入到岩石内部时,加速岩石蠕变破坏的作用效果非常明显,对软岩的力学性质的影响

* 大学生创新训练计划项目(编号:201510610074)。
董景涛(1993—),男,610065 四川省成都市一环路南一段 24 号。

则更加严重。通过对以上成果进行总结分析可以看出,高围压高水压地区在岩体开挖过程中,加强对岩石蠕变的监测并及时采取维护措施具重要的工程意义。

1.2 流固耦合作用下混凝土的流变

在深井矿山承压开采过程中,混凝土衬砌结构经常在承受高水压高应力联合作用的环境中工作,容易导致透水事故等一系列工程灾害的发生。以往人们对流固耦合长期作用下混凝土流变规律的研究较少,许多学者在借鉴金属、岩石等其他材料流变研究经验的基础,率先对水环境中混凝土力学性能开展了研究。李庆斌等[7]研究了混凝土在真实水环境中及三轴应力状态下水对混凝土多轴强度的影响,揭示了水下混凝土的多轴静态力学性能,并基于混凝土内部孔隙水压力和外部水荷载的相互作用机理,对试验结果进行了初步解释。王海龙等[8-9]针对饱和混凝土的力学性能进行了大量研究,采用细观夹杂理论和 Mori-Tanaka 方法对孔隙水对混凝土弹性模量的增强机理进行了探讨;采用弹性断裂力学理论探讨不同条件下孔隙水对混凝土强度的影响机制,试验表明,湿度对混凝土弹性模量、动态强度以及变形关系等特性有十分重要的影响。白卫峰[10]进行了静态荷载作用下的试验,结果表明,经过孔隙水压力作用的混凝土强度有所降低,并且随着饱和度的增加,抗压强度减小的趋势更加显著。

通过对以上研究成果进行总结可以看出,目前研究多是针对孔隙水作用下和饱和状态中混凝土短(瞬)时的强度问题,而对真实水环境中混凝土的流变特性试验研究则较少涉及。而采矿工程中,混凝土支护结构大多受各种流固荷载复杂耦合作用,因此,上述研究结果并不能有效反应流固耦合作用下混凝土材料在全部变形阶段力学特性和破坏过程。另外,上述研究大都没有进行压力水与混凝土试件直接接触的长期试验,容易导致研究结果与具体的工程实际存在一定的误差[11]。

但是也有学者在流固耦合作用下混凝土的徐变研究方面取得进展,曾靖皓,何涛等[11-12]通过对试验设备的改进实现了压力水的长期直接作用,研究了不同水压轴压作用下混凝土长期强度和徐变特性,结果表明:①水围压导致混凝土试样轴向应变增加,即高水压的直接作用不利于混凝土结构随时间的应变稳定;②水围压使混凝土抵抗弹性变形的能力增强,但抵抗整体变形的能力减弱。此外,为了探究流固耦合作用下混凝土的损伤特性和损伤机理,邹三兵等[13]选用 Weibull-Lognorma 损伤本构模型分析了常三轴下不同水围压对混凝土损伤特性的影响,并通过这种新思路获得了混凝土损伤变量 D 的变化规律。

1.3 流固耦合作用下高水速凝材料的流变

高水速凝材料是一种新型的固体混合材料,与普通硅酸盐水泥相比,具有水用量大、速凝早强、可泵时间长、良好的塑性特性和强度再发展性能等许多独特的特点。理论与实践证明,采用高水速凝材料充填空巷和采空区是一种安全、高效、经济的方法,在采矿工程领域具有广阔的应用前景。

为了使高水速凝材料在采矿工程、岩土工程中得以充分利用,颜志平、胡华等[14-15]针对高水材料的物理力学性能、力学作用机理进行了大量的试验研究,结果表明,高水速凝材料充填体的充填作用效果明显优于普通胶结材料充填体,不仅适用于软土地基的加固与处理,更适用于深部高应力环境及复杂应力条件下的充填,可在采矿工程中广泛应用。针对高水速凝材料也有易失水、易蠕变等缺点,蒋源[16]等通过对其性能优化试验研究得出:使用碎石骨料作为掺杂改性材料不仅可以降低高水材料的成本,而且可以改善高水材料填充体的材料强度等物理力学特征,但并未针对其蠕变问题提出改性方案。为了研究高水速凝材料作为采空区充填体是否具有长期、有效控制上覆岩层移动变形的能力,王丁等[17]考虑深部矿井的地下水作用,利用重力连续加载方式分别进行了干燥和水环境中的填充体蠕变试验,结果表明:高水速凝材料在水环境条件工作更利于提高其自身结构和承载力的稳定性,其长期蠕变稳定性取决于荷载水平是否达到材料的长期屈服强度,在水环境中的蠕变特性可以通过 Burgers 流变模型更好的进行描述。

2 展 望

(1)流固耦合长期作用下的流变研究。目前研究对流变试验的时间问题考虑不足,实际工程中,巷道洞室开挖后流变的发展可以达到几十天、几个月乃至几年,故短(瞬)时试验结论不足以对长期状态进行较准确的预测。因此,流固耦合长期作用下的岩石类材料流变问题值得深入研究。

(2)扰动荷载作用下的流变研究。现有岩石类材料的流变试验及理论研究大都是在静载、确定应力状态下进行的,对扰动荷载的考虑较少。而工程实际中，深井软岩巷道条件下的围岩及支护填充结构的流变变形大，对扰动荷载十分敏感，其破坏多是对工程扰动力（主要是爆破、矿车运输、采动影响等引起）的响应。因此，充分考虑扰动作用，改进试验设备及方法也是亟待解决的任务。

（3）考虑岩石类材料各向异性性质的流变研究。岩石、混凝土和高水速凝材料等都为典型的非均质、非连续材料，材料单元即使在均匀载荷下其应力场也必然是复杂的和不均匀的。目前对岩石类材料各向异性的流变研究成果很少，只是简单的对宏观各向同性材料进行了单轴蠕变试验，而各向异性材料的多轴蠕变试验几乎没有，考虑各向异性的岩石类材料的流变本构模型也鲜见报道，因此，考虑各向异性的岩石类材料流变值得进一步深入研究。

（4）岩石类材料流变的损伤机理研究。目前，对受到较高水围压力的材料试样的加速流变机理解释大多仅仅根据试样宏观的裂纹表现得到的初步结论，而较少从结构的损伤等微观角度对试样进行分析。因此，应明确岩石类材料非线性流变损伤机理，进一步探索建立能够反映岩石类材料流变全过程的非线性流变本构模型。

3 结 语

系统总结了采矿工程领域流固耦合作用下岩石类材料若干流变问题，并对存在的问题进行了进一步剖析，为该领域的应用研究提供参考。

参 考 文 献

[1] 沈荣喜，刘长武，刘晓斐. 压力水作用下碳质页岩三轴流变特征及模型研究[J]. 岩土工程学报，2010(7)：1131-1134.

[2] 吴秀仪，刘长武，沈荣喜，等. 水压与外力共同作用下的岩石蠕变模型[J]. 西南交通大学学报，2007(6)：720-725.

[3] 蒋海飞，刘东燕，黄 伟，等. 高围压下高孔隙水压对岩石蠕变特性的影响[J]. 煤炭学报，2014(7)：1248-1256.

[4] 康亚明，刘长武，陈义军，等. 水压轴压联合作用下煤岩的统计损伤本构模型研究[J]. 西安建筑科技大学学报：自然科学版，2009(2)：180-186.

[5] 郭富利，张顶立，苏 洁，等. 地下水和围压对软岩力学性质影响的试验研究[J]. 岩石力学与工程学报，2007(11)：2324-2332.

[6] 蒋海飞，刘东燕，赵宝云，等. 高围压高水压条件下岩石非线性蠕变本构模型[J]. 采矿与安全工程学报，2014(2)：284-291.

[7] 李庆斌，陈樟福生，孙满义，等. 真实水荷载对混凝土强度影响的试验研究[J]. 水利学报，2007(7)：786-791.

[8] 王海龙，李庆斌. 饱和混凝土的弹性模量预测[J]. 清华大学学报：自然科学版，2005(6)：761-763.

[9] 王海龙，李庆斌. 孔隙水对湿态混凝土抗压强度的影响[J]. 工程力学，2006(10)：141-144.

[10] 白卫峰. 混凝土损伤机理及饱和混凝土力学性能研究[D]. 大连：大连理工大学，2008.

[11] 曾靖皓. 水压轴压长期耦合作用下混凝土徐变特性研究[D]. 成都：四川大学，2014.

[12] 何 涛，刘长武，谢 辉，等. 水压轴压耦合作用下混凝土变形试验研究[J]. 科学技术与工程，2014(24)：276-280.

[13] 邹三兵，彭 刚，胡伟华. 考虑围压的混凝土损伤特性试验研究[J]. 水电能源科学，2014(11)：118-120.

[14] 颜志平. 高水速凝材料—软土微观结构的 SEM 研究[J]. 岩土力学，2004(2)：275-278.

[15] 胡 华，崔明义. 高水材料硬化体特性及其充填体力学作用机理分析[J]. 矿业研究与开发，2001(5)：23-25.

[16] 蒋 源，刘长武，谢 辉，等. 掺杂改性高水充填体主要物理力学参数测试分析[J]. 四川大学学报：工程科学版，2015(S)：65-69.

[17] 王 丁，曾靖皓，刘长武，等. 水环境中高水速凝材料蠕变特性及其流变模型[J]. 四川大学学报：工程科学版，2014(3)：1-6.

（收稿日期 2015-05-26）

（上接第401页）

的标定方法进行了选取，并给出了应用成果，对于类似矿山具有一定的参考价值。

参 考 文 献

[1] 李青岳，陈永奇. 工程测量学[M]. 北京：测绘出版社，1995.

[2] 田佩军，陈汉化. 矿山测量学[M]. 徐州：中国矿业大学出版社，1990.

[3] 陶连金，孙玉辉，马建勋，等. 倾斜巷道腰线标定方法的探讨[J]. 矿山测量，2008(3)：5-8

（收稿日期 2015-05-26）

高水材料不同含水率微观结构和物理力学性质

蒋　源[1,2]　刘长武[1,2]　李嘉峰[1,2]
(1.水力学与山区河流开发保护国家重点实验室;2.四川大学水利水电学院)

摘　要　高水材料作为地下采空区充填材料,近年来得到了广泛应用,研究其微观结构和物理力学性质具有重要意义。通过电子电镜扫描(SEM)分析材料风化和密闭条件下的内部物质结构,通过三轴压缩试验测试不同含水率高水材料受压变形破坏特征以及掺杂骨料情况下的力学变形特性。结果表明:①含水率越低,钙矾石分子微观结构越紧密,内部空隙越少,变形量越小;②材料受压呈现出塑性破坏特征,纵向变形大,横向变形因挤压出水而收缩,材料受压破坏后有很大的残余强度;③掺杂骨料以后,材料的强度有较大提高。

关键词　高水材料　微观结构　骨料　力学参数　变形特征

高水速凝固体材料(简称高水材料)是英国20世纪80年代初期开发成功的一种新型胶凝材料。与传统的水泥混凝土相比,以水代替砂料,具有"点水成石"的功能。该类材料早期强度高,胶结性能好,特别适合作为巷旁支护材料和充填胶结材料使用[1-2],相关领域的研究者对该类高水材料性能与应用已展开了多方面的系统研究[3-5]。

目前,高水材料在煤矿等采矿业中已经成功应用,并且针对将该材料面向其他领域的研究也日趋增多,比如高水速凝材料在软土地基、石油工程、地质灾害防治、注水堵漏等方向的实际应用研究都已经展开并取得了较大发展[6-8],彭美勋等[9]通过试验研究了高水材料各组分对其工作性能和固结体抗压强度的影响。

当高水材料应用于采空区充填时,结石体的受压变形与破坏特性直接影响充填稳定性。水作为结石体的主要组成部分,是影响其变形特性的主要因素。然而,到目前为止对结石体变形特性以及搭配其他材料的研究仍显不足。文中结合材料的内部结构特点,分析材料变形破坏机理,为采空区充填提供理论依据。

1　试验概况

1.1　试验设备与试样制备

基于前人对高水速凝材料强度的研究,在总结主要研究成果的基础上,进行高水材料的微观结构和掺杂改性分析试验。采用土力学中的三轴剪切试验仪器进行试验。在此过程中,得到围水压力、轴向荷载、轴向变形和横向变形及其应力-应变关系曲线。同时,采用国土资源部西南矿产资源监督检测中心的电子扫描电镜(SEM)对高水材料微观形貌进行分析测试,以便分析结石体变形破坏特征与内部机理。

试样制备过程包括配料、养护、试件加工、描述与编号等几个环节。试验中以5∶1、6∶1、7∶1等3种水灰比进行配料,在水环境下养护,试验用水温度控制在(20±2)℃,养护温度保持在17~23℃。按《水利水电工程岩石试验规程》规定,模具尺寸为1∶2(ϕ101 mm×H200 mm)。试样制备完好后放入水中,养护14 d后进行测试。

1.2　试件加载方式

由于实际工程中材料通常处于有围压和轴压的状态,使用三轴试验计算出的力学参数具有更好的理论意义和实际应用价值,因此选用三轴试验。同时,考虑到高水材料用于填充时排水条件较差并且加载速率较快,因此采用三轴固结不排水剪的加载方式。试验时,安装试件至试验机上,手动控制加载至10 N使试样与压头接触,然后控制1.84 mm/min的速度加载,实时记录数据,直至试件破坏。

2　试验结果与分析

2.1　微观分析

图1、图2为高水材料结石体的SEM图,从图中可以清晰地看出结石体内部结构的形貌特征。高水材料水化产物钙矾石的微观形貌是枝柱状、枝网状

蒋　源(1991—),男,硕士研究生,610065 四川省成都市一环路南一段24号。

等,各枝柱之间相互搭接,交错无序,枝柱间空隙较大,排列稀疏。并且同一倍数下,水灰比为7∶1的结石体比5∶1的结构更为松散,随着水灰比的降低,材料内部枝柱结构逐渐致密。这也是水灰比较高时,材料的强度较低、变形较大的原因。

图1　水灰比5∶1高水材料的SEM图(20 000倍)

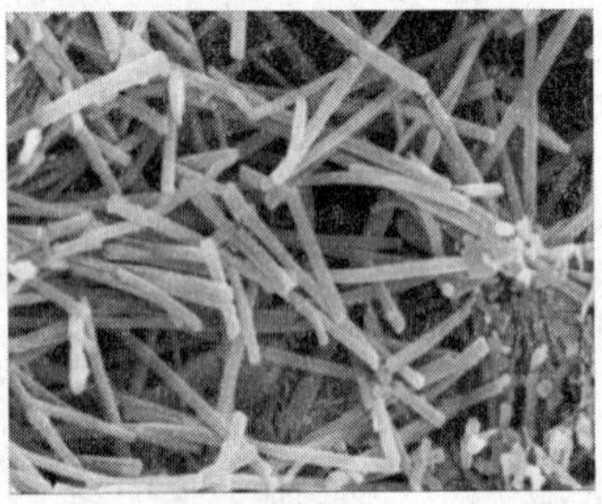

图2　水灰比7∶1高水材料的SEM图(20 000倍)

结石体中所含水包括结晶水、结合水和自由水。从钙矾石的结构式可以看出,水化产物中含有大量不同的结合状态的结晶水,按照元素的原子质量分数计算钙矾石的分子式 $3CaO \cdot Al_2O_3 \cdot 3CaSO_4 \cdot 32H_2O$ 中结晶水的质量分数约为46%,比一般无机盐结晶水含量大得多。此外,钙矾石的枝网状结构之间存在大量的空隙,这些空隙中又可吸附大量的结合水。钙矾石吸附水的能力很强,可吸附约两倍自身质量的水。因而,高水材料结石体可以具有较高的含水率。结石体质地均匀,结合水之外的孔隙很少,其中的自由水含量只有很少一部分。

2.2　变形特性分析

对养护14 d的高水材料进行三轴不排水压缩实验,得出的结石体的应力-应变关系曲线如图3所示。

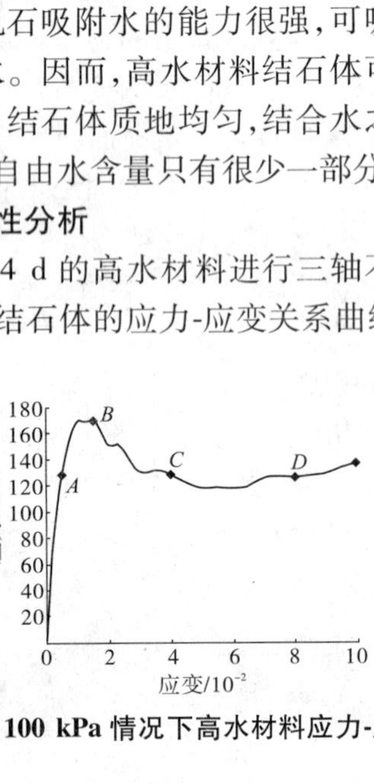

图3　围压100 kPa情况下高水材料应力-应变曲线

高水材料凝胶体的应力-应变关系曲线反应了凝胶体在承受不同应力作用的状态下所表现出的不同应变形式,可以从中分析出材料的变形特征。由图3可知,材料凝胶体的破坏是属于脆性破坏还是属于弹性破坏,材料的受压变形过程与一般岩石的受压变形有一定区别,但整体趋势近似,可以将凝胶体的变形分为4个阶段:

(1)第1阶段(*OA*段)。该段曲线近似为直线,曲线斜率保持不变,为材料的弹性阶段。随着应力的不断增加,应变增加很少。试件内部分子在压力作用下排列逐渐致密,表面和内部没有细微裂纹产生。材料从开始加载就直接进入弹性阶段,并在很长一段时间内保持弹性变形,这是高水材料与普通岩石受压变形的主要区别。材料的横向应变随应力值逐渐增大,但其波动较为强烈,没有明显的弹性直线阶段。

(2)第2阶段(*AB*段)。该段曲线的特点是曲线逐渐上凸并弯曲,斜率逐渐变小。试件在荷载作用下,表面开始出现水珠,试件内部裂纹已经受压密实,并开始向外挤出水珠。受压变形逐渐增大,而荷载值上升开始变缓。材料进入屈服阶段,并且即将出现荷载峰值。同时,材料的横向应变增大速率加快,但依然较为波动,规律性不太明显。

(3)第3阶段(*BC*段)。该段曲线为应变平稳发展段。此时曲线接近水平,斜率几乎为0,应变增长迅速,而应力大致不变。此时,材料的变形最大,试件表面出现大量水珠后汇集成小股水流,试件内部裂纹逐渐扩张,表面开始出现细纹裂纹,应力开始波动并出现承载力最大值,该阶段出现的上界即为高水材料的峰值强度或单轴抗压强度。同时,该段趋势在很长时间内保持不变,材料由弹性进入塑性发展区,并逐渐开始破坏。此时,材料的横向应变增加到最大值,因材料的压缩出水,横向应变开始出现收缩现象。

(4)第4段阶段(*CD*段)。该段为材料的破坏阶段。材料承载力达到峰值后,其内部结构完全破坏。应力值开始下降,材料失去继续承载能力。裂隙发展迅速,表面裂纹从端部延伸至中部,出水情况严重。试件端部出现隆起破碎。横向应变值不断减小,试件体积出现减小趋势。

由图3可进一步分析出高水材料凝胶体具有弹-塑性的特点:①当其单轴受压时,开始出现弹性变形;②当材料出现峰值荷载后,并没有立即发生脆性破坏,材料保持一定的承载力,表面只出现部分细微裂纹,还具有较高的强度。材料的变形量较大,并且纵向变形发展较快,破坏特点不统一。

材料的横向变形与一般材料有所区别,当材料即将进入破坏阶段时,材料的横向变形开始收缩,是因为材料大量出水的缘故,材料端部破坏,纵向变形加剧,而横向变形因为出水而收缩。材料的弹-塑性变形和形变量大的特性使材料能够适应围岩变形的特点,使其在矿山充填技术中能够具有较高的应用价值。

2.3 掺杂骨料后高水材料变形特性

对养护 14 d 的掺杂高水材料进行三轴不排水压缩实验,得出掺杂试件和不掺杂试件的应力-应变关系曲线对比图,如图 4 所示。

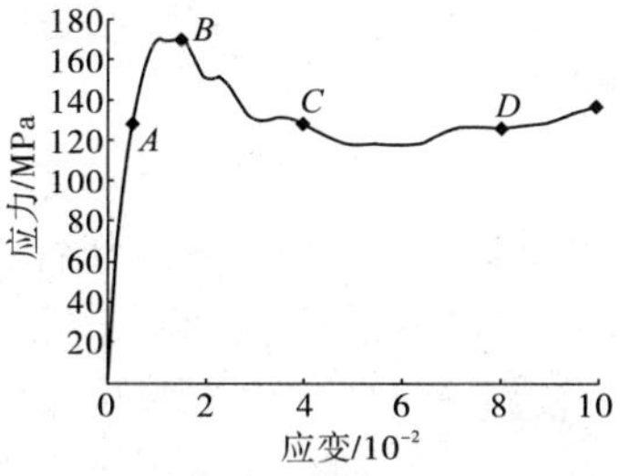

图 4 掺杂后高水材料应力-应变曲线

由图 4 可知,高水材料凝胶体具有明显的弹-塑性的特点:①当其受压时,开始出现弹性变形,变形曲线和不掺杂高水材料受压曲线类似,不过并未出现明显的强度下滑区段;②当材料开始出现破坏时,并没有发生脆性破坏,材料保持一定的承载力,表面只出现部分细微裂纹,还具有较高的强度。材料的变形量较大,并且纵向变形发展较快,破坏特点不统一。

由图 4 可进一步看出,应力-应变曲线都随着变形的增加而上升,但是掺杂有骨料的试件强度远大于未掺杂试件的强度。掺杂骨料的改性高水材料的弹-塑性变形和形变量大的特性使材料能够适应围岩变形的特点,使其在矿山充填方面具有较高的应用价值。

3 结 论

(1)高水材料结石体高含水率的主要原因是其内部钙矾石分子吸附水的能力很强,枝网状结构越紧密,内部空隙越少,含水率越低,变形量越小。

(2)高水材料作为一种弹塑性材料,水对结石体的变形破坏特点影响较明显,横向变形因挤压出水而收缩,纵向变形量较大

(3)掺杂改性能够有效改善高水材料的性能,且能够降低成本,具有良好的工程应用前景,但在一定的围压、轴压和加载速度下,掺杂高水材料的破坏特征为颗粒状,因此,实际应用中应将应力严格控制在允许的范围之内。

参 考 文 献

[1] 孙希奎,王 苇. 高水材料充填置换开采承压水上条带煤柱的理论研究[J]. 煤炭学报,2011,36(6):909-912

[2] 胡 华,崔明义. 高水材料硬化体特性及其充填体力学作用机理分析[J]. 矿业研究与开发,2001,21(5):23-26.

[3] 周华强,王光伟,屈庆贺,等. 高水速凝材料容许比压的实验研究[J]. 中国矿业大学学报,2001,30(4):337-340.

[4] 冯光明. 超高水充填材料及其充填开采技术研究与应用[D]. 徐州:中国矿业大学,2009.

[5] 谢 辉,刘长武. 含水率对高水材料结石体变形特性的影响分析[J]. 四川大学学报:工程科学版,2013(S):1-6.

[6] 孙春东,张东升,王旭峰. 大尺寸高水材料巷旁充填体蠕变特性实验研究[J]. 采矿与安全工程学报,2012,29(4):487-491.

[7] 孙春东,冯光明. 新型高水材料巷旁充填沿空留巷技术[J]. 煤炭开采,2010(1):58-61.

[8] 侯林涛,唐军务,蒋凯辉,等. 高水材料的基本特性及其在港口工程中的应用[J]. 水运工程,2007(5):11-14.

[9] 彭美勋,蒋建宏,张 欣,等. 矿用高水材料的组分对其性能与微结构的影响[J]. 矿业工程研究,2011,26(3):56-59.

(收稿日期 2015-05-26)

基于遗传神经网络的真实水环境下混凝土徐变预测*

时梦楠[1]　刘长武[1,2]　秦　蕊[1]

(1. 四川大学水利水电学院;2. 水力学与山区河流开发保护国家重点实验室)

摘　要　现有的混凝土徐变预测模型大多是由试验数据拟合而成的经验公式,由于试验条件的限制,对真实水环境下的混凝土徐变预测效果往往不理想。为此,采用专门研制的微机控制多通道轴压水压联合作用岩石-混凝土徐变试验系统,对真实压力水环境下混凝土的徐变进行测试分析。采用遗传算法改进的 BP 神经网络学习试验数据,建立真实水环境下混凝土徐变预测模型。通过与 B3(1995)模型的预测效果进行对比,发现遗传神经网络模型对真实水环境下混凝土徐变预测具有较高的精度。

关键词　BP 神经网络　遗传算法　混凝土　徐变预测　真实水环境

我国是煤炭大国,不但煤炭蕴藏非常丰富,而且煤炭的产量和消费量也占世界各国前列。然而预测显示,煤炭资源埋深大于 1 000 m 的占全国总量的 59.5%。河北、山西、内蒙古、江苏、安徽、山东、河南、陕西等重要产煤省(区),埋深 1 000 m 以下的预测资源分别占该省(区)总量的 65.5% ~92.4%,反应出这些省(区)埋藏较浅的煤炭资源已近枯竭[1]。目前,国内外矿山相继进入深部资源开采状态,然而由于赋存环境不同,矿井中深部岩体与浅部岩体的力学响应将会表现出根本的差别,其变形强度特性表现出明显的高应力作用效应特征[2]。混凝土作为煤矿地下工程的主要建筑材料,对煤矿开采的安全起到了举足轻重的作用。因此,煤炭资源的深部开采对混凝土的性能提出了更高的要求。

混凝土徐变是指混凝土在某一不变荷载的长期作用下产生的缓慢变形,国外对于混凝土徐变的研究是从 20 世纪 30 年代开始,而国内起步相对较晚,至今对于徐变机理的研究还不够完善,仍没有一个统一的定论。相比较而言,国外的徐变研究相对成熟,因此,常用的徐变计算理论都是引自国外,如老化理论、继效流动理论等。混凝土徐变的机理及影响因素众多,各有特点又相互关联,而在缺乏具体的试验资料的情况下,混凝土的徐变计算更多的是依靠徐变预测模型。从上世纪 70 年代开始,国外提出了多种混凝土徐变预测模型,其中最具有代表性的是欧洲国际混凝土协会推荐的 CEB-FIP 系列模型以及由美国的 Z. P. Bazant 教授提出的 BP 系列模型。我国曾在 1982—1986 年对混凝土的徐变进行过系统研究,已有部分成果应用于我国的一些具体设计规范中,但由于试验条件的限制,该类徐变预测模型应用效果不太理想。

针对上述问题,四川大学岩土工程室专门研制了一套"微机控制多通道轴压水压联合作用岩石-混凝土徐变试验系统"来进行试验,该系统可以模拟真实水环境下混凝土的徐变特征,从试验条件上弥补了以往徐变研究的缺陷。采用遗传算法改进的 BP 神经网络学习试验数据,建立了真实水环境下混凝土徐变预测模型。

1　试验过程

1.1　试验设备

试验采用四川大学自主研发的微机控制多通道轴压水压联合作用岩石-混凝土徐变试验系统(型号规格:YSL-200)。该系统主要用于岩石-混凝土徐变试验和特征监测,设备原理先进,具有能耗低、保载精度高、稳定性好等特点,特别适合徐变类试验长时间稳定工作的特殊要求。该设备分为 2 套加载系统和 1 套位移变形测量系统,即:①静油压加载系统通过压缩油缸对试样进行轴向加载;②静水压加载系统通过加压承压筒内的介质水环境对密封于筒内的试样施加围压;③高精度光栅变形测量系统用于测量试样在长时间的轴向压力和围压联合作用下的变形情况。试验实时显示静水压加载系统压力值、试验时间、试验状态和静油压加载系统油压压力、试样轴向力以及试样的实时变形监测。

与传统三轴力学试验机系统(MTS815)的区别

* 大学生创新训练计划项目(编号:201510610074)。

时梦楠(1993—),男,610065 四川省成都市一环路南一段 24 号。

在于，该系统能够通过静水压加载系统直接向试样施加环向水压荷载，从而能够真实模拟实际工程中岩石或混凝土在水压和渗流场作用下的三向受力状态及其变形特性。试验系统中岩石试样的受力情况如图 1 所示。静水压加载系统的基本原理是通过压力输水管向注满水的封闭承压桶内施加水压，直至压力表监测到承压桶内水压达到预定值为止。此后通过压力表对电机的闭环进行控制，使主路蓄能器的压力保持在一定压力范围内，支路进行试验时，控制系统打开该支路补压电磁阀给试样补压。

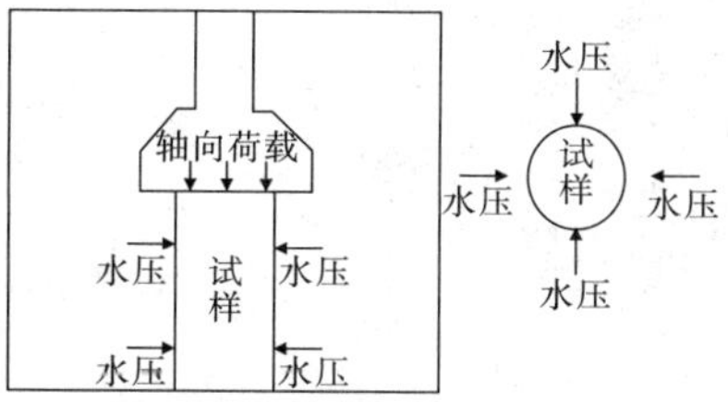

图 1　试验系统中岩石试样的受力示意

1.2　试验过程

首先将放置在标准养护液中的 4 块 C_{15} 混凝土试样取出，分别编号为 $C_{15\text{-}1}$、$C_{15\text{-}2}$、$C_{15\text{-}3}$、$C_{15\text{-}4}$；然后进行试样装配，将试样放入承压桶内，并进行对中处理。试样对中以后对承压桶进行密封并将其放入试验系统内。安装好光电测量设备，通过电脑控制机械压头下降直至接触试样顶部后立即停止，将电脑所显示的位移读数进行清零。连接好注水管，打开注水阀，将承压桶内充满水直至水从顶端的通气孔内排出即停止注水。取下注水管，连上加压管。通过微机控制软件（TestPilot）设置初始轴向力为 10 MPa，4 块试样水围压力从小到大依次为 0，2，4，6 MPa，加载至第 3 d，待各试样变形趋于稳定，便将轴向力提高至 12 MPa，保持水围压力不变，直至各试件变形最终趋于稳定后，停止加载。在此次试验中将轴压加载速率设置为 1 MPa/min，水围压力加载速率设为 0.5 MPa/min，以防止加载速率过快对试样造成破坏。

2　试验结果分析

由系统获得混凝土加载应变-时间曲线见图 2。由图 2 可知，处于相同轴压条件下 4 块试样的变形量在初期呈现水围压越大，徐变量越小的特点。当加荷 3 h 之后，4 块试样的变形特征转变为随着水围压的增大而明显增大的特征。由此可见，此次试验后期的水围压力有别于传统三轴试验中的围压能够减小混凝土应变，相反地，该真实水荷载作用下的混凝土变形更大，高水压力形成的渗流场使压力水通过混凝土表面的孔隙和裂隙进入混凝土内部，对混凝土内部产生水力劈裂作用，促进徐变的发展，由此可见，水围压是影响混凝土徐变量的主要因素之一。

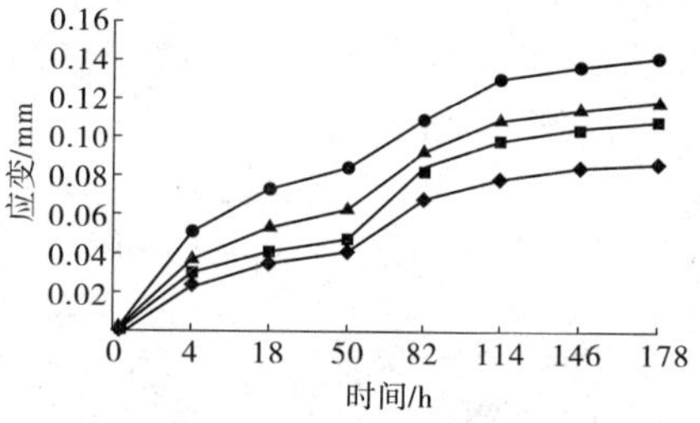

图 2　混凝土加载应变-时间曲线

◆—水围压 0 MPa；■—水围压 2 MPa；
▲—水围压 4 MPa；×—水围压 6 MPa

当混凝土试件承受的外部应力较低时，类似于一般岩石的蠕变规律，随着时间的增加，混凝土的徐变过程可分为初期徐变和稳定徐变 2 部分。

3　遗传神经网络算法

由于 BP 神经网络算法[3]是在梯度法的基础上推算出的，因而易陷入局部极小点、收敛速度慢和引起振荡效应等，从而大大限制了其在工程中的应用。遗传算法是一种模拟自然进化过程搜索最优解的方法，借鉴了自然界自然选择和自然遗传机制，是 19 世纪 60 年代美国 J. H. Holland 教授提出的。该算法具有全局收敛性和初值无关性的特点，并具有较快的收敛速度，而且该算不要求其目标函数连续、可微。近年来，将遗传算法和人工神经网络相结合，建立的遗传神经网络得到了广泛应用。遗传算法的计算步骤如下：

（1）确定编码方式和编码长度。利用二进制编码，设权值-阈值向量 x 的第 i 个分量 $x_i \in [x_{i\min}, x_{i\max}]$，编码精度为 ε，则 x_i 的二进制编码长度 L_i 为

$$L_i = Int[\log_2(\frac{x_{i\max} - x_{i\min}}{\varepsilon} + 1)] + 1, \qquad (1)$$

式中，$Int[\ ]$ 为取整函数。

（2）在 GA 空间随机产生初始种群，按下式译码至网络权值-阈值向量：

$$x_i^P = x_{i\min} + (x_{i\max} - x_{i\min})\sum_{j=1}^{Li} g_{ij}^P 2^{j-1}/(2^{Li} - 1) \quad (p \in [1,p], i \in [1,N]), \qquad (2)$$

式中，P 为选定的种群规模；N 为权值-阈值向量 x 的维数；x_i^P 为种群中第 p 个个体所对应的权值-阈值

向量 x^p 的第 i 个分量；g_{ij}^p 为 GA 搜索空间的第 p 个个体的第 i 个染色体上的第 j 个基因。

(3)将译码后的 p 组连接权值分别代入网络，并计算每组权值下网络的总误差 $E_p(x^p)(p \in [1,p])$ 及其适应度 $E_p(x^p)(p \in [1,p])$，其中，适应度函数为 $F(x) = C - E(x)$，C 为常数，且满足 $C > |E_{\max}(x)|$，$E_{\max(x)}$ 为网络的最大输出误差。

(4)在 GA 空间进行遗传操作，即选择、交叉和变异，生成下一代种群。

(5)执行收敛准则，对结果进行评价。文中采用的收敛准则为

$$\min E_p < \varepsilon^*, \tag{3}$$

式中，ε^* 为网络的容许总输出误差。如果满足收敛准则，与适应度最大值 $F_{p\max}$ 相对应的 1 组解即为所求问题的解，计算结束；否则重复以上步骤。

4 真实水环境下混凝土徐变预测

4.1 数据预处理

选出 120 组合理实验数据，作为总体样本，并对其进行标准化、归一化处理。将总体样本分为 2 组：学习样本 104 个，用以训练网络；测试样本 16 个，用以检验所建立的网络模型的正确性。

(1)标准化处理。设 Z 为总体，从 Z 中取容量为 n 的样本 $Z_1, Z_2, Z_3, \cdots, Z_n$，则有公式如下：

$$\begin{cases} \overline{Z}=\dfrac{1}{n}\sum\limits_{i=1}^{n} Z_i \\ S^2=\dfrac{1}{n-1}\sum\limits_{i=1}^{n}(Z_i-\overline{Z})^2 \qquad i=1,2,3,\ldots,n, \\ S=\sqrt{\dfrac{1}{n-1}\sum\limits_{i=1}^{n}(Z_i-\overline{Z}^2}\; Z_{i-sta}=\dfrac{Z_i-\overline{Z}}{S} \end{cases} \tag{4}$$

式中，$\overline{Z}$ 为样本均值；S^2 为样本方差；S 为样本标准差；Z_{i-sta} 为标准化处理后的变量。

(2)归一化处理。设 $\overline{Z}$ 为总体，从 $\overline{Z}$ 中取容量为 n 的样本 $Z_1, Z_2, Z_3, \cdots, Z_n$，其中最大值为 $Z_{\max}$，最小值为 $Z_{\min}$，则有公式：

$$Z_{i-one}=(Z_i-Z_{\min})/(Z_{\max}-Z_{\min}) \qquad i=1,2,3,\ldots,n, \tag{5}$$

式中，Z_{i-one} 为标准化处理后的变量。

4.2 模型建立

水围压是影响混凝土徐变的主要因素之一。由于真实水环境下含水率为定值，因而以时间、混凝土强度等级、水围压、轴压等 4 个指标，对特定水环境下的混凝土徐变进行预测。遗传神经网络的输入层节点数为 4，代表 4 个实测变量；输出层节点数取为 1；隐层层数和节点数的确定是一个很复杂的问题，增加隐单元可以提高网络与训练组匹配的精度，但训练时间耗时较多，且网络的泛化能力降低，综合考虑精度和推广性要求，通过试算取隐层节点数为 6。网络在计算过程中，通过自适应调节步长 η 来保证系统收敛的快速稳定。当迭代次数为 2 500 次时，目标误差达到 0.01，训练结束。误差迭代曲线见图 3。

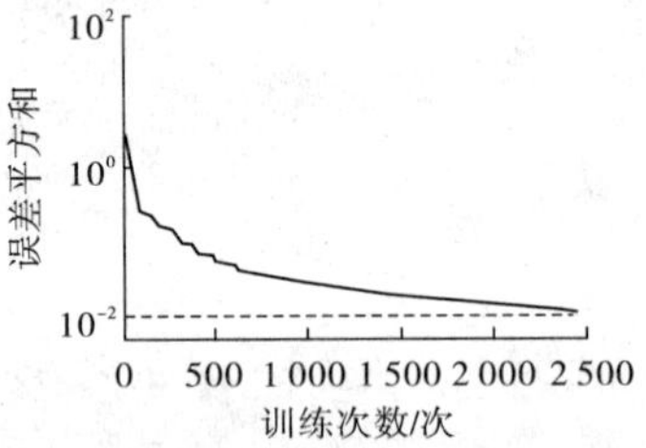

图 3 误差平方和随训练次数变化曲线

4.3 模型评价

采用遗传神经网络进行水环境下混凝土徐变预测，将预测结果与目前普遍使用的 B3(1995)模型进行对比，计算结果见表 1。由表 1 可知，遗传神经网络预测精度明显高于 B3(1995)模型的预测精度，对真实水环境下混凝土徐变具有很好的预测效果。

5 结 论

(1)水围压作用下的混凝土变形更大，高水压力形成的渗流场使压力水通过混凝土表面的孔隙和裂隙进入混凝土内部，对混凝土内部产生水力劈裂作用，促进徐变的发展。因此，水围压是影响真实水环境下混凝土徐变量的主要因素之一。

(2)遗传神经网络算法应用在真实水环境下对混凝土徐变的预测具有较高的精度，该算法可以作为真实水环境下混凝土徐变预测的有效方法。

(3)文中提出的遗传神经网络模型仅能够针对真实水环境下混凝土徐变进行预测。模型建立后，通过对遗传神经网络训练样本集的数据补充，可扩大该模型对混凝土徐变预测的适用范围。

参 考 文 献

[1] 王永炜. 中国煤炭资源分布现状和远景预测[J]. 煤,2007(5):44-45.

[2] 邬爱清,朱杰兵. 深部岩石工程力学特性及地应力测试研究综述[J]. 长江科学院院报,2014 31(10):43-50.

(下转第 416 页)

金属矿山地表铝合金电缆替代铜电缆可行性研究

王　金[1]　宋　玉[1]　姚占勇[1]　陈思之[2]
(1. 五矿矿业(安徽)工程设计有限公司;2. 霍邱县庆发矿业有限责任公司)

摘　要　现代矿山安全生产关系到人民群众的生命财产安全和国家经济发展,而电缆的使用在矿山安全生产中又有着非要重要的地位。目前,由于历史、技术等因素,铜芯电缆几乎占据了整个电缆市场,然而随着拥有安装难度小、成本低、安全性高等优点的铝合金电缆的出现,在金属矿山地表铜电缆被取代将是不可抵挡的趋势。为此,着重对在金属矿山地表采用铝合金电缆代替铜电缆的可行性进行了深入研究。

关键词　铝合金电缆　铜电缆　可行性研究

自2012年开始,中国矿业行业进入"寒冬"期后,受内外经济增速回落、矿产品需求减弱、价格大幅下跌和原燃材料价格高位运行等影响,中国矿业行业遭遇到了前所未有的困难,而这种不妙的情况还在延续之中。近年以来,全球矿产品需求下行压力也随之加大,到2020年,世界铁矿石产能将集中释放,国际铁矿石市场供大于求的局面正在形成,中国新建铁矿的成本为700~800元/t,如果外矿价格降到100美元/t以下,中国一半的矿山企业将形势艰难,可以说中国本土铁矿与国际大矿商竞争的焦点将是成本。

笔者认为选择与铜电缆相比有明显优势的铝合金电缆,对于矿山企业成本控制,是一个可行的方案。从1968年开始,美国南方电缆公司就开始研制生产合金电力电缆,随后加拿大铝业、美国UMI电气等知名公司也投入该行业,并在美国、加拿大、墨西哥等国家开始推广应用。主要应用于机场、军事基地、办公大楼、住宅、酒店、超市、院校、体育场、医院、工厂厂房等建设工程。北美成功应用合金电缆近50 a,从未出现过任何安全事故。这是在欧美地区快速推广应用新型材料合金电力电缆的重要原因之一。

2005年迄今我国再次提出以铝代铜,随着科技的进步,以铝代铜应该理解为主要是以铝合金代铜。国内,大量项目陆续开始使用铝合金电缆,如成都富士康综合生活区项目、包头钢铁集团、合肥市神马股份有限公司新厂区建设、河北前锋电缆有限公司建设等。

1　技术参数

1.1　导电率

在相同规格的电缆作比较,铝合金导体的导电率是最常用国际退火铜标准(IACS)的61%。但在同样体积下,铝的实际重量大约是铜的1/3,按照该计算,在满足相同导电性能的前提下,相同重量的铝合金电缆的长度是铜缆的2倍。因此,铝合金电缆的重量是同样载流量的铜缆的1/2。当合金电缆的导体截面积为铜芯的1.5倍时,其电气性能基本相当。使用铝合金电缆以取代铜缆,可以减少电缆的重量,同时相应的降低安装成本,减少设备和电缆的磨损,使安装工作更为轻松。

1.2　抗蠕变性能

铝合金电缆的特殊合金配方与热处理工艺大大减少了金属在受热和压力下的"蠕变"倾向,铝合金电缆导体的电气连接与铜导体制作的连接一样稳定。

1.3　热膨胀系数

热膨胀系数用来计算在温度变化时材料的尺寸变化。铝合金电缆的热膨胀系数比铜略高,在改变相同温度的条件下,它比铜膨胀或收缩更多一点。并且,使用铝合金连接端子彻底解决了2种金属连接处的热膨胀问题和铜铝电化学腐蚀问题。

1.4　连接性能

铝合金导体的合金成分大大改进了其连接性能,特别是添加适当的铁元素,极大地增强了抗蠕变

王　金(1980—),男,工程师,230601 安徽省合肥市滨湖区武汉路230号。

性能，即使在长时间过载和过热时，也能保证连接稳定性。

1.5 防腐蚀性

合金导体的防腐蚀性能源自当合金表面与空气接触时立即形成薄而致密的氧化层，这种氧化层特别耐受各种形式的腐蚀。合金能承受恶劣环境的特点使其被广泛应用于托盘内电缆的导体，以及许多工业元件和容器。腐蚀的产生通常与不同的金属在潮湿环境中连接有关，可使用相应的保护措施来防止腐蚀的发生，比如使用润滑油、抗氧化剂、和保护涂层。直埋敷设的铝导体应使用绝缘层或者保套层来防止腐蚀。在含硫的环境中，例如污水处理等类似地方，合金的抗腐蚀性能大大优于铜。

国外学者曾经做过著名的古巴试验（表1），比较铜电缆和铝合金电缆在相同环境下的金属流失情况。由表1可知，在很多相同的外界条件下，铝合金电缆的流失速度远远小于铜电缆，多数情况下只是铜电缆流失速度的1/10甚至1/100。

表1 古巴试验结果 g/m^2

元素	周期（月）	乡村				海岸			工业区	
		户外	有庇护场所	通风棚	密封空间	户外	有庇护场所	通风棚	户外	有庇护场所
铜	6	27.4	9.8	3.5	0.2	5.3	44.5	19.8	23.9	6.8
	12	19.4	11.5	1.9	0.2	34.6	54.1	47.2	19.8	8.5
	18	14.3	8.6	1.9	2.0	30.3	72.4	33.1	15.0	7.5
铝合金	6	0.3	1.1	0.2	0.4	4.3	4.8	2.2	0.7	1.1
	12	0.3	1.2	0.3	0.3	3.2	4.0	1.6	0.3	1.7
	18	0.2	0.8	0.2	0.3	2.2	3.6	1.4	0.4	1.8

2 连接端子

众所周知，电力安装和电力传输中最重要的是电缆产品品质、连接端子、端子连接质量3个环节。使用铝合金电缆除电缆品质外，相对于铜芯电缆在安装连接上而言，更要注意连接端子的选择和端子连接质量的把控。

之前国内在使用铝合金电缆时，因市场上无配套的与所连接的铝合金电缆性能相一致的专用铝合金铜连接端子产品，而都错误地选用原用于连接铝电缆的铜铝连接端子和一些厂家推出的仅用于提高端子导电性能或其他性能的所谓微合金铜连接端子代替，这是不合理、存在安全隐患的解决方案。因为铝合金电缆是为克服铝电缆物理、机械性能的不足与缺陷，特别是抗压蠕变性能差等缺陷而发明的，但在连接时又使用原用于铝电缆的铜铝连接端子，端子的铝部分同样存在铝的所有缺陷，在整个连接方案中因为铝和与铝合金性能不一致的所谓高导电率或其他性能微合金的存在，使铝合金电缆的优势和价值无法得以发挥。

2014年9月12日，美国UMI电气公司宣布成功研制出铝合金铜连接端子，在业内率先解决了长期受困扰的铝合金电缆因连接端子问题而产生的种种矛盾，彻底解决了因连接端子不匹配造成铝合金电缆优势和价值无法得到真正体现的难题。随着铝合金铜连接端子的出线，铝合金电缆在电力行业将引发一场变革。

3 安装优势

铝合金电缆的最小弯曲半径为7倍电缆外径，远远优于国标GB/T 12706中规定的“电缆安装时的最小弯曲半径”的10～20倍电缆外径，因而铝合金电缆在安装过程中更易弯折，有效的减少安装成本，降低事故风险。使用铝合金电缆重量轻很多，因而室内敷设只需吊架和电缆卡子即可，无需使用电缆桥架或托盘，更无需采用管道敷设，可以降低建筑物内部承重。

4 成本优势

由于铝合金的密度约为铜的1/3，导电率为铜的61.5%，所以在相同载流量下，铝合金电缆的重量是铜缆的1/2，可有效节省电缆运输成本。

当铝合金电缆的截面是铜缆的1.5倍时，两者的电气性能相同。该类铝合金电缆可以采用一种特殊的紧压工艺，经过逐层紧压后，导体紧压系数达到0.95，而铜缆经过一次紧压成型，紧压系数一般仅能达到0.80，所以铝合金电缆外径仅比其替代的铜缆增加5%～10%，由此可见，铝合金电缆在略微增加外径的前提下，便能完全具有铜电缆的导电能力。相比于铜缆，铜材的价格是铝材的3～4倍，而铜缆导体材料成本占电缆成本的约70%，因而使用铝合金电缆替代铜缆能节约近30%的成本。且相同载流量的铝合金电缆是铜缆重量的1/2，使用铝合金电缆重量轻很多，可减少施工材料成本。铝合金电缆的反弹性比铜缆的反弹性少40%，且具备无记忆效应等，比铜导体更适于安装使用，可降低施工难度、加工施工进度，减少人工成本。如果是大跨度的钢结构建筑项目（大型厂房），由于铝合金电缆自身重量轻的特点，可大大减轻对建筑钢结构的负重，自然可以为客户节约大量建筑结构的承重钢材。

综上所述，对于整体项目，可节约电缆直接采购成本20%～30%；运输和安装成本40%～50%；安装工时减少50%～60%。

5 社会发展的趋势

首先，在矿山电力设计规范（GB 50070—2009）中有如下要求：井下重要电源回路、移动式电气设备的电缆及井下有爆炸危险环境矿井的低压电缆应采用铜电缆。并没有明确说明矿山地表不能采用铝合金电缆，这就为铝合金电缆矿山地表使用在法律法规层面扫清了障碍。

其次，国家相继出版了《额定电压0.6～1 kV铝合金导体交联聚乙烯绝缘电力电缆》、《电缆导体用铝合金线》、《电工圆铝杆》等规范，使得铝合金电缆的使用越来越规范化。

最后，铝合金电缆已获国家政策层面以及地方政府的大力支持。

据有关报道，国家工信部已明确表态将支持铝合金电缆产业的发展，将其纳入新材料范畴，列入国家《产业调整指导目录》。国家层面开始大力支持铝合金电缆行业的发展，国家住建部2012年4月1日正式实施的国家行业标准《住宅建筑电气设计规划》（JGJ 242—2011）明确了铝合金电缆与铜电缆相同的使用地位，各省建设管理部门也相继颁布了铝合金应用相关地方标准。国内行业管理部门已开始制定铝合金单线和铝合金电力电缆的相关国家标准和行业标准，很快将颁布实施。

近期国家电网公司针对十二届全国人大二次会议第9287号《关于扩大铝合金电缆在电力行业应用的建议》进行正式答复，国家电网公司在《答复》中明确表示：电线电缆“以铝代铜”具有重要的战略意义，为进一步推动铝合金电缆在电力系统的应用，已将其纳入国家电网公司2014版新技术目录。

全部各地亦纷纷发表通知开始大力推广铝合金电缆：如合肥市建设委员会合建办（2009）35号《关于推荐运用铝合金电力电缆的通知》；淮南市城乡建设委员会文件建科（2010）372号《关于推广应用铝合金电力电缆的通知》；《宿州市住房和城乡建设委员会文件 宿建（2010）248号《关于推广应用铝合金电力电缆的通知》。

6 结 语

铝合金电力电缆是在滤重增加铁、稀土等元素，并经过退火处理后形成的合金材料所制成的电力电缆，在北美地区已成功应用30多a，是先进、成熟的技术与产品。与传统的铜电缆相比，铝合金电力电缆具有类似于铜电的安全性能及电气性能，其安装性能优于铜，同时铝合金电力电缆在价格上具有极大的优势。虽然目前在矿山范围未曾有过使用的先例，但铝合金电力电缆在矿山地表构筑物和其他非矿山类构筑物的使用情况是基本一致的。因此，笔者认为在矿山地表使用铝合金电缆替代铜电缆是可行的，具有较高的推广应用价值。

（收稿日期　2015-05-26）

钢丝网骨架聚乙烯耐磨复合管在尾矿输送中的应用

孔令辉
（山东东宏管业股份有限公司）

摘　要　钢丝网骨架聚乙烯复合管是一种将钢丝骨架与高密度聚乙烯塑料有机复合在一起、集钢管与塑料管优点于一身的新型管材。本文主要介绍钢丝网骨架聚乙烯耐磨复合管产品结构特点，分析尾矿输送对管道的技术要求，详细论述钢丝网骨架聚乙烯耐磨复合管在尾矿输送中应用，对钢丝网骨架聚乙烯耐磨复合管在尾矿输送中的应用有一定的指导意义。

关键词　钢丝网骨架聚乙烯复合管　尾矿输送　耐磨　连接　应用

尾矿输送是把选矿厂选出有价值的精矿后产生的“废渣”送往尾矿库。目前，我国矿山选矿厂的尾矿一般都是采用管道水力输送，输送采用的管道主要有：钢管、高密度聚乙烯管、陶瓷复合管、超高分子量聚乙烯（UHMWPE）管、钢丝网骨架聚乙烯复合管等。

钢丝网骨架聚乙烯耐磨复合管是在我国自主研发的钢丝网骨架聚乙烯复合管产品基础上进行研发的[2]。该产品主要是在管道内壁增加专用耐磨材料，其耐磨性能优于目前大家公认的超高分子量聚乙烯（UHMWPE）管，致使该管道具有耐磨损、耐腐蚀、耐压、不结垢、抗老化等特性，可以广泛用于输送对管道磨损严重并有酸、碱、盐腐蚀的固体、液固、气粉、浆体等场所，尤其适用于尾矿输送管道。

1　钢丝网骨架聚乙烯耐磨复合管产品结构特点

1.1　产品结构

钢丝网骨架聚乙烯耐磨复合管是以新型改性聚烯烃耐磨材料为内层，普通聚乙烯为外层，通过复合模头共挤成型的特种管道。这种新型耐磨塑料管各层是逐次复合，即先共挤出耐磨材料层和PE芯层管，定型后缠绕上经涂塑的钢丝，再涂覆热熔胶，最后复合上聚乙烯的外护层。其结构示意图参照图1所示。基于这种管道的结构和成型的工艺特点，造就它既能承受管内较大的压力又不怕管内介质的磨损和腐蚀，使管材质量和使用可靠性大大提高[3]。

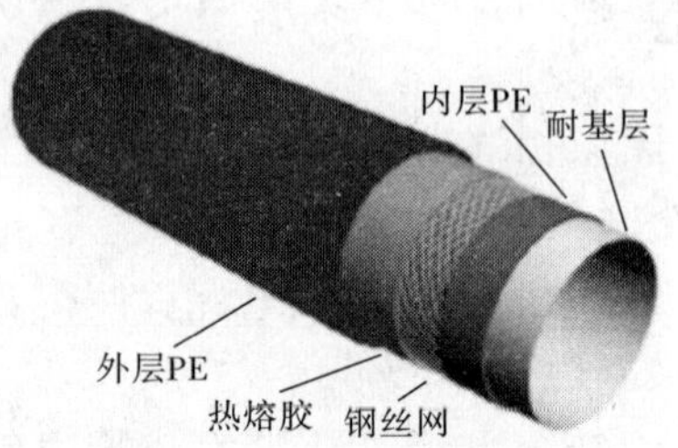

图1　管道的结构示意

1.2　产品性能

（1）高耐磨性。新型钢丝网骨架塑料耐磨管道其耐磨性能远优于目前大家公认的超高UHMWPE塑料管道[3]，耐磨性能为普通超高分子量聚乙烯管材的3～4倍。

（2）高耐腐蚀性。管道双面防腐，可耐酸、耐碱、耐化学腐蚀。还可抗电化学腐蚀，不会与环境土壤杂散电流产生原电池效应，是输送磨损、腐蚀兼有的固体、液体的安全可靠管道。

（3）压力范围宽。由于钢丝骨架的增强作用可使管材的整体强度和刚性、耐冲击性、尺寸稳定性都较好，其柔韧挠曲性能也好，可抵抗地基不均匀沉降。调整管的壁厚、钢丝根数、钢丝直径等参数，可方便地获得不同压力等级（1.0～7.0 MPa）的管材。

（4）耐候性好。埋地用时，耐候性与聚乙烯管相当，在−40 ℃的低温下，不会有物性变化，不会发生冻裂。一年四季都可使用，夏季使用不结露，冬季使用外壁不需保温[3]。

（5）水力特性好。管道内壁光滑，不易结垢，输送阻力小，输送能力可比钢管等传统管道提高20%～

孔令辉（1970—），男，工程师。273100 山东省曲阜市东宏路1号。

30%。

(6)安装方便。因为质量轻、接头少,铺设安装方便、快捷,热熔连接、电熔连接、机械连接均可使用,省时省力。

(7)经济性好。管材刚柔兼备,防腐不泄漏,使用寿命长,施工、维护及运行成本低,因此在其服役期内总的费用低,所以是用生命周期计算经济性很好的管材。

2 钢丝网骨架聚乙烯耐磨复合管在尾矿输送中应用

2.1 尾矿输送管道的技术要求

首先,耐磨性能要好。主要是因为尾矿浆里含有尾矿渣和硅,在尾矿管内流速作用下不断地冲击管壁,造成管道的磨损非常严重。所以尾矿输送管道最大的问题就是磨损。

其次,耐腐蚀性好。由于尾矿管内含有一些化学药剂,极易引起电化学现象,造成管内壁的腐蚀。

再就是耐压性能好。随着尾矿坝的堆高愈来愈高,距选矿厂的距离也就愈来愈远,尾矿输送的压力也不断增大,导致尾矿输送管道耐压要求越来越高。

还有就是管道配套连接要可靠。尾矿输送管路存在的跑、冒、滴、漏等突出频发问题基本上都是因连接问题导致的。由其产生的污染规模虽然比尾矿库小,但是污染发生的频率比尾矿库要大,因此,尾矿输送管道的连接问题是尾矿输送重要考虑因素。

鉴于尾矿输送管道介质的特殊性,尾矿输送管道除重点关注以上四点要求外,还要考虑管道耐冲击性、抗老化性、结垢、施工、成本等因素。

2.2 钢丝网骨架聚乙烯耐磨复合管耐磨、耐腐蚀性分析

钢丝网骨架聚乙烯耐磨复合管分3层结构,内层为耐磨聚乙烯,中间层为起增强作用的钢丝网,外层为起保护作用的聚乙烯。管材的耐磨、耐腐蚀性是由内层的耐磨聚乙烯决定的,内层高耐磨改性聚乙烯采用聚硅氧烷接枝改性HDPE,是聚乙烯经过物理改性技术和化学改性技术相融合技术形成的。PE材料的耐磨性大约是普通钢材耐磨性的4倍,这种PE改性材料所具有的耐磨性更高,其耐磨特性优于超高分子量聚乙烯。

管道腐蚀分管道表面腐蚀和管道内壁腐蚀。由于钢丝网骨架聚乙烯耐磨复合管内外层都为HDPE,HDPE耐化学腐蚀性能优良,在一般情况下可耐各种腐蚀性介质。当温度不超过60 ℃时,对40%的HNO_3、50%的H_2SO_4、浓盐酸和各种浓度的碱类、盐类溶液仍然稳定。因此该管材具有优良的耐腐蚀性能。

2.3 钢丝网骨架聚乙烯耐磨复合管耐压性分析

塑料强度和刚度绝对值比较小,纯塑料管道不能承受较高的内、外压力。目前聚乙烯实壁管承受的管内压力按照国标GB/T 13663—2000最大为1.6 MPa,超高分子量聚乙烯管材依据QB/T 2668—2004标准最高公称压力2.0 MPa。故塑料实壁管仅适用于低压管道中应用。

钢丝网骨架聚乙烯耐磨复合管从结构上增加了钢丝网状增强层,增强了管道的承压作用。在同等外径的条件下,较普通塑料实壁管承受更高的管内压力,最高可承受公称压力7.0 MPa。从力学角度分析,由于钢和塑料的弹性模量相差几乎是200倍,因此可以看成是全部由钢来承受压力。研究表明,内压工况复合管约有70%的载荷由增强钢丝网承担,聚乙烯仅起到密封、防腐的作用[7]。

2.4 钢丝网骨架聚乙烯耐磨复合管连接技术

在尾矿管道设计应用中,应根据管道本身特性及所输送介质对管道的要求等特殊条件选用适宜材质的管道、连接方式和密封圈,确保尾矿输送管道系统整体性能安全可靠。尤其用在输送管路压力较高情况下,管体之间有效的连接就显得尤为重要,要保障接头处的可靠性,避免其成为整条管线的薄弱环节。

目前,钢丝网骨架聚乙烯耐磨复合管常使用的连接方式有对接加电熔、法兰连接、金属扣压连接和超强双密封连接。尾矿输送管道连接方式的选择一定要根据管道压力不同进行选用。其中,对接加电熔和法兰连接适用于尾矿输送管道压力不高的情况,一般在1.6 MPa压力以下使用。管道压力在1.6~3.0 MPa可选用金属扣压连接,在2.0 MPa以上的管道连接采用超强双密封连接。另外,对于尾矿输送管道的密封圈推荐采用三元乙丙橡胶,主要是该密封圈具有耐酸碱、抗老化性能,能够与钢丝网骨架聚乙烯耐磨复合管保持使用寿命的一致性。

2.5 工程实例

2.5.1 工艺基础资料

陕西西北有色地质二里河铅锌矿,属于国有企业,位于陕西宝鸡凤县坪坎镇二里河。尾矿资料:

(1)尾矿输送介质为矿浆浓度40%的浆液;

(2)浆液密度为1.5 g/cm^3;

(3)输送介质PH值在10以上,碱性大,属腐蚀

性介质；

(4)泵的流量为 100 m^3/h，流速约 1.2 m/s；

(5)管线总长度约 3.5 km，沿山路明敷；

(6)矿浆泵输送压力高，出口极限压力可达 4.5 MPa。

2.5.2 尾矿输送管道方案

从以上参数数据分析，二里河铅锌矿的尾矿是强碱性的腐蚀矿浆，尾矿输送管道压力要求高。对于尾矿输送管道的应用需满足耐磨、耐腐蚀、耐压等要求。

超高分子量聚乙烯管具有优良的耐磨特性，但按照产品标准压力最大只到 2.0 MPa。因此满足二里河铅锌矿的尾矿输送管道要求的只有陶瓷复合管和钢丝网骨架聚乙烯耐磨复合管之中选择。由于该尾矿管道明敷在弯曲的山路中，考虑到施工方便及管道产品成本因素，最终选用钢丝网骨架聚乙烯耐磨复合管道，管道的连接采用超强双密封连接，密封圈采用三元乙丙橡胶。

自二里河铅锌矿的尾矿输送管道选用钢丝网骨架聚乙烯耐磨复合管道系统以来，历时两年尾矿输送管道系统均运行正常。

3 结 语

通过对钢丝网骨架聚乙烯耐磨复合管在尾矿输送管道系统中的应用进行分析，在对其产品结构、性能特点了解的基础上，分析了其具有的耐磨损、耐腐蚀、耐压性等技术特点。实践证明，钢丝网骨架聚乙烯耐磨复合管与传统管材相比具有一定的优势，它能满足尾矿输送系统的各项性能要求。因此，钢丝网骨架聚乙烯耐磨复合管可作为尾矿输送管道的主要管材并推广应用。

参 考 文 献

[1] 邹 嘉．浅谈某金矿尾矿输送[J]．有色冶金设计与研究，2008(6)：38-40.

[2] 郑津洋，卢玉斌．钢丝缠绕增强塑料复合管力学性能的试验研究[J]．中国塑料，2006，20(6)：82-88.

[3] 姬昱川，蒯一希，陈绍江，等．钢丝增强耐磨塑料管道[C]//第14届全国塑料管道生产和应用技术推广交流会，2014：130-139.

[4] 王艳茹，高慧东．钢丝网骨架塑料复合管在给水工程中的应用[J]．中国西部科技，2011(8).

[5] 侯中伏．浅谈钢丝网骨架塑料复合管在给水管道安装中的应用[J]．安装，2012(1).

[6] 任志敏，任冬云．新型钢丝网骨架增强塑料复合管的有限元分析[J]．中国塑料，2002，16(11)：40-42.

[7] 郝宇杰．钢丝缠绕增强塑料复合管阻水性能研究[D]．杭州：浙江大学，2011.

(收稿日期 2015-05-26)

(上接第 410 页)

表 1 真实水环境下混凝土徐变预测结果

序号	时间 /d	强度	轴压 /MPa	水围压 /MPa	实测徐变 /mm	B3 模型 /(×10^5 mm)	误差 /%	遗传神经网络 /mm	误差 /%
1	0	C15	10	0	0	0	0	0	0
2	0.000 705	C15	10	0	1.20×10^6	2.03	1591.67	1.203×10^6	0.27
3	0.013 773	C15	10	2	3.60×10^6	2.26	527.78	3.604×10^6	0.11
4	0.027 816	C15	10	4	3.40	2.33	101.21	3.418	0.54
5	0.125 029	C15	10	6	4.91×10^5	2.59	47.25	4.912	0.03
6	0.208 335	C15	10	0	2.68×10^5	2.67	0.37	2.682×10^5	0.06
7	0.333 348	C15	10	4	3.40	2.76	90.04	3.407	0.19
8	0.375 056	C15	10	4	3.40	2.78	102.21	3.400	0.01
9	0.750 313	C15	10	0	3.56×10^5	2.95	17.13	3.573×10^5	0.38
10	1.250 258	C15	10	2	4.51×10^5	3.05	32.37	4.523×10^5	0.29
11	1.417 088	C15	10	4	3.40	3.08	100.03	3.410	0.30
12	1.583 375	C15	10	4	3.40	3.10	99.74	3.411	0.32
13	1.750 206	C15	10	6	8.32×10^5	3.12	62.50	8.320×10^5	0.00
14	1.917 035	C15	10	6	8.41×10^5	3.14	62.66	8.439×10^5	0.35
15	2.086 03	C15	10	0	4.22×10^5	3.16	25.12	4.224×10^5	0.08
16	2.419 149	C15	10	2	4.92×10^5	3.20	34.96	4.939×10^5	0.39

[3] 阎平凡，张大水．人工神经网络与模拟进化计算[M]．北京：清华大学出版社，2000.

(收稿日期 2015-05-26)

关于国内超深超大规模地下金属矿山提升的讨论

黄业园

（五矿矿业（安徽）工程设计有限公司）

摘　要　对我国未来会遇到的超深超大规模金属矿山矿井提升问题进行了简要的论述，并根据我国地下矿山生产实践，对可能给存在的极限情况进行了简单的分析计算，为相关应用研究提供参考。

关键词　地下金属矿山　超深超大规模　提升

伴随我国经济的发展，对资源的需求量也越来越大，促使我国逐渐开采地表深层的矿产资源。一般而言，为了保证成本，对于较深的矿山资源开采模都是比较大的，大规模的开采必然需要相应的运输规模。关于深井运输的问题，已有不少学者进行了大量的研究[1-3]。对于深井提升，竖井提升比采用斜井或者带式输送机等方式更为有效。在竖井提升中，钢丝绳和提升机的选择是重点。根据我国地下金属矿山生产现状，很少有每年的提升量达到2 000万t，并且提升高度同时达到1 000 m的。

1　提升方式的确定

竖井提升中，单绳提升或者多绳摩擦式提升最为常用。年提升量较大时，采用多绳摩擦式提升较好。且理论和实践证明，多绳摩擦式提升适应高度为300～1 400 m，且南非在此方面有较为丰富的经验，南非认为，多绳摩擦式提升高度不应超过1 525 m，最佳提升高度为1 220 m。因此，多绳摩擦式提升适用于此种情况。多绳摩擦式提升虽有不少优点，但其缺点也较为明显，例如多绳钢丝绳的悬挂、更换、调整、维护检修的工作复杂，一根钢丝绳损坏时，所有钢丝绳都要更换，消耗量较大。

2　提升钢丝绳的选用

提升钢丝绳的用途是悬吊提升容器并传递动力，因此，钢丝绳是矿山提升设备的一个重要组成部分。其规格尺寸决定提升设备的规格尺寸。提升钢丝绳宜选用镀锌三角股钢丝绳，多选用6V×37S+FC，6V×37+FC，6V×34+FC等三角股钢丝绳，钢丝绳根数多为偶数，一般为2、4、6、8、10。根据国内较为知名的提升生产制造厂商中信重工和上海冶金厂发布的设备参数，落地式的多绳摩擦式提升的钢丝绳根数一般为2根或4根，井塔式的多绳摩擦式提升的钢丝绳根数一般为2、4和6根（部分国外地下矿山提升使用10根钢丝绳提升）。为此，可选择4根或者6根钢丝绳提升。

提升系统中如果选择直径较大的钢丝绳，其公称抗拉强度可以有效地增加系统的极限提升高度与载荷。目前，国内提升系统采用的钢丝绳的公称抗拉强度有1 570，1 670，1 770，1 870，1 960 MPa，其中，1 770 MPa最常用。

在年提升量为2 000万t、提升高度1 000 m的情况下，采用2条主井、4套双箕斗的提升是较为经济的，故每套提升设备的年提升量为500万t。在国内工作年工作制330 d、日提升19.5 h的情况下，一次提升量在45～50 t才能较好地完成提升任务。根据一些矿机设备生产厂商提供的数据，此时提升容器的自重在约45 t，故钢丝绳的一端载荷为90～95 t。钢丝绳的每米质量计算式为的每米质量计算式为

$$P_s = \frac{Q_d}{n(\frac{\sigma}{\rho_0 gm} - H_0)}\,, \tag{1}$$

式中，P_s为钢丝绳每米质量，kg/m；Q_d为钢丝绳终端载荷，kg；n为钢丝绳根数；σ为钢丝绳抗拉强度，Pa，一般不低于1 470×10^6 Pa；ρ_0为钢丝绳假定密度，平均值为9 000 kg/m^3；g为重力加速度，取9.81 m/s^2；m为安全系数，根据《金属非金属矿山安全规程（GB 16423—2006）》（下简称《安全规程》），升降物料的多绳摩擦式提升，钢丝绳安全系数不得低于7，计算时取7。

黄业园（1989—），男，助理工程师，230601 安徽省合肥市滨湖区武汉路230号。

考虑过卷高度等因素在内，钢丝绳悬垂高度约为1 200 m，由于提升量较大，抗拉强度为1 570，1 670 MPa的钢丝绳不予以考虑。钢丝绳每米质量的计算结果见表1。

表1　钢丝绳每米质量计算结果　kg/m

钢丝绳数目/根	1 770 MPa	1 870 MPa	1 960 MPa
4	13.52～14.3	12.3～13.0	11.4～12.1
6	9.01～9.5	8.22～8.7	7.6～8

由于我国钢丝绳制造工艺不是很完善，抗拉强度较高的钢丝绳，如1 870，1 960 MPa，其可靠度不是很高，而采用1 770 MPa钢丝绳的提升系统运行较为稳定，钢丝绳使用寿命较长，故选用1 770 MPa的钢丝绳。由表1可知，若选用4根钢丝绳提升，钢丝绳每米质量均较大，其对应的钢丝绳的直径必然较大。根据《安全规程》规定，在有导向轮的前提下，此时的提升机的直径与钢丝绳的直径之比不得小于100，提升机的直径与钢丝绳钢丝的直径之比不得小于1 200，依据此规定，提升的直径在6 m以上，参考我国国内提升机生产制造厂商发布的数据，多绳摩擦式提升机大于6 m的还未生产，故选用4根钢丝绳不合适，应选用6根钢丝绳提升。且矿山实践表明，在矿井提升中，当提升量很大且较深时，4根钢丝绳一般不适用。

根据《重要用途钢丝绳（GB 8918—2006）》发布的钢丝绳参数，若选用6V×34WS+FC的钢丝绳，其直径在48 mm以上才能满足基本提升要求。表2给出48～54 mm直径钢丝绳破断力的基本参数.

表2　钢丝绳破断沥青基本参数

钢丝绳公称直径/mm	质量/(kg/m)		1 770 MPa	
	纤维芯	钢芯	纤维芯	钢芯
48	9.33	9.15	1 470	1 560
50	10.1	9.93	1 590	1 690
52	11.00	10.70	1 720	1 820
54	11.80	11.60	1 860	1 970

注：6V×34WS+FC钢丝绳最小破断拉力总和换算系数为1.177。

在矿山生产中，应定期对钢丝绳进行检查，根据国内钢丝绳生产厂商反映，结合我国矿山生产实践，我国目前对钢芯钢丝绳的检测手段尚不够成熟，无法有效地投入生产，故选择钢芯的钢丝绳不符合我国矿山生产实际。选用纤维芯钢丝绳，钢丝绳安全系数验算公式为

$$m' = \frac{nQ_p}{(Q_d + nP_sH_0)g} \geq m\,, \qquad (2)$$

式中，n为钢丝绳根数；Q_p为钢丝绳小破断拉力总和，N；P_s为选用钢丝绳每米的质量，kg/m；m为《安全规程》规定的最小安全系数。

当钢丝绳直径为52 mm时，其对应的安全系数为7.01，钢丝绳直径为54 mm时为7.29，其余不符合要求，选用直径为54 mm钢丝绳。

3　提升机的选用

矿井提升机是矿井提升设备中最重要的部分，一般由电动机、减速器、主轴装置、制动装置、深度指示器、电控系统、润滑系统及操纵平台组成。多绳摩擦提升不仅仅受到高度的约束，而且还有防滑约束、主要有摩擦衬垫许用压强、最大静张力及最大静张力差差、钢丝绳应力波动等影响。根据钢丝绳的直径、国内提升机生产制造商发布的提升机参数以及《安全规程》规定，只能选用直径为5.5 m的6绳井塔式提升机。

4　分析计算结果

（1）钢丝绳最小破断力总和较小，安全系数较低，由于矿井提升存在诸多不可预料的因素，此时选用的钢丝不具备生产实践可行性，应保证在7.5以上。根据查阅的资料，部分国外压实股和圆股钢丝绳强度较高，能有较高的安全系数，可应用于深井大规模的提升，由于国外钢丝绳价格普遍较高且技术垄断，不宜在国内推广使用。

（2）提升机直径与钢丝绳直径之比约为100，其值刚好满足《安全规程》规定，对于提升量较大且较深的矿井，应保证在105以上，直径5.5 m提升机也不具备生产实践可行性。在此方面，国外提升机厂商，如西马格，已生产5.5 m以上的提升机，但不适合在国内推广使用。

（3）深井提升有诸多环境因素影响，如湿度，粉尘，一年四季的温差等，在这些因素的影响下，钢丝绳寿命也会相应的简短。

由上述分析可知，我国深井提升铁矿仍存在不少问题，解决方法有：

（1）改进国内钢丝绳生产工艺，同时也应改进钢丝绳监测工艺，使得高强度的钢丝绳能投入生产实践，满足矿山提升要求。

（2）生产直径在5.5 m以上的提升机，满足深井提升需要。

5　结　语

我国未来的超深超大规模的矿井提升，尚存在

（下转第421页）

李楼铁矿废石提升井井架设计

代鹏林
（五矿矿业（安徽）工程设计有限公司）

摘　要　不带平衡锤的单容器提升系统在矿山中并不常见，考虑该矿的实际条件，针对该矿场地条件及改造工程的特点，从井架高度、提升机位置及锁口的处理等方面进对李楼铁矿废石提升井架进行了设计，为类似结构设计提供参考。

关键词　型钢井架　破断力　静张力

安徽开发矿业有限公司李楼铁矿位于安徽省霍邱县冯井镇，采矿规模 530 Wt/a。该矿山采取与吴集铁矿（北段）联合建设的模式，采用 3 条主井、3 条副井和 1 条通地表斜坡道的开拓方案，设计之初并未考虑单独的废石提升系统。在目前矿山生产中，井下废石不能合理运至地表，影响企业生产。该矿山在 8# 勘探线附近有一 ϕ3.2 m 的探矿井，并装备有单斜撑式井架，经过工艺专业方案比选，将该探矿井改造为临时废石提升井来解决目前的废石提升问题，废石提升能力 40 Wt/a。

考虑井筒直径与容器尺寸，提升系统采用单箕斗不带平衡锤方式，提升高度 482.4 m，提升机采用 JK3.5-1.8/20，电机功率 1 200 kW（600 r/min），提升速度 5.5 m/s，加速度 0.7 m/s^2，4 m^3 翻转式箕斗，自重 6 t，载重 6.5 t。钢丝绳 35W×7+Fc-ϕ40-1770，单重 7.36 kg/m，最大静张力 158.36 kN，破断力 1 313 kN。井架采用单斜撑式型钢井架，井架高度 27 m。

1　井架基础

1.1　锁口设计

锁口为井架立架的基础，承担着工作荷载或断绳荷载的部分传递，位置十分重要[1]。该井筒直径 3.2 m，属于竖井中较小的直径，在确定立架平面尺寸时，可考虑调整立架的平面尺寸，直接将立架通过预埋螺栓连接在井筒锁口基础上，不再另设底框梁承接，实现荷载传递直接且简洁的理念，因此确定立架平面尺寸为 3.2 m×3.8 m，以节省底框钢材，降低造价。

由于该井筒上已有锁口（图 1），平面尺寸略小，无法承接立架柱。此外，基础开挖后发现原锁口混凝土强度尚能满足要求，因此考虑改造该锁口，采用后锚固 20@300 钢筋，后浇筑厚为 500 mm 的 C25 混凝土，实现新旧混凝土成为一体作为新锁口。上述方案不仅做法简洁省材料，更重要的是解决了施工难度，加快了建井工期，解决了井下施工人员的安全问题，而且造价低廉。建成后的井架如图 2 所示。

图 1　旧锁口

图 2　建成后井架

1.2　斜架基础

该井架原有斜架基础，但由于井架过卷高度不足，需要提升井架高度，因此斜架也应相应改变，故原基础无法被利用，只能拆除后新建。根据开挖后的土层判断，基底标高出的地基承载力能达到 150 kPa。根据柱端内力 N_x = 306.790 kN，N_y = 505.989 kN，N_z = 952.975 kN，斜架基础底板尺寸采用 3 000 mm×4 000 mm，C25 混凝土，埋深 3.4 m，斜架柱与

代鹏林（1979—），男，工程师，230601 安徽省合肥市滨湖区武汉路 230 号。

基础采用4M42地脚螺栓铰接相连。基础顶面预留千斤顶洞腔以便于沉降调节。从目前运转情况来看,基础沉降控制在合理范围,未影响提升工艺。

2 井架结构

2.1 几何设计

考虑该井口地表工业场地的情况,充分利用已有的挡土墙及井口高于场地10 m左右的现状,结合工艺专业对过卷高度的要求,综合考虑方案,采用不建矿仓降低井架的方案,反复核实最终确定井架高度(天轮中心标高)27 m,立架平面尺寸为3.2 m×3.8 m,腹杆间距2.5 m,保证斜腹杆约呈45°。提升机中心至井筒中心35 m,井架基础距离井筒中心16.5 m,斜撑62.033 6°,钢丝绳仰角40.38°,如此设计既能证钢丝绳合力中心线位于斜撑平面以下,而且两线夹角2.89°,钢丝绳偏角1.12°,满足《矿山井架设计规范》(GB 50385—2006)[2]的要求,不但保证了井架使用安全,而且保证提升机房不影响后面的生活区。

斜架岔开距离11m,满足《矿山井架设计规范》(GB 50385—2006)中不小于$H/3$的要求,也不宜过大而占用更多的场地。天轮桁架是单斜撑型钢井架中特有的重要传力结构,本工程天轮桁架设计如图3所示。该井架为单一容器提升,卸矿口尺寸12.5 m,为了保证卸矿口两侧立柱的稳定性,该工程采用了如图4所示的加强措施,保证卸矿口立柱的稳定性。

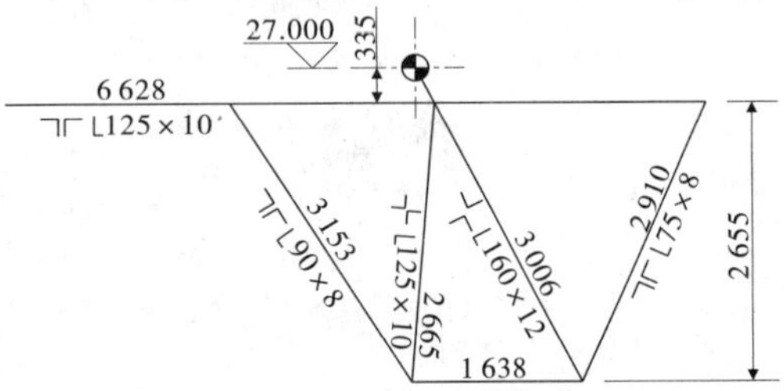

图3 天轮桁架

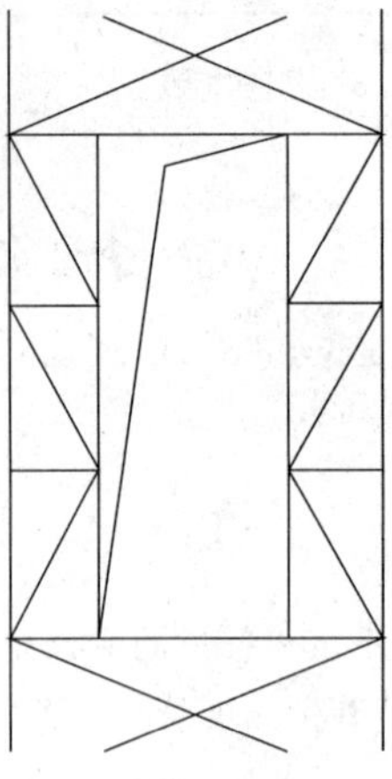

图4 卸矿口加强区

该提升系统采用钢丝绳罐道,钢丝绳罐道的液压拉紧装置的位置决定着各平台的布局。初始与工艺沟通时,工艺专业力求将液压拉紧装置置于27.000 m平台,即天轮平台方便后期紧绳操作,但如此便会影响道天轮平台的布置,钢结构布置复杂,后经协商,首先将天轮桁架的高度增大至2 655 mm,然后将液压拉紧装置置于防撞梁平台层,即21.900 m平台,即满足了紧绳的空间要求,又简化了平台的布置,也充分利用了防撞梁的支承作用。

在设计中应考虑到后期容器的更换要求,该设计在9.5 m以下设置可拆卸的支撑,便于更换容器,相应的增加一个节间进行加强。

在设计卸矿溜槽支承结构时,充分利用已有的挡土墙结构,再其上增加3.26 m,不仅可以支撑溜槽,而且可以在上设置平台方便检修溜槽,也是上井架钢梯的中转平台,而且增加了废石堆场的堆存量,也阻止废石掉落井筒,实现了一墙多用。

2.2 荷载与荷载组合

该井架只有一个天轮,故仅设置有2片天轮桁架,单片天轮桁架承担的荷载统计如表1所示。

表1 井架荷载

天轮自重 DEAD/kN	工作荷载 Q_{1k}/kN	钢丝绳罐道工作荷载 Q_{2k}/kN	平台活荷载 Q_{3k}/(kN/m)	罐道梁工作荷载 Q_{4k}/kN	防撞梁荷载 Q_{5k}/kN	断绳荷载 A_{1k}/kN
20	186.03(Q_{1k}),70.85(Q_{1kh}),153.28(Q_{1kv})	98.73	1.925	15.5(Q_{hk}),3.88(Q_{vk})	318	1 313(A_{1k}),500(A_{1kh}),1 082(A_{1kv})

值得注意的是,在断绳荷载计算中,《矿山井架设计规范》(GB 50385—2006)要求,该工程为单容器提升,不带平衡锤不存在上下绳的问题。

由于该井架低于60 m,而且处于霍邱,抗震设防烈度6°(0.05 g),根据《矿山井架设计规范》(GB 50385—2006),在承载能力极限状态设计中不计入风荷载与地震作用的影响。

荷载组合采用2种组合进行分析计算:

(1)工作组合(COMB1)=$1.2DEAD+1.3Q_{1k}+1.2Q_{2k}+1.4Q_{3k}$。

(2)断绳组合(COMB2)=$1.0DEAD+0.85\times1.2Q_{2k}+0.6\times1.4Q_{3k}+1.0A_{1k}$。

2.3 结构验算

井架计算采用通用有限元软件 SAP2000 进行分析计算。承载能力极限状态按偶然组合进行设计，验证构件的强度、整体稳定性与刚度。正常使用极限状态按工作荷载标准组合验算水平变形。

在 SAP2000 建模中，首先在 AutoCAD 软件中建出空间模型，然后形成“.dxf”文件导入 SAP2000 软件中进行模型再定义，建模过程将十分简洁。

计算天轮桁架（图 5、图 6）内力显示，$N_b=-943.593$ kN，$N_a=-246.082$ kN，$N_c=60.785$ kN，a 杆截面 $2L160\times12$，其截面面积 $A=7\ 392\ \text{mm}^2$，$i_x=i_y=70.181$ mm，$L=3\ 006$ mm。经计算，该构件强度应力 $\sigma=127.65\ \text{kN/mm}^2<215\ \text{kN/mm}^2$，长细比 $\lambda_x=\lambda_y=42.88<150$，稳定性应力为 $143.9\ \text{kN/mm}^2<215\ \text{kN/mm}^2$。故天轮桁架中 b 杆是安全的。斜架截面采用 $H600\times250\times16$，$N=-1\ 052.796$ kN，$M_x=6.787$ kN·m，经过验算，该构件无论是强度、稳定性还是刚度均满足要求。

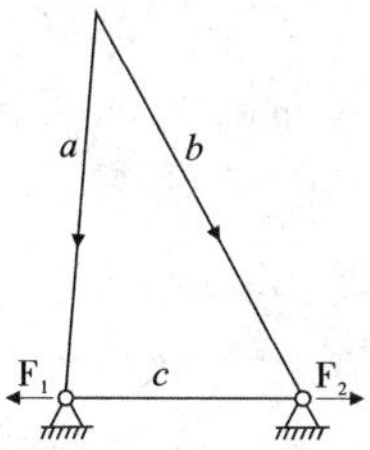

图 5　天轮桁架内力示意

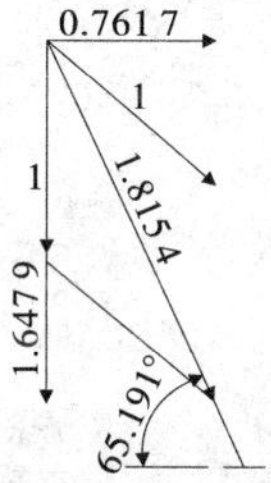

图 6　绳合力力系分配示意

《GB50385—2006　矿山井架设计规范》要求井架在工作荷载效应组合时的水平变形值，应控制在 $H/1\ 000$ 以内，即 27 mm 内，经过 SAP2000 计算，该工程水平侧移值仅有 2.03 mm，满足设计规范要求。

2.4 用钢量

根据《矿山井架设计规范》（GB 50385—2006）提供的经验公式计算，用钢量为 61.25 ~ 76.57 t，而该井架最终使用钢材量 58.11 t，因此判断是经济合理的。

3 结　论

（1）对于改造工程，应充分利用已有的设施及地形条件，而不能简单按新建工程考虑，虽然改造工程增加了设计的难度，但对于现场施工来说，却可以缩短工期，从而降低投资。

（2）对于采用单容器提升这种井架，在卸矿口加强设计中选择内加强，如果是双容器提升时，考虑内加强会无形增大立架的平面尺寸，多选择外加强。

（3）提升合力线应位于斜撑平面以下。

（4）土建专业的技术人员应随时与工艺专业的技术人员沟通，在方案初选阶段就融入土建要求，即能满足工艺要求，又能简化结构，方便施工安装及使用。

（5）土建设计人员应熟悉矿机专业的相关知识，便于与矿机专业人员进行方案沟通制定出合理的方案。

（6）注重设计细节，如斜架基础地脚螺栓预埋件中的套管内应交待“内填干砂”、“填热粗砂”。

参 考 文 献

［1］　任建喜. 矿山特种结构［M］. 北京：煤炭工业出版社，1992.

［2］　中华人民共和国建设部，中华人民共和国质量监督检验检疫总局. GB 50385—2006　矿山井架设计规范［S］. 北京：中国计划出版社，2006.

（收稿日期　2015-05-26）

（上接第 418 页）

许多问题亟待解决。通过分析我国超深超大规模金属矿山矿井将会遇到的提升问题，并结合生产实践，对于可能存在的极限情况进行了简单的分析计算，为相关应用研究提供参考。

参 考 文 献

［1］　李炳文，万丽荣，柴光远. 矿山机械［M］. 徐州：中国矿业大学出版社，2010.

［2］　北京有色冶金设计研究总院. 采矿设计手册［M］. 北京：中国建筑工业出版社，1989.

［3］　费子文. 采矿手册［M］. 北京：冶金工业出版社，2005.

（收稿日期　2015-05-26）

钢筋混凝土深筒仓的结构设计

王　蕾
（五矿矿业（安徽）工程设计有限公司）

摘　要　简要分析了安徽开发矿业磁铁矿磨矿仓设计参数的选取、设计步骤及其主要设计内容，并对筒仓的设计提出了建议，详细阐述了柱支承钢筋混凝土矩形筒仓的设计思路和步骤，归纳总结了在设计过程中需要注意的问题，介绍了钢筋混凝土深仓的贮料压力计算方法，在此基础上了指出钢筒仓结构尚需进一步研究的内容。

关键词　筒仓　贮料压力　结构计算　抗震

筒仓结构广泛应用于矿业、化工、电力等诸多领域中的粉矿、散料贮存。钢筋混凝土筒仓在国内已有许多应用，并早在 1985 年就颁布了国家标准《GBJ 77—85　钢筋混凝土筒仓设计规范》，钢筋混凝土筒仓具有强度高，容积大等诸多优点，目前世界上已建筒仓中大约 1/2 为钢筋混凝土筒仓，其中绝大多数为圆形筒仓。但是，筒仓由于设计不当，造成的经济损失在世界各国极为常见，就冶金行业而言，设计余量大，造成建设投资过大；设计方法不合理，造成贮量不够；结构设计不合理，造成仓内结拱、结管堵塞；功能设计不合理，造成运行成本大幅提高，设计强度不够，造成在投入生产后受到矿石轻微撞击便出现裂缝，无法再继续使用[1]。筒仓结构的投资在整个矿业地面建筑中所占比重业相对较大。因此，筒仓结构设计的技术与经济合理性显得尤为重要。虽然通过中国建筑科学院开发的 PKPM 施工图软件可以得出比较精准的计算数据，但是作为工程设计人员更应该具备一定的手算能力，从而提高设计水平。

1　平面布置及结构设计

1.1　工程概况

以安徽开发矿业有限公司选矿部磁铁矿磨矿仓设计为例，分析筒仓的结构设计问题，并取其中一筒仓为例，进行结构设计分析计算。该筒仓工程结构形式为单排钢筋混凝土圆形高壁深筒仓，平面布置如图 1 所示。筒仓下支承柱伸至筒仓仓底，单仓尺寸 $\phi=13.5$ m，仓壁厚 315 mm，筒仓深 15.2 m，共 4 仓。

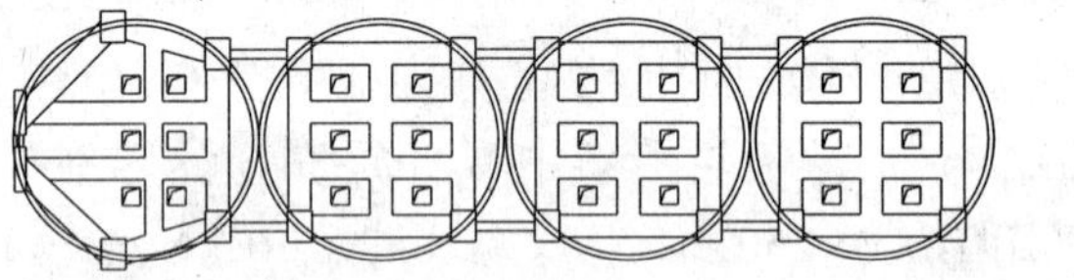

图 1　粉矿仓平面布置示意

1.2　结构设计

（1）仓顶及仓上建筑。粉矿仓上建筑为安装皮带运输机之用，一般为桁架结构，同时承受风荷载、雪荷载及活荷载，屋面及墙面一般由轻质材料活彩钢夹芯板构成。

（2）仓壁及仓底。仓壁是直接承受贮料水平压力、摩擦力及冲击力的构件，因此有必要在仓体底部设水平钢板以减轻仓壁的冲击力荷载负担。仓底结构的选型应考虑：①卸料畅通；②荷载传递明确，结构受力合理；③造型简单，施工方便；④填料较少，仓底形式最常用有整体连接型式和非整体连接型式，本例采用整体连接，仓底与仓壁整体浇筑，虽然计算较复杂，但整体性较好，不需要填料，方便工艺使用；另外一种非整体连接，仓底与仓壁分开布置，仓底通过边梁（或环梁）支承于柱上，也可与仓壁完全脱开，可简化计算工。

（3）仓下支承结构。通常筒仓的仓下支承结构有柱支承，筒壁支承、筒壁与内柱共同支承 3 种形式，但由于工艺条件的限制，一般粉矿仓多选择柱支承的形式。对于该类结构是典型的上大下小，上重下轻的结构，造成仓下支柱的轴压比较大。对于排仓或群仓当贮料不对称时，地震效应的扭转作用将

王　蕾（1986—），男，助理工程师，硕士，230601 安徽省合肥市滨湖新区武汉路 230 号。

加剧筒仓的破坏，因此对于本例应加强仓下支承柱的设计。但是仓下支承柱的最大配筋率不应大于全截面的2%，因为仓满载时，混凝土由于蠕变应力有所降低，相应的荷载转给钢筋承担，当贮料突然卸空时，钢筋产生弹性恢复，此时混凝土可能受拉产生水平裂缝。如果钢筋与混凝土之间的黏结力很强时，有可能产生垂直裂缝，因而有必要控制柱最大配筋率。

（4）基础。根据《GB 50077—2003　钢筋混凝土筒仓设计规范》[2]，筒仓的地基基础设计等级应为乙级。筒仓地基基础设计时，除应满足承载力计算的有关规定外，应按地基变形设计。按承载能力极限状态设计筒仓基础时，应采用基本组合，并应符合下列规定：整体相连的群仓基础，应取空仓、满仓的荷载效应组合，基底边缘处地基的最小压应力值应大于0；按正常使用极限状态设计筒仓基础时，应取标准组合，其倾斜率不应大于0.004，平均沉降量不应大于200 mm，同时应满足工艺专业的要求。钢筋混凝土群仓的荷载较大，一般采用筏板基础，当采用天然地基又不能满足变形要求时，应采用桩筏基础。

2　结构计算

①仓顶，采用轻型钢结构桁架，构成皮带通廊；②仓顶梁板，采用C30现浇钢筋混凝土梁板结构，板厚100 mm，主梁通长布置，断面尺寸为500 mm × 1 000 mm；③环梁，主仓上环梁尺寸为400 mm×1 200 mm，混凝土强度等级C30；④主仓下环梁，尺寸为850 mm×1 300 mm；⑤仓壁，厚315 mm，高14.2 m；采用钢筋混凝土井字梁带槽漏斗，利用漏斗槽和填料共同形成卸料口，不但便于施工而且漏斗布置方式较为灵活，仓底板厚700 mm。每个主仓采用4个扶壁柱沿筒仓周圈均匀布置，柱断面尺寸为1 375 mm ×1 750 mm。

2.1　设计参数

粉矿仓设计参数如表1所示。

表1　设计参数

自然条件			
基本风压 /(kN/m²)	雪　压 /(kN/m²)	地震烈度/度	设计地震基本加速度 g
0.35	0.55	6	0.10

粉矿参数			设计均布荷载 /(kN/m²)		筒仓安全等级
密度 /(kN/m³)	内摩擦角 /(°)	摩擦系数	仓顶	仓壁	
27	32	0.5(与混凝土接触)、0.36(与钢接触)	4.362	1.116	Ⅱ级

2.2　内力计算

粉矿对筒仓壁产生的水平压力(P_h)、环向力(N_p)、径向力(P_f)、仓底压力计算公式如下：

$$\begin{cases} P_h = C_h\gamma\rho(1 - e^{-\mu ks/\rho})/\mu \\ N_p = P_h R = 6.75P_h \\ P_f = \rho[\gamma s - \gamma\rho(1 - e^{-\mu ks/\rho})/\mu k] \\ P_t = C_v\gamma\rho(1 - e^{-\mu kh_n/\rho})/\mu k \end{cases}, \tag{1}$$

式中，C_h 为深仓贮料水平压力修正系数；C_v 为深仓贮料竖向压力修正系数；h_n 为贮料计算高度，h；γ 为贮料的重力密度，kN/m³；ρ 为筒仓水平截面的水力半径，m；μ 为贮料与仓壁的摩擦系数；k 为侧压力系数；e 为自然对数的底；s 为贮料顶面或贮料锥体重心至所计算截面的距离，m；φ 为贮料的内摩擦角，(°)。

仓壁环向钢筋面积计算公式为

$$A_s = \frac{1.4N_p}{R_g}. \tag{2}$$

仓壁径向钢筋面积计算公式为

$$A_s = (KN - f_cA) \times \frac{1}{f_y}. \tag{3}$$

上述参数计算结果如表2所示。

表2　仓壁各段环向、径向力及其配筋

区	段	至仓顶高度 /m	P_h /kPa	N_p /(kN/m)	P_f /(kN/m)	A_s /cm²	实配钢筋
1	环　向	5	21.3	127.8		5.26	ϕ12×100
	径　向				113.5	6.60	ϕ14×150
2	环　向	10	50.2	301.2		12.40	ϕ14×100
	径　向				271.2	6.60	ϕ16×150
3	环　向	15	66.72	400.3		16.48	ϕ16×120
	径　向				364.0	8.80	ϕ18×150

此外,最大裂缝宽度为 0.017 cm<0.02 cm,因而是安全。

2.3 抗震分析

对于柱支承的筒仓,无仓顶建筑物或仓顶建筑为单层时,仓顶建筑物的质量远小于筒仓质量时,仓顶建筑物质量对筒仓自身自振性的影响很小。为了简化计算,可将仓顶建筑质量合并于筒仓质量内,按单质点体系计算。柱承式仓的支柱刚度远小于仓体刚度,在地震荷载作用下,计算简图可假定为顶端仅可平移而不能转动,下端为嵌固的单自由度体系。

柱顶位移计算公式为

$$\delta = \frac{H_1^3}{12\sum EI_1}, \tag{4}$$

式中:δ 为单位力作用于柱顶时的位移,m;H_1 为柱高,m;EI_1 为柱的刚度,(kN/m)。

经计算得,$\delta = 8.11 \times 10^{-7}$ m,$\delta/H_1 = 5.4 \times 10^{-3}$ 符合《建筑抗震设计规范》规定:按弹性方法计算的楼层层间最大位移与层高之比不大于 1/800,即[3]:

$$\delta/H_1 \le [\theta_e] = 1/800$$

结构基本周期为 0.407 9,故总水平力为 3 445.6 kN,弯矩为 2 153 kN.m,轴力为 6 541 kN。根据以上计算结构柱进行配筋计算,得出配筋 9ϕ32[4]。

3 构造要求

柱子支承的高壁浅仓仓壁配筋,其内外层水平钢筋的直径不宜小于 8 mm,竖向钢筋的直径不宜小于 10 mm,钢筋的间距不应大于 200 mm,也不应小于 70 mm。仓下支承柱纵向钢筋的最小配筋率,比《建筑抗震设计规范》规定的框柱最小配筋率增加 0.1%。即中、边柱在设计烈度为 7 度和 8 度时,不宜小于 0.7%。角柱的总配筋率在设计烈度为 7 度和 8 度时,不宜小于 0.9%。加密柱箍筋范围,在柱与仓壁交接处以下,柱与基础交接处以上,不小于柱截面长边或柱净高的 1/6,箍筋间距不小于 100 mm。箍筋直径:7 度时不小于 8 mm,8 度时不小于 10 mm,柱箍筋的弯钩尺寸不小于 10 倍的钢筋直径,弯钩角度为 135°。在地震力的往复作用下,受力变化较为复杂,筒壁应配置双层钢筋,其水平、竖向钢筋总的最小配筋率均不小于全截面的 0.4%。在施工图设计中将部分仓壁落地,既减小柱断面又增大了柱惯性矩,也满足了工艺设备布置要求,对抗震也非常有利。

储存贮料的圆形仓体主要承受环向拉应力作用,采用普通钢筋混凝土结构时,仓壁裂纹是不可避免的。其中大直径筒仓仓壁上产生的裂缝宽度往往会超过设计要求。为了避免圆形仓体结构开裂或能有效地控制裂缝宽度,措施有:①对于要求不出现裂缝的筒仓,可采用后张法预应力结构,但此法施工有一定难度;②对于允许有裂缝但对裂缝宽度有限制的筒仓,可采用钢纤维混凝土结构。在建造承受拉力的筒壁时,在其混凝土中掺入一定比例的钢纤维,混凝土的抗拉强度及混凝土与钢筋的黏结强度均会提高;且当混凝土开裂后,钢纤维能约束裂缝的发展,因此可有效控制裂缝宽度。此法可用常规的滑模施工。根据太原煤矿设计院的研究,当混凝土中钢纤维的掺入量(体积分数)为 1.5% 时,构件的最大裂缝宽度可减小 50%,有效降低了产生裂缝对筒仓的威胁。

4 讨 论

(1)随着冶金工业的发展,筒仓在各冶金矿山亦是必不可少,筒仓结构特殊,受力复杂,所以理解和掌握筒仓设计的要点,并合理运用于实际工程,有利于提高筒仓设计的科学性和经济性。同时,还必须重视筒仓的构造,以全面提高筒仓设计的质量。总结已有的设计经验,对于提高设计技术水平,预防事故、降低工程造价十分必要。

(2)需要强调的是:①所储存贮料与钢筋混凝土筒仓结构的相互作用,应该指出,筒仓结构的贮料荷载非常复杂,特别是卸料时贮料流动的不同形式会显著影响筒仓中的压力分布,围绕贮料压力及贮料流动目前很有必要进行探讨与研究,得出的对筒仓结构影响最小的卸料方式;②在施工图设计中将部分仓壁落地,在减小柱断面的同时增大了柱惯性矩,不但满足了工艺设备布置要求,而且对抗震也非常有利。

参 考 文 献

[1] 周留才. 超大型筒仓的发展及其在火电厂的应用[J]. 华北电力技术,1999(3):36-38.

[2] 中华人民共和国质量监督检验检疫总局,中华人民共和国建设部. GB 50077—2003 钢筋混凝土筒仓设计规范[S]. 北京:中国计划出版社,2003.

[3] 中华人民共和国住房和城乡建设部. GB 50011—2010 建筑抗震设计规范[S]. 北京:中国建筑工业出版社,2010.

[4] 中华人民共和国住房和城乡建设部. GB 50010—2010 混凝土结构设计规范[S]. 北京:中国建筑工业出版社,2010.

(收稿日期 2015-05-26)

矿山客运索道初步设计

于　淼
（五矿矿业（安徽）工程设计有限公司）

摘　要　结合南非铬铁矿方案要求，介绍了单线循环吊椅式客运索道初步选型设计以及基本参数，并对牵引索的初张力、驱动轮直径等参数进行了计算，为相关应用研究提供参考。

关键词　矿山客运索道　牵引索初张力　驱动轮直径

南非 Vizirama 公司 Townlands 铬铁矿项目位于南非约翰尼斯堡西北省大约 80 km 处的 Townlands 矿权范围内，开采矿权范围内的铬铁矿与铂族金属。MG4B 矿层生产能力为 10 万 t/m，从地面到 MG4B 矿层，矿场将使用单线循环吊椅式客运索道运送人员进出矿井，索道将安装在指定的斜巷道内。

1　方案选择

单线循环吊椅式客运索道，是在一根无极连续循环运行的牵引且支撑吊椅的运载索上，按一定的间距悬挂一个固定吊椅，人员乘坐吊椅上下井的索道[1-3]。本设计索道系统采用固定单座型升降系统，自动系统由安装于底座的驱动装置和液压动力装置组成。索道中的驱动装置安装在上部站内，驱动装置配备一个直径为 2 200 mm 的传动轮，在驱动耦合后，主制动器和辅助制动器会作用于输入轴。而所有绳索的拉紧设备安装在下部站内，重力拉紧装置配备一个直径为 2 200 mm 的转向轮，安装在滑轨上。每隔一个线架安装一个断绳抓捕器，上部垂直且后跟呈弧线。工作原理见图 1。

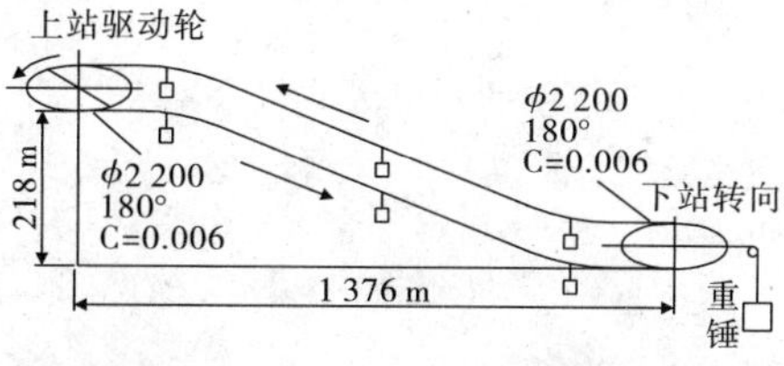

图 1　单线循环吊椅式客运索道工作原理

2　基本参数

单线循环吊椅式客运索道基本参数见表 1。

表 1　基本参数

全线路水平跨距/m	全线路高差/m	全线路斜长/m	运载索设计速度/(m/s)	倾角/(°)
1 376	218	1 393	1.5	
吊椅间距/m	**吊椅有效载荷/N**	**单向运输能力/(人/h)**	**吊椅容量/人**	**单个吊椅自重/N**
200 9	9	900	600	1

3　牵引计算

3.1　牵引索的初张力

首先求出下站牵引索初张力，然后以此为基础求出上站驱动轮处两侧牵引索张力。

（1）最小张力确定。最小张力出现在下站，本索道采用单钳口固定式抱索器，其最小张力与载重吊椅重力（Q）的比值不小于 20，即：$T_{min}=25\ 000$ N，初选钢丝绳每米重力为 18.9 N/m。

（2）最大张力计算。吊椅以一定的等间距排列，可假设吊椅自重以均布载荷来代替。线路均布载荷为空载 141.12 N/m；重载 41.12 N/m；最大拉力 61 590 N；牵引索的破断拉力应不小于 5 倍的最大拉力，即为 307 948 N，由此选出牵引索为 18×7 同向捻钢丝绳 ϕ22 mm，公称抗拉强度为 1 960 MPa，破断拉力为 377 202 N，钢丝绳每米重力为 18.9 N/m，钢丝绳断面积为 203.42 mm^2。

3.2　驱动轮直径

驱动轮直径按不小于钢丝绳直径的 100 倍选取，即直径为 2 200 mm；转向轮直径选取条件与驱动轮相同。驱动站配置示意图见图 2。

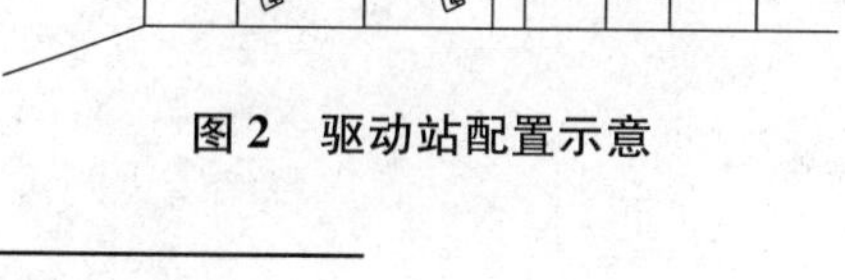

图 2　驱动站配置示意

于　淼（1975—），女，高级工程师，230601 安徽省合肥市滨湖新区武汉路 230 号。

3.3 拉紧重锤

本设计为单绳拉紧，选取重锤 $W=50\ 000$ N。重锤拉紧装置示意图如图 3 所示。

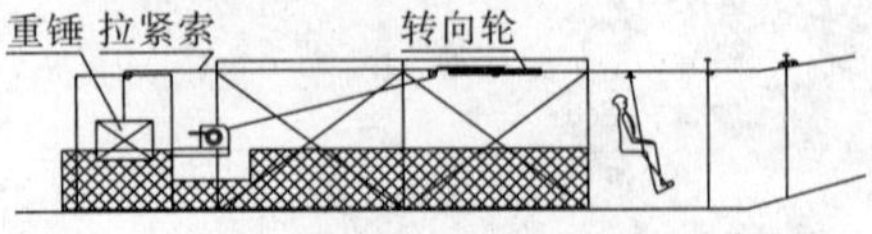

图 3 重锤拉紧装置示意

4 惯性力计算

线路重侧、空侧惯性力 P_Z、P_k 计算公式为

$$\begin{cases} P_Z=\left[\dfrac{1}{g}q_Z L_0+\dfrac{0.06\sum G}{2}+\dfrac{1.3G_3}{2g}\right]a \\ P_k=\left[\dfrac{1}{g}q_k L_0+\dfrac{0.06\sum G}{2}+\dfrac{1.3G_3}{2g}\right]a, \end{cases}$$

式中，$\sum G$ 为索道转动部分重量，kg；G_3 为电动机与联轴节及减速器的变为质量之和，kg；a 为启动、制动时平均加速度，取 0.5 m/s^2；g 为重力加速度，m/s^2；q_z 为空载，N/m；q_k 为重载，N/m；L_0 为全线路水平跨距，m。

经计算，$P_z=9\ 482$ N，$P_k=2\ 602$ N。

5 驱动轮功率确定

各种状态下驱动轮入侧牵引索张力(T)与驱动轮出侧牵引索张力(t)的计算公式，见表 1。

表 1 各种状态下 T 与 t 的计算公式

项 目	正常运行		启 动		制 动	
	T	t	T	t	T	t
重上空下	$T_{入1}$	$T_{出1}$	$T_{入1}+P_z$	$T_{出1}-P_k$	$T_{入1}-P_z$	$T_{出1}+P_k$
空上重下	$T_{入2}$	$T_{出2}$	$T_{入2}+P_z$	$T_{出2}-P_k$	$T_{入2}-P_z$	$T_{出2}+P_k$
重上重下	$T_{入1}$	$T_{出2}$	$T_{入1}+P_z$	$T_{出2}-P_k$	$T_{入1}-P_z$	$T_{出2}+P_k$
空上空下	$T_{入2}$	$T_{出1}$	$T_{入2}+P_z$	$T_{出1}-P_k$	$T_{入2}-P_z$	$T_{出1}+P_k$

5.1 正常运行状态

正常运行状态即为线路两侧按设计车距布置满载吊椅运行。

(1)上行侧。从动轮紧边拉力为 25 075 N，$T_{入1}$ 为 61 664 N。

(2)下行侧。从动轮松边拉力为 24925 N，$T_{出2}$ 为 49 863 N。

(3)牵引索通过驱动机主动轮上的阻力为 335 N。

(4)圆周力为 12 136 N，功率为 21.42 kW。

5.2 重上空下运行状态

经计算，重上空下状态正常运行时圆周力为 29 478 N，功率为 52.02kW；启动时圆周力为 41 583 N，功率为 73.38 kW。

5.3 功率确定

在牵引索运行的各种状态中，以重上空下状态为最不利状态。考虑功率备用系数为 1.2 时，其功率为 62.424 kW，选用电动机功率为 60 kW。验算功率为 48.92 kW<60 kW，故选用电动机功率合适。

6 牵引索安全系数校核

最大拉力出现在上站，最大张力为 61 664 N，选用钢丝绳的破断拉力为为 377 202 N。拉伸安全系数校核以及按复合安全系数校核均合格，故选用钢丝绳较为合适。

7 结 语

线路设备选型为，钢丝绳 18×7-ϕ22-1960，驱动轮直径 ϕ2 200 mm，座椅经镀锌处理并带有聚氨酯座位单座吊椅，拉紧重锤 50 000 N，交流电动机功率 60 kW，该索道系统能满足单向运输能力为 600 人/h。单线循环吊椅式客运索道，就其本身而言，理论计算和验证较为繁琐、复杂。以南非铬铁矿方案设计为依据从理论初步验证，使其达到安全实用的目的。

参 考 文 献

[1] 张富民. 采矿设计手册[M]. 背景：中国建筑工业出版社，1988.
[2] 周新年. 工程索道与柔性吊桥：理论设计案例[M]. 北京：人民交通出版社，2008.
[3] 单圣涤. 工程索道[M]. 北京：中国林业出版社，2011.

(收稿日期 2015-05-26)

提高北洺河铁矿凿岩台车掘进进尺的探讨

王兰在
（五矿邯邢矿业有限公司）

摘　要　通过对 AXERA D05 凿岩台车在不同矿岩中进行了分类试验，从而明确了凿岩台车最佳掘进爆破参数，提高了掘进进尺，改善了工程质量，提高了生产效率。

关键词　AXERA D05 凿岩台车　最佳掘进爆破参数　掘进进尺

巷道掘进是地下开采一项重要的基础工作。为了提高掘进效率和巷道质量，北洺河铁矿引进 3 台芬兰 TAMROCK 公司生产的 AXERA D05 凿岩台车，主要用于采准工程。在北洺河的岩性条件下，如何确定凿岩台车最佳掘进爆破参数，提高掘进进尺，保证工程质量，值得深入研究。

1　AXERA D05 掘进凿岩台车概述

AXERA D05 凿岩台车可以钻凿垂直、倾斜和水平炮孔，在较狭小的巷道内行走具有很好的灵活性，控制杆灵活，动作直观、易操作，能够在台车停好位置后，一次完成全部的钻孔过程，定位快速准确。自动持平机构很好地满足了打平行孔的要求，能够按设计要求顺利完成钻凿掏槽孔工作。能根据不同的岩石条件调整回转速度，很好的减少钻头磨损。冲击跟随压差按一定比率变化，对于提高凿岩效率、降低钻具消耗及减少卡钎作用明显，也满足了半功率开孔，全功率推进的设计要求。可根据岩石硬度的变化，调整推进压力和回转速度，以获取较高的钻孔速度。AXERA D05 凿岩机平均推进速度为 1.5 m/min，纯钻孔速度最高可达 2 m/min。920 mm 升降范围的安全顶棚既加强了在狭窄巷道内行驶的通过能力，又保证了操作工人的安全度和舒适度。

2　试验采场矿岩特征和物理力学性质

凿岩台车试验水平为-80 m 水平，该分段矿石主要是磁铁矿、黄铁矿等，脉石矿物以透辉石、绿泥石为主，其次为透闪石、方解石、滑石等。矿石结构为自型晶、半自型晶、中细粒状结构为主。矿石构造主要为块状构造，其次为浸染状、条带状构造。矿石平均密度为 3.86 t/m^3，硬度系数为 8 ～10。围岩多为灰岩，其次为闪长玢岩、灰岩，平均密度为 2.7 t/m^3，硬度系数为 8 ~ 12，闪长玢岩平均密度为 2.7 t/m^3，硬度系数为 6 ~ 8。矿体位于围岩接触带上，裂隙岩溶发育，较为破碎，稳固性较差，夹有黄泥带并伴有淋水等。

3　原有掘进爆破参数的爆破效果

3.1　凿岩爆破技术参数

凿岩台车试验地点为-80 m 水平 $2^{\#}$采场 2-$3^{\#}$、2-$4^{\#}$、2-$5^{\#}$进路，巷道规格为 4.4 m×3.9 m，断面面积为 15.7 m^2。布孔参数及爆破参数以《掘进台车爆破参数设计》为基础。根据矿岩性质、掘进面的实际情况和布孔难易程度调整。总体原则是中间为辅助大孔或当量孔不装药，直径为 92 mm，其余为小孔直径为 50 mm。

（1）凿岩参数。布孔数目与矿岩坚固性有直接关系。较为合理的数据为：硬度系数为 10，凿岩约 50 个；硬度系数为 8 ~ 10，凿岩约 45 个；硬度系数< 8，凿岩约 40 个。炮眼间距为 500 ~ 900 mm，掏槽孔数为 4 ~ 6 个，大孔和小孔的距离为 200 mm，施工要求中间大孔为掏槽补偿空间，其余掏槽眼和辅助眼都垂直于工作面，并且相互平行，小孔眼底应位于同一工作面上。周边孔距巷道轮廓线 150 mm，向外倾斜 5°，底眼距底板 150 mm，下倾 5°，炮孔深 3.3 m。

（2）装药结构。掏槽眼、辅助眼全部采用连续装药。周边眼采用不耦合装药，将起爆药放入孔底，再装入部分药卷，中间隔开 800 mm，在此基础上进行二次装药，设置起爆药包。炸药采用 $2^{\#}$岩石炸药和水胶炸药，装药孔直径 50 mm。

（3）炸药类型。①光爆眼，ϕ32 mm 的 $2^{\#}$岩石炸药，150 g/卷，长 200 mm/卷；②底眼，ϕ42 mm 的水

王兰在（1963—），男，高级工程师，056002 河北省邯郸市丛台区朝阳路 88 号。

胶炸药,500 g/卷,长 300 mm/卷;③其他炮孔,采用 ϕ36 mm 的 2#岩石炸药,200 g/卷,长 220 mm/卷。

(4)起爆联线方式。采用并联方式,火雷管起爆导爆管,导爆管再起爆孔内导爆管,导爆管起爆炸药。所有爆孔可分 3 组或 3 组以上并联。塑料导爆管为 6 m 长的半秒管。

3.2 爆破的效果

3.2.1 岩性一

岩石硬度系数 <8,-80 m 水平 2-3#进路 15 m 处(图 1),掌子面为蚀变矽卡岩,爆破参数见表 1,起爆顺序见表 2。

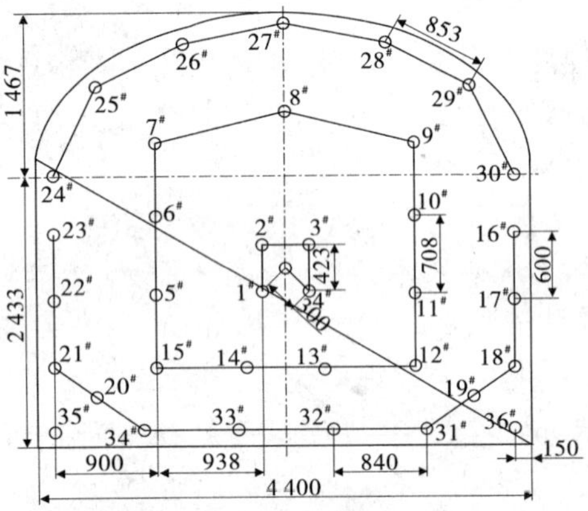

图 1 -80 m 水平 2-3#进路 15 m 处炮孔布置情况(单位:mm)

表 1 爆破参数

孔号	孔数/个	孔深/m	装药系数/%	装药量			
				g/卷	卷	小计/g	合计/g
1#~4#	4	3.3	78.8	250	13	3 250	13 000
5#~15#	11	3.3	72.7	250	12	3 000	33 000
24#~30#	7	3.3	48.5	150	8	1 200	8 400
16#~23#	8	3.3	60.6	150	10	1 500	12 000
31#~36#	6	3.3	81.8	500	9	4 500	27 000

表 2 起爆顺序

孔号	孔数/个	起爆顺序	爆管段数
1#~4#	4	1	1
5#~15#	11	2	3
16#~23#	8	3	5
24#~30#	7	4	7
31#~36#	6	5	9

起爆后,巷道成型较好,没有超挖现象,矿岩抛掷距离 10 m,平均进尺 2.7 m,炮眼利用率 81.8%,单耗 2.20 kg/m³。凿岩时间为 4 h(包括对眼时间),装药联线时间为 1 h 35 min,辅助时间为 1 h 40 min,通风 1 h,共计 8 h 15 min。

3.2.2 岩性二

岩石硬度系数为 8~10,-80 m 水平 5-5#进路 5 m 处掌子面岩性为蚀变闪长岩,该处炮孔布置情况见图 2。爆破参数见表 3,起爆顺序见表 4。

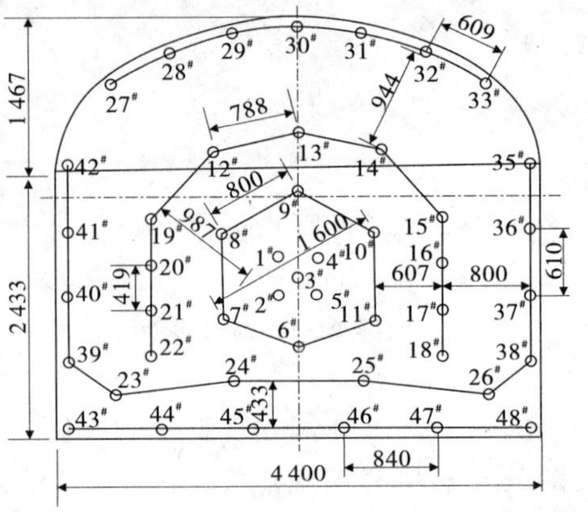

图 2 -80 m 水平 5-5#进路炮孔布置情况(单位:mm)

表 3 爆破参数

孔号	孔数/个	孔深/m	装药系数/%	装药量			
				g/卷	卷	小计/g	合计/g
1#~2#,4#~5#	4	3.3	84.8	250	14	3 500	14 000
6#~11#	6	3.3	72.7	250	12	3 000	18 000
12#~26#	15	3.3	60.6	250	10	2 500	37 500
43#~48#	6	3.3	72.7	500	8	4 000	24 000
27#~33#	7	3.3	42.4	150	7	1 050	7 350
35#~42#	8	3.3	66.7	150	11	1 650	13 200

表 4 起爆顺序

孔号	孔数/个	起爆顺序	爆管段数
1#~2#,4~5#	4	1	1
6#~11#	6	2	3
12#~22#	13	3	5
35#~42#,23#~26#	14	4	7
27#~33#	7	5	9
43#~48#	2	6	11

爆破后,巷道成形较好,矿岩抛掷距离 10.5 m,进尺 2.5 m,炮眼利用率 75.8%,炸药单耗 3.2 kg/m³。凿岩时间为 4 h 45 min(包括对眼时间),装药联线为 1 h 50 min,辅助时间为 1 h 10 min,通风 1 h,共用 8 h 45 min。

3.2.3 岩性三

岩石硬度系数>10,2-5#进路 33 m 处掌子面为磁铁矿,致密块状构造,具有一定塑性,该处爆破布置情况见图 3,爆破参数见表 5,爆破顺序见表 6。

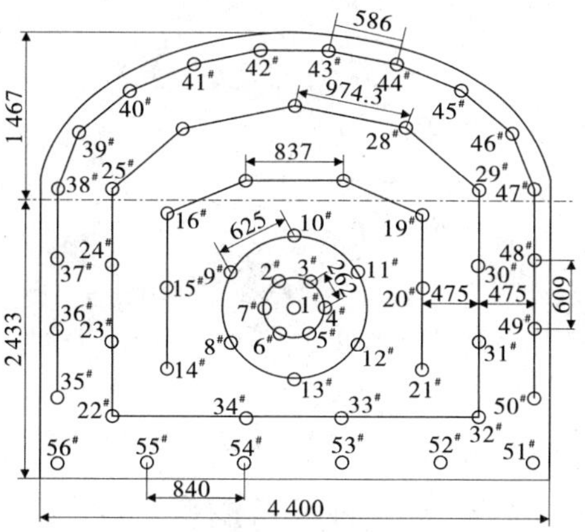

图 3　−80 m 水平 2-5#进路 33 m 处炮孔布置情况(单位:mm)

表 5　爆破参数

孔号	孔数/个	孔深/m	装药系数/%	装药量			
				g/卷	卷	小计/g	合计/g
2# ~7#	6	3.3	84.8	250	14	3 500	21 000
8# ~21#	14	3.3	72.7	250	12	3 000	42 000
22# ~34#	13	3.3	72.7	250	12	3 000	39 000
35# ~50#	16	3.3	54.5	150	9	1 350	21 600
51# ~56#	6	3.3	81.8	500	9	4 500	27 000

表 6　起爆顺序

孔号	孔数/个	起爆顺序	爆管段数
2# ~7#	6	1	1
8# ~13#	6	2	3
14# ~21#	8	3	5
22# ~34#	13	4	7
35# ~50#	8	5	9
51# ~56#	8	6	11

爆破后,巷道成形较好,矿石抛掷距离 11.5 m,掏槽进尺 2.6 m,周边 2.2 m,端部不平,平均进尺 2.4 m,炮眼利用率 72.7%,炸药单耗 3.99 kg/m^3。凿岩时间为 5 h 35 min(包括稳定台车、对眼时间),装药联线时间为 2 h 10 min,辅助时间 45 min,通风时间为 1 h,共计 9 h 30 min。

4　存在问题及对策

4.1　存在问题

(1)掏槽爆破无法完全形成槽腔,内部矿石无法完全抛出,无法为扩槽孔的爆破提供足够的自由面,导致循环进尺不高;也是火工材料单耗较高,掘进效率低的关键原因。

(2)扩槽孔发生拒爆现象。扩槽孔距离掏槽孔太近,使扩槽孔内的炸药“挤死”拒爆,如果掏槽孔距离扩槽孔太远,则无法完全崩动周围矿石,出现“穿炮”现象。

(3)更换钻头时,应保证钻臂的平行,钻凿其他掏槽眼时偏离原钻孔方向。孔深达 3.3 m,使钻头到达孔底时偏差值更大,影响掏槽效果。频繁更换钻头会对凿岩设备造成损害。当偏角为 4°时,钻孔孔底偏差值 230 mm。对偏差值分 2 种情况进行分析:①如果钻头到达孔底时,与原钻孔方向相背,则孔底处的最小抵抗线明显增大,超过药包形成压碎区的半径,无法崩动原岩,导致“穿炮”现象,形不成掏槽,即掏槽失败,则整个掌子面爆破失败;②如果钻头到达孔底时,与原钻孔方向相向。由于偏差值达 230 ~ 345 mm,极易出现“透孔”现象,即破坏了掏槽眼,导致掏槽失败。

(4)爆破多次发生爆破底根,处理比较困难,主要是由于台车钻凿底部钻孔时,角度大造成孔底距过大,无法爆动岩石。

(5)发生多起塑料导爆管未能传爆现象,主要原因是未按技术要求联线,联线操作过程不仔细。

(6)巷道成型较好,减少了对巷道周边的破坏和损伤,减少了巷道的支护,但光面爆破效果不明显。光爆层(指周边炮孔与最外层主爆孔之间的一圈岩石层)的厚度即为周边孔的最小抵抗线 W,光爆层的厚度与岩石性质和地质构造有关,坚硬完整的岩石光爆层宜薄一些,而松软破碎的岩石宜厚一些。根据类似矿山经验,最小抵抗线取 800 mm。周边孔密集系数宜小于 1,通常光面爆破密集系数为 0.8。光爆孔装药量,装药集中度:中硬时为 0.25 kg/m,岩性松软破碎时约 0.12 kg/m,才能保证爆破效果。

4.2　对　策

针对上述问题,制定了调整布孔参数和爆破工艺的对策。针对不同岩性,归纳总结出比较易于操作的 3 种台车掘进爆破参数:掏槽采用桶型,凿岩时比其他孔超深 100 mm,扩槽孔 4 ~ 6 个,间距约 400 mm。周边眼 19 个,最小抵抗线约 850 mm。孔间距:底眼 770 mm,周边眼 800 mm,顶眼 600 mm。掏槽孔、扩槽孔、辅助孔、底眼采用连续装药,周边孔采用间隔装药,间隔距离 800 mm。孔口堵塞,堵塞长度 400 mm。起爆药包放入孔底,使用半秒延期塑料导爆管起爆炸药包,延期顺序依次为掏槽孔、扩槽孔、辅助孔、周边眼、底眼。采用并联网络,即按爆破炮孔中心左右分组,每组并联的塑料导爆管数量不得大于 20 发,每组再用一发同段导爆管反向联结,与火雷管联接。鉴于掏槽眼底部的矿石有时不能被完全抛出，掏槽孔及空孔比其他孔超深 100 mm，孔底装入 2#岩石卷药，在掏槽眼响后起爆，从而形成加强抛掷外部已破碎矿石。为扩槽孔提供空间。

5 优化后不同岩性布孔参数

5.1 岩性一

岩石硬度系数<8，易掘易爆矿岩（软），主要为细粒结构、局部小节理发育、浸染状构造，蚀变矽卡岩、松散粉状矿体，蚀变闪长岩和浸染状铁矿石（较软）。进尺 2.7 m，炮孔利用率达 85%，炸药单耗 2.31 kg/m^3。凿岩布孔情况见图 4，爆破参数见表 7，起爆顺序见表 8。

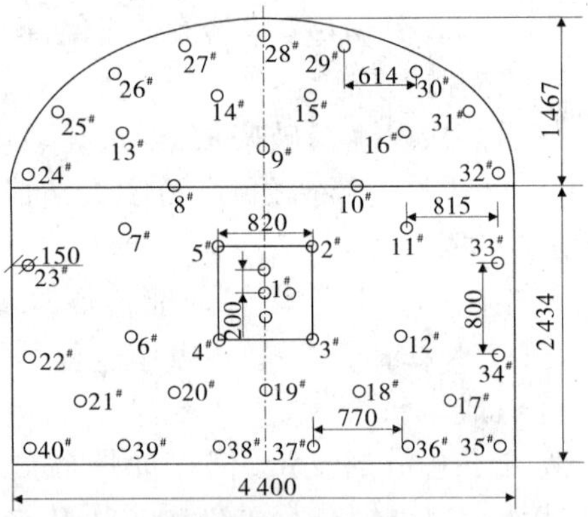

图 4 第一类岩性凿岩布孔情况（单位：mm）

表 7 爆破参数

孔号	孔数/个	孔深/m	装药系数/%	装药量			
				g/卷	卷	小计/g	合计/g
1#~5#	6	3.2	87.5	500	10	5 000	30 000
6#~12#	7	3.2	75	200	12	2 400	16 800
13#~21#	9	3.2	62.5	200	10	2 000	18 000
22#~34#	13	3.2	31.25	200	5	1 000	13 000
35#~40#	6	3.2	65.6	500	7	3 500	21 000

注：空孔孔深 3.3 m。

表 8 起爆顺序

孔号	孔数/个	起爆顺序
1#	1	1
2#~5#	4	3
6#~12#	7	5
13#~16#	4	7
17#~21#	6	9
22#~40#	19	11

5.2 岩性二

岩性硬度系数为 8~10，爆破难易程度居中（中等硬度矿体），闪长岩，高硫致密状结构铁矿体。进尺 2.6 m，炮孔利用率 81%，炸药单耗 2.68 kg/m^3。第二类岩性凿岩布孔情况见图 5，爆破参数见表 9，起爆顺序见表 10。

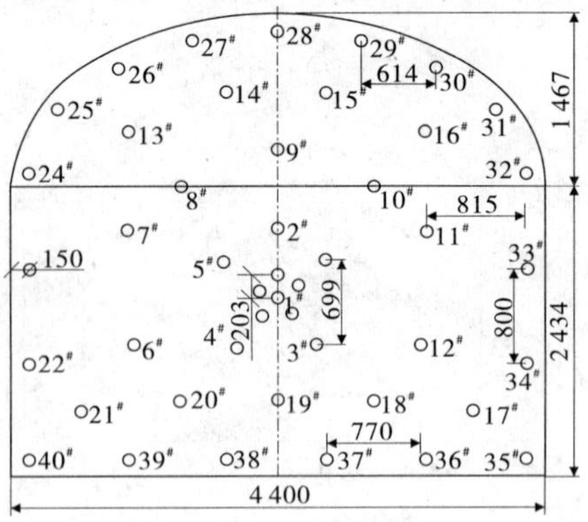

图 5 第二类岩性凿岩布孔情况（单位：mm）

表 9 爆破参数

孔号	孔数/个	孔深/m	装药系数/%	装药量			
				g/卷	卷	小计/g	合计/g
1′#,2′#,1#~5#	8	3.2	87.5	500	9	4 500	36 000
6#~12#	7	3.2	75	200	12	2 400	16 800
13#~21#	9	3.2	62.5	200	10	2 000	18 000
22#~34#	13	3.2	37.5	200	6	1 200	15 600
35#~40#	6	3.2	75	500	8	4 000	24 000

注：空孔孔深为 3.3 m。

表 10 起爆顺序

孔号	孔数/个	起爆顺序
1′#	1	1
2′#,2#~5#	4	3
6#~12#	7	5
13#~16#	4	7
17#~21#	6	9
22#~40#	19	11

5.3 岩性三

岩石硬度系数为 10~13，难掘难爆矿岩（比较少见），主要是高硫致密坚硬、块状细粒结构，未变质闪长岩和致密块状铁矿石。进尺 2.5 m，炮孔利用率 83%，炸药单耗 2.99 kg/m^3。第三类岩性凿岩布孔情况见图 6，爆破参数见表 11，起爆顺序见表 12。

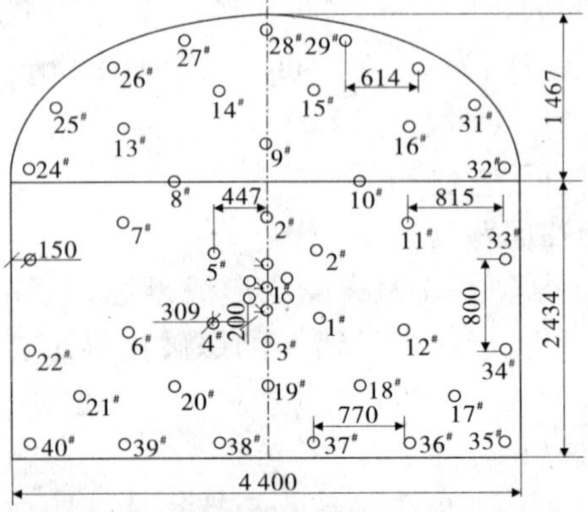

图 6 第三类岩性凿岩布孔情况（单位：mm）

（下转第 433 页）

炮孔填塞机的应用及工程意义

裴群生　王爱民
（首钢矿业公司水厂铁矿）

摘　要　为了提升矿山爆破质量，通过对炮孔填塞机的工程应用，对炮孔填塞机使用前后在爆破作业中的生产效率、劳动强度、炮孔填塞质量进行对比分析。结合某矿山的实际情况，提出了该矿山可向爆破规模大型化发展方向。

关键词　填塞机应用　效率　塞质量　爆破规模大型化

机械化与自动化是工业发展的必然趋势。随着社会经济的快速增长与矿山生产能力要求的不断提高，矿山生产大规模化、自动化与数字化是矿山发展的重要趋势[1-3]。露天中深孔爆破施工工作较为复杂，包括爆破设计、爆破审批、起爆准备、孔口小票发放、孔深和水深测量、爆破器材发放、抽水、装药、填塞、连线、警戒施放、爆破、爆后检查等工作。长期以来，首钢水厂铁矿爆破施工工作难度大，主要体现之一就是机械化程度低，如乳化炸药未实现机械化混装，特别是炮孔填塞工作量非常大。为了提升矿山爆破工作效率、提高机械化程度，将ZL50F-Ⅱ型炮孔填塞机在水厂铁矿投入应用，取得了较好的效果。

1　炮孔填塞机简介和安全技术措施

1.1　炮孔填塞机简介

ZL50F-Ⅱ型炮孔填塞机是由轮式装载机改制而成，其主要是在机械车辆前部安装由液压驱动的双臂刮板，双臂刮板铰接连接在支座上，在支座两端与该侧的刮板中部铰接有液压缸，液压缸与机械车辆的液压系统油管相连接，支座通过销轴固定在机械车辆的执行机构上。双臂刮板直接由车辆的液压系统驱动，完成刮板的合拢与张开，达到炮孔的填塞。

1.2　安全技术措施

（1）爆破施工人员与填塞机工作人员之间需要协调一致，确保作业安全。由于填塞机设备自身较大，特别是在孔网密集的爆破区域内安全至关重要，需要加大对职工的安全教育，要求爆破施工人员与填塞机司机做好呼喊应答。

（2）炮孔填塞过程中应确保爆破器材的安全。由于爆区内炮孔之间空间限制，加之孔内雷管在爆区的横竖交织，需要将孔内雷管剩余的地表部分放在孔周围，同时爆破施工人员与填塞机司机做好呼喊应答，避免压线。

（3）填塞质量需要进一步探索，虽然填塞机的使用解放了爆破工的填塞部分，但由于使用填塞机填塞时速度快填塞无法控制，尤其是针对水比较大的孔时无法达到填满填实的效果，需要在填塞机填过之后进行人工复填，保证填塞高度从而保证爆破质量和爆破安全。

（4）穿孔爆破生产组织必须进一步精细化。由于填塞机可以大大提高工作效率，要求爆破技术员的设计更加合理，从而保证爆破质量。生产组织要应加精细合理，进一步扩大爆区规模，每天一炮，从而减少填塞机的长距离开车，降低爆破施工的难度。

（5）不断提高岗位的操作技能水平。由于填塞机是新设备，在使用过程中还需要不断总结完善，针对现场不同的复杂情况进行相应的调整。就目前工作状况而言，还需要提高填塞机岗位司机和爆破工对待新事物的认知能力和操作能力，总结填塞机的最佳使用方法，保证填塞效果，从而提升爆破质量、保证爆破安全。

2　工程意义

自2011年11月1日炮孔填塞机正式进入运行阶段以来，经过对炮孔填塞机和爆破工作进行详细的写实分析，炮孔填塞机很好适应了矿山生产的同时也为矿山发展起到了促进作用。

2.1　优化爆破施工工序

在未使用填塞机之前，爆破施工的主要工序有现场环境确认、警示标志的摆放、装药、填塞（用人

裴群生（1969—），男，工程师，064405 河北省迁安市。

工进行填塞)、联线、警戒、起爆和爆后检查等;使用填塞机之后,便多了一个指挥填塞机进行填塞的过程,从而取代了人工填塞,并且为了保证安全,填塞机填塞必须是在装完药之后进行,填塞机填塞无法与火药车装药同步进行,与以往有所区别。

2.2 提高填塞效率

炮孔人工填塞,干孔人工填塞每个孔需要的时间大约为7 min ,使用填塞机之后填每个孔大约需要1 min;水孔填塞需要15 ~30 min(水越多时间越长),使用填塞机之后大约需要3 ~5 min(水越多时间越长);特别是冬天,炮孔周围的渣易结冻,用铁锹进行人工填塞时进度较慢,必须用镐刨后才能填塞,每孔所用时间在30 min以上,而填塞机进行填塞时,可直接将磁尾填入孔中,大大缩减了填塞时间。实践表明,填塞机填塞阶段总耗时相比人工填塞缩减了20% ~30%,进而有效的加快了施工的进度。2012年的抽测结果见表1。

表1 炮孔填塞机填塞效率

爆区编号	水平/m	钻机编号	日期(2012)	水孔或干孔	孔数/个	总填塞时间/min	单孔填塞时间/min
20120303	22	11#	03-04	干孔	56	64	1.14
20120704	-35	11#	07-04	干孔	45	55	1.22
20120733	10	13#	07-23	干孔	46	50	1.09
20120812	10	13#	08-12	干孔	54	72	1.33
20120902	10	13#	09-04	干孔	17	20	1.18
20120316	-20	7#	03-13	水孔	26	81	3.1
20120703	-35	16#	07-03	水孔	23	93	4.04
20120808	-95	7#	08-09	水孔	30	142	4.73
20120834	-95	7#	09-01	水孔	29	132	4.55
20121004	-95	12#	10-0.8	水孔	29	148	5.1

2.3 促使施工规范化

人工炮孔填塞,爆破工的任务是装药、填塞和联线、警戒,可以说对爆破工自身而言每一项工作都必须从严从细。填塞机使用之后,解放了填塞部分人工劳动力,将爆破工人的很大精力转移到装药、联线、警戒上,有助于提高装药质量和警戒安全。

2.4 实现爆区规模的大型化

填塞机的投入使用,将在一定程度上缓解爆破人员的劳动强度,提高填塞效率,改善了炮孔填塞方式,从而不断提升炮孔填塞技术,从而提高爆破施工效率,为爆破规模的扩大提供了必要的物质条件。

爆破规模大型化和合理化,可以减少设备的长时间避炮,待推平台时间,提高钻机作业效率和爆破工作效率;可以减少采场电铲、矿车等设备的避炮时间。重点抓好爆区规模的有效控制,特别抓好重点钻机爆区规模和节奏的控制,水孔部位爆区规模控制,实行勤穿勤爆,快穿快爆,分穿分爆,单个爆区乳化炸药量控制在32 t以内;铵油部位适当扩大爆区规模;有效控制钻机作业方式。及时掌握爆区水孔水位动态,精心设计,报炮时把乳化炸药降低到最小限度,强化抽水工作,尽可能在保证爆破质量的前提下降低乳化炸药用量。在可能的情况下,考虑到乳化炸药周一加工,到达现场较晚不利于爆破施工,周一尽量不安排大的乳化爆区。

经过分析,爆区规模能够具备大型化条件的部位按照表2所示的参数进行控制。

表2 建议爆破规模及炸药用量

爆区种类	爆区孔数/个	乳化药量/t	铵油药量/t	爆破量/万t
纯乳化爆区	40	32	0	16
纯铵油爆区	90	0	60	30
炸药种类混合爆区	130	32	60	46

爆区规模大型化可以减少爆破次数,更加有力与生产组织协调。按照施工单位年爆破生产总量4 900万t计算,平均约13.5万t/d,大约50孔,爆破装药量大约27 t。按照每个爆区10万t考虑其他如穿孔和预裂爆破等因素,则平均每天进行约1.5次爆破,而每次爆破警戒影响时间为40 min。如果扩大爆区规模则会相应的减少爆破次数,从而减少设备人员的避炮时间,更加有力与生产组织。可以减少电铲、钻机避炮的设备移动,减少电铲的避炮次数,减少矿车的避炮时间,减少停送电次数,减少接爆区次数提高推土机的利用率等。参照2012年6月份的爆区统计,总计进行中深孔爆破次数为37次,平均1.23次/d。其中不需要停电的只有7次,30次需要停电,停电影响电铲66台次,平均2.2台次/每次爆破,钻机37次,平均1.23台/每次爆破;警戒影响电铲106台次,平均2.86台次/每次爆破;钻机65台次,平均1.76台次/每次爆破。而每次爆破的时间从警戒的施放到起爆再到警戒解除,一般需要的时间大约40 min,那么按照电铲的警戒影响计算中爆破的警戒的累计影响是巨大的。根据6月份的情况,6月份的爆破孔数低于30孔的爆区有14次其中10次是因为钻机作业部位水深孔打不住被迫小规模进行爆破,平均每次爆破量只有10.37万t/次,相比6月份12.3万t/次,低约2万t/次。如果按照大于30孔的爆区计算则每个爆区的

爆破量为14.5万t/次。可见按照每个爆区14.5万t/次的爆区规模控制，将大大的降低爆破次数，平均每月低于30次中深孔爆破，每天1次中深孔爆破，更利于生产组织。特别是目前施工单位还有挂帮矿回收、塌方区治理等重点工作，无形之中在减少对采矿生产影响的同时还可以解放爆破施工人员的劳动力，让他们有时间去进行重点穿孔爆破工作的爆破施工，去进行预裂爆破施工，更加有利于保证爆破质量和边坡爆破控制效果。还能跟进一步的降低爆破施工人员的劳动强度。

3 结 语

通过长时间的实践，在爆破施工过程中不断改进炮孔填塞技术，特别是炮孔填塞机应用到爆破生产之后，不断提升炮孔填塞机的炮孔填塞效果对于保证爆破质量、保证爆破至关重要。随着炮孔填塞技术的提升，在穿孔爆破的生产组织过程中，实现爆区规模的大型化，能够有效保证爆破质量，减少爆破的警戒影响时间，提高采矿生产效率。

参 考 文 献

[1] 罗金胜，何凤有. 矿山钢缆皮带网络控制系统应用研究[J]. 中国矿业，2007(10):54-57.

[2] 宁选凤，苏昌学. 矿山数字化的探讨[J]. 现代矿业，2009(2):31-32.

[3] 吴亚斌. 基于SURPAC软件矿山数字化的应用[J]. 现代矿业，2010(3):66-69.

（收稿日期 2015-05-26）

（上接第430页）

表11 爆破参数

孔号	孔数/个	孔深/m	装药系数/%	装药量			
				g/卷	卷	小计/g	合计/g
1′#,1″#,2′#,3′#,1#～5#	9	3.0	93.3	500	9	4 500	40 500
6#～12#	7	3.0	80	200	12	2 400	16 800
13#～21#	9	3.0	66.7	200	10	2 000	18 000
22#～34#	13	3.0	46.7	2 000	7	140 050	182 000
35#～40#	6	3.0	80	500	8	4 000	24 000

注：空孔孔深为3.3 m，空孔两孔各装400 g炸药。

6 结 语

通过试验对比和理论探讨，采用优化后的凿岩爆破参数，平均掘进进尺、炮眼利用率、光面爆破效果等明显提高，单台台车台效达到200m/月，平均

表12 起爆顺序

孔号	孔数/个	起爆顺序
1#，1′#，1″#	1	1
2′#,3′#,2#～5#	4	3
6#～12#	7	5
13#～16#	4	7
17#～21#	6	9
22#～40#	19	11

掘进循环进尺达到2.5 m以上。巷道质量得到显著提高，降低了爆破对围岩的破坏和损伤，提高了巷道的自稳性，降低了支护工程量和支护等级，提高了生产效率。

（收稿日期 2015-05-26）

供风机车的研制与试验

魏　巍
（五矿邯邢矿业有限公司）

摘　要　北洺河铁矿实施以采场为单元的生产衔接方式，形成了软弱破碎矿床高强度集约化开采模式，矿石通过各水平溜井下放至-230 m水平，而后由14 t电机车集中运至主溜井。由于大块运输问题，现将一台14 t电机车改造成为移动供风机车，井下550 V直流牵引线供电，通过逆变电源转换成为380 V交流电，可用于井下移动式供风及供电等生产作业，大幅度提高生产效率，达到了预期效果。

关键词　电机车改造　移动供风机车　逆变电源

北洺河铁矿运输车间主要负责井下溜井矿石的运输任务。采用常州长江客车集团工矿车辆有限公司和平遥同妙机车有限公司生产的黏重为14 t的ZK14-9/550 V、CJZ14/9GB型电机车，共14台。目前-110，-230 m水平运输系统同时运行，14 t电机车运行10台，备用4台。原常州产电机车全部由电阻调速改造为斩波调速，故障率明显下降，工作效率提高，节能效果明显。矿车则使用4 m^3侧卸式矿车，每台14 t电机车可牵引8辆矿车，达到电机车与矿车运输的最优化配置。

随着生产方式转变，北洺河铁矿高溜井的使用已较为普遍。虽然高溜井使用后可使部分大块顺利下放，但是导致棚井现象时有发生，处理十分困难，为此需打眼处理；大块下放至矿车后，为保证大块能够顺利下放至破碎站，还需打眼处理。基于以上两方面原因，需要在溜井口处理大块，放炮可大大降低冲击力对放矿机、额墙、操作硐室等重要部位破坏程度；打眼爆破较明炮爆破的效果好，降低炸药耗费量，节约成本，降低职工劳动强度，减小危险程度，提高运输效率。但在每条溜井处都放置一台空压机又不太现实，因此需要研制一台供风用机车。

1　供风机车主要功能及特点

基于以上问题，北洺河铁矿根据生产需要，将一台14 t电机车改造成为移动供风机车。

机车主要特点：

(1)可用井下550 V直流牵引线进行供电，工作范围变大，解决到各溜井打眼的问题，凡有牵引线的地点，都可以进行工作，比以前只有到主溜井才能进行打眼破碎方便很多。

(2)通过逆变电源将550 V直流电转换成为380 V交流电，给空压机供电，方便快捷。

(3)操作方便，和电机车操作方法相同。

供风机车有以下主要功能：

(1)主要用于溜井大块打眼放炮破碎。

(2)为其他工作场所供风、供电，如带动水泵喷刷巷道、电夯机修整道床、变压器临时照明等。

2　机车改造选型

此次改造的主要问题在于空压机、储气罐、逆变电源的选型以及安装后的工作配合。

受电机车外形尺寸限制，所选空压机、储气罐以及逆变电源必须可以放置于电机车内，且必须满足生产需要。7655凿岩机是车间主要的大块打眼设备，所选空压机供风量必须满足7655气腿式凿岩机的需求。7655型气腿式凿岩机主要参数见表1。

2.1　空压机的选择

空压机站必须的供气量由风动工具的耗气量决定。7655凿岩机需风量为3.2 m^3/min，但在风动工具日久磨损后，耗气量将会有所增加，同时风动工具一般都是间歇性工作，因此在确定风动工具的总耗气量时，必须考虑到风动工具的间歇工作减少总耗气量以及沿途泄漏而增加总耗气量等因素。由于只供单台7655作业，所以不用考虑沿途泄漏而增加总耗气量。空压机供气量按下式计算：

$$Q = \psi M_i Q_i F_i , \tag{1}$$

式中，Q为空压机供气总量；ψ为由于设备磨损使空

魏　巍（1982—），男，工程师，056002 河北省邯郸市丛台区朝阳路88号。

表 1　7655 型气腿式凿岩机主要参数

全长 /mm	气缸直径 /mm	凿岩冲击频率 /Hz	凿岩耗气量 /(m^3/min)	噪声 /dB(A)	输气教管内径 /mm	钻孔直径 /mm	钎尾规格 /mm	推进长度 /mm
628	76	≥36	3.2	≤112	25	34 ~ 42	B22×108	1 338

机重 /kg	使用气压 /MPa	活塞结构行程 /mm	冲击能 /J	空转转速 /(r/mim)	输水教管内径 /mm	最大钻孔深度 /m	气腿长度/mm		最大轴推力 /N
							最大	最小	
24	0.63	60	≥65	≥300	13	5	3 006	1 668	2 000

气消耗量增加的系数，其值一般为 1.1 ~ 1.15，由于是风钻，取 1.15；M_i 为在一班内工作的同类型设备的台数，只供一台 7655 凿岩机，取 1；Q_i 为一台设备的空气消耗量，3.2 m^3/min；F_i 为各种设备同时工作系数，随设备多少而定，取 1。

计算得出 $Q=3.68$ m^3/min。

应保证工作地点的压力比风动工具的工作压力大 0.981×10^5 Pa（考虑到橡胶软管、旧管的影响而增加的压力值），因此，空压机必须的出口压力按下式计算：

$$p = p_g + 0.981 \times 10^5, \qquad (2)$$

式中，p 为空压机的出口压力，Pa；p_g 为风动工具的工作压力，0.63 MPa。

计算得出 $p=0.728\ 1\times10^6$ Pa。

根据以上计算，选择阿特拉斯空压机，具体参数见表 2。

表 2　GA18PA7.5FM 空压机主要参数

额定压力 /MPa	驱动电机功率 /kW	净重 /kg	系列号	公称容积流量 /(m^3/min)	输入比功率 /(kW(m^3/min))	外形尺寸(长×直径) /mm
0.75	18.5	435	WUX584370	3.15	7.6	930×650

虽然此空压机公称容积流量为 3.15 m^3/min，小于计算所得的 3.68 m^3/min，但考虑到 7655 凿岩机为间歇性工作，耗气量减少；且在前期试验中，已证明空压机供风量为 3 m^3/min 时就可保证打眼用气，所以所选空压机也可满足生产需要，并且可放置于电机车内。

2.2　储气罐的选择

空压机的吸入流量是按气动系统的平均耗气量选定，当气动系统在最大耗气量下工作时，气罐容积按下式计算：

$$V \geqslant (Q_{max} - Q_{sa})P_a/PT'/60\ , \qquad (3)$$

式中，V 为气罐容积，L；Q_{max} 为标准状态下气动系统的最大耗气量，L/min；Q_{sa} 为标准状态下气动系统的平均耗气量，L/min；P_a 为大气压力，0.1 MPa；P 为气动系统的使用压力（绝对压力），0.1 MPa；T' 为气动系统在最大耗气量下的工作时间，s。

计算得出 $V\geqslant56$ L。

根据以上计算结果，选择的储气罐参数见表 3。

表 3　CJ11B-0157 储气罐主要参数

设计压力 /MPa	设计温度 /℃	使用寿命 /a	容积 /L	工作介质
0.84	150	6	340	空气

2.3　逆变电源的选择

在此基础上选择逆变电源，输出功率必须大于 18.5 kW（空压机功率）才可满足空压机运行，逆变电源主要参数见表 4。

表 4　NBD-3 逆变电源主要参数

输入功率 /kW	重量 /kg	输入电压 /V	输出电压 /V	外形尺寸（长×宽×高） /mm
30	60	550（直流）	380（交流）	760×350×430

3　机车研制过程

改造内容包括结构外形尺寸改造、供风系统改造、供电系统改造。主要更换及安装备件见表 5。

表 5　主要更换及安装备件

集电弓总成 /套	螺杆空压机 /台	储气罐及附属 /套	逆变电源 /台	轮对（带轴承盒） /件	齿轮/件		司机控制器 /台
					大伞	小伞	
1	1	1	1	2	2	2	1

3.1　结构改造

由于需要放置空压机、储气罐以及逆变电源，供风机车的结构比原电机车有了较大改变。

电机由双电机（2×52 kW）改为单电机（52 kW）。原双电机主要是为了运输矿石，现机车主要是为了供风打眼，单电机足可保证运行。原电机位置放置储气罐及空压机，拆除原空压机及电机。同时，拆除原制动电阻，斩波调速箱安装于司机控制室内，此位置安装逆变电源，电抗移至司机座位下。

由于空压机及储气罐的尺寸缘故，需要割去电机车车尾部，空压机尺寸比电机车内尺寸大 200 mm，下部用 20# 钢板重新进行了焊接，保证空压机的安全放置，而后在车尾部重新焊接了碰头，保证供风机车的正常运行。

机车改造前后构件位置变化见图1、图2。

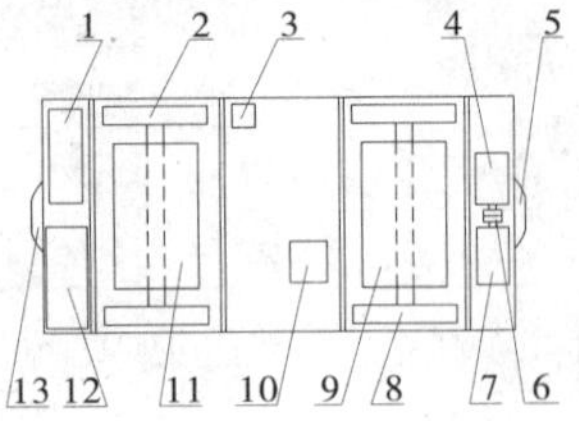

图1　14 t电机车改造前结构示意

1—制动电阻；2、8—轮对；3—电抗；4—原空压机；5、13—碰头；6—联轴器；7—直流电机；9、11—驱动电机；10—司控器；12—斩波调速器

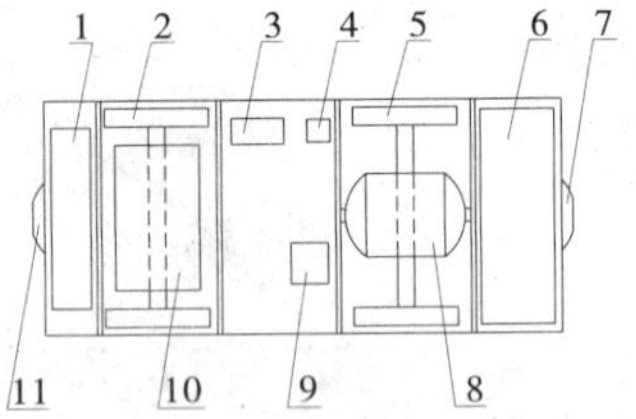

图2　14 t电机车改造后结构示意

1—逆变电源；2、5—轮对；3—斩波调速箱；4—电抗；6—螺杆空压机；7、11—碰头；8—空压机储气罐；9—司控器；10—驱动电机

3.2　供风系统改造

供风系统改造是本次机车改造的主要内容。改造后由螺杆空压机为整个供风机车提供气制动风量，由于原电机车制动所需风量较小，螺杆空压机除正常工作外，提供的风量可完全保证制动所需风量。

原电机车气制动原理：直流电动机11驱动空气压缩机10，使空气加压后通过逆止阀8进入风包6，当风包内空气的压力达到规定的最大工作值时，空气压力继电器5就自动切断空压机电动机电源；当风包内的压力降到一定值时，空气压力继电器就会重新接通电动机电源，如此反复操作，使机车压缩空气始终保持在规定的范围内。压缩空气通过外部供风管线输送至三通接头15处，而后分别传送至控制阀2和脚踏阀16，控制阀控制气喇叭4，脚踏阀则控制2个制动气缸，通过调节脚踏阀的踩踏深度调节电机车的制动力。而供风机车与其的最大不同点为不仅由螺杆空压机提供制动风量，而且同时提供工作风量。

在空压机储气罐上分别装有压力表6、安全阀7以及三通接头9连接的供风口，压力表可直观地观察储气罐内气体的气压；安全阀则在储气罐超过额定压力时泄荷；供风口处安装一个球阀10，在需要供风时，打开截门。

机车改造前后供风系统变化见图3、图4。

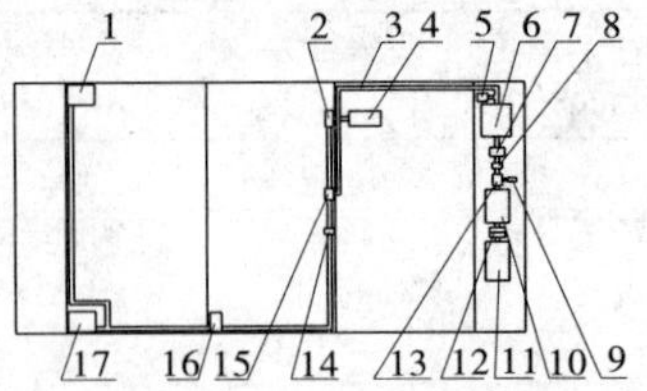

图3　14 t电机车改造前供风管线示意

1、17—制动气缸；2—控制阀；3—供风管线；4—气喇叭；5—空气压力继电器；6—储气罐；7—油水分离器；8、14—逆止阀；9—安全阀；10—空压机；11—直流电机；12—联轴器；13、15—三通活接头；16—脚踏阀

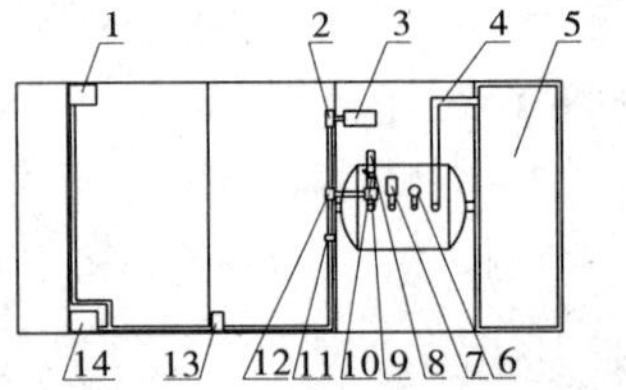

图4　14 t电机车改造后供风管线示意

1、14—制动气缸；2—控制阀；3—喇叭；4—供风管线；5—螺杆空压机；6—压力表；7—安全阀；8—供风口；9、12—三通活接头；10—球阀；11—逆止阀；13—脚踏阀

3.3　电气系统改造

根据工作要求，选择30 kW的NBD-3型逆变电源（直流架线电源三相交流逆变器），可将550 V直流电逆变为50 Hz，380 V三相交流电，以带动三相鼠笼异步交流电机，可带动风泵供风镐、水泵喷刷巷道、电夯机修整道床、变压器临时照明、电机车空压机等三相大功率电动设备等，解决井下取交流电源的困难。其主要特点为过载能力强，转换效率高，机内设有短路保护电路，可靠性大为提高。

电机车电气工作原理：电机车通过集电弓得电后，通过辅助电源，光电给定器将550 V直流电变为24 V直流电控制斩波调速箱，以控制司控器电源，使驱动电机前进与后退，并且通过改变制动电阻的大小来改变电机车的行驶速度。

改造后驱动电机由两台变为一台；原司控器为8个触点，现有8个不再使用（原结制动电阻）；集电弓得电后，在开关闭合的情况下，直流逆变电源可直接得电，给螺杆空压机提供380 V交流电，保证空压机正常工作。

原电机车有3种制动方式，分别为电气制动、机械制动、气制动，由于原制动电阻已被拆除，改造后供风机车为气制动和机械制动，制动效率并没有降低，由于供风机车不承担运输生产任务，在行驶速度上会较电机车降低，气制动与机械制动足以保证其安全可靠运行。

机车改造前后电气系统变化见图5、图6。

4 试验效果

以25 km/h最高时速分别在上坡、下坡、平巷内进行刹车实验，刹车距离分别为22.5，28.7，25.2 m，能够满足在40 m之内刹住车的要求。

在主溜井处分别用供风机车与原空压机对 ϕ650 mm大块钻凿200 mm深孔。原空压机打眼时间为7.5 min，供风机车打眼时间为6.75 min，比原空压机打眼时间短，效率更高，完全满足井下生产的需要。

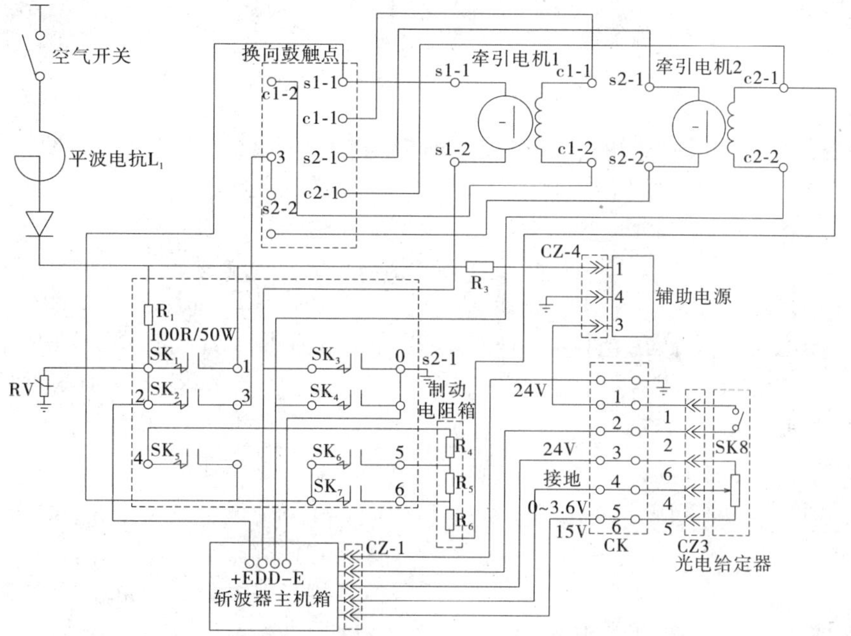

图5 14 t电机车改造前电控系统示意

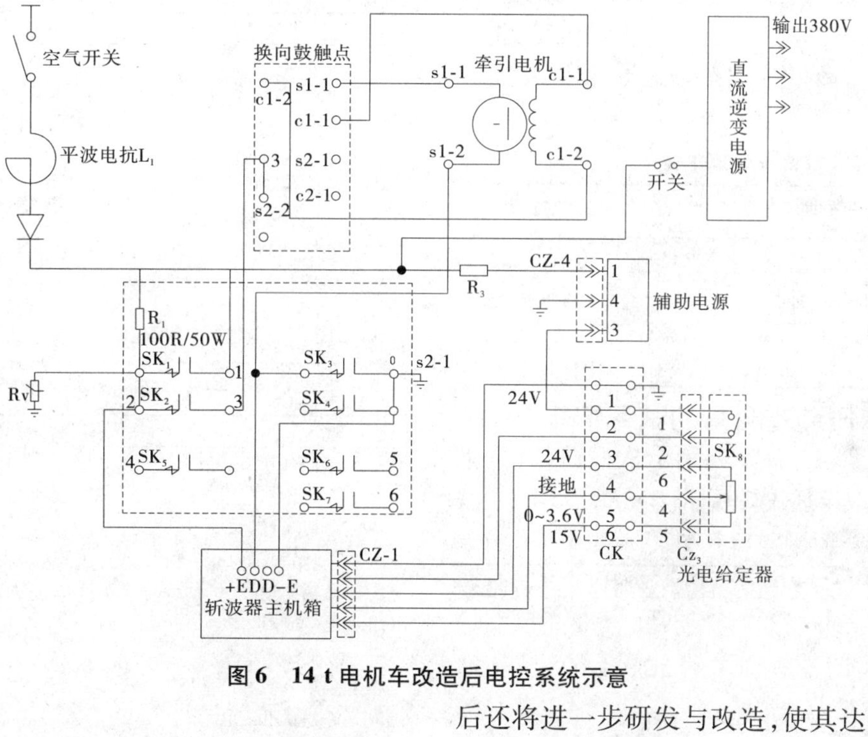

图6 14 t电机车改造后电控系统示意

5 结 语

供风机车的成功研制弥补了公司又一项生产技术的空白，大大提高了井下生产效率，社会效益和经济效益显著。目前只是第一阶段的试验性改造，今后还将进一步研发与改造，使其达到更高的技术水平，更好地服务生产。

（收稿日期 2015-05-26）

浅议装药台车在大红山铁矿的可行性

朱　耘
（玉溪大红山矿业有限公司）

摘　要　通过对装药台车在大红山铁矿的使用情况进行分析，在对存在问题进行讨论的基础上给出了解决措施，并对大红山矿业公司400万tⅡ期工程装药台车的选型提出建议。

关键词　硝铵炸药台车　返粉率　装药密度

大红山铁矿2006年建成400万t采选工程，随着大型化矿山不断建设，先进生产工艺设备不断投入生产，提高生产效率，降低劳动力和矿井风险[1-2]。大红山铁矿于2006—2007年先后购进由瑞典GIA公司生产的3台MEC211装药台车。就该装套台车在应用过程中存在的问题进行分析，并给出了相关解决措施。

1　设备原理

MEC211液压装药台车行走由发动机驱动提供动力源运行至工作区域，装药时放下卷缆电缆提供工作电源，启动空压机提供工作装药输送风压，将炸药吹进中深孔内。该设备相关技术参数如表1所示。

表1　设备相关技术参数

装药速度/(t/h)	返粉率/%	装药密度/(g/cm³)	装药罐/个
1.5	3～5	0.9～1	2

药罐容积/L	装药管直径/mm	药罐尺寸(直径/高)/mm	最大装药速度/(m/min)	装药管长度/m
750	38	900/1730	50	50

2　MEC211液压装药台车的试用情况

于2006年7月13日开始第1次试验，井下采掘面试验参数及记录如表2所示。

表2　试验参数

时　　间	2006年7月20日
准备时间	11 h 53 min
装药孔数/个	7
总装药量/kg	300
每米装药量/kg	2.73
准装药速度/(kg/min)	6.8
地　点	4805#进路
工作用时	1 h 25 min
装药米数/m	110
返粉量/kg	30
返粉率/%	10

此后，GIA MEC211装药台车厂家于2007年3月27—4月8日到我司现场进行第2次培训、调试、装药实验。台车根据第1次试验情况做以下改进：①装药台车携带变压器1个将380 V台车电压转化为井下供电作业电压1 kV；②溢流阀压力由以前的0.6 MPa提高至0.7.5 MPa；③送风软管也改为耐高压的软管。

井下采掘面460 m分段和560 m分段实验参数分别如表3、表4所示。

表3　460 m分段试验参数

时　　间	2007年4月6日
准备时间	11 h 16 min
装药孔数/个	15
总装药量/kg	780
每米装药量/kg	2.95
准装药速度/(kg/min)	13
地　　点	460 m分段
工作用时	1小时30分
装药米数/m	264.6
返粉量/kg	21
返粉率/%	2.6

表4　560 m分段试验参数

时　　间	2007年4月5日
准备时间	10 h 0 min
装药孔数/个	12
总装药量/kg	780
每米装药量/kg	3.5
准装药速度/(kg/min)	13
地　　点	560东切割槽
工作用时	1 h 25 min
装药米数/m	223.1 m
返粉量/kg	6
返粉率/%	0.8

朱　耘(1982—)，男，助理工程师，653405 云南省玉溪市新平县戛洒镇。

由2次试验数据可知,未能达到设备技术参数要求和采矿爆破要求,第2次试验中在装药速度和返粉量(率)取得了较为满意的效果,但装药密度未达到合同技术要求,此外,爆破大块比人工装药大,数量多,爆破后产生了悬顶等未完全爆破等问题。

3 存在问题分析及解决措施

(1)爆破中深孔倾斜问题,致使不能达到装药孔实际深度。装药爆破孔孔径76 mm,由Simba H1354台车T45钻杆所钻,钻杆长1.525 m,采用螺纹连接钻杆,一般20 m以上的中深孔存在底偏距,导致中深孔并非一条直线,装药台车装药属于机械动作,在中深孔内受阻后,反馈已到实际位置,若强行继续装管导致装药管折断。产生底偏距原因,钻杆采用螺纹连接无法形成一条直线,所钻矿石密度不均匀,受地压应力及爆破冲击波影响,导致装药爆破孔无法形成一条直线。装药台车输送管(ϕ38 mm)机械装药,不具有人工装药的灵活性将装药管送至实际深度。

(2)耐高压软管破裂,更换管子时间长,导致清罐。耐高压软管缠绕于台车卷盘上,卷盘回收装药管时,硝铵乳化炸药任留存于管中,因受弯曲,再次装药时不易将炸药送出,若遇软管破裂,导致炸药在软管中沉积,若炸药在在装药罐里沉积0.5 h以上,送风压力无法再次送出,导致清罐时费时费力。

(3)装药管受阻后,无法输送治实际位置。装药属于机械动作,人工装药时受阻,采用旋转或上下左右动作可以将装药管继续送至实际位置。

(4)炸药采用硝铵。硝铵是强电解质,炸药在井下湿度比较大,易水完全电离,发生化学反应,硝酸具有强氧化性,对设备容易生产腐蚀。

(5)未能体现减轻劳动力。操作设备需要2个人,装药需要4个人,与传统人工装相比未能体现设备的优越性。

(6)性价比高。由试验结果可知,与人工装药相比,因送管器导向轮采用金属制造,容易损伤装药管,导致使用成本高,效率低。

(7)安全性。参用机械装药降低了装药过程中的安全风险,其去安全性优于人工装药。

4 建 议

(1)选用潜孔凿岩台车替代顶锤式凿岩台车,保证中深孔的偏斜率。大红山矿业公司400万t Ⅰ期工程采用Simba H1354液压凿岩台车打中深孔,该设备采用顶尖固定稳定,所打中深孔存在底偏距,孔深存在偏斜率,导致装药受影响。针对该问题Ⅱ期工程采用潜孔钻机,保证所打中深孔的偏斜率达到设计要求。中深孔长久未装药爆破因地压应力和爆破冲击波导致变形,从生产组织上消除该因素,根据生产计划要求,及时组织装药爆破,避免中深孔变形。

(2)增设辅助装药管。增设辅助装药管,装药前预吹清孔,当主装药管破损时,利用快接接头,转化为人工装药,避免炸药放置时间长而导致清灌。

(3)增设吊篮。增设吊篮消除装药管受阻后,无法输送到实际位置。吊篮内坐1名工作人员,当装药管受阻后,旋动装药管,消除卡阻,并放爆破启爆线。当管子长时间使用后变形,伸至一定深度打滑,人工辅助后伸到实际深度。

(4)加强设备管理,保持设备清洁。因硝铵炸药对设备腐蚀性强,装药完成后,必须对台车进行清洁,因硝铵炸药腐蚀后,装药台车在使用过程中电气故障较多,需加强设备的检查和维护。

(5)药罐尺寸改型。药罐尺寸(直径/高)为900/1 730 mm,容积750 L,根据使用情况,无法体现出设备的优越性。设备尺寸大,加上台车行走车轮高度,导致药罐高度高,装药不方便,每次装药至少4名工人提装25 kg/袋炸药,劳动力强度大,未能体现机械装药的优越性。建议改小药罐尺寸,减少药罐容积。

(6)改进装药管材质,送管器金属导向轮改为尼龙导向轮。将送管器金属导向轮改为尼龙导向轮,减少因齿轮轮齿对装药管的损伤,选用耐磨,塑性好材料制作管子,延长管子的使用寿命。

(7)充分发挥机械装药的优越性。根据采矿工艺,在对装药台车选型时必须考虑各矿山的实际情况,比如中深孔的直径大小,装药深度,装药密度等因素,结合各矿山采矿工艺要求,研究装药台车的装药性能,避免因技术考虑欠佳,导致设备闲置。

参 考 文 献

[1] 余南中,谭 锐. 无轨采矿设备在大红山铁矿的应用[J]. 现代矿业,2010(1):12-15.

[2] 陈发兴,张志雄. 大参数无底柱分段崩落法在大红山铁矿的运用[J]. 有色金属设计,2010,36(3):18-20.

(收稿日期 2015-05-26)

提高污水泵使用寿命的研究与实践

崔 宁
（玉溪大红山矿业有限公司）

摘　要　污水泵广泛应用于石化、矿山、冶金、电力以及城市排污等污水处理作业。为了提高矿山污水泵的使用寿命，通过增加辅助闸阀或者缓冲箱，防止污水泵叶轮反转，取得了较好的效果。

关键词　污水泵　辅助闸阀　缓冲想　叶轮反转

随着国民经济的发展，市场对污水泵的需求量日益增大[1-3]。矿山污水泵输送距离远，管道长，经常容易出现因为停污水泵，流体倒流，使叶轮反转，从而打坏叶轮或者污水泵支架，严重缩短污水泵寿命。因此，有必要采取相应措施来解决上述问题。

1　污水泵工作原理及易损件分析

1.1　污水泵工作原理

立式污水泵在工作前，泵体和进水管必须罐满水形成真空状态，当叶轮快速转动时，叶片促使水很快旋转，旋转着的水在离心力的作用下从叶轮中飞去，泵内的水被抛出后，叶轮的中心部分便形成真空区域。水在大气压力（或水压）的作用下通过管网压进进水管内，如此反复循环便可实现连续抽水。立式污水泵启动前有必要向泵壳内充满水，方可启动，否则将导致泵体发热，震动，出水量减少，对水泵造成损坏。

1.2　污水泵易损件

立式污水泵主要构件如表1所示。

表1　立式污水泵主要构件

构件	用途	使用寿命
十字块式联轴器	用于电机与加长轴的上端联接	>2 a
梅花胶垫	用于十字块式联轴器之间的胶垫	约2个月
叶轮	高速旋转在蜗壳内产生真空，抽吸矿浆	约6个月
蜗壳	高速旋转在蜗壳内产生真空，抽吸矿浆	>2 a
叶轮主轴	通过联轴器传递电机力矩，带动叶轮旋转	>1.5 a
上下轴承	固定主轴	>2 a

由表1可知，对于立式污水泵（立式渣浆泵）来说，叶轮和梅花胶垫属于易损件，需要定期更换，否则将严重影响立式污水泵的正常工作，严重时直接影响生产，对工厂及企业造成严重损失。

叶轮及梅花胶垫使用寿命短原因主要有：①污水泵主要用于污水抽吸，起停频繁，在污水泵起停过程中，力矩传输主要通过梅花胶垫传递到叶轮；②停污水泵，流体倒流，使叶轮反转，严重削弱叶轮的使用寿命，反转严重时直接打坏叶轮或者叶轮支架。

2　措　施

2.1　防止矿浆倒流导致的叶轮反转的方法

2.1.1　在污水泵上浆管上增设缓冲箱

如图1所示，污水泵输送管道较长时，可在管道前端设置1个高位缓冲箱，污水泵将浆体输送至高位缓冲箱后，矿浆再通过自流的方式流至浆体抽吸终点。通过该方式，可以大大缩短管道长度，在污水泵停机时矿浆倒流量也明显减少。

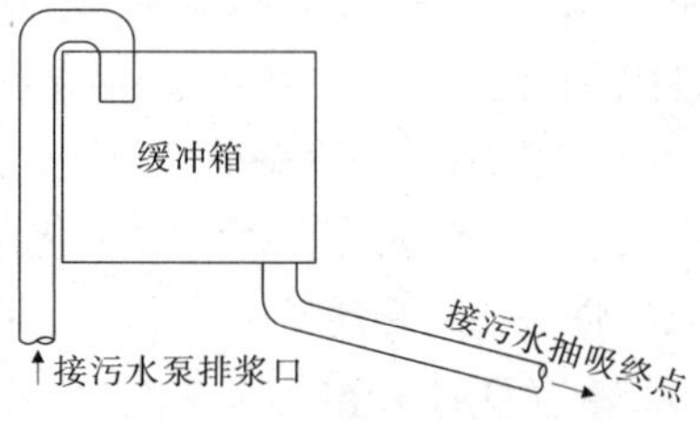

图1　在污水泵上浆管上增设缓冲箱示意

2.1.2　在污水泵上浆管上增设止回阀

如图2所示，在污水泵浆管上增设止回阀，考虑污水泵停止时流体倒流，为了防止该现象出现，在污水泵出口增加止回阀，防止流体倒流；考虑长期管道会堵塞，在止回阀后方管道上增加排污分管，在管道出现堵塞时，打开泥浆泵及排污分管的铸钢闸阀，可解决管道堵塞问题。所选择安装的止回阀和铸钢闸阀公称压力必须与污水泵的出口压力相适应，止回

崔　宁（1988—），男，助理工程师，653405 云南省玉溪市新平县戛洒镇。

阀、铸钢闸阀安装必须严格按照厂家规范进行配置。

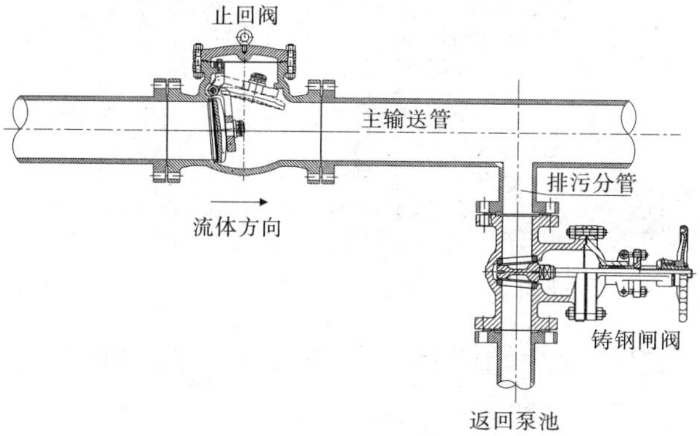

图2　在污水泵上浆管上增设止回阀示意

通过上述方法,可彻底杜绝污水泵停机时,矿浆倒流的现象,能有效防止污水泵叶轮反转延长叶轮使用寿命。

2.2　提高污水泵单次运转时间的方法

如图3所示,在污水泵矿浆提升高度固定的情况下,通过一种实现立式渣浆泵运行中可上、下提升的安装方法,能有效增加污水泵池的容积,从而提高污水泵单次运转时间。与传统立式渣浆泵安装方法相比,该方法无需停止设备,通过手拉葫芦便可上下调整立式渣浆泵的位置,确保立式渣浆泵安全稳定运行。立式渣浆泵停止工作时,也能快速将立式渣浆泵提起,防止浆液打湿电机,确保人员及设备安全。

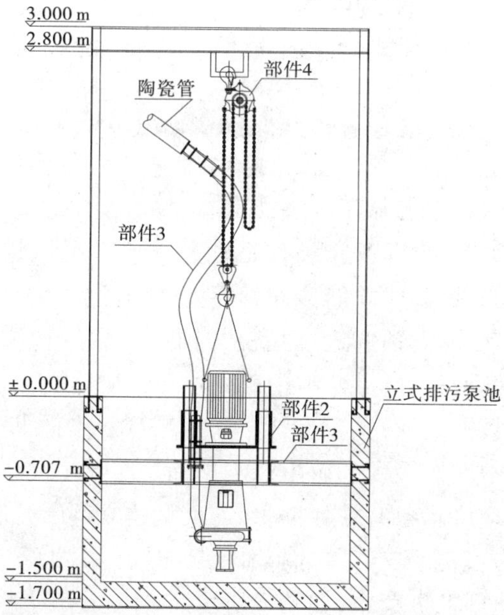

图3　立式渣浆泵运行中可上、下提升的安装方法

3　应用效果

上述提高立式污水泵的单次运转时间,降低其启停次数,同时防止叶轮反转的方法在玉溪大红山矿业有限公司的应用实例分别如图4、图5所示。使用效果对比情况见表2。

图4　增设止回阀应用实例

图5　提高污水泵单次运转时间方法的应用实例

表2　立式污水泵使用寿命对比

结构	使用前寿命	使用后寿命
十字块式联轴器	>2 a	>2 a
梅花胶垫	约2个月	>10个月
叶轮	约6个月	>1 a
蜗壳	>2a	>2 a
叶轮主轴	>1.5a	>1.5 a
上下轴承	>2a	>2 a

4　结　论

(1)通过增加辅助闸阀或者缓冲箱等手段,能够有效防止污水泵叶轮反转。

(2)采用一种实现立式渣浆泵运行中可上、下提升的安装方法,可有效提高污水泵单次运转时间,减少污水泵启停次数,有助于提高污水泵使用寿命。

参　考　文　献

[1]　丛小青,袁寿其,袁丹青,等.污水泵的研究现状与进展[J].排灌机械,2005(6):10-14

[2]　关醒凡.现代泵技术手册[M].北京:宇航出版社,1995.

[3]　曾金根.全扬程双流道潜污泵设计[J].水泵技术,2001(5):27-29.

(收稿日期　2015-05-26)

矿山技术指标优化软件应用研究

袁怀雨　李克庆　刘保顺
（北京科技大学土木与环境工程学院）

摘　要　在技术、市场条件变化的情况下，为了确保矿山取得最佳综合效益的矿山技术指标，开发了矿山技术指标优化软件，取得了较好的应用效果。

关键词　最佳综合效益　矿山技术指标　优化软件

前2 a矿产品价格高企时，开采贫矿，甚至未被计入储量/资源量的“极贫矿”，例如开采品位15%的铁矿石都能盈利，又多回收了矿产资源。说明区分矿-岩的品位指标可以降低至15%。目前矿产品价格大跌，显然不会再有人去开采品位15%的“极贫矿”了，说明品位指标应该提高。还有混岩率、精矿品位等指标也类似。矿产品价格高企时，适当提高混岩率，降低精矿品位，增加采出矿石量和精矿产量，可能增收利润。目前矿产品价格跌至低位，为降本增效，可能降低混岩率，提高精矿品位，更为有利。可见，市场条件发生变化时，应该调整、优化品位指标、混岩率、精矿品位，才能保证矿山取得最佳综合效益。

品位指标、混岩率、精矿品位都是矿山技术指标（或称矿山经营参数）[1-2]。所谓“矿山技术指标”，是指可以人为地加以调整，用以控制矿—冶的生产，进而影响矿—冶效益的一些指标。以铁矿为例，在地质—采矿—选矿—烧结（球团）—炼铁生产系统中，就有圈定矿体的品位指标、采矿损失率、混岩率、入选品位、选矿回收率、精矿品位、选矿比（或精矿产率）、烧结矿、球团矿的品位和碱度、炼铁渣量、焦比、高炉利用系数等等。这些技术指标是矿山必须制定，并在生产中执行的。如上所述，优化的矿山技术指标应能保证矿山取得最佳的经济效益，同时资源又可得到充分的利用。

1　软件开发思路

依据矿山实际地质、采矿、选矿生产数据，建立以下数学模型：①不同品位指标下计算储量和地质品位的数学模型；②贫化率与损失率的数学模型；③预选入选品位与预选后品位和预选选矿比数学模型；④入选品位、精矿品位与选矿比的数学模型；⑤综合以上数学模型和矿山实际财务数据等其他有关数据，建立综合技术经济模型，以进行不同技术指标下经济效益和资源回收效益的测算。用多目标决策方法（我们用模糊数学中的模糊综合评判法）选出兼顾经济效益和资源回收效益的优化技术指标。

2　应用结果

北京科技大学曾与多个矿山合作开发了矿山技术指标优化软件，可以实现上述任务，并不断对软件进行改进，使之操作更加简便、容易。今年6月，刚与河北省某铁矿合作开发完成了软件的最新版。用该软件可以快速、简便地确定在当前低迷的矿产品价格条件下，实现降本增效的矿山技术指标。该软件采用下拉式菜单，按菜单提示操作，如图1所示。

图1　软件菜单

图1上方显示各一级菜单，从左至右顺序点击各一级菜单，即可完成有关地质、采矿、预选、选矿等数据的录入；建立储量计算模型；建立混岩率与损失率模型；建立预选入选品位与预选后品位和预选选矿比模型；入选品位与精矿品位和选矿比模型；各种成本数据录入；最后点击《方案测算》菜单，即可测算降本增效最优的矿山技术指标。

现展示各有关数据录入、模型建立都已完成，进入《方案测算》菜单的操作：点击《方案测算》菜单后，出现二级菜单，如图2所示。

袁怀雨，男，教授，博士生导师，100083 北京市海淀区学院路30号。

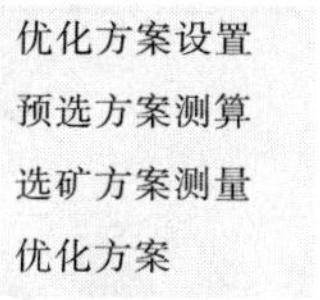

图 2　二级菜单

点击《优化方案设置》菜单后，显示如图 3 所示。

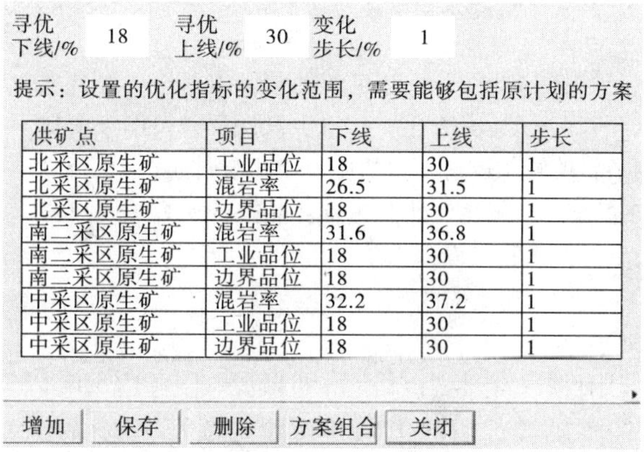

图 3　《优化方案设置》菜单

输入需要优化的边界品位、工业品位、混岩率指标的“下限”、“上限”、“步长”后，点击图 3 下方的“保存”，便回到上述二级菜单，点击《预选方案测算》，如图 4 所示。

图 4　预选方案测算

点击“预选方案测算”，少待片刻，显示如图 5 所示。

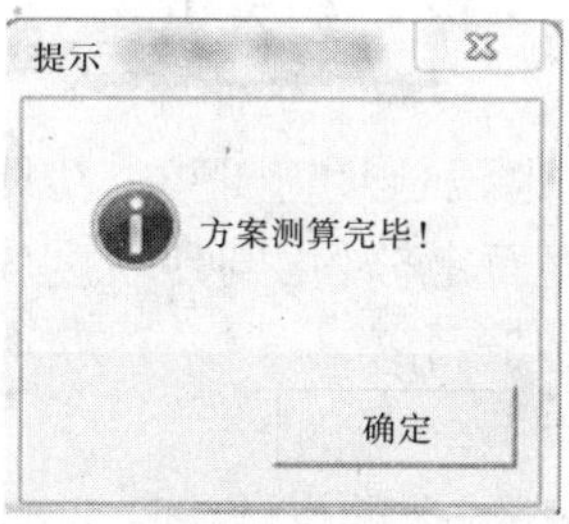

图 5　提示

点击“确定”后，回到上述二级菜单。点击《选矿方案测算》，其后过程类似，不再赘述。

回到上述二级菜单后，点击《优化方案》后，得到如图 6 所示的结果。

图 6　点击《优化方案》后出现的界面

单击“运行”后，程序对设置的各指标方案下的效益进行测算，并自动择优。少待片刻，运行结束后，上图“运行”旁之“输出选中方案”的字迹由虚变实，点击之，即以 EXCEL 表格形式输出指标优化结果，以及优化指标与原指标效益对比，见表 1。

表 1　精矿基准价 550 元/t 优化前后技术经济指标对比

项　目	边界品位/%	工业品位/%	地质储量/万 t	地质品位/%	贫化率/%	损失率/%	采出矿量/万 t
优化后	26.0	26.0	61.4	41.1	30.0	17.3	72.6
优化前	20.0	25.0	63.5	40.5	33.0	16.7	79.0
优化后增量	6.0	1.0	-2.1	0.6	-3.0	0.6	-6.4
项　目	**采出品位/%**	**采矿总成本/万元**	**精矿量/万 t**	**精矿品位/%**	**选矿比**	**选矿总成本/万元**	**采选总成本/万元**
优化后	28.7	29 429.3	58.8	66.5	3.077	5 887.0	35 316.3
优化前	27.1	29 995.0	60.0	66.0	3.067	5 942.6	35 937.6
优化后增量	1.6	-565.7	-1.2	0.5	0.010	-55.6	-621.3
项　目	**其他固定成本/万元**	**资源税、费/万元**	**总税费/万元）**	**单位精矿税费/(元/t)**	**收入/万元**	**单位精矿收入/(元/t)**	**降本增效/万元**
优化后	8 159.3	1 363.9	44 839.5	762.6	32 928.6	560.0	8 159.3
优化前		1 413.2	45 510.1	758.5	32 997.4	550.0	
优化后增量	0.0	-49.3	-670.6	4.1	-68.8		601.8

这是某铁矿运用该软件，在品位 66% 铁精矿基准价为 550 元/t，品位±1%，价格±20 元时，对技术指标优化的结果。由表可见，原执行的边界品位和工业品位指标分别为 20%、25%，这是许多铁矿山常用的品位指标，而且往往多年不变。优化结果表明，在铁精矿价格低迷的情况下，边界品位和工业品位都应该提高至 26%；此外，贫化率应该降低，损失率随之提高（该矿采用无底柱分段崩落法采矿，贫化率与损失率存在反相关关系）；精矿品位应该提高至 66.5%；采出矿石量、精矿量和收入虽然有所降低，但总成本税费可降低更多，二者相抵，可取得年降本增效 600 万元的效益。

若铁精矿基准价回升至 650 元/t、750 元/t 时的优化结果，见表 2、表 3。

由表 2、表 3 可见，随着铁精矿价格提高，品位指标可降低至 23%，乃至 15%，均可取得年降本增效约 500 万元的效益。

3　结　语

各矿山的地质、采矿、选矿技术条件各不相同，没有完全相同的矿山。需要针对各矿山的具体情况，在现有软件的基础上，开发适用的技术指标优化软件。（下转第 446 页）

云磷集团昆阳磷矿斜坡箕斗提升系统研究

李小双[1,2]　李耀基[1,2]　王孟来[1,2]
(1. 国家磷资源开发利用工程技术研究中心;2. 云南磷化集团有限公司)

摘　要　以云南磷化集团有限公司昆阳磷矿为工程背景,针对其二矿区、一采区工程的缓倾斜薄至中厚含软夹层难采磷矿体特点,通过现场调研、理论分析、工程类比等综合性研究手段,结合矿区初步设计及有关图纸资料的基础上,对斜坡道基础建在回填岩土上的问题进行研讨,编制了斜坡箕斗运输工程的施工组织设计,选用了行之有效的施工设备和先进可靠的施工技术、施工工艺,采用斜坡快速施工机械化作业线施工。相关的研究成果可为云南磷化集团有限公司及云南大量类似赋存条件的磷矿山的地下开采工程建设提供技术指导。

关键词　磷矿山　斜坡箕斗　提升系统　缓倾斜矿体

云南磷化集团有限公司是我国最大的国有大型现代化露天磷矿采选企业,公司磷矿开采规模占全国18%,中低品位胶磷矿浮选规模占全国的40%,磷矿石生产量占全国的24%,磷矿石销售量占全国的15%和云南省的50%以上。在磷矿开采、洗选、磷产品的加工方面一直位于国内领先地位,长期以来一直代表着我国露天开采的最先进水平。露天开采虽具有许多优越性,但近年来随着矿山露天采场开采水平的持续延伸,磷矿山正逐步转入深凹露天开采阶段,采矿成本持续增加。因此,如何在资源禀赋条件差、价格受限、成本增加以及化工行业不景气的多重压力下,实现磷矿山的安全、高效开采已经成为当前公司所面临的一项重要课题[1-4]。

斜坡箕斗是专用在斜坡上的运载容器,与索道相比,运输能力大,发生跑车事故的可能性小,斜坡箕斗运输的优点:①矿岩的提升距离较汽车大幅度缩短;②大幅缩减扩帮工程量;③运输周期短,工作量少,运输成本低,仅为汽车运输的1/2~3/5;④基本建设投资小,年运输能力200万t的系统投资在500万元内;⑤与汽车、铁路运输相比,其经济合理的采场开采垂直深度大幅增大(斜坡箕斗300~450 m,汽车200~250 m以内,铁路100~150 m以内)[5-8]。

1　昆阳磷矿概况

1.1　工程概况

矿区分为上下2层矿,中夹有1层黄白色页岩,含矿岩系厚度不定,约为3~16 m,其中下层矿约为0.60~5.80 m,平均厚约3.42 m,其厚度变化不定,以团山顶及羊青山石板路间最厚,普遍达5 m以上,此较厚矿带近东西走向并在团山顶及羊青山接触处稍向东西转折,自此高峰四周矿层逐渐变薄,以石板路东南和庵门岗歪头山间的厚度最薄至1~2 m,其他地方虽也有低于2 m厚的,但一般都在2~4 m之间,厚度分布规律较少,局部成波浪形,波浪的幅宽至少在100~200 m以上,以天子庙山顶及庵门岗南较为显著,这些起伏是古侵蚀面,高低不平,海水深度不定,沉积不同之故。

上层矿一般比下层矿厚3.19~9.77 m,平均厚度约为5.31 m,其厚度变化一般较小,在靠近露头部分较薄,向下延伸一般较厚。

矿层中的夹石有黄白色页岩及燧石条带与扁豆体,白色页岩产状有3种,其1产于上下2层之间,层位固定,厚度也较大,约为0.5~7.1 m,厚度变化规律也很难找,一般向下延伸要厚些,至于与矿层厚度变化的关系也没有明显现象,其硬度约为3~5级,随风化程度而定,风化剧烈硬度较小,因其成层较厚,开采时易于剥离。

1.2　开采现状

昆阳磷矿一采区的设计生产能力为120万t/a,平均剥采比为5.74 m^3/t,年平均剥离量688.8万m^3(1 763.33万t),采区的服务总年限为15 a。目前一采区露天坑与露天坑上部水平运输主干线高差

* “十二五”国家科技支撑计划项目(编号:2011BAB08B01),云南省科技领军人才项目(编号:2014HA014)。

李小双(1983—),男,高级工程师,博士,650600 云南省晋宁市。

约为 80 ~ 100 m,最终闭坑前最大高差将达到 190 m。

昆阳磷矿二矿的设计生产能力为 120 万 t/a,平均剥采比为 5.75 m^3/ t,年平均剥离量 690 万 m^3(1 766.40 万 t),采区的服务总年限为 44 a,目前二矿露天坑与露天坑上部水平运输主干线高差约为 40 ~60 m,而最终闭坑前最大高差将达到 180 m。参照《云南磷化集团有限公司昆阳磷矿二矿 120 万 t/a 露天采矿工程初步设计》的相关排土计划:采场首采块段废石排至 2#排土场,生产至第 2 年时,已按设计容量将 2#排土场排满,生产第 3 年的废石排至 1#排土场。生产至第 2 年时,2#排土场排土总实方量为 3 017.9 万 m^3(松方 4 115.32 万 m^3)。2#排土场排至设计容量后,开始 1#排土场和局部内排的排土工作。1#排土场生产至第 5 年时已按设计容量排满,1#排土场排土量实方为 1 441.2 万 m^3(松方 1 965.27 万 m^3);生产至第 13 年内排总实方量为 867.42 万 m^3(松方 1 182.84 万 m^3)。1#排土场排满后,开始 3#排土场的排土工作,生产第 5 年时,开始将废石排至 3#排土场。生产第 5 年至生产第 13 年 3#排土场共排土 7 423.7 万 m^3,中途考虑成本因素,主要以内排为主,生产第 19 年至生产第 25 年,继续往 3#排土场排土 3 917.21 万 m^3,至 3#排土场排满后完全依靠内排解决所有排土量。

2 斜坡箕斗提升系统研究

2.1 斜坡道回填土基础计算

昆阳磷矿二矿区排土场标高 2 232 m,采矿场标高 2 170 m,垂直高度 62 m,一采区排土场标高 2 129 m,采矿场标高 2 003 m,垂直高度 126 m,排土场由泥灰岩,软质岩石等组成,是强风化和全风化岩石,暴露后遇风、水、氧气风化速度很快,在此岩石建斜坡道提升废石,对地基基础稳定性、变形、承载力的计算验算是非常必要。经计算其抗滑力为 9.96 kN,其斜坡箕斗稳定性系数为 2.75,排土场垂直高度 62 m,随开采深度不断延伸,斜坡道不断加长到 350 m,垂直高度 120 m,斜坡道面宽 12 m,现 181 m 需要回填压实,填方边坡坡度 1:1.5,土质为泥灰岩,软质岩石。计算回填方量 1.97 万 m^3。栈桥基础宽度 10 m,长度 60 m,钢筋混凝土基础深度 2 m,栈桥使用钢结构,质量 236 t。28 m^3 箕斗自重量 25 t,38 m^3 箕斗自质量 32 t。

2.2 栈桥、井架基础施工及安装

栈桥基础宽 10 m、长 60 m、深度 2 m,施工时先挖出宽 10 m、长 60 m、深度 1.5 m 的基础坑,压路机压实或用打夯机打实,混凝土铺底 100 mm 厚绑扎双层钢筋网纵筋采用 Φ16 mm 螺纹钢,横筋采用 Φ12 mm 螺纹钢,立筋采用 Φ16 mm 螺纹钢,钢筋间距 400 mm×400 mm. 搭接长度不小于钢筋直径 35 倍,进行浇灌强度为 C20 混凝土,在混凝土浇灌时把栈桥立柱,井架预埋件一起施工,井架斜腿基础同时施工,养护期满后进行栈桥、井架安装。栈桥、井架采用钢结构法兰连接,便于拆装移动,栈桥井架主腿采用 Φ425 mm×10 mm 钢管,平台采用 50#工字钢,卸料槽采用厚 16 mm 钢板加工制作。栈桥重量为 236 t ,井架重量为 31.5 t,卸料槽重量为 19 t,全部用 35 t 吊车安装。

2.3 绞车基础施工及安装

为适应矿部运输车辆吨位,在 1 号排土场标配 28 m^3 双箕斗 2 台,和 40 t 车辆配套,提升绞车选用 1 台洛阳产 2JKZ-4-2.65P,在二号排土场标配 2 台 38 m^3 双箕斗,和 55t 车辆配套,提升绞车选用 1 台洛阳产 2JKZ-5-2P,28 m^3 双箕斗在正常天气情况年提升量 300 万方,38 m^3 双箕斗在正常天气情况年提升量 400 万 m^3。绞车安装严格按照绞车厂家提供的图纸和质量标准进行,绞车基础施工严格按照绞车厂家提供的图纸进行。

2.4 临时设置施工

(1)绞车房施工。绞车房采用钢结构,房顶、房面具有保温隔热效果,并在绞车房四周修建排水沟,绞车房、栈桥、井架、变电所安装独立避雷针和接地极。

(2)变电所及宿舍。变电所采用钢结构,宿舍、澡堂、办公室、食堂、卫生间采用砖结构,建筑尺寸根据现场实际确定。

2.5 斜坡道混凝土底板施工注意事项

当斜坡道混凝土底板施工完毕后,自下而上拆除临时风水管路、电缆、设备,清理底板并洒水湿润,找平、收光施工。

(1)混凝土的配合比。混凝土配合比由试验室设计,配合比设计应根据设计的混凝土强压等级和质量检验及混凝土施工的要求确定,并符合经济的原则,同时根据工程具体情况掺和适量的外加剂。

(2)混凝土的摊铺。① 采用平板振动器及插入式振动器振捣,振捣器每一位置振捣的持续时间,以搅拌物停止下沉不再冒出气泡并泛出水泥浆为准,确保不过振。② 在振捣过程中同时辅以人工削高

填低，大致整平，填补时同时拌和混凝土，并剔出大的碎石，以保证混凝土质量。③ 经插入式和平板式振动器振捣后，用振动梁振捣拖平，振动梁应搁在纵向模板上，自一端向另一端依次推进。经振动梁振平后，可再用铁滚筒作进一步整平。④ 振实滚平后随即做面层，先用抹板压实再用木刮板反复刮平，待表面无泌水时，再在表面压（刻）横纹（垂直路中线方向）。⑤ 铺底施工时将踏步台阶模板稳好一并施工出来。铺底、台阶施工与工作面交叉、平行作业，施工时严格按照测量所给中线。

3 结 论

根据斜坡道工程特点，工作面使用挖掘式装载机或汽车将矸石装入侧卸式箕斗，提升废石使用 2JKZ-4×2.65P 卷扬机，将矸石通过 350 m 斜坡上 50 kg 轨道运送到地面卸料架，侧卸式箕斗经曲轨自动卸到地面卸料槽内，由卸料槽的卸料口直接装车运输至弃土场。箕斗采用 28 m^3 侧卸式箕斗，容积 28 m^3，自重 25 t、轨距 1 750 mm。28 m ？侧卸式箕斗运输能力为 750 m^3/h。2 台 ZL60C 装载机生产能力为 900 ~ 1 100 m^3/h。

参 考 文 献

[1] 李耀基，李小双，张东明．磷矿山深部矿体地下开采技术[M]．北京：冶金工业出版社，2013.

[2] 李小双．露天转地下开采露天边坡稳定性与地下采场覆岩变形破坏特征研究[D]．重庆：重庆大学，2010.

[3] 张东明．昆阳磷矿露天转地下开采数值模拟研究报告[R]．昆明：云南磷化集团有限公司，2012.

[4] 李耀基，李小双，黄 滚．大型露天磷矿山露天转地下开采技术研究[M]．重庆：重庆大学出版社，2011.

[5] 周 伟．露天矿矿用汽车自驱动整车提升系统研究[D]．沈阳：东北大学，2006.

[6] 李小双，李耀基．我国磷矿资源开采现状及其展望[C]//2012 年中国矿业科技大会文集．马鞍山：金属矿山杂志社，2012：20-23.

[7] 北京中经企研投资咨询有限公司调研组．2011 年—2015 年中国磷矿及磷化工行业研究报告[R]．北京：北京中经企研投资咨询有限公司，2010.

[8] 中国化学矿业协会土地调研组．我国重要化工矿产国土资源调查评价需求分析研究[R]．北京：中国化学矿业协会，2010.

（收稿日期 2015-05-26）

（上接第 443 页）

表 2 精矿基准价 650 元/t 优化前后技术经济指标对比

项 目	边界品位/%	工业品位/%	地质储量/万 t	地质品位/%	贫化率/%	损失率/%	采出矿量/万 t
优化后	23.0	23.0	63.6	40.5	30.0	17.3	75.2
优化前	20.0	25.0	63.5	40.5	33.0	16.7	79.0
优化后增量	3.0	−2.0	0.1	0.0	−3.0	0.6	−3.8
项 目	采出品位/%	采矿总成本/万元	精矿量/万 t	精矿品位/%	选矿比	选矿总成本/万元	采选总成本/万元
优化后	28.3	29 675.2	59.3	66.5	3.081	5 913.5	35 588.6
优化前	27.1	29 995.0	60.0	66.0	3.067	5 942.6	35 937.6
优化后增量	1.2	−319.8	−0.7	0.5	0.014	−29.2	−349.0
项 目	其他固定成本/万元	资源税、费/万元	总税费/万元)	单位精矿税费/(元/t)	收入/万元	单位精矿收入/(元/t)	降本增效/万元
优化后	8 159.3	1 384.0	45 132.0	761.1	39 137.3	660.0	
优化前	8 159.3	1 413.2	45 510.1	758.5	38 996.9	649.9	
优化后增量	0.0	−29.1	−378.1	2.6	140.4		518.5

参 考 文 献

[1] 袁怀雨，刘保顺，李克庆．合理入选品位整体动态优化[J]．北京科技大学学报，2002，24(3)：239-242.

表 3 精矿基准价 750 元/t 优化前后技术经济指标对比

项 目	边界品位/%	工业品位/%	地质储量/万 t	地质品位/%	贫化率/%	损失率/%	采出矿量/万 t
优化后	15.0	15.0	65.0	40.0	30.0	17.3	76.8
优化前	20.0	25.0	63.5	40.5	33.0	16.7	79.0
优化后增量	−5.0	−10.0	1.5	−0.4	−3.0	0.6	−2.2
项 目	采出品位/%	采矿总成本/万元	精矿量/万 t	精矿品位/%	选矿比	选矿总成本/万元	采选总成本/万元
优化后	28.0	29 822.4	59.6	66.5	3.085	5928.8	35 751.2
优化前	27.1	29 995.0	60.0	66.0	3.067	5 942.6	35 937.6
优化后增量	0.9	−172.5	−0.5	0.5	0.018	−13.9	−186.4
项 目	其他固定成本/万元	资源税、费/万元	总税费/万元)	单位精矿税费/(元/t)	收入/万元	单位精矿收入/(元/t)	降本增效/万元
优化后	8 159.3	1 396.1	45 306.6	760.8	45 259.6	760.0	−47.0
优化前	8 159.3	1 413.2	45 510.1	758.5	44 996.4	749.9	−513.6
优化后增量	0.0	−17.0	−203.4	2.3	263.2		466.6

[2] 袁怀雨，刘保顺，李克庆，等．矿产经济学原理、方法、技术与实践[M]．北京：冶金工业出版社，2012

（收稿日期 2015-05-26）

矿山数字化建设系统的设计与研究

宋文平
（长安大学地质工程与测绘学院）

摘 要 一个完整的矿山数字化建设系统能够很好地解决矿山动态生产、矿山生产政策优化、矿山整体的三维可视化、矿山资源合理开发利用等技术问题。首先简要阐述了矿山数字化系统建设的主要内涵与重要意义，然后分别从矿山数字化建设系统的整体框架、主要内容等方面着手进行矿山数字化建设系统的设计，初步从理论上论证了此系统在矿山数字化信息管理系统的可行性。

关键词 矿山数字化 矿山开采 系统设计 整体架构

目前，大部分的矿山开采存在管理水平较低，管理创新能力不足等问题。矿山数字化建设系统应运而生，其是经济发展的必然产物，也是国内外矿产资源开发研究的重点。一个完整的矿山数字化建设系统能够很好地解决矿山动态生产、矿山生产政策优化、矿山整体的三维可视化、矿山资源合理开发利用等技术问题，减少资源的浪费和无效利用，为矿山安全的高效生产提供重要的技术保障。首先简要阐述了矿山数字化系统建设的主要内涵与重要意义，然后分别从矿山数字化建设系统的整体框架、主要内容等方面着手进行矿山数字化建设系统的设计，最后基于此矿山数字化建设系统进行实验探究，初步论证了此系统在矿山数字化信息管理系统的可行性。

1 矿山数字化建设系统的内涵与意义

1.1 系统的基本内涵

随着计算机技术、信息技术、通讯技术、自动控制技术、3S技术、网络技术的发展，及在社会经济其他行业应用研究的展开，在美国前副总统戈尔提出“数字地球”概念以后，国内众多研究机构和学者相应提出了“数字矿山”的概念，对“数字矿山”建设的关键技术和建设方案从不同角度提出了各自的看法及思路。由于矿山是一个以资源为开发对象的离散生产系统，因此，数字矿山即不是“数字地球”概念的简单延伸，也不是普通ERP（Enterprise Resource Planning）概念的简单复制，而是一个包含二者部分特性的崭新概念。

矿山数字化建设系统是在统一的时间参照和空间框架下，通过不同的手段科学合理地组织、管理、维护获得的海量、异质异构、多维、动态的矿山数据信息，对真实矿山整体及其相关现象进行统一理解、表达与数字化再现的高度空间化、数字化、网络化、智能化和可视化的系统。从企业方面讲，其是在信息与应用双集成的基础上，实现流程优化，完成企业转型，由劳动密集型转向技术密集型的一种全新、精益的技术创新。矿山数字化建设系统是一个由初级到高级的发展过程，其最终目标是实现矿山的高效、安全、绿色和可持续的生产，并将矿山的数据信息进行共享和充分利用。

1.2 系统设计的主要意义

矿山数字化建设系统设是对真实矿山整体的数字化再现的信息化系统，其能够对矿山的安全生产、矿山地质灾害的发生和矿山环境污染等进行实时的预防和监控，来提高矿山企业的经济效益。其系统设计的主要意义如下。

（1）经过系统数字化加工的信息资源能够客观的反应矿山整体动态，有利于矿山实现矿产资源评估、矿区规划、生产要素的优化组合和企业资源的合理配置，有利于企业适应激烈的市场竞争环境，实现经济效益最大化。

（2）科学合理直观地管理矿山数据信息。矿山在生产过程中会出现多方面的数据资料，通过矿山数字化建设系统的信息化模块实现海量数据信息的标准化、数字化、集成化、网络化。其保证了数据信息管理工作的高效及正确性，减少了工作量，提高了生产效率。

宋文平（1990—），男，硕士研究生，710054 陕西省西安市育才路长安大学雁塔校区。

(3)极大的减少矿山地质灾害的发生。矿山数字化建设系统可以利用生产过程中采集的环境监测数据对可能出现的地质灾害进行预测分析,为灾害的预防提供可靠的依据。

(4)矿山企业由于多种不可预见性因素导致各类数据的完整性、连续性、继承性和利用效率很低,矿山数字化建设系统可以提高生产效率,建立决策分析系统,增强决策分析能力,改善经营绩效,为提高效益起到一定的示范作用。

2　矿山数字化建设系统的主要内容

本矿山数字化建设系统是一个复杂的系统集成,遵循整体设计、分布设计的原则,其包括矿山三维数字子系统、矿山三维可视化子系统、矿山虚拟化子系统、矿山数据采集及方案决策子系统4个主要的子系统,涉及基础数据层、模型层、执行与控制层、管理层、决策支持层等多个层次。其中矿山三维数字子系统主要是数据库和三维模型等方面进行建设;矿山三维可视化系统主要实现矿山生产的可视化;矿山虚拟化子系统主要实现矿山的模拟开采和实时监控等功能;矿山数据采集和方案决策子系统主要是为决策提供技术保障。其总体结构如图1所示。

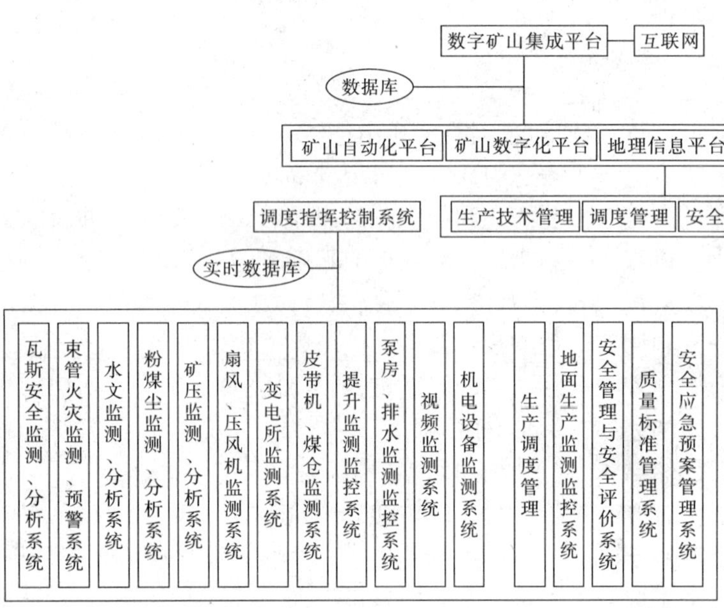

图1　总体结构

2.1　矿山地理信息系统建设

2.1.1　数据库的建设

数据库的建设必须首先参考国家级的各种规范、规程、图式、标准来制定,在其不能满足要求的情况下,再参考地方行业的各种规范、规程、图式、标准,这样才能满足系统数据库设计对规范化和标准化要求。系统数据库实际上是一个完整的数据库体系,包含基础地理信息类数据库、专题信息数据库和维护数据库三大类数据库,其目的是将信息管理中的纷繁复杂的信息进行高度概括。因此,我们需要充分考虑未来系统数据扩展的要求,保证系统数据进一步的扩展。庞大的数据集合在统一的坐标系统和统一的编码规则下实现了空间数据和属性数据的统一管理,从而保证逻辑上的整体性。另外,为了防止数据的破坏和丢失,我们建立了数据备份及数据访问的安全机制。本系统由于数据来源的多样性、数据结构的特异性和数据的冗杂性,我们需要对建库原则,分类编码、分层方案,建库流程,设计数据转换接口等内容重新组织和整理,从而标准化多元异构数据,保证数据的交互和共享。另外我们充分考虑不同来源数据的多时空和多尺度特性,来实现多元空间数据的集成。矿山数据库建设是数字矿山建设最基础、最重要的一项工程,其是以矿山为数据基本采集点。所有的数字化功能都是基于信息齐备的矿山数据库。如图2为数据库建设基本内容示意图。

2.1.2　二三维建模引擎与地理信息系统平台

建立矿山地理信息系统是在矿山数据网络的基础上,充分利用现代图形学技术建立一个多物理层面的强大时空信息系统。从而使得该系统不仅具有强大的绘图能力、三维建模能力和面向地理信息系统的管理能力,平台本身可以完成各种数学分析。

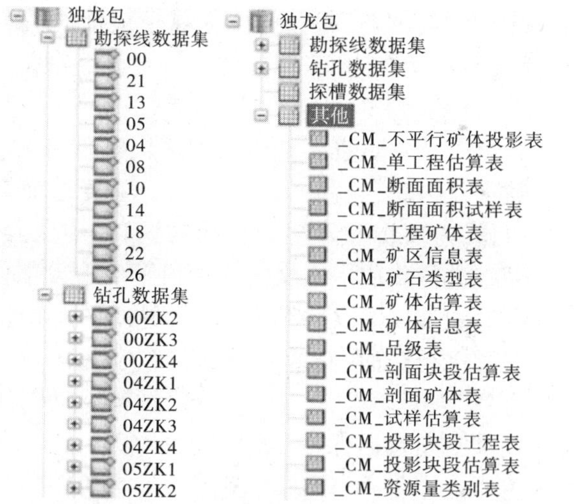

图 2　数据库建设基本内容

由于矿山生产的特殊性，要求矿山地理信息系统是三维的和包括时空坐标的囚维地理信息系统，因此，要求此系统必须有强大的三维建模引擎，其主要功能包括：

(1)可兼顾地质水文趋势、力学性质、物理化学性质和断裂构造的空间插值功能。

(2)可充分利用地面控制点、地面高程点、航测数据和遥感信息建立完整的数字地面模型。

(3)可利用地震资料、测井资料、钻探资料、物探化探资料等，进行基于复杂断(剖)面地质体三维自动重建。

(4)可以建立包括正断层、逆断层、陷落柱、倒转构造、采动断裂等复杂构造的精细地质模型。

(5)具有强大三维实体运算功能，通过三维实体运算，实现复杂地质体任意剖切、融合、渲染、漫游，结合属性管理可以对各种地学信息进行有效的分析功能。

(6)支持国际标准的虚拟现实语言(VRML)，利用国际互联网实现远程虚拟矿山管理和决策支持。

2.1.3　数字矿山的模型建设

利用矿山数据库数据对矿床的模型进行建设，可进行平视、俯视及任意方向观看矿体分布状况，可进行量测矿体的大小、方位、品位、储量等信息。也可以对矿体进行任意方式的切割，在三维可视化的模型中可方便地分析矿体的剖面情况及成矿规律。如图 3 所示。

图 3　矿床模型示意

2.2　矿山生产过程管控一体化建设

2.2.1　集成监测监控系统

对矿山的监测监控系统进行集成，实现远程管理，主要任务是通过各种接口的开发，把现有的自动化项目接入总调度室和地理信息系统集成，实现可视化的集中监测或监控，这些系统及功能可概括包括以下几种。

(1)安全监测监控系统。主要实现实时趋势图显示、历史趋势图显示和故障分析，如图 4。

图 4　安全生产实时监测

(2)皮带监控系统。能够实时显示各胶带机相关设施及所有信号状况。当被测参数超限、保护动作及设备运行状态改变后出语音、文字告警提示。实现传送带的远程启动、停止、复位和测试功能，并可进行地面远程编程、故障(保护)屏蔽及控制方式转换、振动给煤机点动操作等功能控制，并能够对一些重要数据进行统计，做成报表的形式。

(3)采区变电监控系统。实时显示变电中各种保护传感器的工作状态；对变电中所涉及的电压，电流、功率因数等参数进行历史查看显示，以用来分析产生故障的原因；对过载、短路等故障设置保护；对不同时间内的电压、电流、功率因数进行数据分析统计，并以报表的形式产生，根据实际需要打印出来进行故障分析。

(4)地面生产监测监控系统。地面生产监测监控系统主要包括地面仓储、运销、洗选等自动化项目的监测和控制。

除此之外，还必须有矿压监测与分析系统、水文监测与分析系统、矿井火灾束管监测系统、瓦斯源监测系统等。

2.2.2　三维可视化系统

矿山三维可视化通过虚拟现实展现矿山的真实场景，使工作人员不用到矿山企业就能真切浏览矿山景象。如图 5 所示。

图5 矿山生产三维可视化

2.2.3 人员定位和管理系统

人员定位和管理系统的主要目的是能够及时获得井下每个工作人员的确切位置，必要时可以实现双向通讯和远程指挥。本系统的主要功能如下。

（1）具有携卡人员出入井时刻、出入重点区域时刻、出入限制区域时刻等监测功能。

（2）具有模拟动画显示功能。显示内容包括巷道布置模拟图、人员 位置及姓名、超时报警、超员报警、进入限制区域报警、特种作业人员工作异 常报警等。应具有漫游、总图加局部放大、分页显示等方式。

（3）具有人机对话、操作权限管理功能，以便于系统生成、参数修改、功能调用、图形编辑等。

2.2.4 矿山模拟开采系统

本子系统结合其他关键信息构造虚拟矿山，进行数字模拟开采，完成矿山长、中、短期开采计划编制，并且对矿山复垦后的效果进行模拟，为矿山进行综合管理与规划提供参考。如图6所示。

图6 矿山模拟开采系统

2.2.5 生产调度系统

生产调度管理系统是完全基于矿山生产地理信息系统和项目管理平台基础上的，该调度管理系统是以项目管理为主线，以生产技术管理核心，以调度控制为手段，以实测数据为成果的闭环调度指挥系统。该调度管理方案的实质是利用项目管理技术的“调度”和“控制”能力，利用一切可利用的信息，协调一切可协调的力量，在科学的管理下保证生产按计划进行，并且在不可抗拒的因素作用下，使生产某项工作偏离了计划后，能够进行后续工作的及时调整，根据人力、物力、资金和技术寻求最优的后继方案，继续进行指挥调度。

3 结 论

数字矿山是对真实整体及相关现象的统一性认识与数字化再现，数字矿山建设是一项复杂而又漫长的工作，需要将海量多源异构数据和不同层面的应用系统进行集成。本文首先探讨了矿山数字化建设的内涵和重要意义；然后将海量异质的矿山空间数据资源进行全面、高效和有序的数字化集成与可视化再现，为采矿设计、安全生产、过程管理与决策支持提供空间数据保障；最后分别从矿山数字化建设的主要内容着手，详细的阐述了数字矿山信息化系统子系统的的建设，并围绕此系统来实现矿山信息管理数字化、矿山安全监测数字化、矿山三维可视化及矿山的模拟开采等。

数字矿山建设是当前国际矿产资源开发研究的热点，也是提升我国矿山国际竞争能力的重要措施，还有许多工作有待进一步研究。实现矿山的高效、安全、绿色与可持续开采将是今后研究的方向。

参 考 文 献

[1] 吴冲龙，田宜平，张夏林，等．数字矿山建设的理论与方法探讨[J]．地质科技情报，2011，30(2)：102-108.

[2] Wu L X，Liu C B，Chen G R，et al. The research and development of networked Mining Core-GIS [C]//Proc 2nd Int Workshop on Dynamic And Multi-Dimensional GIS. Beijing：Science Press，1999：359-364.

[3] Shuey S A. Mining technology for the 21st century：Inco digs deep in Sudbury[J]. Eng & Mining J China，1999(2)：7-11.

[4] David Hainsworth. Teleoperation user interfaces for mining robotics [J]. Autonomous Robots，2001，11：19-28.

[5] 李国清，胡乃联，陈玉民. 数字矿山中多源异构数据融合技术研究[J]．中国矿业，2011，20(4)：89-93.

[6] Kelly M. Developing coal mining technology for the 21st century [C]//Proc Mining Sci and Tech. Rotterdam：A A Balkema，1999：3-7.

[7] Hu J X，Wu L X，Ying Z R，et al. Study on digital mine and related key technologies[C]//Towards Digital Earth：Proc of Int Sym on DE. Beijing：Science Press，1999：421-426.

[8] Wu L X，Yang K M，Qi A W，et al. Information classification & management for MGIS and digital mine [C] // TowardsDigital Earth：Proc of 1st Int Sym on DE. Beijing：Science Press，1999：999-1004.

[9] Wu L X. Topological relations embodied in a generalized tri-prism (GTP) model for a 3D geosciences modeling system [J]. Computers &Geosciences，2004，30(4)：405-418.

（收稿日期 2015-05-26）

某矿井提升机变频控制系统改造

何凤有　周佩华　鹿理想
（徐州中矿大传动与自动化有限公司）

摘　要　作为煤矿运输系统的关键设备,矿井提升机的安全、高效、节能运行是煤矿生产的基本要求。某矿主井提升机原拓扑结构为交-交变频器,存在着变频范围窄、系统效率低的缺点,且多年运行使维修困难,影响正常生产。随着电力电子技术和现代电机控制理论的迅速发展,对该矿井提升机系统进行改造。采用交-直-交变频同步电机驱动,“交-直-交三电平变频+交流同步电机+全数字控制+多PLC网络控制+上位机诊断与监控+局域网信息互联”为控制模式,对系统控制软件、多PLC网络控制系统和上位机信息管理系统进行设计。实施现状结果表明,提升机系统改造后控制模式理想,满足了现场的提升要求,并有增产余量。该系统的改造在大功率交-直-交变频系统改造领域具有一定的示范作用。

关键词　提升机　交-直-交变频　同步电动机

开滦集团东欢坨矿主井提升机是1992年从国外引进一套大功率四绳落地摩擦提升机,采用交流同步机+交-交变频矢量控制的模式。主电机功率3 800 kW,频率9.2 Hz,转速55 r/min,电压2×1 500 V,电流2×761 A,激磁电压与电流分别为181 V、461 A,原采用国外进口老型变频器,其拓扑结构为交-交变频变换器。一方面,交-交变换技术存在变频范围窄、输出谐波含量大、系统效率低等固有缺点;另一方面,多年的运行使原设备已经老化,经常出现故障,并且由于所采用零部件已经停售,维护工作极为困难。该电控为国外公司90年代早期的产品,没有调试技术人员与技术支持,庞杂的变频器系统严重影响其开放性和通用性。为解决这些问题,需对原系统进行升级改造。

1　总体思路

矿井提升机为典型的位势力矩负载,而煤矿运输的特殊性要求其能够在四象限内随时启动、制动,甚至频繁的切换运行方向。考虑到煤矿环境的特殊性,对其提升能力、运动参数(如加速度、速度等)、悬停位置准确控制都有极其精确的要求。比如,要求静态精度<=0.1%,动态跟踪误差<=5%,调速范围>=100∶1,速度指示精度<=0.1 m/s,空载定位精度<=10 mm,重载定位精度<=20 mm。

交流提升机全数字变频电控系统见图1。主要设备包括由变压器构成的高低压供电装置,由交-直-交三电平变频器构成的传动变流装置,基于矢量控制的数控系统,多PLC网络控制系统,上位机与操作台,其控制模式为“交-直-交三电平变频+交流同步电机+全数字控制+多PLC网络控制+上位机诊断与监控+局域网信息互联”,相对于原有系统的优势极为明显。首先,采用的交-直-交三电平变频相对于交-交变频器具有输出谐波含量低、调速范围广、四象限运行等优势;采用的基于数字处理芯片的全数字矢量控制系统,具有良好的稳、动态性能,并实现系统的数字化与自动化;采用的多PLC控制网络,实现了系统的自动化,并提高了系统可靠性与安全性;采用的上位机诊断与监控系统以及局域网信息互联系统,实现了系统网络化。

1.1　高低压供电系统

高压供电系统采用中置移开式高压开关柜,采用微机综合保护装置,以三段式无方向电流保护为核心。其中两台中置移开式高压开关柜经过变压器以及电抗器给交流同步电机定子供电,另外一台连接在励磁变压器上。中置移开式高压开关柜的测量功能包含电压、电流和有功、无功测量,保护功能包含过流、短路、低电压、接地绝缘等保护。为了监视高压供电系统的运行状态,系统中所有断路器的辅助触点均采用主控PLC进行监控,并将结果传输至上位机系统。

低压配电部分由一台低压配电柜构成,采用来自矿工业广场变电所的双回路供电,电压等级为

何凤有(1963—),男,教授,221116 江苏省徐州市高新区第2工业园区珠江路7号。

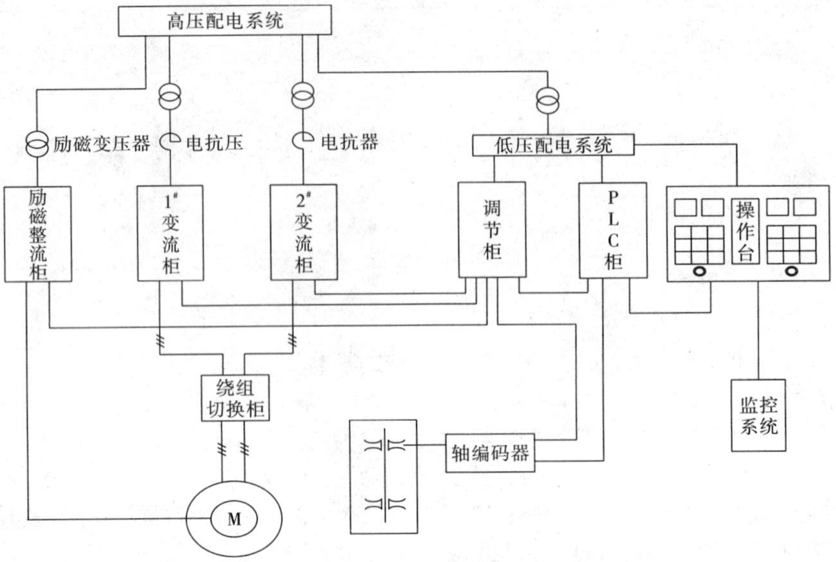

图1　交流提升机全数字变频电控系统

380 V。低压配电柜的作用是为同步电机风冷系统、变频器控制系统、变频器散热系统、PLC 控制系统、提升机制动系统以及润滑系统等装置供电。此系统中的断路器和接触器的状态通过所配置的 ET200 模块纳入 PLC 的监控系统之中,监控结果传送至上位机。

1.2　变压器

此系统采用 3 台变压器,其中 2 台变压器经电抗器给交流同步电机提供定子电流,另外 1 台为励磁变压器。3 台变压器的绝缘等级均为 F 级,冷却方式为自冷,变压器系统由 PLC 进行监控与保护,温度高于 90 ℃时发出报警信号,高于 100 ℃后直接切断电源。

1.3　驱动部分

驱动部分的全数字控制器的核心为 DSP+FPGA 结构,DSP 采用德州仪器的 32 位数字处理器,主要完成驱动系统的计算、测量以及保护等功能。由于控制算法采用先进的矢量控制,其优势在于能够快速、准确、稳定的控制提升机的转矩以及转速,并集成系统的故障诊断功能,方便维护。

本项目采取的交流同步电机高性能矢量控制策略,设计基于比例积分调节器的双闭环调速系统,将三电平变频器和交流电机作为一个整体,能够保证调速性能具有良好的稳、动态性能。三电平变频器调制策略采用空间矢量脉宽调制,由于使用三电平 PWM 整流器,能够减小网侧的谐波污染,并能保证网侧功率因数接近于 1。采用低开关频率 PWM,有效降低变频器开关损耗从而提高电能利用率。

三电平背靠背变频器拓扑结构见图 2。网侧交流电经三电平 PWM 整流器获取稳定的直流电压,整流器控制策略为基于 PI 控制器的电压、电流双闭环解耦控制。直流母线由两个大容量电容器串联而成,其中点同时为整流器与逆变器的中性点,逆变侧主要为电机提供可变压变频的三相正弦电压。由于采用背靠背结构,有效避免了三电平变换器中性点电位不可控区域。

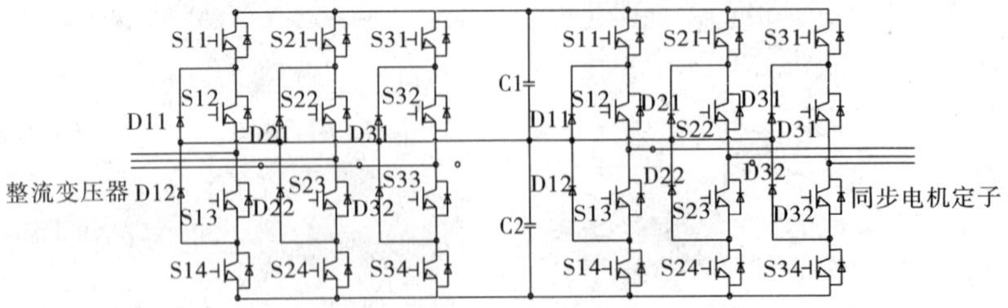

图2　背靠背双三电平拓扑结构

本项目的励磁整流柜的拓扑结构为三相可控硅整流桥,能够实现转子激磁电流的控制。

1.4　工艺 PLC 控制系统

本系统主控部分由若干台西门子生产的 PLC 构成,为了保证系统中关键信息数据的同一性与稳定性，采用了 MPI 和 PROFIBUS 双网络技术。西门子 PLC 的型号为 S7-300，包含 CPU 模块、PS307 模块、数字输入输出模块、模拟输入输出模块、FM350 模块以及通讯模块 CP340 等，其主要功能包括安全保护、逻辑控制、行程计算、液压控制并实现与其他辅助系统之间的相互闭锁。

行程控制和系统保护系统由两套 PLC 以及闸控系统组成，能够满足《煤矿安全规程》(2010 版)的要求，即根据提升工艺产生开车逻辑，保护 PLC 可以处理系统中的全部信号，通过立即制动、井口制动、电气减速及报警等措施实现各种保护功能。为进一步提高系统可靠性，设计了具有冗余功能的双线制保护系统，形成一个软安全回路。矿井提升机的行程控制由行程控制 PLC 完成，能够实现提升机运行在给定指令状态。而这些指令来自与操作台，包括保护信号、开车信号。另外，行程 PLC 还能够处理轴编码器、测速机传送的信号，具有行程校正功能。

1.5 上位机监控系统

上位机监控系统用于接收主控系统的信号，并将其显示在屏幕上，使得系统运行状态一目了然，便于操作和维护。上位机系统采集系统的过程状态，记录运行数据，并且具有曲线绘制功能，发生故障时信息不会丢失，从而有利于故障分析与排除。

2 系统的控制软件设计

系统的主要软件有：系统软件、调试诊断软件、编程软件和应用软件。系统软件包含由 250 多种功能模块组成的通用软件模块(标准功能块库)与操作系统。调试诊断软件和编程软件安装在上位编程器中用于开发、调试用户应用软件。本项目开发的应用软件主要是交直交变频矢量控制软件，各软件模块实现方法及功能如下：

(1)实际值检测模块。将实测的电压、电流及速度信号引入矢量控制模型。

(2)电压模型。磁通和磁通角观测。电机高速运行阶段，根据实际检测模块获取的三相电压和电流值，以及部分电机参数，由电势方程计算出三相电势值，而三相电势值的积分即为磁通量。

(3)磁通电压调节器。对同步机磁通进行闭环调节，并满足弱磁控制的要求。

(4) 电流模型。输出定子电流在直角坐标系下的磁通分量和转矩分量，以及在极坐标系下的幅值和相角；输出同步机的给定磁通、用于电机励磁控制的励磁电流给定、用于矢量回转变换的磁通角。

(5)直流调节器。输出用于电压前馈补偿的定子电压给定值，在极坐标下表示为电压前馈给和电压角。

(6)定位角选择模块。在不同的运行速度阶段，需按照速度值从电流模型或电压模型获取的磁通角之间选取最优磁通角。

(7)功率因数控制模块。网侧 PWM 整流器的 d 轴给定电流设置为 0，以实现功率因数接近于 1 的控制效果。

(8)励磁电流监控模块。用于保证负载突变时，励磁电流不会由于定子回路的去磁反应而减为零。

3 多 PLC 网络控制系统技术方案

多 PLC 网络控制系统技术方案见图 3。用于完成提升机行程控制、逻辑操作和故障保护、液压制动控制以及装卸载自动控制等。所有 PLC 均通过 MPI 和 PROFIBUS 双网连接。

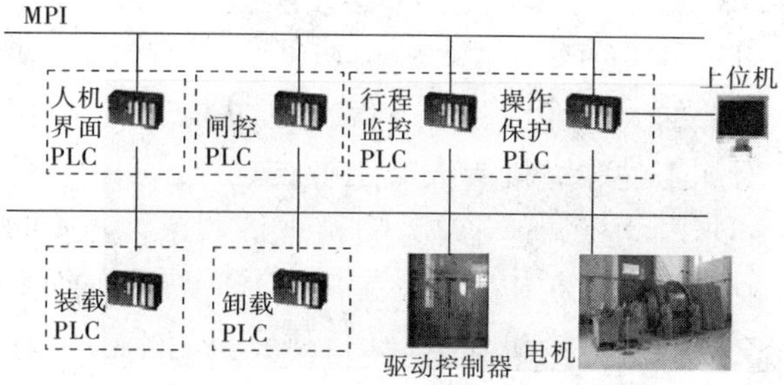

图 3 提升机多 PLC 网络冗余控制系统

(1)双 PLC 提升行程控制。1#PLC 接收轴编码器数据，并采用脉冲量化处理技术对轴编码器产生的脉冲进行记数，有效计算提升速度与位移，最终传送至数字控制系统中，实现速度闭环调节，从而能够有效控制提升速度与行程。2#PLC 主要完成监视保护功能，包括 1#PLC 的监视与后备设备监视。

(2)PLC 安全保护回路。系统的安全回路见图 4。由 PLC 和继电器直动回路构成，即双线制提升机安全保护回路。其中井口施闸、电气制动和报警类事故信号直接引入到 PLC 中，PLC 处理井口施闸、电气制动和报警类事故后将事故信息传送至监视器，并控制声光报警系统报警并施闸。立即施闸类事故信号的处理更加严格，不仅采用 PLC 进行处理，还直接引入到安全直动回路，动作施闸系统施闸。

4 上位机信息管理系统技术方案

上位机信息管理系统技术方案见图 5。采用的

(下转第 458 页)

谈交流中压同步电动机运行与控制

佟越波
（五矿邯邢矿业有限公司）

摘　要　交流同步电动机使用范围越来越广泛，其单机功率越来越大。随着电力电子器件和变频技术的迅速发展，其良好的性能是大型工矿企业所优先选择的方向。我公司选矿厂均采用同步电动机作为球自磨机动力和提高电网功率因数的手段，因此，同步电动机运行和控制作为日常管理的重要内容。本文对中压同步电动机及其励磁装置情况作了简单描述，并对常见故障进行了分析，同时也希望在今后工作中，进一步加深对同步电动机及其控制系统的学习和认识，发挥其在生产中更多的优势。

关键词　交流中压　同步电动机　运行与控制

交流同步电动机广泛应用于大型风机、水泵、压缩机、磨机、提升机等的节能传动，交流同步电机调速比传统的直流电机调速具有单机容量大、体积小、转动惯量小、效率高、节约能源等显著优点。随着电力电子器件和变频技术的迅速发展，目前，国内外钢铁行业的大型轧机、采矿领域的矿井提升机、建材及矿石加工的球磨机等大型工业传动，已全面采用交流同步电动机调速来取代直流电机调速。五矿邯邢矿业有限公司在矿石选矿工序中，球、自磨机均为大型交流同步电动机作为动力，使我公司生产中重要设备。

1　交流中压同步电动机的特点

同步电动机属于交流电动机，它和异步电动机最大的区别是：三相交流同步电动机转子有励磁装置，而三相异步电动机的转子没有励磁装置。三相同步电动机与相应的异步电动机相比，具有如下特点。

（1）当电源频率不变，转速不随负载大小变化而变化。负载增大，功率角相应增大。当负载转矩大到使功率角超过极限值时，同步电动机就会“失步”。“失步”是同步电动机的非正常运行，同步电动机失步过程是一个复杂的电磁振荡和机械振动过程，对电动机和驱动的机械破坏极为严重。

（2）可改善电网的功率因数。调节同步电动机的励磁电流，可以使它在超前功率因数下运行，它不仅不使电网的功率因数降低，反而能改善电网的功率因数。提高电网功率因数的作用在我公司各生产矿山选矿厂普遍得到应用。

（3）运行稳定性高。若励磁电流一定，同步电机的输出转矩只与电源电压的一次方成正比，而异步电动机的输出转矩则与电源电压的二次方成正比，并且，当电网电压短路时间下降到额定值的80%及以下时，其励磁系统可以自动进行强力磁，来保证电动机的运行稳定性。

（4）运行效率高。大功率同步电动机与同容量的异步电动机相比较，同步电动机的功率因数高，其效率也高。

2　同步电动机全压起动的条件

同步电动机是否允许全压起动，除起动时间的电压降外，还应符合制造厂对该电动机所规定的起动条件，如：电动机结构和起动时电动机端电压等。由于我公司广泛使用的交流同步电动机均为直接起动，这里只对同步电动机全压起动条件进行分析。

按照母线电压水平，电动机是否允许全压起动的计算公式如下（1）式、（2）式可计算得出结论，若满足，则可采用直接启动。

$$K_{iq}S_e < \alpha(S_{de} + Q_{fh}) \,, \tag{1}$$

$$\alpha = \frac{1}{U_{*m}} - 1 \,, \tag{2}$$

式中，K_{iq} 为额定电压时，电动机的启动电流倍数；S_e 为电动机的额定容量，MVA；Q_{fh} 为供电母线上负荷的无功功率，MVar；S_{de} 为供电系统的短路容量，MVA；U_{*m} 为母线允许电压标幺值。

佟越波（1972&），男，高级工程师，056002 河北省邯郸市丛台区朝阳路88号。

当 $U_{*m}=0.8$，

$$\alpha=\frac{1}{0.8}-1=0.25$$

当 $U_{*m}=0.85$，

$$\alpha=\frac{1}{0.85}-1=0.175$$

当 $U_{*m}=0.9$，

$$\alpha=\frac{1}{0.9}-1=0.11$$

如果不能满足上述公式(1)的要求，则应采用降压起动方式。

例如，安徽开发矿业有限公司选矿厂安装球磨机7台，球磨机配套同步电机型号：TM2600-30/2860；额定功率为2.6 MVA；额定电压为10 kV；额定功率因素：$\cos\phi=0.9$；电枢额定电流172.4 A，采用直接启动方式。验算过程如表1所示。

表1 验算过程

名　称	数　据
(1)原始数据	
10 kV 母线上短路容量 S_{de} /MVA	1 000
母线上的无功负荷 Q_{fh} /MVA	1.5
电动机额定容量 S_e /MVA	2.985
电动机额定功率 p_e /kW	2 600
电动机额定电流 I_e /A	172.4
电动机额定电压 U_e /kV	10.5
电动机全压启动电压 U_{*qc} /V	11.965 2
电动机全压起动时电流倍数 K_{iq}	6.5
母线允许电压标幺值 U_{*m}	0.9
(2)计算全压起动的可能性	
计算系数 $\alpha=\frac{1}{U_{*m}}-1$	0.11
采用全压起动条件 $K_{iq}S_e<\alpha(S_{de}+Q_{fh})$	计算后关系式成立

注：采用全压起动条件，可以直接启动。

3 同步电动机的起动与运行

(1)同步电动机的起动：一般采用异步起动方法，原理如图1所示。

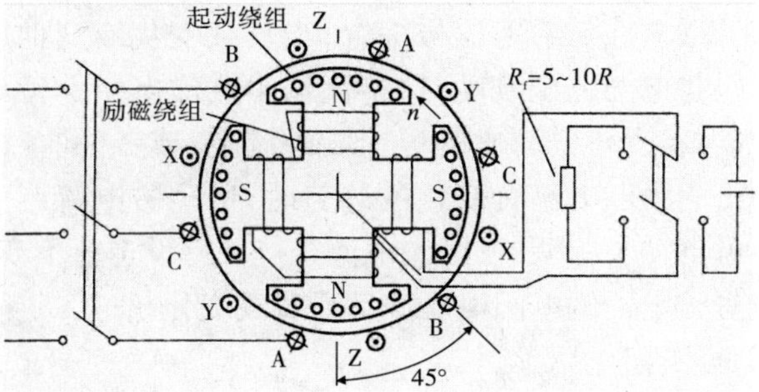

图1 同步电动机起动过程原理

一般同步电动机定子放置电枢绕组，在转子的极靴上装有笼型绕组(这个绕组称为“起动绕组”)，当电枢绕组上加上三相交流电，定子绕组就会产生一个旋转磁场，电动机异步起动并加速，这个过程与笼型异步电动机是一样的，但同步电动机的转子靠异步转矩是达不到同步速度的，当电动机的转速达到亚同步速度(即94% ~97%同步速度)时，给转子的励磁绕组通入直流，于是，旋转磁场带动转子转动，转子的旋转速度与定子绕组所产生的旋转磁场速度是一样的，转子的转速 $n=60f/p$，当极对数 p 一定时，转速 n 和频率 f 之间有严格关系。这就是同步电动机用异步起动方法。

(2)同步电动机运行时，一般用所谓的V形曲线表示，如图2。

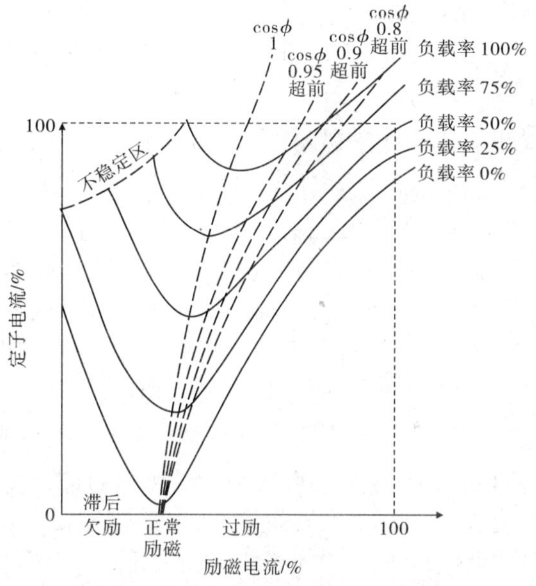

图2 同步电动机的V形曲线

在 $\cos\phi=1$ 的点，电枢电流最小；$\cos\phi<1$ 电枢电流都增大；$\cos\phi=1$ 线的左边属于欠励功率因数滞后性区域；右边属于过励功率因数超前性区域；在最左边，由于励磁电流过小，同步电动机运行就进入不稳定区。同步电动机要在超前的功率因数下运行，就必须使同步电动机在过励状态下运行。V形曲线微微向右倾斜，当输出增大，就必须相应增加一些励磁电流。

4 同步电动机的励磁装置

三相同步电动机运转时，首先需要异步起动，当转速达到亚同步速时，立即给转子的励磁绕组通入直流电，使它迁入同步——迁入直流电的装置就是同步电动机励磁装置。目前，采用交流电经晶闸管整流后励磁装置还在普遍使用，随着单片机和PLC广泛应用在励磁装置上,形成了数字化、集成化的励磁装置,功能上更加完善。但是,分离元件的励磁装置在原理上与数字化、集成化的励磁装置是基本相同的。

三相同步电动机励磁装置的主要作用:一是完成同步电动机的异步起动;二是在同步电动机运转过程中,对励磁电流的调节作用;三是对系统故障的监控,使同步电动机安全运行。

4.1 分离元件的励磁装置功能

4.1.1 同步电动机励磁装置工作的基本原理

同步电动机的定子合上电源,降压或全压起动后,进入异步运行状态,励磁绕组通过灭磁环节自行灭磁,在此期间,触发电路脉冲被封锁,整流桥不工作。(当转速上升到一定值时,通过投全压环节,电动机全压起动)。当电动机的转速达到亚同步速时,触发电路开启,输出脉冲送至晶闸管控制极,全控桥输出直流电压,施加于电动机的励磁绕组两端,同步电动机被牵入同步,起动完毕。

此装置改变励磁给定值,可使电动机在要求的功率因数下运行;当电网电压下降到额定电压80%以下时,通过欠压继电器元件的作用给出强励磁信号,并与励磁给定值叠加,使电动机励磁电流上升,一旦电压恢复正常值,强励磁切除,系统恢复到原来的稳定状态;电动机定子回路断电后,由于延迟电路作用,使触发电路延时封锁脉冲,在此延迟时间内,三相全控桥进入逆变状态,使贮藏于励磁绕组中的能量回馈电网,保障硅原件不受过压影响;由于某种原因造成同步电动机失步运行,电动机定子回路功率因数会大幅下降,失步保护经延时后,给出失步跳闸信号,延时跳闸回路可避免误动作,增加系统运行的可靠性。

4.1.2 到亚同步速时给励磁绕组投励

投励是指当电动机转子的转速和定子旋转磁场的速度达到亚同步状态时,励磁部分给电动机转子投入励磁,把电动机牵入同步运转状态。判断转子转速(或转差率)是否达到亚同步是较为重要的,它直接关系到同步电动机启动的成功率。

目前常用的投励判断方法。①采集转子励磁绕组上的电压信号或电流信号:异步起动时,转子励磁绕组的端电压是随着转子的频率而变化的(励磁绕组中的电流信号也是随着转子的频率而变化的),待同步电动机起动并加速到亚同步转速时,转子交变电压的频率已衰减至2~3 Hz,在转子感应交变电压使励磁装置的“投励插件”输出尖脉冲,使晶闸管导通和关断,使同步电动机牵入同步。②采集定子电流信号:当同步电动机异步起动时,在定子里的起动电流比较大,一般是6~8倍,当转子的转速越接近同步转速,起动电流就越接近额定电流,当测到定子的起动电流是1.2~1.4倍时,就认为达到亚同步,可以进行投励或断开放电电阻。这种方法较简单,但精度低,受干扰影响大。③按时间投励:如果从同步电动机制造厂知道了电动机的起动时间,或计算出同步电动机的起动时间,一般把时间投励作为防止过早投励和后备投励环节。

为准确投励,现在有的采用“准角顺极转差投励”。准角顺极转差,即指电动机转子转速达到亚同步时,在转子感应电流过零点,即从负半周到正半周的零点时,投励瞬间转子回路产生的磁场与定子回路产生的磁场即将进入极性相反、相互吸引力最大时刻,这时投入励磁,可使二者磁场相互间吸引力进一步加大,这样电动机能快速、平滑进入同步,无冲击。这种投励控制方式多采用微机自动检测投励时的转差。

4.1.3 运行时励磁装置的调节

为使同步电动机正常运行,励磁装置还应对不同工况下的同步电动机励磁电流进行调节作用。同步电动机的励磁电流必须大于正常的励磁电流,它才能在超前的功率因数下运行;不同的负载,对电枢电流和功率因数也会有不同的要求。因此,要选择适合工况的励磁系统尤为重要。

(1)恒励磁电流调节方式:对于同步电动机励磁来说,恒励磁电流调节是比较简单的调节方式,在负载比较稳定或变化不大,且电网电压变化范围比较小的情况下,可采用恒励磁电流调节。如化肥厂的联合压缩机、透平压缩机,炼油厂气压缩机、风机等。

实现恒励磁电流调节的方式。在励磁系统中,设置电压负反馈环节,它将整流电源侧引入的电压信号反极性与给定信号综合,当负载变化或其他原因引起电网电压波动时,整流输出励磁电压保持不变,可实现对电动机的恒定励磁调节,或者,同步电动机的励磁电流有变化的趋势时,恒励磁电流调节器可自动跟踪调节,励磁电流维持原有设定值不变,但对于定子侧电网电压波动或负载变化超过一定限度时,不起作用了。

(2)恒功率因数调节方式。此种调节多适用于变负载,适合场合如:轧钢机、球磨机等。

原理为调节时保持定子电压和定子电流夹角 ϕ 不变,使电动机稳定运行。当负载发生变化时,选择恒功率因数调节的闭环调节方式,励磁调节器自动跟踪 ϕ 角变化并通过调节励磁电流来维持 ϕ 角不变。我公司球自磨机均采用这种励磁调节方式,这种方式具有自我保护能力强、向电网提供足够数量的无功功率、具有良好的静态特性和动态特性用于恒定负载与冲击负载拖动控制、过载能力的极限值由同步电动机过电力保护限制等优点,被广泛使用。

(3)恒 δ 角调节方式。当运行中的同步电动机受到某种干扰在没有自动调节的情况下,电动机的功率角 将发生变动,比如电网电压瞬间降低,或者原负载突然增加,功率角 也随之增大,当功率角 增大到某一极限时,同步机就会失步。因此,可以稳定同步机运行的关键就是稳定 角。所以,我们采用以 角为自变量的闭环调节系统,实现稳定 角的目的。

恒 δ 角调节方式是一种对影响同步电动机稳定运行的所有干扰因素都起作用的全方位的调节方式,客服了目前最常用的“双闭环调节方式”存在的缺点,不论拖动负载的突变,还是电网电压的突变,其调节方向均可增加同步电动机的稳定度,从而实现全方位的提高同步电动机的稳定性。

(4)恒无功功率调节励磁电流方式。适用于冲击性负载(如轧钢机)的大型同步电动机。电网负载不断变化,同步电动机向电网提供恒定的无功功率,以补偿电网的功率因数。需要注意的是无功电流不能过大,防止同步机励磁绕组过热。

4.2 PLC 和单片机励磁装置

随着可编程序控制器(PLC)和单片机技术的发展,以微型 PLC 或单片机为核心,功能更加完善的励磁控制系统不断涌现,其完成异步启动、投励控制、控制励磁电流和系统故障监控等功能更加完善,形成了模块化、数字化以及良好的人机对话功能和远程监控等,再经几年发展,必将成为主导。

5 同步电动机常见故障

同步电动机除了日常维护保养和定检定修外,在日常生产中可能遇到以下故障需要进行就地处理,根据本人多年经验,简要进行现象分析及对策,便于我们工作中应用。

(1)同步电动机运行中失磁,原因及对策。同步电动机失磁后,立即进入异步电动机运行,电动机定子与起动用鼠笼绕组,形成鼠笼型异步电动机。因该鼠笼绕组只供短时起动用而不能长期运行,所以极易烧毁绕组。

(2)同步电动机异步起动后投励牵入困难,原因及对策。①励磁装置投励环节过早投入励磁,转子转速与同步转速相差较大。调整检修励磁装置投励环节。②交流电网电压降落过大,同步电动机起动后励磁装置强力环节未工作;或者励磁装置故障,不能投入额定励磁。检查励磁装置,或电网降落原因,空载时检查励磁装置是否正常,如有故障应修好后重试。③励磁绕组开路或短路。先用万用表检查各励磁绕组电阻,看有无断路绕组,然后在励磁电路中通入额定励磁电流,测量各励磁绕组的电压降,压降小的即为短路绕组,短路绕组必须重绕。④励磁绕组重绕或修理后,绕制的方向、匝数、接线有错误。检查各绕组修理中是否有错误,否则,重新修理。

(3)同步电动机运行时振动过大,原因及对策。①励磁绕组松动或有移位。把励磁绕组调正并进行加固。②励磁绕组有匝间短路,或接线有错误。检查绕组接线是否有错误,有无短路现象。③定子与转子间的气隙不均匀。用塞尺测量气隙,并计算转子各个磁极顶部与定子间最大、最小气隙与平均气隙之差对平均气隙之比,一般不应超过±5%,对低速电机不应超过±10%,处理时应根据气隙测量情况校正定子和转子间同心度,以保证气隙均匀。④转子不平衡。检查不平衡原因,排除后重新进行静平衡和动平衡效验。⑤所拖动的机械部分振动,带动电动机振动。将电机和机械设备分离,检查机械设备消除振动。⑥底座固定螺钉松动或基础强度不够。检查基座是否牢固,电机螺钉是否松动。⑦机座或轴承支架安装调试有偏差。重新调试机座或轴承支架,使其达到运转标准。

(4)同步电动机不能起动,原因及对策。①电动机轴承损坏或端盖螺钉松动,致使端盖与机座移位,转子下沉与定子铁心相擦。更换轴承或分别按对角紧固端盖螺钉,使电动机定、转子间的气隙保持均匀。②电枢绕组故障。进行修理后运行。③起动绕组开焊、断条或端环接触不良。阻尼绕组开焊和端环接触不良可直接检查,看阻尼绕组导条有没有电弧灼痕,有无断裂和细小裂纹,以及端环连接处接触是否良好,也可用小锤轻击阻尼条和端环听是否有断裂声,还可以用断笼侦察器检查;如发现断笼或开焊,或用银焊补焊;导条断裂时,可焊接或更换同规格材质的导条;对端环连接处接触不良,一般是重新挂锡,使全部面积有效接触,然后压紧螺钉。④控制装置故障，大多是由于励磁装置直流输出电压调整不当或无输出，引起定子电流过大，使保护装置动作跳闸或引起电动机失磁运行。检查控制装置，找出故障点进行修复。⑤电源电压太低。提高电源电压，使其达到额定值。⑥被拖动机械故障，如运转不灵或被卡住。打开被拖动机械进行检修。

6 体 会

(1)同步电动机往往只把“提高电网功率因数”作为选择时依据，其他运行特性的优势容易被忽视。

(2)传统励磁装置存在投励检测逻辑简单，可能出现早投励或晚投励，且分立元器件离散性较大，调试较复杂，受外部环境干扰大，运转不稳定。

(3)PLC和单片机励磁装置控制精确，故障少，保护完善，可靠性高，充分发挥了PLC和单片机的作用，使控制系统更为人性化。

(4)选择同步电动机励磁装置时，一定要考虑同步电动机参数、运行工况以及励磁系统调节方式等参数的匹配性。

(5)励磁装置对同步电机运转过程中具有保护和监控功能，要根据现场情况和经验设置保护参数，确保同步电机运转和安全。

(6)同步电动机的选型、控制等技术参数涉及相关理论计算等内容，对不同机械设备和工艺在选型设计时，一定要结合同步电动机结构特点、运行特性以及控制装置等进行综合考虑，要以计算结果为依据。

7 结 语

交流同步电动机结构简单、体积小、重量轻，与直流电机相比，具有单机容量不受限制、转动惯量小、动态响应好以及维护简单和节约能源等特点，随着大功率电子变换器和计算机技术的发展，同步电动机独特的运行特性越来越具有强大优势，因此，我们在今后工作中应更加关注同步电动机调速系统理论学习和其工程中的应用。

参 考 文 献

[1] 《钢铁企业电力设计手册》编委会. 钢铁企业电力设计手册[M]. 北京:冶金工业出版社,2007.

[2] 张春雷,尚红卫. 电机选用安装与故障检修[M]. 北京:中国电力出版社,2007.

[3] 常瑞军. 中压电动机的工程设计和维护[M]. 北京:机械工业出版社,2011.

[4] 李 岚. 电力拖动与控制[M]. 2版. 北京:机械工业出版社,2011.

[5] 北京机械工业自动化研究所. 安徽开发矿业供电系统综合保护可靠性研究[R]. 北京:北京机械工业自动化研究所,2012.

(收稿日期 2015-05-26)

(上接第453页)

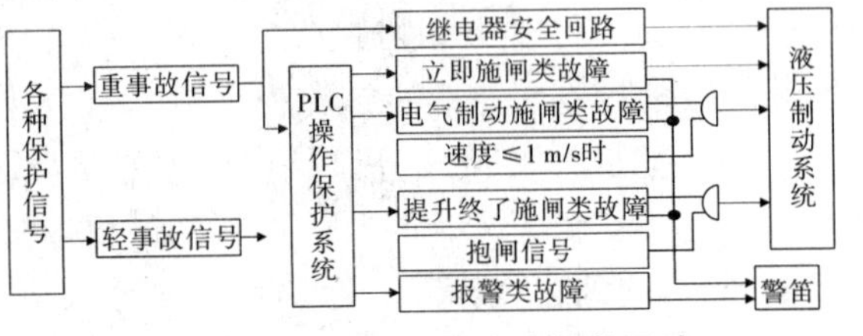

图4 双线制提升机安全保护回路

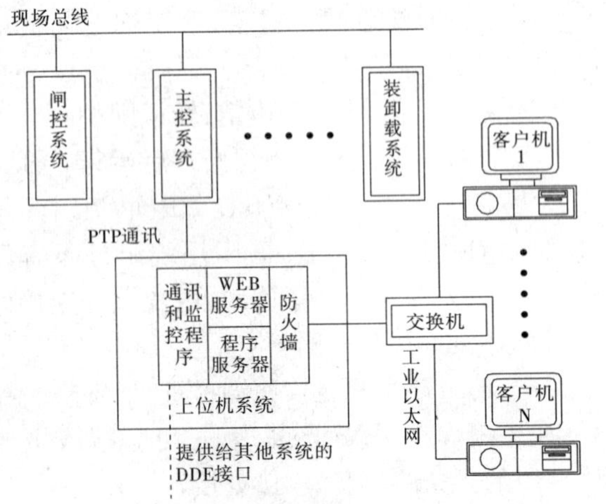

图5 信息系统的网络拓扑结构

技术包含现场总线技术与网络管理技术。现场总线为子系统与主控PLC的通信提供线路。网络管理技术采用采用B/S模式，并与Internet网络连接，通信系统灵活、稳定。其功能主要包括实时监控、数据获取与曲线绘制、故障报警、统计系统运行时间与提升量、生成报表。用户可通过WEB服务器和程序服务器，进行客户机访问管理，为各客户机提供运行画面、统计量、故障报警、报表查询等信息，实现信息的共享和管理。

5 现场实践效果与结论

本项目自2015年1月份进入正式安装调试过程，其中交直交变频矢量控制系统的正式调试时间大约为10 d，整个系统完全达到了预期的设计要求：三电平交直交变频技术可靠、节能、谐波污染小、PLC系统的各项功能和保护完善、其他子系统与PLC系统的结合正常。目前已经完全能满足东欢坨矿主井提升的要求，并有足够的增产余量。

(收稿日期 2015-06-28)

米村煤矿井下供电控制系统设计

王　金　宋　玉　姚占勇
（五矿矿业（安徽）工程设计有限公司）

摘　要　结合郑煤集团公司目前实际情况，以郑煤集团公司下属米村煤矿建设为例进行研究，依靠在传输层面分析的井下传输网络与各安全生产子系统的接入集成技术及具体实现方式，设计井上下供电系统的接入方案，最终实现了对井上下供电系统的远程集中控制。

关键词　供电控制系统　传输网络　设计

米村煤矿是郑煤集团1999年10月份在米村矿区建成投产的第1座大型现代化矿井。煤层赋存条件稳定，煤质为气煤和气肥煤，内在灰份在8%以下，挥发份在30%以上，属于高挥发份、高发热量、高灰熔点、低灰、低硫、低磷的三高三低优质动力煤和炼焦配煤，亦可作为汽化、液化用煤[1]。本研究主要设计米村煤矿的井下供电控制系统，实现对井下供电的远程集中控制，对降低煤矿事故的发生具有重要作用。

1　井下变电所集中控制系统概述

米村煤矿井下变电所的集中控制系统为KJ67井下高压电网安全监控系统，该系统于2002年4月份调试完成，运行正常。该系统已经实现了井下430 m采区变电所、430 m车房变电所的集中监控，该系统设有3个井下通讯分站和1台地面主站，其中430 m采区变电所设有2个通讯分站，430 m车房变电所设有1通讯个分站，地面监控中心设置了1台主站调制解调器，该系统把井下变电所高防开关的运行状态（电压、电流、功率因数、分合闸状态、故障信息等）传到地面机电监控中心，并且可把地面机电监控中心的命令（高防开关进行分闸、合闸、复位等）传到井下分站，进而传给高防开关进行执行。

2　米村煤矿井下供电控制系统设计任务

米村煤矿由于原系统采用电话线传输，分站输出没有以太网接口或现场总线接口，无法在井下接入工业以太网，要对分站进行升级，新型的分站在井下可用光纤直接接入工业以太网，并且适用多规约和多协议[2]。为了适应新的通讯要求，需要将高防开关电脑保护装置也进行升级，可以实现液晶汉显、不打开防爆盖在高防外面进行按键整定等多种功能，井下工业环网建设完成后，可以将KJ67升级系统接入环网系统，以实现井下430 m车房变电所和430 m采区变电所供电系统与综合自动化系统集成。

具体包括3个方面：①将430 m车房变电所和430 m采区变电所的38台高防开关综合保护器改为GSZJ-H5型井下高压防爆开关用电脑综保；②将井下3台分站改为支持以太网的分站；③地面监控中心软件系统的升级，做为整矿系统集成的一部分，作为工业以太网的子系统，通过工业以太网接口进行传输。并能完成"四遥"（遥信、遥测、遥控、遥调），软件数据双机备份，动态画面设计更直观合理，更方便相关人员操作和使用。

3　井下供电控制系统的设计方案

3.1　总体结构与功能

KJ36A电力监控系统由监控计算机、变电所监控站、综合保护单元等组成，采用3层结构，第1层为监控计算机，第2层为电力监控站，第3层为智能隔爆高压开关[3]。

系统采用工业以太网加现场总线的结构模式。主干信道是以光纤太环网到各变电所，通过网络交换机的数据接口将变电所开关数据接入主传输系统；在变电所内安装电力监控站，采用现场总线RS485方式采集变电所开关设备的运行参数和状态，实现就地集中数据监测和设备控制的功能，主站对采集到的信息进行处理，集中上传到系统主机。

系统后台将来可以网络方式将数据传输到全矿

王　金（1980—），男，工程师，230601 安徽省合肥市滨湖新区武汉路230号。

井综合自动化平台，实现数据共享和网络发布[4]。井下变电所内开关设备的运行参数和状态通过综合保护单元采集并输出，电力监控站和开关综合保护单元之间采用 RS485（隔爆设备信号输出需通过安全隔离器作本安隔离处理），变电所的电力参数由电力监控站通过设在各个变电所的环网交换机接入井下以太网，数据通过以太网传输到矿井电力监控系统后台。系统总体结构如图 1 所示。

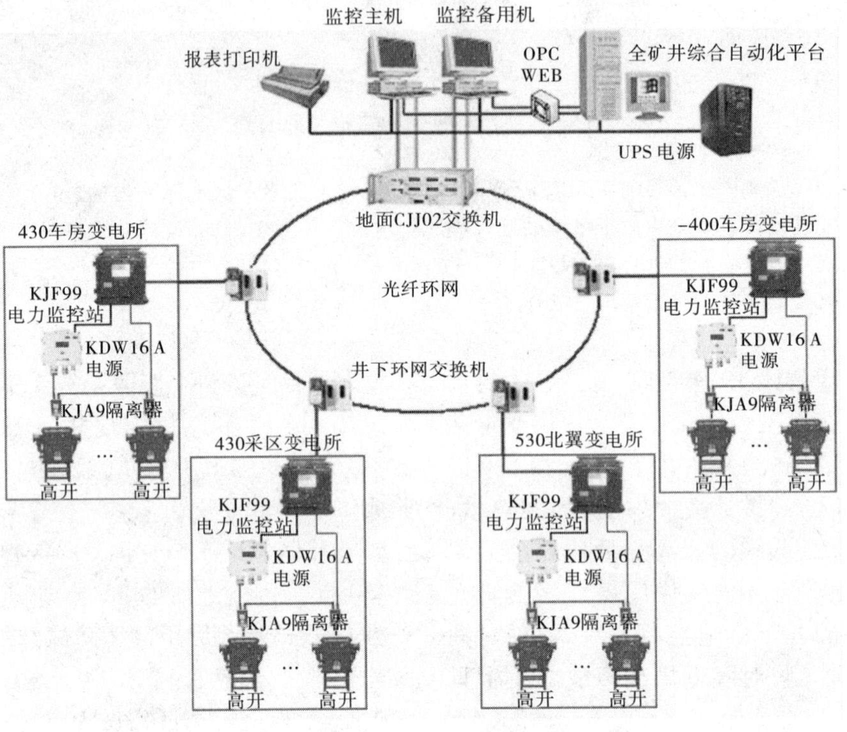

图 1　电力监控系统总体结构示意

3.2　系统设备配置

3.2.1　监控系统地面配置

电力监控系统后台设在矿调度指挥中心（或机电科），配置 2 台电力监控计算机。1 台主机，1 台备用机，采用双机热备份方式，保证系统运行安全、可靠[5]。主机正常工作时，监控主机和备用机之间能进行数据交换，若监控主机工作异常时，备用机立即执行主机功能向各个变电所发送读取数据指令，并提示用户当前的故障信息，如表 1 所示。

表 1　监控系统地面机房主要配置

设备名称	设备型号	数量	备　注
电力监控计算机	3G/1G/80G/17″LCD	2	研华品牌机，双机热备份
计算机操作系统	Windows XP	2	监控计算机安装
监控系统软件	KJ36A	2	主从机各一套
不间断电源 UPS	山特 2KVA	1	系统后备电源
报表打印机	LQ-1600K	1	报表及报警打印

3.2.2　井下变电所监控

3.2.2.1　430 m 车房变电所

430 m 车房变电所内有 10 台高爆开关，其综合保护器改造成微机综合保护器，每台高爆开关配备 1 台 KJA9 安全隔离器，几台安全隔离器共用 1 台 KDW16A 电源，同时在变电所内放置 1 台 KJF99 电力监控站，隔爆开关智能综合保护单元的通信信号通过 KJA9 安全隔离器转为本安信号接入 KJF99 电力主站，实现信号的本安传输，确保电气安全性能。

KJF99 电力主站具有红外人机对话接口，完成数据或图形显示、设备配置及就地集中控制功能，接收开关综合保护单元发送的数据，并通过主传输线路将井下数据上传到地面电力监控系统主机，根据系统主机下达的控制命令完成电力监控系统的远程操作[6]。设备连接如图 2 所示。

3.2.2.2　430 m 采区变电所

430 m 采区变电所内有 28 台高爆开关，其综合保护器改造成微机综合保护器，每台高爆开关配备 1 台 KJA9 安全隔离器，几台安全隔离器共用 3 台 KDW16A 电源，同时在变电所内放置 1 台 KJF99 电力监控站，隔爆开关智能综合保护单元的通信信号通过 KJA9 安全隔离器转为本安信号接入 KJF99 电力主站，实现信号的本安传输，确保电气安全性能。

KJF99 电力主站具有红外人机对话接口，完成数据或图形显示、设备配置及就地集中控制功能，并

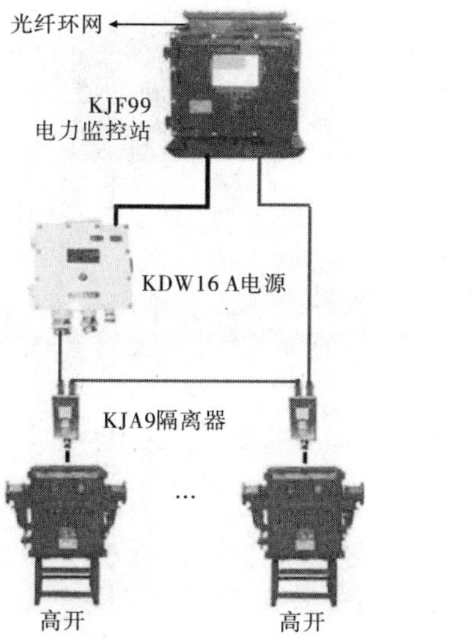

图2 430车房变电所电力监控设备连接

通过主传输线路将井下数据上传到地面电力监控系统主机，根据系统主机下达的控制命令完成电力监控系统的远程操作。设备连接原理与车房变电所一致。

3.2.2.3 530 m北翼变电所

530 m北翼变电所内有9台高爆开关，其综合保护器改造成微机综合保护器，每台高爆开关配备1台KJA9安全隔离器，几台安全隔离器共用1台KDW16A电源，同时在变电所内放置1台KJF99电力监控站，隔爆开关智能综合保护单元的通信信号通过KJA9安全隔离器转为本安信号接入KJF99电力主站，实现信号的本安传输，确保电气安全性能。

KJF99电力主站具有红外人机对话接口，完成数据或图形显示、设备配置及就地集中控制功能，并通过主传输线路将井下数据上传到地面电力监控系统主机，根据系统主机下达的控制命令完成电力监控系统的远程操作。设备连接原理与车致。

3.2.2.4 -400 m水平变电所

-400 m水平变电所内有21台高爆开关，其综合保护器改造成微机综合保护器，每台高爆开关配备1台KJA9安全隔离器，几台安全隔离器共用3台KDW16A电源，同时在变电所内放置1台KJF99电力监控站，隔爆开关智能综合保护单元的通信信号通过KJA9安全隔离器转为本安信号接入KJF99电力主站，实现信号的本安传输，确保电气安全性能。

KJF99电力主站具有红外人机对话接口，完成数据或图形显示、设备配置及就地集中控制功能，并通过主传输线路将井下数据上传到地面电力监控系统主机，根据系统主机下达的控制命令完成电力监控系统的远程操作。设备连接原理与车房变电所一致。

3.3 设备主要功能

3.3.1 KJF99电力监控站

KJF99电力主站集计算机技术、视频技术、网络技术于一体，以井下变电所无人职守为目标，而设计的隔爆兼本安型电力监控站，适用于井有瓦斯、煤尘爆炸性危险的场所应用[7]。

主站以嵌入式工控机为核心部件，基于WINCE操作系统，有超强的数据采集处理和丰富的图形操作，具有极高的可靠性和稳定性。本主站内配有嵌入式视频服务器，可接入两路视频输入，将其转换为MPEG4格式通过以太网上传，配合数据监控可实现变电所的无人职守。

主站具有多种接口方式，以太网光口、以太网本安电口、本安RS485接口、本安CAN接口，使得联网和设备接入更加灵活方便。

电力主站作为井下电力监测监控系统中的数据交换、设备控制和数据显示等过程的关键设备，具有数据处理、远程控制、图像显示及网络远程通讯等功能，是井下电力监测监控系统中的重要设备。

3.3.2 DBZ-1微机综合保护器

DZB-1型微机综合保护器适用于电压等级为10，6，3.3 kV等级的中性点小接地供电系统，对电力设备和线路进行保护，可替代传统的高压保护器。本综合保护装置除可进行本地参数设置和控制外，还可以通过远程计算机进行遥测、遥控、遥调，实现系统级的监测、监控。

DZB-1型微机综合保护器采用微计算机为核心部件，对互感器二次信号进行交流采样和实时测算，以保证较高的准确性；全中文菜单显示结构，只需通过四个按键即可实现全部菜单操作，操作方便。

3.3.3 KJA9安全隔离器

KJA9型安全隔离器采用光电隔离技术，实现监控设备非安RS485信号输出转为远距离传输本安RS485信号，可用于井下工业环境。①工作电源，本安直流12～18 V，最大工作电流：≤60 mA；②非安侧，RS485信号两芯传输（A，B）；③传输速率，1 200 bps\2 400 bps\4 800 bps\9 600 bps；④传输距离，1 km；⑤本安侧，RS485信号两芯传输（A，B）⑥传输速率，1 200 bps\2 400 bps\4 800 bps\9 600 bps；⑦传输距离：≥10 km。

3.3.4 KDW16A 隔爆兼本质安全型不间断电源箱

KDW16 隔爆兼本质安全型不间断电源箱是直流稳压电源，适用于有瓦斯、煤尘爆炸危险的环境中向矿用本质安全型设备供电。它还提供供电状态输出信号，供监测系统监视电源的供电情况。①输入 AC127，220，380，660 V（频率 50 Hz，电压变化范围 80% ~115%）；②输出单路直流本质安全型稳压电源，（18±8%、24±5%、15±5% VDC）；③备用电源功能，交流停电时，输出额定电流条件下，电池供电≥4 h；④保护方式，截止式双重化过压、过流保护。

3.3.5 KJJ31 型矿用环网接入器

KJJ31 型矿用环网接入器是数据交换传送设备，适用于有瓦斯、煤尘爆炸危险的环境，为具备以太网或 RS485 通讯接口的设备提供传输通道。设备包含 8 个以太网接口，并具备冗余以太环网功能，其中 4 个接口可配置为标准的 RS485 通讯接口或 RS232 接口。

3.3.6 KLH11 矿用本安接线盒

KLH111 矿用本安接线盒可用于煤矿井下有爆炸性气体环境，作为控制系统 、通信系统电缆分线及汇接。防爆型式：矿用本质安全型，标志 dibI；工作电压：$U \leqslant 60$ V；额定电流：$I \leqslant 3$ A。

3.3.7 KJ36A 电力监控系统主要功能

3.3.7.1 数据采集

负责实时采集遥测量、遥信量、电度量、数字量等数据。遥测量（测量量、模拟量）主要包括电压、电流、有功功率、无功功率、功率因数、电度等。遥信量（状态量）主要包括断路器和刀闸位置、保护自动装置动作信号、事件顺序记录（SOE）。

3.3.7.2 保护及自动化信息的采集

接收监控站上送的运行信息及变电所内的其他变化信息。查询并远方整定微机保护装置定值和微机保护装置的自检、动作信息。保护信号远方复归。

3.3.7.3 数据统计、计算和采样

可以根据用户定义的计算公式完成以下计算。电压等测量值的越限判别、以及在此基础上的合格率计算。电网有功、无功功率的电度积分和总加、电网有功电能量总加及功率因素计算。任意测量值在一段时间内最大、最小、平均值的统计，并记录最大、最小值出现的时间。系统及线路负荷率统计，如图 3 所示。

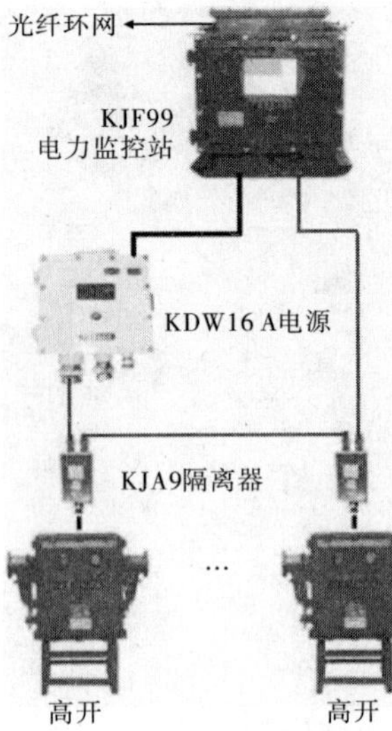

图 3 电流曲线

3.3.7.4 控制和调节

（1）遥控功能。控制过程包括以下几个步骤，遥控操作人员的身份及权限检查、选择控制对象、遥控预发、系统内部校核、终端校核、终端返送校核结果、遥控执行或撤消，记录操作过程。在遥控进行的过程中若收到遥信变位，则自动撤消控制。

（2）遥调功能。调节过程包括以下几个步骤，遥调操作人员的身份及权限检查、选择调节对象、修改遥调值、发送遥调值、终端校核、终端返送校核结果、确认执行或撤消，记录打印操作过程。

3.3.7.5 其他功能

系统其他功能还包括事件顺序记录、运行报警、画面显示及人机交互操作、报表的制作以及显示和打印、系统对时、双机及双通道的自动切换功能、多屏显示及大屏幕投影和远程诊断系统等。

3.3.8 主要技术参数以及配置

（1）系统容量。128 个监测监控站/串口。

（2）监控站容量。32 个回路（主站）。

（3）监控站和监测单元通信。传输方式：本安 RS485；传输速率：1 200 ~9 600 bps（485 总线）。

（4）监控站和主机通信。传输方式：光纤以太环网；传输速率：10/100 Mbps（环网）。

（5）其他参数。系统巡检≤30 s；画面刷新≤2 s；遥控周期≤5 s。

电力监控系统设备清单如表 2 所示。

4 结 语

矿井综合自动化建设是煤炭企业所面临迫切需要解决的主要问题，对其进行研究有利于企业提高安全生产保障手段和经营管理水平，加快办事效率。以米村矿井综合自动化系统建设为例，对其中井下

（下转第 471 页）

α-溴代月桂酸在石英表面吸附机理的研究*

朱一民　骆斌斌　孙海涛　李艳军　刘　杰
（东北大学资源与土木工程学院）

摘　要　基于密度泛函理论第一性原理，研究了捕收剂α-溴代月桂酸在α-石英（101）面的吸附作用机理。对α-石英晶胞模拟时，对泛函、K点取样密度、动能截断等主要参数进行收敛性测试，获得最佳设置参数。在此参数基础上计算并确定α-石英破碎后最稳定存在的晶面为（101）面。采用Forcite模块及Castep模块，计算α-溴代月桂酸在α-石英（101）面上3种不同吸附形式的吸附能和最佳吸附形式下α-石英（101）面的态密度。计算结果表明，捕收剂α-BLA在α-石英（101）面的吸附是多电子O原子、Br原子吸附及氢键吸附的协同作用，α-石英（101）表面与α-BLA之间存在着弱的共价相互作用。

关键词　α-石英　α-溴代月桂酸　密度泛函　表面能　浮选机理

浮选是利用矿物表面物理化学性质差异，使有用矿物得到有效回收利用的过程[1]。浮选捕收剂在矿浆中能够吸附（静电吸附、键合吸附或氢键吸附）在矿物表面形成疏水薄膜，使矿物表面疏水性增大，从而增加矿物的浮游性[2]。浮选指标是捕收剂分子在矿物表面的吸附量、吸附取向及矿物表面本身亲水疏水平衡的宏观体现[3]。研究浮选捕收剂在矿物表面的吸附过程和作用机理对指导浮选具有一定的意义。相比机理检测中通常采用的Zeta电位检测、红外光谱检测、X射线光电子能谱等手段，量子化学计算方法研究矿物晶体的表面性质已经越来越常见，对矿物浮选行为及药剂作用机理进行了很好的诠释[4-6]。与在硫化矿晶体表面方面的大量研究相比，有关量子化学计算在石英晶体模拟优化参数收敛性测试及石英表面吸附机理等方面研究较少[7-8]。

论文基于密度泛函第一性原理，对捕收剂α-溴代月桂酸在α-石英（101）面的吸附作用机理进行了研究。并在最佳吸附方式下，对α-石英（101）面态密度进行了计算，深入分析了药剂α-BLA对α-石英的捕收作用机理。

1　模拟与计算方法

1.1　α-石英表面构造及表面能计算

自然界α-石英矿物在受到外力作用时无解理面产生。根据α-石英主要X射线衍射峰对应的晶面，预测α-石英晶胞在受到外力作用后最容易暴露出来的晶面。对α-石英晶胞切割，采用Castep模块对这些α-石英表面进行表面能计算。

$$E_{surf} = \left(E_{slab} - \frac{N_{slab}}{N_{bulk}} \cdot E_{bulk}\right) / (2A) \qquad (1)$$

式中，E_{slab} 为表面体系基态总能量，J/m^2；E_{bulk} 为体相基态总能量，eV；E_{surf} 为表面能，J/m^2；A 为所选取的表面面积，Å^2；N_{JslabJ} 为所选的表面体系所含原子数；N_{JbulkJ} 为体相所含的原子数。由于表面能的计算采用量子力学程序，在权衡准确度与计算速度的前提下对石英晶体沿着各晶面族方向进行切割并保留三层原子，Thickness厚度为2Å，Vacuum thickness选为10Å。

1.2　α-溴代月桂酸理论模型的优化

采用DMol^{3}模块，对捕收剂α-BLA分子结构进行优化。计算精度quality选用fine，交换相关函数为广义梯度近似GGA+PW91，其余参数采用默认设置。对比实测α-BLA红外光谱与模拟计算得到的红外光谱，验证采用该方法搭建的α-BLA分子结构模型的准确性。

1.3　α-石英表面吸附α-BLA捕收剂吸附能计算

以α-石英表面能较小的晶面，建立9×9、真空层厚度为25Å的超晶胞，并将药剂分子以不同形式摆放于晶面之上。运用分子动力学模块（Forcite），计算α-BLA药剂分子在α-石英表面吸附的吸附

＊国家自然科学基金项目（编号：51274056，51474055）。

朱一民（1964—），女，教授，110089 辽宁省沈阳市和平区文化路3巷11号。

能。对比不同吸附形式吸附能的大小,从而确定最佳吸附构型。Forcite 动力学模拟参数精度选择 Ultra-fine,模拟总步长为 25000 步,温度为 298 K,药剂分子与矿物表面作用力场为 universal,其余参数均为默认设置。Forcite 优化后,继续采用 Castep 模块对吸附模型进行量子化学计算,得到最佳吸附状态并对其性质加以分析。吸附能计算公式为

$$E_{吸附} = (E_{BLA} + E_{石英表面}) - E_{吸附体系} \qquad (2)$$

2 结果与讨论

2.1 α-石英模拟参数选定

基于密度泛函理论的 Castep 模块,对 α-石英晶胞模拟参数进行收敛性测试。考虑不同泛函、K 点取样密度、动能截断等主要参数对晶格优化的影响,以获得准确的设置参数。迭代收敛标准设置 1.0×10^{-6} eV/atom,赝势采用 Ultrasoft,其余非必设参数均采用默认设置。

2.1.1 交换相关泛函收敛性测试

使用不同泛函,对 α-石英晶体进行结构优化,其余参数精度为 Fine,结果见表 1。在综合考虑相对误差及基态总能的基础上,确定密度泛函采用 LDA+CA-PZ 时,模拟结果与试验结果之间误差为 0.7%,基态总能为-2 956.61 eV。

表 1 密度泛函收敛性测试

项目名称		a /Å	b /Å	c /Å	能 量 /eV	误差 /%
实验结果		4.910 0	4.909 9	5.402 0		
不同密度泛函模拟结果	LDA+CA-PZ	4.958 3	4.958 3	5.414 6	−2 956.608 0	0.7
	GGA+PBE	5.120 8	5.1208	5.601 6	−2 953.667 6	4.1
	PW91	5.031 0	5.031 0	5.515 8	−2 957.160 1	2.3
	WC	5.103 1	5.103 1	5.583 7	−2 948.768 6	3.7
	PBESOL	5.105 0	5.105 0	5.600 1	−2 944.817 4	3.8

2.1.2 K 点取样密度收敛性测试

密度泛函采用 LDA+CA-PZ,计算不同 K 点取样密度下石英晶胞基态总能,结果见图 1。

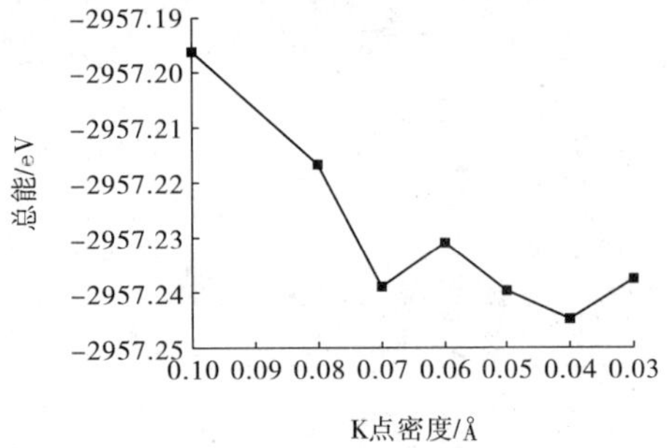

图 1 K 点取样密度收敛性测试

由图 1 可知,当 K 点取样间隔为 0.07 Å、取样密度为 3×3×4 时,基态总能在局部范围内达到最低。继续减小取样间隔,增大 K 点取样密度,取样间隔为 0.04 Å 时基态总能较 0.07 Å 时减小,虽然减小幅度不大,但在很大程度上增加了计算时间。综合考虑,K 点取样间隔选取 0.07 Å,即采样密度为 3×3×4。

2.1.3 动能截断收敛性测试

动能截断控制展开波函数的平面波的个数,对计算精度起着至关重要的作用。密度泛函采用 LDA+CA-PZ,K 点取样密度为 3×3×4,计算不用动能截断值下 α-石英晶胞的基态总能,结果见图 2。

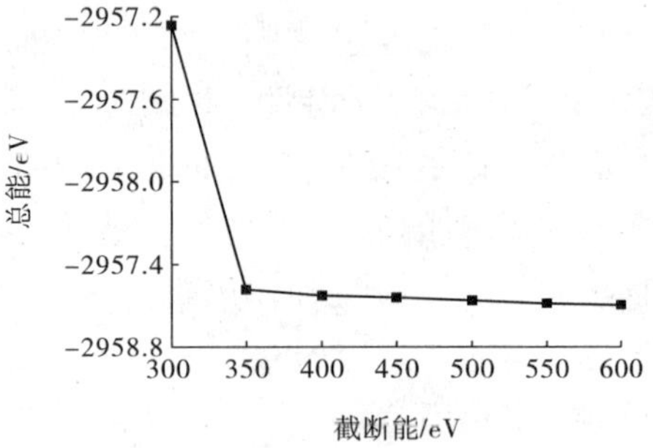

图 2 动能截断收敛性测试

由图 2 可知,当动能截断值从 300 eV 增加到 400 eV 时,石英晶胞基态总能迅速从-2 957.242 5 eV 下降至-2 958.552 1 eV,继续增加动能截断值基态总能变化小于 0.01 eV。综合考虑计算时间和基态总能值,确定动能截断为 400 eV,符合计算精度要求。

采用以上参数对 α-石英晶胞进行几何结构优化,优化后晶胞参数如下:

$$a = b = 4.871\ Å, c = 5.369\ 2\ Å,$$

$$a = \beta = 90°, \gamma = 120°,$$

与试验测得的石英晶胞参数相对误差为 0.7%,小于 2% 的允许误差限,在后面的表面模型优化及计算中采用相同设置参数。

2.2 α-石英吸附表面的确定

对 α-石英纯矿物进行 XRD 检测,结果见图 3。

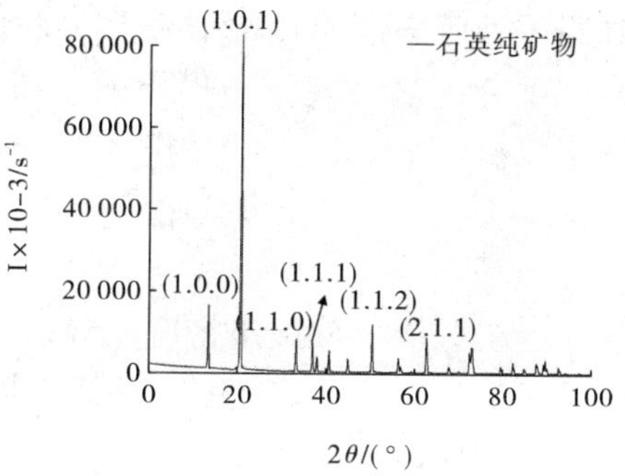

图 3　α-石英纯矿物的 XRD 图谱

由图 3 可知，α-石英经破碎后最常见晶面(破碎面)为(100)、(101)、(110)、(111)、(112)和(211)晶面。对 α-石英晶胞沿这 6 个晶面方向进行切割，切割后晶面见图 4。根据公式(1)，分别计算这 6 个 α-石英表面的表面能，计算结果见表 2。

由表 2 可知，α-石英的(101)面表面能最低，说明(101)面是 α-石英在受到外力作用破碎后最容易出现且最稳定的晶面，因此选取 α-石英(101)面做为与药剂 α-BLA 作用的表面，进行相互作用机理分析。

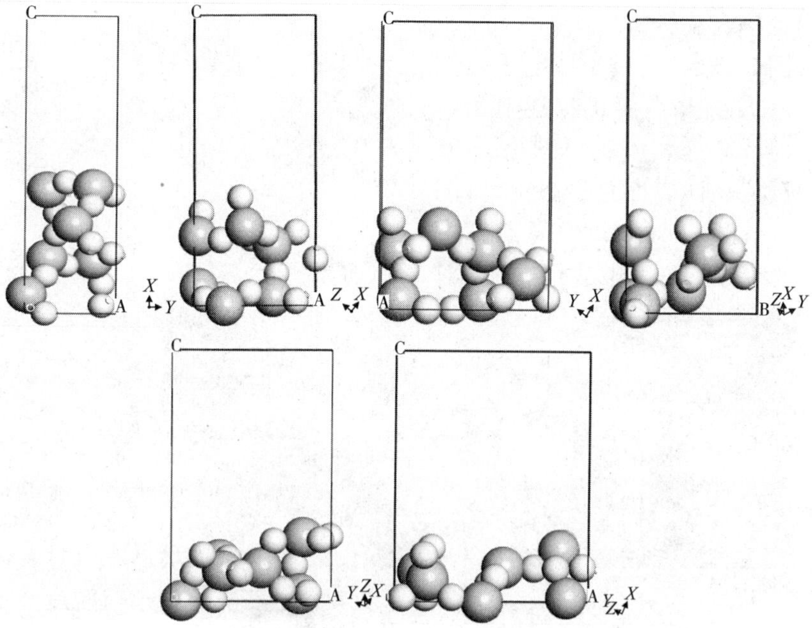

图 4　α-石英切割后最常见晶面

注：从左到右依次为(100)、(101)、(110)、(111)、(112)、(211)。

表 2　α-石英晶胞 6 个晶面表面能计算

晶格表面	a/Å	b/Å	a	表面积/Å²	总能/eV	化学式	表面能/eV
(101)	7.127 1	4.864 5	92.915 1	34.669 8	−4 922.829	Si_5O_{12}	0.114 4
(100)	4.717 3	5.161 1	85.643 6	24.346 6	−4 921.196	Si_5O_{12}	0.196 8
(110)	4.195 7	8.119 8	95.559 7	33.908 7	−4 806.495	Si_5O_{12}	1.832 2
(111)	6.637 3	7.152 8	85.646 8	47.339 6	−4 040.841	Si_5O_{12}	9.399 2
(211)	9.375 6	4.711 5	76.822 6	43.010 7	−4 031.291	Si_5O_{12}	10.687 7
(112)	6.423 3	7.228 5	114.299 8	42.317 9	−4 471.938	Si_5O_{12}	5.421 2

2.3　α-石英表面电荷空间分布

α-石英(101)表面性质分析主要是对其表面的电荷密度空间分布、表面差分电荷密度及 Mulliken 布局进行分析，以了解 α-石英沿(101)晶面切割后所暴露出的表面形态与性质的变化。

2.3.1　α-石英(101)面表面电荷密度空间分布

α-石英(101)面电荷密度等值面 0.3 electron/A^3 与 0.2 electron/A^3 电子云分布见图 5。

(a)0.3 electron/A^3 等值面

(b)0.2 electron/A^3 等值面

图 5　(101)面电荷密度电子云分布

由图 5 可知，0.3 electron/A^3 等值面氧原子外层覆盖电子云，而硅原子外层部分裸露区域未被覆盖；0.2 electron/A^3 等值面氧原子覆盖电子云厚度增加，硅原子表面也覆盖一层电子云。这说明 α-石英(101)面氧原子电荷密度大于硅原子，并且高电荷密度分布在氧原子表面。

从理论上分析，硅原子核外电子应该大于氧原子，然而 α-石英晶体破碎后最稳定(101)面表面电荷主要分布在氧原子周围，对 α-石英(101)面态密度进行计算来分析其中原因。

2.3.2 α-石英(101)面态密度分析

态密度作为能带图的投影，反应了体电子在体系不同能量范围内占据态，能够定性的描述电子的空间占据状态。原子对体相态密度的贡献见图 6，浅色线所围成区域为石英晶体表面总的态密度；图 6(a)深色区域为体系中氧原子态密度对总态密度的贡献；图 6(b)深色区域为体系中硅原子态密度对总态密度的贡献。

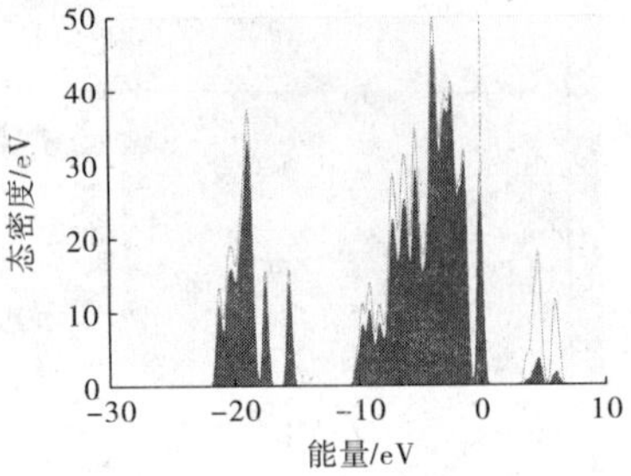

(a) 氧原子

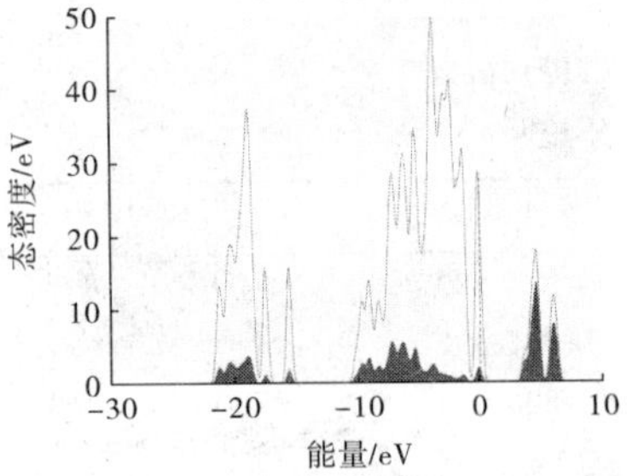

(b) 硅原子

图 6 原子对体相态密度的贡献

体系费米面(虚线处)处态密度主要为氧原子态密度所贡献，表明体系中活性较大的电子来自于氧原子。低能级方向的价带投影态密度(电子占据态)，可知体系中电子空间分布由氧原子提供电子所占据，硅原子只提供小部分电子占据；导带投影态密度(电子可能占据态)，可知硅原子提供大量电子，氧原子只贡献少量，结合硅、氧原子单独存在时核外电子分布不难得出以下结论：

氧原子由于其较强的电负性，在形成 α-石英晶体时将硅原子外层电子吸引到自身周围，所以态密度中体系电子分布多由氧原子提供电子所占据，而硅原子则主要提供电子，自身周围电子不多，其在导带投影态密度中贡献较大，即氧原子所占据电子部分来自于硅原子。

对氧原子与硅原子分波态密度图分析，可知 α-石英晶体原子轨道杂化情况，见图 7，清晰地显示裸露表面活性的性质以及活性性质的来源。

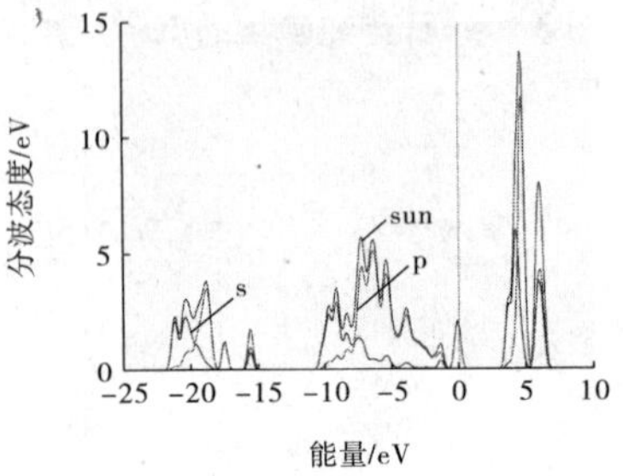

(a)氧原子

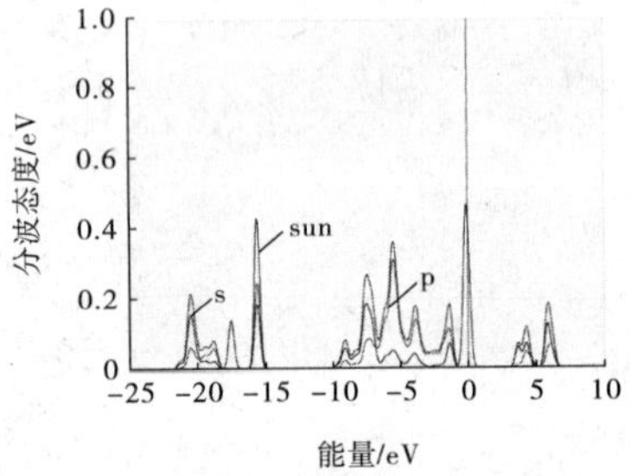

(b)硅原子

图 7 α-石英晶体(101)表面原子分波态密度

2.4 α-石英差分电荷密度及态密度分析

差分电荷密度图可以形象的表示原子间电荷的分布状态。浅色区域表示电子缺失，深色区域表示电子富集。通过深色与浅色区域范围及色差来判断原子之间成断键情况，以及某个原子的带电状态。

分别计算 α-石英(101)表面及其面下晶体内部 2.445 Å 面差分电荷密度，结果见图 8。

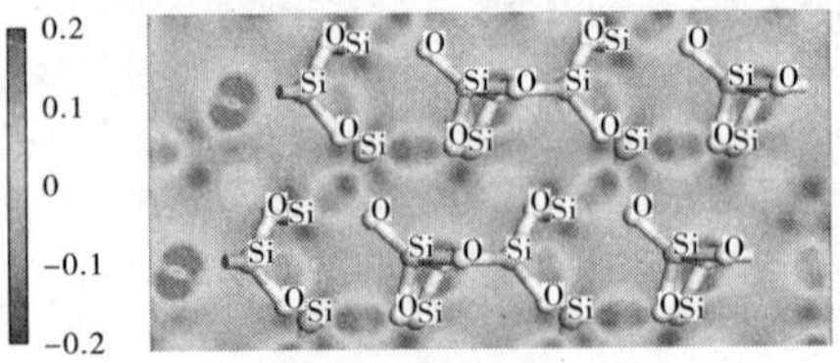

(a) 石英表面

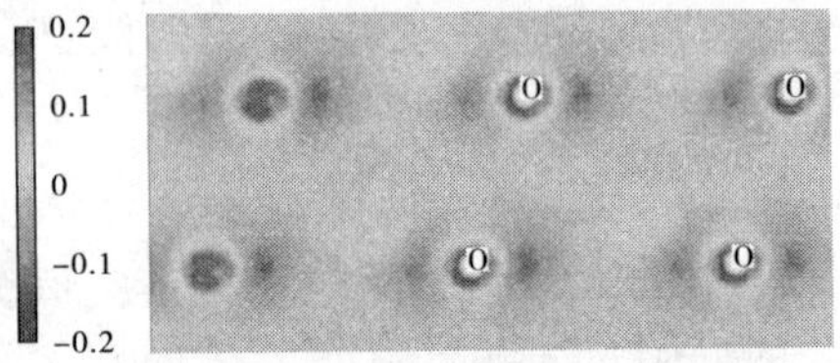

(b) 石英内部

图 8 石英差分电荷密度

由图 8(a)可知,石英表面氧原子得到电子(深色区域)要高于所失去的电子(浅色区域),形成负电性活性位点。由图 8(b)可知,电子的深色区域与失去电子的浅色区域分布较为均衡,说明在石英晶体内部电子得失较为平衡,形成稳定的 Si—O 共价键。

α-石英(101)面表面态密度与体相态密度图结果,见图 9。

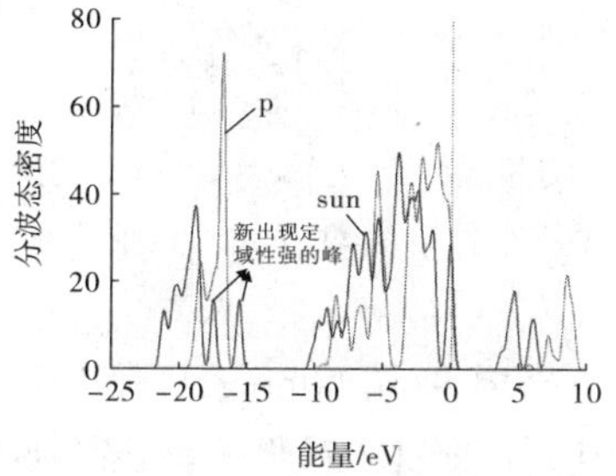

图 9 石英晶体与表面态密度

实线—石英晶体;虚线—石英表面

由图 9 可知,α-石英表面态密度的峰整体向低能级方向飘动。α-石英晶体态密度峰离域性较强,而 α-石英表面态密度峰型定域性更强,并且在−16 ~−17.5 eV 区间内出现 2 个新定域性较强的峰。这说明理想 α-石英晶体在未切割前内部价键较为饱和,几乎没有未饱和键与孤立电子对;破碎后,出现很多孤立电子对在氧原子周围(见图 7)。因此与 α-石英晶体相比,表面出现许多电子在空间的占据态,峰型整体将低能级方向移动。其次,切割导致悬键的产生增加了 α-石英(101)表面的活性位点,而这些活性位点电子定域性较强,比较集中。因此在表面态密度峰与峰之间的连续性降低,并出现两个孤立的峰。

2.5 α-BLA 在 α-石英(101)面的最佳吸附方式

2.5.1 α-BLA 分子模拟及对比

按 1.2 的方法对 α-BLA 分子结构结构进行优化,优化后结构见图 10。同时,对实测 α-BLA 红外图谱与模拟红外光谱进行对比,结果见图 11。

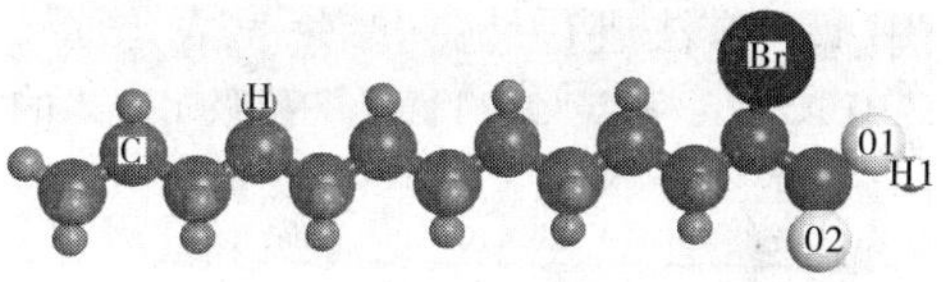

图 10 DMol^3 优化后的 BLA 结构

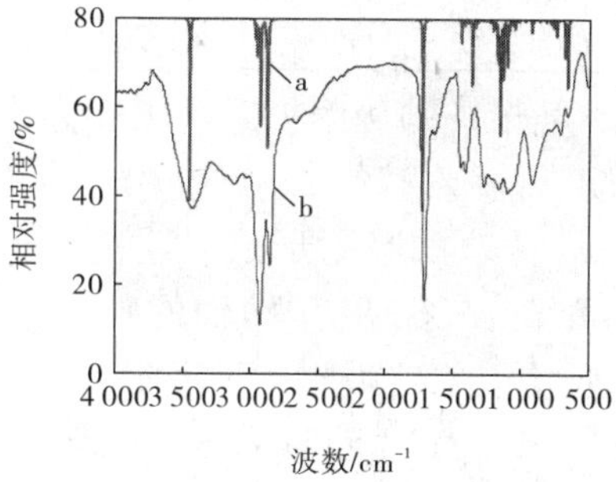

图 11 α-BLA 检测红外光谱与模拟计算红外光谱比对

由图 11 可知,2 956 cm^{-1} 为—CH_3 不对称伸缩振动吸收峰,2 919 cm^{-1} 和 2 851 cm^{-1} 为—CH_2 不对称伸缩振动及对称弯曲振动吸收峰,2 773 cm^{-1} 和 3 475 cm^{-1} 分别为—COOH 中 C ═ O 和—OH 的不对称伸缩振动吸收峰。对比实测 α-BLA 红外图谱与模拟红外光谱可知,α-BLA 分子主要特征吸收峰基本吻合,可认定采用该方法搭建的分子结构模型的准确性。

2.5.2 α-BLA 在 α-石英表面的吸附

α-BLA 药剂分子在 α-石英(101)面的吸附主要考虑了 3 种吸附方式,见图 12。

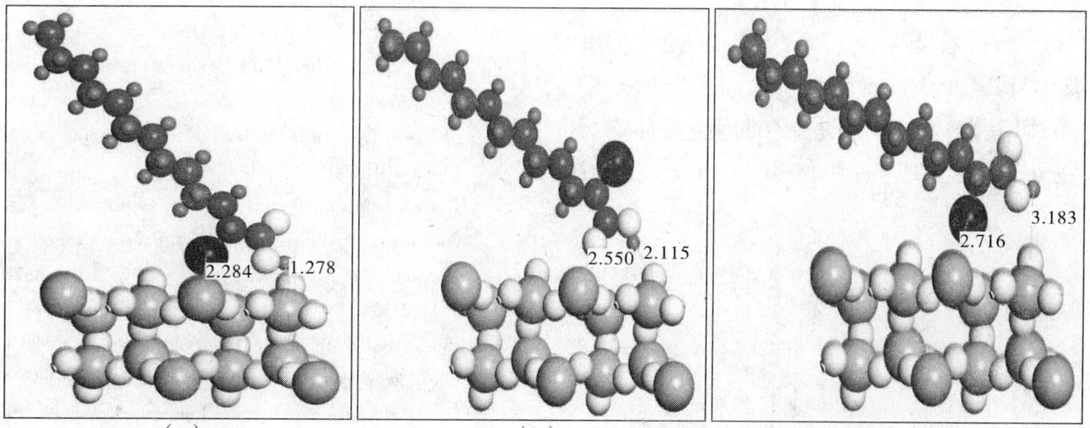

(a) (b) (c)

图 12 α-BLA 在 α-石英(101)面上 3 种不同的吸附方式(Castep)

图 12(a)为协同吸附方式,即 α-BLA 分子中 Br 和 O_1、O_2 3 个多电子原子在 α-石英(101)面缺电子位点硅原子发生吸附,H1 原子则与 α-石英(101)面的 O 原子形成氢键;图 12(b)是羧基为主的吸附

方式,即 O_1 和 O_2 2 个多电子原子与 α-石英(101)面缺电子位点硅原子发生吸附,H_1 原子与 α-石英表面的 O 原子形成氢键;图 12(c)是以 Br 原子为主的吸附方式,即多电子原子 Br 与 α-石英(101)面缺电子位点的硅原子发生吸附。对 3 种吸附方式的吸附能采用 1.3 方法进行计算,结果见表 3。

表 3　α-BLA 在 α-石英(101)面上 3 种吸附方式的吸附能

吸附方式	E 表面 /(Kcal/mol)	EBLA /(Kcal/mol)	E 吸附体系 /(Kcal/mol)	E 吸附能 /(Kcal/mol)
(a)	-337 0.261	7.465	-342 5.963	-63.168
(b)	-337 0.509	7.436	-342 5.999	-62.927
(c)	-337 0.211	7.432	-342 5.292	-62.513

由表 3 可知,(b)吸附形式吸附能大于(c)吸附形式吸附能,说明羧基与 α-石英相互作用更强烈,吸附更容易。(a)的吸附形式吸附能最低,说明捕收剂 α-BLA 在 α-石英(101)面的吸附包括多电子 O、Br 原子吸附及氢键吸附 3 种吸附形式。

2.5.3　α-石英(101)面吸附 α-BLA 后 Mulliken 电荷和电子密度分析

为了进一步研究 α-石英(101)面以图 13a 吸附方式吸附 α-BLA 后的电子结构,计算了吸附药剂后 α-石英(101)面的原子布居数(见表 4)及总态密度(见图 13)。

表 4　α-BLA 在 α-石英(101)面吸附前后各原子的轨道布居数和电荷数

项目	α-石英(101)面		α-BLA 分子			
	Si	O	Br	O1	O2	H1
吸附前	2.08	-0.98	0.01	-0.69	-0.56	0.55
吸附后	2.02	-0.87	0.13	-0.55	-0.49	0.58
Charge	-0.06	0.11	0.12	0.14	0.07	0.03

由表 4 可知,α-石英(101)面 Si 原子表面负电荷增加 0.06,α-BLA 分子溴原子负电荷减少 0.12,羧基双键(C ═ O)氧原子与石英表面 O 原子负电荷分别下降 0.14 和 0.11,说明电子云向 2 个原子中间转移进而共用,造成其本身所持有的负电荷减少,此可推断在 α-石英(101)面和 α-BLA 分子之间发生了氢键作用。

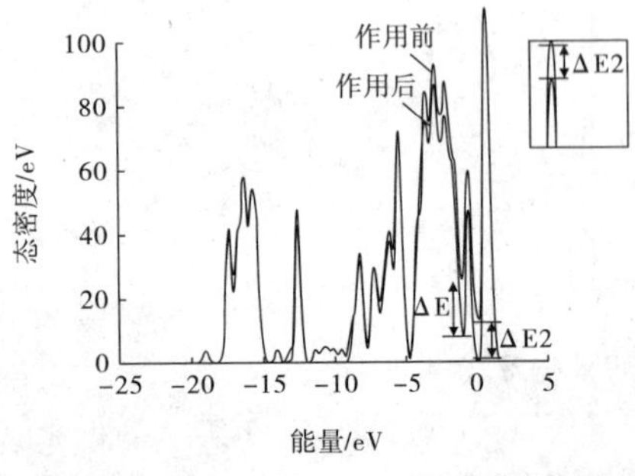

图 13　吸附前 α-石英(101)面吸附前后态密度

α-石英(101)面吸附 α-BLA 分子后,表面电子占据态的离域性降低 ΔE,而定域性明显增强,费米能级处态密度的升高 ΔE_2,且态密度峰发生明显共振现象,说明药剂 α-BLA 分子在 α-石英(101)面的吸附是由于电子转移而发生的成建作用造成的。

3　结　论

(1)密度泛函采用 LDA 近似,交换相关能采用 PA-CZ,K 点取样密度为 3×3×4,动能截断值为 400 eV,α-石英优化后晶胞参数如下:$a=b=4.871$ Å,$c=5.369\ 2$ Å,$a=\beta=90°$,$\gamma=120°$,与试验测得的 α-石英晶胞参数相对误差为 0.7%,小于 2% 的允许误差限。

(2)α-石英 6 种晶面的表面能计算结果显示,α-石英的(101)面表面能最低,是受到外力作用破碎后最容易出现且最稳定的表面。

(3)α-BLA 分子在 α-石英(101)面的吸附包括多电子 O、Br 原子吸附及氢键吸附三种吸附形式。α-石英(101)面与 α-BLA 分子作用前后原子电荷布居数变化,可推断在 α-石英(101)面和 α-BLA 分子之间发生了氢键作用。

参　考　文　献

[1]　张泾生,阙煊兰. 矿用药剂[M]. 北京:冶金工业出版社,2008.

[2]　朱玉霜,朱建光. 浮选药剂的化学原理[M]. 湖南:中南工业大学出版社,1996.

[3]　Rath S S, Sahoo H, Das B, et al. Density functional calculations of amines on the (101) face of quartz[J]. Minerals Engineering, 69(12):57-64.

[4]　Chen Jianhua, Chen Ye, Li Yuqiong. Quantum-mechanical study of effect of lattice defects on surface properties and copper activation of sphalerite surface[J]. Transaction of Nonferrous Metals Society of China, 2010, 20(6):1121-1130.

[5]　Chen Jianhua, Chen Ye, Li Yuqiong. Effect of vacancy defects on electronic properties and activation of sphalerite (110) surface by first principles[J]. Transaction of Nonferrous Metals Society of China, 2010, 20(3):502-506.

[6]　Gao Zhiyong, Sun Wei, Hu Yuehua, et al. Surface energies and appearances of commonly exposed surfaces of scheelite crystal[J]. Transaction of Nonferrous Metals Society of China, 2013, 23(7):2147-2152.

[7]　Pradip, Rai B. Design of Tailor-made surfactants for industrial applications using a molecular modeling approach[J]. Colloids Surfaces A Physicochemical and Engineering Aspects, 2002, 205(6):139-148.

[8]　Pradip, Rai B. 2003. Molecular modeling and rational design of flotation reagents[J]. Int J Miner Process, 2003, 72(9):95-110.

(收稿日期　2015-05-26)

新型捕收剂 BK407 在萤石浮选中的应用

张行荣[1,2]　艾晶[1,2]　朴永超[1,2]　刘崇峻[1,2]　尚衍波[1,2]
(1. 北京矿冶研究总院;2. 矿物加工科学与技术国家重点实验室)

摘　要　将新研制的 BK407 药剂用于河北承德某萤石矿浮选,试验结果表明:20 ℃时,使用 BK407 一步粗选效果优于油酸、氧化石蜡皂、塔尔油等常用药剂。经过 1 粗 1 扫 5 精开路试验流程得到了品位为 98.28%,回收率为 81.57% 的萤石精矿,尾矿品位降至 1.77%。该捕收剂原料来源稳定,可有望实现工业化应用。

关键词　捕收剂　萤石　浮选

萤石浮选通常采用油酸作为捕收剂[1],但油酸具有凝固点高、分散性差的弱点[2],且价格高,影响了油酸在萤石选矿厂浮选的应用效果。另外,冬季由于温度低会使油酸捕收能力下降、用量大幅增加,从而导致能耗增加、成本上升[3]。为改善油酸作为捕收剂的这一缺陷,科研工作者研发了如乳化油酸[4]、复配油酸[5]、改性油酸[6-7]等系列改性产品。论文在前人研究成果的基础上结合油酸特性研制了一种新型萤石捕收剂 BK407。该捕收剂呈膏状,有一定的流动性,易溶于水,具有原料来源广、分散性好、价格低廉的优点,应用于河北承德某萤石进行小型浮选试验。

1　矿石性质和试验流程

开路试验采用 1 粗 5 精工艺流程。

1.1　矿样性质

萤石矿样取自河北承德某萤石矿,有用矿物主要为萤石,嵌布粒度较粗,矿物组成简单,可选性好。萤石含量约占 31.0%,脉石矿物以石英为主,含量大于 55.0%,硅酸盐少量,其他有害杂质含量较低。

1.2　浮选试验

称取萤石矿样 1.2 kg,磨矿至细度-0.074 mm 占 60%,浮选试验在 XFD Ⅲ 型单槽浮选机中进行,挂槽体积为 3 L。条件试验在一次粗选作业下进行。先后加入碳酸钠作为 pH 调整剂、水玻璃为脉石抑制剂、BK407 为捕收剂,各药剂加入后分别搅拌 3 min 再加入另一药剂。探索试验表明,浮选作业时间 4 min 为宜。条件试验的 1 次粗选流程见图 1。

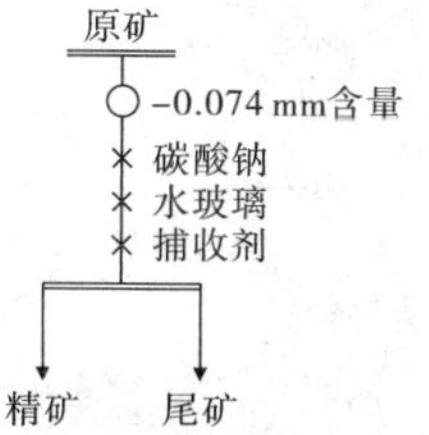

图 1　条件试验流程

2　试验结果与讨论

2.1　磨矿细度试验

磨矿细度是影响矿物浮选的重要因素,适宜的磨矿细度才能保证萤石浮选指标较好。在矿浆温度为 20 ℃、碳酸钠用量 1 600 g/t、水玻璃用量 500 g/t、捕收剂 BK407 用量 800 g/t 的条件下考察文磨矿细度对浮选指标的影响,试验结果见表 1。

表 1　磨矿细度对浮选指标的影响　%

磨矿细度(-0.074 mm 含量)	产品	CaF_2 品位	CaF_2 回收率
50	粗精矿	76.00	94.88
	尾　矿	2.56	5.12
	原　矿	30.77	100.00
60	粗精矿	75.83	95.78
	尾　矿	2.13	4.22
	原　矿	30.81	100.00
70	粗精矿	73.01	95.87
	尾　矿	2.14	4.13
	原　矿	30.82	100.00
80	粗精矿	72.32	95.34
	尾　矿	2.44	4.66
	原　矿	30.99	100.00

由表 1 可知,随着磨矿细度的增加,萤石精矿 CaF_2 品位呈下降趋势,但在磨矿细度-0.074 mm 由 50% 增加到 60% 时品位下降幅度较低。萤石精矿 CaF_2 则呈现先上升后下降的趋势。综合考虑,在磨

张行荣(1984—),男,博士,高级工程师,100160 北京市丰台区南四环西路 188 号十八区 23 号楼。

矿细度-0.074 mm 60%时，萤石精矿 CaF_2 品位和回收率均达到次高值，指标较好。原因是在-0.074 mm粒级含量在60%时萤石矿物基本解离完全。因此选定磨矿细度为-0.074 mm 粒级占60%。

2.2 捕收剂 BK407 用量试验

捕收剂用量是影响萤石回收率的重要因素之一，同时也会影响粗选精矿 CaF_2 品位。论文主要探索新型捕收剂 BK407 在萤石浮选中对浮选指标的影响，由于 pH 调整剂碳酸钠、抑制剂水玻璃已确定了最佳用量，故在文中不予考虑，默认用量已为最佳用量，不再做进一步的用量条件试验。在磨矿细度为-0.074 mm 60%、碳酸钠用量 1 600 g/t、水玻璃用量 500 g/t、矿浆温度 20 ℃条件下考察捕收剂 BK407 对萤石浮选指标的影响，试验结果见表2。

表2　捕收剂用量对浮选指标的影响　　%

用量/(g/t)	产品	CaF_2 品位	CaF_2 回收率
400	粗精矿	79.76	82.33
	尾矿	8.65	17.67
	原矿	32.52	100.00
600	粗精矿	76.24	92.22
	尾矿	3.88	7.78
	原矿	31.11	100.00
800	粗精矿	75.83	95.78
	尾矿	2.13	4.22
	原矿	30.81	100.00

由表2可以看出，随着 BK407 用量的增加，萤石粗精矿 CaF_2 品位呈先快后慢的下降趋势，而回收率则呈先快后慢的上升趋势。考虑到药剂用量对成本的影响，确定在捕收剂 BK407 用量为 600 g/t，此时 CaF_2 品位为76.24%、回收率为92.22%，指标良好。因此确定捕收剂的用量为 600 g/t。

2.3 不同捕收剂对比试验

为验证新型捕收剂 BK407 对萤石浮选指标的改善情况，在磨矿细度为-0.074 mm 60%、碳酸钠用量 1 600 g/t、水玻璃用量 500 g/t、矿浆温度20 ℃，捕收剂用量均为 600 g/t 的条件下，进行 BK407 与现常用捕收剂浮选指标对比试验，结果见表3。

由表3可以看出，在其他浮选条件不变的条件下，以 BK407 作为捕收剂，获得的粗精矿 CaF_2 品位达76.24%、回收率92.22%，与常用捕收剂油酸、731、妥尔油相比，回收率稍低于油酸，品位优于油酸，但实际应用的实用性要好于油酸；塔尔油作为捕收剂，虽然粗选品位较高，但价格较高，从经济成本考虑，不适宜选用；731 作捕收剂，粗精矿 CaF_2 品位和回收率均较低，不予考虑。另外 BK407 价格低，综合考虑，选择 BK407 为捕收剂。

表3　捕收剂种类对比试验结果　　%

捕收剂	产品	CaF_2 品位	CaF_2 回收率
油酸	粗精矿	74.86	94.46
	尾矿	2.76	5.54
	原矿	30.60	100.00
氧化石蜡皂(731)	粗精矿	62.09	88.94
	尾矿	6.25	11.06
	原矿	31.23	100.00
精制妥尔油	粗精矿	80.01	91.76
	尾矿	3.90	8.24
	原矿	30.68	100.00
BK407	粗精矿	76.24	92.22
	尾矿	3.88	7.78
	原矿	31.11	100.00

2.4 开路试验

在条件试验的基础上进行了开路试验，流程见图2，结果见表4。

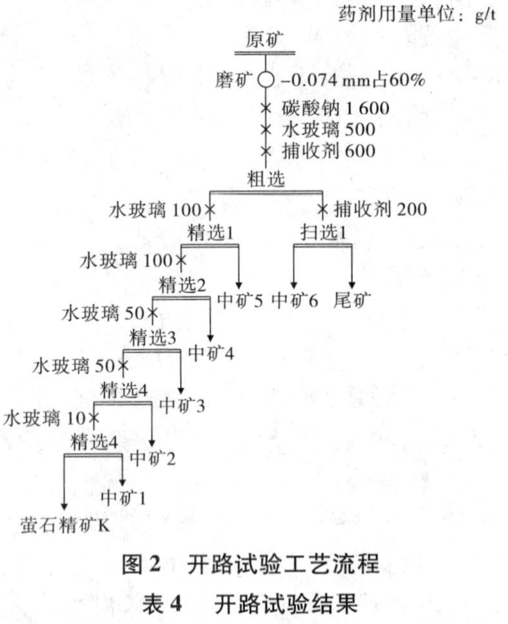

图2　开路试验工艺流程

表4　开路试验结果　　%

产品	产率	CaF_2 品位	CaF_2 回收率
精矿	25.67	98.28	81.57
中矿1	1.00	69.35	2.24
中矿2	1.20	58.72	2.28
中矿3	1.50	41.32	2.00
中矿4	2.84	26.95	2.47
中矿5	6.60	16.98	3.62
中矿6	2.35	32.05	2.44
尾矿	59.05	1.77	3.38
原矿	100	30.93	100.00

由表4可知，经过1粗5精开路试验流程可获得萤石精矿 CaF_2 品位98.28%、CaF_2 回收率81.57%的良好指标，且尾矿仅含1.77% CaF_2。

3 结 论

(1)新研制的萤石捕收剂BK407具有使用方便、价格便宜的优点。应用于河北承德某萤石矿浮选，在磨矿细度为-0.074 mm 60%、碳酸钠用量1 600 g/t、水玻璃用量500 g/t、BK407用量600 g/t、浮选温度20 ℃的条件下，采用1次粗选流程，获得粗精矿 CaF_2 品位76.24%、CaF_2 回收率92.22%的较好指标，综合指标优于现有药剂油酸、731和塔尔油。

(2)经过1粗1扫5精开路试验流程最终获得了 CaF_2 品位98.28%、CaF_2 回收率81.57%的萤石精矿，尾矿仅含1.77%的 CaF_2，指标良好，可以为新型捕收剂BK407在萤石浮选的工业应用提供参考。

参 考 文 献

[1] 张一敏.萤石低温浮选捕收剂的研究[J].矿冶工程,1995,15(1):25-27.

[2] 朱一民,陈文胜,张晓峰,等.白钨浮选尾矿回收萤石低温浮选试验研究[J].矿产综合利用,2014(1):25-27.

[3] 孙晓华,赵玉卿.青海某萤石矿常温浮选试验研究[J].有色金属:选矿部分,2013(2):36-39.

[4] 邓建勋,朱晔桢,胡凤英,等.油酸低温下浮选萤石的研究[J].化工矿山技术,1993,22(5):24-27.

[5] 张凌燕,洪　礼,王　芳,等.某难选萤石矿低温浮选试验研究[J].中国矿业,2009,18(7):70-72.

[6] 刘志方.萤石矿浮选捕收剂:中国,CN103341412 A[P].2013-10-09.

[7] 范海宝,吕宪俊,张忠伟,等.萤石矿新型低温浮选捕收剂性能的研究[J].矿山机械,2012,40(5):103-10.

(收稿日期　2015-06-07)

(上接第462页)

表2 监控系统-400 m水平变电所主要配置

顺序	设备名称	型号规格	单位	数量	备　注
1	电力监控站	KJF99	台	4	隔爆型变电所集控站
2	电力监控站软件	KJF99-RJ	套	4	监控站操作软件
3	微机综合保护器	DBZ-1	台	68	保护开关
4	安全隔离器	KJA9	台	68	非安信号转为本安信号
5	不间断直流电源	KDW16A	台	8	安全隔离器电源
6	本安接线盒	KLH11-410	只	10	本安分线用
7	数据交换机	D-Link 8 口	台	1	计算互连用
8	地面 UPS	2KVAh	台	1	监控系统后备电源
9	打印机	LQ-1600K	台	1	数据报表打印
10	监控计算机	3G/512M/80G/17″LCD	台	2	研华工控机
11	计算机操作系统	Windows XP	套	2	主机、备机软件各一套
12	监控系统软件	KJ36A	套	2	主机、备机软件各一套
13	连接电缆	MHYVR1×4×7/0.37	Km	1.5	本安信号电缆
14	电源连接电缆	3芯橡套电缆	Km	0.3	KDW16A和KJF99用

供电控制系统的关键技术进行了初步探索和研究，初步从矿井设备控制层面实现对信息的统一集成，提高了矿井生产效率，保障了矿井生产安全。

参 考 文 献

[1] 王克涛.安全监测监控系统信息传输技术的发展与探讨[J].煤炭企业管理,2003(3):67-68.

[2] 梁秀龙,朱小龙.煤矿安全监测监控系统有关问题的探讨[J].煤炭科学技术,2006(8):69-71.

[3] 蔡召金.浅谈我国煤矿安全监测监控系统[J].煤矿现代化,2006(3):27-28.

[4] Zeng Yu, Wang Jie, Sun Ninghui, et al. A virtual machine-based invasion detection system for the virtual computing environment [J]. High Technology Lettersi, 2006, 41(12):379-384.

[5] 宋艳超.基于IPSEC的虚拟专用网(VPN)的研究与实现[J].科技资讯,2006(27):142-146.

[6] 罗驱波,孙彦景,钱建生.煤矿综合自动化系统的研究与设计[J].矿业安全与环保,2008,35(3):7-11.

[7] 魏雯秋.基于工业以太网和PROFIBUS总线的分布式综合控制系统的设计[J].维普资讯,2008(3):18-21.

(收稿日期　2015-05-26)

小型数字多道技术在元素分析仪微型化中的应用

于海明　张　伟　尚庆敏　张永君　周　豹
（丹东东方测控技术股份有限公司）

摘　要　元素分析仪在质检、勘探、选矿和矿石贸易领域应用前景广泛，小型数字多道技术是元素分析仪微型化的重要技术，其高度集成特点保证了元素分析仪的指标、精度和稳定性。

关键词　数字多道　元素分析仪　微型化

在采矿、选矿、勘探等行业中，矿石中元素的品位是衡量矿石质量的重要指标。过去只能通过收集矿石样品送实验室进行元素品位分析，不但费用高昂，而且相当耗时。现在便携式 X 荧光分析仪已经成为现场矿石品位分析不可或缺的设备。便携式 X 荧光分析仪不仅缩短了测试耗时，还降低了分析费用。便携式 X 荧光分析仪使用射线管作为激发源，当激发源产生的初始 X 射线激发样品中目标元素原子壳层上的电子，使原子受激，被激发的目标元素的原子的在退激的过程中将放出该元素的特征 X 射线，分析特征 X 射线的能量就可以确定元素的性质，测量该特征 X 射线的强度就可以确定出元素的含量（品位）。产生的 X 射线经过射线探测器转化为电信号，这些电信号通过小型数字多道采集能谱，便于后续软件系统完成定性、定量矿石品位分析的任务。

1　元素分析仪使用小型数字多道技术的必要性

在便携式 X 荧光分析仪中，用激发源照射物料，被激发原子发出 X 射线，此 X 射线即是元素的特征 X 射线，通过测量特征 X 射线的能量强度就可以计算出物料中各元素的种类和含量。为了精确测量特征 X 射线的能量强度，用半导体探测器将射线的能量信号转换为电信号，后续采用多道脉冲幅度分析器来接收和处理探测器的电信号，最终通过电信号的幅度检测出 X 射线的能量强度，从而计算物料成分。随着数字技术的发展，原来的模拟多道大都由数字多道代替，用数字信号芯片完成探测器信号采集控制、梯形成形、基线判断与恢复、能谱的存储和传输等。用数字信号处理芯片完成了原来大规模模拟电路和分散数字器件的功能，具有电路体积小、可以大量使用 SMD 器件、可靠性高、成本低、便于维修维护的优点，可以根据探测器输出电信号的噪声的特点设计最佳成形滤波器[1]，保证了能谱的分辨率的同时，可以提高计数通过率。在国外，数字多道得到突飞猛进的发展，被应用于实验室、在线分析仪表、科学探索等。为了提高和保证便携式 X 荧光的指标和减小体积，使用数字多道技术是必要的。

2　元素分析仪中小型数字多道的总体方案

在便携式 X 荧光分析仪中小型数字多道能谱获取的指标将直接影响对品位的分析精度，设计中采用国际先进的数字多道技术。其系统框图见图 1。

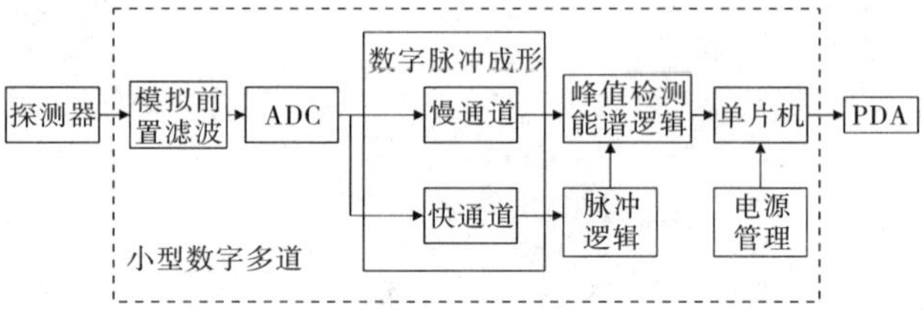

图 1　小型数字多道系统框图

在便携式 X 荧光分析仪中探测器的信号经过微分电路，产生单指数衰减信号，通过滤波电路后，进入高速 ADC，由 ADC 采样。在 ADC 之后直接使用 FPGA，在 FPGA 中实现用于暂存有效波形数据（包括上升沿、幅度等信息）的 FIFO 模块。采用算法实现传统模拟多道系统的成形、基线恢复、堆叠抑制、幅度辨别等功能。采样后的探测器信号计入 FPGA 中，进行脉冲的梯形成形，分别实现幅度信号和时间信号。幅度信号用于判断信号的道址，时间信号用于判断信号产生的时间。用时间信号判断幅

＊国家重大科学仪器设备开发专项项目（编号：2012YQ240121）。
于海明（1982—），男，工程师，118000 辽宁省丹东市滨江中路 136 号。

度信号是否堆积,将堆积的信号剔除,不堆积的幅度信号形成能谱,存储在 FPGA 的存储器模块中,最后由单片机将 FPGA 中的能谱数据发送给 PDA。这种方案硬件集成度高、体积小、功耗低、运算速度快,是应用于便携式 X 荧光分析仪的最佳方案。这种方案硬件主要分为 2 块电路板,一块主要用于完成数字多道的功能,采集能谱。另一块用于探测器电源供给、探测器温度闭环控制等。数字多道板以 FPGA 为核心,实现数字信号处理算法,电源采用 DC-DC 转换芯片,提高电源转换效率,降低系统功耗。采用加速度传感器,判断电路是否移动,用于电源的智能管理。

3 应用于元素分析仪的小型数字多道关键技术

3.1 成形算法

目前成熟的成形算法有三种:高斯成形、三角成形和梯形成形,使用广泛的是梯形成形算法,在国内外都有成熟的应用。在便携式 X 荧光分析仪中的小型数字多道就是采用梯形成形算法,探测器输出的单指数衰减信号,经过梯形成形滤波器后成形为梯形脉冲。梯形成形滤波具有内建滑尺的功能,可以改善 ADC 的微分非线性[2]。当梯形的平顶时间大于探测器电荷收集时间时,还具有对弹道亏损免疫的特性[1]。以上特性有利于便携式 X 荧光分析仪能谱获取的精度。图 2 是梯形脉冲的波形图,公式(1)是梯形成形算法的系统函数[3]。

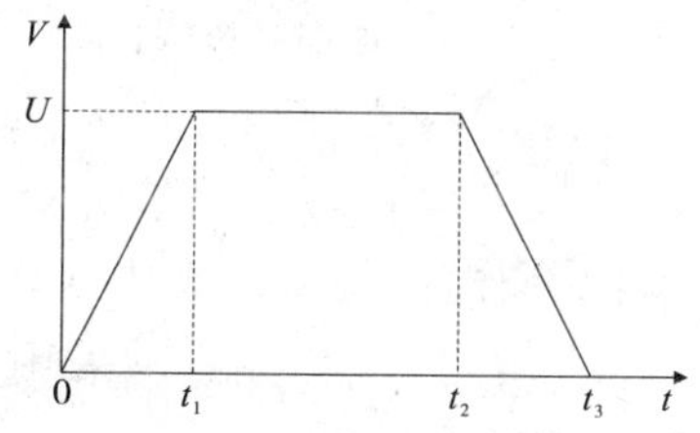

图 2 梯形脉冲波形

$$H_o(Z)=\frac{(1-cZ^{-1})(1-Z^{-n_1})(1-Z^{-n_2})Z^{-1}}{n_1(1-Z^{-1})^2}. \tag{1}$$

在 Matlab 中对公式(1)的梯形成形算法进行了模拟,输入信号为叠加白噪声的单指数衰减信号,时间常数 τ=3.2 us,信号幅度 U=2 000 mv,叠加的白噪声标准差为 80 mV。梯形成形脉冲的上升沿时间为 1.8 us,平顶时间为 0.6 us,采样周期为 0.025 us。由梯形成形仿真结果可以看出梯形成形算法对噪声具有抑制作用。

3.2 低功耗单片机的选择

单片机选用 C8051F340,在 C8051F340 内部集成了高精度的晶体振荡器、不需要外扩晶振。内部有 USB 控制器、提供固件库方便开发。模数转换器集成了参考电压,大部分功能都集成在一个芯片中,使得系统硬件简化,集成度高,功耗低,可靠性好,具有空闲工作模式,可以有效的降低便携式 X 荧光分析仪的整体功耗。C8051F340 单片机主要特性有:内核具有高速流水线结构,最高可以达到 48MIPS 的执行速度;片内,C2 全速接口;10 位 200ksps 的多通道单端/差分 ADC,带模拟多路器;高精度可编程的 12MHz 内部震荡器;64KB 字节支持 ISP 的 FLASH 存储器;4352 字节的片内 RAM 存储器;USB 2.0 全速通信接口;4 个通用的 16 位定时器;片内上电复位, VDD 监视器和温度传感器;40 个可用的 I/O 口;40 ~85 度工业级温度范围;2.7V ~3.6V 宽范围工作电压,低功耗,小封装。

3.3 数字信号处理器的选择

使用 FPGA 芯片 EP3C10 作为数字信号处理器。该芯片采用最新的 65 nm 技术,采用低功耗工艺技术,经过硬件的优化,EP3C10 的功耗是所有 65nm 技术 FPGA 中最低的。EP3C10 具有 10320 个逻辑单元,46 个 M9K 嵌入式存储器模块,23 个嵌入式 18×18 乘法器,2 个 PLL,内部时钟频率可高达 402 MHz。这些特性非常适合用于数字信号处理,使用其内嵌存储模块,实现高速脉冲缓冲 FIFO 和双端口能谱存储 RAM,完成数字多道能谱数据的缓冲和存储,不需外扩 RAM,节约了成本,提高了可靠性,并减小了体积。

3.4 高速数模转换芯片的选择

高速 ADC 采用 AD9236, AD9236 的采样频率可以高达 80MHz,是一款 12 位的单芯片模数转换器,采用 2.7 V ~3.3V 单电源供电即可,内置基准电压源和采样保持器,不需要外扩,可进一步减小电路规模。AD9236 在 80 MSPS 的采样频率下可以提供 12 位的精度,并可以保证在整个工作温度范围内没有失码。3 V 供电 80 MHz 工作频率时功耗 366 mW,微分非线性是±0.4 LSB ,可以配置成单端输入或差分输入,输入信号幅度可以配置成 1V 或 2 V。

3.5 低功耗电源管理

便携式 X 荧光分析仪中的低功耗电源管理使用加速度传感器,小型数字多道定时检测自身的移

(下转第 484 页)

小型中子管及其在入厂煤质分析中应用*

魏晓云　黄铭鹏　张　伟
（丹东东方测控技术股份有限公司）

摘　要　入厂煤煤质分析对煤炭动态指标掌握和煤炭生产、用煤企业的成本控制具有重要意义。介绍了中子管技术、应用原理和特点，以及采用中子管为中子源制造的中子活化煤质分析仪对入厂煤进行煤质分析的应用。在入厂煤检测中，结合自动采样装置可自动对煤样进行检测，并且分析仪具有速度快、精度高等优点，可降低煤炭生产、使用企业的煤质检测成本。

关键词　中子管　煤质分析　应用

成本对煤炭及用煤企业的持续经营和发展起着重要的作用。为准确反映用煤企业入厂煤煤质的相关指标的优劣，一种能准确并快速对煤质进行分析的仪表成迫切的需要。利用小型中子管为中子源进行煤质分析技术可以满足入厂煤质的分析要求。

1　中子管技术简介

中子管是一种小型加速器式中子源。分别通过氘—氚反应和氘—氘反应分别产生14MeV的快中子和2.5MeV中子。在工业在线分析领域，中子管具有其独特的优势。和同位素锎源相比，中子管具有可关断性。通电后中子管辐射中子，关电则停止辐射，易于防护、存储、运输、检修等；中子发射量具有可控性，不同应用场合所需的中子强度不同，中子管可根据需要通过调整加速电压在一定范围内控制中子发射量；中子发射状态具有多样性，中子管可工作在直流状态、脉冲状态和复合脉冲状态，以满足实际应用需要。和大型加速器中子源比较，中子管具有成体积小、重量轻、成本低、便于携带等优点。用中子管开发出的仪器设备很容易满足辐射安全要求[1]。中子管结构组成见图1。

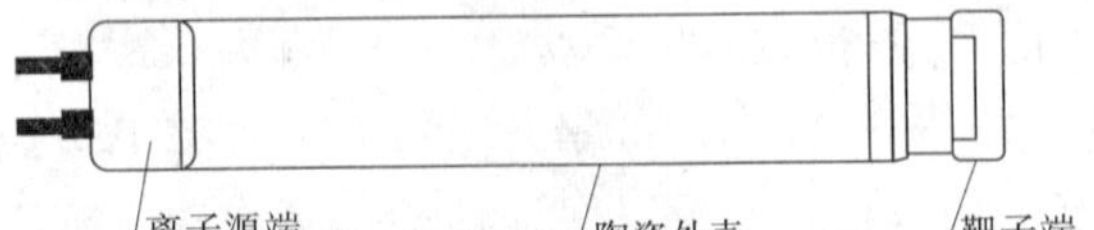

图1　中子管结构组成

2　中子管应用的原理及特点

由于中子不带电荷，特别是中子管辐射的单能快中子具有很强的穿透能力，可引发多种核反应，包括非弹性散射反应、热中子俘获反应、缓发活化等。中子照射物质后，各元素原子核与中子发生反应会放射出不同能量的特征γ射线，通过检测特征γ射线的能量辨识物料中元素种类，通过检测特定能量γ射线的强度得出元素含量。中子活化原理见图2。

图2　中子活化原理示意

中子管用于工业分析的特点：①中子具有很强的穿透能力；②不需要特殊样品制备，样品可大可小，样品可放在容器内分析；③分析是无损的，不破坏样品，需要可重复进行；④依据中子与被测物质相互作用机制，可采取不同的分析方法；⑤中子管工作在脉冲状态，可提高信噪比。

3　中子管在入厂煤煤质工业分析上的应用

煤的元素分析对于指导煤炭行业的生产、提高产品质量和入厂煤的检测都意义重大，而以往一般采用化学分析方法。这种方法虽然分析精度高，但存在分析时间长、采样代表性差等缺点，不能实时对煤炭行业的生产进行指导和控制。采用PFTNA技术就可解决化学方法的这些缺点[2]。

PFTNA技术的基础是脉冲中子发生器，其利用D-T反应产生14MeV中子，可与物质作用产生多种类型的核反应，比如(n, n′γ)、(n, pγ)、(n, γ)等。这些反应产生的γ射线通过探测器被探测到并由多道分析器(MCA)记录。在中子脉冲期间，主要产生(n,n′γ)、(n, pγ)反应如与C、O的反应，产生的射线通过MCA记录；在两个脉冲中间，一些快中子与物质中含有的轻核碰撞损失能量，当能量低于

* 国家重大科学仪器设备开发专项(编号:2012YQ240121)。
魏晓云(1982—)，男，硕士，工程师，118000 辽宁省丹东市滨江中路136号。

1eV 时，这些热中子就被 H、N、Fe、Ti 等元素俘获通过(n，γ)反应放出 γ 射线，这些射线被同一探测器和 MCA 测量并记录。这个过程的周期一般在几百微秒之内。PFTNA 采用低分辨率、高 Z 的探测器 NaI 或 BGO，γ 谱的数据分析采用多元回归方法，由电脑程序自动完成解谱和数据处理，最终计算出煤中的多种元素及各工业指标，包括灰分、硫含量、水分、热值、挥发份等[3-4]。中子活化煤质分析仪结构见图 3。

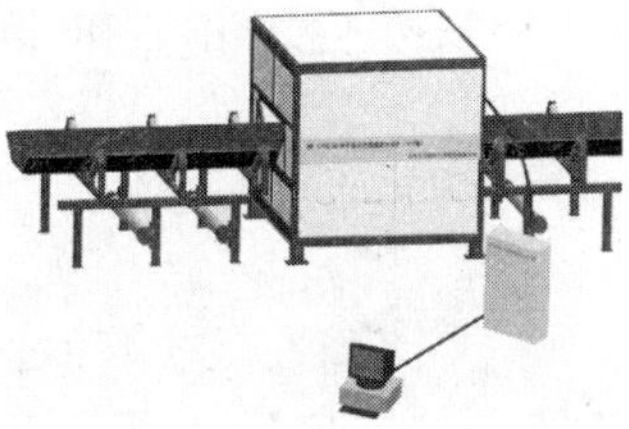

图 3　中子活化煤质分析仪结构

由图 3 可知，系统由分析仪模块、中子源(中子管)、探测器、信号处理箱、主机部分构成，其中中子源、探测器等在装置的内部。装置周围是用含高密度聚乙烯制成的中子防护体，测试表明中子开机时，装置外的中子剂量符合国家的安全标准。该系统需要与煤质采样系统结合，通过取样机取样，料流整形，煤质分析仪分析，全自动分析。

4　入厂煤检测流程

入厂煤质检测分析工作流程为：煤样采集—物料破碎—放射测量—信息传输—采样计算机信息集成。

煤质在线采样电脑接受到采样信息以后，电脑会自动提示需采样分析的车牌号和矿名(车牌号可自动识别或者人工输入两种方式)。采样分析值班人员可以对该煤车的任何部位进行随机自动采样，被采样的煤流经破碎后，通过二次皮带上的刮扫缩分器和留样分矿收集机进行取样(用于化验室分析)，弃煤自动进入到分析仪进料斗内。输送到分析仪内部皮带上，煤流随皮带一起自动向前移动的同时，密度计、微波水分仪、中子探测系统等立即进行煤质中的各元素和水分的检测，当采样的煤流全部通过分析仪后，分析仪皮带停转，等待下一个煤流的到来，被分析过的余煤返到临时弃料斗内。分析结果通信至采样上位机，全部信息传送至化验室或者信息管理系统中。

中子活化煤质分析仪主要功能为：①分析仪按车次给出检测结果，保证煤流检测结果的准确性与及时性；②煤质大部分工业指标指标同时检测；③利用分析仪同时检测的产出煤指标信息，包括灰分、水分、硫含量、热值及灰成分(SiO_2，Al_2O_3，Fe_2O_3、CaO 等氧化物含量)；④实时、快速给出分析结果。

5　结　论

中子活化煤质分析仪的快速煤质采制系统在入厂煤煤质检测分析验收工作中，能够明显起到节约能源、降低隐性消耗的作用，并且可以间接创造经济效益，是一种非常有效的辅助管理和监督工具。应用实践表明，分析仪分析精度完全满足需求。中子活化煤质分析仪不仅可以降低实验室劳动强度、提高自动化水平，还能避免取样、制样等环节的人为因素干扰，使分析更加准确，提高企业经济效益。

参 考 文 献

[1]　刘林茂，刘雨人，景士伟. 中子发生器及其应用[M]. 北京：原子能出版社，2005.

[2]　Lim C S，Abernethy D A. On-line coal analysis using fast neutron-induced gamma-rays [J]. Applied Radiation and Isotopes，2005，63(11)：697-704.

[3]　Gu Deshan，Jing Shiwei，Sang Haifeng，et al. Detection of low caloric power of coal by pulse fast-thermal [J]. Journal of Radioanalytical and Nuclear Chemistry，2004，262(2)：493-496.

[4]　邓景珊. 复合脉冲快/热中子多元素在线分析方法研究[D]. 北京：清华大学，2004.

(收稿日期　2015-06-10)

浮选泡沫图像分析仪在某铜钼选厂的应用

吕　健　徐　升　蒋　鑫　于　壮　阚　亮
（丹东东方测控技术股份有限公司）

摘　要　浮选的传统控制方法由现场工作人员根据经验调整，不仅准确性可靠性低，而且工人劳动强度大，人力成本高。浮选泡沫图像分析仪则能实现浮选泡沫的参数化和实时监测，方便现场调节。介绍了DF-IA-I型浮选泡沫图像分析仪的基本原理和结构组成，并在乌努格吐山铜钼矿选厂得到现场应用。实践表明，该仪表运行稳定、结果可靠，对稳定浮选生产有一定的指导作用，并可以为优化控制和专家系统提供量化的数据支撑。

关键词　浮选泡沫图像分析仪　浮选生产　稳定可靠

目前选矿流程中，浮选过程主要由工人或者工程师依据经验进行控制调整。通过观察浮选矿浆表面的泡沫状态，来调整浮选机矿浆的液位、药剂添加量和风量等，使浮选过程处于一种较为稳定的状态[1]。在大多数情况下，这一工作复杂而且精确性较差，且具有迟滞性。

中国黄金集团内蒙古矿业有限公司乌努格吐山铜钼矿浮选厂在浮选生产过程经常会出现“跑、冒、漏”等不稳定情况，若不能解决，将对浮选作业的效率产生不利影响。经过多方可行性研究后，选厂最终选择丹东东方测控技术股份有限公司生产的DF-IA-I型浮选泡沫图像分析仪，分别安装在粗选、扫选等工艺环节上。根据泡沫分析仪对数据进行检测、分析后在终端输出泡沫平均移动速度、分布情况，工作人员通过调整浮选充气量和矿浆液位，稳定浮选生产流程。经过近半年的应用，现场能够根据泡沫分析仪输出参数对浮选工艺进行实时调整，为浮选生产的稳定进行起到了重要作用，为浮选生产控制提供了可靠的数据保证。

1　DF-IA-I型浮选泡沫图像分析仪简介

1.1　基本原理

浮选泡沫图像分析系统是利用计算机视觉技术，对泡沫图像进行实时分析，从而获得浮选池中泡沫的特征参数值，并将特征参数进行处理[2]，最终在终端输出浮选气泡参数。工作人员根据参数来对浮选过程进行调整优化，是浮选处于最佳的运行状态。浮选泡沫图像分析仪的应用解决了传统工艺中依靠人工观测难以保证监测数据的准确性和及时性、无法为优化控制系统提供可靠数据等问题[3]。基本原理见图1。

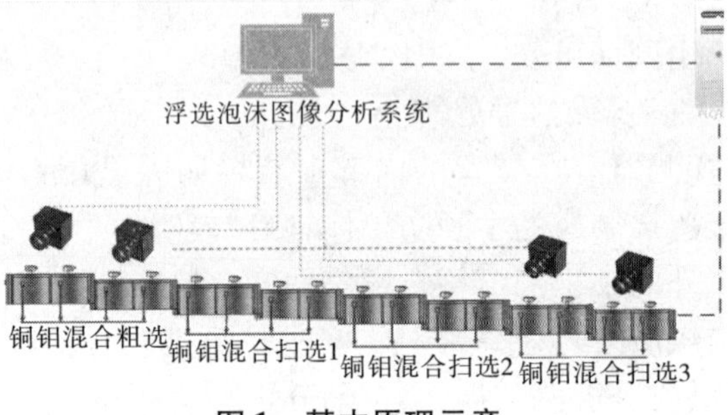

图1　基本原理示意

1.2　分析仪结构组成

DF-IA-I型浮选泡沫图像分析仪可以无限扩展观测点，分析仪主要包括图像采集设备、照明系统、支架系统、图像分析系统、通讯传输系统等部分组成，见图2。

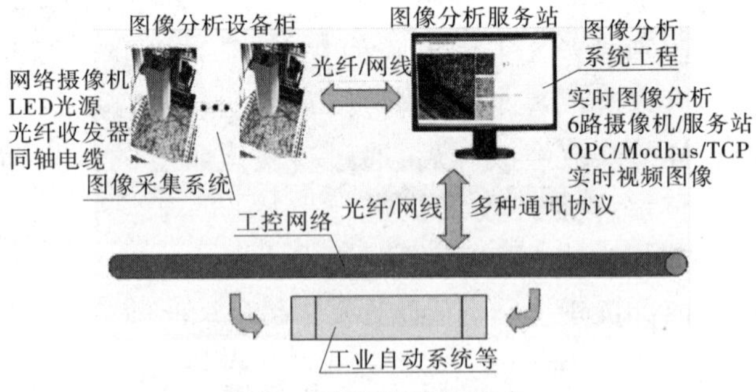

图2　分析仪结构组成

现场通过非接触式摄像机实时获取浮选机中的泡沫视频图像，通过网络设备将泡沫图像采集到图像分析系统中，由图像分析系统分析出泡沫真实的大小、不同级别泡沫的数量、不同级别泡沫所占百分

吕　健（1976—），男，工程师，118000　辽宁省丹东市滨江中路136号。

比、泡沫平均移动速度、泡沫平均破碎率、泡沫颜色特征向量等泡沫特征参数信息，同时将分析结果通过多种通讯协议传输给自动化控制系统，实现数据的采集与传输。

2 工业应用实践

由于浮选工艺具有层级往复等特点，所以 DF-IA-I 型浮选泡沫图像分析仪在应用过程中需要对每个浮选机的泡沫特征状态进行标定。考虑到每个浮选机表层泡沫状态都会受工艺参数及设备运行状态影响，因此有必要对每个浮选机进行适应性算法调整，以提高分析结果的精准度。现场应用见图 3，应用内部情况见图 4。

图 3 现场应用外观

图 4 现场应用内部情况

目前，DF-IA-I 型浮选泡沫图像分析仪在乌努格吐山铜钼矿浮选厂经过近半年的现场应用，系统运行稳定，分析结果可信度达到了浮选控制要求。乌努格吐山铜钼矿选厂将泡沫移动速度和泡沫大小等参数应用到了现场优化控制中，并取得了良好效果。使用前，粗选和扫选生产稳定性较差，“跑、冒、漏”等影响生产的情况时有发生；应用之后，整个浮选流程生产稳定性大幅提高，“跑、冒、漏”等现象基本得到控制。由于 DF-IA-I 型浮选泡沫图像分析仪提供实时视频图像，浮选工人可以第一时间发现浮选异常情况，进行快速控制调整，保证了生产的稳定进行。

除通过参数进行浮选控制外，利用该浮选泡沫分析仪将检测出的浮选泡沫特征参数与矿浆品位进行相关性研究，得出了数据相关性研究的分析结果。根据实际采样值输出的实测品位-泡沫大小相关性和实测品位-颜色相关性情况分别见图 5、图 6。

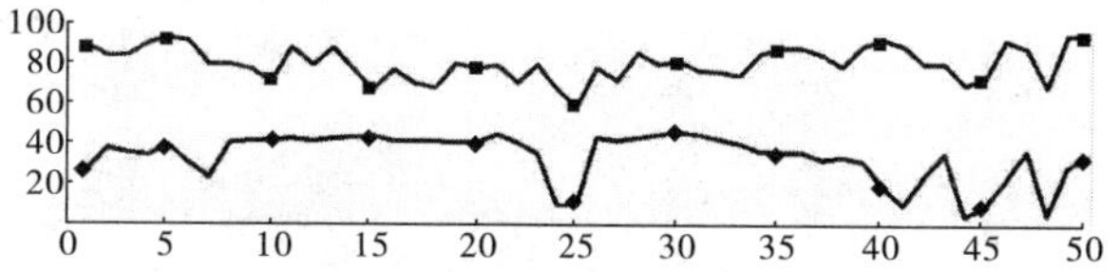

图 5 实测品位-泡沫大小相关性

◆—实测品位/%；■—泡沫 80pix 以上百分比/%

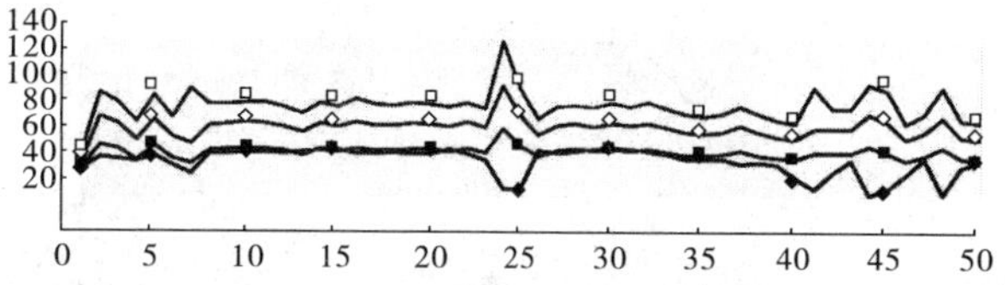

图 6 实测品位-颜色相关性

◆—实测品位/%；■—泡沫颜色 R；

◇—泡沫颜色 G；□—泡沫颜色 B

由图 5 可知，实测品位与泡沫大小之间具有一定的线性关系。可以通过数据深入分析，进行数据建模处理，得出两者之间的数据模型。

由图 6 可知，实测品位与颜色 RGB 之间具有线性关系，尤其体现在品位波动较大或者异常情况下，整体相关性明显，趋势清晰。

3 结 论

浮选泡沫图像分析系统是利用计算机视觉技术，对浮选泡沫图像进行实时分析，并对特征参数值进行采集、处理，最终输出浮选气泡参数。现场工作人员根据参数数据对影响浮选气泡变化的因素如矿浆浓度、加药量、充气量等进行调节，以稳定生产。

DF-IA-I 型浮选泡沫图像分析仪在乌努格吐山铜钼矿二期选矿厂的实际应用过程中，有效地指导了浮选生产对气泡的控制，避免了传统浮选气泡监测方法的不足，同时在一定程度上减轻了现场浮选工人的劳动强度，满足工艺生产的需求。该仪表运行稳定、可靠，对有色金属行业选矿有着切实的经济效益和社会效益。

参 考 文 献

[1] 梁栋华，等. BFIPS-I 型浮选泡沫图像处理系统的应用与研究[J]. 有色金属：选矿部分，2011(1)：43-45.

[2] 梁栋华. BFIPS-II 型泡沫图像分析仪软件的设计与实现[J]. 矿冶，2011(12)：102-104.

[3] 牟学民. 矿物浮选泡沫图像序列动态特征提取及工业应用[D]. 长沙：中南大学，2012.

（收稿日期 2015-06-10）

悬磁干选机及其应用

刘秉裕[1]　徐银全[2]　薛凤琦[3]　邱　实[1]
（1. 鞍山金裕丰选矿科技有限公司；2. 通钢板石选矿厂；3. 首通钢深井矿业）

摘　要　预选抛废可在入磨前高效抛出混在磁铁矿石中的废石，明显提高入磨矿石铁品位、降低选矿厂能耗、提高经济效益。随着我国磁铁矿石的日渐贫化，单一磁滑轮预选抛废效果存在着“精而不精，废而不废”的问题。介绍了鞍山金裕丰选矿科技有限公司研发的悬磁干选机的基本结构和工作原理，并对2种磁铁矿石分别进行了悬磁干选机和单一磁滑轮预选抛废对比试验。结果表明：悬磁干选机预选抛废尾矿产率均明显高于磁滑轮，而尾矿铁品位则较低。悬磁干选机在3个矿山的现场生产指标表明：悬磁干选机能吸出大量磁性矿物，为磁滑轮的干选创造良好的分选条件，有利于预选抛废。

关键词　预先抛废　悬磁干选机　磁滑轮

矿山开采出的矿石中混有的大量废石，如不预选抛出，将增加选矿厂磨选工序的处理量，不利于尾矿库服务年限的延长和选矿厂生产成本的降低。

预选抛废能够实现入磨前磁性矿物的预富集，抛出废石。目前，我国磁铁矿的预选设备主要是磁滑轮，通常采用1段或2段预选抛废，在各大、中、小型磁铁矿选矿厂中应用普遍。单一磁滑轮预选存在的问题有：①给料在皮带上易堆积成多层。块状物料往往有几层，而细粒物料或粉状物料则多达数十层甚至更多。单一磁滑轮预选时，位于上层的强磁性颗粒往往压住下层的非磁性颗粒，影响非磁性颗粒的抛出，不利于磁性铁的富集；②当含磁铁矿较少的矿块处于最上层时，因所受磁力较小，很容易被抛出，导致部分磁性铁的损失。因此，单一磁滑轮预选抛废的效果是“精而不精，废而不废”。

为解决单一磁滑轮预选抛废效果不理想的问题，鞍山金裕丰选矿科技有限公司研发了悬磁干选机即吸出吸住式干选。与单一磁滑轮相比，悬磁干选机预选抛废的尾矿产率明显提高，品位也有一定程度的下降，显著改善磁铁矿石的预选抛废效果，从而大幅度提高选矿厂的经济效益。

1　悬磁干选机

1.1 悬磁干选机的结构及分选原理

悬磁干选机结构见图1。

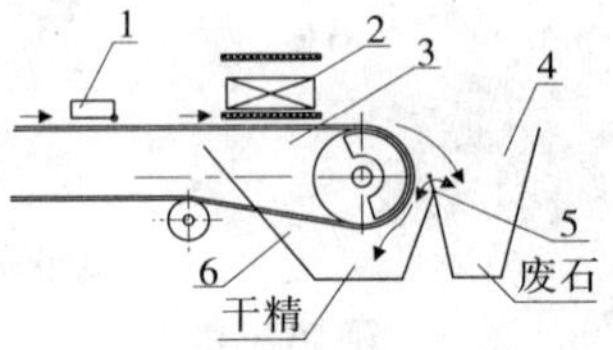

图1　县磁干选机结构示意

1—平料装置；2—带式吸出装置；3—干废抛离装置；4—废石料斗；5—分隔板；6—精（磁性产品）料斗

悬磁干选机由平料装置、带式吸出装置、干废抛离装置构成及废石料斗、磁性产品料斗构成。平料装置多呈犁式或梳篦式；带式吸出装置由头尾轮、环形输送皮带及固定于皮带下带面上方的磁系（多为永磁体，磁场强度最高为398.09 kA/m）等构成；干废抛离装置即带式吸住装置（磁滑轮）由驱动圆筒及环形皮带构成，驱动圆筒内的多极固定磁系磁场强度为119.43～159.23 kA/m。

粒度为50～0 mm的给料先经过平料装置摊平后进入带式吸出装置的分选区，料层中80%～95%的磁性物料在磁力吸引作用下被吸出到带面，经皮带输送离开磁系，成为吸出精矿，卸落在精料斗中。余下给料继续输送到磁滑轮，其中的非磁性物料在离心力作用下被抛出到废石料斗，少量的磁性粉料被磁滑轮吸住在环形输送皮带上，运行至无磁区后和经分隔板作用后的极少量磁性块料形成吸住精矿，一起排到精料斗中，从而实现给料的预选抛废。

1.2　悬磁干选机的应用领域

（1）磁铁矿石及主要有用矿物为磁性矿物的矿石的细碎产品的高效预先抛废。

（2）从选冶废弃物中回收强磁性成分时，对选

刘秉裕（1938—）男，总经理，教授，114011 辽宁省鞍山市铁西区千山西路甲98-1-5。

冶废弃物进行强磁性成分的预先富集。如从磁铁矿采场的近矿围岩中回收磁铁矿,以及从钢铁冶炼渣中回收废铁等。

(3)从海滨或河滨干砂中回收磁铁矿和钛磁铁矿时,预先抛废同时富集有用的磁性矿物。

(4)从石棉毛石等矿石中回收磁铁矿。

2 悬磁干选机与磁滑轮预选抛废对比试验

2.1 辽阳某极贫磁铁矿石预选抛废对比试验

辽阳某铁矿石属鞍山式极贫磁铁矿石,主要有用矿物为磁铁矿,脉石矿物以石英、阳起石、角闪石、绿泥石、方解石等为主。矿石细碎至 30 ~ 0 mm,分别采用 XGD65-50 型悬磁干选机和 ϕ400 mm×600 mm 磁滑轮进行 1 次预选抛废试验。悬磁干选机带式吸出装置的磁场强度为 318.47 kA/m、环形输送皮带转速为 1.6 m/s,磁滑轮磁场强度为 119.43 kA/m、环形输送皮带转速为 1.9 m/s;单一磁滑轮的磁场强度为 119.43 kA/m,输送皮带转速为 1.9 m/s。试验结果见表 1。

表 1 某极贫磁铁矿预选抛废对比试验结果 %

预选抛废方式	产品	产率	品位	
			TFe	MFe
悬磁干选机	精矿	52.02	20.60	12.61
	尾矿	47.98	10.20	1.02
	给矿	100.00	15.61	7.77
单一磁滑轮	精矿	77.36	17.10	8.94
	尾矿	22.64	10.52	3.78
	给矿	100.00	15.61	7.77

由表 1 可知,单一磁滑轮预选抛废的精矿铁品位和磁性铁品位较低,分别为 17.10% 和 8.94%,较给矿品位仅提高 1.49 和 1.17 个百分点。尾矿磁性铁品位高达 3.78%,整体预选抛废效果不理想;吸出吸住联合预选精矿铁品位和磁性铁品位分别为 20.60% 和 12.61%,较给矿提高了 4.99 和 4.84 个百分点,尾矿磁性铁品位仅为 1.02%,抛废效果明显。尽管吸出吸住联合预选抛出尾矿的铁品位仅比单一磁滑轮预选抛出的尾矿铁品位低 0.32 个百分点,但 47.98% 的产率明显高于单一磁滑轮的 22.64%。综合来看,悬磁干选机预选的抛废效果优于单一磁滑轮。

2.2 蒙古国某磁铁矿石预选抛废对比试验

蒙古国某磁铁矿床属沉积变质型铁矿床,主要有用矿物为磁铁矿,赤褐铁矿少量,脉石矿物主要为石英。磁性铁含量为 23.27%,占总铁的 62.86%,其次为假象赤铁矿中的铁和赤(褐)铁。矿石碎至 12 ~ 0 mm 分别采用 XGD65-50 型悬磁干选机和 ϕ400 mm×600 mm 型磁滑轮进行 1 粗 1 扫预选抛废试验。悬磁干选机带式吸出装置的磁场强度为 318.47 kA/m、环形输送皮带转速为 1.6 m/s,磁滑轮磁场强度为 119.43 kA/m、环形输送皮带转速为 1.9 m/s;单一磁滑轮的磁场强度为 119.43 kA/m,输送皮带转速为 1.9 m/s。试验结果见表 2。

表 2 蒙古国某磁铁矿石干抛对比试验结果 %

预选抛废方式	产品	产率	品位	
			TFe	MFe
悬磁干选机	精矿	75.26	43.17	29.06
	尾矿	24.74	16.82	1.90
	给矿	100.00	36.65	22.34
单一磁滑轮	精矿	86.31	40.08	26.51
	尾矿	13.69	17.73	2.82
	给矿	100.00	37.02	23.27

由表 2 可知,在给矿铁品位相差不大的条件下,单一磁滑轮预选精矿铁品位和磁性铁品位分别仅有 40.08% 和 26.51%,较给矿仅提高了 3.06 和 3.24 个百分点,尾矿磁性铁品位较高,为 2.82%;悬磁干选机预选精矿铁品位和磁性铁品位分别达 43.17% 和 29.06%,较给矿提高了 6.52 和 6.72 个百分点,尾矿磁性铁品位较低,为 1.90%。悬磁干选机抛出尾矿铁品低于单一磁选机 0.91 个百分点,但产率高出 8.05 个百分点。综合来看,悬磁干选机的预选抛废效果优于单一磁滑轮。

3 悬磁干选机生产应用实践

3.1 陕南某石棉矿毛石中磁铁矿的回收

采用悬磁干选机对陕南某石棉矿毛石中少量的磁铁矿进行回收。现场给矿粒度为 40 ~ 0 mm,悬磁干选机预选带式吸出装置的磁场强度为 318.47 kA/m、环形输送皮带转速为 1.6 m/s,磁滑轮磁场强度为 119.43 kA/m、环形输送皮带转速为带速为 1.9 m/s。现场生产指标见表 3。

表 3 悬磁干选机预选抛废现场生产指标 %

产品	产率	品位		回收率	
		TFe	MFe	TFe	MFe
吸出精矿	7.31	25.18	20.82	37.72	69.81
吸住精矿	1.90	6.14	3.48	2.39	3.03
尾矿	90.79	3.22	0.65	59.89	27.16
毛石	100.00	4.88	2.18	100.00	100.00

由表 3 可知,采用悬磁干选机回收石棉矿毛石

中的磁铁矿，经计算，吸出精矿和吸住精矿合计全铁和磁性铁品位分别为21.25%和17.24%，比给矿分别提高了16.37、18.64个百分点，说明磁性铁富集明显；全铁和磁性铁回收率分别为40.11%和72.84%，回收效果较好，实现了悬磁干选机对石棉矿毛石中的磁铁矿的预富集和回收。

3.2 通钢板石沟选矿厂细碎产品预选抛废

通钢板石沟铁矿床属鞍山式沉积变质型铁矿床，全区有近170个工业矿体，规模大小不一。区内矿石主要为原生矿石。金属矿物主要为磁铁矿，假象赤铁矿和黄铁矿少量，微量的褐铁矿、黄铜矿；脉石矿物以石英为主，其次是角闪石、黑云母，长石、绢云母、绿泥石、碳酸盐矿物及石榴子石等。矿石铁品位为23.70%，其中磁性铁品位为18.16%。细碎至15~0 mm的矿石，采用悬磁干选机对矿石中的磁铁矿进行预选抛废。带式吸出装置的磁场强度为318.47 kA/m、环形输送皮带转速为1.6m/s，磁滑轮磁场强度为119.43 kA/m、环形输送皮带转速为带速为1.9m/s。现场生产指标见表4。

表4 悬磁干选机现场干选生产指标 %

产品	产率	品位		回收率	
		TFe	MFe	TFe	MFe
吸出精矿	65.47	31.88	26.88	88.07	96.91
吸住精矿	1.27	21.79	14.98	1.17	1.05
尾矿	33.26	7.67	1.11	10.76	2.04
给矿	100.00	23.70	18.16	100.00	100.00

由表4可知，采用悬磁干选机进行预选抛废，计算得吸出精矿与吸住精矿合计全铁和磁性铁品位分别为31.69%和26.65%、回收率分别为89.24%、97.96%，抛尾产率高达33.26%，磁性铁损失率近2.04%，抛废效果较好。其中带式吸出装置分选出的吸出精矿产率远高于磁滑轮的吸住精矿产率，说明大量的磁性矿物在带式吸出装置已被吸出，为后续的磁滑轮干选创造了良好的分选条件。

3.3 深井矿业贫磁铁矿干选抛废

深井矿业铁矿石为条带状或致密块状透闪磁铁石英岩型铁矿石，主要金属矿物为磁铁矿，其次为磁黄铁矿、黄铁矿、赤铁矿；脉石矿物以石英为主，其次为角闪石、辉石、石榴石、磷灰石、绿泥石、黑云母和碳酸盐矿物等。矿石经细碎至粒度为12~0 mm后采用悬磁干选机预选抛废。带式吸出装置的磁场强度为318.47 kA/m、环形输送皮带转速为1.6 m/s，磁滑轮磁场强度为119.43 kA/m、环形输送皮带转速为带速为1.9 m/s。现场生产指标见表5。

表5 深井矿业贫磁铁矿悬磁干选机干选生产指标 %

产品	产率	品位		回收率	
		TFe	MFe	TFe	MFe
吸出精矿	62.96	25.56	19.84	83.51	93.22
吸住精矿	10.14	12.32	6.19	6.48	4.68
尾矿	26.90	7.17	1.05	10.01	2.10
给矿	100.00	19.27	13.40	100.00	100.00

由表5可知，采用悬磁干选机进行预选抛废，可获得全铁和磁性铁品位分别为23.73%和17.95%，全铁和磁性铁回收率分别为89.99%和97.90%的干选精矿，抛尾产率达26.90%，磁性铁损失率仅2.10%，预选抛废效果较好。

4 结 论

(1)金裕丰悬磁干选机由平料装置、带式吸出装置和磁滑轮及其环形输送皮带组成的干废抛离装置等构成，入选物料粒度范围为50~0 mm。适用于磁铁矿石细碎产品的高效抛废、选冶废弃物中强磁性成分的回收、从海滨或河滨干砂及石棉矿毛石中回收磁铁矿或钛磁铁矿。

(2)悬磁干选机带式吸出装置从物料层中吸出绝大部分磁性给料，再由干废抛离装置回收剩余的少量磁性给料，从而实现高效抛废与磁性矿物的预富集。与单一磁滑轮相比，预选精矿磁性铁品位较高，尾矿磁性铁品位则降低，并且抛出的尾矿产率增加明显。

(3)通过悬磁干选机和单一磁滑轮对2种磁铁矿石进行预选抛废对比试验，结果表明：无论是抛出尾矿的产率还是所得精矿的铁品位方面，悬磁干选机的预选抛废效果都优于单一磁滑轮。另外，悬磁干选机实际生产指标也表明预选抛废效果良好，能有效降低后续入磨矿量，降低生产成本，具有良好的推广应用价值。

参 考 文 献

[1] 王陆新.矿山遗弃磁铁矿资源回收工艺研究及生产实践[C]//2011年中国矿业科技大会论文集.马鞍山：金属矿山杂志社，2011：241-244.

[2] 纪莹华，王德志，王艳玲，等.悬浮式干选机在柏泉铁矿的工业试验[J].金属矿山，2012(12)：54-56.

[3] 侯凤国，田 杨，刘佳庚，等.变频技术在悬浮式铁矿干选机中的应用[J].矿山机械，2012(3)：82-85.

(收稿日期 2015-05-26)

大红山 MZS8848 半自磨机电气故障的排除

吴鸿飞
（玉溪大红山矿业有限公司）

摘　要　简要介绍了 MZS8848 半自磨机电气部分的组成和 PLC 控制原理，着重分析了自磨机在运行中出现的电气故障现象和排除故障的方法。

关键词　电气回路　电气故障　排除方法

昆钢大红山铁矿拥有目前全国筒体尺寸最大，电机功率最大（6 500 kW），控制方法较为先进（DCS 集散控制）的 MZS8848 半自磨机。它兼有破碎和粉磨 2 种功能。电气部分主要由主电机和励磁装置、气动离合器、慢速传动装置、润滑、低压电控系统等部分组成。是选厂的核心设备，由于体积庞大，相关电气保护、连锁控制复杂，故障机率相对较高。

分析自磨机在运行中出现的常见电气故障，提出排除的方法，对提高磨机作业率，减少经济损失具有重大意义。

1　电气部分主要构成

MZS8848 半自磨机电气部分主要由 4 大回路构成。

（1）高压回路。包括 6 500 kW 同步电动机、高压出线柜、磁控柜和星点柜，完成同步电动机的降压启动和全压运行。电压等级是 AC10 000 V。

（2）低压回路。包括电机润滑油站、全静压油站、励磁柜、低压控制系统辅机柜，内装设 PLC 控制单元、配电保护单元、慢驱控制箱、喷射润滑控制箱、气动离合器控制箱、给料部电机控制盒等。动力电源电压为 AC380 V 50 Hz，控制电源为 AC220 V。

（3）信号回路。包括①温度信号：同步电机定子绕组温度、转子轴承温度、磨机主轴承温度、小齿轮轴承温度、电机润滑油站、全静压油站润滑站油温。②润滑油压力信号：主轴承、小齿轮轴承、电机润滑油站、全静压油站油压力等。③润滑油流量信号：主轴承、小齿轮轴承、电机润滑油站、全静压油站的油流量等。

（4）控制连锁回路。包括低压控制系统辅机柜内 PLC 控制单元、和中控室 DCS 控制系统。

可见，4 大回路中任何一个点出问题都是故障停机的原因。

2　故障的表现及分布范围

在实际工作中，电气故障出现的范围很广，涉及到电气系统的各个部分，并且出现的故障是千变万化的、随机的。故障停机事件汇总见图 1 所示。

4	3	2	1
占 55%	占 25%	占 10%	占 10%
运行中	检修后启动	正常运行时	误操作
离合器分	同步电机失败	电机高压柜跳闸	停机

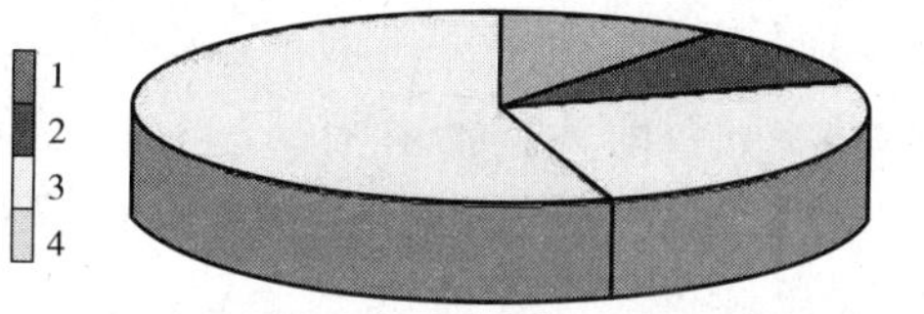

图 1　故障停机事件汇总

图 1 说明：故障的表现一般有 3 种，一是选厂停机检修后，同步电机不能启动或同步电机启动后，离合器合不上。此故障占电气故障的 25% 左右。危害最大，查找故障点难度较大，耗用时间较长，一般数小时甚至一两天。第二、正常运行时离合器突然分离。此故障占电气故障的 55% 左右. 危害较大，查找故障点难度稍小，耗用时间一般不长，在 1 h 通常能处理好。第三、正常运行时，电机高压柜跳闸。此故障占电气故障的 10% 左右，危害次之，查找故障点难度一般，耗用时间不定，在 1 ~ 2 h 通常能处理好。这些故障的出现一定是半自磨机电气 4 大回路中的某一个点出了问题，那么这些故障在半自磨机电气 4 大回路中所占比例是多少呢？根据 2 a 多

吴鸿飞（1971—），男，维修电工高级技师，653405 云南省玉溪市新平县戛洒镇。

实际故障数据，统计如表1。

表1 故障在半自磨机4大回路中占的比例统计

回路名称	故障所占比例/%	回路名称	故障所占比例/%
高压回路	5	信号回路	55
低压回路	20	控制连锁回路	20

可见，各类中信号回路引起的故障占故障总数的55%，是故障率最高的，控制连锁回路和低压回路各占20%，高压回路占5%。

3 故障的表现和涉及的故障电气元件

从《故障停机事件汇总图》和《故障在半自磨机四大回路中所占比例统计表》中我们清晰地看到：信号回路引起故障和正常运行时离合器突然分离，都占故障总数的55%；即一半以上的故障是由信号回路中的温度、流量、压力、液位等信号引起的。这给我们排查故障提供了个大的方向，对维护工作有了重点。

低压回路和控制连锁回路各占统计的20%，是故障次高发点。在实际停机故障中，涉及的电气元件主要有喷射油泵工作不正常；励磁柜回路断线；2个油站电机热继电器动作；直线筛振动电机热继电器动作，或烧毁。连锁胶带机拉绳开关动作。

高压回路占故障统计次数的5%，是各类故障中最少的。到目前为止发生两例，一是高压柜航空擦头松动，二是高压柜直流屏直流电源保护器烧毁，无直流输出。

4 排除故障的一般方法

要排除故障要有一定专业理论知识，现代企业自动化程度很高，专业知识涵盖高压电路、低压电路、PLC自动控制、模数转换。维修电工与其他工种比较而言，理论性更强，有时候没有理论的指导，很多故障根本无法下手查找。实际工作中，往往动脑筋的时间比动手的时间要长很多，一旦找出故障点，修复是比较简单的。

有了一定的专业理论知识，掌握了电气设备基本工作原理，要找出具体故障点，还需要具备一定的手段，这就是排除故障的一般方法。

(1)电阻法。电阻法是一种常用的测量方法。通常用万用表的电阻档，测量电路、触点的通断；或者测量各类线圈的阻值；或者用兆欧表测量电机绕组对地、相间的绝缘等。低压控制系统辅机柜内的继电器、同步电机的冷却风机、直线筛振动电机等都是用电阻法来判断其好坏的。

(2)电压法。电压法就是用万用表的直流电压档或交流电压档测量负载电压或开路电压。例如三选厂隔膜泵PLC工作不稳定，最后用电压法测出直流电源模块输出21 V，正常为24 V更换直流电源模块后PLC工作正常。

(3)电流法。电流法就是用万用表的直流档或交流档，串联在待测回路中，读取电流值的方法。例如在判断润滑油流量传感器、压力传感器等，就是看是否有4～20 mA的电流输出。

(4)短接法。就是把怀疑有断点可能的回路用导线短接，进行试验。例如400万t自磨机启动后分离合器，我们怀疑是气罐压力开关接触不良，短接了节点。结果运行正常。

(5)替换法。就是把怀疑有故障可能的元件用备件替换试验，看故障是否恢复。例如8848自磨机的压力传感器工作有时不稳定，就常采用替换法。

(6)调整参数法。有些电路中无电气元件损坏，只是由于某些物理量变化，需要调整。例如8848自磨机水冷却流量计调整后工作正常。

(7)PLC输入、输出指示灯观察法。观察PLC输入、输出指示灯的状态，可以判断输入点的相关电路是否有断点的可靠方法。例如无自动位信号，就看PLC的出入点位指示灯是否亮。不亮说明自动位回路有断点，或者是转换开关接触不良。

以上几种常用的方法，可以单独使用，也可以混合使用，应结合具体情况灵活运用。

5 排除故障的一般思路分析

虽然排除故障没有固定的模式，但在一般情况下，还是有一定规律的。从前面的故障停机事件汇总图的分析和实际出现的故障中可以得到有益的启示。

(1)流量、压力、温度等经AD模数转换的信号引起的，占故障总数的55%，一般是正常运行时，离合器分离。此类故障一般在现场辅机柜的触摸屏上有提示，所以故障点容易查找。目前排除故障的方法以替换法为主。

(2)直线筛振动电机热继电器动作，或烧毁、喷射油泵工作不正常、连锁胶带机拉绳开关动作引起的，占故障总数的20%，一般也是正常运行时，离合器分离。这类故障在中控室或现场辅机柜有报警信息。

(3)在每次选厂检修完成后，开机时出现同步电机启动失败、或是启动正常后离合器分离。这类故障也占故障总数的 20%，且故障点难以寻找，比较费时间。根据积累的维修经验，这类故障以回路断线的居多。断线的原因有：①选厂检修时电焊作业，大电流经接地线形成回路，接地线往往和控制线敷设在一起，由于柜体里接地线截面通常较小，在大电流的作用下将控制导线烧毁，造成断线。例如三选厂 8032 自磨机直线筛电控柜曾发生过四次控制导线毁，造成断线无法开机的事件。②接线端子与导线因热膨胀系数不同造成接触不良，正常工作时有电流通过，温度相对恒定，无变化，接触较好。停机检修后，无电流通过，导体温度变冷态，根据热胀冷缩原理和热膨胀系数不同，共同造成接触不良，形成回路断线。因此这种故障比较隐蔽，查找困难。③继电器线圈接线有一端是公用线，常用导线并联的方式。在并联时，同一端子里 2 根导线粗细不一致，虽然端子貌似压紧，但细的导线还是有可能压不紧，造成断线。例如 8032 自磨机励磁回路就是这种情况，电机启动失败。

6　无故障报警信息提示的故障排除

（1）在实际工作中，现场辅机柜、中控室无任何故障信息提示，分离合器或者同步电机不能启动的故障是比较难查到故障点的。这就需要有较强的理论支持，加上不懈的努力才能做到。例如 8848 和 8032 自磨机会遇到运行中突然分离合器，并且没有故障信息，这给我们排查造成很大困难。

下面以离和器合、分为例来分析 PLC 控制原理（如图 2）。

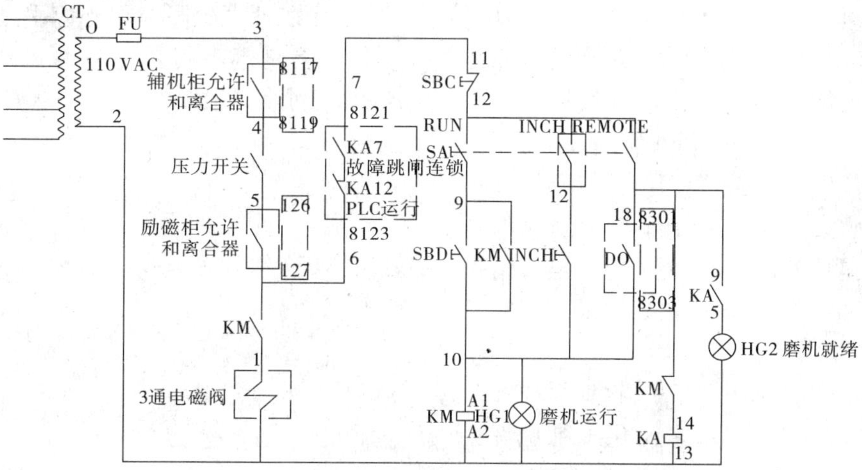

图 2　离合器电控原理

图 2 中，CT 是把 220 V 变为 110 V 的控制变压器，FU 是控制回路保险。KM 是接触器，它的常开触点串联在 3 通电电磁阀里。所以只要 KM 线圈得电，通电电磁阀就工作，续而合离合器。

电流经 FU 熔断器来到 3 号线的点，这时辅机柜允许合离和器（8117、8119）、气囊压力开关（4、5）、励磁柜允许合离和器（126，127）、故障跳闸连锁（8121，8123）这 4 点是否闭合是 KM 接触器得电的四个前提条件。例如；辅机柜允许合离和器这一条件又包含了磨机所有温度，压力，压差，油位、各个轴承温度、润滑站供油压力、油流；同步电机定子绕组温度、转子轴承温度、磨机主轴承温度、小齿轮轴承温度、润滑站油温等上百个信号，只有上百个信号均正常，PLC 才输中间续电器动作，允许合离和器 8117、8119 这个开点闭合。

（2）满足离和器合的条件：电机运行信号正常；励磁柜允许合离和器信号正常（126、127）；气囊压力信号正常（4、5）；系统无故障信号正常；5）辅机柜允许合离和器信号正常（8117、8119）；故障跳闸连锁信号正常（8121、8123）。（括号内的数字是回路节点线号）。

满足上述条件，从中控来一个离合器合闸的信号，PLC 输出 220 V 电压驱动中间续电器，使图中线号为 8310 与 8303（来自 DCS）的常开点闭合，离器合闸回路接通，接触器 KM 得电，电磁阀打开，气囊中充气，4 ~7 s 内空气离合器的气囊达到额定压力，压着闸瓦抱紧轮毂，带动轴齿轮，驱动回转部回转。完成离和器合的过程。

如果上述任何一个条件不满足，则离和器就分。如：磨机温度，压力，压差，油位不正常，将导致“系统正常信号”丢失，于是离和器合闸回路断线，分离合器，以保证设备安全。

电路中，励磁柜允许合离合器信号、故障跳闸连锁信号、辅机柜允许合离合器信号如果其中一个有断点，则有相应的信息提示。但实际没有相应报警，且离合器分了。接下来还有气囊压力节点和8301与8303(来自　DCS)2个点会导致分离合器。为了缩小范围，将气囊压力节点短接，经观察结果还是会分离合器。

此时，可以证明分离合器是来自外部DCS信号。离合器本体回路是正常的。又经过研究、讨论认为：与8848连锁控制的胶带机安全拉绳动作是分离合器的真正原因。为了证实这个结论，又给安全拉绳开关的通、断状态进行电气监控。当安全拉绳开关动作时，锁住当前状态并声、光报警。

理论和事实证明无报警分离合器故障原因就是外部胶带机安全拉绳动作。

7　分析故障思维多元化

以自磨机为核心的电气故障涉及的点多、面广。表征现象种类繁多，有的故障似曾相似，有的故障并非电气故障，但从表征现象看又恰似电气故障。例如8032自磨机曾出现过同步电机正常启动后，一合离合器就发生剧烈震动，电流异常升高，持续十几秒后高压柜保护跳闸，影响生产一个星期。当时都认为是电气方面的问题，查无结果，还提出了电气谐振理论。最后请厂家查出了故障所在。原来引起震动的是离合器抱闸时间太短，正常应为4～7 s。调整抱闸时间后正常。非电方面的故障。这就需要在分析故障时从非电气方面想一想，多元化思维也许会受到意外的结果。

故障的分析还要方向正确，对故障的判断不能有偏差，也不能走老路子凭过去的经验处理。譬如400万t自磨机检修后再开机，同步电动机多次启动失败。当时一致认为是离合器对电机轴有摩擦，电机达不到亚同步状态，投不了励磁，所以启动失败。因为，过去也曾出现类似的现象，就是离合器对电机轴有摩擦作用才导致启动失败的。最后把离合器全部撤出后，故障依然存在。此刻才发现是大方向错了，最终查出是无刷励磁回路断线。

8　结　语

自磨机的电气故障是林林总总，只有不断地摸索、探讨，科学的归纳、总结，同时对故障分布范围有大致的把控，缩小故障范围；综合运用各种思路和方法，才能在处理故障时得心应手。

以上是笔者对排除自磨机电气故障经验的总结，由于水平有限，难免存在不妥之处，敬请同行指正。

参　考　文　献

[1]　刘光源．怎样查找电气故障[M]．北京：机械工业出版社，1998.

[2]　段希翔．磨机工作原理及实践[M]．北京：冶金工业出版社1999.

（收稿日期　2015-05-26）

（上接第473页）

动情况，若在一定时间内没有位移，系统将进入低功耗的待机模式。

加速度传感器选择ADXL203，ADXL203是低功耗、高精度、支持单轴和双轴的加速度测量芯片，输出电压经过内部电路调理，省去了外扩调理电路，所有功能都集成在一个单芯片中。

通过以上关键技术的使用和高集成度、低功耗器件的选择，设计出了应用于电池供电的便携式X荧光分析仪的小型数字多道，保证了便携式X荧光分析仪的使用时间、稳定性和精度等指标。

4　结　论

便携式X荧光分析仪可以快速、便捷、准确的测量矿石中元素的含量，可以应用于地质调查、质检、勘探、选矿、矿石贸易等领域。小型数字多道采用了FPGA技术，实现复杂的信号处理算法，完成探测器能谱的采集。小型数字多道的应用使便携式X荧光分析仪具有微型化、可靠性、低功耗、低成本和高精度等优点，从而使分析仪具有更广阔的市场前景。

参　考　文　献

[1]　肖无云，魏义祥，艾宪芸．数字化多道脉冲幅度分析中的梯形成形算法[J]．清华大学学报：自然科学版，2005(45)：6.

[2]　敖　奇，魏义祥，屈建石．数字滤波器对Flash ADC性能改善的研究[J]．核电子学与探测技术，2009(5)：3.

[3]　朱玉玉，焦　波，杨　民．数字多道中梯形成形算法的FPGA实现[J]．核电子学与探测技术，2014(1)：78-82.

（收稿日期　2015-05-26）

某矿浆调浆搅拌槽针对性设计方法的应用

张建辉[1,2]　陈　强[1,2]　王青芬[1,2]　董千国[1,2]

(1. 北京矿冶研究总院;2. 北京市高效节能矿冶技术装备工程技术研究中心)

摘　要　矿浆调浆搅拌槽是浮选前的重要设备。为保证粗颗粒、高浓度、大密度矿浆的调浆效果,改善浮选指标,对矿浆调浆搅拌槽的主要参数进行了针对性设计。结合安徽某铁矿 ϕ4 m×4 m 矿浆调浆搅拌槽的改造,介绍了其针对性设计方法。应用结果表明,该设计方法不仅解决了原搅拌槽存在的矿物颗粒易沉槽、过流件易磨损的问题,还使叶轮寿命提高 4 倍。方法对其他搅拌槽的改造提供了借鉴意义。

关键词　搅拌槽　针对性设计方法　矿浆

安徽某铁矿单系列选矿流程处理矿石量 150 万 t/a 流程为为一次磨矿分级后直接进行浮选,浮选入料粒度-0.074 mm 含量仅为55%左右,+0.5 mm 和+1 mm 含量分别为5%、1%,矿浆浓度48%,矿石真密度 3 480 kg/m^3,属于粗颗粒、高浓度、大密度的矿浆。浮选作业前的搅拌设备为江苏某厂家生产的 ϕ4 m×4 m 矿浆调浆搅拌槽。

1　存在问题

原搅拌槽使用 1 a 时间内,出现了以下问题:

(1)矿浆在槽体内打漩,容易从槽体边缘漾出。原厂家采取了将溢流口高度降低 500 mm 的措施。虽然解决了矿浆漾出的问题,但是打漩问题仍然存在,并且搅拌槽有效容积减少了 15%。

(2)搅拌槽沉槽现象严重。沉砂最初 1 ~2 d 就需人工清理 1 次,严重影响了生产的正常运行。降低溢流口高度后,从停车检修搅拌槽现场看,沉砂依然严重,局部沉砂高度超过 2 m,完全堵塞了导流筒的底部出口。

(3)叶轮、导流等过流件筒磨损快。原搅拌槽使用的钢骨架衬胶叶轮实际使用寿命 1 ~3 月不等,最短仅 28 d。改用双金属叶轮后,平均寿命提高至 1.5 个月,导流筒平均使用寿命仅 2 个月。频繁更换备件影响浮选车间的生产的连续进行,且每次更换备件都要清理槽体,耗费大量的人力物力。

2　问题分析

出现问题的首要原因是矿浆调浆搅拌槽没有进行针对性地设计。矿浆调浆搅拌槽的主要作用是浮选前将矿浆和药剂快速混合均匀,为浮选获得较好指标创造条件[1]。因此,针对矿浆特性进行设计矿浆调浆搅拌槽技术参数十分必要。调浆搅拌槽的主要参数与矿物粒度、矿浆浓度、矿石真密度密切相关。对于粗颗粒高浓度大密度矿浆来说,调浆搅拌槽的针对性设计显得更加重要。而大多数搅拌槽生产厂家并没有正确认识矿浆特性对搅拌槽技术参数的影响。

打漩说明矿浆有较强的切向流。通过在搅拌槽槽体内设置挡板,可以将切向流转化成径向流和轴向流。对于矿浆调浆搅拌,切向流只是消耗搅拌功率,对混合没有贡献,轴向流和径向流才是混合的主要动力来源[2]。轴向流提供的矿浆上升流是矿物颗粒悬浮的主要动力,保证矿物不沉槽,增强宏观的混合效果。径向流能够在矿物表面产生剪切流,增强微观混合效果。

粗颗粒沉积的最主要原因是搅拌能力不足。叶轮的排量小,在槽体内产生的上升流速小,上升流的速度不足以悬浮较大颗粒,不能实现矿物和药剂的均匀混合。

叶轮和导流筒磨损过快的主要原因是:①叶轮的线速度太大,适当降低叶轮的线速度,对于提高叶轮和导流筒的使用寿命有益;②使用合适的耐磨材料,对提高叶轮和导流筒的使用寿命比较重要;③粗颗粒对叶轮和导流筒的磨损比细颗粒要大,减少粗颗粒的沉积也会降低叶轮和导流筒的磨损。

3　设计和计算

搅拌槽的设计和参数的计算主要包括导流筒、

张建辉(1981—),男,工程师,100160 北京市南四环西路 199 号十八区 23 号楼。

叶轮直径、转速、电机功率和粗砂管的设计和计算。

3.1 导流筒的设计

导流筒是矿浆调浆搅拌槽内矿浆循环流动的通道，在导流筒内矿浆从上向下流动，在导流筒外矿浆自下向上流动。导流筒设计的主要技术参数有导流筒内径、导流筒底部挡板[3]。

导流筒与叶轮之间的间隙，既要满足叶轮的少量摆动不会引起与导流筒的碰撞，又要保证叶轮的排出流不会在导流筒内形成上升流。一般叶轮间隙控制在 40～100 mm。

导流筒底部设置 8 块挡板（见图 1），可以将矿浆的切向流在导流筒的出口处即改变成为径向流，有效抑制矿浆打漩。相比于在槽壁上增加挡板，该做法可以增加槽底的径向流速，更有利于防止槽体底部沉槽。导流筒的内壁和底部挡板是高磨损区域，在该区域增加了耐磨橡胶。为了防止橡胶脱落，增加黏合力，采用模压的方式进行衬胶。

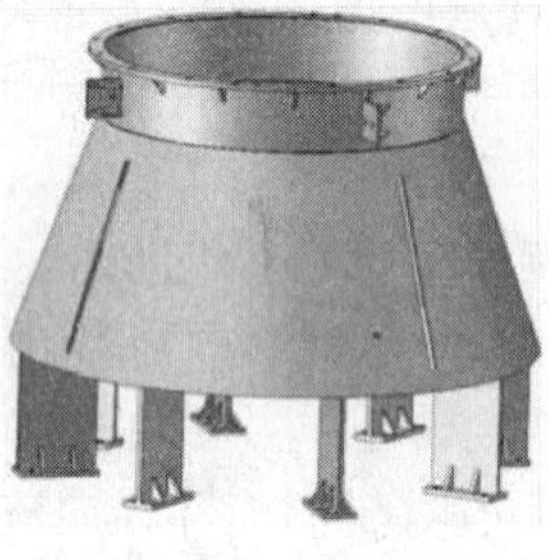

图 1　带有稳流板的导流筒

3.2 叶轮的设计

为了计算叶轮排量，假设在叶轮所在水平面内，导流筒内矿浆流动方向全部向下，导流筒外矿浆流动方向全部向上，并且大小相等（此种假设使计算结果偏于保守）。由于将所有颗粒全部悬浮需要的叶轮功率太大，故本方案要求能够浮起的颗粒最大直径为 1 mm。通过图表和公式可计算得该种矿物直径为 1 mm 的颗粒沉降速度为 0.10 m/s。导流筒外矿浆上升速度应至少等于该沉降速度，在此基础上计算叶轮排量 Q_d。

叶轮排量的计算公式为[4]

$$Q_d = N_{qd} N d^3,$$

叶轮顶端线速度的计算公式为

$$V_{tip} = \pi N d\ ,$$

式中，Q_d 为叶轮排量，m^3/s；N_{qd} 为叶轮排量准数，与叶轮的形式有关；N 为叶轮转速，r/s；V_{tip} 为叶轮顶端线速度，m/s；d 为搅拌叶轮直径，m。

通过改变叶轮形式、增加叶轮直径、降低叶轮转速，使叶轮的排量增加，同时叶轮的线速度由 9.20 m/s 降为 7.76 m/s。既增加了循环的动力，又降低了叶轮和导流筒的磨损。

为提高叶轮的使用寿命，叶轮同样采用模压的方式进行整体衬胶。

3.3 搅拌功率计算

搅拌器的搅拌轴功率 P_s 计算公式为[5]

$$P_s = kP_0\rho N^3 d^5,$$

式中，P_0 为功率准数，与搅拌液体的雷诺数（Re）有关；k 为功率准数总系数；N 为搅拌转速，r/s；d 为搅拌叶轮直径，m；ρ 为液体密度，kg/m^3。

将以上参数代入公式，计算得轴功率为 32 747 W，窄 V 带传动效率为 η 为 90%～95%，取 η=93% 和 10% 富裕量，则电机功率 P=39.12 kW，实际圆整取 P=45 kW。

3.4 排砂管的设计

根据以上所述，对直径大于 1 mm 的粗颗粒矿物，不能够通过搅拌使其均匀悬浮。为防止其在槽体内沉积，需要设置粗砂管将其排出槽体。排砂管安装在槽体底部，利用搅拌槽与浮选机的液位差产生的流速将矿物从搅拌槽底部排入浮选槽。液位差越大，排沙管内流速也越大，越有利于粗颗粒矿物排出。排砂管大小可根据矿浆流量和矿浆性质选择。

粗颗粒矿物在槽体内动态流动，当流动到排砂管处附近，就会被排砂管内高速流体产生的负压区捕捉到，进入排砂管，排出槽体。

4 改造实际结果

为了验证搅拌槽的搅拌效果，对其中 1 台矿浆调浆搅拌槽进行矿浆取样，分析矿浆浓度和矿物粒度分布，结果见表 1。

表 1　搅拌槽内不同深度样本的浓度和粒度分析结果

取样深度/m	矿浆浓度/%	−0.2 mm 矿物含量/%	−0.074 mm 矿物含量/%
3.0	45.26	76.21	54.86
2.5	46.35	73.77	49.08
2.0	45.59	77.51	51.28
1.5	46.85	80.21	59.74
1.0	45.43	79.01	50.78

由表 1 可知，不同深度矿浆浓度分布和粒度分布比较均匀。BK4000 矿浆调浆搅拌槽能够将较粗颗粒均匀悬浮起来，可以得出搅拌效果良好的结论。

改造完成后，原搅拌槽存在的 3 个主要问题解决情况如下：（下转第 492 页）

MZS8848 半自磨机某连接螺栓断裂分析

朱　耘

（昆钢玉溪大红山矿业有限公司）

摘　要　大红山矿业自 MZS8848 半自磨机投产使用以来，由于衬板设计不合理，排料端端盖与筒体连接螺栓反复出现断裂，影响矿山的正常生产。结合现场情况和磨机使用经验，在分析该磨机的技术参数和螺栓断裂原因的基础上，确定衬板设计不合理是导致螺栓断裂的主要原因，并通过增加筒体圆周衬板数量、提升衬板和筒体及衬板间的间隙和改用铬钼合金作为衬板材质等措施进行衬板结构设计整改。实际运行结果显示，螺栓断裂得到消除，对稳定生产具有重要意义。

关键词　半自磨机　衬板　螺栓

MZS8848 半自磨机从 2010 年开始在昆钢集团玉溪大红山矿业公司投产使用。2013 年 2 月更换磨机回转体总成后，从 11 月份起出现排料端端盖与筒体连接螺栓频繁断裂现象，严重影响现场生产，并存在其他设备隐患。结合现场处理情况和多年磨机使用经验，大红山矿业从磨机工作原理、筒体工作转速、衬板结构设计等方面分析断裂原因，并进行了整改，并取得良好的使用效果。

1　半自磨机的技术参数

MZS8848 半自磨机是湿式半自磨机，磨矿原理为：由物料、水、钢球根据磨机直径按照一定配比填充，在工作转速作用下将物料和钢球提升、抛落和泻落，产生互相摩擦、撞击运动而达到磨矿的效果。从 2010 年投产运行以来，磨机故障较多，只有 2012 年设备作业率高于设计作业率 85%，为 86%，其他年份作业率低于设计作业率。技术参数见表 1。

表 1　MZ8848 半自磨机技术参数

筒体内径 /mm	筒体有效长度 /mm	最大装载量（钢球）/t	筒体工作转速 /(r/min)	矿石粒度 /mm	主电机功率 /kW
8 800	4 800	230	10.76	≤250	6 500
筒体有效容积 /m³	钢球最大填充率 /%	设计处理量 /(t/h)	实际处理量 /(t/h)	钢球直径 /mm	主电机转速 /(r/min)
278.8	12	650	620	150	200

2　磨机运转中排料端端盖与筒体连接螺栓断裂情况

2013 年 2 月更换、索赔 MZS8848 半自磨机回转体总成后，11 月起出现排料端端盖与筒体连接螺栓频繁断裂现象，严重影响系统生产，不利于生产组织并存在严重的设备安全隐患。对螺栓质量进行螺栓材质化学分析、力学性能分析、金相组织分析，结果表明螺栓质量无问题。为提高螺栓强度，组织检修时将 M42×360 的 8.8 级螺栓改为 10.9 级螺栓；采用液压扳手对称预紧，预紧力为 3 600 N · m；组织停机更换全部 480 颗出料端端盖与筒体法兰连接螺栓，从新紧固各连接螺栓扭紧力矩，使每颗连接螺栓受力均匀。

2014 年 1 月连接螺栓再次出现断裂现象，组合面间隙处因矿浆填充，无法紧固把合恢复（见图 1）。2014 年 3 月 5 日—4 月 4 日再次组织返修回转体出料端端盖和靠出料端筒体。两次长时间停机处理排料端端盖与筒体连接螺栓，严重影响生产。

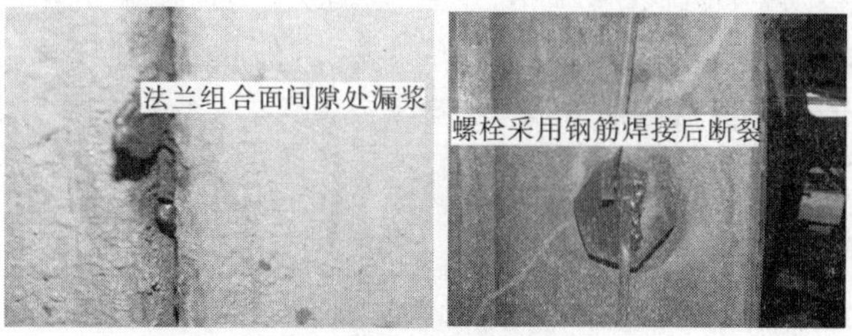

图 1　螺栓断裂情况

3　连接螺栓断裂原因分析

此次断裂经过现场认真分析，认为造成排料端端盖与筒体连接螺栓断裂的原因为：磨机在运行过程中，衬板受到钢球的抛砸冲击，衬板变形连接在一起，产生轴向力无法释放将螺栓拉断。具体分析，有以下几个方面。

朱　耘（1982—），男，机械助理工程师，653405 云南省玉溪市新平县戛洒镇。

3.1 磨机工作转速分析

磨机转速大小直接决定着筒体内磨矿介质的运动状态和磨矿作业效果。转速较低,磨机内的球被提升的高度较小,球在自身的重力作用下从球荷顶部呈泻落状态滑滚下来产生的冲击力也小;转速较高时,球被提升的高度也高,球上升达到一定高度后脱离筒体沿抛物线轨迹下落,在抛落点具有较大的冲击作用,矿石受冲击而被粉碎,磨矿效率高。磨机的工作转速由临界转速而定,一般自磨机转速选取临界转速的75%。

临界转速计算公式为

$$n_0 = \frac{42.2}{\sqrt{D}},$$

式中,n_0 为临界转速,r/min;D 为磨机内直径,m。

经计算,MZS8848 半自磨机临界转速 $n_0 = 14.295$ r/min,工作转速 $n = 10.73$ r/min,与理论计算值基本吻合,排除工作转速不合理因素。

3.2 衬板结构设计分析

3.2.1 筒体圆周衬板设计数量过少

磨机筒体衬板数量设计块数跟磨机填充率、磨机直径、工作转速等因素有关。将工艺设计要求参数输入磨机设计软件中,从而确定磨机在圆周上的衬板数量。以2006年大红山矿业使用比较先进的美卓大型半自磨机为例,2006年使用至今设备运行性能优越,设备检修主要更换磨机内部衬板,机械故障少,2 a时间内实现达产和超产,磨机处理能力从537 t/h提升到650 t/h,设计作业率从设计85%提升到近90%。根据大型半自磨机多年的使用实践经验,对大红山矿业的3台类似大型半自磨机进行分析,按比例计算筒体圆周上的衬板数量,见表2。

表2 直径8 m以上大型半自磨机技术参数比较

生产厂家	规格尺寸/mm	筒体衬板总数/块	轴向方向排数/排	圆周上衬板数量/块
美卓矿机公司	ϕ8.53×4.27	112	2	56
中信重工	ϕ8.0×3.2	120	2	60
北方重工	MZS8848	144	4	36

以美卓矿机进行比例计算得MZS8848筒体圆周上的衬板数量应为58块,以中信重工进行比例计算应为66块,说明MZS8848半自磨机故障多、未能实现达产的原因之一是筒体圆周上的衬板数量过少,仅36块,增加到66~72块比较合理。同时衬板低宽较大,衬板底板与筒体圆弧接触存在间隙(即弦长与圆弧之间间隙),不能全部贴合筒体圆弧。若增加1倍衬板数量,需对磨机筒体开孔。将原衬板底宽474 mm改为一半,消除衬板变形产生的轴向力。但设备生产使用中,筒体开孔定位不方便,而且停机时间较长,影响矿业公司年度生产任务的完成,未进行实施。

3.2.2 筒体衬板与衬板楔形填充间隙太小

磨机内衬板与衬板之间间隙采用橡胶制作楔形填充,目的是缓冲磨机在磨矿过程中钢球抛砸产生的冲击力。衬板底宽与筒体圆弧的间隙使衬板经过冲击易发生塑性变形延展,导致衬板与衬板之间、筒体衬板和提升筋条之间发生干涉连接在一起。见图2,使用后见图3。

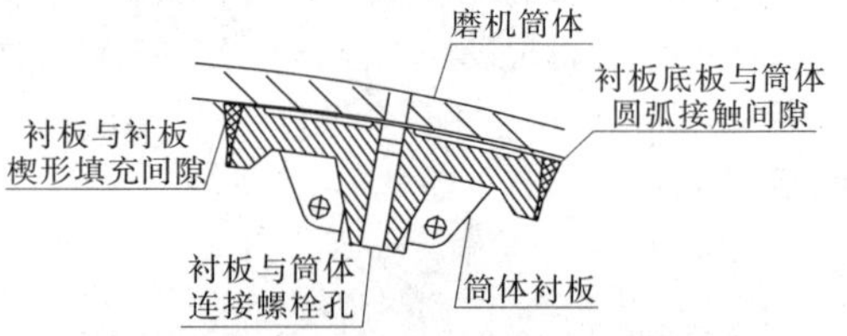

图2 筒体衬板与磨机筒体连接间隙示意

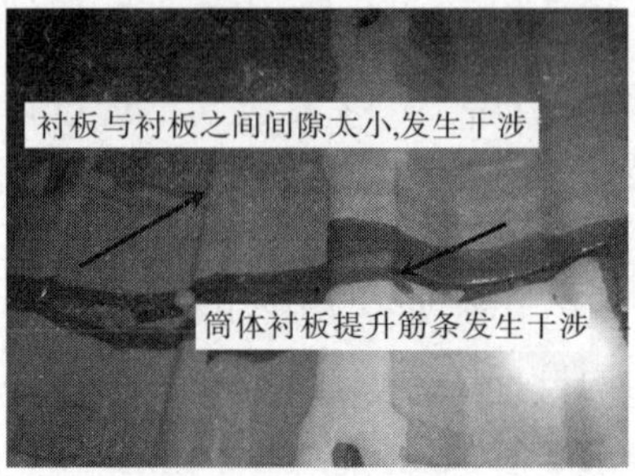

图3 使用后筒体衬板的内部结构

筒体内4排144块衬板塑性变形后和相邻衬板及提升筋条连接在一起,造成检修时难以拆卸,必须进行气割分开。衬板连接在一起产生轴向力无法得到缓冲释放,从组装连接螺栓紧固薄弱位置释放,造成螺栓断裂。采取衬板尺寸改造措施,将原衬板与衬板之间的轴向间隙和圆周方向间隙均为14 mm,分别35 mm、20 mm。

3.2.3 筒体衬板设计不合理

针对MZS8848半自磨机筒体内部衬板提升角度太小、衬板提升筋条高度太高的缺点,特请在半自磨机设计制造比较权威的美卓矿机公司进行分析改造。根据磨机工艺设计参数采用行磨机设计软件计算,动态模拟磨机运行时的钢球和物料抛砸轨迹。一些钢球直接砸向衬板,导致衬板变形和使用周期短。原因为筒体衬板提升角度太小,会将钢球提升太高,部分钢球直接砸向衬板,而非砸向矿石物料。美卓矿机动态模拟图见图4。

原MZS8848半自磨机筒体衬板提升角为45°,衬板提升筋条高度为385 mm。多套衬板使用情况表明衬板存在被钢球砸伤严重的现象,变形严重。

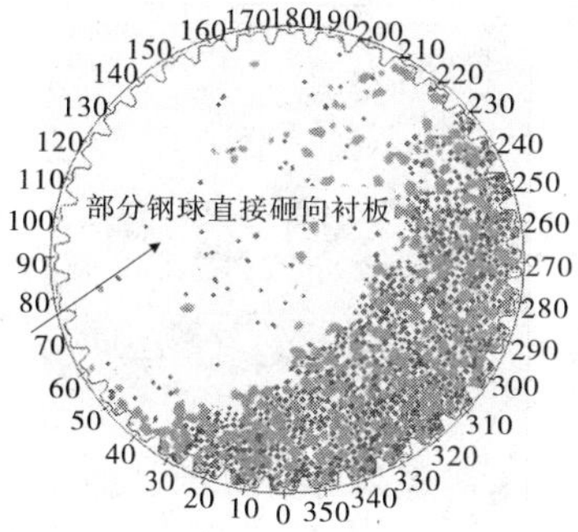

图 4　原衬板提升角和提升高度外形

故将衬板提升角改为 60°，衬板底板与提升筋条改为圆弧过渡 R125°，筋条提升高度改为 300 mm。见图 5。

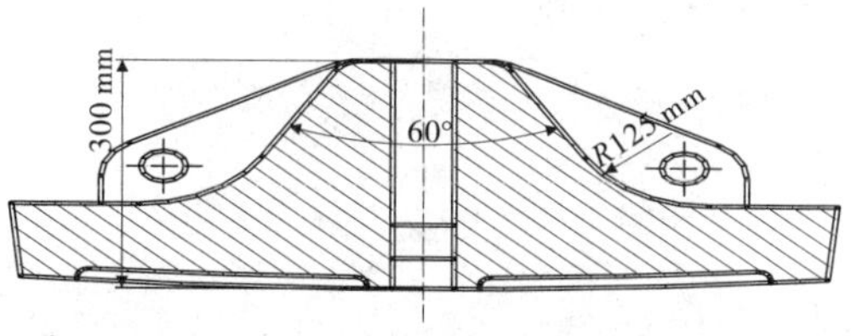

图 5　改型后的衬板外形结构

3.2.4　筒体衬板与外圈格子板提升筋条设计不合理

筒体衬板设计不合理使衬板发生塑性变形后，衬板提升筋条与格子板提升筋条相互顶住，发生干涉现象。衬板变形产生的轴向力向出料端端盖与筒体法兰组装连接螺栓释放，将螺栓拉断，见图 6。

图 6　筒体衬板外圈与外圈格子板内部安装结构

为消除提升筋条相互顶住的现象，对磨机外圈格子板进行改造，外圈格子板长度由原 1 160 mm 缩短为 940 mm，缩短部分填充筒体衬板与格子板端部的耐磨橡胶，尺寸为 400 cmm×280 mm×320 mm，见图 7。缓冲磨矿过程中轴向方向衬板与衬板产生的轴向力，可消除筒体衬板与格子板外圈使用后发生的干涉。

3.2.5　筒体法兰与出料端法兰组合面精度不合理

因筒体法兰与出料端法兰组合面制造加工精度不够，组装时也未达到设计组装后的间隙要求，最大处间隙 2.16 mm 超过设计要求组合面的最大间隙 0.1mm，导致使用过程中出现缝隙处漏浆现象，难以清除干净。再次紧固导致各连接螺栓受力不均匀，成为螺栓断裂的原因之一。为修补制造加工精度缺陷，使每颗螺栓受力均匀，将筒体法兰和端盖法兰顶部采用 $\delta=20$ mm、240 mm×120 mm 的钢板 24 块圆周均布焊接把合。

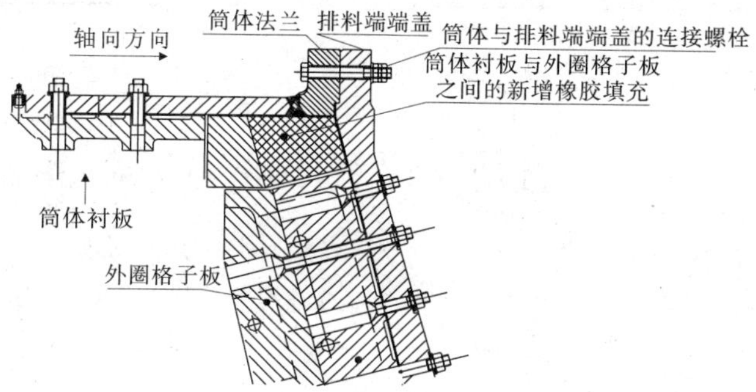

图 7　磨机局部结构

3.2.6　改变材料，选用塑性变形小的材料做衬板材质

大红山矿业公司 2007 年以来衬板材质一直使用高锰钢衬板，被钢球抛砸后使用过程会出现一定塑性变形，但不易碎和断裂。MZS8848 半自磨机使用高锰钢衬板后出现严重变形，受冲击所产生的轴向力将端盖与筒体连接螺栓拉断。将该衬板材质改为铬钼合金，虽然易碎和断裂，但能减少塑性变形，从而减少轴向力的产生。

4　结　语

昆钢玉溪大红山矿业公司从 2006 年使用大型半自磨机以来，先后使用过美卓 ϕ8.53 m×4.27 m 半自磨机、中信重工 ϕ8.0 m×3.2 m 半自磨机、北方重工 MZS8848 半自磨机。MZS8848 半自磨机投产使用以来，排料端端盖与筒体连接螺栓断裂问题不断出现，通过现场分析研究，不断对内部衬板结构改造。从 2013 年 9 月—2014 年 1 月该连接螺栓断裂现象已经消除，稳定了矿山的生产运行，改善了经济效益。

参　考　文　献

[1]　李长江. 新编矿山选矿机械设备适用技术手册[M]. 北京：北京矿业大学出版社，2008.

[2]　牛福生，刘瑞芹，郑卫民，等. 选矿知识 600 问[M]. 北京：冶金工业出版社，2008.

[3]　朱书全. 矿山选矿新技术新设备与国外先进经验借鉴实用手册[M]. 北京：北京冶金工业出版社，2008.

[4]　李长江. 现代选矿机械设备安装调试、操作运行与维修保养实用技术手册[M]. 北京：北京矿业大学出版社，2008.

（收稿日期　2015-06-10）

DF-5730 铁矿浆品位仪在某选厂的应用

刘家勇[1]　林春强[1]　崔顺文[2]　丛浩杰[1]　蒋宝庆[1]
（1. 丹东东方测控技术股份有限公司；2. 中钢集团山东富全矿业有限公司）

摘　要　矿浆品位是选矿厂生产过程需要实时把握的动态生产指标，其波动幅度的大小直接影响着选矿效率，进而影响选矿经济效益。利用铁矿浆品位仪实现选矿工艺点品位指标实时检测是对选矿流程动态品位指标控制的主要手段之一，避免传统人工操作的滞后性，并能提高准确度。简要介绍了 DF-5730 矿浆铁品位仪的工作原理和优点，及在某选矿厂的成功应用情况，为矿山选厂实现生产自动化、降耗增效提供了参考。

关键词　矿浆品位仪　降耗增效

在当前矿业形势步入新常态的严峻大环境下，为保证矿山企业继续生存、持续发展，降本增效是目前各选矿厂生产过程中都面临的一个课题。为此，各选矿厂通过引进高、精、尖技术来服务生产，提高产品质量、降低生产成本。矿浆品位是各选矿厂十分关注的生产指标之一，其高低、稳定性如何、能否实时掌握动态变化，直接关系着选矿生产效率，影响整个选厂的经济效益。中钢富全矿业选矿厂原矿浆品位通过人工取样计算得出，不仅存在误差，而且数据具有迟滞性，不利于对矿浆铁品位的实时动态控制。通过应用 DF-5730 铁矿浆品位仪，使用方便、数据准确，解决了上述问题，推动了选厂生产的自动化，有利于选厂效益的提高。

1　仪表概述

DF-5730 铁矿浆品位仪是一款利用 γ 射线进行检测的核仪表产品。主要测量原理是采用双能量 γ 射线特征吸收技术[1]。利用两种不同能量的 γ 射线穿过矿浆时，铁元素对其中的一种射线产生特征吸收，另一种射线用来检测矿浆中固体成分的总含量。由微机对两种射线透过矿浆时产生的复杂的透射谱线进行解谱，通过求解相应的联立方程计算求得铁的品位、浓度等参数。矿浆品位仪的工作过程见图 1。

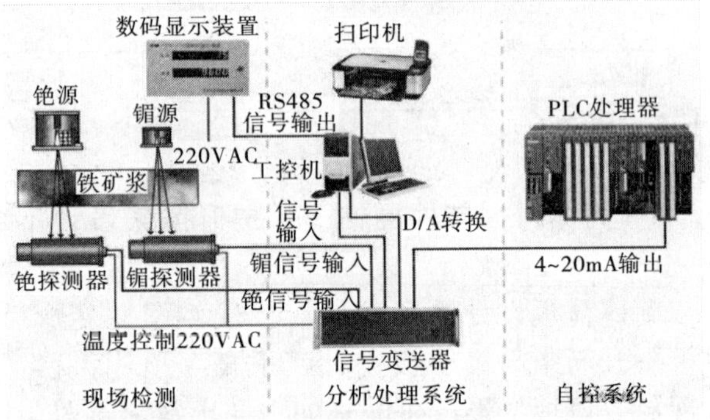

图 1　矿浆品位仪工作示意

DF-5730 铁矿浆品位仪的检测程序是基于 Windows 2000 Server 平台的应用程序，为满足用户使用习惯而开发的，界面美观、操作性强，见图 2。

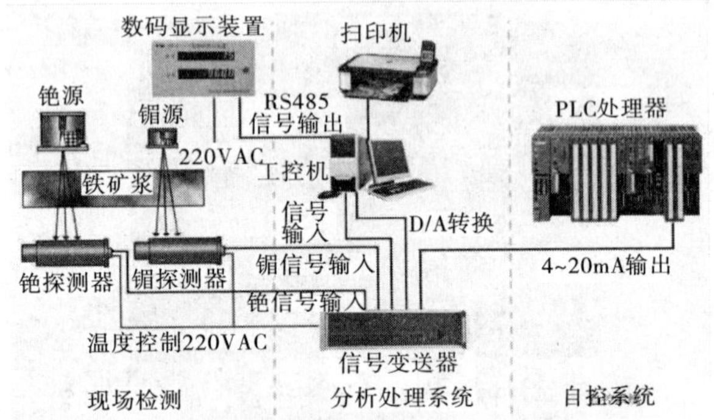

图 2　检测程序界面

DF-5730 铁矿浆品位仪的主要优势有：①非接触式测量方式。射线探测器和被测矿浆不发生直接接触，真正实现在线实时检测，长期使用不损坏；②现场适应能力强。铁品位测量不受物料粒度、浓度和成分变化的影响，使仪表测量铁品位时，对现场条件和物料状况有极好的适应能力，具有很高的准确度和稳定性；③辐射安全性能保证。采用高灵敏、高效率的闪烁探测器，大大降低放射源用量。铁元素对所选低能 γ 射线的阻挡能力特别强，5mm 厚的铁板可将射线全部挡住，保证使用环境具有辐射安全性能，使用者的安全得到保证；④软件界面人性化设

刘家勇（1980—），男，工程师，118002 辽宁省丹东市滨江中路 136 号。

计，便于操作；⑤产品性价比高，较少投入可得到较高的收益，便于实现企业降耗增效的目的。

2　矿浆品位仪的典型应用

DF-5730 铁矿浆品位仪是一款可靠的检测仪表，以较强的适应性在国内复杂的选矿条件中得到广泛应用，监督指导生产稳定运行。

在中钢山东富全矿业，DF-5730 铁矿浆品位仪用于检测磁选精矿品位，配合自动化控制精矿成品的合格率。仪表采用压力取样形式，2011 年安装应用至今，长时间稳定运行，除过流件更换几次外，无其他故障记录，现场使用方便，满意度高。现场应用见图 3。

图 3　现场应用

仪表关键技术主要有：

（1）独特的压力取样引流方式。现场精矿输送管道为压力管道，不具备自流取样条件。对于压力管道取样，需要克服磨损和出矿量设计两个问题。根据现场矿浆流量、粒度、浓度等因素结合流体力学原理，设计了一款耐磨取样器。取样器采用特殊耐磨材质衬里，取样管采用超高分子聚乙烯制作而成。取样器采用独特的叉状设计，利用流体流过弯头处的状态变化特性，取流体切线料流作为矿浆品位仪的检测料流。出矿量设计是根据矿浆输送压力、流速、品位检测需要流量等参数进行计算的，获得取样管口径满足 8～10 m^3/h 的矿浆检测需求量。

现场应用实践表明，该压力取样器兼顾了耐磨和取样量适当的要求，确保了矿浆品位仪能够长期、稳定的运行及检测。

（2）探测器自稳峰技术和探测器恒温控制技术。探测器自稳峰技术是矿浆品位仪的核心技术之一。当前计算机技术的高速发展，为核电子学提供了有利的条件。采用自动稳峰技术，可以利用低稳定性的电子器件实现整机性能的高度稳定性。矿浆品位仪的探测器根据射线能谱分析设计开发自动稳峰电路，探测器在工作时能够“自适应”，不会出现“跑峰”、“死机”现象，保证探测器工作的稳定性。

自动稳峰电路可以大大降低仪表增益的漂移。在温度低于 10 ℃时，闪烁探测器的能量分辨率变坏，稳峰能力降低，使峰位产生漂移。因此，对于高稳定性的探测器，需要进行恒温控制。矿浆品位恒温控制技术是通过程序检测值与设定值比较来触发输出实现恒温控制的，基本原理见图 4。

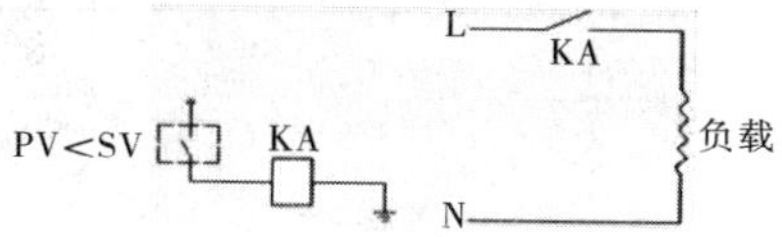

图 4　恒温控制技术原理

程序中温度的计算公式为

$$T_{emp} = N_t/(U_t 100) + k_b ,$$

式中，T_{emp} 为程序计算的温度值，℃；U_t 为探头温度反馈电压；N_t 为温度频率计数；k_b 为修正系数。

当温度传感器反馈温度值小于程序设定值时，进行加温；反之，停止加温。

先进的技术是仪表应用成功的基础。富全矿业 DF-5730 铁矿浆品位仪的成功应用印证了产品的可靠性。仪表标定过程记录见表 1，标定后仪表对矿浆铁品位的检测值和真实值对照趋势见图 5。

表 1　仪表标定记录

回归统计	
Multiple R	0.953 861 191
R Square	0.909 851 172
Adjusted R Square	0.896 972 767
标准误差	0.248 616 122
观测值	17

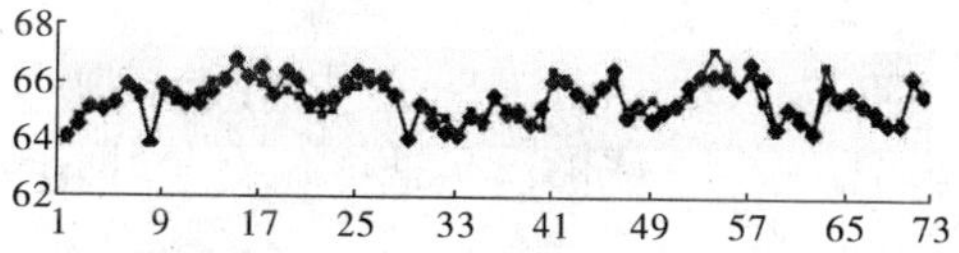

图 5　对照趋势

◆—生产品位；■—显示品位

由表 1 可知，仪表标定相关性达到 0.95，说明矿浆铁品位检测值与真实值近乎一致（相关系数愈趋近于 1 愈好）。标准误差为 0.249，说明检测值与真实值之间的偏差较小。图 5 对照趋势图再次验证了标定的效果。因此，该台仪表准确可靠的检测对矿山生产具有指导作用。依据矿石性质，现场生产的精矿粉铁品位在 65.5% 及以上为合格。实际检测中，DF-5730 铁矿浆品位仪误差范围小于 0.5%。仪表投入使用以来，每月精矿粉铁品位控制在 65.5% ±0.1% 范围内。年度精矿品位合格率统计结果见表 2，2014 年各月累计精矿粉品位统计结果见表 3。

表 2 年度精矿铁品位合格率统计结果 %

年份	2012	2013	2014
精矿铁品位合格率	66.54	86.67	94.97

表 3 2014 年各月累计精矿粉品位统计结果 %

月份	1、2	3	4	5	6	7
合格率	65.5	65.52	65.5	65.47	65.47	65.54
月份	8	9	10	11	12	
合格率	65.51	65.47	65.52	65.5	65.51	

由表 2 可以看出，精矿粉铁品位合格率由 2012 年的 66.54% 提高到 2014 年 94.97%，提高了 28.43 个百分点，效果显著。

由表 3 可以看出，精矿粉铁品位月累计在 65.47% ~65.54%，上下波动范围为 0.07%。说明 DF-5730 铁矿浆品位仪在精矿铁品位的稳定控制方面作用明显。

DF-5730 铁矿浆品位仪在富全矿业选厂的应用，减少了人工化验操作，节省了人力成本。在仪表数据的帮助下，生产操作能够准确及时进行调整，充分发挥球磨、旋流器等设备的效率，稳定精矿铁品位，提升产品品率，对降耗增效起到促进作用。

3 结 论

随着国内选矿行业自动化水平的不断提高，工业仪表的需求量将会不断增加。业内人士逐渐意识到稳定、可靠的在线检测仪表的重要性，尤其是核仪表以其独特的技术特点受到广泛关注。目前，工业用核仪表产业在国内处于发展阶段，与发达国家相比，研发和应用水平差距仍较大，我国核仪表的发展任重道远。

矿浆品位仪是国产工业核仪表产品之一。DF-5730 铁矿浆品位仪在富全矿业的应用实践表明，该仪表能显著帮助用户解决矿浆铁品位的实时监测问题，性价比高，对促进生产、降低能耗具有积极作用。随着仪表研发、制造技术的不断完善，产品的适应性将逐步提升，今后普及潜力很大，将在选矿自动化中发挥越来越重要的作用。

参 考 文 献

[1] 侯朝勤，龚亚林，张 伟. 铁矿浆品位在线分析系统的研制[J]. 同位素，2003(11)：3-4.

(收稿日期 2015-05-26)

(上接第 486 页)

(1) 沉槽问题得到了解决，不会因为沉砂问题而影响生产的正常进行。

(2) 矿浆打漩的现象基本消失，现场取样分析得出搅拌效果良好。

(3) 叶轮平均寿命达 9 个月，导流筒平均寿命为 3 ~4 个月，完全能够满足选矿厂对于叶轮和导流筒寿命的要求。

5 结 论

矿浆调浆搅拌槽的针对性设计方法在该铁矿搅拌槽改造过程中的成功应用，解决了粗颗粒、高浓度、大密度矿浆的均匀搅拌问题，为类似矿浆调浆搅拌槽改造和设计提供了一定的借鉴作用。

参 考 文 献

[1] 董干国，王青芬，陈 强，等. 调浆搅拌槽研究与应用[J]. 有色金属：选矿部分，2013(S1)：230-235.
[2] 陈志平，章序文，林兴华，等. 搅拌与混合设备设计选用手册[M]. 北京：化学工业出版社，2004.
[3] 王青芬，张建辉. 大型矿浆调浆搅拌槽的设计及工业应用[J]. 有色金属：选矿部分，2013(6)：73-76.
[4] 王 凯，冯连芳. 混合设备设计[M]. 北京：机械工业出版社，2000.
[5] 曲文海. 压力容器与化工设备使用手册(下册)[M]. 北京：化学工业出版社，2000.

(收稿日期 2015-05-26)

超声波在线粒度仪在某原矿工艺点中的应用

熊向前　李少华　万文全　乔　勇　张博栋　夏常青
（丹东东方测控技术股份有限公司）

摘　要　磨选环节中矿石和矿浆的粒度检测对选矿水平的控制具有重要意义。人工取样、筛分分析等传统方法存在着明显的时间滞后性，不具有实时性。根据伊春鹿鸣矿业原矿车间 DF-PSM 超声波在线粒度仪的应用实践，对其工作原理、现场安装、调试标定、数据验证等进行了介绍。一年的运行情况表明，该超声波在线粒度仪运转可靠，粒度测量精确，精度误差在 2.0% 范围内，使选矿厂实现了粒度波动的实时检测，起到了指导现场生产、及时稳定工艺生产水平的作用。

关键词　铜钼磨选　在线粒度分析　超声波

在线粒度检测已成为工业环节中重要的指标。在磨选工艺中，各个环节实时粒度检测意义重大[1]，因为传统的方法采用人工取样、筛分的流程，明显存在着时间上的滞后性，而在线粒度仪的出现，有效地解决了上述问题。

伊春鹿鸣矿业有限公司（以下简称鹿鸣矿业）是中铁资源集团有限公司控股的大型有色金属矿山企业，拥有钼资源储量 75.18 万 t，生产规模大，处理矿石 1 500 万 t/a，集钼矿采选于一体，资源可靠、装备先进，是目前我国单系列处理量最大的钼矿企业。鹿鸣矿业引进先进采矿、选矿设备建成采选生产线，并实行在线自动化控制与同步在线监测。其中 2014 年应用东方测控的 DF-PSM 超声波在线粒度仪，达到检测精度要求 2.0% 范围内，满足指导现场生产的作用，运行至今未出现检测异常及故障现象。

1　DF-PSM 超声波在线粒度仪

DF-PSM 超声波在线粒度仪系统模块主要包含样品调理单元（产生真空负压及冲洗水路）、样品调理器控制单元（PLC 控制系统、变频电机控制）、样品分析单元（样品导流执行装置、含有超声波换能器的测量槽）、控制和显示单元（工业计算机、板卡、信号处理系统、人机组态界面、系统软件等）、标准水单元（标准水箱、加热系统、液位监测、气动单元等），同时根据现场应用情况选配多路转换器和矿浆取样器，见图 1、图 2。

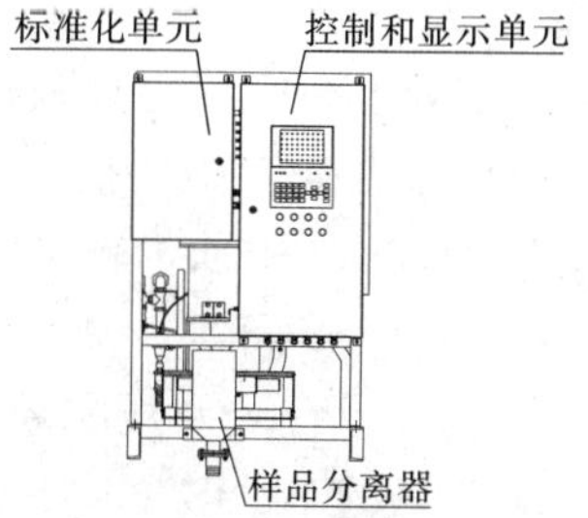

图 1　DF-PSM 超声波在线粒度仪正面

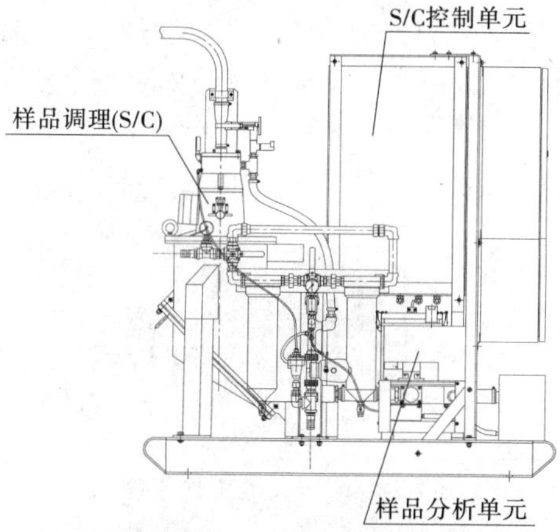

图 2　DF-PSM 超声波在线粒度仪侧面

超声波在线粒度仪通过样品调理单元产生真空吸入流量相对稳定并具有代表性的矿浆流，对其进行除气处理。除气后的矿浆经过以超声波换能器为核心部件的超声衰减测量单元进行检测，最终矿浆样品返回原工艺管路，见图 3。

在测量周期内，探头以多种频率发射超声能量脉冲透过样品，从接收的超声脉冲获得多个衰减参

熊向前（1983—），男，工程师，118000 辽宁省丹东市滨江中路 136 号。

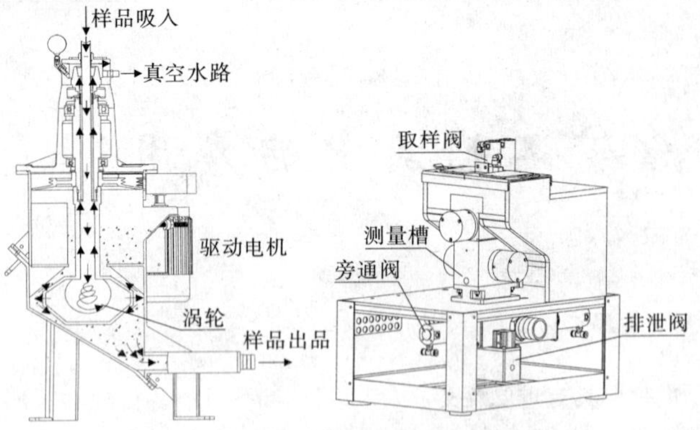

图3　样品调理及测量单元示意

数。这些参数与矿浆样品的粒度分布密度直接相关。在每个粒级的标定模型中这些参数用作变量以计算出所测矿浆浓度、粒度值。检测结果以 4 ~ 20 mA 模拟量信号传入工厂自动化控制系统中。

2　基本工作原理

理论证明,吸收衰减和散射衰减都遵从指数衰减规律。平面超声波在矿浆中传播,穿过 x 距离后,其声压 P 的变化如式(1)所示[2]。

$$P = P_0 e^{-\alpha x},\qquad (1)$$

式中,P_0 为初始声压,dB;α 为衰减系数,等于吸收衰减和散射衰减系数之和,dB/cm;x 为超声波传播距离,cm。

实际应用中,超声波在线粒度仪采用超声衰减原理,通过测量多个频率超声波对一定性质矿浆的衰减值,建立与矿浆参数的数学模型,从而计算出检测值。超声波在线粒度仪的基本工作原理见图 4。

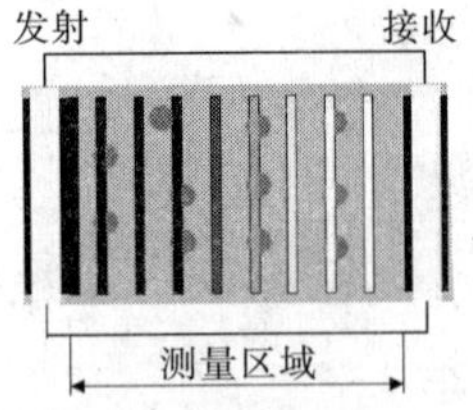

图4　超声衰减工作原理

3　现场安装

将一台超声波在线粒度仪安装于鹿鸣矿业原矿小缩分下方平台,对应检测原矿 1、2 系列球磨旋流器溢流。代表性矿浆样品从 1、2 系列溢流矿浆分配器自流进入粒度仪取样分矿箱中。粒度仪通过双流道转换器分时吸取样品并进行检测。在流道切换过程中,粒度仪自身带有高压冲洗水,分别对双流道转换器、测量槽和样品调理器内部进行定时冲洗,有效防止样品污染及引流堵矿问题的发生,保证设备测量的代表性。见图 5。

超声波在线粒度仪系统软件上具备历史数据查询、仪表运行状态监视、参数设置、实时测量值及曲线趋势显示等功能。

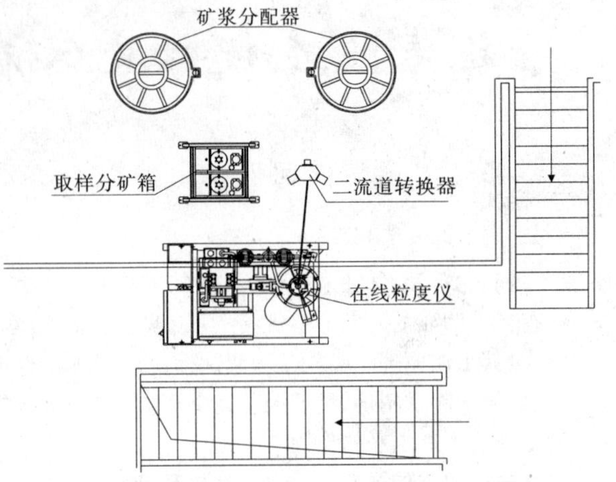

图5　现场安装示意

4　调试标定

超声波在线粒度仪在投入现场安装和调试过程中,要对仪表进行调试标定,包括取样化验、线性回归、对照检验。在线粒度仪系统是通过直接读取系统测量衰减读数和取自系统的样品筛析结果来标定的。精确的标定几乎完全取决于精确的矿浆样品筛析。为了保证样品的有效性和代表性,对每一流道样品取至少 30 组有效矿样,每次样品量为 100 ~ 200 g。样品送入化验室化验,每个样品的化验结果与仪表测量的超声衰减因数一一对应,将化验结果与超声衰减因数录入标定软件中进行线性回归分析,得出标定系数。初步标定后,将标定公式的计算值与后期样品化验值进行对照,进一步调整标定公式系数,直到达到现场实际要求。

在实际应用中,对流经粒度仪的矿浆取样 30 组以上,样品浓度、粒度范围需覆盖整个工艺波动范围。一般取样在目标浓度、目标粒度值上下波动 5% ~10% 即可,对粒度化验采用筛析法,同时采用烘干法对样品浓度进行化验[1],化验值与超声衰减因数录入标定软件中进行线性回归,计算标定公式。通过添加或删减样品数据点得出最终的浓度、粒度标定公式,置入仪表系统参数中,完成标定工作。

5　数据验证

在工艺自动化系统中,采用粒度仪检测旋流器的溢流粒度。当发现粒度检测值与设定值存在一定偏差时,系统首先采用改变给水方式来改变给矿浓度,进而改变溢流粒度。因此准确的实时检测数据

(下转第 503 页)

立式塔磨机在现代矿山的应用及前景

李　平[1]　梁文波[2]
（1. 昆明钢铁集团；2. 临沧矿业有限公司）

摘　要　介绍了立式塔磨机目前的制造应用现状，分析对比了立式塔磨机与传统破磨设备在磨矿工艺中节能降耗、提高磨矿工艺指标、提高设备作业率和降本增效的优势，以及立式塔磨机未来在国内的发展趋势。

关键词　磨矿　立式塔磨机　节能降耗　降本增效

现代化大型矿山即是矿山资源储量丰富、产品质量优、矿山生产规模大、主体技术装备水平高和生产成本低的矿山。其主体技术装备水平高表现在矿山主体设备装备向大型化、现代化、智能化、高效化和能耗低的发展。作为矿业资源开发利用过程中能耗最高的破碎、磨矿工艺设备也不断进步。半自磨机、立式塔磨机就是当今代表破碎、磨矿工艺最先进的设备，其应用和发展得到矿业界专家的认可。半自磨工艺在国内已经得到较好的推广和应用，特别是在云南玉溪大红山铁矿的建成和组织生产的成功，让国内矿业界认为的矿山是投资大、周期长、见效慢的传统观念得以改变。通过大红山 4 a 生产经营组织收回投资的实例，充分证明了大胆采用新工艺、新设备能够降低生产成本、提高设备作业效率的可能行，树立了矿山建设和组织生产模式的成功典范。中国黄金集团采用了目前国内最大的 ϕ11 m×5.4 m 半自磨机，代表国内半自磨机的使用已经达到国际水平。

破碎、磨矿工艺特别是磨矿工艺是现代化大型矿山最重要的工艺之一，矿山的生产成本能否得到控制，其磨矿工艺也起着决定性因素。目前国外较成熟的磨矿工艺为半自磨+立式塔磨机，而国内较成熟的磨矿工艺为半自磨+球磨，立式塔磨机在国外的应用已较为成熟，在巴西、加拿大和墨西哥等国都有运用实例。立式塔磨机在国内的运用才刚刚开始，目前国内有江西德兴铜矿、四川攀枝花白马铁矿、云南昆明钢铁集团、华联锌铟集团等已开始使用，并取得了较好的经济和社会效益，立式塔磨机在半自磨+塔磨工艺、3 段细磨工艺、多金属超细磨回收工艺中进行了大胆的尝试，为后续新建矿山提供了宝贵经验。

1　立式塔磨机的工作原理

立式塔磨机是 1950 年由日本人发明的一种高效磨矿设备，20 世纪 80 年代后期，美国磨机制造商对塔磨机进行改进，中国长沙矿冶研究院也在较小型号的塔磨机制造和使用上有一定的突破。目前国内外生产立式塔磨机知名的厂家有美卓矿机和爱立许两家公司。塔磨机是一种垂直安装、带有搅拌装置的细磨设备，通常与水力旋流器组成闭路磨矿（见图 1），在圆筒形磨机的中心轴垂直方向上，装有螺旋叶片，立式塔磨机的双螺旋缠绕式主轴将磨腔内的研磨介质进行有效搅拌，研磨腔内搅拌磨球带来的冲击作用将物料进行研磨，磨机中的介质由于螺旋的搅拌作用，作上下循环运动（见图 2），对加入的矿物进行磨碎，物料从磨机的下部给入，经介质研磨后，合格的产品在重力和外力的作用下通过螺旋轴进行分级，细粒在磨机的顶部溢出，较粗的颗粒则留在磨机内继续被研磨。除搅拌磨球的作用外，研磨腔内的重力分离设计可以使物料减少过磨。塔磨机的最大给矿粒度为 10 mm，产品粒度为 74 ~2 μm。

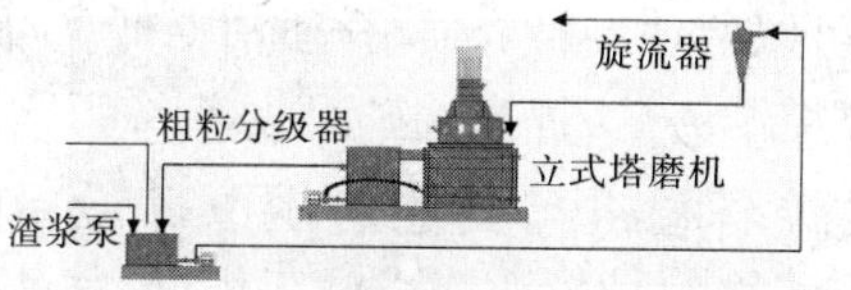

图 1　立式塔磨机与旋流器组成的闭路磨矿系统

2　塔磨机的优点

（1）塔磨机具有高能量的利用效率，节能、高效且可防止过磨，磨矿产品粒度越细，节能效果越显著。据相关资料报告，在不同的工艺和材料情况下，可实现 30% ~50% 的节能。塔磨机比球磨机节能

李　平（1963—），男，副总经理，高级工程师，650302 云南省安宁市。

的原因是其筒体及衬板不运转，内部物料分层可减少过分研磨，球磨机的磨矿原理是介质撞击物料，而塔磨机的工作原理是介质摩擦物料。根据一些国外厂矿进行的对比研究，塔磨机达到与球磨机同样的产品粒度，可比球磨机节省能耗约30%。

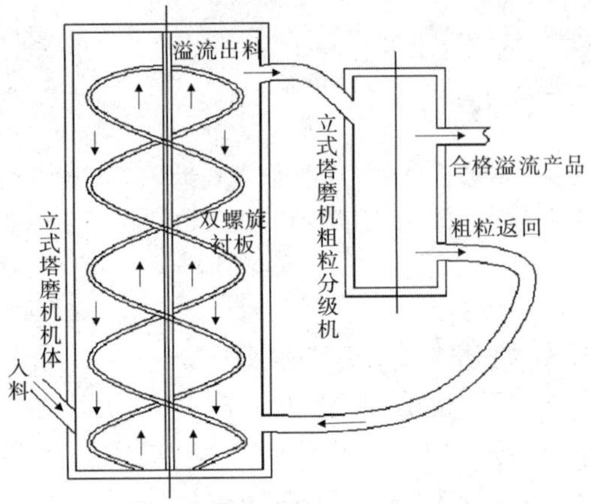

图2　立式塔磨机磨矿区物料流向

(2)节省投资，安装简单、周期短，视情况不同，一般1~2周可完成安装；由于是立式安装，占地面积小；设备基础简单，可以实现露天安装使用，节省基建费用等。

(3)具有较高的操作使用安全性能，运行部件不外露，给料位置灵活多样，检修维护工作量少，易于操作和维修；相比球磨机，可以节约大量的操作检修用工，同时减轻现场工人的劳动强度，噪声低、振动小，改善了职工的工作环境。

(4)运行成本低，由于塔磨机工作原理决定，较小的搅拌强度决定了其较低的磨蚀，不同形式的筒体内衬板结构设计，使得衬板使用寿命较高，主要更换的是双螺旋衬板，仅24块，其数量相当于球磨机衬板的几十分之一，并且只需更换下部衬板。直径38~5 mm的高密度磨矿介质球，因球径小，不容易破碎，可以留住细粒介质，介质消耗低。可以实现内部循环控制磨矿，提高选矿回收率。

3　立式塔磨机与其他常规磨矿设备的比较

磨矿目的是将矿物进一步细磨，使矿物充分单体解离，以满足下道工艺选别或输送的要求。当前世界上用于细磨的设备，主要有常规溢流型球磨机、塔磨机、艾萨磨机3大类，这3种设备都在国内外的许多厂矿得以应用。

3.1　塔磨机与球磨机

与球磨机相比，塔磨机的优越性在于可高效细磨，防止过磨；节省能耗，磨矿产品粒度越细，节能效果越显著；易于操作和维修；安装简单、周期短；改善工作环境，噪声低、振动小；占地面积小；设备基础简单，节省基建费用等。

3.2　立式塔磨机与艾萨磨机(ISAMILL)

艾萨磨机是由澳大利亚MountIsa矿和德国NETZSCH公司发明的一种细磨设备，第一台艾萨磨机M3000于1994年在澳大利亚MountIsa铅锌矿选矿厂投入运行，其产品粒度P80可达到7 μm。艾萨磨机采用水平高速搅动研磨剥蚀的原理，使得矿物单体解离。磨矿筒体是水平安装的，最大容积为10 m^3，艾萨磨机设备规格小，设备单台生产能力也较小，磨机内设有转动的轴及螺旋盘，轴与电机、减速机相联结，给矿矿浆通过泵从进料口给入磨机，磨机内的螺旋盘搅动介质与矿物，磨矿产品通过离心力分离出来，介质留在磨机内。艾萨磨机使用的磨矿介质为陶瓷、河砂、炉渣等。

艾萨磨机与球磨机相比，其优越性在于其安装占地面积小，介质可利用陶瓷、河砂、炉渣等，运营成本低且节省能耗，利用小颗粒介质可获得合适的产品粒度；水平安装，防止磨矿短路与设备震动；维护简单，可将筒体内的螺旋盘移动到筒体外面进行检修。

根据有关矿山运用结果证明，塔磨机在处理磁铁矿细磨时具有明显的优越性，其技术更趋于成熟，应用也很广泛。而且相对于艾萨磨机，其节能效果也很明显。另外，在使用上，塔磨机的作业率高，零部件使用寿命长，只需经常更换螺旋下部的衬板，对于磁性铁矿的细磨作业，如果配合使用磁性衬板，使用寿命就会更长。艾萨磨机螺旋盘寿命仅为400 h，包括换介质时间，每次需3~4 h，对设备的作业率有较大的影响。而且艾萨磨机磨矿介质给入方式复杂，需要用泵将介质与给矿同时输送到艾萨磨机，增加运营费用，给操作管理带来了不便。

4　目前立式塔磨机在国内矿山的应用实例

4.1　塔磨机在精矿细磨流程中与球磨机选型方案比较

某铁矿山产出铁精矿粒度为-0.074 mm 60%，该产品需要进行管道输送，进入管道的粒度要求为-0.074 mm 95%，其铁精矿需要细磨，细磨流程中对塔磨机和常规溢流型球磨机生产系统进行了设备选型对比，磨矿设备选型方案有溢流型球磨机单系列、溢流型球磨机双系列和立式塔磨机3个方案。

经过详细综合对比，3个方案均可满足铁精矿再磨的需要，均为国内外比较成熟的设备，在很多国内外的厂矿得以应用。在该矿山项目中,铁精矿再磨系统是该项目整个管道输送项目的关键环节,其产品细度与处理能力对于管道输送的影响很大,在此环节上选用节能、可靠、先进的进口设备保证了工艺流程的稳定可靠,而且立式塔磨机方案为 3 个独立的生产系列布置,有利于生产的灵活性与保障。

从经济投入和运行成本上立式塔磨机方案与单系列球磨机方案相比,立式塔磨机方案总投资比单系列球磨机方案超约 3 425 万元,但每年可以节省运行成本约 760. 9 万元,其每年节约的运营费用,可在 4. 5 a 收回投资成本,如果考虑动态投资的话,可能还会更长一些。但现代化大型矿山服务年限一般超过 15a,故立式塔磨机的投入使用更具有经济效益。最终选择立式塔磨机方案为该项目精矿再磨工艺方案(见图 3)。

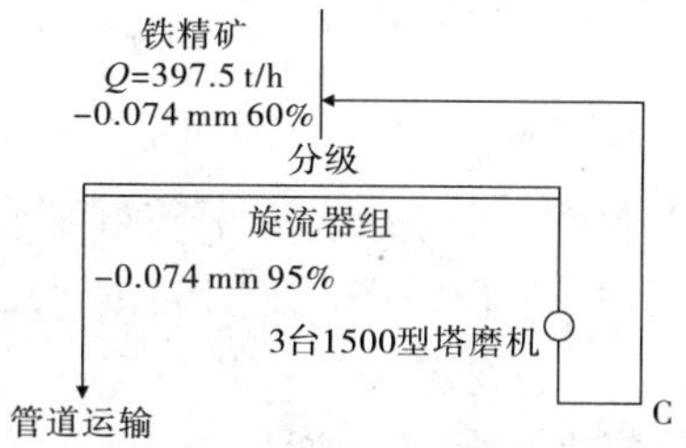

图 3　某铁矿山铁精矿再磨局部流程

4.2　塔磨机代替 2 段、3 段球磨

在某铁矿山中,其矿石单体解离差异较大,破碎后的矿石经半自磨机与直线筛闭路分级磨矿后,出料粒度为 d_{max}=-6 mm,后续设计的磨选流程为阶段磨矿阶段选别流程,1 段选别粒度要求为-0. 074 mm 60%,2 段选别粒度要求为-0. 074 mm 95%,基于此流程有 2 套磨矿设备方案可供选择,一套方案是传统球磨机做为磨矿设备,另一套方案是立式塔磨机方案。

同等处理规模下,球磨方案需选用 1 台型号为 MQY60×95 和 MQY50×64 溢流型球磨机,塔磨方案需选用 3 台 VTM1500 和 2 台 VTM1500 塔磨机(流程见图 4),虽然只是磨矿设备的不同,但是因为设备工作原理、机械、安装台套数和布置形式的差异使整个磨选车间的配置情况发生变化;另外两种设备方案也在生产过程中的经营费用上存在不同。为了使磨矿设备方案比较更具全面性和综合性,为此对两套设备方案进行了包括设备费用、厂房投资、基建投资和经营费用等技术经济的比较。通过比较,对于该项目中的铁矿磨矿指标而言,采用球磨和立式塔磨均可满足要求,采用立式塔磨工艺简化了生产设施,占地少,总图工程量少,可节省总图费用;塔磨可露天作业,不需要设置维护结构,设备基础较简单,安装简单,可节省建筑费用和安装费用;虽然设备价格高使基建投资多出约 9 199. 96 万元,但立式塔磨的电耗较球磨较少,衬板更换次数少,衬板消耗量少,另外其钢球的消耗量只占球磨的 60% ~ 65%,年经营费用可节省约 1 765. 84 万元,预计在不到 6 a 生产期可全部回收投资。以长远考虑,选择立式塔磨机是经济可行的。

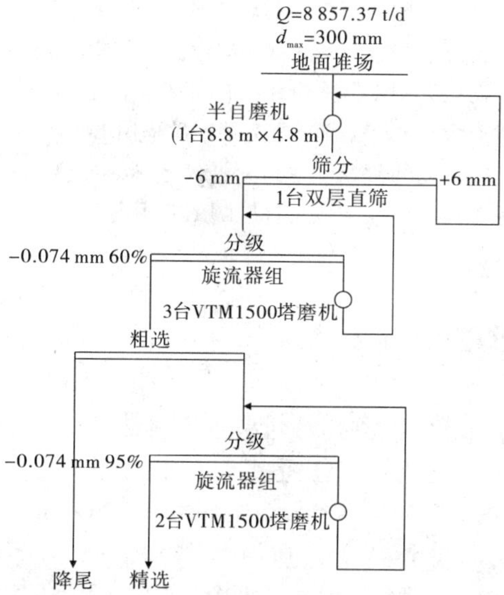

图 4　某铁矿山运用立式塔磨机代替 2 段、3 段球磨流程

5　立式塔磨机在国内的应用现状和未来发展趋势

立式塔磨机以其比传统磨矿设备在磨矿工艺中节能、降低生产经营成本、提高磨矿工艺指标和提高设备作业率和使用的安全性等优势逐渐被国内同行认可,在国外的铁矿、铜矿、铅锌矿中、烟气脱硫、石灰石矿、城市环保废弃物处理等领域被广泛应用,而国内目前主要在矿业领域应用。通过考察国内外立式塔磨机的运用实例,由于国内立式塔磨机的生产技术不够完善以及国外对塔磨机的出口进行技术限制,目前在国内使用的立式塔磨机最大型号为 1500HP,使用立式塔磨机的矿山有江西德兴铜矿、四川攀枝花白马铁矿、云南昆明钢铁集团、华联锌铟集团等。随着人们对大型现代化矿山理论的改变,降低能耗,设备的大型化和智能化,以及国外技术的解禁和国内技术的突破,国内现代化矿山中用于细磨的球磨机将逐步被立式塔磨机取代,塔磨机将会

(下转第 503 页)

Kelsey 离心跳汰机在我国矿业领域的应用

周洪林[1,2]
（1. 成都潞锴矿业科技有限公司;2. 澳大利亚矿物加工技术有限公司）

摘　要　凯尔西(Kelsey)离心跳汰机是一种强化的重选机,将传统跳汰技术和离心力结合,可有效分选细粒级矿物或密度差值较小的矿物,应用领域包括铁矿、锡、钛、钨、钽、铌、稀土、锆英石矿等的分选,从氰化浸出尾矿中回收细粒金和含金硫化物,从硫化镍精矿中脱除含镁矿物以及从选厂尾矿中回收高品位的有用矿物。我国山东某铁矿正在利用 KCJ1800 型号的 Kelsey 离心跳汰机,用于精选强磁机从尾矿中富集的弱磁性粗精矿,生产含铁品位不低于 55% 的铁精矿;西南某铁矿采用 Kelsey 离心跳汰机对强磁粗精矿进行了精选探索试验,取得了较好选别指标。针对目前的矿业环境和资源状况,Kelsey 离心跳汰机特有的分选粒级降至 10μm,低运行成本和环保的产品优势,将在我国矿业领域具有广阔的应用前景。

关键词　Kelsey 离心跳汰　重选选矿　推广应用

重选是铁矿和诸如钛铁矿等铁类矿物以及有色金属矿物的传统选矿方法,具有良好的经济效益。但对于细粒级矿物的回收,重选无法完成,只好采用高场强磁选或浮选。近几十年来,材料技术和机械工业的进步,为离心力场引入选矿领域准备了条件,可通过扩展重选方法以分选过去需浮选的入选粒级,如凯尔西(Kelsey)离心跳汰机、尼尔森(Knelson)选矿机和法尔肯(Falcon)离心选矿机。离心重选设备起初用于选金,后用于锡和其他重矿物的分选。

凯尔西(Kelsey)离心跳汰机是一种新型重选设备,凯尔西离心跳汰机同其他跳汰的区别,不仅可引入离心力场以增加矿物之间的视在密度差,还可对细粒床石部分地起到重介质作用,同单独离心力场作用的离心机相比能大幅提高分选精度。它具有传统跳汰的分选原理,但可以通过利用离心机中一台传统跳汰机特殊的运动方式来实现改变视在重力场的目的。发明者 Kelsey 从 1982 年开始研发商用离心跳汰机,1993 年在澳大利亚雷尼森贝尔(Renison Bell)锡矿安装了第一台 KCJ1300 工业机器,2000 年在玻利维亚的 Colquiri 锡矿安装了第一台大型号的 KCJ1800 工业机器。目前,Kelsey 离心跳汰机已经在黑色金属、有色金属和稀土矿产的分选中得到广泛应用。

自从澳大利亚矿物加工技术有限公司(Mineral Technologies Pty Ltd.)2013 年开始在中国矿业推广应用 Kelsey 离心跳汰机以来,部分黑色和有色金属矿山已经送样到澳大利亚矿物加工技术有限公司进行探索和工业性试验,并取得了较好的预期选别指标。山东某铁矿石选厂正在安装的 KCJ1800 型号的离心跳汰机,是我国矿业应用的第一台 Kelsey 离心跳汰机。投产后的实际运行技术与经济指标产生的示范效应,有助于 Kelsey 离心跳汰机在国内矿业领域的推广应用。

1　Kelsey 离心跳汰机的构造和工作原理

Kelscy 离心跳汰机是以安装在离心机内进行工作的普通跳汰机为基础进行设计的,KCJ1800 型 Kelsey 离心跳汰机的实物外形见图 1,结构示意见图 2,跳汰室见图 3。

图 1　KCJ1800 型 Kelsey 离心跳汰机

矿浆给矿由顶部通过中心给矿管进入旋转圆筒内壁,筒体旋转产生的离心力,迫使矿浆经径向分散到床石层表面。普通跳汰机的床石筛网和人工床石

周洪林(1964—),男,工程师,610041 四川省成都市盛华南路 80 号 32 栋 2520 号。

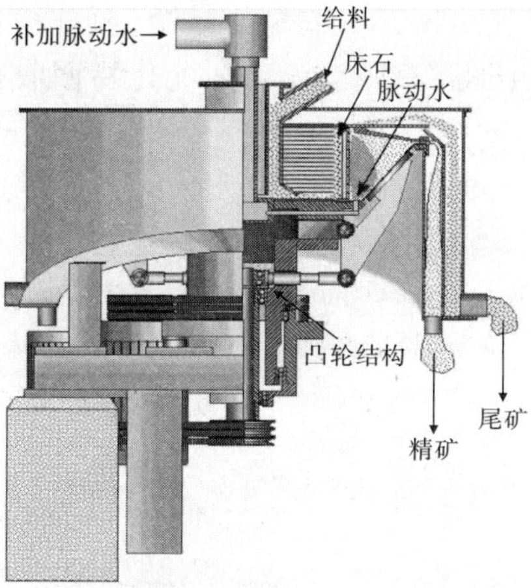

图2　Kelsey 离心跳汰机结构示意

图3　跳汰室

都在一个水平面上，而离心跳汰机的床石筛网和人工床石则是垂直的，跳汰室并联均衡分布在旋转圆筒周边。简单的辅助凸轮带动脉动臂实现橡胶隔膜连续振动，产生跳汰机的脉动效应。

脉动水流则通过一个单独的进水管进入跳汰机的精矿室。由橡胶隔膜产生的高频脉冲，形成一种向内穿透床石筛网的脉动水流，使床石层以相同的频率膨胀和收缩，从而使给矿中的矿物颗粒和床石颗粒按照各自的密度产生不同的加速度。不同密度和粒级的颗粒在离心力和脉动水浮力的作用下沉降，密度较大的重矿物颗粒穿过床石层和床石筛网进入跳汰机的精矿室，并通过筛下精矿排矿嘴汇入精矿溜槽。密度小于床石层的轻矿物颗粒从旋转圆筒内壁上边缘的床石层挡环溢流，汇入尾矿溜槽。Kelsey 离心跳汰机精矿（重矿物）及尾矿（轻矿物）产品都以连续排料的方式排出。

2　Kelsey 离心跳汰机的工况和主要操作参数

Kelsey 离心跳汰机需要用户提供的工况参数包括：①给矿参数，详细选矿工艺流程，给矿量，给矿浓度，各粒级品位分布，矿物特性，固体密度值包括给矿、有用矿物和脉石矿物，矿物单体解离数据；②选别目标，不同密度矿物之间的分选，精矿品位，重矿物或有用矿物的回收率，精矿产率。

Kelsey 离心跳汰机关键的操作参数包括：①转速，典型转速 850 ~ 1 250 r/min，实现高达 75 g 的重力场；②脉动速率，典型脉动次数 1 800 ~ 2 200 r/min；③脉动幅度，典型脉动幅度 2 ~ 3 mm；④床石类型，自然床石（如磁铁矿和石榴子石）和人工床石；⑤床石密度必须介于拟分选得到的重矿物和轻矿物之间；⑥床石粒度必须大于床石筛网孔径；⑦床石层厚度，典型厚度 18 ~ 30 mm；⑧筛下脉动水补加量。典型补加量 300 ~ 800 L/min，压力大于 300 kPa。

特定的矿物分选应经过扩大性的工业试验，制定一套优化的操作条件。虽然根据给矿的性质可以确定一些变量（如给矿速率、密度和粒度），但对其他变量则需要扩人的工业试验来确定最佳的条件。

3　Kelsey 离心跳汰机的应用和效果

3.1　铁矿分选

铁尾矿作为 KCJ1800 型 Kelsey 离心跳汰机给矿，在给矿浓度 40%、给矿量 55t/h 的条件下回收赤铁矿，结果见表 1。

表1　Kelsey 离心跳汰机从铁尾矿中回收赤铁矿的选别效果

粒级/μm	给矿品位/%		精矿品位/%		尾矿品位/%		回收率/%	
	产率	Fe	产率	Fe	产率	Fe	产率	Fe
+300	4.63	13.2			13.2	76.83		
212 ~ 300	19.71	8.39			8.4	86.89		
150 ~ 212	24.93	6.06	42.7	32.86	5.9	92.34	3.06	99.85
106 ~ 150	21.78	5.92	57.9	15.1	5.1	92.69	15.17	99.74
75 ~ 106	11.76	11.11	65.1	5.81	5.8	90.82	52.46	99.38
53 ~ 76	5.63	21.03	67.2	2.51	7.7	84.95	71.58	99.15
45 ~ 53	4.55	45.15	68	1.78	10.6	71.6	90.65	96.38
−45	7.01	44.33	66	3.8	21.8	57.64	75.9	93.58
合计	100.00	12.71	65.87	4	7.39	88.19	47.14	99.5

从表 1 可知，Kelsey 离心跳汰机从极低铁品位的尾矿中，最终分选出 5.5 t/h 的合格品级铁精矿，Kelsey 离心跳汰机对细粒级部分的铁回收效果非常明显。

3.2　锡、钨、钽、铌、稀土等矿物的分选

Kelsey 离心跳汰机在国外已经广泛应用于锡、钨、钽、铌、稀土等矿物的分选。国外某锡矿石选厂分别用 Kelsey 离心跳汰机与摇床分选相同含锡物料的技术指标对比见表 2，对应给矿粒级的离心跳汰机锡精矿品位、尾矿品位和回收率结果见表 3，Kelsey 离心跳汰机在同等给矿条件下与离心机选别

锡石的指标对比见表4。

表2　离心跳汰机和摇床选别锡石的指标对比　%

物料	离心跳汰机			摇床		
	产率	Sn	回收率	产率	Sn	回收率
给矿	100.0	13.5	100.0	100.0	13.6	100.0
精矿	21.5	61.1	97.5	25.8	49.2	93.5
扫选尾矿	78.5	0.4	2.5	74.2	1.2	6.5

表3　对应给矿粒级的 Kelsey 离心跳汰机锡精矿品位、尾矿品位和回收率

粒级/mm	给矿/%		精矿/%		尾矿/%		回收率 Sn/%
	产率	Sn	产率	Sn	产率	Sn	
+300	3.14	3.96	0.17	48.90	6.25	2.37	42.29
212-300	9.04	9.34	2.75	46.90	10.94	4.19	60.55
150-212	8.19	17.3	5.96	56.30	9.01	4.09	82.34
106-150	15.52	18.8	12.61	59.70	16.41	3.48	86.53
75-106	21.49	18	17.13	55.40	23.32	3.38	86.58
53-75	15.98	22.7	19.02	56.80	17.13	4.74	86.32
38-53	13.53	32.3	21.46	57.80	9.06	9.53	84.41
-38	13.11	44.1	20.90	61.50	7.88	18.90	82.49
合计	100	21.96	100	56.53	100	5.49	83.10

表4　Kelsey 离心跳汰机和离心机选别锡石的指标对比　%

设备	精矿产率	锡金属回收率
Kelsey 离心跳汰机	3.79	84.15
离心机	49.03	76

从表2可知，Kelsey 离心跳汰机的锡精矿品位比摇床精矿高出10个以上的百分点，锡金属回收率比摇床精矿高出4个百分点。从表3可知，-38μm粒级的锡金属回收率高达82.49%。从表4可知，Kelsey 离心跳汰机的精矿产率在3.79%时，回收率仍然高达84.15%。而离心机精矿产率高达49.03%，几乎是离心跳汰机的13倍，但锡金属回收率仅76%。

3.3　金和含金硫化矿物的回收利用

目前，在金矿一段磨矿回路中采用重选设备预富集自然金或重选可回收金已得到广泛应用。但由于不能确定重选回路对金回收率的提高程度，所以很难确定在目前选厂中应用这种设备的经济效益。重选设备用来处理选厂浸金尾矿时，经济效益非常直观。回收其中残余的金是技术难点，通常金嵌布粒度非常细且多为连生体。浮选可以很好地进行回收，但浮选过程会降低活性炭的活性，增加传统氰化浸出 CIL 和 CIP 的复杂性。采用重选设备从金的浸出尾矿中得到重选精矿，经超细磨后用强化或标准的氰化流程回收其中的金。整个过程中，重选分离的目的是获得产率最小、含金硫化物回收率最大的精矿。

采用 Kelsey 离心跳汰机从 CIP 尾矿中回收含金硫化物试验结果见表5。

表5　Kelsey 离心跳汰机从 CIP 尾矿中回收含金硫化物的指标

主要指标	精矿富集比		精矿回收率/%		
	Au	S	Au	S	产率
回收率	3:1	4:1	70	80	20
精矿品位	10:1	15:1	57	70	5

由表5可知，Kelsey 离心跳汰机在对一个 CIP 厂尾矿选别时，能在精矿产率为5%～20%时得到金回收率60%～70%的精矿。针对20～53 μm粒级尾矿，精矿金回收率大于90%；针对-20 μm粒级尾矿，金回收率超过50%；针对+75 μm粒级尾矿，金回收率较低，主要原因是含金硫化矿物在粗粒级时未与脉石矿物单体解离。

3.4　提高硫化镍精矿的品位

硫化镍矿石处理的典型流程有矿石粉碎—多段浮选，以除去包括镁硅酸盐（如滑石和蛇纹岩等）等脉石矿物。铜、镍分离阶段也可得到单独铜精矿。在镍生产过程中主要问题有：①由于 MgO 为主的矿泥覆盖在镍矿物表面上使浮选过程中镍损失；②由于最终镍精矿 Fe/MgO 比值较低，引起冶炼过程复杂。

相关试验表明，Kelsey 离心跳汰机可以提高镍选矿指标。浮选方法难从滑石含量高的矿石中得到符合镍品位要求的镍精矿，而 Kelsey 离心跳汰机利用其分离极细矿物的能力可替代浮选进行硫化镍精矿的选别。

Kelsey 离心跳汰机最适于对浮选粗精矿的精选尾矿进行扫选，可用于生产高 Fe/MgO 比值的高品位镍精矿。在这种流程中，Kelsey 离心跳汰机能使精选作业镍精矿镍品位提高到最大，同时减少 MgO 含量（较低可达3.5%），Fe/MgO 比值从1.9增加到12.5，增加显著。处理精选尾矿的典型结果见表6。

表6　Kelsey 跳汰机处理镍精选尾矿指标　%

产品	产率	品位			分布率	
		Ni	MgO	Fe:MgO	Ni	MgO
精选尾矿	100	9.3	16.0	1.9	100.0	100.0
Kelsey 跳汰机精矿	38	13.5	3.5	12.5	55	8

3.5 锆英石矿精选和尾矿再选

澳大利亚 Tronox 矿物公司于 1995 年安装了 2 台 KCJ1300 凯尔西离心跳汰机，用于锆英石精选厂对锆英石粗精矿的精选。1 台用于粗粒锆的回收，1 台用于细粒锆的回收。锆和蓝晶石的密度分别为 4.6 和 3.6，选用密度为 3.9 的石榴子石作为跳汰床石。现场应用照片见图 4。

图 4 Tronox 矿物公司锆英石精选厂安装的 KCJ1300 离心跳汰机

细粒锆的回收是从 −180 μm 的给矿中实现锆和蓝晶石的分离。单台设备的给矿量 11 t/h（干矿量），含 30% ~70% 的 ZrO_2 和蓝晶石，最终锆精矿产量 8 t/h。KCJ1300 分选后的 ZrO_2 精矿品位 99% 以上，尾矿中蓝晶石品位 94% 以上、ZrO_2 品位 3% ~5%。粗粒锆的回收是从 +180 μm 的物料中回收锆。单台设备的给矿量约 8 t/h（干矿量），最终锆精矿产量 5 t/h。

Kelsey 离心跳汰机从仅含 1% 锆的尾矿中再选回收锆英石的典型试验技术指标见表 7。由表 7 可知，Kelsey 离心跳汰机最终获得了很高的精矿品位和回收率，并且 99% 以上的氧化铝杂质富集在尾矿中。

表 7 Kelsey 离心跳汰机从低品位锆英石尾矿中回收锆的选矿指标 %

名称	产率	品位		回收率	
		Zr	Al_2O_3	Zr	Al_2O_3
精矿	1	75	12	75	0.8
尾矿	99	0.25	16	25	99.2
给矿	100	1	16	100	100.0

4 Kelsey 离心跳汰机在我国矿业中的应用及前景

随着近年来我国经济的高速发展，对矿产资源的需求不断增长。但国内大部分矿产资源具有贫、杂、细的特点，需要更先进环保的选矿工艺、设备和药剂来实现矿物分选，获得最佳经济技术指标。重选作为最古老的选矿工艺，沿用至今，但选别能力和效果一直有待改进。某大型锡业集团目前还在应用的“古法”重选，从细粒级含锡矿泥中回收锡金属，见图 5。大型高效的 Kelsey 离心跳汰机重选设备的问世，对难选的金属矿物尤其细粒级赤铁矿的选别，取得了令人瞩目的应用效果。既提高了金属回收率和精矿产品品位，又增加矿山企业经济效益，无任何药剂污染环境。从 2013 年开始，澳大利亚矿物加工技术有限公司正式向我国矿业推广应用 Kelsey 离心跳汰机。

图 5 从细粒尾矿中回收锡的原始重选工艺

4.1 山东鲁中某铁矿应用前景

山东鲁中地区某铁矿于 2013 年送样到澳大利亚矿物加工技术有限公司进行尾矿回收赤铁矿的工业扩大试验。尾矿粒度分析结果见表 8，采用细筛隔除 150 μm 粒级贫连生体和旋流器脱除 −10 μm 粒级后，10 ~150 μm 粒级作为离心跳汰机给矿的工业扩大试验的主要选矿指标见表 9。

表 8 尾矿粒度分析结果

粒级/μm	产率/%	铁品位/%	SiO_2 含量/%	铁金属分布率/%
+150	14.7	10.7	30.7	9.7
106	4.8	14.6	24.3	4.3
75	5.0	13.9	23.3	4.3
38	10.7	11.9	23.2	7.8
40(C1)	1.0	41.6	14.5	2.6
30(C2)	2.6	30.2	12.7	4.9
21(C3)	8.7	19.1	18.6	10.2
14(C4)	9.1	16.6	20.6	9.4
10(C5)	6.4	16.4	21.3	6.5
−10(−C5)	37.0	17.6	24.3	40.2
合计	100.0	15.8	23.6	100.0

由表 8 可知，尾矿大约 15% 的物料大于 150 μm，48.3% 的物料在 10 ~150 μm 粒级；粒度分析结果表明尾矿中的大部分物料在 −10 μm 粒级，达 37%；约 35% 的物料分布 +38 μm 粒级，其余粒度均很细；铁在各粒级产品中最高品位为 41.6%，分布在 24 ~38 μm 粒级；18 ~24 μm 粒级的铁金属品位为 30.2%。+150 μm 的粗粒级部分，铁金属的品位仅有 10.7%。

表 9 Kelsey 离心跳汰机工业扩大试验指标 %

产品	产率	铁品位	SiO_2 含量	铁金属分布率
离心跳汰精矿	9.0	59.9	2.49	32.4
离心跳汰尾矿	91.0	12.4	23.6	67.6
合计	100.0	16.7	21.7	100.0

从表9可知，扩大选别试验与探索试验结果一致，并得到品位为59.9%、产率为9%的铁精矿，尾矿铁品位12.4%，相对于离心跳汰机给矿铁回收率约35%，相对于尾矿原样铁回收率19%。经有效分选，脉石矿物进入了尾矿。

2014年以来，由于铁精矿价格急剧下降，该铁矿选厂调整了离心跳汰机直接从尾矿中选铁的原有工艺方案。采用强磁机从尾矿中预选得到粗精矿，离心跳汰机精选提高铁精矿品位、降低硅含量。与原有采用离心跳汰机直接分选尾矿生产铁精矿的方案相比，具有更好的经济效益。该选厂达产后尾矿干量为80 t/h，强磁精矿产率20%～30%，强磁机回收的粗精矿粒度分析结果见表10。对强磁粗精矿进行150 μm隔粗后，离心跳汰机的探索试验指标见表11。该矿正在安装一台KCJ1800离心跳汰机，预计每年可以从尾矿中回收约3万～4.5万t、含铁品位55%以上的铁精矿。

表10　强磁粗精矿粒度分析结果

粒级/mm	产率/%	累计产率/%	铁品位/%	金属分布率/%
+0.6	0.30	0.30	5.41	0.07
0.355-600	3.11	3.41	6.25	0.81
250-0.355	5.31	8.72	8.05	1.78
180-0.25	7.54	16.26	11.31	3.56
150-0.18	4.22	20.48	15.41	2.72
125-0.150	8.28	28.76	18.46	6.38
106-0.125	6.25	35.01	23.80	6.21
74-0.106	10.07	45.08	28.52	11.99
-74	54.92	100.00	29.01	66.49
合计	100.00		23.96	100.00

表11　离心跳汰机探索试验指标　　%

试验编号	给料品位	精矿品位	尾矿品位	产率	回收率
1	27.31	66.27	15.39	23	0.57
2	27.31	65.03	14.14	26	0.62
3	27.31	64.89	13.52	27	0.64
4	27.31	64.54	12.76	28	0.66
5	27.31	61.70	11.79	31	0.70
6	27.31	51.02	11.02	41	0.76
7	27.31	48.11	11.51	43	0.76
8	27.31	42.50	12.34	50	0.77

4.2　西南某铁矿强磁粗精矿离心跳汰精选探索试验

我国西南某铁矿于2013年12月送样到澳大利亚矿物加工技术有限公司进行离心跳汰分选的探索试验。该强磁粗精矿矿样铁品位仅25.6%，以前仅能生产35%的中矿堆存或掺入高品位铁精矿销售。因硅含量太高，无法满足市场要求，只此一项带来的经济损失每年高达数千万甚至上亿元。强磁粗精矿矿样的粒级、重矿物、品位和分布率特性见表12。

表12　西南某铁矿的强磁粗精矿粒级、铁品位和分布率

粒级密度/μm	产率 %			铁品位%			铁分布率%		
	$+3.6\ g/cm^3$	$-3.6\ g/cm^3$	小计	$+3.6\ g/cm^3$	$-3.6\ g/cm^3$	小计	$+3.6\ g/cm^3$	$-3.6\ g/cm^3$	小计
+106	0	3.8	3.8	–	9.7	9.7	0	1.4	1.4
38～106	3.7	41.5	45.2	51.3	10.8	14.1	7.3	17.6	24.9
-38	51.0	51.0	37.0	37.0	73.7	73.7			
合计	100.0		100.0	25.6		25.6	100.0		100.0

从表12可知，矿样粒级很细，+106 μm粒级仅占3.8%，-38 μm粒级含量高达51%；矿样铁品位25.6%，但-38 μm粒级产品铁品位高达37%，且73.7%的铁分布在-38 μm粒级中。

采用旋流器分级脱泥、旋流器沉砂作为离心跳汰机给矿的选别指标见表13。

表13　旋流器脱泥后的离心跳汰机选别指标　　%

物料	产率		Fe 品位		Fe 金属分布率	
离心跳汰机精矿	19.9		58.7		47.5	
离心跳汰机尾矿	70.8	80.1	15.4	16.4	43.6	52.5
旋流器脱泥	9.3		23.6		8.9	
给料	100.0		24.8		100.0	

某次选别试验的条件为磁铁矿床石、42.5 Hz旋转速度、补加水11 L/min，最终得到产率22%铁精矿，铁品位最高59%、TiO_2最高10%、SiO_2最高3.2%、Al_2O_3最高1.2%，对应回收率最高分别为52%、48%、2%、3%。目前，澳大利亚矿物加工技术有限公司正在进行该铁矿强磁粗精矿再选的工业扩大试验。

4.3　Kelsey离心跳汰机产品优势和前景

Kelsey离心跳汰机特有的产品特征和技术优势：①精矿品位高和有用矿物回收率高；②适应给矿浓度范围宽，有效回收细至10 μm的细粒级矿物；③分选密度差值小的矿物；④一段分选回收得到精矿，无中矿再选；⑤真正的连续工作，低能耗、环保，无需化学药剂。

针对我国矿业的钛铁矿、金、锡、钨、镍和稀土等矿产的细粒级尤其是 -45 μm 粒级的分选，采用 Kelsey 离心跳汰机回收可扩展粒级回收下限到 10 μm，避免浮选工艺及药剂的高成本问题，正在进行试验和推广工作，前景令人乐观。

5 结 论

（1）Kelsey 离心跳汰机工业化应用 20 多年来，为重选技术的发展带来了革命性的变化，尤其适合中国矿产资源贫、杂、细的特点，有利于提高资源利用率和矿山企业经济效益。

（2）Kelsey 离心跳汰机将传统跳汰技术和离心力结合，增加了分选矿物的视在密度差，使得对过去难以回收或不可回收的细粒级有用矿物，以低成本、无污染的方式回收利用成为可能。

（3）目前中国矿业发展受下游行业需求放缓的影响，大部分精矿产品价格急剧下滑，更需能耗低、无污染、自动化程度高和运行成本低的大型高效选矿设备，从而 Kelsey 离心跳汰机在中国矿业展现了很好的应用前景。

（收稿日期 2015-06-03）

（上接第 494 页）

对自动化系统控制效果至关重要。原矿 1、2 系列矿浆中-0.074 mm 含量检测结果分别见图 6、图 7。

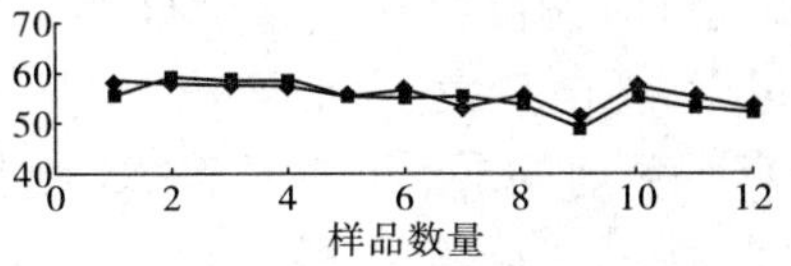

图 6 原矿 1 系列矿浆-0.074 mm 含量

◆—粒度仪测量值;■—取样点筛分值

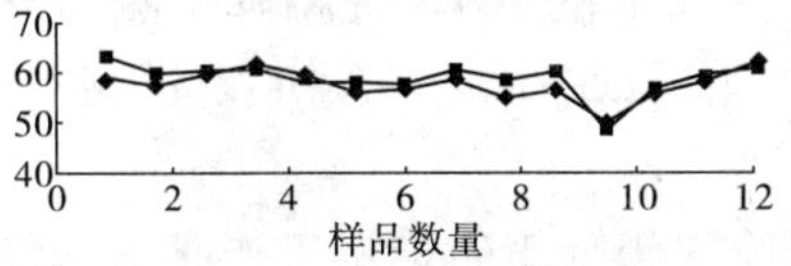

图 7 原矿 2 系列矿浆-0.074 mm 含量

◆—粒度仪测量值;■—取样点筛分值

在线粒度仪应用后，现场分级溢流矿浆-0.074 mm 含量和浓度误差平均在 2% 以内，测量结果能实时反映磨矿产品的浓度和粒度组成。现场引入磨矿浓度、粒度检测与控制后，磨矿产品质量稳定，欠磨、过磨现象有效减少，尾矿品位降低，粗选回收率提高，金属流失明显减少。

6 结 论

通过 DF-PSM 超声波在线粒度仪在鹿鸣矿业原矿工艺点近一年的应用，仪表运行稳定可靠，维护量少，能够给现场提供准确的检测信息，对磨选工艺控制环节具有很好的指导意义，对稳定生产，减轻现场工人作业量，降低成本起到了较明显的作用。

参 考 文 献

[1] 李启衡. 碎矿与磨矿[M]. 北京:冶金工业出版社,1983.

[2] 何桂春,倪 文,毛盖平. 超声波矿浆粒度检测研究[J]. 矿冶工程,2005,25(6):45-47.

（收稿日期 2015-04-30）

（上接第 497 页）

得到快速的推广和运用，对塔磨机的研究也会进一步取得新的成果。

6 结 语

通过研究比较，立式塔磨机可在入磨粒度≤10 mm 的条件下取代传统的其他磨矿设备，由于其磨矿过程中矿石和磨矿介质的充分接触与其他磨矿方式原理的不同，独特的结构和排矿分级方式，解决了降低磨矿能耗、矿石过磨、减少生产用地等问题，为降低生产成本及下道工序提高技术指标创造了良好的条件。塔磨机应用的成功，为今后磨矿生产工艺设计提供了简单、低耗、高效的设计方案选择，应用前景广阔。

（收稿日期 2015-05-26）

JCTN 提精降渣磁选机及应用实践

王　顺　王兆连　刘风亮　李玉永　张良满　辛　青
（山东华特磁电科技股份有限公司）

摘　要　JCTN 提精降渣磁选机是为磁性矿物的漂洗和选别提纯而设计的一种新型的湿式磁选设备，根据工艺要求对磁性矿物进行淘洗、精选提纯、脱泥浓缩。适用于一段磨后分级溢流产品的脱泥、二段磨前及过滤前矿物的脱泥浓缩、磁性矿物进入细筛筛分以及反浮选前的脱泥浓缩、磁铁矿的最终精选，可以代替任何位置的普通磁选设备、磁重类精选设备以及部分反浮选设备。

关键词　大包角多磁极　提精降渣　磁搅动　漂洗水装置　刮板卸矿

截止到 2007 年底，我国探明的铁矿石储量为 607 亿 t，主要以磁铁矿、赤铁矿、褐铁矿为主，均具有贫（平均品位 30% 左右）、细、杂等特点，需要经过选矿后才能进行冶炼。根据这一现状，许多科研院所积极探究铁精矿质量对高炉炼铁的影响，最终明确的提出了“提铁降硅（杂）”的选矿思想，以解决其对炼铁的不良影响。一系列磁铁矿选矿的新工艺研究和提铁设备的研制进入了一个新高潮，其中反浮选工艺以及磁选柱、淘洗机的应用，使普通磁选机的铁精矿品位得到进一步提升，铁精矿中的二氧化硅含量普遍降到 4% 以下。

针对磁选柱、淘洗机在提铁降硅的生产中暴露出的耗水量大、耗电量大、占地面积大、设备磨损快、作业率低等一系列问题，开展了 JCTN 提精降渣磁选机的研究。山东华特磁电科技股份有限公司经过不断改进、创新，成功研发出精矿铁品位提升幅度大、指标稳定可靠的 JCTN 提精降渣磁选机。

1　JCTN 提精降渣磁选机的结构特征及工作原理

1.1　JCTN 提精降渣磁选机工作参数和结构

JCTN 提精降渣磁选机基本参数及主要性能见表 1，结构见表 2。

表 1　JCTN 提精降渣磁选机参数

型号	圆筒尺寸（筒径×筒长）/mm	筒体表面最大磁感应强度/mT	处理能力/（t/h）	电机功率/kW	噪音/dB	机器质量/kg
JCTN1024	1 050×2 400	100～500（根据矿石性质确定）	15～30	11	75	5 250
JCTN1030	1 050×3 000		25～50			6 700
JCTN1224	1 200×2 400		20～40	15		7 200
JCTN1230	1 200×3 000		30～60			9 600
JCTN1236	1 200×3 600		40～70	22		10 500
JCTN1240	1 200×4 000		45～80			11 500
JCTN1245	1 200×4 500		50～90			12 300
JCTN1530	1 500×3 000		40～70			13 500
JCTN1540	1 500×4 000		55～90	30		15 200
JCTN1545	1 500×4 500		65～100			16 500

JCTN 提精降渣磁选机是由磁系调整装置 1、传动装置 2、机架 3、事故水管 4、槽体 5、顶部冲水管 6、滚筒 7、精矿箱及卸矿装置 8 几部分组成，其结构如图 1 所示：

（1）磁系调整装置由调节连杆及丝杆组成，丝杆采用 T 型丝杆，传递力矩大，可方便地调节滚筒内磁系的位置。

（2）传动装置由电机、减速机及大模数传动齿轮构成。电机、减速机、滚筒支承座均设置有微调紧

王　顺（1939—），男，教授级高级工程师，262600 山东省临朐县经济开发区华特路 5777 号。

固装置，便于调整传动系统的各部件的平行度和合理间隙，使传动系统运行稳定可靠。减速机为硬齿面圆柱齿轮传动，保证了设备运行平稳可靠。本设备配有变频器以及电控柜，可以根据矿石的性质调节滚筒的转速，并且可有效的避免因电流过载引起的电机损坏。

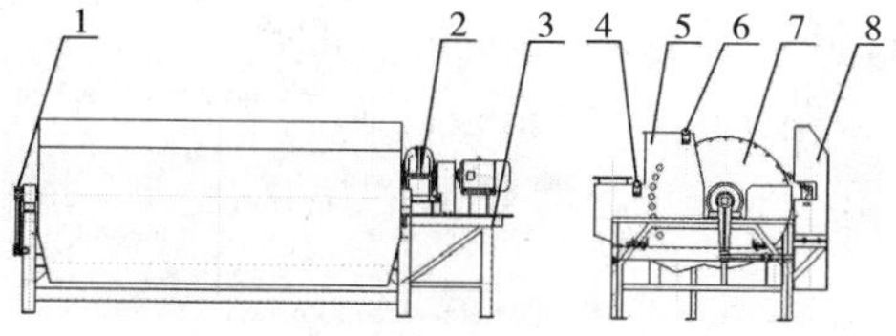

图1 JCTN 提精降渣磁选机结构

1—磁系调整装置；2—传动装置；3—机架；4—事故水管；
5—槽体；6—顶部冲水管；7—滚筒；8—精矿箱及卸矿装置

（3）机架采用型钢焊接而成的框架式结构，加强了关键部位，简洁、实用、刚性好，设备运转平稳、可靠。

（4）事故水管用于停车之后清理槽体内剩余物料，确保槽体内不会堵塞而影响下次开机使用。

（5）槽体均采用不导磁的不锈钢板焊接而成，采用管式给矿箱，通过夹缝式布料和溢流装置保证长度方向分料均匀，并在槽体易磨损区域粘贴耐磨陶瓷片；槽体内设有多级漂洗水装置，利用喷嘴的特定排布方式，使滚筒上的矿物得到充分的漂洗；槽体底部设有清淤口，可以方便的清理槽体内的淤积物料；舌板处设有刮板，配合磁系可以有效的防止精矿物料进入尾矿，使精矿得到有效的富集。见图2。

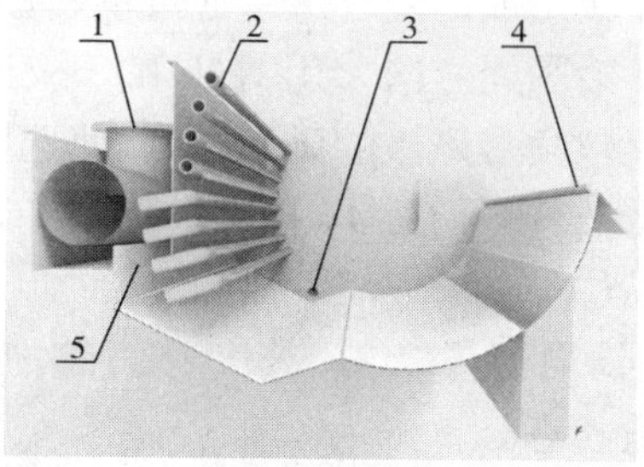

图2 槽 体

1—管式给矿装置；2—漂洗水装置；
3—清淤口；4—刮板；5—溢流堰

①管式给矿装置采用法兰连接，通过夹缝式布料和溢流堰达到均匀布料的目的。底部钢管壁厚 30 mm，确保长久使用而不被磨穿，见图3；②漂洗水装置设有多道漂洗水管，利用特定排布的不锈钢喷嘴，漂洗水装置实现对滚筒表面矿物的充分漂洗，使精矿中的硅、硫、磷等杂质和贫连生体有效剔除，使精矿品位最大可能的得到提高；③槽体耐磨层。槽体在矿浆流经区域黏有厚度 5 mm 的耐磨陶瓷片，其中氧化铝的含量达 95% 以上，耐磨层的使用寿命达 5 a 以上。为增加陶瓷片的黏接牢固程度，瓷片选用黏接面凹坑结构，增加了陶瓷片的黏接面积，黏接前不锈钢表面进行拉毛处理，黏接后附着力加大，不易脱落。见图4。

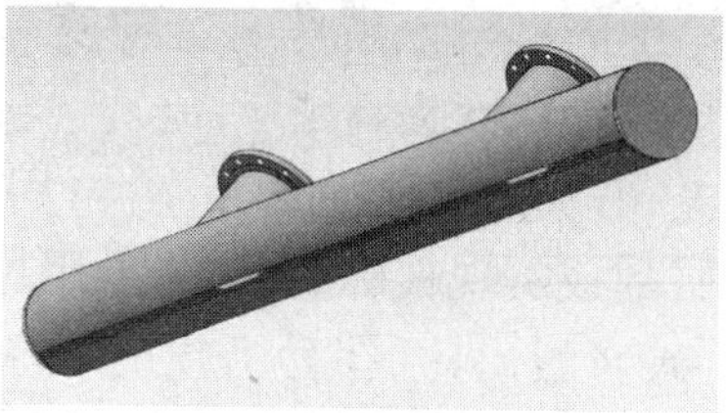

图3 管式给矿装置

图4 槽体耐磨层

（6）顶部冲水管是一种水帘形态的漂洗水管，可以有效的减少杂质进入到精矿中。

（7）滚筒由支撑座 1、迷宫式密封装置 2、铝端盖 3、磁系 4、主轴 5、筒体 6 以及传动齿轮 7 几部分组成。见图5。

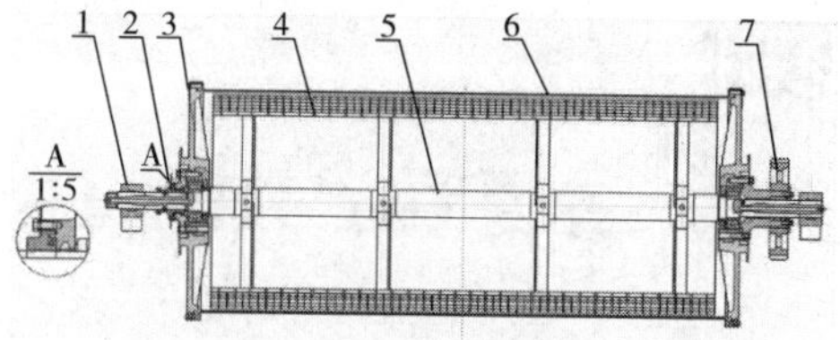

图5 滚 筒

1—支撑座；2—迷宫式密封装置；3—铝端盖 ；
4—磁系；5—主轴；6—筒体；7—传动齿轮

磁系在圆周方向 N、S 极交替排列，采用多磁极布置，磁极由铁氧体和钕铁硼磁块组成，磁包角达 240°～270°，大包角多磁极的磁系设计可以使矿物在滚筒表面实现多次翻滚，有效的剔除矿物中夹杂的硅、硫、磷等，从而提高精矿品位；磁轭采用导磁率高的材质制成，确保磁损最少，磁轭与主轴间的联接板采用非导磁不锈钢板，防止磁场导入主轴上的轴承，确保轴承在无磁环境下工作，延长其寿命，筒体由不导磁不锈钢板制作，外包不导磁不锈钢板耐磨层；滚筒轴端采用迷宫式密封加唇形密封圈的复合密封方式，防止杂质进入损坏轴承，并且在两端分别设有轴套，可以避免在轴承损坏情况下对轴造成损伤;铝端盖外侧采用宽凹槽和内带隐藏室的结构设计,加强了设备的密封性,避免了生产中带出的矿浆对轴端件结合面的渗透;滚筒筒体内设有磁搅动装置,附着在滚筒表面的矿物得到有效的搅动,结合多磁极磁系,使矿物反复的团聚、分散,并在漂洗水的漂洗下,精矿中的硅、硫、磷等有害物质以及贫连生体得到有效剔除,从而提高精矿品位。

(8)精矿箱及卸矿装置。精矿箱用以收集精矿,通过双层刮板实现精矿的富集,采用加高结构可以有效防止矿浆溅出,并在易磨损的区域黏贴耐磨陶瓷片,增加精矿箱的使用寿命。见图6。

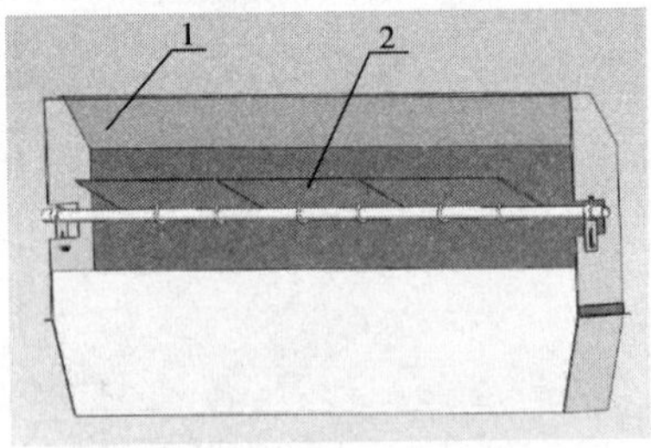

图6　精矿箱及卸矿装置

1—精矿箱;2—卸矿装置

(9)冲水系统是由过滤器1、球阀2、闸板阀3、Y型管道过滤器4、压力表5、主管道及控制阀6几部分组成,见图7。

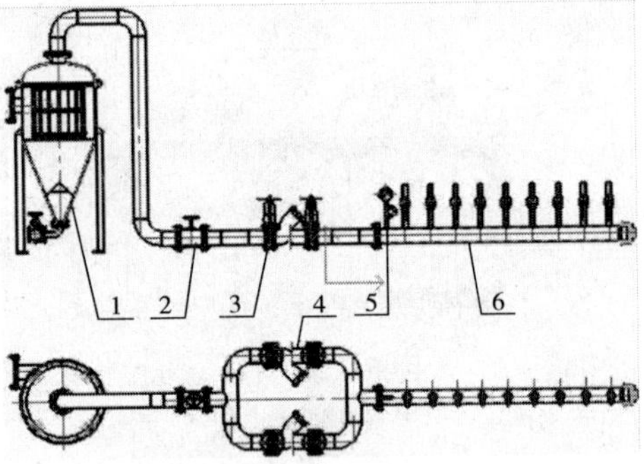

图7　冲水系统

1—过滤器;2—球阀;3—闸板阀;4—Y型管道过滤器;5—压力表;6—主管道及控制阀

冲水系统通过控制阀分别控制8根漂洗水管,主水管前设有过滤器和双Y型管道过滤器,通过闸板阀可以在不影响生产的情况下对Y型管道过滤器进行清理,保证喷嘴长期使用不堵塞。

1.2　JCTN提精降渣磁选机工作原理

JCTN提精降渣磁选机工作原理见图8。矿浆给入到管式给矿装置1后,通过夹缝式布料,直接给入设备分选区。其中磁性矿物首先磁化结链、分层后被高效磁力直接吸附于滚筒3表面,并被逆向旋转的滚筒3把磁精矿带出液面,将磁精矿向上传送。在此过程中实现水和矿的分离,起到提高浓度的作用。同时在输送过程中精矿物脱离液面后在滚筒3表面受到内置搅动磁场的作用实现矿粒反复的团聚、分散、团聚的机械运动,并在多级漂洗水2的漂洗下,使得精矿中的硅、硫、磷等杂质和贫连生体有效剔除,使精矿品位最大可能的得到提高,最后在双层刮板(卸矿装置4和刮板5)的作用下富集到精矿箱6成为精矿。其中非磁性矿物和贫连生体,随同矿流一起,进入分选槽底部的尾矿出口7成为尾矿或中矿。

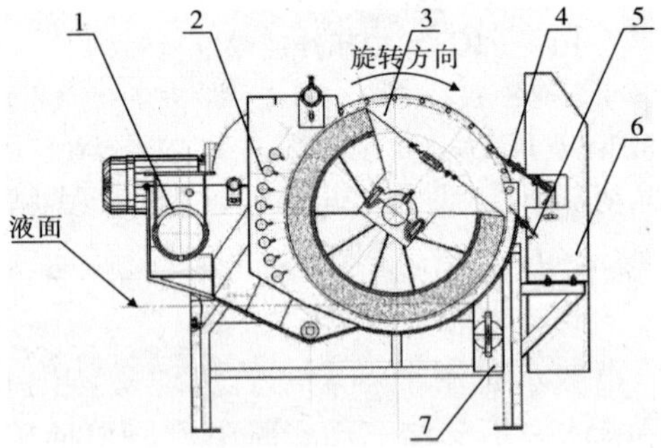

图8　工作原理

1—管式给矿装置;2—多级漂洗水;3—滚筒;4—卸矿装置;5—刮板;6—精矿箱;7—尾矿出口

2　JCTN提精降渣磁选机的创新点和关键技术

2.1　主要创新点

(1)大包角多磁极的磁系设计。磁系选用了高导磁材料作磁轭,经精密加工而成,选用稀土钕铁硼及铁氧体磁块组成的复合磁系通过不锈钢螺钉固定在磁轭上。沿圆周方向采用N极和S极交替排列。磁系采用大包角多磁极的磁系结构,使选别带增长,矿物翻滚次数增多,有利于剔除矿物中夹杂的杂质,提高精矿品位。

(2)滚筒内部设有磁搅动装置,矿物在短时间内呈现松散状态。

(3)多道漂洗水。该设备拥有多道漂洗水,利用漂洗水管上特定排布的喷嘴,实现对矿物的漂洗,结合大包角多磁极的磁系结构以及磁搅动装置,可以最大可能的提高精矿的品位。

2.2　关键技术

(1)给料分布均匀。该设备采用管式给矿箱,通过夹缝式布料和溢流堰的双重作用,使矿物在滚筒长度方向布料均匀,以提高选别效果。

(2)滚筒密封性能好。湿式筒式磁选机普遍存在轴端密封不好引起轴承损坏的现象,我们采取了滚筒轴端用多凹槽迷宫式机械密封加唇形密封圈的复合密封方式，防止杂质进入损坏轴承。铝端盖外侧采用宽凹槽和带隐藏室结构，避免了生产中带出的矿浆对轴端件结合面的渗透，增强了设备的密封性。

(3)双轴套保护主轴。在滚筒两端均采用轴套结构，防止在轴承损坏的情况下对主轴损伤。

(4)运行平稳。传动机构由电机、减速机及带动滚筒的大模数齿轮组构成。电机、减速机、滚筒支承座均设置有微调紧固装置，便于调整传动系统各部件的平行度和合理间隙，使传动系统运行平稳可靠。并且采用全密封的齿轮罩结构，在齿轮罩里面加注润滑脂和润滑油的混合油，可以有效防止齿轮运转中产生的铁屑粘附在润滑脂上加速齿轮磨损。同时，全密封齿轮罩结构可以保证齿轮良好的运转环境，防止矿浆侵蚀。

(5)专用冲水系统，可以简单有效的集中控制各漂洗水管。

3 试验与应用

目前为止，JCTN 提精降渣磁选机已经为 30 多家矿山做过选别试验，效果均优于选厂现有流程的生产指标。河北平泉金百亿矿业选用 4 台 JCTN1230 型提精降渣磁选机，山东东平润辰矿业选用 JCTN1224 型提精降渣磁选机，河北平泉乾元矿业选用 2 台 JCTN1230 型提精降渣磁选机，均在 2014 年投产使用。山东华联矿业用 JCTN1230 型提精降渣磁选机进行试验，工业运行半年以上，并选用 2 台 JCTN1240 型提精降渣磁选机用于生产。唐山金池工贸 2 台 JCTN1240 型提精降渣磁选机、新疆 1 台 JCTN1230 型提精降渣磁选机等均已投产使用。中信泰富澳大利亚矿业于 2015 年 4 月采用 1 台 JCTN1230 型提精降渣磁选机进行工业试验，试验指标均优于现有磁选机的指标。另外，山东会宝岭矿业、河北石人沟矿业、通钢板石沟矿业等多家矿业公司准备采用提精降渣磁选机进行工业试验。

3.1 JCTN 提精降渣磁选机代替多台精选设备

3.1.1 在山东淄博某矿业的应用

山东淄博某矿业选厂筛下物料细度为 -0.074 mm 90% 左右，铁品位为 53% ~56%。经过精选磁选机和脱泥浓缩磁选机 2 道磁选之后，精矿铁品位为 57% ~59%，尾矿全铁品位 20% 左右，用一台 JCTN1240 提精降渣磁选机替代 2 台磁选机，精矿品铁位可达到 60% ~62%，尾矿铁品位 18% ~21%。试验结果见表 2。

表 2　淄博某矿业选厂 JCTN 提精降渣磁选机试验结果　%

序号	原矿		尾矿		精矿 TFe	增幅（百分点）	产率	回收率
	细度(-0.074 mm 含量)	TFe	TFe	mFe				
1	88.00	55.58	18.90	3.20	61.65	6.07	85.80	95.17
2	88.00	55.80	19.00	0.60	60.15	4.35	89.43	96.40
3	93.00	53.70	19.50	0.90	61.35	7.65	81.72	93.36
4	89.00	56.02	20.50	1.00	61.80	5.78	86.00	94.88
5	92.00	54.75	18.30	1.50	60.15	5.40	87.10	95.69
6	91.00	55.80	20.05	2.90	61.42	5.62	86.42	95.12
7	91.00	55.72	19.10	3.00	61.65	5.93	86.06	95.22
8	91.00	54.60	19.40	1.30	61.35	6.75	83.91	94.28
9	88.00	54.60	18.70	1.30	60.90	6.30	85.07	94.89
10	94.00	54.08	19.10	3.10	61.35	7.27	82.79	93.92
11	92.00	54.60	19.50	2.20	60.75	6.15	85.09	94.68
12	90.80	55.35	19.10	3.30	60.22	4.87	88.16	95.91
13	90.00	54.98	19.60	2.40	61.50	6.52	84.44	94.45
14	88.00	54.15	20.80	1.80	61.80	7.65	81.34	92.83
15	89.00	55.20	19.40	2.90	61.95	6.75	84.14	94.42
平均值	90.32	55.00	19.40	2.09	61.20	6.20	85.16	94.75

3.1.2 在山东临沂某矿业的应用

山东临沂某矿业选厂筛下物料细度为 -0.074 mm 90% 左右，铁品位为 38% 左右，2 段精选后最终精矿铁品位为 65% 左右。用 JCTN1205 提精降渣磁选机选别，精矿铁品位可达到 66% ~68%，尾矿磁性铁 1% 以下，试验结果见表 3。

表3 某矿业选厂 JCTN 提精降渣磁选机试验结果 %

试验条件	产品	品位	产率	回收率
八道冲洗水	精矿	68.15	39.84	69.88
	尾矿	19.45	60.16	30.12
	给矿	38.85	100.00	100.00
六道冲洗水	精矿	67.25	40.79	70.44
	尾矿	19.45	59.21	29.56
	给矿	38.95	100.00	100.00
四道冲洗水	精矿	66.20	41.06	70.82
	尾矿	19.00	58.94	29.18
	给矿	38.38	100.00	100.00

3.1.3 在河北承德某矿业的应用

河北承德某矿业选厂筛下物料细度为-0.074 mm 90%左右，铁品位为44%左右，经过2台CTB1230磁选机和1台1.2 m电磁淘洗机选别后，精矿铁品位为53%左右。用1台JCTN1230提精降渣磁选机替代原来的2台磁选机和1台电磁淘洗机，在给矿浓度30%、-0.074 mm 86%条件下，选别获得的精矿铁品位达到55%以上，尾矿磁性铁下降到1%以下，试验结果见表4。

表4 JCTN 提精降渣磁选机在河北承德某选厂试验结果 %

条件	产品称	品位	产率	回收率
转速 17 r/min，7 道水+半开冲水管，尾矿磁性铁 0.14%	精矿	55.55	76.13	96.09
	尾矿	7.21	23.87	3.91
	给矿	44.01	100.00	100.00
转速 13 r/min，7 道水+半开冲水管，尾矿磁性铁 0.21%	精矿	55.12	76.88	96.29
	尾矿	7.07	23.12	3.71
	给矿	44.01	100.00	100.00
转速 15 r/min，8 道水，尾矿磁性铁 0.15%	精矿	55.38	82.73	97.73
	尾矿	6.15	17.27	2.27
	给矿	46.88	100.00	100.00
转速 16 r/min，8 道水，尾矿磁性铁 0.29%	精矿	54.64	86.10	98.13
	尾矿	6.45	13.90	1.87
	给矿	47.94	100.00	100.00
转速 17 r/min，8 道水，尾矿磁性铁 0.1%	精矿	55.08	86.90	98.42
	尾矿	5.86	13.10	1.58
	给矿	48.63	100.00	100.00
转速 18 r/min，8 道水，尾矿磁性铁 0.44%	精矿	55.38	85.28	98.29
	尾矿	5.57	14.72	1.71
	给矿	48.05	100.00	100.00
转速 17 r/min，8 道水+半开冲水管，尾矿磁性铁 0.58%	精矿	55.96	84.28	97.85
	尾矿	6.59	15.72	2.15
	给矿	48.20	100.00	100.00
转速 17 r/min，8 道水，给矿浓度为 30%，粒度-200 目 89.5%，尾矿磁性铁 0.14%	精矿	53.21	81.05	97.37
	尾矿	6.14	18.95	2.63
	给矿	44.29	100.00	100.00

3.1.4 在吉林白山某矿业的应用

吉林白山某选矿厂筛下物料细度为-0.074 mm 80%~82%，铁品位为62%~63%。经过两段精选磁选机之后，精矿铁品位为66.5%，尾矿品位8%左右。分别用JCTN1205提精降渣磁选机在不同磁场强度下试验，结果见表5。

表5 JCTN 提精降渣磁选机在白山某选厂试验结果

磁场强度 /(KA/m)	产品 /%	TFe /%	产率 /%	回收率 /%
160	精矿	68.95	89.15	97.96
	尾矿	11.80	10.85	2.04
	给矿	62.75	100.00	100.00
240	精矿	68.65	90.22	98.70
	尾矿	8.35	9.78	1.30
	给矿	62.75	100.00	100.00
320	精矿	68.50	90.75	99.06
	尾矿	6.40	9.25	0.94
	给矿	62.75	100.00	100.00

3.2 JCTN 提精降渣磁选机代替反浮选

3.2.1 JCTN 提精降渣磁选机与淘洗机结合替代反浮选

山东淄博某矿业选厂筛下物料细度为-0.074 mm 90%±2%，铁品位为53%~56%。经过精选磁选机和脱泥浓缩磁选机2道磁选之后，精矿铁品位为57%~59%，尾矿全铁品位20%左右，然后给入到反浮选作业，将精矿铁品位提到65%以上。该作业综合回收率为90%左右，用一台JCTN1240提精降渣磁选机替代两台磁选机将精矿品位提到61%~63%后将矿物给入到电磁淘洗机，最终精矿铁品位为65%以上，作业综合回收率为92%左右，指标均优于反浮选，试验结果见表6。

表6 JCTN 提精降渣磁选机与电磁淘洗机结合替代反浮选试验结果 %

作业点	产品	产率		品位		回收率	
		TFe	mFe	TFe	mFe	TFe	mFe
JCTN 提精降渣磁选机	精矿	87.60	90.74	61.94	60.45	95.90	99.81
	尾矿	12.40	9.26	18.71	1.15	4.10	0.19
	原矿	100.00	100.00	56.58	54.96	100.00	100.00
淘洗磁选机	精矿	92.04	95.38	65.54	63.06	97.39	99.50
	尾矿	7.96	4.62	20.33	6.57	2.61	0.50
	原矿	100.00	100.00	61.94	60.45	100.00	100.00
综合工艺指标	精矿	80.63	86.55	65.54	63.06	93.39	99.31
	尾矿	19.36	13.45	19.28	2.84	6.61	0.69
	原矿	100.00	100.00	56.58	54.96	100.00	100.00

（下转第522页）

新型 SLon 立环脉动高梯度磁选机应用实践

熊大和[1,2]
(1. 赣州金环磁选设备有限公司;2. 赣州有色冶金研究所)

摘　要　矿产资源的日益贫化和矿业市场的激烈竞争迫使选矿企业努力降低选矿成本,提高选矿效率。为此,赣州金环磁选设备有限公司研发了几种新型 SLon 立环脉动高梯度磁选机,并在工业生产上得到应用。SLon-2250 磁选机在太钢袁家村铁矿应用,强磁选尾矿品位降低 1.7 个百分点,作业铁回收率提高 2.67 个百分点;SLon-2000-1.3T 磁选机在安徽开发矿业李楼铁矿和鞍钢东鞍山烧结厂分选氧化铁矿,铁的回收率显著提高;新型 SLon-2500 磁选机在宝钢梅山铁矿应用,使强磁扫选的尾矿铁品位降低 1.63 个百分点,作业铁回收率提高 3.78 个百分点;SLon-2000-1.5T、SLon-2500-1.5T、SLon-2000-1.8T 和 SLon-2500-1.8T 磁选机已成功应用在长石、石英等非金属矿的除铁提纯中,取得了良好的技术经济指标。

关键词　SLon 立环脉动高梯度磁选机　提铁　非金属矿　除铁提纯

在当前矿产品需求不旺、价格持续走低的形势下,选矿厂必须不断降低生产成本、提高选矿效率才有生存和持续发展的空间。SLon 立环脉动高梯度磁选机利用磁力、脉动流体力和重力的综合力场分选弱磁性矿石,具有富集比大、选矿效率高、选矿成本低、适应面广、设备作业率高、使用寿命长、易安装和检修工作量小的优点。SLon 立环脉动高梯度磁选机在工业上广泛应用于氧化铁矿、钛铁矿、锰矿等弱磁性矿石的选矿及石英、长石、高岭土等非金属矿的除铁提纯。经过多年持续的技术创新与改进,该磁选机在设备大型化、多样化、自动化和高效节能及可靠性等方面得到了快速的发展,并得到了广泛的应用。SLon 立环脉动高梯度磁选机见图 1。

图 1　SLon 立环脉动高梯度磁选机

为了进一步提高选矿技术指标、降低选矿成本,多种新型 SLon 立环脉动高梯度磁选机研制成功,背景磁感强度为 1.0 ~ 1.8T,并在分选氧化铁矿、石英、长石等领域得到工业应用,获得了良好的选矿指标。

1　SLon-2250 磁选机在太钢袁家村铁矿的应用

太钢袁家村铁矿选矿厂是我国最大的铁矿氧化矿石选矿厂之一,设计年处理氧化铁矿 2 200 万 t,采用两段磨矿—弱磁选—强磁选—脱泥—反浮选处理流程流程,数质量流程见图 2。

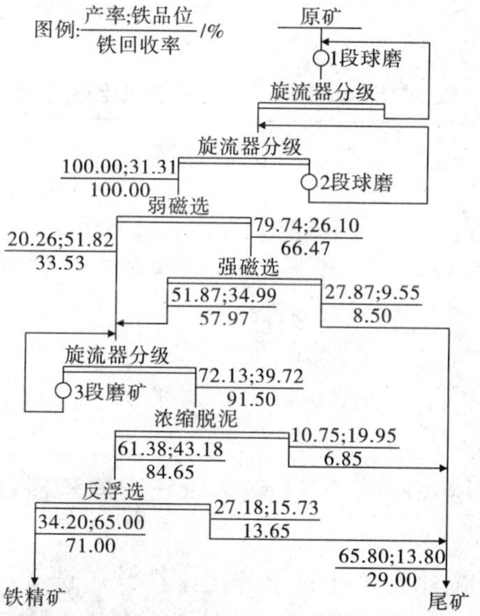

图 2　太钢袁家村铁矿选矿设计原则流程

实际生产中由于强磁选给矿铁品位较高、含泥量较大,造成强磁选尾矿铁品位偏高。为降低强磁选尾矿铁品位、提高强磁选作业回收率,赣州金环磁选设

熊大和(1952—),男,博士,教授级高级工程师,341000 江西省赣州市沙河工业园。

备有限公司研制了 SLon-2250 立环脉动高梯度磁选机,最高背景磁感强度为 1.051 T,电磁性能见表 1。

表 1　SLon-2250 磁选机电磁性能

电流 /A	电压 /V	功率/kW	场强 /T
200	8.0	1.60	0.203
400	16.6	6.6	0.390
600	24.7	14.8	0.576
800	33.2	26.6	0.745
1 000	41.3	41.3	0.873
1 200	48.8	58.6	0.970
1 400	57.6	80.6	1.051

该设备的特点是结构紧凑,干矿处理量是 SLon-2000 立环脉动高梯度磁选机的 1.4 倍左右,而设备的安装空间与现场的 ϕ2 000 mm 立环强磁选机基本相同。2014 年 9 月将 6 台 SLon-2250 磁选机在太钢袁家村铁矿选矿厂投入生产,与现场 ϕ2 000 mm 立环强磁选机进行对比试验,结果见表 2。

由表 2 可知,在相同给矿条件下,SLon-2250 磁选机比现场 ϕ2 000 mm 立环强磁选机强磁选尾矿铁品位降低 1.7 个百分点,作业铁回收率提高 2.67 个百分点,单机处理量高 12.47 t/h 左右。

表 2　SLon-2250 磁选机与现场 ϕ2000 立环强磁选机对比试验结果

设备	干矿量 /(t/h)	−0.074 mm 含量 /%	给矿铁品位 /%	精矿铁品位 /%	尾矿铁品位 /%	精矿铁产率 /%	铁回收率 /%
SLon-2250 磁选机	55.47	87.47	29.71	37.49	10.99	70.64	89.14
ϕ2000 立环强磁选机	43	87.47	29.66	37.51	12.69	68.37	86.47

2　SLon-2000-1.3T 磁选机的应用

SLon-2000-1.3T 立环脉动高梯度磁选机是为提高非金属矿选矿效果而研制的,近几年在长石和石英等非金属矿选矿中得到了广泛应用,在铁矿石氧化矿的选矿中也得到了较好的应用。

2.1　SLon-2000-1.3T 磁选机的电磁性能

SLon-2000-1.3T 磁选机电磁性能见表 3,设计的额定背景磁感强度为 1.3 T,实际测定最高背景磁感强度为 1.375 T。

表 3　SLon-2000-1.3T 磁选机电磁性能

电流 /A	电压 /V	功率/kW	场强 /T
200	8.2	1.6	0.289
400	16.6	6.6	0.543
600	24.9	14.9	0.796
800	33.6	26.9	1.004
1000	42.3	42.3	1.151
1200	48.8	58.6	1.297
1400	58.2	81.5	1.375

2.2　SLon-2000-1.3T 磁选机在安徽李楼铁矿的应用

安徽开发矿业有限公司李楼铁矿选矿厂年处理 550 万 t,入选含铁矿物主要是镜铁矿,其他铁矿物含量很少,磁铁矿仅 0.5% 左右,设计选矿数质量流程见图 3。

选矿流程的特点为:①该流程中一段强磁选采用 1 粗 1 扫,二段强磁选采用 1 精 1 扫,保证了全流程获得较高的选矿回收率;②由于强磁选作业成本低,强磁选提前抛除了大部分尾矿并获得大部分精

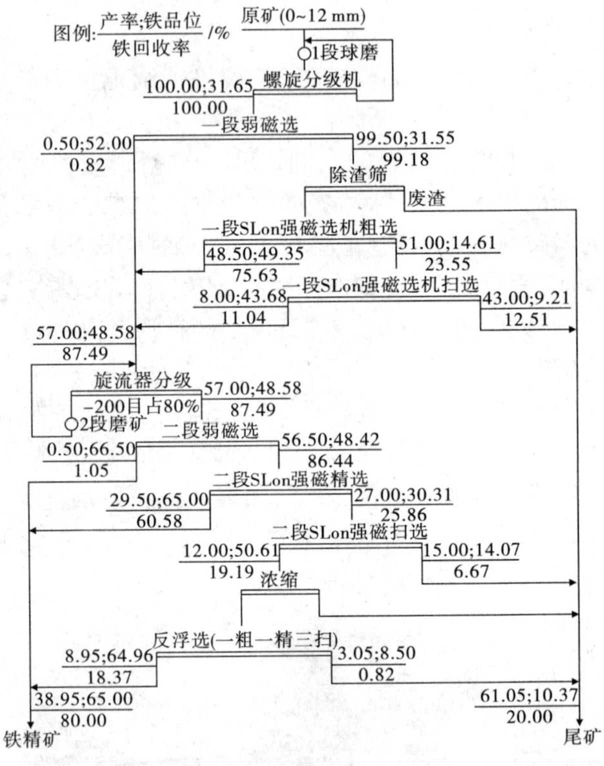

图 3　李楼铁矿 500 万 t/a 镜铁矿设计选矿数质量流程

矿,仅有占原矿 12% 左右的二段强磁扫选精矿进入反浮选作业。反浮选的作业成本较高,进入反浮选的矿量越少,全流程的生产成本越低。全流程设计的综合选矿指标为:给矿铁品位 31.65%、精矿铁品位 65.00%、铁精矿产率 38.95%、铁回收率 80.00%、尾矿铁品位 10.37%。

经过几年生产,发现二段强磁扫选尾矿铁品位偏高,设计的二段强磁扫选尾矿铁品位为 14.07%,而实际为 20% 左右,影响了全流程的选矿回收率。

因此生产上迫切需要降低二段强磁选尾矿铁品位。2014 年李楼铁矿采用了 3 台 SLon-2000-1. 3T 立环脉动高梯度磁选机进行工业试验，位于二段强磁扫选作业，取得了良好的选矿指标，见表 4。

表 4　SLon-2000-1. 3T 磁选机在李楼铁矿对比试验指标　　%

设备	给矿铁品位	精矿铁品位	尾矿铁品位	作业铁回收率
设计指标	30. 31	50. 31	14. 07	74. 38
SLon-2000-1. 3T	36. 15	51. 26	15. 91	80. 83
原 ϕ2000 立环强磁选机	36. 15	57. 36	22. 83	60. 96

由表 4 可知，SLon-2000-1. 3T 立环脉动高梯度磁选机作业的精矿铁品位和回收率均优于设计指标，与原 ϕ2 000 mm 立环强磁选机比较，作业回收率有显著提高。

2. 3　SLon-2000-1. 3T 立环脉动高梯度磁选机在鞍钢东鞍山烧结厂的应用

鞍钢东鞍山矿区铁矿氧化矿石结晶粒度细、氧化程度深，且含有一定比例的菱铁矿，是鞍山地区最难选的红矿。鞍钢东鞍山烧结厂一选车间年处理氧化铁矿 470 万 t，2002 年开始采用阶段磨矿—分级—螺旋溜槽重选—强磁—反浮选工艺流程，见图 4。

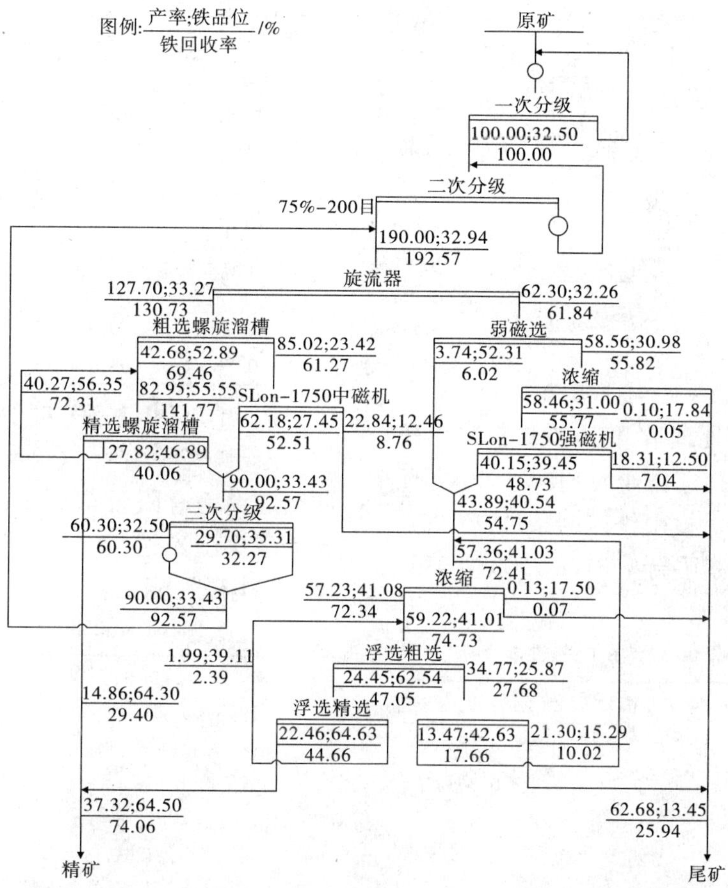

图 4　东鞍山阶段磨矿—重选—强磁—反浮选设计选矿数质量流程

采用 SLon 立环脉动高梯度磁选机（额定背景磁感应强度 1. 0T）作为强磁选设备控制细粒级尾矿品位，另外采用 SLon 立环脉动中磁机（额定背景磁感应强度 0. 6T）扫选螺旋溜槽尾矿。由于开采深度不断增加，目前原矿选别难度不断增加，现场强磁尾矿铁品位偏高。如何降低强磁尾矿铁品位是生产上亟待解决的问题。

2014 年东鞍山烧结厂采用了 8 台 SLon-2000-1. 3T 立环脉动高梯度磁选机取代原有的 SLon-2000-1. 0T 立环脉动高梯度磁选机以降低强磁选尾矿品位。现场工业对比试验选矿指标见表 5。

表 5　SLon-2000-1. 3T 磁选机与现场 SLon-2000-1. 0T 磁选机对比试验选矿指标　　%

设备	给矿品位	精矿铁品位	尾矿铁品位	铁精矿产率	作业铁回收率
SLon-2000-1. 3T	30. 24	47. 74	15. 40	45. 90	72. 45
SLon-2000-1. 0T	30. 39	48. 08	19. 68	37. 64	59. 53

由表 5 可知，使用 SLon-2000-1. 3T 立环脉动高梯度磁选机后强磁尾矿铁品位降低 4. 28 个百分点，

作业铁回收率提高 12.92 个百分点。

3 新型 SLon-2500 磁选机的研制及在宝钢梅山铁矿的应用

宝钢梅山铁矿选矿厂年处理氧化铁矿石 450 万 t,年生产铁精矿 300 万 t,采用重磁预选—磨矿—浮硫—弱磁选—强磁选选矿工艺流程,其中局部弱磁选—强磁选流程见图 5。

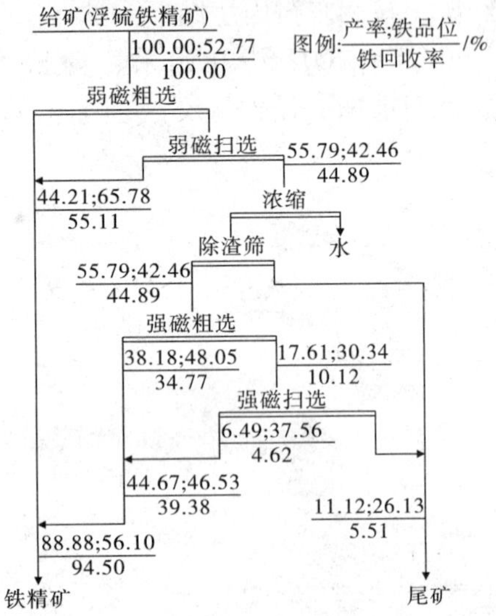

图 5 梅山铁矿弱磁—强磁选数质量流程

为提高选矿指标和处理量,梅山铁矿拟采用较大的强磁选机取代强磁扫选作业的 SLon-1500 立环脉动高梯度磁选机。针对梅山铁矿的条件,赣州金环磁选设备有限公司研制了新型 SLon-2500 立环脉动高梯度磁选机,电磁性能见表 6。

表 6 新型 SLon-2500 磁选机电磁性能

电流 /A	电压 /V	功率/kW	场强 /T
200	10.2	2.0	0.183
400	19.3	7.7	0.363
600	28.9	17.3	0.534
800	38.9	31.1	0.700
1 000	49.4	49.4	0.832
1 200	59.5	71.4	0.930
1 400	69.4	97.2	1.009

2014 年 4 台新型 SLon-2500 立环脉动高梯度磁选机取代强磁扫选作业的 8 台 SLon-1500 立环脉动高梯度磁选机,工业对比试验指标见表 7。

由表 7 可知,新型 SLon-2500 磁选机替代现场 SLon-1500 磁选机作业铁精矿品位提高 1.91 个百分点、尾矿品位降低 1.63 个百分点、作业铁回收率提高 3.78 个百分点,获得了良好的选矿指标。

表 7 新型 SLon-2500 磁选机与现场 SLon-1500 磁选机对比试验指标 %

设备	给矿品位	精矿铁品位	尾矿铁品位	铁精矿产率	作业铁回收率
新型 SLon-2500	29.48	39.72	19.02	50.53	68.08
SLon-1500	29.15	37.81	20.65	49.55	64.26

4 SLon-2000-1.5T 磁选机

2015 年赣州金环磁选设备有限公司研制出 SLon-2000-1.5T 立环脉动高梯度磁选机,最高背景磁感强度达到 1.513 T,电磁性能见表 8。目前该机已应用在长石和石英的除铁提纯工业中。

表 8 SLon-2000-1.5T 磁选机电磁性能

电流 /A	电压 /V	功率/kW	场强 /T
200	7.5	1.5	0.274
400	15.1	6.04	0.543
600	23.1	13.86	0.796
800	31.1	24.88	1.013
1 000	39.1	39.1	1.173
1 200	47.1	56.52	1.282
1 400	55.1	77.14	1.370
1 600	63.3	101.3	1.442
1 800	71.2	128.2	1.513

5 SLon-2500-1.5T 磁选机在长石除铁应用

由于非金属矿除铁提纯的需要,2015 年赣州金环磁选设备有限公司研制出 SLon-2500-1.5T 立环脉动高梯度磁选机,设计的额定背景磁感强度为 1.5 T,电磁性能见表 9。

表 9 SLon-2500-1.5T 磁选机电磁性能

电流 /A	电压 /V	功率/kW	场强 /T
200	5.3	1.06	0.229
400	10.8	4.32	0.446
600	16.2	9.72	0.674
800	21.6	17.28	0.880
1 000	27.2	27.20	1.058
1 200	33.2	39.84	1.182
1 400	38.7	54.18	1.286
1 600	44.3	70.88	1.362
1 800	50.0	90.0	1.42
2 000	54.8	109.6	1.468
2 200	60.8	133.8	1.511

SLon-2500-1.5T 立环脉动高梯度磁选机已在长石除铁工业中得到应用,生产工艺流程见图 6。

长石原矿经破碎、磨矿后用滚筒永磁磁选机选出机械铁,然后分别用 SLon-2500-1.0T 和 SLon-2500-1.5T 立环脉动高梯度磁选机进行 1 次粗选和

1次扫选。白度为20%左右的长石原矿通过该流程除铁,长石精矿白度达到63%,除铁效果良好。

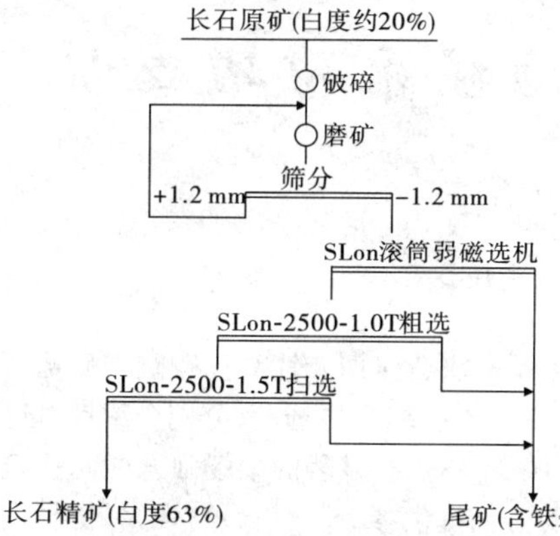

图6 SLon磁选机应用于长石除铁的工艺流程

6 SLon-2500-1.8T磁选机的研制及在石英除铁提纯中应用

建筑行业景气度下降导致大量用于建筑行业的普通石英、长石滞销。但用于做光导纤维、太阳能电池的高纯石英仍然具有较好的市场。为了提高非金属矿除铁提纯的选矿指标,2014年赣州金环磁选设备有限公司研制出SLon-2500-1.8T立环脉动高梯度磁选机,设计的额定场强为1.8T,电磁性能见表10。

表10 SLon-2500-1.8T磁选机电磁性能

电流/A	电压/V	功率/kW	场强/T
200	7.0	1.4	0.283
400	14.5	5.8	0.558
600	21.4	12.84	0.839
800	28.6	22.88	1.092
1 000	35.7	35.7	1.297
1 200	43.2	51.84	1.451
1 400	50.4	70.56	1.556
1 600	57.4	91.84	1.642
1 800	65.3	117.5	1.715
2 000	71.5	143	1.781
2 100	73.6	154.6	1.812

目前该机已应用在石英的除铁提纯工业中,选矿流程见图7。

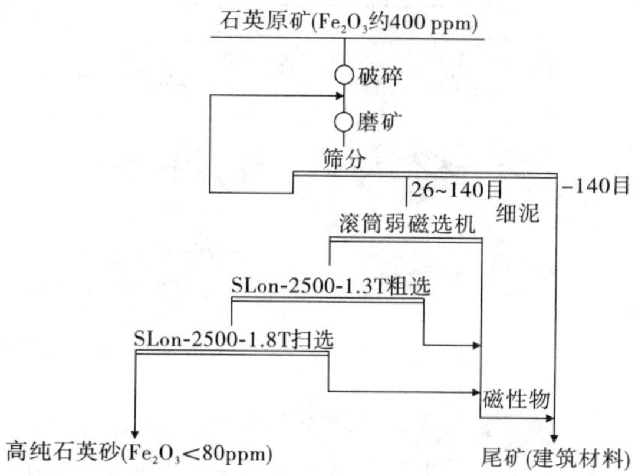

图7 SLon磁选机应用于石英提纯的生产流程

石英原矿含Fe_2O_3约400×10^{-6},经破碎、磨矿、脱泥后用滚筒弱磁选机选出机械铁,然后分别用SLon-2000-1.3T和SLon-2500-1.8T磁选机进行1次粗选和1次扫选。非磁性产品为高纯石英砂(Fe_2O_3 $<80\times10^{-6}$),-0.105 mm细泥和磁性物为尾矿,可分别作为普通建筑材料出售。

7 结 论

(1)为了提高选矿效率、降低选矿企业的生产成本,赣州金环磁选设备有限公司近几年研制了多种型号的SLon立环脉动高梯度磁选机,具有磁场强度高、选矿效率高、选矿成本低、适应面广、设备作业率高、使用寿命长、易安装和检修工作量小的优点。

(2)SLon-2250磁选机在太钢袁家村铁矿应用,强磁选尾矿品位降低1.7个百分点,作业铁回收率提高2.67个百分点;SLon-2000-1.3T磁选机在安徽开发矿业李楼铁矿和鞍钢东鞍山烧结厂分选氧化铁矿石,铁的回收率显著提高;新型SLon-2500磁选机在宝钢梅山铁矿应用,使强磁扫选的尾矿铁品位降低1.63个百分点,作业铁回收率提高3.78个百分点。

(3)SLon-2000-1.5T、SLon-2500-1.5T、SLon-2000-1.8T和SLon-2500-1.8T磁选机均已研制成功,它们已成功地应用在长石、石英等非金属矿的除铁提纯中,取得了良好的技术经济指标。

(收稿日期 2015-05-26)

浅述几种经济效益显著的中场强永磁磁选机

胡永会[1,2]　冉红想[1,2]　尚红亮[1,2]
(1. 北京矿冶研究总院;2. 北矿机电科技有限责任公司)

摘　要　我国铁矿选矿行业内忧外患,迫使选厂进入精细化、常态化技术改造时期。针对一般磁铁矿选厂提升经济效益潜力较大的几个典型工艺流程段如粗细碎后干抛、磨前粗粒湿抛、尾矿综合再选等,分别介绍针对性设计的大块干选机、粉矿干选机、粗粒湿抛磁选机与尾矿回收机等实际应用中经济效益显著的中场强永磁磁选机的主要特点及典型应用,旨在为矿产开发中流程设计、设备选型、节能降耗等方面提供参考。

关键词　磁选机　中场强　预选抛废

我国虽然是铁矿产资源大国,但多为"贫、杂、细、散"难选矿,占总储量的97.5%,入炉富矿仅2.5%,90%以上矿石都要经过选矿[1]。近年随着铁矿资源的加速开发利用,贫化现象越来越严重。露天开采向地下开采转移,矿石开发成本也急剧攀升,迫使矿企转型进行规模化生产以量产拉低成本。与之相反,自2010年以来,国际铁矿石价格持续走低,加之冶炼性能普遍优于国内矿石,国内中小型铁选厂面临严峻挑战。在经历新世纪开局的黄金10 a后又直面生死存亡,且该时期可能持续十余年甚至被无限期拉长。据统计,近几年在建铁矿项目基本处于缓建观望状态。国内超过80%的小型铁矿选厂将关停,中型选厂正寻求资源整合挣扎求生,而大型选厂则努力将技术改革精细化、常态化实现"少亏即赢"甚至扭亏为赢。尤其是在此全行业经济不景气的情况下,持续技改的大型铁选厂因具有国际化的管理创新理念、成熟完善的选矿工艺流程、先进成套的设备,优势更加突出。

中场强范围的确定因人因时因地而异,为讨论方便,本文以开放式磁路结构磁源为基准,以目前在磁铁矿选矿领域已广泛应用的永磁设备为样本,以第三代永磁磁性材料钕铁硼的良好性价比为基础,认为中场强的磁场强度为300～600 mT。中场强永磁磁选机的应用领域基本覆盖了难选磁铁矿选矿工艺流程中各个关键环节,同时具备价格低廉与选别效果显著的优点。

北京矿冶研究总院(简称北矿院、BGRIMM)自1956年建院即专注于磁性材料与磁选设备的研发,并于20世纪60年代发明了国内第一批高性能铁氧体磁性材料及首台湿式筒式磁选机。近50 a来,北矿院陆续研发出具有时代水平的涵盖弱、中、强场强的永磁磁选设备,极大促进了国内磁选设备的技术发展。论文针对普遍影响国内磁铁矿选厂经济效益的几个工艺流程段,包括粗碎后干抛、细碎后干抛、磨前粗粒湿抛、综合尾矿再选等,分别介绍了大块干选机、粉矿干选机、粗粒湿抛磁选机与尾矿回收机等中场强永磁磁选设备的主要特点及应用情况,以期为广大矿业工作者提供有益参考。

1　永磁大块干选机

磨前预选工艺引入大块干选系统很有必要。我国铁矿产资源加速贫化,某些重点铁矿山采矿贫化率已达30%～40%,需不断降低边界品位以提高回采率。在破碎段增设大块干选系统的条件充分。目前我国铁矿选厂破碎普遍采用三段破碎,各段矿石采用皮带运输,新增大块干选系统基建条件成熟。针对粗碎铁矿石大块、宽粒级分布、磁性铁嵌布不均的显著特点,北矿院率先研制出具有高场强、大深度、小等径不均匀度特点的永磁大块干选机(通常称之为磁滚筒或磁滑轮)。作为关键设备,永磁大块干选机通过控制筒体转速、磁系偏角、分矿板来改善分选指标,具有简单可靠、节能环保、投资低回报高的特点,早已按皮带驱动滚筒标准化设计,不影响老系统技改。

1989年北矿院研制出当时具有国际先进水平、工业应用中规格最大、场强最高的CT1416大块干选机。1990年在鲁中冶金矿山公司张家洼铁矿预先高效抛掉粒度-350 mm废石与红板岩,成功运行至今已长达25 a,为大中型铁矿选厂提供了可靠的

胡永会(1985—),男,工程师,硕士,100160 北京市丰台区南四环西路188号十八区23号楼。

技改途径。该设备具备大块分选的高场强(筒表平均场强 410 mT)、大深度(距筒表 40mm 处平均场强 190 mT)的显著特点。工业应用结果表明,CT1416 大块干选机工艺性能稳定,分选效果达到预期指标,处理原矿 120 余万 t/a,预抛品位 11.2% 废石 14 万 t/a,入磨原矿品位由 37.8% 提高至 40.3%,年创经济效益 380 多万元[2]。

2011 年攀钢白马铁矿三期扩能改造工程采用北矿院生产的大型 CT1224 大块干选机抛出-300 mm 表内矿石中混入的废石,降低矿石损失率(控制在10%以内)并提高入磨矿石品位,见图1。该改造工程中及及坪矿段年产原矿 1 650 万 t,其中 200 万 t 进入及及坪半自磨系统,1 450 万 t 通过改造破碎胶带输送系统,破碎后采用胶带系统运至选矿厂,CT1224 大块干选机即应用于该胶带输送系统。设备设计处理量达 3 000 t/a,筒表平均场强 430 mT。运行至今机械性能良好,分选效果显著,预选 19% 的低品位矿石可提高精矿品位 3 ~5 个百分点,并抛出产率 20%、品位 14% 的废石,甚至 27% 的高品位矿石时也能抛出产率 4% 左右的合格废石,年创经济效益数千万元。

图1 CT1224 大型永磁大块干选机应用现场

2 永磁粉矿干选机

受技术水平与铁矿资源条件制约,尤其在河北、辽宁、新疆等干旱缺水地区开发利用贫铁矿资源成本相对较高。为充分利用贫矿资源、降低生产成本和能耗,干式磁选技术已渗透至粗、中、细碎各个作业段,在"多碎少磨"基础上实现多段抛废[3]。粗碎或中碎矿石经大块干选机预选后需细碎后再入磨,粒级变化会解离出部分废石。细碎产品相对于粗、中碎产品其矿石与废石解离更彻底,分离点更清晰,很有必要进一步预选抛废。永磁粉矿干选机即是用于细碎之后、入磨之前的最后一道干抛工序,也可弥补大块干选机回收率高但精矿品位提高幅度有限的劣势,实现预富集进一步抛掉部分废石,减少磨矿量并适应入选品位的波动。

粉矿干选机的工作原理与大块干选机基本相同,但处理物料粒度有较大差异,一般为-20 mm,最大 40 mm,且设计独特。首先,由于处理的物料粒度较小且粒级分布较均匀,设计的磁系具有小极面、高场强特点,周向磁场均匀性较差,磁场深度一般较小,给矿料层厚度受限,一般需配套使用振动给料器均匀给矿。其次,粉矿干选机的主要作用是预富集,磁系设计中采用大包角、小极面、多磁极 NS 交替布置,实现长分选带下物料多次翻转抛杂提精[4]。然后,粉矿干选机磁场强度与磁场梯度相对较高,筒径较小,良好的分选过程需要大离心力与大磁场力相抗衡,因此筒体转速设计较高,正常工作转速在 40 ~65 r/min,最高 80 r/min。涡流效应与周向磁场不均匀性及筒体转速正相关,筒体转速不宜设计过高。最后,为防止过粉碎的粉尘颗粒对人体造成损伤、降低设备服役寿命,通常需设计箱体式防尘罩,也为负压通风除尘提供条件。

2013 年内蒙古某磁铁矿选厂引进 2 台 CTF0816 粉矿干选机用于完善破碎段干式预选作业。现场原工艺流程中粗碎与中碎后分别安装永磁磁滚筒预选抛废,即物料给入粉矿干选机前已经两次抛废作业,但工业应用结果表明其地位不可取代。在筒体转速 40 r/min、给矿品位29%条件下,可获得精矿品位 31%、尾矿产率 11%、尾矿品位 12.75% 的良好指标;即使给矿品位达到 39% 也可获得精矿品位 41%、尾矿产率 7.6%、尾矿品位 14% 的良好技术指标。

3 粗粒湿式预选磁选机

据统计,我国磁铁矿经细碎至-12 mm 左右后将有约 10% ~30% 的脉石矿物已解离,可作为合格尾矿抛除。虽然采用粉矿干选机可预选抛出一部分合格尾矿,但细碎后矿物常含有一定水分,相当比例的过粉碎物料在水分、细泥作用下团聚凝结,全干的细粒粉矿又因静电引力、范德华力、毛细引力等微观力紧密结合,矿石与废石根本无法有效分离[5]。给矿物料粒度分布宽,设计粉矿干选机磁系时要同时兼顾粗、细颗粒脉石夹杂,造成贫连生体几乎被全部回收,污染精矿品位。与空气相比,水是极好的分散剂,已大规模成熟应用的常规湿式筒式磁选机对磨后磁铁矿提精效果显著,尾矿品位也能良好控制,如何将此类型设备应用于磨前粗颗粒预选成为以后的研究方向。

20 世纪末至本世纪初,北矿院在国内首先研制成功一系列 BK 专用型筒式磁选机,其中包括用于细碎后入磨前-12 mm 粗颗粒预选的 BKY 系列湿式永磁筒式磁选机。该设备通过设计大分选室、高液面、大间隙、多尾矿流通道顺流型槽体解决了粗粒沉槽堵塞难题。通过高场强、高液面、大包角磁系形成的长选别带优势即提高磁性铁回收率，又适应矿量及浓度波动，实现高浓度排矿，可不经浓缩直接给入磨机；采用特殊的筒体、槽体耐磨处理方式彻底改善了设备严重磨损问题。

2002 年山东顺达铁矿引进 2 台北矿院生产的 BKY1012、BKY1009 型粗粒湿式预选磁选机对 -8 mm 细碎磁铁矿石进行磨前湿抛作业。工业应用结果表明，在给矿品位达 43% ~44% 情况下，一次分选获得精矿品位大于 53%，产率 15% ~20%、品位小于 6% 合格尾矿的优异指标，为选厂增加 15% ~20% 的精矿，创造出极为显著的经济效益[6]。

2013 年承德宝通矿业选用 1 台北矿院生产的场强 450 mT 的 BKY1545 超大型粗粒湿式预选磁选机代替原有流程的 2 台 CTS1230 常规筒式磁选机处理 -10 mm 含磷粗粒钒钛磁铁矿。该磁选机经筒表磁场均匀化磁路设计、粗颗粒分选防堵塞结构设计与液位控制结构设计，解决了承德地区高浓度、粗颗粒钒钛磁铁矿选别难题。工业应用结果表明，在给矿量 230 t/h、给矿浓度 40%、给矿品位 14.6% 条件下，可获得精矿铁品位 28.9%，磁性铁回收率 95.9% 和尾矿产率 71.2%、尾矿品位铁 8.9% 的良好指标。与原设备相比，磁性铁回收率提高 4.1%，尾矿磁性铁降低 0.23% 且严格控制在 0.43% 以下，单机功耗降低 16%[7]。

2011 年龙蟒矿冶公司各系列选用北矿院生产的 BKY1230 粗粒湿式预选磁选机组成 1 粗（350 mT）1 扫（700 mT）磨前湿抛工艺流程。在给矿品位 22.2% 条件下，可获得精矿品位铁 30.2%、精矿回收率小于 80%，尾矿产率 40%、尾矿铁品位 10.6% 的良好指标[8]。2014 年北矿院针对攀西地区钒钛磁铁矿磨前预选的特殊需求又自主研发成功一款新型湿式预选磁选设备——NLCT1215 外磁湿式永磁筒式磁选机，并与龙蟒矿冶公司技术合作进行工业考察试验，取代原 1 粗 1 扫粗粒湿式筒式预选磁选机，工作原理示意见图 2。

该设备实现筒内过流分选，有效分选粒级范围宽至 -30 mm，且可避免传统设备中通道堵塞及由于物料挤压造成的筒体、槽体磨损问题；设备磁系外置，磁包角大、分选带长，回收率高，从给矿到尾矿沿轴向磁场递变，分区分选精度高、选矿效率高，在给矿量 140 t/h、给矿粒度 -12 mm、平均给矿品位 21.5% 条件下，可获得精矿铁品位27%、回收率

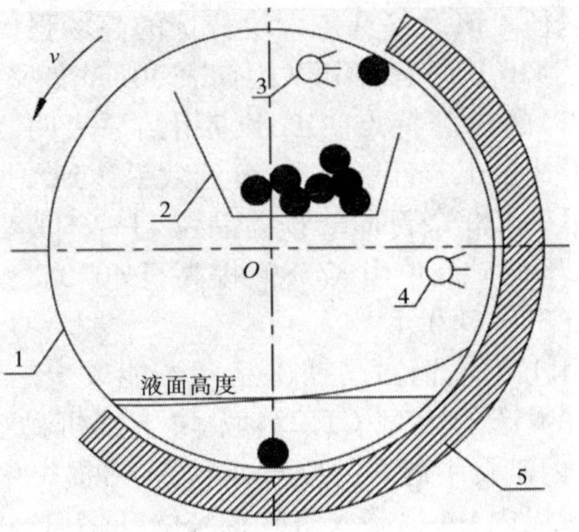

图 2　外磁湿式永磁筒式磁选机工作原理示意

1—分选筒；2—精矿箱；3—卸矿冲洗水；4—淘洗水；5—外置磁系

87%、尾矿产率 30%、尾矿铁品位 9% 的良好指标。设备分选效果好，可严格把尾，且结构配置简单、运行稳定可靠、操作维护方便、运行能耗低，尤其适应于攀西地区钒钛磁铁矿的磨前湿抛作业。

4　尾矿再选磁选机

我国铁矿石资源人均占有量较低，但矿产资源及传统能源行业一直普遍存在磁性矿尾矿流失现象，造成资源严重浪费。在铁矿选矿行业大环境整体不景气，尤其面临资源短缺、经济效益下降的困难下，国内的大中型磁选厂逐渐将目光聚焦在尾矿的二次利用上[9]。磁铁矿高效回收可从根本上实现选厂降低尾矿品位、减少金属流失、提高经济效益的目的，同时也可减少尾矿排放，延长尾矿库服务年限，并可缓解尾矿排放对环境的负面影响。

我国磁铁矿选厂尾矿主要具有 3 个特点。一是粒度分布宽。既有相当多的 2 ~3 mm 粗颗粒也有 -0.074 mm 占 50% ~70% 的细颗粒；二是矿浆体积量大。一般选别每吨原矿将产生超过 10 m^3 的尾矿浆，矿浆流速较高，矿浆浓度很低（小于 10%）；三是磁性铁含量很低，通常为 0.5% ~1.5%[10]。尾矿中可被回收的含铁矿物基本为粗颗粒贫连生体和微细粒单体铁矿物，所受磁力较弱，选择适宜的尾矿回收设备是将尾矿中磁性铁矿物最大限度回收的关键。

20 世纪末，北矿院针对上述尾矿特点及回收要求，在传统的筒式磁选机基础上二次优化设计，率先研制成功用于尾矿中磁性铁再选的 BKW 专用型湿式筒式磁选机。设备采用经特殊设计的高液面、大分选室顺流型槽体，并配以高场强、大深度、大包角的磁系设计，满足了尾矿中磁性铁的高效回收，故该设备得到迅速推广应用。生产实践表明，BKW 专用型磁选机回收精矿品位 30% ~40%、磁性铁回收率大于 90%、金属回收率大于 20%，仍是目前磁铁矿

尾矿再选效果较好的设备[11]。

2001 年承德黑山铁矿选用北矿院生产的 BKW1030 专用型磁选机回收钛磁铁矿含量 4.83% 的尾矿中的强磁性矿物，一次回收可获得精矿铁品位 50%、精矿产率 2.35%、精矿铁回收率 80% 的技术指标，经返回再磨再选选厂每年可多生产近 4% 的合格精矿[12]。2007 年初舞阳矿业铁古坑选厂引入北矿院生产的 BKW1030 专用型磁选机处理年排尾矿量 90 万 t，综合尾矿磁性铁品位 1.3%，可获得精矿铁品位 30.31%、精矿产率 2.52% 且尾矿品位降低 0.49 个百分点的技术指标[13]。

2005 年，原矿处理量 1 000 万 t/a 的首钢矿业水厂铁矿选厂在传统盘式尾矿打捞机两段串联工艺之后再串联引入一台 360 mT 场强的 BKW1030 专用型磁选机对尾矿进行再选，充分利用盘式与筒式两种尾矿回收设备选别的优势互补，解决了弱场强磁选机回收粗粒贫连生体欠佳和高场强磁选机卸矿困难不适宜回收细粒级富连生体和解离单体的问题。工业应用结果表明，选厂尾矿中磁性铁品位仅 0.30%，创造出国内外较先进水平，尾矿铁品位由引入前的 9.56% 降至 7.11%，综合选矿比降低 0.25 倍，每年合格精矿产量增加 4 个百分点，经济效益十分显著[14]。

首钢矿业水厂铁矿尾矿再选工业实践表明，尾矿再选是一项系统工程，目前尚未研制出可经单机一次分选即可彻底回收磁性铁的设备。综合看来，将筒式、盘式尾矿再选设备串联配置不失为一个廉价、高效的磁性铁回收方案。2014 年北矿院生产的 HLW1200-12 中场强环形全磁系尾矿回收机与筒式磁选机组合串联安装在新疆某磁铁矿选厂回收综合尾矿中的磁性铁。该机分选表面平均场强达 350 mT 且磁能利用率高，并针对高场强设计出脉动卸料方式，更有利于回收中、强磁性矿物。现场生产运行表明其机械性能良好，可靠性高。在给矿磁性铁品位 ~1.5%、矿浆量 800 m^3/h 条件下，经该机一次高效分选可将磁性铁品位降至 0.6% 以下，回收指标良好，效益显著。

5 结 论

近年来我国铁矿选矿行业面临巨大挑战，一是国际铁矿石价格持续走低，目前已远低于国内平均选矿成本，绝大部分小型选厂、部分中型选厂已停止生产；二是我国铁矿产资源加速贫化，大型选厂的原矿供给来源已由露天开采逐渐或已经转移至地下开采，造成采选成本居高不下。在经历新世纪带来的矿业黄金十年后，铁矿行业正步入寒冬，但历史经验也指出，行业低谷期也是新技术新工艺酝酿甚至是实施的关键时期，处理得当则可让企业起死回生。社会与科技的进步对传统的粗放型选矿行业提出更高端更明确的要求，为顺应甚至引领矿业发展潮流，选厂技改也应向精细化、常态化方向发展。针对磁铁矿选厂经济效益影响显著的几个工艺流程段包括粗碎后干抛、细碎后干抛、磨前粗粒湿抛和综合尾矿再选，北矿院都相应研制且推广应用成功价格低廉、效果显著的中场强永磁磁选设备，如 CT 系列大块干选机、CTF 系列粉矿干选机、BKY 系列粗粒湿抛磁选机与 NLCT 系列外磁湿式永磁筒式磁选机、BKW 系列尾矿再选专用型筒式磁选机与 HLW 系列环形全磁系尾矿回收磁选机，为精细化、常态化技改提供有力的技术与设备支持。若企业、高校与院所能够进一步升华合作方式、深入现场问题、深化行业技改，也许该寒冬期远非如此难熬。

参 考 文 献

[1] 陈 雯. 贫细杂难选铁矿石选矿技术进展[J]. 金属矿山, 2010(5):55-59, 80.

[2] 陈 雷, 杨守业, 谭 达. 预选-350mm 磁铁矿石的大型永磁磁滚筒[J]. 北京矿冶研究总院学报, 1992(1) : 48-53.

[3] 胡永会,史佩伟,尚红亮,等. BGRIMM 大型永磁磁辊筒的研制与应用[C]. 中国矿业科技文汇(2014),2014:22-27.

[4] 谢淑兰,王克定. CTG 干式磁选机的结构与应用[J]. 矿冶, 2007, 16(4) : 72-73.

[5] 胡永会. 细粒物料的干式磁选分析[J]. 有色金属:选矿部分, 2013(4):52-55.

[6] 赵瑞敏,刘永振. 粗颗粒磁铁矿湿式预选磁选机的研制与应用[J]. 金属矿山,2009 (S1): 369-373.

[7] 王芝伟,宗金彪,,史佩伟,等. 粗粒分选大型磁选机的研制与工业试验研究[J]. 有色金属:选矿部分,2013(S1):219-221.

[8] 彭欣苓,李 强,尚红亮,等. BKY 湿式预选筒式磁选机在攀西某钒钛磁铁矿中的应用[C]. 中国矿业科技文汇,2014:52-54.

[9] 胡永会,王晓明. 国内盘式尾矿回收磁选机的现状与发展[J]. 矿山机械,2014,42(2): 5-8,23.

[10] 张振宇. BKW 型尾矿再选磁选机中矿浆能量的功能性转化[J]. 矿山机械,1998 (10):21-23.

[11] 何桂霞. 庙沟铁矿尾矿再选回收改造实践[J]. 中国矿山工程, 2009(12): 18-20.

[12] 陈 贺,董风占,郭振广. BKW 型尾矿再选机在黑山铁矿的应用[J]. 金属矿山, 2002(8): 61-62.

[13] 王国军,武小涛. 尾矿再选磁选机在铁古坑选厂的应用[J]. 现代矿业,2009(2): 107-108.

[14] 徐景海,蒋文利. 磁铁矿的高效回收技术研究与实践[J]. 金属矿山, 2006(7):27-32,36.

(收稿日期 2015-05-26)

真空过滤机及在浆流预处理装置设计中的应用*

陶俊涛　卢元利　李剑锋　翟仁昌　齐传科　张　伟
(丹东东方测控技术股份有限公司)

摘　要　由于铝土矿浆中气泡对中子活化在线分析精度的不利影响,在利用中子活化分析元素前需将铝土矿浆进行在线取样脱气预处理。但常规的取样方式存在机械磨损、堵矿、易振动、运行费用高等问题,制约着中子活化分析仪的规模化应用。为设计一种浆流预处理装置对铝土矿浆进行脱气以满足分析仪的要求,对真空过滤机典型的排液装置及工作原理进行阐述,基于电控排液装置设计了真空旋流脱气装置,对铝土矿浆进行脱气预处理。该装置结构简单、运营费用低、不易堵塞、工作可靠,对于提高中子活化铝土矿在线分析仪的检测精度具有积极作用。

关键词　中子活化　铝土矿浆　元素分析　真空　旋流脱气

利用中子活化分析技术对许多高、低原子序数的元素有较高的分析灵敏度,被广泛应用工业过程在线元素分析与控制。由于铝土矿浆中气泡对中子活化在线分析精度有一定不利影响,所以在中子活化分析前需将铝土矿浆进行在线取样脱气预处理。目前通常采用的方式存在机械磨损、堵矿、易振动、运行费用高等问题,为了寻求更好地脱气方法,特对真空过滤机的工作原理作了具体的分析研究。

1　真空过滤机排液装置的工作形式

真空过滤机的排液装置按工作形式不同可分为3种:滤液缸重力排液装置式、滤液泵排液装置、自动排液装置。

1.1　滤液缸重力排液装置

滤液缸重力排液装置见图1。

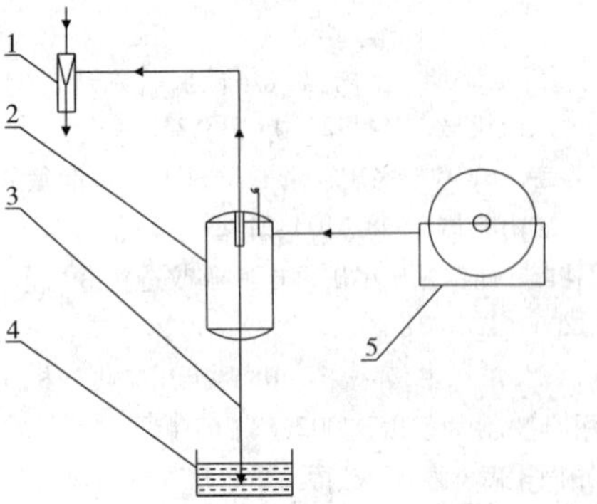

图1　滤液缸重力排液装置

1—射流泵;2—气水分离器;3—滤液管;4—水封箱;5—过滤机

夹带空气的液体在射流泵形成的真空作用下,被抽吸到气水分离器。空气密度轻,在气水分离器上部,液体在下部。空气从顶部被抽走,液体从底部排出。气水分离器内为负压,要使液体靠重力自动从分离器中排出,分离器底部和液池需有抵消真空负压的高差,并且在滤液流出的管口设有水封,避免空气进入气水分离器。因此这种过滤机需要安装在较高的位置,其优点是利用滤液重力自动排出,不需附加设备。气水分离器与水封箱之间的高度由关系式 $H \geqslant P/100\rho$ 决定,其中 H 为气水分离器内的液面距水封箱液面高度,cm;ρ 为滤液的密度,kg/cm^3;滤液为水时 $\rho = 0.001\ kg/cm^3$;P 为气水分离器内最大真空计算压力,kPa。

1.2　滤液泵排液装置

滤液泵排液装置见图2。

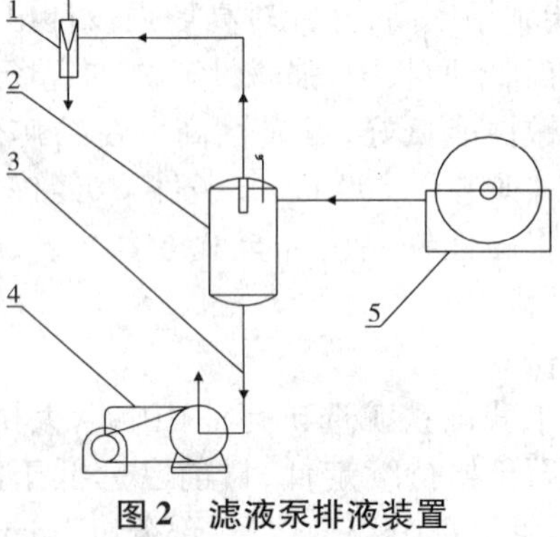

图2　滤液泵排液装置

1—射流泵;2—气水分离器;3—滤液管;4—滤液泵;5—过滤机

*国家重大科学仪器设备开发专项(编号:2012YQ240121)。

陶俊涛(1965—),男,工程师,118000 辽宁省丹东市滨江中路136号。

进入空气分离器中的液体用离心泵抵消真空负压作用将液体抽出。这种装置的安装位置较低，可以节约安装空间，不足之处是需要设置离心泵，有能源消耗，并且矿浆对泵磨损较大。

1.3 电控排液装置

自动排液装置有2种形式，一种是电控式，另一种是浮标式。着重介绍电控式的工作原理，见图3。

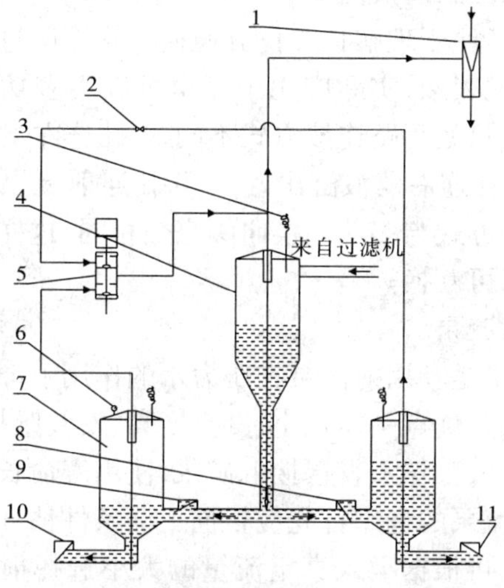

图3 电控排液装置

1—射流泵；2—抽气管；3—液位传感器；4—气水分离旋流器；5—二位五通换向阀；6—真空表；7—排液缸；8—单向阀 a；9—单向阀 b；10—单向阀 c；11—单向阀 d

电控排液装置中设置了自动排液装置，控制液体自动排出，可将设备安装同平面，不需要动力。阀门的开启灵活、密封可靠是该装置工作的关键。

1.3.1 二位五通换向阀和单向阀

二位五通换向阀有上下两个工作状态，中部的通道与真空管路连通，上下侧两个通道分别与左右储液缸连通，上下两端孔则分别与连通大气，共有五个孔道，即二位五通阀，此阀由上方的气缸推动工作，其功能是通过切换阀上下两个不同的工作位置，来改变气路，使两个滤液缸处于不同的工作状态，确保气水分离器内的液体能不断排出；单向阀也是必不可缺的，两侧滤液缸内滤液的压力交替变化，保证滤液单方向流出，并且避免空气进入，这种单向阀必须具有阻力小，密封可靠的特点。

1.3.2 滤液排出

图3中电控排液装置工作状态是气缸活塞推下，二位五通阀处于下方处于工作位置。左滤液缸与射流泵真空管路相通，故滤液缸内形成负压，在大气压的作用下单向阀 c 关闭，而单向阀 b 在缸内液体压力下自动打开，气水分离器中的滤液则流入左滤液缸中，缸内的空气经二位五通阀被抽走。

右滤液缸经二位五通阀连通大气，在大气压力作用下单向阀 a 关闭，右滤液缸中滤液的重力冲开单向阀 d 将滤液排出。气水分离器中被分离出来的滤液，又流入左滤液缸中，随着缸内液位的上升，当滤液升到液位传感器设定值时发出信号，通电控制气路切换，使气缸向上提起带动二位五通阀的阀轴转换气路，从而转换两只滤液缸的工作状态。因此变成左液缸排液，右液缸存液。当右液缸中的液位上升，液位到达液位传感器设定值时，电磁阀动作，使气缸向下推动活塞，切换二位五通阀的气路，当恢复到原来的工作状态时，就完成一个滤液排放循环。气缸切换二位五通阀的时间小于0.2 s。这样不断循环动作，使气水分离器中的空气和滤液不断分离，通过上下两个不同的方向不断排出，这种方式流速快，阻力小，滤液处理量大，且消耗的能量小。

1.3.3 电气控制的可靠性

为了增加电气控制的可靠性，采用以控制滤液缸内装满滤液后再排放和以定时控制排放滤液两套工作程序控制方式。通常以滤液缸内的液位来控制滤液的排放，这样更准确合理。如果滤缸内的液位传感器出现故障，不能有效排放滤液时，系统会自动切换到“定时”方式，保证系统正常运行，同时做出报警提示，以便及时处理。

1.3.4 气水分离器

气水分离器的液体是切线旋流入，能高效分离液体中的气体；从检测样品中抽出液体，能在气水分离器中通过离心力的作用使气液很快分离，气体由真空射流泵从分离器上部抽走，液体则自动流入到排出液体装置中，液体中分离出的气体，能从上部进入真空管路排出。若有残留气体流到气水分离器下面滤液中，在真空条件下也能有效上浮溢出，当真空度能达到0.9 MPa，脱气效果比较理想。气水分离器中的负压并不影响滤液的排出。

2 真空旋流脱气装置应用于中子活化铝土矿浆元素在线分析的原理

在中子活化铝土矿浆元素在线分析仪工作过程中，采用常规的真空过滤机进行浆流预处理，效果不理想。结合矿浆作为滤液的特点，对真空过滤机电控排液装置进行了针对性的设计，研制了真空旋流脱气取样装置，见图4。其中多功能换向阀是本设计的核心部件。

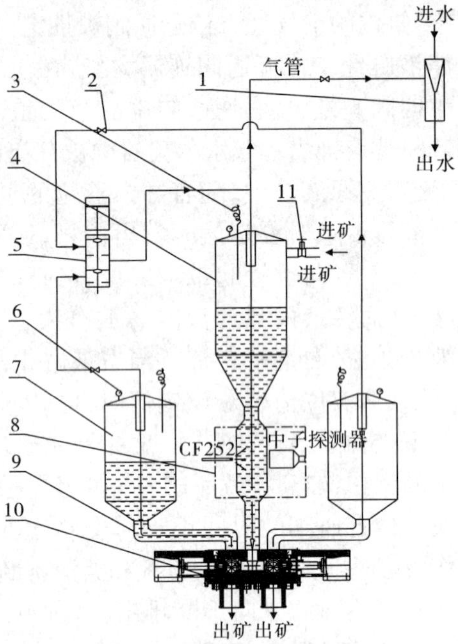

图4　真空旋流脱气取样装置

1—射流泵;2—闸阀;3—液位传感器;4—气水分离旋流器;5—二位五通换向阀;6—真空表;7—滤液缸;8—中子活化分析单元;9—矿浆软管;10—多功能换向阀;11—节流阀

2.1　滤液缸排液口

由于装置中液体是铝土矿矿浆,所以管路设计必须考虑到矿浆的沉降、管路堵矿及磨损问题。因此对进出滤液缸的矿浆管路,只设计了一个矿浆软管9,使其通过此管的矿浆始终处于进或出的运动状态,避免矿浆沉降,连接用快换接头,方便检修。

2.2　多功能换向阀

多功能换向阀见图5。当组合缸1和组合缸3的胶塞堵塞阀体(即阀关),而组合缸2和组合缸4的胶塞缩回(即阀开)。此状态空气分离器中的矿浆从B孔进入阀体由孔C进入右滤液缸,同时左滤液缸中的矿浆从A孔进入阀体由E孔排液(D孔为右滤液缸的排液孔,E孔和D孔对称),这种结构的阀体,内部通道很短换向时不易堵。

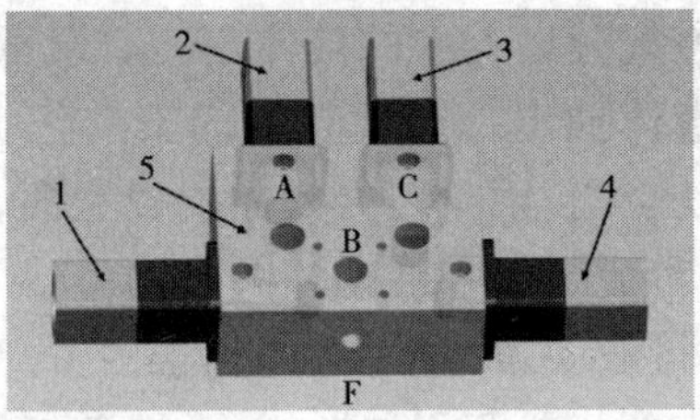

图5　多功能换向阀

2.3　二位五通换向阀

为了便于理解将二位五通换向阀按照过滤机用阀的形式表示,实际应用中完全可以用多功能换向阀取代,只是管路连接方式不同,A孔连左滤液缸出气口,C孔连右滤液缸出气口,B孔连射流泵真空管路,工作方式与多功能换向阀完全相同,这样备件完全一样,可互换。

2.4　射流泵

真空是利用射流泵在压力水的作用下产生负压形成的,其优点是体积小、真空度高、安装维护方便、可靠性好,工作不直接接触矿浆,使用寿命长。

射流泵的选用首先应根据工况条件估计吸引真空流量,再根据吸入真空流量的大小选择射流泵的最小通径。若吸附容积大,则喷管的最小通径应选大些。射流泵在满足使用要求的前提下应尽量减少其水量消耗量,耗水量与水的压力有关。压力越大,则耗水量越大。但压力达到一定值时真空度不会再增加。因此应调至合适压力,不求最高但求最佳。

3　结　论

真空旋流脱气排液装置具有结构简单、造价低、无运动部件、使用寿命长的优点,运营费用低、没有振动、不易堵塞,能实现标定、测多流道、反冲洗等功能。装置避免了使用渣浆泵叶轮磨损的弊端,经试验运行工作可靠,噪音小。该装置对减少气泡的影响以及方便取样、提高中子活化铝土矿在线分析仪的检测精度都有较大益处。

(收稿日期　2015-06-23)

高效旋流器与高频脱水筛在某尾矿干排中的应用

孙玉伟　齐加刚　王　磊　季安坤
（威海市海王旋流器有限公司）

摘　要　某铁矿一选厂磁选尾矿原处理方式成本高、回水利用率低，已不适于目前选厂的生产运行。因此对二选厂采取高效旋流器和高频脱水筛组合的粗粒尾矿干排方案，对工艺情况和粗粒干排设备进行了介绍。现场生产实践结果表明，旋流器+脱水筛粗粒干排产率达65%以上，筛上物料含水量低于18%，满足现场工艺要求。新工艺并具有具有流程简单、浓缩效率高、设备投资少、占地面积小、运行成本低等特点，易于矿山实现工业化生产。

关键词　铁矿尾矿　旋流器　脱水筛　尾矿干排

山西某铁矿选矿厂一选厂磁选尾矿采用传统的尾矿处理方式，直接泵送排至地表尾矿库。该铁矿尾矿处理存在的问题，一是尾矿远距离输送成本较高，加之尾矿库库容已接近饱和，严重制约了选矿厂的正常运行和成本的控制；二是尾矿库回水利用率低，选矿厂往往因缺水造成停产，影响效益。

鉴于该选厂铁矿尾矿处理工艺存在的以上不足，新建二选厂在尾矿处理方面采纳了威海市海王旋流器有限公司采用高效旋流器和高频脱水筛组合的粗粒尾矿干排方案。该工艺实现了铁矿粗粒级尾矿的快速浓缩脱水，且脱水后的粗粒级尾矿可用于建筑砂，达到了尾矿干排与部分尾矿资源综合利用的目的。不仅解决了矿山尾矿无处可排的困境，也为企业带来了一定的经济效益。

1　尾矿干排生产实践

1.1　工艺流程

山西某铁矿尾矿排放量230 t/h，细度为-0.074 mm占45%左右，矿浆浓度30%-40%。干排工艺采用FX350-GX-B旋流器+ZKJ1836脱水筛进行粗粒干排，细粒干排采用NXZ-30浓缩机+HMGZ500/2000板式压滤机进行。物料经旋流器浓缩后，沉砂进脱水筛，旋流器溢流与筛下经浓缩机浓密后进压滤机，工艺见图1。

1.2　生产运行结果

对旋流器+脱水筛进行尾矿粗粒干排的效果进行了试验检测。在相同时间段内在皮带段对脱水筛筛上和压滤机排矿进行取样，检测结果见表1。

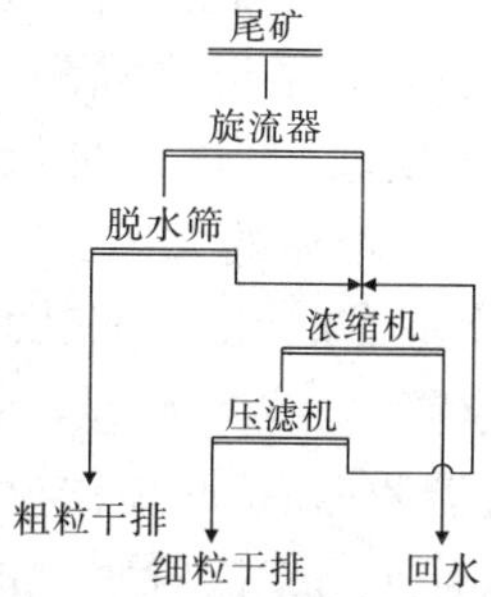

图1　二选厂尾矿干排工艺

表1　脱水筛与压滤机1 m段皮带取样检测结果

项目名称	重　量 /kg	水分 /kg	浓　度 /%	总产率 /%
脱水筛筛上	27.77	4.84	82.58	65.45
压滤机排矿	15.77	4.10	74.01	33.55

从表1可知，在给矿细度-0.074 mm占45%、筛网口径为0.35 mm的条件下，旋流器+脱水筛组合实现了大部分尾矿干排，脱水筛筛上总产率达65.45%，且筛上干排浓度82.58%，满足工艺要求。考虑到表1数据为估算值，为进一步确定脱水筛干排产率，测算了不同工艺端的物料浓度，并根据公式测算了产率。表2数据为现场相同时间段7次取样结果的平均值。

表2　不同工艺端浓度测算结果

项目名称	旋流器给料	旋流器溢流	旋流器沉砂	脱水筛筛上	脱水筛筛下
浓度/%	32.11	11.37	68.77	82.37	31.05

从表2数据看出，旋流器沉砂浓度68.77%，筛上干排浓度82.37%满足工艺要求。根据以上数据

孙玉伟(1982—)，男，工程师，264203 山东省威海市科技路975号。

测算出旋流器沉砂产率 77.38%，脱水筛相对产率 88.03%，脱水筛干排总产率 68.12%。

试验结果表明，旋流器+脱水筛组合实现粗粒级尾矿的快速干排，效果良好，满足现场工艺要求。

1.3 粗粒干排设备介绍

1.3.1 高效浓缩旋流器

B 系列新型高效旋流器主要采用的新技术有：①进料体结构优化，由传统的渐开线进料体优化为蜗壳预分级进料体，显著降低入料矿浆紊流，减小粗粒级进入旋流器溢流产品中的概率，显著提高旋流器的处理量；②柱段高度关系到物料在旋流器内部的沉降时间与能耗大小，旋流器的柱段重新优化设计后，实现了旋流器分级浓缩效率和能量消耗的最优匹配；③旋流器锥体结构的优化，传统旋流器都是采用单一锥体结构。B 系列新型高效旋流器由多级锥体组成，大锥角度较大，可以提供较大的离心强度，以提高进入二级锥体的切线速度和浓度。小锥角度较小，可再次提高底流浓度和底流产率。

1.3.2 高频脱水筛

物料经旋流器浓缩后，底流浓度大于 60% 的物料进入高频脱水筛进行二次脱水。根据物料粒度和旋流器底流浓度的不同，脱水筛筛上物料的出料含水率可控制在 15% ~20% 范围内，便于皮带或汽车直接运输至干堆场。以 ZKJ1836 规格高频脱水筛为例，筛面 1.8 m×3.6 m，装机功率 5.8 kW×2。设备运行时，筛面沿 45 度方向角震动，有利于提高物料出料和脱水速度，脱水筛配套耐磨聚氨酯模块化筛板，具有重量轻、耐磨损的特点，生产实践表明聚氨酯筛板使用寿命可达 6 个月以上。

2 结 论

(1)该干排工艺中粗粒干排应用效果良好，干排指标满足现场实际应用及设计要求。在给矿细度 45%、浓度 30%、筛下物料不返回的前提下，旋流器+脱水筛组合的粗粒干排总产率 65% 以上，干排水分低于 18%。

(2)B 系列旋流器与 ZKJ 高频直线振动脱水筛组合作为尾矿粗粒干排主要设备，已在多个选矿现场获得了成功应用，有效降低了后续浓密、压滤设备的投资费用与运转负荷。同时节省传统尾矿库的建设费用和常规维护费用，消除尾矿库的安全隐患，获得了广大用户及社会的认可。

(收稿日期 2015-05-26)

(上接第 508 页)

3.2.2 用 JCTN 提精降渣磁选机代替反浮选试验

将山东淄博某矿业的筛下物料经过 JCTN 提精降渣磁选机 2 次选别以替代浮选提铁作业，控制磨矿细度为-0.044 mm 90%。试验结果见表 7。

表 7 两段 JCTN 提精降渣磁选机代替反浮选试验结果 %

作业点	产品	TFe	产率	回收率
一段磁选	精矿	61.20	85.16	94.75
	尾矿	19.40	14.84	5.25
	给矿	55.00	100.00	100.00
二段磁选	精矿	66.20	89.40	96.70
	尾矿	19.05	10.60	3.30
	给矿	61.20	100.00	100.00

由表 7 可知，在综合回收率相当的情况下，将矿物磨矿至细度球磨到-0.044 mm 90% 左右，用两段 JCTN 提精降渣磁选机完全能够代替现有的反浮选作业，指标较好。

4 结 论

(1)JCTN 提精降渣磁选机采用新型的槽体形式，结构紧凑、密封性好、运行稳定、作业率高，采用 240°~270°大包角多磁极的磁系结构以及磁搅动装置，结合多级漂洗水、顶部冲水装置，能有效的提高精矿品位。

(2)JCTN 提精降渣磁选机在国内部分选厂的应用实践表明，在回收率不降低的情况下，可以提高精矿品位 2 个百分点以上。JCTN 提精降渣磁选机对于简化流程、降本增效、提高精矿质量具有较好的应用前景。

(收稿日期 2015-06-26)

·经济管理·

增值税转型对冶金矿山项目经济评价的影响

董鹤松　葛文才
（五矿矿业(安徽)工程设计有限公司）

摘　要　对增值税转型给冶金矿山建设项目经济评价带来的影响进行了分析，着重讨论了增值税转型给建设投资和建设期利息带来的影响，并提出了应对的方法并通过典型案例对增值税转型所带来的影响进行了验证。

关键词　冶金矿山　增值税转型　经济评价

根据抵扣范围的不同，增值税分为生产型增值税、收入型增值税和消费性增值税3种类型。生产型增值税是指在计算增值额时只允许扣除劳动对象转移到商品价值中的价值，而不扣除任何固定资产的价值；收入型增值税是指在固定资产购入时不允许一次性全部抵扣，而是根据固定资产的使用年限，从本期销项税额中抵扣固定资产的当期折旧价值额的进项税额；消费型增值税是指允许在当期销项税额中将当期购买的固定资产价值在当期全部予以抵扣。增值税转型就是增值税由生产型向消费型的转变[1-2]。

2008年12月19日财政部、国税总局联合下发了《关于全国实施增值税转型改革若干问题的通知》，根据通知要求自2009年1月1日起，增值税一般纳税人购进（包括接受捐赠、实物投资）或者自制（包括改扩建、安装）固定资产发生的进项税额，可根据《中华人民共和国增值税暂行条例》和《中华人民共和国增值税暂行条例实施细则》的有关规定，凭增值税专用发票、海关进口增值税专用缴款书和运输费用结算单据从销项税额中抵扣。这次增值税转型对冶金矿山建设项目经济评价产生了重大而全面的影响。

1　影响分析

1.1　对项目总投资的影响

项目总投资包括建设投资、建设期利息和铺底性流动资金3部分，其中建设投资由形成固定资产的费用、形成无形资产的费用、形成其他资产的费用和预备费4部分组成。

1.1.1　对建设投资的影响

在增值税转型前，新购入的设备类固定资产所包含的进项税额不允许从销项税额中抵扣，而应该全部资本计入固定资产成本；增值税转型后由于新购入的设备类固定资产进项税额按规定可以从销项税额中抵扣，不再予以资本化处理，不再计入固定资产成本，因此项目建设投资相较增值税转型前降低。

对于新建项目法人，一般在建设期内没有销售收入及增值税（销项税额），因此新购入的设备类固定资产进项数额当期无法实现抵扣，必须等到生产经营期才能实现。但是建设期内当期无法抵扣的进项税额仍然要占用项目资金，因此在筹资资金时仍然要考虑该部分投资。在技术经济评价中，编制《项目总资金使用计划与资金筹措表》时，需要新增“可抵扣性固定资产进项税额”科目，来进行列示。

对于既有项目法人的新建或改扩建项目，由于在购进设备类固定资产当期有销售收入及增值税（进项税额），当期可以实现抵扣，不存在时间上的滞后性，对企业经济效益的改善表现的也更为明显。

1.1.2　对建设期利息的影响

建设期新购设备类固定资产进项税额所占用的资金来源于自有资金和债务资金2部分。当所占用的资金全部为自有资金时，不产生借款利息（不考虑机会成本），也就不存在资本化还是费用化的问题。但当占用债务资金时，便会产生借款利息，就会面临着这部分资金资本化还是费用化的问题。

对于可抵扣性增值税进项税额的资本化或费用化问题目前存在着3种观点：

（1）从支出的角度考虑，虽然可抵扣性增值税

董鹤松（1985—），男，经济师，硕士，230061 安徽省合肥市包河区武汉路230号。

进项税额不计入固定资产成本，但在购买固定资产时，该部分支出却形成了资金占用，从而产生了利息支出，既然由于购买固定资产才产生的这部分利息支出，那么就应当全部资本化，如果费用化，就会因为购入固定资产而减少企业当期利润，不符合收入和成本费用相匹配的原则，也违反了会计上实质重于形式和可比性原则。

（2）从资金占用的角度考虑，认为资本化还是费用化关键要看是否事实上形成了资金的占用。如果新购入的设备类固定资产的可抵扣性税额在当期可以全部或部分从进项税额中抵扣，那么该部分资金事实上没有形成资金的占用，则所产生的利息支出不应该资本化，反之亦然。

（3）从资金补偿的角度考虑，认为应该全部费用化。根据《会计准则》的规定企业发生的借款费用，可直接归属于符合资本化条件的资产的购建或者生产的，应当予以资本化，计入相关资产成本；其他借款费用应当在发生时根据其发生额确认为费用，计入当期损益。既然可抵扣性固定资产进项税额不构成固定资产成本，不是由折旧来进行补偿，而是通过增值税销项税额补偿，那么不应该予以资本化。

以上3种观点各有其合理性。笔者认为，对于可抵扣性固定资产进项税额占用项目资金所产生的利息支出根据以上3种观点并参照企业筹建期间不计入固定资产成本的借款费用的核算方式进行处理，全部资本化。根据《会计科目和主要账务处理》的规定，企业筹建期间不计入固定资产成本的借款费用作为开办费计入管理费用，并且按照《建设项目经济评价方法与参数》的规定，生产准备及开办费等形成其他资产。因此，应该全部资本化计入其他资产成本。

1.2 对成本、利润及经济指标的影响

可抵扣性固定资产进项税额不再计入建设投资，固定资产成本降低，由此所产生的折旧费用以及根据固定资产原值（不包括建设期利息）所计算的维修费用下降，总成本降低。由于固定资产进项税额可以从销项税额中抵扣，当期应缴增值税额较少，以增值税为计税基础的营业税及附加相应减少。利润总额=营业收入-营业税金及附加-总成本，营业收入不变，总成本降低，利润总额增加。增值税转型带来的建设投资、经营成本、营业税金及附加以及调整所得税的降低，都将使冶金项目评价经济指标得到改善。

2 实证研究

新成立企业法人ABC公司投资开采辽宁省营口市某黑色金属矿山，建设期3.5 a，生产经营期19.5 a，总投资15.7亿元人民币（含可抵扣性固定资产进项税额6 985万元），年开采原矿量260万t，年产精粉量101万t，销售价格800元/t（不含增值税），成本按国家和行业规定计取。通过分析计算，分别得到了增值税转型前和增值税转型后2组数据，详见表1、表2。

表1 增值税转型前各项经济指标

项目总资金/万元	项目报批总投资/万元	建设投资/万元	建设期利息/万元	流动资金/万元	铺底流动资金/万元	总资金来源/万元			年营业收入/万元	年营业税金及附加/万元	年总成本费用/万元
						建设投资	流动资金	银行贷款			
157 437	153 269	141 476	10 006	5 955	1 786	61 476	1 786	94 175	81 056	986	54 605

年增值税/万元	年利润总额/万元	年所得税/万元	年净利润/万元	项目投资税前指标			项目投资税后指标			
				财务内部收益率/%	财务净现值（I_c=13%）/万元	全部投资回收期/a	财务内部收益率/%	财务净现值（I_c=13%）/万元	全部投资回收期/a	资本金财务内部收益率/%
9 857	25 466	6 366	19 099	16.60	30 975.67	8.20	13.53	4 294.96	9.10	16.69

表2 增值税转型后各项技术经济指标

项目总资金/万元	项目报批总投资/万元	可抵扣增值税进项税额/万元	建设投资/万元	建设期利息/万元	流动资金/万元	铺底流动资金/万元	可抵扣性增值税进项税额/万元	总资金来源/万元	自有资金/万元	建设投资/万元	流动资金/万元	可抵扣性增值税进项税额/万元	银行贷款/万元
157 412	1 466 276	6 985	134 491	10 006	5 930	1 779	6 985	157 412	63 255	54 491	1 779	6 985	94 157

年营业收入/万元	年营业税金及附加/万元	年总成本费用/万元	年增值税/万元	年利润总额/万元	年所得税/万元	年净利润/万元	项目投资税前指标			项目投资税后指标			
							财务内部收益率/%	财务净现值（I_c=13%）/万元	全部投资回收期/a	财务内部收益率/%	财务净现值（I_c=13%）/万元	全部投资回收期/a	资本金财务内部收益率/%
81 056	986	53 725	9 857	26 346	6 586	19 759	18.24	43 406.77	7.76	14.86	14 497.15	8.66	18.85

（下转第528页）

低成本战略与全面质量管理相结合
——新常态下集团型矿山企业的竞争战略选择

魏盛甲
（西部矿业股份有限公司）

摘 要 随着全球经济的疲软，许多矿山企业的产品价格已达到利润平衡点。为追求利润，使矿山持续发展，迫切需要找到降低生产成本、提高产品质量的途径。结合西部矿业的生产实际，论述了新常态下矿山企业集团竞争战略的规划及具体实施策略，对矿山企业如何实施低成本战略与全面质量管理相结合进行了系统研究，对同行矿山企业具有借鉴意义。

关键词 新常态 集团型矿山企业 成本控制 质量管理

随着世界经济进入新常态，诸多因素造成全球市场预期悲观。西部矿业和其他矿山企业一样，从市场上增加效益的不确定性和难度进一步加大，预计2015年度整个有色行业面临的压力会超过2008年度金融危机之时。因此，以资源加工型为主的集团型矿山企业，如何降低生产成本、从内部挖潜、提质增效将是今后相当长时期内整个矿山行业的主要任务。

1 集团型矿山企业的特点

与单体矿山企业相比，集团型矿山企业一般成本管控多集中于下属分公司层面的生产实体，构建分公司内部成本控制，很少涉及企业集团这一级。

西部矿业随着业务范围的不断扩大，已由一个独立的铅锌矿山逐渐发展成为目前拥有铜、铅、锌、铁、金、银等多金属种类的、集地质勘查、采矿、选矿、冶炼、进出口贸易、投融资于一体的集团型矿山企业。由于各矿山地域分布广、跨度大、海拔高、环境差，与内地同类企业相比，存在劳动用工、材料价格、成本单耗及采选综合成本等指标较高的特点。

2 矿山企业成本管控和全面质量管理体系的关系

从经济学的角度看，质量管理越精细，矿山企业控制成本的难度越大[1]。在集团公司层面，必须有一套完整的全面质量管理体系和与之配套的管理制度，在推行各分子公司体系建设中必须明确其任务和工作范围。

全面质量管理的任务包括：

（1）加强地质勘探和探矿工作，保证三级矿量平衡和生产持续性。做好质量管理，延长矿山寿命。

（2）加强采出矿管理，降低矿石损贫指标，保证供矿品位稳定性。

（3）加强矿物加工过程管理，改进选矿工艺，提高精矿质量和选矿回收率，提高资源综合开发利用水平。

（4）加强企业标准化管理，改进质量检测手段，做好产品生产的认证工作。

总之，把各方面质量职能结合起来，进行有效的组织、协调、监督、控制和检查，保证提高产品质量，满足用户要求。

全面质量管理的范围按质量职能来划分，可分为4个方面：

（1）工作质量。包括井巷、地面工艺建筑和设备安装等工程质量。

（2）设备维修质量。矿山生产占线长，环节多，设备移动性大，设备维修质量好坏，影响着企业经济效益。

（3）矿石质量。按设计要求满足用户需要，使产品达到实用、可靠、经济等方面的要求。

（4）质量管理组织工作。建立质量管理领导机构，健全质量管理制度，为推行质量管理提供组织保证。

矿山企业成本控制必须和整个企业（矿山地质、采出矿、设备维修、工程施工、矿石加工过程中的计量、取制样、化验分析、产品质量检验等各工序）的全面质量管理体系紧密结合起来。只有将成本管控和质量管理体系有机地结合，才能使矿山企业更

魏盛甲（1966—），男，教授级高级工程师，810001 青海省西宁市五四大街52号。

具竞争力。

3 矿山企业成本控制的内容

矿山企业成本的控制是对生产运营活动中成本形成的全过程控制，内容包括目标成本、设计成本、工艺成本、生产成本、期间成本、使用成本等。

(1)目标成本的控制是保证企业目标利润实现所必须达到的成本水平，是企业经营目标的重要组成部分。

(2)设计成本的控制是指按产品的设计方案测算的产品成本。设计方案不同，成本的构成水平也同。

(3)工艺成本的控制是指与工艺方案规定的产品工艺过程有关的各项生产费用。在保证工艺方案技术先进的基础上，使工艺装备的使用更为合理，成本最低。

(4)生产成本的控制是指对产品实体形成的过程中所发生的料工费进行控制。

(5)期间成本的控制是指对产品经营过程中发生的管理费用、财务费用和销售费用进行控制。

(6)使用成本的控制是指对所购物料及设备、备品备件等在使用过程中因运行、保养、维修所发生的费用进行控制。

4 矿山企业成本控制和质量管理体系

和西部矿业一样，集团型矿山企业大部分是集采、选于一体的联合加工模式。技术复杂、生产工艺长、专业多，工序包括采出矿(开拓、生产探矿、采切、采矿、出矿、提升运输)和选矿生产(破碎、磨矿、选别、精矿脱水、尾矿处理)。实际生产中最终产品质量是分散存在的，无论采矿和选矿工艺流程先进水平如何，也无法保证质量集中在某一控制点。质量分散客观存在，分散度大小与采选生产工序能力直接相关。工序能力越高，产品质量特性值的分散度越集中。反之，产品质量特性值分散度就越大或分散范围越宽。因此，为有效控制成本，需要综合考虑多种因素，在加强各环节成本管控的同时还要配套各环节质的量管理工作。

4.1 矿业企业成本费用控制存在的问题及原因

面对当前激烈的市场竞争，矿山企业在加强和改善管理方面进行了积极的探索和实践，并取得了较明显的成效。归纳如下：

(1)成本管控侧重宏观需要。成本管理主体应该是下属分子公司的具体矿山，动力也应来自矿山实体内部经营管理的需要。但目前我国有些矿山企业集团忽略了对具体矿山经营管理的重要作用。

(2)成本管控过分依赖现有的成本会计系统，使成本管控陷于单纯的为降低成本而降低成本的怪圈，不能给集团层面决策提供所需的正确信息，误导集团经营战略的制定。

(3)没有建立科学完整的成本管控制度体系。

(4)成本管理范畴过窄。

(5)成本管理观念落后。

(6)缺乏对成本管控执行情况的分析。

4.2 控制成本的关键在于控制矿山生产各环节的原材料单耗指标

通过调研发现，许多矿山企业为追求利润，在多年的生产实践中总结出很多种适合自身条件的成本控制方法。传统方式强调如何控制成本总额，没有揭示实质，忽视了成本构成的根本，即控制成本必须梳理构成本企业成本的工序，制定出科学合理的单耗指标。矿山企业不同于其他行业，生产环节的不同，生产工序和消耗材料也不尽相同，各有特点。

工序特点：①掘进工序(含开拓、探矿工程)：包括凿岩、爆破、通风、支护、出渣、中段运输、提升、排渣；②采出矿工序：地下矿山包括采切、回采、支护、充填、提升、运输，露天矿山包括穿爆、采装、运输、排土；③生产钻探工序包括放点、钻孔、取岩心。④选矿工序包括破碎、磨浮、浓密、脱水、尾矿排放及管理。

消耗材料特点：①辅助材料包括掘进及采矿生产的炸药、非电导爆雷管、导爆索、钎子钢、钻头、钢丝绳、木材、轮胎等，生产钻探的钻头、钻杆、岩心管、电缆等，选矿生产的衬板、钢球、胶带、润滑油、石灰、药剂等；②燃料及动力包括水、电及燃油等；③人工包括直接从事生产的工人工资及附加等。

可以看出矿山企业消耗材料(包括人工在内)中除了矿石是企业唯一所拥有的物料以外，其余均来自市场采购，价格受市场左右。而单耗指标在所有矿山企业建成投产之初由设计单位核定完成后除非后续生产中开采工艺和选矿加工工艺发生变化否则基本不变。因此，只有控制矿山生产各环节的消耗材料单耗指标才是降低产品生产成本的关键途径。

4.3 矿山企业物料消耗定额管理的现状及原因

矿山企业物料管理水平不佳、物料成本居高不下具体表现为：

(1)没有对物料进行科学分类。矿山企业消耗的物料多种多样,首先应该考虑重要性原则,兼顾特殊性。规定必须消耗的、不能节约的,另一部分是可以通过加强管理节约。所以不能对所有物料采用固定的管理和控制方法。

(2) 物料控制的依据不科学。

(3) 物料管理层次不够深入。矿山企业物料消耗不像机械制造业一样有一个精确的结构和数量关系。表面管理对于物料成本居高不下的现状无能为力。

4.4 质量管理的方法

矿山企业全面质量管理是保证矿山企业生产各环节产品质量的关键。由于矿山企业集团目前大部分是集采选冶于一体的联合加工模式,牵系的生产工艺长、专业多。因此,为有效控制成本,需要按照矿山企业全面质量的范围考虑,不同环节和工序产品名称和质量特征也各不相同。

(1)加强工序控制。首先应该找到管理点。以西部矿业为例,虽然旗下八个生产矿山因入选矿物种类不同最终产品不一致,但主要生产环节和工序是一致的。按专业划分:生产探矿应该将三级(两级)矿量、损贫指标、保有资源储量动态报表作为管理点、采出矿应该将出矿品位和出矿量作为管理点、矿物加工应该将精矿品位、产率和金属回收率作为管理点、设备维修应该将各环节设备完好率作为管理点、基建安装应该将各环节工程完好率作为管理点、质量检验应该将产品用户满意度作为管理点。各环节按所需专业制定《专业工作细则》和《作业指导书》,以规章制度的形式统一下发到岗位。

(2)严把原材料质量关。各矿山按生产环节对采购的物料进行质量检验,质量不合格者坚决不予入库,不准下发下一生产工序使用。

(3)加强信息反馈,帮助企业发现和解决各工作环节和最终产品的质量问题。

(4)健全全面质量管理基础工作。为指导矿山企业所属矿山单位工艺过程及产品质量管理,规范矿山地质、采矿、出矿、供矿、矿石加工过程中的计量、取制样、化验分析、产品质量检验、生产矿量及金属平衡、质量缺陷和事故和质量事故的责任与奖惩办法等相关工作,结合本企业实际情况,制定相应的产品质量管理办法,实行各单位质量管理工作自评和年终评判,对质量管理中存在的问题进行持续改进,增强后劲。

5 新常态下矿山企业集团实施低成本战略方法研究

面对新常态下矿产品价格低迷徘徊的严峻形势,集团层面应该从合理的资源规划和生产经营计划出发,根据本公司实际情况建立一个合理的目标利润,不能脱离实际去预算成本。成本是为实现特定经济目的而发生的资本耗费,现代企业成本控制不是简单地将实际成本限制在目标成本、定额标准的范围内。

对于集团内的每个矿山,具体情况各不相同,造成不同矿山某些作业上的资源消耗情况差别较大或成本分配不同。成本负责人应该对作业的性质和影响成本的动态因素进行分析,以降低和控制成本。

5.1 总部层面实施低成本的战略选择

成本管理的发展趋势是:

(1)多措并举,深挖内潜,抓好降本提效。新常态下,面临严峻的市场形势,我们必须牢固树立“长期过紧日子”的思想,真正做细做实降本提效工作,切实严控成本,降支出、降消耗。

(2)强化物资采购管控,打造管理创新升级。强化集团管控是应对危机和挑战最直接、最有效的途径,只有以改革的胆识、创新的勇气、执着的精神,行新思路、新举措,才能赢得发展的主动权。

规范集团公司物资采购行为,优化供应商资源,降低采购风险,提升供应商管理水平,建立一支产品质量可靠、价格合理、服务优良、竞争有序的供应商队伍。结合自身实际情况制定本企业相关制度和供应商管理实施细则。严格招标比价,严肃招标纪律,严格采购程序,坚持集团公司抓大、子公司抓小的采购方式,凡大宗或大额物资采购必须由公司物资管理部统一安排,不准多头采购;建立物资采购信息网络,定期发布物资采购信息,公开采购数量、质量、价格,实现公司内部资源共享。

(3)依托全面预算。

(4)采用“倒逼法”利用既定利润指标,控制成本。以预算指标倒逼成本,向分子公司下达利润指标,根据市场变化合理安排产量计划,加强生产工艺和工序管理;以效益为导向,按照低成本、高效益的原则,稳妥推进重点工程建设;大力推进工艺技术升级,逐步实现由资源保障型矿山向资源经营型矿山的转型;积极应对目前矿产品价格下行带来的利润空间收窄或亏损现象发生。

5.2 分子公司层面实施低成本的战略选择

(1)提高成本控制意识,树立战略成本管理理念。

(2)返算指标,层层分解,树立全员成本管理意识。在考虑本矿山内部条件变化和外部市场变化等因素后确定目标成本,按照归口管理的原则,把整个企业成本计划指标分解到各生产环节(生产探矿、采矿、选矿)的每个生产工序,保证以上目标实现所需的动力、备品备件及原材料供应、运输及服务项目落实到辅助生产部门和后勤部门。使广大职工在危机感的激励下,自觉地在企业生产经营活动中,严格执行考核标准,拉开分配档次,节约有奖,超支重罚。形成人人抓消耗、个个算成本的局面。充分调动企业全体职工的积极性,使职工参与企业管理,做企业的主人。

(3)成本控制重点前移,以生产技术部门为主。矿山企业降成本、挖潜力的大头在生产一线,应从分子公司的生产一线开始抓起,把好生产质量关。生产管理部门根据各矿山实际情况,制定出系统合理的管理和控制方案。

(4) 采用新的材料供应方式,降低物料消耗成本。传统方法是由矿山材料供应部门购买,生产车间领用,存在挤占一定的生产流动资金、材料价格不好控制以及保证材料质量上,使用方是被动的,质量波动也较大的问题。可采用招标的方式,将消耗较大的生产物资采取吨矿单位费用承包,合作期根据供需双方满意度可长可短。采用这种办法,不仅使得材料生产、供应商主动地提高材料质量还不再挤占流动资金,缩短流动资金的周转周期,较好地解决了问题。

(5) 顺因市场变化,审时度势降成本。

6 结 语

新常态下集团型矿山企业应该认识到质量和成本是矿山企业一切工作的落脚点和归宿,二者控制的目标一致,过程相同。只有将二者有机地融为一体,才能有效地进行矿山企业成本管控。

竞争战略的规划及实施策略应该推行“铁血倒逼,铁腕执行,铁面考核”的生产经营思路,以“控制规模,以销定产,有保有压,经济保供”为原则,运用革命性思维、颠覆性手段、超常规措施,进一步推进产量、资源综合利用、物流及节能减排、外委外协降价及模式调整、物资降采利库及功能承包、专项费用统筹等专项攻关,全面降低运营成本。

参 考 文 献

[1] 周万舟. 选矿厂成本控制与质量管理的应用研究[J]. 冶金经济与管理,2014(2):36.

(收稿日期 2015-06-29)

(上接第 524 页)

通过增值税转型前和增值税转型后的 2 组计算结果,可以发现增值税转型后建设投资降低了,降低的额度正好等于可抵扣性固定资产进项税额,但筹措的总资金并未明显下降,这是因为该部分可抵扣性固定资产进项税额仍然要占用项目资金。营业收入没变,年总成本从 54 605 万元下降至 53 752 万元,年利润总额相应从 25 466 万元增加至 26 346 万元。技术经济指标明显变好,项目财务内部收益率(税后)从增值税转型前的 13.53% 提高至转型后的 14.86%,项目资本金财务内部收益率从增值税转型前的 16.69% 提高至转型后的 18.85%。因此,增值税转型给冶金矿山企业带来了实实在在的效益。

3 结 语

在对增值税基本内容分析的基础上,分析了增值税转型对冶金矿山项目经济评价的影响,结合实例进行了讨论,结果表明,增值税转型给冶金矿山企业带来了可观的效益。

参 考 文 献

[1] 中华人民共和国财政部. 企业会计准则 2006[M]. 北京:中国财政经济出版社,2006.

[2] 中华人民共和国国家发展和改革委员会,中华人民共和国建设部. 建设项目经济评价方法与参数[M]. 3 版. 北京:中国计划出版社,2006.

(收稿日期 2015-05-26)

玉溪大红山矿业有限公司的固定资产管理

李雪梅　杨天明
（玉溪大红山矿业有限公司）

摘　要　为提高玉溪大红山矿业有限公司固定资产管理水平，就固定资产管理现状及存在的问题，提出健全和完善矿山固定资产管理体制的对策，实现资产的优化配置，促进固定资产高效、合理、经济使用，保证矿山生产经营活动正常开展和健康发展。

关键词　固定资产　资产管理　存在问题　对策

玉溪大红山矿业有限公司的建设经历了一个漫长而艰辛的过程。10多年来，方方面面的管理措施都在不断完善补充中。固定资产是大红山矿业有限公司从事生产经营活动必须具备的物质资源和条件。它能给大红山矿业有限公司带来巨大的经济利益，是大红山矿业有限公司从事生产经营活动的物质基础。因此，固定资产管理是大红山矿业有限公司管理的重要组成部分，是大红山矿业有限公司发展必不可少的。本文从玉溪大红山矿业有限公司的固定资产的概述、管理现状分析出发，就资产管理中存在的问题及解决的对策。

1　固定资产定义

根据现行《企业会计准则》规定，固定资产是指满足以下特征的有形资产：

(1)为生产商品、提供劳务、出租或经营管理而持有的。

(2)使用寿命超过一个会计年度。符合以上条件的房屋、建筑物、机器、机械、运输工具以及其他与生产经营活动有关的设备、器具、工具等都应纳入固定资产管理。

(3)下列财产不论价值大小，均不做为固定资产：临时性房屋、构筑物。如：临时搭盖的厕所、工料棚、风雨棚、车棚、岗亭、简易人行道、宣传廊等；容易损坏、更换频繁的玻璃器皿等。

2　现状分析及存在的问题

大红山矿业有限公司在经过10多年的建设发展后形成了3 900多台套价值37.8亿元的固定资产。目前正处于生产与扩产建设同步实施阶段，固定资产数量还将逐渐增大，给固定资产管理也带来了许多新问题和新课题。自2002年12月31日投产以来，玉溪大红山矿业有限公司的固定资产管理一直处于粗放型的管理，固定资产管理基本上都能做到账卡物相符，每半年全面盘点一次，每月按规定上报固定资产月报表，保证了账、卡、物相符；但是实际上矿业公司资产体量大，分布广，占线长；有井下的，地表的，有江边的，还有山顶上的，很难真正做到帐、物一一相符；一些基于历史原因以及现有体制不完善之处而产生的问题逐步显现出来。

(1)固定资产盘点流于形式，账实不符问题和待报废资产长期得不到处理。一些单位不同程度的存在对矿业公司必须进行的固定资产清查盘点工作意义不明确、重视程度不够、盘点工作走过场等情况。

(2)有少量资产出现了有帐无物、有物无帐的现象。一些主管部门领导或经办负责人员，不了解或不知道固定资产管理制度，在使用固定资产时，损坏遗失没有及时按制度处理或由于工作原因调离矿业公司时没有交回固定资产，造成资产有帐无物；不知道哪些设备必须入固定资产而被当成备件进帐，造成资产有物无帐。

(3)闲置固定资产管理混乱。置固定资产的产生主要源于以下3种因素：一是矿业公司内部工艺流程改造、产生的闲置；二是科技进步造成固定资产无形损耗而产生的闲置，这在电子设备的更新换代上表现得尤为突出；三是待报废资产，这些资产是已申请集团公司报废而还没有得到批复拆除闲置的；这些闲置固定资产属于非生息资产，占用了矿业公

李雪梅（1971—），女，机械工程师，653405 云南省玉溪市新平县戛洒镇。

司大量资金，但是由于矿业公司厂房、地皮紧张，人手少，没有设置专门的地方来摆放这些设备并且有部份拆下来后就放在露天场地、公路两边，极易造成小件流失或部份损坏，易造成重新启用设备时找不到配套的皮带、电机、变频柜。

(4)管理人员的固定资产管理认识不够。由于资产使用部门之间分工不够明确，职责不够清楚，关系不够理顺，存在主、客观等方面的原因，不能真正做到各司其职，各负其责，从而造成各职能部门对固定资产管理脱节，导致矿山固定资产管理混乱。

3 健全和完善固定资产管理体制的对策

固定资产管理工作之所以会存在上述种种问题，很大程度上来源于历史上长期粗放式管理形成的遗留问题积淀，还有一部分源于现有体制的不完善之处。针对固定资产管理中存在的种种问题，矿业公司需进一步健全和完善固定资产管理体制，做到"固定资产归口管理、分级负责、责任到人，监督检查到位"，具体对策如下。

3.1 完善人事约束机制

重视固定资产管理工作，全员参与固定资产管理，使相关管理人员牢固树立固定资产管理意识。固定资产管理的各项工作归根到底是由各级机构相关管理人员(即负责人及经办人)的活动完成的，因此必须建立起有效的约束机制，以促进管理目标的实现。而目前约束机制得不到落实的状况是历史原因形成的通病，是产生各种违规现象的症结所在。完善固定资产管理方面的人事约束机制必须受到矿业公司领导的重视与认可，具体措施如：建立固定资产管理人员网络图；设立固定资产管理工作岗位人员的任职资格，提高管理人员的素质要求，实行竞聘上岗；对管理人员实行目标责任制，定期进行考核，考核结果作为对其发放个人绩效奖金的依据；将固定资产违规现象与管理责任人的职位升迁挂钩，对有关责任人应及时、合理地进行处罚。

3.2 重视固定资产的盘点工作

根据矿业公司固定资产管理实施细则规定，矿业公司固定资产应该每半年进行资产盘点。但在实际工作中，固定资产的盘点往往因为人手少、工作任务重而流于形式，这也是账、实不符等违规现象长期未被发现、整改的直接原因。因此，固定资产的盘点工作必须认真落实，从小、从细抓起，对发现的账实不符、盘盈、盘亏等附纸质的说明，对存在的问题及时进行整改，并使资产的安全、完整得到充分保障，提高会计信息质量。

3.3 杜绝"重采购，轻管理"的现象

公司通过立项投资、零星固定资产采购、技改技措等方式采购了大量的物资，采购时均有使用人、采购人员、部门主任、主管领导、上级管理部门等根据不同的采购性质、金额大小进行层层把关，有相应的采购流程工程完成采购；资产建成后相关人员或财务人员就把发票转交给机动部固定资产管理人员进行资产台套划分。这时，固定资产管理人员往往看不到′固定资产投资项目竣工验收证书′、′立项文件′或者购买′采购申请报告′、′采购合同′等，特别是工程建设项目，涉及的资产数量多、金额大，转固时间与建成时间间隔长，很难清晰划分资产台套、资产管理部门等等；想要这些资料，就必须自己去档案室查找，而档案室不一定能查到，找不到就说是办理人员没有按时存档等等理由，给资产审计和固定资产管理造成一定影响。因此，矿业公司财务部门在办理工程资金支付时，需由申请请款的办理人员提供相应′采购申请报告′、′采购合同′或′立项批文′且提供′竣工验收证书′等复印件，如没有，不得办理结算手续；其次档案室也需不断提高管理水平，让科技档案资料归档及时、完整、准确，方便查阅，这样真正做到环环紧相连，依法办事，照章理财。

3.4 积极盘活闲置固定资产

为了实现生产经济目标，提高资产质量，减少非生息资金占用，闲置固定资产应搭建一个地方集中摆放资产，便于保管；同时盘活闲置、报废固定资产。在政策允许的范围内，对外发布招租信息，让有经营头脑、有条件的经营者承租，签订租赁合同；引入资产评估程序，首选竞价出售、拍卖等公开、透明方式，最大限度回收资金。同时，为了提高矿业公司处置闲置固定资产的积极性，激励各单位、各部门搞好闲置、报废资产的盘活工作，上级有关业务管理部门应制定出一套盘活闲置、报废资产的奖励政策，严格兑现，对表现突出的单位和个人，从经营政策上、物质上给予优惠、奖励和支持，充分调动其主动性和积极性。以努力压缩闲置固定资产存量。

4 结 语

随着建立良好机制的不断深入，加强固定资产管理的宣传，转变观念，重视管理。领导的重视是做好工作的关键，我们应努力在提高认识上下功夫，要把矿业公司的资产质量和财务状况作为建立业绩考

(下转第534页)

谈金属矿山井下安全生产管理实践及效果

张志祥
（云南澜沧铅矿有限公司）

摘　要　金属矿山因其地层岩石结构的特殊性，导致了井下生产条件的多变性和复杂性，给井下安全生产管理带来了诸多困难，生产安全问题已成为金属矿山的首要问题之一。以澜沧老厂铅矿井下安全管理现状、常见的安全问题及原因进行分析，阐述了人的不安全行为、机电设备、作业环境、安全管理体系执行不到位是造成安全事故的主要原因。针对上述原因进行分析井下安全生产管理要点和效果。

关键词　金属矿山　井下铅矿　安全管理　体系

众所周知，安全是企业生产永恒的主题，是一切工作顺利进行的前提条件和可靠保障。搞好矿山安全生产管理，预防井下生产安全事故，对提高企业经济效益，保障人民生命财产安全，促进资源能源产业正常发展有着十分重要的意义。本文以澜沧老厂铅矿井下安全生产管理为例，从超前管理、细微管理、人本管理、科学管理几方面，分析并阐述了金属矿山井下安全管理工作要点。

1　问题的提出

澜沧老厂铅矿位于云南省澜沧县城北西方向竹塘乡境内，是澜沧铅矿有限公司的主要原料基地，也是云南澜沧—孟连“三江”成矿带重要的银铅锌铜多金属成矿区之一，至今已有 600 余 a 的银铅矿开采历史，设计年采矿量 18 万 t。

矿区地层自下而上有泥盆系、石炭系、二叠系及第四系：泥盆系为一套碎屑岩、硅质岩建造；石炭系下统为火山-沉积建造，石炭系中统至二叠系下统为一套连续沉积的碳酸盐岩建造，为矿区主要出露地层，亦为银铅多金属矿床的含矿层位；第四系以残坡积红壤为主，为红土型银锰矿的赋矿层位。就地层岩性而言，绝大部分矿体上盘为灰色～深灰色，细～粗粒粗面质安山复屑凝灰岩，很不稳定；下盘为安山质凝灰岩，稳定性较上盘稍好；就地质构造而言，矿体被挟持于 F3 与 F4 之间 C15+6 火山凝灰岩中，受层间破碎带和拖褶曲的严格控制。

采用竖井、平巷、盲斜井联合开拓方式，主运输巷道为竖井、平巷、盲斜井，平巷有效断面>2 m×2. 2 m，坡度小于<3‰，采用下向式浅眼小分段崩落采矿方法崩落采矿，采用 YT-28 型凿岩机人工气动凿岩，人工、胶轮或履带扒渣机装岩出矿，电机车或电瓶车牵引运输。通风方式主要采用主井、象山二号竖井井口压入和辅井通风井抽出相结合方式，部分掌子面采用局扇进行压抽结合方式进行，矿井日均涌水量旱季 35 m^3 左右，矿井日均涌水量旱季 195 m^3 左右。该系统自 2010 年建井生产以来至 2013 年，共发生轻伤事故 1 起，重伤事故 1 起，死亡事故 4 起，年平均近两起安全伤人事故。通过对所出生产安全事故的剖析、归类，得出该铅锌金属矿山井下生产安全事故发生的主要原因有：冒顶、坍塌、片帮、巷道变形等几个方面。分析其原因，客观上主要是地层岩石结构强度低，围岩松软破碎，遇水易彭胀，巷道处于在高应力区，井下永支护困难，多、小、散矿体的赋存条件等，主观上主要是人的安全意识不强、管理不到位、安全措施欠落实等。

2　影响井下安全管理工作的主要因素分析

井下生产安全事故的发生与以下 4 个关键因素有关，即人、机电、环境、管理。

（1）人。人的因素是指人的各种不安全行为，主要表现为：生产人员对井下安全生产知识的认知程度和生产操作技能低，它与人的安全意识及培训教育程度有关，现实工作中主要表现为生产从业人员对地质情况的不熟悉，认识不够，安全防范意识不强，习惯性违章行为时有发生。

（2）机电。机电的因素是指由人的不安全行为、物的不安全状态以及不良的工作环境造成机械、

张志祥（1975—），男，工程师，副主任，665601 云南省澜沧市。

电气对人的伤害,机电设备设施的毁坏。矿山井下环境潮湿、多粉尘、作业空间狭窄、视线较差等特点,再加上线路长、点多面广、临时性、季节性、布置不规范等特点,易造成触电、火灾、机械伤害等事故。

(3)环境。环境因素是指井下作业面的顶、帮和作业机械的不安全状态,主要表现为冒顶、坍塌、片帮、巷道变形等。它受矿山地质条件、采矿方式和支护方式等因素制约。由于措施不当,管理不到位就易发生生产安全事故。

(4)管理因素主要指管理制度不健全,管理执行不到位等。它受矿山管理人员的安全意识、素质、管理技能、管理规章制度和安全教育培训等因素制约,在众多的事故因素中,管理缺陷或落实不到位是所有事故的普遍原因。人是关键因素,但制度有无或是否健全更至关重要。

3 金属矿山井下事故预防与控制措施

事故预防是通过采用管理和技术两种手段,使事故少发生或不发生。安全技术措施着重解决物的不安全状态,安全培训、教育、体系制度主要着眼于人的不安全行为;事故控制是通过采取技术和管理手段,在事故发生后不造成严重后果或者使后果尽可能减小。预防必须因地制宜,对症下药。因此,金属矿山井下安全主要从人防、技防、体系防、措施防几方面形成一套行之有效的安全管理方案。

3.1 人 防

矿山安全因素复杂多样,人的不安全行为是引发事故的主要因素。因此,把对人的“柔性”关怀和“刚性”管理引入了安全管理之中,通过应用“以人为本”的创新管理模式,调动每名从业人员的安全生产积极性,可以从提高人的安全意识、安全技能。

(1)提升分管生产安全副矿长的采矿基础知识。矿山企业分管生产安全副职除具备安全生产法所规定资质(资格)外,还必须了解所开矿山的一些基础地质知识。如矿山的岩石性质、岩(矿)石结构、硬度、岩石节理、裂隙断层、矿石顶底板稳固情况等,便于其更全面管理矿山安全生产。

(2)加强经常性安全检查。安全生产检查主要有查人员思想、查制度执行、查生产设施及作业环境、查隐患整改。检查过程中通过感观和辅助工具,对作业人员的行为,作业环境、设备、设施等进行检查,发现从业人员违章等隐患,及时采取措施消除和纠正。

(3)提高安全员的实践经验。安全员是井下安全生产的直接监护者,其实践经验相当重要。目前我国井下安全管理人员有的理论水平好,但实践经验差。笔者认为从事井下安全生产管理的人员其实践经验最主要,他必须对井下安全工作有超前判断力,能预测某位置、环节的安全隐患。

(4)是抓好安全教育培训工作。矿山内部采取公司、车间、班组三级安全培训教育为主,外部培训采取请进来、走出去方式组织,增强员工安全意识,提高安全操作技能。内培、外培形式的结合,对特殊岗位严格执行实行取证上岗。对安全生产中存在的问题,及时召开班前班后会及现场安全确认制度,详细了解一线采掘从业人员的意见,充分听取从业人员的合理化建议,以此促进全矿各项安全工作的顺利进行。

(5)是以事例教育人。矿山始终把人作为安全管理的主体,充分利用班前班后会、安全例会讲解安全事例;选择安全生产有代表性的典型事例,在宣传栏、入井登记室等地点进行展示,真正让每名从业人员随时感受到安全生产的重要性,让安全理念转化为从业人员的自觉行为,“我要安全”最终成为一种习惯,从而使安全制度得以坚持落实。

(6)努力搞好生产班组的优化组合。在井下生产中,老工人熟悉工作环境,了解生产工艺特性,熟悉本矿山岩石结构特性,顶板稳固情况,了解作业场所的有害和危险因素等情况,一般情况下,在生产中只要不违章违纪,很少发生生产安全事故。由于矿山从业人员主要是农民工,且不太固定,因此,矿山在进行井下从业人员组合时,要以老带新,以强带弱,使施工队伍得到优化,减少安全事故发生。

(7)严禁井下人员疲劳生产。在生产中,可能有部分人员受到利益驱使,为了多出矿,持续加班,过度疲劳,造成工作时精力不集中,工作麻痹,发生危险时难以判断,最终引发安全事故。因此,严禁井下从业人员疲劳生产是消除安全隐患的手段之一。

3.2 技 防

针对澜沧老厂铅锌矿岩石结构特性,技术防主要:一是加强巷道顶板、边帮管理,勤检查,对不稳定的顶板、边帮挂网喷浆支护,然后再进行永久支护,对凿岩掌子面采用了活动式临时防护棚架;二是对机械、电气设备的检查,规范安全用电,制度相应《作业指导书》、《安全操作规程》,加强作业人员培训,持证上岗,减少机械、电气设备对人类造成威胁,扒渣机、铲运机、电机车及电瓶车规范安全用电,减少发生机械电气伤害等措施，最大限度的保证了凿岩工、扒渣工、运输工的工作安全。

3.3 制度防

安全管理制度是实现安全生产的前提，不同的矿种，其采矿方法、安全设施、设备等都有所不同，因此，制定切合实际的安全生产责任管理体系、应急管理体系、安全生产考评体系、隐患排查治理体系、现场安全检查确认体系、安全生产风险抵押管理体系、教育培训管理体系、安全标准化体系等等方面的规范建设，并在生产中不断的修改和完善。金属矿山一般应建立以下体系：

(1)安全生产责任管理体系。不同规模矿山、矿种有不同的安全生产特点，因此，制定各类安全生产责任管理体系要紧扣生产实际，要有助于增强生产单位各级负责人、安全管理人员、各岗位人员的责任感；有助于调动各类人员的安全生产积极性和主观能动性。公司每年都与矿山主要单位、外包单位负责人签定了安全生产责任状，明确了年度安全生产考核指标及奖惩办法，做到责任层层落实、层层分解，奖惩分明。

(2)应急管理体系。矿山应制定相应的生产安全事故应急救援综合应急预案、专项预案和现场处置方案，并通过安监部门的报备，同时也要加大对矿山应急救援器材的购置及投入，定期不定期的开展演练。

(3)安全生产考评体系。该体系制度主要体现了安全管理的刚性和不可违背性，做得好的应给予奖励，违反规程，不按制度执行的必须给予处罚。罚不是目的，但它能使人增加记忆，提高安全意识。在生产管理中，处罚和奖励相当重要，处罚能制止违章违纪现象发生，减小事故的发生率，而奖励能调动人的积极性和创造性，激发人的内在潜力，使其更好的为安全生产工作服务。

(4)隐患排查治理体系。这是矿山井下生产过程中十分重要的安全管理体系，按照“管理无漏洞，现场无隐患，行为无违章，安全无事故”的要求，加强对隐患的排查与治理，对排查出的各类隐患实行分级管理和整改落实，即实行厂级(矿山级)及公司级管理。工作现场实际，一般采取日常检查、全面检查、专项检查和突击检查相结合，严格按“谁检查、谁落实、谁负责”的规定在隐患整改期限内进行跟踪验证。

(5)现场安全检查确认体系。现场安全检查确认体系是安全隐患检查、排查的一项有效手段，它主要是查人员思想、查制度执行、查生产设施及作业环境、查隐患整改。检查过程中通过感观和辅助工具，对作业人员的行为，作业环境、设备、设施等进行检查，发现作业人员违章等隐患，及时采取措施消除和纠正。

(6)安全生产风险抵押管理体系。为了更好提高安全生产管理的积极性、主动性，更好地保证安全生产责任制的落实和实施，确保矿山安全生产，根据公司安全管理需要制定相应安全生产风险抵押管理体系办法。

(7)教育培训管理体系。严格履行新员工的上岗前培训和井下生产人员的月度、季度培训，是提高生产人员安全知识和安全意识的主要措施。培训方法有：课堂讲授法、实操演练法、案例教学法、读书指导法等几种。但笔者认为实操演练法和案例教学法最易于新工人理解、接受和掌握。

(8)安全标准化体系。按照《金属非金属矿山安全标准化规范》要求，一是老厂铅矿矿山要重新进行安全标准化的创建工作，力争达到二级安全标准化的验收，以提升矿山安全管理水平；二是利用《金属非金属地下矿山安全避险“六大系统”》中的“安全避险监测监控、人员定位、紧急避险、压风自救、供水施救、通信联络”等系统的功能准确掌握井下生产工作人员的出入井登记基本类型、位置和数量，一旦发生情况能准确进行指挥和处置。

(9)民用爆炸物品保管及领用登记制度。做到保管规范、进出库数量、使用记录准确无误，不丢失。

(10)特殊工种持证上岗制度。矿山的矿长、安全管理人员必须经当地政府安全生产管理部门培训并取得相应的资格(合格)证，特殊工种必须持有相关管理部门颁发的上岗证，坚决杜绝无证上岗。

(11)安全会议制度。矿山要定期或不定期召开安全生产会议。定期的安全生产会议主要是总结前期的安全工作，查找问题，提出下步安全生产工作意见。对安全工作做得好的要提出表扬或进行奖励，对违反安全管理规定的要提出批评或按制度进行处罚。不定期的安全生产会议主要是对近期查出的违章、违纪现象而临时召开，并对违章、违纪现象进行批评或处罚，是为了杜绝类似现象再次发生。

(12)激励制度。制度了凡是从事安全管理或取得国家注册安全工程师等国家级资格证书的人员给予津贴补助制度。该制度有力调动了员工工作学习的积极性，丰富了员工安全管理方面的知识，提高了安全管理的能力。该制度对提高矿山的安全管理工作起到了推进的作用。

3.4 措施防

在安全生产管理过程中，措施是和制度共同发挥作用的，但措施更为具体。

（1）选择合理的采矿方法。采矿方法很多，不同的矿种有不同的采矿方法。金属矿山选择采矿方法特别重要，因为它不但影响到采矿成本，矿石的回采率，更涉及到回采的安全性。如果采矿方法选用不当或管理不好，就易引发安全事故。所以，选用科学、合理的采矿法是减少金属矿井下安全事故的重要途径。

（2）强制提取安措经费，积极进行隐患整改。矿山只要生产，就会存在安全隐患；有安全隐患，就必须进行隐患整改；要整改就必须有资金投入。如果没有整改资金或投入不及时，生产环境的安全状态就会越来越差。因此，矿山每年应在总收入中按5 %比例，强制性留出安全专项整改资金，以便随时使用。目前这项工作一些矿山企业并未做到，影响了隐患整改的力度。

（3）加强井下安全警示标志管理。在井下安全事故中，有些事故是发生在采空区、废巷中。原因是由于采空区空间大和废巷没有封堵，加上没有安全警示标志，使部分从业人员误入采空区和废巷而发生的安全事故。所以，加强采空区封堵和安全警示标识是减少人伤事故的又一手段。

（4）创新管理方法和拓展工作思路。随着社会的进步，人们对安全生产认识的不断提高，各种新的管理方法和安全技术措施不断得以应用。因此，在实际工作中，不能闭关自守，要多学习、多参观、多交流、勤对比，不断创新管理方法，不断改进安全技术措施方案，这样，才能不断提高矿山安全生产管理水平。

4 结 语

就目前老厂铅矿现有生产系统的特殊性和重要性，搞好安全管理工作是生存与发展的前提，企业要坚决遵循“安全第一，预防为主，综合治理”的安全生产方针，加强“以人为本”的安全发展理念，加强人的教育和管理，同时加大安全投入，补充完善技术资料，健全安全管理体系，严查事故隐患。该矿山通过近几年的综合管理，已建立健全各项安全生产管理体系、规程，采取一些切合生产实际的管理措施，矿山从业人员真正把自己融入到了安全生产之中，安全第一，按章作业、按规操作的意识显著增强。

总的来说，金属矿山的安全管理，是一个系统性，动态性的工作，只有处理好人、机电、环境、管理4个会导致安全事故发生的关键因素，把安全工作纳入企业日常管理中，不要把安全工作“说起来重要，做起来次要，忙起来不要”，真正把“管安全”上升为“要安全”，使安全工作成为一种自觉的行动，才能从根本上杜绝事故发生，矿山安全生产事故发生率就会降到最低。

参 考 文 献

[1] 中国安全生产协会注册安全工程师工作委员会.安全生产技术[M].北京：中国大百科全书出版社，2011.

[2] 中国安全生产协会注册安全工程师工作委员会.安全生产管理知识[M].北京：中国大百科全书出版社，2011.

[3] 毕素英.化工企业安全管理探讨[J].中国公共安全：学术版，2010，19.

[4] 李艳敏，郑昌飞.化工企业安全管理浅谈[J].科技资讯，2009（10）.

（收稿日期 2015-05-26）

（上接第530页）

核和绩效评价的基础，业绩考核和绩效评价要做到公平、公正、客观、科学，必须保证矿业公司有关资产及财务指标的统一、真实、完整、可靠和准确。

参 考 文 献

[1] 张振伟，杨家荣.昆钢设备管理和设备专职点检员人员培训教材[R].昆明：昆明钢铁控股有限公司，2005.

[2] 孟雪严.论加强固定资产的管理[J].集体经济，2010（7）.

[3] 吴跃龙.固定资产管理存在的问题及对策[J].产业与科技论坛，2020（6）.

[4] 昆明钢铁控股有限公司.昆钢控节减[2010]293号 昆明钢铁控股有限公司固定资产管理办法[R].昆明：昆明钢铁控股有限公司，2010.

（收稿日期 2015-05-26）

新办矿模式下对统计工作的思考

曹永芬
（玉溪大红山矿业有限公司）

摘　要　针对新办矿模式，通过创新统计方式，实现数据共享，集中监控管理，解决了统计工作的大部分弊端，降低了人工统计强度，有效提高了统计工作效率，为企业实现“基础统计信息标准化，数据传输网络化，业务处理电子化，信息服务社会化”打下了基础。

关键词　办矿模式　统计工作　集中计量管理系统

玉溪大红山矿业有限公司采用新模式办矿，以资源型企业为主体，充分运用社会化协作条件，引进专业化团队，形成井建开拓、采矿生产、加工服务、生产后勤等外委承包，以合同关系为纽带，多种经济成份并存，主体企业有效管控，运营效率高，与协作单位共赢、共发展。针对新模式办矿外包生产与施工单位较多，点多面广的实际特点，矿业公司经过精心策划，投入无人值守集中计量系统。系统的建成是公司数字化矿山建设的一个重要方面，也符合公司长远发展的思路，而其实施的关键是技术支撑和精心管理，以及后续服务工作的完善。

1　传统统计工作存在的弊端

大红山矿业公司计量数据信息采用纸质单据传递、统计，每天大量的手工填单和计算使工作极易发生错误。同时计量数据信息不能实时、准确地传输到各相关业务部门。随着新技术的发展，企业对如何有效管理称重数据，提高工作效率和企业计量工作信息化管理水平等方面有了新的要求。

电子衡器称重管理工作是煤炭、水泥、石化、粮食、饲料、冶金、化工等行业中的难题。磅房往往远离管理部门，司磅人员的工作得不到有效监控，许多人在围绕企业物料过磅入库和产品过磅出库计量方面作弊，这种现象在计量过程中时有发生，屡禁不止，手段和方法也越来越多、越来越隐蔽，让管理者防不胜防。这种现象已严重干扰了企业的正常生产经营秩序，造成了较大的经济损失。

由于大红山各现场磅房分布在厂区各处，物资、人员等调度困难，不能动态平衡各磅房的资源和负荷，既造成了人力资源浪费，也影响了物流的顺畅。

最早手填5联过磅单，开单运输，后边几联单往往字迹不清楚，会出现统计错误，后来实行7联单，但打印成本较高，而且开单效率对设备完好率有极大的依存度。如果运输单位或发货单位打印机不能工作，就只有手填5联过磅单，2家拿不到过磅单，造成统计量数据不统一，导致一系列问题。用过磅单会出现返单不全或不及时情况，导致当日过磅量统计不吻合，加大了月底稽核工作的难度。

2　集中计量管理系统的应用

由于旧的计量操作流程弊端大，所以采用无人值守集中计量系统。无人值守集中计量系统正式运行后，首先节约了成本，把人从繁重的人工填单，核实单据中解脱出来，同时，统计时间可以统一，不再由于人工任意填写导致日统计数字不一致的问题。

集中计量管理系统整合了大红山矿现有的7台汽车衡、1台轨道衡等设备，并结合多种计量防作弊手段，利用分布式网络、远距离计量数据传输、自动语音指挥、称重图像即时抓拍、红绿灯控制、红外防作弊、远程监管等技术，构建完善的远程可操控计量管理系统，并且对每个计量点安装多台全方位视频监控设备，完成计量过程的监控、图像抓拍及计量操作过程的截图，辅助计量操作员完成任务，最终实现系统的自动计量和远程计量，达到统一调度、分配、接管计量任务的目的。

集中计量管理系统能够将各物资计量点与物流、生产、销售、调度管理有机联合，通过计量系统，及时传递各种信息，各部门之间处理业务更加高效，整体提高了物资计量的运行效率和服务水平，形成

曹永芬（1980—），女，工程师，653405 云南省玉溪市新平县戛洒镇。

信息化、智能化、无人化的新型计量管理系统。

大红山矿汽车秤以前通过手工开单过磅和统计,并没有任何系统支撑。而动态轨道衡是通过一个采集系统把信息写入本地 SQL2000 数据库,然后手工维护过磅数据,并打印动态衡计量单。所有信息的录入仍均由司磅员进行手工操作,效率较低,对数据的准确性也有一定影响。

公司各个管理部门都可以上网查询集中计量管理系统,动态了解实时的供矿、运输等情况,数据实现共享,集中管理监控,解决了老模式下统计工作的大部分弊端。

3 系统改进措施

自 2012 年 3 月 21 日矿业公司无人值守集中计量系统投入运行以来,在一定程度上解决了以往计量点多且分散、各计量点物流不均衡、计量点之间难以互换计量而导致的物流效率和劳动生产率低下等诸多问题。但物资名称、发货单位、发货地点等名称不统一,导致集中计量系统对同一物料有多种识别结果。所以要对现集中计量的所有物资进行梳理、规范,对应的运输单位、供矿单位必须清理自己的物资种类,再由集中计量管理部门进行统一编制《矿业公司集中计量物料清单一览表》。在统一计量系统中的物料名称后,统一取样单、化验单上的物料名称。

做预报的工作人员必须熟悉物流走向,严格按照系统内名称规范填写对应栏目。各单位尽快将编制好的《矿业公司集中计量清单一览表》中属于本单位的物资分离出来,并下发给预报员、驾驶员等相关人员,使其熟练掌握物资名称,以便准确上报预报信息。

培训相关计量人员,计量人员要熟悉原有的单据流转过程和现场学习各出矿点、卸矿点及各大堆场基本情况,以便在系统匹配时及时发现逻辑性或常识性错误。改变旧的稽核及管理办法,出台新的管理规定。

系统设计采用多种有效、严密的安全技术措施,提供严格的权限控制和数据保护,保证信息的安全性,但要做好备份工作。每天的计量工作由班长随机进行分派,司磅员每天在不同的计量点工作。把计量人员全部集中,互相监督,也增加了内部作弊的难度,但是权限过于集中,也会造成较大安全隐患。

在对比轻重车图片时,要认真比对车型差异,数据存储时,抓拍图片与车号一一对应保存,除皮时可以看到重车图片,防止车辆更换车牌,如果发现净重差额异常,立即向保卫部门报告,终止计量。车辆除皮时,检查水箱是否装水,应要求篷布车驾驶员打开货箱检查。计量员要全程认真监控,如果发现车辆停车位置不正确,可用语音系统和对讲机通知驾驶员重新调整。

加强职业道德教育是做好任何一项工作的首要环节,一个没有职业道德或职业道德修养不高的人不可能搞好本职工作。把职业道德贯穿于每个环节的相关工作者,如预报、取样、化验、计量等各个环节人员,才能保证统计数据的真实可靠,从而为企业、各级政府正确判断经济运行态势,进行科学管理提供重要依据。

通过定期培训,严格考核,奖惩兑现等形式和措施,提高统计工作者的技术水平和工作效率,强化其责任心,为搞好统计工作奠定坚实基础。

4 结 语

实践表明,基层统计工作必须树立质量第一的意识,切实提高统计数据的准确性、真实性和可靠性。基层单位的统计工作是整个宏观统计的源头,是整个统计工作的起点。在国家宏观和微观调控下,随着国民统计意识的逐步提高,依托现有的硬件和网络资源,坚持统一、开放的原则,整合统计信息网络资源,构建统计信息服务网络互动平台,为领导决策、企业发展和公众需求服务,并逐步向"统计信息标准化,数据传输网络化,业务处理电子化,信息服务社会化"的目标推进。

(收稿日期 2015-05-26)

矿业安全生产教育培训在线考评系统的设计与开发

李鑫淼　陈平印
（五矿邯邢矿业有限公司）

摘　要　矿业安全生产的教育培训是矿山行业一项重要的常态化工作。西石门铁矿原来一直沿用传统的印刷纸质教材、试卷的方法进行安全生产培训和考试。通过利用计算机技术，量身设计了在线培训、在线考试、成绩管理平台，能够适用于各种标准化题型的考试，具有良好的开放性，成卷形式灵活，实用性强，保密性好，支持多用户操作，有效提高了矿业安全生产培训网络化、数字化水平，效果显著。

关键词　安全生产培训　在线考评　数字化

随着计算机技术的发展及网络化的日益普及，无纸化考试也越来越成为当今企业培训的好帮手。无纸化考试系统的自动评阅、计分、成绩存档功能将有效避免资源浪费，有利于环保，减少人员，提高效率。现阶段西石门铁矿职工多，工种多，岗位多，集中外委培训不仅费用多，更重要的是与工作冲突、效果差。每次安全考试成绩查找繁琐，不能直观对比，不能及时了解职工对本岗位技能掌握情况。为解决上述问题，决定开发“安全生产教育培训在线考评系统”。

1　系统功能

1.1　在线考试

在线考试功能面向的用户是一般员工，因此该功能的设计理念是界面友好，操作简便。见图1。

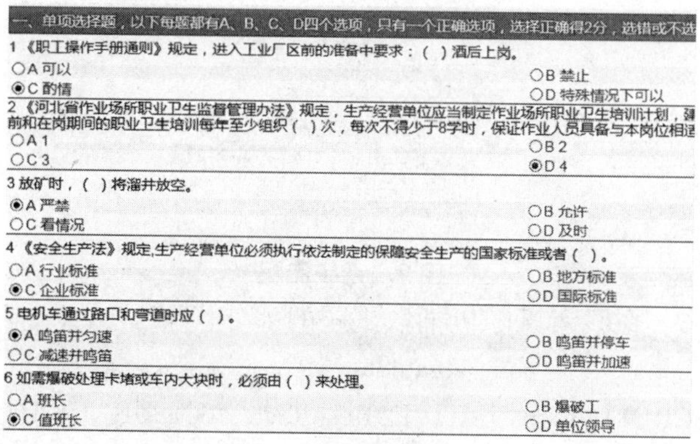

图1　在线考试界面

1.2　在线培训

该功能包含2种方式：用户可以通过下载资料的方式进行学习；用户可以通过在线模拟考试的方式进行自测，检验学习效果。见图2。

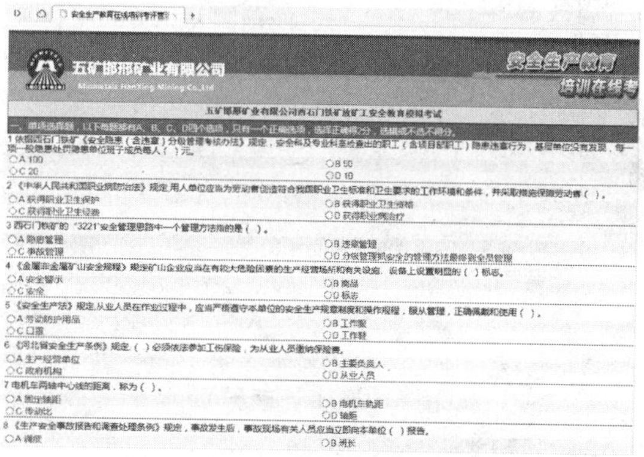

图2　在线培训界面

1.3　准考证管理

该项功能用于矿级管理员添加、维护、查询、打印准考证，完成考试前的准备工作。见图3。

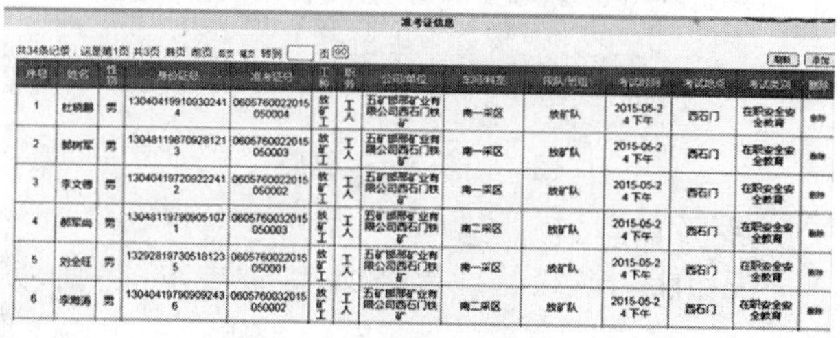

图3　准考证管理界面

1.4　工种管理

该功能用于矿级管理员添加、维护本单位的工种信息，在线考试时以此类别从题库中抽题。见图4。

1.5　培训类别管理

该功能用于矿级管理员添加、维护本单位的在线考试类别。见图5。

李鑫淼(1980—)，女，科长，高级工程师，056002 河北邯郸市朝阳路88号五矿邯邢大厦。

图 4　工种管理界面

图 5　培训类别管理界面

1.6　题库管理

该功能为矿级管理员添加、维护本单位的题库，在线考试时从中抽题。见图 6。

图 6　题库管理界面

1.7　部门管理

该功能为矿级管理员添加、维护本单位的采区、车间、科室的信息。见图 7。

采区车间/科室信息

首页 前页 后页 尾页 转到 页 GO

采区车间/科室代码	采区车间/科室	对应的单位/公司	修改
01	北采区	五矿邯邢矿业有限公司西石门铁矿	修改
02	南一采区	五矿邯邢矿业有限公司西石门铁矿	修改
03	南二采区	五矿邯邢矿业有限公司西石门铁矿	修改
04	中采区	五矿邯邢矿业有限公司西石门铁矿	修改
05	运输车间	五矿邯邢矿业有限公司西石门铁矿	修改

图 7　部门管理界面

1.8　职务管理

该功能为矿级管理员添加、维护本单位的职务信息。

1.9　用户管理

该功能为矿级管理员添加、维护考生的信息。

1.10　管理员管理

该功能为机关级管理员添加、维护各矿管理员信息，各矿管理员添加、维护本单位的管理员信息。

1.11　培训查询管理

该模块主要实现了考试结果的统计、保存功能，以便对考试结果归档及查询。

1.12　上传课件管理

该模块用于管理员上传培训、学习资料，以方便大家学习。

2　开发环境

系统的总体结构分为 5 个层次，见图 8。

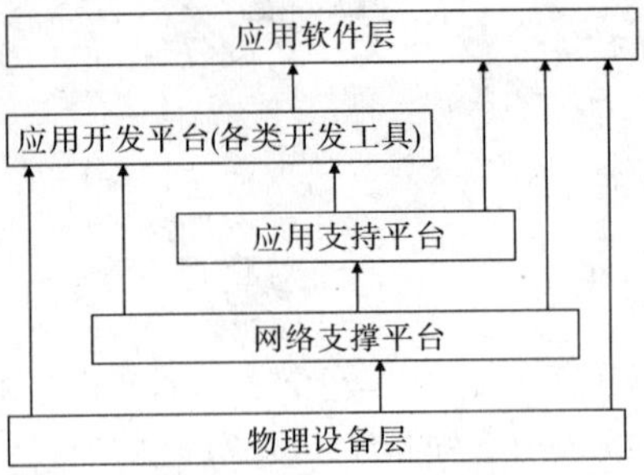

图 8　系统总体结构

硬件最低配置为 P4 2.66GHz CPU，512M 内存的台式机或笔记本。语言体系为 JSP、JavaScript、DHTML、java；开发工具采用 Flash、PhotoShop、Edit；网络操作系统为 Windows XP 及以上；数据库采用 MS SQL Server2000；Web 服务器为 Tomcat6.0。

3　系统设计

系统流程见图 9。

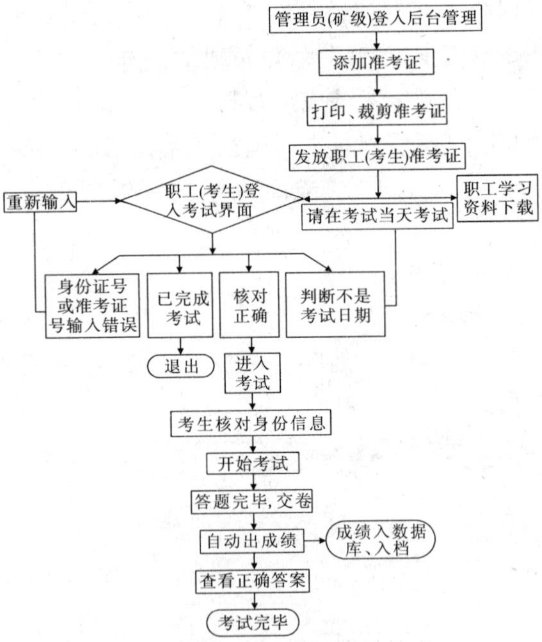

图 9　系统流程

在线考试随机抽取试题的部分代码：

```
st_1 = con.createStatement(ResultSet.TYPE_SCROLL_INSENSITIVE,ResultSet.CONCUR_READ_ONLY);
strsql_1 = "select top 20
question_id,question_type,question_pro,question_content,answer_aitem,answer_bitem,answer_citem,answer_ditem,answer_content from t_question where question_pro =´" +sub_id+" ´ and question_type =´1´
```

order by NewID() ";

st_2 = con. createStatement (ResultSet. TYPE_SCROLL_INSENSITIVE, ResultSet. CONCUR_READ_ONLY);

strsql_2 = "select top 10 question_id, question_type, question_pro, question_content, answer_aitem, answer_bitem, answer_citem, answer_ditem, answer_content from t_question where question_pro = '" +sub_id+" ' and question_type = '2' order by NewID() "; st_3 = con. createStatement(ResultSet. TYPE_SCROLL_INSENSITIVE, ResultSet. CONCUR_READ_ONLY);

strsql_3 = "select top 20 question_id, question_type, question_pro, question_content, answer_aitem, answer_bitem, answer_citem, answer_ditem, answer_content from t_question where question_pro = '" +sub_id+" ' and question_type = '3' order by NewID() ";

单项选择题试题代码:

```
<%
while(rs_1. next() &&count_1 <= recordcount_1)
{
question_id = DoString. doNull(rs_1. getString("question_id"));
question_content = DoString. doNull (rs_1. getString("question_content"));
answer_aitem = DoString. doNull(rs_1. getString("answer_aitem"));
answer_bitem = DoString. doNull(rs_1. getString("answer_bitem"));
answer_citem = DoString. doNull(rs_1. getString("answer_citem"));
answer_ditem = DoString. doNull(rs_1. getString("answer_ditem"));
answer_content = DoString. doNull(rs_1. getString("answer_content"));

%>
……
<%
count_1++;
j++;
}
rs_1. close();
st_1. close();
%>
```

多项选择题试题代码:

```
<%
while(rs_2. next() &&count_2 <= recordcount_2)
{
question_id = DoString. doNull(rs_2. getString("question_id"));
question_content = DoString. doNull (rs_2. getString("question_content"));
answer_aitem = DoString. doNull(rs_2. getString("answer_aitem"));
answer_bitem = DoString. doNull(rs_2. getString("answer_bitem"));
answer_citem = DoString. doNull(rs_2. getString("answer_citem"));
answer_ditem = DoString. doNull(rs_2. getString("answer_ditem"));
answer_content = DoString. doNull(rs_2. getString("answer_content"));
%>
……
<%
count_2++;
j++;
}
rs_2. close();
st_2. close();
%>
```

判断题试题代码:

```
<%
while(rs_3. next() &&count_3 <= recordcount_3)
{
question_id = DoString. doNull(rs_3. getString("question_id"));
question_content = DoString. doNull (rs_3. getString("question_content"));
answer_content = DoString. doNull(rs_3. getString("answer_content"));
%>
……
<%
count_3++;
j++;
```

```
}
rs_3. close( );
st_3. close( );
```

倒计时代码:

```
if( maxtime>=0) {
minutes = Math. floor( maxtime/60) ;
seconds = Math. floor( maxtime%60) ;
msg = "倒计时 剩余时间:" +minutes+" :" +seconds;
document. all\[ "timer" \]. innerHTML=msg;
if( maxtime == 5 * 60)
{
alert( '注意,还有 5 分钟! ');
}
--maxtime;
}
else
{
clearInterval( timer) ;
alert( "时间到,结束!" ) ;
document. all( "submit" ). click( ) ;
maxtime=45 * 60;
```

数据库实体-联系模型(简称 E-R 模型)见图 10。

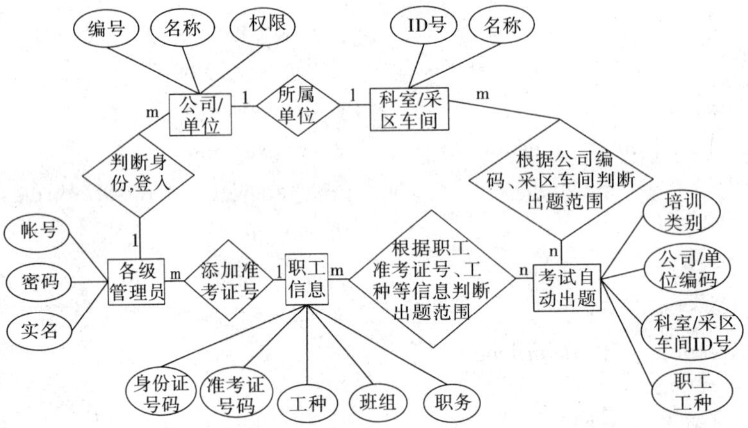

图 10　数据库实体-联系模型

根据数据 E-R 图的设计,进一步细化数据库表的设计和创建。数据库名称为 examsystem,创建以下 12 张表:t_subject(工种)表、t_studentanswer(员工答案)表、t_student(员工信息)表、t_score(员工分数)表、t_scope(岗位范围)表、t_question(试题)表、t_post(员工职位)表、t_examcard(准考证信息)表、t_dept(员工所在部门)表、t_corp(员工所在单位)表、t_classify(考试所属类别)表、t_admin(管理员信息)表。

4　系统创新点

(1)本系统是根据矿山行业的实际情况量身定制的软件系统,可以支持全员同时在线考试。

(2)本系统设置了模拟考试功能,用户可以在线模拟考场环境进行自测,有助于提高用户的自学兴趣及消除考试紧张情绪。

(3)本系统设置了统计功能,可以随时对各单位的考试成绩、培训人次、培训合格率进行查询。

(4)系统界面友好,设计简单,便于考生操作。

5　使用效果

目前"安全生产教育培训在线考评系统"已在西石门铁矿正式上线,运行效果良好,为矿山广大职工提供了安全生产的学习与考试平台,同时降低了人力、物力成本,尤其目前各大矿山都面临着价格降低、效益亏损的窘迫局面,本系统对于矿山行业降本增效、安全生产也有着积极意义。

6　结　论

通过 java 语言和 Sqlsever 数据库技术量身定制开发的"安全生产教育培训在线考评系统"为矿山的安全生产教育提供一个高效的学习、考试平台。该平台界面简单、友好,为考生设计的模拟考试功能可以方便考生随时检测学习效果,消除考试紧张情绪;该平台设置的统计、查询功能便于矿山管理员对考试结果的统计与存档;该平台更加贴切矿山的实际生产需要,不但为矿山有效地节约了人力、物力资源,降低了生产成本,并且快速、有效地提高了职工的安全理论水平与操作技能。

(收稿日期　2015-05-26)

“新常态”下无轨设备的技术管理

任成达
（莱芜钢铁集团莱芜矿业有限公司）

摘　要　莱芜钢铁集团莱芜矿业有限公司从2008年便着手准备井下设备的升级，在当今矿业“新常态”下，我公司实施了新的战略，针对井下矿山无轨设备升级改造后所面临的各种挑战，通过采用先进的技术管理模式，应用现代设备的管理与点检定修模式等手段，改变以往设备的管理方法，为公司在激烈的市场竞争下能够迅猛发展提供了保障。

关键词　矿山无轨设备　技术管理　点检与定修

莱芜钢铁集团莱芜矿业有限公司前称莱芜铁矿是1958年建矿的黑色金属矿山，隶属于莱芜钢铁总厂，主业下设3个地下矿山（马庄铁矿、业庄铁矿和谷家台铁矿）、1个露天矿（温石埠铁矿），井下生产设备基本上是上个世纪60—70年代的老式设备。随着矿山行业的迅速发展，产量目标逐年上升，老式的矿山设备无法满足日益增长的经济需要，设备更新换代迫在眉睫。在国际矿业迅猛发展的关键时期，公司发展抓住机遇，开启了设备更新的新篇章，但是近年来整个行业进入寒冬，在这样的“新常态”下存在着挑战。

从2010开始，率先引进了瑞典Atlas Copco公司生产的国内仅有2台用于井下钻探的高效设备U6型钻机，截止2014年底，先后购置了进口井下生产设备30余台，设备资产总额超过了2亿元。同时公司出台了“技术革新、设备更新、管理创新”的“三新”战略，彻底的改变了井下矿山的作业模式，在拥有着国际先进设备的推动下，正向着国内先进大型矿山稳步前进。取得跨越发展的同时脱离不了设备的高效运行。

随着设备的更新换代，矿山设备由“粗笨壮”向“精细化”转型：从设备的管理人员到实际操作人员再到维护维修人员都发生根本性的变化；从设备的先进制造理念到人机化作业再到实际工矿作业存在变数；从设备的整机功能到生产工艺匹配再到生产作业功效发挥存在变革。基于以上理论性的分析，给我们提出了严峻性的问题：各方面的人员能不能迅速进入“角色”；先进的设备能不能发挥“本色”；设备辅助的材料能不能给点“颜色”；变革的生产工艺能不能持续发展保持与安全生产亮起“红色”；矿山井下的生产作业环境能不能永远“绿色”。

1　解决方案

根据以上的论述，公司迅速成立了课题研究组，由公司“一把手”负责主抓，按照“三新”战略精神，分专业研究各自的课题方向，其中设备的研究尤为重要，专门由公司副总经理主抓。设备研究组在公司领导的带领下，多次到国内大型矿山学习、交流和考察，吸取别人先进的管理理念与方法，取其精华、去其糟粕，查阅各类设备管理、设备维护、维修与点检的书籍，并结合自己单位的情况，慢慢实践摸索，按照“PDCA”循环管理理念，逐渐纠偏，形成闭环，逐渐形成自己特色的专业管理团队。

首先转变设备管理理念，需要按照现代设备管理的要求，用发展的眼光看问题，发现问题，解决问题。

其次掌握设备性能，通过感性的现象挖掘理性的东西，从设备的设计、制造理念，到人机一体化的多功能实现，到设备高效发挥，整个体系的有机结合。

再次遵循客观规律，掌握设备应用的先进技术，运用设备点检管理的方法和手段，重点培养人员队伍的建设，最终实现设备的定修与预防性维修制度的专控管理。

最后通过设备现代设备管理及点检管理制度的体系，保证大型进口高效设备的正常发挥，同时逐步

任成达（1982—），男，工程师，271100 山东省莱芜市莱城区鲁中西大街71号。

完善设备的定修与预防性维修，打造专业人员梯级管控，并应用到莱芜矿业有限公司3个井下矿山，通过实际近2 a的应用，效果明显，公司推行的"三新"战略已经到了成熟阶段，现全部推广，给公司的发展起到了推波助澜的作用。

2 具体实施过程

2.1 应用矿山现代化管理理念与方法

企业是以经济效益最大化为最终目标，在现代企业中，设备管理已经成为关系到企业经济效益，关系到企业生存与发展的重要一环。随着市场经济体制的建立和现代化设备的广泛应用，一切不适应于发展需要的管理方式都在发生着根本的变革。在现代矿山行业的企业制度下选择什么样的设备管理方式，已经成为了一个重要的决策问题。实施现代矿山设备管理是现代企业对设备管理的客观要求。传统的静态的设备管理方式已经不能适应现代化设备管理的要求了，只有现代化设备与现代化管理方式结合起来，相辅相成，协调发展，互相促进，才能充分发挥现代化设备的作用，不断提高生产效率增加企业效益。

我公司从2009年国外进口设备大批应用于井下生产开始，首先升级设备操作人员，广泛招收大学专科以上毕业，有从事井下生产的意愿，可作为井下生产技术工人的签订长期合同，除了初期井下一年左右的生产现场实习见习外，还全部脱产为期三个月的参加与北京安期生厂家合作邀请北京科技大学的教授、讲师给我们做的矿山基础技术知识的专业培训，从人员的配套升级来看给未来设备的熟练使用起到了中流砥柱的作用；其次，根据设备的技术含量，改变以前的设备管理模式，形成技术工人操作，专业工程师组成的维修定修专业化团队，及公司主管部门监督的技术管理体系，并定期组织技术部门人员，开展以座谈、交流的形式处理各种综合技术问题，解决制约设备正常工作的技术瓶颈。再次，在公司层级出台设备管理制度、设备点检定修制度、设备技术管理人员的职责与落实制度、各种设备本身的"四大标准"制度等。最后，公司主管部门主抓以下方面：从技术侧面：是对设备硬件所进行的技术处理，是从"物"的角度控制管理活动。其要点是设备的可靠性和维修性设计；从经济侧面：是对设备运行的经济价值的考核，是从"费用"角度控制管理活动，其要点是设备寿命周期经济费用的评价；从经营管理侧面：是从管理等软件的措施方面控制，即从"人"的角度控制管理活动，其要点是建立设备一生综合管理系统。

按照生产设备的客观规律，分层次、分级别逐级管控，达到层次清晰，责任明确，基层有岗有册，有规有范，使生产系统设备运行透明化。

2.2 井下大型设备的点检管理体系的建立

2.2.1 点检的构思

把按照"预防医学"的观点，采用"五定"的方法对婴儿进行健康管理的方法运用到设备管理中来就是点检的基本构思。"预防医学"—以防为主；"五定"—定点、定法、定标、定期、定人。

2.2.2 点检的定义

在全员维修思想的指导下，按照"五定"的方法对设备实施全系统、全过程管理。定点：设定检查的部位、项目和内容；定法：确定点检检查方法；定标：制订维修标准；定期：设定检查的周期；定人：确定点检项目的实施人员。

设备点检是一种科学的设备管理方法，是利用人的感官或仪表、工具，按照"五定"的方法对设备进行检查，找出设备的异状，发现隐患，掌握设备故障的初期信息，以便及时采取对策，将故障消灭在萌芽阶段的一种管理方法。针对"点检"的理解，分别对相应的设备规定出了"五定"的详细内容，并加以制度化。

2.2.3 点检的目的

通过对设备的检查和诊断，尽早发现不良的部位，判断并排除不良的因素，进而确定故障修理的范围、内容，并且编制出精确、合理的备品备件供应计划和设备维修计划，从而做到"防故障于未然"保持设备性能的高度稳定。

2.2.4 点检管理的实质

按"五定"的方法对设备进行检查和测定，掌握设备劣化的程度和发展趋势，进而提出防范措施并及时加以处理，确保设备性能稳定，达到以最经济的维修费用来完成设备维修的目的。

2.2.5 点检管理的特点

①体现了设备管理思想的更新；②实行全员管理；③专职点检人员按区域分工进行管理；④管理职能的重心下移，点检员是管理者；⑤按照严密的规程标准体系进行管理；⑥把传统的静态管理推进到动态管理。

从以"修"为主转为以"防"为主；从只管设备使用维修阶段转为设备一生管理；从只抓设备技术管

理转为既抓技术管理又抓经济管理;从以时间为基础的维修转为以技术状态为主的维修。

2.2.6 设备点检的类型

岗位日常点检;专业定期点检。

2.3 现代设备点检管理体系的建设

现代设备点检管理体系,应该能实现对设备的一生管理,抓住二项结合,实行三级点检,建立四大标准,构筑五层防护线,降低六大损失,加强七项重点管理,最终实现企业经济效益最大化的目标。

2.3.1 设备一生管理

依据设备综合管理的理论,实行以设备的规划工作起直到报废的全过程的管理称设备一生管理。针对我矿应用的井下设备,我们分别按照用途、类别、所属单位及相应的性能分别管理,建立设备技术台账、大中修记录台账等。

2.3.2 设备技术管理与设备经济管理相结合

技术管理的目的在于保持设备技术状况完好,并不断提高其技术素质,从而获得最好的设备产出效果;经济管理的目的在于追求设备寿命周期费用的经济性,取得良好的投资效益。

只有技术管理与经济管理相结合,才能获得设备最佳的综合效益。

2.3.3 实行三级点检制度

第1级:岗位日常点检——设备点检制的基础。每个岗位操作人员需要填报的基础数据,根据指定的项目细则逐个落实。

第2级:专职点检——设备点检制的核心。专业定修工作人员需要按照专业的标准填报的技术数据。

第3级:精密点检——设备点检不可缺少的一项内容。由主管部门定期组织基层专业技术人员精密填报的详细数据。

形成“三位一体”点检制:岗位操作人员的日常点检,专业点检员的定期点检和专业技术人员的精密点检,三方面的人员对同一设备进行系统的检查、维护和诊断的点检制度。

2.3.4 建立四大标准——完善点检管理的规程标准

四大标准包括维修技术标准、点检标准、给油脂标准和维修作业标准,是对设备进行点检、维护、修理、技术管理等标准化作业的基础与重要技术依据。

2.3.5 构筑完整的设备防护体系

①操作人员的日常点检;②专业点检员的专业点检;③专业技术人员的精密点检;④设备技术诊断;⑤设备维护修理。

2.3.6 降低六大损失

影响设备综合效率的主要因素是:停机损失、速度损失和废品损失,分别由时间开动率、性能开动率和合格品率反映出来,因此限制和降低“六大损失”就是提高设备综合效率的主要对策。

2.3.7 加强七项重点管理

①点检管理;②定修管理;③备件管理;④维修费用管理;⑤安全管理;⑥故障管理;⑦设备技术管理。

2.4 各级点检管理机构的管理职责

2.4.1 矿业有限公司机动科的职责

机动科是设备点检工作的主管部门,负责点检工作的推进,点检人员的培训,点检工作规章制度的制订与修改,点检与维护检修工作的指导、监督与检查,点检业绩的考核等。

2.4.2 矿区级机动组的职责

(1)贯彻矿业公司设备点检工作的规章制度,制定本单位设备点检工作的规章制度。

(2)监督、检查、考核生产工区设备点检工作开展情况,并监督、检查、考核设备维护检修的工作情况。

(3)审定本矿区各生产工区设备点检站执行的设备点检工作标。

(4)组织本单位设备点检业务培训和业务考试工作。

(5)对本单位设备的开动率,设备事故、故障停机率,设备维修费用计划指标的完成情况及杜绝发生特大重大设备事故负责。

2.4.3 矿区点检作业区及点检人员的职责

(1)编制所管辖区域设备的设备编码、工时效定额等基础资料。

(2)编制设备点检管理四大标准及设备点检计划。

(3)按点检计划认真进行点检作业,并进行实绩记录。

(4)对操作人员进行日常点检业务的指导、监督和检查。

(5)发现设备异常时,将情况记入记录中,并及时进行处理。

(6)编制设备修理项目预定表,并列出修理工程计划。

(7)编制设备维修费用的预算计划并合理使用。

(8)编制设备维修资材需用计划及做好领用等准备工作。

(9)收集设备状态情报,进行倾向管理,定量分析和掌握,设备劣化的程度,以及预测设备寿命。

(10)参加设备事故分析和处理,提出设备修复方案及事故预防措施和改善设备性能的意见。

(11)负责设备修理工程的管理工作。

(12)负责设备点检资料的收集和保管工作。

(13)提供维修记录,进行有关故障、修理费用等方面的实绩分析,提出改善设备的对策和建议提出改善设备的对策和建议。

(14)参与精密点检。

2.5 点检作业的实施及其要点

2.5.1 日常点检的实施

2.5.1.1 日常点检的作用

(1)通过日常点检检查,及时发现设备的异常现象,消除隐患,防止设备劣化的扩大和延伸。

(2)通过日常点检维护,保证设备经常处于最佳状态下工作,延缓设备的劣化。

(3)提高生产操作人员爱护设备的热情和关心设备的程度。

2.5.1.2 日常点检活动的基本工作

检查、清扫、给油脂、紧固、调整、整理和整顿、简单维修和更换。

2.5.1.3 岗位日常点检的实施要点

(1)关键是严格执行日常点检流程。

(2)依据日常点检标准和科学的点检路线,按点检表的项目逐项检查,逐项确认。

(3)使岗位操作人员熟悉点检标准和掌握点检技能,并增强责任心,成为具有较高素质的"技术型"和"管理型"的生产工人。

(4)专业点检员应结合实际制订点检表并与操作人员一起研究如何点检。

2.5.2 专业点检的实施——点检制的核心

2.5.2.1 专业点检的主要内容

①设备的非解体定期检查;②设备解体检查;③劣化倾向检查;④设备的精度测试及系统的精度检查、调整;⑤油品的定期成分分析及更换、添加;⑥零部件更换及劣化部位的修复。

2.5.2.2 抓住五大要素

紧固、清扫、给油脂、备品备件管理、按计划修理。

2.5.3 现场设备点检管理。

2.5.3.1 点检管理的现场五大任务

(1)保证设备"四保持":①保持设备的外观整洁性;②保持设备的结构完整性;③保持设备的性能和精度;④保持设备的自动化程度。

(2)按计划修理,保证设备正常运转。

(3)降低设备故障率和降低设备维修费用。

(4)创建文明班组,创造良好的现场工作环境和氛围。

(5)确保安全第一,实现设备事故为零。

2.5.3.2 做好现场点检工作的要点

落实五定;抓住重点;严格标准;明确流程;积极处理;强化责任。

2.5.4 设备的自主维修与保养

2.5.4.1 建立自主维修保养体系

开展自主维修保养活动,使生产现场操作人员熟悉设备构造和性能,不但会正确操作,而且会维护保养,会诊断故障,会处理小故障。

自主维修保养体系是以生产现场操作人员为主,对设备进行检查、维护,并对小故障进行修理。自主维修保养不是单纯地将设备维修保养的责任转移给操作者,而是专业维修人员与操作者的一项团队合作,同时也可以提升操作者关心设备和作业环境的责任感。自主维修保养涉及到人的观念、人的技术和人的追求三个要素,因此,开展自主维修保养活动的关键要抓住"改变操作者的观念"、"提升操作者的技能"和"追求效率最大化"3个要素,并使现场设备的维护保养和小修理成为操作人员的自觉行为。

自主维修保养活动的意义:改善设备的运行条件,改善员工的作业环境;避免人为劣化现象;预防设备故障的发生;提高设备的维修效率,减少专业维修分量,降低维修费用;提高操作人员的责任感和技能水平。

2.5.4.2 推进自主维修保养活动的步骤

①初期清扫;②查找问题源,制定技术对策;③自主维修临时基准与规范的编制;④制订点检标准与点检流程,并通过点检度量,设备的劣化;⑤自主点检;⑥自主维修活动的标准化;⑦自主管理的深入。

2.5.4.3 成功开展自主维修保养的对策

①思想转变,让企业全体员工,尤其是生产管理部门,认识自主维修的重要性;②组织保障,及时建立推行自主维修的保障体系;③基础建设,创建适于

开展自主维修的环境；④管理评价，完善自主维修管理体系及评价体系；⑤人才育成，对操作及专业人员进行必要的教育和培训。

2.5.4.4 设备的主动维护

主动维护是在设备开始发生失效之前采取的维护活动，它是通过监测得到导致系统失效的根源性参数，并及时纠正根源性异常工况，以保持设备良好的工作状态。主动维护的目的是把机械设备的故障和失效减到最小。

主动维护的核心就是对造成设备劣化的主要参数进行监控，及时调整、改善这些参数的劣化情况，从而保证设备的正常运行，延长其寿命。这个理论强调了维护的主动性，即，不要等到设备出现故障或故障特征的时候（往往这时已不能逆转）再进行检修或处理，进行主动维护，就是要化解、改善设备劣化的主要因素。主动维护是对设备失效根源进行监测和纠正，使设备正常工作的基本参数保持在允许的范围内，因此实施机械设备主动维护的首要环节是弄清楚其失效根源。

2.6 设备点检人员队伍的建设及点检绩效管理

专业点检人员是设备的直接管理人员，也是设备点检定修的核心，是推行设备点检定修管理关键的一环。

2.6.1 专业点检人员应具备的基本条件

①具有扎实、雄厚的文化基础知识；②有丰富的专业设备维护经验；③熟悉所辖区域设备的结构和性能；④有较好的管理、组织、协调能力；⑤有较好的文字和计算机操作能力；⑥勤奋、努力、刻苦、负责任；⑦肯学习、善钻研、能指导；⑧有强烈的安全意识和责任感。

2.6.2 优秀点检人员的基本素质

爱岗敬业、遵章守纪、精神振奋、现场能力强、协调能力好、安全意识浓、知识面广、务实实干。

2.6.3 专业点检人员的核心作用

操作、点检、维修三方，点检是管理方，处于核心地位，是设备维修的责任者、组织者和管理者。

点检人员是设备管理的“四大员”：①设备的基层管理人员；②设备技术状态诊断员；③设备检修质量监督员；④设备维修费用控制员。具备“六精”式点检人员：①生产上精通；②工作上精巧；③维修上精确；④技术上精密；⑤管理上精细；⑥经济上精明。

2.6.4 掌握点检技能

点检人员凭籍自己所具有的知识、技术、经验，以及逻辑思维，在生产现场发现设备所存在的问题和切实解决这些问题的能力就称为点检技能。点检技能由前兆技术和和故障的快速处理技术两方面组成。专业点检人员必须掌握一定的技能，这是体现专业点检水平的一个重要方面。

2.6.5 利用点检信息的维修管理和决策

2.6.5.1 获取及处理点检信息的三个技术环节

①设备信息的采集；②信息数据处理；③设备状态的判断和预报。

2.6.5.2 在实施点检中应采集的设备相关信息

①点检人员进行定期点检所获取的设备状态的相关信息；②有关设备故障的信息；③正常生产的现场检修信息；④进行设备解体点检或精密点检得到的信息；⑤生产方进行日常点检时获得的设备信息。

2.6.5.3 点检人员根据点检信息进行的维修业务和决策

①修改点检标准、给油脂标准及点检计划；②进行针对性的维修，编制修订检修工程项目表；③按照点检信息，修改和补充备件、资材需用计划；④对维修计划值、各项管理指标、定修计划等，提出修改意见；⑤对设备、备件、工程材料提出改善意见；⑥对检修工艺及有关工器具的使用，提出改进意见；⑦对设备的维修管理制度，提出改进意见。

2.6.6 专业点检人员的业务内容

①维修四大标准的编制与修改；②点检计划的编制及实施；③维修计划的编制以及实施全过程的协调、管理；④维修备品备件、资材计划的编制和管理，组织维修用备品备件、才材调到施工现场。⑤参加事故、故障的抢修和分析、研讨及检修处理，并做好故障管理；⑥设备劣化倾向管理的组织实施，切实掌握设备的状态；⑦设备改善的研讨、方案确定、计划制定直至计划实施效果确认等工作；⑧设备信息提供、状态情报的提供；⑨点检实绩管理与分析、点检业务的改善。

2.6.7 点检绩效管理

绩效管理是对绩效实现过程各要素的管理，是基于企业战略基础上的一种管理活动。点检绩效管理是通过对点检的战略规划目标分解、业绩评价，并将绩效成绩用于点检管理活动中，以激励员工业绩持续改进并最终实现点检目标的一种管理活动。

根据实际生产设备使用情况，点检润滑保养情况，故障停机情况，设备备件消耗情况，分别按照对生产影响的权重值，组织形成了“横向动态考核”模式。

2.7 设备定修管理

2.7.1 设备维修方式的选择

①事后维修(故障维修);②预防维修,以时间为基础的定期维修,以状态为主的点检定修;③预知维修(状态监测维修);④无维修设计(维修预防);⑤改善维修。

2.7.2 设备定修管理

根据设备预防维修的原则,在推行点检制掌握设备的实际技术状态,预定设备零部件使用寿命周期的基础上,安排连续生产系统的设备在"停机时间短、生产物流损失小、能源介质损失少、修理负荷均衡、修理效率最高"的一种最经济的修理方式称为定修。

(1)定修的特点:①在预防维修条件下,把修理负荷压到最低限;②充分体现了以点检为核心的设备维修管理体制;③是以设备实际技术状态为基础的预防维修制度,修理的良机获得率较高;④修理力量可外协实现修理社会化;⑤推行"计划值"管理方式,定修的停机修理计划时间及定修项目完成率,都追求计划100%准确;⑥定修的周期、时间和占用的修理力量,都受定修模型严格控制实行定量管理;⑦定修实施中严格按照标准化程序管理进行;⑧定修实行修理信息反馈和实绩分析。

(2)点检与定修的关系点检与定修的关系。定修中检修计划的立项主要来自于点检结果,如果只进行点检而不进行定修,点检就失去了意义;如果不进行点检,定修也就无法进行。

3 实施效果

2013年是公司"技术革新、设备更新、管理创新"战略攻坚的一年,设备大批投入使用,截止2014年底井下在用采矿凿岩设备全公司共有48台,其中阿特拉斯281凿岩台车6台、阿特拉斯Boltec锚杆台车2台、张家口宣化华泰HT82凿岩台车8台、张家口宣化华泰CHJ17HT凿岩台车2台、华泰HT-92台车1台、2 m^3电动铲运机16台、3m^3 atlas EST-3.5电动铲运机2台,atlas cobra喷浆台车1台、atlas Mixtec UV2水泥罐车1台、运矿卡车12台。

公司引进的大型进口采掘设备是国际先进的生产设备,与我公司以往使用的设备大相径庭、完全不同。集成化,机电液一体化是设备适用各种工况环境、高效运行的核心。同时制约着我们需要更快的接受新事物、更高的掌握设备的核心知识,才能发挥设备的应有性能,指导实际生产。设备的安全高效运行是公司生产任务完成的有力保障,为此公司在2013年1月1日开始,成立了凿岩台车定修班,所属于机动科管理。

公司运用现代化管理方法,针对设备数量多,种类杂,专门制定井下设备编码制度便于管理;针对设备使用单位互相公平竞争,出台了设备横向动态考核机制;针对设备定检、定修工作能否落到实处,建立了井下设备点检、定修工作标准;针对设备理论技术先进,需要更多的设备工程更好地务实在井下设备上,专门出台了工程师管理考核办法;针对设备的本身统计,建立了每台设备的终身技术档案。

截止2014年12月,凿岩台车定修班共有7名成员,负责保证16台设备的正常运行、定修保养及故障诊断工作,并且分布在公司3个井下矿山的各个不同位置的采场。为了更好地适应公司"三新"战略节奏,保证设备正常运行,凿岩台车定修班的成员克服种种困难,利用休息时间到生产厂家参与各种培训,利用每周四定修工作会畅谈心得交流技术问题,利用厂家技术人员短暂服务时深入交流设备的实际问题,利用连续作战12 h的工作态度查找设备故障,利用不怕脏、不怕累、不埋怨的工作作风为奋战的一线的工作者们提供支援。从2013年7月份开始,凿岩台车定修班按照区域分成2个组,有重点的分管设备。截止12月份,无特殊情况定修人员保证每周定修保养1台设备,同时兼顾故障诊断,停机救援工作。保证了公司的生产顺行。

4 持续改进措施

现阶段整个矿山行业的市场行情,进入"寒冬"是不可避免的,所给我们设备管理提出了更高的要求。按照"PDCA"循环模式,我们设备管理工作需要闭环的持续改进,针对现阶段出现的问题,需改进自身的不足,需要做以下工作:①对设备操作人员、点检定修人员增加关于设备技术升级知识的培训,从知识的深度上理解设备的运行;②组织专业工程师要尽快编制井下主要生产设备维修手册,结合案例,对各类故障诊断维修要点加以总结归纳,并不断补充充实,提高相关人员的工作质量;③细化设备管理的各种制度,实现责任落实明确,惩罚制度得当。

近几年公司设备更新的速度快,步伐大,设备管理虽然已经做了很多工作,但是还不能适应快速发展的需要。"扩产增效、降本增效"是公司未来可以持续发展的主题,设备管理人员要秉承理念,总结问题、完善制度,为公司的顺行生产保驾护航。

(收稿日期 2015-05-26)

矿山企业降本增效工作的实践

曹永芬
(玉溪大红山矿业有限公司)

摘　要　降本增效是企业发展永恒的主题,是提高盈利能力重要管理手段。结合矿山玉溪大红山矿业公司自身发展的特点及面临的形势,阐述了矿山企业降本增效的效果和举措。

关键词　矿山企业　降本增效　实践

玉溪大红山矿业有限公司是隶属昆明钢铁集团有限责任公司的全资子公司,是集采矿、选矿、精矿管道输送于一体的大型联合企业,是目前中国最大的地下开采矿山之一。地处中国花腰傣之乡的云南省玉溪市新平县戛洒镇,采用新模式办矿,按照合同方式承包采矿和井建工程,现共有采矿单位8家,施工单位16家,中介单位4家,协作单位从业人员4 278人。

1　背　景

中国实施改革开放30多a以来,一直保持着"火箭般"的高速发展速度,但在金融危机、欧洲主权债务危机的冲击之下,2013年,中国经济发展速度逐渐放缓。昆钢钢铁主业面临着国际国内经济下行、全行业亏损以及区域市场民营钢厂发展迅速的"三重挑战"。随着钢铁行业降成本工作的推进,对上游原燃材料价格形成挤压,铁矿石价格也呈现下滑趋势,形势十分严峻。

面对严峻的经济环境,大红山矿业公司克服多重困难、大胆创新,2013年以来全面展开对标挖潜、降本增效的工作,合理实施各种措施,实现将铁精矿完全成本控制在500元/t以下的目标。全年实现原矿处理量1 216万t,产出铁成品矿513万t,实现销售收入32亿元,上缴税款6亿元,创造的利润超过了整个昆钢集团公司总利润的二分之一,达到降本增效的目的。矿业公司通过积极采取措施,想法设法降低成本。

2　实施降本增效的措施

2.1　加强宣传教育工作,提高认识降成本

历览前贤国与家,成由俭来败由奢。荀子在2 000多a前就提出,"强本而节用,则天不能贫;本荒而用侈,则天不能使之富"。

矿业公司领导充分重视降本增效的重要性,因为,只有企业各级领导重视了这一问题,那么,"降本增效"才能全面地渗透到公司的每个环节之中。

各级领导从思想上重视,做好思想宣传工作,开展各种关于降本增效的活动,不断的培养全员节约能源的意识,强调他们要从身边的小事情做起,让节约成为企业实际经营过程中的一部分。

首先向全体员工传递市场压力,牢固树立危机意识、紧迫意识和责任意识,激发各单位、各部门降本增效工作的主动性和积极性,为企业效益的提升做出更大的贡献。同时建立良好的奖惩机制,广大员工的利益要与降本增效的效果紧密结合,使员工得到实实在在的好处。

其次加大舆论宣传力度,充分发挥报纸、电视等媒体的作用,营造浓厚的降本增效舆论氛围,广泛调动广大职工降本增效的积极性。在活动初,就制定了"对标挖潜、降本增效"工作方案,用文件、小册子、卡片、标语等各种方式进行了宣传动员,让全员参与,人人身上有指标,关系到每个人的切身利益。去年以来,公司围绕"对标挖潜、降本增效"主题实践活动,本着有利于促进基层管理创新、有利于激发职工岗位创新、有利于提升职工技术创新的原则,深入开展降本增效活动的基础上,广泛深入地宣传,在全公司营造了"时时找标杆、处处立标杆、人人创标杆"的浓厚氛围。采取精神激励和物质奖励相结合的方式,奖励经费由劳动竞赛专项费用和工会经费列支。活动突出"全面对标、全员对标、全程对标"的对标理念,充分激活了各团体、各单位、各个体的

曹永芬(1980—),女,高级统计师,7391065 云南省玉溪市新平县戛洒镇。

竞争要素,实现了可比性,增强了可操作性。同时,活动彻底打破了轮流坐庄的传统评比模式,变重结果为抓过程,实现了由评先进到算先进的转变。充分发动和组织矿业公司各单位在生产中找差距、在岗位上挖潜力,全面提高矿业公司生产组织和管理水平,增强企业可持续发展能力和综合竞争能力,逐步缩小与一流企业的差距。

2.2 加强组织领导、规范工作机制降成本

为深入推进降本增效,矿业公司设立了由总经理亲自挂帅的组织领导机构,下设执行机构,负责具体策划、实施,制定活动方案,组织建立奖励机制。

矿业公司各单位,不论是生产单位、还是管理部门,高度重视对标挖潜、降本增效工作,各单位成立了行政一把手任组长,副职任副组长,各科科长、骨干为组员的"对标挖潜、降本增效工作组",并明确本单位的专职(或兼职)成本员。对降本增效工作,各单位必须认真分析、认真组织,结合本单位的生产建设、经营管理工作实际情况,制定确实可行、行之有效的工作措施和方案,把矿业公司指标体系进行层层分解,落实到每个工序、每个车间、每个班组、每个岗位。矿业公司各级领导班子,以高度的责任感和危机感对待自己主管和分管的工作,在对标挖潜、降本增效工作中不仅要能提出问题,也要提出解决问题的办法和措施,并按照办法和措施立即行动,全面展开降本增效工作。领导小组每月定期召开成本分析工作例会,特殊情况召集临时会议,听取对标办公室工作汇报,指导、协调重大事项,对上月成本指标完成情况进行分析通报,对下月具体工作进行安排。对照指标值进行分析,对指标体系的修改和完善。对"对标挖潜、降本增效"的完成情况纳入矿业公司经济责任制中进行考核,由人力资源部根据指标值设立考核指标,每月各单位指标完成值由财务部提供经领导小组审核通过后的数据为准进行考核。对标办公室每季度至少一次到厂、管理部及基层单位检查、指导对标工作。各指标责任单位每月至少一次到基层单位监督、检查对标工作。

2.3 管理创新降成本

一是完善公司对标体系建设。对标体系分为内部降本增效指标体系和外部对标指标体系两部份。内部指标体系主要以成本指标、经济指标等,按达到的指标不后退的原则。外部指标囊括了产品产量、采选生产指标和财务、成本指标,与同行业先进标杆企业对标;二是提出适合矿业公司的"六降"方针组指导建立基于战略目标的完全成本管控体系。"六降"方针主要是:认识提高降成本、结构优化降成本、点滴节约降成本、创新管理降成本、投资控制降成本、措施落实降成本;三是强化全面预算管理,严格控制成本费用,企业的各个部门应共同合作,不断的促进预算管理工作,将企业生产经营的各个环节都纳入到企业预算管理的范畴之中,认真的对企业的实际生产经营情况进行仔细的分析,并且还要严格的执行申请、审核、审批支付程序,进一步从工程招、投标,确定合同等方面降成本,确立长期发展的战略成本意识;四是强化资金资产管理,防范资本投资风险 。加强重视应收账款监督控制与收缴工作,在采取赊销手段时,采取小心谨慎的态度,严格的执行信用制度,将经营风险进一步降低,确保资金的安全性。充分的分析当前市场的实际需求,将生产与销售进行有机的结合,防止过早或者过量的投入;五是建立科技驱动型的成本管理理念。科技技术是第一生产力,因此,企业在持续发展过程中应全面的投入科技技术,不断的促进科技进步与科技创新力度,进一步降本增效。因市场环境逐步进入到微利时期,企业难以通过高价获得利润,计划机制下的"节能降耗"与单项成本管理其成本下降空间十分有限,已无法适应市场经济发展的需要。科技驱动型成本管理通过新产品开发、成熟产品的优化设计、新材料的运用、工艺技术的创新、设备技术的改进、员工素质的提高与利用信息化管理等,实现技术、管理手段与方法的科学化,进而将降低成本与技术进步有机结合起来,更加注重科技在扩大利润空间的作用。大红山矿业公司成立省级技术中心以来,逐步加大科技投入,每年制定大量的技改、技措与研发计划,以市场为导向,实行科学的矿石资源综合开采与利用技术。如低品位矿石重新圈定与规划开采、废石再选利用,尾矿降尾、充填与制砖利用,尾矿回水利用,铜、金、银、钴等伴生金属的综合回收利用等。在信息化集中调度指挥、集中计量与生产可视化监控及"六大系统"的建设方面也走在了前例。从多方面、多渠道实现了向科技驱动型成本管理的转变;六是大红山矿业公司实行全方位倒逼成本。其中以市场价格为尺度测算不同品种、品位的目标成本进行控制和落实是倒逼成本的起点;从变化的市场为基准,从采购成本、生产成本、外委加工成本、期间费用等全方位挤水份,将深藏其中的成本潜力抠出来

(下转第564页)

·实用技术·

反井短段刷砌施工法在某铁矿溜破系统建设中的应用

陈鹏刚　宋　亮
（五矿邯邢矿业公司中冶公司）

摘　要　某铁矿溜破系统上、下部矿仓均采用反井钻机施工，自上而下短段扩刷。初次采用锚喷临时支护，二次采用绑扎钢筋网、锰钢板支模砌混凝土永久支护，简化了施工工艺，缩短了施工工期，达到预期目的。

关键词　溜破系统　反井短段刷砌法　支护工艺

张家夏楼铁矿主井溜破系统掘支工程是整个矿山基建工程系统中最重要、施工难度最大的工程，关系到整个矿山能否尽快投产。上部矿仓位于-475～-512 m水平，高22.6 m，直径为6 m；下部矿仓位于-512～-544 m水平，高33.1 m，直径为6 m。在上、下部矿仓施工过程中，施工方结合现场实际情况，经过多次技术研究决定，利用反井短段刷砌法施工，采取临时支护与永久支护相结合的方法，取得了较好的效果。

1　工程概况

目前主井井筒已经施工至-515 m水平（垂深540 m），1#副井永久装备正在施工，期间利用主井施工时在-475 m水平已施工的一条与1#副井-475 m水平进行短路贯通的措施联络巷，由主井改造后的提升系统来施工溜破系统工程，加快矿井建设速度。

该组岩石主要为大理岩、闪长岩，岩石普氏系数f=8～10，岩石节理发育，另有黑云角闪片岩及斜长角闪岩夹条带状、条纹状磁铁角闪石英岩和条带状磁铁石英角闪岩。岩层普遍遭受区域变质作用和不同程度的混合岩化作用。

2　施工方法

采用反井短段刷砌法施工溜破系统，先施工上部矿仓，再施工下部矿仓，分别在-475～-512 m水平上部矿仓及-512～-544 m水平下部矿仓中心线位置采用一台LM-120型反井钻机施工ϕ1.2 m天井；然后采用多台YT-28型风钻打眼，中深孔光面爆破，自上而下短段扩刷；利用组装式金属模板进行现浇钢筋混凝土砌碹，支护厚度为500 mm；采用1台2JPB-30型电耙直接将矿仓扩刷的矸石扒至措施溜井，然后由主井井筒改造后的提升系统提升至地面，经地面自动翻矸装置卸入自卸汽车，运至排矸地点。

3　施工人员组织

采用反井钻机施工天井，人员工作效率极为重要，在施工过程中，按照“三八制”组织人员作业，采用“滚班式”交接班制度（下一班人员要提前30 min到工作地点等待接班），并且每班都有施工队长现场指导作业，以进一步提高工作效率。

4　安全质量控制

（1）扩刷施工的第一步要用小炮将破碎硐室和下部矿仓贯通，确保下一步作业的自然通风。

（2）爆破作业时，上部矿仓施工人员及-515，-550m水平所有施工人员都要撤至安全距离外，主井提升机停止作业。

（3）每班上部矿仓施工人员都要对脚手架上的作业平台进行清理，确保不出现高空坠物。

（4）破碎机基础和下部矿仓往下扩刷3排炮（大约7m）时，要在破碎硐室安装一套提升设施，破碎机基础部分用25#工字钢和4mm花纹钢板进行半封闭，并在四周安装围栏，靠近副井方向做成活动围栏，以便于上下人和下放材料[1]。

（5）为确保施工安全和工程质量，下部矿仓、破碎机基础及给矿硐室边帮要增加临时喷射混凝土支护，支护厚度为50 mm，防止下部施工及从上往下吊运材料时，上部掉浮石；同时要打砂浆锚杆，规格ϕ20 mm×1 800 mm，外露20 cm，间距1 m×1 m，用来固定钢筋网及模板。

5　结　论

经过现场工程实践，采用反井短段刷砌法施工溜破系统上、下部矿仓，具有安全性高、工程进度快、施工工艺简单等优点，可以在类似矿山推广使用。

（收稿日期　2015-05-26）

陈鹏刚（1985），男，工程师，056000 河北省邯郸市高开区创业路3号。

千米深井高、低速提升系统设计

徐海涛　边金鹏　王　金　朱子昂　周腾蛟　于　淼　腰晓然

（五矿矿业（安徽）工程设计有限公司）

摘　要　大规模的深部采矿将是未来采矿行业的发展趋势，深井矿石的提升成为亟需解决的问题。为此，就深井提升系统的设计，对高、低速提升进行了方案比较，对于千米深井的提升系统的设计具有一定的参考价值。

关键词　深部采矿　千米深井　提升系统

近年来，我国金属地下矿山逐渐向大规模和深井方向发展。为了开采地下深部矿产资源，有必要对超千米深井提升系统进行深入研究。

1　矿山概况

某大型铁矿山位于我国东北部，该矿山的采矿方法初步定为充填法。设计开采规模800万t/a，贫化率10%。初步拟采用2条主井、双箕斗提升完成上述任务。矿、岩分配及参数见表1。

表1　矿、岩分配及参数

方案	矿分配/(万t/a)	岩分配/(万t/a)	井口标高/m	井底标高/m	提升高度/m	箕斗自重/t	载重/t
高速	465	335+80	+95	−1 183	1 266	35	35
低速	476	324+80				40	40

2　设备选型

2.1　首绳选型

根据计算结果选用6×36WS-FC-1860钢丝绳6根，钢丝绳单重9.25 kg/m。钢丝绳实际安全系数$m>7.0$，符合安全规程要求[1]。

2.2　尾绳选型[2]

选用PD8×4×19扁尾绳3根。主要参数：$P_w=19.5$ kg/m，$\sigma=1\ 570$ MPa，$Q_p=3\ 300$ kN。

2.3　提升机选型

钢丝绳最大静张力为：$S_1=1\ 422.8$ kN，$S_2=1\ 079$ kN。钢丝绳最大静张力差为243.35 kN。

根据上述参数，选用JKM-5.5×6（Ⅳ）多绳摩擦提升机1台，摩擦轮直径5.5 m，最大静张力2 000 kN，最大静张力差600 kN。

2.4　电机选型[2]

等效时间为112.1 s，等效功率为7 669.92 kW，电机功率为8 400 kW，富裕系数为1.1。低速提升系统设计方案的设备选型计算过程与高速提升系统设计方案的设备选型计算过程类似。相同工况下，高、低设计方案的输出比较见表2。

表2　相同工况下，高、低设计方案的输出比较

方案	提升速度/(m/s)	电机转速/(r/min)	电机功率/kW	电机过载系数	衬垫比压/MPa	应力幅/%	提升钢丝绳型号	钢丝绳单重/(kg/m)	安全系数	单耗/kWh
高速	17.85	62	8 400	1.49	1.52	9.14	6×36WS-FC-1860	9.25	7.94	6.57
低速	14.40	50	7 600	1.383	1.606	9.57	6×36WS-FC-1860	9.25	7.43	6.11

3　结　论

（1）高速方案，端荷小，钢丝绳应力变化幅小，钢丝绳寿命长，安全系数高，但单耗高，电机功率较高，过载系数高。

（2）低速方案，端荷大，钢丝绳应力变化幅大，钢丝绳寿命短，安全系数低，单耗低，电机功率较低，过载系数低。

（3）合理确定深井提升系统主导轮与导向轮之间的中心距离，可有效延长钢丝绳使用寿命。

参考文献

[1]　中华人民共和国国家质量监督检验检疫总局. GB 16423—2006　金属非金属矿山安全规程[S]. 北京：中国标准出版社，2006.

[2]　王运敏. 中国采矿设备手册[M]. 北京：科学出版社，2007.

（收稿日期　2015-05-26）

徐海涛（1983—），工程师，硕士，230601 安徽省合肥市滨湖区武汉路230号。

三维激光扫描仪在井巷工程中的应用

郭　庆
（玉溪大红山矿业有限公司）

摘　要　三维激光扫描仪在井下工程生产、建设中对高溜井实施扫描测量，能够反映溜井的真实状况，对提高溜井的探测效率以及溜井测量的准确性具有重要作用。结合实例，对三维激光扫描仪在井巷工程的应用情况进行分析，为井下工程施工提供参考。

关键词　三维激光扫描仪　探测效率　溜井测量

对于使用高分段崩落法的矿山在生产、建设过程中，溜井的设置是必不可少的，是完善矿山开拓系统的一部分。溜井的设置不仅适用于平硐开拓的矿山，也适用于竖井开拓矿山（采用溜井放矿、集中出矿的运输方式），在我国不仅大中型矿山，而且在一些小型矿山应用也较为广泛。采用溜井集中出矿的方式可以大大提高矿山的提升效率和运输能力。

1　项目概况

玉溪大红山矿业有限公司地处云南省玉溪市新平县境内，是正在建设中的国内特大型地下矿山，矿石总储量约4.5亿t。矿山矿石储量大，原矿品位较高，具备良好的开采条件，能形成大规模地下开采能力。2002年建成年产50万t/a采、选试验性工程；2006年建成400万t/a采、选、管道工程；2010年建成380万t/a熔岩铁矿露天采选工程。目前，已经具备年产原矿640万t、成品矿320 t以上的生产能力。同时，大红山铁矿800万t/a采选扩产工程、400万t/a井下二期工程正有序向前推进，2015年将形成1 200万t原矿处理能力，可生产500万t成品矿。玉溪大红山矿业有限公司400万t/a二期采矿工程建设设计布置了41条溜井。建设初期分段分别为400～180 m（深220 m）、370～180 m（深190 m）、340～180 m（深160 m）、280～180 m（深100 m）。施工方法为中导孔施工，ϕ1.4 m反井钻机刷大，人工吊罐扩刷至ϕ3.0 m成型溜井。溜井的成型质量直接影响着后期的溜井安全运行。目前在建过程中溜井施工的检测是通过人工乘坐吊罐下到溜井里面检查溜井直径、支护长度、垂直度等。传统的检测方法安全系数低、作业时间长且耗费大量人力、财力。为此，玉溪大红山矿业有限公司引进CMS V400三维激光扫描仪对井下高溜井进行实测扫描，快速检测高溜井位置、形态、体积计算等情况。

2　三维激光扫描仪

三维激光扫描仪技术又称实景复制技术，是利用激光测距的原理获取实体的点云数据，通过对海量点云数据进行处理，从而复建出高精度三维实体模型。并结合坐标控制对比分析数据，得到实体的变形特征。近年来，三维激光技术逐渐应用于各类工程实体扫描，针对井下工程普遍应用于巷道、采空区扫描，对高溜井的扫描测量正在探索过程中。本研究选用加拿大Optech CMS V400空区三维扫描激光扫描仪。技术参数：激光类型，一级激光（FDA 21 CFR 1040）；距离分辨率为1 mm；角度分辨率为0.1°；测距精度为±2 cm；扫描头重量为5.4 kg；仪器尺寸为398 mm×157 mm×122 mm；扫描范围为500 m；控制界面为防水笔记本，可遥控操作，人站在安全区域对设备进行遥控；每次扫描点数为52 200；扫描视场为360°×290°；工作温度为-10～+50 ℃；储存温度为-40～+50 ℃；电源电压为24 V可充电电池，或者24 V交、直流转换器接入。

3　应用实例

3.1　溜井测量需要准备的配件

（1）2根稳绳以及1根扫描仪下放的承重绳，稳绳长度大于溜井深度，设备承重绳大于扫描仪下放的深度，每根绳子需要一个线盘，方便放线和收线。

郭　庆（1986—），男，助理工程师，653405 云南省玉溪市新平县戛洒镇。

(2)3 个定滑轮和固定滑轮的支撑杆,滑轮宜焊接在一根结实的支撑杆上。

(3)固定扫描仪、传输电缆、2 根稳绳的辅助连接头,传输电缆如果很长,宜放置线盘。

3.2 高溜井测量设备架设过程及扫描

将滑轮支撑杆固定,让中间的滑轮尽量位于溜井中央,以便于下放设备和稳绳,防止与井壁发生碰撞;下放栓有配重的稳绳,采用 5 ~ 8 kg 的配重即可,先放 1 根,放到井底后固定,再放另 1 根稳绳到井底固定好,用辅助连接头将扫描仪、连接线缆、稳绳固定,沿着稳绳的方向,开始下放辅助连接头;从井口往下 1 m 处开始扫描第 1 站,测量一站约 7 min,第 1 站完成后,把扫描仪下放 25 m 扫描第 2 站,按照 25 m 的间距依次往下分站式扫描,直至扫描完整个溜井。

3.3 高溜井测量需要的辅助设备

所需的辅助设备有 3 根绳子(盘好在线盘上)、3 个滑轮及支撑杆,所测井口需要搭设平台,便于固定带有 3 个定滑轮滑轮支撑杆;如果井口有防护栏且井直径小,可将支撑杆固定于防护栏上,无需再搭设平台。溜井测量时,由于劳动强度较大,有必要安排 8 人左右配合操作。如果需要绝对坐标,还需要全站仪配合测量,使用全站仪将矿区绝对导入扫描成果进行转换后,便可形成与矿区统一的真实三维坐标用于工程设计。

3.4 全站仪传递绝对三维坐标

将全站仪架设于矿区已知点上首先通过三维坐标的传递用免棱镜测距模式实测固定扫描仪的承重绳井口位置的三维坐标,然后采用同样的方式实测 2 根稳绳的井口坐标。承重绳的坐标与 2 根稳绳的坐标用于定向赋予扫描成果并可以完成坐标的转换。可以导出 XYZ、DXF、TXT 等格式文件,便于后期软件的处理。

溜井扫描实施过程:扫描 6# ~8#溜井,溜井设计直径为 3 m,井深 100 m,井口标高 280.83 m,井底标高 180.83 m。通过对建立模型的横纵剖面图分析发现,实测的溜井直径与设计相差很小,个别的部位出现超欠挖现象,井筒整体的直径能够达到设计要求;溜井在 230 m 标高处出现偏移现象,偏移方向为 NE 向;偏移量随着井深逐渐增大,在195m标高处实测井壁与设计井壁的偏差量为 2.62 m。

在井口平台处开 1.5 m×0.5 m 槽,便于设备和稳绳下放至井内。CMS V400 三维激光扫描仪通过中间定滑轮沿两边稳绳的方向下放至溜井内部分站式进行测量(每站的间隔距离可设置为 25 m)。测量现场如图 1 所示,点云建立的溜井模型见图 2,溜井模型剖面图见图 3。

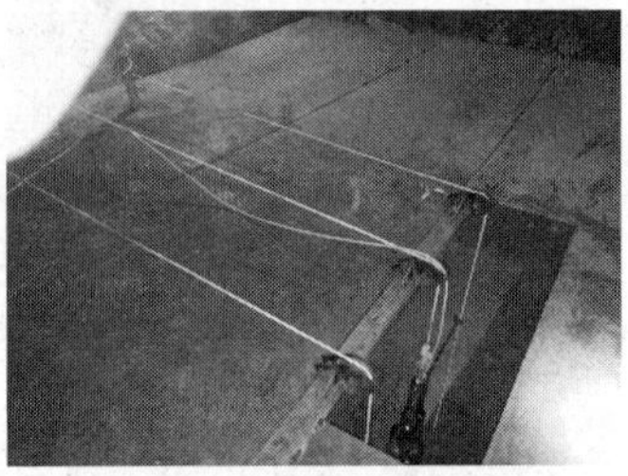

图 1 测量现场

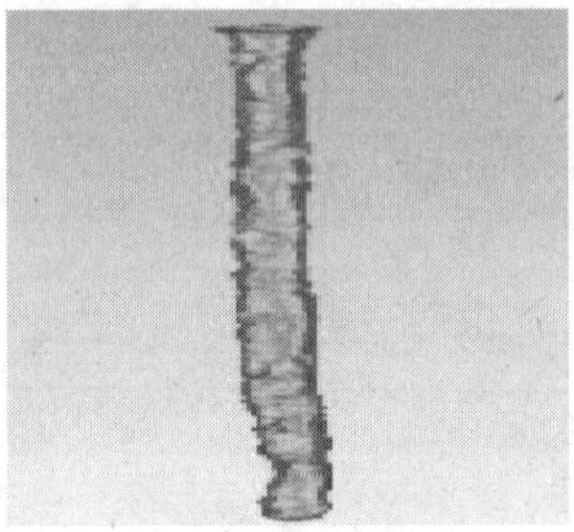

图 2 溜井模型

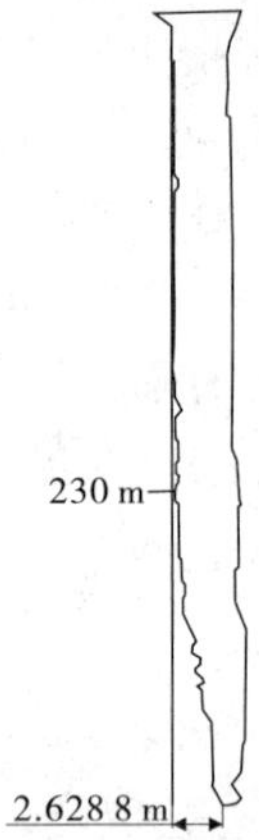

图 3 溜井模型剖面

4 结 论

利用三维激光扫描仪和专业三维建模软件,可以建立矿山三维模型,准确获取所需实体的空间信息。相较于传统测量方法,三维激光扫描仪获取溜井空间信息的速度更快,减少井下测量作业时间,保证测量人员的安全,因而三维激光扫描仪在井下工程中具有较大的应用价值。

(收稿日期 2015-05-26)

综采工作面风桥施工技术

韩磊玉　李　帅　秦瑞宏
（国投新集能源股份有限公司口孜东矿）

摘　要　111304 综采工作面为满足回风需要，施工临时风桥，采取锚网索支护，施工瓦石墙，浇筑基础，满足了风桥支护强度要求。

关键词　综采工作面　风桥　浇筑　瓦石墙

1　工程概况

因 111304 工作面通风系统需要，需施工 111304 工作面临时风桥，该风桥从机巷下出口向外 1 814 m 处下方通过，联通工作面中巷和工作面下方的探巷，保证工作面回采期间的回风需要，风桥全长 45 m（平距），其中浇筑段巷道长度为 17.94 m。

2　施工方法及顺序

（1）将施工所用设备工具打运至施工地点后清理干净巷道底板浮货。由地测部门校核巷道中线，严格按中线及设计图纸施工。

（2）111304 工作面临时风桥岩性破碎时采用风镐掘进，岩性较硬时采用松动爆破排底。

（3）出货方式使用链板机或耙矸机出矸，矸石经 111304 工作面探巷内皮带出至矿车，经矿车外运。

（4）风桥掘进支护工作完成后开始进行浇筑准备工作，将浇筑段巷道底板浮货清理干净，由两侧向中间开始逐根铺设 4 m 长、70 mm 厚大板。大板铺好后开始铺设旧风筒布。按照间距 500 mm 铺设并焊的 4.6 m 长 12#矿用工字钢 25 组。浇筑分 2 次进行浇筑，浇筑时首先浇筑 600 mm 厚混凝土，第 1 次浇筑完成后再铺设 200 mm 厚的聚乙烯泡沫板，在聚乙烯泡沫板上方浇筑 700 mm 厚混凝土。

（5）浇筑完成后在 111304 工作面探巷上平台前后施工料石密闭墙。施工料石墙长度现场情况确定，但是上墙深入探巷两帮不小于 1 m，下墙深入探巷两帮不小于 500 mm，并且喷浆密封防止漏风。

（6）施工顺序：掘进出货→锚网索喷支护→铺底（铺木板、风筒布、工字钢）→浇筑。

（7）临时风桥施工时发现由于受矿压影响，局部巷道底板煤岩松软，两帮无法留住，施工时局部巷道全断面卧底影响后期浇筑，对施工方案变更如下：卧底后对巷道两帮进行锚网索支护，支护参数同上。按照巷道分中 1.6 m 施工双层瓦石墙，瓦石规格为 400 mm×300 mm×120 mm。自巷道底板向上 1.4 m 处以巷道中线为准，按照排距 1.5 m 施工 1 排锚索，锚索头距离中线 1.4 m。施工瓦石墙时将预先施工的锚索穿过瓦石墙，保证锚索在瓦石墙外边留有 200 mm 的外露，以便于瓦石墙砌好后加压垫板及锁具。瓦石墙施工完成后在瓦石墙与巷帮之间的空隙处使用煤矸进行充填。充填后再在瓦石墙上方依次铺设工字钢、大板、风筒布，然后进行浇筑。浇筑时取消聚乙烯泡沫板。浇筑厚度变更为 0.5 m 钢筋混凝土，浇筑后底板与轨道之间采用矸石及水泥浆将空隙填实。

3　施工技术参数及要求

3.1　锚网索支护材料

锚杆采用 MG500 型锚杆，规格为 ϕ22 mm×2 500 mm。锚杆托板采用厚 10 mm 钢板加工成碟形墩窝托板，规格为长×宽×厚＝120 mm×120 mm×10 mm。锚网采用 ϕ6 mm 钢筋焊制，规格为长×宽＝2 mm×1 mm。钢带采用 ϕ12 mm 圆钢焊制 H 型钢带。锚索采用 ϕ21.8 mm 钢绞线加工，长度为 6.2m。锚索托板采用厚 14 mm 钢板加工，采用大小两块托板叠加，大托板规格为长×宽×厚＝300 mm×300 mm×14 mm，小托板规格为长×宽×厚＝150 mm×150 mm×14 mm。帮部为岩时每根锚杆用 1 卷 MSK2850 和 3 卷 MSM2850 树脂药，帮部为煤时每根锚杆用 3 卷 MSM2850 树脂药。每根锚索用 1 卷 MSK2850 和 3

韩磊玉（1978—），男，助理工程师，236153 安徽省阜阳市颍东区杨楼镇。

卷 MSM2850 树脂药。起吊锚杆及地锚用 1 卷 MSK2850 和 3 卷 MSM2850 树脂药。托棚梁规格采用 4/5ϕ200 mm×3 200 mm 圆木加工。托棚腿采用 ϕ200 mm×2 900 mm 优质圆木加工。木楔采用优质圆木加工。

3.2 支护参数

锚杆间排距 700 mm×700 mm，允许偏差±100 mm。浇筑段巷道断面每排 10 根锚杆。锚索间排距 700 m×700 mm，每排 8 根。锚索间排距允许偏差为±100 mm。

3.3 喷射混凝土支护

喷射混凝土强度为 C20，喷射混凝土采用 PC-8U 型喷浆机，喷射混凝土配比（质量比）为水泥：黄砂：瓜子片＝1：2：2，水灰比 0.45，水泥与黄砂和瓜子片或混合料应清底并翻拌不少于 3 遍使其混合均匀。速凝剂在喷射机上料口处均匀加入，必须随喷随加，不得提前拌入料中。风桥主体巷道掘进支护完成后再进行喷浆支护。

3.4 混凝土浇筑

浇筑混凝土强度为 C30，浇筑混凝土配比（重量比）为水泥：黄砂：碎石：水＝1：1.13：2.4：0.37，浇筑长度为 17.94 m，浇筑厚度为 1.5 m，浇筑宽度为 4.6 m。

4 技术质量要求

（1）锚杆、锚索支护质量要求。锚杆安装牢固托板密贴壁面，未接触部分必须楔紧，煤体部分抗拔力不小于 80 kN/根，岩体部分不小于 120 kN/根。锚杆外露长度露出螺母 10～40 mm；锚索露出锁具长度为 150～250 mm。锚索间排距允许偏差为±100 mm。锚索托盘紧贴顶板，预应力不小于 160 kN/根。锚网紧贴岩壁，网间压接绑扎牢固，搭接长度符合要求。钢筋网采用锚杆（H 钢带）压茬；钢筋网搭接不小于 100 mm，钢带搭接 100～200 mm，用双股 12# 铁丝联网，联网点距不大于 300 mm。

（2）喷浆质量要求。速凝剂必须随喷随掺，不得提前掺入料中。喷混凝土连续洒水养护 28 d，第 1 周每班洒水不少于 1 次，以后每天洒水不少于 1 次。喷射均匀，达到无裂纹、无“穿裙”、无“赤脚”要求。喷混凝土应严密封实巷顶、帮，不允许出现空洞、不得出现露筋露网现象。喷浆料要搅拌均匀，搅拌次数不少于 3 次。喷混凝土应严格达到基础深度 100 mm。

（3）浇筑质量要求。浇筑拌料前将浇筑段巷道底板浮货清理干净，保证为实底，要将拌料地点的杂物清理干净，拌料时严格按照配比进行配料，水泥与黄砂和石子应翻拌不少于 3 遍使其混合均匀。浇筑完成后 7 d 内每班洒水养护 1 次，7 d 以后每天洒水养护 1 次，养护不得低于 28 d。浇筑时由相关科室专人进行监督，应及时将浇筑料捣实，防止出现蜂窝、麻面等。浇筑时适当加入废旧锚网及锚杆，以提高混凝土强度。

（4）瓦石墙砌筑质量要求。瓦石墙砌筑要牢固有力，料石间不得留有空隙，空隙间要用水泥砂浆充实。瓦石墙与能留住的风桥巷道两帮岩体之间缝隙要用水泥砂浆填实。水泥砂浆配比为 1：2，施工时严格按配比配制水泥砂浆。用于加固瓦石墙的锚索每根使用 3 卷 MSM2850 树脂药卷。锚索预应力不做要求，但锚索垫板要贴紧瓦石墙。砌筑瓦石墙时一次砌筑高度不得大于 2 m，需要等水泥砂浆凝固，瓦石墙牢固后再向上砌筑。砌筑瓦石墙时上下相邻的两块瓦石不得重缝，要错开放置。

（收稿日期　2015-05-26）

漏斗法在大红山铁矿施工高大硐室的应用

董越权
（玉溪大红山矿业有限公司）

摘 要 大红山400万t/a二期矿石破碎硐室属于高大硐室，给掘进和支护工作带来很大难度，采用漏斗施工法施工高大硐室不仅能够确保施工人员的安全，而且能够减少硐室的临时支护，节省投资。

关键词 漏斗法 高大硐室 锚网喷 钢筋混凝土

大红山铁矿作为昆钢的粮仓，井下400万t/a工程必须持续、稳定生产，实现一、二期的顺利接替。由于大红山铁矿400万t/a一期提前达产、产量加大，同时二期向深部发展，建设难度大，建设周期长，因而二期建设和接替必须提前展开。二期工程是大红山铁矿目前的重点工程，溜破系统为400万t/a二期控制性工程，是矿石、废石破碎、提升的关键工程。矿石破碎硐室属高大硐室，需经过分断面掘进成形，锚网喷初次支护及钢筋混凝土永久二次支护二道支护施工工艺，施工工期长，硐室施工安全、质量控制和施工难度较大。

1 工程概况

二期采矿工程矿石破碎硐室，西部与大件道相连，东部与回风道相连，南北与振机硐室相连，下部与破碎基础相接，矿石破碎硐室中心坐标为（65 367.269 m，646 49.401 m）。硐室高12.81 m，宽10.5 m，长34 m，设计为双层钢筋C25混凝土永久支护，支护厚度0.5 m。从已揭露的岩石情况来看，岩石裂隙发育，中间有断层，围岩硬度系数约10。大红山400万t/a工程一期和二期现有工程，能够确保矿石破碎硐室供水、供电、材料运输、和排水系统的形成。硐室矸石由铲汽车排至废石箕斗井，通过箕斗排至地面，再由地面矿仓排至业主指定地点。利用现有的井下通讯系统，可在井下安装矿用安全电话，便于井上井下联系。

2 施工方法

由于硐室较大（开挖长34 m，宽10.5 m，高12.67 m），为了确保施工安全，首先采用漏斗法施工暴露硐室拱顶部分围岩，漏斗数量为4个，坡角约35°，布置以能完全覆盖硐室拱顶施工范围为准。拱顶采用短掘短支，临时支护与永久支护方式平行作业，待拱顶全部开挖与支护完成后再对硐室下部施工，硐室下部采用台阶施工法，施工完毕后及时按设计支护。

3 硐室掘进及临时支护

3.1 施工小天井

在破碎硐室施工4条小天井至硐室顶部，作为人员设备的上下通道，兼顾通风和出矸用。因小天井高11 m，采用反天井法进行施工，一次成巷。每茬炮都由技术人员进行放线，保证天井的垂直度。在井壁上打锚杆挂铁梯供人员上下。在距掘进工作面2 m井壁安设凿岩工作平台，并在平台上打好锚杆，作为下茬炮挂梯子、架平台用。破碎硐室平面图见图1。

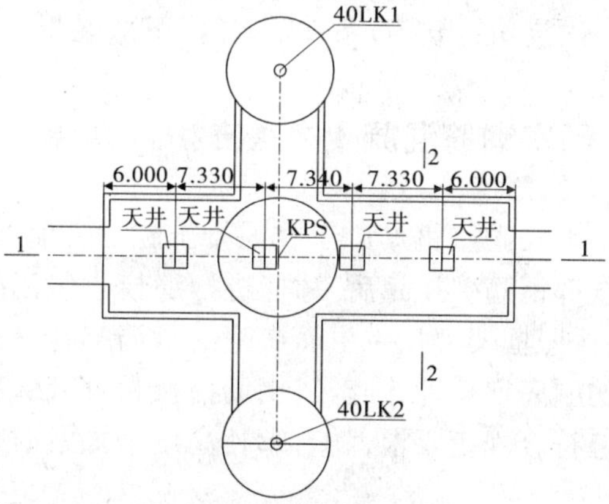

图1 破碎硐室平面（单位：m）

3.2 形成漏斗

根据硐室中心线方向将4个小天井之间的联道贯通，使4个小天井形成4个漏斗。因天井间隔仅有5 m，因而每个天井联道用3 m钢钎掘进一炮便

董越权（1978—），男，工程师，653405 云南省玉溪市新平县戛洒镇。

可贯通。为了确保矸石自然落下和方便人员行走，打眼角度控制在35°左右，小天井之间联道贯通后形成1个漏斗。为了确保联道的出入安全，每次预留硐室西或东的1条小天井上下人员，小天井规格为2 m×2 m，为了便于人员上下，在小天井内安设爬梯及安全护栏。

3.3 扩刷拱顶

漏斗形成后，扩刷拱顶，当拱顶掘进至设计长5 m左右进行永久支护，依次重复进行，直至完成拱顶掘进支护。施工人员进行拱顶刷大时，在渣堆上采用YT-28气腿式凿岩机凿眼，从反向逐层斜向上扩刷拱顶部分。为了保证渣石自然下放，刷大角度以45°为宜，刷帮过程中视作业面下方渣量确定漏斗下口的出渣量，为了确保安全，下部出渣过程中上部严禁作业。

3.4 下部施工

待拱顶全部支护完成后进行下部施工，因硐室墙较高，下部施工采用正台阶法施工，墙部扩刷由上至下进行，并从硐室倒碴侧向出碴侧分段分层扩刷推进，分层高度不大于2 m，分段长度视情况而定，一般不大于10 m，以每次爆破炸药量不超过40 kg，人员作业方便（碴石面不低于扩刷作业面1 m）为宜。每次扩刷后，必须及时进行临时支护，每次临时支护高度不得大于2 m，扩刷至硐室端墙时要及时临时支护端墙。当岩石条件较好时，下部采用混凝土一次浇筑；当岩石条件较差时，下部混凝土上下2次浇筑。

4 硐室钢筋混凝土永久支护

4.1 钢筋施工

破碎硐室钢筋施工在混凝土施工之前进行，必须全部钢筋绑扎完后，才能进行稳模砌筑混凝土作业，按照框架绑扎→主筋加密→箍筋绑扎→加撑固定的顺序连续绑扎施工，钢筋搭接长度及保护层厚度应符合规定要求，随着绑扎高度增加及时架设绑扎平台，采用架管及扣件分层架设平台，每层平台高度不大于2 m，平台用撑杆撑牢硐室边帮，平台上密集绑扎竹跳板并间隔采用50 mm厚的木板加固。

4.2 模板及稳模

墙部采用长1.2 m（或1.5 m）×0.3 m或0.2 m×0.05 m的建筑模板，拱部采用槽钢碹胎及碹胎板立模，碹胎以不小于20#槽钢按照硐室拱部形状缩小50 mm加工而成，碹胎板采用8#槽钢制作，长1 m。墙部采用架管稳立模板，立杆每米1根，横杆间距不超过1.5 m，撑杆固定在平台架管上，模板绑扎在立杆上，每次稳立模板高度不大于1 m，量测对称稳模浇灌。拱部碹胎每次稳立4～6架，碹胎之间用圆钢撑杆固定。

4.3 混凝土砌筑

采用泵送混凝土砌筑，混凝土标号为C25，在硐室外适当位置（距硐室距离不大于250 m）布置矿用混凝土输送泵输送。在地面建集中搅拌站，采用JS500搅拌机拌料，采用混凝土罐车运料至井底输送泵处，直接倒入输送泵进行输送。

5 结 语

传统的硐室施工方法主要有全断面、台阶工作面、导硐和留矿施工法。近年来，在特殊硐室施工中涌现出了一些新技术、新设备和新工艺，大力推动了硐室施工技术。但在特大断面硐室施工过程中，由于受工程情况、地质条件、断面大和硐室高度的限制，无论是掘进还是支护都具有很大的挑战性。大红山铁矿采用的漏斗施工法施工高大硐室是先施工小天井，形成漏斗便扩刷拱顶，待拱顶全部支护完成后进行下部施工。该方法应特别注意沟通与协调，特别是每次出漏斗内矸石时，小井必须控制放矸高度。该方法减少了硐室围岩暴露时间，保证施工人员的安全，同时还减少硐室的临时支护，节省投资，在大红山铁矿取得了较好的应用效果。

（收稿日期 2015-05-26）

探采结合技术在西石门铁矿的应用

王 旭 张 宁
(邯邢矿业有限公司西石门铁矿)

摘 要 在矿山生产过程中，根据矿床赋存特征和开采方法等具体情况，以少掘多钻为原则，以采准工程为先导，辅以钻孔探清矿体，关系到生产计划决策和经济效益。在理论和实践相结合基础上，介绍了西石门铁矿采场采矿工程中探采结合技术的应用成果，对于避免采准工程的浪费，缩短采场生产周期，提高回采质量，降低采场损失贫化率，提高企业经济效益具有一定的参考价值。

关键词 探采结合 生产勘探 经济效益

1 矿山地质概况

西石门铁矿矿床成因类型属接触交代矽卡岩型磁铁矿床，矿床主要赋存于闪长岩与灰岩接触带处，由于岩体的隆起，矿体沿走向和倾向均有不同程度的起伏，矿体呈波浪状产出，薄厚差异较大。

矿体主要赋存于奥陶系中统马家沟组灰岩与燕山期闪长岩接触带上，矿体顶板主要为灰岩，底板为闪长岩，局部为矽卡岩。矿床成因主要是“邯邢式”接触交代磁铁矿床，但在区内多见灰岩层间充填成矿的特征。矿体总体呈似层状产出，区内未见断层破坏。但在深部矿体分支现象多见且复杂，并以充填灰岩层间为主，矿体形态复杂，总体产状较稳定，构造以褶皱为主，构造复杂程度中等。西石门铁矿中采区矿体主要赋存于 14# ~22#线，矿体走向 NE，长约 465 m，倾向 SE，倾角 13°~45°，沿倾向延伸最大 175 m。

矿石中金属矿物主要为磁铁矿，其次为赤铁矿、黄铁矿。矿石自然类型与工业类型密切相关，致密块状、块状品位较高，多为富矿石，其他多贫矿石。铁在矿石中赋存主要为磁铁矿，全铁金属含量最高为 61.33%，最低为 20%，设计地段全铁平均含量为 42.28%。

2 生产勘探概述

生产勘探是矿山地质的一个重要组成部分，为生产矿山采掘提供可靠的地质资料，保证采场生产顺利进行，是坚持正规采掘的一项重要工作。探矿工程的设计应为采矿工作服务，以便提高探矿工程的利用率，降低采掘成本。采掘工程的设计，必须以矿山现有地质资料为依据。在矿山生产中根据现场情况进行补充勘探，实现探采技术的有机结合。西石门铁矿生产勘探资料主要有：①华北冶金地质勘探公司五一八队提交的《河北省武安县西石门铁矿详细地质勘探总结报告》；②邯邢冶金矿山管理局地质岩土工程公司提交的《河北省武安市西石门铁矿详细地质勘探总结报告》；③2011 年 9 月五矿邯邢矿业邯郸地质勘查设计有限公司编制的《西石门铁矿中区 0 m 水平以下 14# ~22#线生产勘探报告》。

西石门铁矿主要采用无底柱分段崩落法，经过多年的采矿实践，总结出了一整套适合矿山特点的采准切割布置方案，根据矿体赋存情况选用平底堑沟结构方法采矿，以达到简化采准结构，提高矿石回采率的目的。

采准阶段的探采以采场为单元，利用采准工程进行探矿，属于单体性生产勘探范围。生产勘探与采准结合的步骤有：①地质人员提供采矿块段的地质资料，包括该块段内上下中段平面图、剖面图（根据预测矿体形态复杂程度提供剖面图的位置与数量）、矿块储量以及矿石品位；②采矿技术人员根据地质人员提供的地质资料确定采矿方法以及初步的采准方案；③采矿人员和地质人员共同商定采准阶段的探采结合方案；④采矿人员编制该块段矿体的采准设计（探采结合施工设计），纯勘探工程由地质人员设计；⑤优先施工探采结合工程，施工结束后，地质人员根据已施工工程揭露的地质现象修订地质资料（二次圈定）[1-2]；⑥采矿人员根据二次圈定资

王 旭(1986—)，男，助理工程师，056303 河北省邯郸市武安市矿山镇。

料对采准工程不合理的部位进行修改及已施工部位矿块的回采工作。

探采结合是一种将采矿与生产探矿紧密结合的工程布置形式，具有工程省、贫化小、成本低、效果好等特点，特别适合形态不规整，产状不稳定、后期构造（脉岩）破坏严重的矿体。实施探采结合时，要求矿山地质部门与采矿部门彼此配合，统筹规划，联合设计，统一施工，既要达到勘探要求，又要满足采矿生产的需要，将生产勘探与开拓采准及回采密切结合起来，在减少单纯探矿工程的工作量，节省大量人力、物力的同时，使得采场的采准工程布置更为合理。

3　应用实例

3.1　采场概况

西石门铁矿中采区0中段14 m分层43#采场位于18#、19#勘探线附近，勘探网度为50 m×50 m。由于14 m分层开采水平较低，已经接近一次生产勘探矿体的边缘部位，举地质勘探钻孔施工水平较远，地质界线误差较大，若直接进行采准工程设计施工容易造成采准工程的浪费，增大了采矿贫化率。为了节约成本，减少采准工程的浪费，针对上述情况，决定选用探采结合方式进行设计施工。

3.2　应用成果

采准工程由联巷、进路、切巷和探矿巷组成，联巷沿矿体走向布置于稳固的闪长岩中，进路垂直矿体走向布置，穿过闪长岩和矽卡岩进入矿体，部分进路延长穿过矿体，延长部分作为探矿巷，用来揭露地质情况，供地质人员进行地质编录。

采准施工时先施工联巷和溜井，形成采场运输和通风系统，为下一步采准施工做好准备。然后施工15#、19#进路以及其前部的探矿巷，施工过程中地质人员及时跟踪现场，准确进行地质编录，根据实际揭露的岩石与矿体产状修正该水平矿体形态。根据进路及探矿巷揭露矿体情况，地质人员进行地质编录时，发现该水平地质情况有较大变动，根据实际揭露对该分层地质资料进行修订，对矿体赋存状态、矿体质量变化等问题有了全面的认识，为矿体变化提供了较准的边界，并向采矿人员提出修改建议。采矿人员与地质人员根据修订后的地质资料商定对采准工程进行修改变更，调整进路长度和切巷位置，确保各采准工程均布置于经济合理的位置。西石门铁矿中采区14 m分层43#采场探采结合采准平面如图1所示，探采进路剖面如图2所示。

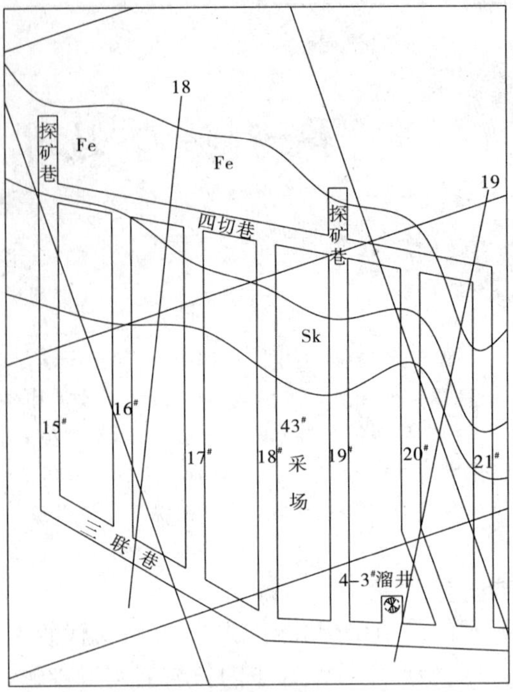

图1　探采结合采准平面

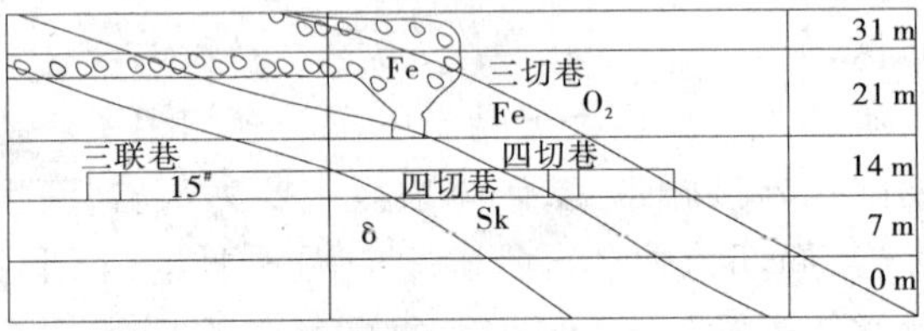

图2　探采进路剖面

通过探采结合技术，有效的控制了矿体边界，探明了矿体的赋存情况，使得采准设计有据可依，采准工程设计合理，生产计划有序进行，矿石回采目的明确，获得了较好的经济效益。采场具体技术经济效益指标见表1。

表1　探采结合方案经济技术指标

初步设计的工程量/m	修改后实际工程量/m	探采结合节约工程量/m	巷道工程单价/(元/m)	节约总金额/万元	增加矿石储量/t	损失率下降/%	贫化率下降/%
585	555	30	3 000	9.00	9 756	2.8	7.3

由表1可知，探采结合技术应用于采场中不仅能服务矿山生产勘探与采矿工程的需要，还能有效控制采场损失贫化率。通过探采结合技术，可准确掌握采场矿体形态变化，探明边缘矿体赋存形态和矿体储量，为采准工程的优化施工提供地质依据；可有效避免采准工程的浪费，合理布置采准工程，确保采准施工有序进行，缩短采场生产周期，提高回采质量，降低采场损失贫化率，提高企业的经济效益。

（下转第573页）

高压裂隙水作用巷道过断层破碎带施工与支护关键技术

郝鸿声　孙茂贵　陈　轲　王荣林
（马鞍山钢铁集团姑山矿白象山铁矿）

摘　要　根据姑山矿业公司白象山铁矿-390 m中段巷道过F_4断层发生突水后的工程特点，分析了施工过程中所面临的主要技术难题以及需要采取的安全施工措施，并对高压裂隙水作用巷道过断层破碎带施工与支护过程中的关键技术进行了研究。结果表明：在超前探测与预加固技术的基础上，及时采用初次型钢支架与喷网支护和二次钢筋混凝土衬砌支护，并通过预埋的注浆管对衬砌壁后及破碎围岩进行二次补强注浆加固，使巷道安全通过了断层破碎带，并保证了高压裂隙水作用下巷道围岩和支护结构的长期稳定。

关键词　高压裂隙水　断层破碎带　超前探测　预加固　衬砌结构

矿井建设过程中，巷道不可避免地要穿越断层破碎带，断层破碎带内工程岩体裂隙极其发育。巷道开挖等扰动的影响，使围岩内裂隙（渗流通道）进一步发育，导水性增强，从而导致在巷道与硐室的掘进施工过程中存在突水的可能性，给安全生产形成极大威胁[1-4]。

1　工程概况

马钢集团姑山矿白象山矿区-390 m中段巷道，埋藏深约430 m。因矿区地层条件相对较复杂，工程岩体裂隙极其发育，存在大量的裂隙水，并与地表水系存在一定的联系，造成地下水压较大，在巷道掘进过程中存在突水危险，从而给该矿区的建设和安全生产带来了极大威胁。-390 m中段巷道过F_4断层时，采取了钢筋混凝土背板、双层钢筋网喷混凝土、U型钢支架、现浇钢筋混凝土联合支护，进行壁后注浆充填时，发生突水，并发生片帮，为避免发生重大事故，关闭了防水闸门。经过1 a多的地面和工作面注浆，具备恢复掘进条件。因此，针对高压裂隙水作用巷道过断层破碎带施工与支护关键技术进行研究，以保证-390 m中段巷道安全通过F_4断层，同时也为今后此类巷道的施工提供了理论依据和实践参考。

2　面临的主要技术难题

（1）由于该矿区-390 m中段自井筒向采区掘进通过F_4断层时，虽然采用超前预注浆进行了加固，但由于该地段围岩裂隙极其发育，裂隙中有大量泥质介质充填，严重影响注浆加固效果；同时围岩中不同层位裂隙水间存在水力联系，逐步形成了高压渗流通道，导致巷道掘进施工过程中，发生了严重的突水事故。

（2）由于对该区域的地质勘察精度不足以精确反映地层精确赋存情况，因此，在实际施工过程中很难预先判明断裂破碎带的准确位置及高压裂隙水的渗流条件，从而给施工留下极大的隐患，随时可导致突水及冒顶、片帮等事故的发生。

（3）断裂破碎带中的高承压裂隙水自身的高静水压力与深埋地层地应力的共同作用，使得巷道围岩中局部应力显着提高，可导致围岩裂隙带范围逐步扩大，进而使得高承压裂隙水渗透范围显着扩大，渗透能力显着提高，从而对后期巷道支护结构承载能力和抗渗能力提出了更高的要求。

（4）裂隙岩体中高承压水与围岩的长期相互作用，一方面造成岩体发生显着的软化现象，导致岩体承载能力显着降低，另一方面可导致围岩产生较大的变形，从而使得围岩的自承载力显着下降，影响了围岩自承载结构的形成，对巷道支护结构的稳定性造成较大的影响。

（5）突水后的反复高压注浆施工，可对较大范围内的岩体形成加固作用，但也会导致更深部岩体形成新的裂隙网络，易造成加固后岩体结构性较差；同时大量的泥质介质充填裂隙，将严重影响浆液的扩散，存在局部软弱部位，影响注浆加固帷幕的形成及其帷

郝鸿声（1962—），男，工程师。243181 安徽省马鞍山市

幕强度,将严重影响开挖后围岩的自稳定性能。

(6)由于对防水闸墙前方突水后岩体加固情况不明确,所施工的探水孔均位于巷道掘进轮廓线以内,缺乏对轮廓线以外岩体加固效果的实测,且是否形成有效的注浆加固帷幕尚缺乏测试结果,因此,对巷道开挖后注浆加固帷幕能否满足承载和防渗双重要求仍缺乏可靠依据。

3 高压裂隙水作用巷道过断层破碎带关键技术

综合利用超前地质探测等手段勘查到巷道在过断层掘进过程中前方具有空洞、裂隙破碎带等不良地质条件及其渗(涌)水等情况特性后,采取合理的超前预加固技术措施,并采取合理的掘进与初次支护技术,保证安全通过存在潜在威胁地段,并及时实施二次加固,保证巷道与硐室在固-流耦合状态下的围岩和支护结构的稳定与安全[5-14]。

3.1 超前探测与超前预加固

首先通过在混凝土防水闸门周边布置超前钻孔,钻孔穿过防水闸门后进入冒顶突水区巷道围岩中。该超前钻孔可起到多个方面的作用,首先通过钻孔揭露地层渗漏状况,了解地面注浆加固效果,然后可在超前钻孔内安装超前管棚,喷浆封闭后,再利用超前管棚进行注浆加固,最后在形成的超前管棚结构维护作用下进行巷道的扩修、支护和防水闸门的更换施工,可有效防止突水区域可能出现的顶板垮落问题。超前导管长 18 m,以保证穿过防水闸墙后进入顶板岩层的长度约 9.0 m。超前导管布置如图 1 所示。

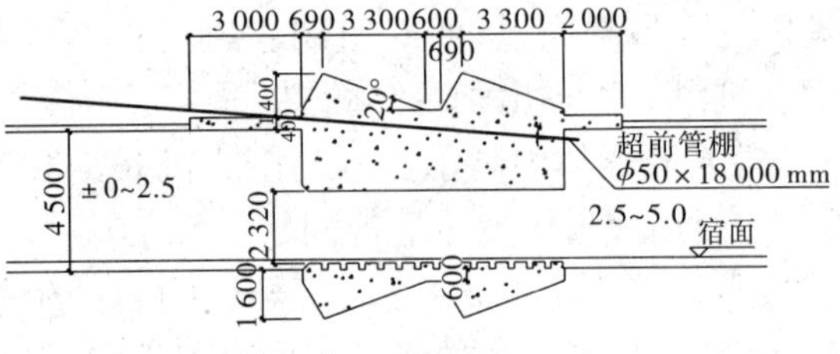

图 1 超前管棚布置示意

3.2 掘进施工技术方案与初次支护参数

在掘进过程中实时采用 U29 型钢支架与钢筋网进行支护,并及时喷浆封闭围岩与型钢支架,当掘进进尺约 6.0 m 时,喷浆封闭围岩与掘进迎头,采用超前小导管进行超前探测和预加固,然后再进行掘进与支护施工。再次掘进过程中,在接近突水点前 3 ~5 m 尽量采用台阶法分层掘进,达到一定进尺后再采用超前小导管进行超前探测和预加固,然后再进行掘进与支护施工,直至穿越断层破碎带一定距离(5 ~8 m),进入稳定地层为止。

主要支护参数如下:

(1)型钢支架与喷网支护参数。型钢支架采用 U29 型钢制作,全封闭结构,排距 600 mm;钢筋网采用 ϕ6 mm 圆钢焊接的经纬网,网格为 100 mm×100 mm;喷射混凝土强度等级为 C20,初次喷厚 50 ~60 mm,总喷厚 150 mm 左右。型钢支架喷网支护结构如图 2 所示。

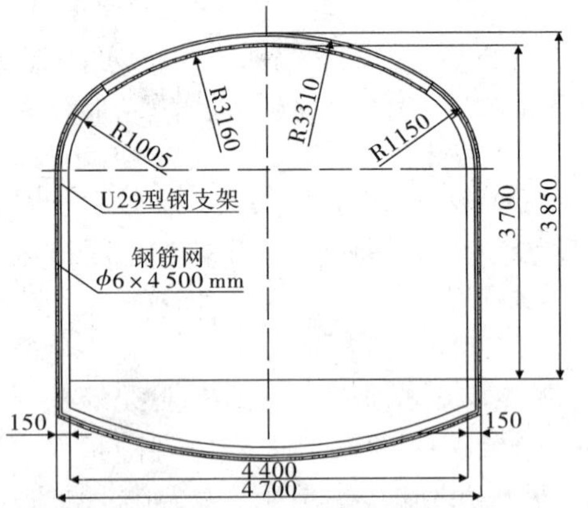

图 2 型钢支架与喷网支护结构

(2)超前小导管与注浆加固参数。超前小导管倾角根据型钢支架的排距确定。初步确定小导管间距为 150 mm,长 4500 mm,倾角为 18°。超前小导管采用自钻式中空注浆管,自钻式中空注浆管由中空特种钢制成,直径为 ϕ28 mm,极限拉断力 150 kN,延伸率 10% ~15%,配 ϕ42 mm 的一次性钻头,每 2.0 m 一节,超前小导管长度可根据围岩条件确定,若围岩条件较好,则采用长度为 6.0 m 超前小导管,反之则采用长度为 4.0 m 超前小导管。超前小导管布置如图 3 所示。安装好小导管后及时喷浆封闭,然后进行超前注浆加固。如果钻孔中有水渗出,则采用单液水泥-水玻璃浆液进行超前注浆加固,如果无水渗出,可采用双液水泥-水玻璃浆液进行充填注浆,以尽快产生强度,便于提前施工。

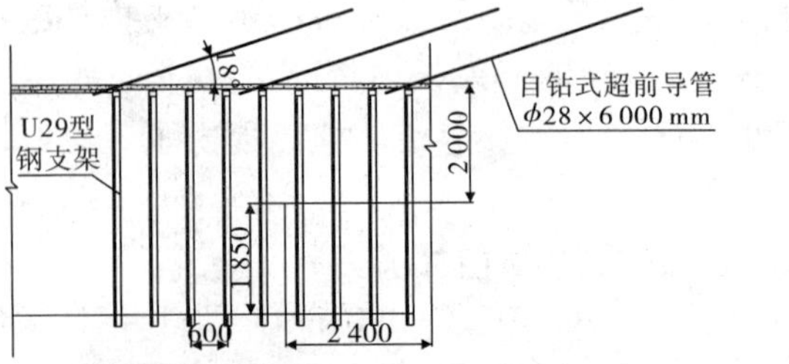

图 3 超前小导管布置示意

(3)掘进循环进尺与台阶法施工参数。掘进循环进尺控制在 600 ~ 800 mm，以便于安装型钢支架，并与型钢支架排距基本一致。距离突水点 3 ~ 5.0 m 时采用台阶法施工，施工中控制上分层高度在 2.0 m 左右，长度在 2.4 m 左右，宽约 3.0 m。在完成下一循环的小导管施工与注浆加固后，再进行下分层的掘进和卧底施工，然后对底板进行支护。

3.3 二次支护与防渗加固衬砌结构设计

在初次型钢支架与喷网支护基础上，采用钢筋混凝土内衬砌进行二次支护，以解决该段巷道的长期承载和防渗等问题。

3.3.1 衬砌结构内力计算

根据白象山铁矿-390 m 中段巷道实际工程地质条件，采用地层结构法进行支护结构设计。地层结构法的设计原理，是将衬砌和地层视为整体共同受力的统一体系，在满足变形协调条件的前提下分别计算衬砌与地层的内力，据以验算地层的稳定性和进行结构截面设计。

参考相关规范，选取合理的物理力学参数建立有限元模型进行计算，得到了白象山铁矿-390 m 中段巷道衬砌的内力图，如图 4 所示。

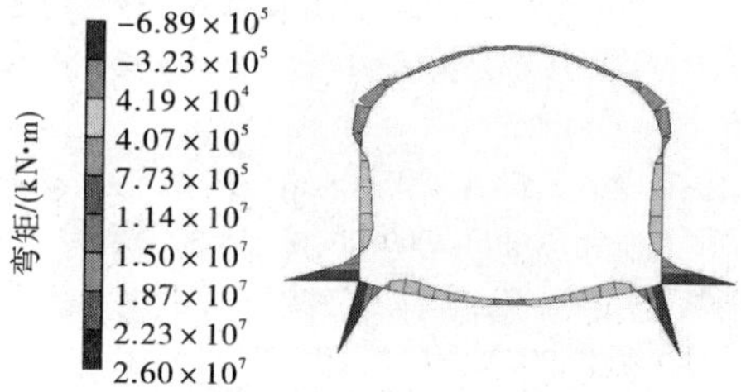

（a）弯矩

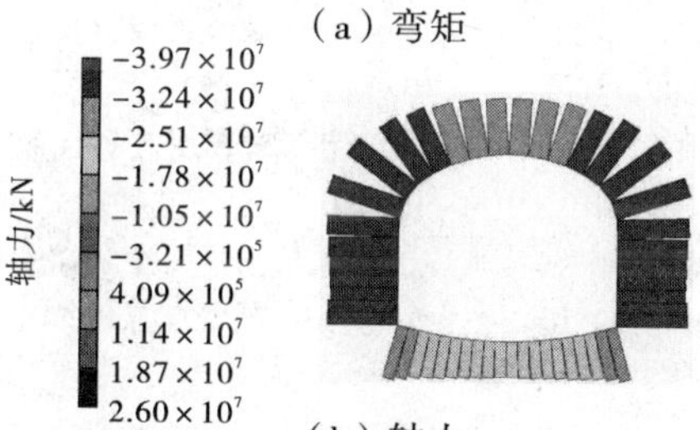

（b）轴力

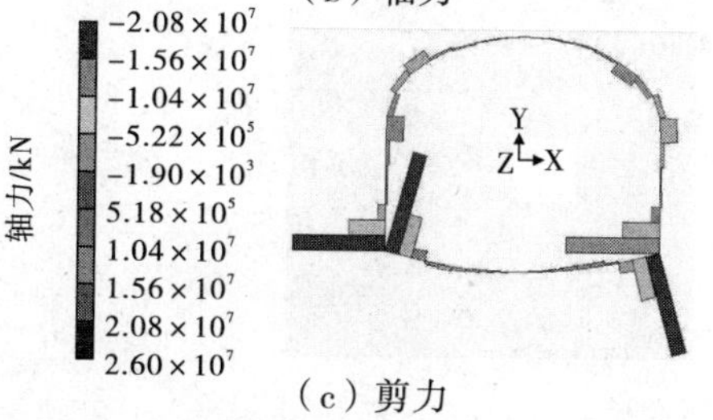

（c）剪力

图 4 衬砌内力

3.3.2 衬砌结构配筋设计计算

巷道衬砌属于钢筋混凝土结构，这里按照钢筋偏心受压构件的正截面承载力进行计算。偏心受压构件分为大偏心受压破坏和小偏心受压破坏，按偏心受压对称配筋。通过有限元计算，得到了衬砌的内力，选取拱顶、拱腰（即直墙与拱顶曲线段交界处）、边墙中部、仰拱端部四个典型截面进行配筋计算，计算结果见表 1。

表 1 典型断面衬砌配筋结果

衬砌部位	最大弯矩 /(kN·m)	最大轴力 /kN	偏心类型	最小配筋量 /mm²	ϕ20 mm 螺纹钢 /(根/m)	ϕ25 mm 螺纹钢 /(根/m)
拱顶	26.768	2915.6	大偏心	283.5	0.9	
拱肩	85.163	3721.2	大偏心	2401	7.6	
边墙	109.55	3525.7	大偏心	2200	7.0	
仰拱端部	366.95	2815.9	大偏心	3158.5		6.4

3.3.3 巷道二次防渗加固结构型式与加固参数

在初次支护基础上浇灌钢筋混凝土衬砌，各部位配筋量根据受力和结构要求进行调整，衬砌混凝土中拱顶、拱肩、两帮和仰拱底部面层钢筋均采用 ϕ20 mm 螺纹钢，按 8 根/m 布置，巷道底角采用 ϕ22 mm 螺纹钢，按按 8 根/m 布置，并在面层铺设 ϕ6@100×100 钢筋网。然后整体浇灌 C40 混凝土，保证钢筋保护层混凝土厚度不小于 20 mm，且初次支护和二次支护总厚度为 500 mm。形成的风井-390 m 中段巷道过 F_4 断层时初次支护与二次防渗结构如图 5 所示。

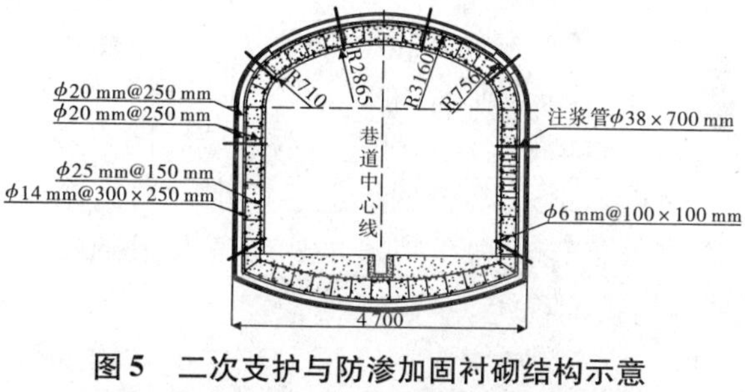

图 5 二次支护与防渗加固衬砌结构示意

同时在浇灌混凝土前预绑扎好注浆管，注浆管规格为 ϕ38 mm×700 mm，按间排距 1.5 m×1.8 m 布置，保证注浆管孔口外露 20 ~ 30 mm。完成衬砌混凝土整体浇灌后，再通过预埋的注浆管对衬砌壁后进行再注浆加固，防止衬砌结构存在的混凝土充填不密实问题。注浆前可采用 ϕ27 mm 钻头进行扫孔，扫孔深度控制在 1.0 m 左右，一方面可避免对注浆加固帷幕的破坏，另一方面又对加固帷幕进行补强加固。

4 应用结果

在对-390 m 中段巷道实施上述措施后，顺利通过了 F_4 断层，避免了突水区域可能出现的片帮和顶板垮落问题，保证了施工安全。3个多月的变形监测和地质雷达探测结果表明：巷道围岩收敛变形很小，衬砌结构中钢筋、混凝土承载状态良好，并保证了高压裂隙水作用巷道围岩和支护结构较长时间内的稳定。监测结果如图6所示。

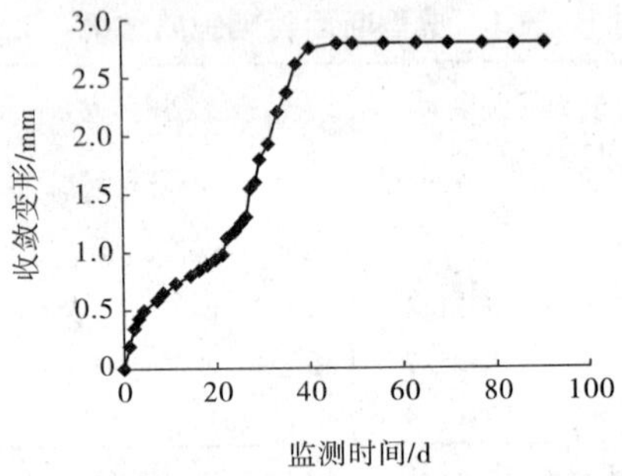

图6 围岩两帮收敛位移与时间关系曲线

5 结 论

(1)通过地质钻探的方法对待开挖地段及开挖后的围岩进行探测与分析，能够初步掌握待掘地段岩层及超前注浆加固效果，为制定完善的掘进与支护施工技术方案和参数提供了依据。

(2)通过超前管棚、超前导管等超前预加固的方式对待掘地层进行有效支护，可形成有效承载与隔水帷幕，保证形成掘进断面后围岩的基本稳定，为实施有效的初次支护创造条件。

(3)完成掘进施工后，及时采用型钢支架配合金属网(钢筋网)、喷射混凝土等组成的联合支护方式，在此基础上及时进行钢筋混凝土二次衬砌支护，并通过预埋的注浆管对衬砌壁后及破碎围岩进行二次补强注浆加固，以满足巷道后期承载与高防渗性的要求，从而保证高压裂隙水作用下巷道围岩和支护结构的长期稳定。

(4)通过对初次支护后围岩和支护结构的稳定性监测，能够及时反映围岩的变形状态，为二次支护与防渗加固时间的确定提供依据；并在实施二次衬砌结构支护过程中布置不同传感器监测衬砌结构中钢筋、混凝土等承载状态，及时反映结构的稳定性，为初次支护与二次加固结构的优化提供依据。

(6)工程应用实践表明，所提出的过断层破碎带施工与支护关键技术保证了高压裂隙水作用巷道安全通过了断层破碎带，同时也为今后此类巷道的施工和支护提供了理论依据和实践参考。

参 考 文 献

[1] 何爱忠，桃园矿北八大巷过F2大断层围岩控制技术研究[D]．徐州：中国矿业大学，2008.

[2] 高明中，韩 磊，高新亚．巷道组过断层围岩控制技术研究[J]．安徽理工大学学报：自然科学版，2010，30(3)：17-22.

[3] 徐 颖，张安临．断层破碎带巷道掘进技术[J]．金属矿山，2001(8)：15-17.

[4] 刘泉声，张 伟，卢兴利，等．断层破碎带大断面巷道的安全监控与稳定性分析[J]．岩石力学与工程学报，2010，29(10)：1954-1962.

[5] 杜志龙，张 良，杨 猛．断层破碎带化学注浆加固处理技术[J]．煤矿开采，2010，15(6)：61-62.

[6] 杨运峰．高应力破碎带大断面巷道支护技术[J]．煤炭工程，2006(5)：18-20.

[7] 朱明良．拱形架棚锚网喷联合支护技术在断层破坏带(软岩)巷道中的应用[J]．矿业安全与环保，2006，23(2)：56-58.

[8] 张祥和．锚网喷支护工艺过断层破碎带的实践[J]．煤炭技术，2010，29(8)：81-82.

[9] 何远富，姜凡均，盛 佳．软岩巷道破坏机理及支护方法研究[J]．矿业研究与开发，2009，29(6)：28-30.

[10] 常明辉，贾书祥，姜玉海．断层破碎带探水注浆加固治理技术[J]．煤炭技术，2009，28(11)：56-57.

[11] 刘洪林，柏建彪，马述起，等．断层破碎顶板冒顶巷道修复技术研究[J]．煤炭工程，2011，(4)：76-78.

[12] 张 强，江 涛．高地压软岩巷道过断层支护技术实践[J]．煤炭技术，2010，29(10)：68-69.

[13] 郝晓亮，孙增飞，陈大广，梁顺．全长锚固注浆锚索在巷道过极易破碎大断层支护中的应用[J]．煤炭工程，2010(6)：24-26.

[14] 李井生．施工巷道过断层破碎带支护方法[J]．煤炭技术，2011，30(3)：95-96.

(收稿日期 2015-05-26)

深井回采巷道机械化卧底技术

刘万财
（国投新集能源股份有限公司口孜东矿）

摘　要　主要阐述了挖掘式装载机的结构和工作原理，对深井矿压显现明显的回采巷道机械化卧底作业线工艺流程和使用效果及优点进行了分析。

关键词　挖掘式装载机　深井回采　施工工艺

深井工作面回采巷道在采动影响下巷道围岩变形较大，尤其表现在底臌变形。根据口孜东矿综采工作面现场实测，回采时切眼向外60 m处测点巷道顶底板累计移近量为1.7 m，底臌量占70%。口孜东矿综采工作面风巷使用挖掘式装载机配合刮板机进行卧底作业，极大的提高了劳动效率，为工作面安全高效回采工作创造了条件。

1　概　况

口孜东矿工广地面标高+27 m，该矿111301工作面位于矿井一水平（-967 m）中央（13-1）采区东翼，标高范围为-843.0～-938.0 m。煤层老顶为细砂岩，平均厚度2.14 m，岩层稳固性中等，普氏硬度系数6.8～7.8；直接顶为泥岩，平均厚度1.25 m，普氏硬度系数3.6～4.1；底板主要由泥岩及煤线组成，平均厚度5.35 m，普氏硬度系数4.5～5.6。巷道断面为直墙半圆拱形，净宽×净高＝5.8 m×4.1 m，采用锚梁网索支护。受埋深、断层、地质构造以及采动影响，111301工作面压力大，在回采期间工作面易掉顶、片帮以及底鼓，压力显现明显。

2　回采巷道综合机械化技术

2.1　挖掘式装载机结构

挖掘式装载机是一种连续生产的高效率矿用设备，主要由工作机构、运输机构、行走机构、液压系统、动力机构、电气系统等部分组成。可用于断面2.2 m×2.2 m以上、岩石的普氏硬度f不大于12、巷道坡度≤15°的巷道，可全断面装货，不留死角，不需人工辅助清理巷道。该机电动全液压传动，结构紧凑，推进力大，扒取范围广[1-2]。

2.2　施工工艺

挖掘式装载机开机前须发出报警信号，合上电源启动电机，使之进入带压工作状态，降运输铲板，由履带推进，使输送槽料口装满煤（矸），再用铲斗将煤（矸）扒进运输机构内，卸入铺设在装载机下方的刮板输送机内拉入工作面运输机，如图1所示。

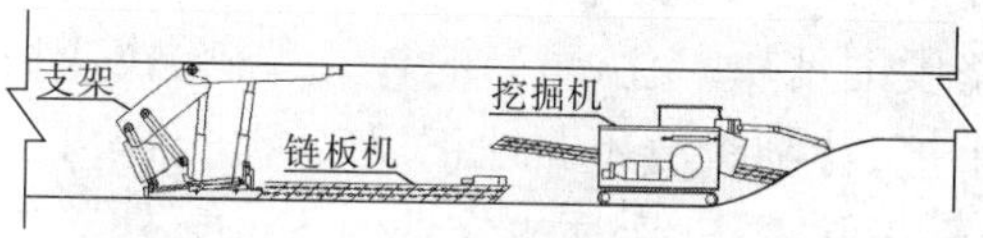

图1　111301工作面轨道顺槽设备布置

2.3　开机前的准备工作

开机前必须检查机器各部件有无松动、损坏；电缆有无破损；油箱液面是否符合要求，照明是否良好；脚闸和行程开关的动作是否灵敏；各管接头是否漏油；履带张紧程度是否适中；主令开关手把闭锁机构是否有效；发现问题要及时处理，否则不准开车。经检查一切正常后，并在确认铲斗前方、两侧无人时，方可开机工作。

2.4　操作方式及程序

本机通过操作台内的起动开关、手动先导阀控制本机所有动作。操作台内平面布置及机构动作详见图2。

接通上级电源总开关，操作起动开关的柄，照明灯亮，再点动启动按钮和停止按钮，油泵电机启动约3～5 min后才可进行工作。主要操作方法：大臂起、大臂落、臂右转、臂左转、小臂起、小臂落；用挖斗、小臂、大臂把碴石扒到运输槽内，再由铺设在轨道顺槽超前支护段的刮板运输机将煤（矸）运送到工作面运输机内。

2.5　操作要点和注意事项

要经常使机器往前推进，让煤（矸）有一定的堆

刘万财（1971—），男，助理工程师，236153 安徽省阜阳市颍东区杨楼镇。

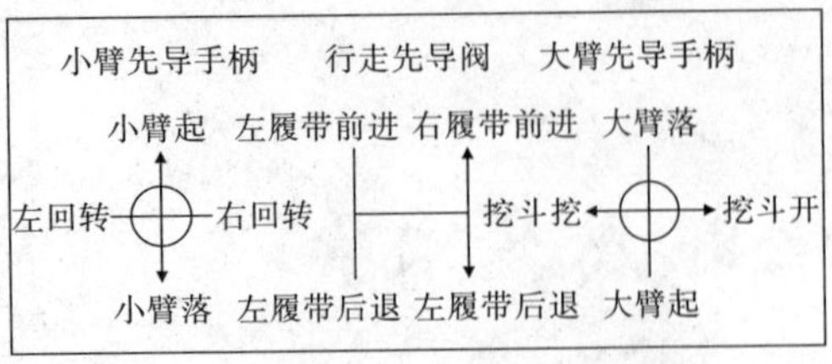

（a）操作台内平面布置

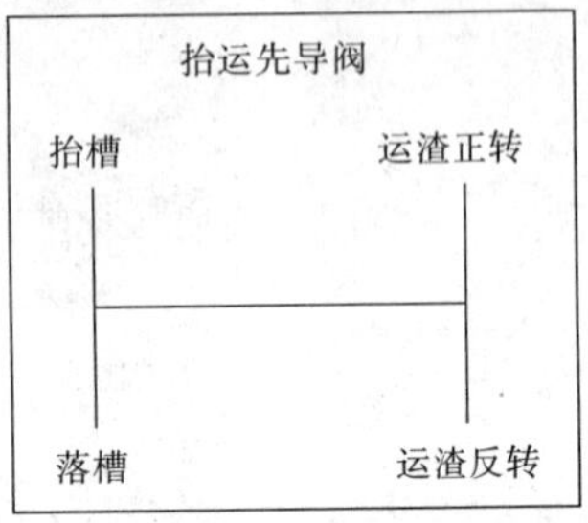

（b）机构动作

图2　操作示意

积高度，以便达到装煤（矸）的最佳效率；如果刮板链被坚硬的石块卡住，可暂时停止装碴，快速扳动正反转手把，让刮板链不断地正反转冲击，即可解除卡链，恢复正常工作；卧底机作业时5 m以外必须安排专人进行警戒，并设警戒牌和警戒线，方可运行施工；机器停止使用时，其推板、挖斗、小臂应收拢、大臂落下；运输槽降到最低位置，手动换向阀置于停止位。

2.6　系统维护技术要求

需安排专人对系统进行维护，检修人员熟悉设备工作原理及工作性能；设备机械各部位坚固可靠，油位必须符合要求，油质符合标准无杂质；每天检查电气线路接线是否牢固，电机绝缘是否正常；保证开关保护齐全可靠，信号完好，使用灵敏、可靠，电缆及信号线悬挂整齐。

3　效果分析

采用矿用挖掘式装载机作业线，1 h可卧底13 m^3，可以保障工作面每月回采240 m，最高日进尺11 m。该作业线机械化程度较高，不仅降低了劳动强度，而且工作效率有显著的提高。

4　结　论

口孜东矿综采工作面轨道顺槽使用挖掘式装载机配合刮板机卧底作业线，为深井高矿压工作面回采、减员增效、安全生产积累了宝贵经验，具有推广应用价值。

参　考　文　献

[1]　王亚风. 煤矿用挖掘式装载机运输槽的设计[J]. 科技创业家，2013(4).

[2]　杨家文. 挖掘式装载机在煤矿施工中的应用[J]. 华东科技，2014，397.

（收稿日期　2015-05-26）

（上接第548页）

倒逼成本；实行全员参与倒逼控制成本，将目标成本按照系统性原则进行横向到边全面展开与纵向到底层层分解落实到生产、管理各部门每一道工序、每一个岗位，把责任落实到每位员工，并与个人经济利益挂钩；七是以精细化管理优化降本增效手段。矿业公司领导一直强调精细化管理，深度挖掘管理效益。进一步夯实安全管理、生产管理、设备管理，强化基础管理，不断推进精细化管理工作，主要实施有措施有：①以降成本为契机，以作业区为单位，加强成本核算。制定设备台套定额消耗定额；②加强对设备开、停机，电路倒闸的管理，降低因延迟开机，事故停机等造成的生产组织浪费；③提高半自磨机作业率，提高设备利用率，产生较好的经济效益。提高磨机的处理能力，降低尾矿品位和选比，实现少投入，多产出的最优化经济生产；④确保人身和设备安全，减少因事故而发生的直接和间接经济损失。以安全教育、技术培养、定期检查、隐患整改、落实考核多项措施并举，确保生产安全；⑤以安全、环保生产为前提，由于管理不到位发生的环保罚款，由安全环保部和相应管理部门承担，提高责任意识。

3　结　语

矿业企业要通过系统优化、对标挖潜、严细实管理等措施保证和巩固降本增效的效果。降本增效，只有起点，没有终点。

（收稿日期　2015-05-26）

FPGA 技术在中子活化水泥元素在线分析仪中的应用*

尚庆敏　于海明　王文应　周　豹　张永君　张　伟
(丹东东方测控技术股份有限公司)

摘　要　中子活化水泥元素在线分析仪用于水泥领域的精细化配矿、生料配料过程中元素的在线检测。FPGA 技术价格低、成品快,在该仪表中应用 FPGA 技术,具有对探测器的信号进行噪声抑制等功能,实现物料特征 γ 射线能量和强度等数据的高速采集功能,提高脉冲通过率和能量分辨率,进而提高了分析仪对物料元素分析的的精度和稳定性。分析了中子活化水泥元素在线分析仪应用 FPGA 技术的必要性和 FPGA 系统设计,对于该分析仪应用 FPGA 技术具有借鉴价值。

关键词　中子活化　γ 射线　FPGA

水泥领域传统的生料配料控制,是在化验室进行人工样品处理,根据化验结果调整配料的方式完成的。不但步骤繁琐,而且化验结果滞后,不利于生料配料的优化控制。中子活化水泥元素在线分析仪是跨皮带式水泥物料在线检测装置,直接安装在生料入磨前传送带上,对流经皮带的所有物料进行成分检测分析,通过中子活化 γ 能谱分析钙、硅、铝、铁、镁等元素含量,计算出石灰饱和系数、硅酸率、铝氧率等水泥质量参数,并对三率值进行控制,降低原料成分波动对生料率值的影响。通过自动配料控制系统对各原料配比进行控制,使出磨生料成分稳定,从而提高了熟料合格率,同时使生料成分和窑的热工制度稳定,减少窑的操作,提高产能,降低能耗,延长耐火材料使用寿命,最终提升企业综合经济效益。

在中子活化水泥元素在线分析仪中,γ 射线能量和强度的收集、处理方式将直接影响仪表的精度,因此使用先进的 FPGA 技术来实现数据采集,对不同元素激发出的 γ 射线能量进行获取和刻度,用于元素的定性和定量分析。

1　FPGA 多道数据采集技术简介

多道是综合性技术,它是电子技术、计算机技术、软件技术和算法技术结合的产物,目前在物质成分分析、煤质分析、水泥物料分析等领域有重要应用。在核辐射探测中,为了得到射线的能谱,多道谱仪从原来低速的模拟电路系统,经过高速嵌入式模拟电路系统,到现在的高速数字化系统。近年来,基于直接采样分析脉冲波形的数字多道发展很快,其与传统模拟多道相比,具有分析速率快、脉冲通过率高的特点,能检测更多的脉冲信息,采用可编程器件 FPGA 实现灵活的数据处理算法等优点。采用高集成度的 FPGA,使原来的基线估计、堆积抑制、能谱采集、能谱存储等功能都在 FPGA 单芯片中实现,这样降低了系统的开发成本,提高了系统的稳定性、可升级性,使系统的性能得到很大提高。

2　中子活化水泥元素在线分析仪使用 FPGA 技术的必要性

在中子活化水泥元素在线分析仪系统中,根据物料被激发的特征 γ 射线的能量和强度分别可以鉴别了元素的种类、得出该元素的含量。应用 FPGA 实现的高速数据采集器就是用来处理 γ 射线探测器的输出信号,检测出特征 γ 射线的能量和强度,采集器的检测精度和性能将直接影响元素的分析结果。FPGA 实现的数据采集器用数字信号处理的方法对中子活化水泥元素在线分析仪探测器的信号进行噪声抑制、微分、基线恢复、脉冲堆积抑制和幅度鉴别等,用数字芯片完成传统模拟电路的功能,不仅克服传统模拟电路复杂、集成度低、功耗高等缺陷,还达到了高通过率、提高了系统的精度和稳定性。因此,在中子活化水泥元素在线分析仪中使用 FPGA 技术对提高和保证分析仪的性能是有重大意

* 国家重大科学仪器设备开发专项(编号 2012YQ240121)。
尚庆敏(1974—) 男,高级工程师,118000 辽宁省丹东市滨江中 136 号。

义的。

3 应用于中子活化水泥元素在线分析仪的FPGA系统设计

3.1 FPGA系统设计的基本方案

高速ADC转换时钟为160 MHz，FPGA的系统外部时钟为40 MHz。使用FPGA内部的锁相环，将时钟分别倍频到160 MHz和80 MHz，控制ADC采样的模块使用160MHz的时钟，后续算法和数据采集逻辑采用80 MHz的时钟，可有效降低系统功耗和资源利用率。FPGA采集到脉冲信号后，进行基线估计并计算脉冲的道址，将相应道址的脉冲个数存入存储器中。同时，FPGA中要对采集到的脉冲信号与拟合得到的探测器信号进行波形比较，实现对堆积的脉冲信号的识别。为了实现波形观测，在FPGA中实现了虚拟示波器的功能，可以在上位机软件中采集脉冲信号。不仅用于观测，还便于系统调试和参数的调节。在FPGA中实现了1 024个道地址，既可以累积测谱又可以定时测谱。能谱数据通过USB接口传给上位机，上位机软件显示谱线、设置目的区域、计算能量分辨率等。

3.2 FPGA芯片的选择

中子活化水泥元素在线分析仪中使用的FPGA芯片型号是EP3C25，该芯片是Altera公司生产，采用最新的65nm技术，其功耗在所有65nm FPGA中是最低的。EP3C25芯片内部有24624个逻辑单元，66个嵌入式18×18乘法器，66个M9K嵌入式存储器模块，4个PLL，内部时钟频率可高达402 MHz。这些特性非常适合用于数字信号处理，使用其内嵌存储模块，实现高速FIFO和双口RAM，完成数字多道能谱数据的缓冲和存储，不需外扩RAM，节约了成本，提高了可靠性，并减小了体积。

3.3 FPGA处理器的设计

FPGA将完成数据采集器的大部分功能，实现信号处理、能谱采集、虚拟示波器等功能。FPGA处理器的原理见图1。时钟分配模块对外部时钟倍频，产生160 MHZ和80 MHz的时钟，分别分配给脉冲采集模块和数据采集逻辑模块。脉冲采集模块在时钟上升沿启动转换，下降沿读取数据。使用时钟同步模块，将160 MHz采样的数据转换成后续80 MHz时钟可以使用的数据。在触发及基线估计模块中，设置一个脉冲阈值，大于此阈值的信号认为有效，同时对脉冲的基线进行自动估计，再将估计的基线值反馈给脉冲阈值，用于判断信号衰退结束。能谱存储器中使用FPGA的RAM资源构成高速缓冲存储，在读写谱数据时均无死时间。虚拟示波器信号采集模块采集FPGA内部处理过程的信号，在上位机软件中显示。堆积判断模块判断信号的波形，同时抑制掉堆积的信号；可调参数模块存储系统的配置参数；接口模块实现能谱数据的发送；数据采集逻辑模块实现数据采集系统的核心算法和控制功能。

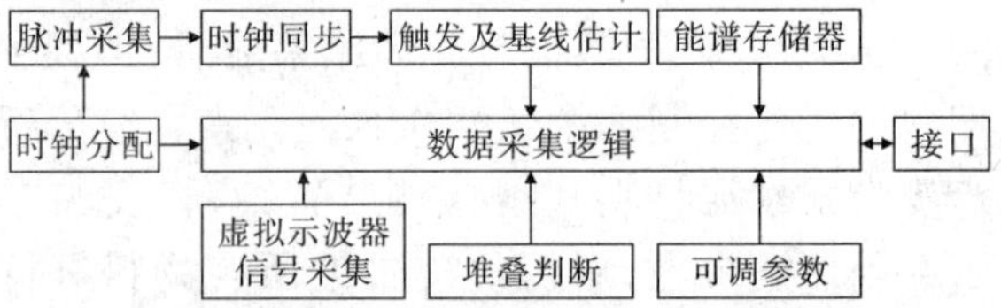

图1 FPGA处理器的原理框图

4 结 论

传统的模拟电路系统有体积大、功耗高、温度稳定性差、实现复杂等缺点，在中子活化水泥元素在线分析仪中的成功应用FPGA技术，克服了上述缺陷。FPGA技术的应用保证了中子活化水泥元素在线分析仪的测量精度、工作可靠性和长期稳定性，提高了分析仪的整体性能指标，使其具有更大的市场竞争力。

（收稿日期 2015-06-06）

数字多道技术在中子活化多元素分析仪中的应用

于海明 张 伟 龚亚林
(丹东东方测控技术股份有限公司)

摘 要 中子活化多元素分析仪在煤炭、水泥和钢铁等领域的作用日渐突显,多道技术是中子活化多元素分析仪中重要的信号采集处理技术,经过多年的发展,多道已由模拟多道发展到现在的数字多道,为了保证中子活化多元素分析仪的性能,我们设计并应用了先进的数字多道。

关键词 中子活化 多元素分析 水泥 煤炭 数字多道

中子活化多元素分析仪通过检测热中子与物料中的各元素原子核发生俘获反应辐射出特征 γ 射线的能量来识别物料中元素种类和含量。应用于水泥领域,实现对生料配料过程进行在线闭环优化控制;应用于环境领域实现土壤植被及水质的非破坏性的快速分析;应用于煤炭领域实现在线配煤优化控制,提高煤炭资源的利用率,节约能量资源;应用于钢铁领域可以实现烧结料配料的优化控制,提高钢铁合格率。代表元素种类和含量的特征 γ 射线能量强度的获取方式直接影响分析仪的精度,因此在中子活化多元素分析仪中应用了先进的数字多道技术。

1 中子活化多元素分析仪应用数字多道技术的必要性

在中子活化多元素分析仪系统中,采集处理 γ 射线探测器的输出信号、检测特征 γ 射线的能量强度对于分析结果的准确性产生关键作用,多道脉冲幅度分析器可较好地完成这部分工作,其工作性能的优劣直接影响分析仪的精度。随着数字芯片技术的迅速发展,数字多道技术得以广泛应用。在数字信号处理芯片中采用算法完成传统模拟多道的功能,数字多道与模拟多道相比有更高的集成度、温度稳定性、线性度和性价比等,能够做到根据探测器信号噪声的特点,构造最优化的成形滤波器[1],提高能谱的能量分辨率和脉冲通过率。因此,在中子活化多元素分析仪中使用数字多道技术对保证和提高分析仪的性能指标起到关键作用。

2 可用于中子活化多元素分析仪的数字多道技术现状

经过多年的发展,国内有几家院校和单位也在研究数字多道技术,但离大规模量产的商业应用还有一段距离。多采用脉冲堆积抑制的方式处理堆积的脉冲,计数率和能量分辨率难以做到很高水平。在发达国家的 ORTEC、CANBERRA、FAST、THERMO 等公司很早就推出了各种商业化的数字多道。大多数的国外数字多道产品采用梯形成形技术,这种技术可以有效的提高能谱的能量分辨率,但是最大计数率一般在 200kcps 左右。也有部分数字多道产品采用非成形的直接采样技术,这种技术可以实现很高的计数通过率,但是能谱的能量分辨率一般。最近,美国 XIA 公司开发出了脉冲堆积恢复数字多道,可以同时解决计数率和分辨率的矛盾问题,在数字多道中这种技术的使用将是未来高性能数字多道的发展趋势。但是,堆积恢复数字多道价格昂贵,且多为实验室应用的产品。

目前,适合用于中子活化多元素分析仪的数字多道技术产品不仅种类少、可选性差,还价格昂贵,多依赖于进口,处于受制于人的劣势。这就要求我们开发一套高性能的数字多道系统来满足分析仪的应用需求。

3 应用于中子活化多元素分析仪的数字多道设计

3.1 系统原理

分析仪中的探测器输出的信号经过前置滤波器,进入高速 ADC 采样,将信号数字化。然后将探测器信号进行成形实现慢通道信号,慢通道信号用于脉冲幅度的提取,将幅度转换为道址实现射线能

* 国家重大科学仪器设备开发专项(编号:2012YQ240121)。于海明(1982—),男,工程师,118000 辽宁省丹东市滨江中路 136 号。

谱的采集与分析。对探测器信号进行变换得到快通道信号,用于检测脉冲发生的时间信息。数字信号处理器存储脉冲的能谱数据,由 ARM 读取并通过网口发送给分析仪的工控机。数字多道的原理见图1。

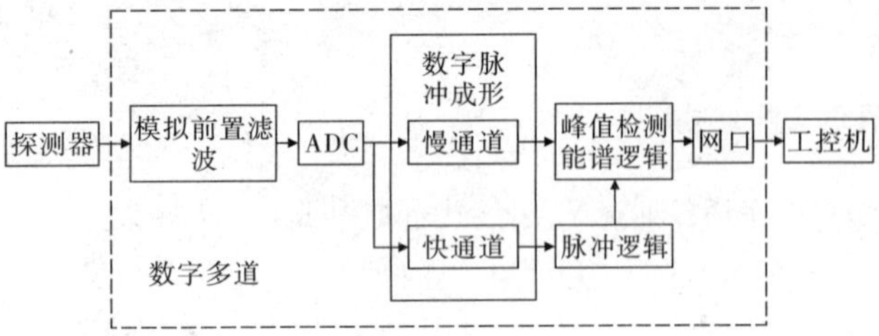

图1　数字多道的原理

3.2　硬件构成

通过研究对比分析,比较流行的一种方案是使用 DSP 芯片作为处理单元,将分析仪探测器输出波形利用高速 ADC 芯片采样数字化并输入 DSP 芯片中,在 DSP 中完成噪声滤波、脉冲成形、时间信息获取、能谱存储与传输等处理。这种方案由于 DSP 芯片需要同时完成对高速 ADC 的控制、对信号数据的计算、数字多道与计算机的数据通信等功能,导致 DSP 芯片负荷很大,而且 DSP 芯片的脉冲处理算法都较为复杂,处理一个脉冲的时间也较长,造成了系统的处理速度较慢,且探测器的信号是随机的,有可能在某个时间段内,数据量非常大,这段时间内探测器脉冲信号可能没有被处理。因此,这种方案脉冲通过率较低、系统的死时间较大,效果不理想。本设计是以 FPGA 芯片为处理器,实现控制高速 ADC 采集脉冲数据、数据高速缓冲、算法、多道逻辑和能谱存取等。探测器的脉冲信号经高速 ADC 采集后,送入由 FPGA 单芯片组成的处理控制器中,并经其中的数字信号处理模块计算、形成慢通道和快通道两路信号。前者被用于探测器信号幅度的提取,后者用于提取探测器信号的发生时间信息。采用上述的硬件方案,在能谱分辨率和脉冲通过率的指标上都会有很大提高,可以满足中子活化多元素分析仪的应用。

随着技术的发展,特别是转换时间只有几纳秒的 Flash 型 ADC 的出现,它有着很快的转换速度,可以实现很高的采样频率,又有一定的转换精度和线性,非常适合用于数字多道。

3.3　中子活化多元素分析仪中数字多道的算法

3.3.1　脉冲成形

中子活化多元素分析仪中为了获取高分辨率的能谱,用于道址判断的慢通道信号采用梯形成形算法,将双指数衰减的探测器信号成形为等腰梯形,见图2。

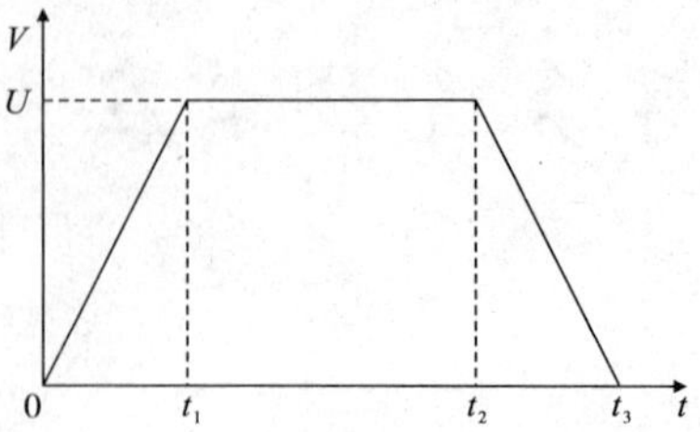

图2　梯形脉冲

梯形的平顶时间大于探测器电荷收集时间时,可以消除弹道亏损对能谱分辨率的影响[1]。数字多道的 ADC 是连续采样并使用成形技术,还可以改善 ADC 的微分非线性[2],设计出最佳的成形滤波器,以滤除信号中的噪声。在时域中构造一个梯形成形的单位冲击响应序列 $h(n)$,由 $h(n)$ 得到 FIR 滤波器,在 FPGA 中实现此 FIR 滤波器,就可以由探测器的脉冲信号得到等幅度的梯形脉冲信号[3]。

3.3.2　基线估计与恢复

中子活化多元素分析仪中探测器脉冲信号总是叠加在不稳定电压基线上,随着时间和计数率变化,为了减小基线跳动对能量分辨率的影响,需要对信号的基线进行估计。用式(1)所示的算法[4],对信号的基线进行估计。

$$y(i) = y(i-1)(N-1)/N + x(i)/N, \quad (1)$$

在 FPGA 中实现基线估计算法的恢复器模块,用脉冲的幅度值减去计算得到的基线值就可以得到道址,从而提高能谱的能量分辨率。

3.3.3　脉冲堆积的判断

为了提高中子活化多元素分析仪的精度和重复性,数字多道中需要对探测器中的随机信号进行脉冲堆积判断,提高能谱的分辨率。堆积信号的判断使用脉冲参数比较的方法,即对采集到的每个脉冲与标准的脉冲比较,波形参数不同的认为信号堆积了。此方法可以有效的辨别大幅度脉冲与小幅度脉冲的堆积情况,采用此方法需要知道探测器信号脉冲的表达式,设计中需要拟合探测器信号,探测器信号的表达式定义为

$$y = A \times (\exp(-t/T1) - \exp(-t/T2)),$$

拟合结果见图3。

其中:相关系数(R)为0.992 6;A 为32 303.122 5;T_2 为 $1.355\,4\times10^{-7}$;T_1 为 $1.721\,1\times10^{-7}$。

(下转第578页)

深井大采高综采工作面装备技术

周多好

（国投新集能源股份有限公司刘庄煤矿）

摘　要　口孜东矿 111303 综采工作面埋藏深，地压大，煤层厚，工作面安设配套重型装备，实现了工作面的安全高效回采。

关键词　深井　综采工作面　大采高　重型装备

口孜东矿是国投新集能源股份有限公司新建的一对大型矿井，自动化程度高，埋藏深，地压大，通过合理配置工作面装备，保证了工作面的安全顺利回采。

1　工作面概况

111303 工作面位于-967 m 水平中央(13-1)采区东翼，可采走向平均长度 1 757 m，切眼斜长 324 m；工作面标高为-742.5～-877.3 m，对应地面标高+25.0～+25.6 m。

111303 工作面内 13-1 煤层厚度（含夹矸）为 3.9～5.7 m，平均总厚度为 4.5 m。13-1 煤层平均含 1 层夹矸，夹矸多为炭质泥岩，次为泥岩，结构简单，厚度为 0.2～1.0 m，平均厚度为 0.4 m。13-1 煤层纯煤（剔除夹矸）平均厚度为 4.1 m。受断层构造等因素影响，断层附近煤层厚度及产状变化较明显。煤层倾角 8～14°，平均 11°。

111303 工作面 13-1 煤层顶板主要是由泥岩、炭质泥岩、砂质泥岩以及细砂岩组成的复合顶板，底板主要由泥岩、砂质泥岩和炭质泥岩组成。

111303 工作面选用后退式单一走向长壁采煤方法开采。沿煤层顶底板采用综合机械化设备，一次采全高，全部垮落法管理顶板。

2　工作面装备

工作面装备见表 1 和表 2。

表 1　111303 工作面主要设备明细

	设备名称	型　号	数　量
切眼	液压支架	ZZ13000 27/60	185
	下机头端头支架	ZT13800/29/55	1
	采煤机	SL500	1
	刮板输送机	SGZ-1000/3×1000	1
	转载机	SZZ-1200/700	1
	破碎机	PLM-3500/250B	1
	乳化液泵	BRW-550/31.5(355kW)	3 泵 2 箱
	喷雾泵	KPB315/16(132kW)	2 泵 1 箱
	皮带机	DSJ-1400/3×450	1
	自动化系统	PROMOS	1
	电液控系统	蒂芬巴赫	1
	胶带机顺槽无极绳绞车	SQ-80B	1
	轨道顺槽无极绳绞车	SQ-80B	2

表 2　111303 工作面主要设备参数

项目	名　称	型　号	参　数
液压支架	支架型号	ZZ13000-27/60	四柱支撑掩护式
	支撑高度	2.725～6 m	
	工作阻力	13 436 kN	33 MPa
	额定初撑力	11 400 kN	28 MPa
	实际初撑力	9 772 kN	24 MPa
	支架中心距	1 750 mm	
	移架步距	1 000 mm	
	支护强度	1.33 MPa	平均
	对底板比压	3.3 MPa	平均
	支架重量	47.2 t	
	立柱规格	ϕ340/ϕ230 mm	柱径
	适应工作面倾角	≤30°	
	液压支架设计	重庆大江公司	
	控制及操作系统	蒂芬巴赫	
胶带顺槽端头支架	型　号	ZT13800/29/55	一架
	初撑力	10 340 kN	24 MPa
	工作阻力	13 800 kN	
	支护强度	0.81 MPa	单架
	立柱规格	ϕ280/ϕ200 mm	柱径

3　工作面装备优点

（1）德国艾柯夫 SL-500 型滚筒式采煤机总装机功率 1 915 kW，机身配有 200 kW 的破碎机，能够防止大块卡转载机。通过自动化控制系统，在地面集控中心实现了采煤机在地面集控中心的远程开停、记忆切割，并通过在摇臂上安装的视频设备，实现了采煤机对自动运行的环境的实时感知。工作面

周多好（1971—），男，助理工程师，矿长助理，236153 安徽省阜阳市颍东区。

项目	名　称	型　号	参　数
采煤机	型号	SL500	
	总装机功率	1 915 kW	
	电压	3.3 kV	+10%，-10%
	最大牵引速度	24.35 m/min	
	最大牵引力	956 kN	最大
	滚筒直径	2 700 mm	
	截深	1 000 mm	
	最大截割硬度	100 MPa	最大
	机器重量	17.5 t	拆卸后最大件
	制造厂家	德国艾柯夫	
刮板运输机	型号	SGZ-1000/3×1000	
	电压	3.3 kV	（50 Hz）
	刮板链规格	ϕ48×152 mm	紧凑链、接链环
	联轴器形式	DTTKWL2 型阀控液力软启动调速偶合器	（德国福伊特公司）
	中部槽规格	1 750 mm×1 000 mm×360 mm	
	卸载方式	交叉侧卸式	
破碎机	型号	PLM-3500/250B	
转载机	型号	SZZ-1200/700	
	减速器型号	JS-700 圆锥-行星减速器	速比 26.2∶1
DY1400 胶带自移尾	最大外形尺寸	9 800 mm× 2518 mm ×1 435 mm	
	制造厂家	西北奔牛实业集团有限公司	
皮带机	型号	DSJ-1400/3×450	
	输送胶带	PVG2000S	整芯阻燃胶带
工作面综合自动化系统	三机通讯控制子系统		制造厂家：德国贝克电气有限公司。由 Mining-master 作为中央控制器，对各个子系统进行信息检测、控制、显示、报警、上传等功能
	顺槽胶带机通讯控制子系统		
	泵站控制系统		
	工作面供电系统		
	VOITH 传动控制子系统		
	采煤机控制系统（由采煤机和贝克公司控制系统进行通讯，然后由贝克公司控制系统传给中央控制器）		
	天玛公司液压支架自动控制系统		
乳化泵站	型　号	BRW-550/31.5	三泵二箱
	流　量	550 L/min	
	工作压力	31.5 MPa	公称压力
	泵箱	RX800/35（FRX28 辅助）	
	制造厂家	浙江中煤矿业公司	
喷雾泵站	型号	KPB-315/16	二泵一箱
	流量	315 L/min	泵站额定流量
	工作压力	16 MPa	泵站额定压力
	泵箱	KPX315/20A	
	制造厂家	浙江中煤矿业公司	

实现了对顺槽皮带、转载机、刮板运输机、采煤机 4 个系统的协同工作，当任何一个设备出现过载时，采煤机的切割速度将进行自动调整。

（2）ZZ13000-27/60 型支撑掩护式液压支架使用蒂芬巴赫电液控制系统操作，同时具备自动和手动功能，具有支撑强度大、受力状态好、稳定性好、操作性强、工作可靠等优点，能及时有效地支护顶板。

（3）SGZ-1000/3×1000 型刮板输送机为三机驱动，能够很好地为高产高效矿井服务。

（4）乳化液泵站会根据前方支架的不同的移架方式，可自动调整泵站的运行台数和负载量。泵站采用极索乳化液，降低了配油浓度；乳化液采用自动配液装置配制，减少操作人员、提高经济效益。

（5）工作面自动化系统包含胶带输送机、泵站、工作面三机、支架电液控制系统和采集控制系统 5 个子系统。工作面三机控制系统同时作为整个工作面自动化系统的集成控制主机，对工作面 5 个子系统的监控信息进行集成，实现工作面 5 个子系统间的协调工作并与地面集控中心进行交互，向地面集控中心传输工作面相关设备参变量数据及运行状况信息，同时接受来自地面集控中心的控制命令。

（6）工作面设备综合控制集成将以上各子系统有机整合在一起，实现数据交换和处理，实现供电系统及工作面所有设备工况在胶带机顺槽设备列车主控台上的集中显示，并与矿井综合自动化系统联网实现工作面设备系统在矿井地面调度指挥中心进行集中监控。

（7）工作面综合自动化系统采用德国贝克控制系统，该系统能够完成对 3 机的开停、闭锁、远程控制故障报警等，通过井下工作面操作台上的总控设备，实现了对工作面及顺槽设备的监控全面集中，可使工作面自动完成割煤、运输、移架、顶板支护等生产流程，也可与公司总部进行远程连接，在地面就可以控制工作面回采作业，实现了工作面自动化生产。

4　结　论

由于口孜东矿埋藏深，地压大，综采工作面煤层较厚，复合顶板较难控制，采用配套重型装备，可以有效控制顶板，提高工作面回采率及单产，实现较好的经济效益。工作面自动化程度高，可以保证综采工作面的安全高效回采，代表了今后综采工作面的发展方向。

（收稿日期　2015-05-26）

半连续运输工艺在高村露天矿山的应用

陈 海 曹陈霞
（安徽马钢工程技术集团设计研究院有限责任公司）

摘 要 露天矿山胶带运输，具有运输能力大，运距短，运费低的特点。运距长和运量大的大型露天矿山，胶带运输是一种比较经济有效的运输方式，近年来河北石人沟、鞍钢大孤山、东鞍山、齐大山、首钢水厂等铁矿山先后建成半连续运输系统，取得了良好的经济效益。目前，高村露天采场开采深度已达100 m，排土场堆高90～120 m，汽车运距不断加大，废石运输费用快速增加，而高村露天采场上层表土已全部剥离，岩石全部为闪长玢岩，采场已具备采用半连续运输的条件，针对高村露天采场开采现状，论证半连续运输工艺实施的合理性。

关键词 半连续运输工艺 深凹露天采场 应用

南山矿业公司高村露天采场是马钢主要铁矿石生产基地，占地1.6 km^2，正进行二期开采，生产矿石700万t/a，高峰时岩石剥离量1 150万t/a，设计最高开采标高+102 m，最低开采标高-186 m，封闭圈标高+30 m，设计露天开采境界内采出矿量12 889.00万t，资源利用率37.24%，剥离岩土量16 079.45万t，平均剥采比1.25 t/t，是一个大型深凹露天铁矿山，矿山二期于2007年开始建设，2011年达产，拟闭坑时间为2 028 a，矿床剩余资源量拟在将来三期继续开采。

目前，高村采场原矿开采规模为700万t/a，剥离岩石量880万t/a，采剥总量1 580万t/a，采场开采局部下降到-66～-54 m台阶，矿石由10 m^3或4 m^3电铲从各开采水平装90 t级自卸汽车，运至设在采场总出入口南侧的振动式倒装矿仓，转载到KF-60 t矿车，再用150 t电机车牵引运至选矿厂，岩土采用汽车直接运到排土场，高村排土场位于露天采场东1 km处的烤山南麓，设计排土堆置标高+195 m，排土场设计容积8 690万m^3。现排土堆置标高为+120～+150 m。

近年来，铁矿石价格一路下滑，国内矿山企业普遍陷入困境，高村采场矿石最终选出的铁精粉成本已与市场价格相近，而国际四大矿山在当前价格水平下仍有一定盈利空间，因此，在当前进口矿占据更大优势的大环境下，矿山企业必须树立以利润为中心的经营性矿山理念，引进先进生产工艺，提高生产技术水平，维持矿山正常生产和可持续发展。而半连续运输工艺应用于露天矿山开采，具有运输能力大，运距短，运费低的特点，近年来河北石人沟、鞍钢大孤山、东鞍山、齐大山、首钢水厂等铁矿山先后建成半连续运输系统，取得了良好的经济效益。目前，高村露天采场开采深度已达100 m，排土场堆高90～120 m，汽车运距不断加大，岩土运输费用快速增加，为了降低开采成本，提升高村露天采场的市场竞争力，针对采场开采现状，优化运输方式，实施半连续运输工艺。

1 高村露天采场半连续运输工艺

由于高村采场的矿石采用自卸汽车运至采场总出入口外的振动矿仓，转载后经6 km铁路运至选矿厂，受现状条件制约，矿石仍然采用汽车—铁路联合运输方式，待条件成熟时再实施胶带运输。

胶带送输与运输设备、转载、破碎联合使用，组成半连续运输系统，高村采场半连续运输工艺主要应用在岩石开采运输环节，把目前汽车运岩到排土场→推土机推排，间断生产工艺改为穿孔→爆破→铲装→汽车采场内部短途运输到半固定式破碎站破碎（全移动破碎站）→胶带运输机→地表干式磁选→胶带输送到+175 m标高的排土场→排土机排土的半连续运输工艺。

高村采场采出矿石TFe平均品位20.11%，品位较低，但磁性铁占有率较高，矿体与岩体含铁量为渐变过渡关系，目前生产是将矿体围岩（TFe品位10%～15%）作为废石直接运往排土场排放，不仅

陈 海（1966—），男，副所长，高级工程师，243000 安徽省马鞍山市太白大道1889号。

增加了排土场容量,更关键的是造成了资源浪费。实施半连续运输工艺,每年将矿体围岩与剥离的岩石合计 880 万 t 粗破后经干式磁选,得到 105.6 万 t 抛废后品位 15% ~16% 磁铁矿。

半连续运输工艺系统新增建设设施:在采场内设置一套半固定式粗破碎站,一套全移动粗破碎站,采场内 1#转运站及 1#、2#固定胶带,地表干式磁选厂房,地表 2#、3#、4#转运站,地表 3#、4#、5#、6#固定胶带、排土机,干抛后低品位矿工业试验厂以及生产系统相关配电、除尘、自动化控制等设施。

2 确定采场内粗破碎站的位置

2.1 全移动破碎站

按照每年实际采剥进度计划,全移动破碎站布置在含铁围岩最多的开采水平,尽可能布置在含铁围岩集中成片的位置,主要在采场各水平的西北侧,并随着工作面推进而行进,粗碎后岩石通过蚱蜢输送机及移置胶带传送至采场固定 2#胶带。全移动破碎站处理能力为 350 万 t/a。

2.2 半固定式粗破碎站

在半连续运输工艺中,半固定式破碎站布置非常重要,它需要随着露天采场延伸而定期下移。影响高村采场半固定破碎站位置选择的因素有:①采场固定边帮靠界时间及采场各台阶剥离现状;②从破碎站到排土场的胶带路径与矿石汽车运输道路合理避让;③采场生产正常顺畅,不影响或少影响采场的推进及扩帮,便于上下两段运输工作的合理衔接;④破碎转载站所服务的合理台阶数,应尽量缩小汽车在露天矿内部的运输距离。

采场内岩量统计表明:高村采场内剩余岩量主要集中在-30,-42,-54,-66 m 水平,以-42 m 水平最多,-54 m 水平次之。通常情况下,破碎站移动步距为 5 ~6 个台阶,考虑高村采场剩余岩量总体分布在 12 个台阶,因此破碎站在采场施工条件允许、胶带路径可行的前提下应尽量布置在中间部分台阶。而高村采场当前最低开采标高仅为-54m,破碎站汽车卸料口无法布置在-54 m 及其以下开采水平,因此在标高上,破碎站汽车卸料口较适宜布置在-42 m 水平,但现场-42 m 水平东侧固定帮已开采到界,没有布置破碎站的空间,前期只能将卸料口布置在采场中部东侧-42 ~ -30 m 台阶处,卸料平台利用现固定汽车运输道路-30 m 缓和平坡段。半固定式粗破碎站使用六年后,结合是否同时在采场实施矿石粗破碎方案,再考虑该粗破碎站搬移方案,若在采场实施矿石粗破碎,在-66 m 水平新建一座破碎能力 350 t/a 破碎站,该粗破碎站作为固定破碎站不需搬移;若不在采场实施矿石粗破碎工艺,该粗破碎站再移到-66 m 水平建设。半固定式破碎站处理能力为 530 万 t/a。

3 胶带运输线路的选择

采场现有汽车开拓运输道路在采场的东帮,利用东帮的有效长度,以折返的形式从地表延伸至采场底部各个水平。

由于采场 700 万 t/a 矿石仍然采用汽车运输,为了确保矿石正常运输,东帮固定帮需要完整保留,结合半固定式破碎站布置,采场内主运输胶带沿着固定道路外侧敷设,从-42 m 水平向北到达采场东北面地表标高+54.5 m,胶带长度约 730 m,最大倾角 14°。采场内主运输胶带在采场现有-30,+6 m 水平出入口处采用架空型式,以保证进出该水平运输车辆通行畅通。干式磁选后的废石经排土场西侧的固定胶带机输送到排土场。

4 排土机排土

4.1 排土机参数

排土段高 60 m,排土宽度 80 m,最大小时运量 1 200 t/h,排土机上排高度 5 m,下排高度 60 m,排土机受料臂长 40 m,排料臂长 50 m。

4.2 排土方式选择

废石通过地表固定胶带运输机输送至排土场的移置式胶带机,再由移置式胶带机上的卸料小车将物料转载给 PL-2000 型排土机,由排土机将废石排弃于排土场,高村矿排土场的排土方式可以根据现场实际情况,采取扇形排土和矩形排土相结合的混合式排土方式,即先沿北面山坡利用排土机边排土边筑+175 m 标高土堤,建成东西方向 550 m 长的固定胶带机,再沿排土场东侧由北向南排土,建设移置胶带机,结合排土场受土形状,先采取扇形排土方式,18 个月后,排土场东侧及东南角排完,改用矩形排土方式,由东向西推进。

排土机采取下排土方式时,排土机与移置式胶带机位于同一水平上,排土机位于移置式胶带机的外侧,排土机排料臂向外侧向下排土,排土机采取下排土方式时,排土机从移置胶带机的端部绕行到移置胶带机的另一侧,排土机排料臂向外侧向上排土,整个排土场排土方向由东向西推进。

4.3 移置胶带机的移设

移置胶带机的移设工具是胶带移设机,选用 2

台,移设步距0.8 m,主机功率250~380马力,行走速度小于等于1.5 km/h;扇形排土时,移置胶带机每次移设时间约4 d,矩形排土时,移置胶带机每次移设时间约14 d。

(1)扇形排土时,移置胶带每移设一次排土量为225.33万t;每年移置胶带机的移设次数2.72次,取3次。

(2)矩形排土时,移置胶带每移设一次排土量为366.52万t;每年移置胶带机的移设次数为1.67次,取2次。

5 半连续运输工艺系统投资分析

高村采场岩石改用汽车—胶带半连续运输工艺,增加一套半固定式粗破碎站、一套全移动式粗破碎站、转运站、固定胶带、干式磁选、排土机,干抛后低品位矿工业试验厂等设施,建设投资约14 960万元。

高村采场2013—2014年汽车运输完全成本2.1元/t·km,国内类似矿山胶带运输平均成本为0.9元/t·km(含粗破碎),因此,高村采场岩石改为胶带输送,运输成本可节约1.2元/t·km,按采场破碎站至排土场平均运输距离3.2 km估算,年平均节省运输成本3 379.2万元,静态投资回收期为4.5 a,按照10%折现率,动态投资回收期不足8 a,经济效益较好。

高村采场底标高与排土场顶标高高差360 m,水平距离不到2 km,单一汽车运岩道路必须设计大量折返爬坡,增大运输距离,而高村采场开采比较适宜发挥胶带运输排岩的特点,表土基本剥离完毕,避免土黏沾胶带,胶带爬坡坡度大,缩短岩石运输距离。实现岩石运输连续化,自动化程度高,设备维护检修容易,与汽车运输相比,成本小、能耗低;尽管半连续运输工艺初期投资较高,增加了胶带运输系统与道路的立体交叉处理,但效益和运行优势还是比较明显的。

6 结 语

(1)随着高村露天矿开采深度的不断下降,以及排土场堆排高度的不断增高,汽车排土运输距离大幅增加,平均运距为4.9 km,底部最长运距达6.5 km,结合开采现状,采场采用半连续生产工艺,汽车—胶带运岩取代单一汽车运输,大大减少岩石运输距离,大幅降低生产成本,每年节省运输成本3 379.2万元,,同时可减少12台TR-100 t运岩汽车,具有显著的经济效益。

(2)低品位矿及围岩经粗破碎后,胶带输送到封闭圈外进行干式磁选,每年可选出105.6万t抛废后品位15%~16%磁铁矿,不仅提高资源综合利用水平,又增加矿山经济效益。

(3)高村采场围岩无放射性、含硫低、强度较高,适宜于作一般道路路基或土石方填料等,在对破碎、干选后尾矿再进行分级筛分后,每年还能产出约占总量10%的建材石子。

(4)每年880万t低品位矿及围岩,经加工利用处理后,仅剩余占总量78%的废料输送到排土场堆排,节约排土场受土容积,最终排土标高从195 m降至180 m,为高村采场三期开采留出空间。

(5)半连续运输工艺应用于高村露天矿山开采,符合国家节能减排的方针政策,能减少汽车运输路面扬尘,车辆尾气排放,推进绿色矿山建设,树立绿色矿山典型。

(收稿日期 2015-05-26)

(上接第558页)

4 结 语

采用探采结合方式进行生产探矿,要求地质部门和采矿部门实行统筹规划、联合设计、统一施工、综合利用成果,形成一体化的工作方法,在实施过程中应遵循探采结合工程必须与采矿总体设计、采矿方法、开采块段的划分及采准切割工程等相结合的原则。西石门铁矿通过运用探采结合技术,不仅节约了大量采准工程,降低了采掘比和采矿成本,同时还加快了矿山生产进度,缩短采场采矿周期,经济效益显著。

参 考 文 献

[1] 韩 建,黄明然,赵 刚.浅析红透山矿采准阶段探采结合的应用与效益[J].有色金属工程,2001(4):16-17.

[2] 江顺友.新浦磷矿探采结合的工程应用[J].现代矿业,2012(3):64-65.

(收稿日期 2015-05-26)

矿山井塔滑模施工技术

葛文才
（五矿矿业(安徽)工程设计有限公司）

摘　要　滑模施工钢筋混凝土工程井塔具有缩短工期、施工简便、质量可靠、成本降低等优点。为此，着重阐述了滑模技术在井塔工程的应用情况，为同类工程的施工提供参考。

关键词　设计　组装　滑模　施工质量

随着市场经济的发展与变化，工业项目建设竞争日益激烈，对项目进度和质量要求十分严格，尤其是矿山建设项目中的提升系统，是矿山项目的咽喉要道；井塔楼的按期竣工与否，关系到整个项目能否按时投产。目前，多数项目设计中的井塔都选用钢筋混凝土工程筒体结构，比起钢结构井架，更美观，更防寒。而以滑模施工钢筋混凝土井塔楼，具有缩短工期、施工简便、质量可靠、成本降低等诸多优点，深得广大业主和监理的认可。以安徽开发矿业有限公司主井井塔为例，简述滑模施工的技术与应用。

1　工程概况

安徽开发矿业有限公司位于安徽省霍邱县，隶属于中国五矿集团五矿邯邢矿业有限公司，是国内最大的地下黑色矿山，铁矿石采选规模为750万t/a，建设投资约30亿元。本工程设计主井提升系统3套，井塔楼均为长20.06 m，宽15.06 m，建筑面积2 889 m^2，建筑基底面积321 m^2，共9层，建筑高69.5 m。基础部分地基处理采用直径400 mm钢筋混凝土预应力管桩，单桩承载力特征值为680 kN，桩长23 m，基础为钢筋混凝土筏板基础；主体结构形式为钢筋混凝土框架剪力墙结构，标高-0.05～19.9 m剪力墙厚400 mm，标高19.9～69.5 m，剪力墙厚250 mm，混凝土强度等级C30。标高19.9 m以上填充墙采用250 mm厚陶粒空心砌块，室内楼梯间、卫生间及风机房采用240 mm厚页岩多孔砖，均采用M7.5混合砂浆砌筑。

2　主要施工方案

工程主体采用液压滑模工艺进行施工，各层梁板采用降模方法进行施工。井塔屋盖利用模具操作平台滑升到屋盖大梁下皮调整标高，安装钢梁后，按常规方法进行支模施工。矿仓剪力墙与井塔主体一同滑升，漏斗部分利用承重脚手架常规支设方法进行施工。井塔主体滑升至19.9 m处进行变模，四周剪力墙由400 mm变为250 mm，改完模加固后继续滑升到顶。

2.1　模板系统

模板采用建筑定型组合钢模板P3012，P1012及相应数量的阴阳角模，钢板厚1.5 mm，钢模板采用新模板，使用前需对模板表面进行喷涂石蜡处理。模具平台分由上料平台、操作平台、降模平台组成。

（1）上料平台。利用操作平台上1.200 m高焊接钢结构，顶部用槽钢与焊接钢结构垂直焊接布置形成横竖各5排方格的网格承重系统，在其上面以@600 mm布设60 mm×90 mm木方，然后满铺厚25 mm木板。

（2）操作平台。由槽钢与650 mm高滑升支撑骨架及钢结构组成操作平台的承重骨架。上部以@500 mm设置60 mm×90 mm木方，再满铺25 mm木板组成操作平台以供设置配电箱、液压控制操作台以及各工种操作人员施工作业。

（3）降模平台。采用槽钢制作承重底托，上设由角钢L50×5制作的600 mm高桁架做承重骨架。在其骨架上面@500 mm设置60 mm×90 mm木方，然后满铺25 mm厚木板，组成平台供其降模施工各楼层梁板。降模平台上预先做出各层楼板次梁近似位置的下卧骨架。降模平台采用HPB235级ϕ20 mm圆钢做吊杆悬吊于操作平台上，供降模施工各

葛文才（1976—），男，工程师，230601 安徽省合肥市滨湖区武汉路230号。

层楼板以及作为滑升阶段的维修平台。

2.2 提升液压控制系统

(1)支承杆采用 ϕ48 mm×3.5 m 钢管,钢管按 3,6 m 2 种长度分散均匀布置。

(2)千斤顶设备台数。工程取用千斤顶型号为 ZYD-60 千斤顶(俗称 6 t 大顶),工程每榀提升设置一只 ZYD-60 千斤顶一次行程为 25 mm,额定顶推力 60 kN,施工设计时取额定顶推力 50%,即 30 kN。千斤顶取用台数估算为 105 台。

(3)油路布置。油路设置一个总回路,由控制台控制;设置 5 个一级油路,沿四面墙体及矿仓剪力墙中间框架柱设置;每个一级油路均设有通往各提升千斤顶的分油路。各级油路端口处均设置各级相应油路分油器。

2.3 滑模组装

模具组装顺序,设计制作→安装开字架→安装围圈→外模板→平台桁架→内模板→安装千斤顶→平台木方及平台板→油路布置→调试检查安装爬杆→安装外挑三角架。滑模装置组装的允许偏差见表 1。

表 1 滑模装置组装的允许偏差 mm

模板结构轴线与相应结构轴线位置	围圈水平位置(水平、垂直方向)	提升架的垂直(平面内,平面外)	安放千斤顶的提升架横梁相对标高	千斤顶安装位置(提升架平面内、外)	方模边长	相邻两块模板表面平整度
3	3	3,2	5	5	5	2

2.4 主体滑升阶段钢筋加工与绑扎

(1)进入施工现场的钢筋必须有出厂合格证,并经复试合格后方可使用。

(2)钢筋表面不得有油污、锈蚀、裂纹等现象。

(3)钢筋制作和加工均在指定的钢筋加工场地,水平钢筋的加工长度为 4 m。

(4)竖向、水平钢筋采用绑扎。搭接长度按图纸设计及施工规范要求,搭接位置按设计要求。爬杆每 6 m 一个接头,接头采用焊接,为保证爬杆稳定性使用 HRB335ϕ25 钢筋对爬杆进行加固。

(5)对于水平钢筋应保持每个浇灌层浇灌后,其上部最少保留有一道绑扎完成的水平钢筋。

(6)竖向钢筋采用绑扎搭接,搭接长度按设计及施工规范要求,竖向钢筋 4.5 m 一个搭接头。

(7)竖向钢筋绑扎时,在上料平台的环梁上焊制钢筋定位骨架,以保证竖向钢筋位置的准确性。

(8)框架柱钢筋接头形式采用直螺纹连接。

(9)由于采用滑模施工工艺,柱及 h>700 mm 的梁均采用插口箍筋,但相邻 2 个箍筋的拼接点位置应交替错开,搭接长度按施工规范要求。

(10)为了保证钢筋保护层厚度,在模板上设置带钩的圆钢筋进行控制,长度 150 mm,直径同钢筋保护层厚度,间距 1 m 沿墙壁内外设置。

(11)降模施工各层楼板时,楼板钢筋中设置 HRB335 级 ϕ16 mm 钢筋马蹬,间距 1 500 mm,通长布置。

2.5 主体滑升阶段混凝土的浇筑

(1)混凝土采用混凝土搅拌站集中搅拌的方式,利用输送泵浇筑混凝土。

(2)混凝土振捣采用 4 台 HZ50 型插入式振捣器。井壁满刮素水泥浆,素水泥浆中掺入自制养护液,起保水作用,混凝土自身养护,并保持井壁颜色一致。

(3)材料要求。①水泥,水泥采用 PO42.5 普通硅酸盐水泥,并有出厂合格证(即出场水泥检验报告),进场后经复试检验合格后方可使用;②砂子,中砂含泥量应满足设计标号要求,并经复试检验合格后方可使用,在搅拌站设置 20 m×10 m 的一块 200 mm 厚 C20 混凝土的硬覆盖,以便于砂子的堆放;③石子,粒径为 10~30 mm 的碎石,含泥量应满足设计标号要求,并经复试检验合格后方可使用,在搅拌站设置 20 m×15 m 的一块 200 mm 厚 C20 混凝土的硬覆盖,以便于石子的堆放;④水,自来水。

(4)混凝土浇筑要求。①混凝土浇灌前应对模具进行一次全面检查,如千斤顶架的牢固性,围圈的整体性,支承杆是否垂直,及各种水电设施,如发现问题应及时解决,合乎要求后方可浇灌;②浇灌混凝土前必须合理划分施工区段,安排操作人员,以使每个区段的浇灌数量和时间大致相等;③混凝土的浇筑顺序应根据工程的结构特点,分层均匀地进行,其分层厚度以浇上一层混凝土时,下一层混凝土处于初凝状态为准,厚度一般不超过 400 mm,如果梁、门窗洞口等个别部位混凝土厚度不足 2 个浇灌层时,应对称均衡的浇灌;④在浇灌予埋件附近的混凝土时,勿使铁件移位;⑤混凝土振捣时,不得振动支承杆、钢筋或模板,振捣器的插入深度不得超过下一层混凝土 50 mm,在模板滑动过程中,不得振捣混凝土;⑥混凝土浇灌中途停歇时,必须将分层浇灌的混凝土层封闭交圈，否则将影响提升，如停工时，其接茬必须留在混凝土的施工缝处；⑦浇灌混凝土时，不得污染千斤顶，落地混凝土要及时清理使用。

（5）模板的滑升分为初试滑升、正常滑升、完成滑升3个阶段。①模板的初试滑升阶段，首先模板内浇灌的混凝土，浇灌时间一般控制在3 h左右，分2～3层浇灌至600～700 mm，然后进行模板的试滑升工作。模板的初试滑升，必须在对滑模装置和混凝土凝结状态进行检查后进行。试滑时应将全部千斤顶同时缓慢平稳升起50～100 mm，脱出模的混凝土用手指按压有轻微的指印和不黏手，及滑升过程中有耳闻“沙沙”声，说明即已具备滑升条件，当模板滑升200～300 mm高度后，应稍事停歇，对所有提升设备和模板系统，全面检查修整后，即可转入正常滑升，混凝土出模强度为0.2～0.4 MPa；②正常滑升阶段，正常滑升，其分层滑升的高度与混凝土分层浇灌的厚度一致，为200 mm，2次提升的时间间隔不应超过1 h，在气温较高时，应增加1～2次中间提升，中间提升的高度为30～60 mm，以减少混凝土与模板间的摩阻力；③模板的完成滑升阶段，又称末升阶段，当模板滑升至距顶棚梁底标高位置时，滑模即进入完成滑升阶段，此时应放慢滑升速度，并进行准确的抄平和找正工作，以使最后一层混凝土能够均匀的交圈，保证顶部标高及位置的正确，继续滑升至距顶棚梁底标高200 mm位置时，停止混凝土浇灌，停模，模板滑升结束，利用操作平台，支打顶棚梁板；④井塔各层楼板采用降模方法进行施工，各层楼板在滑升过程中在墙壁四周平台板标高处下苯板预留板茬，待出模后将苯板剔出，当降模平台降至各层标高时，板筋锚入板茬。为加快施工进度，提高降模施工时楼板早期强度，在混凝土搅拌时加入混凝土早强剂，以提高混凝土的初期凝结硬化强度来缩短降模时间，提高楼板施工速度；⑤滑升时在洞口处的爬杆无混凝土宜产生失稳现象，需要进行加固。加固方法是在预留洞口处设置ϕ80 mm钢管做支撑加固。同时用500 mm长的螺纹ϕ25 mm的钢筋与洞口处的爬杆两两焊接，连成格构柱式支撑共同受力，支撑千斤顶向上爬升，ϕ80 mm钢管之间用螺纹ϕ25 mm钢筋@2 500 mm设置水平连接加强整体性，门窗洞口用3ϕ25 mm做柱支撑间距300 mm斜杆角度为60°；⑥模板滑升标高控制：在井壁内埋设线杆，线杆做成分节式，随滑随接长，但线杆架设时要稳固，不得与滑升系统有联系，并经常利用钢尺复核；⑦模具的偏移观测，利用1台J_2经纬仪，在主井井塔初滑时，当滑升高度为300～500 mm时，在井壁十字轴线外墙壁上设4条控制线，与预先安装于模具周围上的观测标牌进行比照。

3　滑模施工中注意事项

（1）混凝土必须在初凝前用铁锹入模，不得用输送泵将混凝土直接入模。混凝土浇灌必须严格执行分层交圈，均匀浇灌的制度，每层浇灌厚度不大于200 mm。每一浇灌层的混凝土表面应在同一个水平面上，正常情况浇灌上一层混凝土时，下一层混凝土应处于塑性状态。

（2）混凝土浇筑层之间，应有计划、匀称地变换浇筑方向，防止结构产生倾斜或扭转现象。

（3）每次滑升前，宜将混凝土浇灌至距离模板上口以下50～100 mm处。并将最上一道水平钢筋留置在混凝土外，作为绑扎上一道水平钢筋的标志。

（4）预留洞、门窗口两侧的混凝土应对称均衡浇灌。

（5）经常用小铁铲或长柄小刷子蘸水对黏在模板上的混凝土进行清理，以保证混凝土表面的光滑以及减小对模板产生的摩擦阻力。

（6）对于混凝土脱模时出现的蜂窝、麻面及较小裂隙，应随时用同混凝土配合比相同的水泥砂浆填满并压实。

（7）所有予埋件的部位，应位置准确，固定牢靠并使用加固筋ϕ20 mm长1 000 mm与主筋可靠焊接，不得突出模板表面，应距混凝土表面2～3 cm，浇筑混凝土时，要仔细慢慢浇灌，轻振捣，防止铁件移位，布料时设置的出口离模板的内侧面不应小于50 mm，不得向模板内侧面直冲，也不得直冲钢筋骨架。

（8）门窗洞口采用定型的木胎模，宽度应比模板间距小10 mm，并与墙体钢筋固定牢靠，胎模出模后，应及时校对位置，适时拆除胎膜，预留孔洞中心线的偏差不得大于10 mm。

（9）遇次梁时在井壁及主梁处预留梁窝，梁窝采用在井壁及主梁内安放聚苯板，梁窝尺寸应比梁截面尺寸大50 mm。梁窝深度为井壁厚度减100 mm。梁窝露出后及时将梁窝内聚苯板清理干净，并保证梁窝截面尺寸及深度。

（10）在中途停滑时，必须将分层浇灌的混凝土封闭交圈，振捣平整。并在停滑后每半小时提升一

（下转第580页）

地下冶金矿山有轨运输巷道交叉点施工工艺

陈鹏刚　宋　亮
（五矿邯邢矿业中冶公司）

摘　要　交岔点的施工，一般与硐室施工方法基本一致，应推广使用光面爆破、锚喷支护，在条件允许时，应尽量做到一次成巷。通过深入分析地下冶金矿山有轨运输巷道的交叉点施工工艺，为相关应用提供参考。

关键词　围岩　砌碹　施工方法

1　交岔点施工方法选择

施工中应根据交岔点穿过岩层的地质条件、断面大小和支护方式、开始掘进的方向和施工期间工作面的运输条件，选用不同的施工方法，交岔点施工方法归纳起来主要以下4种：

1.1　稳固性围岩

可采用一次成巷施工方法，随掘随支或掘后一次支护，锚杆按设计要求一次锚完并喷以适当厚度混凝土及时封闭顶板；若岩石易风化，可先喷混凝土后打锚杆，最后安设牛鼻子和两帮处锚杆并复喷混凝土至设计厚度。

1.2　中等稳固围岩

交岔点变断面部分起始段仍可采用一次成巷施工，而在断面较大处为了使顶板一次暴露面积不致过大，可用小断面向两支巷掘进并将边墙先行锚喷，余下周边喷上一层厚30～50 mm混凝土作临时支护，然后回过头来再分段刷帮、挑顶和支护[1]。

1.3　稳固性较差围岩

可采用先掘砌柱墩再刷砌扩大断面部分的方法。一种方法是：先将主巷掘通，同时将交岔点一侧边墙砌好，接着以小断面横向掘岔口并向支巷掘进2 m，将柱墩及巷口2 m处的拱、墙砌好，然后再回过头来刷砌扩大断面处，做好收尾工作；另一种方法是：先由支巷掘至岔口，接着以小断面横向与主巷贯通并将主巷掘过岔口2 m，同时将柱墩和两巷口的2 m拱、墙砌好，随后向主巷方向掘进过斜墙起点2 m后将边墙和该此段2 m巷道拱、墙砌好，然后反过来向柱墩方向刷砌，做好收尾工作。

1.4　围岩稳固性差

不允许一次暴露面积过大，可采用导硐施工法，上述方法基本相同，先以小断面导硐将交岔点各巷口、柱墩、边墙掘砌好后，从主巷向岔口方向挑顶砌拱。为了加快施工速度、缩短围岩暴露时间、保证交岔点施工的安全，中间岩柱暂时留下，待交岔点刷砌好后最后用放小炮方法将其除掉。

在交岔点实际施工中，应根据围岩的稳定程度、断面大小、掘进方向以及施工设备和技术条件等具体情况，采用多种多样的交岔点施工方法。其原则应是：既要保证施工安全又要使施工快速、方便（特别是减少倒矸次数）。

2　施工中应处理好的技术问题

2.1　做好测量工作

施工测量除了定期给出中、腰线外，还要给出变断面部分的起点，必要时还应找出主巷与支巷轨道中心线的交点。根据交岔点施工图（图1）计算出开帮长度和开帮量。主巷轨道中心线的点是刷帮起点，通过该点作一直线平行于支巷中心线，在交叉点设计图上沿该直线垂直方向每2 m确定刷帮的宽度，直到与牛鼻子平行。

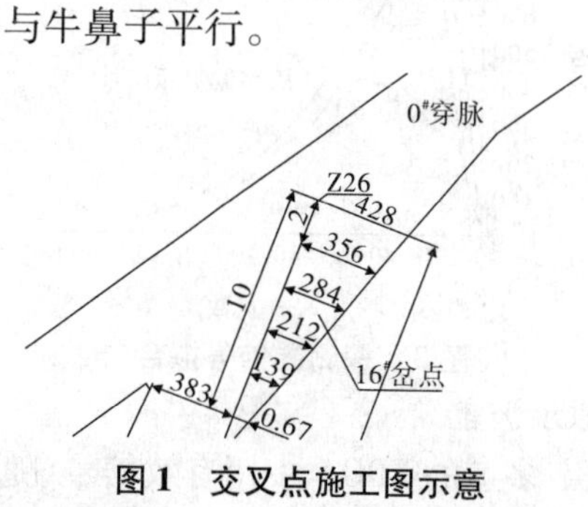

图1　交叉点施工图示意

2.2　交岔点施工方向

一般应从主巷向分岔口的方向进行刷大与砌碹，先将各巷口砌碹2 m，然后自小断面向扩大断面

陈鹏刚（1985—），男，工程师，056000 河北省邯郸市高开区创业路三号。

进行刷砌，这样砌碹和壁后充填容易保证质量，最后再砌岔口封顶[2]。

2.3 刷砌扩大

若围岩条件差，必须采用过顶梁作临时支护。挑顶后将过顶梁的一端搭在已砌好的碹拱上，另一端插入事先在迎头岩面上掏出的梁窝内，或搭在支于原支架梁顶上的小柱上，依次由中间向两边刷大，逐步穿梁，梁后用背板背实，一直到墙为止。在过顶梁的保护下，架立碹胎，拆一根梁，砌一部分拱，两边对称地拆梁与砌碹，直到封顶（合龙门）为止。

2.4 架设碹胎

交岔点断面变化部分，拱跨度增加，拱高也随之增加，而墙高却是逐渐降低的，在架设碹胎时，各架碹胎基脚点必须精确测定，并架设牢固，不使其移动，特别是最初的两架碹胎更应如此，以便作为以后各架的架设标准。通常在碹胎两肩处各用一、二块长度为普通模板两倍的长模板进行导向，以标定其后几架碹胎的位置。扩大部分如用料石砌碹，则为了适应逐渐加宽的要求，在恰当位置上要增加楔形料石，并逐渐增加料石行数。施工中不允许利用砂浆或楔石片代替楔形料石，更不允许将行与行的关系弄乱。

2.5 柱墩砌筑

是交岔点受力最大的地方，可以用料石砌筑，但最好用混凝土浇筑，若用锚喷支护交岔点时，常采用在交岔点掘进到柱墩处时预留光爆层 300 ~ 400 mm，交岔点其他部分掘锚结束后，再用打浅眼放小炮（眼距 150 mm）的方法刷出柱墩，随后锚喷成形。

2.6 岔口处的碹胎

岔口处的碹胎是整个工程的关键，用混凝土砌碹时，先将岔口两巷道口的拱墙砌筑好，岔口处架设一架大碹胎，将柱墩向上砌筑至与两巷口拱顶齐平的位置再从巷口的拱顶碹胎向大拱碹胎搭设模板，浇筑好混凝土后再进行三角带部分的施工和封顶。用这种方法施工，碹胎呈一斜面，比垂直的岔口碹胎通风阻力小。若交岔点用料石砌筑，大碹胎更为重要，在两巷口拱顶上还要设一架和大碹胎规格相同的“爬骨”，使顺着与铺放的模板能顺势成形。先将拱部砌碹伸入到碹胎之内一块料石左右，然后填实碹后空隙，再自小拱砌起碹胎与大拱相接。

3 结 语

交叉点施工工艺复杂，施工难度较大，在施工交叉点，根据不同的围岩性质选择交叉点的掘支方法，可以提高交叉点的掘支效率，保证施工安全。

参 考 文 献

［1］ 中华人民共和国建设部. GB J213—1990　矿山井巷工程施工及验收规范［S］. 北京：中国标准出版社，1990.

［2］ 赵兴东. 井巷工程［M］. 北京：冶金工业出版社，2010.

（收稿日期　2015-05-26）

（上接第 568 页）

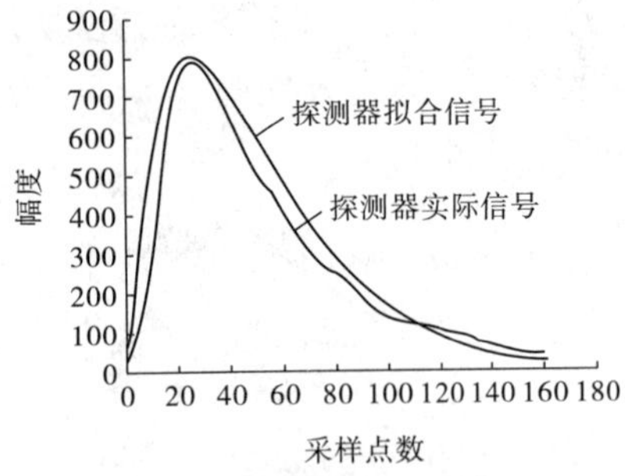

图 3　探测器信号拟合

3.4 虚拟示波器

在数字多道的 FPGA 中用有效信号、随机、堆积脉冲作为触发信号采集探测器信号，ARM 读取数据并传送至测谱软件，在测谱软件中显示探测器信号的波形，同时可以选着对探测器信号进行文件存储。

4 结 论

随着中子活化多元素分析仪在工业领域的广泛应用，其工作的各项性能备受关注。在中子活化多元素分析仪中使用数字多道技术是一次非常成功的尝试，克服了传统模拟电路复杂、稳定性低、集成度低、功耗高等缺点。应用数字多道技术使中子活化多元素分析仪工作稳定、可靠，提升了分析仪的市场竞争力，具有较好的推广应用价值。

参 考 文 献

［1］ 肖无云，魏义祥，艾宪芸. 数字化多道脉冲幅度分析中的梯形成形算法［J］. 清华大学学报：自然科学版，2005（45）：6.

［2］ 敖　奇，魏义祥，屈建石. 数字滤波器对 Flash ADC 性能改善的研究［J］. 核电子学与探测技术，2009（5）：3.

［3］ 陈亚勇. MATLAB 信号处理详解［M］. 北京：人民邮电出版社，2001.

［4］ 丁玉美，高西全. 数字信号处理［M］. 2 版. 西安：西安电子科技大学出版社，2000.

（收稿日期　2015-06-18）

综采工作面皮带机基础浇筑技术

窦 龙[1] 周多好[2] 秦瑞宏[1] 闫 冬[1]
(1. 国投新集能源股份有限公司口孜东矿;2. 国投新集能源股份有限公司刘庄煤矿)

摘 要 口孜东矿 121301 工作面机巷安设的 DSJ-1400/2×450 型皮带机头需浇筑基础,以保证皮带机在工作面回采期间正常使用,采取合理的浇筑方案,加强工程管理,为保证皮带机的正常运行创造了有利条件。

关键词 综采工作面 皮带机 基础 浇筑

1 工程概况

121301 工作面机巷安设 DSJ-1400/2×450 型皮带机,为保证皮带机正常运行,需对皮带头浇筑基础,以保证皮带机在工作面回采期间正常使用。皮带机基础平面示意图见图 1。

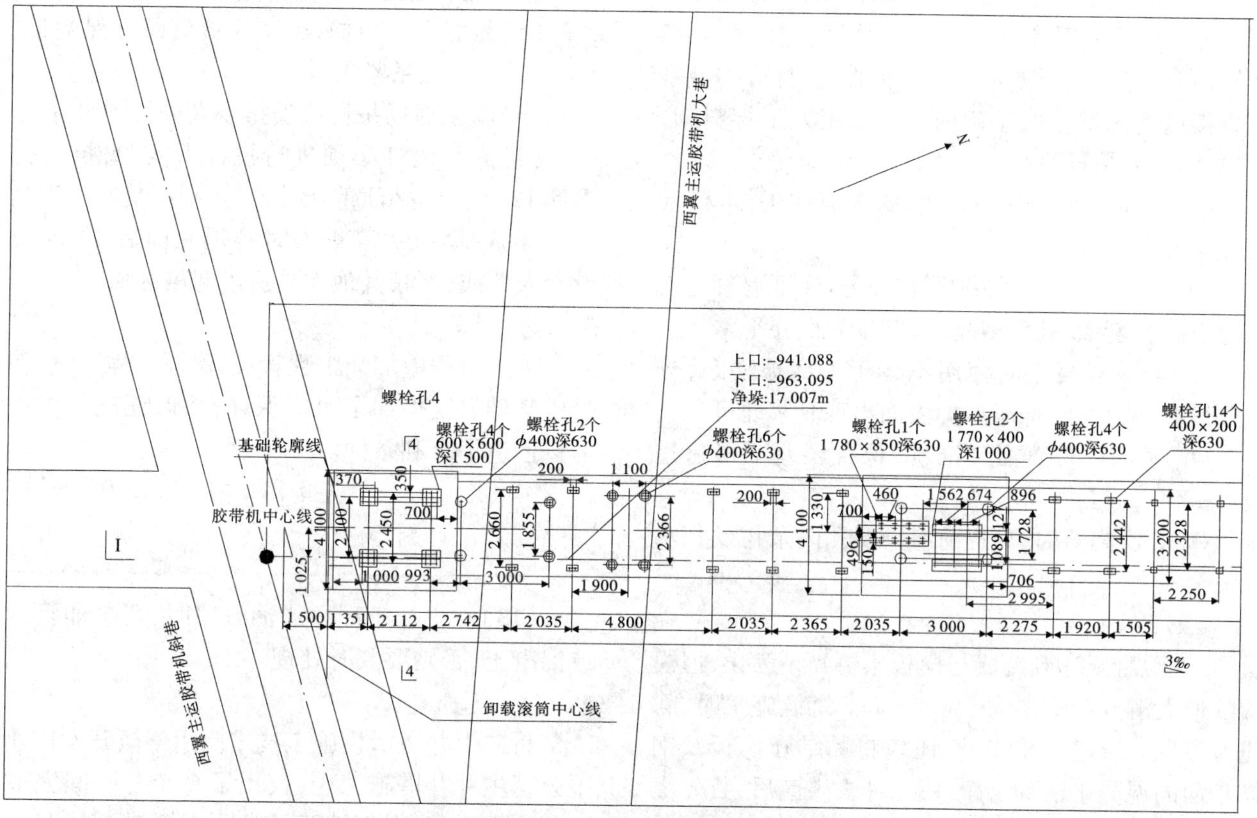

图 1 121301 工作面机巷皮带机基础平面

2 施工方法

(1)浇筑前联系地测科对巷道中腰线及基础十字线进行校对,施工时严格按照中腰线施工。

(2)浇筑前必须安设排水器将基础槽内水排出。

(3)基础处巷道帮、顶尺寸影响安装设备时,必须及时刷扩、进行处理,确保巷道尺寸满足安装需求。

(4)浇筑时在皮带机中心线位置立模预留水沟,浇筑、二次浇筑均采用 C40 混凝土;一次浇筑时浇筑高度预留 100 mm 进行二次浇灌找平。

(5)浇筑施工使用搅拌机搅拌配合人工拌料,浇筑时使用振动棒捣实。

窦 龙(1986—),男,助理工程师,236153 安徽省阜阳市颍东区杨楼镇。

(6)浇筑立模时使用木拉条、木楔等固定,保证浇筑期间模块不移动。

3 施工参数及质量要求

(1)基础浇筑使用C40混凝土,混凝土标号为C40。C40混凝土材料为:碎石,粒径16~31.5 mm,黄砂,中粗河砂,细度模数$u_f=2.5$。水泥为42.5普通硅酸盐水泥。配比为水泥(490):砂(585):碎石(1 140):水(215):=1:1.19:2.32:0.44(质量比)。浇筑时使用振动棒或钎子及时振捣,每浇筑300~500 mm厚振捣1次。浇筑混凝土要注意均匀,在模板或者钢筋上要做好标记,浇筑到位后要及时抹平,振动棒要做到快插慢拔,保证振动充分,混凝土搅拌均匀。

(2)采用搅拌机搅拌,搅拌机位置根据现场实际生产情况而定,依据实际料斗的体积,严格按照混凝土配比将骨料及水泥掺入料斗内,将料斗翻入搅拌桶内,将水注入搅拌桶内充分搅拌,搅拌好的混凝土直接送到挖掘好的基础内。如采用人工拌料,必须搅拌均匀,搅拌不少于3次。

(3)预留孔采用30 mm厚的木板加工,木模板要光面面向混凝土。

(4) 浇筑时必须振捣,搅拌充分,保证混凝土无裂缝、蜂窝、麻面、孔洞等现象,基础表面要平整。

(5)浇筑混凝土时使用不少于1台振动泵,分层厚度不超过500 mm,振捣表面出现复浆即可。

(6)预埋件位置必须准确,位置误差不得超过设计±20 mm。

(7)2次浇筑时,应提前将预留孔内杂物及积水清理干净方可进行浇筑,浇筑前必须提前进行凿毛处理。

(8)浇筑混凝土后必须洒水养护28 d,7 d之内每小班必须洒水养护1次,7 d之后28 d内每天要洒水养护1次。

4 安全技术措施

(1)严格执行"敲帮问顶"制度,施工前,必须用长柄工具将顶帮的开裂浆皮找尽。

(2)浇筑24 h后才准拆除模板,拆模后必须及时洒水养护。

(3)搅拌机运行时,不准用任何物件伸入搅拌筒内,严禁超负荷运转,运转中发现异常情况停电时,必须将混凝土清出后进行检修。

(4)检修滚筒及料斗时必须停电,提斗和落斗时料斗附近和搅拌机前不得有人,以保证人员安全。

(5)做好个人防护,施工人员要戴好保险带、护目镜和安全帽、系紧帽带。

(6)施工现场每班应安排专人进行洒水降尘。

(7)起吊锚杆必须进行抗拔力实验,抗拔力达不到120 kN的必须重新补打,否则严禁起吊重物。

(8)起吊机头等重物时必须在前后10 m位置设专人警戒,严禁其他人员进入起吊区域。

5 结 语

施工过程中加强工程管理,保证工程质量,使皮带机基础强度得到了可靠保证,为保证皮带机正常运行创造了有利条件。

(收稿日期 2015-05-26)

(上接第576页)

次,直到混凝土达到终凝与模板不再黏结为止,但模板的最大滑升量不得大于600 mm。继续施工时,除应对液压系统进行检查外,还应将黏结在模板及钢筋表面的混凝土清除干净,用水冲去残渣后,首先浇灌一层减半石子的混凝土,然后在继续向上分层浇灌混凝土。

(11)滑升过程中,应随时检查操作平台的平整以及偏转。

(12)当调整操作平台的倾斜或偏移时,应逐步的缓慢进行,以防止模板出现反倾斜拉裂墙体或结构出现陡弯。

(13)在更换千斤顶或油管路时,严禁油污钢筋或混凝土,否则要及时处理。

4 结 语

将矿山井塔滑模施工技术应用于徽开发矿业有限公司主井井塔施工中,仅用了6个月时间完成了全部施工内容,大大缩短了建设工期,为矿山早日投产奠定了基础。工程质量达到了优良标准,该井塔提升系统自2011年运行以来,无任何质量问题,各项参数指标符合设计,为今后的矿山建设积累了宝贵经验。

(收稿日期 2015-05-26)

深井综采工作面液压支架吊装硐室施工技术

赵鼎成　李金灿　李华利
（国投新集能源股份有限公司口孜东矿）

摘　要　口孜东矿111301工作面液压支架吊装硐室断面较大，埋藏深，地压大，采取合理的支护方式，保证了足够的支护强度。

关键词　深井　大断面　锚网索

口孜东矿工广地面标高+27 m，该矿111301工作面安装支架等装备需在风巷里端施工一个液压支架吊装硐室（底板标高-885 m），由于工作面安装的ZZ13000/27/60D支架为综采重型装备，所需空间较大，所以要求吊装硐室断面较大，加之巷道在煤层中掘进，埋藏深，地压大，需要采取合理的支护方式，保证足够的支护强度，以保证工作面的设备安装顺利进行。

1　施工方法

（1）按照1-1断面由西向东进行挑顶施工后，根据设计给定位置安装工字钢吊梁。

（2）在巷道的南帮按照矩形断面由上至下刷扩吊装间帮部，施工过程采用风镐刷扩，人工攉货，皮带机出货。

（3）挑顶施工前先对施工地点进行检查，搭设脚手架进行挑顶作业工作平台要搭设牢固。施工液压支架吊装硐室开茬施工必须由开茬地点按照斜向上31°进行挑顶，挑顶施工2.5 m后，水平向前进行挑顶施工2 m，然后再按照斜向下31°进行挑顶施工2.5 m。挑顶开茬后施工先打锚杆进行支护，施工至主吊装间位置时，再打9.2 m锚索加强支护。施工主吊装间时采用9.2 m锚索进行支护，刷1排支护1排。

（4）刷帮作业由肩窝自上而下施工，采用风镐刷扩。刷帮深度为1.2 m，高度为5.5 m，刷帮后现挂网打锚杆进行临时支护，然后再打锚索进行加强支护。刷帮采用从上向下台阶法施工，下台阶滞后上台阶不得小于5 m，刷扩1排及时支护1排，锚索按“十”字形压M钢带，锚索间排距为700 mm×700 mm，锚索长度为6.2 m。

（5）起吊梁施工按照设计位置打好起吊锚索（锚索抗拔力必须经过测试合格后方可使用），用手拉葫芦吊将起吊梁吊至脚手架平台，然后用手拉葫芦吊起吊梁一端，用起吊锚杆和锚链临时固定，再用手拉葫芦吊起另一端。起吊梁下方及时用工字钢短梁和锁具锁固，每根工字钢短梁用4根9.2 m锚索锁固。起吊梁长度为4.6 m，采用3根工字钢并列使用，工字钢为12#矿用工字钢，起吊梁横向布置，起吊梁中心与吊装硐室副轨道中心线重合，6根工字钢短梁均匀对称布置在起吊梁两侧。

2　巷道断面规格

吊装硐室1-1断面为矩形断面。净高7 m，净宽7 m，1-1断面设计下帮距离巷道中心线净宽4.1 m，上帮距离巷道中心线净宽为2.9 m，允许误差0～100 mm。2-2断面设计净高4 500 mm，分中净宽3 000 mm，允许误差0～100 mm。吊装硐室平面图见图1。

3　支护工艺

3.1　支护形式

111301工作面轨道顺槽液压支架吊装硐室断面采用锚网索+M5钢带联合支护，硐室墙体M5钢带横向布置。

3.2　支护参数

（1）1-1断面吊装硐室锚杆间排距700 mm×700 mm，1-1断面吊装硐室顶板采用9.2 m锚索，锚索间排距700 mm×700 mm。帮部锚杆抗拔力不小于80 kN/根，顶部锚杆抗拔力不小于120 kN/根，锚索预应力不小于160 kN/根。

（2）起吊梁采用12#矿用工字钢3根并焊，起吊

赵鼎成（1985—），男，助理工程师，236153 安徽省阜阳市颍东区杨楼镇。

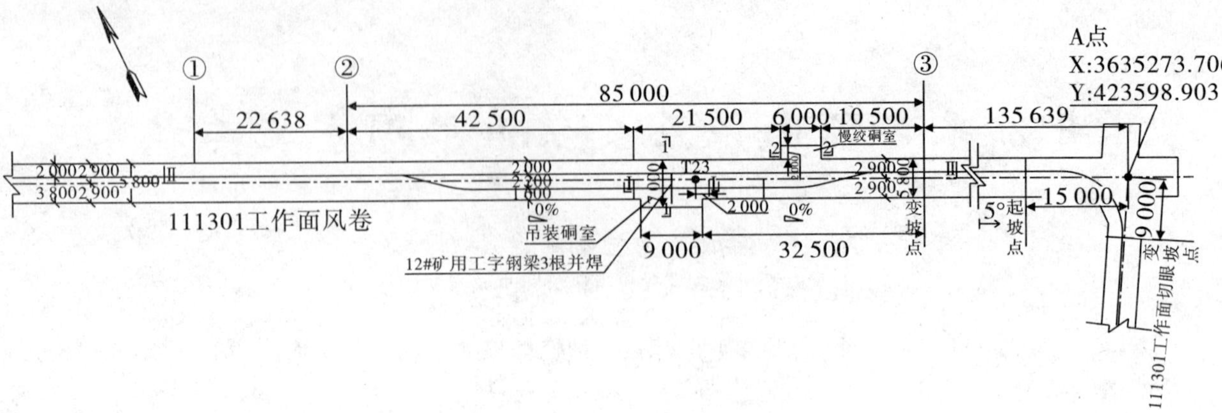

图1　111301 工作面吊装硐室平

梁下方用6根短梁固定,6根短梁均匀对称布置,每根工字钢短梁长度1.6 m,每根短梁采用4根9.2 m锚索固定。

3.3　支护材料

(1)锚杆采用高强螺纹钢锚杆,规格为 ϕ22 mm ×2 500 mm;锚杆托板采用厚12 mm钢板加工成窝型托板,规格为长×宽×厚=150 mm×150 mm×12 mm;钢筋锚网采用 ϕ6 mm钢筋焊制,规格为长×宽=1.6 m×0.9 m,网孔规格为100 mm×60 mm。

(2)锚索采用 ϕ21.8 mm钢绞线加工而成,帮部锚索长度6.2 m,拱部锚索长度9.2 m。锚索托板采用厚14 mm钢板加工,采用大小两块托板叠加,大托板规格为长×宽×厚=300 mm×300 mm×14 mm,小托板规格为长×宽×厚=150 mm×150 mm×14 mm;M型钢带厚5 mm,钢板材质为Q235,长3.1 m,宽190 mm。

(3)锚固剂选用MSM2850型锚固剂。

4　刷帮挑顶安全技术措施

(1)挑顶时,除平台上挑顶施工人员外,5 m范围内严禁有其他人员。刷帮、挑顶期间必须严格执行"敲帮问顶"制度,随时找尽活矸浮石,确保施工期间的安全。

(2)刷帮挑顶处及时进行锚网索支护,采用风镐刷大巷道,必须做到刷够1排支护1排。

(3)刷扩人员应站在已支护区域对需刷扩的地方进行刷扩。同茬挑顶与刷帮施工不能同时进行。

(4)施工平台下方必须有专人监视安全,若有行人经过,平台上停止一切工作,待行人通过以后方可继续施工。

(5)进行刷扩作业时必须搭设合格的作业平台,平台下方距离皮带机高度不得小于500 mm。

(6)施工段顶部及肩窝锚索必须使用双股8#铁丝做好二次保护。

5　结　语

采取合理的支护形式,施工中加强工程质量管理,保证支护质量,取得了良好的支护效果,保证了综采工作面设备安装的顺利进行。

(收稿日期　2015-05-26)

板集煤矿轨道二石门注浆加固技术

王春平[1]　秦瑞宏[2]　李华利[2]　窦　龙[2]
(1. 国投新集能源股份有限公司板集煤矿;2. 国投新集能源股份有限公司口孜东矿)

摘　要　板集煤矿轨道二石门巷道埋藏较深,局部岩性较差,通过对巷道进行注浆加固,提高了巷道支护强度,取得了良好的支护效果。

关键词　深井　石门　注浆　加固

1　概　况

板集煤矿工广地面标高+27.5 m,该矿轨道二石门底板标高-735 m,断面净宽×净高=5.2 m×4.2 m,该巷位于4-1煤顶、底板,从东向西巷道依次岩性为砂质泥岩、4-1煤、含铝泥岩、花斑泥岩、砂质泥岩。由于巷道埋藏较深,局部岩性较差,服务年限长,为加强支护强度,决定对巷道进行注浆加固。注浆管布置示意图见图1。

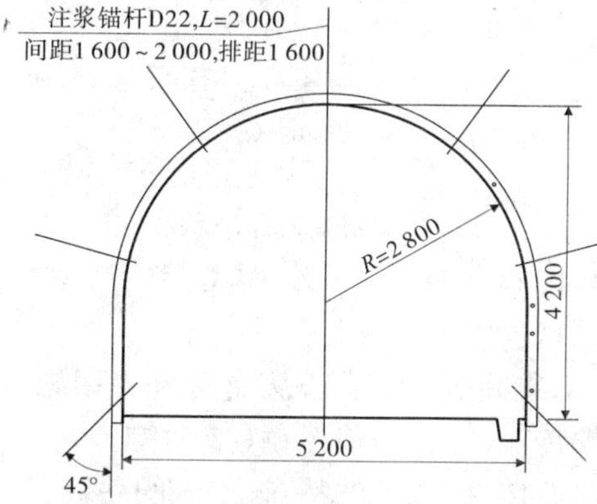

图1　轨道二石门注浆管布置示意

2　注浆参数及技术质量要求

(1)注浆前先对巷道进行喷浆,喷浆强度不低于C20,喷厚30 mm,喷浆配比(质量比)为水泥:黄砂:瓜子片=1:2:2,水泥型号PO42.5,速凝剂掺入量为水泥质量的4%,最合适的水灰比为0.4～0.45。

(2)注浆锚杆采用ϕ22 mm无缝钢管制作,钢管壁厚2.5 mm,长2.0 m,其中注浆段1.5 m,杆体上每隔300 mm按T字型梅花布置ϕ5 mm注浆孔,锚固段430 mm,开有马牙,端部车70 mm丝扣,制作M20螺纹,终端加工成扁状。

(3)浆液配置需充分搅拌均匀,并在放浆口处设置过滤网,防止结块水泥等杂物吸入浆管内。注浆泵选用2ZBQ 70/7型风动注浆泵。

(4)水泥浆配置采用PC32.5复合硅酸盐水泥,按设计配合比配置并搅拌均匀,注浆时浆液在桶内不停搅拌,防止浆液沉淀。注浆水泥不得直接放在巷道底板和潮湿处,严禁使用过期或结块的水泥。纯水泥浆液配置见表1。

表1　纯水泥浆液现场配置

水灰比	水泥/袋	水/L	制成浆量/m^3	备注
1:1	15	750	1.000	每袋水泥重50 kg
0.7:1	20	700	1.033	

(5)注浆扩散半径按巷道围岩裂隙考虑,取3.5～5 m。

(6)注浆压力要求:顶帮及底角注浆单排孔注浆终压3.5 MPa,双排孔注浆终压4 MPa。

(7)注浆系统稀浆耐压试验:注浆前对注浆泵和注浆管路进行耐压试验,试验压力必须达到注浆终压1.5倍以上,即6 MPa,且持续时间不得小于15 min,确认无误后方可使用。每孔接通输浆管路进行孔口管耐压试验,注稀浆压力为5 MPa,确认无误后方可注浆。

(8)注浆孔孔深2.5 m,排距1.6 m,间距1.6～2.0 m,钻眼前按设计要求标出,眼位误差不超过100 mm,眼向误差不得大于15°。帮、顶部角度与巷道轮廓线法线方向角度不大于15°,底角与底板成30°～45°,距底板不超过300 mm。

3　注浆施工方法

(1)注浆顺序为先按排距3.2m打单排孔注

(下转第587页)

王春平(1985—),男,助理工程师,236153 安徽省阜阳市颍东区杨楼镇。

光纤传感技术在矿井安全生产中的应用

黄金波　马　力
（安徽省煤炭科学研究院）

摘　要　光纤传感器由于本身不带电、本质安全，不受电磁场干扰，长期稳定、可靠性高，便于多点、多参数、远距离在线监测等优点，非常适合在煤矿以及金属矿山等恶劣的环境应用。介绍了光纤传感技术在矿井安全生产中的应用情况，为相关应用研究提供参考。

关键词　光纤传感器　矿山　安全

我国的矿山、电力、石油石化、等行业的高速增长，对安全生产的呼声愈来愈高。作为现代传感技术领域的重要分支，光纤传感器具有其他类型传感器无可比拟的优势。其中包括本征绝缘、抗电磁干扰和分布式传感的特性，比起传统的以电为主的传感器技术有着极大的优势，使得光纤传感器及系统尤其适合于易燃易爆、高危险特种行业安全生产监测的需要，在煤矿以及金属矿山井下同样能够发挥极大作用[1]。

1　光纤传感原理

与一般电子传感器采用的电缆相比，光纤传感器使用光导纤维作为传感器件或信号传输媒介，可以解决传统传感器无法解决的许多测量问题，具有无可替代的重要作用。光导纤维（光纤）是一种透明的玻璃纤维丝，直径约125 μm。它由内芯和包层两层组成，内芯的折射率大于外套的折射率，光由一端进入，在内芯和外套的界面上经多次全反射，从另一端射出。因为光纤的基本成分是石英，只传光，不导电，不受电磁场的作用，故光纤传感非常安全可靠，对电磁干扰、工业干扰也有很强的抵御能力。同时，光纤传感还具有重量轻、体积小、绝缘、耐高温、耐腐蚀等许多独特优点，很适合在易燃易爆、高温、高压、潮湿、强电磁场、强腐蚀性等极端恶劣条件下应用，能够对气体、温度、应变、压力、振动等各种参数进行精确测量。此外，由于光纤传输损耗低、频带宽，光纤传感器比传统的传感器在组网和传输距离方面更具优势，特别是可以在一根光纤上串联多个相同或不同类型的传感器，实现多点监测。光导纤维最早用于传光及传像。在20世纪70年代初生产出低损光纤后，光纤在通信技术中用于长距离传输信息。但是光导纤维不仅可以作为光波的传输媒质，而且光波在光纤中传输时，表征光波的特征参量（振幅、相位、偏振态、波长等）因外界因素（如温度、压力、磁场、电场、位移、转动等）的作用而间接或直接的发生变化，从而可将光纤用作敏感元件来探测各种物理量。这就是光纤传感器的基本原理[2]，如图1所示。

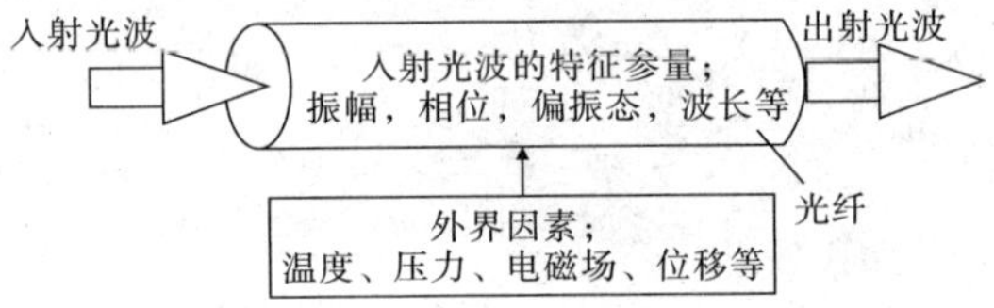

图1　光纤传感原理示意

光纤传感器可以分为传感型与传光型两大类。利用外界物理因素改变光纤中光的强度（振幅）、相位、偏振态或波长（频率），从而对外界因素进行测量和数据传输的，称为传感型（或功能型）光纤传感器。它具有传、感合一的特点，信息的获取和传输都在光纤之中。

与传统的传感器相比，光纤传感器的主要特点为：

（1）抗电磁干扰，电绝缘，耐腐蚀，本质安全。由于光纤传感器是利用光波传输信息，而光纤又是电绝缘、耐腐蚀的传输媒介，因而不怕强电磁干扰，也不影响外界的电磁场，本质安全可靠。这使它在各种大型机电、矿山、石油化工、冶金高压、强电磁干扰、易燃、易爆、强腐蚀环境中能安全而有效的传感。

（2）灵敏度高。利用长光纤和光波干涉技术使

黄金波，男，副研究员，硕士。230001 安徽省合肥市宣城路81号。

不少光纤传感器的灵敏度优于一般的传感器。其中有的已由理论和实验验证,如测量水深、加速度、辐射、温度、磁场等物理量的光纤传感器。

(3)重量轻,体积小,外形可变。光纤除具有重量轻、体积小的特点外,还有可绕的特点,因此利用光纤可制成外形各异、尺寸不同的各种光纤传感器。这有利于航空、航天以及狭窄空间的应用。

通常按光纤在传感器中所起的作用不同,将光纤传感器分成功能型(或称为传感型)和非功能型(传光型、结构型)两大类。功能型光纤传感器大多数使用单模光纤,它在传感器中不仅起传导光作用,而且有是传感器的敏感元件。但这类传感器在制造上技术难度较大,结构较为复杂,且调试困难。

传感型光纤传感器中,光纤本身同时起传光作用和传感作用。传感型光纤传感器也包含强度调制型光纤传感器。强度调制型光纤传感器的基本原理是待测物理量引起光纤中的传输光强 I 变化,通过检测光强 I 的变化实现对待测物理量的测量。强度调制的特点是简单、可靠、经济。强度调制方式很多,大体可以分为:①反射式强度调制②透射式强度调制③吸收系数强度调制④折射率强度调制⑤光模式强度调制。强度调制型光纤传感器的特点是结构简单、可靠。

2 存在问题

(1)传感器可靠性差、标校周期短,响应时间长,受电磁场干扰,导致系统误报。

(2)由于传感器需要供电,对采空区等主要危险源存在监测盲区。

(3)当矿山井下发生灾变、监控分站及传感器断电时,安全监控系统瘫痪,影响科学快速施救。

3 光纤传感器技术在矿山安全监控的使用

光纤传感器使用光纤作为传感元件,光纤不但用来传输信息而且采集信息。在光纤内传输的激光其特性受外部温度、压力、气体等影响而发生改变,通过测量激光波长等参数,实现对多种物理、化学量的精确检测。具有下列独特优势:不带电、本质安全,不受电磁场干扰,长期稳定、可靠性高;容量大,便于多点、多参数、远距离在线监测;性价比高,维护成本低。

根据光纤传感原件的以上特点,主要可以在以下矿山安全监控中加以应用:

(1)矿用光纤振动传感器。采用窄带半导体激光器频率跟踪技术进行解调,在实现高检测灵敏度的同时,成功地消除了温度、应变等环境因素影响。

(2)矿用光纤顶板离层仪。矿用光纤顶板离层仪通过内部精密的机械结构将位移转化为光纤光栅传感敏感元件波长的变化,从而进行位移的监测。其特点是漂移小、长期稳定,可用于实时在线监测。

(3)矿用光纤水压传感器。矿用光纤水位传感器是一种光纤光栅型传感器,当水位变化时,传感器底部的弹性膜片受压力变化,该形变转化为光纤光栅波长的变化。

(4)多种气体传感器。根据多个被测气体的吸收光谱,优化光源组合。采用同一个传输光纤和探头结构,实现对 CO、O_2、CO_2、乙烯、乙烷、乙炔等多种气体检测。

(5)光纤温度、振动传感网络。实现矿山机电设备(压风、水泵、运输、供电等)状态监测系统;通过温度、振动频谱及烈度特征分析,实现了设备故障预警。

4 结 语

矿用光纤传感技术创新,实现了无电源、本质安全、远程、多参数、分布式、高精度、高可靠测量;利用激光替代电流电压,光缆替代电缆,光纤传感替代电子传感技术变革,减少了矿山监测盲区;全面提升了对一氧化碳、瓦斯、火灾、顶板、冲地地压、设备故障等主要安全隐患监控能力,实现重大技术跨越,光纤传感也将有力拉动智慧矿山及信息化与矿山安全生产融合,为产业技术提升提供重要技术支撑。

参 考 文 献

[1] 戴 俊.光纤传感器在煤矿安全监控中的应用[J].煤矿安全,2010(3).

[2] 郭瑞青.光纤光栅技术在矿井安全生产中的应用[J].中国科技博览,2014(2).

(收稿日期 2015-05-26)

基于 VB 与 Matlab 实现水泵工况点的精确计算

边金鹏　徐海涛　王　金
（五矿矿业（安徽）工程设计有限公司）

摘　要　在排水系统的设计过程中，需要求解水泵的工况点。为了实现水泵工况点的快速求解，利用 Matlab 软件拟合水泵性能曲线，利用 Visual Basic（VB）语言实现水泵性能曲线及管路特性曲线的绘制，并输出水泵工况点。

关键词　水泵工况点　性能曲线　Matlab　VB

在排水系统设计过程中，精确计算水泵工况点计算的精确与否直接影响到排水系统设计的可靠性及经济性。为了提高水泵工况点计算精度与效率，利用 Matlab[1] 软件对水泵性能曲线进行多项式拟合，用 VB[2] 语言绘制水泵性能曲线及管路特性曲线并输出工况点。

1　水泵性能曲线拟合

Matlab 实现曲线拟合的基本算法是最小二乘法。给定数据点 $(x_i, y_i)(i=1,2,3,\cdots,m)$，可以如下 n 次多项式进行拟合：

$$y = f(x) = \sum_{j=0}^{n} a_j x^i, \qquad (1)$$

式中，$m>n$。

最小二乘法按照偏差的平方和最小的原则，即：使数据 y_i 与 $f(x_i)$ 的误差的平方和最小：

$$\varphi(a_n, a_{n-1}, \ldots, a_0) = \sum_{i=1}^{m} [f(x_i) - y_i]^2, \qquad (2)$$

式中，φ 是以 a_k 为参变量 $(k=0,1,\cdots,n)$ 的函数[2]。

当 φ 最小时，φ 对于 a_k 的偏导数为 0，即：

$$2\sum_{i=1}^{m}\sum_{j=0}^{n} a_j x_i^j x_i^k - 2\sum_{i=1}^{m} y_i x_i^k = 0, \qquad (3)$$

式中，$k=0,1,\ldots,n$。

为便于运算，写成矩阵形式如下：

$$\begin{bmatrix} \sum_{i=1}^{m} x_i^{2n} & \sum_{i=1}^{m} x_i^{2n-1} & \cdots & \sum_{i=1}^{m} x_i^{n} \\ \sum_{i=1}^{m} x_i^{2n-1} & \sum_{i=1}^{m} x_i^{2n-2} & \cdots & \sum_{i=1}^{m} x_i^{n-1} \\ \vdots & \vdots & & \vdots \\ \sum_{i=1}^{m} x_i^{n} & \sum_{i=1}^{m} x_i^{n-1} & \cdots & \sum_{i=1}^{m} x_i^{0} \end{bmatrix} \begin{bmatrix} a_n \\ a_{n-1} \\ \vdots \\ a_0 \end{bmatrix} = \begin{bmatrix} \sum_{i=1}^{m} y_i x_i^{n} \\ \sum_{i=1}^{m} y_i x_i^{n-1} \\ \vdots \\ \sum_{i=1}^{m} y_i x_i^{0} \end{bmatrix}.$$

Matlab 软件提供了多项式拟合函数命令，可以方便进行任意次数的拟合，并通过简单的画图语句及误差分析找到符合的多项式。Matlab 软件中主要应用的命令有多项式函数线性拟合为“polyfit( )”以及画图语句“plot”。文中通过对水泵性能曲线的采样数据的拟合，可以快速求解水泵性能曲线的函数。

2　曲线绘制及水泵工况点计算

（1）在 VB 程序中，以曲线函数为基础，通过描点的方式作出水泵性能曲线和管路特性曲线，主要命令有：画点命令（Pset），画线命令（Line）[1]。

（2）在 VB 程序中，依据不同的水泵建立动态坐标系，采用步进的方法计算工况点，保证工况点的精度。

3　应用实例

某矿山使用离心泵 MD85-45（SL），运用该系统实现水泵性能曲线和管路特性曲线的绘制，并计算水泵工况点，取样数据如表 1 所示。

表 1　取样数据

流量/(m^3/h)	扬程/m	轴功率/kW	效率/%
120	76.35	81.60	32.56
160	75.79	83.90	41.16
200	75.03	85.99	48.72
240	73.79	88.07	55.46
280	72.28	90.00	61.24
320	70.41	91.94	66.22
360	68.20	93.49	70.38
400	65.68	95.18	73.52
440	62.71	96.50	75.94
480	59.58	97.69	77.36
500	57.88	98.25	77.65
520	56.20	98.72	77.76
540	54.33	99.15	77.62
560	52.39	99.57	77.19
600	48.32	100.37	75.51
640	44.13	100.66	72.57

（1）利用 Matlab 软件拟合如下水泵性能曲线函数：

边金鹏（1990—），男，助理工程师，230601 安徽省合肥市滨湖区武汉路 230 号。

$$\begin{cases} H = -1.115E-13Q^5 + 2.49E-10Q^4 - 1.84E-7Q^3 - 4.72E-5Q^2 + 0.0087Q + 76.25 \\ \eta = -2.86E-15Q^5 - 2.11E-10Q^4 + 2.66E-7Q^3 - 3.93E-4Q^2 + 0.31Q + 0.53 \\ P = -1.36E-13Q^5 + 2.75E-10Q^4 - 2.37E-7Q^3 + 5.94E-5Q^2 + 0.05 + 75.11 \end{cases}, \quad (4)$$

式中，H 为水泵扬程，m；Q 为水泵流量，m^3/s；η 为水泵效率。%；P 为水泵轴功率，kW。

(2)利 VB 程序绘制水泵性能曲线与管路特性曲线。根据矿山实际管路计算管路特性曲线方程为：

$$H = 55 + 0.000\,076\,9Q^2. \quad (5)$$

绘制曲线图1所示。

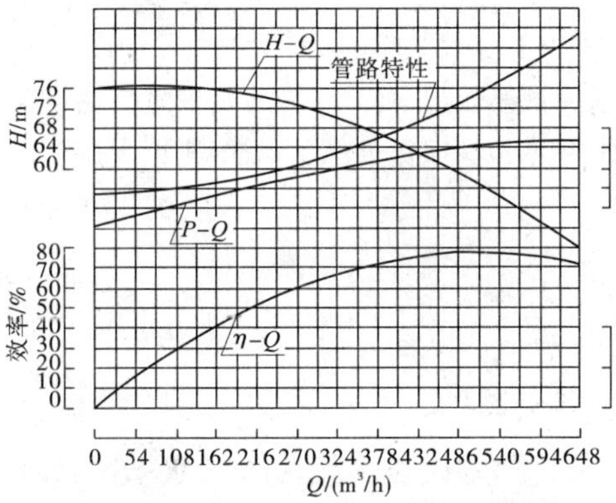

图1　水泵性能曲线与管路特性曲线

(3)水泵工况点计算。计算结果如表2所示。

表2　水泵工况点

工况点	流量/(m^3/h)	扬程/m	效率/%	轴功率/kW
1泵1管	387.3	66.5	73	98.5

4　结　语

阐述了求解水泵实际工况点的方法，基于 Matlab 软件对排水系统中水泵的性能曲线进行模拟，基于 VB 语言对水泵性能曲线与管路特性曲线的绘制，并精确计算了工况点，提高了排水系统设计的效率和精度，具有一定的实用价值。

参　考　文　献

[1]　张韵华，奚梅成，陈长松，等. 数值计算方法和算法[M]. 北京：科学出版社，2000.

[2]　刘彬彬，安　剑. Visual Basic 从入门到精通[M]. 北京：清华大学出版社，2010.

（收稿日期　2015-05-26）

（上接第583页）

浆，注浆结束后再在两排中间重新间隔 1.6 m 打双排孔复注。同时根据现场单孔注浆压力及底板冒浆情况，双排孔注浆完成后，再进行局部复注。

(2)锚注孔施工时帮部、拱部及底角采用 7655 风锤配合 ϕ32 mm 钻头打眼，顶眼采用 7655 风锤配合 ϕ32 mm 钻头或采用 MQT-130/2.0-C 型锚索机配合 ϕ28 mm 钻头打眼。

(3)注浆锚杆安装时，将注浆锚杆折弯成"C"型弧状，用大锤打入孔内，采用矿用树脂锚固剂封堵孔内 100 mm，孔外 20 mm，封堵严实，以防脱锚，在安装前注浆锚杆露出巷道喷浆表面 30～50 mm。

(4)注浆时按从小到大的顺序缓慢打开注浆泵的供风阀门进行注浆，当注浆孔达到设计终压后，降低流量 1 min，即可停机关闭注浆阀，再开启泄压阀后才能换孔注浆，注浆结束后要封孔。

(5)注浆结束后，注浆球阀、注浆泵、搅拌桶及注浆管路要及时清理干净。

(6)出现跑浆时，应采取以下方法进行处理：一是提高浆液浓度，进行间歇注浆；二是用水泥或锚固剂进行封堵，如遇大面积跑浆，对该处进行挖补修复，待养护凝固，有一定强度后，在附近打眼注浆。并将发生跑浆的注浆孔进行标记。

4　注浆结束标准及验收办法

4.1　注浆结束标准

(1)注浆前用稀浆进行试验，如稀浆达终压注不进去，证明孔浆液也注不进去，关闭此孔阀门，注浆结束。

(2)注浆时先注下排孔，周围孔出浆，对出浆孔进行封孔，继续注浆，此孔达到注浆压力后注浆结束，封闭注浆孔。

(3)注浆时无漏液、出浆现象，注浆压力达到终压封孔，注浆结束，关闭孔口阀门。

(4)注浆漏浆时，封堵漏浆处，进行间歇注浆或复注。

4.2　注浆验收办法

采用注清水试压法，每 10～15 m 为 1 组验收点，每组 3 个检查孔，其中顶、两帮各 1 孔，在 2 排注浆孔中间打眼，现场打眼比例不少于 50%。压入清水，终压到达 2.5 MPa，注水流量在 0.1 m^3/min 以下，并持续 1 min，停机后 1 min 内压力不明显降低，巷道四周不渗水为合格品。

5　结　语

巷道进行注浆后，充填了巷道围岩内的裂隙，使巷道围岩形成一个整体，巷道自承能力得到了提高，经过矿压观测分析，证明巷道支护强度得到了很大的提高。

（收稿日期　2015-05-26）

实时数据技术在某选矿厂 MES 系统中的应用

徐 升 吕 健 刘文强 刘宏涛 孙振华
（丹东东方测控技术股份有限公司）

摘 要 选矿现场的生产数据并发性高、数据量大、实时性强，传统的关系型数据库和单机实时数据库已无法满足数据处理的要求。基于分布式实时数据库设计并开发的分布式实时数据系统，选用面向文档型数据库 MongoDB，具有高容错、高伸缩性、大容量的特点。介绍了分布式实时数据系统及其数据库的设计，通过该系统在伊春鹿鸣矿业选矿厂的应用实践，实现了对生产数据的实时管理，帮助企业管理人员实时掌握生产情况，实现企业管控一体化。

关键词 MES 系统 生产数据 分布式实时数据系统 MongoDB

MES 即生产执行系统，将生产过程中产生的生产数据进行信息化管理，为各级生产管理人员实时提供生产过程信息，通过优化控制和对生产信息分析处理，帮助企业不断挖掘设备作业潜能，提高企业管控能力，实现精益化管理[1]。其中生产数据的管理维护对于 MES 系统至关重要。随着企业不断发展，工业过程日益复杂，现场产生的生产数据并发性高、数据量大、实时性强，采用传统的关系型数据库和单机实时数据库已经无法满足现有数据处理要求。为对生产数据实施有效的管理维护，基于分布式实时数据库设计并开发了一套高容错、高伸缩性、大容量的分布式实时数据系统。该系统存储管理生产现场海量的实时数据，并对实时数据进行统计分析，帮助生产管理人员实时掌握现场生产情况，随时了解生产详细数据，提高生产效率和产品质量，合理安排生产计划，及时发现生产问题。

中铁资源集团伊春鹿鸣矿业有限公司选矿 MES 于 2014 年 8 月正式投入使用，目前运行稳定，为企业生产和管理提供重要的支持。实时数据系统作为鹿鸣矿业选矿 MES 重要的模块，实现对生产数据的采集、存储、维护和应用。目前系统每秒采集的设备数量近 200 个，采集点数近 2 000 个，一天实时生产数据的存储记录 9 000 万条，统计数据 5 万条。基于实时数据系统的功能模块有过程工艺监控、生产过程历史回溯、数据分析等。该系统实时为生产管理人员提供现场生产情况，及时指导现场管理，提高了生产效率。

1 分布式实时数据系统

1.1 相关技术介绍

分布式实时数据库是将传统的数据库技术与实时处理技术进行结合，具有高容错、高伸缩性、大容量的特点。目前主要应用于数据量较大、数据变化较为频繁、实时性、并发性要求较高的系统中。

实时数据库选用无模式面向文档型数据库——MongoDB，它具有易扩展、功能强大、性能优越的特点。MongoDB 支持动态查询、支持索引、支持复制和故障恢复、自动处理碎片等功能，方便系统使用[2-3]。

1.2 系统总体设计

分布式实时数据系统共有三部分组成，分别是底层生产数据采集、生产数据存储管理和生产数据应用。分布式实时数据系统整体架构见图 1。

系统各个组成部分进行介绍：

（1）生产数据采集。生产数据采集是将选矿现场生产过程中生产数据进行集中采集。生产数据主要包括生产运行数据、报警消息数据、生产统计数据、试验数据和生产批次数据等。

（2）生产数据存储管理。生产数据存储管理是将选矿现场生产过程中采集到的数据进行集中管理。由于生产过程中数据实时性强、数据量大，所以采用分布式实时数据库进行数据的存储管理。通过实时调用生产数据采集接口将数据保存。分布式实

徐 升（1977—），男，工程师，118000 辽宁省丹东市滨江中路 136 号。

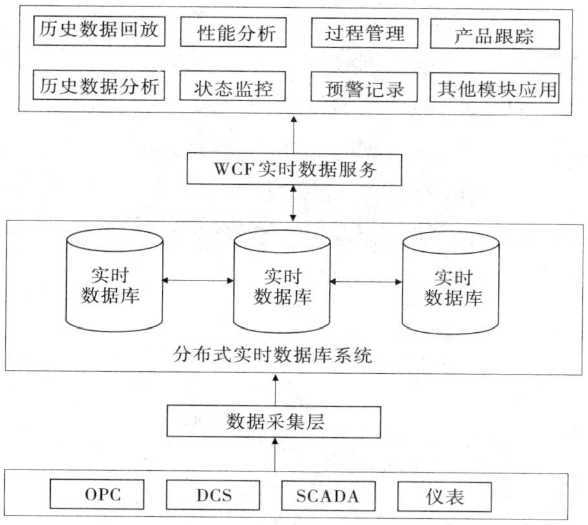

图1 分布式实时数据系统整体架构

时数据库是由多台实时数据库组成的，实时数据库选用MongoDB，利用MongoDB的分片机制、副本集、故障切换等功能，提高整体实时系统的读写能力。

（3）生产数据应用。生产数据进行有效管理后，将实时数据操作进行封装，为MES提供多种数据支持。例如，通过实时数据库可以实现对历史数据的回放，回溯历史生产运行情况。对大量历史数据的分析可以实时了解生产运行趋势、设备性能等信息；通过对部分关键数据的预警规则设置，可以跟踪异常信息，对异常进行报警通知；对历史数据可以进行整合分析统计，将关键数据以统计报表形式呈现。

2 分布式实时数据库设计

在分布式实时数据系统中，分布式实时数据库起到至关重要的作用，它需要将实时采集到的底层生产数据进行存储管理。鹿鸣矿业选矿现场生产数据量大、数据结构复杂，对数据库的读写能力要求较高，所以选用面向文档型数据库MongoDB，并对其进行了优化处理，根据其特点搭建出一套分布式实时数据库以满足现有需求。分布式实时数据库整体架构见图2。

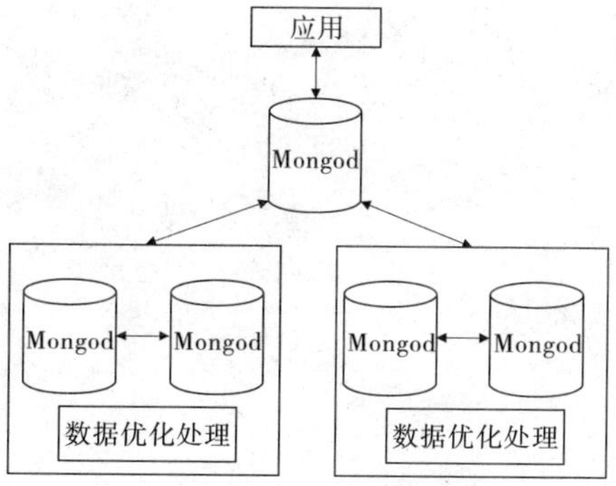

图2 分布式实时数据库整体架构

（1）分片机制。实时数据系统对数据库的写数据性能要求较高，所以构建分片机制将数据整理拆分，有多个节点处理大量数据，增加数据吞吐量。Mongos为路由进程，它负责将应用程序的请求发送给各个Mongod节点，然后在将节点相应的数据转发个应用程序。

（2）副本集。利用副本集技术可以解决实时数据自动故障备份，确保系统正常运转，同时可以提高读数据能力。系统中有个为活跃节点，其他节点作为备份节点进行数据备份。当活跃节点出现问题，任意一个备份节点会充当活跃节点。

（3）数据压缩。由于数据量较大，分布式实时数据库对数据的压缩要求较高。系统采用数据压缩算法和压缩工具将存储数据文件定时进行压缩，压缩比基本可达到10:1，提高了系统的性能。

3 分布式实时数据系统应用

目前，鹿鸣选矿厂MES分布式实时数据系统运行稳定、数据准确，多个功能应用模块帮助用户实时监控管理生产过程，可及时发现生产问题，得到了用户认可。

部分重要功能应用如下：

（1）工艺过程监控。由于选矿生产过程复杂，各生产现场较为分散，所以全面整体的掌握生产过程对生产管理人员的意义尤其重要。工艺过程监控是对生产工艺的远程发布、设备数据的实时呈现，通过工艺过程监控生产管理人员可以实时了解现场生产设备运行情况，全面掌握整体生产状况，对关键设备的重要数据进行实时的显示监控，并连接视频监控系统，可随时查看现场当前实际运行情况。工艺过程监控全景界面见图3。

图3 工艺过程监控全景界面

由图3可知，工艺过程监控系统共监控3个工区和13个关键工艺过程，监控的工区有破碎工区、磨矿工区、浮选工区，监控的关键工艺过程有粗破碎、磨矿分级一、磨矿分级二、一系列浮选、二系列浮选、立磨选矿、擦洗选矿、钼精扫、选铜、钼精矿、铜精矿、尾款密度和水循环。用户通过系统可以全面了解三个工区设备生产具体运行状况，并可调出放大每个具体工序的监控画面，详细监控关键工艺的生产运行参数，见图4。

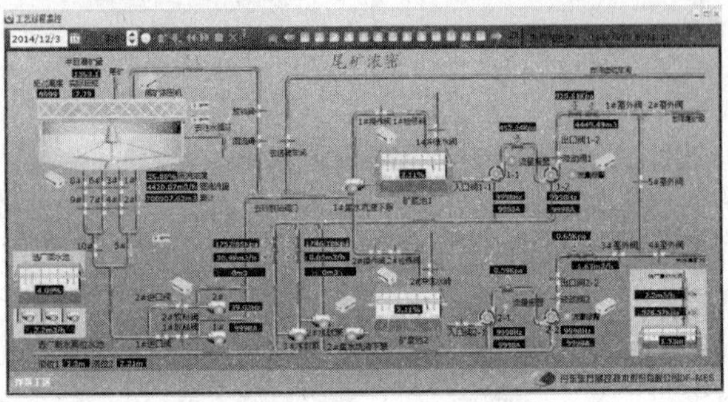

图4　尾款浓密工艺监控界面

(2)生产过程历史回溯。在选矿生产过程中，生产过程的历史回溯对用户来说非常重要。生产管理人员可以通过系统查询任意时段内生产工艺的流程画面，配合数据分析功能，帮助管理者及时发现设备运行问题，对分析事故原因、总结工艺控制经验起到关键作用。见图5。

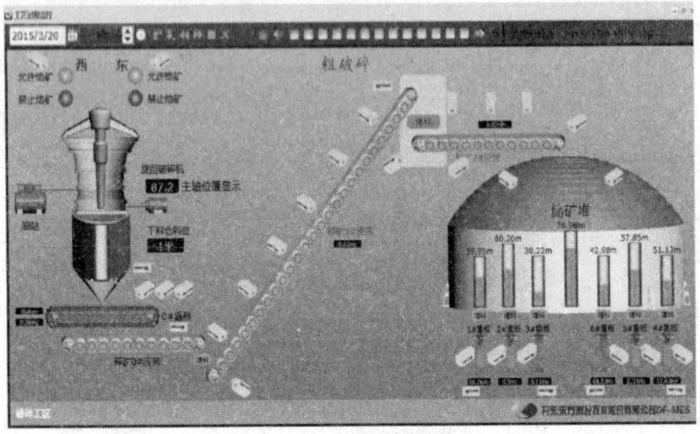

图5　过程工艺监控历史数据回放的界面

图5显示粗破碎工艺过程在2015年3月20日18时56分18秒的历史回放界面，可以通过设置回放频率、起始时间等具体操作对生产历史数据进行监控查询。

(3)历史数据曲线分析。由于历史数据量比较大、数据比较复杂，对历史数据的统计分析可以帮助管理人员全面掌握生产设备的运行状况，合理分配生产流程，及时发现生产问题。通过曲线分析，将设备每个时间段具体参数的运行状态进行统计显示，形象直观地反映出设备运行曲线。1号浮选机2014年12月3日的数据曲线分析界面见图6。

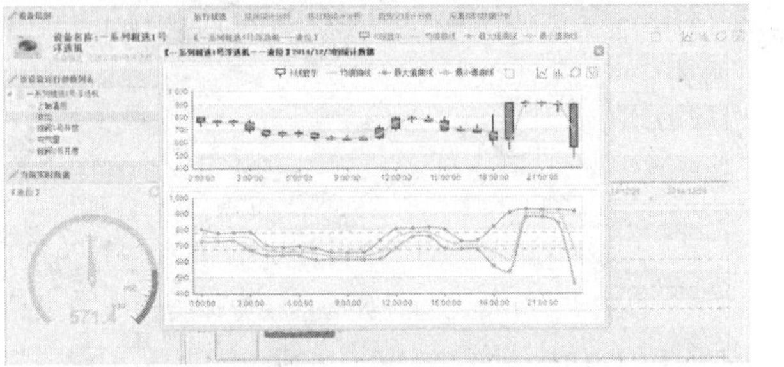

图6　1号浮选机某时间的历史数据曲线分析的界面

4　结　论

经过半年时间的实际应用，分布式实时数据系统运行稳定、数据准确，为鹿鸣MES提供重要的数据支持，使MES系列产品取得了重要的突破。基于实时数据技术的多个MES应用模块帮助用户实时监控管理生产过程，及时发现生产问题，提高了生产效率和生产质量。同时，通过大数据的积累，为后续数据的深度挖掘应用奠定了基础。

参　考　文　献

[1]　秦志伟，王新民，王丽芳. 基于MES的生产管理系统应用[J]. 航空计算，2008(1)：81-84.

[2]　Kristina Cbodorow，Micbael Dirolf. MongoDB权威指南[M]. 北京：人民邮电出版社，2011，

[3]　申德荣，于　戈，王习特，等. 支持大数据管理的NoSQL系统研究综述[J]. 软件学报，2013(8)：1786-1803.

(收稿日期　2015-06-09)

远程升级技术在中子活化多元素分析仪中的应用*

于海明　张　伟　尚庆敏　肖宪东
（丹东东方测控技术股份有限公司）

摘　要　中子活化多元素分析仪应用在环境、水泥、煤炭和钢铁等领域的作用日渐显著。设备中元器件的复杂性加大了日常维护难度，尤其是系统固件的升级。传统的维护方法需要技术人员到现场指导，耗费大量人力、物力。为降低维护成本、提高售后服务质量，对中子活化多元素分析仪中应用远程升级技术。简要介绍了远程升级技术及中子活化水泥元素分析仪中应用远程升级技术的设计。实际成产应用中，可工程师实现固件更新、升级的远程网络线完成操作，有效解决了中子活化水泥元素分析仪传统维护中存在的问题。

关键词　中子活化　环境　水泥　远程升级

中子活化多元素分析仪是采用中子活化瞬发γ分析技术（PGNAA），应用于环境领域，实现水质及土壤植被的实验室非破坏性快速分析；应用于水泥领域，实现生料配料的工业在线优化控制，省去了复杂烦琐的样品处理过程，直接对物料分析检测，快速给出分析结果；应用于煤炭领域，实现在线配煤优化控制，提高资源的有效利用；应用于钢铁领域，实现烧结料的优化配料控制。中子活化多元素分析仪综合了电子、自动控制、计算机等许多先进技术，设备中各种元器件相互联系、相互依赖，使得中子活化多元素分析仪的维护难度增大，特别是系统各部件固件的升级更新。传统维护方法需要派遣技术人员到仪器运行现场将设备停止工作，进行固件升级，需耗费大量的人力和物力。为了更好的提高维护质量，降低维护成本，在中子活化多元素分析仪中应用了远程升级技术，当现场的分析仪需要进行固件更新时，只需要使用远程网络就可以在线完成操作。

1　远程升级技术简介

远程升级是一种对软件功能进行更新的方式，主要优势是不需要对产品进行重新拆装，可以不用工作人员到产品现场进行任何操作。其原理是利用发布产品软件中的一段程序 BootLoader 来检测远程升级条件。当检测到升级条件时，BootLoader 便会进入升级过程，用户可根据提示操作与 BootLoader 进行远程交互，从而将更新的软件代码通过某种通信方式更新到产品中，以实现远程软件升级，升级完毕后，BootLoader 又会自动执行升级成功后的软件。

应用编程 IAP 是在 Flash 程序存储器中的一种编程模式，使用 IAP 模式即可实现系统固件的远程升级。它可以在程序运行的同时，对另一段 Flash 程序存储进行擦除、读写等操作，为数据存储和固件的现场升级带来了更大的灵活性。LPC2000 的 IAP 程序位于芯片的 Boot Block 中，Boot Block 位于所有器件的 0x0007D000－0x0007FFFF 中。LPC2000 系列中的 LPC2131 的存储器映射见图 1。

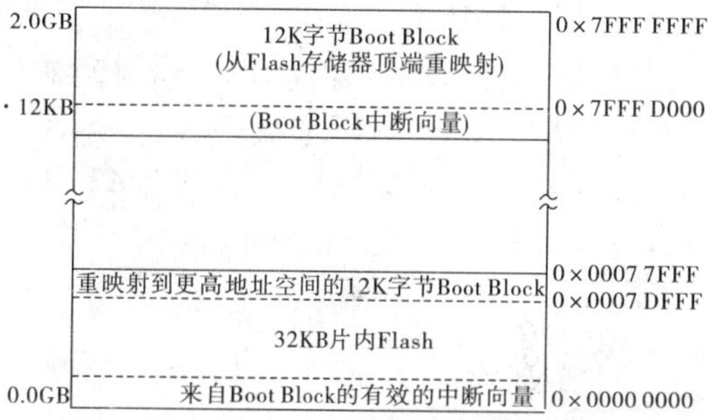

图 1　LPC2131 的存储器映射

IAP 命令不允许对 Boot Block 执行写、擦除和运行操作。在任何复位后，整个 Boot Block 映射到片内存储器的顶端，即 Boot Block 出现在存储器从地址 0x7FFFD000 的区域。IAP 是 Thumb 代码，位于地址 0x7FFFFFF0。IAP 功能函数可以用下面的 C 语言代码方便的调用。

#define iap_entry (in, out) ((void (*)())(0x7ffffff1))(in, out)，in 是输入参数，out 是输出参数，调用 iap_entry 函数就可以实现存储器扇区选择、擦除、查空、拷贝和校验等。

2　中子活化多元素分析仪中远程升级的设计

2.1　BootLoader 简介

BootLoader 是位于 Flash 起始地址处的一小段

* 国家重大科学仪器设备开发专项（编号：2012YQ240121）。

于海明（1982—），男，工程师，118000 辽宁省丹东市滨江中路 136 号。

代码，占据空间大小依据 Boot 所实现的功能而不同。如果没有 BootLoader，硬件启动成功后，将直接运行用户应用程序。反之，BootLoader 的启动代码将先被执行，进行一系列的初始化操作后，根据预先设定的条件，选择执行用户应用程序或升级控制程序。

升级控制程序在更新 Flash 程序的过程中，需要与上位机通信，通信的端口可选用 UART，SSI，I2C 或以太网端口。如果为了保证数据的无差错传输，BootLoader 也可以采用控制传输的通信协议，这样升级控制程序就必须对数据包进行解包，并将得到的加载命令转化为对 Flash 底层寄存器的操作。

2.2 远程升级的实现

在中子活化多元素分析仪系统中 CPU 使用 LPC2000 系列 ARM，ARM 通过以太网与上位机通信。在实现时将 IAP 代码放于 LPC2000 系列 ARM 存储器的扇区 0 和扇区 1 中，即地址 0x00000000-0x00001FFF 的 8KB 空间，作为系统启动的 BootLoader 程序，从存储器地址 0x00002000 开始存放应用程序代码。IAP 的灵活性在于，更新程序时不需要像 ISP 那样进行跳线操作，也不需要专用软件，数据来源也没有限制，可以来自串口、U 盘、以太网口等。此次设计选择的数据来源为串口（以太网虚拟），IAP 远程升级的过程见图 2。

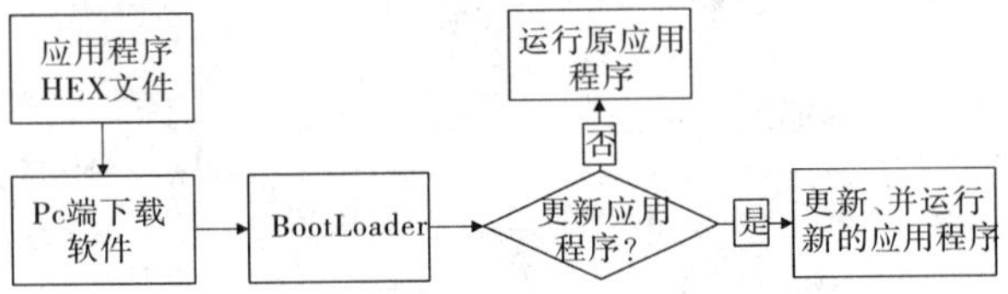

图 2 IAP 远程升级的过程

每次上电或重新启动后，ARM 都会首先运行 BootLoader 程序，等待 PC 端软件的更新程序命令或运行原来存储器中的程序，当 3 s 内接收到 0xAA 0x55 数据帧时，BootLLoader 程序进入等待更新程序模式，否则检测存储器应用程序区是否有应用程序。若有则运行应用程序。当 BootLoader 程序进入更新程序模式时，首先读取芯片的 ID，然后根据芯片 ID 来确定芯片的程序存储器的扇区结构。同时 PC 端下载软件开始发送 16 进制格式的程序文件的数据帧，程序文件的数据帧格式为以 0x79 做帧头，16 进制文件的每行数据作为帧的数据部分。在程序更新过程中，ARM 会向 PC 端下载软件返回更新操作的状态，这些状态有操作正常结束、写 FLASH 错误、参数长度错误和运行新程序错误。PC 端下载软件的界面见图 3。

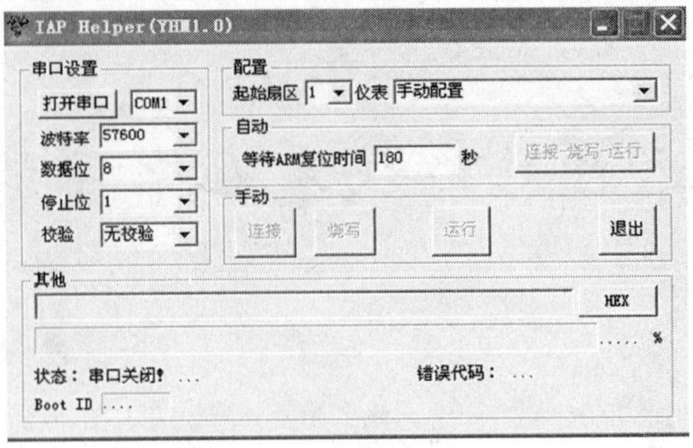

图 3 PC 端下载软件界面

在下载时先正确设置串口，选择起始扇区为 2，其他设置默认。选择需要下载的 HEX 格式文件，然后下载即可。下载有手动和自动两种模式。下载过程中，软件状态栏会显示当前操作状态。

需要注意的是，为了让用户代码运行地址从 0x00002000 开始，在开发应用程序时，将 ADS 的 ARM Linker 选项卡中 RO Base 设为 0x00002000，在相应的分散加载文件中修改程序加载地址为 0x00002000。因为处理器要切换到 Thumb 指令执行 IAP 代码，需要将 ARM C Compiler 下的 ARM/Thumb Interwoking 选项勾上[1]。另外 IAP 函数使用了 RAM 空间的高 32 字节空间，因此应用程序不应该使用该空间，应用程序堆栈不能超过 RAM 顶端-32，在启动代码中设置：

```
;Build the SYS stack
;设置系统模式堆栈
MSR    CPSR_c,#0xdf
LDR    SP,=StackUsr-32
MOV    PC,R0
```

3 结 论

远程升级技术利用发布产品软件中的一段程序 BootLoader 来检测远程升级条件，应用在中子活化多元素分析仪中可实现设备固件更新、升级的远程网络在线操作，省去了大量人力和物力的消耗，提高了用户体验。随着中子活化多元素分析仪在环境、水泥、煤炭等领域的广泛应用，现场多、地域广、各设备差异性较大，售后服务和维护备受关注。远程升级技术可使工程师实现中子活化多元素分析仪系统固件的远程更新，降低维护成本，提高售后服务质量，有效地解决了传统维护中存在的问题。

（收稿日期 2015-06-10）

溶剂萃取技术最新进展
——奥图泰 VSF® X 萃取工厂装置

M. Ruonala[1]　A. Oja[2]　R. Saario[2]
(1. 奥图泰(上海)冶金设备技术有限公司;2. 奥图泰(芬兰)有限公司)

摘　要　针对目前大部分矿山均存在矿石贫化、使矿山生产成本高企、利润空间降低的现象,尤其对于偏远地区的卫星式矿山萃取工厂,设备的快速安装和低成本运营成为可持续生产的基本要求,介绍了奥图泰溶剂萃取技术的发展和 VSF®技术,如 DOP 装置、澄清单元,特别对利用最新的 VSF®技术以模块化建设萃取工厂进行了阐述,如材料的选择、设备安装、操作和维护等。奥图泰 VSF®技术实现了萃取工厂设计、制造、安装、维护等的标准化和模块化,适用流量范围广、可萃取金属元素种类多,便于分拆、转移,并具有较高的资产残值水平。VSF® X 技术对于小型矿山的低投入、低成本建设运营具有积极作用。

关键词　溶剂萃取 VSF®　DOP®　DDG®　SPIROK®

采用混合器-澄清器的溶剂萃取技术,自上世纪五十年代开始应用在冶金领域,已经得到了很好的实践验证。当今,矿石的贫化使得矿业运营的可行性越来越低。人们对短周期、小规模的卫星式矿山萃取工厂的兴趣与日俱增,但许多小型的矿藏位于偏远地区。对于卫星式工厂和在偏远地区的矿山经济性运营而言,低投资、低操作成本运营和快速的工艺设备安装成为小型矿山运行的基本要求。作为著名的溶剂萃取工艺装置技术提供商,奥图泰 VSF®技术提供可靠和高效的溶剂萃取解决方案,在世界范围内有着经过实践检验的丰富业绩。奥图泰一直致力于溶剂萃取和电积技术的研究和开发,涵盖全面的工艺化学、设备和控制,有着用于提取各种金属溶剂萃取技术的数十年经验,现在在该技术领域已经成为世界市场范围的领先者。实施过的项目规模覆盖了小型到大型的全部范围。奥图泰 VSF® Plant 以新颖的方式进行萃取工厂的设计、制造、运输、安装、操作和维护,实现了标准化和模块化。VSF®技术包括溶剂萃取泵送技术(DOP®)、分散相混合(SPIROK®)、澄清器和分相隔栅设计(DDG®)以及尺寸选型、材料选择、工艺控制及在线分析,均经过实践验证。设计适用的流量范围为 25 ~ 10 000 m^3/h,金属含量范围为 1 ~ 50 g/L。奥图泰 VSF®混合器-澄清器技术适用于铜、铀、钴、镍、锌、钼、铼、金和稀土元素等的溶剂萃取。奥图泰最新的模块化 VSF® X 混合器-澄清器,能够以相同的模块单元来建设不同规模的工厂。VSF® X 工厂包含预组装好、便于运输的澄清器模块,能够在现场进行快速的架设和安装。在工厂服役期结束后,模块可以分拆然后移转到另一个可能的矿区,使得退役工厂资产的残值保持在较高水平。奥图泰溶剂萃取技术的开发始于对钼和铼萃取的应用,随后拓展到锌、锰、钴和镍,如今侧重于于铜。利用 VSF®技术所积累的经验,奥图泰最近推出了 VSF® X 技术的模块化溶剂萃取工厂装置,采用预安装好并易于运输的模块进行工厂的建设。这项新技术以其对设计、制造、安装、操作和维护方面的积极影响而在诸多方面表现出良好的可靠性和可持续性。

1　奥图泰溶剂萃取技术

奥图泰在溶剂萃取技术领域的研发始于早期奥托昆普溶剂萃取工艺。一直致力于于钴、镍、钼和铼的萃取回收,包括在相应溶液净化步骤中除去钙、镁、锌和锰。在两处芬兰重要的冶金基地—科科拉和哈利亚瓦尔塔,为满足钴和镍生产要求,所有工艺使用的是定制的自有溶剂萃取设备。进行这些开发工作的主要原因是把昂贵的有机萃取剂的损耗降至最低,并且减少混入工艺溶液的空气,从根本上减少三相污物的形成和有机相与水相的夹带。有机相的

Mikko Ruonala(1964—),男,奥图泰亚太区有色金属技术副总裁,湿法技术专家,200051 上海市长宁区娄关山路 555 号。
通讯作者　mikko. ruonala@ outotec. com

氧化,尤其在钴萃取时钴的催化效应,对奥图泰的混合器-澄清器开发产生过重大不良影响。

溶剂萃取设备的主要理念是让泵送和混合尽可能平稳的进行。在传统的系统当中,为确保泵送和级效率,泵混合器必须高转速运行。这很自然地就在能力和夹带方面造成泵送过量,造成很多杂质并带入铜电解液中。VSF 技术把泵送和混合在分开的装置里进行。当流量变化时,可以只对泵进行调整;如果需要更充分的搅拌,可以只对混合器进行调节。同时 DOP 涡轮和 Spirok 混合器的形状都设计为较为平缓的方式来输送溶液和分散相。新的混合器-澄清器的测试出现在 1990 年,当时多个钴厂要在近期实施扩建的趋势日渐明显。

基于这些工作的成果,1991 年,一种新型的混合器-澄清器或叫“垂直稳流”混合器-澄清器在一个新的钴萃取线上落成。混合器-澄清器开发获得了具有放大特性的垂直稳流(VSF)技术,非常适合在铜浸出—萃取—电积回收工艺中所需要的大型设备装置上的应用。但大型铜生产的溶剂萃取单元的放大和化学过程都进行必要的试验。

大型混合器-澄清器的开发得益于哈利亚瓦尔塔工厂 1995 年的扩建,新建的全尺寸设备用来进行 VSF 混合器-澄清器放大试验。奥图泰也在靠近老奥托昆普克雷蒂矿的中试基地上进行了泵送的放大试验。1993 年在智利铜业公司位于 Chuquicamata 的 50gpm 中试厂进行了用于铜萃取和反萃的 VSF 混合器-澄清器试验。这些试验结果表明该单元具有有效的放大特性,并在随后的 Zaldivar 溶剂萃取厂的运行中得到了验证。

Zaldivar 是应用 VSF 混合器-澄清器设计的首个铜矿山。萃取厂包括 4 条产线,每条产线都设计为处理 1 250 m^3/h 的浸出母液(PLS),把总流量提高到 5 000 ~ 6 000 m^3/h 的范围没有困难。在 Escondida,最高 PLS 母液流量为 4 500 m^3/h。在 Zaldivar 之后,进一步的溶剂萃取开发工作主要集中在改善相分离上,取得的成果是 OutoCompact Copper SX 和 OutoCompact Copper SX Track 技术。这些工艺通过把铜萃取化学的关键技术和 VSF 技术相结合,从根本上降低了投资费用,并提高了生产灵活性。VSF® X 技术对于小型矿山的低投入、低成本建设运营具有积极作用。

奥图泰混合器-澄清器的开发历程见表 1,矿山应用及投产年份见表 2。

表 1　奥图泰(前奥托昆普)混合器-澄清器时代

开发时期	关键技术	典型特性
1977—1981		预澄清,低切涡轮
1983—1984	VEF(Vertical Eight Flow)	预澄清,垂直混合循环
1991—1993	VSF(Vertical Smooth Flow)	预澄清,垂直混合循环,螺旋混合,分开泵送

表 2　奥图泰(前奥托昆普)应用和投产年份

矿山名称	萃取回收对象	应用及投产年份
科科拉	Mo	1977
科科拉	Re	1981
科科拉	Zn	1984
科科拉	Co and Ni	1984
科科拉	Ni	1986
科科拉	Anion	1987
科科拉	Mg	1991
科科拉	Ni	1991
科科拉	Ca and Mg	1994
科科拉	Co and Mg	1994
哈利亚瓦尔塔	Co	1995
Zaldivar	Cu	1995

3D-“ Deep Dense Dispersion 深稠分散相”澄清器设计,与 VSF 泵送和混合技术相配合,获得较高的特定澄清器吞吐量和低夹带值。VSF 的操作人员曾报告萃余液和富电解液的年均 O/A 夹带值的典型值低于 15×10^6。奥图泰专有的 DDG-“分散相贫化门”隔栅设计确保在澄清槽前端形成厚而稠的分散相层。考虑到当前设定的 8 ~ 14 $m^3/h/m^2$ 范围内的澄清槽澄清率,这项设计带来的效益非常明显。

奥图泰溶剂萃取技术包的特色还包括配有洗涤液回路和聚结栅的负载有机相(LO)槽设计。VSF 混合器-澄清器也是高效的聚结器,实际应用上比商用聚结器性能更好,因而不再需要使用额外的聚结器。奥图泰最近开发了模块化溶剂萃取工厂装置,称为 VSF® X,使用预制且易于运输的模块。这项新技术以其对设计、制造、安装、操作和维护方面的积极影响而在诸多方面呈现出优良的可持续性,首个交付项目正在土耳其进行。

奥图泰溶剂萃取技术业绩清单见表 3。

2　奥图泰 VSF®技术简介

VSF 铜混合器-澄清器单元配有一个分散相溢流泵装置 DOP 和二个 SPIROK 混合器,澄清器单元可以配水相和有机相的内部循环管道。

表 3　奥图泰溶剂萃取技术的业绩清单

项目名称	项目实施目的	实施年份
Outokumpu Kokkola, Finland	Recovery of Mo	1977
Outokumpu Kokkola ,Finland	Recovery of Re	1981
Outokumpu Kokkola , Finland	Recovery of Zn	1984
Outokumpu Kokkola , Finland	Separation of Co and Ni	1984
Outokumpu Kokkola , Finland	Recovery of Ni	1986
Outokumpu Kokkola , Finland	Removal of anions	1987
Outokumpu Kokkola , Finland	Removal of Mn	1991
Outokumpu Kokkola , Finland	Recovery of Ni II	1991
Kokkola Chemicals, Finland	Removal of Ca and Mn	1994
Kokkola Chemicals, Finland	Separation of Co and Mg	1994
Outokumpu Harjavalta, Finland	Removal of Co	1995
Cia. Minera Zaldivar, Chile	Recovery of Cu	1995
Codelco Radomiro Tomic, Chile	Recovery of Cu	1997
MET-MEX Penoles, Mexico	Recovery of Zn	1997
Phelps Dodge Morenci, USA	Recovery of Cu	1998
OMG Kokkola Chemicals Oy, Finland	Recovery of Cu	1999
Phelps Dodge Morenci, Expansion,USA	Recovery of Cu	2000
Codelco Radomiro Tomic, Expansion, Chile	Recovery of Cu	2000
OMG Kokkola Chemicals, Finland	Recovery of Cu	2001
Sepon Copper, Laos	Recovery of Cu	2005
RCC Gumeshevsky, Russia	Recovery of Cu	2005
Penoles Milpillas, Mexico	Recovery of Cu	2006
Minera Escondida Ltda., Chile	Recovery of Cu	2006
Cobre Las Cruces, Spain	Recovery of Cu	2008
Centenario Copper, Chile	Recovery of Cu	2009
RCC Miheevsky, Russia	Recovery of Cu	2009
Assarel Medet JSC, Bulgaria	Recovery of Cu	2009
Norilsk Nickel Harjavalta, Finland	Removal of Ca	2009
SPCC, Tia Maria, Peru	Recovery of Cu	2010
KGHM Ecoren SA, Poland	Ca, Cu, Co and impurity SX	
Chambishi Metals, Zambia	Recovery of Cu	2012
Minera Lumina Copper S. A., Chile	Recovery of Cu	2013
Talvivaara, Finland	Recovery of U	2013
ESDE III, Mexico, (Under construction)	Recovery of Cu	2014
Enercem, South-Korea	Recovery of Ni	2014
OMG Kokkola Chemicals, Finland *	Circuit A	2006
PD Morenci, Arizona *	Central, Cu SX	2006
OMG Kokkola Chemicals, Finland *	Circuit B	2007
Codelco Chuquicamata, Chile *	Train A, Cu SX	2008
PD Morenci, Arizona *	Stargo, Cu SX	2008
Codelco Minera Gaby S. A. *	Gaby, Cu SX	2010
Codelco Norte *	Radomiro Tomic, Cu SX	2011

注：* 为升级改造。

2.1　DOP 装置

1 个 DOP 单元（分散相溢流泵）包括 1 个带有锥形溢流缘的抽筒，1 个涡轮，1 个稳流装置和 1 个带挡板的外层筒体。DOP 使用相对大体积的低速涡轮，通过最小化 VSF 系统的压损来实现的，如使用水平的澄清槽出口以减小压损。在涡轮机内，水相溶液和有机相溶液实现首次接触。化学传质反应在这里立即开始并且非常活跃，典型的驻留时间为 3 ~5 s，在外圈桶体内则接近半分钟。外圈桶体内的混合强度符合主混合器的强度。得益于涡轮机体内非常短促的驻留时间，VSF 单元内三相污物的生成能够被保持在令人惊讶的低水平。DOP 泵的设计方式非常简单，涡轮混合区内的液液接触的剪切速率被尽可能的降低。即使在总液量很大的情况下，外形平顺的涡轮的叶尖速度也能保持在合理的 3.5 ~4.7 m/s 范围内。采用 DOP 可以使混合器保持轻微的过压。这一特性把空气排除在混合器之外。溶剂钝化轻微和“更干净的溶剂”是这一空气排斥特性带来的优势，对三相污物生成、夹带情况和铜质量有着长期的益处。

2.2　SPRIOK 混合器

在确保分散运动所需的合适水平下，Spirok 混合器设计为温和一致的混合，以实现合适的传质速度。低剪切的混合与包含高滞留的水相液滴（O/A 为 0.7 ~0.9）、有机相连续的分散模式相结合，是改善夹带和三相污物状况非常有效的途径，并且对剩余有机相和水相的夹带也有着积极的作用。VSF 混合单元包括典型的 2 个柱形带挡板的混合器槽，配双螺旋的 Spirok 搅拌器，以及将末一级混合槽与澄清槽相连的上升流道。混合器槽体下沉式的结构能防止空气进入到分散相中。

2.3　OutoCompact 澄清单元

澄清槽设计是溶剂萃取工厂运行的一个关键要素，OutoCompact 澄清槽基于在澄清槽入口端获得深稠厚实的分散相层。流入的分散相液流通过液流散布器和一个非喷射隔栅均匀散布，随后分散相被三个 DDG 隔栅保持在挤压状态。稠密的分散相层把小的液滴滤出并且提高聚结度，确保低夹带值。特别需要注意的是，分散相不被允许散布到整个澄清区域。这给予了处理更高入口流量更好的灵活性。分开的有机相和水相溶液最终收集到流槽当中。水相的内循环管道引自于澄清槽槽体。

深-稠-分散相（3D）澄清方式性能表现非常好。例如在铜领域智利的 Radomiro Tomic 工厂以及在芬兰的钴萃取厂和铜萃取厂。在特定吞吐量和深澄清槽内的清晰分相方面，卓越的性能都得到了体现。

3　VSF® X 技术

奥图泰最新的溶剂萃取技术发展在工厂建设和项目执行方面，理念是采用所有 VSF® 溶剂萃取技术细节和优势，以模块化方式来建造萃取工厂。

3.1　模块化萃取工厂装置简介

奥图泰新的模块化设计 VSF® X 是把澄清槽按 ISO 标准的集装箱尺寸进行模块化预制。这在设备的预组装、质量、运输、安装、放大和重利用等方面具有诸多的优势。按照集装箱尺寸和形状设计、预制的所有模块都配有标准的集装箱连接件用于单元的固定和吊装。模块可以简便地安装在水泥基座或支柱上。VSF® X 单元是气密的，使得溶剂萃取工艺能够抗拒有机相的氧化。这也预防了有机相和其他有害气体的挥发，从而提高了工作的安全性。这一理念允许溶剂萃取工厂采用标准模块来进行用户定制，进而使得项目被更快速、更经济地执行。采用标准化设计的模块的好处还在于使短期项目能够更迅速、更经济地进行调整。如果在设计时考虑到整厂服役年限在模块化，溶剂萃取工厂在服役年限结束后，整厂装置进行重新利用或把材料进行重利用，都是现实的可选方式。经济性能够得到更进一步的支持。图 1 阐释了一个大型 VSF® X 混合器-澄清器单元的基本布置形式，包括奥图泰 DOP®泵和两个 SPIROK®混合器，其与模块化的澄清器和管道单元结合在一起。

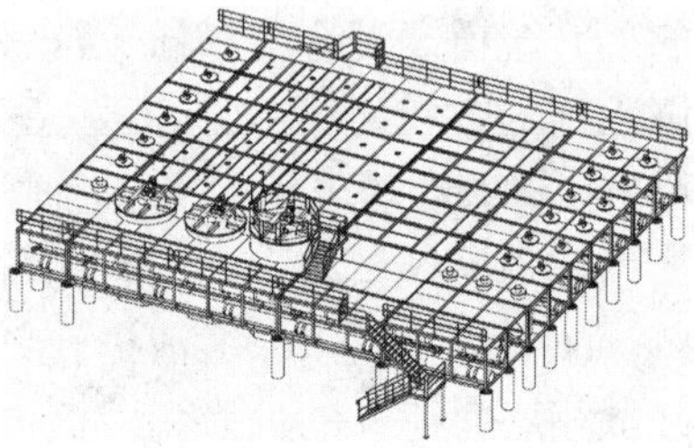

图 1　VSF® X 模块化溶剂萃取工厂装置

在图 2 中可以看到模块化的理念。左上角的模块是聚结模块。它们包含了 DDG 式隔栅，用于聚结水相和有机相的液滴，并分离两相。右上角的模块是留置单元，增加两相在进入下一阶段前的留置时间。右下方的模块是流槽模块，用于收集和在级间传送分离后的相溶液。最后，左下方是包括奥图泰 DOP®泵和 2 个 SPIROK®混合器的 VSF® X 槽系统。

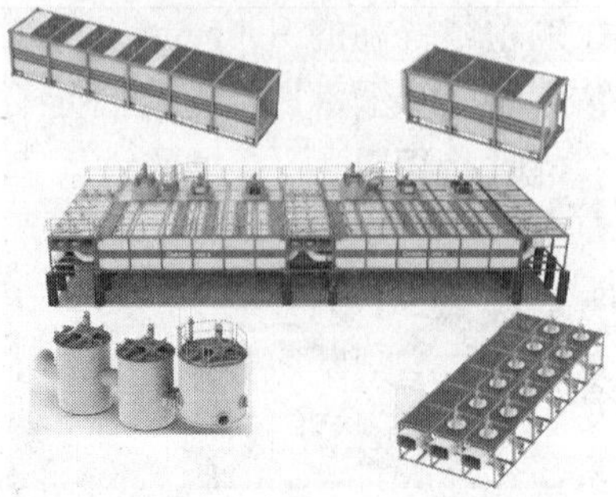

图 2　澄清器单元

3.2　材料选择

材料的选择基于适用性、可获性和可回收能力。纤维增加塑料（FRP）因为对各种化学品、诸如海水等含氯物料都具有很好的防护性，曾被用于所有与溶剂萃取工艺溶液直接接触的部件。碳钢是经济性非常好的材料，很容易获取，并且能够全部回收。碳钢用于不与工艺溶液接触的支承结构，钢制模块结构的使用使复杂的混凝土支承结构就不再需要。混凝土仅用于支柱和地板，聚乙烯（PE）用来制作澄清器的 DDG®隔栅。

3.3　安　装

VSF® X 澄清器单元可以非常简便而快速地用吊车安装在预先建造好的混凝土基础板和支柱上。每个模块的质量都低于 10 t，使得安装可以使用单个标准吊车或集装箱输送装置进行。所有的粘结节点预先定义好，现场粘接工作被最小化，工作程序也得以标准化。现场只需要比较少的安装人员，标准化的工作程序也使得现场制造监督更容易，工作安全性和环境也得到了改善。

3.3　操作和维护

VSF® X 澄清器设计的明显好处还包括一个澄清模块在停机进行维护时，整个澄清器不需要停机或旁通。整个装置置于混凝土支柱上，使得渗漏情况能够容易地被检查发现，以避免更严重的问题出现。为了操作人员的安全，澄清器的结构是完全封闭的，同时挥发排放也被最小化了。

4　结　论

奥图泰公司在传统的溶剂萃取技术的基础上采用 VSF 技术把泵送和混合分开进行，成功设计了 VSF 混合器-澄清器并在实践中得到应用。VSF®技术通过配备分散相溢流泵装置 DOP 和 SPIROK 混合器和其他萃取化学的关键技术相结合，从根本上改善了一些金属萃取工厂的投资费用和生产灵活性。模块化溶剂萃取工厂装置简称 VSF® X，把澄清槽按 ISO 标准的集装箱技术预制成易于运输的模块，方便了设计、制造、安装、操作和维护等，在使用寿命方面具有持续性，有利于小型矿山萃取工厂的快速、经济的投产和运行，并在工厂服役期满时，标准化的模块设备仍有较高的资产残值。

（收稿日期　2015-06-28）